Le lignage en question
femmes, alliances et filiations
chez les Craon

Fabrice Lachaud
est professeur d'Histoire géographie ; agrégé d'histoire ; docteur en historie médiévale, habilité maître de conférences.

Illustration de couverture :
D'après le Tombeau d'Amaury de Craon, J. Bruneau de Tartifume,
Histoire d'Angers, p. 215
L'écu d'Amaury est aux couleurs des Craon. L'ensemble de la colorisation est librement inspirée du style "pompier" des gisant de l'époque
(mise en couleur : V. Verardo).

Ausonius Éditions
— Scripta Mediævalia 31 —

Le lignage en question
femmes, alliances et filiations chez les Craon

Du XIe siècle à 1373

Fabrice LACHAUD

— Bordeaux 2017 —

Notice catalographique :
Lachaud, F. (2017) : *Le lignage en question : femmes, alliances et filiations chez les Craon.*
Ausonius Scripta Mediævalia 31, Bordeaux.

Mots clés :
monographie ; lignage ; filiation ; parenté ; famille ; gens ; alliances ; stratégie matrimoniale ; mémoire ; identité ; onomastique ; armoirie ; réseau ; état ; femme.

AUSONIUS
Maison de l'Archéologie
F - 33607 Pessac cedex
http://ausonius.u-bordeaux-montaigne.fr/EditionsAusonius

Directeur des publications : Olivier Devillers
Secrétaire des publications : Valentin Verardo
Graphisme de couverture : Valentin Verardo

ISSN : 1962-1744
ISBN : 978-2-35613-185-0

Achevé d'imprimer sur les presses
de l'Imprimerie Laplante
Parc d'activités Mérisud
3 impasse Jules Hetzel
33700 Mérignac

avril 2017

Sommaire

Remerciements

Ce travail, aboutissement de plusieurs années de recherche, marquées par des doutes et des incertitudes, est le fruit d'une double rencontre. Celle avec la famille de Craon dont j'ai essayé d'entrevoir le fonctionnement ; peu de journées se sont écoulées sans que cette famille n'ait occupé mes pensées. Avec Françoise Lainé enfin, dont l'amitié m'est si précieuse, sa rigueur et sa clarté m'ont été indispensables : qu'elle en soit ici chaleureusement remerciée. Mes pensées s'orientent vers les gens qui m'ont aidé et réconforté : Anne, sans qui ce travail n'aurait pas été publié, mes parents, mes enfants, mon frère, ma famille, mes amis et toutes les personnes que j'ai pu rencontrer et qui m'ont conseillé. Cet ouvrage, je le dédie à mes proches et surtout à mes parents qui n'ont eu de cesse de m'entourer et de me soutenir : je les en remercie.

À Nathan, à Nina. Pour toi, Papa.

Préface

Françoise Lainé

J'ai plaisir à voir l'aboutissement de longues années de travail. Ce livre est le fruit des efforts continus d'un professeur agrégé en poste dans le secondaire pour mener à bien un travail de recherche, du moins ce métier exige-t-il de cultiver la ténacité comme une vertu cardinale. Rencontre de hasard que celle de Fabrice Lachaud avec les Craon, aperçus parmi les morts d'Azincourt lors de son mémoire de maîtrise, ils n'avaient rien de remarquable à ce moment, juste le malheur d'être là avec beaucoup d'autres, mais Fabrice Lachaud s'aperçut vite que cette famille avait fait l'objet d'une longue compilation par Arthur Bertrand de Broussillon, un bon siècle auparavant. On en finit pas de réinvestir les monuments de l'histoire positiviste, tirés commodément de l'oubli lorsqu'il s'agit d'en savoir plus sur quelque famille noble ou bourgeoise ou un homme de guerre, un ecclésiastique ou quelque officier royal.

A priori, l'intérêt principal de cette famille consistait à avoir occupé les premiers rangs de la noblesse angevine pendant quatre siècles, à avoir passé sans trop d'encombres les convulsions de l'empire Plantegenêt et son effacement, d'avoir comporté quelques personnages saillants mais sans plus, chaque génération illustrant sans originalité particulière les tendances de son temps : pas de héros de premier plan, pas de personnages atypiques, même le premier seigneur de Craon, Robert le Bourguignon, pas d'initiative remarquable ni de carrières politiques ou ecclésiastiques vraiment exceptionnelles. Les Craon ont duré et d'âge en âge avec toujours quelque titre à être des exemples parfaits de leur milieu.

Au-delà de la "banalité" des Craon, il convient de considérer des apports qui remettent en question et la notion de lignage et tout ce que l'on pouvait supposer des comportements matrimoniaux. Dans cette famille, des héritiers ne se marient certes pas aussi tard qu'un chevalier sans le sou comme Guillaume le Maréchal, mais pas directement au sortir de l'adolescence ; cela amène la famille à frôler parfois l'extinction en ligne masculine. Fabrice Lachaud, après d'autres, nuance le modèle du lignage patrilinéaire "tubulaire" dans la haute noblesse : il est porteur de l'identité de nom et d'armes et a modelé le droit successoral mais, en pratique, le déploiement familial en clan agnatique ramifié peut revenir en force au gré des circonstances et contribuer à la durée et à la puissance familiale.

Cette monographie familiale nuance les normes de la société féodale telles que Georges Duby les a analysées dans Le chevalier, la femme et le prêtre, car la parenté et l'affinité canoniques strictement bilinéaire entre le côté paternel et le côté maternel correspondent plus qu'on ne le croirait à la parenté vécue et pas seulement lorsque le veuvage fait sortir la domina de l'ombre tutélaire des mâles.

Ces normes sont aussi à l'épreuve de la brièveté de la vie. Fabrice Lachaud nous entraîne aussi dans le fonctionnement des familles "recomposées" des XIIe - XIIIe siècles – réalité que notre temps croit découvrir avec la banalisation du divorce et associe volontiers à la notion de conflit familial mais qui était alors fort banale vue la brièveté de la vie. Georges Duby avait bien vu que la longévité de Guillaume le Maréchal avait certainement déjoué les calculs du roi d'Angleterre en matière d'héritière à (re)marier mais elle a aussi contrarié la loi des probabilités pour les aînés de ses enfants : ils avaient en principe toute chance de grandir sous la férule pas nécessairement malveillante d'un parâtre, avec des demi-frères et demi-sœurs. Le genre historiographique illustré ici est de ceux qui, par nature, montrent les limites de tout système explicatif si pertinent soit-il : suivre une famille au fil du temps redonne leur place aux hasards de la vie. L'historien doit alors envisager les structures anthropologiques reconnues en situation, quitte à mettre en avant leur complexité et leur flexibilité.

Introduction

Approches historiographiques sur le lignage et la parenté

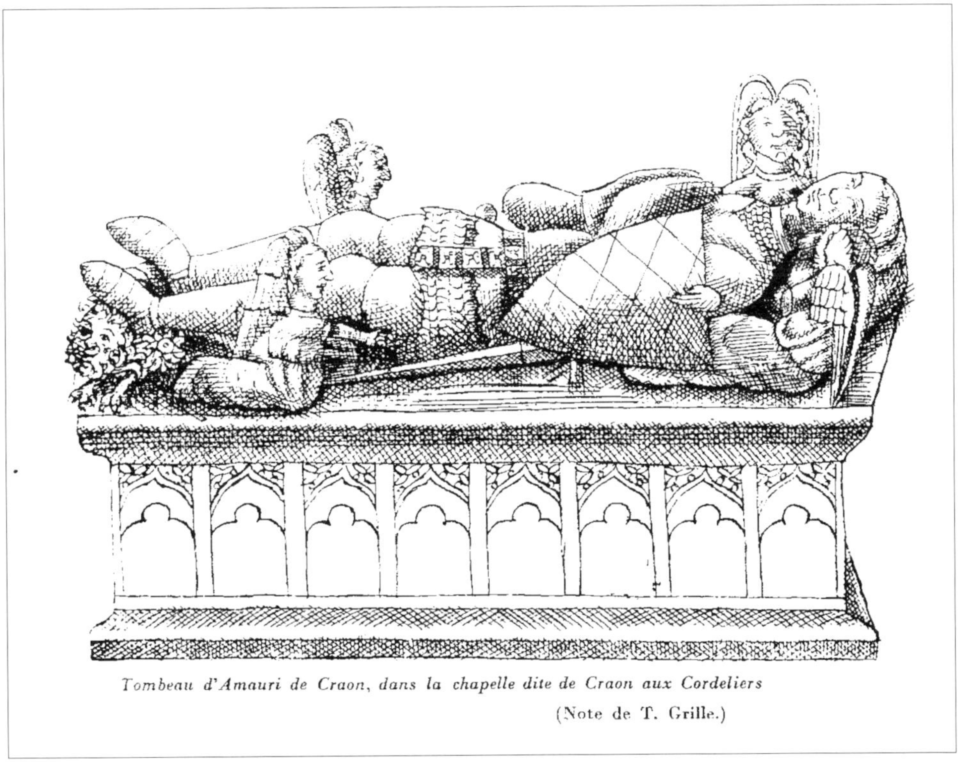

Fig. 1. Tombeau d'Amaury de Craon par J. Bruneau de Tartifume, Histoire d'Angers, p. 215.

" L'AN MIL CCC TRAZE SOIXANTE. TANT EN Y A QUI BIEN LES COMPTE .... TRESPASSA PENULTIME ET TOUT LESSA MONSEIGNEUR ALMAURI PAR NON CCC ..... DE RENON, LARGE, PITOUX, MISERICORS A TOUTES GENS ET VIFS ET MORS .... LES JOURS PAR AN, PAR MOYS, SUR TOUS AUTRES BON CHRESTIEN. PRIEZ DIEU. AMEN. OR PRIEZ DIEU QUE PAR SA GRACE DE SES PECHEZ PARDON LUI FACE. AMEN. "

Cette épitaphe fut gravée sur le gisant d'Amaury IV, seigneur de Craon de 1333 à 1373, lui-même placé près du sanctuaire de la chapelle des Cordeliers à Angers, fondée par son grand-père, Maurice V de Craon à la fin du XIIIe s. Amaury est représenté en tenue de chevalier, portant une armure de plate nettement suggérée, un écu armorié et une épée, avec les mains jointes, symboles d'humilité et de repentir, une représentation classique, mais pourtant essentielle chez les Craon. Il porte sur lui les attributs inhérents à son rang occupé dans la société ; ce qui compte, sur le monument funéraire des Craon, c'est d'afficher son identité, son statut social mais aussi d'exposer les attentes du défunt : son accession au Paradis. L'effigie véhicule une représentation qui doit rappeler, pour l'éternité, l'identité militaire du défunt. Lieutenant du roi et présent dans les grandes batailles de son époque, Amaury IV souhaitait se faire représenter de la manière qu'il avait vécu : en chevalier. Il est donc légitime de trouver le gisant du seigneur de Craon dans cette tenue et avec ses armes : "chevalier armé pour l'éternité". Mais, il s'agissait plus que d'une simple initiative personnelle. Non seulement, elle s'inscrivait dans une démarche sociale et nobiliaire, mais elle correspondait aussi à un idéal familial. C'est en effet par le biais du service militaire que la famille de Craon était parvenue à se rapprocher du pouvoir comtal ou royal, et renforcer sa position au sein du baronnage angevin. Ce groupe de parenté avait apporté une large contribution à l'État offrant un bel exemple de carrières militaires réussies, lui permettant de se placer au cœur d'un réseau de solidarité qui regroupait parents, amis et compagnons d'armes. Ce point nous apparaît fondamental et il semble intéressant, dès lors, de remonter à la constitution de ce dispositif, ce qui nous amène progressivement aux origines de ce lignage.

Or, cette démarche est largement facilitée par les travaux d'Arthur Bertrand de Broussillon, qui s'était appuyé sur ceux de l'abbé Duchesne[1] et du Père Anselme[2]. Poursuivant la ligne directrice de ses prédécesseurs, Broussillon avait entrepris de retracer la généalogie de cette famille ainsi que les principaux éléments de son histoire ; il réalisa avec succès son projet, apportant au passage quelques rectificatifs qui demeurent essentiels pour notre étude[3]. Pourtant, son travail nous apparaît aujourd'hui vieilli pour accorder une place démesurée aux préoccupations d'ordre généalogique et événementiel. De plus, de nombreux actes ont été oubliés ou peu utilisés. Certains points méritent ainsi d'être complétés, d'autres totalement renouvelés ; enfin, de nouveaux angles doivent être envisagés. Son ouvrage sur la seigneurie de Sablé, moins bien documenté, présentait d'ailleurs les mêmes inconvénients, en s'efforçant de représenter la haute noblesse comme une vaste famille, dont le tronc commun résidait dans la lignée royale sur laquelle se greffait la noblesse, le schéma même du monument fondateur dû au Père Anselme : telles étaient d'ailleurs plus ou moins les

1 Duchesne 1836, cet ouvrage réunit une foule de notes constituant un dossier fort utile.

2 Anselme 1726-1733 donne une généalogie du lignage des Craon.

3 C'est ainsi qu'à la VIe génération, il ajouta comme fille de Maurice I, Théophanie, épouse de Hugues du Puy du Fou, qui appartenait à la famille de l'un des grands officiers de la couronne, Hugues, grand chambrier de Louis VI et de Louis VII, dont le nom figurait à plusieurs reprises sur les diplômes de ces princes de 1131 à 1137 ; à la VIe génération, il parvint à montrer que Pierre, frère cadet de Maurice III, fut détenteur des fiefs anglais de la "maison" de Craon, comme le témoignent de nombreux documents faisant mention de sa présence en Angleterre. À la VIIe génération, A. Bertrand de Broussillon affirma que Maurice IV de Craon avait été effectivement marié à Isabeau de la Marche, sœur de Henri III que certains généalogistes dont Pierre d'Hozier avaient donné pour épouse à Geoffroy de Rancon.

préoccupations de tous les généalogistes du XIXe s. Le travail de Bertrand de Broussillon nous est cependant précieux : il fournissait une base de départ solide. Mais il a fallu confronter ses documents à ceux recueillis avant lui par d'autres érudits, tel que Bodard de la Jacopière[4], car, à plusieurs reprises, nous avons constaté chez Bertrand de Broussillon une sélection des informations aboutissant à des interprétations hasardeuses.

Très rapidement, nous avons ressenti la principale difficulté, mais également l'axe essentiel de notre travail, quant au choix des termes : pouvait-on employer indistinctement les mots famille, lignage, parenté, notions toutes complexes. Non seulement "famille" revêt plusieurs sens, mais il intéresse, de surcroît, toutes les disciplines qui ont chacune leur propre langage[5]. Selon Guido Alfani[6], la famille doit être perçue comme étant un groupe de co-résidents alors que la parenté, toujours construite, regroupe l'ensemble des individus liés par la filiation ou par l'alliance. Or, les historiens emploient parfois indifféremment et indistinctement ces deux termes, sans définition au préalable, renforçant cette confusion.

Dans cette perspective, "lignage" s'approcherait davantage de la définition de "parenté" (agnatique) sans pour autant exclure celle de "famille" et nous saisissons toute la difficulté de la définition de ces concepts, assez proches les uns des autres. De plus, le sens que nous leur donnons peut être différent de la perception qu'en avaient les contemporains. À ces difficultés sémantiques s'ajoute celle d'une projection de nos propres représentations sur cet objet d'étude. Les concepts de famille, de lignage ont évolué et évoluent, tant dans les approches que dans le contenu, et entreprendre un travail qui s'apparente à une monographie familiale nécessite d'être conscient de ces évolutions.

La réflexion sur les faits de parenté connaît ces dernières décennies un regain d'intérêt et s'appuie sur un questionnement renouvelé ouvrant de nouvelles pistes de recherche et de nouvelles problématiques. Or, ces tendances actuelles sont le fruit d'un héritage historiographique riche que nous proposons d'esquisser en trois temps. Nous brosserons tout d'abord un tableau comparatif de deux paysages scientifiques divergents : les recherches allemande puis française, dont les thèses furent soumises, dans les années 1980, à des reformulations ou des variantes que nous soulignerons dans un second point. En effet, le passage d'une approche démographique de la famille à une perspective anthropologique de la parenté a permis de renouveler assez largement l'analyse du système des relations familiales : cette orientation anthropologique conditionne les tendances récentes de l'histoire sociale que nous envisagerons dans un dernier point.

4 Bodard de la Jacopière 1871.

5 Ce terme est en effet discuté pour désigner une réalité médiévale : indique-t-il le groupe restreint composé des époux-épouse, père-mère, fils-fille, frère-sœur ou le "clan" familial élargi aux parents et "amis" ? J. Heers note que "le mot *amis* utilisé par les magistrats de Metz dès le XIIIe s. désignait les parents d'un clan familial" (Heers 1974, 85). Joseph Morsel note aussi que l'amitié est "un lien très fort et très obligeant comme l'étaient antérieurement les rapports parentaux", dans Morsel & Ducourtieux 2007, 114.

6 Intervention lors de l'atelier de formation du 4 au 7 mai 2009 (Madrid) à la Casa de Vélasquez centré sur la famille et la parenté.

Lignage et parenté : un héritage historiographique franco-allemand

L'état de la recherche sur la parenté a bénéficié fortement des travaux allemands et français depuis l'après guerre, qui ont nourri les discussions et les débats. Pourtant, les différences entre leurs méthodes et les conclusions qui en découlent sont importantes et fondamentales, même si tous se considèrent, plus ou moins, comme les héritiers de la tradition héritée de Karl Schmid ; c'est la raison pour laquelle il nous paraît incontournable de partir de son travail, puis de voir pourquoi et de quelle manière le champ de recherche "parenté" s'est exercé dans des directions différentes en France et en Allemagne.

L'œuvre de Karl Schmid : un tournant décisif

En Allemagne, comme en France, les historiens considèrent comme un tournant décisif l'article de 1957 de Karl Schmid : *Zur Problematik von Familie, Sippe und Geschlecht, Haus und Dynastie beim mittelalterlichen Adel*[7]. Cet article posait un regard rétrospectif sur le terme *Sippe*, auquel était parvenue une recherche sur la parenté faisant de ce groupement juridique cognatique la forme normale de parenté au Haut Moyen Âge. Son travail, ainsi que ceux de Gerd Tellenbach et de Karl Hauck, aboutit à l'idée qu'il fallait distinguer les groupes de parenté larges et horizontaux de l'époque carolingienne, *Sippe*, des groupes étroits et verticaux, *Gesclecht*. Le problème était de savoir si ce changement était visible dans toutes les sociétés médiévales et à quel moment il se situait : la "noblesse" était différente dans le temps et dans l'espace.

Si les médiévistes allemands se sont efforcés de brosser un tableau différent de la *Sippe* du Haut Moyen Âge depuis Karl Schmid[8], les discussions ont toutefois continué à se focaliser sur la forme et la fonction de ce groupement de parenté. Dans sa synthèse sur la parenté au Haut Moyen Âge, Gerd Althoff fait de la *Sippe* le fil conducteur de sa discussion sur les "groupes de parenté"[9]. Dans le manuel de la collection universitaire bien connue en Allemagne, l'*Oldenburg Grundriss Geschichte,* consacré au Moyen Âge, les problèmes et les tendances de la recherche sur la parenté se concentrent exclusivement sur les débats lancés par Karl Schmid.

Ses réflexions méthodologiques ont ainsi débouché sur un message nouveau influençant la problématique sur la parenté et modifiant radicalement la recherche dominante dans les années 1960, comme le souligne Bernhard Jussen : "Quiconque acceptait les vues de Schmid devait, dans le contexte de la recherche allemande sur la parenté à cette époque, modifier radicalement sa façon de penser : désormais, la parenté ne pouvait plus être considérée comme un fait biologique, mais uniquement comme une figure de pensée"[10]. Or, l'histoire des systèmes politiques ou histoire institutionnelle (*Verfassungshistorie*) était prédominante[11] en Allemagne et tout historien allemand qui concevait la société du Haut

7 Schmid 1957.

8 Les travaux allemands s'orientent plutôt sur un phénomène identitaire que sur un groupement juridiquement fixé.

9 Althoff 1990, 55.

10 Jussen 2002, 453.

11 *Ibid.*, 453.

Moyen Âge comme un “amalgame de groupes sociaux en interaction” ne pouvait qu’entrer en conflit avec l’histoire médiévale dominante[12]. Parallèlement, le travail scientifique français s’était depuis longtemps déjà dégagé de l’histoire événementielle et était organisé autour de concepts centraux, tels que la “démographie historique”, la “famille”, le “mariage” puis “l’anthropologie”, ce qui, selon Bernard Jussen, rendait l’apport de Karl Schmid plus facilement assimilable. En conséquence, les impulsions données par Karl Schmid ont été décisives mais l’impact de ses travaux n’a pas été le même en Allemagne et en France, où il a inspiré les investigations de Georges Duby.

L’apport de Georges Duby dans le paysage scientifique français : vers une anthropologie de la parenté

Ce que Karl Schmid démontra sur les structures familiales, c’est-à-dire le passage d’une structure horizontale à une organisation lignagère, a été repris par les historiens français, en particulier Georges Duby[13] et a profondément changé notre interprétation sur certains problèmes de la société féodale, tels que la primogéniture et l’indivision. À la lumière des travaux de Karl Schmid, Georges Duby se proposa de revenir sur ces conclusions et il fut le premier, dans son étude sur la société mâconnaise, à évoquer le problème de la structure familiale[14]. Il démontrait non seulement que les “nobles” vouaient un souci tatillon à leur patrimoine et à sa transmission au XIe s. mais également que les solidarités, visibles dans les actes, faisaient apparaître les contours du lignage : les “nobles” étaient attentifs à la gestion de leur patrimoine, transmis au fils aîné. Inspiré par Karl Schmid, Georges Duby reconsidéra l’évolution de la famille noble en France et nota un glissement de liens et d’identité fondés sur la parenté cognatique à une identification par une parenté agnatique. Une telle disposition du système de parenté, note Duby, était nouvelle : dans les représentations mentales que chacun se faisait, à partir du Xe s., de sa famille, la dominante devint verticale. Nuançant légèrement la thèse de Karl Schmid, Georges Duby, dans son étude sur la France du Nord, constata que les lignages s’y organisèrent plus précocement, avant l’an mil pour les plus puissants, autour de la transmission patrilinéaire de l’*honor* familial.

L’un des moments importants des recherches sur les structures familiales a été la conférence organisée par Georges Duby et Jacques Le Goff, en 1974[15]. Pourtant, les interventions de Karl Ferdinand Werner et de Karl Schmid n’apportèrent pas beaucoup de précisions sur la France. Il est vrai que les écoles allemandes qui avaient travaillé en premier sur ces sujets, n’ont pas poursuivi ni élargi leurs recherches. À la place, ils orientaient leurs études sur les communautés spirituelles et surtout sur la “conscience de soi” de la noblesse, la *Selbsterständnis*. Au colloque de Paris, Karl Schmid n’est pas intervenu sur les structures familiales mais sur cet aspect de la dynastie Hohenstaufen. Karl Ferdinand Werner consacra son étude sur des problèmes généraux et, après une étude approfondie des noms de personnes, il conclut qu’il était très difficile de comprendre les politiques

12 *Ibid.*, 454.
13 G. Duby a contribué à faire connaître en France les travaux de Hans Walter Klewitz, Gert Tellenbach, Karl Schmid, Karl Hauck et Karl Ferdinand Werner, voir Duby 1961.
14 Duby 1972.
15 Duby & Le Goff 1977.

dynastiques des maisons aristocratiques mais proposa un certain nombre de règles. Puis, il offrit un état de l'historiographie allemande montrant l'intérêt de l'anthroponymie : pour lui, les noms pouvaient avoir une signification spécifique et marquaient leur titulaire. C'est ainsi que les noms des comtes d'Anjou étaient toujours Foulques ou Geoffroy. La théorie de Karl Ferdinand Werner reposait sur l'idée que personne n'était jamais nommé par hasard, mais en référence à un ancêtre et dès lors, si les deux hommes portaient le même nom dans une même région à deux époques différentes, le premier devait être un descendant direct du second ou l'un de ses très proches parents agnatiques[16].

Cependant, cette thèse posait plusieurs problèmes. La répétition du nom du père ou du grand-père au fils, à partir du XIe s., n'a rien de certain auparavant. Karl Schmid et Gerd Tellenbach avaient affirmé que les familles commençaient seulement à assigner leurs enfants de noms héréditaires que lorsque la famille avait conscience de son unité et possédait un patrimoine et un château transmis de génération en génération. Dans son étude sur les comtes de Bologne, aux Xe et XIe s., Cinzio Violante ne constatait pas une répétition de noms avant cinq générations, même parmi les plus jeunes frères de ces comtes, les noms n'étaient pas répétés avant la quatrième génération[17]. Wilhelm Störmer confirma que, dans la noblesse bavaroise des VIIIe - IXe s., les enfants étaient très rarement appelés par le nom de leurs parents ou grands-parents[18]. De plus, les groupes différents peuvent utiliser le même nom : par exemple, la fréquence du nom "Guillaume" trouvé au XIe s. chez les ducs de Normandie, d'Aquitaine, les comtes de Bourgogne, de Provence. Störmer avait trouvé qu'en Bavière, ceux qui servaient dans la maisonnée du seigneur avaient donné à leurs enfants les mêmes noms que les propres enfants du seigneur. Il apparaît donc qu'un nouveau groupe puisse porter le même nom qu'une famille puissante du XIe s. sans qu'il y ait de lien biologique entre eux.

L'idée du colloque fut de confronter les travaux des historiens avec ceux des anthropologues et des ethnologues. Ces derniers pouvaient permettre aux historiens de comprendre pourquoi et de quelle manière s'opérait le changement de règles. Par exemple, il s'avérait que le nouveau mode dans l'attribution des noms devait, par hypothèse, correspondre à des modifications des droits de filiation. Cependant, au terme de la conférence tenue en 1974, Karl Ferdinand Werner soulignait que beaucoup de choses avaient été dites mais qu'il restait tout à faire. Il considérait que l'étude scientifique sur les structures familiales et leurs transformations était encore à ses débuts. Ce sentiment était accru par la présence de jeunes ethnologues français qui affirmaient que pour eux "la filiation biologique n'existait pas". Ce qui comptait dans la filiation, c'était ce qui était socialement et exclusivement reconnu. Pour les historiens ayant passé des années à construire des généalogies, ces remarques étaient difficiles à accepter.

Si l'apport des scientifiques allemands avait été décevant au moment du colloque de 1974, c'est que les travaux français et allemands sur cette thématique de la parenté illustraient

16 Cette thèse s'appuyait sur les travaux de M. Chaume, qui utilisait la répétition des noms pour reconstituer une généalogie (Chaume 1925, 305-353 repris par Werner 1977, 14, 25). Il est admis qu'aux XIe et XIIe s., les enfants portaient en règle général le nom de leurs parents, grands-parents et dans le cas des cadets ceux des oncles et tantes (Schmid 1977, 51-56).

17 Violante 1977.

18 Störmer 1973, chap. 2 : Adelige Namengebung in Familie, Sippe und Herrschaft, 29-69.

deux traditions différentes aux approches et aux méthodes divergentes, remarquablement soulignées par Bernhard Jussen[19].

Les traditions française et allemande : approches divergentes et problématiques différentes

Les observations portées par les travaux allemands et français sur le système médiéval de parenté sont en effet clairement opposées. Dans leur synthèse sur la famille et la parenté, Anita Guerreau-Jalabert, Régine Le Jan et Joseph Morsel considèrent que "tout au long de cette période, la filiation est de nature cognatique, c'est-à-dire qu'elle est reconnue à égalité en ligne masculine et en ligne féminine (...) aucun élément du système médiéval de filiation ne plaide en faveur d'un système agnatique"[20]. Dans ces conditions, la thèse opposant un fonctionnement horizontal, qui aurait caractérisé le seul Haut Moyen Âge, et une organisation verticale de la parenté, qui se serait imposée par la suite, est fortement contestée.

Or, les médiévistes allemands parviennent à des conclusions différentes. Présentant l'état de la recherche sur le Haut Moyen Âge et le Moyen Âge central, Johannes Fried, puis Gerd Althoff[21] et Michel Borgolte[22] affirment que "le Haut Moyen Âge est essentiellement marqué par la *Sippe* cognatique ouverte, discontinue, alors qu'à partir des environs de l'An Mil, c'est la "famille" noble restreinte, agnatique, centrée sur un domaine et donc à même d'assurer une continuité par-delà les siècles qui apparaît"[23].

Bernhard Jussen considère que les problématiques et les méthodes sont à l'origine de ces divergences. Selon lui, les chercheurs allemands et français ne prennent pas en compte les mêmes phénomènes. Les médiévistes allemands sembleraient s'intéresser au niveau "discursif", c'est-à-dire la "conscience" ou "l'identité" d'un groupe de parenté. "De ce point de vue", souligne Bernhard Jussen, "la parenté, surtout au Haut Moyen Âge semble agnatique", alors que ce serait les opérations pratiques de la parenté (transmission de biens, stratégies matrimoniales) qui seraient mises en avant par les scientifiques français. "De ce point de vue, la parenté agit de façon cognatique".

Toutefois, Joseph Morsel a reconnu l'importance du phénomène discursif dans son interprétation de l'ouvrage allemand *Familie und Verwandschaft im deutschen Hochadel des Spätmittelalters* de Karl-Heinz Spiess[24], dans lequel ce dernier se plaçait à contre-courant des synthèses allemandes. Il critiqua le fait qu'il ait exclu dans son travail le côté discursif de la parenté et il souligna que les historiens devaient mettre en relation les deux aspects : les différences entre les chercheurs allemands et français semblent se réduire.

Si les divergences entre médiévistes allemands et français, tant au point de vue de la définition de l'objet que dans les approches méthodologiques, s'expliquent par une différence de contexte, la recherche sur la parenté a incontestablement bénéficié de ces débats mettant en valeur le fait qu'il était absolument nécessaire de définir l'objet d'étude et

19 Jussen 2002.
20 Guerreau-Jalabert *et al.*, 2002, 450.
21 Althoff 1990, 35.
22 Borgolte 1996, 394.
23 Fried 1994, 114.
24 Spiess 1993.

les mots clés retenus. Ce legs historiographique complexe fait l'objet d'approfondissements, de reformulations et de nouvelles pistes se sont ouvertes dans l'histoire de la noblesse et dans celle de la famille.

Reformulations et variantes

Dans un article paru en 2002, Anita Guerreau-Jalabert, Régine Le Jan et Joseph Morsel ont distingué trois étapes dans l'histoire de la recherche française sur la famille et la parenté : jusque dans les années 1960, cette réflexion "fut confinée à l'étude des normes, des dogmes et de la liturgie"[25]. Puis, à partir des années 70 et 80, les débats se sont centrés autour de l'appellation "foyer", sous l'influence déterminante de la *Cambridge School for the History of Population and Social Structure*. La démographie historique a ainsi travaillé sur le "groupe domestique" en analysant notamment des registres fiscaux et comptables afin de déterminer qui composait la "maison"[26]. Cette recherche fortement quantitative s'est appuyée sur des analyses fines et précises des documents et a incontestablement fait progresser les connaissances. Toutefois, soulignent les trois auteurs, on ne peut en dissimuler les limites, "d'où l'intérêt d'une démarche autre, celle de l'anthropologie"[27]. Il s'agit dès lors de prendre pour catégories centrales de la recherche sur la parenté les "relations de parenté" et non plus le "foyer" ou la "famille" : ce n'est plus la "structure", mais les "relations de parenté" et "l'interaction". De tels concepts ont ouvert la voie à de nouvelles pistes de réflexion et de nouvelles problématiques.

L'approche anthropologique et les pistes de réflexion autour de la parenté

Au terme d'une longue réflexion commencée dans sa thèse sur le Mâconnais, Georges Duby démontrait, dans un ouvrage[28] paru en 1981, que la filiation lignagère était destinée à renforcer la cohésion du groupe et à installer le lignage dans la durée : enraciné très loin dans le passé et projeté indéfiniment dans l'avenir. Cette analyse locale précise mettait en évidence un système de parenté à tendance patrilinéaire. Ce concept de parenté, au cœur de la thèse de Duby, mérite cependant d'être rapporté à un ensemble de normes complexes.

Il convient d'abord d'insister sur le fait que l'Église imposait une vision de la consanguinité et de l'alliance strictement bilatérale : la parenté canonique passe par la mère comme par le père et le poids des normes canoniques est omniprésent dans cette société du Moyen Âge. Nous pouvons regretter que les débats historiographiques sur la parenté n'intègrent pas suffisamment le changement fondamental introduit par le concile de Latran IV. Il semble pourtant que cela soit une des données incontournables de l'étude sur le fonctionnement familial. Ce qui est en jeu, c'est la légitimité et cela passe par un respect de la parenté

25 Guerreau-Jalabert *et al.*, 2002, 433.

26 Par exemple, l'analyse du *catasto* florentin par D. Herlihy et C. Klapisch-Zuber renseigne l'histoire sur la construction des groupes de parenté médiévaux, les lignages, définis par les auteurs comme "un groupe de filiation unilinéaire (reposant) sur la conscience qu'ont ses membres de descendre d'un ancêtre commun, précis, par une lignée d'ascendant du même sexe" (Herlihy & Klapisch-Zuber 1978).

27 Guerreau-Jalabert *et al.*, 2002, 435.

28 Duby 1981.

bilatérale : il est impossible d'échapper à l'emprise ecclésiastique dans le domaine des normes et celui des représentations[29]. Le paradoxe majeur de ce débat historiographique est donc d'envisager la société indépendamment de l'*ecclesia* qui se veut co-extensive à elle.

Le dossier a été repris, sur un plan très général, en intégrant peu ou prou les normes canoniques, mais sans leur donner un rôle central, par l'anthropologue Jack Goody qui retrace, pour l'Occident chrétien, l'évolution de la famille et du mariage, à partir justement des travaux de Georges Duby. Pour lui, le lignage médiéval est "un système de clans ou de *lineages* agnatiques qui n'exclut pas la présence active d'une parenté bilatérale"[30]. Cette théorie anthropologique admet donc la coexistence de deux structures apparemment inconciliables : la filiation bilinéaire, équivalent de la "double filiation unilinéaire" décrite par Marc Augé[31], dans laquelle les devoirs et les droits des enfants envers les parents des deux lignées ascendantes sont équivalents et la "filiation bilatérale" ou "agnatique" où domine l'asymétrie.

Il maintenait donc le vocable "lignage" à propos de groupements où se mêlaient la domination de la filiation unilinéaire paternelle et des séquences de filiation cognatique. Goody invite alors "à reconsidérer l'opinion courante selon laquelle l'évolution des modèles européens de parenté se définissait par la substitution de comptage bilatéral au comptage patrilinéaire[32].

Si l'étude des structures familiales prit un léger retard en Italie, le travail mené par Marzio Barbagli permit de lancer la réflexion. Il soulignait que le même mot "famille" pouvait correspondre à trois réalités différentes : les structures familiales (*strutture familiare*), les relations familiales (*relazioni familiarie*) et les rapports de parenté (*rapporti di parentela*) ; puis, il analysait le passage de la famille patriarcale, caractérisée par des relations d'autorité asymétriques, à la famille conjugale "intime", dans laquelle les relations d'autorité étaient moins inégales[33]. Le mariage constitua peu après le thème central de l'historiographie italienne avec les recherches menées par Raul Merzario[34], qui analysait la manière dont les individus s'adaptaient pour faire face aux contraintes ecclésiastiques liées au Concile de Trente.

Dans son étude publiée en 1996, Patrick Geary dresse une évolution concernant les consciences familiales et régionales[35] : au IXe s., le groupe familial s'étend sur un horizon géographique large, maintient des relations élargies et les femmes sont chargées, dans cette perspective, de conserver et d'alimenter la mémoire familiale. Les femmes sont considérées comme le ciment et les principales actrices de cette cohésion familiale. La phase de profondes mutations et de désintégrations politiques qui touche les Xe et XIe s. s'accompagne d'un resserrement des alliances et d'un renoncement aux propriétés lointaines de la part

29 Corbet 2001.
30 Goody 1985, 221.
31 Augé *et al.*, 1975, 19, n. 4.
32 Goody 1985, 234-235 n. 6.
33 Barbagli 1996.
34 Merzario 1981. Il précisait que pour obtenir une dispense, il fallait se marier avec des partenaires de même niveau social. Cf. aussi Lombardi 2008.
35 Geary 1996.

des familles aristocratiques. Ce ne sont plus les mêmes préoccupations et, parallèlement, Patrick Geary constate un mouvement de "contestation" du rôle des femmes concernant la mémoire familiale. Dans un contexte de resserrement familial autour du couple et de la famille conjugale, les *memoriæ* sont remises en cause à l'intérieur des familles.

Non seulement, Patrick Geary fixe aux xe - xie s. les dates d'apparition de la structure lignagère, mais il défend aussi la thèse d'une ouverture matrimoniale de la noblesse aux xiiie - xive s. et d'une évolution de la structure lignagère, dont les aspects et les contours rappelleraient la société des viiie - ixe s., nuançant les thèses traditionnelles sur l'évolution lignagère.

Variantes chronologiques

Dans leurs études sur la Picardie, le Latium et la Catalogne, Robert Fossier, Pierre Toubert et Pierre Bonnassie prolongeaient les travaux de Georges Duby mais leurs apports principaux ne concernaient qu'assez peu les familles nobles[36]. Michel Parisse, en revanche, s'efforça, à partir de l'espace lorrain, de caractériser l'évolution structurelle de la noblesse et nota un changement des identités nobiliaires au début du xie s.[37]. Cette modification fut aussi mise en évidence par André Debord qui souligna le passage à une organisation dynastique et lignagère à la fin du xe s. dans les pays charentais[38].

La réponse la plus nette au défi soulevé par les théories de Karl Schmid, en ce qui concerne la France, est venue de l'école américaine. Andrew W. Lewis a centré son travail sur la famille royale capétienne et il montra comment ses pratiques de succession et sa gestion du patrimoine prouvaient son identité dynastique et lignagère, avant même l'accession au pouvoir d'Hugues Capet en 987. Sa démonstration aboutissait à l'idée que la réalité lignagère et dynastique s'imposait dès la fin du xe s. D'après A. W. Lewis, s'il est possible de dégager l'émergence d'une solidarité dynastique, il convient de la placer après le ixe s.[39]. Ses recherches ont focalisé l'attention des historiens sur l'ascension des plus puissantes familles nobles à la fin de la période carolingienne, un thème qui a intéressé Constance Bouchard. Dans deux articles[40], elle a appliqué les hypothèses de Karl Schmid pour la France et constaté que les Bosonides de Provence ne formaient pas un mais trois lignages et que leurs intérêts étaient nettement patrimoniaux et lignagers à la troisième génération.

Ces nuances chronologiques à propos de la structuration lignagère ont été remarquées par de nombreux historiens. C'est ainsi que les exemples languedociens, catalans, castillans ou bourguignons[41] témoignent de la diversité géographique et chronologique liée au changement de parenté et soulignent, si besoin était, l'intérêt des approches régionales, voire

36 Fossier 1968 ; Toubert 1973 ; Bonnassie 1975-1976.
37 Parisse 1976.
38 Debord 1984.
39 Lewis 1981. Hennebicque 1981.
40 Bouchard 1986, Bouchard 1988.
41 Amado 2001 ; Doménec 1979 ; Barton 1997 ; Calleja 2001 ; Bouchard 2001. "Ces exemples languedociens, catalans, castillans ou bourguignons témoignent de la diversité géographique et chronologique qui préside aux changements de parenté. On pourrait même dire que chaque maison a ses rythmes d'évolution propres, différents peut-être à ceux de son voisin" (voir Aurell 2004-3, 15).

de la micro-histoire. Pour les royaumes de Castille et Léon, la parenté nobiliaire apparaît, encore au XIIe s., toujours cognatique et bilatérale et les structures patri-lignagères ont du mal à s'imposer comme système familial. En Bourgogne, Constance Brittain Bouchard nuance, elle aussi, la conception exclusivement patrilinéaire du lignage autour de l'an mil.

À travers le travail récent de Guido Castelnuovo sur le Pays de Vaud, se dégage la reformulation enrichie de thématiques nouvelles du passage de la *Sippe* au lignage et un nouvel exemple de variantes chronologiques. Le renforcement de l'emploi du *cognomen*, comme instrument d'identification des réseaux familiaux aristocratiques, serait dans ce cas un signe incontestable de la formation d'une conscience de lignage patrilinéaire. Par ailleurs, on assisterait à une généralisation rapide de la structure agnatique et patrilinéaire des lignages vaudois, avant le milieu du XIIe s. : "le groupe parental étendu s'était alors transformé en un lignage à forte tendance patrilinéaire"[42]. Les lignages du Pays de Vaud se signalent ainsi par une structure verticale, agnatique et patrilinéaire. Ce changement de la structure interne de la famille aristocratique concernerait les élites seigneuriales du Pays de Vaud dès la fin du XIe s. et on constate, dès ce moment, une réduction progressive de l'influence de la parenté cognatique. Poursuivant son étude sur l'évolution des structures familiales, G. Castelnuovo démontre non seulement un relâchement des liens de solidarité parentale, mais également le développement des ramifications lignagères, au cours du XIIIe s., à l'intérieur de toute la société aristocratique[43]. Les lignages qui se divisaient étaient de plus en plus nombreux et se mettait alors en place une hiérarchie interne : l'une des branches issue du lignage originel se mettait en position de supériorité face aux autres, utilisant, dans ce cas, le lien vassalique.

Révolutions anthroponymiques

L'aspect anthroponymique, hérité en grande partie des travaux de l'École allemande que nous évoquions plus haut, a fait l'objet de reformulations et d'approfondissement. Dès 1981, Régine Hennebicque-Le Jan utilisait l'anthroponymie pour avancer des hypothèses sur les rapports entre l'État et la parenté au IXe s.[44]. Puis, deux auteurs, Jean-Pierre Poly et Éric Bournazel[45], proposaient un bilan de la question des noms et de leur rôle dans l'élaboration d'une conscience nobiliaire, tandis que des recherches menées dans le Limousin et le Languedoc[46] témoignaient de l'intérêt des historiens pour la démarche anthroponymique. Une vaste enquête, méthodique et systématique, était lancée sous le titre de *Genèse médiévale de l'anthroponymie moderne*[47], coordonnée par Monique Bourin et Pascal Chareille.

Claudie Duhamel-Amado, utilisant cet apport dans son travail sur l'aristocratie languedocienne du Xe au XIIe s.[48] a distingué deux phases[49] dans l'évolution lignagère :

42 Castelnuovo 1994, 121.
43 *Ibid.*, 134.
44 Hennebicque-Le Jan 1981, 289-333.
45 Poly & Bournazel 1991.
46 Pérouas & Biget 1982.
47 Bourin & Chareille 1992.
48 Duhamel-Amado 2001.
49 *Ibid.*.

le temps du lignage arborescent d'abord, jusque vers 1100, qui associait verticalité et horizontalité, puis un resserrement lignager, de 1100 à 1170, dans lequel la structure devenait plus franchement verticale. Pour elle, le passage d'une forme lignagère à l'autre s'était produit durant les décennies 1090-1140.

Si l'on part du présupposé que le nom était un "destin programmé"[50], le système de dénomination nous éclaire indubitablement sur le mécanisme lignager. L'évolution anthroponymique, ses permanences et ses ruptures, accompagne la structuration lignagère et évolue au rythme des stratégies familiales. Système anthroponymique et structuration lignagère sont étroitement liés.

La place des femmes

Le développement de l'histoire des femmes puis de l'histoire du genre a suscité une nouvelle approche des liens familiaux. En s'intéressant au rôle des femmes dans les systèmes de parenté, les historiens ont ouvert de nouveaux champs d'étude et la place des femmes dans la société médiévale est à elle seule désormais un objet de recherche. La question du rôle de l'ascendance paternelle et maternelle dans le fonctionnement lignager pose indirectement le problème du rôle de l'épouse et de la mère[51]. Si tous les historiens reconnaissent le rôle essentiel joué par les femmes pour assurer le salut des défunts, complétant celui des institutions monastiques dans la préservation et la transmission du souvenir[52], leur action – ou leur faible présence – dans la gestion patrimoniale et les affaires publiques et politiques est diversement appréciée.

Les travaux menés sous l'impulsion de Christiane Klapisch-Zuber sur la transmission des patrimoines (matériel comme symbolique) ont mis en exergue les stratégies développées par les femmes pour accéder à cette gestion[53] et les processus "d'appropriation (...) des mécanismes de l'alliance"[54]. Si la guerre et la politique étaient effectivement l'affaire des hommes, l'implication des femmes ne pouvait être négligée. Elle démontre que nombre d'occasions pouvaient leur permettre de jouer un grand rôle, d'autant que leur lignage pouvait être de renommée plus importante que celui de leur époux. Pour une grande partie de leurs vies, elles étaient sous l'autorité de leur père ou leur mari, mais même durant leur(s) mariage(s) elles devaient remplir des responsabilités publiques. Les femmes montraient pendant leur veuvage qu'elles avaient l'habileté et la détermination pour réussir à remplir leurs devoirs. En dépit des rares références aux femmes dans les chroniques, elles avaient une part importante à jouer dans la société médiévale.

50 *Ibid.*, 293.

51 Nous ne faisons qu'évoquer ce point ; une approche historiographique plus complète se situe dans notre seconde partie.

52 Un des témoignages le plus complet sur le rôle des monastères dans l'institutionnalisation de la mémoire familiale, et sur l'influence des intérêts monastiques sur la forme prise par cette préservation, nous est fourni par le cartulaire de Lérins. Au cours de son analyse, J.-P. Poly a utilisé ce texte pour éclairer les pratiques de l'aristocratie provençale en matière d'héritage et le processus par lequel de grande propriété du xe s. tombèrent entre les mains de l'Église. Il qualifie ce document de "généalogie" fournissant des informations sur cinq générations.

53 Nous pouvons citer les travaux de Beghin-Le Gourrierec 2000 ou encore ceux de Courtemanche 1993.

54 Calvi 2006.

La recherche est ainsi sortie des codes de la logique lignagère puis s'est intéressée aux liens sociaux plus "horizontaux", plus affectifs. La famille nucléaire est devenue le "lieu de rencontre entre les sexes : mari-épouse, père-fille, frère-sœur"[55]. La famille n'est plus seulement un espace de domination et de transmission sociale mais un cadre de relations affectives.

Cette évolution de l'approche du lien familial a produit de nouveaux objets historiques. Outre l'éducation, l'évolution du corps ou la transmission des objets liés surtout à l'histoire des femmes, l'enfance et les relations parents-enfants ont fait l'objet de nouvelles recherches.

Didier Lett s'est intéressé à la fois à la réalité de l'enfance au Moyen Âge[56], à l'environnement affectif de l'enfant et à l'image, à la symbolique véhiculée sur cet âge. Le lien familial est ainsi observé comme le fruit d'un contexte économique, démographique et social. Il est étudié non plus seulement à travers les sources normatives mais en analysant les documents narratifs comme les *exempla*, les fabliaux ou les récits de miracles.

Afin d'observer les liens affectifs qui unissent la famille au Haut Moyen Âge, Isabelle Réal a croisé les informations des sources hagiographiques et normatives[57]. Cette confrontation a permis de mettre en valeur les décalages et de s'approcher un peu plus du "réel". Cette analyse des liens familiaux sous l'angle des sentiments et à l'échelle de la famille "nucléaire" a ouvert la voie à de nouvelles pistes de recherche, centrées sur l'individu.

Tendances récentes de l'histoire sociale et familiale : vers une conception sociologique de la parenté

Les recherches actuelles embrassent des thématiques très variées touchant souvent aux transmissions matérielles, symboliques et comportementales dans une histoire qui s'attache volontiers aux normes et aux "valeurs" et s'interrogent sur la place de l'individu. Celui-ci se positionne dans une parenté qu'il est possible de déterminer, mais peut aussi s'inscrire à l'intérieur d'un groupe qu'il soit hiérarchique (vassalité, organisation ecclésiastique) ou égalitaire (confrérie, *amicitiæ*). La question des modes de fonctionnement de la parenté est de plus en plus subordonnée, surtout chez les médiévistes allemands, à une autre question plus vaste : quelle était la place occupée par la figure de pensée "parenté" dans l'interaction avec les autres modèles de groupes. De plus en plus de chercheurs s'interrogent alors sur la manière dont la parenté est capable de structurer des groupes, mettant à jour des formes de liens dont les historiens avaient pu négliger l'importance, notamment les *amicitiæ*, c'est-à-dire les alliances fondées sur une "amitié" affichée comme telle. Le chercheur part ici de liens explicites, quitte à en explorer le recoupement avec d'autres, restés occasionnellement implicites, la parenté entre autres.

55 Bührer-Thierry *et al.*, 2005, 135-146.
56 Lett 1997.
57 Réal 2001. Isabelle Réal se préoccupe en effet des sentiments à l'intérieur du couple et entre parents et enfants. Avec la prudence qui s'impose, consciente du poids dominant des stéréotypes, l'auteur traque les "mots d'amour" (amare, *diligere*) ou les gestes d'affection.

De la reproduction sociale à la " théorie des acteurs"[58]

Le travail de Franca Leverotti mérite un intérêt particulier dans le sens où il pose le problème de la sémantique, insiste sur l'aspect polymorphe de la famille médiévale[59] et démontre que la circulation du patrimoine, au demeurant fort complexe, constituait l'élément fondamental. Le rôle économique de la famille a été parfaitement souligné par Guido Alfani[60] : les familles jouent un rôle économique à ne pas oublier dans l'histoire sociale. La transmission du "métier" peut s'accompagner d'une reproduction des attitudes, quelle que soit la catégorie sociale envisagée. Guido Alfani considère lui aussi que la transmission des patrimoines était au cœur des stratégies familiales et en particulier lignagères, dont l'objectif était de réduire le risque démographique afin de ne pas désagréger le patrimoine.

L'idée d'une transmission des comportements ou des valeurs au sein d'un lignage nous apparaît difficile à démontrer, mais nous pouvons supposer que chaque famille transmettait en son sein des souvenirs, des comportements et des choix politiques qui lui étaient spécifiques[61]. Si le travail d'Alain Champagne concernait un milieu différent de celui des Craon, il a pu constater néanmoins cette transmission du savoir et des valeurs aux enfants[62]. La famille, nous dit Martin Aurell, "apparaît ainsi comme un milieu où la profession, à commencer pour celle des armes dans l'aristocratie, joue un rôle primordial. Son apprentissage est capital dans la socialisation de l'enfant"[63]. Le "métier" est un capital social que l'on transmet à son fils, ou à ses neveux ainsi qu'à ceux de son épouse dans un milieu professionnel très étroit[64].

58 La théorie de l'acteur, élaborée au cours des années 1970 par Michel Crozier et Erhard Friedberg, essaie d'appréhender la structure organisationnelle comme une élaboration humaine, et rejoint, en ce sens, les démarches qui analysent les causes en partant de l'individu pour aboutir à la structure (l'individualisme méthodologique) et non de la structure à l'individu (structuralisme). On doit donc chercher en priorité à comprendre comment se construisent les actions collectives à partir de comportements et d'intérêts individuels parfois contradictoires.

59 Leverotti 2005.

60 Alfani 2006.

61 *Libri memoriales et necrologia* 1979 ; pour le Pays de Galles, voir Bartrum 1983.

62 Pour la fin du Moyen Âge, Alain Champagne a suivi quelques familles d'artisans des campagnes poitevines, comme les Bigot de Chilleau : il constatait que le père transmettait à ses fils un savoir technique, particulièrement sophistiqué chez les maîtres verriers, et qu'il les mariait aux filles de ses confrères artisans (Champagne 2000).

63 Aurell 2004, 18

64 Cette idée est clairement explicitée dans le chapitre des orfèvres du *Livre des Métiers* d'Étienne Boileau. Ce registre, rédigé vers 1268 par Étienne Boileau, prévôt des marchands de Paris, est le premier grand recueil de règlements sur les métiers parisiens (Lespinasse & Bonnardot 1879).
Étudier l'orfèvrerie médiévale nécessite avant tout de replacer cet art dans son contexte et le dépouiller de toutes les notions et valeurs que lui a donné l'époque moderne. Comme le fait remarquer François Souchal en 1966 "L'orfèvrerie n'est pas au Moyen Âge un art mineur, mais une des expressions artistiques les plus importantes de cette époque", Souchal 1966, 215. Son importance dans la société médiévale et notamment son rôle dans la pratique cultuelle (par exemple, dans les trésors ecclésiaux, l'orfèvrerie était utilisée dans le montage des reliques, car la valeur matérielle augmentait l'aura cultuelle) explique que ce savoir faire fut transmis de père en fils, ou du moins entre parents. Ce milieu socio-professionnel est très étroit, très surveillé aussi : l'apprentissage de ce savoir faire très complexe est très long, cela a peut-être favorisé la transmission familiale dans un milieu fermé regardé de près par les autorités.

Les tendances actuelles de l'histoire sociale et familiale sont bien mises en avant par Thomas Benatouil[65], notamment celle de la place réservée à l'acteur dans la configuration familiale. Peut-on mettre en avant l'autonomie d'action d'un individu en dépit de la structure ? Luc Boltanski et Laurent Thévenot[66] soulignent que les "acteurs" ont conscience de la transmission de valeurs, de comportements au sein du lignage/groupe, mais ils disposent d'une autonomie d'action. Cette "sociologie pragmatique" invite à ne pas considérer les acteurs comme étant intégralement soumis aux contraintes : il n'existe pas, selon les auteurs, de strict déterminisme familial même au Moyen Âge. L'histoire de la famille, de la parenté et du lignage pourrait être dès lors considérablement renouvelée et Bernard Lepetit[67] lançait, en 1995, une réflexion sur la redéfinition des catégories de l'histoire sociale et familiale : ce que l'on considère habituellement comme étant des normes, des conventions peuvent être moins figées et moins universelles qu'on ne le pense. Les nouvelles méthodes de l'histoire sociale et familiale invitent donc à se dégager des modèles trop globalisants, sans distinction régionale, mais également trop simplistes et proposent, au contraire, d'intégrer les notions d'évolution et de nuances. La famille et le lignage sont différents selon les espaces et les époques et cette fluidité des modèles familiaux, c'est-à-dire les "théories de l'acteur", doit nettement apparaître ; parmi les membres du lignage, les frères et les sœurs, leurs relations, constituent une question centrale pour l'historien soucieux de cerner les contours de l'organisation lignagère. Cette approche appelle, entre autres, des analyses relevant plus ou moins de la micro-histoire ; les méandres d'une monographie familiale ne peuvent y échapper.

La relation frères et sœurs : un objet d'histoire récent

Saisir les ressorts des relations adelphiques[68] revient à interroger le sujet à l'aune des travaux menés en histoire mais aussi en anthropologie, en sociologie, en psychologie ou en psychanalyse. Il s'agit d'esquisser brièvement la complexité de ces relations eu égard aux questionnements actuels que posent les sciences humaines sur ce lien de parenté et de dégager les principales problématiques de ce sujet d'histoire récent, mais de plus en plus abordé par les jeunes chercheurs[69].

Les frères et sœurs, "parents pauvres" de l'histoire de la famille et de la parenté

La Catalogne a été le lieu d'études particulières sur la famille et son système à *casa*, fournissant une étude originale sur les relations entre l'aîné et le reste des membres du

65 Benatouil 1999, 281-317.
66 Boltanski & Thévenot 1991.
67 Lepetit 1995.
68 Le terme de fratrie désigne dans notre société "l'ensemble des frères et sœurs dans une famille". Il nie cependant le genre des acteurs en imposant un radical masculin qui a valeur de neutre. Jacques Maître emploie le terme de "sororie" pour désigner un ensemble de sœurs (Maître 1995). Il convient de retenir les termes de "fratrie" et de "sororie" pour identifier un groupe de frères ou un groupe de sœurs et de qualifier d'"adelphique" le groupe de frères et sœurs, en référence à l'origine partagée par ces frères et sœurs, cette "matrice" commune (*adelphos* en grec).
69 Nous pouvons citer par exemple le travail de Alessandria 2008.

groupe adelphique. Ces travaux ont surtout concerné les Xe - XIIe s. dans la veine des recherches menées par Pierre Bonnassie[70]. Martin Aurell a travaillé sur l'évolution de la notion d'alliance matrimoniale du VIIIe au XIIIe s. en Catalogne. La thèse de Lluis To Figueras sur l'*hereu*, l'héritier, montre comment ce système de parenté a encouragé la mobilité des autres membres de la fratrie, notamment dans la société paysanne[71].

Dans un article sur la façon dont les hommes mettent en scène les stratégies de la séduction féminine, Didier Lett montre à travers l'étude d'un *exemplum* comment "la place dans la fratrie interfère sur la beauté et les vertus"[72]. La relation frères-sœurs trouve aujourd'hui une place grandissante dans les recherches menées sur la parenté. Elle n'est pas étudiée pour elle-même mais doit permettre de préciser davantage les rapports sociaux.

L'étude des relations adelphiques s'intègre dans une histoire sociale plus vaste et permet de travailler sur les liens, les réseaux sociaux à l'aune de la relation "fraternelle". D'ailleurs, la terminologie de la fratrie et de la germanité ne désigne pas seulement les liens "biologiques" et sociaux entre enfants issus d'une même "matrice". Ce lien symbolique de fraternité désigne aussi une forme idéale du lien social dans la société médiévale.

L'historiographie a montré que les relations adelphiques médiévales se doublent de relations de pouvoir, où la hiérarchie fonctionne selon le genre et le rang de naissance. Pourtant, les liens qui unissent les chrétiens sont présentés comme des liens d'égalité, soudés par la *caritas*, l'amour parfait qui donne à la société chrétienne sa cohésion. Fraternité signifie alors le fait d'avoir une même origine, un même père : Dieu. La société chrétienne se pense comme un modèle d'égalitarisme. Les relations entre chrétiens sont conçues comme des liens fraternels. Dans le Nouveau Testament, le Christ apparaît comme le frère aîné de cette communauté, le "premier né d'un grand nombre de frères" (*Rm* 8, 29)[73]. Chloé Maillet observe dans les écrits hagiographiques un "aplanissement" des liens fraternels hiérarchiques. Ainsi, la "pseudo-parentalité monastique aplanit les liens et les "horizontalise" à l'extrême "[74]. Dans la *Légende Dorée*, à propos de Bernard de Clairvaux, elle montre que la concurrence entre frères et le partage du patrimoine sont niés.

Cette germanité chrétienne s'étend aux relations de parenté spirituelle entre laïcs. Pour Jérôme Baschet, le compérage "est une manière de rendre efficace les liens établis par la germanité de tous les baptisés"[75]. Les confréries reposent aussi sur la notion d'une germanité spirituelle élargie.

La relation adelphique est donc pensée, conceptualisée par la société médiévale. Il est intéressant de constater le décalage entre la conception idéelle de cette relation, faite d'amitié et d'égalité, et la fonction pratique dans la parenté, hiérarchisant les membres d'une même "fratrie". À la croisée de l'idéal fraternel et de la place occupée selon son rang et son genre dans une famille se trouve la complexité de cette relation à l'Autre, issu de la même "matrice".

70 Bonnassie 1975-1976.
71 To Figueras 1997.
72 Lett 2006.
73 Baschet 2000, 51.
74 Maillet 2008, 13-34.
75 Baschet 2000, 46.

Le rang dans le groupe adelphique a fait l'objet de nombreuses études sociologiques, anthropologiques ou historiques[76]. Elles ont montré qu'il est assez déterminant dans la construction identitaire des individus. Comme pour le genre, les comportements sociaux induits par le rang dépendent du contexte familial, social et économique. En effet, les contraintes démographiques sont fondamentales dans l'économie familiale et influencent les relations au sein du groupe adelphique. Didier Lett note "*qu'in utero*, l'enfant est, comme ses frères et sœurs déjà nés, un héritier potentiel (…)". Avant même sa naissance, il occupe un rang dans sa fratrie qui détermine sa place et son rôle. Dans les Pyrénées catalanes, au début du XXe s., le système de succession domestique et de transmission héréditaire est basé sur la primogéniture mâle[77]. Ce système médiéval[78] a pour objectif de conserver intacte la propriété immobilière aux mains du fils aîné, "*l'hereu*" (héritier). Les cadets, nommés *fadristerns*, littéralement "fils de l'extérieur", reçoivent des compensations matérielles sous forme de dot et conservent le *dret de casa*, le droit moral de solliciter le soutien de la maison paternelle. Brigitte Camdessus observe que "le premier enfant fait du couple une famille, le second crée une fratrie". Les projets formulés par les parents varient donc en fonction du rang dans la fratrie et sont source de différences. Dans la société médiévale, le poids économique de la transmission d'un patrimoine foncier est un élément déterminant de la répartition des rôles dans la "fratrie" et dans la formation de la personne. Frère et sœur peuvent difficilement être semblables parce qu'ils appartiennent à un groupe où les rôles correspondent à un certain ordre social. La relation adelphique est donc paradoxale en ce sens qu'elle est à la fois un lieu de similitude, de ressemblance et un espace d'apprentissage de la distinction sociale pour les différents membres de la fratrie.

Le destin de l'aîné ou des cadets est donc conditionné par le contexte économique et démographique de la famille. La personnalité de chacun est de fait liée à ces stratégies familiales. L'aîné doit davantage se conformer à l'héritage symbolique du patrimoine qu'il doit transmettre. Les cadets n'ont pas cet impératif et interprètent ainsi différemment cet héritage moral. Les relations entretenues entre l'aîné ou le puîné et le benjamin n'ont pas la même teneur. Le rang est donc un critère d'identification déterminant dans la construction de l'individu. Seul, il ne rend cependant pas compte de la complexité des relations adelphiques.

76 Dans *La genèse sociale des sentiments*, Bernard Vernier étudie la place des aînés et des cadets dans le système de parenté des Pompaques, minorité musulmane de l'île de Karpathos. Dans cette société, les rapports de domination opposent aînés et cadets et distinguent nettement les lignées masculines et féminines. Cette hiérarchisation est légitimée par la transmission des biens, des prénoms, par les règles de résidence et enfin par une théorie de la ressemblance familiale combinée avec des représentations touchant à la biologie. Par exemple, les cadets sont considérés comme inférieurs car la semence sexuelle est de moins bonne qualité. Certains de ces éléments distinctifs se retrouvent dans l'étude des sociétés occidentales. Martine Segalen et Georges Ravis-Giordani ont dirigé un colloque sur la place des cadets (Segalen & Ravis-Giordani 1994). Ils montrent que la différence aîné / cadet est un outil puissant de distinction dans l'ordre symbolique ; elle organise les relations entre les générations et la reproduction des groupes sociaux. Ces questions ont aussi été traitées par la psychologie, notamment à propos de la construction de l'identité de l'individu au sein de sa famille. Sylvie Angel a travaillé sur la problématique de la ressemblance et de la différence au sein de la relation frère-sœur : elle s'interroge sur les fondements de cette ressemblance/différence et tout particulièrement sur le rôle de l'inné et de l'acquis (Angel 1996).

77 Barrera Gonzalez 1994, 139-153.

78 To Figueras 1997.

La figure de la sœur aînée diffère de celle du frère aîné. Parce qu'elle est de genre féminin, l'aînée est moins concernée par la transmission du patrimoine immobilier. Néanmoins, elle occupe une place importante dans la fratrie, servant parfois de mère de substitution[79]. Dans l'article étudiant *Le livre du chevalier de La Tour Landry pour l'enseignement de ses filles*, Didier Lett observe que quand l'auteur met en scène des sorories, la beauté décroît avec l'ordre de naissance[80]. Néanmoins, cette beauté est inversement proportionnelle aux vertus détenues par les cadettes et les benjamines. Dans les discours, les valeurs attachées aux membres du groupe adelphique varient en fonction du genre et du rang.

Les différences sociales semblent présentes, dès le plus jeune âge, dans la fratrie, selon son rang et son sexe. En s'intéressant à la différence entre aîné et cadet ou entre garçon et fille, l'historien comprend les systèmes sociaux qui organisent le groupe adelphique et les liens tissés en fonction de cela. Les rapports affectifs, les sentiments, sont certes orientés par ces critères sociaux mais restent plus difficilement saisissables. De plus, ces considérations sont très théoriques et il convient de prendre en compte la mortalité infantile et juvénile : combien de troisième fils se sont retrouvés héritiers après avoir vu mourir leurs aînés ?

Frères et sœurs : une question de genre

De nouvelles problématiques de recherche sur l'histoire de la famille et du lignage en Europe sont apparues ces dernières années. La réflexion autour du concept de famille a connu des évolutions récentes. Si l'histoire des femmes s'est développée dans les années 1970, une histoire du genre n'est apparue que dans les années 1990. Il s'agit de reconsidérer le rôle de la famille par le genre, une construction culturelle qui modèle les comportements en fonction du sexe. Le genre est la différence des sexes construite socialement ; Françoise Thébaud l'explicite comme "un ensemble dynamique de pratiques et de représentations, avec des activités et des rôles assignés, des attributs psychologiques, un système de croyances"[81]. Il est donc un facteur d'identité, les individus manifestant des comportements "genrés".

Reconsidérer le rôle de la famille par l'approche du genre et dépasser les structures familiales, le lien familial, en croisant les catégories peut être un critère supplémentaire dans l'analyse de la famille, permettant une découverte de la masculinité (les questions de sexualités peuvent alors être des sujets d'étude dépassant par ailleurs le cadre des genres), une étude sur la maternité, la fraternité. Par exemple, une approche en terme de genre sur la question du mariage permet de reconsidérer le rôle de chacun et la manière dont les acteurs vivent le mariage.

Frères et sœurs appartiennent au même groupe adelphique, proviennent de la même "matrice" mais n'ont pas le même sexe biologique. De cette différence naît une dissemblance d'apparence liée aux caractères physiques biologiques masculins et féminins. Cette différence entre les corps est aussi perçue à travers le prisme d'une culture, d'une société qui lui donne sens et produit des comportements sociaux différenciés, de genre féminin ou masculin.

79 Lett 1997, 188.
80 *Ibid.* 2006, 333-352.
81 Thébaud 2007, 121.

Étudier les relations entre frère et sœur permet d'envisager la polysémie des masculins et des féminins dans la société du bas Moyen Âge. S'il existe un discours clérical, notamment sur le modèle de féminité par exemple, la réalité du féminin est multiple. De plus, Christiane Klapisch-Zuber a montré que le masculin est rarement évoqué dans la littérature médiévale, si ce n'est pour signifier la plénitude et la totalité en opposition au féminin[82]. La motivation des clercs à dresser l'inventaire des caractères féminins atteste de la difficulté à imposer un modèle de féminité. En effet, chaque individu adapte son identité de genre à sa personnalité. Davantage que le masculin et le féminin, il convient d'appréhender les masculins et les féminins à travers les relations adelphiques de façon à déconstruire ces modèles. Ces relations sont le théâtre d'enjeux socio-économiques et familiaux. La dévolution des biens, par exemple, révèle les stratégies mises en place pour que le patrimoine (*patrimonium* : l'héritage du père) reste entre les mains des hommes d'une famille. La gestion des biens fonciers constitue au Moyen Âge un élément essentiel de pouvoir et reste en général un élément de pouvoir masculin. Joan Scott considère que "le genre est un élément constitutif des rapports sociaux fondés sur des différences perçues entre les sexes, et le genre est une façon première de signifier des rapports de pouvoir"[83]. L'analyse des rapports entre frère et sœur s'intègre dans une histoire socio-culturelle, le genre étant en partie constitutif des rapports sociaux.

La psychanalyse considère que "l'identité de genre commence avec la connaissance et la perception, conscientes ou inconscientes, que l'on appartient à un sexe et non à l'autre"[84]. La découverte de cette différence se fait au cours de l'enfance : c'est à ce moment que se fait l'apprentissage d'une "identité sexuée". L'éducation n'est pas la même selon que l'enfant est une fille ou un garçon. La société produit des modèles de comportements sexués différents. Didier Lett montre, par exemple, que l'âge de la majorité, au XIIIe s., est voisin de celui de la puberté[85]. Les filles étant plus précoces que les garçons, elles deviennent majeures vers quatorze, quinze ans : mariées plus tôt, elles quittent la maison plus rapidement, du moins dans le cas apparemment le plus fréquent en Europe, celui de la famille patrilocale. Les parents n'ont donc pas les mêmes projets selon que leur enfant est une fille ou un garçon. Ces différences sociales et juridiques se traduisent dans les rapports qu'entretiennent les frères et les sœurs et dans la façon dont se construit chaque individu dans le groupe adelphique. Fille et garçon n'ont pas le même rôle à jouer dans la famille. Le garçon doit perpétuer sa lignée, gérer le patrimoine, créer une descendance : il œuvre pour la postérité de son lignage.

Cependant, dans une perspective d'histoire sociale qui cherche à comprendre la construction de l'identité des individus, le genre seul comme critère d'analyse ne suffit pas et il est important d'articuler l'appartenance sexuée à d'autres modes d'identification, notamment le rang dans la fratrie ainsi que le milieu social dans lequel évoluent ces relations familiales.

82 Klapisch-Zuber 1999, 655-668.
83 Scott 1988, 141.
84 Assoun 2007, 74.
85 Lett 1997, 25.

L'analyse des relations entre frères et sœurs offre sans aucun doute des perspectives intéressantes : elle permet de saisir les différents enjeux affectifs, économiques, démographiques ou sociaux structurant ce lien de parenté et renseigne aussi l'histoire sociale en travaillant sur la construction identitaire des individus au sein de leur groupe adelphique certes, mais aussi du groupe familial. Elle peut mettre en exergue les conceptions médiévales relatives à l'altérité et à la ressemblance et amener à confronter les modèles érigés à la fois par la littérature ecclésiastique ou par la norme juridique à la pratique pour mieux les déconstruire. Enfin, la compréhension des relations entre frères et sœurs invite à multiplier les angles d'analyse et à articuler plusieurs critères d'étude dans une perspective d'histoire sociale comme le genre, le rang de naissance, l'âge, le niveau social ou encore le lieu de vie. Frères et sœurs partagent la même origine mais n'ont pas une descendance commune. Ils sont pourtant au cœur de la transmission du patrimoine matériel et symbolique parental. La transmission a été abordée par l'histoire pour comprendre la filiation, pour la qualifier. La relation entre frères et sœurs présente l'intérêt d'aborder la transmission de façon "verticale", en analyse la place de chacun au sein du groupe adelphique en fonction de ce que les parents lui transmettent, mais aussi de façon "horizontale", en s'intéressant à la circulation des biens, des affects, des critères d'identités entre frères et sœurs. Cependant, la contrainte documentaire ne nous permet pas toujours de cerner la réalité de ce type de relations et invite à accorder une place essentielle à l'interprétation.

Cette dernière décennie est marquée par un regard critique à l'égard de l'anthropologie de la parenté[86]. Certes, les historiens s'accordent à reconnaître qu'elle a permis de mieux comprendre les systèmes de parenté et les règles d'alliance, soulignant, en particulier, l'importance de la parenté cognatique, mais ces travaux, fortement marqués par l'anthropologie structurale, "décrivent des normes culturelles, délaissant les relations vécues par les acteurs sociaux parfois très éloignés des liens théoriques reliant les membres d'un système de parenté constitué par l'historien"[87]. Les recherches menées par Didier Lett ou Naomi J. Miller[88] sur les liens adelphiques s'inscrivent dans ce type de relations vécues par les individus : l'historien de la parenté s'intéresse désormais à la parenté pratique[89].

Jean-François Chauvard insiste sur le fait qu'il est impossible aujourd'hui d'étudier une famille, un lignage, sans partir des individus eux-mêmes, de leur pratique, de leur comportement, de leurs relations et qu'il convient d'utiliser "tout l'arsenal méthodologique de la micro-histoire : la reconstitution biographique, les configurations relationnelles, l'analyse de réseau"[90]. L'individu doit être étudié au sein de sa famille mais également en dehors de son lignage : la famille doit dès lors être intégrée dans une histoire plus vaste et la tendance actuelle est de réfléchir comment les familles se constituent dans un espace large et interconnecté.

86 Les médiévistes qui étudient la famille inscrivent majoritairement leurs travaux dans le champ de l'anthropologie de la parenté, comme en rend compte le bilan dressé par Guerreau-Jalabert *et al.*, 2002, 433-447.

87 Lett 2008, 5-12.

88 Lett 2004 ; Miller & Yavneh 2006 ; Oris *et al.*, 2007.

89 Définie par Florence Weber "comme l'ensemble d'obligations et de sentiments qui donne leur efficacité aux liens officiels de parenté ou qui crée d'autres liens" (Weber 2005, 9).

90 Chauvard 2004, 87-108.

L'analyse des réseaux : intérêt et limites de cette approche

L'analyse des réseaux peut être un moyen d'élargir l'étude de la famille et de l'ouvrir au champ social : elle est en mesure, à un moment où les outils informatiques nous le permettent, de réintégrer le quantitatif. Outre la démographie historique dont l'engouement pour une analyse en terme de réseaux date d'une décennie[91], l'étude des relations de pouvoir implique aussi le recours à cette notion. En mettant l'accent sur la forme des relations dans la famille et entre familles, l'analyse de réseaux peut permettre de soulever des réflexions de fond sur la définition de ces "familles" et sur la notion de stratégie familiale[92] : peut-on l'envisager pour un lignage ? Et s'il existe des stratégies familiales, la locution est-elle pertinente quelle que soit l'époque ?

Cependant, aux obstacles liés aux sources[93], s'ajoutent, dans le cas d'une analyse de réseaux, un certain nombre de limites : il s'agit d'une technique descriptive et non interprétative qui doit s'accompagner du sens des liens, peut-être nés du hasard ou de la nécessité. De plus, l'analyse de réseaux s'applique à un graphe statique, qui ne prend pas en compte les dynamiques, ce qui la cantonne au rôle de complément d'autres démarches et implique un croisement des sources. Sans nécessairement passer par une formalisation de leurs repères en "réseaux", les historiens de la famille se plaisent à parler de solidarités familiales.

Les solidarités familiales : une thématique centrale

La prise en compte de l'individu est également visible à travers la thématique des solidarités familiales. Cette notion de solidarité familiale, désormais ancienne, est devenue centrale dans les années 1980 dans un contexte de crise : le questionnement de l'historien est à relier avec son contexte. Il fut alors établi que la famille était un lieu de sécurité, ce qui était considéré comme étant un présupposé suffisant à la création de liens d'entraide. Cette vision est certainement vraie dans certains contextes, notamment de fragilité, mais en étudiant plusieurs lignages, il apparaît que les conflits étaient non moins intrinsèques au fonctionnement familial[94]. Des modèles familiaux, beaucoup trop stricts, peuvent nous faire oublier comment les individus évoluent. Le conflit peut entrer dans une logique, dans une histoire et les lignages peuvent parfois jouer de ces querelles, d'autant que la situation évolue. Nous abordons, dès lors, la place des sentiments et des affects dans le cadre lignager, l'une des questions qui préoccupe les historiens de la parenté. Si l'historien ne peut pas saisir les sentiments car les sources ne nous permettent pas d'y accéder, il ne peut pas non plus en nier l'existence.

91 Pour un bilan, voir *Histoire de la famille et analyse de réseaux, Annales de Démographie Historique*, n°109, 2005-1.

92 Lemercier 2005, 7 à 31.

93 Claire Lemercier considère que les sources ne doivent pas être un obstacle absolu (*ibid.*, 8) et s'oppose ainsi à l'avis de Claire Dolan, auteur d'une étude sur des familles de notaires qui affirme que l'approche en terme de réseaux est inapplicable pour le XVIe s. (Dolan 1998).

94 Debordeaux & Strobel 2002 et en particulier Burguière 2003, 19-40.

Force est donc de constater qu'aujourd'hui de nombreux travaux sont venus renouveler les problématiques sur les structures familiales, mais également les approches et la monographie familiale a également pu profiter de ces nouvelles pistes de recherche.

Approche historiographique sur la famille de Craon

Très tôt, cette famille a suscité l'intérêt des érudits et des généalogistes ; il convient, dans un premier temps, de faire le point sur leurs travaux puis à travers une approche critique d'en apprécier la valeur. Dès le XVIIe s., Gilles Ménage[95] (1613-1692) dans son *Histoire de Sablé*, esquissait une généalogie des familles de Sablé et de Craon et proposait des remarques et des preuves, reprises et critiquées par l'abbé Angot (1844-1917) qui décidait alors de composer son *Dictionnaire historique, topographique et biographique de la Mayenne* (1903-1910)[96]. Ses recherches permettaient à Ernest Laurain de publier en 1942 un ouvrage précieux sur les familles mayennaises reprenant certains commentaires de Bodard de la Jacopière[97] qui avait fait paraître un recueil contenant un descriptif géographique et des commentaires sur les deux maisons de Craon, celle issue de Suhard le Vieux puis à la suite d'une forfaiture et d'une inféodation celle de Robert le Bourguignon. Il terminait son travail par une compilation de pièces justificatives. Bien que sensiblement postérieur à notre objet d'étude, l'ouvrage de Joubert dégageait l'intérêt d'une analyse des archives du chartrier de Thouars[98]. Prenant appui sur les travaux de ses prédécesseurs, Bertrand de Broussillon[99] entreprit de retracer la généalogie de cette famille ainsi que les principaux éléments de son histoire. Si son ouvrage présente un riche corpus documentaire recensant la plupart des actes des seigneurs de Craon ou les concernant, ce legs érudit doit être envisagé avec respect et prudence puisqu'il présupposait la notion de lignage s'efforçant de représenter la haute noblesse comme une vaste famille, apparentée à la lignée royale. Les uns et les autres vouaient une place trop large à la généalogie et à l'événementiel et pouvaient négliger par exemple les ecclésiastiques du lignage qui avait pourtant compté un clerc élu archevêque de Tours en 1285 et un autre, Jean de Craon, archevêque de Reims (1355-1373).

Rénovant l'utilisation des chartes par le double procédé de l'analyse juridique et de la recherche du contexte social, Olivier Guillot[100], dans son étude sur le comte d'Anjou, avance de nouvelles interprétations s'appuyant sur une solide documentation de 444 chartes dont l'analyse s'accompagne de commentaires diplomatiques et historiques. Parmi les sujets traités, l'évolution de la puissance comtale et l'interaction des trois forces qui parfois la renforcent et parfois la limitent font l'objet de trois chapitres faisant suite à celui de la place du comte d'Anjou dans le royaume de France et l'Occident chrétien : le monachisme, l'évêque d'Angers et les châtelains dont les Craon et les Sablé. Indispensables, les travaux de Daniel Pichot et de Bruno Lemesle renouvellent en profondeur les problématiques sur la parenté et

95 Ménage 1684.
96 Angot 1942.
97 Bodard de la Jacopière 1871.
98 Joubert 1888.
99 Bertrand de Broussillon 1893.
100 Guillot 1972.

les questions d'appropriation et d'occupation du territoire[101] abordant le dispositif castral de la seigneurie de Craon. Des aspects particuliers ont aussi été abordés par les historiens ces dernières années : une biographie sur un personnage de la famille, Robert le Bourguignon étudié par Scott Jessee[102] dans une perspective strictement politique, et une recherche sur sa tante Agnès de Bourgogne[103]; des traductions récentes en allemand moderne et en anglais du récit intitulé Moritz von Craûn par Albrecht Classen[104] et Stéphanie Van d'Elden[105], le travail de Ruth Harvey[106], auxquelles s'ajoutent les réflexions de Peter Andersen ; une approche sur les armoiries des Craon menée par Anthony Bellanger avec une mise en perspective régionale ; les travaux des archéologues, en particulier celui de François Comte sur la chapelle des Craon à Angers.

Au-delà de ces quelques sujets d'étude précis, aucune synthèse n'avait été entreprise sur le fonctionnement de ce lignage de Craon en tant que schéma de parenté. Prenant appui à la fois sur les travaux des anthropologues et sociologues et sur les sciences annexes de l'histoire, un tel travail permet une remise en question des schémas interprétatifs les plus rebattus, tout en s'inscrivant dans le renouveau de la monographie familiale, analysée sur une longue durée permettant une traversée au long cours de l'histoire socio-politique de la France sur près de quatre siècles.

Choix méthodologiques : intérêt et limites du cadre monographique

Longtemps délaissée par la recherche universitaire, la monographie familiale est devenue des plus novatrices et c'est à partir des années 1980 que les médiévistes empruntent de nouveau le chemin de l'étude des familles. La mode de la micro-histoire, nous dit Martin Aurell, explique ce regain d'intérêt pour la monographie familiale : "au système d'explication globalisant fort répandu en historiographie en raison des idéologies de l'après-guerre, la génération de la fin du XXe s. préfère la solidité de la recherche concrète pour fonder ou infonder des hypothèses de travail préalable"[107]. L'analyse de la micro-histoire accorde plus d'importance à l'expérimental et au qualitatif. Les acquis dans le domaine des structures de parenté sont nombreux, grâce à l'élaboration de nombreuses monographies[108], à l'intérieur desquelles se mêlent des aspects multiples, religieux, culturels ou économiques, qui peuvent être néanmoins centrés autour de deux axes : la filiation, c'est-à-dire la naissance, la place qui revient à chacun au sein de sa famille et l'alliance, c'est-à-dire le mariage, correspondant à un choix de l'intéressé ou de sa parenté. Les travaux de D. Pichot et de B. Lemesle font figure de référence pour le Maine médiéval, renouvelant en profondeur les problématiques et

101 Pichot 1995.
102 Scott Jessee 2000.
103 Pedron 2008.
104 Classen 2011.
105 Van D'Elden 1990.
106 Harvey 1961.
107 Aurell 2004, 8.
108 L'étude d'une famille suppose en effet un arrière-plan politique et social, sur le modèle des grandes monographies régionales d'historiens médiévistes : Duby 1972, 803-823 ; Boussard 1961 ; Guillot 1972 ; Avril 1985 ; Debord 1985 ; Chédeville & Tonnerre 1987.

dessinant les traits d'une société féodale mancelle. Abordant les questions des relations entre vassaux et seigneurs, entre noblesse et Église, B. Lemesle insiste sur la parenté et la puissance aristocratique[109], tandis que D. Pichot se concentre sur les questions d'appropriation et d'occupation du territoire[110] : leurs travaux sont indispensables à la réalisation d'une monographie familiale en Anjou. Cependant, la conclusion d'une monographie est toujours provisoire et peut être facilement remise en question par la découverte d'un nouveau document ou par une nouvelle lecture des sources : le groupe étudié apparaît effectivement comme un échantillon d'un milieu social plus large sur lequel il apporte quelques lumières. En effet, chaque famille se trouve intégrée dans un ensemble qui influe sur son action, ses pratiques sociales et familiales. Depuis une dizaine d'années plusieurs monographies familiales se donnent ainsi pour ambition de partir de l'étude d'une maison puis, grâce au comparatisme, de généraliser, au groupe social, répondant ainsi au grand débat de l'histoire sociale, celui de l'articulation entre macro et micro histoire[111].

L'histoire de la famille et de la parenté doit dès lors prendre appui sur une démarche prosopographique, indispensable pour une recherche sur la société et sur les groupes qui la composent. La prosopographie élargit le champ visuel de l'étude d'une famille : elle travaille sur des réseaux de groupes de parenté et de solidarité. En établissant plusieurs monographies familiales, la démarche prosopographique ouvre la voie au comparatisme : les conclusions qu'on en tire, souligne Martin Aurell sont plus fiables que si elles étaient fondées sur l'étude unique d'une maison[112], d'autant que les deux démarches se complètent.

D'autres pistes de recherche sont habituellement explorées dans les monographies familiales, notamment l'approche démographique : la natalité, la nuptialité ou la mortalité font l'objet d'études attentives. Les données sur la première sont rares en raison de la disparition en bas âge d'enfants sur lesquels la documentation reste muette et le taux de nuptialité est également difficile à connaître. La dimension religieuse est de plus en plus prise en compte dans l'étude de la famille, notamment l'influence du christianisme sur l'institution matrimoniale. Les relations avec le monachisme sont aussi importantes, mais ce thème est depuis longtemps au centre des études sur les familles aristocratiques du haut Moyen Âge. Bien des maisons étudiées présentent un lien privilégié avec un monastère : les Boves picards normands sont particulièrement attachés à Notre-Dame du Paraclet, qu'ils ont construit sur leurs terres au début du XIIIe s. L'ouvrage récent de Florian Mazel s'engage à dégager les relations entre l'aristocratie et l'Église, mettant à l'instar de l'historiographie anglaise, américaine ou allemande la religiosité au cœur du social[113].

L'usage de "monographie familiale" auquel nous faisons référence ne renvoie absolument pas à ce que cela sous-entendait il y a trente ans : le lignage que nous étudions est clairement appréhendé dans son environnement social, culturel et économique, nous éloignant ainsi de la dimension strictement "familiale" verticale. À partir de l'étude sur la famille de Craon, nous proposons une réflexion autour du concept lignager : la genèse et les fondements de la

109 Lemesle 1999.
110 Pichot 1995.
111 Grendi 1997 ; Dhughes 1975 ; Malanima 1977 ; Savy 2004, 201-212 ; Benadusi 1996 ; Chojnacka 1997, 491-495.
112 Aurell 2004, 12, 13.
113 Mazel 2002.

structuration lignagère ainsi que le fonctionnement lignager des Craon appréhendé sur une vaste période chronologique.

Or, comment se situer par rapport à ces définitions multiples et à ces problématiques de recherches divergentes ? Il convient déjà de dépasser le simple constat de la complexité des définitions, puis nous devons nous efforcer de dégager une terminologie commune pour permettre le comparatisme. Cette recherche de sens, qui serait acceptée par tous les historiens, doit, nous semble-t-il, partir des individus et se libérer d'un cadre préétabli. Notre démarche veut se dégager des modèles familiaux trop stricts qui ne prennent pas assez en compte les singularités, les individus eux-mêmes ni l'évolution de la structure familiale et en ce sens, nous nous sommes efforcé de réaliser un tableau de filiation et d'alliances le plus large possible, prenant en compte différents niveaux d'apparentement dans une perspective aussi bien verticale qu'horizontale : il ne fallait pas limiter notre généalogie.

Délimitation de l'objet d'étude

Notre objet d'étude porte donc sur le lignage et prend appui sur les travaux de Bertrand de Broussillon. Proposer un questionnement sur le lignage en partant d'un ouvrage qui le présuppose existant peut apparaître contradictoire. Il s'agit donc d'élargir la méthode et les approches de Broussillon et d'examiner ce concept lignager, son fonctionnement et ses contours sur une large période chronologique du XIe à la fin du XIVe s. En quatre siècles, le contexte évolue évidemment et influe indubitablement sur l'organisation lignagère.

Travail sur le corpus documentaire

Le point de départ de nos travaux a été la constitution d'un catalogue exhaustif d'actes sur la famille de Craon ; nous avons pu prendre appui sur l'ouvrage de Bertrand de Broussillon, *La maison de Craon*, Paris, 1895 : classé de manière chronologique, ce recueil constituait un instrument de travail efficace. Dans un deuxième temps, nous avons travaillé sur chacun des documents référencés, tout en nous efforçant de prendre en compte l'histoire archivistique de l'acte c'est-à-dire son classement initial : vérification des informations issues des travaux de Broussillon, dépouillement des actes et des chartes aux Archives Nationales, à la Bibliothèque Nationale, aux Archives Départementales de la Mayenne, du Maine-et-Loire, d'Eure-et-Loir, de la Sarthe et d'Indre-et-Loire puis aux Archives Municipales d'Angers, travail de transcription et de corrections, examen critique des actes, confrontation des sources. Enfin, l'analyse du fonds d'archives des La Trémoïlle nous a ouvert de nouvelles perspectives d'autant que Bertrand de Broussillon, qui réalisa le catalogue d'actes sur la maison de Craon en 1895, n'avait pas eu à disposition l'œuvre du duc de La Trémoïlle, ce qui explique des interprétations erronées et des oublis. Grâce à l'apport de ce fonds, nos sources, de nature religieuse pour les XIe - XIIe siècles, se diversifiaient pour les siècles postérieurs.

Identification

Nous avons commencé par ficher les seigneurs de Craon, leurs épouses mais également recherché le devenir matrimonial des enfants en prenant en compte un groupe plus large que le lignage : à chaque alliance, nous nous sommes efforcé de rechercher une autre alliance qui aurait été constituée avant. Après avoir procédé à l'identification des personnages, nous avons ainsi réalisé une large généalogie prenant en compte la filiation mais aussi l'alliance. L'idée était de réaliser un arbre généalogique étendu, tout en étant conscient d'un certain nombre de limites intrinsèques à cette réalisation : certains éléments généalogiques restent obscurs et d'autres très hypothétiques. Mais, en y intégrant la belle-famille, les cousins, les gendres, les neveux par alliance, ainsi que, lors des remariages, les nouveaux beaux-frères, nouveaux neveux, etc..., nous nourrissions le projet de dégager le réseau familial, qui n'est entrevu, finalement, que ponctuellement. Le problème était donc de savoir à quel moment on s'arrêtait dans le fichage. Nous avons suivi les seigneurs de Craon, leurs unions, celles de leurs enfants mais nous n'avons poursuivi le chaînage que sur les seigneurs de Craon. Nous avons donc croisé deux approches pour définir l'ensemble des personnages étudiés : la parenté et la qualité de "seigneur de Craon". En complément de ce travail, nous avons conçu des notices précises sur chaque seigneur ainsi que sur les branches cadettes et nous avons rentré toutes les données connues d'un ensemble d'individus sur une base informatique.

Mise en perspective

Un travail bibliographique nous a permis de mettre en valeur des hypothèses de travail, qu'il a fallu replacer dans le paysage historiographique sur la parenté et le lignage, mais aussi de prendre connaissance de l'intérêt et des limites d'une monographie familiale : cette approche critique modifia parfois nos angles d'attaque. De la même manière, les travaux des sociologues nous ont permis d'affiner nos problématiques et parfois de modifier nos interprétations.

Il est bien évident que pour des raisons pragmatiques, nous avons été obligé de mener en parallèle plusieurs axes de recherche. Ce fut un constant travail aller et retour entre le dépouillement, l'identification et la mise en perspective, ce qui explique que nous sommes dans l'impossibilité de présenter une réelle démarche cloisonnée en étapes : nous nous sommes seulement efforcé de dégager des directions d'enquête.

On le constate donc : il reste aujourd'hui une place pour un travail sur la famille de Craon, en accord avec l'historiographie actuelle. Or, notre sujet sur les Craon présente quelques singularités puisque le corpus documentaire relativement bien fourni nous permet d'envisager une étude significative dans la longue durée, à la différence des Garencières-le Baveux, un lignage de la moyenne noblesse normande dont les documents obligeaient Catherine Goldmann[114] à limiter son étude sur deux siècles, de la deuxième moitié du XIIIe s. à la moitié du XVe[115] ou du travail de Bertrand Schnerb sur les Bournonville qui envisage une période plus courte, celle des XIVe et XVe s.[116].

114 Goldmann 1991.

115 "Avant 1250", nous dit Catherine Goldmann, "les relations familiales étaient confuses et l'instabilité anthroponymique rendait toute identification incertaine et dangereuse. En outre, rien dans l'histoire des Garencières-le Baveux de la fin du Moyen Âge, ne permettait d'évoquer précisément un passé antérieur. Toutes traces d'un sanctuaire familial, de chartriers, voire d'épopée familiale ont disparu et les évocations du passé des Garencières dans les actes royaux dépassaient difficilement le moment de la constitution de la baronnie, soit le début du XIVe s." (*Ibid.*, 3).

116 Schnerb 1997.

La question du champ chronologique s'est résolue d'elle-même. C'est en effet dans les années 1050 que la seigneurie de Craon fut concédée à Robert le Bourguignon, un cadet bourguignon de haute naissance venu s'implanter en Anjou : il était dès lors naturel de commencer à ce moment-là. Saisir les origines de cette famille nous amenait à rechercher les moyens et les circonstances de l'installation de Robert le Bourguignon en Anjou, mais également les modalités de circulation du patrimoine, véritable obsession des familles, vers le milieu du XIe s., à une période où, selon les historiens, survint une évolution du système de parenté de la noblesse, avec la mise en avant du lignage, nouvelle structure de parenté se substituant au cousinage et à la famille éclatée de l'Empire carolingien. Ancrage dans un château, cristallisation dans un domaine paraissent être les fondements de l'identité d'un lignage. Or, dans le cas des Craon, cette thèse du topo lignage devra être discutée et étayée d'autres éléments déterminants dans la réalisation de l'identité lignagère tels que la courtoisie, le vasselage et l'adoption des armoiries par la famille. Commence alors un travail de construction de la mémoire familiale, entrepris dès les XIe - XIIe s., à travers des modes d'expression à la fois classiques et singuliers. De fait, cette approche nous conduit à reconstituer la vie de la seigneurie foncière appartenant aux Craon et le jeu de leurs liens féodaux, à dégager dans la mesure du possible les conditions matérielles de la "montée en puissance" de ces seigneurs.

Nous constatons en effet que cette famille, vouée à des préoccupations féodales d'ordre régional et enfermée dans ses possessions patrimoniales au XIe s. passa à un rang plus élevé, à partir des XIIIe et XIVe s., ouvrant son horizon politique et matrimonial à l'échelle du royaume. Cette idée mettait en évidence le ralliement de ce lignage à l'État et la participation de ces seigneurs à la formation de l'unité "nationale" dans un contexte politique agité. Ce passage fut cependant progressif et eut lieu apparemment par étapes successives puisque les Craon, tiraillés entre des fidélités et des engagements contraires – "anglais" ou "français" – n'hésitèrent pas à louvoyer au gré de leurs intérêts. Cette "montée en puissance" des seigneurs de Craon fut aussi l'œuvre de certaines personnalités bien affirmées du lignage, dotées d'un sens politique certain et ayant fait les bons choix au bon moment. C'est ainsi que dans les années 1205-1210, à la suite de la prise de possession de l'Anjou par le roi de France, le tournant fut bien négocié par les Craon qui, après un temps d'hésitation, choisirent leur camp.

Puis, vers les années 1275-1280, les seigneurs de Craon prirent une dimension nouvelle passant à un registre différent, celui de la diplomatie : il ne s'agissait désormais plus de louvoyer au gré des intérêts mais, mandaté par le roi de France, de circuler d'une cour à l'autre à l'intérieur d'un cadre régulé. Le tournant décisif eut lieu dans les années 1320 : à partir de cet instant, le choix était apparemment fait, les Craon se tournaient de manière définitive du côté du roi de France ; il n'y eut dès lors plus de renversement possible. Ce fut précisément à cette période que le seigneur de Craon rentra en contact avec des familles non plus régionales mais avec des familles situées dans tout le royaume. Or, leur horizon s'élargissait au moment où s'appesantissait l'autorité royale par le biais de cette haute instance judiciaire qu'était le Parlement, constat qu'il conviendra de démontrer.

Une famille de l'importance des Craon ne peut se soustraire du contexte politique : les aléas de l'histoire politique pèsent en effet d'un poids particulier sur le destin de ce lignage d'autant qu'il se situe dans une région[117] politiquement convoitée et agitée faisant partie de l'Empire Plantagenêt, puis du domaine du roi de France ou des princes apanagés, avant d'être soumis aux soubresauts de la guerre de Cent ans.

Quant aux limites chronologiques en aval, le choix de l'année 1373 fut guidé par des raisons patrimoniales et familiales : c'est en effet la date de la mort d'Amaury IV de Craon, le dernier seigneur en ligne masculine directe. La seigneurie de Craon passe alors entre les mains des La Trémoïlle à la suite de l'alliance de Marie de Craon – Sully, nièce d'Amaury IV, mort sans enfant légitime, avec Guy IV de La Trémoïlle. La dilution du patrimoine des Craon alimente les rancœurs et nourrit les prétentions ; les contestations et les négociations qui s'ensuivirent et qui trouvèrent leur terme en 1415 au moment de l'extinction de deux branches cadettes sur le champ de bataille à Azincourt ne font pas l'objet de ce travail, ni la question des solidarités lignagères au moment de la guerre civile entre Armagnacs et Bourguignons.

Ce vaste champ chronologique est une réelle difficulté à surmonter car la période envisagée (XIe - XIVe s.) nous oblige à prendre connaissance de toutes les grandes problématiques actuelles portant sur la noblesse au cours de quatre siècles, en évitant deux écueils : le risque d'éparpillement d'une part et la menace d'un travail superficiel, sans profondeur, en raison de ce vaste chantier, d'autre part. Ce n'est pas la seule difficulté. Nous devons également nous plonger dans quelques-unes des sciences annexes de l'histoire : l'anthropologie, la diplomatique, le droit familial, la généalogie afin de mieux saisir la destinée de ce lignage et de mieux comprendre les choix politiques et patrimoniaux de ces seigneurs.

Au terme de cette introduction, plusieurs remarques s'imposent : nous devons, d'une part, considérer cette structure familiale dans une perspective chronologique de la genèse de ce lignage jusqu'à la disparition de la branche aînée en 1373 sans pour autant négliger certains axes plus thématiques, tels que l'approche démographique et l'étude des relations entre branche aînée et branches cadettes, mais également l'onomastique ou l'héraldique, que nous aborderons dans une deuxième partie, centrée sur le "concept lignager". D'autre part, nous devons mettre en avant certains angles de notre étude, tout en étant conscient des difficultés de ces démonstrations : la question du déploiement des alliances de la noblesse, en tant que fondement de l'unité du royaume et de la genèse de l'État moderne ; le phénomène de "pactes de famille", en tant que moyen de défense de la noblesse face aux empiétements du Parlement et à la stricte réglementation de la coutume, ainsi que la notion de *Bastard Feudalism,* base possible des relations contractuelles entretenues par les Craon avec ses serviteurs sont autant d'axes de recherche à privilégier.

117 La famille de Craon se situait en effet à la frontière des régions géographiques du Bas-Maine et de l'Anjou, dans la région administrative actuelle de la Mayenne. Elle participa, de ce fait, à "l'aventure des Plantagenêts", trouvant son apogée sous le règne d'Henri II, puis passa entre les mains du roi de France à la suite de l'assassinat d'Arthur, fils posthume de Geoffroy de Bretagne, par Jean sans Terre. Or, si la conquête capétienne avait été rapide, le passage de "l'Anjou angevin" à "l'Anjou français", pleinement intégré à l'unité monarchique, s'effectua progressivement. Après la prospérité relative du XIIIe s., permettant à l'Anjou et au Maine de se relever des dommages causés par la conquête militaire, une terrible période de crise lui succéda : crise politique (les nobles angevins participèrent aux ligues seigneuriales), crise monétaire (à la suite des dévaluations de Philippe le Bel), crise agricole jalonnée par une série de mauvaises récoltes et de famines. Puis, survint la guerre de Cent ans où des décennies durant, Anglais et routiers dévastèrent les campagnes par leurs chevauchés, venus de Normandie, de Guyenne, du Poitou et de la Bretagne.

PREMIÈRE PARTIE

La genèse d'un lignage : territorialisation et mémoire familiale (XIe - XIIIe s.)

La famille et la parenté constituent aujourd'hui des thèmes essentiels auxquels s'intéressent les historiens ; mais ce n'est qu'à partir des deux dernières décennies du XXe s. que les médiévistes ont commencé à publier des articles, des ouvrages sur les structures de parenté, prenant appui sur les travaux des anthropologues. Progressivement, ont été dégagés deux systèmes de parenté distincts au Moyen Âge : des groupements larges et indifférenciés (V^{e} - Xe s.) présentant une conception horizontale de la parenté transmise par le père ou la mère et le lignage. Cette idée d'une modification des structures familiales dans l'aristocratie, avancée par les historiens allemands et reprise par Georges Duby, se serait produite au cours du XIe s. Le temps du lignage se caractériserait concrètement par un resserrement vertical de la parenté sur le père et le fils aîné et par des mutations affectant les coutumes de succession et d'héritage. Fondée auparavant sur un partage égalitaire des charges publiques et des *honores* et sur un vaste cousinage, qui détenait en indivision[1] un patrimoine immense, dispersé de part et d'autre de l'Empire carolingien, la famille, dès l'an mil, rétrécit son champ d'action et s'enracine durablement dans un château, ce que les historiens appellent le topo-lignage. Chaque famille se fixe dans une forteresse devenue son lieu d'attache et la base matérielle de son identité. Les incessants voyages pour servir l'empereur, pour rejoindre leurs cousins ou pour visiter leurs biens dispersés ne sont alors plus de mise.

Cet ancrage territorial se poursuit de manière classique par la construction d'une chapelle castrale et la mise en place de relations régulières avec les établissements ecclésiastiques. Ce rapport intéressé entre un ou plusieurs monastères et une famille renforce l'autorité des seigneurs sur la terre et les hommes et participe activement à l'entretien d'une mémoire en renforçant la cohésion du groupe. Ancrage dans un château, cristallisation dans un domaine et fondation d'un monastère semblent alors être les fondements de la mémoire familiale à forte inclinaison lignagère.

Ce processus de construction de la mémoire familiale se révèle aisément chez les Craon : cette famille constitue, à bien des égards, un cas exemplaire de cette évolution mais reflète un schéma de parenté différent des thèses généralement admises. L'idée d'une structuration

1 L'indivision consistait à faire tenir le patrimoine en commun, en "parage" par les frères ou éventuellement par les héritiers des deux sexes (Fossier 1982, 916). Pour le maintenir intact, il y avait aussi la restriction au mariage, qui n'était pas encore d'actualité en l'an mil. C'est pourquoi l'idée d'un héritier préférentiel devait apparaître comme inévitable, en dépit de son caractère dangereux, car elle impliquait des évictions, qui, parfois, entraînaient de lourdes rancœurs.

lignagère, telle que nous l'a présentée Georges Duby, appelle dans le cas des Craon de fortes nuances tant au niveau chronologique qu'au niveau des caractéristiques du schéma lignager. À ce processus classique de la construction de la mémoire, reposant sur des lieux symboliques savamment choisis : une terre, un château, un sanctuaire familial, s'ajoute, en ce qui concerne les Craon, un capital plus varié dont l'héritage poétique en serait l'une des expressions. Se dégage alors une mémoire familiale en perpétuelle construction, de la fin du XIe au début du XIIIe s., associant de manière complémentaire lieux de mémoire, héritage culturel et actions militaires dans un contexte politique agité. Il conviendra, dès lors, de situer ce groupe familial dans l'entourage Plantagenêt à travers une étude minutieuse des actes et de voir la situation des Craon au moment de la prise en main du baronnage par Henri II. Un personnage de la famille se détache des autres : Maurice II, seigneur de Craon de 1150 à 1197, qui apparaît à la fois trouvère, homme de cour et fidèle vassal d'Henri II. La fidélité politique du seigneur de Craon, récompensée par l'octroi de fiefs anglais, devra ainsi être comparée à celle de certains autres seigneurs manceaux lors des révoltes seigneuriales.

Démontrer la singularité de la structure familiale des Craon constitue ainsi l'axe principal de cette partie et nous invite à reconsidérer la notion de lignage ; mais cela nécessite au préalable d'apporter une définition précise des mots famille et parenté avant d'aborder les contours du "lignage". Dans l'étude sur les structures de parenté, les historiens médiévistes adoptent désormais le vocabulaire des anthropologues, qu'il est indispensable de replacer dans le contexte médiéval. Au Moyen Âge, le mot "famille" recouvre des réalités très diverses, nous explique Didier Lett : *familia* en latin médiéval désigne avant tout le groupe domestique, l'ensemble des individus vivant sous le même toit, liés ou non par la parenté, mais il renvoie parfois à la "famille étroite". Il peut également désigner l'ensemble des individus descendant d'un ancêtre commun, ce qui le rapproche alors du terme de "parenté" qui s'applique, au Moyen Âge, aux relations de consanguinité, aux relations d'alliance créées par le mariage entre deux groupes de parenté, et aux relations spirituelles engendrées par le baptême. De plus, il convient de distinguer la parenté apparente, officielle, que l'histoire reconstitue à partir de ses sources, de la parenté pratique, vécue, beaucoup plus difficile à saisir.

Les limites chronologiques de ce premier chapitre méritent une explication : les années 1040-1050 correspondent à la concession de la seigneurie de Craon à Robert le Bourguignon par le comte d'Anjou tandis que les années 1204/1205 sont celles où la seigneurie change d'influence et passe sous la mouvance capétienne. Cette période recouvre plus d'un siècle et demi et constitue un moment clef puisque le groupe familial se dote d'un projet commun, celui de se forger une mémoire familiale, qui n'est pas exclusivement lignagère. Se mettent en place, à partir de ce moment, les fondements de l'identité familiale des Craon et s'opère alors le travail de construction de leur mémoire, qui aboutit à une prise de conscience de leur noblesse et à une codification, voire une normalisation, des principes familiaux en référence aux valeurs nobiliaires.

I. La concession de la seigneurie de Craon à Robert le Bourguignon : l'enracinement dans une terre

C'est en étudiant les actes sur la famille de Craon que l'importance de ce personnage nous est apparue évidente. Plusieurs éléments nous incitent en effet à penser qu'une analyse plus fine autour de Robert le Bourguignon trouverait son intérêt. D'une part, son parcours met en évidence les opportunités offertes à un cadet, issu de bonne famille, de constituer une maisonnée et de s'imposer, malgré des circonstances difficiles, au reste de l'aristocratie grâce à des qualités appréciées, une protection comtale ininterrompue et une ambition déclarée. Cet exemple met ainsi en évidence les possibilités de "promotion" à l'intérieur de cette "noblesse" du XIe s., sans que nous puissions parler cependant, dans le cas de Robert, d'ascension sociale ou juridique. D'autre part, son parcours et l'obtention du titre de *dominus* révèle de façon implicite les enjeux et les logiques politiques du comte d'Anjou, Geoffroy Martel, dans un contexte d'érosion du pouvoir comtal et d'émergence de puissances châtelaines. Enfin, à travers l'étude de ce personnage, nous pouvons discerner certaines des préoccupations du milieu aristocratique, dans les domaines aussi variés mais cependant fortement liés, de la religiosité, de la stratégie matrimoniale et de la pratique militaire tandis que les actes de Robert et ses choix mettent en évidence une plus grande liberté d'action et de décision des châtelains à l'égard du comte à la fin du siècle. Dans une période de mutations politiques, de construction et d'affermissement lignager, la vie de Robert le Bourguignon nous apporte des informations précieuses, d'autant que sa longévité (environ 1020-1099) nous amène à relancer le débat qui concerne l'âge du décès et la durée de la vie militaire.

Or, il est étonnant de constater le faible intérêt porté à ces courtes analyses biographiques, les biographes préférant en général des êtres singuliers, des individus de haut relief, fréquemment en rupture avec leur milieu. Pourtant, les personnages que l'on pourrait qualifier de typiques, replacés au cœur des structures sociales et mentales de leur époque, fournissent des renseignements utiles à l'historien soucieux de donner à son propos une dimension sociologique. Et Robert le Bourguignon qui, à bien des égards, est représentatif d'un milieu et d'une époque, n'en comporte pas moins son originalité, nous invitant à relativiser certaines idées toutes faites. Scott Jessee W l'a bien compris centrant ses travaux sur les rapports entretenus par ce personnage avec les comtes d'Anjou[1]. Il est vrai cependant que la barrière documentaire est un obstacle sérieux à la réalisation de ce genre de travaux. D'ailleurs, celle-ci tient aussi bien au nombre de documents que nous possédons qu'à leur nature et à leur origine, fréquemment unilatérale. En effet, dans le cas de Robert le Bourguignon, nous n'avons que des informations indirectes. L'image nous est donnée par

1 Scott Jessee 2000.

des notices ou des chartes provenant de cartulaires ecclésiastiques ou des actes émanant des comtes d'Anjou. Cette limite documentaire nous empêche, par conséquent, d'approfondir la personnalité de Robert le Bourguignon. Quant à discerner ses préoccupations quotidiennes, l'affaire semble compromise même si un certain nombre d'éléments peuvent être dégagés. Enfin, les insuffisances documentaires invitent à la prudence lorsqu'il s'agit de définir les deux mariages réalisés par Robert le Bourguignon, le premier avec une dénommée Avoise, dite Blanche, le second avec Berthe : ces deux alliances donnent désormais lieu à un débat historiographique et à des interprétations différentes.

Un cadet bourguignon à la cour angevine

Selon l'abbé Angot[2], qui mit en valeur le personnage de Robert le Bourguignon dans une étude centrée sur les familles mayennaises, Robert serait né au cours de l'année 1015, ce qui semble une date possible mais difficile à prouver au vu des documents que nous possédons. Nous savons seulement qu'il se trouve présent et témoin d'un acte de 1039 faisant mention du meurtre de l'un des cousins de Geoffroy Martel, ce qui laisse supposer qu'il avait au moins une vingtaine d'années à ce moment-là et dans une charte datée du 31 mai 1040, était mentionnée la concession de la seigneurie de Craon à Robert le Bourguignon[3]. Retenons simplement qu'il est né aux alentours des années 1020 au plus tard, d'un mariage conclu entre la famille de Nevers et la famille royale, ce qui en fait un personnage de haute lignée. Il est plus exactement le quatrième[4] fils de Renaud Ier de Nevers, comte d'Auxerre et d'Alix, fille aînée du roi de France, Robert II, et frère cadet de Guillaume, Henri et Guy. En tant que fils aîné, Guillaume devint comte de Nevers, d'Auxerre et de Tonnerre et reçut la totalité du patrimoine familial. Ce privilège accordant au fils aîné les pouvoirs seigneuriaux de son père était fermement établi dans les lignées des plus hauts seigneurs dès le début du XIe s. Dès lors, le sort des cadets devenait un problème à résoudre ; il fallait placer ces enfants afin d'éviter toute contestation. Plusieurs solutions s'offraient à ces cadets : l'entrée en religion, un mariage prometteur, une part de l'héritage de la branche maternelle. Toutes avaient pour inconvénient d'entretenir des discordes, de générer des tensions entre frères ou neveux. Une autre issue était de partir à "l'aventure", de chercher fortune à l'extérieur. Plusieurs exemples de ce genre nous sont connus : le plus célèbre, mais postérieur à notre période, est celui de Guillaume le Maréchal, étudié par Georges Duby[5]. Placé au quatrième rang parmi les héritiers éventuels, Guillaume fut contraint de quitter la maison paternelle et envoyé en Normandie auprès de Guillaume de Tancarville, chambellan du roi d'Angleterre et cousin germain de son père. D'ailleurs, quelques décennies plus tard, Guillaume le Maréchal procéda de la même façon envers son fils cadet, Anseau, formulant le désir que ce "dernier

2 Angot 1942, 720-737.

3 Métais 1942, n°XXXVI : il s'agit d'une charte par laquelle Geoffroy Martel et Agnès, son épouse, fondaient l'abbaye de la Trinité.

4 En effet, l'ordre de naissance, si difficile à déterminer pour cette époque, a pu être dégagé en confrontant les actes issus du cartulaire de Saint-Aubin d'Angers avec les informations généalogiques générales sur la famille de Nevers.

5 Duby 1984. Pour une mise au point plus récente voir Crouch 1990, 12-56.

vive assez pour être chevalier, qu'il monte jusqu'à gagner de l'honneur ; il trouvera alors quelqu'un qui l'aimera, et qui grand honneur lui fera, plus qu'à nul autre"[6].

Ce départ des fils puînés devrait faire, à notre avis, l'objet d'une étude sinon renouvelée du moins plus approfondie. En effet, ce départ, que l'on a tendance à considérer comme une rupture, mérite d'être reconsidéré ; il apparaît être plus encadré qu'on ne le pense et davantage entouré d'un ensemble de précautions prises par le groupe familial, soucieux de l'avenir de ses membres. L'exemple de Robert et de ses frères confirme cette hypothèse et met en avant l'idée que les cadets ne partaient pas seuls, sans ressources, dans une direction inconnue. On s'aperçoit ainsi que Robert fut immédiatement placé sous la "tutelle" de sa grand-tante Agnès de Bourgogne[7], contraint certes à une rupture géographique et familiale, puisqu'il fut amené à la suivre en Aquitaine au moment de son mariage avec Guillaume d'Aquitaine, séparé de ses parents, mais entouré de ses autres frères, eux aussi écartés de l'héritage paternel, et protégé par sa grand-tante, garante de son avenir[8]. Sur elle reposaient en effet les espoirs de la famille contrainte de se séparer de certains de ses membres, de ces "gêneurs" potentiels de l'équilibre patrimonial. D'ailleurs, son soutien ne faillit jamais, comme nous le verrons à plusieurs reprises.

Et, si l'on reprend l'exemple de Guillaume le Maréchal, de rang pourtant inférieur à celui de Robert le Bourguignon, nous pouvons constater que ni lui ni son dernier fils Anseau n'avaient quitté la maison sans ressources ou sans appuis familiaux : Guillaume le Maréchal fut placé dans une bonne maison, tenue par un proche parent ; Anseau reçut, lui, une pension, une rente annuelle de 140 livres, ce qui représentait déjà une somme rondelette. Ce fut aussi le cas de Robert Guiscard, un cadet, qui fut contraint de quitter le groupe familial pour éviter le fractionnement de l'héritage et d'aller chercher fortune ailleurs. Arrivé en Italie entre les années 1045 et 1047, Robert Guiscard joua un rôle de premier plan dans la conquête de la Pouille et de la Calabre. Or, ces trois exemples, qui mettent en valeur la "promotion" ou l'ascension de cadets, insistent aussi sur l'idée que ces derniers n'étaient pas exclus du groupe familial, sans ressources ni soutien, bien que la rupture fût réelle. Robert le Bourguignon bénéficia de la protection de sa grand-tante, Agnès de Bourgogne ; Guillaume le Maréchal fut remis à Guillaume de Tancarville, un parent, chambellan du roi d'Angleterre et Robert Guiscard rejoignit ses frères en Italie et fut accueilli par Guillaume de Pouille, un de ses frères aînés.

Fort de la protection de sa grand-tante, Robert le Bourguignon fut d'abord élevé à la cour du comte d'Aquitaine Guillaume, qui avait épousé Agnès, en quatrièmes noces, en 1018. Robert n'était alors qu'un *puer*, un *adulescens imberbis*, qui faisait partie de la *familia* du comte auprès des deux fils de ce dernier et d'Agnès, Guillaume et Geoffroy. Devenue veuve en janvier 1030, Agnès se remaria avec Geoffroy Martel deux ans plus tard, en 1032 ; ce mariage fut probablement autorisé par la cour d'Aquitaine et négocié par sa famille, puisque des liens entre les groupes familiaux d'Anjou et de Bourgogne-Nevers avaient été instaurés peu de

6 Duby, *op. cit.*, 14 ; Crouch 1990, 140.

7 Sur Agnès de Bourgogne, nous pouvons citer les travaux de Johnson 1989, 93-104 ; Soulard-Berger 1992; Soulard 1996.

8 Angot 1942, 720.

temps auparavant par le mariage de Bodo le Bourguignon, l'oncle de Robert le Bourguignon et le fils de Landry IV et de Mathilde de Bourgogne, avec Adèle, comtesse de Vendôme, fille de Foulques III, comte d'Anjou et sœur de Geoffroy Martel :

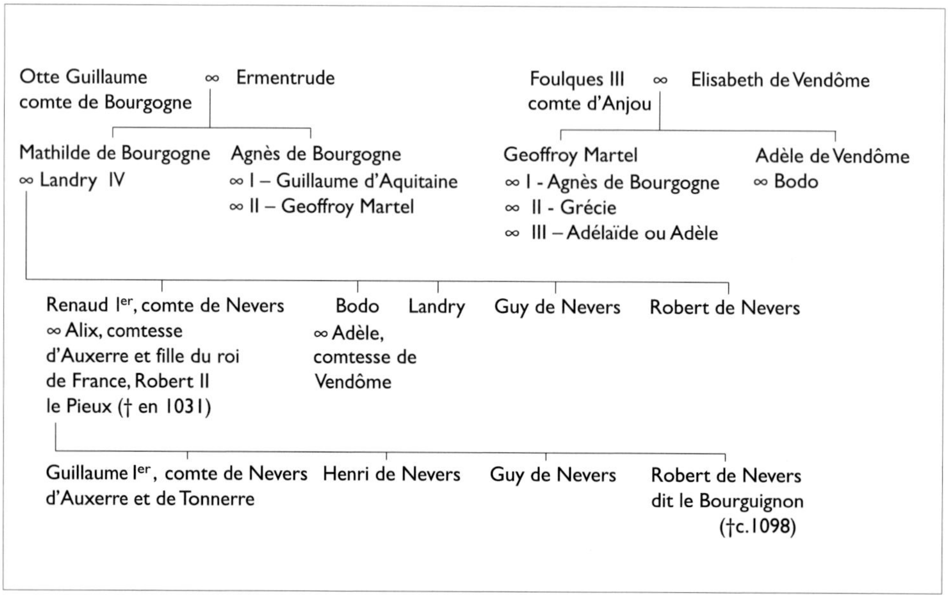

Tabl. 1. Les alliances entre les groupes familiaux Anjou et Bourgogne - Nevers.

L'intervention supposée de la famille d'Agnès dans ce mariage nous amène à dégager un certain nombre d'hypothèses : il s'agirait, par cette double alliance, de renforcer les liens existant entre les deux familles et prouverait que la femme mariée conservait des liens avec sa propre unité familiale, qui pouvait l'utiliser de nouveau dans leurs stratégies matrimoniales. Cette union montre aussi l'existence au XIe s. de réseaux familiaux aux horizons géographiques très vastes. Le mariage d'Agnès et de Geoffroy donna lieu à l'arrivée en Anjou de nombreux cadets de branche comtale ou châtelaine, de fils de familles vassales désireux de fonder une "maisonnée" ; c'est du moins ce que l'on peut retirer des chartes qui, dans leurs listes de témoins, mentionnent la présence de *milites* bourguignons, qui n'étaient pas forcément présents à Poitiers auparavant. Il faut donc prendre conscience que ces alliances nouaient des liens étroits entre les familles qui se concrétisaient par des déplacements de jeunes hommes, les *juvenes*[9]. Pour eux, profiter d'un mariage extérieur de cette importance pouvait être une solution afin d'éviter consanguinité et endogamie en raison de l'étroitesse du marché matrimonial.

La négociation de ce genre d'alliances dépassait donc le simple cadre familial et était entourée d'enjeux importants qui donnaient une teinte fortement "politique" à l'événement.

9 Duby 1973-3, 213-227.

En prenant pour épouse Agnès de Bourgogne, Geoffroy Martel s'attachait à une haute lignée : fille du comte de Bourgogne, petite-fille d'un roi d'Italie, elle descendait de Charlemagne et le futur comte d'Anjou s'offrait dès lors des espérances nouvelles, qu'il s'efforça de concrétiser en prenant sous sa tutelle les deux enfants d'Agnès, Guillaume et Geoffroy, héritiers potentiels de leur père Guillaume d'Aquitaine. Agnès incarnait, par conséquent, des aspirations politiques qui, passant au-dessus des possessions de la famille de Blois, atteignaient la Bourgogne et le Nivernais, et même, au-delà, l'Italie ou l'Empire ; le jeune Geoffroy, âgé de vingt-cinq ans au moment de ce mariage, élargissait l'horizon de ses ambitions. O. Guillot démontre, dans son ouvrage, la portée politique et les enjeux territoriaux d'un tel mariage pour le comte d'Anjou[10]. En ce qui concerne l'ouverture vers l'est, elle s'entrevoit dès 1040 lorsque la fille unique d'Agnès et de Guillaume, son premier époux, Ala est envoyée en Bourgogne[11] à la cour de son oncle Renaud dont les terres dépendaient de l'empire[12]. Cette ambition se confirme au moment du mariage d'Ala avec Henri III, empereur d'Allemagne, né en octobre 1017 et fils de Conrad II et de Gisèle de Souabe, élu en 1024 à la mort d'Henri II. Les deux partis avaient des intérêts dans ce mariage : pour Agnès et Geoffroy, il s'agissait de s'allier avec l'empereur et ainsi d'augmenter leur prestige alors qu'il permettait à Henri III d'avoir de solides appuis en Bourgogne et des contacts avec Cluny[13]. La volonté d'extension d'Agnès et de Geoffroy vers l'est se ressent à travers les listes de témoins, notamment la présence, à partir de la seconde moitié des années 1040, d'évêques de l'est en tant que témoin[14], mais s'entrevoit aussi dans certaines chartes[15]. Cette ouverture angevine suscite des interrogations et l'on peut supposer que ce rapprochement avec l'empire était mal vu du côté du royaume de France. Ce rêve de rapprochement entre l'Anjou et l'Allemagne se solde finalement par un échec : en octobre 1048, le roi de France Henri Ier et l'empereur Henri III concluent à Ivois un traité d'amitié qui sonne le glas du rapprochement entre l'Anjou et l'Allemagne.

La situation familiale d'Agnès explique l'influence politique de la veuve de Guillaume d'Aquitaine auprès de son nouvel époux : son rang et sa fortune en font une interlocutrice privilégiée et les études centrées sur Agnès de Bourgogne la présentent comme une femme de pouvoir, tant au niveau politique, gouvernant le Poitou au moment de la minorité de ses fils, qu'au niveau religieux, utilisant sa fortune en fondations et en donations[16]. Aidée de Geoffroy Martel, elle obtint ainsi pour ses deux fils la succession paternelle de l'Aquitaine et du Poitou[17] et le jeune Geoffroy deux précieux alliés formés à sa cour.

10 Guillot 1972, 45-56.
11 Richard 1903, 250.
12 Poupardin 1907, 224.
13 Soulard 1996.
14 Charte CCXXV de Notre Dame de Saintes datée de 1047 : Grasilier 1871.
15 Guillot 1972, 86.
16 Soulard-Berger 1992, 48 ; Pedron 2007-2008.
17 De précieuses informations sur l'intérêt politique de ce mariage pour Agnès de Bourgogne sont dégagées dans les ouvrages de Halphen 1906, 56 et de Dhondt 1967, 141. L. Halphen et J. Dhondt ont vu dans ce mariage un complot orchestré par Agnès, veuve de Guillaume V d'Aquitaine depuis 1029, pour évincer grâce à Geoffroy Martel les deux fils aînés que le duc avait eus d'un premier mariage, et assurer le pouvoir aux deux fils qu'elle avait eus à son tour.

Au vu des enjeux politiques et familiaux qu'entouraient son mariage avec Agnès de Bourgogne, Geoffroy Martel avait tout intérêt à satisfaire certaines de ses prétentions et à lui laisser une marge de manœuvre suffisante que justifiait son rang.

Robert le Bourguignon profita certainement de cette situation et acheva son éducation à la cour de Geoffroy Martel, entouré de ses frères et des fils des vassaux du comte d'Anjou. Aucun renseignement sur la nature de son éducation ne nous est parvenu, bien que l'on puisse penser au vu de sa carrière qu'il reçut une formation classique reposant sur le métier des armes.

Robert le Bourguignon avait quelques années de moins que Geoffroy Martel et l'on peut supposer qu'il était âgé entre douze et quinze ans au moment du mariage de Geoffroy avec sa grand-tante, la comtesse de Bourgogne, si l'on considère que Robert était né aux alentours des années 1020 : il changeait de statut passant de celui de *puer* à celui de jeune et achevait son apprentissage. Pour lui, comme pour ses frères et les jeunes de son âge, la préoccupation première allait être de gagner la confiance de Geoffroy, de s'élever au-dessus de tous en mettant en valeur ses qualités, afin de se faire reconnaître dans le comté et se voir remettre une riche héritière.

La constitution d'un bloc territorial conséquent, base matérielle de l'identité familiale

Tous les historiens[18] s'accordent à souligner l'assise territoriale de la puissance de Robert le Bourguignon ; cependant, les moyens pour y parvenir ainsi que les raisons de la confiscation de la seigneurie de Craon font débat. Le premier point de discorde est d'ordre généalogique : il concerne le mariage de Robert avec une certaine Avoise, dont l'origine est désormais discutée. Les divergences, récemment apparues, soulignent les insuffisances documentaires mais conduisent à des conclusions différentes. La confiscation de la seigneurie de Craon présente les mêmes difficultés d'analyse : mal documenté, cet épisode, obscur, est diversement interprété, mais constitue un tournant dans la carrière de Robert. Ces deux questions ne présentent pas le même intérêt pour notre étude et peuvent être abordées sous un angle différent : concernant l'épouse de Robert le Bourguignon, nous devons présenter les travaux des uns et des autres avant de les confronter aux actes à notre disposition, puis souligner les deux interprétations possibles. En revanche, la commise de la seigneurie puis la cession à Robert doivent faire l'objet d'une analyse nouvelle et nous amènent à partir des actes.

Une question historiographique : le mariage de Robert et d'Avoise, vers 1040, "promotion" d'un fils puîné ?

Dans son ouvrage sur la maison de Craon, A. Bertrand de Broussillon, inspiré des travaux de Gilles Ménage[19] (1613-1692), affirme que Robert le Bourguignon épousa en premières noces Avoise, fille de Geoffroy-le-Vieux, seigneur de Sablé et frère de Raoul,

18 Ménage 1684 ; Bertrand de Broussillon 1895 ; Angot 1942 ; Scott Jessee 2000.
19 Ménage 1684.

vicomte du Maine. À la mort de ses frères, précise Bertrand de Broussillon, Avoise devint l'unique héritière de la maison de Sablé. Passant en revue, avec acuité, la quasi totalité de la documentation archivistique mayennaise connue, l'abbé Angot entreprit d'éclaircir certains détails généalogiques obscurs et d'apporter une analyse critique de l'œuvre de Gilles Ménage. Reconnaissant la densité de son travail et l'érudition de ce juriste angevin, l'abbé Angot démontra cependant la composition confuse de ses travaux et le recours à des sources approximatives, voire douteuses. Si ses remarques se portaient également sur les conclusions généalogiques de Broussillon, l'abbé Angot reconnaissait cependant l'existence d'Avoise, héritière de la maison de Sablé[20] et ne remettait pas en question son alliance avec Robert le Bourguignon vers 1040 : "Robert le Bourguignon devint seigneur de Sablé par son alliance avec la fille unique de Geoffroy de Sablé"[21]. Le travail le plus récent sur Robert le Bourguignon, celui de Scott Jessee, confirme aussi l'union de Robert avec Avoise ou Blanche de Sablé et ne fait aucune allusion à une éventuelle extrapolation généalogique[22].

Si nous prenons en compte les conclusions de Ménage, de Broussillon, de l'abbé Angot, et de Scott Jessee et comme pour de nombreux personnages du XIe s., sur lesquels nous possédons assez d'informations[23], le mariage de Robert le Bourguignon avec l'une de ces "filles à château", lui assurait une solide assise foncière et lui permettait d'afficher ses propres ambitions. Cette alliance nécessita vraisemblablement l'accord comtal ou l'intervention de son fils Geoffroy. Et c'est sans doute dans les années 1039 que Geoffroy Martel négocia le mariage de Robert avec l'héritière de Sablé, Avoise ; il était alors âgé d'un peu plus de vingt ans, ce qui est relativement jeune pour un fils puîné, dans un contexte politique, il est vrai, un peu particulier pour le jeune Geoffroy. En effet, Geoffroy, reconnu comte de Vendôme par Robert le Pieux depuis 1032, lors de son mariage avec Agnès, n'était pas encore au moment de l'alliance entre Robert le Bourguignon et Avoise de Sablé pourvu du titre de comte d'Anjou[24]. Or, le fief de Sablé, situé dans le Maine, relevait du comté d'Anjou, tenu par son père Foulques Nerra. Avait-il obtenu l'accord de son père pour arranger ce mariage qui permettait à Robert de jouir des biens de la famille de Sablé ? Vu l'importance et l'enjeu territorial que représentait la seigneurie, cela semble probable, mais aucun document ne l'atteste ; d'ailleurs, cet événement s'inscrivait dans le cadre d'une politique réfléchie et audacieuse de la part de Geoffroy, qui souhaitait non seulement s'émanciper de la tutelle paternelle mais aussi s'approprier la totalité des prérogatives comtales, en s'opposant aux décisions de son père[25]. Tisser son propre réseau de relations[26] et placer quelques-uns de ses protégés,

20 Angot 1942, 718.
21 *Ibid.*, 720.
22 Scott Jessee 2000, 45.
23 Comme Enguerran de Boves, le père de Thomas Marle et Thomas Marle lui-même. Barthélémy 1982, 69-95.
24 Si le mariage de Robert le Bourguignon avec Avoise de Sablé est réellement daté de 1039.
25 Olivier Guillot précise que Foulques Nerra avait usé ses dernières forces à lutter contre Geoffroy Martel et renvoie sur ce point à l'ouvrage de L. Halphen 1906.
26 Geoffroy Martel avait conscience de l'intérêt politique de se ménager des appuis. C'est en grande partie grâce à un réseau de vassaux dense et bien constitué que Geoffroy allait parvenir à ses fins en Aquitaine, c'est-à-dire, dans un premier temps, éliminer les deux fils que Guillaume V d'Aquitaine avait eus de ses deux premières épouses, puis, dans un second temps, imposer au baronnage les droits des enfants de la comtesse Agnès, son épouse et de Guillaume. On peut également remarquer, à travers les souscriptions de la charte de fondation de la Trinité de Vendôme (en 1040), l'importance de ce réseau

en négociant un mariage prometteur avec de riches héritières pourvues d'un patrimoine foncier intéressant, constituaient deux éléments de la politique de Geoffroy nécessaires à la réalisation de ses projets, d'autant que cette alliance lui permettait de prendre pied dans une partie du comté fortement disputé entre Angevins et Normands et où la politique de Foulques avait été pour le moins inefficace[27].

Ce mariage constituait donc un point d'appui intéressant pour le comte de Vendôme, Geoffroy, qui grignotait de cette manière les prérogatives de son père dans cette région et annonçait, du même coup, ses intentions d'imposer une autorité plus ferme dans le Maine. Robert le Bourguignon avait trouvé son intérêt dans ce jeu politique, s'affichant comme l'un des fidèles protégés de Geoffroy (et non plus seulement de sa grand-tante) et disposant dorénavant d'un patrimoine foncier qui, même s'il ne lui appartenait pas directement, lui permettait de tirer profit des avantages financiers et de prendre place dans l'échiquier politique du comté. Installé à Sablé, Robert se trouvait néanmoins dans une position délicate entre l'ambition de Geoffroy Martel, son protecteur, et les intérêts du comte d'Anjou, Foulques Nerra, son seigneur à qui il devait prêter hommage et obéissance : le jeune Bourguignon devait dès lors faire preuve d'habileté politique en ne s'aliénant pas le comte d'Anjou tout en usant de fermeté lorsqu'en dépendait sa fidélité envers Geoffroy. Fidélité et forte personnalité sont deux des qualités que devait posséder le candidat de Geoffroy et que l'on peut discerner chez Robert[28]. Devenu comte d'Anjou en 1040, Geoffroy n'oublia pas ses fidèles qui l'avaient servi durant la décennie qui précéda son accession au pouvoir comtal face à la résistance de son père ; parmi eux Robert, qui allait en tirer influence et bénéfices.

Le premier à reconsidérer les origines familiales d'Avoise est Bruno Lemesle[29] dans sa thèse sur l'aristocratie du Haut-Maine : selon lui, rien ne nous permet de relier Avoise à cette seigneurie. Inspiré par le travail de Bruno Lemesle, Florian Goude, dans son mémoire de Master II, avance, même s'il réfute l'hypothèse, le terme "d'hypogamie" pour qualifier cette union matrimoniale contractée par Robert[30]. Dans le cas où l'on considère qu'Avoise ne serait pas la fille ou la parente de Geoffroy, seigneur de Sablé aux alentours de 1015, l'attribution de la seigneurie de Sablé à Robert proviendrait dès lors directement du comte d'Anjou dans le cadre d'une inféodation. Il faudrait donc considérer, dans ce cas, que Robert ne serait pas devenu un "grand baron angevin" du fait de ses différentes alliances : ce ne seraient pas ses mariages avec Avoise puis avec Berthe qui auraient fait de Robert un seigneur puissant. Ce serait sa grande proximité avec le comte d'Anjou, Geoffroy Martel puis Foulque le Réchin, ainsi que sa présence dans différents "tribunaux" tranchant des litiges

de relations tissées par Geoffroy Martel, acquis soit par lui-même, soit grâce à son épouse : outre de nombreux grands du Vendômois, il convient de noter le nombre et la qualité de ceux qui viennent de l'Aquitaine, de la Touraine et du Blésois ; joints aux nombreux grands d'Anjou venus également à Vendôme, ils montrent au profit de Geoffroy Martel une aire d'influence personnelle plus large que celle de ses *honores*.

27 Olivier Guillot insiste sur la faiblesse de l'influence de Foulques Nerra dans le Maine à propos de la nomination d'un candidat sur le siège épiscopal du Mans (Guillot 1972, 54).

28 En effet, comme l'a remarqué l'abbé Angot : "Robert le Bourguignon ne fut pas attaché au service de Foulques Nerra mais à la personne de Geoffroy Martel, presque toujours en guerre contre son père." (Angot 1942, 721).

29 Lemesle 1999, 123-132.

30 Goude 2008-2009, 12.

seigneuriaux ou ecclésiastiques, qui feraient de lui un personnage incontournable de cette société aristocratique.

Nous sommes alors confronté à un problème d'ordre généalogique qui peut aboutir à deux interprétations différentes, voire opposées : la seule solution est de partir de notre corpus documentaire.

Les actes que nous possédons demeurent flous en ce qui concerne l'identité d'Avoise, seulement mentionnée comme *uxor* de Robert[31]. En revanche, elle figure aux côtes de Robert dans tous les actes faisant référence à la seigneurie de Sablé. Le fait que ce ne soit pas elle qui conclut les actes ne permet de dégager aucune conclusion significative : même en tant qu'héritière d'une seigneurie, l'épouse cédait la gestion de la terre à son mari. Un acte, présent dans le cartulaire manceau de Marmoutier[32], présente un intérêt particulier dans le sens où il nous apporte un éclairage généalogique : il s'agit de la donation de l'église Saint-Malo de Sablé effectuée par Robert et sa femme à Marmoutier le 7 août 1067 pour les âmes de Geoffroy Martel, de Geoffroy de Sablé, pour celles de ses parents, de ses fils et de ses filles, de Geoffroy, frère d'Avoise et pour celles de ses frères Henri et Guy[33]. Geoffroy et Robert, fils de Robert, et sa fille, Béatrix, sont présents à la donation ; Renaud donne son consentement.

Afin de retracer la filiation d'Avoise, nous devons mettre en relation cet acte avec le récit rétrospectif[34] des origines de la seigneurie de Sablé, fait en 1076 par Robert le Bourguignon lors d'un procès et présent dans ce même cartulaire. Robert situe dans le temps l'accession

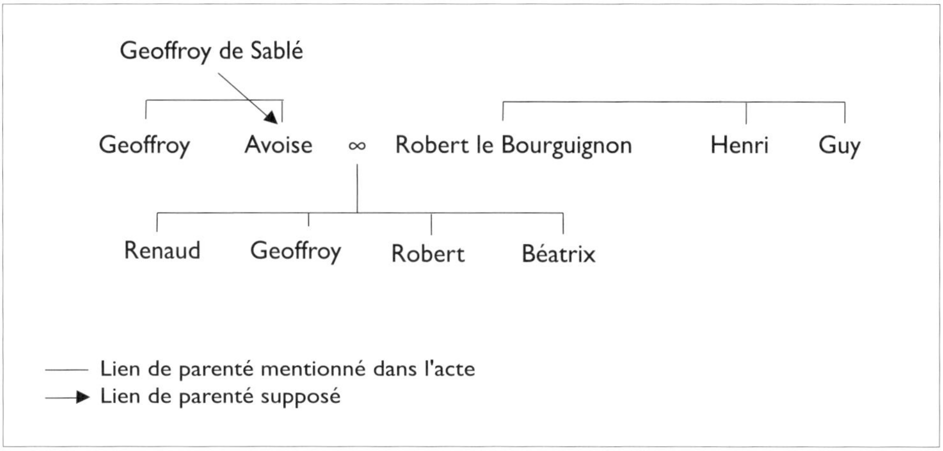

Tabl. 2. Généalogie effectuée à partir de la charte issue du cartulaire manceau de Marmoutier.

31 Laurain 1911-1945, 2-4.

32 *Ibid.*, 64-66.

33 *Hanc elemosinam fecimus ego et uxor mea pro animabus nosttris et pro anima comitis Gaufredi et pro animabus parentum nostrorum et filiorum nostrorum ac filiarum et pro anima Gaufredi, fratris Hazuise, uxoris mee, et pro animabus fratrum meorum Hainrici et Guidonis.*

34 Archives d'Indre-et-Loire, H 306, n°2 ; Laurain 1911-1945, 67. Le château aurait été construit par le comte du Maine avant 1015 : *comes cenomannensis quando fecit castellum de Sablolio... cum vero castellum in manum Gaufredi totum devenisset.*

à la seigneurie de Geoffroy de Sablé, qu'il considère comme l'un de ses *maiores*, avant la fondation de Solesmes, intervenue en 1015 au plus tard. Le 25 février 1076, Robert le Bourguignon faisait en effet un remarquable récit détaillé sur l'histoire du château et des églises de Sablé devant une assemblée composée de hauts dignitaires ecclésiastiques, de moines de diverses abbayes et de nombreux compagnons. Si un tel témoignage n'était pas rare pour un personnage de ce rang aussi richement possessionné, il est inhabituel en revanche de voir conservé par les moines un récit aussi précisément détaillé d'autant qu'il existe deux versions : la première, suggère Scott Jessee W[35], a pu être rédigée à partir de notes prises au cours du procès[36] et la seconde se trouve dans un long document[37] produit par les moines de Marmoutier et présenté comme l'enregistrement officiel du procès. Chacune des versions, rédigée à la première personne, se targue d'être l'originale mais Geoffroy de Sablé est présenté comme l'un des "ancêtres" de Robert le Bourguignon[38].

Quel crédit peut-on attribuer à ce récit d'autant qu'aucun autre document, en dépit de ce qu'avance Gilles Ménage dans son *Histoire de Sablé*, n'indique qu'Avoise soit la fille ou la parente de Geoffroy, seigneur de Sablé aux alentours de 1015 ?

Par conséquent, dans l'état actuel des choses, nous pouvons retenir l'hypothèse d'une inféodation reçue directement du comte d'Anjou dans la décennie 1050 ou bien considérer qu'Avoise avait été l'héritière de Sablé : la haute lignée dont provient Robert le Bourguignon pourrait expliquer cette union avec une riche héritière, consentie par le comte d'Anjou. L'insuffisance documentaire appelle à la prudence mais quoiqu'il en soit, les deux interprétations soulignent l'appui du comte.

En effet, en quelques années, Robert le Bourguignon avait su poser les jalons de sa réussite, passant du statut de protégé de sa grand-tante, la comtesse Agnès à celui de protégé de Geoffroy Martel, et s'affirmant comme l'un des fidèles du comte d'Anjou, de sorte que lorsque la comtesse fut répudiée en 1052, Robert ne cessa pas pour autant de jouir de la faveur du comte. Déjà peut-on entrevoir le profil politique de Robert, saisissant les opportunités et bénéficiant d'une protection et d'une confiance, finalement bien placées, condition de sa réussite et de sa "promotion sociale".

Au moment où Geoffroy Martel devenait comte d'Anjou, en 1040, Robert le Bourguignon se trouvait dans une position favorable, puisqu'il dépendait dorénavant de son protecteur : à une amitié ouvertement déclarée s'ajoutaient des liens féodo-vassaliques, cimentant leurs relations. Or, loin de se limiter à des préoccupations seigneuriales en tant que détenteur du fief de Sablé, Robert entendait profiter de cette situation pour accroître son influence à l'intérieur du comté. C'est ainsi que nous le retrouvons auprès du comte d'Anjou en 1040 au moment de la fondation de l'abbaye de Vendôme par Geoffroy, en 1047 lors de l'érection du chapitre de Saint-Laud. Non seulement il assistait aux principales fondations religieuses

35 Scott Jessee 2000, 98.
36 Archives d'Indre-et-Loire, H 306, n°3, publié dans Laurain 1911-1945, II, 819).
37 Monnoyer 1881, 23-28.
38 *De his ergo quæ monachi de Cultura reclamant in ecclesia Sancti Maculi, hoc breviter dixerim quod sepulturam quidem habent ipsi ex dono majorum meorum, id est Gofredi, præbendam vero non possunt ipsi dicere se habere ex dono alicujus vel ex aliqua conventione, nec oblationem denariorum, nec quicquam aliud* (...)

du comte, mais il faisait également partie de sa cour de justice, puisque dans un acte, que Bertrand de Broussillon situe entre 1040 et 1049, Robert apparaissait comme l'un des juges d'une sentence prononcée par Geoffroy Martel et son épouse contre Renaud de Château-Renaud au profit des moines de la Trinité de Vendôme[39]. La solidité des rapports établis entre Robert le Bourguignon et Geoffroy Martel expliquent qu'ils n'eurent pas à souffrir de la rupture[40] du comte d'Anjou avec la comtesse Agnès, qui intervint entre le 6 janvier 1049 et le 15 août 1052.

Or, les sources qui font allusion à cette séparation n'en attribuent l'initiative ni au comte d'Anjou, ni à la comtesse Agnès[41]. Pourtant, dès août 1052, Geoffroy Martel paraissait en tant que témoin, accompagné de sa nouvelle épouse, Grécia[42], dans un diplôme d'affranchissement émanant du roi, à la requête des fils de Joscelin de Sainte-Maure. Et, en 1055, Robert se trouvait cité avant tous les barons angevins dans un acte mentionnant le voyage de Geoffroy et de Grécia à l'île de Tirmont, accompagnés des premiers membres du clergé et des personnages influents de la cour. Âgé d'une quarantaine d'années, Robert le Bourguignon avait accédé à un niveau supérieur, supplanté les châtelains angevins en maintenant des rapports constants avec le comte d'Anjou et apparaissait comme l'un des plus proches conseillers du comte. Il est vrai qu'à cette date Robert le Bourguignon n'était plus seulement considéré comme le seigneur de Sablé ; il était en effet entré en possession de la seigneurie de Craon, à la suite de la confiscation de cette seigneurie prononcée par le comte d'Anjou aux dépens des premiers seigneurs de Craon.

La concession de la seigneurie de Craon à Robert le Bourguignon vers 1054.

Après avoir obtenu la seigneurie de Sablé, par mariage ou inféodation, la concession de Craon à Robert dans les années 1053/1054 constituait le deuxième événement important de sa vie, le portant aux premiers rangs du comté. Cet épisode, apparaissant mal documenté et diversement interprété, mérite une analyse critique nouvelle, puisqu'il nous permet d'entrevoir le processus d'érosion ou du moins de contestation du pouvoir comtal et les moyens mis en œuvre par Geoffroy pour enrayer le phénomène.

39 Les gens des moines seraient dorénavant exempts du péage de Saint-Laurent pour tout ce qui serait destiné à leur consommation (Métais 1893-1904, charte LXXVII).

40 Sur l'empêchement canonique qui affectait le mariage, voir Halphen 1906, 61, n°6. Cet empêchement résultait du fait que le premier époux d'Agnès, le duc Guillaume V, était l'arrière petit-fils (par ses mère et grand mère) d'Herbert II de Vermandois, comme Geoffroy Martel (par son père et sa grand-mère, Adèle).

41 Guillot 1972, 77, précise que cette rupture avait beaucoup plus d'inconvénients pour le comte que pour la comtesse Agnès. La séparation entre Agnès et Geoffroy se situerait entre le 6 janvier 1049 et le 15 août 1052 : à cette date, ni la comtesse, ni les grands du Poitou ne réapparaissent dans l'entourage du comte d'Anjou après cette date (Dillange 1995, 153), peut-être à cause de la stérilité de leur union ou, comme l'a fait remarquer Olivier Guillot, à cause de la pression exercée par le roi Henri Ier, qui voyait dans ce divorce l'affaiblissement du comte d'Anjou, contraint de renoncer définitivement à toute politique de grande envergure et à son projet de rattachement avec l'Empire (Guillot 1972, 77-78).

42 Grécia descendait d'un lignage établi à Langeais qui fut le lignage tourangeau le plus choyé par le roi dans la deuxième moitié du XIe s. ; ce qui montre l'intervention royale dans la négociation de ce mariage et certainement dans la séparation de Geoffroy et d'Agnès.

La commise de la seigneurie par le pouvoir comtal et son attribution à Robert : un épisode obscur, mal documenté et discuté. Les enjeux de la mémoire : conservation et manipulation

Cette affaire nous est connue par trois actes provenant des cartulaires ecclésiastiques de la Trinité de Vendôme et de Saint-Aubin d'Angers, dont l'analyse reste difficile en raison de la partialité des deux abbayes. En effet, ce problème "féodal", que représente la confiscation de la seigneurie de Craon aux dépens des héritiers légitimes, se double d'une divergence d'intérêts entre la Trinité et Saint-Aubin à propos de la possession d'un prieuré, celui de Saint-Clément de Craon. Ces documents sont donc à manipuler avec précaution et nécessitent une analyse critique poussée, tant au point de vue de leur datation que vis-à-vis des informations extraites de ces actes. Il s'agit donc dans un premier temps de les confronter, puis de les replacer dans un contexte de mutations politiques et d'oppositions territoriales, tout en ayant conscience du fait que, finalement, l'intérêt des deux abbayes ne portait pas tant sur la confiscation ou la concession de la seigneurie à Robert le Bourguignon que sur leurs droits réciproques envers le prieuré de Saint-Clément.

Les deux documents issus du cartulaire de la Trinité de Vendôme[43] sont datés du 26 mars 1053, celui provenant de Saint-Aubin[44] se situe entre les années 1056 et 1060. Tous font mention de la mainmise de Geoffroy Martel sur la seigneurie de Craon pendant quelques temps, sans aucune autre précision d'ordre chronologique, à la suite des forfaits commis par les seigneurs de Craon[45]. Seul l'auteur du cartulaire de la Trinité de Vendôme avance le nom du seigneur concerné – tantôt Suhard le Vieux, "tyran qui fut puni de confiscation sur un juste jugement de Dieu, et qui termina sa vie par une mort méritée"[46], tantôt Suhard le Jeune, son fils, coupable de trahison et dépouillé de son droit – et évoque la donation de la seigneurie de Craon à Robert le Bourguignon. L'acte émanant de Saint-Aubin, plus tardif, est de nature différente : on peut supposer qu'en rédigeant la notice, les moines de Saint-Aubin avaient une copie de la charte de la Trinité de Vendôme sous les yeux, certains termes ou expressions apparaissant dans les deux documents. Il aurait été logique, en tous les cas, que les moines de Saint-Aubin se soient procuré ce document. Ce qui est plus surprenant est l'absence d'allusion à Robert le Bourguignon qui bénéficia de cette réinféodation. Ils ignorent totalement cet aspect : "oubli" étrange...

La teneur même de l'acte issu du cartulaire de Saint-Aubin apporte quelques éléments de réponse. Il fait référence à la nouvelle situation de l'abbé de Saint Serge, Vulgrin, en tant qu'évêque du Mans ; il a donc bien été rédigé après l'accession de Vulgrin au siège épiscopal, en 1056[47]. L'auteur du document avait non seulement connaissance des chartes provenant de la Trinité de Vendôme mais savait également que la seigneurie de Craon avait échu à Robert

43 Métais 1893-1904, charte 96, 175.

44 Bertrand de Broussillon 1896-1903, charte DCXXI. L'original se trouve aux Archives de Maine-et-Loire, sous la côte H. 360, fol. 2.

45 "*Postquam Gosfridus comes Credonem dominicum in manu sua habuit aliquanto tempore* (...)" (Archives de Maine-et-Loire, H. 360, fol. 2). L'auteur de la même charte utilise le terme de *forfacta* pour expliquer les raisons de la prise en main de l'honor de Craon par le comte Geoffroy Martel, aux dépens du lignage de Suhard le Vieux.

46 Angot 1942, 722.

47 Concernant la chronologie des évêques du Mans, voir l'ouvrage de Guyard de La Fosse & Colomb 1837.

par décision comtale. D'une part, l'absence d'allusion à Robert le Bourguignon est loin d'être un fait anodin et ne s'explique pas par un problème de datation ; d'autre part, nous pouvons remarquer que les moines de Saint-Aubin étaient très attachés à Suhard le Vieux, bienfaiteur de l'abbaye et qu'ils n'hésitaient pas à prendre parti et à discuter les décisions politiques du comte quand celles-ci n'étaient pas en phase avec leur intérêt ou leurs préférences. Geoffroy Martel avait en effet confirmé à la Trinité de Vendôme la possession du prieuré de Saint-Clément de Craon.

Nous n'avons aucun renseignement précis sur la nature des forfaits commis par les seigneurs de Craon et nous ne savons pas non plus réellement lequel des seigneurs de Craon était responsable de ces actes. Pourtant, un certain nombre d'éléments peuvent être dégagés. Il apparaît en effet, qu'à l'origine de la confiscation de la seigneurie se trouverait un rapprochement des Craon avec la puissance bretonne. Ce serait alors une sanction infligée au seigneur de Craon pour avoir eu des rapports trop étroits avec la Bretagne. Il est vrai que ces seigneurs de Craon entretenaient des relations avec les souverains ou les seigneurs voisins de Bretagne. C'est ainsi qu'en 1048, Conan II, le comte de Bretagne, séjourna à Craon : y fut négocié le mariage de Berthe, fille unique et héritière[48] de Guérin, seigneur de Craon avec Robert de Vitré, un seigneur breton. Selon Olivier Guillot, l'éviction des seigneurs de Craon proviendrait de ce mariage entre la fille de Guérin et le seigneur de Vitré qui, sans l'intervention de Geoffroy Martel, aurait pu faire passer la seigneurie de Craon dans la mouvance bretonne, d'autant que Craon avait fait partie du Nantais lors de la fondation du château. Cette référence à une origine bretonne[49], aussi hypothétique qu'elle soit, et le rapprochement entre les Craon et les comtes de Bretagne présentent l'intérêt de nous montrer la complexité des relations existant en zone frontalière. Sans pour autant parler de résurgence de droits antérieurs, ce rapprochement traduit l'enchevêtrement des intérêts familiaux et le croisement des liens de parenté. Bien plus, ce changement de mouvance souhaité par les premiers seigneurs de Craon s'inscrivait dans un vaste mouvement d'indépendance de la part des seigneurs châtelains, se traduisant à terme par un effritement de l'autorité comtale.

Le maintien des droits de la famille évincée à travers l'outil matrimonial, signe de l'érosion du pouvoir comtal ?

Face à cette menace permanente, Geoffroy Martel décida d'affermir son *dominium* et d'affirmer la supériorité du droit comtal sur le droit patrimonial. Il confisqua la seigneurie de Craon et la conserva sous son autorité, avant de la remettre à Robert le Bourguignon, son fidèle protégé. Se manifeste par cette décision toute l'habileté politique du comte. Non seulement la seigneurie restait dans la mouvance angevine, mais elle fut remise à Robert, un fidèle vassal, proche parent, conscient de ce qu'il devait à Geoffroy, ce qui en faisait un pion essentiel dans l'échiquier politique du comté. Au lieu de remettre la seigneurie à un membre influent de son baronnage, doté déjà d'une solide assise foncière et de risquer la formation

48 En effet, à la mort de Guérin, fils aîné de Suhard le Vieux, lui succéda son frère cadet Suhard le Jeune ; mais ce dernier mourut sans enfant, de sorte que Craon aurait dû revenir à Berthe, donc à son mari Robert de Vitré. Cf. Meuret 1993, 326.

49 Bodard de la Jacopière 1871, a transcrit une charte, datant du IXe s., faisant référence à Craon.

d'un bloc territorial puissant, pouvant faire de l'ombre à son autorité et présenter un danger potentiel, le comte d'Anjou préféra "promouvoir" la carrière de son jeune protégé qui, il est vrai, ne présentait pas les mêmes risques et qui, de par sa haute naissance, ne pouvait faire figure de parvenu. Or, pour administrer l'*honor* de Craon à un moment où l'autorité comtale rencontrait de nombreuses oppositions, le comte d'Anjou devait prendre quelqu'un d'efficace, capable de relever le défi et de porter ses couleurs avec acharnement et fidélité. Étant considéré comme "l'homme" du comte, Robert le Bourguignon dut en effet rencontrer un certain nombre d'oppositions, qu'il sut, dans tous les cas, faire taire et vraisemblablement utiliser à son profit.

Cette affaire nous présente ainsi les efforts effectués par le comte afin de mettre en place un droit comtal sur les patrimoines laïcs et d'affermir ses prérogatives à l'intérieur de cette entité féodale en pleine construction, le comté d'Anjou. Ce qui n'est pas sans susciter des réactions et générer des tensions. D'ailleurs, l'attitude divergente des deux abbayes, au-delà d'un conflit d'intérêt, témoigne d'une prise de position différente à l'égard de la politique comtale, qui se veut souveraine et "interventionniste" : souveraine dans la mesure où elle ne doit pas faire l'objet de contestation et interventionniste puisque le comte manifeste le désir de s'ingérer dans les affaires familiales de ses barons. D'un côté, les moines de la Trinité de Vendôme prennent acte de cette politique et donnent crédit aux décisions comtales, tandis que les moines de Saint-Aubin ne prennent pas en compte cette inféodation. Pour eux, il s'agit d'un abus de pouvoir qui ne peut pas être cautionné[50].

Selon Bertrand de Broussillon, les droits du lignage évincé vont néanmoins réapparaître, par le biais du mariage de Renaud le Bourguignon, fils de Robert le Bourguignon et d'Avoise, avec Agnès, fille de Robert de Vitré et de Berthe, descendante de Suhart le Vieux. Cette alliance, conclue vers 1070, permettait d'une part de sceller l'union entre les deux familles et de faire taire les rancœurs familiales et d'autre part, d'apporter une légitimité au nouveau "lignage" issu de Robert, comme si la décision comtale n'avait pas été suffisante. En effet, en 1070, à un moment où Robert était encore vivant, ce n'était plus lui mais Renaud, son fils, que l'on trouvait en possession de la châtellenie de Craon. Tout porte à penser que la commise au profit de Robert le Bourguignon n'avait été qu'un simple intermède, et qu'il avait fallu que son fils épouse la descendante de l'ancien lignage pour lui donner la légitimité que la commise comtale n'avait pas vraiment conféré[51].

Nuançant fortement les propos de J. Boussard, qui fustige la passivité du pouvoir comtal face à la montée en puissance des châtelains[52] et d'Olivier Guillot, soulignant l'échec du pouvoir comtal[53], B. Lemesle considère que cette alliance, donnant naissance à une nouvelle maison nobiliaire, pouvait, au contraire, être interprétée comme un habile

50 "*Hesit in hoc comes Gaufridus, et ut qui prevalebat, utens sua vi, constanter, immo violenter, pro potestate asseruit quia ipse donationem non auctorizasset quantumlibet parvulus, quia esset de fevo suo paterno facta et honor Credonis ab heredibus illius qui illam donationem fecerat dominicus in manum suam per forfacta eorum devenisset, posse se donum illud quassare, et quo mallet transferre* (…)" (Archives de Maine-et-Loire, H. 360, fol. 2).

51 Guillot 1972, 337, n. 269.

52 Boussard 1957, 39.

53 Guillot 1972, 337.

ajustement entrepris par Foulques le Réchin afin de contrôler la puissance territoriale de Robert le Bourguignon[54]. La décision du nouveau comte d'Anjou, Foulques le Réchin, neveu de Geoffroy Martel et petit fils de Foulques III Nerra, témoignait d'un sens du compromis : tout le monde était en effet plus ou moins satisfait et cette union permettait de relativiser la commise subie par la première maison de Craon. Cependant, cette scission n'affaiblit en rien l'influence de Robert qui apparaissait dans les sources aux côtés de son fils Renaud, mais également de son gendre, Renaud III de Château-Gontier, jusqu'à leur départ en croisade, en 1098, *anno quo Rotbertus et Rainaldus de Castro Gunterii Hierosolimana petierunt*[55].

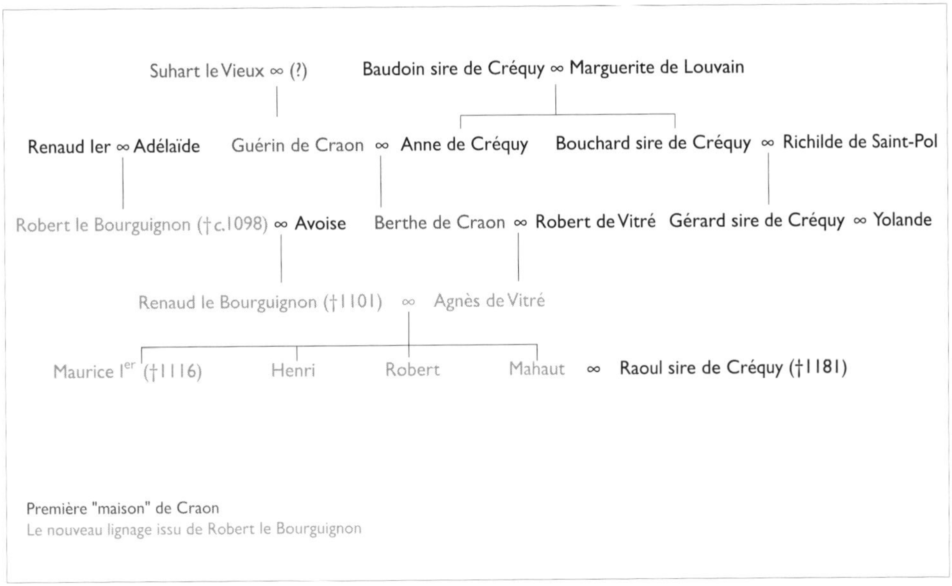

Tabl. 3. Habileté et bon sens de la nouvelle "maison" nobiliaire issue du mariage de Renaud le Bourguignon avec Agnès de Vitré : le maintien des liens matrimoniaux traditionnels créés par la première "maison" de Craon.

Le lignage issu de Robert le Bourguignon comprit l'intérêt de maintenir et renforcer les liens matrimoniaux traditionnels créés par la première "maison" de Craon. En effet, Mahaut, la fille de Renaud le Bourguignon et d'Agnès de Vitré, épousa Raoul de Créquy. Or, la première "maison" de Craon avait déjà noué une alliance avec les Créquy : Guérin Ier de Craon avait en effet épousé Anne de Créquy, fille de Beaudoin Ier et de Marguerite de Louvain. Par le biais de cette alliance avec les Créquy, le lignage issu de Robert le Bourguignon poursuivait l'orientation matrimoniale de la première "maison" de Craon, consolidant son assise et sa légitimité.

54 Lemesle 1999, 234.
55 Brossay 1903, 55.

Quoi qu'il en soit, jusque dans les années 1070, Robert avait eu entre les mains l'*honor* de Craon, ce qui constituait avec le fief de Sablé un bloc territorial important, lui permettant d'agir sur la vie politique et militaire du comté et de constituer un réseau de relations d'ampleur désormais intéressante.

Fidélité et actions militaires du Bourguignon, conditions de sa "promotion"

Les ambitions territoriales de Robert ne s'arrêtèrent pas là, puisque les successeurs de Geoffroy Martel, mort en 1060, ne cessèrent de lui manifester de la bienveillance et d'accroître son patrimoine. La présence de Robert le Bourguignon dans les chartes et les notices nous donne l'impression d'un personnage envahissant, toujours à l'affût d'opportunités, mais particulièrement apprécié par les comtes d'Anjou et il est incontestable que Robert bénéficia de la protection comtale tout au long de sa vie, quel que soit le comte.

Dans une notice issue du cartulaire de l'abbaye de Saint-Aubin d'Angers[56], le comte Foulques le Réchin lui donna la seigneurie de Durtal, en commun avec Macouard de Daumeray, en raison des droits qu'il y avait, sans que nous sachions quelle était leur origine ni leur nature. Afin de restituer à Robert ses droits sur Durtal, le comte d'Anjou usa de fermeté envers Renaud de Maulévrier, le chassant sans complaisance. Sans doute peut-on penser qu'une intervention militaire fut nécessaire pour s'emparer de la place et soumettre Renaud de Maulévrier, mais nous n'avons aucun renseignement complémentaire sur cette affaire, ni sur la façon dont le comte procéda pour chasser Renaud, ni sur les sanctions portées à l'encontre du seigneur de Maulévrier. Mais l'intervention comtale prouve l'intérêt porté par Foulques le Réchin à Robert le Bourguignon, qui paraît être un personnage essentiel de la cour angevine. Il est vrai que le neveu de Geoffroy Martel, Foulques, devait connaître Robert depuis sa plus tendre enfance. Neveu par alliance du comte Geoffroy, proche conseiller de ce dernier, souvent présent à sa cour, Robert bénéficiait de la confiance des comtes, que venait conforter une solide assise territoriale, et dont le soutien était recherché notamment par Foulques, qui n'avait pas hésité à écarter son frère, Geoffroy le Barbu, de la succession comtale.

En se faisant reconnaître par les membres influents de la cour de Geoffroy Martel, tel Robert, personnage respecté et écouté, Foulques le Réchin usait d'habileté politique et espérait légitimer ses actions[57]. D'ailleurs, le roi de France, Philippe Ier, ne s'y trompa pas, puisqu'il fut l'instigateur du revirement passager de Robert le Bourguignon en faveur de Geoffroy le Barbu en juillet 1067. Quelques semaines plus tard, le 7 août, le roi honorait Robert en confirmant une donation qu'il avait faite et rassembla les protagonistes angevins, Geoffroy le Barbu et Foulques le Réchin, dans le but de les réconcilier. Pourtant, en 1068, Foulques réussissait une nouvelle fois à s'emparer de son frère et à porter le titre comtal, jusqu'à sa mort en 1109.

56 Marchegay 1854-2, 334-335.

57 En avril 1067, Foulques le Réchin suscita un soulèvement à Angers contre son frère Geoffroy le Barbu. Celui-ci lui fut livré et fut emprisonné au château de Sablé, sous la surveillance de Robert le Bourguignon, qui avait pris le parti de Foulques (Halphen 1906, 146).

Conscient de sa puissance, Robert le Bourguignon avait ainsi manifesté une plus grande liberté d'action et de décision dans une difficile période de transition. Le changement d'attitude de Robert, moins soumis, plus libre de ses mouvements, révèle aussi une modification des rapports qu'il entretenait avec le pouvoir comtal. Avec Geoffroy Martel, un homme faisant preuve de sens politique et proche de ses intérêts, Robert se sentait totalement dépendant et redevable envers son protecteur. Avec les neveux de Geoffroy Martel, Robert maintenait des rapports moins contraignants et disposait d'une marge de manœuvre beaucoup plus large, d'autant qu'un nouvel acteur intervenait dans le comté, le roi de France, obligeant le comte d'Anjou à intégrer la hiérarchie féodale et à se reconnaître vassal du roi. Même le revirement de Robert n'avait pas nui au rapport qu'il entretenait avec les différents comtes d'Anjou. Ces derniers lui avaient assuré une place importante au sein du baronnage angevin lui permettant d'étendre sa puissance foncière : il reçut également la seigneurie de Noyen, en Haut-Maine, comprenant la paroisse de Saint-Germain et le fief d'Amnée. Enfin, en plus de ses domaines dans le Loudunois, Robert s'occupa de la gestion de la seigneurie de Mathefelon, en tant que tuteur d'Herbert de Champagne, ce qui lui permit de retirer un certain nombre d'avantages financiers.

Robert le Bourguignon était ainsi parvenu à se constituer un bloc territorial important – ce qui est assez paradoxal, puisque ces projets étaient généralement combattus par les comtes – réparti en Anjou (Craon, Lion d'Angers, Genneteil, Durtal, Baugé, Brion) et dans le Maine (Sablé, Brûlon, Noyen, Malicorne), grâce à la protection comtale, qui ne cessa de se manifester en donation foncière et certainement en émoluments de tout genre, quelle que soit d'ailleurs la personne à la tête du comté. Quelle signification accorder à ces donations ? Les comtes devaient-ils payer leurs alliés ou s'agissait-il de récompenses versées au bon vouloir des comtes ? En tout cas, l'accroissement de son patrimoine foncier avait été une préoccupation constante pour Robert, qui nous apparaît comme un homme soucieux de ses intérêts, opportuniste, mais attaché aux valeurs de son époque (fig.2).

Ses faits de guerre attestent en effet de l'importance des activités militaires dans la vie de ses contemporains et nous montrent qu'ils étaient la condition d'une réussite et d'une reconnaissance sociales bien que, faute de documentation, nous ne puissions suivre que ses opérations militaires les plus importantes. Robert le Bourguignon se trouva présent dans les principales opérations menées entre les comtes d'Anjou et les ducs de Normandie, des années 1050 aux années 1098, ce qui en fit un personnage incontournable, respecté des barons angevins et reconnu de ses adversaires.

Le Maine représentait un enjeu fondamental[58] pour les deux principautés, celle de Normandie et d'Anjou, dont le contrôle était indispensable pour exercer la prépondérance dans la région. Depuis 1060, l'influence angevine y avait perdu de son éclat et engendré une situation politique fort confuse, les seigneurs du comté n'hésitant pas à louvoyer au gré de leurs intérêts. C'est dans ce contexte agité, favorable aux revirements politiques que la rivalité entre comtes d'Anjou et ducs de Normandie trouva un écho favorable, avec, pour arbitre, le roi de France, alternant les alliances suivant la conjoncture militaire.

58 Pour plus de renseignements sur la politique des comtes d'Anjou dans le Maine, voir les ouvrages de Halphen 1906 & Guillot 1972.

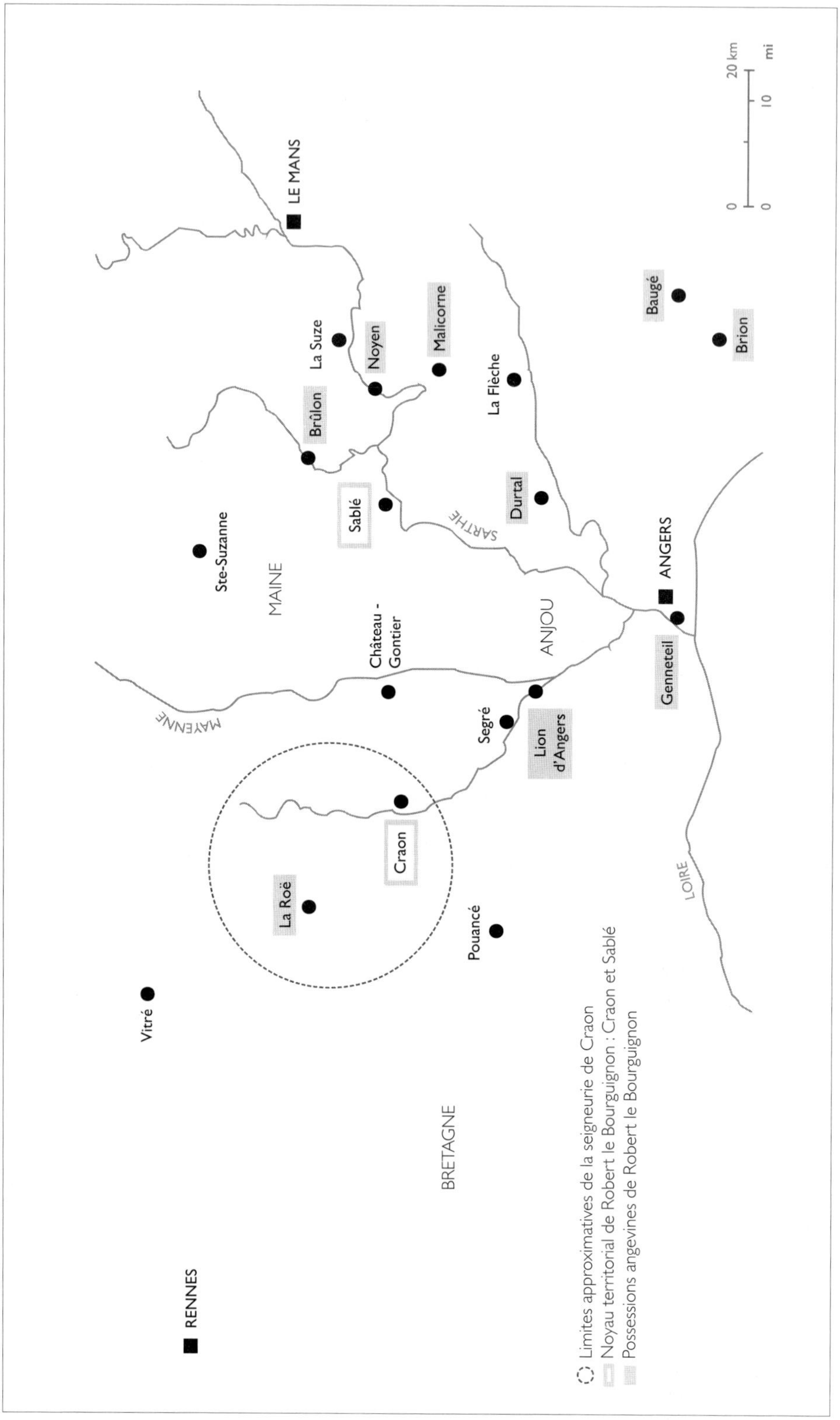

Fig. 2. Les possessions de Robert le Bourguignon en Anjou et dans le Maine.

Robert participa ainsi à la campagne que mena le comte d'Anjou contre Guillaume de Normandie en 1051-1052, mais sans parvenir à contrer la puissance montante du duc, même avec l'aide du roi de France, qui avait signé un traité d'alliance avec le comte en octobre 1052. Le duc de Normandie réussit, de ce fait, à prendre le contrôle de la frontière sud de son duché et à agrandir son territoire de la région autour de Domfront, le Passais, qui ne relevait pas de la Normandie. De plus, la mort de Geoffroy Martel et la crise de succession qui s'ensuivit avaient ouvert pour Guillaume de nouvelles perspectives d'expansion vers le sud.

Le prestige que Guillaume de Normandie avait acquis aux dépens du roi de France et du comte d'Anjou était considérable, si bien que la famille comtale du Maine, pourtant vassale de l'Anjou, n'hésita pas à pratiquer une politique opportuniste et fluctuante : le comte Herbert II prêta hommage au duc et, par testament, lui céda son comté. Cependant, ses vassaux, qu'il n'avait certainement pas consultés avant de prendre cette décision, refusèrent cette "annexion" et firent appel à Gautier, comte de Mantes, oncle d'Herbert II, soutenu par Geoffroy le Barbu. Fidèle serviteur du comte d'Anjou, Robert fut présent à cette nouvelle campagne, prenant parti pour Gautier de Mantes et Geoffroy de Mayenne, l'adversaire le plus déterminé de Guillaume de Normandie. Il était d'ailleurs doublement concerné par cette opération, agissant d'une part comme vassal du comte d'Anjou, mais aussi comme seigneur de la seigneurie de Sablé, fief situé dans le Maine. Dans cette affaire, on retrouve le trait caractéristique de Robert : la fidélité ; il aurait pu en effet profiter de l'ascension politique du duc de Normandie et du déclin de l'Anjou affectée par une crise successorale pour offrir ses services au duc ; or son soutien au comte d'Anjou fut sans faille, même si son intervention fut insuffisante puisque Guillaume de Normandie soumit Geoffroy de Mayenne, puis Gautier de Mantes, qui accepta la victoire des Normands et renonça au comté du Maine. Afin de légitimer sa conquête, le duc de Normandie maria son fils aîné Robert Courteheuse à Marguerite, sœur et plus proche héritière d'Herbert II. En tant que possesseur de la terre de Sablé, Robert le Bourguignon se trouvait désormais vassal du Conquérant[59], ce qui ne l'empêchait pas de conserver ses attaches avec le comté d'Anjou, comme il le prouva, fort habilement, dans une fondation faite sur l'église de Bouchamp en l'honneur de son bienfaiteur, Geoffroy Martel, le 16 juillet 1067.

Le Maine était devenu un théâtre d'opérations militaires incessant et bien que nous ne disposions pas d'informations suffisantes sur la participation de Robert le Bourguignon à ces expéditions militaires, nous pouvons supposer qu'il fut présent auprès de Foulques d'Anjou lors du siège de Dol (septembre-octobre 1076) contre Guillaume de Normandie ou de la Flèche, dont le seigneur Jean était le principal défenseur de la cause normande dans le Maine. L'état de guerre contre Robert Courteheuse était permanent dans la région mancelle : un soulèvement des grands seigneurs se produisit sous la direction d'Hubert, vicomte de Beaumont, Fresnay et Sainte-Suzanne en 1082 puis, quelques années plus tard, à la mort de Guillaume le Conquérant. Robert le Bourguignon participa à ces mouvements de révolte, puisqu'il fut contraint de se soumettre au duc Robert Courteheuse, de la même manière

59 Dans une charte, confirmant l'acte de fondation du prieuré de Brûlon par Geoffroy Bouchard, Robert le Bourguignon est qualifié *fidelissimus* de Guillaume le Conquérant et de Robert Courteheuse, son fils, comte du Maine (Monnoyer 1881, 22).

que Geoffroy de Mayenne et Hélie de la Flèche[60]. Cependant, la campagne ne permit pas à Robert Courteheuse de rétablir son autorité sur le Maine : dès 1089, les Normands furent chassés des châteaux du Maine et Hélie prenait le titre de comte du Maine, qui retombait sous la suzeraineté angevine. Cela ne signifiait pas une fin des hostilités puisque Guillaume le Roux entreprit une nouvelle expédition militaire en 1098 contre le comte d'Anjou, qui bénéficiait toujours du soutien du Bourguignon comme l'atteste une charte indiquant le départ à la croisade de Robert le Bourguignon, une fois passées les menaces pesant sur le comté.

La fidélité dont il avait fait preuve vis-à-vis des comtes d'Anjou et son action militaire ont été sans aucun doute à l'origine de l'affection et de la protection comtales qu'il reçut et qui se manifesta par des gratifications financières et des donations territoriales. Doté d'une forte personnalité et de talents militaires indiscutables, Robert le Bourguignon disposait d'atouts précieux le prédestinant à une carrière accomplie, facilitée, il est vrai, par ses origines familiales.

Une succession contraire au schéma lignager

Un groupe familial élargi

Robert le Bourguignon n'oublia jamais sa famille, restant très proche de ses frères aînés. C'est ainsi que Robert paraît dans de nombreuses chartes, avec ses frères Henri et Gui de Nevers, comme cette notice émanant des moines de Saint-Aubin : ils furent cités en troisième position, après la comtesse Grécia et les neveux de Geoffroy Martel, Geoffroy et Foulques. Les trois frères apparaissaient également en tant que témoins dans une notice[61] racontant les démêlés survenus au sujet d'un héritage entre des serfs de Foulques le Réchin et des serfs du monastère de Marmoutier. Un premier jugement fut rendu au temps de l'abbé Barthélémi (1064-1084) par Gui de Nevers et Robert le Bourguignon contre le comte et ses serfs ; mais ceux-ci refusèrent de s'y soumettre. Sur l'intervention comtale, un accord eut finalement lieu au temps de l'abbé Bernard (1084-1099).

En l'absence de leurs parents et de leur frère aîné, Guillaume Ier, le comte de Nevers, les frères avaient noué, semble-t-il, des liens très étroits, assurant la cohésion du groupe familial. Élevé au plus haut rang du baronnage angevin, Robert fut attentif à la carrière de ses aînés qui, sans réussir aussi bien que leur frère, profitèrent vraisemblablement de la "promotion" de Robert et de sa protection, sans trouver cependant d'établissement seigneurial. Nous pouvons considérer en fait que nous avons ici une situation originale où le cadet a pris la place du frère aîné dans son rôle de protecteur de l'unité familiale. Pourtant, les rapports avec Guillaume Ier semblent s'être maintenus, malgré la distance géographique les séparant, comme l'atteste le mariage de la fille de celui-ci, Ermengarde, avec Hubert (1067-1095), le vicomte de Sainte-Suzanne et du Maine, qui joua un rôle important, aux côtés de son oncle

60 Archives de Maine-et-Loire, H 110, n°113, 1090-1092 : dans cet acte, il est dit que Robert le Bourguignon était au service du comte Robert de Normandie.

61 Salmon 1865, n°116.

par alliance, Robert le Bourguignon, dans la lutte des comtes d'Anjou contre Guillaume le Conquérant. D'ailleurs, les deux parents, Robert et le vicomte Hubert s'allièrent en 1075 afin de détruire le château tenu par Jean du Lude[62].

Loin d'avoir été une rupture, l'installation de Robert le Bourguignon en Anjou illustre les relations privilégiées instaurées entre les comtés de Nevers et d'Anjou, comme le prouve également l'envoi de bourguignons aux côtés des comtes du Maine et d'Anjou face aux Normands.

Non seulement Robert maintenait des liens étroits avec ses frères et à travers eux sa famille d'origine, mais il entendait aussi se préoccuper de ses propres enfants et leur assurer des alliances aussi prometteuses que celles qu'il avait conclues. Les liens familiaux structuraient en effet l'équilibre social et politique et s'inscrivaient dans la durée, alors que le pacte d'amitié ne reposait que sur la volonté commune des deux contractants[63]. Le mariage engageait dès lors deux groupes de parenté qui se trouvaient indissolublement liés à travers une descendance commune. Les alliances matrimoniales étaient ainsi entourées de la plus grande attention et devaient tenir compte des impératifs familiaux, dans le cadre d'une politique familiale cohérente. Et la stratégie de Robert consista à renforcer l'assise régionale du groupe et à assurer un enracinement solide à l'intérieur du comté, en négociant le mariage de ses enfants avec des familles locales, vassales du comte d'Anjou[64], ce qui constituait une nette rupture par rapport aux horizons bourguignons. Si Robert le Bourguignon avait conservé des liens avec sa famille bourguignonne, il ne manifesta pas le souhait de caser ses enfants en Bourgogne. C'est ainsi que sa fille, Béatrix, épousa Renaud de Château-Gontier, issu d'une famille importante du comté qui entretenait des liens croisés avec toutes les puissantes seigneuries de l'Anjou : il s'agissait d'affermir les solidarités seigneuriales dans le Haut-Maine à travers l'alliance de deux groupes familiaux, les Craon / Sablé et Château-Gontier. Cependant, le souci de renforcer l'implantation locale du groupe n'était pas le seul mobile de Robert qui s'efforça d'accroître la fortune et la puissance du "lignage", en mariant ses fils à de riches héritières. Robert, le troisième enfant qu'il eut d'Avoise de Sablé (?), épousa Hersende de la Suze, héritière de cette seigneurie, ce qui constituait un parti intéressant et lui permit d'assurer, au nom de sa femme, la gestion de ce fief. Cette alliance entre un groupe familial fidèle au comte angevin et un second proche du pouvoir comtal manceau, duquel il tenait ses droits et possessions[65], servait à la fois les intérêts de Robert le Bourguignon et ceux du comte d'Anjou. La position de La Suze sur la Sarthe apportait un avantage économique, par la levée d'un péage, et stratégique, par le contrôle de la route entre Sablé et Le Mans. L'assise de ces seigneurs s'étendait au XIe s. à proximité de la cité comtale du Mans, ce qui d'après B. Lemesle "devait freiner toute velléité d'autonomie"[66] : il s'agissait pour eux de se libérer d'une possible pression comtale. La stratégie matrimoniale était devenue une arme au service d'une politique territoriale, mise en place par les familles aristocratiques

62 Marchegay 1854-2, 422-424.
63 Sur les stratégies matrimoniales, voir entre autres les ouvrages de Le Jan 1995 ; de Duby 1981 ; *ibid.* 1971, *ibid.* 1967-3.
64 Ce qui s'avérait une politique fort habile étant donné que Robert le Bourguignon était étranger à la principauté.
65 Lemesle 1999, 170-171.
66 *Ibid.*, 245.

et habilement utilisée par Robert le Bourguignon qui s'ouvrait des opportunités au sein du baronnage manceau. Le mariage de Renaud, le fils aîné du Bourguignon, avec Agnès de Vitré représentait un cas particulier puisque, comme nous l'avons vu, il s'agissait d'une alliance politique entre les Vitré et Robert le Bourguignon, détenteur de *l'honor* de Craon, destinée à faire cesser les tensions existantes entre les deux familles[67]. D'ailleurs, ce nouveau venu avait un large choix d'union sans craindre les interdits de consanguinité.

Ces alliances habilement négociées permirent à Robert le Bourguignon de renforcer sa position au sein du baronnage angevin et de devenir un personnage incontournable du comté, comme nous le montre la venue du pape Urbain II en Anjou.

La nécessité d'un "pacte familial"

Comme tant de "chevaliers" de son époque, Robert le Bourguignon prit la décision de partir en croisade libérer les chrétiens opprimés et délivrer les lieux saints de Jérusalem. Avant de partir, Robert entendait régler ses affaires en cours et ses dispositions nous laissent entrevoir les préoccupations essentielles du Bourguignon.

Premièrement, il attendit la fin des menaces du duc de Normandie contre Foulques le Réchin, au cas où son seigneur aurait eu besoin de lui. Ensuite, sur le point de partir en croisade, à plus de soixante-dix ans, il multiplia les nouvelles donations religieuses et confirma les anciennes. Il donna à Saint-Clément d'Angers la terre du Châtelet et trois hommes avec leur terre et leur censive, renouvela ses dons aux abbayes pour son salut et pour ceux de Geoffroy Martel, de Renaud et Robert, ses fils, ainsi que de Berthe, son épouse[68]. Plus de trente ans après la mort de son protecteur, il témoignait une nouvelle fois de sa reconnaissance envers le comte d'Anjou, qui avait fait sa fortune. Marmoutier fut l'objet de faveurs spéciales : il concéda à l'abbé Bernard le terrain d'un nouveau bourg, fit un don au prieur et obtint la promesse des suffrages des moines. Robert pouvait ainsi partir en croisade en toute tranquillité, soutenu par les prières des moines et débarrassé de ses problèmes temporels, appliquant à la lettre le principe suivant : "Va, laisse tout et suis moi".

Enfin, il assura sa succession pour éviter toute contestation : Renaud, son fils aîné, étant déjà entré en possession de la seigneurie de Craon, il concéda Sablé à Robert, son deuxième fils. Cette répartition de l'héritage avait certainement été décidée avant son départ, car il avait déjà associé ses deux fils au "gouvernement" d'une châtellenie. Ainsi, dès le 14 janvier 1095, Robert le Bourguignon laissait son fils, Robert, assister à l'accord entre les moines de Marmoutier et ceux de la Couture et, le lendemain, il approuvait la charte de son fils[69]. Cela constitue une réelle originalité. En effet, à la fin du XIe s., le groupe de parenté était devenu patrilinéaire : l'avantage était donné à un fils, en général l'aîné, qui héritait de son père l'essentiel des biens, mais il n'entrait en possession de l'héritage paternel qu'à la mort de son

67 Pour être tout à fait complet, Robert eut deux autres enfants, Geoffroy, mort jeune et Henri, dont le fils allait être l'abbé de Vendôme, Geoffroy.

68 Robert le Bourguignon confirma en effet la donation de l'église de Saint-Germain, mais demanda des prières pour le salut de ses parents, de ses femmes, de ses enfants et du comte Geoffroy Martel (Menjot-D'Elbenne 1886-1913, charte 366).

69 Laurain 1911-1945, II, 81.

père. L'objectif était donc de préserver l'unité du patrimoine et d'exclure les femmes et les fils puînés. Si le resserrement lignager autour de la ligne agnatique, représentée par Robert, est réel dans cet exemple, l'honneur familial, par contre, se trouvait partagé entre les deux fils, ce qui nous amène à une situation intermédiaire entre le groupe de parenté carolingien et le lignage noble du XIIe s. : ce partage, ayant peut-être fait l'objet d'un pacte familial, arrangeait, d'une certaine façon, le pouvoir comtal, qui pouvait s'alarmer d'un vassal aussi puissant, après la disparition de Robert, un homme sûr. On ne sait quelle part la pression comtale a pu jouer dans cette décision. Robert était un nouveau venu en Anjou, il ne pouvait se prévaloir d'aucun antique droit d'héritage pour arranger sa succession entièrement à sa guise.

Conclusion chapitre 1

L'approche biographique sur Robert le Bourguignon met en relief des traits atypiques dans un monde aristocratique en pleine recomposition : son cas invite à rejeter toute modélisation simple. La "promotion" de Robert, passant du statut de simple fils puîné, avec tout ce qu'impliquait ce statut, à celui de *dominus* présente une certaine originalité mais ne constitue toutefois pas un cas exceptionnel, puisque d'autres exemples de ce genre peuvent être avancés : nous avons déjà évoqué celui de Guillaume le Maréchal, issu d'un milieu familial différent, à une époque où la fonction militaire, entourée d'une éthique chevaleresque, avait acquis ses lettres de noblesse.

Dans un contexte de trahison et de revirements militaires fréquents à cette période, le parcours de Robert le Bourguignon met finalement en avant l'idée d'une certaine reconnaissance par le pouvoir des valeurs morales, telles que la fidélité et le sens politique, assurant en contrepartie une protection et des gratifications financières et foncières. C'est ainsi que furent reconnues et appréciées l'habileté et l'intelligence politique de Robert le Bourguignon, que l'on entrevoit dans certaines de ses décisions, notamment dans l'acte confirmant la restitution de l'église du Lion à Saint-Aubin d'Angers, donation faite par Guy de Craon, ratifiée par Suhart le Vieux, puis confirmée par le nouveau seigneur, Robert. Ce dernier s'abstint donc de prendre systématiquement le contre-pied de ses prédécesseurs, ce qui dénote habileté et sens du compromis : l'enjeu était de se faire accepter. Se mettre à dos les religieux de Saint-Aubin n'eût pas été une bonne solution vu l'importance de cette abbaye dans l'espace angevin. Robert le Bourguignon se devait en effet de ménager les comtes d'Anjou, les instances ecclésiastiques supérieures, mais aussi ces abbayes angevines, centres d'impulsion spirituelle et de conservation de la mémoire.

Pourtant, Robert n'hésitait pas, le cas échéant, à commettre des exactions et "opprimer" les institutions ecclésiastiques comme les autres puissants laïcs. Il apparaissait ainsi, dans ce domaine, représentatif des structures mentales et sociales de son époque : un châtelain retors mais prudent. C'est ainsi qu'il ôta de l'intérieur de son château de Sablé les chanoines de la Couture, qui y desservaient une église dédiée à Saint-Malo et la confia, après l'avoir dédiée à Saint-Nicolas, aux moines de Marmoutier. En compensation, il donna aux chanoines un terrain près de la ville pour bâtir une nouvelle église. Cependant, l'évêque Arnaud, monté sur le siège du Mans après une période de vacance, voulut forcer Robert à rétablir les chanoines de la Couture et sur son refus, l'excommunia. Soutenu par l'archevêque, Robert profita de la consécration de l'évêque de Rennes, qui se faisait en présence d'un grand nombre de prélats, pour présenter sa réclamation ; tous prirent position pour l'archevêque et son protégé aux dépens de l'évêque du Mans, qui se soumit. Cet épisode est intéressant dans la mesure où Robert le Bourguignon, en accordant une vénération particulière à Saint-Nicolas, tentait de se rapprocher et d'imiter le pouvoir comtal. De plus, cet exemple est révélateur des tensions existant entre les châtelains et les communautés ecclésiastiques et de l'apparition d'un nouveau centre de pouvoir, constitué par la châtellenie. En effet, la réalité du pouvoir résidait désormais dans les seigneuries et toute l'intelligence du pape Urbain II fut de s'adresser directement aux châtelains afin de mobiliser des contingents pour la croisade et de canaliser leur violence coutumière. La visite du pape à Sablé auprès de Robert s'inscrit tout à fait dans ce cadre. À une époque où s'amorçait une reconnaissance de la fonction guerrière, l'appel à la croisade d'Urbain II constituait une étape déterminante dans la mesure où le pape reconnaissait que le salut pouvait s'acquérir sans changement d'état ni de profession.

Au XIe s., les Craon proposent l'exemple d'une structure familiale différente du groupement aristocratique du haut Moyen Âge et ce changement de structure de parenté est contemporain de l'installation des Craon autour d'un château, à partir duquel se construit leur identité familiale. Cette corrélation entre le processus politique de féodalisation et les bouleversements affectant les structures de parenté aristocratique, dégagés par Georges Duby, apparaît nettement chez les Craon. En revanche, la structure familiale apparaissant au XIe s. ne correspond pas au schéma lignager proposé par les historiens et nous avons l'exemple d'une structure originale, intermédiaire entre le groupe de parenté carolingien et le lignage, sans que l'on puisse savoir si le pouvoir comtal a eu un rôle déterminant en ce sens.

II. La fondation de l'abbaye de la Roë : un élément fondamental de la mémoire familiale des Craon ?

Le 11 février 1096, Renaud le Bourguignon, fils de Robert le Bourguignon et seigneur de Craon, concédait un bois à six ermites, tous clercs, pour édifier une église afin d'y vivre selon la règle de Saint Augustin, et le 12 février le pape Urbain II confirmait cette fondation puis reconnaissait comme légitimes possessions tous les biens que les religieux pourraient acquérir dans les fiefs des seigneurs de Craon. Enfin, le 25 avril 1097, l'église, consacrée par l'évêque d'Angers, Geoffroy de Mayenne, devenait un centre de vie paroissiale. Ce n'était que dans un troisième temps, entre 1102 et 1105, que l'établissement devint une abbaye lorsque Pierre d'Airvault fut envoyé par l'évêque d'Angers Renaud de Martigné pour procéder à la bénédiction de Quintin, l'un des cinq compagnons de Robert d'Arbrissel.

L'existence de ce groupe canonial est ainsi liée dès le départ au seigneur de Craon mais échappait à sa tutelle absolue car aucun acte émanant de Renaud le Bourguignon, excepté la donation du bois aux ermites, ne venait sanctionner cette fondation. Pourtant, Renaud le Bourguignon avait certainement cerné l'intérêt "politique" et social de cet établissement qui légitimait son autorité sur la seigneurie, lui assurait un prestige social et le plaçait au cœur de la réforme de l'Église, dans la voie ouverte par Robert d'Arbrissel et, élément de poids, avec la bénédiction du pape Urbain II. En cette fin du XIe s., l'Anjou apparaissait en effet comme une principauté territoriale en difficulté, puisque les deux pôles qui détenaient le pouvoir – l'Église et l'autorité princière – étaient remis en question : les comtes d'Anjou devaient faire face à la pression des châtelains locaux et l'Église était profondément discutée dans ses structures et ses actions. C'est dans ces circonstances qu'intervenaient le passage du pape Urbain II à Angers du 6 au 12 février 1096 et la fondation de l'église de la Roë.

L'unique source dont nous disposons pour entrevoir les rapports parfois ambigus de l'abbaye avec leurs bienfaiteurs, les Craon, est le cartulaire de la Roë composé vers le milieu du XIIe s. Rédigé par les chanoines et non par le fondateur Robert d'Arbrissel ou ses successeurs directs, un demi-siècle après le départ de ce dernier, ce recueil nous donne une évocation partielle et orientée de la fondation de la communauté épurée des détails dérangeants : c'est l'image que les chanoines entendaient conserver des premiers temps de leur communauté. Dès lors, l'aspect du cartulaire, sa composition, son classement ne sont pas innocents ; il véhicule la mémoire de la communauté et n'a pas pour vocation de transmettre celle des Craon. Au cours de ce chapitre, il s'agit donc de dégager des éléments de la mémoire familiale des Craon à l'aide du cartulaire de la Roë tout en ayant conscience qu'il n'avait pas été réalisé pour cela : le recueil nous donne la vision des chanoines, de leur histoire et le passé qu'ils transmettent est le leur. Cependant, quelques renseignements sur la famille peuvent être glanés en raison des rapports étroits existant entre les deux parties, traduisant un jeu aux acteurs multiples.

En effet, les seigneurs de Craon n'entretenaient pas avec l'abbaye un lien d'exclusivité mais ils remplissaient leur devoir assumant leur fonction nourricière par des donations de nature foncière ou pécuniaire, ce qui plaçait la communauté sous leur dépendance de fait. En retour, certains des membres de la famille furent inhumés dans le caveau familial gardé par l'abbaye qui se chargeait de célébrer des messes en l'honneur des défunts, unissant les vivants et les morts et entretenant la mémoire de la famille, ce qui traduisait une territorialisation des Craon et renforçait la cohésion du groupe, sans que l'on puisse parler pour les Craon de mémoire lignagère aux XIe - XIIe siècles. D'ailleurs, ce souci d'entretenir des monastères familiaux n'est pas nouveau et sans lien nécessaire avec l'apparition de structures lignagères, d'autant que ce serait une vision a posteriori de voir la fondation de la Roë comme une création familiale à l'origine. Ce n'était qu'après coup, une fois sous son contrôle, que l'établissement allait devenir un monastère familial, c'est-à-dire un élément constitutif de la mémoire des Craon. En ce qui concerne les Craon, l'émergence d'une mémoire familiale à connotation liturgique reposait sur une multiplicité de pôles religieux : l'abbaye de la Roë avait été précédée par la fondation d'une chapelle castrale, Saint-Nicolas, qui répondait à des mobiles différents pour le seigneur de Craon que ceux de la Roë. À la fin du XIIe s., la fondation des Bonshommes de Craon par Maurice II avait concurrencé l'abbaye de la Roë, qui n'avait plus les faveurs uniques du seigneur de Craon.

La fondation de la Roë : un acte de bonne politique

Une abbaye au cœur de la forêt-frontière de Craon

Les raisons qui ont conduit le pape Urbain II à adhérer au projet de création d'une nouvelle église et à confier un mandat de prédication évangélique à Robert d'Arbrissel ne relèvent pas d'un hasard. Dans un contexte de manœuvres comtales et de pressions épiscopales, Robert d'Arbrissel préconisait le retour à l'Évangile et le dépouillement volontaire : dans les années 1095 au moment de la fondation de la Roë, il était devenu un ascète reconnu. En lui confiant ce mandat de prédication lors de son passage à Angers en 1095, le pape affichait son autorité et manifestait aussi sa volonté de contrôler une prédication itinérante. Robert d'Arbrissel se trouvait désormais hors de portée des pressions épiscopales et légitimé pour agir dans une région où le pouvoir comtal était contesté et l'Église toujours très liée aux pouvoirs locaux, comme le prouvent les tractations menées en 1096 lors de la désignation de Marbode à l'évêché de Rennes, vacant depuis la mort de Sylvestre de la Guerche. Ces manœuvres, appuyées par le comte d'Anjou, Foulques IV, désireux d'installer un Angevin sur ce siège breton, furent condamnées par Robert d'Abrissel. Son installation à la Roë, dans la forêt frontière de Craon, située à proximité du diocèse de Rennes, son pays natal, non loin d'Arbrissel, marquait ainsi un refus de tels arrangements et ne laissait pas le seigneur de Craon indifférent : lui-aussi entendait tirer parti de la situation.

La concession de Renaud le Bourguignon à l'ermite Robert d'Arbrissel : la mise en avant d'une nouvelle religiosité

À la fin du XIe s. : les deux-tiers au moins des desservants paroissiaux en Anjou dépendaient encore de laïcs et cette situation traditionnelle donnait désormais lieu à des soupçons de simonie. Face à "l'avilissement" du clergé séculier, le renouveau du monachisme apparaissait être une solution : gagnant l'ouest de la France dans le dernier quart du XIe s., il fut des plus brillants en Anjou, avec un rôle particulièrement important des ermites et prédicateurs itinérants.

Urbain II, lors de son passage à Angers en 1095, confia à Robert d'Arbrissel un mandat de prédication évangélique. Le pape venait à Angers d'abord pour consacrer la basilique Saint-Aubin. Or, les moines de ce sanctuaire, vraisemblablement sous la pression comtale, s'y opposèrent avec véhémence, révélant la fragilité de la réforme grégorienne en Anjou. Robert représentait pour Urbain II un relais précieux afin d'assurer le succès de la réforme de l'Église. De plus, Robert était autorisé à refuser la bénédiction abbatiale pour son église de la Roë et avait donc la possibilité de rester libre, sans attache juridique, plus ou moins en marge de l'autorité de l'évêque d'Angers. Ses prises de position et le soutien du pape ne tardèrent pas à générer des oppositions et des rancœurs de la part de ceux qui entendaient conserver leurs privilèges et qui dénonçaient les pratiques de Robert d'Arbrissel comme douteuses.

L'acte de fondation et la double confirmation de la donation d'un bois par Renaud le Bourguignon le 12 février 1096 à Angers et le 20 mars 1096 au concile de Tours revêtaient donc une dimension religieuse de premier plan, dépassant des enjeux purement châtelains, puisque cette fondation participait à l'essor de la réforme en Anjou, souhaitée par le pape et menée par Robert d'Arbrissel. De plus, ces cérémonies furent également l'occasion, pour le seigneur de Craon, de s'afficher devant un parterre d'évêques, d'abbés et une foule de grands seigneurs.

Au départ, Robert et ses disciples avaient construit un domicile commun. L'acte de "fondation" qui décidait de la construction d'une église et de l'instauration de la règle des chanoines réguliers de Saint Augustin fut obtenu à l'occasion de la visite du pape Urbain II à Angers. Celui-ci demanda d'ailleurs à Robert d'Arbrissel de se rendre à Angers pour la dédicace de l'abbaye Saint-Nicolas, le 10 février 1096, en présence de Renaud le Bourguignon. Or, la fondation d'un groupe canonial nécessitait l'établissement de bases sans lesquelles il ne pourrait exister et se développer : un lieu, la concession d'un bois par le seigneur de Craon ; la consécration d'un bâtiment par un représentant de l'Église, transformant ce lieu en un centre officiel de vie et de prière ; le respect d'un code de vie, la règle de Saint Augustin.

La consécration de l'église n'ayant eu lieu qu'un un an environ après la fondation du groupe canonial, il est fort probable que le bâtiment fut construit en bois, du moins en grande partie. D'ailleurs, le conflit rapporté par l'acte n°2 (12 février 1096-25 avril 1097) semble bien avoir pour origine le défrichement du bois canonial dans le but d'édifier l'église, défrichement portant atteinte aux droits des forestiers sur le bois des chanoines.

L'institutionnalisation de la communauté : la genèse d'une abbaye canoniale

Un an après la donation du bois, eurent lieu la dédicace d'une première église et la bénédiction du cimetière. Sur le point de bénir le cimetière, Geoffroy de Mayenne décida d'ériger une paroisse dont les chanoines auraient la *cura animarum*.

L'évêque d'Angers, qui se trouvait dans son rôle épiscopal en intervenant pour superviser la création d'une nouvelle paroisse, sollicita Renaud, seigneur de Craon afin d'en délimiter le territoire le 25 avril 1097 : définir les limites et les matérialiser permettaient d'éviter toute contestation. Cet acte met en valeur le rôle joué par les seigneurs de Craon, bienfaiteurs susceptibles de devenir envahissants pour un groupe de clercs animés par la volonté de rompre avec l'emprise supposée délétère des puissants du siècle sur l'Église : les multiples donations des seigneurs de Craon pouvaient faire basculer le groupe dans une forme de dépendance.

La charte n°2 précise les limites de la paroisse entre le chemin de Grolet, au sud de l'actuel village de la Roë, jusqu'au ruisseau de Poiltrée au nord-ouest, petit affluent de l'Usure. Étaient présents à la dédicace outre l'évêque d'Angers Geoffroy de Mayenne, Renaud de Craon et ses fils, les barons du voisinage et les curés des paroisses proches de la Roë. Ces derniers donnèrent leur accord à la création de la nouvelle paroisse et n'en contestèrent point les attributions excepté le curé de Ballots qui disputa, un peu plus tard, certains droits de sépulture aux chanoines de la Roë.

Ce n'est que progressivement, entre 1102 et 1105, que le caractère érémitique de l'organisation du groupe régulier disparut et que se mirent en place des institutions typiquement canoniales avec l'élection d'un premier abbé : cette évolution aboutit alors à la constitution d'une abbaye et au départ de Robert d'Arbrissel. En tout cas, l'acquisition de revenus fixes marquait une orientation nouvelle de la communauté, rompant avec son passé érémitique. Celle-ci, en entrant dans les cadres ordinaires de la vie consacrée, devint un interlocuteur plus commode pour le seigneur de Craon, dont l'emprise était renforcée grâce au refus par le groupe initial d'une donation plénière.

Noyau foncier initial (février 1096) :	**5/04/1100**	**Entre 1100 et 1102-1105 (consécration abbatiale de Quintin)**
- bois	- bois défriché et réparti en 7 manses	- 6 nouvelles dotations foncières dont deux de Renaud de Craon - ½ dîme - ½ moulin - dotation à Robert d'Arbrissel de l'église d'Arbrissel à la suite de la prédication de Robert par un certain Hervé de l'Épine - apparition d'un serf - apparition d'un prévôt (administrateur des biens fonciers).

Tabl. 4. Le patrimoine des chanoines : de la jouissance d'un bois au dominium foncier.

Cette évolution constituait cependant une atteinte à l'idéal érémitique de pauvreté et de dépossession complète de biens. Les chanoines ne se contentaient plus du travail de l'agriculture et de défrichement mais attachaient désormais plus d'intérêt à la gestion de leurs biens fonciers. Pourtant, vers 1100/1101, cet idéal de pauvreté était encore bien présent dans l'esprit des chanoines, nous dit J. Bienvenu, puisqu'ils refusaient de devenir propriétaires de la tenure de Guillaume de la Lande-Baruchon. Cette hypothèse ne peut pourtant plus être avancée lorsque l'on regarde ce qu'est devenue, d'un point de vue juridique, la concession octroyée par Renaud le Bourguignon aux premiers ermites : le bois concédé à titre de jouissance apparaissait désormais dans un acte comme la propriété des chanoines. Cela atteste bien de l'évolution très rapide de la mentalité du groupe primitif, qui aboutit à l'acceptation par l'abbaye des dons en toute propriété et vers 1102-1105, nous avons un acte de Renaud mentionnant la donation à l'abbaye de quatre métairies et d'un moulin : la communauté détenait dorénavant un véritable patrimoine foncier et immobilier. Cependant, ce *dominium* foncier était encore soumis aux droits banaux du seigneur de Craon et en particulier la haute justice, puisque nous voyons dans un acte le *camerarius* du seigneur de Craon intervenir sur les terres des chanoines et saisir un bœuf qui venait d'être volé par un paysan.

Parallèlement, l'abbaye prenait un nom qui la situait précisément dans un espace localisé. L'origine de ce nom a nourri de nombreux débats et le terme *Rota* suscité de nombreuses réactions. Ce vocable apparaît pour la première fois vers 1115-1130 et dans la bulle d'Innocent II en 1136. Plusieurs questions se posent que les historiens ne se sont pas préoccupés de résoudre ni même de soulever : de quelle manière a eu lieu ce changement de dénomination ? Est-ce que cela sanctionne une évolution de cette abbaye, moins attachée à son idéal originel ? N'y aurait-il pas simplement une raison pratique ? – "Notre-Dame du Bois" a pu être le nom de plusieurs établissements –. D'ailleurs, cette nouvelle dénomination concernait-elle le bois ou l'abbaye ? Quoi qu'il en soit, ce changement d'appellation se trouve reconnu et confirmé par l'autorité supérieure, représentée par le pape. Auparavant, l'abbaye était désignée sous le nom de Notre-Dame du Bois, allusion au lieu dans lequel elle avait été fondée. La bulle de 1136 juxtapose les deux vocables : *"Dilecto filio Roberto abbati Sancte Marie de bosco de Rota..."*. Nous pouvons donc dater avec précision l'apparition de cette dénomination.

Sa signification en est plus obscure : au XVIIIe s., on estimait que cette abbaye était appelée du nom de la Roë, "parce qu'elle est comme le centre de je ne scay combien de paroisses qui en dépendent et comme au milieu de la plus part des biens qui y ont été donnez par quantité de personnes de qualité et qui y aboutissent comme les rayons d'une roue...au centre. On voit aussi de petites roues d'architecture sur l'église, les portails de l'église de la Roë ...et qui en sont les armes parlantes". Mme Hamon Jugnet se contente de dire que l'explication paraît insuffisante. Il semble en effet qu'il s'agissait d'une analyse après-coup du XVIIIe s., que les paroisses et les sentiers existant alors ne remontaient pas tous au XIIe s. et qu'ils ne pouvaient pas converger en un point, matérialisé par l'abbaye. En fait, c'est le seigneur de Craon qui créa une route plus tard. Mme Hamon Jugnet suppose que l'abbaye prit le nouveau vocable de Rota en raison de l'espace défriché par les chanoines. Le premier nom donné à l'abbaye viendrait de la donation du bois en 1096 par le seigneur de Craon puis, la construction de l'église et du monastère qui occasionna des défrichements et l'aménagement d'une vaste clairière autour de la nouvelle abbaye serait l'origine de ce changement d'appellation. Jean-Claude Meuret nuance cette hypothèse qui établirait une correspondance entre le terme de *Rota* et la notion d'espace défriché : ce terme, qui signifie la roue, a souvent été interprété comme une allusion à la forme circulaire des défrichements autour de l'abbaye ; celle-ci eut, en effet, une roue dans son blason. Selon lui, cette interprétation appelle quelques réserves car le nom de la Roë était aussi celui d'une famille mentionnée avant que l'abbaye ne portât ce nom et d'une terre limitrophe de celles de l'abbaye, mais située sur la paroisse de Fontaine-Couverte. Or, un détour par Geoportail ou Google Earth laisse entrevoir la réalité topographique de ce "bourg monastique" : une belle forme circulaire évoquée par le nom de la Roë.

Au total, la genèse de Notre-Dame de la Roë est un exemple de passage progressif d'une orientation érémitique d'un groupe à une organisation cénobitique mais l'idéal premier est préservé : les chanoines semblent continuer à mener une vie érémitique, leur organisation n'est pas hiérarchisée et les premières dotations foncières et immobilières sont réduites. Vers 1100-1102/1105, le fonctionnement du groupe évolue, conséquence de l'accroissement numérique du groupe canonial : une organisation hiérarchisée se met en place avec, notamment, un pasteur et un prieur ; les dotations se multiplient ; un véritable patrimoine se constitue que les chanoines n'hésitent pas à défendre en engageant des procès. Un fossé se creuse entre l'idéal des premiers chanoines-ermites et celui des nouveaux venus. Enfin, l'élection abbatiale de Quintin allait marquer la constitution de la communauté en abbaye, dernier jalon de son évolution institutionnelle. Peut-on pour autant déduire que la communauté avait renié totalement ses origines érémitiques? Selon Mme Hamon-Jugnet, le temps ne semblait pas avoir détruit complètement l'esprit que les premiers chanoines lui insufflèrent puisqu'elle restera pendant longtemps la plus pauvre abbaye angevine. Et il semble que les seigneurs de Craon, conscients des avantages que pourrait leur procurer cette abbaye réformée et strictement organisée, ne se soient pas opposés à l'évolution de cette communauté tant qu'ils conservaient l'abbaye sous leur dépendance matérielle et financière, d'autant qu'elle leur permettait de stabiliser ces ermites, sans pour autant faire preuve de largesses exorbitantes, ce qui expliquerait la relative pauvreté de l'abbaye.

L'abbaye de la Roë, un édifice roman aux dimensions imposantes, achevé au moment de la rédaction du cartulaire

L'église, conservée en grande partie de nos jours, fut bâtie au début du XIIe s., comme l'atteste la dédicace datée du 9 août 1138, qui eut lieu en présence de nombreux évêques ; la construction n'était pas terminée alors : il fallut en effet attendre 1150 avant que l'autel de la Vierge ne fût consacré, comme le prouve une donation de Maurice II, sous l'abbatiat Michel. Or, c'est durant son abbatiat (1149-1170) que fut commencée la compilation du cartulaire, ce qui traduit le développement de l'abbaye et l'accroissement de ses richesses.

L'église, construite en matériaux locaux (grès de teinte rouille et granit), présente la même option qu'à Fontevraud : une nef unique très longue (11,35 m de large et 34,35 m de long) offrant un grand espace public favorable à la prédication populaire et laissant une place importante aux laïcs ; un large transept de 25 m. Le bâtiment a subi des destructions et réfections partielles : le chœur, réédifié au XVe s., est maintenant en ruine.

L'absence de déambulatoire, d'abside ou de bas-côtés révèle un désir de simplicité et, d'après Jacques Mallet, il semble qu'il y ait ici une volonté d'austérité correspondant aux idéaux des réformateurs. Cette architecture sobre, austère, classique se retrouve chez les Cisterciens. Les églises cisterciennes, très vastes, étaient destinées à des communautés monastiques nombreuses de moines et de convers mais sans ouverture aux laïcs. Dignes des bâtiments cisterciens, les dimensions de l'église de la Roë s'expliquent, en revanche, par la volonté d'accueillir des fidèles.

L'ornementation est partout relativement sobre sauf sur la façade occidentale qui ne correspond plus au schéma archaïsant de l'ensemble. Cette partie, réalisée sans doute plus tardivement, reflète l'évolution de la maison. La grandeur de l'édifice et la complexité du schéma d'ensemble attestent de l'importance de l'abbaye au XIIe s., qui avait su augmenter ses possessions et accroître son influence. Deux confirmations émanant du pape, celle de 1136 et celle de 1184, nous permettent d'évaluer les acquisitions de l'abbaye en cinq décennies et d'apprécier son extension. En 1136, le pape Innocent II confirmait pour la première fois les possessions de l'abbaye ; les chanoines possédaient alors trente et une églises et chapelles dans trois diocèses : seize dans le diocèse d'Angers ; quatre dans celui de Rennes et une seule dans le diocèse de Nantes. L'abbaye de la Roë avait en plus le droit de présentation à trois prébendes de la collégiale de Saint-Nicolas de Craon, ce qui fut à l'origine de tensions avec l'abbaye de Vendôme. La bulle de 1184 mentionne une église de plus dans le diocèse du Mans, celle de Saint-Avit ou de Saint-Isle, l'augmentation est plus nette dans le diocèse d'Angers, on relève aussi quelques chapelles dans les diocèses de Nantes et de Rennes.

L'implantation des possessions et dépendances de la Roë est restée régionale dans un rayon de 70 à 80 km surtout. La présence de puissantes abbayes plus anciennes, telles que Saint-Aubin d'Angers et Saint-Florent de Saumur, déjà solidement implantées, bénéficiant de la protection comtale et la distance de la Roë par rapport aux centres de décision expliquent ce rayonnement limité essentiellement au bassin de l'Oudon, entre l'ouest du Maine et le nord de l'Anjou, et aux confins voisins de la Bretagne, ce qui correspond partiellement aux alliances matrimoniales conclues par les Craon aux XIe - XIIe siècles. L'horizon des Craon est toutefois plus vaste. le seigneur de Craon n'a pas porté l'expansion de la Roë, tout au moins au-delà des années 1180-1200, elle n'est pas passée que par son réseau de relations, ni par celui des Sablé, qui ne s'y intéressent pas.

Renaud le Bourguignon, "bon seigneur, bon chrétien"

En concédant aux ermites un bois localisé dans sa seigneurie en vue d'édifier une église[1], Renaud le Bourguignon posait les jalons de relations entre deux groupes d'acteurs dont les intérêts allaient progressivement s'entremêler : les chanoines et la famille de Craon.

1 Arch.Dép. Mayenne, *Cartulaire de la Roë*, n°1 : *Ego Raginaldus Roberti Burgundi filius... quoddam boscum meum Credonensi castro proximum, ad edificandam ibi ecclesiam beate et gloriae virginis Marie, de jure meo in jus canonicorum sub beati Augustini regula in eadem ecclesia degentium perpetua transfunda... ea siquidem conditione ut nullus alius ordo intra prefatam ecclesiam aut in presenti aut in futuro preter canonicorum canonice illic habitantium admittatur.*

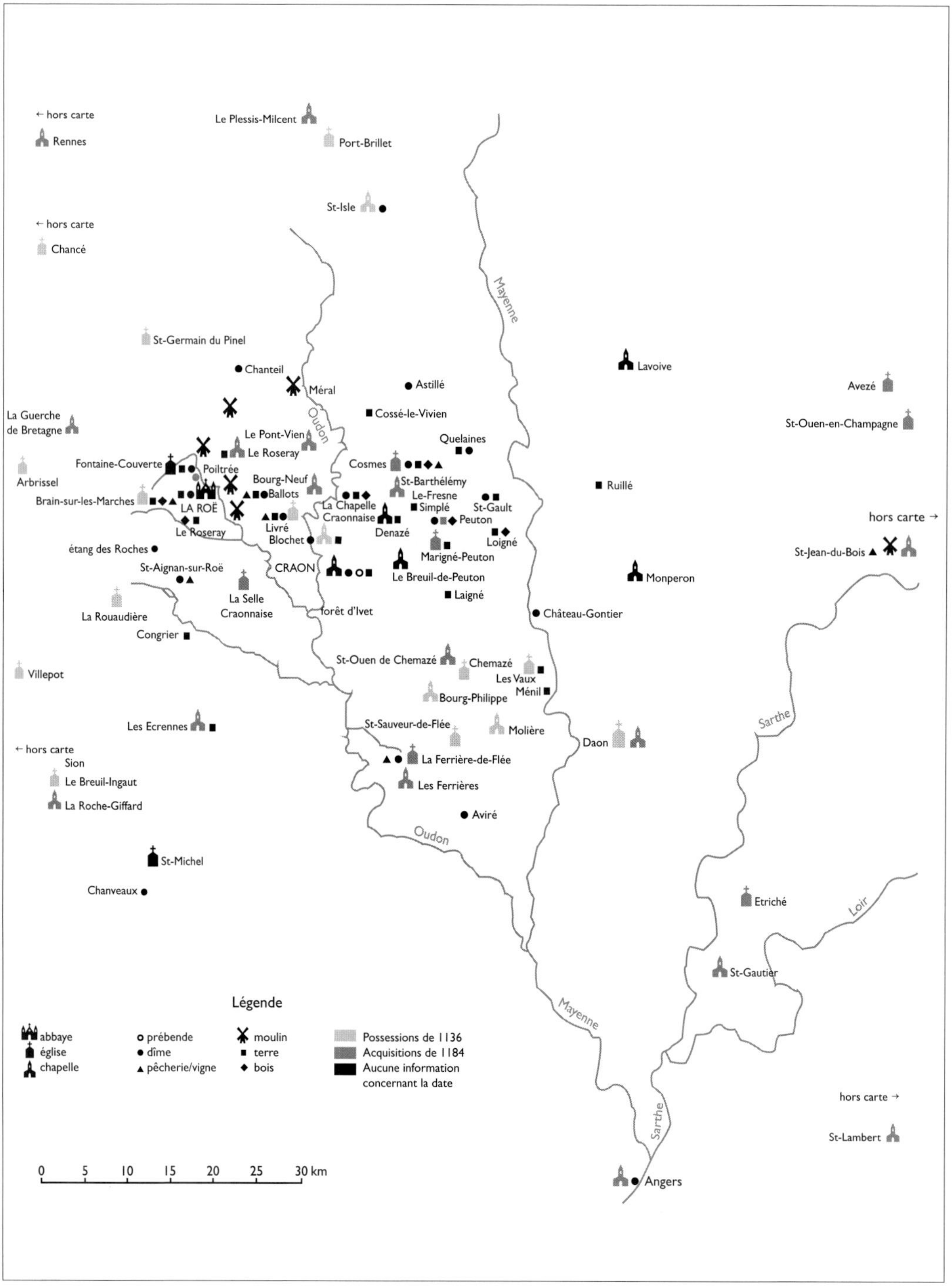

Fig. 3. Les possessions religieuses (1184) et le temporel (XIIe siècle) de l'abbaye Notre-Dame de la Roë.

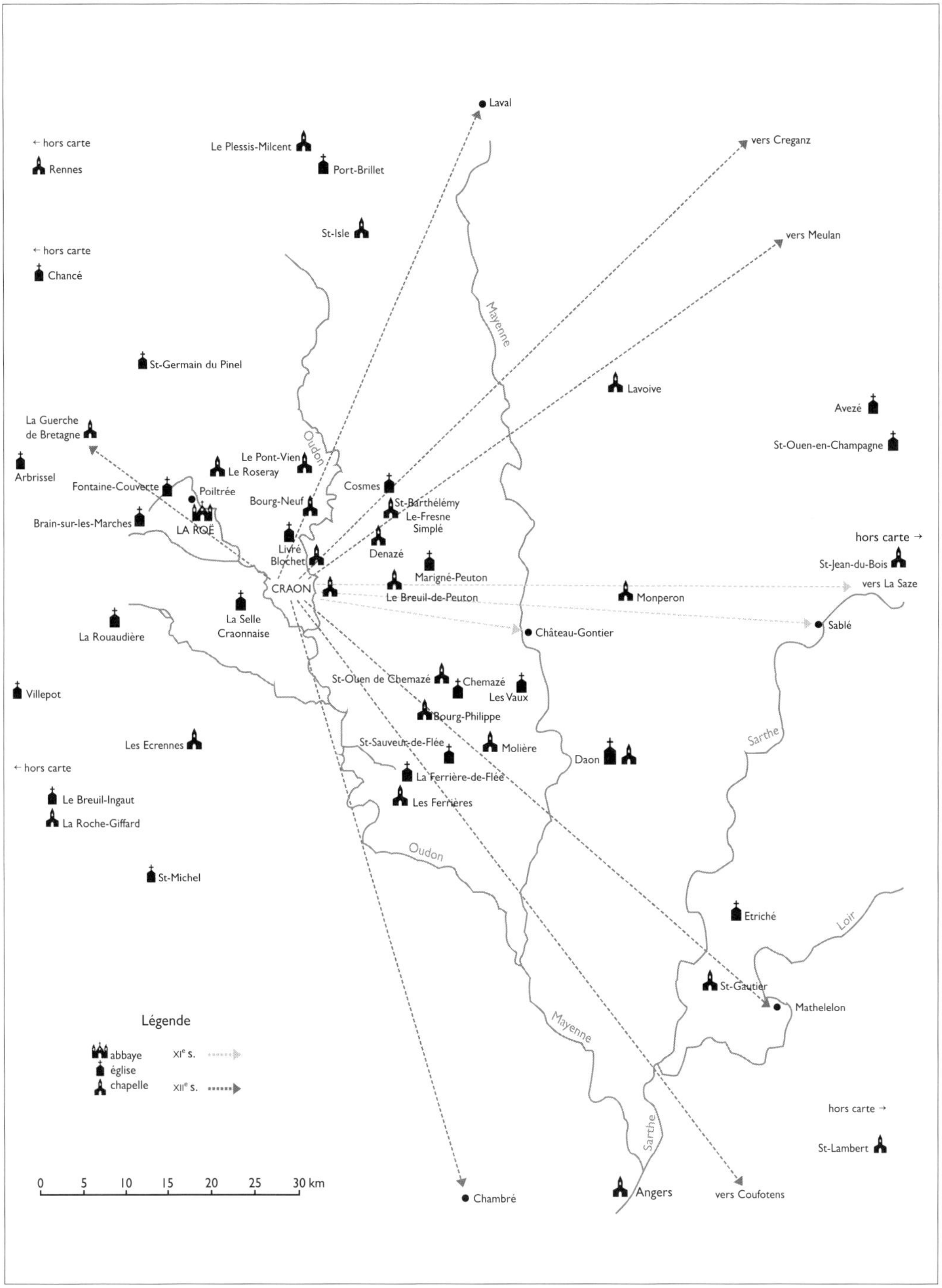

Fig. 4. Les alliances matrimoniales des seigneurs de Craon et les possessions religieuses de la Roë.

Or, accueillir un groupe d'ermites dans un bois ne débouchait pas nécessairement sur une "fondation seigneuriale", comme le montre la fondation de Prémontré par Robert de Xanten[2]. Ce n'est qu'au moment de la consécration de la paroisse de la Roë un an plus tard que le soutien et la présence de Renaud le Bourguignon se firent plus pressants. Le seigneur de Craon avait compris l'intérêt que pouvait lui procurer un établissement réformé reconnu par le pape au cœur d'une zone frontalière et forestière et il rendit possible l'érection de cette paroisse et d'un bourg monastique. Cet acte pieux et respectable, qu'il convenait de rendre public, était aussi un acte intéressé.

L'érection de la paroisse de la Roë : un acte pieux rendu public

Le 25 avril 1097, l'évêque d'Angers, Geoffroy de Mayenne procédait à la bénédiction du cimetière et à la consécration de l'église faisant de ce lieu un centre de vie paroissial et un bourg monastique. Plus que la donation faite par Renaud le Bourguignon à Robert d'Arbrissel un an plus tôt, cette consécration marquait véritablement la naissance de l'église de la Roë et permettait d'entériner cette fondation[3]. L'analyse de la notice faisant mention de l'érection de la paroisse de la Roë met en avant deux événements distincts et successifs : d'une part, la bénédiction de l'autel et d'autre part la fondation d'une paroisse et d'un bourg monastique.

Un acte public assimilé à un geste de paix chrétienne

Cette bénédiction représentait, sur le plan local, un acte religieux de première importance permettant d'entériner officiellement cette fondation et c'était à l'ordinaire de s'en charger. L'acte rapporte qu'une foule très nombreuse où se mêlaient seigneurs, prêtres et paroissiens des environs se pressait autour de l'évêque. Parmi les "barons" présents, il est intéressant de remarquer l'absence du comte d'Anjou ou de l'un de ses représentants ; en revanche, Renaud l'Allobroge figure *in primis* et se trouve cité à quatre reprises dans le corps du texte. Sur ces quatre fois, il était mentionné à deux reprises avec ses fils sans qu'ils ne soient nommément cités. Il s'agissait à cette date de Maurice, Henri et Robert. Mentionné en premier et plusieurs fois dans le document, le seigneur de Craon se distinguait nettement des autres seigneurs invités à cette consécration.

Les "barons" présents étaient tous des personnages importants de la région : les seigneurs de Vitré et de la Guerche par exemple. La présence d'André de Vitré signifie certainement que les revendications des Vitré étaient terminées et les rancœurs enterrées. En effet, par le mariage de Renaud le Bourguignon, fils de Robert le Bourguignon, avec Agnès, fille de Robert de Vitré, le seigneur de Vitré, André, était devenu le beau-frère du seigneur de Craon. Quoi qu'il en soit, cité parmi les premiers seigneurs présents et après Renaud le Bourguignon, André de Vitré apparaissait comme un voisin important. Avec la présence de Guillaume de la Guerche, les seigneurs de mouvance bretonne étaient bien représentés, ce qui prouve que des liens étroits existaient entre ces seigneuries frontalières, entretenant des rapports complexes. La présence du seigneur de la Guerche pouvait, en outre, s'expliquer par le fait

2 Ardura 1993 ; Petit 1981 ; Dauzet & Plouvier 1998.

3 Meuret 1993, 408.

que le personnage essentiel de l'érection de cette paroisse était Robert d'Arbrissel, issu de la seigneurie de la Guerche. Manifestement, les seigneurs de la Guerche ne se sont pas beaucoup intéressés à la Roë par la suite.

Cette assemblée, regroupant des seigneurs importants de la région, peut être considérée comme un geste de paix chrétienne, en ce sens où ces derniers avaient mis en sommeil leurs différends afin d'honorer l'invitation de l'évêque et des moines. Et cette cérémonie concernait non seulement les seigneurs influents de la région mais aussi leurs vassaux : *Gauterius Hai cum vavassoribus suis* , ce qui atteste la présence du ban et de l'arrière-ban et nous pouvons légitimement penser que le seigneur de Craon fut accompagné de ses *milites* et des familles "vassales", comme le suggèrent les chanoines : *Tunc Raginaldus Allobrox habito consilio cum filiis suis et privatis hominibus* .

La fondation d'un bourg monastique sous regard de la famille de Craon

La notice nous apprend que les seigneurs assemblés afin de consacrer le cimetière n'étaient pas là seulement pour entériner un acte et rendre publique et solennelle cette décision, mais qu'ils participaient activement à la fondation d'un centre paroissial. Les seigneurs châtelains préféraient en effet regrouper et contrôler les hommes dans les bourgs, ou autour de leurs châteaux[4] plutôt que de les voir "miter" leurs forêts sans contrôle et en toute liberté. Au moment de la bénédiction du cimetière, tous les seigneurs qui possédaient des forêts aux environs étaient présents : Gautier Hai, possesseur au sud des forêts d'Ombrée, d'Araize et de Juigné, Guillaume de la Guerche, possesseur de la forêt de la Guerche, André de Vitré, concerné par les landes et la forêt du Pertre. L'évêque précise à cette occasion que la nouvelle paroisse accueillera les habitants présents, mais aussi ceux à venir : *Tunc Raginaldus Allobrox habito consilio cum filiis suis et privatis hominibus, designavit nobis parrochiam quotquot erant inhabitantes vel inhabitaturi erant in tota illa foresta que continetur infra callem qui dicitur Groletum et aquam que Usura nuncupatur.*

Un accord commun entre les seigneurs et les autorités religieuses semblait avoir été trouvé afin de fixer les disciples de Robert d'Arbrissel et il convient d'insister sur le fait que le processus d'institutionnalisation de la communauté avait commencé par la création d'une paroisse et non par un *conventus* ou un *monasterium*. Cet acte dépassait ainsi la simple personne de Renaud le Bourguignon ; d'ailleurs, il est fait mention de la délibération de Renaud avec ses fils et son conseil.

La présence d'un autel et d'un cimetière ayant reçu la bénédiction épiscopale apparaissait ainsi fortement attractive. Fondée en 1096 et donnant naissance à une paroisse pourvue d'une immunité totale, la Roë fut une terre de défrichement ; or, des "bourgeois"[5] y sont mentionnés très tôt, dès 1096-1102, ce qui permet d'établir un lien direct entre bourg et défrichement. Cela supposait le soutien de la part du seigneur. Cette intervention du seigneur de Craon, inscrite explicitement dans le document, met en avant une volonté personnelle[6] de soutenir

4 Meuret 1993, 556.

5 Arch. Dép. Mayenne, *Cartulaire de la Roë*, n°171 : *burgenses vero canonicorum.*

6 *Ibid. : Quibus omnibus adunatis, antequam episcopus benedicere cimiterium inciperet, inquisunt a domino Raginaldo Allobroge utrum essent aliqui habitantes circa nos in foresta qui possent libere esse*

l'église de la Roë et à travers elle, l'implantation d'un bourg, mais traduit également une volonté familiale[7] d'assurer le développement de l'église, lieu privilégié des donations et des pratiques religieuses de la famille. En effet, Renaud le Bourguignon entendait associer ses fils à cette bénédiction, point de départ d'une évolution qui allait conduire cette fondation à devenir un monastère familial.

À cette occasion, l'évêque institua une *indictio,* par laquelle il engageait les prêtres et les paroissiens du Craonnais à revenir chaque année sur ce lieu consacré[8], mais l'initiative ne connut pas un grand succès : *Et postea nobis fecit indictionem precipiens presbiteris totius Creonie ut locum nostrum annuatim visitarent cum processionibus suis.* Certes, des foires sont connues à la Roë dès le XIIe s., mais aucune n'est mentionnée le 25 avril, date anniversaire de la bénédiction du cimetière[9]. De plus, dans cette charte, la délimitation[10] de cet espace paroissial, situé à une quinzaine de kilomètres du château de Craon, apparaissait essentielle afin de prévenir d'éventuels conflits, mais mettait en valeur l'autorité seigneuriale des Craon, qui entendaient montrer à tous les seigneurs du voisinage la dépendance de l'église à leur égard : cet acte, tout respectable et pieux qu'il fût, n'en était pas moins intéressé.

Un acte intéressé

La donation faite par Renaud le Bourguignon à Robert d'Arbrissel témoigne de la part du seigneur de Craon de la volonté d'agir en bon seigneur et bon chrétien. Les religieux disposaient alors de tous les droits sur le bois et le premier d'entre eux, celui d'abattre pour défricher afin d'élever une paroisse, leur était reconnu. Ils avaient aussi la possibilité de fournir des terres aux populations qui se pressaient autour du bourg monastique. Cette initiative permettait au seigneur de Craon de fixer cette population et l'action de l'abbaye lui assurait une mise en valeur d'un espace frontalier, forestier et périphérique de son domaine. Cette mise en valeur des terres incultes, qui commença par la concession de Renaud le Bourguignon, fut poursuivie sous les différents seigneurs de Craon et a été retracée par J.-C. Meuret[11] ; nous ne citerons que ce qui relève de la famille de Craon. Entre 1100 et 1116, Maurice Ier donna à l'abbaye quatre "tenures" qu'il venait de faire défricher dans

parrochiani hujus cimiterii quod benedicere volebat.

7 *Ibidem : Tunc Raginaldus Allobrox habito consilio cum filiis suis et privatis hominibus, designavit nobis parrochiam quotquot erant inhabitantes vel inhabitaturi erant in tota illa foresta que continetur infra callem qui dicitur Groletum et aquam que Usura nuncupatur.*

8 L'*indictio* est une institution très particulière qui a engendré, nous dit Jean-Claude Meuret, "le mot Lendit attaché à plusieurs lieux ou foires, localisés au nord de la Loire, dans l'ancienne Francia" (Meuret 1993, 408). Anne Lombard-Jourdan voit dans la bénédiction solennelle du cimetière de la Roë la récupération d'un lieu de culte païen encore fréquenté au XIe s. (Lombard-Jourdan 1970, 1127). Jean-Claude Meuret rejoint cette hypothèse "il se pourrait bien que l'abbaye de la Roë ait été un lieu de rencontre et de culte dans une région assez densément occupée à l'époque gauloise."

9 Le 9 août 1138, jour de la dédicace de l'église abbatiale, Guérin, seigneur de Craon, faisait don de tout ce qu'il percevait auparavant sur la foire du Carême et il en institua une autre le 9 août (*Cartulaire de la Roë*, acte 50 : *feria canonicorum que est in quadragesima Domini ... feria que in die dedicacionis eset ita composuit...*). Au XIXe s., cette dernière se tenait encore régulièrement (Angot 1942, 437)

10 *Tunc Raginaldus Allobrox habito consilio cum filiis suis et privatis hominibus, designavit nobis parrochiam quotquot erant inhabitantes vel inhabitaturi erant in tota illa foresta que continetur infra callem qui dicitur Groletum et aquam que Usura nuncupatur.*

11 Meuret 1993, 556.

sa forêt, sur une terre nommée *Vallula*, aujourd'hui la Valeyette, sur la commune de Ballots. Ce lieu-dit jouxte à l'est la commune de la Roë ; il semble que cette volonté d'étendre ses possessions hors de ses limites pouvait être le signe qu'à l'époque, l'abbaye avait déjà bien entamé son défrichement[12]. Entre 1116 et 1125, la Roë s'étendait encore, puisque l'abbé Aubin donnait un cheval à Hugues de Craon en échange d'un nouvel essart, un marais, destiné à être mis en pré[13]. L'action de défrichement n'était pas encore terminée et elle se poursuivit au gré des donations. Au milieu du XIIe s., sous l'abbatiat de Michel (1149-1170), les espaces boisés paraissaient déjà bien entamés : quand Maurice II fit don à l'abbaye d'un pré pour la construction de l'église de Ballots, il stipula que les chênes devaient être préservés[14].

À la fin du XIIe s., l'abbaye semble avoir terminé l'essentiel de ses défrichements au détriment de la forêt de Craon. Il s'agit d'un bel exemple de paroisse créé ex *foresta*[15], grâce au don d'un seigneur et à l'action d'un établissement ecclésiastique, dont le rayonnement dépassait le cadre d'une simple paroisse, ce qui permet de nuancer la thèse de Mme Hamon Jugnet sur la prétendue pauvreté de l'abbaye. La meilleure preuve de son influence fut l'ouverture par Maurice II de Craon d'un chemin vers La Guerche, à la fin du XIIe s.[16]. Cette initiative témoigne de l'intérêt croissant porté par le seigneur de Craon à l'abbaye, dont la réussite économique, qui restait maîtrisée par les Craon, ne pouvait leur apporter que des avantages. En effet, en concédant le bois aux ermites, Renaud le Bourguignon ne pensait pas lancer un programme de défrichement de cette ampleur ; ce n'est que progressivement qu'il comprit l'intérêt que pouvait représenter pour lui cette entreprise monastique[17], tout au plus se souciait-il à ce moment là du prestige que pourrait lui procurer une église reconnue par le pape.

De la même manière, affirmer que la fondation de l'abbaye de la Roë permit au seigneur de Craon de légitimer ses droits sur la seigneurie n'est qu'une vision a posteriori : il n'en avait pas conscience au moment de la concession du bois aux ermites. Ce n'est que dans un second temps, en reprenant à son compte la fondation de l'abbaye de la Roë, à la périphérie de ses terres, que le seigneur de Craon renforça son empreinte sur la seigneurie, facilitée au préalable par la fondation de sa chapelle castrale. L'appesantissement du *dominium* du seigneur de Craon sur l'abbaye lui permit en effet de renforcer la hiérarchie sociale à l'intérieur de son domaine et d'imbriquer l'intérêt des familles de *milites* au sien, par des pratiques religieuses communes faisant de la Roë un pôle fédérateur du pays craonnais.

12 Arch. Dép. Mayenne, *Cartulaire de la Roë*, acte 8 : *quatuor mediterreas quas in silva mea novas apperueram in terra que Vallula appelatur.*

13 *Ibid.*, acte 11 : *novum essartum locumque aquosum qui subtus adjacet ad fatiendum pratum.*

14 *Ibid.*, acte 161 (1150-1170) : *Pratum de Fonteneliis ad opus ecclesie eddificandum tam magnum quantum edificari posset sine destructione quercum ex parte Sancti Michaelis ex parte vero Alneti posuit metas usque ad nemus de Malo Consilio et ad Boscum canonicorum Sancti Nicholai.*

15 Meuret 1993, 560.

16 Marchand 1979.

17 Cette entreprise de défrichement fut réalisée directement par les religieux ou les *burgenses*, soit par les deux, mais elle fut en tous les cas soutenue par les moines.

L'émergence d'une mémoire familiale à connotation religieuse

Au fil du temps, les seigneurs de Craon se sont avisés de l'intérêt que pouvait représenter cette communauté : elle pouvait asseoir leur prestige et entretenir la mémoire familiale. Au cours de la dernière décennie, de nombreuses études enrichies par les connaissances de la psychologie moderne, se sont centrées sur le thème de la *memoria* familiale[18]. Or, ce terme possède un éventail de sens très large et peu de mots du vocabulaire médiéval sont aussi difficiles à cerner[19]. Comment, par exemple, évaluer la place et l'impact de la transmission orale des événements ou des anecdotes familiales à l'intérieur d'un groupe de parenté, d'autant que la mémoire familiale a pu connaître des formes diverses et évolutives dans le temps ? Évaluer la vigueur de la solidarité familiale est une gageure à cette époque comme l'est tout aussi difficile l'entreprise visant à dégager "le" groupe parental aux XIe et XIIe siècles. La reconstitution d'un groupe parental est complexe, aléatoire, parfois approximative et l'ordre de naissance des enfants d'une même génération l'est encore plus. Les membres de certaines familles de *milites*, liés aux seigneurs de Craon, peuvent ainsi se faire appeler par le nom du fief ou du château de leur seigneur, comme un certain Tison de Craon figurant dans notre corpus d'actes et qu'il ne fut pas possible de replacer dans la généalogie de la famille de Craon[20]. Pourtant, appréhender le degré de volonté de préservation de la *memoria* semble une donnée fondamentale pour l'historien désireux d'étudier un groupe familial. La relation des vivants avec les morts et l'image que les membres de la famille entendaient véhiculer et transmettre nous permettent d'apprécier la cohésion et les contours du groupe familial.

Le maintien du groupe de parenté horizontal aux XIe - XIIe siècles à travers les prières et les donations

Les donations pieuses ont été l'objet ces dernières années d'études approfondies puisqu'elles sont au centre de problématiques qui s'entrecroisent. Leur analyse permet d'apprécier la spiritualité des laïcs, d'évaluer leur impact sur l'institution ecclésiastique et les historiens peuvent les envisager à travers leurs conséquences sociales et économiques. Elles peuvent aussi, lorsqu'elles sont destinées au salut de la famille, nous apporter un éclaircissement sur la structure familiale et c'est en tant que reflet d'une structure de parenté qu'elles vont ici nous intéresser.

La commémoraison : une affaire familiale[21]

Les notices mentionnant des donations pieuses constituent une partie conséquente du corpus documentaire des Craon jusqu'au XIIIe s. Ensuite, elles deviennent éparses, ponctuelles, noyées dans une documentation plus riche et plus diversifiée ; de plus, leur nombre se réduit très nettement mais sans disparaître. Ce constat traduit-il un changement

18 Nous pouvons citer par exemple : Bournazel 1990, 114-124 ; Carruthers 1990 ; Colman 1992 ; Ruiz Domenec 1984 ; Morsel 2001, 387 ; Thélamon *et al.*, 2001.

19 Geary 1999, 684.

20 Nous pensons qu'il s'agissait d'un certain Tison originaire du pays de Craon.

21 Lauwers 1997, 329-331.

dans la spiritualité et les pratiques des Craon dont le tournant se situerait au XIIIe s. ou bien cela ne relèverait-il que d'un problème documentaire ?

Parmi ces actes évoquant des donations, quinze mentionnent de manière précise le but de celles-ci : entretenir la mémoire des défunts et assurer leur salut. Cependant, jamais le salut n'est envisagé de manière individuelle. Les auteurs des actes associent systématiquement le sort de leur âme à ceux de leurs ancêtres ou parents. Une seule notice[22] mentionne la préoccupation du seigneur de Craon pour le salut d'un étranger de la famille : elle émane de Robert le Bourguignon en faveur du comte d'Anjou, attestant la nature particulière de leur relation. L'entretien d'une mémoire familiale apparaît ainsi être une préoccupation de l'ensemble du groupe familial.

Les abbayes de la Roë et des Bonshommes de Craon constituent le pivot de cette mémoire funéraire : 50 % des actes les chargent de cette mission. Cela confirme l'idée précédente que nous avons dégagée et rejoint la thèse développée par M. Lauwers[23] sur le rôle de l'église aux XIe et XIIe siècles.

Le tableau ci-dessous évoque d'une part la nature des dons effectués par les Craon "pour le salut de leur âme" ou "pour la mémoire de leurs ancêtres" et d'autre part la nature des services funéraires qu'ils attendaient des communautés ecclésiastiques. Parmi les notices émises par les Craon, seules un très petit nombre d'entre elles stipulent les actions qui devaient être menées. En effet, le rapport entre les mentions précises des services funéraires et les formules *pro anima* est approximativement de 1/3. Et lorsqu'ils mentionnent ce qu'ils attendent de l'institution ecclésiastique, les indications sont floues : il s'agit le plus souvent de messes funéraires, d'anniversaires, mais la périodicité n'est pas indiquée, les donateurs semblent se désintéresser des modalités liturgiques ou les laisser à la discrétion des religieux.

Référence	**Date**	**Bien donné**	**Service *pro anima***
Cartulaire de la Roë, n°13	1128/1130	donation d'un four	Messe anniversaire en l'honneur du fils d'Hugues seigneur de Craon
H. 175, fol. 2 (Archives de la Mayenne)	1180	rente annuelle de 5 s.	Messe pour le fils de Maurice II, Renaud
H. 175, fol. 2	1180	rente annuelle de 5 s.	Messe pour le beau-frère de Maurice II, Amaury de Meulan
Cartulaire de la Roë, fol. 102	Avant 1191	1 arpent de la terre de Sablonnière à la Roë	Une lampe près de l'autel principal pour l'aîné de Foulque, demi-frère de Maurice II et fils de Marquise

Tabl. 5. Nature des dons effectués par les Craon concernant la célébration de leurs Morts.

22 *Cartulaire de Saint-Aubin d'Angers*, charte DCCCLXXX. Copie BnF, latin 17126, 168.
23 Lauwers 1997.

Parfois, les indications peuvent devenir précises, comme le prouve l'acte[24] émanant de Maurice II de Craon et de sa mère Marquise avant 1191. En contrepartie d'un arpent de la terre de la Sablonnière donnée à la Roë, les religieux devaient *pro anima Fulconis* entretenir une lampe ardente près de l'autel principal *ad lampadarium mortuorum altaris*. Il s'agissait de Foulques de Mathefelon[25], fils de Marquise, mère de Maurice II de Craon, et de Payen de Vaiges : il était donc le demi-frère de Maurice II[26]. Au-delà de l'indication précise du service funéraire que les chanoines devaient effectuer, cet acte nous interpelle sur les contours du groupe familial, ce que nous allons voir dans la seconde partie.

Le deuxième constat que l'on peut dresser concerne la nature des donations, numéraires dans la moitié des cas, mais concédées de manière raisonnée et ne grevant pas trop les finances familiales. Parfois, ces donations sont constituées d'un four ou d'un arpent de terre mais ne paraissent pas suffisantes pour altérer le patrimoine. D'une manière générale, les donations effectuées n'ont pas porté atteinte aux biens familiaux[27] et parmi les acteurs de ces donations, un membre du groupe familial se distingue des autres : l'épouse du seigneur de Craon.

L'importance de la femme et de la cellule conjugale dans cette mémoire liturgique. La pérennité des solidarités larges aux XIe - XIIe siècles.

À la suite des travaux de Georges Duby sur le lignage, les historiens admettent un changement des structures internes de la famille aristocratique associé à une transformation sociale et institutionnelle aux Xe et XIe s. : on assisterait alors à l'évolution d'un groupe de parenté élargie vers un lignage patrilinéaire ayant pour conséquence une réduction de l'influence de la parenté cognatique[28]. Ils constatent de profondes mutations à cette période et insistent sur un resserrement familial autour de la cellule conjugale (d'une durée limitée), s'accompagnant de l'abandon des relations élargies au profit de la parenté agnatique. Cela signifierait alors une individualisation de chaque groupe familial à connotation patrilinéaire[29].

Quinze actes émanant des Craon et portant la mention "pour le salut de l'âme" nous permettent de connaître les personnes célébrées par le groupe familial. Le salut n'étant pas envisagé de manière individuelle par les Craon, il apparaît que seules quelques individualités devaient rester à la postérité : il s'agissait avant tout d'une affaire familiale et ce tableau nous donne quelques renseignements sur les contours de ce groupe.

24 Arch. Dép. Mayenne, *Cartulaire de la Roë*, fol. 102.
25 Une notice de Maurice II en faveur des chanoines de Saint Nicolas de Craon datant de 1191 mentionne déjà la mort de Foulques de Mathefelon (Bodard de la Jacopière 1871, 596).
26 "*Mauricius de Credone et Marquisia mater ejus pro anima Fulconis fratris...*" *Cartulaire de la Roë*, fol. 102.
27 Dans une approche économique et sociale, Georges Duby expliquait la désagrégation des patrimoines laïcs au début du XIe s. par les donations pieuses auxquelles s'ajoutaient les partages successoraux. Le don retranchait des biens des patrimoines mais n'était pas compensé par la redistribution d'avantages visibles (Duby 1988-4, 61-62, 68-73, 221-224 ; Duby 1973, 60-69, 187-188, 260-262.
28 Castelnuovo 1994, 120.
29 Geary 1996, 110-118.

	Sources	Date	Seigneur concerné ou dame de Craon	Nombre de chartes
1	-	-	-	0
2	Cart. de la Roë, fol. 12v	1128-1130	Hugues	5
	A. D. Mayenne H. 175, fol. 2	1180	Maurice II	
	Cart. hôpital Saint-Jean d'Angers, n°LXXII	Fin XIIe s.		
	Cart. Bons Hommes de Craon, fol. 220.	1217	Amaury	
	Ibidem, fol. 176	1224		
3	A.N., L. 974, n°931	Sd. Fin XIIe s.	Isabelle de Meulan en faveur de Geoffroy de Mayenne et de Maurice II	2
	A.N., L. 974, n°936			
4	Dom Piolin, *Histoire de l'Église du Mans*, t. III, p. 663	1067	Robert le Bourguignon et Avoise	5
	Cart. Saint-Aubin d'Angers, n°CCCCXV	1093-1106	Berthe, femme de Robert le Bourguignon	
	A. D. Mayenne H. 175 fol 2	1180	Maurice II	
	Cartulaire de la Roë, fol. 102	1191	Maurice II et Marquise sa mère	
	A. D. Mayenne H. 194 (12)	1216	Amaury	
5.	Cartulaire de Saint-Aubin d'Angers DCCCLXXX. Copie B.N., latin 17126, p. 168	1096	Robert le Bourguignon en faveur du comte d'Anjou	1

1. Actes où le salut est envisagé par l'auteur de manière individuelle "pro salute mea"
2. Pour le salut des ancêtres (antecessores, predecessores).
3. Actes associant l'auteur et son conjoint
4. Actes où l'auteur associe au salut le groupe fraternel et / ou les parents de sa femme
5. Actes où l'auteur associe au salut un étranger de sa parenté

Tabl. 6. Membres du groupe familial honorés par le seigneur ou la dame de Craon.

L'évocation des *antecessores* apparaît fréquemment dans les actes et il est tentant de l'expliquer en évoquant les thèses traditionnelles des historiens sur les structures de parenté, c'est-à-dire la substitution au XIe s. d'un modèle de parenté verticale, privilégiant l'ascendance, au modèle horizontal privilégiant l'alliance. La référence aux *antecessores*, de plus en plus fréquente dans les actes, reflèterait ce changement.

Il faut cependant apporter quelques réserves à cette interprétation. D'une part, les *antecessores, predecessores* évoqués dans les actes ne sont jamais définis avec plus de précision. Les ancêtres sont mentionnés de manière collective et renvoient à l'ensemble des membres défunts du groupe familial sans qu'apparaisse dans les chartes une désignation

	Références	Date	Contenu	Nb
1	*Cart. la Roë*, n°13	1128-1130	Donation effectuée par Hugues pour l'anniversaire du décès de son fils Renaud	4
	Cart.la Roë, H. 175 fol. 2	1180	Don de Maurice II pour son fils Renaud et Amaury de Meulan	
	Arch. Dép. Mayenne, H. 194 fol. 12	1216	Amaury confirme ses dons à la Roë	
	Cart. Bonshommes de Craon, fol. 176	1224	Amaury confirme les dons de ses ancêtres	
2	A.N., MM 746, 155	1208	Don de 100 s. manceaux par Guy VI de Laval au prieuré d'Olivet pour le salut de Maurice III, frère de sa femme	3
	A.N., L. 974, n°931 A.N., L. 974, n°936	Sd. Fin XIIe s.	Isabelle de Meulan pour le salut de Geoffroy de Mayenne et de Maurice II de Craon	
3	Dom Piolin, *Histoire de l'Eglise du Mans*, t. III, p. 663	1067	Don de Robert le Bourguignon et Avoise à Marmoutier pour les âmes de Geoffroy, frère d'Avoise et d'Henri et de Guy, frères de Robert	3
	A. D. Mayenne, H. 175, fol. 2	1180	Maurice II fonde l'anniversaire d'Amaury, frère de sa femme Isabelle à la Roë	
4	*Chronicorum comitum Pictaviae*, dans *Historiens des Gaules*, XII, 409	1131-1137	Don de Théophanie de Craon à l'abbaye de Mauléon pour l'âme de Maurice I et Théophanie, ses parents	3
	B.N., *N.A.L.*, 1254 fol. 27	1208	Dons de Juhel III de Mayenne, demi-frère de Maurice II, à Fontaine-Daniel des dons pour l'âme de Maurice III	
	Cart. Fontaine-Daniel, p. 72	1216	Constance ou Clémence de la Garnache fait don à Fontaine Daniel avec l'accord de Maurice III, son frère, d'une rente pour le repos de son frère Pierre de Craon	
5	*Cart. la Roë*, n°128	1150-1170	Don de Maurice II à la Roë à la demande de sa mère et de Guillaume de la Guerche,	3
	Ibidem, fol. 102	Av. 1191	Don à la Roë par Maurice II et Marquise sa mère pour l'âme de Foulques, leur demi-frère et fils	
	3 - B.N., 1254 fol. 27	3-1216	Don d'Isabelle à Fontaine-Daniel pour le repos de l'âme de son fils Pierre de Craon	

1. Actes émanant du seigneur
2. Actes émanant de la belle famille du seigneur.
3. Actes émanant du couple
4. Actes émanant des frères et sœurs du seigneur de Craon
5. Actes émanant du seigneur de Craon et de sa mère ou de la mère seule

Tabl. 7. Membres du groupe familial entretenant la mémoire des défunts : la place prépondérante de la femme.

nominative et personnelle. D'autre part, il apparaît que l'auteur se préoccupait du salut de son groupe fraternel et / ou des parents de sa femme autant que de ses ancêtres ou descendants : 40 % des chartes mentionnent l'attention de l'auteur pour le groupe de parenté élargi. De plus, si les donateurs évoquent leurs ancêtres, concrètement ils ont besoin de l'assentiment de leurs frères, de leurs sœurs, de leurs collatéraux.

Prenant en compte l'ensemble des vivants, ce tableau met en valeur des idées d'une autre nature que le précédent et évoque les membres du groupe familial participant aux donations dans le but d'entretenir la mémoire des défunts. Un acteur se distingue des autres : l'épouse du seigneur de Craon, agissant conjointement avec son mari ou en tant que mère. Sur quinze actes où figure la mention "pour le salut de l'âme", le 1/5 émane du couple et 40 % des actes font référence à l'intervention d'une femme : en tant qu'épouse ou en tant que mère et veuve en nombre similaire.

Le rôle de la femme dans la célébration des défunts semble essentiel mais il paraît difficile de le quantifier eu égard au problème de sources qui font rarement référence aux femmes[30].

Cette contrainte documentaire paraît moins pesante en ce qui concerne Agnès de Laval, la femme d'Hugues de Craon (mort en 1138) et Isabelle de Meulan, femme de Maurice II (mort en 1196).

L'acte 13, situé au folio 11v du cartulaire de la Roë nous apporte un éclairage nouveau à la fois sur le rôle tenu par l'abbaye et sur celui du couple, en particulier de la femme, dans la célébration des défunts. Rédigé certainement après la mort d'Agnès, cette notice semble être une compilation de plusieurs originaux et fait référence à plusieurs événements. Ce document mentionne que le seigneur de Craon a fait don d'un four, construit auparavant par Agnès, *furnum quem fecerat Agnes*, à la communauté de la Roë pour l'entretien de la tombe de leur fils aîné, Renaud, *pro anima Rainaldi primogeniti*. L'établissement est un des lieux de sépulture des membres de la famille et le dépositaire de la mémoire funéraire des Craon. La célébration de la mémoire du fils aîné est donc assurée par les chanoines à la demande du seigneur de Craon et de son épouse, qui précisent d'une part, la nature du service : l'entretien de la tombe et d'autre part la nature du don : la donation d'un four.

Hugues de Craon charge ainsi l'abbaye d'assurer l'entretien de la tombe du défunt, déléguant cette responsabilité, mais il veille à l'application des services qu'il a confiée à l'institution ecclésiastique et participe physiquement et matériellement à l'entretien de la mémoire familiale. Il apparaît ainsi qu'en dehors des institutions ecclésiastiques, personne n'assurait la mémoire funéraire : la famille de Craon entretenait et conservait leur mémoire par l'intermédiaire des communautés ecclésiastiques. Cependant, le groupe familial choisissait les initiateurs de leur mémoire : ils pouvaient maintenir ou confier à une autre abbaye cette mission ; s'ils s'en remettaient à l'institution ecclésiastique, spécialiste de la mémoire, ils choisissaient en revanche les acteurs de cette conservation.

Cette donation pieuse émane du seigneur de Craon qui sollicite l'intervention de la communauté et il se rend accompagné de son épouse sur la tombe de Renaud : le père et

30 Pour une approche d'ensemble voir Ward 1992, 147-154.

la mère sont venus rendre un dernier hommage à leur fils aîné. Non seulement se dégage, à travers cette notice, l'image de la famille chrétienne mais les deux parents viennent accompagner respectivement de leurs hommes et chevaliers[31]. Agnès se trouve ainsi accompagnée de nombreux seigneurs du pays de Laval *plures milites de Lavallensi patria* probablement des alliés de la famille de Laval ou des membres de cette même famille sans qu'il soit possible de les identifier.

À travers cette notice, il apparaît que la commémoration des défunts ou plus précisément d'un fils aîné décédé relève de la responsabilité commune du père et de la mère : cela rejoint la thèse de P. Geary et corrobore l'idée précédente d'un resserrement familial autour du couple conjugal.

La mention d'Agnès, seule, sans la présence de son époux, mérite cependant une attention particulière. D'après Bertrand de Broussillon, Agnès de Laval était la fille d'Hamon de Laval et d'Hersende et la sœur de Guy III, seigneur de Laval[32] ; elle se serait mariée à Hugues de Craon vers 1124. Elle serait morte en 1130 mais nous ne savons pas l'endroit où elle fut enterrée.

Se trouvent ainsi concernés par la commémoration de l'anniversaire d'un fils de la famille de Craon, des alliés, des amis ou des membres de la famille de Laval, c'est-à-dire la parenté de la mère du défunt, épouse du seigneur. Sont ainsi maintenues des relations entre les membres de deux groupes familiaux distincts dans le but de s'associer à cet hommage mortuaire. Cette notice, datée du XIIe s., nous éloigne du schéma lignager présenté par les historiens, caractérisé par une structure agnatique et patrilinéaire et nous permet à l'inverse d'avancer l'idée d'une pérennité des solidarités larges et le maintien de l'influence de la parenté cognatique. De la même manière, quelques décennies plus tard, en 1208, Guy VI de Laval donnait au prieuré d'Olivet cent sous manceaux pour le repos de l'âme de Maurice III de Craon : il effectuait cette donation en faveur de son beau-frère, puisque Maurice III était le frère cadet d'Avoise, la femme du seigneur de Laval. Étaient alors maintenues des relations étroites entre ces deux familles par des alliances matrimoniales répétées et la femme assurait un rôle essentiel dans le maintien de ces solidarités. Il est probable que le seigneur de Craon remplissait le même devoir à l'égard de la famille de Laval, même si aucun document ne peut confirmer cette réciprocité ; en tous les cas cela permet de nuancer fortement l'idée de l'abandon des solidarités larges à partir du XIe s.

Quatre décennies plus tard, Isabelle de Meulan, fille de Galéran comte de Meulan et d'Agnès de Montfort, se signalait, elle-aussi, dans la célébration des défunts de sa famille en tant que veuve de son premier mari, puis épouse de Maurice II de Craon et mère. Veuve de Geoffroy de Mayenne, avec qui elle avait eu un fils, Juhel de Mayenne, elle se remaria en 1170 à Maurice II, alors âgé d'une trentaine d'années ; ils eurent six enfants.

31 Arch. Dép. Mayenne, *Cartulaire de la Roë*, acte 13, fol. 11v : *quando supra dicta Agnes venit visitare sepulturam Raginaldi adduxit secum plures milites de Lavallensi patria et domnus Hugo multos de Credone.*

32 Selon Anselme, Agnès serait la fille de Guy III, sire de Laval et d'Emme de Mortain (Anselme de Sainte-Marie 1726-1733, 568).

Date	Qualité	Références	Contenu
1183	Femme de Maurice II	A.N., L. 974, n°936	Don à Savigny avec l'accord de ses fils ; le sceau de son mari est apposé à la charte
1190		Léchaudé d'Amisy, *Chartes de Normandie*, n°23 des chartes de Vignats	Don à l'abbaye des Vignats
1175-1196		A.N., L. 974, n°931	Don à Savigny pour le salut de Geoffroy de Mayenne et de Juhel de Mayenne, de Maurice II de Craon et de Maurice et Pierre
1175-1196		A.N., L. 974, n°936	Id.
1196-1202	Veuve de Maurice II	A.N., L. 974, n°933	Élection de sépulture à Savigny et répartition de 60 sous de rente reçus par elle en dot. Dons à diverses abbayes, avec l'accord de tous ses enfants
1196-1207		A.N., L. 974, n°934	Approbation des dons d'Isabelle par Juhel III de Mayenne son fils
1201		Rymer, année 1201, p. 40	Serment fait à Jean sans Terre par Juhel de Mayenne et Isabelle
1210		A.N., L. 972, n°634	Donation d'Isabelle à Savigny
1216		B.N., *Nouv. Acq. Latines*, n°1254, fol. 27	Donation d'une rente effectuée par Isabelle à Fontaine-Daniel pour le repos de l'âme de son fils Pierre de Craon

Tabl. 8. Actes d'Isabelle de Meulan.

À travers les actes recensés, il apparaît qu'Isabelle, pendant les douze ou treize ans de son mariage avec Maurice II, puis une vingtaine d'années comme veuve, eut à cœur de procéder en personne à des donations *pro anima* ; elle avait accordé tout au long de sa vie la charité aux établissements ecclésiastiques. Mais les donations d'Isabelle de Meulan dépassaient le simple cadre de l'action charitable : deux chartes présentent en effet son rôle dans la perpétuation de la mémoire de son premier mari défunt Geoffroy de Mayenne et évoquent sa préoccupation concernant le salut de son second mari, Maurice II de Craon. Ces deux actes, scellés par Maurice II, sont des donations faites au prieuré de Savigny effectuées "pour le salut de mon seigneur Geoffroy de Mayenne, de mon seigneur Maurice de Craon, de mon fils Juhel et de Maurice et Pierre, mes autres fils"[33]. Ce don, destiné au salut de ses deux maris et de ses enfants, n'est pas daté mais a été effectué avant la mort de Maurice II puisque

33 Arch.Nat., L. 974, n°936.

le sceau du seigneur de Craon y figure, ce qui est intéressant dans la mesure où Isabelle de Meulan possédait son propre sceau[34]. D'après la référence aux enfants, il est possible de dater le document entre 1175 et 1196, date de la mort du seigneur de Craon. Mariée vers 1170 à Maurice II, elle eut avec lui Avoise, l'aînée, Renaud, ne figurant pas dans l'acte, Maurice, Pierre, Amaury et Constance.

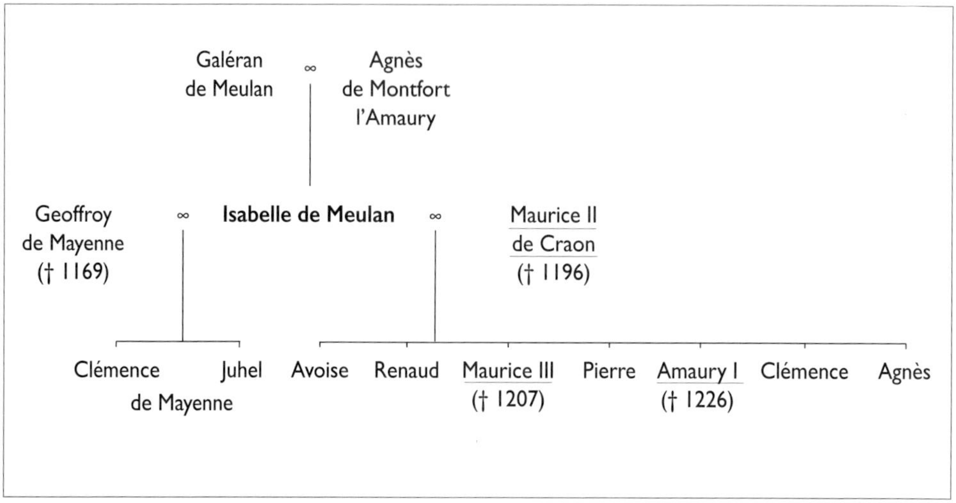

Fig. 5. Filiation et descendance d'Isabelle de Meulan.

Un des intérêts de ce document vient du fait qu'Isabelle de Meulan se préoccupait, indifféremment, du salut des défunts et des vivants, sans établir une distinction entre les deux. Concernant son premier mari, Isabelle de Meulan entendait célébrer sa mémoire, la transmettre à son fils en l'associant à cette célébration liturgique. Effectuant cette célébration quelques années après la mort de Geoffroy, Isabelle de Meulan veillait à ce que le défunt ne tombât pas dans l'oubli ; bien que remariée, elle continuait à prier pour son premier époux. Si dans la plupart des cas la documentation ne nous permet pas de savoir dans quelle mesure ces veuves pouvaient se consacrer à la perpétuation de la mémoire de leur mari[35], l'acte d'Isabelle nous apporte quelques éclaircissements sur ce point et nous sommes loin de l'image de la femme présentée par P. Geary soulignant, dans ce contexte propre à la *Francia occidentalis,* que les femmes avaient été très tôt dessaisies de leur fonction mémorielle au profit des monastères : l'exemple des Craon appelle, dans ce cas, une conclusion plus nuancée[36]. Pour une période et une région différentes de la nôtre, C. Klapisch-Zuber précisait que les femmes n'étaient que des hôtes de passage des *case*, ces

34 *Ibid.*, L. 974, n°933 (sans date) : "*Sigilli mei munimine roboratorum*".
35 Verdon 1993.
36 Geary 1996, 110-118.

maisons matérielles et symboliques représentant le groupe de parenté agnatique et qu'elles n'étaient pas des éléments permanents du lignage[37].

Ce document prouve, au contraire, les relations étroites entre la femme et la famille de son mari, maintenues par-delà le trépas de l'époux et en dépit du remariage de la veuve, même si la dame agissait surtout en fonction des intérêts moraux de son fils, Juhel, puisque le lignage de Mayenne vivait en lui.

Néanmoins, Isabelle précisait que sa donation concernait également son second mari, qui avait apposé le sceau sur le document, et les enfants qu'elle avait eus avec lui. Dans un contexte de resserrement conjugal, faut-il voir en cela une autorisation ou un signe de consentement de la part du nouvel époux ? Il est difficile de répondre à cette question ; tout au plus peut-on dégager une hypothèse. Un acte[38], daté de 1180, mentionne une donation effectuée par Roger, fils du comte de Meulan à Savigny pour le salut d'Amaury de Meulan, frère d'Isabelle : Maurice II, Isabelle et Juhel de Mayenne figuraient en tant que témoins. Non seulement Isabelle intervenait auprès de sa propre famille et avait maintenu des liens en dépit de ses deux mariages successifs, mais en plus elle participait aux célébrations funéraires, y associant de surcroît son nouvel époux.

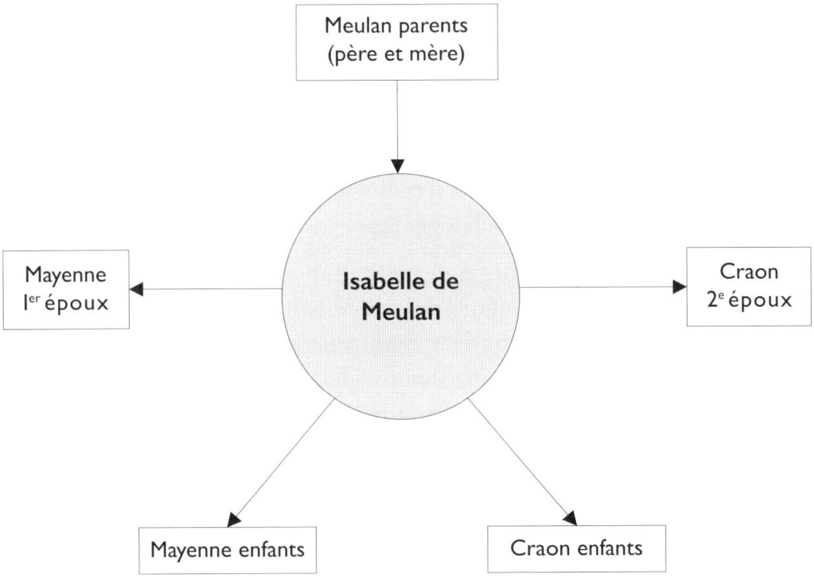

Fig. 6. Isabelle de Meulan, élément central d'un groupe familial élargi.

37 Klapisch-Zuber 1983, 1097-1110.
38 Arch.Nat., L. 9744, n°945.

En effet, la même année, Maurice II célébrait l'anniversaire d'Amaury, le frère de sa femme, en donnant à la communauté de la Roë une rente de cinq sous à percevoir annuellement sur ses revenus[39].

Isabelle de Meulan semblait être la pierre angulaire de ces célébrations funéraires : elle s'était préoccupée, sans qu'elle en soit contrainte, du salut de Maurice II, comme elle l'avait fait pour son premier époux et comme elle le faisait pour ses parents. Intervenant en qualité de sœur, de veuve, d'épouse ou de mère, elle paraissait être au centre de la mémoire familiale et, ce qui est singulier concernant Isabelle de Meulan, c'est son implication dans la commémoration, la transmission de la mémoire et l'attention portée au salut des membres issus de trois familles distinctes : celle de Meulan, de Mayenne et de Craon, générant des liens entre ces trois "entités" familiales. Lorsque Juhel de Mayenne fonda l'abbaye de Fontaine-Daniel le 19 juin 1205, Pierre de Craon et Avoise, demi-sœur de Juhel de Mayenne, furent témoins de l'acte[40] et quelques années plus tard, en 1208, Juhel de Mayenne effectuait des dons[41] à Fontaine-Daniel destinés en partie au repos de l'âme de Maurice III de Craon, son demi frère. De la même manière, en 1216, leur mère, Isabelle de Meulan, faisait une donation à Fontaine-Daniel, constituée d'une rente effectuée pour le repos de l'âme de son fils, Pierre de Craon[42]. La même année, Constance de la Garnache, fille d'Isabelle de Meulan et de Maurice II, effectuait une donation à Fontaine-Daniel : il s'agissait d'une seconde rente de vingt sous pour le repos de son frère, Pierre de Craon[43]. Cette participation réciproque aux célébrations funéraires, qui concernait aussi bien les fils que les filles, permettait de renforcer les liens entre les personnes de même parenté mais de "lignages" différents.

Prise en main par Isabelle de Meulan, cette action en faveur du salut des membres de ce groupe élargi fut ainsi poursuivie par ses enfants : c'est sur la requête d'Isabelle que son fils, Amaury, alors seigneur de Craon, donnait à Fontaine-Daniel en 1209 une rente de douze muids de vin afin de soutenir la fondation récente de son demi-frère[44]. Ils avaient été élevés ensemble et sans doute étaient-ils proches par l'âge.

Cette mère remariée était attachée à sa progéniture et l'exemple d'Isabelle de Meulan nous permet d'envisager le sort des enfants dans un remariage au XIIe s. : elle apparaît être un personnage central. Veuve de Geoffroy de Mayenne, Isabelle s'occupait directement de son fils issu de cette première union. Elle nous donne l'image d'une bonne mère, différente de la mère cruelle laissant ses enfants en dépôt dans la Toscane du XVe s.[45]. Trois siècles s'étaient écoulés, dans un espace géographique différent et la comparaison paraît anachronique, mais l'attitude d'Isabelle à l'égard de son enfant du premier lit constitue un contre exemple intéressant, proposant une image multiple de la mère au Moyen Âge. De plus, le remariage

39 Arch.Dep. Mayenne, *Cartulaire de la Roë*, H. 175, fol. 2 : *Notum sit etiam illis qui litteras suas visuri sunt quod predicte ecclesie Sancte Marie dedi V. sol. Annuatim reddendos pro anima Amauricii fratris Helisabeth uxoris mee ad faciendum anniversarium ejus*(…)

40 Guyard de la Fosse 1850, p. XVIII.

41 BnF., *N.A.L.*, n°1254, fol. 27.

42 *Ibid.*

43 *Cartulaire de Fontaine-Daniel*, fol. 72.

44 *Ibid.*, fol. 53.

45 Klapisch-Zuber 1983, 1097-1110.

de Maurice II et d'Isabelle nous offre un modèle de réussite familiale dans laquelle le beau-fils avait trouvé sa place et s'était bien entendu avec son beau-père.

Cette situation aurait pu être l'enjeu de querelles mais aucun conflit entre Maurice II et Juhel n'est visible à travers les documents que nous possédons et aucune intervention de la part d'un tuteur n'est mentionnée. Bien au contraire, les relations furent régulières et, au vu de notre documentation, Maurice II paraissait veiller sur son beau fils en l'entourant de ses conseils : Maurice II s'était prêté au jeu. C'est ainsi que le seigneur de Craon avait certainement conseillé à Juhel de régler ses affaires courantes[46] avant son départ pour Jérusalem en 1190. Les enfants de Maurice II et d'Isabelle de Meulan, les demi-frères et sœurs de Juhel, ont également entretenu des relations suivies, visibles à travers les choix politiques : Maurice III et son demi-frère Juhel figuraient ensemble parmi ceux qui prenaient le parti de Philippe Auguste en 1203, se détournant de Jean sans Terre. Derrière cette solidarité, on entrevoit une réussite humaine dans laquelle Juhel de Mayenne s'est bien entendu avec son beau-père et ses demi-frères et sœurs et qui a des implications et des prolongements politiques et matrimoniaux. En effet, la sœur de Juhel de Mayenne, Clémence, épousa Robert IV de Sablé, ce qui permettait aux Craon, de manière indirecte, de nouer de nouveau des relations avec les Sablé, concrétisées deux générations plus tard par une union entre les deux familles. Ne pouvant s'unir en raison des degrés de parenté, les deux familles se rapprochaient par l'intermédiaire des Mayenne avant de conclure une alliance dès que la situation le leur permit.

Le mariage d'Isabelle et de Maurice II fournit ainsi un exemple réussi de recomposition familiale, rendue possible grâce à la personnalité d'Isabelle de Meulan, mais qui s'intégrait dans un schéma d'ensemble faisant la part belle aux unions multiples, sans pour autant affaiblir la cellule conjugale et réduire sa responsabilité à l'égard des enfants issus d'une union différente. En acceptant son beau-fils, Maurice II reproduisait un vécu familial visible à la génération précédente. En effet, la mère de Maurice II, Marquise, s'était elle aussi retrouvée face à un groupe composite d'enfants, dont un au moins n'était pas son fils. Hugues de Craon (mort en 1138), son mari, avait été marié à Agnès de Laval jusqu'en 1130 : ils eurent Renaud et Guérin. À la mort d'Agnès, Hugues se remaria avec Marquise et ils s'occupèrent de Guérin et de leurs propres enfants. Puis, Marquise épousa, en secondes noces, Hugues de Mathefelon vers 1140 : ils eurent Foulques de Mathefelon et Adélaïde. Enfin, elle se maria, en troisièmes noces, à Payen de Vaiges. Le parcours matrimonial de Marquise avait été particulièrement riche et la brièveté des vies conjugales expliquait la taille de ces maisonnées, donnant une habitude de vie en communauté. C'est ainsi que le mariage d'Hugues et d'Agnès n'avait duré que six ans de 1124 à 1130 et l'union avec Marquise n'atteignit pas huit ans. Cette situation n'est cependant pas originale et paraît être plus fréquente qu'on ne le pense, mais cela n'aboutissait pas toujours à une réussite familiale.

Maurice II a donc passé son enfance parmi un groupe élargi, composé de demi frères aînés (par son père) et de cadets (par sa mère) et le côté maternel se révélait être aussi important que celui issu du père, ce qui souligne l'importance des femmes dans la parenté vécue.

46 L. 972, dossier Mayenne : Maurice II et Isabelle furent témoins d'une charte de Juhel de Mayenne, l'année de son départ pour Jérusalem, qui ratifiait toutes les possessions de Savigny dans son fief.

C'est ainsi que Maurice II apparaissait préoccupé par le salut de l'âme de Foulques de Mathefelon, son demi-frère utérin, comme l'atteste une charte[47] datée de 1191, dans laquelle il donnait un arpent de la terre de la Sablonnière à la communauté de la Roë, à charge pour les religieux d'entretenir une lampe ardente. Cette expérience permit à Maurice II de reproduire ce schéma pour ses enfants et son beau fils, Juhel : il n'y avait pas que la personnalité d'Isabelle qui intervenait dans leur réussite, il y avait également le vécu familial de Maurice II qui expliquait l'absence de préjugés à l'égard de Juhel.

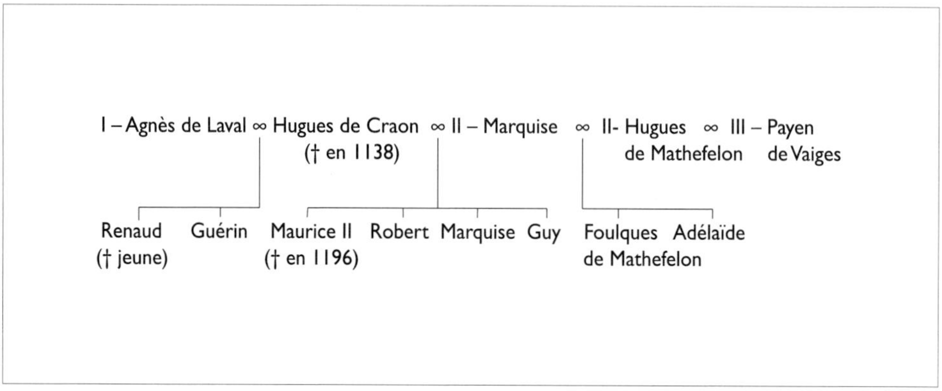

Tabl. 9. Le parcours matrimonial de Marquise, seconde épouse du seigneur de Craon, Hugues.

Les prières et la commémoration des défunts apparaissaient donc des éléments essentiels de l'émergence d'une mémoire familiale soudant le groupe et, à travers l'exemple de la famille de Craon, c'est la femme qui était au centre d'un système de parenté différent de la structure lignagère présentée par les historiens. D'ailleurs d'autres exemples permettent de confirmer cette thèse et d'apprécier l'influence de la parenté cognatique. C'est ainsi que l'acte[48] émanant de Juhel III de Mayenne, fils d'Isabelle de Mayenne, la femme de Maurice II de Craon, mentionne des donations de Juhel à l'abbaye de Fontaine-Daniel destinées au repos de l'âme de son demi frère Maurice III, ce qui renforce l'idée d'un groupe familial étendu à la branche maternelle. Les dons favorisaient ainsi les relations entre les donateurs eux-mêmes qui appartenaient pour la plupart à la noblesse. Ces dons, échanges, tractations ont été à l'origine de rencontres, parfois de tensions entre les membres d'un groupe façonnant la conscience d'appartenir à ce même groupe.

L'analyse des établissements religieux qui ont fait l'objet de donations mérite également une attention particulière puisque cela confirme l'idée d'un maillage relationnel entre ces trois "lignages" dont le maillon central était Isabelle de Meulan. À travers le schéma ci-dessous, nous avons fait apparaître les établissements ecclésiastiques ayant fait l'objet de

47 Arch. Dép. Mayenne, *Cartulaire de la Roë*, fol. 102.
48 BnF., *Nouvelles Acquisitions Latines*, n°1254, fol. 27.

donations transversales et nous avons mis en valeur, pour chaque abbaye, leur bienfaiteur : la Roë en ce qui concerne les Craon, Savigny pour les Meulan et Fontaine Daniel, fondée par Juhel de Mayenne.

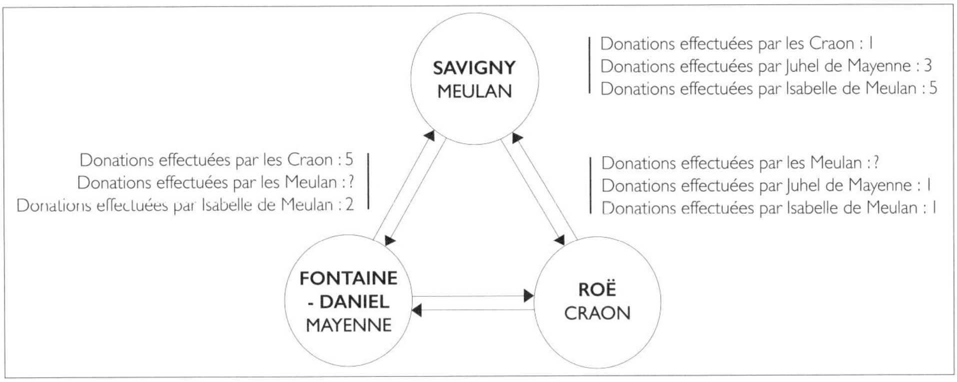

Fig. 7. Trois familles, trois abbayes.

Tout en ayant conscience des limites de ce schéma, comme le manque d'informations ou la simplification de la situation – en quoi peut-on dire que le prieuré de Savigny était l'établissement référent des Meulan ?[49] –, il permet de confirmer les liens existant entre ces trois "entités" familiales et entrevus dans le contenu des actes. De plus, il faut tenir compte du mobile de ces donations et de leur contenu. Par exemple, en 1180, Maurice II effectuait un don à l'abbaye de la Roë pour son fils Renaud mais aussi pour Amaury de Meulan et nous ne pouvions le faire figurer dans ce schéma. Au vu des remarques dégagées, nous pouvons admettre cependant l'existence de relations étroites entre ces trois groupes familiaux.

Le fait qu'Isabelle de Meulan se soit intéressée à l'abbaye de Savigny[50] n'est pas dénué d'intérêt. Fondée dans le diocèse d'Avranches entre 1112 et 1115 par Vital de Mortain, Savigny occupa une place très honorable à côté de Cîteaux, de Fontevrault, de Tiron[51]. Située aux confins de la Bretagne, de la Normandie et du Maine, l'abbaye ne tarda pas à prospérer et très tôt, elle dut essaimer, puisqu'à la mort de Geoffroy, en 1139, elle n'avait pas moins de dix-huit abbayes filles. À la fin du XIIe s., Savigny administrait en propre de nombreuses possessions réparties en Normandie, en Bretagne mais aussi en Angleterre. La famille d'Isabelle, les Meulan, semblait aussi très attachée à ce sanctuaire : tous deux étaient implantés en Normandie.

Le mariage de Maurice avec Isabelle faisait basculer la famille de Craon vers des horizons plus normands à l'intérieur de l'espace Plantagenêt. La décision prise au moment du décès de Maurice II, en 1196, confirme cette nouvelle orientation géographique : son cœur fut porté

49 D'ailleurs, nous avons vu, concernant les Craon, que la Roë n'était pas le seul pôle religieux de la famille.
50 Hébert & Gervaise 2002.
51 Guilbaud 1962, 367.

à l'abbaye de Savigny[52]. Cependant, nous ne savons pas quel avait été le rôle tenu par Isabelle dans cette décision, ni sur quelles bases reposaient les liens à un moment très fort avec les cisterciens de Savigny. Non seulement l'abbaye de Savigny avait des rapports privilégiés avec les Meulan, mais en plus, elle bénéficia des faveurs d'Isabelle, puis du seigneur de Craon : il semble qu'Isabelle ait impulsé cette ouverture normande et qu'elle ait été le maillon central des relations entretenues entre ces trois groupes familiaux.

Cette solidarité au niveau religieux se manifeste aussi dans la sphère politique. L'action politique d'Isabelle de Meulan ne fut pas moindre que son action religieuse, comme l'atteste une charte[53] datée du 14 octobre 1201, dans laquelle Isabelle de Meulan et son fils Juhel de Mayenne prêtaient serment à Jean sans Terre[54]. Dans ce document, Maurice III était l'un des cautions de la fidélité de Juhel en compagnie de Guillaume des Roches, Raoul III de Beaumont, Robert III d'Alençon, Étienne du Perche, Guy VI de Laval et Hugues de Châtellerault. Le 29 mars 1202, Jean sans Terre ordonnait à Maurice III d'apposer son sceau à l'acte qui lui avait été transmis[55]. Or, c'est précisément à ce moment que Maurice III prêta serment à Philippe Auguste, sous réserve des droits d'Arthur et de sa sœur[56], ce qui témoigne d'une attitude ambiguë de la part de Maurice III à cette période : "Si Arthur est délivré, Maurice sera son homme, tant qu'Arthur ne violera pas les conventions arrêtées entre lui et le roi de France. De plus, Maurice sera l'homme de la sœur d'Arthur, si cette princesse est mariée au gré du roi de France. Philippe Auguste s'engage, en contrepartie, à ne faire ni paix, ni trêve avec Jean sans Terre, sans y comprendre Maurice de Craon". Un acte identique, stipulant les mêmes engagements étaient pris entre autres par Guillaume des Roches et Juhel de Mayenne. L'assassinat d'Arthur par Jean sans Terre permit à Philippe Auguste d'incorporer le Maine, l'Anjou, la Touraine au domaine royal. Le 13 mai 1206, Maurice III jura fidélité à Philippe Auguste[57] : il s'engageait à garder, pour le roi de France, les fiefs qui avaient appartenu à Pierre IV de la Garnache et à remettre l'héritier de ce seigneur entre les mains du sénéchal d'Anjou, désigné pour garder sa personne. Juhel de Mayenne, Guillaume de la Guerche furent les garants de cet engagement. En échange, Maurice III reçut un fief : Plöermel[58].

À travers ces documents, il apparaît nettement que Maurice III de Craon et son demi frère Juhel de Mayenne entretenaient des relations étroites qui dépassaient le cadre religieux, mettant en avant l'idée d'une "solidarité parentèle", jusqu'à louvoyer ensemble entre les deux rois. La parentèle[59] peut être définie comme étant un système de parenté indifférencié, c'est-à-dire un groupe solidaire englobant les consanguins et les alliés, susceptibles d'agir collectivement, dans la perspective du salut, mais aussi pour exercer des droits, pour intervenir dans les conflits ou comme témoin[60]. Et nous sommes proches du système de

52 *Cartulaire de Craon*, n°185.
53 Rymer 1739/45, année 1201, 40.
54 De plus, l'utilisation d'un sceau est révélatrice d'une reconnaissance sociale et peut traduire une forme de liberté décisionnelle que nous développerons dans la partie sigillographie.
55 *Rotuli litterarum patentium*, vol.I ab anno 1201 ad 1216, London, in fol. 1835, 8.
56 *Catalogue des Actes de Philippe Auguste*, in extenso, 506.
57 Teulet *et al.* 1863-1909, n°805.
58 *Actes de Philippe Auguste*, n°995.
59 La parentèle est un mode d'organisation en groupe de parenté (Guerreau-Jalabert 1988, 97).
60 *Ibid.*, 82-83.

parenté du Haut Moyen Âge, défini par le terme allemand *Sippe*, c'est-à-dire une structure large et diffuse, dans laquelle ses membres avaient conscience de leur parenté et où les solidarités familiales étaient réelles[61].

Quant au rôle d'Isabelle de Meulan, essentiel dans la préservation de la mémoire et de la cohésion familiale, il est proche d'un certain nombre d'exemples du Haut Moyen Âge, où la femme apparaissait "gardienne de l'âme de son mari et de l'identité du lignage"[62], accomplissant le souvenir liturgique du défunt. C'est ainsi que Dhuoda, étudiée par K. Schmidt, qui faisait partie de la haute aristocratie carolingienne vers 840, rédigea pour son fils une sorte de guide religieux et moral. À la fin, ce guide se transforma en livret liturgique permettant d'assurer la *memoria* des défunts de la famille. Nous pouvons aussi citer cet Évangéliaire du XIe s. provenant de l'ancienne abbaye de Saint Mihiel en Lorraine vers 1050-1060, exécuté par une veuve pour le salut de l'âme de son époux ; cette dernière s'était fait représenter avec son défunt mari dans l'attitude du donateur. Ce document nécrologique, instrument de salut, était aussi un témoignage d'amour conjugal dans une société et à une époque où il est difficile d'évaluer la part attribuée aux sentiments[63]. La différence fondamentale avec ce Haut Moyen Âge résidait dans le fait qu'Isabelle de Meulan passait par l'intermédiaire de communautés ecclésiastiques pour honorer les défunts : il s'agissait d'une commémoration institutionnalisée, exécutée par des acteurs spécialistes du passé, effectuée dans les établissements ecclésiastiques devenant des lieux de mémoire. D'ailleurs, ce phénomène de prise en main du culte des défunts par l'institution ecclésiastique était contemporain du contrôle des mariages mené par l'Église[64], posant les bases de l'encadrement de la société.

Mémoire des ancêtres et souci des morts : un "contrat" social

De multiples intérêts liaient les Craon à l'abbaye de la Roë et la réciprocité de cette relation permit très rapidement à l'établissement de devenir un pôle religieux de la famille : émergeait alors, dès la fin du XIe s., une mémoire familiale à connotation religieuse reposant, en ce qui concerne les Craon, sur la multiplicité des sites religieux et sur un ensemble de pratiques plus communes, constituées de prières et de donations. En effet, le lien de la famille avec la Roë n'était pas exclusif et ce n'était qu'un élément constitutif, parmi d'autres, de leur mémoire familiale. De plus, les relations existant entre les deux parties ne paraissent pas reposer sur un contrat formel ; seul un accord tacite, satisfaisant les intérêts de chacun, semble avoir fonctionné. Pourtant, en dépit de fondations diverses, la Roë conserva, jusqu'au XIIIe s., son rôle de clef de voûte de la mémoire liturgique de la famille.

L'abbaye de la Roë, conservatoire de la mémoire liturgique des Craon

Le 12 février 1096, Renaud le Bourguignon concédait un bois aux ermites afin d'ériger une église. Le 25 avril 1098, la bénédiction du cimetière se faisait en présence et avec le

61 Le Jan 1993.
62 Platelle 1990, 171-185.
63 Ces exemples sont étudiés par Platelle 1990.
64 Cette idée sera développée ultérieurement.

soutien de ses fils et en 1128-1130, le seigneur de Craon, Hugues, donnait un four à la Roë, lors de l'anniversaire du décès de son fils et vint visiter sa sépulture avec sa femme Agnès, accompagnée de nombreux seigneurs du pays de Laval[65]. En peu de temps, un véritable "pacte"[66] s'était instauré entre les chanoines et les Craon : en échange de dons conséquents, des membres de la famille furent inhumés dans l'abbaye et des messes régulières furent effectuées par les chanoines. Le chartrier de la Roë présente une dispute entre les religieux de l'abbaye de Belle-Branche et ceux de la Roë à propos de la possession du corps de Maurice IV : cette notice met en avant la mission parfaitement assumée par les chanoines, celle d'entretenir la *memoria* de leurs bienfaiteurs. En effet, en 1250, à la mort de Maurice IV de Craon, petit-fils de Maurice II, les religieux de Belle-Branche prétendirent qu'ils devaient recevoir le corps de leur bienfaiteur ; les chanoines de la Roë, dans l'église desquels étaient déjà inhumés le père du défunt Amaury I, ses deux oncles, Maurice III et Pierre de la Garnache et ses trois grands oncles Renaud, Foulques et Guy de Craon, élevèrent la même prétention. Les seigneurs de Château-Gonthier et d'Anthenaise, arbitres, décidèrent que le corps de Maurice serait d'abord inhumé à Belle-Branche et qu'au premier anniversaire, on ferait l'exhumation et qu'alors on donnerait à l'abbaye de la Roë le cœur du défunt s'il était bien conservé, sinon la tête ou ce qu'il en resterait[67]. Il s'agissait de satisfaire une dévotion élective personnelle mais la dernière demeure restait celle des ancêtres : l'abbaye apparaissait comme garante de la liaison entre les vivants et les morts et entendait conserver ce rôle.

De nombreux exemples attestent l'existence de "pactes seigneuriaux" entre le monastère et la famille. Ansoud de Maule, petit chevalier de la région de Nantes, vivant au début du XIIe, présenté par Ordéric Vital, dans son *Histoire ecclésiastique,* accordait ainsi des privilèges fonciers aux moines de Sainte-Marie qui, en échange, organisaient des prières pour son salut et celui de ses parents défunts[68].

Les relations étroites entretenues par les deux parties, l'abbaye et la famille, plaçaient la communauté de la Roë au cœur des pratiques religieuses des Craon. Si nous prenons en compte l'ensemble des donations effectuées par les seigneurs de Craon, de Renaud le Bourguignon (fin XIe s.) jusqu'à Amaury I († en 1226), nous constatons que sur treize établissements ecclésiastiques concernés par les faveurs des Craon, seule l'abbaye de la Roë avait fait l'objet de donations continues de la part des seigneurs (excepté Maurice I) et pendant près d'un siècle et demi, elle avait profité des donations de la famille. De plus, le fait que les chanoines aient entrepris de mettre par écrit leur passé permit sans aucun doute aux Craon de conserver le souvenir des ancêtres et ainsi de fortifier leur mémoire familiale. L'abbaye était progressivement devenue un établissement dépositaire de la mémoire écrite et orale des Craon.

À travers l'acte de bénédiction de la paroisse le 25 avril 1098, nous avons vu comment Renaud le Bourguignon s'était soucié d'associer ses fils à cette initiative, manifestant le souhait de montrer publiquement qu'il s'agissait d'un projet familial. Bien plus, tout le

65 Arch. Dép. Mayenne, *Cartulaire de la Roë*, n°13.
66 Expression utilisée par Lett 2000, 26.
67 *Cartulaire de la Roë*, vol. 71, 211 : "*caput vel..ea que tunc de capite poterunt inveniri*".
68 "*pro anima et pro memoria antecessorum*".

pays craonnais semblait concerné par cette consécration : les amis proches de Renaud le Bourguignon, son conseil ainsi que les familles dépendantes du seigneur de Craon ; l'abbaye de la Roë apparaissait comme l'élément fédérateur des relations sociales et des pratiques religieuses.

Les *milites* du pays Craonnais, dont on peut présumer qu'il s'agissait de vassaux[69] ou d'alleutiers, apparaissaient en effet très liés à l'abbaye, à l'imitation de leur seigneur châtelain, comme l'atteste le tableau ci-dessous montrant pour chaque famille liée aux Craon le nombre de transactions passé avec les chanoines sur le nombre total d'actes que nous possédons.

Familles	Total du nombre d'actes connus	Nombre d'actes contenus dans le cartulaire de la Roë	Pourcentage d'actes faisant partie du cartulaire
Ballots	27	27	100
Bouche d'Usure	37	35	95
Chaorcin	48	38	80
Chapelle (La)	46	45	98
Gastines	12	12	100
Lande-Balisson	8	5	63
Le Vayer	42	36	86
Méral	57	20	35
Molières	17	8	47
Roë	34	34	100

Tabl. 10. Pourcentage d'actes contenus dans le cartulaire de la Roë réparti par famille.

Certaines de ces familles[70] méritent une attention particulière : non seulement, elles participaient activement à l'accroissement de l'abbaye et suivaient les pratiques religieuses de leur seigneur, contribuant à la consolidation des relations sociales et de l'ordre établi, mais en plus ces familles étaient souvent apparentées, tissant un réseau social complexe.

69 Reynolds 1994 se montre très critique à ce sujet dans son ouvrage. Il faut faire attention au terme que l'on emploie : milites/vassaux, on ne sait pas exactement et cela est très difficile à prouver. Voir D. Barthélémy sur les *milites* de Saumur et sur la seigneurie de Coucy, qui peut nous fournir des éléments de comparaison.

70 Angot 1942.

Familles	La Roë	Bonshommes de Craon
Ballots	- Ernault, fils cadet 1149 - Robert, l'aîné à la fin de sa vie (1180)	
Bouche d'Usure	- Charbon (1160) à la fin de sa vie	- Maurice (1203-1240)
Chaorcin	- Gervais, fils cadet (1130) - Jean II, d'abord membre de la communauté (1120) puis héritier de la famille à la mort de ses frères	
Chapelle	- Hervé (1158) - Africain, son frère (1158) - Gautier, un neveu (1170)	
Méral	- Suhard à la fin de sa vie (mort en 1170) - sa sœur Asceline, veuve, qui se consacra à la Roë. - Son fils Robert (1180)	
Roë	- Philippe (1170)	

Tabl. 11. Enfants des familles, liées aux Craon, reçus comme chanoines à la Roë ou aux Bonshommes de Craon (fondation de Maurice II à la fin du XIIe s.).

La famille de Ballots fut importante dans la région : deux de ses membres prirent part aux croisades, d'autres se firent moines à la Roë et elle est citée fréquemment dans le cartulaire. La paroisse de Ballots fut créée après la fondation de la Roë par défrichement de la forêt de Craon puis fut donnée à une famille. La famille Chaorcin semble avoir été la plus puissante du Craonnais. Ses alliances se situaient avec des familles de même rang formant la cour de justice du seigneur de Craon[71]. Dans les actes, tous ses membres portaient le titre de chevalier et leurs faits de guerre étaient minutieusement indiqués. Ils donnèrent à l'abbaye de la Roë les églises de Cosmes et de la Chapelle-Craonnaise. Les la Chapelle tiraient leur nom de la Chapelle-Craonnaise et furent eux aussi liés aux seigneurs de Craon[72] et surtout aux intérêts de l'abbaye de la Roë[73]. Trois d'entre eux d'ailleurs firent profession au couvent des chanoines réguliers. Le nom de Le Vayer avait une origine ministériale : c'était d'abord celui de la charge que portaient les titulaires, *vicarii, villici.* Comme on ne voit point de sénéchaux dans la seigneurie de Craon, on peut supposer que les Vayer disposaient d'une mission judiciaire. Dans le cartulaire de la Roë, ils apparaissaient en tant que *milites* ; ils assistaient le seigneur de Craon dans tous ses actes importants, formaient avec les membres de la noblesse sa cour

71 1158 : Jean Chaorchin, premier des juges de la cour de Maurice III de Craon (*Cartulaire de la Roë*, n°130).

72 1169 : Aleman assistait à la première cour que tint Maurice de Craon à son retour de Terre-Sainte (*Cart. de la Roë*, n°95). 1150-1170 : Africain et Aleman, frères, étaient témoins d'un jugement de la cour de Craon pour la Roë (*Cart. de la Roë*, n°130).

73 Herbert de la Chapelle était témoin vers 1130 de la donation de Saint-Avit ou Saint-Ile à la Roë ; Hugues de la Chapelle, son fils apparaissait aussi comme témoin d'un don à la Roë. Hubert de Thorigné, mentionné comme frère d'Herbert, figurait comme témoin au don de l'église de Cosmes à la Roë avant 1150.

de justice et semblaient y avoir un rôle principal[74]. La famille de Méral, connue dès le milieu du XIe s., possédait les paroisses de Méral, Saint-Poix, Laubrières et Cuillé, et aussi la paroisse d'Astillé. Elle était ainsi attachée aux seigneurs de Craon[75] et de Laval. Elle était bienfaitrice de l'abbaye de Saint-Serge et de la Roë[76], fondée à la limite de son territoire forestier, et dans laquelle plusieurs de ses membres prirent l'habit monastique. Les seigneurs de Méral étaient *milites*, ils prirent part aux croisades et s'allièrent à des familles très puissantes : les Mathefelon, les Chaorcin, celle du Genest. La famille de la Roë, connue dès le XIe s., disposait de l'église de Fontaine-Couverte et s'était unie avec des familles de même rang, celle de Méral entre autres. Proche du seigneur de Craon[77], elle était aussi dévouée à l'abbaye. Le 16 janvier 1144, André de la Motte, paroissien de la Roë, donna une pièce de terre, afin qu'il soit enterré dans l'église de la Roë. Indépendamment des premiers seigneurs de Craon et des dignitaires de l'abbaye, beaucoup de notables furent ainsi enterrés dans cette église.

Le point commun de toutes ces familles, outre qu'elles se trouvaient placées sous l'autorité ou l'influence du seigneur de Craon, était l'abbaye de la Roë, pôle fédérateur des familles du Craonnais. Et nous possédons suffisamment de renseignements pour nous apercevoir qu'elles suivaient parfaitement le parcours du seigneur de Craon dans le domaine des pratiques religieuses : attachés à l'abbaye de la Roë, ces familles s'en détachèrent progressivement au bénéfice des Bonshommes de Craon, la fondation de Maurice II, soulignant la complexité de l'activité religieuse des Craon.

La multiplicité des pôles religieux de la famille

Si l'on prend en compte les différents établissements ecclésiastiques ayant reçu des donations de la part des Craon, de Robert le Bourguignon à Maurice V, en tant que lieu d'inhumation, nous pouvons confirmer que l'abbaye de la Roë fut certes le pôle religieux de la famille, mais elle ne fut pas le seul établissement à bénéficier des largesses du groupe familial : ce lien n'était pas exclusif.

D'ailleurs, le contenu des chartes nous indique que les relations entretenues par les seigneurs de Craon avec l'abbaye de la Roë furent fluctuantes : ils n'étaient pas toujours d'accord. Cette situation était finalement assez logique, étant donné qu'il s'agissait de rapports personnels : des querelles de personnes pouvaient amener au refroidissement de

74 1133-1170 : Zacharie le Vayer fut souvent présent dans les actes importants du seigneur de Craon. Avant 1133, il était présent avec Hugues de Craon quand avec Agnès, sa femme, il concédait à la Roë un four dans la ville (*Cartulaire de la Roë*, n°13) ; il était le témoin de Maurice II, en 1150 lorsque ce dernier donnait le fief de Cochebelle à l'abbaye (*Cartulaire de la Roë*, n°121). Lui-même concéda, comme seigneur de fief, la terre et chapelle de la Ballue et céda à l'abbaye les droits de coutumes et vairies qui les chargeaient (*Cartulaire de la Roë*, n°132). Lorsque Maurice de Craon céda le pré des Fontenelles à l'abbaye, Zacharie était encore là ; il prononçait en cour de Craon en faveur de l'abbaye l'exemption de la taille de guerre (1158) (*Cartulaire de la Roë*, fol. 78).

75 1150-1170 : Suhard de Méral était témoin pour Maurice de Craon du don fait par ledit Maurice à la Roë du fief de Cochebelle (*Cart. de la Roë*, n°121).

76 1150-1170 : Suhard de Méral et Hildéarde, sa femme et Robert, son fils aîné, Tyson de Bouche-d'Usure, Tillia, sa femme, et son fils, ces derniers pour la réception de leur fille à Fontevraut, permettaient aux chanoines de la Roë de clore leur bois de la Forge (*Cart. de la Roë*, n°180).

77 17 juin 1191 : Olivier et Raoul de la Roë, témoins des concessions de Maurice de Craon à l'abbaye quand il partit pour Jérusalem (*Cart. de la Roë*, t. II, p. 11).

ces relations. Ainsi Hugues de Craon refusa-t-il de reconnaître les limites du don que son grand-père, Renaud, avait fait à l'abbaye, limites pourtant initialement marquées par des incisions dans les arbres[78]. Jean-Claude Meuret pense que ce fut à partir de ce moment que l'abbaye commença à délimiter ses terres par des talus-fossés circulaires dont le cadastre porte les traces[79]. En 1191, une notice résumait la confirmation par Maurice II de Craon des droits de Saint-Nicolas, en des termes identiques que lors de la fondation de la collégiale par Renaud le Bourguignon, avec cependant un ajout intéressant qui précise que l'épouse de Renaud avait fait don à Ballots, d'un four et du droit de ramassage du bois mort dans la forêt de Craon[80].

Les détails précis de cette notice postérieure de 100 ans à la donation effective par Renaud nous amènent à penser que Maurice II de Craon souhaitait favoriser sa collégiale Saint-Nicolas en couchant par écrit des droits qui n'avaient cessé d'être mis en cause au cours du XIIe s. par l'abbaye de la Roë[81]. Et ce fut justement à Ballots en 1196 que Maurice II de Craon fonda les Bonshommes de Craon.

Une pièce originale[82], transcrite sous le n°197 du cartulaire de la Roë, datée de 1250 par le scribe, évoque un autre différend entre l'abbaye de la Roë et le seigneur de Craon, Maurice II. L'acte mentionne le château de Poiltrée, bâti par Hugues, seigneur de Craon à l'extrémité de ses possessions et tout près de l'abbaye. Simple motte avec palissades à ses débuts, ce site de Poiltrée devint le centre d'une petite population ; un étang avec moulin, un four, une carrière importante, un pont de pierre, une chapelle sous le patronage de Saint Georges, des "bourgeois" et des manants y étaient signalés dès le XIIe s.

78 *Cartulaire de l'abbaye de la Roë*, n°9 (1128-1130) : *Hugo Castri Credonis dominus ... metas terre nostre calumpniatus est, dicens nos terminos a suis antecessoribus traditos transisse. Qua propter eudem Albinum super hac re convenit eique dixit ut vel metas retraheret vel diem constitutam qua super metas venire possent susciperet et tunc eadem circumquamque ostenderet... idem Albinus fines terre nostre cepit per ambulare ac incisuras arborum que eamdem terram terminabant eis demonstrare...*

79 Meuret 1993, 534.

80 Bertrand de Broussillon 1893, 116-117, acte 178 (1191) : *concessit etiam ejusdem Raginaldi uxor terram quam habebat juxta praedictum castrum super ripam Olidonis, apud Balortium, terram ad duas carruscas et unum furnum, et in sua foresta ligna ad furnum calefaciendum... similiter dedit praedictus Raginaldus totum boscum canonicis illius ecclesiae ad quaecumque vellent et possent adquirere ad usus acclesiae suae et eorum hominibus et medietariis ad domos construendas et ad caeteros usus eorum...*

81 Angot 1942, 812-813.

82 Au bas de cette pièce longue de 17 cm et large de 14,5, on voit la place des doubles queues sur lesquelles étaient fixés les 2 sceaux de Maurice de Craon et de l'évêque d'Angers. Au dos de cette charte, on peut lire :
– dans l'écriture du XVIIIe : "Avant 1250, la Roë, Maurice de Craon donne à l'abbaye de la Roë, 12 septerées de terre et le moulin de Barillé, tenu de lui à 12 deniers ; rend les habitants de Poiltrée qu'il avoit fait transférer à Balots et restitue en chapitre les oblations dont il avoit privé les religieus pendant le temps que dura sa haine contreux".
– Au haut de la charte : "Avant 1250, Maurice de Craon nous donna 12 septerées de terre et le moulin de Barillé tenu de lui à 12 den. de recognaissance".
– Au bas : "Ce Maurice mourut en 1250. Ici, il nous avoit ôté nos paroissiens de Poiltrée pour les transférer à Ballots, mais, par cette charte, il remet les choses sur l'ancien droit et nous restitue en chapitre les oblations dont nous avions été privés pendant ce nuage."

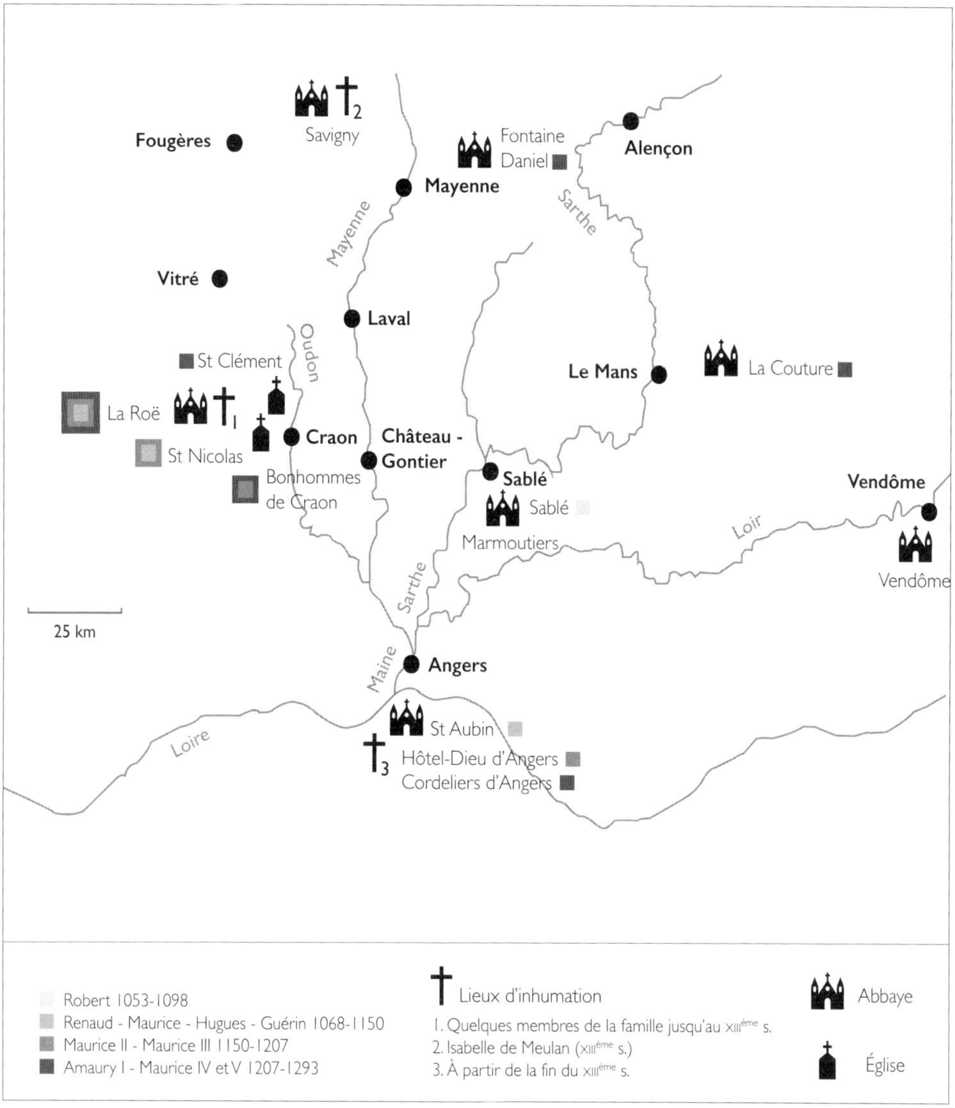

Fig. 8. Géographie des donations effectuées par les Craon du XIe au XIIIe s.

Les oblations faites à la chapelle située sur le territoire de Ballots ne tardèrent pas à devenir une source de rivalités entre le chapitre de Saint-Nicolas de Craon et l'abbaye de la Roë. Maurice, seigneur de Craon, pour favoriser son chapitre de Saint-Nicolas, voulut forcer les habitants de Poiltrée et de la région à se rendre à cette chapelle : l'abbaye réclama et l'affaire fut portée devant les évêques de Rennes et d'Angers qui condamnèrent le seigneur de Craon. Celui-ci reconnaissant ses torts rendit les oblations et fit don aux religieux du moulin de Barillé et d'une certaine quantité de terre. Cependant, les chanoines de la Roë ne furent pas possesseurs de Barillé pendant très longtemps : trente ans après, un voisin nommé Chennart leur contesta la possession de la moitié du moulin[83] et un accord original eut lieu :

– chaque propriétaire devait avoir une clef des portes à l'eau du moulin, à charge pour chacun de partager à égales portions la mouture et la pêche.

– cet accord réservait cependant aux chanoines un droit de pêche supplémentaire quand ils recevraient un évêque ou un abbé.

Ainsi, les tensions entre les deux établissements fondés par Renaud le Bourguignon, l'abbaye de la Roë et Saint-Nicolas, étaient-elles perceptibles. Pourtant, ces deux fondations répondaient à des objectifs différents, mais complémentaires, pour le seigneur de Craon. Avant 1096, Renaud bâtit dans l'enceinte du château une église sous l'invocation de Saint-Nicolas avec des revenus pour six chanoines, puis huit, mais cette fondation semble avoir été précédée par une petite chapelle construite bien avant le XIe s.[84]. La dimension familiale de la fondation était clairement présentée : à travers cette église, l'autorité châtelaine des Craon était affirmée et le groupe canonial semblait structurellement soumis au seigneur de Craon. Peut-on pour autant parler de patronage seigneurial, avec droit d'admettre les membres de la communauté ou de désigner leur supérieur ? C'était probablement le cas.

Les rapports entretenus par les Craon avec les différents établissements peuvent également s'expliquer par un effet de "mode". En effet, on s'aperçoit qu'ils avaient des liens très étroits avec l'abbaye de la Roë jusqu'à Amaury I (1207-1226) puis les Bonshommes de Craon reçurent les bienfaits des seigneurs, avant que les Cordeliers d'Angers n'accueillent à partir de 1292 leurs dépouilles. On constate ainsi un changement d'horizon touchant les Craon, une référence plus urbaine, une nouvelle polarité de l'espace : les seigneurs de Craon se faisaient enterrer à côté de la maison comtale, non plus à l'intérieur de leur châtellenie ; ils décloisonnaient leur horizon tout en se rapprochant du pouvoir politique. La même remarque peut être faite lorsque l'on regarde les alliances matrimoniales conclues par ces seigneurs.

Les Bonshommes de Craon faisaient partie de l'ordre des Grandmontains, ordre plus sévère, plus érémitique, refusant le pouvoir et la richesse ; ils possédaient un cartulaire (ce qui constituait déjà une entorse à la règle), mais moins fourni que celui de la Roë, ce qui rend plus difficile une étude des relations entretenues par les Craon avec cet ordre religieux. Le seigneur de Craon suivait en cela l'exemple d'Henri II Plantagenêt, qui avait fondé vers 1178 le prieuré de la Haye-aux-Bonshommes, près d'Angers : les Grandmontains étaient effectivement bien en cour auprès du Plantagenêt. Une donation faite par Maurice II et un accord entre lui et l'abbé de la Roë sont les actes les plus anciens que nous possédons et sont datés de 1196[85].

Les familles de *milites* du pays craonnais suivirent cette orientation seigneuriale traduisant un schéma pyramidal de la société et des relations sociales. Les pratiques du Plantagenêt étaient imitées par le seigneur de Craon qui, à son tour, les diffusait aux personnages les plus

83 *Chartrier de la Roë*, vol. 43, fol. 140.
84 Bodard de la Jacopière 1862.
85 Ménage 1683, 144 fait remonter cette fondation à l'année 1193, mais la charte originale n'existe plus.

importants de sa cour. Gervais Chaorcin donna ainsi aux Bonshommes de la forêt de Craon sa vigne de la Bretonnière en Saint-Fort[86] ; Zacharie II Le Vayer apparaissait souvent dans le cartulaire des Bonshommes de Craon puisqu'il en fut un des bienfaiteurs[87]. De la même manière, Maurice de Bouche d'Usure, issu d'une famille liée aux seigneurs de Craon, se fit moine aux Bonshommes sous l'épiscopat de Guillaume de Beaumont (1203-1240). Il apparaît donc que la diffusion de cette "mode" s'opéra lentement mais continua alors que l'Anjou n'était plus possession des Plantagenêts.

La commémoration funéraire renforçait les liens entre familles de même rang mais permettait également aux Craon, en faisant participer les familles du Craonnais à l'entretien de leur mémoire familiale, de s'attacher leur fidélité et de tisser une structure sociale pyramidale dans laquelle ils se positionnaient au sommet. Un document[88], daté de juin 1264, atteste de cette réalité : il s'agit d'une charte émanant de Jean Chaorcin qui cède à l'abbaye de la Roë deux setiers de seigle pour l'âme de ses parents et pour l'âme d'Amaury de Craon. La famille de Chaorcin apparaît régulièrement dans le cartulaire de la Roë et ses membres figurent souvent en tant que témoins des chartes du seigneur de Craon, formant avec d'autres familles du Craonnais la cour de justice du seigneur. Jean IV Chaorcin était fils et héritier de Payen II ; la donation dont il est mention était un don anticipé *inter vivos* : Amaury de Craon ne mourut en effet qu'en 1269, ce qui prouve l'attachement existant entre les deux compagnons. De plus, ces familles reproduisaient les pratiques commémoratives du seigneur entretenant entre elles des relations complexes et imbriquées. En effet, Suhard de Méral faisait un don[89] à la Roë pour l'âme de Jourdain Chaorcin, frère de Payen Chaorcin († avant 1150) et oncle de Jean Chaorcin. Se trouvaient alors associées à la commémoration des défunts les familles de rang inférieur et dépendantes des Craon, mettant en place une pyramide sociale complémentaire de la structure vassalique, qui fonctionnait au moment des expéditions militaires, notamment lors des croisades.

L'abbaye de la Roë joua ainsi un rôle particulier pour les Craon apparaissant comme dépositaire et garant de la mémoire familiale, du moins de leur mémoire écrite sans qu'aucun acte, émanant du seigneur de Craon, ne vienne corroborer cette fondation alors que l'on aurait pu penser que ce serait la collégiale Saint-Nicolas qui aurait été chargée de cette mission. Le lien avec l'abbaye s'était maintenu mais à la fin du XIIe s., ce n'était plus le seul fil conducteur. Cette évolution ne doit pas nous surprendre car les seigneurs de Craon successifs eurent un souci constant de se rapprocher du pouvoir décisionnel. De plus, une fondation seigneuriale ne devenait pas systématiquement un pôle de la mémoire de la famille, comme l'avait pu être, par exemple, la fondation de Montierneuf, étudiée par Cécile Treffort[90]. Cette abbaye de Poitiers était une fondation pénitentielle à l'origine, œuvre de

86 Farcy 1905, 12 .

87 *Ibid.*, charte 15 (1221) : pour le salut de son père, sa mère et ses prédécesseurs, il confirma un muid de vin sur la dîme de Saint-Martin-du-Limet. En 1227, il donna aux Bonshommes de Craon six setiers de seigle et leur remit deux sols de rente (charte 23).

88 Arch.Dép. Mayenne, *Cartulaire de la Roë*, fol. 76.

89 *Ibid.*, n°142.

90 Treffort 2004. Une grande partie des informations provient de la chronique dite du moine Martin rédigée au début du XIIe s. et intitulée *De constructione monasterii novi Pictavis* destiné à raconter, d'un point de vue événementiel, les premiers temps du monastère.

Guy Geoffroy († en 1086) et devint progressivement le berceau de la mémoire ducale. En revanche, la fondation de Thomas de Marle[91] ne devint pas un pôle familial : les Prémontrés ne l'avaient peut-être pas souhaité.

Si l'on croise les deux cartes, celle des donations aux XIIe - XIIIe siècles effectuées par les Craon et celle des alliances conclues par la famille à la même période, nous nous rendons compte du rapport étroit existant entre les deux, mettant en exergue une logique familiale où les actions charitables et les unions matrimoniales s'entremêlaient dans le but d'assurer la renommée et le prestige du groupe. Que l'on se situe dans la sphère du religieux ou du familial, l'objectif – clairement défini – était d'accroître l'aire d'influence de la famille. C'est ainsi que le déploiement – bien que tardif – des donations vers le nord est le résultat des liens de parenté avec les Mayenne, une famille alliée des Craon dans le cadre d'un système de parenté élargi. Dans tout cela, un élément apparaît curieux : on ne décèle qu'un seul chanoine parmi les fils des Craon et aucun n'a été apparemment religieux à la Roë.

Conclusion chapitre 2

Trois décennies après la concession de la seigneurie de Craon à Robert le Bourguignon par le comte d'Anjou, Renaud, son fils, fondait la collégiale Saint-Nicolas à l'intérieur de son château de Craon, et participait quelques années plus tard à l'érection de la paroisse de la Roë située à l'extrémité occidentale de sa seigneurie en zone forestière, point de contact entre différents pouvoirs et influences. La forêt de Craon représentait en effet un espace forestier étendu, jouxtant la forêt de la Guerche, et les limites entre ces deux espaces étaient floues. L'église de la Roë connaissait des influences très diverses : elle était au carrefour d'influences bretonnes et angevines.

Ces deux fondations avaient des objectifs différents mais complémentaires : à travers la fondation de Saint-Nicolas, le seigneur de Craon affichait publiquement à la fois sa puissance châtelaine face aux seigneurs locaux mais également sa volonté de suivre la politique religieuse du comte d'Anjou, son seigneur et bienfaiteur, qui avait bâti à Angers une église sous le même nom. Et cette fondation canoniale avait pour but à l'origine d'assurer la célébration liturgique de la famille. Nous n'avons pas pu localiser précisément cette chapelle de Saint-Nicolas, ce qui nous empêche de savoir comment elle s'articulait topographiquement avec le *castrum* : nos informations sur les rapports entretenus par les seigneurs de Craon avec leur chapelle castrale sont infimes et indirectes. La création de la paroisse de la Roë permettait au seigneur de Craon de prendre le contrôle d'une région frontalière convoitée par les voisins bretons et de confirmer ainsi son attachement à l'Anjou : c'était un acte public assimilé à un geste de paix chrétienne. De plus, la prise en main de l'abbaye le distinguait de la première maison des Craon, dont les membres se faisaient enterrer à Saint Clément fondé au Xe s. par Suhart le Vieux. Si ce souci de légitimité n'a plus de raison d'être au moment de la composition du cartulaire de la Roë à la fin du XIIe s., en revanche, un siècle plus tôt, c'était certainement une préoccupation du seigneur de Craon, qui avait évincé les droits de l'ancienne famille.

91 Chaurand 1963.

Nous devons ainsi distinguer d'une part l'érection de la paroisse en 1098 et la fondation de l'abbaye début du XIIe s. et d'autre part son cartulaire composé à partir de la deuxième moitié du XIIe s., lequel contient les actes de fondation et de bénédiction épiscopale. Les contextes étaient différents et les personnages aussi : ce n'était plus Renaud le Bourguignon mais Maurice II qui se trouvait à la tête de la seigneurie, et des chanoines conformistes, chargés de la rédaction du cartulaire avaient succédé à Robert d'Arbrissel, dont le dépouillement et la rupture avec le monde relevaient d'un idéal. Les rapports entre les deux parties s'étaient maintenus mais étaient devenus plus complexes et les intérêts pouvaient diverger ; c'est peut-être l'une des raisons qui amena la communauté à mettre par écrit les avantages acquis. L'acte de fondation, qui apparaît sous forme de notice dans le cartulaire, nous laisse entrevoir une vision a posteriori des événements : les préoccupations et les centres d'intérêt des uns et des autres avaient changé. La concession de Renaud le Bourguignon aux ermites de la Roë en 1096 représentait avant tout un acte personnel, émanant du seigneur du lieu, sans qu'il y ait à l'origine la volonté de fonder un établissement seigneurial et ce n'était que dans un second temps, au XIIe s., que la structure réformée et reconnue par le pape allait devenir un “monastère familia”.

Cela ne signifiait pas pour autant que les Craon s'étaient détournés de leur chapelle castrale. En effet, la collégiale Saint-Nicolas continuait à poursuivre la célébration liturgique que lui avait confiée la famille de Craon dès la fin du XIe s. plaçant les deux établissements ecclésiastiques en concurrence au siècle suivant, ce qui est perceptible dans le cartulaire. Malgré l'intense activité religieuse du seigneur de Craon et les diverses fondations ecclésiastiques correspondant à un effet de mode, l'abbaye de la Roë conserva, jusqu'au XIIIe s., son rôle de clef de voûte de la mémoire liturgique de la famille sans qu'il y ait eu à l'origine un acte de fondation émanant du seigneur de Craon.

De plus, l'église de la Roë, devenue bourg monastique, constitue un cas exemplaire d'aménagement rural et si le seigneur de Craon n'en avait pas conscience au moment de la concession du bois aux ermites, il est indéniable que l'entreprise de défrichement effectué par la suite sous l'impulsion de cet établissement fut encouragée par les seigneurs de Craon, comme l'attestent différents actes. Implantée en pleine forêt de Craon, la Roë fut, dès son origine, une terre de défrichement qui donna naissance à une paroisse, pourvue d'une immunité totale, ce que n'avait pas souhaité au départ Robert d'Arbrissel. En soutenant l'ermite dans son action, Renaud le Bourguignon apparaissait comme un homme de son temps, adoptant une nouvelle forme de religiosité en rupture avec le monachisme bénédictin traditionnel : il agissait en bon chrétien dont l'action rejaillirait sur la famille. Et c'est en cela que la fondation de l'abbatiale constitue un élément de la mémoire familiale des Craon, qui s'amorçait à la fin du XIe s. par des initiatives d'ordre spirituel, en accord avec les missions souhaitées par la Papauté. Cette mémoire familiale, encore en gestation, trouvait un élan nouveau au XIIe s. à travers le cartulaire que les chanoines commençaient à composer et à l'intérieur duquel était évoqué le souvenir des ancêtres.

Le projet du pape était de mener de front l'action réformatrice et la prédication de la croisade puisque l'idéal de dépouillement des ermites prédicants et l'état d'esprit des croisés relevaient d'une même volonté d'effectuer un pèlerinage aux sources débouchant sur le salut ; par delà l'apparente différence des buts proposés, il y avait complémentarité entre l'appel à la croisade lancé par Urbain II et la prédication évangélique dont il chargea Robert. Or, les deux projets du pape avaient trouvé écho chez les Craon : Renaud le Bourguignon avait accordé à la Roë ce qu'elle demandait et son père Robert décida de partir à la croisade. Relevant d'un choix spirituel personnel, cette initiative, associée à la présence d'un monastère, devenu familial, sur leurs terres plaçait les Craon au cœur du projet de l'Église dont la reconnaissance servirait au salut de ses membres et constituerait une chape solide à l'élaboration de leur mémoire familiale.

Or, cette volonté de préservation et de transmission de la mémoire nous amène à préciser les contours de ce groupe familial et les donations, destinées au salut de la famille, nous apportent un éclairage nouveau, différent des thèses traditionnelles mettant en avant une structure lignagère. En effet, loin de constater l'abandon des relations élargies au profit d'un lignage patrilinéaire, nous sommes en présence d'une structure familiale complexe associant, de manière paradoxale, un renforcement de la cellule conjugale, le maintien des solidarités larges, rendu possible par le rôle essentiel joué par la dame de Craon, l'élément central de ce système de parenté, que l'on a qualifié de "parentèle"[92]. Cependant, ce rôle dans la préservation de la mémoire dévolu à la femme, proche de quelques exemples étudiés pour le Haut Moyen Âge[93], se distingue de cette période carolingienne dans le sens où la femme n'était plus qu'un intermédiaire entre les communautés ecclésiastiques, spécialistes de la célébration liturgique, et la famille : ce n'était plus l'image de la femme intercesseur et responsable du souvenir. Le cartulaire de la Roë met en valeur cette action fondamentale des moines dans la commémoration liturgique et la transmission de la mémoire, mais ce rôle prenait la forme d'une sélection dans le passé qui était fonction des besoins et des intérêts du monastère et non de ceux de la famille de Craon.

De plus, la singularité de la mémoire funéraire des Craon tient au fait qu'il ne se dégage aucun ancêtre fondateur qui se distinguerait par une sépulture, des rites ou des récits. Sans doute, concernant les Craon, faudrait-il réévaluer ou tout au moins nuancer l'opinion courante, selon laquelle la mémoire familiale reposait sur un ancêtre "lointain", "mythique" ou totémique, fondateur d'une lignée ou d'un lignage. Les rites accomplis sur la demande de la famille ne nous permettent pas de dégager un ancêtre référent, un ancêtre fondateur, selon l'expression utilisée par M. Lauwers, garant de la cohésion familiale et source de légitimité sociale et cela nous amène à nous interroger sur la sémantique lignagère.

92 Guerreau-Jalabert 1988, 97.
93 Platelle 1990, 171-185.

III. Les Craon dans la mouvance des Plantagenêts : l'affermissement de la mémoire familiale d'une gens à fort ancrage régional

Dès la fin du XIIe s., les seigneurs de Craon avaient posé les jalons d'une mémoire familiale. Robert le Bourguignon avait assuré l'essentiel en enracinant son groupe sur une terre tandis que son fils Renaud s'était préoccupé du salut de sa famille : il avait fondé une chapelle castrale puis avait pris sous sa tutelle l'abbaye de la Roë, devenue sanctuaire familial. Semblent alors émerger une conscience du groupe et une volonté de préservation de la mémoire dont les acteurs principaux étaient les chanoines de la Roë. L'ancrage dans un château, l'enracinement dans une terre et l'émergence d'une mémoire funéraire et liturgique correspondaient à l'agencement classique du mode de vie seigneurial : il s'agissait d'éléments communs à toutes les familles de la pointure des Craon. Ce schéma simplifié réduisait le capital symbolique de la mémoire à sa plus simple expression. Et, bien que l'on sache qu'il existait, pour la plupart des familles, des modes d'expression et des manifestations diverses de la mémoire, il était difficile de les démontrer en raison de l'unicité des sources. Dans le cas des Craon, la diversité des sources nous permet d'affiner cette analyse sur la mémoire familiale. Aux sources ecclésiastiques représentées par le cartulaire de la Roë vient s'ajouter une documentation littéraire, poétique, nous permettant d'envisager l'étude de la mémoire sous un angle nouveau faisant apparaître différentes strates qui s'imbriquent les unes aux autres. Deux niveaux successifs sont alors décelables : la création de lieux de mémoire à travers le château, la chapelle castrale, et le sanctuaire familial représenté par l'abbaye de la Roë dès la fin du XIe s., puis l'émergence d'une mémoire culturelle et d'une logique familiale visibles dès la seconde moitié du XIIe s., sous Maurice II de Craon, dans un contexte politique particulièrement agité. En effet, le renforcement du pouvoir royal par le roi Plantagenêt, dès le milieu du XIIe s., bouleversait le baronnage de l'Anjou, tiraillé entre soumission ou sédition et rendu complexe par le jeu des solidarités seigneuriales. Et, à travers l'exemple de Maurice II, dont la fidélité envers le comte d'Anjou devenu roi d'Angleterre, Henri II, apparaissait sans faille, nous pouvons relativiser l'idée d'une aristocratie angevine unanimement révoltée contre le Plantagenêt et avancer l'hypothèse d'un vassal fidèle, loyal, respectueux de ses engagements et qui envisageait le contrat féodal comme un lien moral et irrévocable. Nous sommes loin apparemment des pratiques de l'aristocratie présentées par M. Aurell habituée à engager des combats à son gré excluant l'ingérence de la puissance comtale ou royale[1]. C'est en servant le Plantagenêt, souvent à contre-courant de ses pairs angevins, que Maurice II entendait tirer profit et accroître sa puissance et celle de sa parenté. Les choix des seigneurs de Craon semblaient alors correspondre à une orientation réfléchie relevant d'une stratégie familiale et non de décisions prises au coup par coup au gré des intérêts individuels.

1 Aurell 2003, 216-227.

Semblent alors ressortir dès cette époque une logique familiale et se consolider une conscience du groupe dont l'héritage poétique en était l'une des expressions.

Certes, l'absence d'un adulte à la tête de la seigneurie au moment des premières révoltes contre le comte d'Anjou permit à la famille de ne pas se compromettre évitant d'adopter une orientation personnelle et indépendante au moment de l'accession du jeune seigneur à la tête du domaine. Cependant, les circonstances démographiques n'expliquent pas, à elles seules, l'attitude de Maurice II à contre-courant de l'aristocratie angevine et son soutien sans faille aux Plantagenêts. Même en l'absence de l'héritier à la tête de la seigneurie, la famille aurait pu suivre le baronnage angevin avec qui elle était liée et s'opposer de manière virulente au pouvoir comtal : l'explication est donc à rechercher ailleurs. La nature des liens entre les Craon et le comte d'Anjou peut en revanche être un facteur explicatif déterminant et remettre en question la vision précoce d'une perte de vigueur du contrat féodal et il serait tentant, à la suite des travaux de M. Aurell, de voir dans l'action de Maurice II le résultat de l'idéologie fomentée par les Plantagenêts, désireux de légitimer une domination croissante. Or, cette pression exercée par le Plantagenêt ne remet-elle pas en cause la solidarité parentèle des Craon ? Les liens familiaux étaient-ils suffisamment forts pour résister à la construction de l'État Plantagenêt ?

Dans le sillage des Plantagenêts : des seigneurs fidèles et courtois

Sous l'ère des Plantagenêts, l'Anjou était devenu un théâtre d'opération essentiel à l'intérieur duquel les seigneurs angevins étaient les acteurs principaux. Cependant, entre 1138 et 1158, nous ne possédons aucune information sur l'attitude des Craon. Cette situation liée à des déboires démographiques communs à toutes les familles de cette époque est une donnée à prendre en compte dans l'analyse de leur prise de position. En effet, la longue période de minorité ne nous permet pas d'apprécier l'attitude de la famille à un moment où les seigneurs angevins étaient relativement agités. Et, ce n'est qu'à partir de Maurice II (1150-1196) que nous pouvons réellement suivre les prises de position du seigneur de Craon envers le Plantagenêt dans un espace géopolitique instable.

Une prise de position à contre-courant de l'aristocratie angevine mais relevant d'un système de valeurs familiales

Des seigneurs de Craon fidèles à leur suzerain

Un contexte politique particulier : le comté d'Anjou aux mains du roi d'Angleterre, Henri II Plantagenêt

La seigneurie de Craon faisait partie du comté d'Anjou et se situait dans sa partie septentrionale. Au début du XIIe s., le comte d'Anjou avait pour voisins au nord-est le comte de Blois ; à l'est et au sud, le roi de France, qui possédait le duché d'Aquitaine par son mariage avec Aliénor. À l'ouest, se trouvait le duché de Bretagne et au nord, le comté du Maine appartenait, avec la Normandie, au comte d'Anjou. Nous ne pouvons pas déterminer de manière exacte les limites du comté à ce moment-là, du fait des indications fragmentaires fournies par les documents[2]. De plus, l'enchevêtrement des seigneuries rendait encore plus vagues ces indications, déjà imprécises par elles-mêmes. Cependant, dans la partie septentrionale du comté, la limite peut être assez précisément tracée. En effet, l'Anjou atteignait Durtal[3], la Suze[4] et Sablé[5]. Il comprenait les seigneuries de Château-Gontier, de Craon et de la Roë[6]. La limite du comté laissait en dehors les seigneuries de la Guerche et de Pouancé, mais englobait Segré au début du XIIe s.

Or, au milieu de ce siècle, lorsque Geoffroy Plantagenêt mourut à Château-du-Loir, au moment où il venait de réduire un de ses vassaux rebelles, le comté d'Anjou n'était plus tel qu'on l'avait vu cent cinquante ans plus tôt. Les conquêtes de Foulques Nerra et de Geoffroy Martel, les luttes de Foulques V et de Geoffroy le Bel contre les ducs de Normandie en avaient modifié l'étendue. Les chroniqueurs présentent les plus importantes de ces modifications, même si les renseignements demeurent bien vagues. L'Anjou n'était plus qu'une partie d'un vaste domaine qui s'étendait de la Manche à la Loire. Puis, en 1154, à la mort d'Étienne, roi d'Angleterre et au moment du mariage d'Henri Plantagenêt avec Aliénor d'Aquitaine, l'Anjou ne fut plus qu'une petite province au milieu d'un vaste espace sous domination Plantagenêt ; "en un mot, l'Anjou, naguère centre d'un État féodal, devint partie d'un État monarchique"[7].

La famille de Craon, comme les autres familles angevines, paraît avoir ressenti les effets de cette évolution territoriale et politique, d'autant plus que dès le début, les liens étaient extrêmement forts entre les seigneurs de Craon et la cour angevine. En effet, ce fut du comte d'Anjou que Robert le Bourguignon, fils de Renaud Ier de Nevers, comte d'Auxerre, reçut la seigneurie de Craon, à la suite de la forfaiture de Suhart le Vieux ou d'un de ses fils, Guérin ou Suhart le Jeune, entre 1041 et 1054 : Geoffroy Martel prononça la confiscation du fief et, après l'avoir conservé un certain temps, il en donna l'investiture à Robert le Bourguignon, un fils puîné du comte de Nevers. Les liens entre la maison d'Anjou et les comtes de Nevers remontaient au mariage de Bodo, second fils de Landry IV et de Mathilde, fille aînée d'Otte-Guillaume, comte de Bourgogne, avec Adèle, fille de Foulques III dit Nerra, comte d'Anjou et d'Élisabeth, comtesse de Vendôme. D'ailleurs, l'alliance entre les deux familles, de Bourgogne et d'Anjou, fut scellée une nouvelle fois par le mariage d'Agnès de Bourgogne et

2 C'est à l'aide des cartulaires des abbayes que nous pouvons reconstituer approximativement la géographie angevine au XIIe s., mais les informations restent rares et incomplètes.

3 Geoffroy Martel avait construit le château de Durtal (Halphen 1906, 156-157 et 161), qui était ensuite passé aux mains de Renaud de Maulevrier.

4 La Suze faisait partie de l'Anjou comme possession de la maison de Sablé (Chartrou 1928, 32).

5 Le château de Sablé, construit et inféodé par Hugues III, comte du Maine, avait dû être conquis par le comte d'Anjou. Geoffroy le Barbu y est enfermé par son frère en 1067 et la seigneurie est unie à celle de Craon quelques années plus tard. (Halphen 1906, 168).

6 La seigneurie de la Roë était vassale de Craon. Nous voyons Maurice II de Craon confirmer un don de Suhart de la Roë (Bertrand de Broussillon 1893, 122).

7 Boussard 1977. Nous ne rentrerons pas dans le débat sur la formulation de ce regroupement territorial. Les auteurs opposés à l'expression "Empire Plantagenêt" évoquent la fragilité d'une telle construction politique pour expliquer la rapidité et la facilité de cette dislocation. En 1984, Robert-Henri Bautier proposait pour cette juxtaposition "d'entités" de substituer le mot "espace" aux expressions "Empire Plantagenêt" ou "État anglo-angevin", soulignant ainsi la multiplicité et la fragilité de cet espace (Bautier 1985, 139-147).

de Geoffroy Martel. Dès lors, nous ne sommes pas étonné de voir les deux neveux de Bodo présents à la cour des comtes d'Anjou : l'un deux était Robert le Bourguignon.

Tout au long du XIe s., l'Anjou avait connu une évolution paradoxale : en même temps que s'affermissait l'autorité comtale, les seigneurs angevins, qui jadis tenaient leurs terres du comte à titre personnel et révocable[8], avaient eux aussi accru leur autorité sur leurs domaines qu'ils possédaient maintenant en propre. À la faveur du règne de Foulques le Réchin, ils avaient pris des habitudes d'indépendance telles que l'autorité comtale n'était plus respectée et que des guerres continuelles désolaient le pays. Fut ainsi accrue la puissance de certaines seigneuries qui, par leurs ressources, par la dispersion et l'étendue de leurs fiefs arrivaient à imposer leur domination sur des régions parfois fortes importantes. L'histoire de l'Anjou au XIe s. est marquée par les luttes entre seigneurs pour la possession de tel ou tel château. Au siècle suivant, chacune des seigneuries cherchait à conserver la position acquise contre l'extension du pouvoir comtal, parfois au prix d'une révolte générale du baronnage angevin. D'ailleurs, au moment où Henri II prit le pouvoir, les seigneurs angevins, qui avaient été vaincus par Geoffroy le Bel, n'étaient pas définitivement calmés. Soumis pour un temps, ils ne cherchèrent qu'une occasion pour reprendre les armes, s'insurger à nouveau et reconquérir leur indépendance.

Dans ce vaste territoire, qui était soumis à Henri, l'Anjou, quoique très important par sa situation, n'était plus qu'une simple province. Le chef de l'empire angevin était avant tout un roi, et c'était comme tel qu'il agissait. À partir de 1154, le comte d'Anjou possédait la fortune des rois d'Angleterre. Arrivé à ce degré de puissance, Henri pouvait disposer de ressources importantes qui ne calmaient pas pour autant les barons. Il s'efforça, dès lors, d'unifier son empire, et surtout d'accroître son pouvoir en menant une double tâche : ruiner l'indépendance des seigneurs angevins, et créer une administration suffisamment forte pour imposer partout son autorité.

Face à cette évolution, qui fit passer l'Anjou d'un état féodal à une partie d'un empire monarchique, quelle fut l'attitude des seigneurs de Craon ? Surent-ils profiter de la puissance du comte d'Anjou, devenu roi d'Angleterre, comte de Bretagne et duc d'Aquitaine ou au contraire, subirent-ils l'œuvre centralisatrice d'Henri II et la pression de son administration ?

La collaboration loyale du seigneur de Craon envers le Plantagenêt, son suzerain

Henri II Plantagenêt est né au Mans en mars 1133. Fils de Geoffroy le Bel, dit Plantagenêt, comte d'Anjou, et de Mathilde de Normandie, fille d'Henri Ier Beauclerc, il devint comte d'Anjou en 1151, au moment où Maurice de Craon prenait possession de la seigneurie de Craon à la mort de son frère, Guérin, en 1150. Maurice était encore mineur à cette date, mais en 1158, il participait au siège de la ville de Thouars puis prenait un certain nombre

8 En effet, "au début du XIe siècle, on ne distinguait pas nettement le domaine du comte de celui des seigneurs vassaux. Le comte faisait des concessions de terres à titre personnel et révocable, et lorsqu'il bâtissait un château, il y plaçait un gardien, ou, le plus souvent, l'inféodait à l'un de ses fidèles ; dans les deux cas, il était prêt à reprendre le bien concédé, si le bénéficiaire déméritait". (Halphen 1906, 158 ; c'était le cas de Suhart-le-Jeune, qui fut dépossédé de son bien). Les vassaux étaient ainsi à la merci du comte qui pouvait ainsi maintenir son autorité. Il n'en était plus de même au XIIe s.

d'actes en faveur de l'abbaye de la Roë. Cette prise de possession de la seigneurie de Craon par Maurice II intervenait à la suite d'une longue période de minorité qui avait duré deux décennies en raison de la mort prématurée du père et du décès des héritiers. Henri II et Maurice de Craon étaient donc de la même génération et s'étaient certainement déjà rencontrés au cours de leur jeunesse, comme l'atteste un acte daté de 1153, en faveur de l'Hôpital d'Angers, dans lequel Maurice II apparaissait comme témoin du comte d'Anjou, qui n'était pas encore roi d'Angleterre. Âgés de moins de vingt ans au moment de la prise en main de leur domaine respectif[9], nous pouvons même imaginer que les deux personnages, Henri et Maurice, avaient reçu une éducation militaire semblable. Un fils de comte était entouré dans sa jeunesse des fils des vassaux : le jeune seigneur de Craon et Henri Plantagenêt ont vraisemblablement dû jouer à la quintaine et c'est au moment de ces joutes que pouvait naître une complicité, renforcée par la suite dans l'adversité. Devenu roi, Henri II pouvait s'appuyer alors sur quelques seigneurs locaux qui lui étaient fidèles dans une région instable face à une aristocratie dont la docilité était louvoyante et incertaine et constituait une menace sérieuse pour l'intégrité de son autorité.

Il est vrai que les seigneurs angevins avaient compris que leurs révoltes locales et individuelles seraient facilement vaincues par le comte, et ils s'efforcèrent de s'unir pour rejeter l'autorité comtale. Cette union était d'ailleurs facilitée par le fait qu'ils étaient presque tous parents ou alliés les uns des autres[10]. De plus, l'aristocratie, consciente de ce rapport de force déséquilibré, prenait appui sur des ligueurs capables de rassembler des troupes dans l'ensemble du territoire Plantagenêt comme Geoffroy, le frère d'Henri II ou, plus tard, comme ses propres fils. C'est ainsi qu'en 1154, une fois qu'Henri II était devenu roi d'Angleterre[11], Geoffroy déclencha une nouvelle révolte à laquelle participèrent nombre de seigneurs angevins et poitevins. Maurice II faisait alors partie de l'ost d'Henri II et participa à la prise du château de Thouars le 10 octobre 1158, comme l'indique la charte 189 du cartulaire de la Roë, qui constitue l'acte le plus ancien faisant référence à l'activité militaire de Maurice II de Craon. Henri II enleva alors les biens du seigneur, les engloba dans son domaine puis mit le château sous la garde de Brient de Martigné qui y resta jusqu'en 1161. Cependant, les seigneurs angevins, qui avaient été soumis, gardaient de la rancœur à l'égard du Plantagenêt,

9 Henri II était âgé de dix-huit ans au moment où il prenait en main le comté d'Anjou. L'âge de Maurice II est incertain : en tant que fils puîné, issu d'une seconde alliance, il n'était pas très utile de retenir sa date de naissance. Nous ne pouvons qu'émettre des hypothèses prenant en compte les premiers actes qu'il émet en tant que seigneur de Craon et le moment où il accède à la chevalerie.

10 Le comte d'Anjou devait faire face, de surcroît, à une situation bien moins favorable que celle de ses ancêtres du XIe s. En effet, au moment où Henri prit le pouvoir, la terre était en majeure partie aux mains des barons, et le comte ne possédait en propre qu'une assez faible part des territoires compris dans les limites du comté.

11 Geoffroy Plantagenêt avait voulu assurer un héritage à ses fils cadets et légua l'Anjou à Geoffroy lorsque Henri serait proclamé roi d'Angleterre. À la suite du mariage d'Henri avec Aliénor, Louis VII trouva des complicités auprès de Geoffroy, aux prises avec son frère aîné Henri II, qui était pressé de prendre possession du comté. Henri avait été proclamé roi d'Angleterre et couronné le 19 décembre 1154 ; il aurait dû, selon le serment qu'il avait prêté aux fidèles de son père, remettre l'Anjou à Geoffroy, mais il demanda au Pape de le délier de sa parole. Après une nouvelle défaite, Geoffroy accepta d'abandonner toutes ses prétentions sur le comté en échange de Loudun et d'une rente annuelle.

rancœur attisée par le roi de France, trop faible pour soutenir un effort de guerre ; c'est dans ce contexte qu'éclata la grande rébellion de 1173 engendrée par des querelles de succession[12].

Parmi les seigneurs rebelles se trouvaient les Angevins[13] :

Hugues, Joscelin et Guillaume de Sainte-Maure

Geoffroy de la Haye

Robert de Sablé

Raoul de la Haye

Geoffroy de Lavardin

Mathieu de la Jaille

Philippe de Chartre

Vivien de Montrevault

En Anjou, ce fut Maurice de Craon qui fut chargé de conduire l'armée d'Henri II : il détruisit Chantoceau et rasa les forteresses de Sablé, de Saint-Loup et de Saint-Brice comme nous l'apprend la chronique de Saint-Aubin d'Angers[14].

Maurice II fut ainsi chargé de contenir les provinces d'Anjou et du Maine révoltées et reçut le commandement du château d'Ancenis qu'Henri II venait de construire à la limite de l'Anjou et de la Bretagne, ce qui prouve la dimension acquise par le seigneur de Craon auprès du Plantagenêt[15]. Non seulement lui étaient reconnues des compétences militaires en tant que meneur d'hommes, mais de surcroît Henri II lui faisait pleinement confiance soulignant peut-être l'amitié qui pouvait exister entre les deux compagnons. En effet, le 13 novembre 1177, le seigneur de Craon était désigné par Henri II pour le représenter lors de la convention[16] avec Louis VII. Le roi de France et Henri II devaient nommer chacun six commissaires, dont trois ecclésiastiques et trois laïcs : Maurice II se trouvait à la tête des barons, accompagnés de Guillaume Maingot et de Pierre de Montrevaut.

12 Henri avait décidé, de son vivant, de partager ses états entre ses fils : il réservait l'Anjou, le Maine, la Normandie et la Touraine à Henri, en l'associant au trône d'Angleterre ; donnait l'Aquitaine à Richard ; la Bretagne à Geoffroy. Cependant, les fils n'avaient aucun pouvoir dans les états dont ils étaient nominalement les seigneurs et Henri, le fils aîné, soutenu par Aliénor, sa mère, Louis VII, son beau-père et par certains seigneurs mécontents, se révolta contre son père lorsque Henri II décida d'attribuer à Jean sans Terre Chinon, Loudun et Mirebeau. Il refusa de reconnaître l'apanage et demanda à son père de lui donner l'Anjou, la Normandie ou l'Angleterre. Devant le refus d'Henri II, Henri s'enfuit auprès du roi de France et organisa la révolte. Il fut rejoint par ses frères, Richard et Geoffroy. Avec l'appui du roi de France, Henri le Jeune agissait en souverain, se faisant prêter hommage par les seigneurs rebelles.

13 *Gesta Henrici II*, 42-44-47.

14 Ménage 1683, 144 : "*Interea dum rex in Anglia moraretur, consilio habito, Richardus filius ejus Pictaviam ingressus est, plures ejus conversi sunt. Henricus vero superveniens terras et oppida eorum subvertit Sanctonas vi coepit ; Richardum et illos qui cum illo seditionem fovebant usque ad munitionem Tabellici fugavit : cum autem praedictus rex, in Anglia placanda moraretur, exercitus Andegaviae, Mauricio de Credone duce, castellum celsum invasit, insuper Sabolium et munitiones adjacentes, videlicet de Sancto Lupo et de Sancto Brictio funditus, evertit*".

15 Radulfus de Diceto 1876, 380 : "*In confino Nannetensium et Andegavensium praesidium quoddam vocatum Ancenis extruxit Henricus II rex Angliae... et Mauricio de Creum tradidit custodiendum*".

16 Rymer [1739-1745](2006), I, 35.

Une mission de diplomatie, ou au moins d'arbitrage, fut une nouvelle fois confiée à Maurice II lorsqu'il fut envoyé par Henri II en Bretagne afin de traiter avec Geoffroy, le troisième fils du roi et le 28 juin 1180, à Gisors, le seigneur de Craon apparaissait en tant que garant de la paix entre Philippe Auguste et Henri II[17]. Envoyer cet homme négocier auprès de Philippe Auguste représentait une marque de confiance accordée par Henri II dans un contexte difficile où le soupçon d'une trahison était permanent. Dans les années difficiles, Maurice II apparaissait aux côtés d'Henri II, il faisait partie des vieux amis qui serraient les rangs lors des querelles avec ses fils : il occupait, à partir de ce moment là, une place essentielle.

Cette confiance envers le seigneur de Craon transparaît également dans les actes émanant d'Henri II puisque son nom revient fréquemment, cité parmi les témoins des chartes. Dès la deuxième année du règne (1155-1156), Maurice II était inscrit sur le rôle de l'Échiquier : "*Mauricius de Creon debet I accipitrem norrensem et I grifalconem*". Nous ne savons pas à quel titre il apparaissait comme devant des oiseaux pour la chasse au vol mais il peut s'agir d'un simple devoir lié à son fief. La même année, il était témoin d'un acte d'Henri II en faveur de l'Hôpital d'Angers. Les informations trouvées dans le travail[18] de L. Delisle confirment la présence récurrente du seigneur de Craon dans les actes du Plantagenêt ; ceux où figurait Maurice II de Craon en tant que témoin ou en tant qu'arbitre sont recensés dans le tableau suivant.

17 *Ibid.*, année 1180, 16.

18 Delisle 1909-24, 405. Dans son introduction, L. Delisle propose un catalogue où la plupart des témoins recensés dans les chartes du Plantagenêt sont identifiés, avec indication de textes faisant connaître l'époque à laquelle ils ont vécu et les missions qu'ils ont remplies.

Domaine	Référence	Date	Contenu	Fonction du seigneur de Craon
Politique et diplomatique	Rymer, année 1174, p. 12	1174 (Falaise)	paix entre Henri II et ses fils	Témoin
	Rymer, année 1177, p. 16	13 nov. 1177	convention entre Louis le Jeune et Henri II	Arbitre
	Rymer, année 1180, p. 17	28 juin 1180 (Gisors)	paix entre Philippe Auguste et Henri II	
Religieux	Baluze, Armoires 77, 246	1165/1182 (Craon)	Privilèges accordés à Notre-Dame de Saintes, après le sac de la ville	Témoin
	Abbé Grasilier, Cartulaire de Notre-Dame de Saintes, charte n°83	1174	Donation	
	Cartulaire de l'Hôtel-Dieu d'Angers, p. 106	1181-1183 (Le Mans)	Ratification d'un don fait par Isabelle de Meulan	
	AN, L. 974, n°937	1184	Confirmation de l'accord passé entre Robert de Torigni et Guillaume du Hommet	
Divers	*Chronique de Robert de Torigni*, t. II, p. 307	Vers 1175		Témoin

Tabl. 12. Actes d'Henri II dans lesquels figure Maurice II de Craon en tant que témoin ou en tant qu'arbitre.

Se dégagent, à partir du tableau, les missions confiées à Maurice II et les fonctions qu'il a pu remplir auprès du Plantagenêt. Proche d'Henri II, le seigneur de Craon apparaît la plupart du temps en tant que témoin des chartes émises par la chancellerie d'Henri II (les trois-quarts des actes d'Henri II où se trouve mentionné le seigneur de Craon) ou en tant qu'arbitre, mais transparaît également le service de plaid rendu par Maurice II, auquel s'ajoutait le service militaire que l'on a vu précédemment. Ne sont pas mentionnés dans ce tableau les actes émis par les agents du Plantagenêt. En effet, Maurice II figurait à deux reprises dans des chartes émanant du sénéchal d'Anjou, le représentant de l'autorité comtale en l'absence d'Henri II. Le seigneur de Craon n'était que témoin de la première charte datée de 1162, alors qu'il était parmi les juges qui condamnèrent Hamelin d'Anthenaise à détruire son pressoir et à se servir de celui de son vassal, l'abbé de Marmoutier, sous peine de dix marcs d'argent d'amende[19]. Ce plaid avait été présidé par le sénéchal d'Anjou en 1165, vraisemblablement Étienne de Tours, qui était parvenu à asseoir l'autorité de sa fonction sur le comté. Étaient ainsi confirmés la

19 1165, 23 juin. Sentence d'Étienne de Marsay contre Hamelin d'Anthenaise relative au droit de pressoir à Bouère. Maurice II est l'un des juges (Lainé 1878, 102).

place et le rôle attribués au seigneur de Craon faisant partie, si ce n'est de la *curia comitis*, au moins de la cour réunie par le sénéchal.

Ce tableau témoigne de la confiance accordée par Henri II à l'égard d'un baron d'une loyauté sûre et met bien en valeur le fait que cette relation, qui a duré dans le temps, a aussi évolué au fil des circonstances : au début du règne d'Henri II, la position du jeune seigneur de Craon, noyée dans la masse des vassaux, n'était que périphérique, mais à partir de la grande révolte de 1173, Maurice II qui est désormais d'âge et d'expérience, acquiert une position centrale qu'il est possible d'entrevoir à travers les missions que lui a confié Henri II. En effet, la documentation s'étoffe à partir de 1173 et montre que le rôle confié à Maurice II devient plus important : la négociation auprès de Philippe Auguste ou la paix conclue avec le roi d'Écosse demeurent des actes essentiels auxquels participe le seigneur de Craon. Cependant, le seigneur de Craon n'apparaît au total que 27 fois dans l'entourage du roi d'Angleterre, chiffre dérisoire au regard des 420 présences de Thomas Beckett ou des 331 de Richard du Hommet : il ne fait pas partie de son entourage permanent, sa loyauté envers le roi ne se concrétise que localement[20].

Maurice II fit ainsi preuve d'une fidélité sans faille, répondant présent aux diverses sollicitations du Plantagenêt, que le contexte ait été favorable ou difficile pour Henri II. Comment peut-on expliquer cette loyauté, qui fut récurrente tout au long du règne d'Henri II, quelles que soient les situations et en dépit des pressions exercées par l'aristocratie locale et aux dépens parfois des solidarités familiales ? Face à l'œuvre centralisatrice d'Henri II et à la pression de son administration, quel sens revêt la fidélité de Maurice II envers le Plantagenêt ? Peut on penser qu'il était moins attaché à l'autonomie de sa seigneurie que ses pairs angevins ou était-il le produit de la communication savamment orchestrée par les Plantagenêts, dans le but de renforcer leur pouvoir et de répandre idées et images favorables à la dynastie ?

Maurice II : produit de "l'idéologie" des Plantagenêts ?

André Debord[21] a mis en avant les moyens utilisés par le Plantagenêt afin de mener à bien sa politique de territorialisation, c'est-à-dire de soumission du baronnage et de contrôle des territoires et dégagé trois orientations choisies par Henri II pour imposer son autorité sur ce vaste ensemble territorial : l'occupation de sites stratégiques, la soumission des seigneurs récalcitrants et la défense des frontières. Un des moyens utilisés était de fidéliser des compagnons d'armes et ainsi de pouvoir compter sur un vivier de seigneurs, qui lui devaient leur rang et leur puissance, reposant sur un mariage intéressant, des gains territoriaux et des émoluments.

Pour sa fidélité, Maurice II de Craon pouvait attendre une récompense qui l'assurerait d'une position et de ressources stables. Le décès de Geoffroy de Mayenne, intervenant en 1169, faisait d'Isabelle de Mayenne une jeune veuve âgée d'une vingtaine d'années[22]. Isabelle

20 Nicholas 1996.
21 Debord 1981, 11.
22 Isabelle de Mayenne est décédée dans les années 1220 : on peut conclure qu'elle devait avoir une vingtaine d'année au moment du décès de son époux intervenant en 1169.

était la fille de Galeran, comte de Meulan et d'Agnès de Montfort. Cette famille possédait d'immenses domaines en Normandie, dans le Vexin, Île-de-France, Beauce, Orléanais et en Berry et plusieurs de ses membres étaient possessionnés en Angleterre en qualité de barons[23].

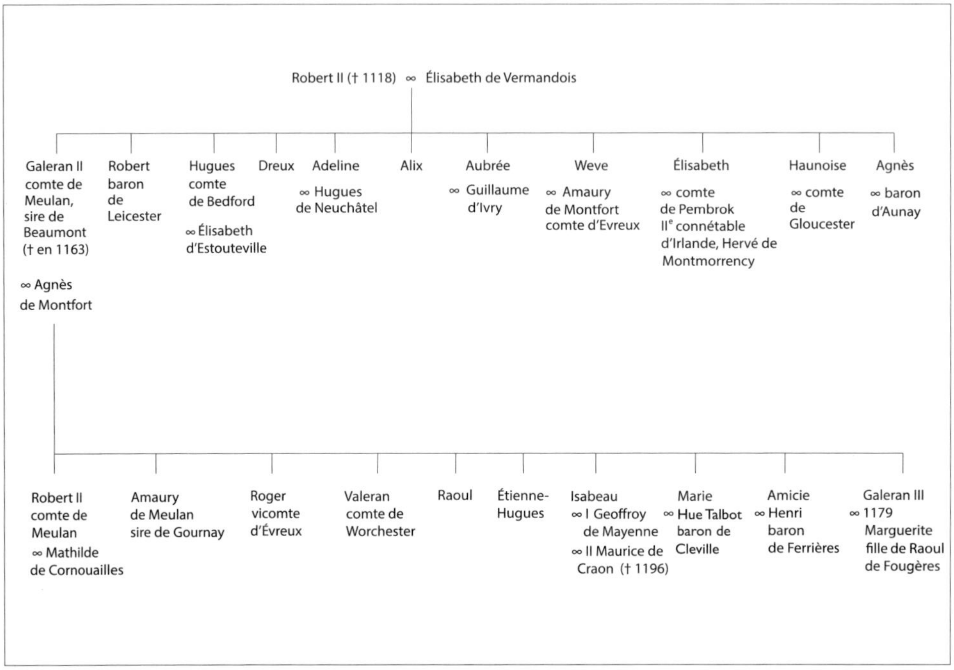

Tabl. 13. Tableau de filiation des Meulan.

Or, la coutume autorisait le souverain à donner en mariage les veuves de ses vassaux décédés, lui permettant d'assurer un contrôle des mariages et de récompenser ses serviteurs les plus fidèles[25]. C'est ainsi que Richard cœur de Lion récompensa la fidélité de Guillaume le Maréchal en lui accordant la main d'Isabelle de Clare, la riche comtesse de Pembroke, possessionnée en Angleterre, au pays de Galles et en Irlande[26]. Le mariage apparaissait alors comme une transaction entre deux parties et comme un instrument politique destiné à récompenser les fidèles serviteurs ou à s'attacher des fidélités. Et il est vraisemblable que Maurice II de Craon, âgé de trente-cinq ans environ au moment du décès de Geoffroy de

23 Houth 1966, 561-565.
24 Martin 1994 ; Crouch 1986.
25 *Les Rouleaux de dames, filles et garçons* demeurent à ce titre un document exceptionnel. Dressé vers 1185, sur ordre d'Henri II, il recense la liste des veuves et orphelines les plus en vue de douze comtés anglais afin de disposer de leur mariage (Van Houts 1999).
26 Crouch 1990.

Mayenne, a pu profiter de ses bonnes relations avec Henri II pour lui demander la main d'Isabelle de Meulan, veuve de Geoffroy de Mayenne. Ce n'était pas un mariage aussi prometteur que celui qui avait été conclu par Guillaume le Maréchal : Isabelle de Meulan n'était pas l'unique héritière de la famille de Meulan mais elle était issue d'une famille comtale, l'une des plus importantes de Normandie, dont la renommée rejaillirait sur les Craon. Cette alliance lui permettait, de surcroît, d'étendre ses relations dans deux directions : celle des Meulan et celle des Mayenne, puisque le fils et héritier d'Isabelle de Meulan et de Geoffroy de Mayenne, Juhel de Mayenne, mineur au moment du remariage de sa mère, fut placé sous la tutelle de sa mère et de son beau père, Maurice II de Craon, comme l'attestent les nombreux actes émanant de Juhel, une fois devenu seigneur de Mayenne, où figurait le couple en tant que témoin. Henri II y gagnait l'appui d'un réseau aristocratique largement transrégional.

Nous ne connaissons pas la nature de la dot apportée par Isabelle de Mayenne ; nous savons, en revanche, que Maurice II de Craon avait acquis des biens en Angleterre comme le montre le testament[27] qu'il rédigea vers 1191. En cas de décès des enfants mâles, il confierait à Avoise la seigneurie de Craon et Châtelais, alors qu'Agnès possèderait les fiefs situés en Angleterre. Il s'agissait des terres de Ham, de Waleton, d'Ewell qui passèrent, par la suite, entre les mains de ses fils Maurice III puis Amaury I et Pierre de Craon. Divers mandements, issus des *Rotuli litterarum clausarum*, mentionnent la possession de ces fiefs par la famille de Craon depuis Maurice II. Le premier, daté du 10 mai 1215, annonçait aux tenanciers de Burnes que Jean sans Terre avait rendu ce fief à Pierre de Craon, qui auparavant avait appartenu à son père, Maurice[28] ; le second, émanant d'Henri III, prescrivait le 10 novembre 1221, de remettre à Amaury I les terres de Ham, Walton, Burne, possessions de la famille de Craon[29].

La fidélité du seigneur de Craon envers Henri II avait ainsi été récompensée : non seulement il avait obtenu l'alliance d'un riche parti, certainement fort convoité par les fidèles du Plantagenêt, mais encore il reçut des fiefs en Angleterre. Ces seigneurs, habilement "casés" étaient alors "utilisés" lors des opérations militaires pour faire face aux révoltes baronniales mais pouvaient être placés dans des points stratégiques afin d'en conserver la mainmise. C'est ainsi que Maurice II de Craon se vit confier la forteresse d'Ancenis en 1174 à la suite d'une longue période de prise en main par les Plantagenêts, entamée par l'occupation de Nantes dès 1158.

Mais ce n'est pas seulement par intérêt que Maurice II de Craon avait conservé sa loyauté à l'égard d'Henri II, il aurait pu louvoyer au gré de ses intérêts dans une période difficile pour le Plantagenêt et profiter du conflit avec ses fils et des rivalités avec le roi de France, d'autant que sa belle-famille, les Meulan, menait une politique tortueuse. La loyauté de Maurice II s'explique par la nature de la relation entre le seigneur de Craon et le comte d'Anjou, devenu roi d'Angleterre, c'est-à-dire le lien féodal. Il lui fallait être fidèle à son suzerain, le comte d'Anjou, à qui la famille de Craon devait tout et en premier lieu la possession de la seigneurie et c'était au comte d'Anjou, plus qu'au roi d'Angleterre, que les Craon avaient octroyé leur fidélité. La loyauté est une composante du système auquel adhèrent les Craon : c'est

27 Beautemps-Beaupré 1877-1897 ; Bodard de la Jacopière 1871, 596.
28 Eyre & Spottiswoode 1844, 135.
29 *Ibid.*, 470.

une des valeurs essentielles de la famille quelle que soit la personne à la tête de la seigneurie et quel que soit le contexte. En effet, pendant la longue période de minorité des héritiers qui se succédèrent entre 1138 et 1154, les Craon n'ont pas réagi aux révoltes de l'aristocratie angevine face à l'appesantissement du pouvoir comtal. Plus tard, avec Maurice II, nous avons vu comment le seigneur de Craon avait maintenu son soutien et rempli son devoir féodal à l'égard d'Henri II.

À la mort d'Henri II, le 6 juillet 1189, tous ses domaines passèrent légitimement à Richard cœur de Lion, qui prit en main le gouvernement et le comté d'Anjou, bien qu'il ne fût pas le centre de ses préoccupations et se fit couronner duc de Normandie le 20 juillet 1189 puis roi d'Angleterre le 3 septembre 1189. Maurice II, qui survécut à Henri II jusqu'en 1196, se trouvait, dès lors, aux côtés de Richard. C'est ainsi qu'il était auprès de lui lors de la troisième croisade à la suite de la prise de Jérusalem par Saladin en 1188, comme l'atteste une charte figurant dans le cartulaire de la Roë [30]. L'armée de Richard cœur de Lion et celle de Philippe Auguste se rassemblèrent à Vézelay seulement en juillet 1190, mais Richard cœur de Lion ne leva l'ancre de Sicile qu'en avril 1191.

Richard cœur de Lion ne gardait pas de rancœur à l'égard du seigneur de Craon qui l'avait combattu au moment de la rébellion de 1173 : son devoir avait été de servir Henri II et il n'avait pas failli à sa mission. Dorénavant, son rôle était de prendre le parti de Richard cœur de Lion, ce qu'il fit, permettant au nouveau roi de disposer d'un chevalier d'expérience et de grande loyauté. Henri II Plantagenêt avait procédé de la même manière à l'égard de Guillaume le Maréchal[31]. En effet, lors de la révolte de 1173 et du soulèvement du baronnage contre l'affirmation de la puissance royale, Guillaume le Maréchal avait suivi son suzerain, Henri le Jeune, fils aîné d'Henri II, qui avait entraîné avec lui son frère Richard, soutenus par le roi de France. En 1174, une fois la paix revenue, Henri II accorda son pardon à l'égard de son fils, Henri, mais également à Guillaume, malgré la réserve de fidélité qu'il aurait dû respecter envers le roi.

Un tournant en 1199

Ce "loyalisme" prit brutalement fin à la mort de Richard Cœur de Lion : les Craon, comme les autres seigneurs angevins et poitevins, ne se positionnèrent pas pour Jean sans Terre, reconnu duc de Normandie puis roi d'Angleterre en avril-mai 1199.

Avant de mourir le 26 mars 1199, Richard cœur de Lion déshérita son neveu Arthur, fils de Geoffroy, comte de Bretagne, qui avait des droits à sa succession et il laissa toutes ses possessions à son frère Jean. Les seigneurs d'Anjou, du Maine et de Touraine et en premier lieu le seigneur de Craon, Maurice III, fils de Maurice II, proclamèrent Arthur comme seigneur. Pendant qu'Arthur se mettait sous la protection de Philippe Auguste, Jean commença aussitôt la guerre. Le revirement politique de Maurice III, passé au camp d'Arthur de Bretagne et de Philippe Auguste, ne saurait être dû à un quelconque attachement à la coutume successorale

30 H. 194, fol. 6 et 37 : "*post captionem igitur sancte civitatis Jerusalem a paganis facta sub Saladino rege Babilonis, ego Mauricius de Creon Hugonis filius cum regibus et principibus christanis crucem meam tollens ut irem post Christi vestigia et desiderans Jerosolimitane terre pro facultate* (...)".

31 Duby 1986.

angevine[32], même si elle précisait que c'était Arthur qui devait hériter puisque son père, Geoffroy, était l'aîné de Jean sans Terre : coutumes et autres droits de *viage* pouvaient être malléables selon la conjoncture politique, comme le prouve la conversation de Guillaume le Maréchal et l'archevêque de Cantorbéry, rapporté par Jean le Trouvère, pour décider de la succession en faveur de Jean. Lors du traité du Goulet en mai 1200, Philippe Auguste abandonnait Arthur, rendait à Jean toutes les possessions de Richard et recevait son hommage.

Au printemps 1202, Jean enlevait la fille du comte d'Angoulême, fiancée au comte de la Marche ; ce prétexte permit à Philippe Auguste, soutenu par les seigneurs poitevins, d'envahir les terres de Jean, qui s'empara d'Arthur et le fit prisonnier[33]. Les seigneurs angevins, dont Maurice III, mais aussi ceux originaires du Poitou prêtèrent alors hommage au roi de France, en mars 1203 mais sous certaines conditions : "si Arthur est délivré, Maurice sera son homme, tant qu'Arthur ne violera pas les conventions arrêtées entre lui et le roi de France. De plus, Maurice sera l'homme de la sœur d'Arthur, si cette princesse est mariée au gré du roi de France. Philippe Auguste s'engage, en contrepartie, à ne faire ni paix, ni trêve avec Jean sans Terre, sans y comprendre Maurice de Craon". Un acte identique, stipulant les mêmes engagements, était pris par Guillaume des Roches, Juhel de Mayenne, Bernard de la Ferté, Rotrou de Montfort, le sire de Montoire, le comte de Vendôme, Robert de Pernai, Guillaume de Mauléon, Geoffroy de Lusignan. L'assassinat d'Arthur par Jean sans Terre permit à Philippe Auguste de prendre possession du Maine, de l'Anjou et de la Touraine.

L'attitude des seigneurs angevins est intéressante. Sans doute avaient-ils saisi l'occasion de rejeter Jean sans Terre afin d'affaiblir le pouvoir comtal, comme cela s'était produit trois décennies plus tôt, mais, se plaçant du côté de ce qu'il leur semblait être le "bon droit", ils prirent aussi le parti d'Arthur dans le but de défendre la légitimité de ses revendications. Surtout, et à la différence des seigneurs poitevins, c'est ensemble qu'ils décidèrent de suivre Arthur, puis Philippe Auguste au lieu de se diviser, de se déchirer, ce qui laisse entrevoir des contacts réguliers et une cohésion nouvelle, dans un respect affiché au seigneur naturel, au droit féodal et à la coutume[34]. Cela nous permet de souligner la pérennité du lien féodal en ce début du XIIIe s. et de prendre du recul sur l'évolution sociale et politique dégagée par J. Boussard, qui affirmait que le pouvoir était devenu de nature ïmonarchique" dès la fin du XIIe s.

La fragilité des relations existant entre les seigneurs angevins et le Plantagenêt a été démontrée par tous les historiens mais cette vision nous paraît réductrice lorsque l'on se place du côté du seigneur de Craon et de ses alliés. Maurice II de Craon constitue en effet un contre-exemple intéressant dans la mesure où la documentation nous en donne l'image d'un vassal proche et fidèle d'Henri II, s'acquittant d'une part du service militaire, à la tête de son ost, lui rendant d'autre part le service de plaid et figurant en tant que témoin de ses chartes. Cela permet de relativiser l'idée d'une aristocratie unanimement révoltée et de nuancer la vision d'une élite angevine peu représentée parmi les fidèles des Plantagenêts.

32 Beautemps-Beaupré 1877-1897, 288.
33 Delisle 1856, 506.
34 D'ailleurs, selon, J. Boussard, les seigneurs angevins avaient pris l'habitude de l'autorité comtale (Boussard 1938).

La cour royale, l'administration centrale et locale s'étaient en effet efforcées d'asseoir la domination des Plantagenêts utilisant pour cela les moyens les plus divers[35]. Chroniqueurs, poètes, qui leur étaient favorables, transmettaient une image positive destinée à être diffusée le plus largement possible. Dans son ouvrage sur les Plantagenêts, M. Aurell[36] évoque le terme de "propagande" pour souligner le travail effectué autour de la dynastie dans le double but de laisser dans la mémoire collective une trace de la générosité et du patronage de la famille mais aussi de frapper l'imaginaire collectif, en louant les valeurs chevaleresques et guerrières de ses membres et des gens attachés à leur service. *L'Histoire de Guillaume le Maréchal*[37] met ainsi en relief ce personnage qui incarnait de façon indéniable les valeurs guerrières les plus prisées par la noblesse. Celle-ci devait respecter les règles d'une morale présente dans tous les récits et les chansons. Faire preuve de loyauté était la première exigence de cette éthique. Dans son étude sur Guillaume le Maréchal[38], G. Duby insiste sur cette obligation à laquelle était tenu le chevalier : elle représentait le fondement d'un système et en assurait la cohésion.

Ce système de valeurs dépassait bien entendu l'espace Plantagenêt et concernait l'ensemble de la chevalerie ; l'idéologie diffusée par les Plantagenêts peut nous permettre de comprendre la prise de position du seigneur de Craon, probablement influencé par l'habile communication effectuée par les agents royaux mais cela ne suffit pas à expliquer cette loyauté sans faille, visible également à travers la poésie.

"Fine amours claimme en moi par hiretage" : l'émergence d'une mémoire culturelle à connotation politique

Cet ensemble de valeurs comme la fidélité, l'honnêteté, la largesse sont les concepts fondamentaux de la notion de courtoisie, "une conception à la fois de la vie et de l'amour"[39], qui tire son origine du transfert de la notion de service. Les vertus de loyauté et de prouesse correspondent à une éthique, celle de la chevalerie, véhiculée par la littérature courtoise qui valorise la vaillance chevaleresque. Ce type de littérature est représenté en langue d'oïl par les chansons des trouvères, comme Guiot de Provins, Conon de Béthune, Thibaud de Champagne[40] ou encore Robert de Sablé et les seigneurs de Craon à qui l'historiographie mais aussi les contemporains attribuent un certain nombre de poèmes.

35 L'objectif des Plantagenêts paraissait être la communication et à ce titre ils s'efforçaient de porter à la vue et à la connaissance de tous, les images favorables à la dynastie. Ces moyens ont été mis en valeur par Martin Aurell, cela passait par les inscriptions épigraphiques latines, par la peinture murale, la sculpture, le chant (notamment les *sirventes*, les chansons politiques), les élégies funèbres, les poèmes... (Aurell 1989, 12-18 ; 2003, 96-106).

36 Aurell 2003, 96. Ce concept de propagande est évoqué à maintes reprises par Martin Aurell dans ses ouvrages. Dans *La vielle et l'épée,* il précise que les dirigeants de la société au Moyen Âge "devaient avoir systématiquement recours à la propagande pour imposer dans les esprits de leurs sujets une domination qu'ils n'arrivaient pas toujours à établir dans les faits" (Aurell 1989, 11) et s'appuie en cela sur les travaux de B. Guenée "Tout au long du Moyen Âge, à qui voulut un pouvoir solide, il fallut une active propagande" (Guenée 1980, 332).

37 Jean le Trouvère 1891-1901.

38 Duby 1984, 106.

39 Zink 1990 ; Zink 2001.

40 Taittinger 1987 ; Bellenger & Quérel 1987 ; Bur & Guéniot 2005.

La fin Amor : un capital culturel familial

À l'intérieur de l'espace Plantagenêt, nombre de seigneurs de l'importance des Craon se faisait remarquer aussi bien sur le champ de bataille et les tournois que dans la composition d'œuvres poétiques exaltant la vaillance chevaleresque. Nous pouvons supposer que ces personnages se connaissaient, voire se fréquentaient, rentrant en compétition physiquement l'épée à la main mais aussi de manière indirecte et à distance en composant des poèmes courtois. Loin de s'opposer, ces deux activités mettaient en valeur des vertus identiques : la prouesse et la loyauté, concepts fondamentaux du code chevaleresque, encouragé par les pouvoirs politique et religieux. Dans l'introduction de son ouvrage *La vielle et l'épée*, Martin Aurell démontre, à travers trois exemples, l'intérêt exceptionnel de la poésie politique et invite à dépasser le cliché romantique du troubadour "languissant devant une dame idéale pour laquelle il interprète de tendres chansons"[41], ne correspondant pas toujours à la réalité médiévale. Le fait de composer signifiait que l'on faisait partie de cette élite de chevaliers preux et cultivés : c'était affaire de renommée et il était de bon ton d'être à la fois un compagnon d'armes fidèle et courageux et un poète courtois, combattant ses ennemis, maniant l'épée d'une main et composant des chansons contre eux de l'autre. Au temps de la croisade albigeoise, le troubadour Gui de Cavaillon, nous dit M. Aurell[42], était aussi l'homme de confiance de Raimon VI de Toulouse et de son fils et se montrait un protagoniste actif des luttes de ses contemporains, "assumant d'importantes responsabilités dans sa terre natale, ravagée par Simon de Montfort et ses guerriers, combattant les Français en Languedoc et intervenant dans le traité de Paris (1229) qui sonnait le glas de la domination de son maître"[43]. Guilhem de Baux, le rival de Gui de Cavaillon, composait également des poèmes, dans lesquels il affichait son soutien envers les Capétiens et sa haine envers le vicomte de Cavaillon. "Les hommes les plus en vue de l'actualité politique des années 1209-1229 aimaient à composer des chansons"[44] et il est fort probable que certains seigneurs se soient vus étiquetés poètes sans avoir jamais composé. Les Craon faisaient partie de ces grands seigneurs auxquels l'historiographie a attribué plus d'œuvres qu'ils n'ont sans doute composées. Outre leur valeur militaire reconnue, les Craon brillaient aussi par leurs qualités courtoises, du moins a-t-on prêté à ces grands seigneurs d'assez nombreux poèmes. Nous devons donc procéder à un "décorticage" critique de nos recueils avant d'effectuer l'analyse de ce qui peut leur être attribué avec une quasi certitude.

Une renommée de preux

Dans la *Bibliographie des chansonniers français*, Gaston Raynaud[45] présente trois seigneurs de Craon : Amaury, Maurice, Pierre comme auteurs de cinq poèmes, numérotés de cette manière dans son recueil : 14, 26, 207, 1503 et 1387. Il s'agirait de Maurice II, né vers 1135 et seigneur de Craon de 1150 à 1196, époux d'Isabelle de Meulan, veuve de Geoffroy de Mayenne

41 Aurell 1989, 11.
42 *Ibid.*, 40-46.
43 *Ibid.*, 235.
44 *Ibid.*, 236.
45 Raynaud 1884. Ces analyses sont anciennes mais nous n'avons trouvé aucune étude récente.

et de leurs fils Amaury, seigneur de 1207, à la mort de son frère aîné, jusqu'en 1226 et marié à Jeanne des Roches vers 1212 et de Pierre, leur troisième enfant, qui rentra dans les ordres.

Cependant, les attributions liées à la compilation de recueils poétiques vers 1300 semblent reposer sur des bases fragiles ; certaines sont contradictoires, d'autres moins invraisemblables et force est de constater qu'en confrontant un certain nombre de données, telles que la date des poèmes, leurs auteurs présumés, les figures de style utilisées, il nous reste peu de poèmes composés par les Craon. Dans son analyse critique, Arthur Langfors revient sur les auteurs de ces récits[46]. Selon lui, rien ne nous permet d'affirmer avec certitude que ces cinq pièces sont l'œuvre d'un seigneur de Craon. D'ailleurs, nous ne possédons pas les compositions manuscrites de ces poèmes : il n'existe pas de manuscrit littéraire du XIIe s. dans ce domaine ; la traduction manuscrite est beaucoup plus tardive et il a pu y avoir des adaptations, des rajeunissements de la langue. C'est ainsi qu'il paraît difficile de désigner un auteur précis à la pièce portant le numéro 14 dans la *Bibliographie* de Gaston Raynaud : les interprétations sont partagées et les sources s'opposent. Onze documents tardifs transmettent ce poème : dans l'un d'eux, le manuscrit de Berne[47], l'auteur serait Amaury de Craon, mais il s'agit d'un témoignage isolé. D'ailleurs, Brakelmann[48] l'attribue à Pierre de Molaînes. La pièce n°207 ne se trouve que dans quatre manuscrits, dont un est fragmentaire et sans nom d'auteur. D'après deux manuscrits, l'auteur serait Hugues de Berzé ; le dernier l'attribue à Amaris de Creonne. La pièce n°1503 se rencontre dans les quatre mêmes manuscrits que la chanson précédente : deux sont anonymes, l'un est supposé être l'œuvre de Guiot de Dijon et un autre serait d'Amaury de Craon.

Ainsi, nous ne possédons aucun témoignage sûr affirmant qu'Amaury de Craon serait un poète courtois. Or, le fait d'attribuer de nombreux poèmes aux seigneurs de Craon n'est pas anodin et mérite une attention particulière. Pourquoi en effet avoir inscrit Amaury de Craon sur plusieurs poèmes ? Est-ce une erreur involontaire ou bien une falsification calculée ? Il paraît difficile de répondre à ces questions. De plus, si les sources nous le permettaient, il faudrait établir deux niveaux d'analyse différents, selon la personne qui a attribué ces poèmes à Amaury de Craon et la date. Cela a pu être un moyen pour les Craon d'asseoir leur prestige et de renforcer leur identité familiale autour d'une œuvre culturelle. En effet, les poètes supposés sont nombreux dans cette famille, à commencer par Maurice II, un des membres les plus importants du groupe familial, suivi par Pierre de Craon, son fils : deux générations successives seraient ainsi concernées par l'amour courtois. Amaury, quatrième fils de Maurice II, a pu lui aussi se lancer dans la *fin amor* : il avait peut-être éprouvé le besoin de renforcer sa position depuis le décès de ses frères aînés en poursuivant l'œuvre familiale. En tous les cas, s'il n'est pas possible d'associer le nom d'Amaury à un poème particulier, il est cependant probable que ce nom circulait dans les sphères littéraires et qu'il était certainement connu pour autre chose, pour une autre œuvre.

46 Langfors 1917.

47 In-4°, (29,5 x 21,7cm), fragment de vélin composé de huit feuillets, fin XIIIe - début XIVe s. Le chansonnier renferme 20 chansons de trouvères, toutes anonymes, dont treize sont attribuables au roi de Navarre. Édition diplomatique du manuscrit de Berne, http://www.lfa.uottawa.ca/base_tfa.html.

48 Brakelmann 1870-1894.

La pièce n°1387 est anonyme, sans nom d'auteur. L'auteur pourrait être Maurice de Craon : l'initiale ornée de M porte le blason de Craon, losange d'or et de gueules. Cependant, nous ne pouvons établir avec certitude qu'il s'agisse d'un document original : la forme du poème ne nous apparaît pas celle employée au XIIe s. (pas d'inversion du sujet). De plus, la forme – oisial – exigée par la rime est une forme de l'est. Elle est particulièrement étonnante chez Maurice de Craon, et nous ignorons à la suite de quelles circonstances ce seigneur angevin aurait poétisé dans la langue de l'est, même si l'usage de cette rime n'est pas significatif dans la mesure où les poètes utilisaient ce qu'ils pouvaient, là où ils le trouvaient.

Trois seigneurs de Craon figurent comme auteurs possibles de la pièce n°26 : Amaury, Maurice et Pierre. S'il est probable que l'auteur de cette chanson soit Pierre de Craon, il ne peut y avoir de doute sur la date de la composition, avant 1216, car un seul membre de la famille se nomme Pierre : il s'agit de Pierre, second fils de Maurice II. Le prénom de Maurice est au contraire très fréquent. Celui d'Amaury est porté par le troisième fils de Maurice II : Amaury Ier sire de Craon, qui, à la suite de son mariage avec la fille aînée et héritière de Guillaume des Roches, devient sénéchal héréditaire d'Anjou, de Touraine et du Maine et joua un grand rôle sous le règne de Louis VIII[49]. Albéric de Besançon[50], dans sa chronique, parle de lui en ces termes :

> *Anno Domini 1226 IV idus maii obiit Armoricus de Credone, Andegaviae senescallus : erat autem aetate juvenis, forma decens, nitore mirabilis, militia singularis, qui nisi senescalliam, pro qua Ecclesiam et pauperes opprimebat habuisset, si decere fas est, super omnes militias floruisset.*

Le chroniqueur ne nous dit pas si cette *"fleur de toute chevalerie"* excelle aussi dans l'art de trouver, et nous ne pouvons tirer aucune conclusion de ce témoignage. Bertrand de Broussillon et Arthur Langfors attribuent donc cette chanson à Pierre, alors que Gaston Raynaud a renoncé à voir en lui l'auteur de la chanson *Fine Amours*, sans doute à cause de son état ecclésiastique et l'a remplacé par Amaury II, mort en 1270.

On a donc beaucoup attribué à ces personnages de la famille de Craon vivant fin XIIe - début XIIIe s., plus sans doute qu'ils n'ont composé, mais cela suggère de leur part un goût pour la chanson courtoise et probablement quelques essais heureux. Nous connaissons de grands seigneurs qui ne dédaignaient pas de taquiner la muse : Guillaume d'Aquitaine[51], Thibault de Champagne[52], et Richard cœur de Lion mais aussi Conon de Béthune, qui appartient au même niveau social et à la même génération que Maurice II de Craon. Né vers

49 Petit-Dutaillis 1894.

50 Le trouvère Albéric de Besançon est connu pour avoir composé vers 1120 une version française de la légende d'Alexandre, reprise par Lamprecht, un poète allemand de la région de Cologne vers 1170 (*Histoire d'Alexandre le Grand de sa naissance jusqu'à son adolescence, fin XIe ou début XIIe siècle*, fragment de 105 vers octosyllabiques (Meyer 1884).

51 Né en 1071 et mort en 1226, Guillaume IX d'Aquitaine est considéré comme le plus ancien troubadour connu. Son œuvre marque le début de l'âge d'or de la littérature occitane. Il invente des mots-clés et les règles du *trobar*, fixe les grands principes du lyrisme courtois. Les pièces qui nous sont parvenues – seulement 11 – présentent des structures et une versification très riche et variée (notamment les strophes à rimes alternées). Sa poésie, parfois crue, reflète une époque où l'Église n'avait pas terminé son emprise sur la société. Gaunt & Kay 1999, 16, 19, 34, 67, 79-81.

52 Né en 1201, mort en 1253, il fut comte de Champagne sous le nom de Thibault IV de Champagne et roi de Navarre de 1234 à 1253, sous le nom de Thibault Ier de Navarre (Taittinger 1987 ; Bellenger & Quérel 1987 ; Bur 2005).

1150 en Artois, fils de Robert V de Béthune, il est renommé pour ses chansons d'amour et de croisade : il participe ainsi à la troisième et quatrième croisade dans lesquelles il tient un rôle politique important et introduit dans le cycle courtois l'image du croisé quittant celle qu'il aime. Il est également l'auteur d'une satire attaquant ceux qui s'approprient les fonds rassemblés pour financer les croisades.

Les poèmes des seigneurs de Craon et de leurs cousins : amour et vasselage

Deux poèmes, attribués unanimement aux seigneurs de Craon, sont l'objet de cette étude : il s'agit des pièces n°1387 et n°26 de Gaston Raynaud évoquées précédemment. Le premier, de la fin du XIIe s., est donné comme œuvre de Maurice II et le second, que l'on peut dater du début du XIIIe s., a vraisemblablement pour auteur Pierre de Craon.

Le premier texte semble être d'un intérêt limité ; très conventionnel[53], il ne fait que reprendre un certain nombre de thèmes que l'on retrouve ailleurs, c'est-à-dire des motifs traditionnels de l'amour courtois. Par exemple, le verbe *"servir"*, vers 2 de la strophe IV, est un thème classique des poèmes courtois et signifie dans ce vers *"rendre un culte à une dame"*. De la même manière, le désir, l'envie désignent l'exaltation qui s'empare du poète à la vue et à la pensée de la dame.

Bien qu'il semble avoir déjà assimilé les conceptions courtoises et les thèmes poétiques du lyrisme occitan, la versification de l'auteur, Maurice II de Craon, paraît malhabile[54]. Il figure, cependant, avec Robert de Sablé, comme l'un des plus anciens trouvères de l'ouest qui nous soit connu[55].

La référence à Robert de Sablé[56] est intéressante à plusieurs titres : d'une part, il est l'auteur d'une curieuse chanson où les attaques contre l'amour alternent avec les protestations de repentir ; composée certainement avant son départ pour la croisade (1190), cette chanson dont il existe deux versions[57] (la seconde certainement œuvre d'un remanieur maladroit) fait état d'une thématique différente de celle présente dans les poèmes des seigneurs de Craon. En effet, le thème récurrent des chansons des Craon – le vasselage – n'apparaît pas aussi nettement dans le poème de Robert de Sablé. D'autre part, Robert IV de Sablé est un cousin, au troisième degré, de Maurice II, dont l'ancêtre commun aux deux familles était Robert le Bourguignon. Parents, les Craon et les Sablé sont représentatifs de cette littérature

53 Au cours d'un entretien, J. Dufournet nous a confirmé l'absence d'originalité de ce poème. J. Dufournet exerce à l'université de Perpignan, il a écrit de nombreux ouvrages, dont Dufournet & Lachet 2003.

54 Grente 1994, 356.

55 Petersen-Dyggve 1934, 31.

56 Robert IV de Sablé se croisa en 1189 avec le roi d'Angleterre, Richard Cœur de Lion, qui lui confia une charge parmi les commandements de la flotte. Après la mort de sa femme, Clémence de Mayenne (1190 ou 1191), il entra dans l'ordre du Temple dont il devint le Grand Maître en 1191 ; il le resta jusqu'à sa mort en 1196. Il est renommé pour sa piété et son humilité. Œuvres : Petersen-Dyggve 1944 ; Dufournet 1989, 92-95.

57 Grente 1994, 356.

courtoise de langue d'oïl émergente à la fin du XIIe s. ; il existe entre eux comme une gémellité courtoise, à égalité de rang. Les deux châtelains n'ont pas toujours pris les mêmes partis, ils sont certainement rivaux sur bien des points, mais participent de la même ambiance courtoise, peut-être dans une aimable concurrence pour s'illustrer.

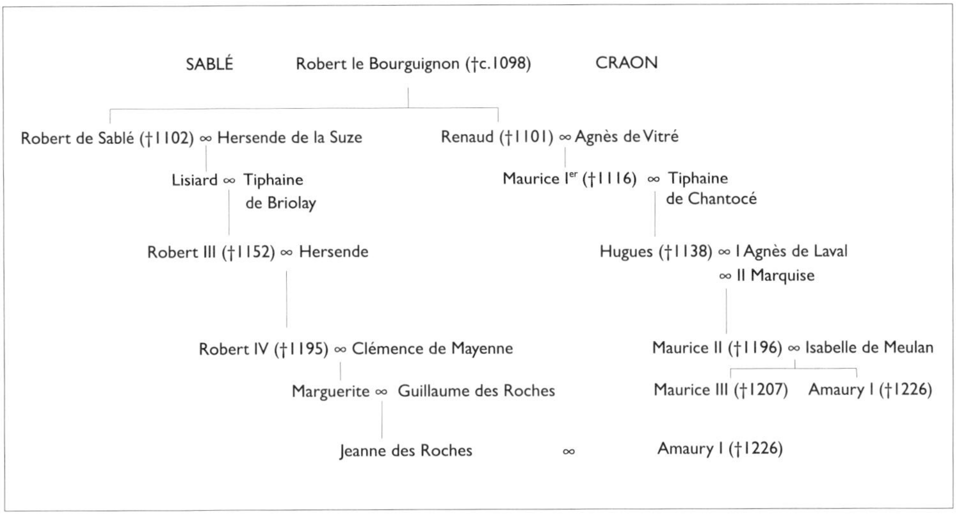

Tabl. 14. Filiation Craon / Sablé : approche comparative.

Le poème de Maurice II tourne autour du thème de la loyauté, qui est l'un des mots clefs du texte :

A touz les jours de ma vie

La servirrai. (strophe IV, v. 1-2.)

Mon cuer loial. (strophe II, v. 4)

De plus, l'utilisation par l'auteur d'un vocabulaire féodal intégré dans le poème est intéressante et laisse entrevoir les préoccupations du seigneur. Les termes *baillie* (strophe IV, vers 3), *seignorie* (strophe IV, v. 5), nous amènent aussi à penser qu'il existait une corrélation étroite entre le politique et le culturel, ce que nous verrons dans le second récit.

Maurice II paraît ainsi être un homme doté d'un certain goût pour la culture : c'est un homme en vue à la cour des Plantagenêts, proche du *miles litteratus*[58], mis en avant par

58 "Guerrier et savant, courtisan et chevalier, administrateur et combattant, il participe à la construction d'un État (...)", Aurell 2004-2, 93. La courtoisie est d'ailleurs un programme, destiné à pacifier les mœurs du guerrier.

Michael T. Clanchy[59]. En cela, il ressemble à Alphonse II d'Aragon à la fois grand poète et seigneur, ce qui permet de nuancer l'opposition généralement faite entre les seigneurs du nord, rustres et sans culture, et ceux du midi.

Le second, dont l'auteur supposé serait Pierre de Craon, est plus intéressant, plus original, comme le confirme le *Dictionnaire des Lettres françaises*[60]. Les jeux rhétoriques présents dans les vers 38-40 nous invitent à dater le texte plus tardivement que le premier poème, vers le début du XIIIe s. ; ils sont rares dans les textes du milieu du XIIe s. Au-delà des traditionnels motifs de la *fin Amor* présents à l'intérieur du poème, l'auteur joue sur les figures étymologiques et se complaît dans l'art de la rhétorique, manifestant une maîtrise de l'exercice et montrant des qualités littéraires certaines. C'est ainsi que dans la strophe IV, vers 38 : *Quar sens de ghille à ghiller ghille avoie*, ou le vers 40 de la même strophe : *Est trahisons, trahir quidant, trahir*, le seigneur de Craon utilise un polyptote, c'est-à-dire un type de répétition multiple et fréquent d'un même mot et d'un même radical[61].

Ce procédé ne commence à fleurir que dans la première moitié du XIIIe s. où l'utilisation en devient systématique. L'un des premiers à faire usage de ce jeu de mots est Gautier de Coincy[62] (vers 1138-1236), qui allie dans ses chansons à la Vierge l'expression d'une émotion exaltée à des jeux de rimes et fait la part belle à la rhétorique. Ces procédés sont intentionnels de la part de l'auteur et correspondent à la volonté de mettre en valeur un terme ou une expression. En étudiant ces jeux rhétoriques, nous nous sommes aperçus que l'ensemble du poème est construit autour d'une opposition fondamentale entre deux champs lexicaux : celui de la loyauté et celui de la trahison et chaque champ lexical dispose de termes pour illustrer cette structuration.

59 Clanchy 1975, 671-688 ; Turner 1995, 78-96.

60 Grente 1964, 356.

61 Molinié 1997. Ce procédé est également appelé isolexisme, c'est le retour dans des conditions différentes d'un lexème déjà énoncé. Il s'agit plus précisément d'un isolexisme par dérivation, c'est-à-dire la présence de la même lexie sous différents vocables.

62 Baumgartner 1987, 93. La célébration de la Vierge Mère de Gautier de Coincy se substitue au culte de la dame et correspond à cette *poésie mariale* qui se développe surtout au XIIIe s.

Strophe	Loyauté	Trahison
I	"Droit" v. 2 "loiaument" v. 2 "servie" v. 3 "ounour" v. 9 "droite seignourie" v. 10	
II	"droit seignourage" v. 11	
III	"Et seur touz est hounouree et servie" v. 30	"faus cuers volage" v. 21 "fausse et ment" v. 22 "faussant language" v. 23 "mençonge" v. 24
IV	"Droit sens droitement" v. 34	"faintement" v. 32 "faus" v. 3 "de ghille à ghiller ghille avoie" v. 38 "trahison, trahir quidant, trahir" v. 40
V	"Pour soi fier en moi seürement" v. 42 "mon fin cuer" v. 43 "loiautez" v. 47	

Tabl. 15. Deux champs lexicaux dominants : la loyauté et la trahison.

La strophe 1 mérite une attention particulière. Difficile à traduire dans les trois derniers vers, elle peut être une sorte d'affirmation de principes transmis de génération en génération. En effet, dès les premiers vers de cette strophe, l'auteur se place dans la lignée : "vers 1" "vers 3, 4". De plus, le fait qu'il y ait une légitimité revendiquée par le rappel des *bons seigneurs de Craon* (v. 4) est particulièrement significatif et nous pouvons émettre l'hypothèse d'une affirmation et d'une transmission de valeurs, celles de loyauté, de fidélité, de constance en opposition avec la couardise, l'inconstance. Le terme "droit" semble d'ailleurs être l'un des mots clefs du poème apparaissant plusieurs fois sous diverses formes.

Strophe / Vers Citation du texte	Procédé rhétorique utilisé par l'auteur	Nature	Fonction
I, 2 *"Droit"*	Rejet		
I, 10 *"droite seignourie"*		Adjectif qualificatif antéposé	Épithète
II, 1 *"droit seignourage"*		Idem	Épithète
II, 4 *"est droiz"*		Adjectif qualificatif	Attribut du sujet
III. 7 : *"n'est drois"*		Idem	Attribut du sujet
IV, 4 *"droit sens…"*		Adjectif qualificatif antéposé	Épithète
IV, 4 *"droitement"*		Adverbe	

Tabl. 16. Nature et fonction de "droit" : l'un des mots clés du poème.

L'adjectif "droit" apparaît ainsi dès le premier vers de la strophe 1 : le rejet employé met en valeur ce terme et insiste sur la légitimité de l'héritage.

De plus, la présence d'un vocabulaire féodal à l'intérieur d'un poème courtois est très intéressante et il convient de porter une attention particulière à ces termes qui peuvent être lus à deux niveaux, dans la mesure où le vocabulaire féodal empiète sur le vocabulaire courtois. Par exemple, "*ligement*", vers 4 strophe 1, est un terme féodal. De la même manière, l'auteur fait référence, à deux reprises, à sa seigneurie mettant en valeur sa puissance et la fierté qu'il éprouve à s'en occuper :

La manaie de mon droit seignourage

Aim et pris tant que de li seulement. (strophe II, v. 1-2)

Com a ma douce, droite seignourie. (strophe I, v. 10)

Nous pouvons ainsi supposer que ces valeurs de loyauté, de constance présentes dans les deux poèmes, peuvent aussi être transposées dans les relations sociales et figurées dans la tradition familiale puisque l'univers courtois et l'univers féodal sont intimement liés.

Ce poème nous apporte, de surcroît, un regard nouveau sur la structure familiale. En effet, soucieux de légitimer son œuvre, l'auteur se place immédiatement dans une continuité familiale, un héritage poétique transmis de génération en génération :

Fine amours claimme en moi par hiretage

Droit : s'est raisons, quar bien et loiaument

L'ont servie de Creon, lor aage...(strophe I, v. 1-3)

Ce mode de fonctionnement évoque une structure lignagère, c'est-à-dire un schéma vertical, dans lequel les seigneurs de Craon qui se succèdent veillent à maintenir la cohésion du groupe familial ; l'un des moyens d'assurer cette cohésion paraît être la poésie courtoise. Vu que les auteurs en sont, ou seraient, les seigneurs de Craon, il est possible de conclure que la transmission de cette mémoire culturelle est une œuvre essentiellement masculine, ce qui correspond à la vision traditionnelle du lignage, dont la patrilinéarité et l'agnatisme semblent en être les éléments constitutifs.

Cette conclusion remet en question ce que nous avions entrevu précédemment et complexifie la situation. En effet, nous avons démontré que le groupe familial sous Maurice II de Craon apparaissait à la fois soudé et élargi, associant tous les membres du groupe à la mémoire collective et aux intérêts familiaux : Guillaume de la Guerche, l'oncle maternel de Maurice II, intervenait ainsi dans les affaires familiales et Juhel de Mayenne, demi-frère de Maurice par sa mère, maintenait des relations étroites avec la famille de Craon et l'on pouvait entrevoir une structure de parenté proche de la *Sippe* du Haut Moyen Âge, c'est-à-dire une structure large, dans laquelle ses membres avaient conscience de leur parenté et où les solidarités familiales étaient réelles[63]. Et ces relations étaient d'ordre politique mais aussi religieux. Or, la vision de la structure familiale des Craon que nous offrent les poèmes s'avère

63 Le Jan 1993.

différente, ce qui nous permet d'affirmer, dans le cas des Craon, que l'expression lignagère procède de la culture de cour et ne lui est apparemment pas antérieure.

Cette approche appelle cependant quelques remarques. D'une part, la poésie ne peut être qu'un élément de la mémoire familiale, même si l'on ne s'attache qu'à son aspect culturel. D'autre part, rien ne nous indique que les femmes du groupe familial étaient totalement absentes de ces joutes poétiques : la production est certes l'œuvre des seigneurs de Craon mais les dames de Craon ont pu intervenir à d'autres niveaux. Pourquoi ne pas les voir soutenir leurs époux dans leur réalisation poétique et apprécier leur composition au moment où elles étaient chantées ? Enfin, les Craon sont mentionnés dans leur totalité en tant que groupe familial *de Creon* et l'auteur ne mentionne pas telle ou telle personne du groupe : le système de primogéniture, c'est-à-dire l'avantage accordé à l'aîné présent dans le lignage, n'est pas mis en avant à l'intérieur du poème. De plus, le premier poème, daté de la fin du XIIe s., ne nous apporte aucun élément sur la structure familiale des Craon ; ce n'est que le second qui se place dans une lignée et il est daté, comme nous l'avons vu, du début du XIIIe s. : le seigneur de Craon est alors Amaury I (mort en 1226) et l'auteur[64], en tant que fils puîné de Maurice II et de frère cadet d'Amaury, s'efforce de placer sa composition dans un héritage littéraire familial afin de donner plus de poids à son œuvre et de légitimer sa réalisation. Les paroles de ces poèmes sont essentiellement masculines : ce sont des hommes qui s'expriment, ils sont auteurs et ont l'autorité.

Le fait que le seigneur de Craon renonce aux privilèges de son rang pour devenir vassal par amour n'est qu'un jeu socio-littéraire, même si le rôle des femmes dans la famille de Craon peut nous permettre de nuancer une image uniquement masculine de la société nobiliaire, ce que nous démontrerons dans une seconde partie. Les poèmes sont représentatifs de cette *fin'amor*, qui repose sur l'emprunt métaphorique des structures féodales : la *domna*[65] est le suzerain, l'homme son vassal. Et la métaphore fonctionne à tous les niveaux : le trouvère se considère comme l'homme lige de sa dame, il s'engage à la servir lors d'une cérémonie d'hommage, qui reprend l'hommage vassalique. Inversement, la *domna* liée d'une façon contractuelle à son servant, doit, tout comme un suzerain, récompenser son vassal pour services rendus.

Les seigneurs de Craon mettraient donc en valeur tous les éléments de la panoplie courtoise et la revendiqueraient culturellement comme marque d'identité. Le second poème fait plutôt penser à la poésie des troubadours qu'à celle des trouvères. Les mots employés sont ceux émanant de grands seigneurs. C'est un milieu de grands seigneurs cultivés entendant pérenniser cette vocation poétique, devenue un élément identitaire de la famille. Peut-être pourrait-on relativiser cette idée de "tradition" familiale, qui pourrait être "fraîchement" inventée, et évoquer seulement des personnalités ponctuelles, des ellipses, mais il n'en reste pas moins vrai que le seigneur de Craon se plaçait lui-même, dès la strophe 1, dans un héritage familial.

Il est également significatif de constater que les valeurs de courage et de loyauté, lieux communs de la littérature courtoise, sont attribuées à Pierre de Craon par l'auteur de la

64 Si l'on retient comme hypothèse qu'il s'agit de Pierre de Craon, fils puîné de Maurice II.
65 Étymologiquement : "la femme du maître".

chronique *"ki preus estoit"*. Philippe Mousket[66], dans sa chronique rimée, mentionne en effet Pierre de Craon comme l'un des défenseurs de Douvres (ou du moins comme s'y trouvant) pendant que cette ville était assiégée par Louis, fils de Philippe Auguste en juillet 1216.

L'auteur ne se contente pas de louer la vaillance de Pierre de Craon, mais il étend cette valeur chevaleresque à l'ensemble du groupe familial : *bien le Creon*. Parmi les assiégeants, se trouvaient Guillaume des Roches et son gendre Amaury de Craon comme le précise Guillaume le Breton[67].

Au total, les deux poèmes attribués aux Craon, l'un daté de la fin du XIIe s. et l'autre, plus tardif du début du XIIIe s., ne nous apprennent pas grand-chose mais peuvent être intéressants dans la mesure où la loyauté est un thème qui est récurrent : ces deux textes manquent d'originalité mais il n'est pas insignifiant que le même motif revienne. Nous détenons ainsi une source d'un autre style, profane, littéraire qui, non seulement nous éclaire sur la constitution de la mémoire et de l'identité familiale des Craon mais nous apporte aussi un éclairage sur leur structure de parenté, semblable au schéma lignager. De cette période, nous est parvenu aussi un récit allemand, curieux et insolite, composé à partir d'un manuscrit français, vraisemblablement daté de la fin du XIIe s., qui retrace les aventures de Maurice II de Craon. Il s'agit d'une fiction littéraire, pour l'essentiel, difficilement exploitable, mais ce récit donne une image de Maurice II en accord avec celles des poèmes. Nous pouvons, dès lors, nous interroger sur l'appropriation familiale de ce texte et orienter notre étude sur cette image et ces valeurs familiales véhiculées par les Craon et transmises de père en fils.

Un héros de légende hors des voies de la mémoire familiale

Certainement contemporain de ces poèmes, un récit sur Maurice de Craon, nous est parvenu à travers un ou des remaniements ultérieurs. La documentation sur Maurice II de Craon nous offre une image de ce personnage à plusieurs facettes : à la fois chevalier, châtelain soucieux de ses intérêts et poète. Il est le sujet principal de ce texte tardif et les traits du seigneur de Craon et les valeurs qu'il défend correspondent à celles évoquées précédemment. A priori, il s'agirait donc d'un document pertinent pour notre étude, il importe néanmoins d'évoquer sa tradition complexe et son rapport finalement plutôt indirect avec le personnage titre et sa famille.

66 Reiffenberg 1836, 388-89.

67 Schröder 1894.
Eiusdem lateri gener illius unicus heres
Heret Amalricus, qui pulchro corpore fortis
Fortior est animo, qui de Credone Frahevat
Et genus et nom en et erat dominator eidem.

Le texte allemand, traduction tardive d'un manuscrit français parvenu en Allemagne. Approche historiographique.

Mauritius von Craûn est un conte[68] composé de 1784 vers, d'auteur inconnu, bien qu'un groupe d'historiens, notamment Stéphanie Van D'Elden, avancent l'hypothèse qu'il pourrait s'agir de Bligger von Steinach[69]. La seule copie de ce récit se trouve dans un des manuscrits sur parchemin les plus célèbres de l'ancienne littérature, le *Codex*, connu sous le nom de "Livre des Héros", trouvé au château d'Ambras[70] ; il avait été commandé par l'empereur Maximilien I et copié par son clerc Hans Ried de Bolzano entre 1504 et 1515, quelque trois cent ans après la date possible de rédaction.

La germanistique en est longtemps restée aux études du XIXe s., notamment au travail de Bertrand de Broussillon et il s'était établi un consensus sur le fait que le texte allemand n'était que la traduction d'une version française perdue. La pièce allemande aurait été commandée par Frédéric II ou plus probablement par son prédécesseur Othon IV, qui avait vécu pendant sa jeunesse à la cour d'Henri II, son grand-père maternel. Un moment comte de Poitiers (1196-1198), il était resté un allié proche de ses oncles rois d'Angleterre. Le parcours de *Mauritius von Craûn* rappelle la trajectoire du français à l'allemand des romans arthuriens[71] : les Allemands traduisent et adoptent des textes chevaleresques et courtois mais il resterait à définir par quelles cours, quels relais et vecteurs. Dès 1961, Ruth Harvey avançait l'hypothèse de l'arrivée du manuscrit français par le biais de tournois. Si cette hypothèse est invérifiable, il faut remarquer le rayonnement culturel de la cour des ducs de Saxe dès Henri le Lion († 1195), père d'Otton IV de Brunswick. À la cour d'Henri Le Lion, nous explique Michel Parisse, le mécénat littéraire n'était pas un vain mot[72]. Ce prince allemand, le plus puissant après l'empereur, développa sa cour et son mécénat. La littérature courtoise a pu franchir "frontières" linguistiques et politiques à la faveur de rencontres chevaleresques mêlant les nobles de familles apparentées. La version allemande aurait été rédigée dans l'ouest de l'Allemagne au milieu du XIIIe s., selon Klotgen (J.)[73], à un moment où la littérature courtoise française avait déjà commencé à faire l'objet d'adaptations en haut allemand.

Les points de vue sur les points communs et les différences entre la source française et la version allemande sont considérablement variés, notamment sur la question des identités des protagonistes. Moritz, le personnage littéraire, a été identifié comme étant Maurice II de Craon, vassal d'Henri II, mort en 1196 et sa bien aimée comme étant la vicomtesse Isabelle de Beaumont, morte en 1220 et femme de Richard de Beaumont. L'original français aurait été composé au temps des protagonistes ou peu de temps après à un moment où les Plantagenêts recueillaient les fruits de leur "propagande"[74] mais s'entredéchiraient dans des luttes familiales, annonçant la dislocation de l'empire.

68 Nous possédons trois éditions de ce récit : celle de Massmann 1850, de M. Haupt 1871 et de Schröder 1894. Nous utilisons cette dernière édition.

69 Van D'Elden 1990, XIII.

70 Sur les bords de l'Inn, à 4 km d'Innsbruck.

71 Moret 1939.

72 Parisse 2003.

73 Klotgen 1992, 209-240.

74 Aurell 2003, 96.

La date de composition de la version allemande, quant à elle, fait l'objet de nombreuses controverses : entre 1180 et 1250. Christa Ortmann avance la date de 1230 en raison de la discussion amoureuse relativement élaborée. La description du tournoi par exemple est anachronique avant la fin du XIIIe s. et ne présente pas les tournois de l'univers Plantagenêt. En effet, l'allusion à des "tribunes" ou le détail de l'armement, avec la mention de jambières, n'évoquent pas des aménagements ou un équipement de la fin du XIIe s., tels qu'ils peuvent être présentés dans l'*Histoire de Guillaume le Maréchal*[75]. La principale et fondamentale différence entre Maurice de Craon et l'Histoire de Guillaume le Maréchal demeure toutefois l'absence de péripéties romanesques. Ces dernières, si on les prend à la lettre, ont un caractère offensant pour l'honneur familial des Beaumont, l'amour lointain de Maurice de Craon pour une vicomtesse du cru pouvait faire sourire des Westphaliens, mais n'était pas chose à dire en Anjou, et la présence de cette vision romanesque, qui transforme un chef de lignage en amoureux transi dans le texte français original, interroge ; cette invraisemblance signalerait une œuvre partiellement de fiction dans l'état où nous la connaissons. Les motifs amoureux étaient forcément étrangers au premier noyau familial de la légende de Maurice de Craon, à supposer qu'ils aient existé.

Prenant appui sur la linguistique, Peter Andersen souligne que le supposé auteur de la nouvelle francaise qui aurait servi de modèle au texte allemand n'aurait jamais écrit "Maurice de Craon" avant 1250, mais certainement "Maurice de Creon". Or, cette forme ne peut pas devenir "Craun" en allemand ; la ville rime avec "garzun". Peter Andersen suggère que "c'est un auteur allemand qui a introduit ce nom dans le fabliau anonyme où il est simplement question d'un chevalier et d'une dame probablement de Normandie. Cet auteur Allemand ne devait connaître qu'une forme corrompue anglaise, par exemple Crohun, qu'il aurait rendue par 'Crun'. Cela rime parfaitement avec 'garzun' et donne normalement 'Craun' au XVIe s., comme 'hus' devient 'Haus'". Peter Andersen pense donc que le texte allemand est une composition originale tardive qui amplifie le fabliau existant en le rattachant pour des raisons symboliques à la maison de Craon. Dans cette hypothèse, il n'y a plus aucun substrat historique à rechercher, "Craon" n'aurait d'autre raison que la rime.

Cette vision coïncide, en partie, avec celle de Stéphanie Van D'Elden qui précise que l'évocation de personnages historiques n'avait pas pour intention de raconter et diffuser une véritable affaire amoureuse mais que cela correspondait à une tradition de récits fictifs avec des noms historiques. Quoi qu'il en soit, le remanieur allemand semble avoir alourdi le poème original et nous ne savons pas dans quelle mesure il s'agissait d'une adaptation fidèle de ce manuscrit. L'auteur fait preuve d'un certain sens de l'abstraction et sa dissertation fait penser à l'œuvre d'un clerc, élaborant une mise en scène amoureuse qu'il associe à des personnages réels en les romançant et ayant sa propre conception de l'amour courtois : le récit demeure très rhétorique. En effet, les actions et les principaux acteurs se situent dans le Maine et l'Anjou, plus précisément à Beaumont-le-Vicomte appelé aujourd'hui Beaumont-sur-Sarthe et certains détails topographiques nous indiquent que le remanieur allemand avait sous les yeux une œuvre française comportant des détails qu'un Allemand aurait été bien en peine d'inventer. C'est ainsi que figure, dans le récit, le toponyme "la Gaudine", situé

75 Meyer 1891-1901.

à 3 km de Beaumont, entre Vivoin et Doucelles. Maurice de Craon aurait poussé vers le bois du château de Villiers près de Doucelles avec gerfauts et éperviers. Le texte allemand précise que le tournoi eut lieu aux portes de Beaumont en l'honneur de la dame. Or, un acte dans le Cartulaire de Vivoin[76] atteste d'un équipement permanent de tournois ; il s'agit d'une charte relative à la fondation du prieuré de Vivoin par le vicomte Raoul de Beaumont sur ses territoires et qui serait datée du XIe s.[77].

Plus récemment, le livre d'Hubertus Fischer[78] fournit non seulement une lecture du récit de *Mauritius von Craûn* mais nous offre aussi une analyse sur la chevalerie, l'amour courtois et la signification du "vaisseau terrestre". Dans sa conclusion, Fisher fait une allusion fort à propos au producteur moderne Werner Herzog, et de son film "Fitzcarraldo"[79] dans lequel Herzog dépeint un vaisseau qui rappelle celui du tournoi décrit par *Mauritius von Craûn*. En reliant le motif du vaisseau à un texte cinématographique contemporain, Ficher parvient à démontrer à quel point une référence littéraire médiévale peut s'appliquer à un texte moderne. En regardant avec attention un certain nombre de personnages déchus présentés dans le récit, Fisher crée un terrain propice à la discussion sur les idées médiévales et les conséquences pluri-dimensionnelles de ces transgressions maritales et chevaleresques.

Il navigue dans le cadre spatio-temporel, fournissant de nombreux exemples tirés de l'Europe médiévale pour illustrer et soutenir ses arguments. Les observations de Fisher au fil du texte s'avèrent précieuses et diachroniques, particulièrement si elles sont appliquées à d'autres récits médiévaux traitant d'amour courtois et de ces diverses formes, prolongeant ainsi le travail commencé par Albrecht Classen[80], pour qui ce poème ébranle la courtoisie et les valeurs courtoises qui n'ont, par ailleurs, jamais représentées des idéaux visibles dans la société médiévale. Par exemple, nous n'avons jamais été capable d'identifier ne serait-ce qu'une cour ressemblant – plus ou moins – aux idéaux chevaleresques tels qu'ils apparaissent à la cour du roi Arthur. En dépit de tous les efforts fournis par les poètes courtois de maintenir une impression de stabilité et de continuité à l'intérieur du monde courtois, des textes individuels, datant du XIIIe s., tels que les poèmes de Neidhart et la version anonyme de "Mauritius von Craûn", signalent des transgressions de l'idéal de l'amour courtois. Ces textes mettent à mal les valeurs courtoises traditionnelles. *Mauritius von Craûn* soulève aussi des difficultés de typologie littéraire car il ne correspond à aucun genre connu.

L'un des poèmes les plus problématiques et fascinant de la littérature médiévale allemande

Ce conte allemand, redécouvert[81] dans les années 1850, demeure pour nous insolite et il représente, selon Klotgen prenant appui sur la traduction d'André Moret[82], une des énigmes littéraires les plus curieuses du Moyen Âge allemand puisque cette œuvre est différente,

76 Denis 1894, ms 100, fol. 123 r/v.
77 Il n'est cependant pas de notre propos de développer l'équipement des tournois à Vivoin.
78 Fischer 2006.
79 Il s'agit d'un texte allemand de Werner Herzog, réalisé en 1982, avec Claudia Cardinale et Klaus Kinski.
80 Classen 2011.
81 Ehrismann 1927, 127-132 ; Rosenhagen 1924, 795-815 ; Scherer 1921, 116-117 ; Schröder 1894, 95-105.
82 Moret 1939.

à de nombreux points de vue[83], de la littérature allemande de cette époque. La plupart des études critiques de ce texte datant de la deuxième moitié du XIXe s. et de la première moitié du XXe s., soulignent unanimement l'aspect inclassable et énigmatique de ce conte : des éléments l'apparentent à une nouvelle bien qu'il contienne des éléments d'un autre genre comme la farce, la parodie et le fabliau[84]. En préparant son édition, comme le précise Will Hasty[85], Stéphanie Van D'Elden avait consulté l'Ambraser Heldenbuch à Vienne et un microfilm à la Bibliothèque des Manuscrits monastiques de Hill à l'université de Saint John dans le Minnesota. Nous abordons ici l'œuvre sur la base de cette édition qui associe les vers du texte et sa traduction, assortie d'explications sur les passages obscurs. Des notes salutaires fournissent une information historique permettant une meilleure compréhension.

L'œuvre commence par un long prologue de 263 vers sur l'histoire de la chevalerie, apparue chez les Grecs à l'époque de la guerre de Troie pour aboutir en "pays de France", où se situe le récit. À cette conception pseudo historique, l'auteur adjoint une éthique : la chevalerie, qui exige, selon lui, honneur et effort. L'action proprement dite peut se diviser en quatre épisodes – la navigation terrestre et le tournoi, l'infortune de l'amant et la vengeance de l'amant lésé – mettant en valeur des personnages réels ayant existé à l'époque des Plantagenêts. Maurice II est le personnage principal du récit. Dans le texte, Maurice de Craon est épris de la comtesse de Beaumont et finit par lui déclarer sa passion. Bien que ces péripéties amoureuses relèvent fort probablement de l'imagination d'un clerc allemand, on peut essayer de situer les personnages. Si identifier la dame de Beaumont nous pose quelques problèmes[86], nous savons, en revanche, que les relations entre les Craon et les Beaumont étaient réelles et anciennes[87]. En effet, les premiers contacts entre les Craon et les Beaumont remontent au mariage de Robert le Bourguignon avec Avoise de Sablé, petite fille de Raoul II, vicomte du Maine et de Beaumont, dans la deuxième moitié du XIe s.

Le vicomte de Beaumont pourrait être Roscelin II de Beaumont[88], mort en 1176, ou son fils, Richard Ier, mort en 1196. Roscelin épousa une fille naturelle d'Henri Ier roi d'Angleterre, Constance qui serait, selon Klotgen, la vicomtesse dont s'était épris le seigneur de Craon dans le texte. Richard est contemporain de l'épopée de Maurice et figure à ses côtés lors du traité de Falaise en 1174. L'histoire, un exemple d'amour courtois, tourne autour d'un chevalier célèbre, Maurice et son service à sa dame, la comtesse de Beaumont, qui ne se conduisit pas de manière courtoise transgressant le protocole.

83 La structure de l'œuvre est particulièrement étonnante. De même, le poème est riche en images et en comparaisons et le système moral de l'auteur ainsi que sa conception de l'amour semble à rapprocher de la passion spirituelle proclamée au XVIIe s. par le Baroque.

84 Van D'Elden 1990, XV.

85 Hasty 1993.

86 Selon J. Klotgen, la dame de Beaumont, appelée dans le récit "la comtesse" serait la vicomtesse Constance, fille naturelle d'Henri Ier Beauclerc et épouse de Roscelin II de Beaumont (Klotgen 1992, 209-240).

87 Et, ces relations ont duré dans le temps : dans le roman d'Antoine de la Sale, le seigneur de Craon ou la dame de Craon sont toujours citées auprès du vicomte ou de la vicomtesse de Beaumont (Antoine de la Sale 1995).

88 Pour tout renseignement biographique sur les vicomtes du Maine et de Beaumont, voir Angot 1942, 9-106.

Au total, le poème allemand sur Maurice de Craon n'est guère utilisable étant donné qu'il ne s'agit pas de la version originale, dont à l'évidence il devait très fortement différer. À la demande de qui cette œuvre a-t-elle été réalisée ? Nous ne pouvons pas nier, cependant, le substrat régional en ce qui concerne les personnages, les localisations et les tournois et le fait que ce roman ajoute une aura littéraire supplémentaire à Maurice II, déjà connu pour ses poèmes. La manière dont il apparaît dans cette œuvre peut s'avérer intéressante puisque, si certains passages du poème ont été remaniés, nous pouvons légitimement supposer, en revanche, que le fonds n'a pas été touché et que les vertus du personnage apparaissant dans le récit allemand sont les mêmes que celles qui étaient contenues dans le manuscrit original. Il nous reste à savoir dorénavant quelle image du seigneur de Craon transparaît dans le texte.

D'un Maurice à l'autre : une double lecture ?

Le manuscrit français : un enjolivement romanesque d'un panégyrique sur Maurice II de Craon, "preux de légende"

Le récit tel qu'il se présente nous apporte peu de choses sur la famille de Craon et, malgré quelques termes anachroniques, se rattache à l'univers amoureux et courtois des Plantagenêts : l'image du chevalier preux, loyal, courageux s'inscrit dans l'univers Plantagenêt, du moins dans son échelle continentale, au diapason des comtes de Hainaut et ces thèmes figuraient certainement dans l'œuvre originale. La chevalerie exige avant tout l'honneur, mais aussi la générosité, courage et constance. En échange de son fidèle service, le chevalier a droit à sa récompense ; la dame, en se refusant, se montre coupable envers son dévoué puisque, dans le récit, le seigneur de Craon a rempli toutes les conditions requises : Maurice s'est montré obéissant, constant, brave, généreux. Le *droit* est donc de son côté, c'est la comtesse qui a tort et son châtiment est légitime : c'est le point de vue du poète que l'on entrevoit dans la bouche de la servante[89].

L'une des clefs du texte, selon Klotgen, semble donc être la constance, qui est aussi l'une des vertus du personnage avec la persévérance, la détermination et la loyauté, thèmes autour desquels sont construits, comme nous l'avons vu, les poèmes attribués aux seigneurs de Craon. Non seulement ces qualités sont mises en avant par les seigneurs de Craon à l'intérieur de leur œuvre, mais ils se les attribuent comme valeurs familiales transmises de génération en génération. Nous avons l'impression que ce récit, bien que remanié, est une réponse ou une suite au poème de Maurice II de Craon, le premier que nous avons étudié. Les mêmes thèmes, bien que ce soient des lieux communs de l'amour courtois, reviennent à la fois dans le poème et dans le récit comme une sorte de continuité narrative[90] :

89 "Je me repens de lui avoir porté tort, mais mes regrets viennent trop tard. Heureuse si j'avais suivi ton conseil (...). J'ai enfreint la justice, il s'est vengé de moi en me quittant ; mon cœur connaîtra la douleur et la détresse jusqu'à ma fin. Je suis enchaînée par ma faute (...)." *Ibid.*, 229. D'ailleurs, l'auteur du texte propose une analyse de la structure conjugale et termine son récit par une vision moralisatrice de la société et de la femme. En effet, les deux femmes mentionnées ont deux conceptions différentes de la vie et de l'amour, mais elles ont deux places différentes dans la société. Pourtant, leur opinion converge à la fin du conte, qui apparaît sur sa fin très moralisateur sur la place de la femme : celle-ci se doit de respecter les valeurs courtoises et les engagements pris.

90 En revanche, aucun élément ne nous invite à croire le contraire.

Citations issues du récit légendaire sur Maurice II de Craon	Poème de Maurice II de Craon
"toujours prêt à s'acquitter fidèlement du vasselage courtois"	Strophe I, v.7-8 *Lors me rassaut amours fine* *D'un très douz mal,* Strophe IV, v. 31-32 *A touz les jours de ma vie* *La servirrai.*
"un amour constant"	Strophe II, v.14 *Mon cuer loial* Strophe III, v. 21-22 *Onques d'autre n'oi envie* *Ne ja n'avrai,*
"l'idée de souffrance qui attend cet amour constant"	Strophe IV, v. 37-38 *Et se brievement ne m'aïe* *Trop grant mal trai,*
"entre toutes, il en choisit une et la servit longtemps, le renoncement aux autres dames"	Strophe III, v. 21-22 *Onques d'autre n'oi envie* *Ne ja n'avrai*
"sa récompense ne vient pas, sa douleur en est grande"	Strophe V, v. 47-50 *Hé, Deus ! verrai je ja l'eure* *C'un très douz ris* *Puisse avoir de son cher vis,* *Qui si m'ocit et akeure ?*
"mieux vaudrait un doux trépas que rester ainsi captif"	Strophe II, v. 19-20 *Beneoiz soit le journal* *Qu'ele me voudra ocirre.*
"Il faut qu'elle me sauve la vie. Je veux obtenir d'elle ma délivrance"	Strophe IV, v. 39-40 *Mais gueriz sui se j'en ai* *Un bel semblant en ma vie.*
"Lorsque peu après, il la revit. De crainte, il rougit et pâlit tour à tour et il changea ainsi plusieurs fois de couleur avant de trouver la moindre parole à lui adresser"	Strophe III, v. 28-29 *Ne je ne sai* *Se je ja maiz li dirai.* Strophe II, v. 15-16-17 *Hè las ! Je ne li os dire* *Pour nesun mal,* *Quar tant redout l'escondire.*

Tabl. 17. Analyse comparative entre le récit légendaire sur Maurice II et le poème composé par ce seigneur de Craon.

Les mêmes sentiments, les mêmes émotions et la même situation sont présents dans le poème et dans le récit : le poème s'inscrit parfaitement à l'intérieur du récit, puis la légende paraît prendre la suite et narre ce qu'il advint. Nous pensons ainsi que l'auteur de la chanson sur Maurice II de Craon connaissait l'œuvre de Maurice de Craon et nous supposons que le manuscrit français, ayant servi de modèle à ce conte allemand, a pu être commandé par la famille de Craon et consister en une héroïsation de Maurice, chevalier courtois.

Nous pourrions, dès lors, rapprocher cette œuvre de celle de Guillaume le Maréchal, c'est-à-dire "un panégyrique, comme l'étaient les Vies de saints et de rois, un plaidoyer pour soi-même, qui exagère les mérites et maintient soigneusement dans l'ombre le moins glorieux, effaçant ce qui ternirait l'image"[91]. Et c'est d'ailleurs l'une des fonctions de cette littérature familiale que de transmettre une vision héroïque de ses membres, en exaltant leurs vertus supposées. Les seules différences avec l'*Histoire de Guillaume le Maréchal* tiennent d'abord à ce que la chanson sur Maurice de Craon ne nous soit connue que par une compilation remaniée, sans que l'auteur n'ait été identifié. De plus, l'amour courtois est étranger à la vie de Guillaume le Maréchal.

L'autre particularité de taille réside dans le fait que le récit sur Maurice n'a pas pour vocation, du moins sous la forme qui nous est parvenue, de conter la vie du personnage principal, mais pourquoi ne pas supposer que le remanieur allemand n'a pris du manuscrit original que ce qui l'intéressait et prétendre, dès lors, que la chanson primitive, plus longue, aurait ressemblé à celle sur Guillaume le Maréchal et se placerait dans ce genre de littérature

La version allemande : un hommage à Frédéric II au temps de Maurice IV de Craon ?

Reste à rapporter la version allemande à son contexte. Elle daterait probablement de la deuxième moitié du XIIIe s. : à cette période, le seigneur de Craon était Maurice IV marié à Isabelle de La Marche, Lusignan. Selon Peter Andersen, *Mauritius* pourrait en fait correspondre à Maurice IV de Craon, le beau-frère de l'empereur Frédéric II, et la nouvelle allemande pourrait être un hommage à peine déguisé à cet empereur. Maurice de Craon avait en effet épousé, en 1240, Isabelle de Lusignan, la fille d'Hugues X de Lusignan et d'Isabelle d'Angoulême, mère d'Isabelle d'Angleterre, l'épouse de Frédéric II.

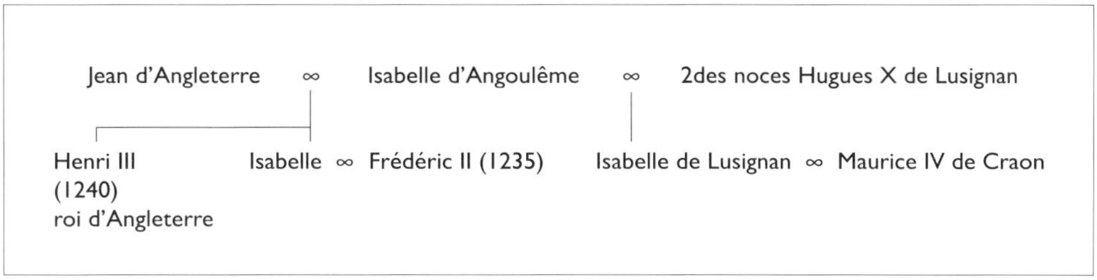

Tabl. 18. Maurice de Craon, beau-frère de Frédéric II.

91 Duby 1984, 47.

Le mariage du seigneur de Craon avec Isabelle de La Marche, Lusignan, fit de ce modeste aristocrate le beau-frère des plus grands souverains d'Europe. Isabelle de Lusignan, dite de la Marche, était la fille d'Hugues X de Lusignan, comte de la Marche et d'Isabelle d'Angoulême, veuve de Jean sans Terre et mère d'Henri III d'Angleterre et d'Isabelle, femme de Frédéric II. L'épouse de Maurice IV de Craon se trouvait donc être la demi-sœur du roi d'Angleterre, Henri III et belle sœur de Frédéric II. Selon Peter Andersen, l'auteur de la nouvelle aurait instillé, vers 1240, des traits de Maurice II dans le portrait du héros "composite" de fiction. Et ne pourrait-on pas suggérer, avance Peter Andersen, que le portrait littéraire de ce souverain extraordinaire que fut Frédéric II était également teinté de la légende de saint Maurice ?

Le récit sur Maurice II de Craon, une appropriation familiale avortée

La vision d'un chevalier puissant et passionné, loyal et constant, visible dans ce récit correspond à l'image qu'entendaient véhiculer les seigneurs de Craon et ce texte aurait pu accroître le prestige du groupe familial. Mais il paraît difficile de savoir dans quelle mesure la famille a pu s'approprier cette légende, et si même elle en a eu connaissance. La seule chose dont nous soyons sûrs est que la constance et la loyauté apparaissent non seulement dans les poèmes des seigneurs de Craon, revendiquées comme étant des vertus caractérisant *ces bons seigneurs,* mais aussi dans cette chanson sur Maurice de Craon et il n'est pas insignifiant de voir ces valeurs présentes dans la littérature et correspondre à un idéal défendu par les seigneurs de Craon visible au niveau politique. De plus, il est remarquable de constater que le premier noyau (inconnu) de l'oeuvre ait été composé vers 1180-1220 à une période considérée par les historiens comme charnière, dans la mesure où la noblesse devient une catégorie juridique propre[92]. C'est une image de guerrier courageux, loyal et courtois qui transparaît de Maurice II dans ce récit dont aurait pu s'approprier le groupe familial sur qui se projettent ces qualités.

Remaniée vraisemblablement à la fin du XIIIe s. dans la version qui nous est parvenue, avec probablement un développement des aspects amoureux, cette chanson semble rendre hommage à un vassal d'Henri II Plantagenêt et met en exergue cette cour où fourmillent poètes et grands seigneurs cultivés. Or, Othon de Brunswick, s'il est le commanditaire de cette œuvre, est un allié familial du Plantagenêt. Composée dans un milieu pro Plantagenêt, il est compréhensible que cette légende ne se soit pas développée en France et il est logique de la retrouver loin du royaume de France, d'autant que certains personnages présents dans l'œuvre, tel que le seigneur de Beaumont, ne sont pas mis en valeur.

Bien qu'il y ait des connotations locales nettement visibles, la légende semble donc prendre vie sur d'autres terres et s'épanouir dans d'autres horizons culturels. Nous ne connaissons ce texte que par une version remaniée et nous savons qu'il n'a pas eu fortune littéraire ni sur le plan local ni à l'intérieur du royaume de France, à part une interpolation dans le cartulaire de Vivoin. Le contexte politique de la rédaction de ce récit légendaire peut nous fournir un élément d'explication aussi bien pour comprendre le désintéressement de la famille que pour l'héroïsation de Maurice II de Craon et ses parades vassaliques.

92 Aurell 2000, 12.

Ce récit semble donc être une célébration vassalique faite pour l'allié malheureux des Plantagenêts au moment où ces derniers perdent pied. Cette chanson n'a pas été utilisée par les seigneurs de Craon, bien qu'une version (différente peut-être de celle conservée) ait pu circuler en Anjou, et pourtant l'auteur du second poème pouvait très bien connaître ce texte sur Maurice II.

Au total, les Craon ne se sont pas servis du premier texte dont on peut supposer qu'il célébrait leur vasselage. Le texte premier n'a pas été transmis, en tout cas pas dans la longue durée, par leur lignage qui aurait pu l'utiliser – ne serait-ce que pour des raisons de grandeur familiale –, ce qui est a priori surprenant. Aucune trace de ce récit n'est évoquée par le groupe familial sous quelque forme que ce soit. Il est vrai qu'en ce milieu du XIIIe s., au moment où l'Anjou avait incorporé la sphère d'influence du roi de France, cela aurait été bien maladroit de mettre en avant un vassal du Plantagenêt, d'autant que la seigneurie de Craon avait à sa tête un mineur et qu'il s'avérait difficile dès lors de prendre position La version romanesque allemande avait un caractère plutôt inopportun, rapporté au contexte nobiliaire régional.

À l'heure où les familles se plaçaient du côté français, cette défaillance du souvenir en ce qui concerne cette légende semble témoigner de la part des Craon d'un réalisme politique certain, dont nous ne pouvons être dupe.

Conclusion

Les poèmes que nous proposent Maurice et Pierre de Craon laissent supposer que l'amour courtois et le culte de la femme sont des notions bien assimilées dans la seconde moitié du XIIe s. par les gens du nord. Maurice de Craon apparaît être un homme complexe, ne négligeant pas le métier des armes, mais appréciant, aussi, une vie de cour plus raffinée : c'est un grand seigneur mondain. D'ailleurs, le fait de choisir l'art de trouver comme marque d'identité familiale suggère qu'il était de bon ton de paraître cultivé en cette fin du XIIe s. - début XIIIe s. L'auteur du second poème, qui semble être son fils, Pierre de Craon, n'hésite pas à faire allusion au talent de son père en tant que poète et lui rend hommage. Pierre de Craon revendique en effet un héritage courtois, et fait allusion à cet héritage comme un trésor familial. Conscient du prestige qu'il peut en retirer, Pierre met en avant ce capital culturel qui distingue son groupe familial de la masse : n'est-ce pas là le signe d'une concurrence pacifique entre familles nobles ?

En tout les cas, l'héritage courtois est bien présent chez les Craon à tel point que l'on associe une tradition littéraire à cette famille. C'est ainsi que de nombreux poèmes sont attribués à la personne d'Amaury de Craon, sans qu'il soit possible de confirmer cette hypothèse. Cette idée répond d'ailleurs à un besoin d'individualisation des auteurs au XIIIe s. S'il n'est pas possible d'associer le nom d'Amaury à un poème particulier, il était certainement connu pour une autre composition. Cette famille a une aura littéraire certaine : c'est un capital familial que met en avant de façon délibérée le poème attribué à Pierre de Craon. Et c'est précisément pour cette raison que le contenu de ce poème prend toute son importance.

La présence d'un vocabulaire féodal dans le poème, transposé dans la littérature courtoise, nous invite à établir une corrélation entre les champs lexicaux visibles dans cette œuvre, à savoir la loyauté, la "droiture", opposés à la couardise, l'inconstance et les principes et les valeurs transmis par les Craon de génération en génération. Quel que soit le contexte et la période, le seigneur de Craon a en effet fait preuve de fidélité envers son suzerain tout en sachant tirer son épingle du jeu : ce fut le cas de Robert le Bourguignon à l'égard du comte d'Anjou, et un siècle plus tard de Maurice II vis-à-vis de ce même comte devenu roi d'Angleterre. Cette loyauté au niveau politique transparaît dans l'œuvre littéraire des Craon au point d'en constituer le thème central du poème. Ces valeurs – la fidélité, la droiture, le courage – sont d'ailleurs présentes dans le récit sur Maurice II de Craon. Remanié certainement plusieurs fois, le texte nous laisse cependant entrevoir la personnalité du seigneur de Craon : persévérant, déterminé, loyal et constant, l'une des clefs du poème et l'une des vertus du personnage. Cette image du chevalier puissant et passionné visible dans ce texte était certainement présente dans l'œuvre originale et au regard de tout ce que nous avons démontré sur l'importance, pour les Craon, de la transmission d'un certain nombre de valeurs aussi bien au niveau littéraire qu'au niveau politique, nous nous sommes demandé pour quelles raisons les Craon ne se sont pas approprié, à un moment donné, cette légende dont les qualités attribuées au seigneur de Craon correspondaient à un idéal familial. Le contexte politique de la compilation de l'œuvre peut nous fournir un élément de réponse puisqu'il n'aurait pas été de bon ton, pour la famille, au milieu du XIIIe s., de prendre à son compte ce récit en l'honneur d'un fidèle vassal du Plantagenêt, à un moment où l'on se tournait du côté français.

Le second aspect des poèmes qui retient notre attention se situe au niveau de l'image de la famille qu'ils renvoient. À travers cet héritage culturel, transmis de père en fils, Pierre de Craon, l'auteur du second poème, insiste sur un fonctionnement vertical de la famille et c'est en tant que reflet d'une structure de parenté qu'il est pour nous particulièrement intéressant. Pierre de Craon légitime en effet sa composition en la plaçant dans une tradition familiale, qu'il faut maintenir vivace, ce que la plupart des poètes ne font pas, tels que Conon de Béthune ou Robert de Sablé, pourtant issu d'un ancêtre commun, Robert le Bourguignon.

Nous pouvons ainsi émettre l'hypothèse d'une tradition familiale transmise de génération en génération depuis Robert le Bourguignon : celle d'une ouverture progressive des horizons des Craon facilitée par une loyauté sans failles, mais intéressée, à l'égard du pouvoir et qui supposerait l'existence d'une mémoire familiale visible à travers le poème de Pierre de Craon. Le mode de transmission de cette mémoire familiale rappelle le schéma lignager, ce qui semble paradoxal compte tenu de ce que nous avons démontré concernant la structure familiale des Craon aux XIe et XIIe siècles. Nous sommes donc en présence d'une mémoire familiale qui n'exclurait pas la dimension lignagère sans que ce soit la forme dominante pour les Craon jusqu'au début du XIIIe s. Nous aboutissons alors à un schéma familial intermédiaire entre le groupe de parenté élargi et la structure lignagère présentée par les historiens qui ne peut pas être envisagée de manière exclusive, mais qui semblerait avoir pour fondements des éléments politiques et culturels.

Cette fidélité au pouvoir comtal, puis royal, particulièrement visible chez Maurice II, avait cependant obligé le seigneur de Craon à agir souvent à contre-courant de ses pairs angevins alors que ses successeurs se sont plutôt solidarisés de leur groupe. Il importe de voir quelles pouvaient être les répercussions – et éventuellement les inconvénients –, de l'attitude de Maurice II sur le groupe des parents et amis du seigneur de Craon. Jusqu'où un grand seigneur pouvait-il échapper aux pesanteurs de son réseau d'amis et de parents ? Les choix d'un chef de lignage pouvaient-ils diverger durablement de ceux des autres lignages voisins ? Ces questions sont en elles-mêmes une mise en cause ou une limitation de la validité opératoire du lignage, lorsqu'il s'agit de comprendre les choix de l'aristocratie dans les moments de crise.

L'ancrage angevin et local d'une gens

Le lignage et la *familia*

"Entre le xe et le xiie siècle, les groupements de parenté larges et dispersés du haut Moyen Âge cèdent progressivement la place à des groupements hiérarchiques et ancrés dans un territoire, que nous appelons lignages : les familles aristocratiques s'enracinent et s'organisent autour d'honneurs patrimonialisés qu'elles transmettent en ligne directe de père en fils". Cette définition, issue du Dictionnaire de la France médiévale[93], distingue et oppose la structure familiale carolingienne et la structure lignagère, apparue, selon les auteurs, entre le xe et le xiie s. Répondant à un objectif d'accroissement puis de transmission, de père en fils, des biens patrimoniaux, la structuration en lignage supposerait l'existence de rapports conflictuels, en tout cas concurrentiels entre groupements lignagers. Au cours de cette période de resserrement lignager, il serait tentant d'avancer l'hypothèse de l'existence d'une seule forme de solidarité : celle concernant les membres d'un même lignage.

Dire que les rapports sociaux dépassent le simple cadre de la parenté est une évidence ; en revanche, démontrer que l'entraide et l'affection peuvent dépasser le cadre lignager paraît plus compliqué et nécessite de se pencher sur les individus eux-mêmes, sur leurs pratiques, leur comportement et leurs relations. Nous nous situons au cœur de la discussion sur le système des attitudes défini par Claude Lévi-Strauss, qui considérait que la parenté recouvrait deux réalités différentes : à côté du système des appellations, il distinguait le système des attitudes[94].

Dans un contexte agité, marqué à la fois par la contestation de l'autorité du Plantagenêt et par les départs en croisade, l'entraide est une donnée essentielle. Il semble intéressant de repérer ces individus qui font preuve de soutien à l'égard des Craon, puis de les replacer soit dans le cadre de simple relation extra familiale, soit dans le cadre de la parenté et distinguer alors les différents niveaux d'apparentement afin de démontrer qu'il existait une solidarité familiale autre que lignagère.

93 Balard *et al.*, 2003, 158.
94 Lévi-Strauss 1974, 51.

Un vaste réseau de solidarité, reflet d'une parenté vécue

Les solidarités familiales mises à l'épreuve

Bien implanté en région angevine, du fait d'alliances habilement négociées et doté d'un vaste réseau d'amis et de parents, le lignage des Craon se distingue pourtant de ce baronnage par des prises de positions différentes à l'égard du Plantagenêt. La solidarité familiale aurait pu ne pas résister à la réitération de choix opposés, comme l'affirme Martin Aurell, dans son étude sur les Plantagenêts. Il souligne en effet que la construction de cet état avait brisé les solidarités familiales et féodales traditionnelles et "que la guerre intra-familiale chez les Angevins eux-mêmes, était devenue monnaie courante dans des lignages déchirés par des intérêts et par des choix politiques souvent opposés"[95].

Or, les prises de position de l'aristocratie angevine pouvaient relever de choix individuels sans qu'il n'y ait eu de logique familiale. En ce qui concerne les Craon, le soutien sans faille apporté au Plantagenêt semblait s'inscrire dans une continuité lignagère. Cette fidélité entre les Craon et leur suzerain relevait à la fois de la tradition familiale, qui présente la particularité de ne pas être éternelle, mais aussi du lien féodal, qui devait être en théorie immuable mais dans les faits, se trouvait, à cette époque, mis à mal.

Parmi les familles révoltées contre les Plantagenêts, nous trouvons la famille de Sablé, apparentée aux Craon, ayant pour ancêtre commun Robert le Bourguignon. Maurice II de Craon et Robert III de Sablé étaient effectivement les arrière-petits-fils du Bourguignon.

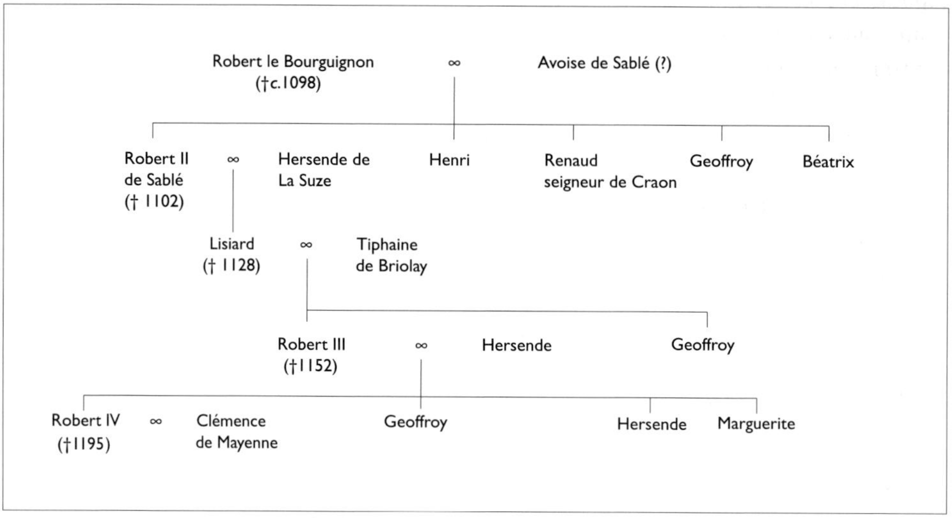

Tabl. 19. Tableau de filiation simplifié des seigneurs de Sablé (mi XIe -fin XIIe s.).

95 Aurell 2003, 94.

À la suite d'alliances bien négociées, cette famille de Sablé était parvenue à prendre une place importante à l'intérieur du comté d'Anjou. Dans un premier temps, Robert le Bourguignon avait habilement manœuvré en assurant un mariage prometteur à son fils cadet, Robert, qui avait obtenu la seigneurie de Sablé : il épousa Hersende de La Suze, fille d'Herbert et d'Erembourg qui hérita de la seigneurie de La Suze puisque Milon, son frère, n'avait pas survécu au moment où sa sœur se maria. Cette alliance prouvait l'habileté de Robert le Bourguignon et contribua à l'accroissement de la fortune de Sablé. Dans un second temps, Lisiard, le fils de Robert de Sablé et d'Hersende, épousa Tiphaine de Briolay, fille aînée de Geoffroy de Briolay et de Germoise de Jarzé. Elle se trouva héritière avant 1112 de la terre de Briolay qui fut intégrée au domaine patrimonial de Sablé avec l'avènement de Robert III vers 1130.

Les Sablé avaient ainsi acquis une position intéressante sur l'échiquier angevin et il fallait désormais compter sur eux. Par leur fidélité versatile vis-à-vis du pouvoir angevin et leur inconstance dans leurs relations avec les Plantagenêts, ils occupèrent une place importante au sein des récits historiques, chroniques et autres annales contemporaines. En 1118, Orderic Vital[96] mentionnait la présence de Lisiard de Sablé au siège d'Alençon puis sa participation à l'avant-garde lors de la bataille de Sées, en compagnie de Guy IV de Laval, de Robert de Sillé, de Gautier de Mayenne, d'Hugues de Mathefelon et de Maurice de Craon[97]. En revanche, nous retrouvons les Sablé cités à plusieurs reprises parmi les seigneurs révoltés contre le pouvoir comtal. Les événements politiques des années 1128-1129 avaient modifié la portée de la position des Sablé entre Anjou et Maine : le mariage de Geoffroy le Bel avec Mathilde, fille d'Henri Ier, roi d'Angleterre et duc de Normandie, offrait l'opportunité d'un regroupement entre l'Anjou et la Normandie. À l'avènement du jeune comte Geoffroy, sept de ses grands barons se soulevaient contre lui, parmi lesquel Lisiard de Sablé. Jean de Marmoutier n'en exposait pas les motifs, il soulignait seulement la perfidie des "anciens (qui) préparaient une haute trahison et forgeaient de nouvelles machinations contre le seigneur à l'esprit neuf."[98] Contrairement à ce que sous entendait le chroniqueur, repris par Josèphe Chartrou[99], il ne semble pas que les soulèvements de 1129 soient l'oeuvre d'une coalition organisée, mais plutôt de troubles isolés profitant de l'instabilité liée à l'avènement d'un jeune seigneur. L'initiative se solda pour le seigneur de Sablé par la perte de Briolay et de La Suze ; son autonomie fut de surcroît contrôlée par la construction, en 1131, de la forteresse de Châteauneuf-sur-Sarthe, située entre Sablé et Angers, confiée à l'un des fidéles de Geoffroy[100], ce qui n'empêcha pas, au moment de la grande rébellion de 1173, de trouver parmi les seigneurs rebelles Robert de Sablé, le fils de Lisiard.

L'interdit de consanguinité empêchait toute alliance entre les Craon et les Sablé, mais la rareté de leurs relations depuis la mort de Robert le Bourguignon, leur ancêtre commun

96 Orderic Vital 1968-1980, IV, 333.

97 En 1118, Lisiard de Sablé était à la suite du comte d'Anjou, Foulques V, au siège d'Alençon et le 18 décembre, il commandait l'avant-garde où il infligea à Henri Ier une défaite transformée par Orderic Vital en une simple escarmouche (*Ibid.*, 333).

98 *Perduellionem meditati sunt et adversus dominum novum in mentis incude veteri nova machinamenta cudere coeperunt* (Marchegay 1871, 229-310).

99 Chartrou 1928, 31.

100 Marchegay 1871, 270.

jusqu'à la fin du XIIe s., s'expliquait par les prises de position des Sablé contre le pouvoir comtal. Même pendant la période de minorité des seigneurs de Craon, nous n'avons aucune intervention de la famille de Sablé. Cela tient-il à une insuffisance documentaire ou peut-on déceler une rivalité intestine entrevue au moment de la division patrimoniale sous Robert le Bourguignon ? Un seul document fait mention d'une collaboration entre les représentants de ces deux familles : il s'agit d'un jugement prononcé vers 1165[101] par le sénéchal d'Anjou, Étienne de Marsai, entre l'abbaye de Marmoutier et Hamelin d'Anthenaise à propos du droit de pressoir à Bouère. Robert de Sablé figurait en tant que juge au côté de Maurice II de Craon[102].

Pourtant, les liens de parenté étaient parfaitement connus : deux chartes du côté de Sablé évoquent la filiation avec Robert le Bourguignon. La première[103] datée de 1119 mentionne la donation effectuée par Lisiard à l'abbaye de Fontevrault : il s'agissait du lieu de Boisrotard en Loudunois, que possédait déjà Robert le Bourguignon, le grand père de Lisiard. La seconde[104], datée de 1165, émanait de Geoffroy, évêque d'Angers, qui attestait que Robert le Bourguignon avait donné la dîme du *pasnage* de la forêt de Brion à Marmoutier et que Robert, fils de Lisiard, avait donné dans cette forêt la dîme de tous les défrichements.

Les choix opposés de ces deux familles, pourtant proches parentes, expliquent ces relations fragmentaires et discontinues. Pendant les périodes de rébellion, on peut légitimement supposer une prise de distance entre ces deux familles relevant d'une volonté commune, mais les contacts reprenaient une fois la crise terminée. La rupture entre les Craon et les Sablé n'était pas totale et irréversible puisqu'il ne s'agissait pas d'un problème familial à l'origine : cela relevait de prises de position différentes à l'égard du pouvoir comtal. En effet, même si des tensions peuvent avoir existé au moment de la répartition de l'héritage patrimonial, sous Robert le Bourguignon (fin XIe s.), la montée en puissance progressive des Craon puis des Sablé a atténué les rivalités et mis en sommeil les jalousies. D'ailleurs, à la mort d'Henri II, lorsque l'aristocratie angevine se plaça unanimement derrière Richard Cœur de Lion, Robert IV de Sablé et Maurice II de Craon entretinrent des relations régulières :

101 La date est imprécise : Angot 1942, 785, situe ce document entre 1162 et 1165.
102 Laurain 1911-1945, I, 62.
103 Ménage 1683, 163.
104 *Ibid.*, 167 ; Laurain 1911-1945, II, 97.

	1162-1165	1180-1190	1190	1190	1203
Nature	Robert de Sablé juge avec Maurice II de Craon, dans un plaid du sénéchal d'Anjou[105]	Donation à Chaloché par Maurice II, Robert de Sablé témoin	Maurice II de Craon, Robert de Sablé et Geoffroy de Sablé témoins d'une donation de Savary d'Anthenaise	Fondation de l'abbaye du Perray par Robert de Sablé, Maurice II témoin	Hommage de Guillaume des Roches, seigneur de Sablé et Maurice III de Craon à Philippe Auguste
Référence	*Cartulaire manceau de Marmoutier*, t. I, p 62.	BN, F22450, fol. 320	*Cartulaire de Savigny*, n°XCIII	*Gallia Christania*, t. XIV, p.158	Rymer, Foedera…, t. I, p. 125
Nb d'actes	1 acte entre 1100 et 1190	4 entre 1190 et 1205			

Tabl. 20. Actes conclus entre les Craon et les Sablé au XIIe s.

Quatre cinquièmes des actes conclus entre les Sablé et les Craon ou avec leur présence conjointe l'ont été dans la dernière décennie du XIIe s. En revanche, un seul acte, émanant de surcroît d'une tierce personne, nous est parvenu, où figuraient les deux seigneurs, durant les neuf premières décennies du siècle.

Cette reprise des relations, visible dans les documents, trouvait son origine dans le mariage de Robert IV de Sablé avec Clémence de Mayenne, la tante de Juhel de Mayenne, beau-fils de Maurice II de Craon et placé sous sa tutelle, vers 1170. Face aux interdits de parenté formulés par l'Église, les Craon et les Sablé surent renouer des liens par alliance interposée et souder de nouveau leur parenté. Faut-il voir dans ce mariage la main du seigneur de Craon ? Avant les années 1160, les seigneurs de Craon et de Sablé n'apparaissaient jamais côte à côte dans les actes de la pratique, ce qui changea, une fois le mariage de Clémence et de Robert conclu. La fidélité sans faille de Maurice de Craon à Henri II nous permet d'apprécier la portée de l'union: il s'agissait de ramener dans le giron Plantagenêt un lignage qui, par le passé, s'était montré des plus turbulents. Selon A. Renoux, le remariage du seigneur de Craon avec Isabelle de Meulan portait déjà la marque d'Henri II : Maurice II était alors “l'instrument du roi”[106]. Sa probable intervention transcendait les simples alliances aristocratiques locales. Cependant, la manoeuvre de Maurice II ne semble pas avoir eu le succès escompté : dès 1173, Robert de Sablé était impliqué, au même titre que la famille de Mayenne, dans la rébellion menée

105 Le sénéchal Étienne de Marsai doit régler le différend entre l'abbaye de Marmoutier et Hamelin d'Anthenaise à propos du droit de pressoir à Bouère, vers 1165 date est imprécise : Angot 1942, 785, situe ce document entre 1162 et 1165.

106 Aurell & Tonnerre 2006, 236.

par une grande partie du baronnage de l'ouest de la France contre Henri II[107]. Maurice II de Craon fut alors chargé de mater localement l'insurrection et en qualité de *dux* de l'*exercitus* d'Anjou, il rasa la forteresse de Sablé, portant un coup terrible à la puissance sabolienne. Cet épisode souligne l'importance de fidélités autres que celles induites par les liens de parenté et on ne peut exclure, de sa part, une volonté de resserrement et de mise au pas du groupe familial autour de sa personne. Désormais, le seigneur de Sablé n'apparaîtrait plus comme un élément contestataire de la royauté disparaissant même des sources jusqu'à 1182. Cet exemple souligne le rôle décisif joué par les structures de parenté dans l'encadrement des individus.

Au total, la séparation entre ces deux lignages était réelle : l'héritage moral était différent et les choix divergents. Très proches parents, ils ne pouvaient pas se marier, en raison des interdits de consanguinité, et leurs relations fluctuaient en fonction du contexte politique : éteintes pendant les périodes de rébellion pendant lesquelles les seigneurs de Craon et de Sablé s'affrontaient directement[108], ces relations reprenaient, de manière épisodique, pendant les périodes d'accalmie. Maurice II de Craon et Robert de Sablé illustraient à eux deux la double attitude des nobles angevins face au pouvoir autocratique d'Henri II : d'un côté, le choix de la loyauté et du service ; de l'autre, l'option de la contestation et de la revendication violente. Cependant, ces prises de position opposées ne brisèrent pas les liens familiaux : à la fin du XIIe s., un rapprochement est réalisé par alliance indirecte et dans la première moitié du XIIIe s., dès que le degré d'affinité et de consanguinité le leur permit, une alliance entre le seigneur de Craon, Amaury I, et la fille de Guillaume des Roches et de Marguerite de Sablé, Jeanne des Roches, fut réalisée.

Parmi les seigneurs en rébellion contre le pouvoir comtal figurait aussi la famille de Meulan, proche parent des Craon. Maurice II était l'époux d'Isabelle de Meulan, veuve de Geoffroy de Mayenne et fille de Galéran de Meulan. Cette famille[109] mena une ligne de conduite tortueuse alternant entre le roi de France et le roi d'Angleterre. Opportunistes, les Meulan changèrent de camp en fonction de leur intérêt. C'est ainsi que Robert II qui succéda à son père, Galéran, en 1166, prit le parti d'Henri le Jeune, fils du roi d'Angleterre, au moment de la révolte de 1173 contre son père, Henri II. Défait, il se réfugia auprès du roi de France, Louis VII, alors que le roi Henri II s'empara de ses domaines. Lors de la paix qui fut signée, ses biens lui furent rendus, sauf Beaumont-le-Roger. En 1190, nous le retrouvons au côté de Richard Cœur de Lion partir à la croisade. Avant son départ, il fit une donation générale de ses biens à son fils en se réservant la faculté de doter ses autres enfants. Mais son amitié pour Jean sans Terre le conduisit à sa perte : il fut excommunié. Croyant sauver sa succession, il revint dans ses fiefs et transmit tous ses droits sur ses terres à sa fille Mabire, épouse de Guillaume de Vernon, comte de Devon et de l'Ile de Wight. Il se trouvait à Poitiers lorsqu'il apprit la confiscation de ses fiefs. Il mourut en août 1204.

107 Roger de Hoveden 1867, I, 46.
108 Comme nous l'apprend la chronique de Saint-Aubin d'Angers, ce fut Maurice de Craon qui fut chargé de conduire l'armée d'Henri II et de détruire Chantoceau ainsi que les forteresses de Sablé, de Saint-Loup et de Saint-Brice, possessions du seigneur de Sablé.
109 Voir Martin 1994.

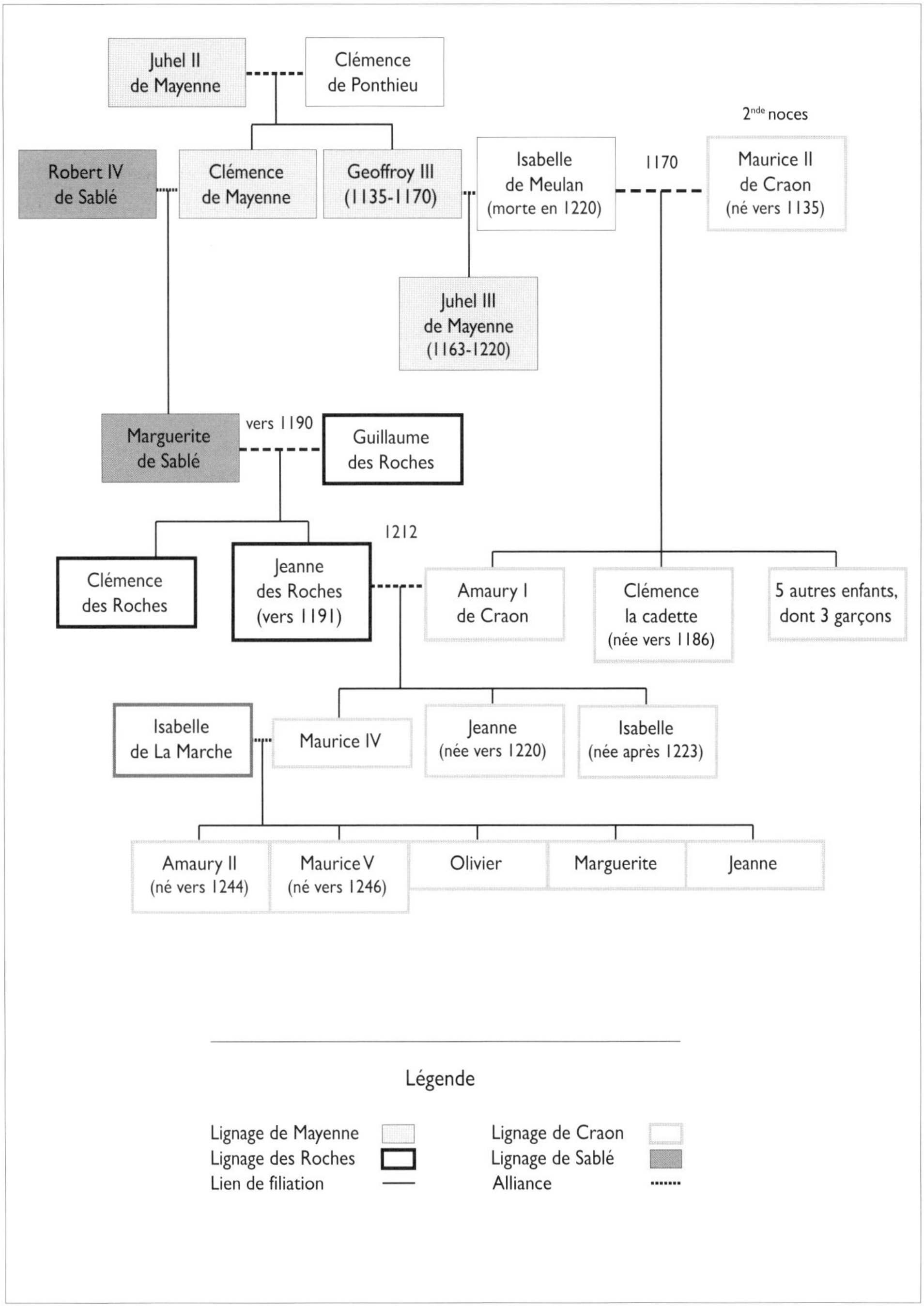

Fig. 9. Le jeu matrimonial Craon / Sablé : arrangements lignagers face aux interdits de parenté.

En dépit de ces choix opposés à ceux de la famille de Craon, deux chartes datées de 1180 mentionnent le maintien de relations dans le domaine religieux : la première[110] émane de Maurice II de Craon qui accordait une donation en faveur d'Amaury de Meulan, son beau-fils. Mais il intervenait en qualité d'époux d'Isabelle de Meulan. De plus, cette donation s'était accompagnée d'un don plus important octroyé à son fils décédé Renaud.

La deuxième, plus intéressante pour la question que l'on traite, provient de Roger, fils du comte de Meulan qui avait fait un don à Savigny pour Amaury de Meulan. Maurice II de Craon figurait en tant que témoin aux côtés d'Isabelle de Meulan, sa femme et de Juhel III de Mayenne. La mention de Maurice II de Craon, de sa femme et de son beau-fils, Juhel, dans l'acte témoigne de la volonté de maintenir des liens avec la parenté de son épouse, quels qu'en soient les mobiles.

Malgré les divergences "politiques", les liens entre les deux familles avaient été maintenus, visibles dans le domaine religieux mais aussi, comme nous le verrons, dans l'onomastique. En effet, nous supposons l'appropriation par les Craon du nom de baptême "Amaury", qui figura par la suite dans l'héritage onomastique de la famille. Ces rapports assez étroits avec les Meulan remontaient au remariage d'Isabelle avec Maurice II de Craon en 1170 mais furent conservés par la suite : en 1190, Maurice II de Craon figurait en tant que témoin d'un acte de Juhel III de Mayenne, ratifiant, l'année de son départ pour Jérusalem, toutes les possessions de Savigny dans son fief.

Le contexte agité et les prises de position familiales divergentes permettent de mieux se rendre compte de la différence entre les relations vécues par les individus et les liens théoriques reliant les membres d'un système de parenté reconstitué par l'historien[111]. À travers l'exemple des Craon et des Sablé, dont la parenté était connue, nous nous apercevons que les liens familiaux ne garantissaient pas toujours le maintien des relations : le schéma de parenté d'une famille n'inclut pas forcément l'existence de relations entre ses membres. Cependant, dans le cas des Craon et des Sablé, les relations ressurgissent lorsque les conflits disparaissent ; la force des liens de parenté permet, lorsque les intérêts sont communs, de renouer plus facilement les rapports. Nous avons ainsi l'exemple de deux topo lignages aux intérêts plus ou moins concurrents, dont le degré de consanguinité rendait impossible toute alliance. De même, les relations entretenues par les Craon avec les Meulan, parents par alliance, ne semblent pas avoir plus souffert des distensions politiques que les liens normaux, fluctuants, entretenus par deux lignages apparentés.

Appréhender la parenté vécue est compliqué. Celle de Maurice II de Craon semble correspondre à un groupe familial élargi et soudé, faisant apparaître différents niveaux d'apparentement et prenant en compte aussi bien ses frères et sœurs, mais aussi son demi-frère, Foulques de Mathefelon, que la fratrie de son épouse, en particulier Amaury de

110 Archives de la Mayenne, H. 175, fol. 2 : *Ego Mauricius, dominus Creonis,* [...] *pro anima Raginaldi filii mei, dedi ecclesie Sancte Marie de Rota et canonicis ibidem Deo servientibus XXX. sol annuatim persolvendos ad faciendum anniversarium predicti Raginaldi filii mei ex quibus statui quod fratres qui sunt in conventu, habeant viginti solidos* [...]. *Notum sit etiam illis qui litteras suas visuri sunt quod predicte ecclesie Sancte Marie dedi. V sol. annuatim reddendos pro anima Amauricii fratris Helisabeth uxoris mee ad faciendum anniversarium ejus.*

111 Feller *et al.*,2005, 93-129.

Meulan, et son beau-fils, Juhel III de Mayenne, le fils d'Isabelle né d'un premier mariage. Ce système de relations à l'intérieur du cercle de la parenté et de l'alliance, tel qu'il apparaît sous Maurice II de Craon, appelle un certain nombre de questions sur la place effective de chaque membre du groupe familial et sur les rapports qu'ils entretiennent entre eux, en particulier sur les relations entre frères et entre frères et sœurs.

Frères et sœurs, frères / demi-frères : essai de réflexion sur un lien de parenté au XIIe s.

Les liens de germanité, aussi appelés adelphiques par D. Lett[112], ont été peu étudiés pour l'époque médiévale[113]. Les raisons du silence des médiévistes sur ce lien de parenté ne tiennent pas à la pauvreté des sources. Dans le cas des Craon, il suffit d'observer les listes de témoins, et les principaux acteurs au moment des transactions ou des transferts patrimoniaux pour se rendre compte de la réelle présence des frères et sœurs. Les liens de germanité méritent dès lors une meilleure attention d'autant que dans un contexte de forte mortalité, la disparition prématurée du père et de la mère tend à renforcer les liens fraternels[114]. De plus, la durée du temps potentiel de fécondité d'une femme et la fréquence des remariages entre conjoints d'âges très différents génèrent "de forts écarts intergénésiques entraînant des différences demi-générationnelles, obliques (non verticales et non horizontales), venant perturber et troubler les catégories bien distinctes de parents ou d'enfants, affectant les liens d'autorité et de dépendance"[115].

Dans la documentation médiévale, les termes latins désignant les germains sont *soror* et *frater*. Quel est le sens de ces termes et quel contour recoupent-ils ? Faut-il les considérer dans une large acception, c'est-à-dire comme l'ensemble des enfants nés d'un même père et d'une même mère, mais aussi ceux qui ne partagent qu'un parent biologique, ce que nous appelons aujourd'hui "demi-frères" ou "demi-sœurs" ?

Un acte de Maurice II et de sa mère, *Mauricius de Credone et Marquisia mater ejus*, daté de 1191, nous apporte des éléments de réponse. Il s'agit d'une notice conservée dans le cartulaire de la Roë, folio 102, dans laquelle Maurice II donnait un arpent de la terre de la Sablonnière à la Roë, à charge pour les religieux d'entretenir une lampe ardente près de l'autel principal, pour l'âme de Foulques, son frère[116]. Une notice de Maurice II, en faveur des chanoines de Saint-Nicolas, datant de 1190, mentionnait déjà la mort de Foulques de Mathefelon, frère de Maurice II, le fils de sa mère Marquise et de Payen de Vaiges.

Aucun élément ne nous permet d'avancer l'hypothèse que Maurice II de Craon faisait une différence entre son demi-frère et le reste de la fratrie ; en tous les cas, la terminologie est commune.

112 D. Lett préfère en effet utiliser le terme neutre "d'adelphique" (*adelphos* signifiant né de la même matrice) pour désigner les liens de germanité. De la même manière, il suggère que le lexique utilisé par l'historien doit tenir compte du sexe de la fratrie. Déplorant une très forte masculinisation des termes usités, il propose d'employer le terme de "sororie" pour désigner un ensemble de sœurs (Lett 2008, 10).

113 Pour un bilan historique récent sur cette thématique, voir Lett 2005, 13-23.

114 "Le lien adelphique est, avec le lien conjugal, le plus puissant qui unit les individus" (Lett & Alexandre-Bidon 1997).

115 Lett 2003, 93-103.

116 *Cartulaire de la Roë*, fol. 102 : *dedit ecclesie de Rota ad lampadarium mortuorum altaris unum arpentum terre quod dicebatur de Sabloneria in elemosina pro anima Fulconis fratris sui.*

À propos du lien de parenté entre beau-frère, aucun terme n'est avancé dans nos actes. Lorsque Maurice II, en 1180, donne aux chanoines de la Roë une rente de cinq sous pour l'âme d'Amaury de Meulan, frère d'Isabelle, il le cite comme étant le frère de sa femme *pro anima Amauricii fratris Helisabeth uxoris mee ad faciendum anniversarium ejus*.

Force est donc de constater que la documentation sur les Craon ne nous apporte qu'une contribution modeste concernant le vocabulaire de la germanité au sein de la parenté biologique et sociale mais une étude globale pourrait être menée, entre plusieurs chercheurs, afin d'en délimiter les contours et le champ d'application, d'autant que cet axe de recherche ne correspond pas avec l'idée que l'on se fait traditionnellement de lignage.

En revanche, il apparaît nettement que la solidarité des membres du groupe est réelle : tous paraissent associés à la mémoire collective, à des degrés différents, sans que l'on puisse envisager ce groupe dans une perspective strictement lignagère. Il s'agit en effet d'un groupe familial élargi, dans lequel la femme apparaît être le maillon central de la chaîne de parenté.

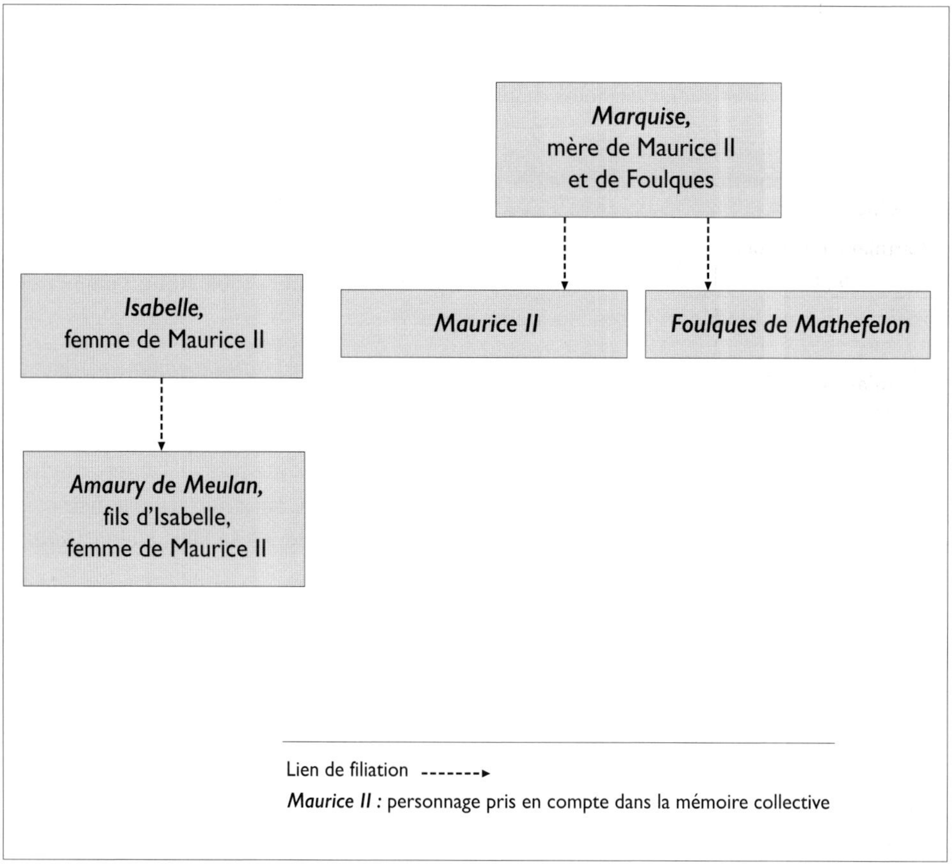

Fig. 10. La dame de Craon, au centre des liens de parenté.

Des solidarités renforcées par des alliances, à l'intérieur de vastes "réseaux" de sociabilité.

Les liens de parenté engageaient les différentes parties à entretenir des rapports étroits en raison des intérêts communs. Ces engagements mutuels, non formalisés, donnaient naissance à des réseaux de sociabilité dont la solidarité était réelle. La charte 12 du cartulaire de la Roë indique que c'est sur le conseil de son oncle maternel, Guillaume de la Guerche, que le seigneur de Craon avait restitué à l'abbaye le droit de minage et le 22 juin 1191, Maurice II confirmait diverses donations à l'abbaye mais décidait également de faire ouvrir un chemin pour piétons et attelages, afin de relier La Roë à la Guerche, en passant près du domaine de Geoffroy de La Roë[117]. La construction de ce chemin matérialisait donc le resserrement des liens entre deux seigneuries alliées par des liens de parenté mais constituait également un cas intéressant d'aménagement seigneurial, que nous aurons l'occasion d'étudier dans un troisième temps[118]. Le tableau ci-dessous précise les donations effectuées à la Roë par des personnages ayant un lien de parenté avec Maurice II : Hugues de Chantocé, l'arrière-grand-père maternel, Guillaume de la Guerche, figurent ainsi en tant que bienfaiteurs de l'abbaye.

Sources	**Date**	**Contenu**	**Lien de parenté avec Maurice II**
Dom Housseau, t.XIII 1, n° 9604	1105/1116	Donation à Saint-Nicolas par Hugues de Chantocé	Arrière-grand-père maternel
Cartulaire de la Roë, n° 51	1135	Donation à la Roë	Guillaume de la Guerche oncle maternel
Cartulaire de la Roë, 4Mi11, charte 12 Fol. 11 r° et v°	1150-1158	Sur la plainte de l'abbé Michel, Maurice II de Craon restitue à la Roë le droit de minage injustement perçu par deux de ses serviteurs, Lorzeius et Renault, sur le blé d'Hervé neveu de l'abbé Michel et de Barboteau	Sur le conseil de son oncle Guillaume de la Guerche

Tabl. 21. Donations effectuées à l'abbaye de la Roë par des parents de Maurice II.

Les liens de parenté génèrent des relations durables à partir du moment où elles s'inscrivaient dans un système de réciprocité. Le mariage de Maurice Ier avec Tiphaine de Chantocé permit aux Craon de prendre possession de la seigneurie de Chantocé. En contre partie, leurs enfants porteraient le nom de baptême des Chantocé, traduisant

117 *Cartulaire de l'abbaye de la Roë*, acte 285 : "*viam quoque liberam peditibus et quadrigis concessi et aperiri feci ad eundum et veniendum ad villam de Rota ex parte Guirchie et juxta domum Gaufridi de Rota*".

118 Voir la partie intitulée : un châtelain soucieux de ses intérêts seigneuriaux, p. 162.

vraisemblablement l'élaboration d'un pacte familial entre les parties concernées. Les relations perdurent encore deux générations plus tard. Maurice II, petit-fils, prit alors l'initiative de fonder une chapelle à Chantocé.

Maurice II a eu l'habileté de se forger des relations nouvelles, nouant des alliances et des solidarités familiales qui allaient se maintenir sur plusieurs générations tout en conservant des solidarités déjà établies par ses prédécesseurs. Cette pratique, traduisant un sens réel des relations, lui fut certainement suggérée par la politique du Plantagenêt et l'on peut supposer qu'il était tout à fait conscient de l'intérêt que cela pouvait lui procurer. Cela suggère un schéma familial réfléchi envisagé sur le moyen terme. C'est ainsi que Maurice II conclut l'alliance de sa fille, Agnès, avec Hugues de Mathefelon afin de souder les groupes familiaux des Craon et des Mathefelon, commencés par l'union de sa mère Marquise avec Hugues de Mathefelon à la mort de son père, Hugues de Craon. Maurice consolida aussi l'alliance avec les Laval en mariant sa fille aînée, Avoise, avec Guy VI de Laval, poursuivant une logique familiale commencée avec son père, Hugues de Craon, marié en premières noces à Agnès de Laval. Trois générations plus tard, Mahaut de Malines, la veuve de Maurice V (mort en 1293) se maria à Jean de Beaumont, de la tige des Laval-Montmorrency et la fille de Mahaut de Malines et de Maurice V, Marie, épousa le fils de Jean de Beaumont et de Jeanne de Pouancé, sa première épouse, Robert Ier de Brienne, réalisant ainsi une double alliance[119].

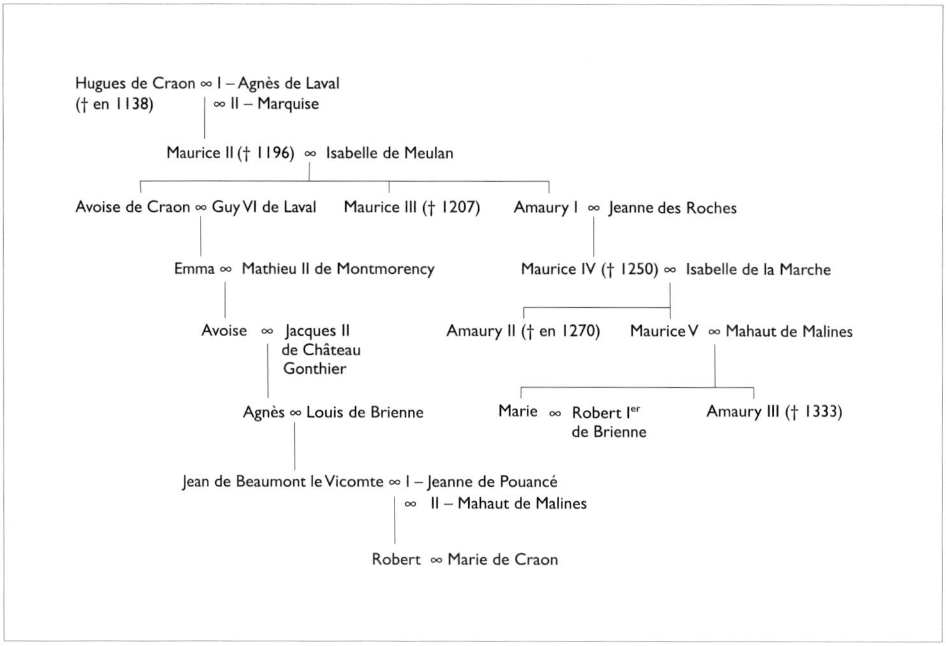

Tabl. 22. Filiation simplifiée : les alliances Craon - Laval (Montmorency).

119 Voir la partie intitulée : les "bouclages consanguins" chez les Craon, prémices d'une "stratégie" familiale ? p. 333.

Une charte émanant de Maurice II et étudiée par J. Plante[120] confirme cette vision d'un groupe familial à la fois large et solidaire. Ce n'est pas le contenu de ce document qui retient notre attention – il s'agit d'un différend entre Maurice II et l'abbaye de la Roë – mais la liste de témoins, plus exactement quelques noms, figurant dans l'acte et le lien de parenté existant avec le seigneur de Craon. Parmi ces témoins[121], un personnage se distingue dans la charte : Geoffroy de Pouancé (mort en 1195) qui, précise Maurice II de Craon, a entendu cela, l'a approuvé et pour prix de ce service a reçu un fermail d'or[122]. Le père de Geoffroy était Hugues de la Guerche, qui avait épousé en secondes noces Marquise, la sœur de Maurice : c'était un neveu de Maurice. *Paganus de Vegia*, Payen de Vaiges, figure dans cette liste : ce chevalier angevin servant sous Philippe Auguste était le beau-père de Maurice, c'est-à-dire le troisième époux de sa mère, Marquise. Enfin, l'initiateur du cartulaire, l'abbé Michel, nous est connu par sa famille et par la manière dont il dirigea l'abbaye de la Roë de 1149 à 1168. Fils de Renaud, seigneur de Château Gonthier et de Burgondie, fille de Robert le Bourguignon, l'abbé était le cousin au 6e degré de Maurice II.

Face à des prises de position divergentes, les relations familiales pouvaient s'interrompre un moment mais les liens étaient suffisamment solides pour qu'il n'y ait pas de rupture ; nous pouvons seulement constater une prise de distance entre familles. L'exemple le plus net est le rapport entretenu entre les Craon et les Sablé, qui a connu d'importantes fluctuations au cours du XIIe s. Issues d'un ancêtre commun, ces deux familles ont soutenu des partis différents, luttant ouvertement l'une contre l'autre, mais n'ont pas mis définitivement un terme à leur relation, visible à travers les actes et une alliance. Le maintien de cette solidarité familiale, en dépit des choix politiques, trouvait un élan nouveau à la faveur d'événements exceptionnels, tels que la croisade, qui resserrait les liens entre individus.

La cristallisation des solidarités au moment des pélerinages et des croisades

L'étude sur les croisades nous est aujourd'hui bien connue grâce aux travaux de divers historiens spécialistes du sujet[123]. Mais il reste des choses à dire sur un certain nombre de points, comme par exemple sur la composition des armées, l'équipement et la mentalité des soldats[124]. Ce n'est pas le lieu d'étudier ici la croisade, ni même d'en dégager les

120 Plante 1887, Mf 282.

121 *Hoc audivit et concessit Gaufridus de Poenciaco cui ego Mauricius pro concessu dedi firmaculum aureum. Hoc diam viderunt et audierunt : Paganus de Vegia, Nichol Felle, Guillelmus de Parteneiaco, Aleman, Andreas Grossus, Angerius de Peletroia fere cum omnibus burgensibus de Peletroia. Ex parte canonicorum viderunt et affuerunt Michael tunc abbas, Robertus prior, Guillelmus sacrista, Giraldus subprior, Radulphus de Brilengaut, Herbertus, Hugo Bernerius, Robertus de Sancto Audoeno, pueri de scola : Oliverius, Herveus, Guido, Raginaldus, Pichart omnisque conventus.*

122 *Hoc audivit et concessit Gaufridus de Poenciaco cui ego Mauricius pro concessu dedi firmaculum aureum.* On fabriquait en émail au XIIe s. des fermaux ou broches de grande dimension pour attacher les manteaux, des boucles, des bagues, des plaques de ceinture, des garnitures de fourreau, des harnais de cheval, des poignées d'épée (Quicherat 1875, 151). Il s'agissait d'un objet de valeur, mais c'était aussi un accessoire pratique et très visible sur le costume.

123 Parmi les nombreux travaux réalisés sur ce sujet, nous pouvons citer le colloque tenu à Clermont Ferrand en 1995 : "Le Concile de Clermont de 1095 et l'appel à la croisade" 1997 ; Phillips 1997 ; Runciman 2006.

124 Ménard 2000, 503-511.

motivations diverses ; nous nous attacherons plutôt à rechercher l'impact de ce genre d'expéditions militaires et des voyages de pèlerinage sur les relations humaines. Nous touchons cependant un domaine abstrait, difficilement palpable, puisque les documents que nous possédons ne nous laissent pas trace des sentiments. En revanche, nous pouvons dresser une liste de personnages partis à Jérusalem à la même époque que le seigneur de Craon, c'est-à-dire vers 1169-1170 et vers 1191 en ce qui concerne Maurice II, rechercher et déterminer les liens supposés avec la famille de Craon et analyser les règlements familiaux effectués à cette occasion.

En d'autres termes, une analyse à deux niveaux peut être entreprise compte tenu des sources à notre disposition[125] : d'abord une étude sur les hommes[126] partis aux côtés de Maurice II, puis un essai d'interprétation sur la gestion du domaine et la garde des enfants en l'absence du seigneur.

Personnages	**Sources**	**Dates de départ**	**Donations au moment de son départ**	**Rapports avec le seigneur de Craon**
Ballots Pierre	Cartulaire de la Roë charte 138	1150-70	Don de sa part du moulin de Villecourtaise et dispositions concernant son héritage	Possible vassal du seigneur de Craon. Membre de la cour judiciaire d'Hugues de Craon puis de Maurice II
Ballots Geoffroy	Cartulaire de la Roë charte 67 et 54	Avant 1149	Aumône à la Roë	Possible vassal du seigneur de Craon
Chaorcin Gervais	Cartulaire de la Roë charte 139			Possible vassal du seigneur de Craon
Pierre Billon	Cartulaire de la Roë, fol. 90	1148-70	Don à la Roë d'une rente de 9 deniers sur une vigne	
Godet	Cartulaire de la Roë, fol. 64 v°	1148-70	Don de moitié de son champ et d'un pré à la Roë, litige à son retour	
Geoffroy Gualeri	Cartulaire de la Roë, fol.90	1128-70	Don à la Roë de 4 s.	

125 Les renseignements les plus denses proviennent des cartulaires de la Roë, des Bonshommes de Craon ainsi que de la collection Dom Housseau, qui nous fournit le testament de Maurice II avant son départ pour la croisade.

126 En revanche, nous ne rentrerons pas dans la polémique autour d'une liste recensant les croisés partis à Jérusalem en 1158, moment où Maurice II fut fait chevalier sur les terres angevines et participait au siège de Thouars. Une dense bibliographie sur la question fait le point sur un faux élaboré par Jean Baptiste II de Goué au XVIIe s. et placé dans le chartrier de Goué (Angot 1897, 1911, 341-370 ; Laurain 1912, 1913, 1914).

Geoffroy de la Guerche	Cartulaire de la Roë H.193fol.15		Don à la Roë pour l'anniversaire de son frère Hugues	Cousin de Maurice II, fils de l'oncle maternel du seigneur de Craon
Jean de Livré	Cartulaire de la Roë, fol. 97	1148-70	Don à la Roë d'une terre sur le fief de son seigneur Jean Bobé son seigneur, du consentement de celui-ci et de sa propre femme Pétronille	
Hugues de la Roë	Cartulaire de la Roë, t.2, p.84	Vers 1170		Possible vassal du seigneur de Craon et compagnon de Geoffroy Gualéri

Tabl. 23. Proches du seigneur de Craon partis à Jérusalem vers 1170.

Personnages	**Sources**	**Dates de départ**	**Donations au moment de son départ**	**Rapports avec le seigneur de Craon**
Juhel III de Mayenne	A.N., L.972, dossier Mayenne	1190	Ratification de toutes les possessions de Savigny dans son fief	Beau-fils de Maurice II
Vivien de Méral, fils de Suhard de Méral	B.N., lat. 5.446, p.297	Entre 1170 et 1200	Don à Saint-Serge et à l'église de Méral	Possible vassal du seigneur de Craon
Guillaume du Plessis	Cartulaire de la Roë, fol.100v°	1190	Désireux de réparer ses torts avant de partir, reconnaît devant son entourage n'avoir comme droit que le service de 3 ou 4 chevaux et l'aide aux 4 cas	
Raoul et Olivier de la Roë	Cartulaire de la Roë, t.II, p. 11	1191	Témoins du départ de Maurice II pour Jérusalem	Possible vassal du seigneur de Craon

Tabl. 24. Proches du seigneur de Craon partis à la troisième croisade en 1190 - 1191. Ballots Pierre : personnages supposés vassaux du seigneur de Craon.

Maurice II de Craon s'est rendu à deux reprises à Jérusalem : en 1169/1170 et au moment de la troisième croisade en 1191 aux côtés de Philippe Auguste et Richard Cœur de Lion. Auparavant, Robert le Bourguignon s'était lui aussi engagé après l'appel du pape Urbain II à Clermont.

Seigneur de Craon parti à la croisade	Seigneur de Sablé parti à la croisade	Date
Robert le Bourguignon, père de Robert de Sablé et trisaïeul de Maurice II de Craon		1098
	Robert de Sablé, fils cadet de Robert le Bourguignon	Vers 1100. Peut-être à la recherche de son père.
Maurice II 1e expédition 2e expédition	Robert IV de Sablé, grand maître de l'ordre du Temple, mort en Palestine	1169/1170 1191

Tabl. 25. Seigneurs de Craon et de Sablé ayant participé aux croisades ou s'étant rendus à Jérusalem fin XIe - XIIe s.

En 1169-1170, Geoffroy de la Guerche, fils de Guillaume de la Guerche, célébrait l'anniversaire de son frère Hugues en donnant à la Roë vingt sous angevins, du consentement de sa femme Aliénor. En outre, il concédait à l'abbaye le droit de pâture de sa forêt de la Guerche pour les porcs des chanoines et leur remettait les vingt deniers qu'ils payaient pour la terre des Roches[127]. Parmi les témoins, figurait Maurice II, cousin de Geoffroy et neveu de Guillaume de la Guerche, son oncle maternel. Les liens étroits existant entre le neveu et l'oncle apparaissent dans le folio 11 du cartulaire de la Roë : une charte mentionne la présence de l'oncle maternel auprès du jeune seigneur et souligne également son poids dans les prises de décisions de son protégé[128]. Le document est daté de 1158, moment où le jeune seigneur est adoubé chevalier et prend possession du domaine. Ce soutien trouvait tout son sens dans les moments importants de la vie religieuse et économique, se prolongeant également dans le domaine militaire. Non seulement les deux parents, Maurice II et Geoffroy de la Guerche, allaient partir ensemble à Jérusalem, mais ils préparaient conjointement leur départ figurant, en tant que témoins, dans leurs chartes respectives. Ce voyage à Jérusalem ne prenait pas la forme d'une initiative personnelle – en tous les cas en ce qui concernait Maurice II de Craon – mais il s'agissait d'une expédition collective entre individus unis par des liens de parenté ou des liens vassaliques. Bien préparée, cette aventure humaine donnait lieu à un resserrement de ces liens.

En 1190, Juhel III de Mayenne ratifiait toutes les possessions de Savigny dans son fief l'année de son départ pour Jérusalem. Isabelle, sa mère, et Maurice II, son beau père, figuraient en tant que témoins[129]. La même année, Robert de Sablé fondait l'abbaye du Perray ; Maurice II apparaissait dans la charte en tant que témoin. Les préparatifs autour de ce départ à la troisième croisade nous offrent les mêmes remarques que précédemment :

127 Archives de la Mayenne, H. 193, fol. 15.

128 *Cartulaire de la Roë*, fol. 11 r° et v° : *De quare Michael abbas supra dictum Mauritium et Guillermum de Guirchia avunculum ejus requisivit. Qui Mauricius cum consilium supra dicto abbati et ecclesie suum minagium reddidit et in perpetuo in pace tenendum concessit....*

129 Arch. Dép. de la Mayenne, L. 972.

non seulement le désir de régler toutes les affaires avant de partir et d'être entouré par la protection divine, mais également la volonté d'intégrer dans ces dispositions les compagnons qui allaient se rendre eux aussi à la croisade, qu'ils aient été de même rang que Maurice II ou dépendant du seigneur. C'est ainsi qu'un document mentionne la présence de Maurice II lors d'une tractation entre Hugues de la Roë et son fils Suhart avec les chanoines de la Roë : cette négociation eut lieu devant la cour de justice du seigneur de Craon avant son départ à Jérusalem et de celui d'Hugues de la Roë, qui l'accompagna[130]. Pour cette expédition, qui correspond à la troisième croisade, Maurice II semble s'être entouré de personnages d'une autre stature que pour la première : Juhel III de Mayenne, Guillaume du Plessis alors que le nombre de vassaux, ou supposés tels, était plus important lors du premier voyage.

De plus, il est fort probable que les compagnons du seigneur de Craon, c'est-à-dire ses vassaux qui l'avaient accompagné, aient bénéficié de largesses à leur retour : leur présence auprès du seigneur, loin des terres, avait certainement eu des retombées qui pouvaient se matérialiser par une position éminente à la cour de justice seigneuriale ou une participation plus importante à la juridiction domaniale, comme l'attribution d'un office. Maurice II n'oublia pas non plus qu'il était avant tout un châtelain, ayant des prérogatives fondées, pour une grande part, sur l'autorité, la puissance, le prestige et la reconnaissance. Il s'efforça ainsi, au cours de ces deux expéditions à Jérusalem, de se procurer des reliques et de les ramener en pays angevin. En ce qui concerne l'année 1169, sept actes mentionnent la donation de reliques à Maurice II par des personnes différentes, ce qui témoigne de l'intérêt du seigneur de Craon pour les reliques.

Source	**Donateur**
Dom Housseau, n°1866	Renaud, abbé du Mont-Sion
Dom Housseau, n°1869	Renaud, évêque d'Hébron
Dom Housseau, n°1871	Évêque de Sébaste
Dom Housseau, n°1872	Abbé du Temple
Dom Housseau, n°1873	Abbesse de Notre-Dame-La-Grande de Jérusalem
Dom Housseau, n°1874	Amaury, roi de Jérusalem
Dom Housseau, n°1875	Maître de Saint-Lazare de Jérusalem

Tabl. 26. Les donateurs de reliques au seigneur de Craon en 1169.

Nous avons davantage de précisions sur l'origine, la nature et la destination des reliques ramenées par Maurice II au cours de son second voyage. Le texte qui nous précise ces informations est issu du cartulaire du prieuré des Bonshommes de Craon[131] ; il émane de Philippe de Naplouse, grand maître de l'ordre du Temple, qui serait monté au mont Sinaï

130 Cartulaire de la Roë, fol. 95 v°. Ce document, dont l'original a été perdu, est daté entre 1150 et 1170. "*Hoc postea concessit Suhardus ante dominum Mauritium* (...)".

131 Farcy 1905, (fol. 176), 10-11.

et aurait obtenu des moines de ce lieu l'ouverture du tombeau de la bienheureuse vierge Catherine. Après avoir disposé d'un trésor, provenant du corps de la Vierge, sans que l'on sache réellement ce dont il s'agissait[132], il aurait donné cette relique, ainsi qu'une autre provenant de la croix du Christ, au seigneur de Craon, qui les aurait confiées au prieuré des Bonshommes de Craon. Ce prieuré, fondé par Maurice II dans les années 1190 à l'imitation de ce qu'avait fait Henri II Plantagenêt, vers 1178, fut l'objet de toutes les attentions de la part du seigneur de Craon, sans parvenir cependant à supplanter l'abbaye de la Roë dans son rôle de dépositaire de la mémoire familiale des Craon : les Grandmontains avaient certainement refusé de transformer leurs ermitages en nécropoles familiales. À son retour de Terre sainte, le châtelain gratifiait "ses" églises d'une pluie de reliques qui les associaient aux grâces du pèlerinage, mais cette donation avait également pour but d'asseoir la nouvelle fondation de Maurice II et à travers le prieuré, d'affermir l'autorité du seigneur de Craon.

Il paraît ainsi évident que les voyages de pélerinage ainsi que la croisade ont permis de resserrer les liens entre les individus : on se rapprochait des siens dans les moments difficiles ou lors d'une expédition lointaine. Mais les relations avaient déjà été établies ; le pèlerinage comme la croisade laissent entrevoir autour du seigneur de Craon un réseau de relations à la fois horizontal et vertical, visible à travers deux exemples : l'un correspond au premier départ de Maurice II à Jérusalem en 1169-1170, le second intéresse la troisième croisade avec Juhel III de Mayenne et Robert IV de Sablé. La croisade a donc été un élément cristallisant de la solidarité familiale.

Au cours de l'année 1191, Maurice II mit de l'ordre dans ses affaires et s'attacha à préparer sa participation à la troisième croisade. Désireux de réparer ses torts et de régler un conflit avec les religieux de la Roë avant de partir, Maurice II reconnaissait devant son entourage *mei heredes et omnes* que tout ce que l'abbaye avait pu acquérir sur ses terres était libre de droits et affranchi de servage[133]. Le seigneur de Craon prit cette disposition en 1191, peu de temps après celle prise par Guillaume du Plessis, qui limitait ses prérogatives sur des terres appartenant à l'abbaye[134]. En réglant ses dettes, en réparant les torts qu'il avait causés, Maurice II entendait obtenir les faveurs et la protection de Dieu et sauver son âme dans le cas où il ne reviendrait pas vivant de Jérusalem : se mettre en règle avec son prochain, et tout particulièrement avec les églises, était un préalable à son départ. Étaient alors présents au palais épiscopal la famille du seigneur – sa femme et ses fils – mais également ses proches qui, pendant son absence, allaient veiller au patrimoine familial : Guillaume de la Guerche et Philippe de Saucogne.

Les documents que nous avons pu regrouper nous exposent aussi les préoccupations d'un seigneur quant à la gestion de sa seigneurie et la distribution de son héritage : ces dispositions, relevant de la sphère privée et familiale mais touchant également le domaine public, présentent l'intérêt de distinguer les proches de la cellule conjugale, ceux qui disposent de la confiance du seigneur au point de se voir confier la tutelle des enfants et la

132 "*in montem Synay ascendi et a monachis loci illius sepulcrum beate virginis Katharine michi aperire obtinui et cum ingenti timore pariter et amore, de sanctissimo corpore prefate virginis presentem thesaurum veraciter assumpsi*".

133 Bodard de la Jacopière 1869, Ac 927 : *omnino libere et quiete ab omnibus servitiis.*

134 Cartulaire de la Roë, fol. 100 v°.

gestion du domaine aux côtés de l'épouse. Nous sommes au cœur du réseau de sociabilité du seigneur de Craon ; nous pouvons alors en apprécier les contours et constater la place particulière tenue par la dame de Craon.

Le document trouvé dans la collection Dom Housseau[135] est à cet égard significatif et nous apporte des informations intéressantes. L'image de Maurice II apparaissant dans l'acte est celle d'un homme prévoyant, soucieux de l'intérêt patrimonial. En effet, tous les cas de figure ont été envisagés par le seigneur de Craon et compte tenu des enjeux, rien n'a été laissé au hasard : chaque situation est l'objet de dispositions particulières.

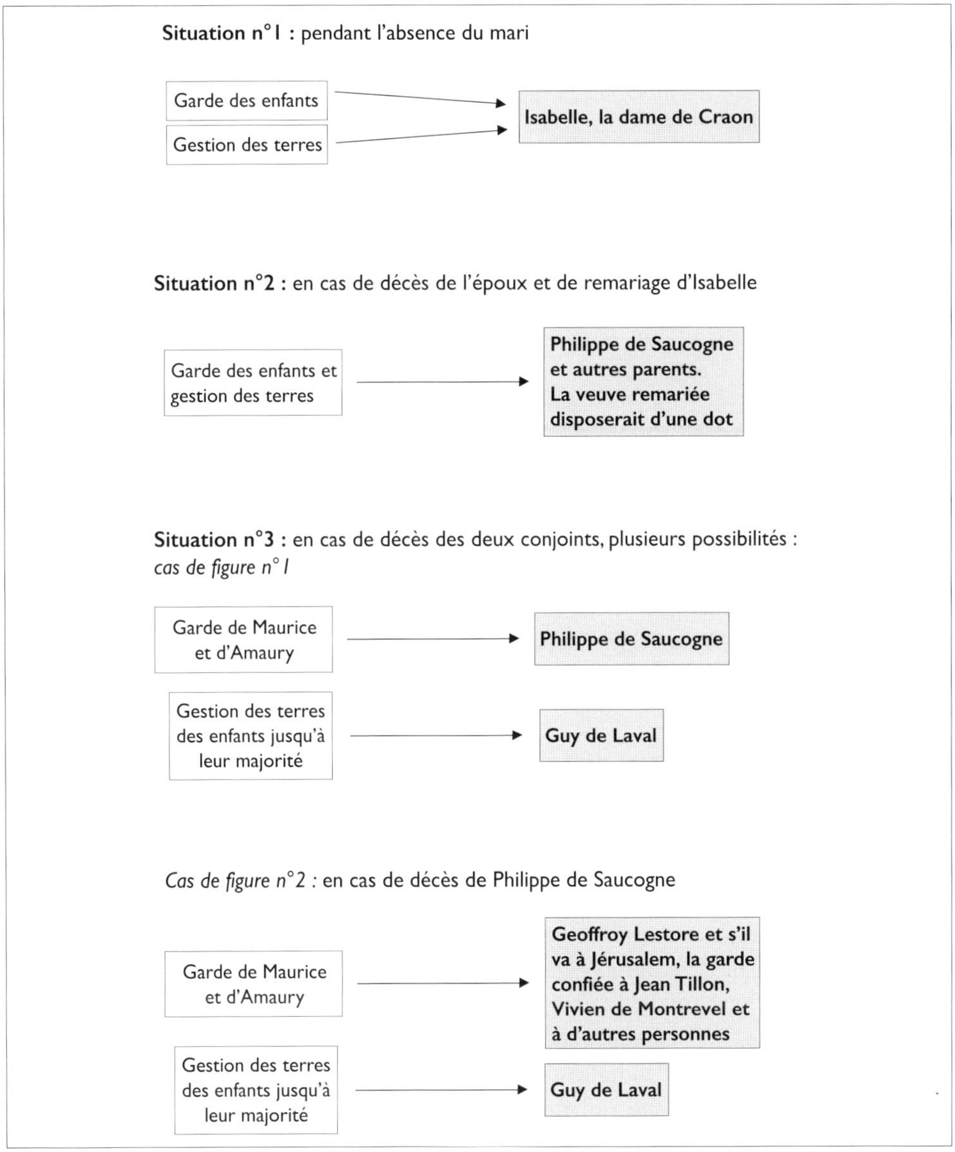

135 Collection Housseau, VI, n°2135.

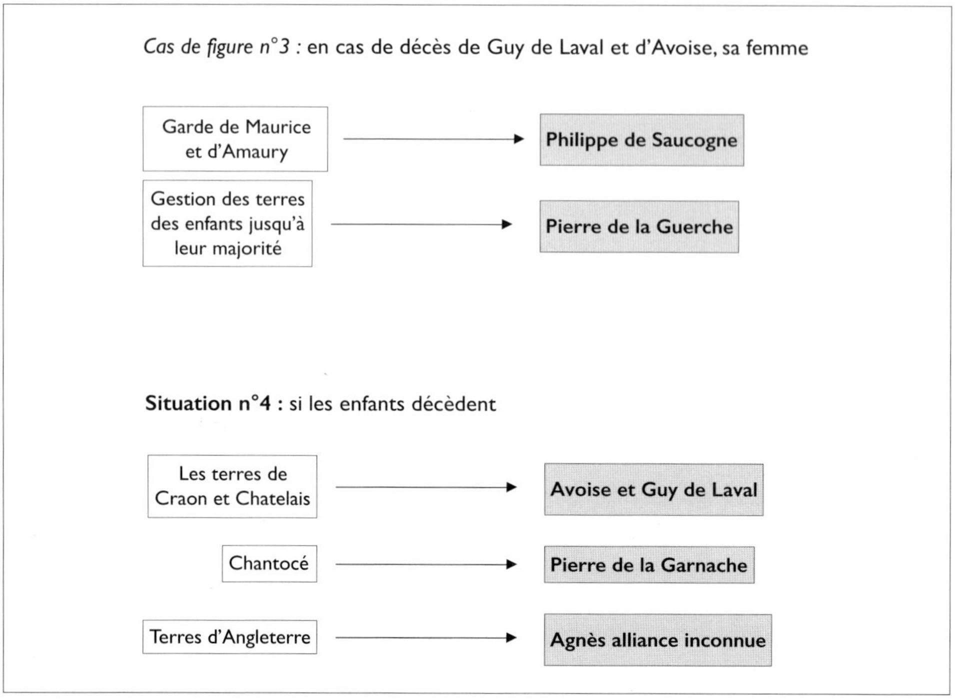

Fig. 11. Dispositions testamentaires de Maurice II.

Ces schémas, élaborés à partir du testament de Maurice II, appellent quelques commentaires. Tant que l'un des deux conjoints est vivant, les dispositions restent générales, à condition toutefois que la dame de Craon ne se remarie pas. Dans ce cas-là, les terres et la garde des enfants iraient à un conseil de famille regroupant Philippe de Saucogne et d'autres parents. Maurice II ne trouvait pas nécessaire de les citer : cela pouvait lui paraître tellement évident qu'il n'était pas utile de les nommer ou bien cela pouvait signifier que l'importance de ces parents était moindre.

En revanche, dans le cas où la mort toucherait les deux époux, les dispositions deviennent plus précises et toutes les possibilités sont prévues. En premier lieu, Maurice II envisage séparément la tutelle des enfants et la curatelle des biens, confiées à deux personnes différentes, dont le nom est explicitement cité : Guy de Laval, époux d'Avoise, l'aînée de tous les enfants de Maurice II et d'Isabelle, s'occuperait de la gestion des biens et Philippe de Saucogne, dont nous n'avons aucun renseignement, probablement vassal du seigneur de Craon, serait chargé de la garde des enfants. Cette distinction est intéressante dans la mesure où l'on peut cerner la volonté du testateur de prendre des garanties supplémentaires. Si l'on peut considérer que Guy de Laval, gendre de Maurice II de Craon et beau-frère par alliance des enfants, paraissait tout indiqué pour veiller à la gestion domaniale des enfants du seigneur de Craon, en revanche, l'attribution de la garde des enfants à Philippe de Saucogne nous surprend davantage. En tout cas, se trouvent ainsi mis en avant des personnages qui pouvaient se prévaloir de la confiance du seigneur et il est notable de constater que ce n'était pas forcément des membres de sa parenté. Nous pouvons légitimement penser que le fait de ne pas donner la garde des enfants à un puissant curateur interdisait à ce dernier de décider seul des alliances des mineurs, ce qui était une garantie supplémentaire.

Par la suite, Maurice II expose les mesures à prendre en cas de décès de l'un des deux personnages. Si Philippe de Saucoge meurt, la garde des enfants serait alors confiée à Geoffroy Lestore ou s'il est à Jérusalem à Jean Tillon, Vivien de Montrevel et d'autres qui ne sont pas cités, mais qui sont les fidèles ou les amis proches de Maurice II : la garde serait alors collégiale, avec des personnes d'importance inégale.

En cas de décès des enfants mâles, Maurice II prévoit une clause dans son testament et distribue ses terres à ses filles et gendres. Nous pouvons alors cerner l'ordre d'importance que le seigneur de Craon accordait à ses possessions : d'abord la seigneurie de Craon et Chatelais à Guy de Laval, Chantocé à Pierre de la Garnache, l'époux de sa fille, Clémence, c'est-à-dire les fiefs situés en France et ensuite les fiefs situés en Angleterre. De telles dispositions testamentaires rappellent celles effectuées par Guillaume le Maréchal en 1219 et étudiées par G. Duby[136]. Avec le testament de Maurice II, que nous avons conservé partiellement, il n'était question que d'héritage. Guillaume parlait en plus de sépulture, évoquait le cortège des obsèques : il s'agissait des dernières volontés d'une personne âgée s'apprêtant à partir. Mais, dans les deux cas, le chef de maison énonçait distinctement ses volontés, ses choix, qui étaient confiés à l'écriture afin que tout fût bien établi.

En juin 1191, Maurice II était enfin prêt pour partir à la troisième croisade : il avait mis de l'ordre dans ses affaires, réglé ses différends avec les religieux de la Roë, ouvert des routes pour faciliter l'accès à l'abbaye[137] et précisé dans un testament[138] la distribution de son héritage et le dénombrement de sa fortune sans oublier son domaine de Poiltrée, avec ses étangs et ses bois. Le testament de Maurice II révèle l'inquiétude d'un chef de lignée à cette époque, conscient de la réalité et des risques encourus par les enfants en bas âge : le décès des enfants mâles. En couchant par écrit ces dispositions, Maurice II entendait, non seulement préparer sa succession, mais encore prendre le maximum de précautions afin de prévenir d'éventuels problèmes familiaux. De plus, à travers ce document, nous nous rendons compte du resserrement des liens au moment d'une grande expédition militaire, telle que l'était la croisade, et de la vigueur de cette solidarité – autre que lignagère – qui avait lieu au moment du départ du seigneur, dont l'absence suscitait probablement des convoitises : la *familia* du seigneur veillait alors aux intérêts lignagers.

Au vu des documents que nous avons étudiés sur la famille de Craon, il apparaît que les solidarités les plus fortes s'exprimaient dans le cadre de la parenté, mais la parenté vécue, pratique, définie par Didier Lett et Florence Weber comme "l'ensemble d'obligations et de sentiments qui donne leur efficacité aux liens officiels de parenté ou qui crée d'autres liens"[139]. Cette parenté ne correspond pas stricto sensu au mot "lignage", du moins dans son sens restreint défini par les anthropologues et certains historiens et correspondant

136 Duby 1984.
137 *Chartrier de la Roë*, vol. 71, folio 37.
138 BnF, collection Housseau, VI, n°2135.
139 Weber 2005, 9.

à l'atome de parenté "lévistraussien" : les liens qui unissent un homme et une femme, un couple et leurs enfants[140]. Dans le cas de Maurice II de Craon, son affection et son soutien se portent à la fois sur le noyau restreint de sa famille, mais aussi sur des éléments extérieurs, membres de sa parenté, et sur ses proches vassaux. La familiarité et l'entraide sont présentes à tous les niveaux de la parenté : Maurice II intègre, dans un vaste réseau[141], les parents et alliés, la *familia*, laissant transparaître un système de parenté proche de celui de l'époque carolingienne, dans lequel l'alliance occupe une place centrale, au moins autant que le lien de filiation.

À côté de la famille fondée sur les liens du sang, il en existait donc une autre qui jouait un rôle important dans la vie quotidienne des Craon à cette période : il s'agit de celle constituée par tous ceux qui vivaient dans leur entourage de façon permanente ou temporaire et qui leur était attachée par des liens de vassalité, d'amitié, d'affection ou de domesticité qui ne s'excluaient pas forcément les uns des autres. Ce que l'on sait de cette *familia* se réduit malheureusement à des noms qui figurent au bas des actes ou qui sont couchés sur des testaments. À la lecture du testament, apparaît un groupe plus ou moins nombreux autour du seigneur de Craon constitué de chevaliers, d'écuyers, issus pour la plupart de la future noblesse angevine. Dans des circonstances exceptionnelles, les guerres privées ou festivités, les vassaux et amis venaient les rejoindre constituant alors un groupe plus nombreux. L'entourage des Craon se composait aussi de clercs, de chapelains et de conseillers.

Il est donc significatif de souligner que la structuration lignagère n'oblitère pas, dans le cas des Craon, d'autres formes de parenté, proches de la structure large de l'époque carolingienne qui associerait le groupe domestique du seigneur de Craon : ses tuteurs sont pris parmi ses familiers, sa *familia* vassalique.

L'image renvoyée par les Craon à l'époque de Maurice II est celle d'un schéma élargi du noyau familial, mais nous ne devons pas opposer cette structure familiale large à l'intérêt lignager. Ces deux notions, souvent présentées comme étant contradictoires, ne sont pas forcément incompatibles : au lieu de supprimer le lignage, cette structure de la parenté élargie, proche de la *gens*, qui transcendait les divisions politiques, en assurait la pérennité autour de deux objectifs communs : le renforcement de l'influence et de l'autorité locale du seigneur de Craon et la gestion des intérêts de la seigneurie.

Un châtelain soucieux de ses intérêts seigneuriaux

Le seigneur de Craon apparaît comme un homme de son temps, participant aux diverses opérations militaires et prenant part à la croisade dès que l'occasion se présenta. L'originalité se situe dans sa prise de position en faveur du Plantagenêt : sa loyauté fut sans faille quel que soit le contexte politique et il n'eut pas de politique louvoyante. Selon la thèse défendue par les historiens, les révoltes baronniales contre les Plantagenêts ont été une réaction à la politique centralisatrice et de soumission des châtelains menée par Henri II. À contre-courant

140 Lévi-Strauss 1958, 62-65.

141 Chauvard 2004, 87-108 ; pour un bilan de l'engouement de la démographie historique pour l'analyse de réseaux dans la reconstitution des liens de famille, voir "Histoire de la famille et analyse de réseaux", *Annales de Démographie Historique*, 2005-1.

des prises de position de l'aristocratie angevine, l'attitude de Maurice II signifierait que le seigneur de Craon était moins préoccupé par la défense de ses prérogatives seigneuriales que ses pairs. Or, nous avons vu que sa fidélité s'était accompagnée d'émoluments, de gratifications et qu'il avait contracté une alliance intéressante avec Isabelle de Meulan, veuve de Geoffroy de Mayenne, ce qui constituait une chape intéressante à l'établissement d'une puissante châtellenie dans l'espace angevin. De surcroît, les actes que nous avons trouvés sur Maurice II de Craon et les analyses de quelques historiens – dont la plus récente est celle de J.-C. Meuret[142] sur les rapports entre "peuplement, pouvoir et paysage" – brossent le tableau d'un châtelain soucieux de la consolidation de ses droits seigneuriaux et de la mise en valeur de son domaine.

Les enjeux de la politique seigneuriale au XIIe s. : maintien des droits seigneuriaux et mise en valeur du domaine

La documentation que nous possédons correspond à des actes de Maurice II de Craon figurant dans divers cartulaires ; elle nous offre, de ce fait, une vision indirecte de la gestion de la seigneurie puisque le contenu intéressait, en premier chef, les membres de la communauté. Parmi ces chartes, les plus nombreuses se trouvent dans le cartulaire de la Roë que nous avons déjà étudié. Nous nous sommes limité à la documentation sur Maurice II de Craon car les actes émanant du seigneur de Craon sur cette thématique sont quasiment inexistants avant et ceux postérieurs à Maurice II dépassent notre cadre chronologique. Les chartes de Maurice nous montrent les préoccupations et les centres d'intérêt d'un châtelain et plus particulièrement sa manière de gérer le domaine familial, une seigneurie foncière et banale. Le tableau ci-dessous recense ces actes couvrant toute la deuxième moitié du XIIe s. : de la prise en main de la seigneurie par Maurice II jusqu'à la fin de sa vie en 1196.

142 Meuret 1993.

Sources	Date	Contenu
Cartulaire de la Roë, H.154, fol. 57	1152/1153	Donation d'une terre par Maurice II à la Roë que se disputaient Geoffroy de Vitré et Mathieu du Breil de Peuton
Cartulaire de la Roë, fol. 77, v°78	1158	Demande de Maurice II à l'abbé Michel de payer la taille, en dépit d'exemptions antérieures accordées par Renaud le Bourguignon
Cartulaire de la Roë, H.154, fol. 68	1150/1170	Donation d'un pré par Maurice II et privilèges concédés
Cartulaire de la Roë, acte 193	1156-1162	Donation par Maurice II à la Roë d'un emplacement pour construire une chapelle à Poiltrée
Cartulaire de la Roë, fol.11 r° et v°	1150-1158	Restitution d'un droit à la Roë
H 194, fol.6 et 37	22/06/1191	Affranchissement en faveur de l'abbaye de la Roë
Cartulaire du prieuré des Bonshommes de Craon, fol.176	1196	Donation aux Bonshommes de Craon
Collection Dom Housseau, volume VI, n°2135	Fin XIIe s.	Maurice II partant pour la croisade

Tabl. 27. Actes issus de divers cartulaires apportant quelques informations sur la gestion du domaine seigneurial à l'époque de Maurice II.

Dans un premier temps, le seigneur de Craon se soucie d'affirmer son autorité à l'intérieur de ses terres. En 1152-1153, un acte du cartulaire de la Roë confirme cette préoccupation du seigneur de Craon au moment où il prend possession de son domaine : il apparaît en arbitre et en bon justicier. Robert de Denazé, Geoffroy Touchart, Robert Bigot, Robert Corbin et Barbot Chantepie donnent leur terre commune de la Ballue à la Roë pour y faire un cimetière béni par l'évêque Normand de Doué[143]. À cette donation, Maurice II ajoute la terre de la Chalonge que se disputent Geoffroy de Vitré et Mathieu du Breil de Peuton qui cèdent les droits qu'ils ont sur elles. Non seulement Maurice II règle le différend entre Geoffroy de Vitré et Mathieu du Breil, mais il apparaît, de surcroît, en bienfaiteur de l'abbaye sans amputer son domaine. Sa décision est difficilement contestable, elle ne lèse personne sans satisfaire pleinement les différentes parties, mais elle souligne l'autorité du seigneur, qui affiche alors sa volonté de régler les contentieux.

Quelques années plus tard, Maurice II entreprend de faire valoir ses droits féodaux face à l'abbaye qu'il venait de combler peu de temps auparavant au risque de provoquer des contestations à son égard. En effet, en 1158, le seigneur de Craon exige de l'abbé Michel le paiement de la taille, en dépit, nous dit le compilateur du cartulaire, d'exemptions

143 *Cartulaire de la Roë*, H. 154, fol. 57.

antérieures obtenues au temps de Renaud l'Allobroge[144]. Ce paiement de taille semble être une taxe que n'apprécient pas les chanoines puisque de nombreuses chartes faisant mention de son exemption par le seigneur de Craon au bénéfice de l'abbaye figurent dans le cartulaire.

Au folio 68, un acte de Maurice II, daté d'environ 1150-1170 et recopié par l'un des compilateurs du cartulaire, mentionne la donation par le seigneur de Craon du pré de Fontenelle et l'exemption des redevances en avoines et en taille de toutes les terres acquises par eux dans les limites de son fief[145]. Une charte de Maurice II, datée du 22 juin 1191, avant son départ à Jérusalem, confirme aux chanoines de l'abbaye l'exemption de toutes les redevances sur les biens qu'ils pourraient acquérir sur sa terre ; cette anticipation souligne le souci constant des religieux à passer au travers de leurs obligations financières ou en nature. Le seigneur de Craon n'entend pas, en revanche, céder ses droits féodaux, tout au plus accorde-t-il quelques privilèges avant de partir en croisade.

Soucieux de ses intérêts, limitant les privilèges et arbitrant les différends, Maurice II agit en maître sur ses terres, n'hésitant pas à outrepasser ses droits, ce dont le cartulaire de la Roë se fait l'écho. Au folio 11 du cartulaire, les chanoines font mention d'un droit de minage injustement perçu par deux des serviteurs du seigneur de Craon sur le blé d'Hervé, neveu de l'abbé Michel[146]. Sur le conseil de Guillaume de la Guerche, Maurice II restitue ce droit à l'abbaye. Cette charte nous expose les difficultés de l'administration d'une seigneurie et la nécessité d'en assurer une gestion stricte au prix parfois d'une extrapolation des droits et des contestations. Face aux convoitises multiples et aux luttes d'influences entre pôles de pouvoir, une administration stricte s'avére nécessaire. Les relations entre le seigneur de Craon et l'abbaye de la Roë alternent ainsi entre phases de tensions et de bonne entente, laissant apparaître un jeu complexe dans lequel chacun s'efforce de conserver les droits acquis et d'accroître son influence, tout en assurant la pérennité de ces liens dans un intérêt commun. En effet, la réussite économique de l'abbaye a certainement rejailli sur les possessions du seigneur de diverses manières : développement des échanges, accroissement de la population.

L'allusion dans le cartulaire à une extrapolation des droits de la part de Maurice II confirme l'idée que le seigneur ne voulait pas être tenu en marge de la croissance économique de la Roë et qu'il entendait, lui aussi, en tirer profit. C'est dans ce sens qu'il faut comprendre l'ouverture par Maurice II d'un chemin de la Roë vers la Guerche en 1191[147].

144 *Cartulaire de la Roë*, fol. 77, v°78 : [...] *Abbas respondit quod donnus Raginaldus Allobrogum, nobilis fundator ecclesie de Rota dederat ei omnes talliatas et omnia servitia que ad suum dominium pertinebant tam de numis quam de avena et omnibus aliis serviciis* [...].

145 *Ibid.*, H. 154, fol. 68 : [...] *Insuper etiam concessit ecclesie et canonicis omnes homines quos tunc hababant in suo feodo absolutos ad omnibus costumis et illos etiam qui in antea vellent venire de sua terra in terram canonicorum et concessit omnes cosdumias tam de avena quam de talliata sua, de tota rerra quam adquisierant canonici tam emptione quam elemosina* [...].

146 *Ibid.* : *Notum sit omnibus quod famuli Mauricii, Lorgeius videlicet et Ranulfus, ab hominibus Sancte Marie de Rota, Herveo videlicet nepote Michaelis abbatis et Barbotello, minagium sui frumenti in annonaria Credonis abstulerunt. De qua re Michael abbas supra dictum Mauritium et Guillermum de Guirchia avunculum ejus requisivit.*

147 *Cartulaire de la Roë*, acte 285 (22 juin 1191) : *viam quoque liberam peditibus et quadrigis concessi et aperiri feci ad eundum et veniendum ad villam de Rota ex parte Guirchie et juxta domum Gaufridi de Rota.*

Ce chemin suit un tracé fait de larges courbes : à partir de la Roë, il monte vers le nord au lieu de piquer à l'ouest vers La Guerche, afin de contourner le terroir de la Cour-de-La-Roë, ce que l'acte de 1191 nomme *domus* de Geoffroy de La Roë. L'archéologie du paysage nous apporte une explication : lorsqu'un chemin est dévié par une unité d'exploitation, cela signifie que cette dernière est antérieure et qu'elle fonctionnait encore au moment de la création du chemin[148]. De la même manière, le chemin redescend vers le sud laissant le centre paroissial de Fontaine-Couverte, puis remonte au nord pour contourner les terres mises en valeur de Brains-sur-les-Marches.

Comme le suggère Jean-Claude Meuret[149], Maurice II ne fait certainement qu'aménager un itinéraire déjà utilisé en raison des défrichements ; cependant, cet acte du 22 juin 1191 constitue un exemple de volonté d'agencement seigneurial, à vocation publique et témoigne de la réussite économique de l'abbaye de la Roë. La construction de ce chemin matérialise aussi le resserrement des relations entre deux seigneuries châtelaines unies par des liens de parenté étroits : Maurice II était, comme nous l'avons vu, le neveu de Guillaume III de La Guerche[150].

Le cartulaire de la Roë ne nous donne qu'une vision partiale et orientée des événements : cette approche nous permet de nuancer l'hypothèse d'une usurpation des droits par le seigneur de Craon mais confirme l'idée de rapport concurrentiel entre les chanoines et le seigneur, nettement visible dans la mise en valeur de leurs terres respectives. L'abbaye constitue en effet un cas exemplaire pour l'étude de la mise en valeur du sol ; à la fin du XIIe s., elle a terminé l'essentiel de ses défrichements au détriment de la forêt de Craon et l'extension de son rayon d'action a pu être, parfois, une source de conflit avec le seigneur de Craon, comme l'attestent de nombreux documents faisant mention d'une extrapolation des droits féodaux de la part du seigneur de Craon au détriment de l'abbaye, mais également servir des intérêts communs.

Au vu de la documentation que nous possédons, ce n'est donc que dans un second temps que Maurice II assure le développement de sa seigneurie. Une fois la seigneurie prise en main et son autorité établie, le seigneur de Craon entreprend d'aménager son domaine. Entre 1156 et 1162, Maurice II entend profiter de l'extension de l'abbaye pour développer un bourg à Peltrée, située dans la paroisse de La Roë. Un four banal est construit et le seigneur de Craon donne à La Roë un jardin et un emplacement[151] afin de construire une chapelle à l'intérieur du château de Peltrée.

Maurice II apparaît être un seigneur attentif à la mise en valeur de sa seigneurie, tout à fait conscient des retombées que pourrait avoir le développement d'un bourg et l'accroissement de la population à l'intérieur de son domaine. Un acte stipulant un accord entre Maurice II et l'abbé de la Roë, daté de 1196, confirme cette idée. Il s'agit de la donation d'une terre par le seigneur de Craon aux religieux de l'ordre de Gramont, avec l'accord de l'abbé de la Roë, afin d'établir un prieuré. Cette terre, située dans la forêt de Craon, paraît parfaitement délimitée

148 Ce qui pourrait expliquer le tracé sinueux des chemins médiévaux à la différence des itinéraires antiques.
149 Meuret 1993, 425.
150 *Cartulaire de la Roë*, acte 12 (1150-1158).
151 *Cartulaire de la Roë*, acte 193 (1156-1162).

par des fossés ; l'acte nous montre un espace maîtrisé, humanisé, certainement l'œuvre des chanoines de la Roë, sinon pourquoi leur en avoir demandé l'autorisation ? La présence de fossés délimitant le lieu souligne une mise en valeur des terres mais peut également suggérer une activité pastorale, encouragée par le seigneur.

Notre corpus documentaire nous oriente ainsi vers l'idée d'une évolution des centres d'intérêt et des préoccupations du seigneur : soucieux d'affirmer son autorité sur la seigneurie dans un premier temps, il se préoccupe, par la suite, d'aménager l'espace domanial, de contrôler et de délimiter ses terres mais également de faciliter et développer les échanges. Ce constat nous amène à nous poser un certain nombre de questions. Pour quelles raisons le seigneur de Craon a-t-il ressenti le besoin d'établir et d'imposer son autorité ? Cette autorité affirmée par Maurice II s'accompagne-t-elle d'une gestion plus rigoureuse du domaine et traduit-elle de nouveaux enjeux économiques et financiers consécutifs à une croissance visible en cette fin du XIIe s. ?

Au moment où il prend possession de la seigneurie de Craon en 1150, à la mort de son demi frère Guérin, le jeune Maurice est encore mineur. Fils aîné du second mariage d'Hugues avec Marquise, Maurice ne devait pas hériter du patrimoine familial mais les circonstances l'ont voulu autrement, puisque les deux fils issus du premier mariage d'Hugues avec Agnès de Laval, héritiers potentiels du seigneur de Craon, n'atteignirent pas l'âge de la majorité.

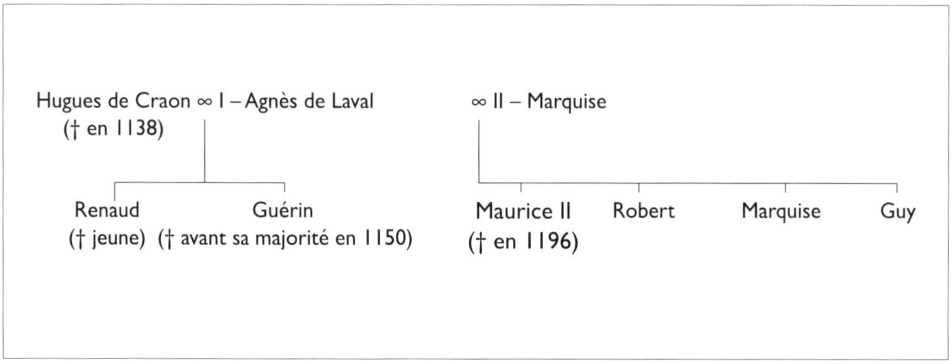

Tabl. 28. Parents, frères, soeurs et demi frères de Maurice II.

Maurice II hérite donc de la seigneurie de Craon en 1150, à la mort de son demi frère, mais il faut attendre quelques années avant de voir le jeune seigneur intervenir sur ses terres et gérer, seul, son domaine. Depuis la mort du seigneur de Craon, Hugues, en 1138 jusqu'à la prise en main de la seigneurie par Maurice II en 1150, le domaine est sans seigneur, en raison d'une longue période de minorité et des décès prématurés des héritiers. Cette situation souligne la précarité de l'enfance à cette époque : la vie des enfants est fragile et leur avenir incertain. Pendant cette période d'une douzaine d'années, aucun représentant du groupe de parenté, ni aucune autorité masculine n'apparaît dans les actes.

Cela ne signifie pas pour autant que la seigneurie ait été à l'abandon ; vraisemblablement géré sous la forme d'un pacte familial, le domaine semble cependant avoir végété. Entre 1138 et 1150, aucune transaction n'a été conclue, selon la documentation à notre disposition ; en revanche, aucune portion de territoire n'a été soustraite au domaine, ce qui laisse supposer une gestion attentiste, passive sans que les personnes, chargées de veiller aux intérêts des mineurs, aient manqué de vigilance ou de prudence.

Dès lors, il n'est pas surprenant que le premier acte émanant de Maurice II, daté de 1152-1153, règle un différend à l'intérieur de ses terres. Apparaissant en tant que bienfaiteur de l'abbaye de la Roë – sans amputer son domaine – et en bon justicier, Maurice II affiche son autorité, impose ses décisions et manifeste son intention de reprendre en main la seigneurie en faisant valoir ses droits. La tâche s'avère difficile : l'absence d'un seigneur à la tête du domaine a dû peser, favoriser des velléités d'autonomie et renforcer la puissance de pôles de pouvoirs secondaires. Non seulement nous saisissons mieux l'évolution des centres d'intérêt et des préoccupations de Maurice II, notamment le souci d'affirmer, dans un premier temps, son autorité sur ses terres, mais nous parvenons également à mieux comprendre les relations complexes entretenues par Maurice II avec l'abbaye de la Roë, dont l'extension semble avoir été réalisée pendant la longue période de minorité des Craon.

La prise en main de la seigneurie par Maurice II puis sa mise en valeur apparaissent dans les actes sous forme d'aménagements divers : un four, un bourg, l'ouverture d'un chemin mais peuvent également être quantifiables en dressant la liste d'officiers seigneuriaux en activité pendant cette période. Ce travail, fastidieux au premier abord, puisqu'il nécessite de reprendre tous les documents que nous avons sur Maurice II de Craon, nous a permis d'ébaucher une esquisse d'organigramme de la seigneurie, certainement incomplète tant sur le nombre d'agents seigneuriaux que sur leurs dates d'exercice mais qui a le mérite de brosser l'aspect général du domaine. En prenant appui sur ce schéma, sur les actes et sur la carte précisant les limites approximatives de la seigneurie, nous pouvons dresser quelques remarques. D'après notre documentation, en cette fin du XIIe s., figurent parmi les agents au service du seigneur de Craon : un recenseur, un vicaire, un chapelain, un receveur et deux sénéchaux.

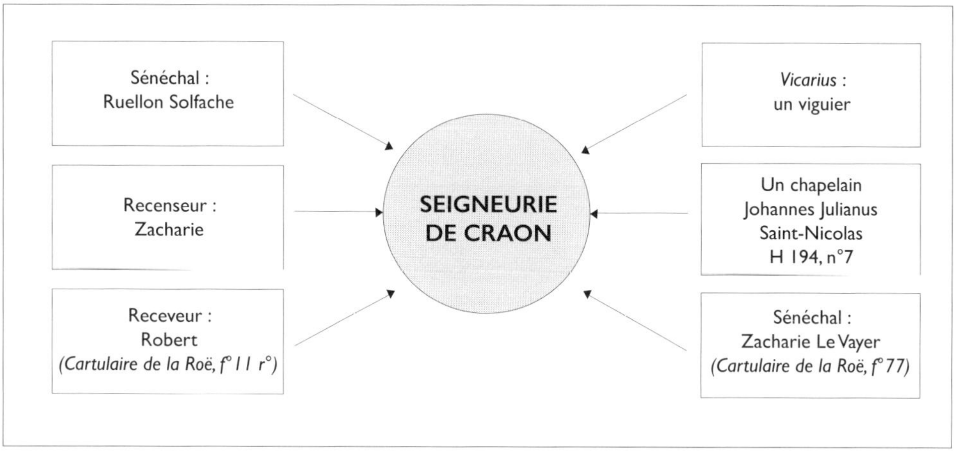

Fig. 12. Agents seigneuriaux sous Maurice II de Craon († 1196).

Le nom de Zacharie Le Vayer, étant peu fréquent, nous pensons qu'il s'agit du même personnage apparaissant sur les actes en tant que recenseur et en tant que sénéchal. Cela signifierait que les attributions de ces charges n'étaient pas encore bien définies. Zacharie Le Vayer paraît toujours en évidence dans les actes du seigneur de Craon. Avant 1133, il figure auprès d'Hugues de Craon et de sa femme, Agnès lorsqu'il concède à la Roë un four dans la ville[152]. Il est témoin de Maurice II quand ce dernier cède un terrain à l'abbaye de la Roë pour un cimetière en 1153[153]. En 1158, il prononce, à la cour du seigneur de Craon, en faveur de l'abbaye l'exemption de la taille[154] et semble présider la cour de justice. En effet, le nom Le Vayer, *vicarius, villicus*, est d'abord celui de la charge que portent les titulaires et l'on suppose qu'ils ont une partie des fonctions judiciaires des Craon[155]. Cette charge semble personnelle et amovible[156] et les fonctions sont mal définies : sans doute s'occupe-t-il d'administrer les biens de son seigneur. Zacharie possède une cour seigneuriale personnelle : il donne raison aux moines de l'abbaye de la Roë pour la possession du fief de la Planche-Enaut, contre Gahéri, fils de Robert de Denazé[157].

La seigneurie châtelaine des Craon, relativement étendue, semble bien administrée, disposant d'officiers proches du seigneur mais aux attributions encore mal définies : classique dans son agencement et dans son fonctionnement, le domaine permet au seigneur de Craon de percevoir, entre autres, le cens, la taille et diverses taxes perçues au marché ou aux foires du pays de Craon.

152 *Cartulaire de la Roë*, charte 13.
153 *Cartulaire de la Roë*, charte 132.
154 *Cartulaire de la Roë*, fol. 78. Zacharias Le Vayer et Silvestre, son frère, juges de la cour de Craon pour l'exemption de la taille de guerre de l'abbaye de la Roë, octobre 1158.
155 Angot 1942, 254.
156 Aucun élément ne nous permet de dire que cette charge était héréditaire à une époque où les rapports personnels comptaient pour beaucoup.
157 *Cartulaire de la Roë*, fol. 92.

Sources	Dates	Taxes
Cartulaire de la Roë, f° 11 r°	-	Droit de billette sur les marchandises au marché ou aux foires du pays de Craon
Cartulaire de la Roë, f° 12 r°, f° 58r°	1149-1170	Droit de minage sous les halles de Craon
Cartulaire de la Roë, f° 70v°	1158	Taille
Cartulaire de la Roë, f° 68	1150-1170	Redevances en avoine et en droits de taille
H. 194, n°7	1191	Cens perçu par le seigneur

Tabl. 29. Taxes perçues par le seigneur de Craon.

La charte émanant de Maurice II évoquant son départ pour la Terre sainte à la fin du XIIe s.[158] nous apporte des renseignements complémentaires. Conscient des convoitises que pourrait susciter son domaine s'il disparaissait, Maurice entend régler ses affaires et expose les diverses possibilités concernant la garde des terres et la tutelle des enfants : toutes les situations sont entrevues afin d'éviter toute contestation. À chaque situation, le seigneur de Craon présente les conditions et indique la nécessité de régler ses aumônes. Ce souci d'honorer ses dettes est encore plus net à la fin de l'acte puisqu'il énumère de manière détaillée les noms de ses créanciers ainsi que le montant de ses dettes[159] :

Nom des créanciers	Laïc	Ecclésiastique	Créancier	Débiteur	Montant
Guillaume Babin et son frère	*		*		24 livres et 1000 pièces d'or
Héritiers de Guillaume	*		*		26 livres et 100 pièces d'or
David de Chateaubriand	*		*		14 livres
Geoffroy de Pouancé	*		*		1000 pièces d'or
Geoffroy Furnaire	*		*		117 pièces d'or
Guy Loup	*		*		11 livres
Geoffroy de Sablé	*		*		1320 livres
Héritiers d'Hamon Goriden de Lannion	*		*		24 livres

158 Collection Housseau, VI, n°2135.
159 *Ibid.*, VI, n°2135 : *Haec sunt debita mea et nomina eorum quibus debentur.*

Matthieu Engubaut	*		*		16 sous et 3 deniers
Soxebonte de Chateaubriand	*		*		6 sous
Gautier de Dange	*		*		20 livres
Gozeline de Julie	*		*		20 livres
Marquise	*		*		4 livres et demie + 1000 pièces d'or, 24 livres, 14 sous et 5 deniers
Evêque Rodolphe		*		*	16 livres et 15 sous
Bigot	*		*		1015 pièces d'or
Herbert de Saint-Sulpice	*		*		1006 pièces d'or
Breton Fabre	*		*		30 livres
Jean Caprelle	*		*		Une part de forêt d'une valeur de 20 livres
Guillaume d'Azais	*		*		10 livres
Pierre Borbes	*		*		105 pièces d'or
Maurice Guerrois	*		*		14 pièces d'or

Tabl. 30. Nom des créanciers ou débiteurs de Maurice II et montant des sommes dues.

Excepté pour le mariage de Geoffroy de Sablé, nous n'avons aucune information sur la nature exacte des dettes du seigneur de Craon. Les prêteurs sont des laïcs et il est remarquable de constater le nombre important de créanciers et de sommes dues, ce qui suppose une tenue rigoureuse de la comptabilité de la seigneurie et une gestion stricte. Un seul ecclésiastique est mentionné dans l'acte, mais il apparaît en tant que débiteur du seigneur de Craon.

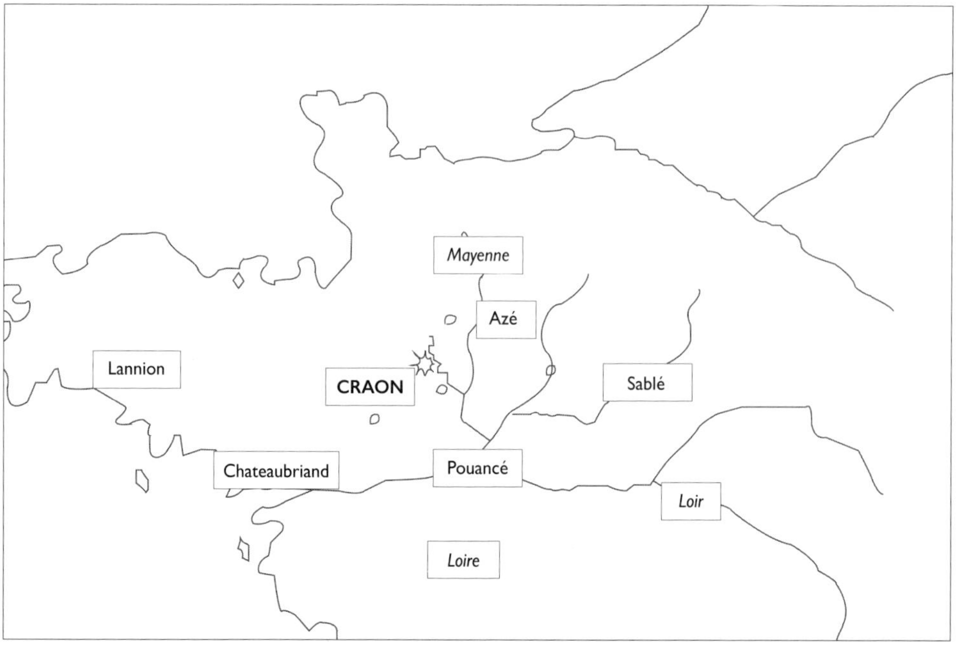

Fig. 13. L'origine géographique des créanciers de Maurice II de Craon dans l'acte cité ci-dessus (fin XIIe s.).

Sur vingt et un personnages cités, cinq ont pu être identifiés et localisés sur la carte ci-dessus. Il apparaît que les créanciers de Maurice II se situent à moins de 80 kilomètres de la seigneurie, excepté dans le cas de Goriden de Lannion, ce qui correspond à un rayon d'action local. En revanche, nous ne savons pas les raisons ni les circonstances qui ont amené Goriden de Lannion à prêter 24 livres au seigneur de Craon. Deux Bretons au moins apparaissent en tant que créanciers du seigneur de Craon, mais l'origine de ces créanciers se situe principalement dans le Maine et l'Anjou et peut correspondre à la carte des alliances conclues par le seigneur de Craon entre le XIe et le XIIe s. ainsi qu'à son réseau de fidélités.

De plus, il convient de distinguer les dettes du seigneur de Craon et les aumônes consenties : il apparaît alors soit en position de débiteur soit dans le rôle de bienfaiteur, ce qui est une démarche logique dans le cas d'un départ à la croisade.

Bénéficiaires	**Sommes consenties**
Bonshommes de la forêt de Craon	24 livres
Église de Martin	21 pièces d'or

Tabl. 31. Aumônes consenties par Maurice II.

L'enracinement castral et la territorialisation du *dominium* sont des fondements essentiels de la construction mémorielle et de l'ancrage lignager. Ce patrimoine donne lieu à des services auprès du comte et de l'évêque qui assoient le rang du seigneur de Craon. Cependant, ce "capital matériel" est difficile à entrevoir sur la longue durée ; nous ne disposons de documents que pour l'époque de Maurice II de Craon, limités au droit de minage et du four, de la taille, des foires et il nous manque des informations sur les droits qui assoient le pouvoir du seigneur et qui territorialisent sa puissance : justice, vacants, péages. Il est d'ailleurs difficile d'apprécier la totalité du "bloc territorial" et de cartographier précisément les limites de la seigneurie. Faute d'une documentation précise, nous ne pouvons émettre que des hypothèses mais au vu de ces actes, il apparaît que le seigneur de Craon ait veillé attentivement à la gestion de son domaine, couchant par écrit les noms de ses créanciers et débiteurs et le montant des sommes dues. Cette rigueur, nécessaire au bon fonctionnement de la seigneurie, se retrouve à travers le dispositif castral du pays craonnais : dense, complexe, de forme pyramidale.

Une satellisation autour du château seigneurial : un réseau castral complexe

L'observation des chartes permet de mettre en évidence un réseau d'hommes qui gravitent autour du seigneur de Craon. Le travail de J.-C. Meuret[160] a été de confronter ce type de source aux cadastres et aux fouilles archéologiques ; cette étude conjointe et comparative permet de saisir l'assise du pouvoir du seigneur de Craon, c'est-à-dire la création de réseaux de fidélités personnelles reposant sur le contrôle de châteaux à mottes.

La carte que nous avons réalisée ci-dessous prend en compte, dans les limites de la seigneurie de Craon, les différentes mottes visibles sur le cadastre et confirmée par des fouilles archéologiques et leurs liens avérés ainsi que les fronts de défrichements les plus importants. La première remarque qui s'impose est tout d'abord le grand nombre de mottes présentes dans la seigneurie. J.-C. Meuret voit dans cette multiplication de mottes, entre autres explications[161], une manifestation de la tendance à l'autonomie de cette région, de son attraction vers la Bretagne et de la faible présence comtale. Or, cette hypothèse dépend de la date d'érection de ces mottes car, comme nous l'avons vu, la constitution d'un bloc territorial imposant en faveur de Robert le Bourguignon date de la deuxième moitié du XIe s. et trouve son origine dans la volonté comtale, ce qui suppose une mainmise suffisamment forte.

160 Meuret 1993.
161 *Ibid.*, 360, ce nombre élevé de mottes s'expliquerait par la fertilité des sols, l'ancienneté du peuplement et la richesse en or du sous-sol.

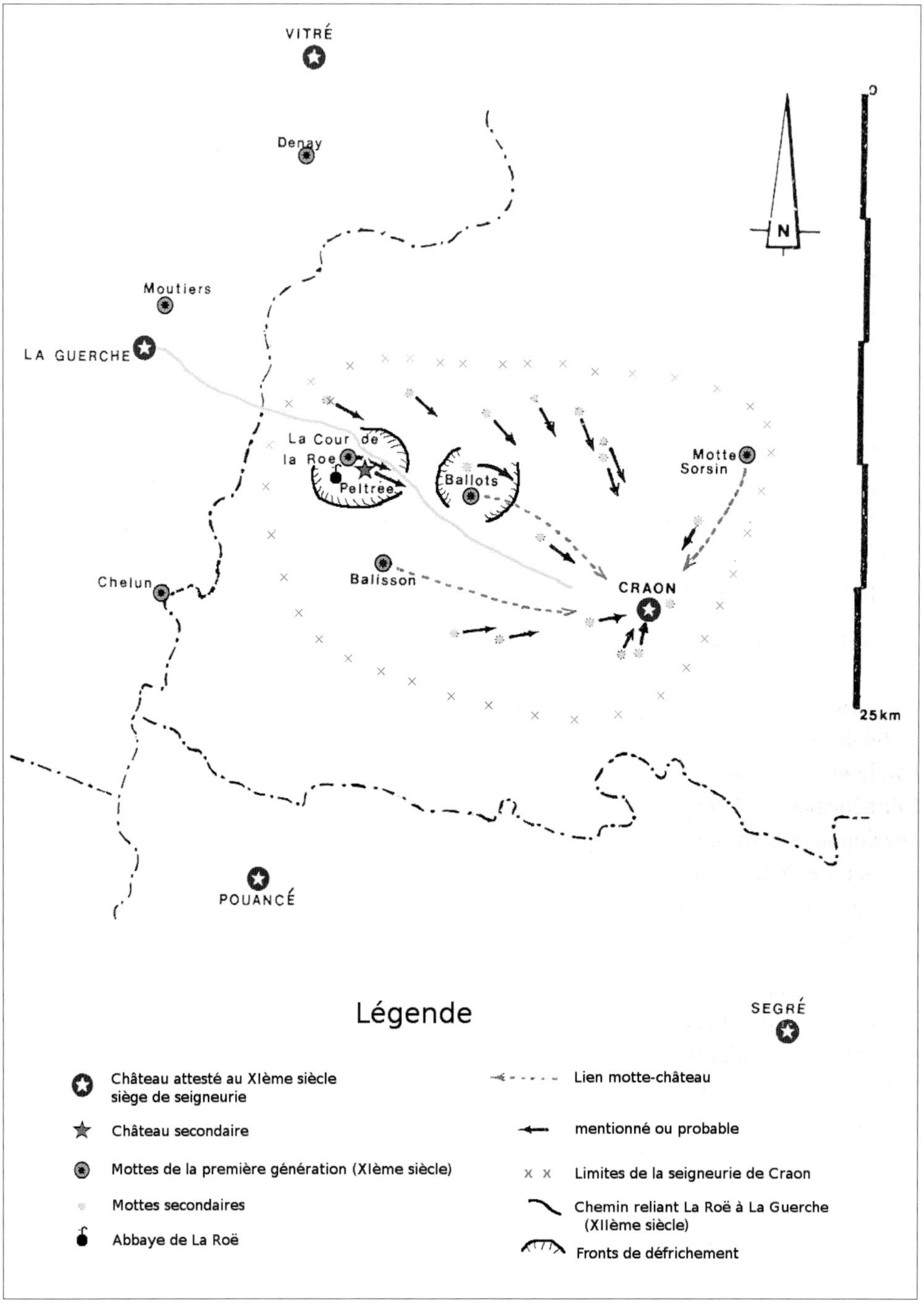

Fig. 14. Châteaux et mottes de la seigneurie de Craon.

De plus, la volonté d'indépendance à l'égard du pouvoir comtal n'est pas un trait caractéristique du seigneur de Craon, quelle que soit la génération.

La carte distingue deux générations de mottes. La première concerne des ouvrages présentant des diamètres dépassant couramment 50m, supérieurs à ceux qui ont été observés ailleurs dans les châtellenies voisines : Balisson en Saint-Michel-de-la Roë (60m) ; Motte-Sorsin en la Chapelle-Craonnaise (60m) ; Craon (60m) ; Ballots (70m).

Sur celles qui sont les mieux conservées (Motte-Sorsin, motte de Balisson), un talus circonscrit la plate forme sommitale. Or, d'après les textes, ces mottes paraissent avoir été détenues par les familles proches du seigneur de Craon et semblent avoir été érigées dès le milieu du XIe s. À la fin du XIIe s., un acte est passé à la Lande-Balisson : Alard de la Ferrière fait don à la Roë de dix sous et d'un droit de pêche. Le terme *domus* désigne leur demeure confirmant que la motte était leur résidence permanente. Dans le Cartulaire de la Haye aux Bonshommes de Craon, le nom de Chaorcin est associé à sa motte au XIIIe s.

À cette première génération de mottes semble avoir succédé une seconde vague plus nombreuse, consistant en ouvrages de petite taille qui sembleraient dater du début du XIIe s. Plus petites, ces mottes, pourvues d'une basse-cour, semblent avoir appartenu à des familles d'importance secondaire mais les textes n'en font pas mention.

Au-delà de ces deux vagues successives, nous pouvons remarquer l'existence de châteaux aux dimensions imposantes et aux fonctions différentes de ces simples mottes, traduisant une forte présence seigneuriale. Il s'agit tout d'abord de la motte de Ballots dont l'observation archéologique et le cadastre nous indiquent qu'elle était la plus importante de la seigneurie. Fondé entre 1078 et 1095 sur une terre donnée par Renaud le Bourguignon à son chapitre Saint-Nicolas, le bourg de Ballots s'est accompagné de l'ouverture d'un défrichement, développé et contrôlé par le seigneur de Craon. Le second exemple nous est fourni par le château de Peltrée, situé sur la paroisse de la Roë. Au moment de la construction de cet ouvrage entre 1116 et 1123, le seigneur de Craon, Hugues, décide de construire une haie défensive pour délimiter le domaine de l'abbaye de celui de Peltrée[162].

Les seigneurs de Craon prennent soin, par la suite, de rappeler que Peltrée est construit sur leurs terres[163], desservi par un officier seigneurial, Ruellon Solfache, sénéchal[164] et qu'il est parfois le lieu où se tient la cour de justice du seigneur. En effet, le folio 95 du cartulaire de la Roë mentionne la première assise tenue par Maurice II à Peltrée à son retour de Jérusalem le 25/12/1170, *ad curiam domini Mauricii de Credoni*. En 1217, Amaury de Craon souligne, de nouveau, le statut de Peltrée : un château seigneurial[165].

La présence des seigneurs de Craon, matérialisée par ce château de Peltrée, est intéressante dans la mesure où l'abbaye de la Roë n'est distante que de 750 m. Étant donné

162 *Cartulaire de La Roë*, acte 49 (1116-1123) : *Hugo dominus Credonensium in primis annis quibus Peletroniam edificare cepit rogavit domnum Albinum abbatem quod haïam inter terram suam et terram Peletroniam faceret quia defensio utriusque esset.*

163 *Ibid.*, acte 285 (1191) : *de stagno etiam canonicorum quod est inter Pelletroiam et villam de Rota quia illud partim est in terra canonicorum et partim in mea terra.*

164 *Ibid.*, acte 235 (1170-1180) : *Ruellonus Solfache senescallus Peletroie.*

165 *Cartulaire des Bonshommes de Craon*, 176, acte XIV (1217).

les relations complexes entretenues entre les deux parties, cet ouvrage pouvait tirer profit de l'extension de l'abbaye et développer un bourg : Maurice II donne à la Roë un jardin et un emplacement pour construire une chapelle à l'intérieur du château[166], puis en 1216, Amaury de Craon fait mention d'un four utilisé à Peltrée[167]. Mais le château constituait également un point de contrôle seigneurial proche des terres de l'abbaye plaçant, si besoin était, les chanoines sous la dépendance ou du moins la protection directe du seigneur.

D'ailleurs, la fonction militaire de Peltrée ne fait aucun doute, comme peut l'attester l'emploi des termes pour le désigner : *castrum, haïa.* L'étude du cadastre de 1840 permet de préciser l'allure générale du château. Se distinguent la motte, aux dimensions plutôt modestes[168], et une imposante basse-cour, de 80 m de côté, bordée par un talus et sa douve[169]. Enfin, peut-on distinguer une zone construite, composée de la haie de terre, érigée par l'abbé de la Roë sur les parcelles 79, 80 et 83 du cadastre sur lesquelles se trouvaient le bourg de Peltrée et sa chapelle dédiée à Saint-Georges en 1184. Nous pouvons certainement y voir une sorte de village-rue qui reliait le château au chemin de La Guerche.

Au XIIe s., Maurice II hérite d'un réseau castral complexe : le château de Craon, fondé vraisemblablement dès le IXe s. mais dont nous ne savons pas grand chose, de vastes mottes primitives érigées au début du XIe s., et des mottes à basse cour fondées au début du XIIe s. et qu'il est tentant d'y voir les résidences des arrière-vassaux du seigneur. Ces mottes de la seigneurie de Craon paraissent à l'image de la pyramide féodale : du château aux mottes primaires et à leurs filles suggérant des liens de fidélité entre vassaux et arrières vassaux que nous pouvons retrouver dans les textes. Ces hommes qui détiennent les mottes du pays craonnais sont les mêmes qui figurent auprès du seigneur en tant que témoins, membres de sa cour de justice et qui suivent la politique religieuse et bienfaitrice de leur seigneur : orientée d'abord vers la Roë, elle se dirige par la suite vers les Bonshommes de Craon. Ce schéma pyramidal et centralisateur, que l'on observe aussi bien dans le système castral ou le réseau de fidélité, n'est cependant pas un cas singulier. En effet, la seigneurie de Vitré, du moins dans son dispositif castral, présente des similitudes. Le phénomène de mode et les exemples familiaux ont pu ainsi contribuer à répandre ce mode d'organisation.

Le système castral de la seigneurie de Craon, c'est-à-dire la multiplication des mottes intégrées dans un schéma pyramidal et centralisé autour de son noyau, le château, peut-il être une manifestation supplémentaire de la vocation militaire de son seigneur ? Si nous ne pouvons pas nier la fonction militaire des mottes, il est admis aujourd'hui que la motte répondait aussi à d'autres nécessités. C'est ainsi que dégager la puissance militaire du seigneur de Craon uniquement à travers l'étude de son dispositif castral serait une erreur

166 *Cartulaire de La Roë,* acte 193 (1156-1162).

167 *Cartulaire des Bonshommes de Craon,* 176, acte XIV (1217).

168 Ses dimensions, moins de 40 m de diamètre intérieur, apparentent le château à la première génération de mottes du pays Craonnais au milieu du XIe s. Cette motte est décrite au XVe s. en ces termes : *quidam collis seu monticulus erectus super limitem publicum Credonii* (Angot 1942, 735). Elle fut rasée en 1879, et à cette occasion, explique J. Plante, furent trouvés des débris de tuiles et de bois calcinés (Planté 1887, 330). Aujourd'hui, son emplacement se distingue encore par une légère élévation du sol que cernent les eaux du ruisseau en période de crue.

169 J.-C. Meuret précise que les talus ont été abattus pour combler la douve, mais il reste de très larges bourrelets de terre qui dominent de 1,50m à 2m, les près établis sur l'ancien étang (Meuret 1993, 373).

mais le château à motte, en tant qu'expression d'une domination militaire, et le schéma castral de la seigneurie sont des éléments complémentaires de la documentation écrite visant à démontrer l'identité militaire de la famille et la mise en place de réseaux de fidélités personnelles et familiales, fonctionnant aussi bien dans la sphère religieuse que militaire et économique.

Maurice II ne nous renvoie pas seulement l'image d'un compagnon d'armes du Plantagenêt. Fidèle à ce dernier quel que soit le contexte politique ou militaire, le seigneur de Craon ne néglige pas pour autant la mise en valeur de son domaine et l'organisation défensive de sa châtellenie dans une région instable. Son action s'oriente dans des directions multiples, mais l'ensemble des mesures prises convergent vers l'idée d'un renforcement de son autorité.

Après une période de minorité d'une douzaine d'années (1138-1150), en raison de décès prématurés, Maurice II prend possession de sa seigneurie en 1150 et s'efforce, dès ce moment là, de faire respecter ses droits et prérogatives sur ses terres par ses hommes mais également face à l'abbaye de la Roë, un pôle en pleine croissance en cette deuxième moitié du XIIe s. Cette prise en main du domaine s'effectue par l'intermédiaire d'officiers seigneuriaux, dont les fonctions ne paraissent pas encore réellement bien définies mais qui ne semblaient pas être présents à la génération précédente et sur un système castral qui, lui, paraît constitué dès le début du XIIe s. Une fois son autorité bien établie, Maurice II entreprend d'aménager sa seigneurie et de faciliter les échanges : cette mise en valeur économique et agraire permit sans aucun doute d'accroître les revenus seigneuriaux.

L'assise du pouvoir de la famille de Craon repose donc sur un système castral dense, pyramidal et bien relié, hérité de la génération précédente, sur un ensemble d'agents seigneuriaux stables, sur un réseau de fidélités personnelles et familiales mais avant tout sur l'opiniâtreté et la détermination de Maurice II. Son œuvre ressemble, à une échelle moindre, à celle entreprise par Henri II sur ses terres continentales, marqué par la soumission des vassaux et la mise en place d'une administration forte. Le soutien apporté par le seigneur de Craon à Henri II ne s'est pas traduit par un affaiblissement de ses prérogatives ou une perte d'indépendance : c'est au contraire, nous semble-t-il, en puisant dans la conception étatique et centralisatrice du Plantagenêt que Maurice II a pu consolider son assise seigneuriale et renforcer son autorité.

CONCLUSION CHAPITRE 3

Au terme de cette analyse, nous avons pu nous rendre compte de l'émergence progressive puis du développement de la mémoire familiale des Craon : à un schéma classique reposant sur des éléments ecclésiastiques et liturgiques répondait peut-être une mémoire littéraire dès la fin du XIIe s. traduisant l'affermissement de la conscience du groupe, bien que nous n'en ayons que des preuves indirectes.

Jusqu'à la fin du XIIe s., peu d'indices nous amènent à penser que la préservation de la mémoire était la priorité du seigneur de Craon. Les Craon agissaient en seigneurs implantés sur une terre qu'ils avaient reçue des mains du comte d'Anjou et ne semblaient guère se soucier de l'impact de leur réussite sur le groupe familial. C'est ainsi que la fondation de la paroisse de la Roë par Renaud le Bourguignon correspondait à l'œuvre d'un châtelain dont l'intérêt était de contrôler et d'exploiter un territoire domanial sous couvert de l'Église et ce n'est que dans un second temps que l'abbaye de la Roë devint un sanctuaire familial où reposaient certains membres du groupe. Cette communion avec les morts supposait alors l'entretien d'une mémoire familiale mais ce n'était encore que les premiers balbutiements.

À partir de Maurice II, il semble que le seigneur de Craon portait davantage son attention sur la renommée et le prestige familial. La prise de position des seigneurs de Craon en faveur des Plantagenêts correspondait à une orientation réfléchie relevant d'une stratégie et d'un ensemble de valeurs familiales, correspondant à l'éthique chevaleresque. Se dégageait alors une conscience collective chargée de véhiculer et de transmettre une image positive exaltant les hauts faits de leurs ancêtres. Qu'elle fût spontanée dans un premier temps ou calculée par la suite, cette orientation empruntait des modes d'expression variés qui commençaient par des lieux de mémoire savamment choisis, une logique familiale cohérente et cela se poursuivit à travers la littérature, l'onomastique et la possession de signes héraldiques héréditaires, ce que nous allons traiter dans une deuxième partie.

Conclusion première partie

Cette première partie nous a permis de dégager les fondements de la mémoire familiale chez les Craon ainsi que le rôle essentiel joué par la femme dans ce processus : la femme, épouse ou veuve, occupait une fonction majeure dans la tradition mémorielle des défunts. Mais la structure familiale des Craon ne correspondait pas encore au lignage, qui apparaît dans un second temps avec le vasselage et la courtoisie à la fin du XIIe - début XIIIe s.

L'analyse du groupe familial des Craon du XIe au début XIIIe, permet donc d'apporter un certain nombre de nuances quant à la genèse du lignage d'une part, et au niveau chronologique d'autre part, puisque leur organisation selon un schéma exclusivement patrilinéaire n'est pas antérieure au premier tiers du XIIIe s., ce qu'avait déjà remarqué un certain nombre d'historiens.

Le vocable "lignage" que de nombreux scientifiques utilisent, sans réserve ni nuance, aussi bien pour le XIe que pour le XIIe ou le début du XIIIe s. méritent ainsi d'être reconsidérés : il faut, nous semble-t-il, définir précisément ce terme et en préciser les contours. Nous pouvons légitimement nous interroger sur la liberté d'analyse que peuvent nous offrir nos sources. Pour cette période ancienne des XIe - XIIe siècles, la majeure partie de notre documentation provient de cartulaires ecclésiastiques projetant déjà une construction familiale. Puis, les sources, à partir du XIIIe s., se diversifient mais, issues des archives de la famille, elles postulent et présupposent l'existence d'un lignage, ce qui est une difficulté supplémentaire dans notre questionnement sur le lignage.

L'organisation lignagère apparaît aussi et surtout dans la transmission de valeurs familiales, socle de l'identité des Craon : de génération en génération, ils affichent loyauté, fidélité et constance. Tout commence par l'attribution à Robert le Bourguignon par le comte d'Anjou de la seigneurie de Craon, fondement territorial de la puissance de cette famille et par la possession de la seigneurie de Sablé, à la suite, probablement, de l'union de Robert avec l'héritière, Avoise : c'est, en tout cas, la protection et le soutien du comte qui assurent l'élévation du Bourguignon. Cela se poursuit avec ses successeurs ; parmi eux, se dégage une figure d'exception : Maurice II, mort en 1196. La fidélité de ce seigneur a été sans faille à l'égard du Plantagenêt, à rebours des menées de ses pairs angevins et parfois de ses accointances familiales. Sans remettre profondément en cause la solidarité familiale, le seigneur de Craon a assumé ses choix et a su tirer profit de la situation. Bien implanté à la cour du Plantagenêt, c'est un châtelain parmi d'autres qui taquine la muse, qui gère avec rigueur sa seigneurie et surtout qui défend, aussi bien armes à la main que lors de missions diplomatiques, les couleurs de son suzerain. Telle est l'image des seigneurs de Craon en cette fin du XIIe - début XIIIe s.

Or, c'est au moment de l'incorporation de l'Anjou et du Maine par le roi de France en 1204, que le récit allemand sur Maurice II de Craon a été compilé ; cette légende héroïse un homme des Plantagenêts, prend vie, en ce début du XIIIe s., loin de l'Anjou et trouve fortune dans d'autres sphères culturelles : il s'agit d'une vision galante et romanesque concevable seulement dans un ailleurs lointain. Cette chanson, qui vante le vasselage et les mérites d'un homme d'Henri II, n'a pas été transmise par le canal familial ; la famille de Craon aurait pu s'en servir mais elle s'abstient d'y faire référence au moment de la composition du second poème : *fine amour claimme en moi par hiretage*. À l'heure de se tourner du côté capétien, afficher des liens avec la cour d'Othon de Brunswick eût été maladroit, les Craon ont su faire fructifier leur renommée avec une prudence de bon aloi : la loyauté envers les Plantagenêts n'était plus d'actualité.

DEUXIÈME PARTIE

Le lignage en question ?

Le processus de territorialisation, indiscutable chez les Craon au XIe s., a posé les fondements de leur organisation en lignage. Au début du XIIIe s., la transmission de leur patrimoine repose sur la primogéniture et la masculinité et leur fonctionnement familial procède d'une structure verticale. Or le temps du lignage se caractériserait par une évolution onomastique à forte inflexion patrilinéaire, l'émergence de véritables préoccupations généalogiques et l'adoption d'armoiries héréditaires ; dans le cas des Craon, ce schéma d'ensemble appelle de fortes nuances.

Dater avec précision l'apparition d'un fonctionnement lignager chez les Craon serait impossible car il s'agit d'un processus graduel mettant en jeu des éléments divers, vassaliques et courtois entre autres. La mémoire familiale précède le schéma lignager : le travail pour la construire débute dès le XIIe s., fondé essentiellement sur des éléments religieux. Il paraît, dès lors, intéressant de se demander si la structuration en lignage l'a infléchi ; les contours du groupe familial, les priorités et les enjeux ne seraient apparemment plus ceux de la famille élargie mais les fondements sur lesquels repose la mémoire familiale ont-ils changé ? Les Craon ne se situent plus dans la même logique que la période précédente : l'intérêt lignager les amène à faire des choix et à penser autrement la survie du groupe. L'intérêt d'une monographie est de préciser certains aspects voire de nuancer des thèses unanimement admises, ce que nous offre cette étude sur les Craon.

Une analyse démographique centrée sur la famille nous permettra d'en apprécier les singularités et de constater les paradoxes du fonctionnement lignager. Cette thématique nous amènera à nous interroger sur l'essence et les fondements de la structure lignagère et nous nous demanderons si la mémoire familiale des Craon, qui gagne en consistance au XIIIe s., renforce en retour cette identité lignagère. Nous aborderons en particulier la conservation de leurs archives, dont les premières traces apparaissent au milieu du siècle. Élément déterminant de l'unité lignagère, la transmission des archives répond-elle à une finalité mémorielle ? Puis, nous soulignerons le caractère grandiloquent de la chapelle funéraire, fondée par Maurice V, en 1293, à Angers : cette nécropole familiale, composée de gisants aux dimensions variables, illustre-t-elle une conception verticale de la famille ? En d'autres termes, correspond-elle à un programme funéraire mettant en scène la structure lignagère ?

Ce passage à une structure lignagère s'est-il accompagné d'une promotion du rôle de la femme au sein du groupe familial nobiliaire, dans le cadre d'un resserrement autour de la cellule conjugale ou au contraire d'un affaiblissement du rôle de l'épouse, et plus généralement de la femme, dans un cadre familial patrilinéaire et agnatique, privilégiant primogéniture et masculinité ? Nous aurons à nous interroger sur la place des épouses dans cette nouvelle structure familiale, et plus généralement sur la dégradation supposée de la position et de la fonction de la femme dans une famille à l'identité fondée sur des valeurs militaires, question, déjà largement débattue et divisant historiens français et anglo-saxons.

En partant des documents et des termes utilisés dans les actes, il s'agira d'évaluer le statut et le rôle des femmes, selon leur place au sein de l'unité familiale : fille ou sœur, épouse ou mère, puis veuve du seigneur de Craon, dans une famille marquée par les vicissitudes de la vie. En effet, les périodes de minorité fragilisèrent le lignage, de façon dangereuse, et amenèrent la veuve à agir en *domina*. Le cas bien documenté d'Isabelle de la Marche (*c.* 1230-1300), veuve de Maurice IV († 1250) apportera quelques éléments de réponse, mais peu ou pas de certitudes : trop peu d'actes émanent des femmes ou leur font référence ; l'écrit renvoie l'image d'une société d'hommes, chevaliers et seigneurs.

I. Une structuration lignagère progressive

Dans le dernier tiers du XIe s., Robert le Bourguignon et ses fils ont pris racine en Anjou, se sont ancrés sur deux blocs territoriaux, Craon et Sablé, constituant, à la génération suivante, deux branches familiales distinctes aux orientations politiques différentes et au degré de parenté proche, leur excluant toute alliance.

Il faut attendre le XIIe s. pour que les Craon donnent l'impression de vouloir poser les jalons de leur identité et que commence le travail de construction d'une mémoire. Celle-ci émerge avec la fondation de l'abbaye de la Roë par Renaud le Bourguignon qui assure aux Craon un prestige social et entretient la *memoria* de la famille par des messes célébrées en l'honneur de certains membres disparus. Mais cette mémoire ne reflète pas encore un schéma lignager, ce qui semble être le cas pour les Sablé, dont la référence affichée et assimilée est Robert le Bourguignon.

Cette action à la fois mémorielle et identitaire se poursuit et se diversifie à la fin du siècle et au début du XIIIe s. à travers la littérature courtoise et la transmission, de génération en génération, de valeurs familiales : nous dépassons, dès lors, la sphère religieuse et transparaît, à ce moment-là, une structure lignagère, c'est-à-dire un schéma de parenté patrilinéaire et fondée sur le droit d'aînesse. En prenant en compte ces éléments religieux et culturels, nous constatons donc un glissement progressif vers un schéma patri lignager au début du XIIIe s. Cette évolution ressemble à celle dégagée par Claudie Duhamel Amado[1] qui, à propos des lignages méridionaux, distingue deux phases : le temps du lignage arborescent d'abord, jusque vers 1100, qui associait verticalité et horizontalité, puis un resserrement lignager, de 1100 à 1170, dans lequel la structure devenait plus franchement verticale. Enfin, elle constate que le passage d'une forme lignagère à l'autre s'était produit durant les décennies 1090-1140. Si un certain nombre d'indices corroborent, jusqu'à présent, l'hypothèse d'une évolution progressive d'une structure horizontale et bilatérale à une structure lignagère verticale et patrilinéaire, la chronologie, en revanche, ne correspond pas : au XIIe s., les Craon mêlaient encore d'anciennes pratiques familiales à l'organisation lignagère.

Dans la mesure où le nom était un "destin programmé"[2], le système de dénomination peut nous éclairer sur le mécanisme lignager : l'évolution anthroponymique, ses permanences et ses ruptures, accompagne la structuration lignagère et évolue au rythme des stratégies familiales. Système anthroponymique et structuration lignagère sont étroitement liés. Son étude ouvre cette deuxième partie, plus thématique, centrée sur le patrimoine symbolique et identitaire du groupe familial, c'est-à-dire le thésaurus onomastique masculin et féminin, complétée, dans un second temps par l'étude des armoiries des Craon.

1 Duhamel-Amado 2001.
2 *Ibid.*, 293.

LE PATRIMOINE ONOMASTIQUE DES CRAON : UNE IMAGE COMPLEXE DE LA STRUCTURE LIGNAGÈRE

L'intérêt d'étudier un groupe familial sur une vaste période chronologique, s'étendant du XIe s., moment où les historiens mettent traditionnellement en avant la notion de lignage, jusqu'au XIVe s., est de dégager les évolutions et les transformations subies par la structure familiale. Or, dans notre analyse sur la parenté, les travaux des anthropologues[3] peuvent nous être d'une réelle utilité et ceux-ci, soulignant à maintes reprises la fonction identificatrice[4] du nom, sont d'accord pour affirmer que son choix n'est pas un acte anodin. En effet, dans la mesure où les noms appartiennent au patrimoine familial et qu'ils sont transmis de génération en génération, la dénomination devient un élément du système de parenté[5] permettant à l'individu de se repérer au sein de son groupe familial. L'acte de nommer les personnes et la façon de le faire jouent un rôle fondamental dans la structuration des personnes et des groupes qui les rassemblent. Nommer, c'est signifier l'appartenance à une ou plusieurs entités sociales, familiales, lignagères ou professionnelles, c'est donner à chacun la possibilité d'y affirmer sa singularité et de la faire reconnaître, de marquer son rôle social ou une position hiérarchique[6].

L'étude sur la dénomination et le choix du nom de baptême peut s'avérer être un outil précieux, nous permettant de confirmer nos hypothèses ou bien d'envisager une lecture différente de la structure familiale. Il convient donc de dégager les règles qui ont conditionné le choix du nom chez les Craon, ce qui permettra de mettre en lumière les ruptures onomastiques et de savoir qui participait à ce choix. Puis, il s'agira de confronter ces remarques aux structures de parenté telles que nous les connaissons. Cette représentation du système de parenté à travers le choix du nom de baptême apparaît-elle conforme à ce que nous pouvons par ailleurs savoir des structures lignagères ? Quel était l'apport des lignées maternelles dans le renouvellement du thesaurus onomastique familial ?

Le choix du nom de baptême chez les Craon : entre transmission et variation

Sources, méthodes et approche historiographique

Depuis plus d'un siècle, l'étude des noms a été fixée comme objet d'histoire par le Comité des Travaux Historiques[7]. Pourtant, il n'y a guère plus de quarante ans que cette enquête a été menée par les historiens dont l'intérêt se centrait d'abord sur les XIVe et XVe siècles[8]. Ce n'est que dans un second temps qu'ils se sont intéressés à la période des XIe - XIIe siècles. Les

3 Fox 1972. Murdock 1972, 64-65.

4 Voir l'étude de Le Jan 2001 224-238.

5 Schmid 1957, 1-62. Werner 1977, 13-18.

6 L'étude des noms de personnes s'avère donc un moyen de pénétrer et de comprendre la complexité des sociétés et leur évolution dans le temps et dans l'espace. Les ethnologues, Lévi-Strauss 1962 ou Zonabend 1980, 7-23, les historiens comme Bloch 1932, 67-69 ou les sociologues comme Michel 1938 ne s'y sont pas trompés et se sont très tôt penchés sur le pourquoi ou le comment de la dénomination, dans diverses sociétés et à travers l'histoire.

7 *Bulletin historique et philosophique et du Comité des travaux histoire et scientifique,* 1887, 160.

8 Bourel de La Roncière 1975, 27-103 ; Coulet 1985, VI, 167-168.

différentes recherches ont alors montré que cette période représentait un tournant majeur dans la dénomination : à l'usage du nom unique au début du XIe s. s'était substituée une forme anthroponymique à deux éléments, le *nomen* et le *cognomen*, correspondant à un nom de lieu. L'anthroponymie pouvait désormais être étudiée comme système[9] ; Monique Bourin ajoutait que le passage de l'ancien système à un élément, le nom, au système double, s'était fait par une étape intermédiaire, ou au nom s'ajoutait un surnom, d'abord individuel puis transmis et se muant en nom de famille[10]. Le système anthroponymique des Craon correspond à cette évolution.

L'étude qui suit s'appuie sur la reconstitution généalogique élaborée par Bertrand de Broussillon[11] que nous avons complétée ou modifiée, en fonction des documents que nous avons dépouillés et qui ne figuraient pas dans son catalogue d'actes et aussi des recherches que nous avons effectuées autour des familles alliées. Parmi ces documents, les actes notariés ou religieux, comme les cartulaires, constituent l'essentiel de notre corpus anthroponymique, mais ces sources se révèlent le plus souvent partielles, biaisées ou même partiales, si bien que la construction d'une méthodologie critique rigoureuse s'impose si l'on souhaite extraire de ces documents des informations statistiquement exploitables. Le premier problème est celui de l'identification des noms et de leur délimitation lexicale. En effet, un nom peut connaître des variations orthographiques, des formes dérivées ou hypocoristiques importantes. Quel est leur degré de pertinence ? Doit-on toutes les prendre en considération, ou doit-on effectuer certaines corrections et autres vérifications, et jusqu'à quel point ? Cette question de la définition et de l'identification des noms est essentielle car elle conditionne la qualité des inférences statistiques de nature démographique que l'on peut effectuer à partir d'eux ainsi que l'interprétation finale. De plus, plusieurs personnes peuvent partager le même nom, sans que l'on sache si elles sont apparentées ou non, si elles appartiennent à la même génération ou à deux générations différentes : tout tableau de filiation présente des incertitudes et des omissions.

De ce fait, notre premier objectif fut de disposer d'une généalogie large et profonde : l'alliance nous intéressait autant que la filiation afin de nous donner les moyens de dégager les règles qui régissaient la transmission des noms chez les Craon. Peut-on d'ailleurs dégager des pratiques suffisamment stables permettant de parler de "règles de dévolution" des noms masculins et féminins ? Afin de répondre à cette question, nous mettrons en valeur, dans un premier temps, le nombre d'occurrences des noms féminins et masculins puis nous rechercherons, dans un second temps, leurs origines supposées ou hypothétiques, en évaluant l'impact du matrilignage sur l'anthroponymie masculine et féminine des Craon.

9 *Genèse médiévale de l'anthroponymie moderne* 1989-1990, 1991-1993, 1995.
Classification proposée : I. "système à nom unique" exemple : *Robertus* ; II. "nom + désignation complémentaire" d'ordre familial (*Robertus filius Petri*) ou d'ordre social ou professionnel ; III. "forme anthroponymique à deux éléments : *nomen + cognomen*", le *cognomen* peut être un nom (*Raimundus Petrus*), une caractéristique professionnelle, un sobriquet (*Raginaldus Allobrox*), ou une indication de lieu ; IV. "forme anthroponymique complexe", soit le III + un nom de lieu.

10 Bourin 1995.

11 Bertrand de Broussillon 1895.

La complexité du système onomastique des Craon

Le dossier onomastique que nous proposons prend en compte tous les enfants connus des différentes générations du XIe jusqu'au XIVe s. En revanche, les noms de baptême des conjoints ne figurent pas dans cette analyse puisqu'ils proviennent de groupes familiaux différents. Cette étude présente à l'évidence quelques limites : d'une part, la liste de noms n'est pas exhaustive, vu que les enfants morts en bas âge ne nous sont pas tous connus. C'est ainsi que nous constatons une curieuse anomalie dans la numérotation des seigneurs de Craon effectuée par Bertrand de Broussillon : le nom le plus utilisé, Maurice, apparaît à six reprises dans notre généalogie alors que le dernier Craon à porter ce nom était Maurice VII, nous passons directement de Maurice V, seigneur de Craon, mort en 1293, à Maurice VII, mort en 1330, et nous n'avons jamais pu trouver trace d'un "Maurice VI". D'autre part, nous ne pouvons émettre que des hypothèses en ce qui concerne l'ordre de naissance des enfants, en particulier pour le début de la période. Enfin, rien ne nous permet d'affirmer que c'étaient les parents seuls qui choisissaient le nom de baptême de leurs enfants : ce choix relevait-il de la famille[12] ou bien de la seule cellule conjugale ? Cela faisait-il l'objet d'une concertation entre le père (et la mère) et les survivants de la génération précédente ou leurs frères et sœurs ? Nous sommes dans l'impossibilité en ce qui concerne les Craon de trouver des réponses à ces questions ; nous pouvons seulement supposer que les parents détenaient une large responsabilité dans le choix du nom de baptême de leurs enfants.

Sur ces bases, il est tout à fait possible de dégager un certain nombre de remarques. En premier lieu, il semble que le patrimoine onomastique des Craon soit relativement ouvert, comme l'atteste le tableau ci-dessous, qui met en valeur pour chaque génération le nombre de nouveaux noms, masculins et féminins, portés par les enfants qui nous sont connus.

Siècle	Génération	Nombre total de noms de baptême	Nombre de nouveaux noms masculins	Nombre de nouveaux noms féminins
XIe	I	5	0	1 (?)
XIIe	II	4	1	1
XIIe	III	2	1	1
XIIe	IV	6	1	1
XIIIe	V	7	2	3
XIIIe	VI	3	0	2
XIIIe	VII	5	1	1
XIVe	VIII	4	0	1
XIVe	IX	9	4	0
XIVe	X	3	0	0

Tabl. 32. Nombre de nouveaux noms de baptême masculin et féminin par génération.

12 Ce terme doit être pris dans le sens large et peut être remplacé par groupe familial, composé des parents, oncles, tantes voire cousins, parrains…

Fin XIe - fin XIIe : 7 nouveaux noms sur 17 enfants XIIIe : 9 nouveaux noms sur 15 enfants XIVe: 4 nouveaux noms sur 16 enfants

Tabl. 33. Rapport entre le nombre de nouveaux noms de baptême et le nombre total d'enfants par siècle.

Du côté féminin, jusqu'au début du XIVe s., nous pouvons remarquer qu'un nouveau nom de baptême au moins apparaît à chaque génération. Cette capacité des Craon à intégrer de nouveaux noms féminins dans leur patrimoine onomastique est révélatrice d'une certaine ouverture, mais elle peut être également le signe d'une faiblesse identitaire du groupe familial, dans la mesure où les repères onomastiques du côté féminin ne sont pas encore fixés. Il est d'ailleurs significatif de remarquer qu'aucun nom féminin n'est répété sur plus de deux générations avant le XIIIe s. : les filles peuvent porter le nom de leur mère mais le nom de la grand-mère, paternelle ou maternelle, n'est jamais employé avant cette période et nous ne savons pas si les filles mariées font porter à leurs enfants le nom de baptême de la mère.

De plus, nous aurions pu attendre une référence à l'utile grand-tante de Robert le Bourguignon, Agnès de Bourgogne, la femme du comte d'Anjou. Or, il n'en est rien : Agnès est un nom de baptême utilisé par la famille de manière tardive. Nous pouvons supposer que son rôle dans la carrière de Robert n'a pas été si important et que le Bourguignon devait sa position, au sein du baronnage angevin, directement du comte d'Anjou. Ou bien les Craon ne se souciaient pas de se référer à une aïeule, si influente soit-elle : elle n'était pas une référence identitaire. Cette ouverture onomastique apparaît plus nettement dès que nous comparons le nombre de noms féminins avec le nombre total de femmes toutes générations confondues : sur dix neuf femmes, nous comptons onze noms de baptême différents.

Noms de baptême féminins	**Nombre d'occurrence**
Agnès	1
Avoise	1
Béatrice	2
Clémence	1
Isabelle	4
Jeanne	4
Mahaut	1
Marguerite	2
Marie	1
Marquise	1
Théophanie	1
TOTAL	**19**

Tabl. 34. Les différents noms de baptême féminins présents dans le tableau de filiation des Craon et le nombre de fois qu'ils ont été utilisés.

Concernant les hommes, sur un total de trente et un, nous dénombrons quatorze noms différents, ce qui est relativement important bien qu'inférieur au résultat obtenu chez les filles : cela confirme l'idée d'une ouverture onomastique chez les Craon, mais elle paraît inégale selon la période.

Noms de baptême masculins	**Nombre d'occurrence**
Amaury	5
Geoffroy	1
Guérin	1
Guillaume	1
Guy	1
Henri	2
Hugues	1
Jean	1
Maurice	7
Olivier	1
Pierre	2
Renaud	3
Robert	4
Simon	1
TOTAL	31

Tabl. 35. Les différents noms masculins présents dans le tableau de filiation des Craon et le nombre de fois qu'ils ont été utilisés.

Du XIIe s. jusqu'à la fin du XIIIe s., nous remarquons que, pour chaque génération, quel que soit le sexe, au moins un nom nouveau apparaît dans le patrimoine onomastique de la famille, excepté, en ce qui concerne les noms masculins, à la première et à la sixième génération qui ne compte que trois enfants. Au XIVe s., la situation est différente : les parents peuvent compter sur le stock onomastique familial, suffisamment fourni, pour nommer leur progéniture, sans faire appel aux groupes extérieurs[13]. Peut-on faire un rapprochement entre cette situation et un éventuel affermissement lignager au XIVe s. qui se serait manifesté par une fermeture onomastique ?

Le travail généalogique que nous avons réalisé nous est alors indispensable puisqu'il nous éclaire sur le mécanisme de transmission des noms. À la première génération, sur cinq

13 La neuvième génération présente un cas particulier puisqu'elle compte neuf enfants dont six garçons, ce qui peut expliquer l'arrivée de trois nouveaux prénoms masculins. Nous constatons que les prénoms chrétiens, ceux de Pierre, de Jean et de Guillaume, suscitent un engouement nouveau chez les Craon, qui est d'ailleurs perceptible dans presque toutes les régions d'Europe à la fin du Moyen Âge.

enfants, trois enfants – trois garçons – portent le nom de baptême de la branche paternelle (père, oncle et grand-père) et un garçon (l'aîné ?) prend un nom de la ligne maternelle, celui de son aïeul. La mise en place d'un modèle anthroponymique à tendance patrilinéaire est alors aisément visible et se trouve confirmé à la seconde génération, où sont également présents une variation (Mahaut) et une césure onomastique (Maurice). En revanche, à la génération suivante, la tendance est inversée, puisque les deux enfants portent des noms issus de la branche maternelle, celui du grand-père maternel et celui de la mère : Hugues et Théophanie, remettant alors en question la patrilinéarité du modèle.

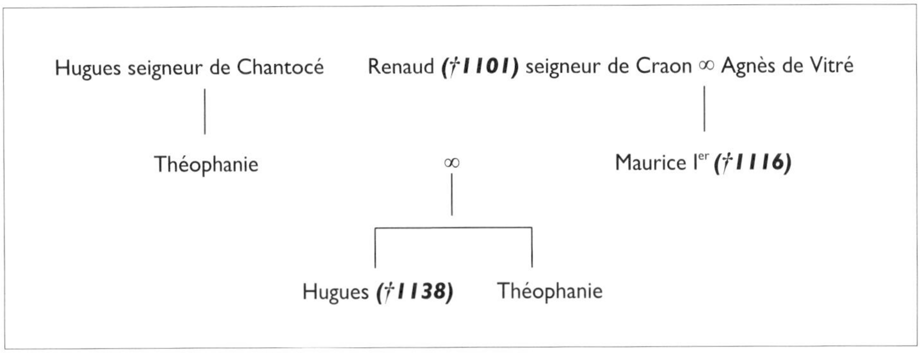

Tabl. 36. Une remise en question de la patrilinéarité du modèle onomastique.

Cette évolution s'interrompt à la quatrième génération : sur six enfants, quatre portent des noms paternels, seule la fille unique prend celui de sa mère. De plus, ces noms masculins (excepté celui de Maurice) font référence à des aïeuls ou trisaïeuls, ce qui supposerait une mémoire familiale profonde et ancienne.

Ainsi, aucune règle stricte ne s'impose jusqu'au XIIIe s. ; les Craon affichent alternativement leur intention de prendre leurs distances avec la tradition onomastique de la famille et leur volonté de raffermir la cohésion familiale, en ressortant du stock onomastique des noms portés par des personnes importantes du groupe familial, mais en ne privilégiant pas toujours le côté paternel. Dans ce dernier cas, la dénomination nous révèle la préoccupation centrale du groupe : la constitution d'une identité et d'une conscience familiales.

En revanche, le modèle onomastique des Craon gagne en simplicité à partir du XIIIe s. ou, en tout cas, devient suffisamment clair pour que nous puissions dégager quelques lignes directrices communes d'une génération à l'autre. En premier lieu, le stock onomastique des seigneurs de Craon semble désormais reposer sur un certain nombre de noms de baptême qui sont cités de manière récurrente : Maurice et Amaury du côté masculin ; Jeanne, en référence à Jeanne des Roches et Isabelle, en mémoire à Isabelle de La Marche[14] du côté

14 Ces deux dames de Craon font l'objet d'une étude spécifique : partie 2, chapitre 4, La femme, pièce essentielle de l'unité lignagère chez les Craon, 318-329 .

féminin. Le nombre de noms se réduit alors sans que l'on puisse parler d'appauvrissement onomastique[15] : il faut effectivement se rendre compte que le nombre d'enfants, à cette période, n'est pas très élevé[16]. Nous ressentons alors un affermissement lignager visible dans l'onomastique, une consolidation de la structure lignagère : l'aîné[17] prend le nom de son père ou de son grand-père paternel et le deuxième fils porte également un nom agnatique[18]. Si le fils aîné reçoit comme nom Maurice, le fils cadet prend systématiquement le nom d'Amaury et inversement, comme si ces deux noms étaient porteurs d'autorité, générateurs d'un charisme permettant d'occuper une fonction. En procédant à une analyse plus subtile, nous pouvons nous apercevoir que l'aîné reçoit le nom du grand-père paternel dans tous les cas, excepté à la huitième génération, vraisemblablement en raison de la mort du fils aîné Amaury II à la génération précédente. Ce système de dévolution patrilinéaire repose donc sur une transmission lignagère alternée du grand-père au petit-fils pour les aînés[19] et parfois sur un échange en diagonale, de tante (du côté paternel) à nièce : à la huitième génération, une fille cadette porte le nom de sa tante, Jeanne qui, il faut cependant en convenir, est un nom si commun que cela ne signifie pas grand-chose.

De même, l'analyse des noms masculins confirme ce renforcement des références agnatiques surtout à partir du XIIe s., comme le montre le tableau ci-dessous, qui met en valeur, d'une part, le nombre de noms masculins issus du côté paternel, puis du côté maternel, pour chaque génération et d'autre part, le nombre de noms féminins du côté paternel et maternel. Nous avons également fait apparaître les noms dont l'origine nous est inconnue et lorsque cela est incertain, nous avons ajouté un point d'interrogation. Comment expliquer ce constat ? Le choix du nom de baptême peut-il se référer à un individu extérieur à la famille paternelle ou maternelle ? Nous n'avons aucun élément de réponse concernant les Craon, mais nous pouvons cependant faire remarquer qu'à la fin du Moyen Âge, dans de nombreuses régions d'Europe, les enfants reçoivent souvent les noms des parrains et marraines[20]. Le choix du nom pourrait donc se référer à un parent spirituel, à un autre membre de la famille qui nous est inconnu ou encore, sans doute plus rarement, à un individu extérieur à la famille mais qui appartient à son réseau de clientèle ou d'amitié.

15 En effet, à la neuvième génération, les neuf enfants d'Amaury III portent chacun des prénoms différents et laissent entrevoir une certaine richesse onomastique.

16 Voir l'étude démographique de la famille, deuxième partie, chapitre IV – Une continuité fragile : le lignage à l'épreuve du temps, 275-285.

17 Le rang dans la fratrie exerce ainsi une réelle influence. À Florence, la lignée paternelle fournit trois ou quatre plus de noms de baptême que la branche maternelle : l'aîné, fille ou garçon, reçoit beaucoup plus souvent que la moyenne des enfants un prénom provenant de la lignée paternelle (63 % des premiers-nés mâles et 60% des filles aînées. Pour les secondes naissances, la part du stock maternel augmente, même si elle reste inférieure à celle de la lignée paternelle. Klapisch-Zuber 1980, 77-104 ; 1984, 37-47.

18 Le choix résolument agnatique du nom de baptême de l'aîné explique pourquoi un prénom se répète sur plusieurs générations pour désigner le chef du lignage. C'est ainsi que la famille des Lusignan, de moyenne noblesse, a été dirigée par des Hugues pendant huit ou neuf générations de suite entre 960 et 1200. Les ducs d'Aquitaine ont toujours été des Guillaume entre 935 et 1136, les comtes d'Anjou, des Foulques ou des Geoffroy.

19 C'est aussi le cas chez les Capétiens.

20 Lett 2000, 60.

Génération	Siècle	Nombre total d'enfants	Noms masculins issus du côté paternel	Noms masculins issus du côté maternel	Noms féminins issus du côté paternel	Noms féminins issus du côté maternel	Cas indéterminé
I	XIe	5	3	1	(1 ?)	?	0
II	XIIe	4	2	0	0	(1 ?)	1
III	XIIe	2	0	1	0	1	0
IV	XIIe	6	4	0	0	1	1
V	XIIIe	7	2	1	0	1	3
VI	XIIIe	3	1	0	1	1	0
VII	XIIIe	5	2	(1 ?)	1	(1 ?)	0
VIII	XIVe	4	1	0	2	1	0
IX	XIV	9	2	2	2	1	2
X	XIVe	3	1	0	2 ?	0 ?	0
TOTAL	-	48	18	6 (?)	9 (?)	8 (?)	7

Tabl. 37. Nombre des noms masculin et féminin issus des deux branches, paternelle et maternelle, par génération.

À partir de la cinquième génération, neuf garçons ont porté des noms issus de la branche paternelle contre quatre (avec des incertitudes) du côté maternel. De plus, le fils aîné reçoit systématiquement un nom de la branche paternelle à partir de la troisième génération, mais il faut attendre la neuvième génération en ce qui concerne la fille aînée : le nom de l'aîné, garçon ou fille, est alors uniquement transmis par voie patrilinéaire. Et cette évolution onomastique s'est accompagnée d'un resserrement général du stock des noms.

Génération	Siècle	Nom du fils aîné issu de la branche paternelle	Nom du fils aîné issu de la branche maternelle	Nom de la fille aînée issu de la branche paternelle	Nom de la fille aînée issu de la branche maternelle
I	XIe		*	?	?
II	XIIe		*	?	?
III	XIIe	*			*
IV	XIIe	*			*
V	XIIIe	*		?	?
VI	XIIIe	*			*
VII	XIIIe	*			?
VIII	XIVe	*			?
IX	XIVe	*		*	
X	XIVe	*		*	

Tabl. 38. Le choix du nom du fils et de la fille aînée chez les Craon.

En revanche, affirmer que les noms féminins sont issus de la branche maternelle et les noms masculins proviennent de la ligne paternelle, telle que nous pouvons le remarquer à la IVe génération, serait une vision trop simpliste, réductrice et fausse et les contre-exemples seraient nombreux : les filles reçoivent en effet des noms des deux branches (sans différencier l'aînée et les cadettes), ce qui ne constitue pas une spécificité du lignage des Craon. Dans les chartes poitevines des XIe - XIIe siècles, les noms féminins procèdent autant d'un côté que de l'autre tandis que les noms masculins sont majoritairement issus de la branche paternelle[21]. Pour prénommer les filles, les parents semblent moins soumis à des impératifs lignagers que chez les garçons et disposent donc d'une liberté de choix beaucoup plus grande, mais cela ne signifie pas que seuls les fils étaient porteurs de la mémoire familiale.

Quoi qu'il en soit, les Craon transmettent dans la très grande majorité des cas, le nom des parents les plus proches : père / mère ; grand-père / grand-mère ; et dans une moindre mesure oncle / tante. Mais la pratique n'est pas systématique. C'est ainsi que Marguerite, née vers 1248, fille de Maurice IV et d'Isabelle de La Marche, reçoit le nom de sa bisaïeule, Marguerite de Sablé, héritière du lignage de Sablé et femme de Guillaume des Roches. Cependant, ces noms sont très courants et nous devons envisager aussi des marraines s'appelant Jeanne ou Marguerite.

Ainsi, le choix des noms des filles comme de ceux des cadets fait apparaître un système compliqué, cherchant à maintenir un équilibre entre la volonté d'insérer le lignage dans une parenté cognatique ou pluridirectionnelle et le souci de conserver une orientation fortement patrilinéaire. Dans le cas du fils aîné, héritier désigné du père, l'impératif clairement visible de cette famille est de lui donner le nom du grand-père paternel, du père ou celui d'un frère du père, ce qui le destine à hériter du domaine familial. Or, le nom masculin le plus utilisé, celui de Maurice (employé par six générations), correspond, au début du XIIe s., à une rupture dans le système onomastique des Craon ; il convient dès lors de dégager les raisons de cette césure et d'évaluer les enjeux de cette appropriation par le groupe familial.

Une césure onomastique à forte charge symbolique : le choix du nom "Maurice"

La dénomination permet de structurer la société suivant une logique où se mêlent le besoin de désigner sans équivoque un individu et la volonté de signaler son appartenance à certains groupes sociaux. Mais, selon M. Bourin, "le nom appartient aussi au domaine des valeurs et porte une forte charge symbolique"[22].

Du côté masculin, le nom de baptême le plus usité après Maurice (sept fois) est celui d'Amaury (cinq fois). Maurice ne fut donc pas le seul nom référent de la famille puisque les Craon employèrent les noms de Maurice et d'Amaury alternativement, et ces remarques sont encore plus vraies pour les filles. Isabelle et Jeanne figurent parmi les noms féminins les plus couramment cités, mais ce n'est qu'à partir de la sixième génération (XIIIe s.) que les deux noms féminins Jeanne et Isabelle reviennent à plusieurs reprises et sont portés par les filles sans que l'usage ne s'impose systématiquement. De plus, ces noms de baptême

21 Beech 1974.
22 Bourin 1995, 1-9.

Jeanne, Isabelle et Marguerite sont des noms très courants et sont donc peu significatifs pour notre analyse.

Quelles raisons ont amené Renaud le Bourguignon et sa femme Agnès de Vitré à nommer leur fils aîné Maurice ? Pourquoi avoir choisi ce nom de baptême, alors qu'il n'apparaît ni dans la première "maison" de Craon, ni dans la seconde issue de Robert le Bourguignon, ni dans la famille de Vitré du côté maternel ? Pour autant, nous avons l'impression qu'il s'agissait d'un acte réfléchi : la césure onomastique apparaît être voulue, mais il faut distinguer le moment où ce nom apparaît pour la première fois et le moment où il s'impose comme trait identitaire du lignage. Ce n'est en effet qu'à partir de la fin du XIIe s. - début XIIIe, entre la quatrième et la cinquième génération que Maurice devient l'un des marqueurs de l'identité familiale et il faut attendre la septième génération pour qu'Amaury devienne un nom référent utilisé par plusieurs générations de la famille.

Un nom de saint dans le corpus onomastique des Craon : un choix conscient s'inscrivant dans la période des XIe - XIIe siècles

"Maurice" qui apparaît pour la première fois dans le système onomastique des Craon à la fin du XIe s., fait référence à saint Maurice d'Agaune[23], le saint guerrier, dont le culte était honoré dans la vallée du Rhône[24] et dans la vallée de la Loire. Au XIe s., son martyre était connu par une tradition orale, mais aussi par un récit, celui de l'évêque de Lyon, saint Eucher (mort en 449)[25]. Au IXe s., la fête de saint Maurice était célébrée à Rome et dans toute la chrétienté occidentale. Le cérémonial du couronnement de l'empereur, rédigé au XIe s., précise que le pape couronnait l'empereur dans la basilique Saint Pierre, à l'autel de Saint Maurice, invoqué pour protéger l'armée "romaine".

23 Saint militaire dont le nom, qui serait une corruption de Moïse, a été rattaché par étymologie populaire à Maurus, Maure ou More, un des rares hommes de couleur de l'iconographie chrétienne (Réau 1958, 937).

24 La cathédrale de Vienne, en Dauphiné, lui est consacré et possède son chef et son bouclier ; en Tarentaise, Bourg-saint-Maurice et l'église de Salins, qui dépendait de l'église d'Agaune, lui sont également dédiées (Réau 1958, 935-936).

25 Le récit de ce martyre collectif nous est transmis par *Passio Agaunensium martyrum*, rédigé au Ve s. par Eucher, évêque de Lyon, qui envoya à un évêque nommé Salvius, le récit du massacre de la légion thébéenne survenu au IIIe s. : il n'a pas été témoin oculaire du martyre de saint Maurice et ses écrits reposent sur une tradition orale plus d'un siècle et demi après l'événement.
Eucher commence son récit par l'éloge d'Agaune, lieu du martyre de nombreux saints puis présente l'empereur Maximilien acharné de persécuter les chrétiens. Il évoque alors le refus d'une légion thébéenne venue de l'Orient, d'obéir aux ordres de l'empereur. Par représailles, Maximilien ordonna de massacrer 1/10e des soldats désignés par le sort, mais la foi de ces soldats était encouragée par les chefs dont Maurice, *primicerius*, considéré par Eucher comme le commandant en chef de la légion exhortant tous ses hommes à mourir comme leurs camarades. Une délégation de légionnaires thébéens déclarait à Maximilien qu'ils refusaient de combattre les chrétiens. L'empereur ordonna d'envoyer des troupes afin de tous les massacrer (Bénédictins de Paris, *Vies des Saints et des bienheureux selon l'ordre du calendrier avec l'histoire des fêtes*, t. IX, septembre, Paris, 1950).
Si les sources utilisées par Eucher manquent de fiabilité, son témoignage est essentiel car il nous indique qu'au Ve s. les soldats martyrs d'Agaune étaient vénérés. Les circonstances du martyr sont elles mêmes obscures. Il place l'incident en 303 lors de la grande persécution de Maximilien alors que depuis 293 la Gaule était gouvernée par le césar Constance Chlore qui n'appliqua pas les décrets persécuteurs (Dupont-Lachenal 1929 ; Peissard 1922). Le nom fait donc référence à un martyr de la foi et à un saint guerrier.

Une légende rapporte que saint Martin accomplit le pèlerinage d'Agaune et ramena plusieurs fioles remplies du sang des martyrs qu'il distribua à diverses églises en particulier aux cathédrales de Tours et d'Angers. D'ailleurs, la cathédrale Saint-Maurice d'Angers, détruite par un incendie en 1032, fut restaurée au moment où Renaud le Bourguignon, le père de Maurice Ier, était seigneur de Craon[26]. Intégrer ce prénom dans le patrimoine onomastique familial permettait à la famille de Craon, non seulement de se rapprocher du pouvoir angevin, mais aussi de participer activement à la vie de son époque : cette démarche s'inscrivait dans la quête du salut par l'intercession.

En effet, lorsque se produit l'évolution du système anthroponymique aux XIe - XIIe siècles, le corpus des noms subit une profonde transformation et les premières études historiques de ce phénomène ont constaté que la proportion de noms d'origine germanique diminuait au profit de noms définis comme chrétiens ; "à un éparpillement en une multitude de noms différents, se succédait une concentration de plus en plus nette sur certains noms"[27]. L'hypothèse d'une transformation du nom sous l'influence de la christianisation qui aboutirait à privilégier quelques grands saints éponymes est séduisante mais il s'agit en fait d'un processus très graduel. Dans son étude sur le corpus des noms à Gênes, Benjamin Keddar a montré la progression constante des noms de saints dans le corpus des noms génois[28] : sur 162 individus connus pour avoir participé au gouvernement de la ville, 12 % portent des noms de saints au XIIe s., 25 % au XIIIe s., les deux tiers au XIVe s. Ce phénomène s'explique par une concentration croissante des choix sur un nombre de plus en plus restreint de prénoms et une proportion de plus en plus forte de noms de saints parmi les noms les plus portés. Le choix du nom Maurice s'inscrit peut être dans cette évolution en dépit du fait qu'en Europe occidentale, l'usage n'était pas répandu, dans les familles aristocratiques, d'abandonner les noms de leur patrimoine familial pour donner à leur héritier un nom d'apôtre ou de martyr[29].

Si certains noms peuvent évoquer des représentations diverses et comporter un certain nombre d'ambiguïtés[30], rendant difficiles les mobiles de désignation du nom, cela ne semble pas être le cas pour Maurice, même s'il est probable que nous échappent bien des cheminements de ce choix : outre le nom du saint Maurice, peut-être s'agissait-il de celui d'un proche parent, d'un parrain ou d'un protecteur que nous n'avons pas pu identifier.

26 Farcy précise que c'est à l'initiative de saint Martin, vers 400, que fut remise à l'église d'Angers une des fioles dans lesquelles avait été recueilli du sang de Saint-Maurice et de ses compagnons sur le lieu de leur martyre. Puis, il rebâtit l'église et en fit la dédicace en leur honneur. Après avoir été restaurée par l'évêque d'Angers, Hubert de Vendôme (évêque d'Angers de 1010 à 1047), la cathédrale fut détruite par un incendie qui brûla la ville d'Angers en 1032. Les travaux de reconstruction furent entrepris quelques années plus tard. (Farcy 1871, 250-257).

27 Bourin 1995.

28 Keddar 1967, 431-446.

29 Bourin 1995, 5.

30 C'est le cas pour Guillaume, omniprésent dans l'Europe des XIe - XIIe siècles : Guillaume d'Orange ou de Gellone ? Le même homme, mais le héros de la lutte contre les Sarrasins ou le saint fondateur de Cluny, Guillaume d'Aquitaine ou bien Guillaume le Conquérant, victorieux en Angleterre ? Guillaume peut désigner, à la fois, le nom de prince aquitain et de roi normand, de héros épique et nom de saint. Et nous pourrions multiplier les exemples de ces noms "ambigus" aux représentations multiples (*Ibid.*).

Au total, le choix du nom Maurice peut s'inscrire dans cette vogue des noms de saints aux XIe - XIIe siècles, mais il représente également une singularité dans la mesure où ce nom fut donné au fils aîné, destiné à hériter : dans les lignages nobles, l'aîné portait le nom le plus étroitement attaché à la gloire de la famille. En Occident, de nombreux exemples nous invitent à penser que la recherche de l'intercession l'emporte : les choix seraient une sorte de mesure de la puissance d'intercession du saint, de l'ampleur de son rayon d'action. Le colloque tenu à Poitiers, en septembre 1993, insiste sur le fait que la recherche du salut conditionnait les choix onomastiques en référence à des saints. Mais, si ce n'était que pour la recherche d'une intercession, pourquoi les Craon n'ont-ils pas porté leur choix sur un saint plus universel[31], au lieu de Maurice, dont la fréquence, au point de vue onomastique, était minime en Anjou ?

Un choix anthroponymique en rupture avec la dénomination familiale mais à fort symbolisme identitaire

Si la décision de Renaud et d'Agnès de Vitré de nommer leur fils aîné en référence à un saint, à contre-courant des pratiques aristocratiques, leur permettait de s'inscrire dans la vie de leur époque et de se rapprocher du pouvoir angevin, l'appropriation de ce nom par le groupe familial répondait à d'autres finalités.

Intégrer ce prénom dans le patrimoine onomastique familial permettait d'incorporer dans la conscience familiale une référence chevaleresque, puisque saint Maurice est considéré comme le patron des chevaliers et des soldats. En sa qualité de chef d'une légion romaine, il est représenté en armure de chevalier : il porte l'épée, la lance à pennon ou gonfalon et s'appuie sur un bouclier ; sur le grand sceau du chapitre de l'abbaye de Saint-Maurice, on le voit monter à cheval comme saint Georges[32].

Et c'est précisément à ce moment là que se développent ces cultes de saints dont Orderic Vital précise l'ampleur. En effet, le nom de Vital lui fut donné lors de son arrivée au monastère Saint-Évroult en Normandie en 1086, à la place de son nom anglais trop difficile à prononcer, en référence à l'un des compagnons de saint Maurice, dont la mémoire était vivement célébrée à cette époque[33]. Selon Orderic Vital[34], on contait des histoires de chevaliers chrétiens dans les maisonnées seigneuriales : celles de saint Georges, saint Démétrius, saint Maurice ; cela aurait même amené un certain nombre de chevaliers à renoncer à la carrière des armes et à revêtir l'habit monastique. Plus généralement, la majorité des *milites* reconnut la nécessité de contraintes religieuses, d'un code moral complémentaire à la

31 Parmi les noms de saints, deux jouent le premier rôle : Pierre et Jean. La concentration des noms de baptême sur ces deux noms opostoliques est déjà forte dans le Midi après 1150, un peu moins dans les pays de l'Ouest. Les "noms des puissants" suivent la tendance générale, mais en mettant au premier plan Bernard, Géraud et Guillaume, ainsi que Aimery, Geoffroy et Renaud dans la France de l'Ouest (Bourin, 1996) Il n'y a pas eu d'étude particulière sur la diffusion de "Maurice".

32 Réau 1958, 937.

33 Chibnall 1984, 223 : "In place of my English name, which sounded harsh to the Normans, the name Vitalis was given me, after one of the companions of St. Maurice the martyr, whose feast was being celebrated at that time".

34 *Ibid.*, 15.

coutume féodale[35]. À l'intérieur de l'espace normand et angevin, s'étaient ainsi développés, comme un effet de mode, des cultes de saints guerriers, permettant d'adoucir – au moins en intention – les mœurs violentes des *milites*.

L'enjeu de l'adoption de ce nom par les Craon est d'importance car cette nomination nouvelle devient la pierre angulaire de leur mémoire familiale et de leur état de chevalier jusqu'au XIVe s. : c'est une composante essentielle de leur identité, qui charpente leur parenté et conditionne leur cohésion, à l'intérieur d'un espace angevin troublé en raison d'un contexte militaire agité.

Dans le cas des Craon, le nom de Maurice n'est issu ni du lignage paternel ni du thésaurus onomastique de la lignée maternelle, ce qui est une réelle originalité et constitue une entorse aux coutumes en vigueur à cette époque. Certes ces usages pouvaient être inégalement respectés et les innovations et les ruptures certainement nombreuses, mais cette césure dépassait le cadre stricto sensu de la parenté. La capacité des Craon fut d'incorporer cette référence chevaleresque à la fois dans l'onomastique et l'héraldique, étape décisive dans l'élaboration de leur mémoire lignagère.

Quant au nom d'Amaury, donné par Maurice II et Isabelle de Meulan à leur quatrième fils, nous supposons une appropriation consciente de ce nom de baptême issu de la famille de Meulan par les Craon, plus spécialement par le couple Maurice II et Isabelle. Cette dernière, fille de Galeran de Meulan, était veuve en premières noces de Geoffroy de Mayenne. En dépit de choix politiques opposés[36], les deux familles semblent, en effet, avoir fait l'effort commun de maintenir des relations au moins dans le domaine religieux[37] et la pérennité de ces liens aurait trouvé son prolongement dans l'onomastique. Amaury était le nom d'un des frères d'Isabelle, le seigneur de Gournay ; Maurice II avait consenti une donation en sa mémoire et c'est vraisemblablement aussi pour honorer son souvenir qu'il a donné ce nom à l'un de ses fils.

Nous sommes conscients du fait que, concernant le choix de ces deux noms, notre interprétation peut être soumise à discussion. Cependant, ces deux noms de baptême constituent, pour chacun d'eux, une rupture dans la dénomination familiale et il est intéressant de constater que ce sont ces deux noms qui vont fonder l'identité onomastique de la famille. Au moment de l'extinction de la branche ainée, à la mort d'Amaury IV, en 1373, ce sont les branches cadettes qui récupèrent le prénom Amaury le faisant porter à leur fils ainé : Jean de La Suze, fils de Pierre de La Suze et petit fils d'Amaury III, appelle son fils ainé

35 *Ibid.*, 133.

36 Parmi les seigneurs en rébellion contre le pouvoir comtal et qui faisaient partie de la parentèle des Craon figurait la famille de Meulan. Cette famille mena une ligne de conduite tortueuse alternant entre le roi de France et le roi d'Angleterre. Opportunistes, ils changèrent de camps en fonction de leur intérêt (voir le chapitre intitulé : La fondation de l'abbaye de la Roë, un élément fondamental de la mémoire familiale des Craon, p. 93).

37 Deux chartes datées de 1180 mentionnent le maintien de ces relations : la première (Archives de la Mayenne, H. 175, fol. 2) émane de Maurice II de Craon qui accordait une donation en faveur d'Amaury de Meulan, son beau fils. Mais, il intervenait en qualité d'époux d'Isabelle de Meulan. La deuxième provient de Roger, fils du comte de Meulan qui avait fait un don à Savigny pour Amaury de Meulan. Maurice II de Craon figurait en tant que témoin aux côtés d'Isabelle de Meulan, sa femme et de Juhel III de Mayenne.

Amaury, tout comme Guillaume II de Sainte-Maure, fils de Guillaume de Sainte-Maure et petit fils d'Amaury III.

Au demeurant, peut-on parler d'un seul système onomastique, cohérent et global ? Le choix du nom de baptême répond à une logique beaucoup plus complexe qu'il n'y paraît. Nous pouvons cependant dégager deux périodes distinctes chez les Craon : au cours de la première période, du XIe jusqu'au XIIIe s., nous avons l'impression qu'aucune règle stricte ne vient orchestrer leur système onomastique. Ils alternent entre la transmission de noms issus de la branche paternelle puis maternelle et la variation, avec apport d'éléments extérieurs dont l'origine est difficilement décelable[38]; cette période est alors marquée par une rupture onomastique majeure, qui va conditionner la dénomination future.

La seconde phase commence à partir de Maurice III (mort en 1207) et, dès lors, les pratiques qui président au choix du nom nous paraissent beaucoup plus claires, même si certains aspects nous échappent. La transmission de "Maurice" imprime alors au lignage une forte identité chevaleresque.

Que signifient ces deux périodes ? La première correspond-elle à une phase de flottement, de balbutiement avant l'apparition au XIIIe s. d'un schéma patrilinéaire aux règles précises strictement codifiées ou bien cela révèle-t-il deux conceptions différentes de la structure familiale ? Peut-on, dès lors, continuer à parler de lignage pour les Craon avant le XIIIe s., d'un point de vue onomastique ?

Une vision décalée du schéma lignager traditionnel ?

Le lignage, qui se substitua au cousinage, s'organise selon un schéma vertical fondé sur la filiation plutôt que sur la consanguinité. La primogéniture, la transmission de l'héritage à l'aîné remplacent l'exercice indivis du pouvoir et la possession collective de la propriété. Selon certains historiens, l'agnatisme, où priment l'ascendance et la descendance masculines, l'emporterait sur le cognatisme, une conception bilatérale de la parentèle. Tels sont les traits généraux de la structure lignagère. Or, la genèse du lignage affecte le choix des noms de baptême qui engage non seulement la destinée de celui qui le porte, mais également l'avenir de toute la famille.

Le modèle onomastique des Craon que nous avons étudié ne correspond pas réellement à cette vision de la structure lignagère ; il nous en donne une image moins rigide, en ce sens où alternent deux phases : la première se caractérise par la transmission des noms de baptême à tendance patrilinéaire ou matrilinéaire et un renouvellement onomastique (aux XIe - début XIIIe siècles) ; la seconde, à partir du XIIIe s., est marquée par une réduction de la palette onomastique et un renforcement de la patrilinéarité du système. Ces deux périodes témoignent de la complexité de la dénomination, laquelle tient compte de plusieurs paramètres, soigneusement pesés par les parents et répond à des mobiles multiples sans qu'il n'y ait un modèle précis de dénomination appliqué par tous.

38 C'est le cas du prénom masculin Maurice et du prénom féminin Mahaud.

L'apport du matrilignage

Pour juger de l'impact du matrilignage sur l'anthroponymie masculine et féminine de la famille des Craon, nous pouvons prendre appui sur le tableau intitulé – nombre des noms masculins et féminins issus des deux branches, paternelle et maternelle, par génération – puisqu'il précise, pour chaque génération, si l'alliance réalisée par le seigneur de Craon avait été suivie d'un renouvellement onomastique. Évaluer cet apport des lignées maternelles dans l'onomastique des Craon nécessite de prendre en compte les deux générations qui suivent le mariage. Parmi les dix cas observables, correspondant aux dix générations, nous avons pu remonter l'ascendance des dix épouses et effectuer un travail généalogique permettant un recueil de données onomastiques suffisantes. Trois cas seulement indiquent qu'une nouvelle venue dans le groupe familial n'introduit pas de nouveaux noms ; ce qui ne signifie pas pour autant qu'elle provienne d'un lignage moins prestigieux que celui du mari : deux cas correspondent au contraire à une situation prononcée d'hypergamie masculine, l'autre à un niveau social équivalent.

Situation d'hypergamie masculine sans renouvellement onomastique :

– Première génération : alliance de Renaud le Bourguignon avec Agnès de Vitré.

Agnès de Vitré était la fille de Robert de Vitré et de Berthe de Craon, descendante de la première maison de Craon : ce mariage, conclu vers 1070, permettait d'apporter une légitimité au nouveau "lignage" issu de Robert le Bourguignon, mais également de reconnaître les droits du lignage évincé[39]. Enfin, à un moment où la division de l'honneur familial entre Renaud et son frère, Robert de Sablé, avait pu générer quelques tensions, cette alliance avec les Vitré lui permettait de prendre appui sur une famille bien implantée en Anjou.

– Quatrième génération : union de Hugues de Craon avec Agnès de Laval vers 1124.

Agnès de Laval était la fille d'Hamon de Laval et d'Hersende. Hugues épousait donc la fille d'une très puissante maison, sans doute plus prestigieuse que ne l'étaient encore les Craon, mais Agnès n'était qu'une fille cadette, sœur de Guy III de Laval. Elle mourut vers 1130 laissant deux enfants : Renaud et Guérin. L'absence d'influence maternelle dans l'anthroponymie peut s'expliquer, en partie, par le nombre réduit d'enfants (seulement deux et des garçons) lié à la brièveté de l'union (moins de six ans). Une autre hypothèse consisterait à mettre en relation cette donnée onomastique et l'absence d'apport en terres et seigneuries, au-delà de la dot désormais coutumière.

– Dixième génération : alliance de Maurice VII de Craon (mort en 1330) avec Marguerite de Mello.

Le mariage de Maurice VII avec Marguerite, la fille de Dreux IV de Mello de la branche de l'Orme et de sa seconde épouse Éléonore de Savoie, permit à la famille de Craon, d'après les conclusions de Bertrand de Broussillon, de recevoir, à la mort du père de Marguerite, un certain nombre de fiefs issus du lignage des Mello et relevant du ressort de Saint-Maixent.

39 Il faut certainement relativiser l'idée, mise en avant par Olivier Guillot, d'un échec de la politique comtale, puisque la seigneurie de Craon resta dans la mouvance angevine et qu'il en fit, peut-être, un château comtal.

Or, nous n'avons identifié aucun fief ayant appartenu aux Mello, relevant des Craon à la suite de cette union.

Force est donc de constater que l'impact du "matrilignage" sur l'anthroponymie de la famille de Craon est réelle, aussi bien sur l'anthroponymie masculine (apport de sept noms au total) que sur l'anthroponymie féminine (apport de huit noms) : quinze noms en usage dans l'anthroponymie de l'ascendance maternelle sur quarante huit enfants comptabilisés. Le tiers des noms utilisés par les Craon trouve donc son origine dans l'apport des lignées maternelles, prestigieuses.

Seigneur concerné	Épouses	Biens transférés aux craon	Noms issus de la lignée maternelle
Robert le Bourguignon (mort en 1098)	Avoise[40] (?) de Sablé, fille de Geoffroy de Sablé et unique héritière à la mort de son frère Raoul du Maine	seigneurie de Sablé	Geoffroy
Maurice I (mort en 1116) IIIe génération	Tiphaine, fille d'Hugues, seigneur de Chantocé, unique héritière à la mort de son oncle, Hubert	fiefs de Chantocé et d'Ingrandes	Hugues, Théophanie ou Tiphaine
Maurice II (mort en 1196) V^e^ génération	Isabelle de Meulan, fille de Galeran, comte de Meulan et veuve de Geoffroy III de Sablé	?	Clémence, Amaury
Amaury I (mort en 1226) VIe génération	Jeanne des Roches, fille de Guillaume des Roches et de Marguerite de Sablé	seigneuries de Sablé, de Briolay, Châteauneuf-sur-Sarthe, Précigné et Brion	Jeanne ?
Maurice IV (mort en 1250) VIIe génération	Isabelle de La Marche, fille d'Hugues X de Lusignan, comte de la Marche et d'Isabelle d'Angoulême, veuve de Jean sans Terre et mère d'Henri III d'Angleterre. Demi-sœur du roi d'Angleterre	Rentes	Marguerite ? Olivier ?
Amaury III (mort en 1333) IXe génération	Béatrix de Roucy, fille de Jean IV de Roucy	fief de La Suze	Simon, Jean, Béatrix

Tabl. 39. Une situation d'hypergamie masculine avec renouvellement onomastique.

Les trois cas correspondant à un mariage de ce type, mais sans apport onomastique de la lignée maternelle ne s'accompagnent pas d'un transfert de biens ou de fiefs : il s'agit de l'union entre Renaud le Bourguignon et Agnès de Vitré, fille de Robert de Vitré, de l'alliance d'Hugues de Craon avec Agnès de Laval et du mariage de Maurice VII avec Marguerite de Mello. L'apport patrimonial et foncier lié au mariage pourrait être une donnée essentielle dans le renouvellement onomastique : nous constatons de fait un transfert simultané de fiefs (donc de revenus) et de noms. C'est ainsi que le mariage de Maurice I de Craon avec Tiphaine de Chantocé, vers 1100, s'accompagna d'un apport à la fois onomastique et foncier. À la suite du décès de son père, Hugues, seigneur de Chantocé, mais aussi de son oncle, Hubert, Tiphaine, enfant unique et seule héritière, prit possession des fiefs de Chantocé et d'Ingrande, qui entrèrent ainsi dans la famille de Craon. Cette alliance permettait à Maurice I d'agrandir ses biens territoriaux et de se rapprocher du centre économique et politique de l'Anjou[40], ce qui élargissait son horizon et le plaçait dans une situation plus favorable. Ces gains fonciers et cette position consolidée au sein du baronnage angevin grâce à cette alliance, même si cela doit être relativisé, incita vraisemblablement Maurice I et Tiphaine de Chantocé à puiser dans l'onomastique maternelle pour nommer leurs enfants, ce qui les destinait à hériter de leur mère et permettait de légitimer ces héritiers face aux prétentions éventuelles des cousins. Les deux enfants de Maurice I et de Tiphaine, un garçon et une fille, portèrent tous les deux des noms issus de la lignée maternelle : Hugues et Tiphaine. À travers l'onomastique peuvent être entrevus, en effet, certains projets familiaux. Nous pouvons également citer l'union d'Amaury I avec Jeanne des Roches, vers 1212. Fille aînée de Guillaume des Roches et de Marguerite de Sablé, Jeanne des Roches hérita de nombreux fiefs. La fille aînée d'Amaury et de Jeanne prit le nom de sa mère.

Quelle pression avait alors exercée la famille maternelle dans le choix de ces noms de baptême ?[41] Faut-il donc penser qu'un apport onomastique n'est possible que dans le cas d'un transfert simultané de terres et de seigneuries ? La pratique n'est pas systématique. C'est ainsi que la seconde épouse d'Hugues de Craon (mort en 1138), Marquise, dont le lignage n'a pas pu être identifié, a donné quatre enfants au seigneur de Craon, dont une fille qui porte le nom de sa mère. Or, nous n'avons aucun document soulignant l'apport de terres et de biens, en plus de la dot, qu'aurait généré cette union.

Porteur de signification passée et future, le choix du nom de baptême est donc un acte délibéré, réfléchi, considéré comme un fait familial dans la mesure où cela pouvait soutenir les ambitions du groupe familial en l'insérant dans un système de parenté pluridirectionnel et cognatique. Or, cette thèse, présentée par les historiens et évoquée précédemment, paraît contraire à la vision traditionnelle du lignage reposant sur un schéma patrilinéaire. D'un point de vue onomastique, rien ne nous permet d'affirmer avec certitude l'apparition d'une

40 Les deux seigneuries sont situées sur les bords de la Loire et sont distantes d'une vingtaine de kilomètres d'Angers.

41 D'autres exemples mettent en avant ce genre de situation où la famille maternelle impose son choix lorsque les enfants à prénommer sont les futurs héritiers de leur branche. Au XIe s., les deux fils de Guillaume le Chauve, châtelain de Talmond en Vendée, Guillaume et Pippin meurent jeunes et c'est Asceline, la fille qui devient l'héritière du château et du patrimoine paternels. Mariée à un dénommé Kadelo, elle donne naissance à deux fils nommés Guillaume et Pippin, futurs héritiers du riche patrimoine (Lett 2000, 37).

structure lignagère avant le XIIIe s., ce qui remet en question d'une part, l'idée de la mise en place d'un nouveau système anthroponymique marqué par un renforcement des tendances patrilinéaires dès le XIe s.[42], et d'autre part, l'apparition d'un lignage aux contours précis et clairement définis dès les XIe - XIIe siècles, du moins en ce qui concerne les Craon.

Les pratiques des Sablé

En revanche, les Sablé adoptent, dès la fin du XIe s., un système onomastique exclusivement patrilinéaire et reprennent à leur compte le nom de baptême Robert, en référence au Bourguignon, ce qui les distingue, une nouvelle fois des Craon et explique sans doute que les Craon n'aient plus guère utilisé "Robert".

Robert (cité à quatre reprises), Lisiard (une fois et deux fois pour des fils cadets) et Geoffroy (cité une seule fois mais utilisé à trois reprises pour les fils cadets) sont les seuls noms de baptême attribués aux seigneurs de Sablé et font partie de leur patrimoine onomastique : Lisiard et Geoffroy apparaissent très tôt dans le tableau de filiation, même si un certain nombre d'incertitudes planent sur cette généalogie, du moins pour les premières générations, et Robert est utilisé à la quatrième génération, en référence à Robert le Bourguignon, ce qui constitue, au milieu du XIe s., une première césure. Se dégage, dès le XIe s., un resserrement onomastique traduisant un système familial patrilinéaire, dans lequel les apports extérieurs de noms de baptême masculins, à partir de la deuxième génération, sont très réduits, puisque limités à deux noms : celui de Robert et de Guy. La référence à Robert le Bourguignon, peu visible dans le tableau de filiation des Craon, est particulièrement intéressante chez les Sablé et témoigne de la volonté, de la part des générations suivantes, de fonder leur tradition onomastique autour de cet ancêtre.

42 Toubert 1986, 397.

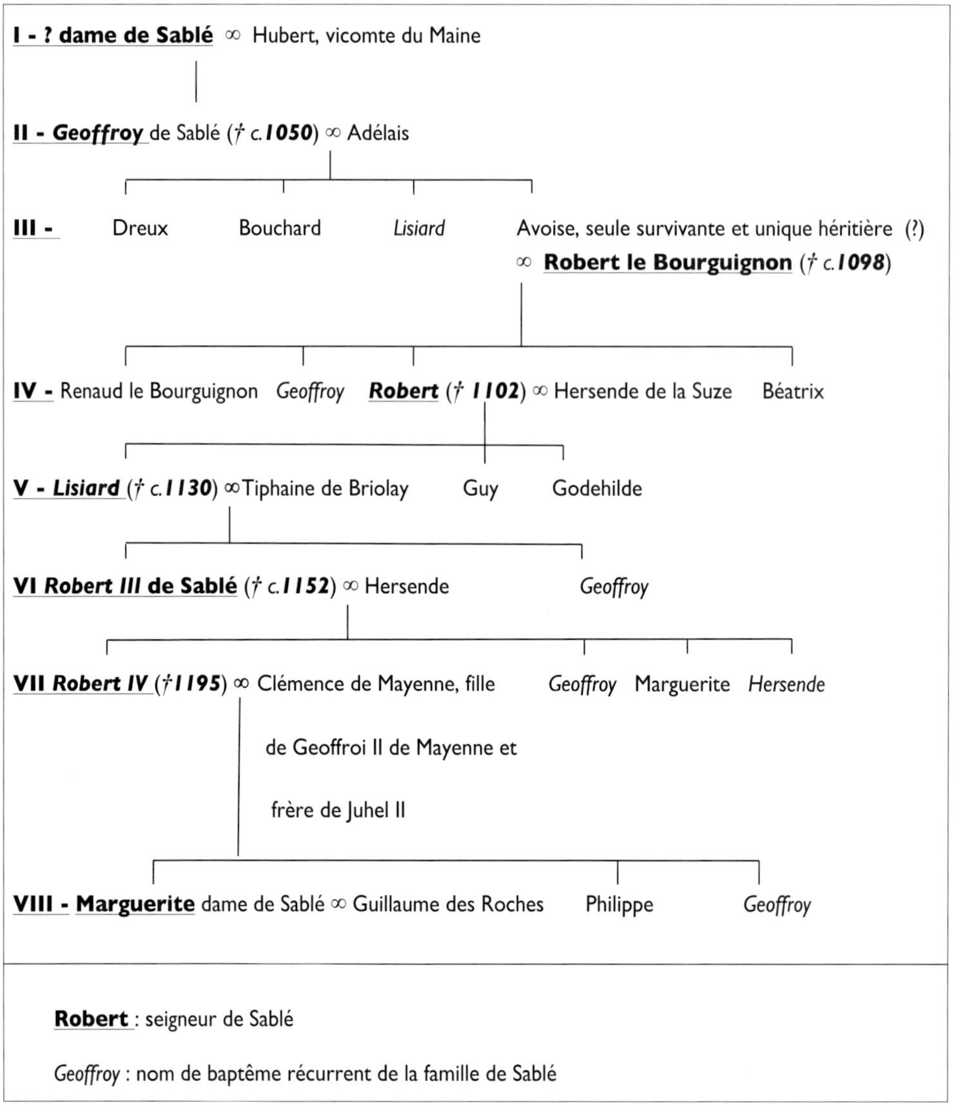

Tabl. 40. Tableau de filiation des Sablé.

Si le nom de baptême Robert, en souvenir du Bourguignon, n'apparaît guère dans le système anthroponymique des Craon, en revanche, le sobriquet qui lui est attribué est bien présent dans leur généalogie. L'enjeu est de voir à partir de quand et selon quelle proportion d'actes le nom du château éponyme supplante le sobriquet *Bourguignon*, quels sont les modes de transmission de ce surnom mais aussi de percevoir comment transparaissent les qualités nobiliaires et militaires – constitutives de l'identité lignagère des Craon – à travers leur titulature.

43 Angot 1942, 713-805.

Le surnom "*Bourguignon*" figure ainsi sur cinq générations, sur un siècle et demi, remplacé parfois, en ce qui concerne Renaud, par "l'*Allobroge*", qui correspondait à un peuple celte de la Gaule transalpine établi entre le Rhône, l'Isère et le lac de Genève. Ces deux sobriquets *Bourguignon – Allobroge* ne sont pas liés et se rapportent à des régions théoriquement différentes : le fait que Renaud se fasse appeler tantôt l'Allobroge, tantôt le Bourguignon, tient probablement à la culture du scribe qui a rédigé la charte ; cela peut être aussi un effet de source, par exemple une chronique due à des moines lettrés, sans refléter nécessairement l'usage courant.

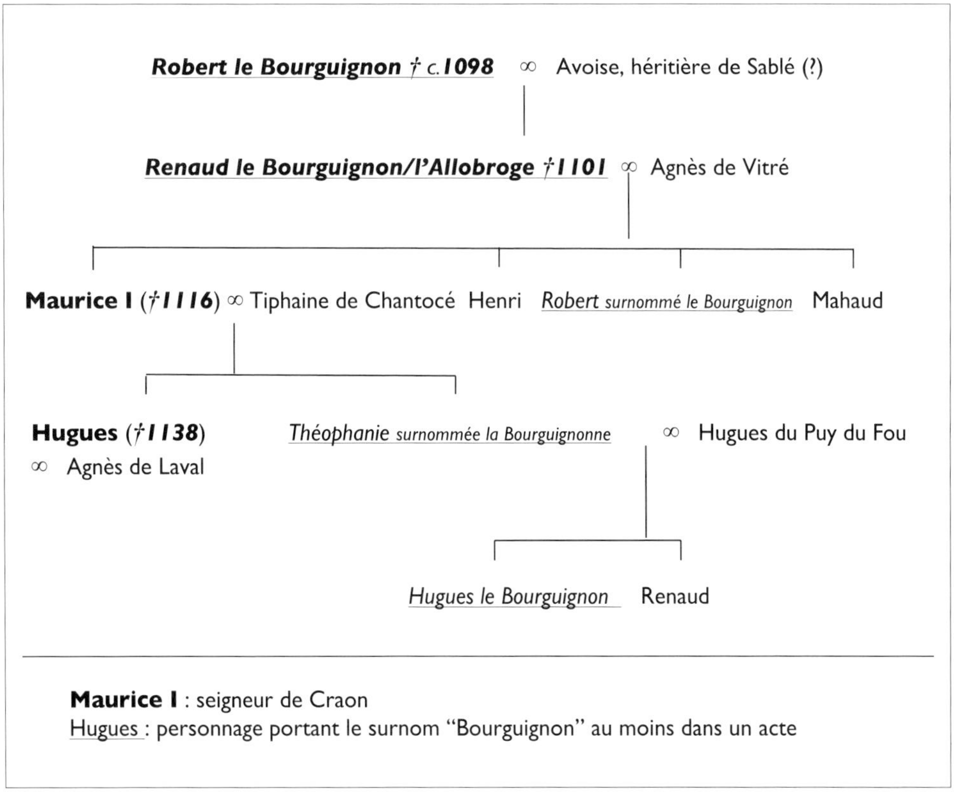

Tabl. 41. Tableau de filiation des Craon.

Transmis au fils aîné Renaud, le surnom "Bourguignon" passe ensuite à un fils cadet, portant le même nom de baptême que son grand père, Robert, puis est attribué à une fille, qui le lègue à son tour à son fils aîné. Aux générations suivantes, que ce soit celles issues de la branche aînée des Craon ou celles issues de l'union de Théophanie avec Hugues du Puy du Fou, le *Bourguignon* ne figure plus dans les différents tableaux de filiation.

	Usage du sobriquet par le seigneur de Craon	Nom issu du château éponyme	Total des actes faisant références au seigneur de Craon
Robert le Bourguignon (1050-1098)	26	2	28
Renaud le Bourguignon (1098-1101)	6	2	8
Maurice I (1101-1116)	0	7	7
Hugues et Guérin (1116-1150)	0	5	5
Maurice II (1150-1196)	0	31	31

Tabl. 42. Répartition des actes selon la titulature.

Le relevé des actes du corpus nous permet de dégager quelques conclusions sur l'identité lignagère des Craon. La référence à Robert le Bourguignon, au point de vue onomastique, n'est pas inexistante chez les Craon, mais elle ne passe pas par la transmission de son nom de baptême mais par celle de son sobriquet, et ce, pendant quatre générations, soit un peu plus d'un siècle. Ce surnom aurait pu devenir le patronyme familial. Or, il n'en est rien et c'est le château qui devient éponyme de la famille. À partir de Maurice I, le seigneur de Craon n'utilise plus le sobriquet, ce ne sont plus que les fils cadets ou les filles qui, d'abord, portent le surnom de leur aïeul, puis le lèguent à leurs descendants : les héritiers directs n'en sont plus gratifiés.

Le fait que le sobriquet familial puisse être transmis par une fille, Théophanie, et qu'elle l'attribue à son fils aîné est particulièrement intéressant dans la mesure où ce surnom n'est pas tombé tout de suite en désuétude au moment où la branche aînée l'abandonnait. Mais, à la mort du fils de Théophanie, qui lui aussi l'avait porté, "le Bourguignon" disparaît dans les méandres de l'oubli, résultat d'une mémoire sélective.

Enfin, la transmission de ce surnom confirme ce que nous venons de démontrer concernant l'évolution de la structure familiale des Craon, marquée par la césure du début du XIIIe s. c'est-à-dire l'affirmation d'une nouvelle tradition familiale, reposant sur un système onomastique patrilinéaire, avec la récurrence des noms Maurice et Amaury et l'abandon définitif du sobriquet "Bourguignon" : l'affermissement de l'identité des Craon dans un cadre lignager, à cette période, gomme définitivement le surnom.

Nous serions donc tenté de voir, en ce XIIIe s., le moment où le groupe familial s'organise définitivement en lignage. Or, un nom usité par le groupe familial mérite une attention particulière : celui de Marguerite, un nom répandu à cette époque mais n'apparaissant chez les Craon qu'au XIIIe s. en faveur d'une fille de Maurice IV, mort en 1250, et d'Isabelle de La Marche. L'origine du nom nous apparaît problématique : il ne figure pas parmi l'anthroponymie féminine de l'ascendance maternelle et à première vue, aucun membre de la famille ne porte ce nom du côté paternel.

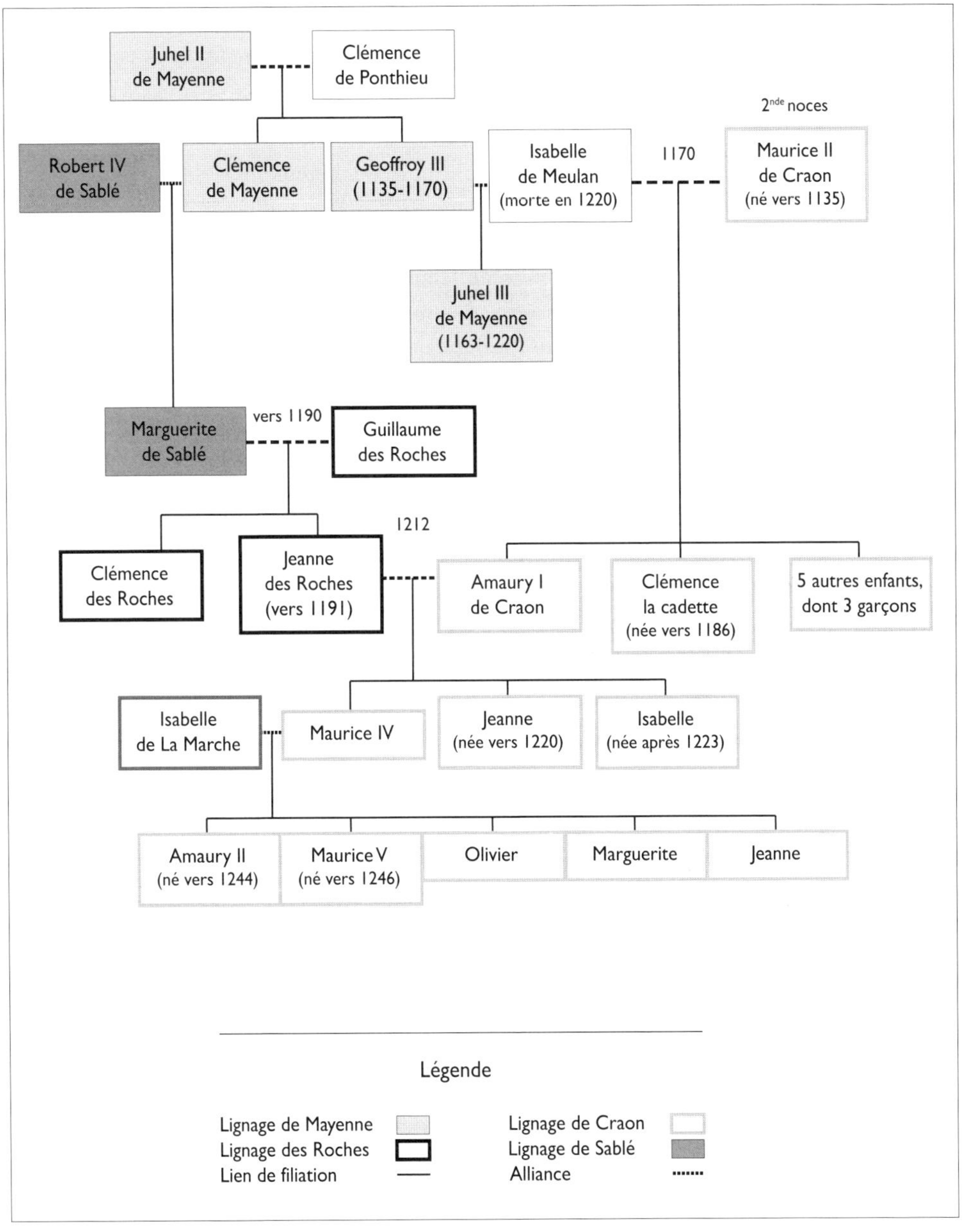

Fig. 15. Le jeu matrimonial Craon / Sablé : les arrangements lignagers face aux interdits de parenté.

Ce choix de la part des parents répondait-il seulement à un effet de mode ? Certes, ce nom pourrait se référer à un parent spirituel, ou à un autre membre de la *familia* qui nous est inconnu. Un indice dans le schéma généalogique faisant apparaître transversalement plusieurs groupes familiaux dont celui des Craon et celui des Sablé nous oriente vers une autre hypothèse : le nom de Marguerite est alors porté par Marguerite de Sablé, bisaïeule de notre Marguerite. Fille de Robert IV de Sablé et de Clémence de Mayenne, elle épousa

Guillaume des Roches vers 1190, et donna naissance à deux filles, dont l'aînée Jeanne des Roches qui se maria avec Amaury I de Craon, scellant une union entre les Craon et les Sablé.

Dans l'impossibilité de contracter une alliance avant, en raison des interdits de parenté, les Craon et les Sablé n'avaient pas pour autant rompu toute relation[44]. Certes, les contacts avaient été plus difficiles en raison de choix politiques divergents mais dès qu'ils le purent, une union entre les deux groupes familiaux fut conclue. Cette alliance était prometteuse pour les Craon. Jeanne était la fille aînée et n'avait qu'une sœur, Clémence : la seigneurie de Sablé lui était promise. De plus, le père de Jeanne, Guillaume des Roches avait acquis une solide réputation militaire jouant un rôle de premier rang en Anjou, mais ce fut surtout comme sénéchal d'Anjou, du Maine et de Touraine qu'il était connu. Cette charge, acquise en 1199 auprès d'Arthur, puis confirmée par Philippe Auguste, fut transmise héréditairement à sa famille. Les émoluments étaient intéressants : cinquante livres par an sur chaque province, mais aussi le tiers des amendes, des offices et la garde des châteaux constituaient les profits annuels ou casuels. Nous avons vu que l'apport de terres et de seigneuries au moment du mariage s'accompagnait systématiquement, dans le cas des Craon, d'un renouvellement onomastique. Étant donné l'importance symbolique et l'enjeu territorial de cette alliance avec les Sablé, pourquoi ne pas considérer que l'origine de ce nom provenait de cette union ?

Les circonstances démographiques n'avaient pas permis à la famille de s'approprier ce nom plus tôt. La fille de Marguerite de Sablé, Jeanne des Roches, eut de son mariage avec Amaury I trois enfants, dont deux filles : l'aînée porta le nom de sa mère, Jeanne, et la cadette, celui de sa grand-mère paternelle, Isabelle.

Plusieurs indices nous amènent donc à penser que l'apport du matrilignage était encore réel après le XIIIe s. dans l'anthroponymie des Craon, en particulier lorsque l'alliance permettait un accroissement du patrimoine familial. Si notre hypothèse se confirmait, il conviendrait de nuancer l'idée d'un renforcement de la patrilinéarité du système onomastique à cette période.

Conclusion

L'analyse des noms apparaît être un outil intéressant dans la mesure où elle permet à l'historien d'aborder le lignage supposé sous un angle différent. Dans le cas de notre étude, plus qu'un fil conducteur assurant l'identification des individus, l'onomastique permet de saisir la complexité du réseau de parenté. Cette analyse nous apporte une vision décalée du schéma lignager traditionnel étant donné que la patrilinéarité, d'un point de vue anthroponymique, n'est pas marquée avant le XIIIe s.[45]. Cette première période (XIe - XIIIe s.) met en évidence une conception bilatérale de la parenté et témoigne de la volonté de se construire une nouvelle tradition familiale, en se détachant du patrimoine onomastique de la famille de Robert le Bourguignon et en adoptant de nouveaux noms de baptême.

44 Voir la partie : les solidarités familiales mises à l'épreuve, p. 142.

45 Or, depuis les travaux de Georges Duby, les historiens s'accordent pour considérer que la patrilinéarité est une composante essentielle du lignage, pouvant apparaître dès le XIe - XIIe s.

La rupture onomastique du XIIe s. avec l'apparition d'un nouveau nom de baptême, celui de Maurice, illustre cette thèse. Cette référence au saint guerrier permettait à la famille de s'ancrer dans l'espace angevin, de se construire une identité militaire et de prendre ses distances à l'égard du patrimoine onomastique familial. Cette hypothèse trouve tout son sens dès que l'on prend en compte les circonstances de la prise de possession de la seigneurie de Craon par Robert le Bourguignon, grand-père de Maurice I, aux dépens de Guérin, le représentant de la première "maison" de Craon. Cet épisode, obscur, flou et mal documenté, a pu générer des tensions et des rancœurs : des droits usurpés en ce qui concerne la première "maison", au bénéfice de Robert le Bourguignon et des siens. Cette situation peut expliquer le choix d'un nom de baptême hors des stocks familiaux et la volonté de fonder leur propre patrimoine onomastique : l'abandon par les Craon de "Robert", au profit des Sablé, est à cet égard significatif. Mais, bien que le nom Robert ait été capté par la branche rivale des Sablé, le souvenir de Robert le Bourguignon reste cependant vivace : le surnom de Bourguignon continue à être porté par la branche aînée jusqu'à l'adoption du nom de Maurice, lequel marque autant l'origine angevine (par Saint-Maurice d'Angers) que l'origine bourguignonne du fondateur (Saint-Maurice d'Agaune). Nous abordons, dès lors, un point central de notre étude : l'adoption par une famille d'un nom ayant appartenu à un saint guerrier, un martyr chrétien, dans le but de s'approprier une identité militaire tout en lui associant une dimension spirituelle. D'un point de vue anthroponymique, cette prise de conscience ne se fait pas dans un cadre lignager mais dans une structure dont les contours ne semblent pas encore bien définis et nous avons l'impression que cette césure onomastique, prenant pour référence le saint guerrier, est un moment clé pour les Craon dans la constitution d'une mémoire familiale et dans la genèse du lignage patrilinéaire, puisque ce nom de baptême fut repris systématiquement, à sept reprises, jusqu'aux dernières générations.

L'onomastique de la famille de Craon fournit ainsi l'exemple d'une mise en place tardive de la structure lignagère (pas avant le XIIIe s.) mais également d'une constitution précoce d'une identité militaire, pour ne pas dire chevaleresque, en référence à saint Maurice. Nous sommes donc invité à nuancer les travaux des historiens sur la genèse et le fonctionnement du lignage et à proposer une définition large[46], étant donné qu'il peut recouvrir des réalités différentes. D'ailleurs, de nombreux indices remettent en question la vision strictement patrilinéaire du système onomastique des Craon à partir du XIIIe s. : si l'ascendance maternelle n'est plus visible dans l'anthroponymie masculine, le thésaurus féminin du groupe familial continue en revanche à s'enrichir de l'apport maternel.

Les armoiries, symbole identitaire et élément de cohésion lignagère

L'agencement classique de la genèse d'un lignage au Moyen Âge repose d'abord sur des fondements terriens : l'enracinement sur une terre, l'installation dans un château, la fondation d'un lieu de sépulture regroupant tous les membres de la famille en sont des composantes.

46 Comme par exemple la définition globale de lignage avancée par Barthélémy : "des groupes familiaux crées par la filiation et par l'alliance matrimoniale" (Barthélémy 1986, 40).

Se construisait peu à peu une mémoire familiale dotée de symboles familiaux, visibles notamment dans l'usage d'un nom de baptême patrilinéaire, transmis de génération en génération. Telle est la thèse traditionnelle avancée par la plupart des historiens. Or, dans le cas des Craon, cette vision, comme nous l'avons vu précédemment, appelle un certain nombre de remarques. L'héraldique peut nous apporter des éléments supplémentaires en ce domaine depuis que cette discipline a largement étendu le champ de ses investigations et renouvelé ses méthodes. En effet, l'examen des armoiries des XIIe - XIIIe siècles peut nous aider à démêler le réseau enchevêtré des alliances et des parentés et l'étude des groupements d'armoiries (appelés aussi "groupes héraldiques"), c'est-à-dire l'analyse de la fréquence d'une figure dans les armes de familles possessionnées dans un territoire restreint, est particulièrement utile : elle permet à l'historien de découvrir, notamment pour le XIIe siècle, des liens familiaux ou lignagers qui ne sont attestés par aucun autre type de document[47]. L'héraldique est la science qui a pour objet l'étude des armoiries, c'est-à-dire "des emblèmes en couleurs, propres à une famille, à une communauté ou, plus rarement, à un individu, et soumis dans leur disposition et dans leur forme à des règles précises qui sont celles du blason. Servant le plus souvent de signes distinctifs à des familles, à des groupes de personnes unies par les liens du sang, elles sont en général héréditaires. Enfin, elles sont presque toujours représentées sur un écu." Le caractère imprécis de cette définition traduit bien la constante évolution et la grande diversité des armoiries, deux caractéristiques essentielles dégagées par Michel Pastoureau[48] et auxquelles il conviendra de prêter attention. De la même manière, procéder à l'analyse des différents éléments qui composent les armoiries des Craon, sous un angle historique, et les comparer aux usages et habitudes prévalant en terre angevine et tourangelle peut offrir un certain nombre de thèses séduisantes qu'il est impératif de nuancer. En effet, le chercheur est toujours curieux de connaître la signification des armoiries portées par un personnage ou une famille et l'erreur consiste à vouloir répondre absolument à cette interrogation au lieu d'admettre, soit qu'il n'y avait aucune signification particulière, soit qu'il était très difficile de la trouver.

La structure du présent chapitre s'ordonne autour de ces remarques. La première partie est consacrée à l'analyse critique des sources dont nous disposons. La deuxième partie étudie les emblèmes que nous venons de définir sous le terme "armoiries" : la période de leur adoption, de leur port et de leur emploi par les Craon, l'analyse des différents éléments qui les composent (figures, couleurs...) nous permettront de dégager des hypothèses sur l'essence de leur identité. L'adoption des armoiries par les femmes, pivot des relations familiales, retiendra toute notre attention puisque cet axe nous permet d'affiner notre analyse sur la structure familiale des Craon. Enfin, l'emploi des armoiries par les branches cadettes au XIVe siècle nous amène à aborder l'idée des solidarités et de la cohésion lignagère : affichent-elles leur appartenance au lignage en conservant l'écu losangé de Craon ou bien affirment-elles leur ambition en se distinguant du joug lignager ?

47 Pastoureau 1979, 247.
48 *Ibid.*, 13.

La connaissance et l'étude des armoiries des seigneurs de Craon : approche critique des sources

Signe social, le blason permet de situer l'individu dans le groupe et le groupe dans la société. Procéder à l'analyse des armoiries nous éclaire sur la place d'un individu au sein d'une famille, ses alliances matrimoniales ; mais aussi la position d'une lignée au sein d'un lignage, et les rapports des différents lignages entre eux. De même, l'histoire politique et diplomatique des XIVe - XVe siècles peut se lire dans un certain nombre d'armoiries. Cependant, le système héraldique médiéval doit être confronté à d'autres sources : il repose plus sur des conventions que sur de véritables règles[49]. D'ailleurs, au XIIe s., le blason est en construction : il ne faut pas imaginer les armoiries dotées de règles précises dès cette période. Il s'agit en effet d'un produit historique dont la codification est, à cette époque, en devenir.

Un nombre conséquent de documents de toute nature permet de connaître et d'étudier les armoiries des Craon, ce qui révèle l'importance de celles-ci dans la vie militaire et civile. Parmi ces sources, nous avons recensé, en premier lieu, les différentes empreintes existantes, qui font l'objet d'un descriptif détaillé en annexe.

Siècle	Nombre d'empreintes existantes
XIIIe s.	5
1ère moitié	3
dernier 1/3	2
XIVe s.	29
Branche aînée	6
Branches cadettes	23
Total d'empreintes existantes	**34**

Tabl. 43. Nombre d'empreintes existantes par siècle.

À la fois "créateur" et "cristallisateur" d'armoiries, gravé avec soin et précision, le sceau[50] fournit les renseignements les plus sûrs. Or, comment rendre plausible une démonstration s'appuyant sur un nombre limité d'empreintes d'autant que la lecture de ces sceaux est souvent rendue difficile en raison de l'état dans lequel ils nous sont parvenus quelle que soit la période. De plus, leur grand inconvénient est, évidemment, de ne pas indiquer les émaux.

Les copies des cartulaires des abbayes, faites pour la plupart au XVIIe s. sous l'impulsion de Roger de Gaignières, et qui représentent l'une des richesses du cabinet des manuscrits de

49 Excepté l'emploi des émaux.

50 Plusieurs recueils de sceaux peuvent être consultés, notamment ceux à caractère général : Demay 1885 ; Douët d'Arcq 1863-1868.

la Bibliothèque nationale sont parfois les seuls documents que nous possédons ; se trouvent des dessins, assez schématiques mais lisibles ou des descriptions de sceaux et de contre-sceaux armoriés.

Parmi les autres documents, nous avons à notre disposition les armoriaux, c'est-à-dire les recueils d'armoiries[51]. Robert Nussard, dans un article sur le *Rôle d'armes Bigot*[52], a mis en avant pour un certain nombre de familles tourangelles le nombre de sceaux répertoriés dans les différents armoriaux ; nous n'avons retenu que les informations concernant les seigneurs de Craon.

Famille	Sceaux	Wijnbergen 1270-1285	Navarre 1350-1375	Bellenville 1370-1385	Gelre 1370-1385	Urfé 1380-1400
Craon	15	1	3	1	1	3

Tabl. 44. Nombre de sceaux répertoriés appartenant aux Craon et leur mention dans les armoriaux.

Les armoriaux[53], cités dans ce tableau, sont de valeur inégale, mais ils semblent presque tous avoir été l'œuvre de hérauts d'armes[54] et constituent la source documentaire la plus importante pour étudier les armoiries nobles des XIVe et XVe siècles[55]. En revanche, certains sont l'œuvre de travaux d'équipes : cela est probablement vrai pour l'Armorial du Héraut Navarre, l'Armorial de Gelre. Ce type de recueil peut se recopier à l'infini, reproduisant les erreurs et les lacunes de leurs sources ; de là, proviennent les interpolations, les confusions et anachronismes[56]. S'ajoutent de surcroît des problèmes de datation qui obligent les héraldistes à recourir à des méthodes ne pouvant fournir que des fourchettes de date. Parmi les armoriaux dits "marginaux", le *Caerlaverock Poem*[57] fait allusion à Maurice de Craon et mentionne indirectement ses armoiries. Or, il s'agit d'une œuvre poétique dans laquelle le recensement d'armoiries n'est pas le but essentiel de l'auteur. Deux écueils supplémentaires nous obligent à prendre nos distances à l'égard de cette source. D'une part, l'œuvre est datée de 1300 et fait référence à Maurice de Craon ; à cette date, c'est Amaury qui est seigneur de Craon : il ne peut s'agir que de son prédécesseur, Maurice V, qui était mort depuis sept ans, en 1293. Maurice de Craon est donc cité à titre posthume. D'autre part, ses armoiries ne servent

51 Vaivre & Jeguier 1974.
52 Nussard 1989, 32-34.
53 Voir la liste des armoriaux publiée dans Saffroy 1968, n°2874-2952. Bien qu'incomplète, elle recense 66 armoriaux français et flamands antérieurs à 1500.
54 C'est le cas de *l'Armorial Wijnbergen*, recueil relativement élaboré du XIIIe s.
55 Pastoureau 1979, 225.
56 Voir l'analyse critique et comparative des armoriaux avec les sceaux dans Pastoureau 1979, 232.
57 Poème en vers, composé vers 1300, qui raconte la prise du château de Caerlaverock en Écosse par l'armée d'Édouard Ier durant l'été 1300 (Brault 1973).

qu'à illustrer celles appartenant à un autre seigneur et n'intéressent pas le héraut d'armes en tant que telles ; il rappelle que l'équipement de Johans de Riviers était semblable à celui de Maurice de Craon[58].

Le cartulaire de la Haie aux Bonshommes de Craon est une autre source très précieuse pour l'historien des armoiries et des couleurs. L'objectif des auteurs n'était évidemment pas d'énumérer les différentes armoiries présentes en terre angevine, mais un tel document est remarquable puisqu'il comporte trente-sept armoiries en couleurs, apparaissant comme une sorte de mini armorial régional et nous permet ainsi d'effectuer des analyses statistiques et de procéder à une étude comparative. Ce cartulaire, comptant 232 feuillets à deux colonnes et comprenant deux parties (celle des Craon commence au folio 176) a été publié par P. de Farcy ; il est conservé aux Archives départementales de la Mayenne, sous la cote M 292. Il contient des pièces de la fin du XIe jusqu'au milieu du XVe s. et a été rédigé par des auteurs différents à la fin du XVe s.

Confronter les sources est donc une nécessité puisqu'elles apparaissent complémentaires. Or, les sources les plus explicites sont les plus tardives et viennent a posteriori de la structuration lignagère. Parmi elles, les armoriaux sont les documents les plus importants pour connaître les armoiries. Mais il en est d'autres qui sont très utiles pour notre étude : les sources archéologiques et écrites. En effet, les armoiries sculptées des Craon ont été perçues sur leurs monuments funéraires[59] et une peinture murale située à Sablé-sur-Sarthe représente les armes d'Isabelle de la Marche et du seigneur de Craon.

L'adoption des armoiries par les Craon et leur composition héraldique, reflet d'une identité assimilée ?

Les armoiries des Craon sont formées de losanges jaunes et rouges accolés : "un losangé d'or et de gueules". D'après les renseignements que nous avons pu recueillir, il semble que le premier à porter les armoiries de la famille soit Maurice III, seigneur de Craon de 1196 à 1207. Celles-ci figurent sur un sceau, conservé à la BnF, daté de 1207 : il s'agit d'une donation faite par Maurice à Chaloché et approuvée par Isabelle, sa femme et par ses frères Pierre et Amaury[60]. Or, Bertrand de Broussillon mentionne l'existence d'un premier sceau ayant appartenu à Maurice II avant 1196 : il était formé d'une pierre gravée d'un très faible relief où se trouvait un génie ailé monté sur une chèvre et figurait dans une charte[61] qui a été conservée ; en revanche, le sceau ne nous est pas parvenu. Il s'agissait d'une marque personnelle et non familiale, étant entendu que l'on ne peut parler d'armoiries qu'à partir du moment où l'emploi

58 Vers 271-274 du poème titré *The siege of Caerlaverock*, Watt 2010 :
"Johans de Rivers le appareil
Ot masclé de or e de vermeil
E par tant comparé le a on
Au bon Morice de Cröon".

59 Bruneau de Tartifume [1623] (1977) nous a laissé un descriptif de la chapelle des Craon située à l'intérieur de l'église des Cordeliers à Angers. Il décrit les gisants des membres de la famille présents dans la chapelle, évoque les épitaphes et a esquissé des dessins de ces tombes et des armoiries.

60 BnF., Fonds français, 22450, fol. 320.

61 Arch. Nat., L. 974.

des mêmes figures fut constant chez un même personnage et où un certain nombre de règles interviennent dans leurs représentations.

Bien que le document le plus ancien que nous possédons date de 1207, il est probable que le choix des armoiries de la famille de Craon ait été antérieur, fixé sous l'ère des Plantagenêts. À cette époque, le seigneur de Craon était un fidèle d'Henri II, accomplissant des missions diplomatiques et militaires pour le Plantagenêt. En marge des révoltes seigneuriales et à contre-courant de ses pairs angevins, sa prise de position faisait figure d'exception. En analysant la date d'adoption des armoiries par les familles tourangelles et angevines, nous pouvons remarquer que l'usage des armoiries par les Craon est relativement tardif, même si certaines familles les adoptent encore plus tardivement, comme les familles de Sainte-Maure et de Pressigny pour la Touraine. La famille de Sablé, issue d'un ancêtre commun avec les Craon, Robert le Bourguignon, s'approprie des "signes emblématiques héréditaires" dès 1170, ce qui correspond d'ailleurs à l'analyse générale effectuée par Michel Pastoureau[62].

Seigneur	Date approximative	Citations	Références
Maurice V de Craon † en 1293	1270-1285	*Morise de Craon "losangé d'or et de gueules"*	Armorial de Wijnbergen, 515
Pierre de Craon, fils d'Amaury III † en 1376	1350-1375 1380-1400 (cité à titre posthume ?)	*Piere de Craon "losengé d'or et de gueules à 1 lambel d'azur"* *M. Pierre de Craon "telz armes à lambiau d'azur"*	Navarre, 870 Urfé, 801
Guillaume Ier de Craon	1350-1375	*Messire Guillaume de Craon "semblablement à ung baston d'azur"*	Navarre, 871
Amaury IV †1373	1350-1373 1370-1373 1370-1373	*Le sire de Craon "lozengé d'or et de gueules"* *Craen " losangé d'or et de gueules"* *He'van Craen "losangé d'or et de gueules"*	Navarre, 869 Bellenville, f° 2 v° Gelre, 433
Guillaume II de Craon, fils de Guillaume Ier	1388-1400	*M. Villame de Craon, viconte de Casteldun" les armes de Craon au baston d'azur"*	Urfé, 802

Tabl. 45. Les Craon dans les armoriaux.

62 Pastoureau 1979, 32 : "la transformation d'emblèmes individuels en signes emblématiques héréditaires, soumis dans leur représentation à certaines règles date d'environ 1140-1180".

La lecture des armoiries des Craon donne une impression de simplicité et de continuité : leurs écus sont sobres dans leur composition comme dans le choix de leurs émaux et s'inscrivent dans l'usage héraldique de l'Anjou. Le tableau suivant est le résultat des statistiques[63] effectuées dans le cartulaire de la Haie aux Bonshommes de Craon : ont été relevées et analysées les trente sept armoiries présentes dans cette source[64]. La première et la deuxième colonne donnent le nombre et le taux des écus où l'on rencontre un émail ou une association d'émaux ; les suivantes correspondent à la France de l'ouest et à la Touraine[65].

Émaux	Cartulaire de la Haie aux Bonshommes		France ouest %	Touraine %
	Nombre d'écus	%		
Or	24	60	44	53
Argent	16	40	42	46
Gueules	27	67.5	64	68,5
Azur	9	22.5	23	20
?	0	0	17	16
Sinople	1	2.5	6	1,5
?	2	5	5	4
Hermine	2	5	8	6

Association d'émaux ou émaux et métaux	Cartulaire de la Haie aux Bonshommes		France ouest %	Touraine %
	Nombre d'écus	%		
Or/gueules	15	37.5	22	30
Or/azur	4	10	12	8
Or/sable	0	0	10	10
Or/sinople	1	2.5	2	1,5
Argent/gueules	7	17.5	26	28
Argent/azur	5	12.5	9	3
Argent/sable	0	0	7	6,5
Vair/gueules	1	2.5	3	5
Hermine/gueules	1	2.5	5	6,5

Tabl. 46. Émaux et métaux dans le cartulaire de la Haie aux Bonshommes.

63 L'héraldique comparée s'appuie sur le dépouillement statistique des sceaux et des armoriaux et tente de dresser les indices de fréquence d'une figure, d'un émail ou d'une association d'émaux dans les armoiries d'une époque, d'une région (...). Pastoureau 1979, 116.

64 Bellanger 2000.

65 Pastoureau 1993, 117.

Ce sont les associations argent/gueules et or/gueules qui sont les plus utilisées ; les autres associations sont d'un emploi peu fréquent quelle que soit la région que l'on étudie : l'Anjou, la Touraine ou la France de l'Ouest. Malgré le faible nombre d'armoiries présent dans le Cartulaire (37), les résultats sont sensiblement identiques à ceux de la région et l'omniprésence du gueules dans les émaux est un trait significatif.

Or, les armes des Plantagenêts utilisent l'or et le gueules associés à des léopards ou à des lions. Dans son approche sur les armoiries des Craon, Anthony Bellanger[66] compare la seigneurie de Craon à celle de Mayenne et d'Oudon et constate que toutes les trois avaient adopté des couleurs similaires à celles utilisées par les Plantagenêts à la fin du XIIe s., époque où l'héraldique se mettait en place dans ces régions : ces armoiries sont des "armoiries politiques" soulignant l'allégeance des seigneurs de Craon aux Plantagenêts.

Les couleurs et leurs associations sont en effet des "cartes de visite"[67], indiquant l'identité et la personnalité de l'individu qui les porte, à une époque où le choix des émaux était important dans la mesure où elles avaient pour finalité d'être vues et reconnues. Bien que ce choix pouvait correspondre à d'autres motivations lié à la mode, au goût du moment[68] (le rouge étant la couleur la plus usitée à la fin du XIIe s.) ou à des raisons de commodité visuelle (le jaune et le rouge étant plus visibles sur les champs de bataille), l'association or/gueules, semblable aux armes des Plantagenêts, a été choisie par les Craon avant l'incorporation de l'Anjou au royaume de France.

Le recensement des différents sceaux employés par les seigneurs de Craon nous indique que le blason des Craon s'inscrivait dans les normes angevines. Les figures et les ornements extérieurs à l'écu sont classiques : le cheval et le lion sont les animaux de prédilection des armoiries et le coq est l'oiseau le plus répandu, après l'aigle et la merlette. La simplicité des figures dans les armoiries des Craon se retrouve également dans le choix des végétaux : le trèfle est la plus simple des figures et le nombre de folioles détermine sa dénomination.

En revanche, les armoiries des derniers seigneurs de Craon, Amaury III et Amaury IV, se complexifient et se diversifient légèrement, associant plusieurs figures de nature différente. C'est ainsi qu'Amaury III rajoute un élément tiré de l'anatomie humaine : une tête d'homme, qui devient tête de femme dans les armoiries d'Amaury IV. Plus nombreuses et d'un emploi constant chez les seigneurs de Craon sont les figures empruntées à l'armement et à la vie militaire. L'épée, le heaume, le haubert, les éperons sont autant de témoignages héraldiques utilisés par les Craon pour mettre en valeur leur fonction militaire, ce qui était typique d'une famille de châtelains.

66 Bellanger 2000, 41.

67 Pastoureau 1986, 41-46, 59-65.

68 Au Moyen Âge, les couleurs ont une symbolique bien précise et peuvent être rangées en deux catégories : celles qui renvoient aux vices et aux péchés et celles qui évoquent les vertus ou les qualités. Le rouge est synonyme de courage, de force, de largesse et de charité mais également d'orgueil, de cruauté et de colère. Le jaune correspond à la noblesse et à la foi mais aussi à la félonie, à l'avarice, à l'envie et à la paresse (*Ibid.* 1986, 35).

Seigneurs	Les animaux	Les végétaux	Ornements extérieurs à l'écu
Maurice III	Cheval	-	
Amaury Ier	Cheval	-	
Maurice V	Cheval puis 2 lions	Trèfle	Cimier (feuille tréflée)
Amaury III	-	Quatre-feuilles	
Amaury IV	Coq	Fleurettes, roses, rosettes, fleurons	Coq aux ailes déployées et tête de femme ceinte de roses.

Tabl. 47. Le blason des Craon : figures et timbres.

L'usage de sceau de type équestre[69] par les Craon permet d'établir un certain nombre de remarques. Certes, ce type de sceau est peu significatif étant donné qu'il était utilisé par la plupart des familles nobles, mais replacé dans une analyse plus large, cet emploi sigillographique permet de dégager une idée semblable à celle que l'on avait évoquée en ce qui concerne l'onomastique : une vocation militaire fortement marquée, fondement de l'identité familiale. De plus, ce sceau de type équestre apparaissant chez les Craon au début du XIIIe s., ne subit aucune véritable modification. Bien entendu, le dessin s'était complexifié et il fut plus soigneusement exécuté, les figures devenaient plus lisibles ainsi que les contours, mais la marque militaire, symbole identitaire de la famille, avait été toujours maintenue.

Il semble que l'usage des armoiries chez les familles dites "vassales" des Craon soit, lui aussi, tardif si l'on se réfère à la chronologie proposée par M. Pastoureau[70]. Le tableau, situé en annexe, nous donne une information intéressante sur la circulation et la diffusion des armoiries puisque l'on s'aperçoit que certains fidèles des seigneurs de Craon s'inspirent de leurs armoiries. Les Bouche d'Usure, aux côtés des Craon dès le XIe s., arborent ainsi un losangé d'argent et de gueules. Le cas n'est pas rare, comme l'a montré Joseph Morsel[71], prenant pour exemple la puissante famille d'origine normande, les Clare. Ces deux exemples apportent un éclairage nouveau sur la diffusion héraldique et remettent en question une transmission uniquement "lignagère" des armoiries : l'appartenance parentale n'est pas la seule logique déterminant la circulation héraldique.

Les armoiries des dames de Craon : difficulté d'analyse et essai d'interprétation

Toute étude sur les armoiries féminines de la famille de Craon est rendue fragile du fait du nombre réduit de documents à notre disposition ; cependant, il apparaît nettement que c'est par l'usage du sceau que les armoiries, d'abord réservées aux combattants, se sont étendues aux femmes.

69 C'est le type de sceau où le possesseur est représenté tout équipé, monté sur un cheval de bataille, brandissant ses armes et tenant un écu. En France et en Angleterre, un tel sceau est en principe réservé aux seuls *milites* (chevaliers) et domine aux XIIe et XIIIe s. (*Ibid.* 1979, 231).

70 Pastoureau 1979, 41: d'abord réservées, dans le second tiers du XIIe s., aux grands feudataires, les armoiries sont progressivement adoptées par les chevaliers bannerets (1160-1200), puis par les simples chevaliers (vers 1180-1220), et enfin par les petits nobles non chevaliers et les simples écuyers (vers 1220-1260).

71 Morsel 2004, 127-128.

Dames	Épouse de	Date	Nature et type d'acte sur lequel figure le sceau	Description du sceau ou des armes	Source
Isabelle de Mayenne	Maurice II	1196-1202	Charte dans laquelle elle choisit son lieu de sépulture	-	A.N., L.974, n°933
Isabelle de Mayenne	Maurice II	1196-1202	Donation d'Isabelle de Mayenne à Savigny	-	A.N., L. 974, n°932
Isabelle de La Marche	Maurice IV	1245-1265	-	Peinture murale située à Sablé sur Sarthe "burelé d'argent et d'azur"	
Béatrix de Roucy	Amaury III	Juin 1323	Charte ratifiant l'aliénation de la sénéchaussée de Touraine	-	A.N., J. 175 a, n°28

Tabl. 48. Les dames de Craon : leur sceau et leurs armes.

Nous ne possédons pas les trois sceaux que nous venons de recenser dans le tableau et attribués pour deux d'entre eux à Isabelle de Mayenne et le troisième à Béatrix de Roucy ; nous savons seulement qu'ils figuraient sur leurs actes respectifs. En fait, les seules armes qui nous sont parvenues appartenant à une dame de Craon ont été trouvées sur une peinture murale située à Sablé-sur-Sarthe : cette faiblesse documentaire serait-elle liée au nombre réduit d'actes rédigés par les dames de Craon ?

Dames de Craon	Épouse de	Nombre d'actes
Isabelle de Mayenne	Maurice II (1150-1196)	5
Jeanne des Roches	Amaury I (1207-1226)	3
Isabelle de la Marche	Maurice IV (1226-1250)	8
Yolande de Dreux	Amaury II (1250-1270)	1
Mahaud de Malines	Maurice V (1270-1293)	2
Isabelle de Sainte-Maure	Amaury III (1293-1333)	1
Béatrix de Roucy	Amaury III (1293-1333)	1
Pernelle de Thouars	Amaury IV (1333-1373)	3
Total	-	**24**

Tabl. 49. Nombre d'actes émanant des dames de Craon.

Le nombre de documents émanant de chaque femme depuis Isabelle de Mayenne apparaît inégal selon les personnes mais peu nombreux au total. En revanche, nous avons comptabilisé huit actes provenant d'Isabelle de la Marche. Comment penser dans ces conditions qu'elle ne possédait pas de sceau ou bien qu'elle n'en faisait pas usage alors que nous connaissons ses armes personnelles ?

De la même manière, pour quelles raisons Isabelle de Mayenne n'aurait-elle pas scellé les trois actes rédigés après 1196-1202, alors qu'elle l'avait fait pour les deux précédents ?

Nombre d'actes pris avant 1196/1202	2
Nombre d'actes pris après 1196/1202	3
Total	5

Tabl. 50. Nombre d'actes émanant d'Isabelle de Mayenne.

Référence A.N., L.974	**Contenu**	**Clauses de corroboration et de validation**	**Remarques**
N°936	Donations d'Isabelle de Meulan à Savigny. "Pour le salut de mon seigneur Geoffroy de Mayenne et de mon seigneur Maurice de Craon et de mon fils Juhel"	Acte scellé du sceau de Maurice de Craon "seing de mon seigneur Maurice de Craon"	Amaury le fils de Maurice et d'Isabelle n'est pas cité
N°932	Donation d'Isabelle de Mayenne à Savigny	Approbation de Juhel de Mayenne, Maurice de Craon, Pierre et Amaury. Scellé du sceau d'Isabelle.	Peut être daté par la mention d'Amaury
N°935	Donations d'Isabelle à Savigny	Juhel de Mayenne confirme par son sceau les donations de sa mère.	Liens étroits entre Juhel de Mayenne et les seigneurs de Craon qui approuvent

Tabl. 51. Donations faites par Isabelle de Mayenne à l'abbaye de Savigny, entre 1196 et 1207.

Nous pensons donc que le nombre réduit de documents scellés par les dames de Craon ne tenait pas seulement au nombre restreint de documents émanant d'elles : les raisons sont à rechercher ailleurs.

Le sceau le plus ancien porté à notre connaissance et ayant appartenu à une dame de Craon se situerait entre 1196-1202 : il appartiendrait à Isabelle de Mayenne, veuve de Maurice II de Craon, ce qui nous apparaît précoce compte tenu du fait que le premier sceau des seigneurs de Craon, qui ait été conservé, ne date que de 1207 : il s'agit du fils de Maurice II et d'Isabelle de Mayenne, Maurice III. Cependant, nous ne possédons pas ce sceau d'Isabelle de Mayenne, nous savons seulement qu'il était apposé sur l'acte. Il s'agissait d'une charte dans laquelle elle choisissait son lieu de sépulture. Veuve de Maurice II de Craon, elle prenait la libre décision de choisir l'endroit de son inhumation – à Savigny, lieu de sépulture de la famille de Meulan – et scellait cet acte de son propre sceau, ce qui relance la discussion sur le statut et la place de la femme au sein du lignage. La charte présente donc un double intérêt qui met en avant l'idée d'une prise de position personnelle souhaitée par la dame de Craon dès le XIIe s. et reconnue sous la forme d'un acte authentifié et signé. Dans cette perspective, il est réellement regrettable de ne pas avoir ce sceau dont la description nous aurait appris davantage sur ce statut d'Isabelle, puisque nous savons que les armes des femmes sont tantôt celles du mari, tantôt celles du père (ou plus rarement de la mère), plus souvent celles du mari et celles du père associées dans le même écu[72].

Les armoiries d'une dame de Craon nous sont réellement connues que dans la deuxième moitié du XIIIe s. Elles nous sont parvenues sous la forme de peinture murale "burelé d'argent et d'azur" et ne correspondent pas aux armoiries de son mari, Maurice IV de Craon et sont certainement celles de sa famille paternelle. S'agissait-il d'un emblème personnel ou familial, ou bien d'un simple motif décoratif qui, peu à peu, se serait transformé en armoiries véritables ?

Au total, aucun sceau ne nous est réellement parvenu et il paraît difficile dans ces conditions de dégager des hypothèses. En revanche, le contenu de l'acte où figurait le sceau d'Isabelle de Mayenne nous apporte quelques informations intéressantes sur le statut et le rôle de la femme au Moyen Âge.

Les brisures : une marque d'identité lignagère adoptée par les Craon

Au Moyen Âge, parmi les membres d'une même famille, un seul avait le droit de porter les armoiries familiales "pleines" : l'aîné de la branche aînée. Les autres devaient y apporter une modification, appelée brisure. Cette règle présentait l'avantage de situer rapidement l'individu au sein du lignage, permettant sur un champ de bataille de distinguer facilement plusieurs parents portant des armes semblables. Longtemps délaissée par les héraldistes, l'étude des brisures apporte des informations originales sur les structures lignagères et sur les mentalités des individus qui, en raison de leur place au sein du groupe familial, étaient obligés de briser leurs armes. Depuis le début du XIXe s., cette thématique a connu un net regain de faveur et constitue un des domaines de recherche privilégiés de l'héraldique médiévale[73]. Les chercheurs se sont intéressés aux modes de brisure propres à une époque, une région ou une famille et nombreuses sont les communications faites sur ces sujets :

72 Pastoureau 1979, 47.
73 Pastoureau 1979, 177.

de nombreux congrès ont orienté leurs interventions sur cette problématique[74]. D'ailleurs, seules des monographies peuvent apporter des renseignements précis, souligner les différences géographiques et chronologiques : il n'y a jamais eu, dans aucune région, un système de brisures immuable[75].

Les premières branches cadettes du lignage apparaissent au début du XIVe s. à la suite du mariage d'Amaury III, né en 1280, avec sa seconde épouse Béatrix de Roucy : les fils cadets du second lit, Pierre et Guillaume, fondent respectivement les branches de La Suze et de Sainte-Maure. Cette dernière connaît à son tour des ramifications : les rameaux de la Ferté avec Pierre et de Domart représenté par Jean, né vers 1346.

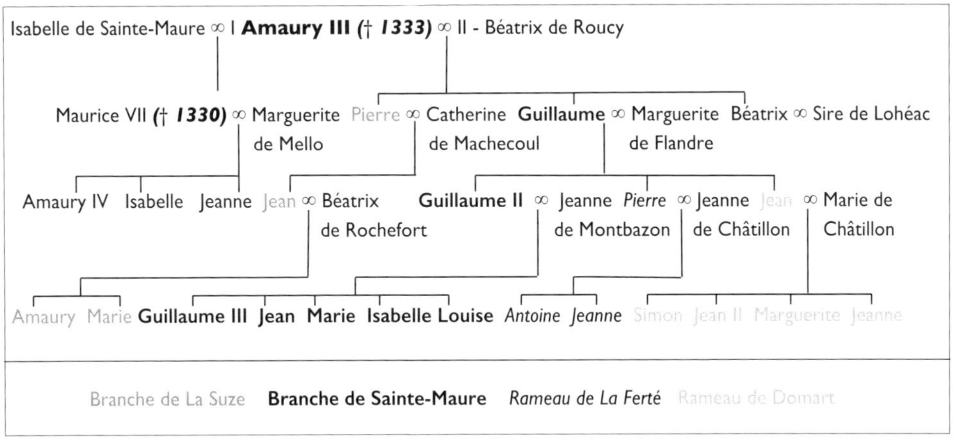

Tabl. 52. La ramification du groupe familial.

Les armoiries des branches cadettes nous sont essentiellement connues par des sceaux ; il est par conséquent difficile de savoir si le changement d'émaux fut une pratique utilisée chez les Craon. S'il est vrai que les façons de briser sont nombreuses et variées selon les époques, les régions et les familles et qu'il n'existe pas de système rigide, le mode de brisure employé par les Craon apparaît classique : il s'agit de l'addition d'une figure. Pierre, le fils d'Amaury III et de Béatrix de Roucy, utilisait le lambel, c'est-à-dire une traverse horizontale, placé en chef ornée de trois pendants alors que Guillaume, chef de la branche de Sainte-Maure, employait le bâton. Dans le cas des Craon, l'aîné (de ceux qui brisaient), Pierre, s'appropriait le lambel alors que le cadet utilisait le bâton, ce qui apparaît couramment dans les familles lorsque plusieurs frères brisaient. Le rameau de la Ferté, représenté par Pierre, le fils de Guillaume, employait une surbrisure, c'est-à-dire des brisures que l'on faisait subir à des armes déjà brisées.

74 Citons par exemple Leemans-Prins 1968 ; Menendez Pidal de Navascues 1972 ; *Brisures, augmentations et changements d'armoiries*. Bruxelles : A.I.H., 1988. In-8°, 308, Spolete (21 communications).

75 Collins 1946.

Branche de La Suze	Branche de Sainte-Maure		
Pierre, fils d'Amaury III et de Béatrix de Roucy († 1376) "losengé d'or et de gueules à un lambel d'azur".	Guillaume, fils d'Amaury III et de Béatrix de Roucy (†1388). "de Craon à ung bâton d'azur". Sceau rond où l'écu portant une bande très visible est placée sur un fond losangé. Il ressemble à celui de Guillaume II. Sceau rond où figure un écu losangé portant une bande et cimé d'une tête de chien Sceau rond ; l'écu est placé dans un champ semé de fleurettes. Ce sceau porte un écu parti de Craon à dextre, de Flandres à senestre, l'un et l'autre brisés d'un bâton	*Rameau de La Ferté*	*Rameau de Domart*
Antoine de Beauverger fils de Pierre de Craon : sceau rond où figure un écu losangé, surmonté d'un casque, sommé d'une tête de coq, entre deux vols. Sceau rond en cire rouge où figure un écu losangé plein penché surmonté d'un casque sommé d'une tête de femme. Sceau **brisé** : l'écu est surmonté d'un casque, accosté de 2 branches de roses.	Guillaume II de Craon : sceau rond où figure un écu losangé chargé d'une bande, timbré d'un heaume, cimé d'une tête de chien, supporté par 2 griffons. Sceau dont l'écu, timbré d'un heaume cimé, sur champ losangé ne porte pas de brisure. Armes pleines. Sceau à l'écu losangé sans bande, timbré d'un heaume, cimé d'une tête de chien, supporté par deux griffons.	Pierre de Craon, fils de Guillaume Ier 6 sceaux différents connus : sur les 3 premiers, l'écu porte une double brisure, sur les 3 derniers les armes sont pleines. Sceau rond à l'écu penché où figurait le losangé de Craon brisé d'un bâton et surbrisé d'une étoile en chef, surmonté d'un heaume, cimé d'une tête de chien et supporté par deux lions assis. Écu losangé brisé d'un bâton Semblable aux deux autres mais le signé est une tête de femme au lieu d'une tête de chien. Sceau rond à l'écu plein. Écu losangé. Armes pleines.	Jean de Craon, fils de Guillaume Ier Nous connaissons 3 sceaux : 1er : sceau rond à l'écu de Craon brisé d'une bande, surmonté d'un heaume, sommé d'une tête d'ours bouclée, sur champ réticulé. Écu losangé, surmonté d'un heaume, garni d'une housse fleuronnée et sommé d'une tête de chien. Armes pleines. Écu penché, sur champ fretté.
	Guillaume III fils de Guillaume II écu losangé		Jean II de Domart Sceau rond avec un écu écartelé de Craon et de Flandre

Tabl. 53. Les modes de brisure et de surbrisure chez les Craon à travers les sceaux et l'armorial du Héraut Navarre.

Les cas de changement de brisure sont rares. Une fois la brisure choisie, les enfants généralement s'y tenaient, exceptée la branche de Sainte Maure. Guillaume II, le fils aîné de Guillaume, utilisait une brisure différente de celle de son père, la bande, alors que son frère cadet, Pierre, employait le bâton, la figure paternelle. L'un et l'autre décidèrent de la supprimer ou du moins d'utiliser alternativement deux sceaux : Guillaume II portait les armes pleines du vivant de son père alors que la première mention d'armes pleines employée par Pierre se situait après 1388, à la mort du père. Il est significatif de constater, souligne Michel Pastoureau[76], que des fils puinés pouvaient employer deux sceaux : l'un chargé d'armoiries brisées lorsqu'ils scellaient un acte qui les mettait en relation avec leurs aînés, l'autre chargé des armoiries pleines, auxquelles ils n'avaient pas droit mais qu'ils utilisaient de manière ponctuelle. Il est probable que la brisure ait été ressentie par ceux qui devaient en faire usage comme une marque peu glorieuse voire déshonorante. Dans le cas des Craon, la deuxième génération de branches cadettes, dans le dernier tiers du XIVe s., utilisa à la fois les armes pleines et les armes brisées à un moment où s'était éteinte la branche aînée et où se réglaient les problèmes d'héritage. Nous pouvons supposer qu'il s'agissait, pour elles, d'afficher leur appartenance au lignage en conservant l'écu losangé de Craon, d'affirmer leurs prétentions et de légitimer leurs droits face aux convoitises des uns et des autres dans le cadre d'un cousinage serré.

Conclusion chapitre 1

À l'issue de ce chapitre sur les armoiries des Craon, plusieurs remarques peuvent être dégagées. En premier lieu, il semble que l'adoption d'armoiries par les seigneurs de Craon soit tardive, même s'il peut y avoir un décalage de vingt ans ou plus entre l'apparition d'armoiries et leur attestation : il faut attendre le début du XIIIe s. pour que celles-ci se fixent en tant qu'emblèmes familiaux et la mention d'un sceau ayant appartenu à Maurice II daté de 1183 confirme cette idée puisqu'il ne peut s'agir que d'une marque personnelle. La composition de leurs armoiries apparaît classique : figures géométriques, animales ou végétales et émaux s'inscrivent dans les normes régionales. Ce choix des couleurs, visibles dans la France du Nord et de l'Ouest et certainement antérieur à l'incorporation de l'Anjou au royaume de France, place les Craon dans le sillage des Plantagenêts et peut être le signe d'une prise de position "politique" : une fois sous l'allégeance du roi de France, le changement était impensable. Les armoiries seraient, en ce qui concerne les Craon, des marques d'identité vassalique dans un premier temps, qui deviendraient, par la suite, des marques familiales. Elles traduisent un système vassalique de forme pyramidale, dans lequel des éléments communs sont perceptibles dans les armoiries des Plantagenêts, dans celles des Craon, puis dans celles appartenant aux vassaux des Craon : des analogies se reflètent ainsi du haut vers le bas. Peu évolutifs, les sceaux des Craon gagnent cependant en lisibilité, se complexifient et se diversifient au début du XIVe s. en rapport avec la mode et les goûts du moment mais font toujours allusion à leur penchant militaire.

76 Pastoureau 1979, 181.

Ces remarques permettent d'aborder la conscience et l'identité du groupe familial sous un angle différent. Jusqu'au début du XIIIe s., la mémoire familiale des Craon, ayant fortement des racines terriennes, se construit dans un cadre familial élargi. À partir du XIIIe s., l'héraldique puis l'onomastique nous invitent à distinguer une autre phase, caractérisée par le projet commun de se forger une mémoire lignagère reposant sur une identité militaire et sur un capital symbolique issu de la cour : la poésie courtoise d'une part et l'héraldique d'autre part. Cette image de marque du groupe patrilinéaire précède largement l'apparition de noms de baptême familiaux, et elle se fixe à un moment où la séparation avec les Sablé est consommée sur un plan politique et militaire. Les Craon et les Sablé sont étroitement apparentés mais l'un et l'autre se dotent d'emblèmes héraldiques fondamentalement différents. De plus, l'usage par les Craon de "sceaux de type équestre", mettant en valeur leur armement militaire, révèle leur intention d'être solidement implantés dans l'espace angevin (puisque leur blason s'inscrit dans les normes angevines, sans originalité), et s'inscrit dans les pratiques classiques d'une famille de châtelains dont la vocation militaire constituait le fondement de leur identité familiale.

L'enracinement dans une terre, la fondation de pôles religieux semblent faire partie des fondements de l'identité familiale des Craon mais aux XIe et XIIe siècles, le schéma de parenté ne paraît pas être celui d'un lignage. Il faut attendre le début du XIIIe pour que non seulement se renforce cette identité familiale, mais qu'elle s'inscrive aussi dans une perspective lignagère autour de deux ingrédients provenant de la cour des Plantagenêts : l'héraldique, aux couleurs du Plantagenêt et la poésie courtoise. L'émergence d'une identité qui se voudrait lignagère apparaîtrait donc tardivement et prendrait racine à partir d'éléments politiques et culturels. Le lignage, dans le cas des Craon, semble être fils de la cour : un parallèle chronologique peut en effet être effectué entre la structuration du groupe familial en lignage et l'étalage héraldique, le vasselage et la courtoisie dont le seigneur en veut être le chantre. Ce constat nuance la thèse du topo-lignage, concept globalisant défendu par de nombreux historiens[77]. En effet, cela ne semble pas être l'enracinement sur une terre et ses composantes – bien qu'il s'agisse des éléments essentiels de leur identité – qui sont le fondement du lignage : cette singularité, dans le cas des Craon, en ce qui concerne la genèse du lignage, n'est peut-être pas figure d'exception, ce qui pourrait être confirmée par d'autres monographies familiales.

Force est donc de constater que selon les sources, nous arrivons à des interprétations différentes. L'affichage héraldique et la production littéraire, réelle ou supposée, nous renvoient vers la notion de lignage alors que les relations familiales, telles que nous les avons présentées à l'époque de Maurice II de Craon, nous orientent vers une autre direction : celle d'une structure familiale large, solidaire, proche de la *gens*. Prenant en compte l'historiographie qui s'est systématiquement attachée à distinguer deux groupes de parenté,

77 "L'édification des châteaux, qui se sont multipliés à partir du XIe s., est liée à la réorganisation des structures sociales sur des bases territoriales. Ces bâtiments eurent certes diverses fonctions, mais ils ont aussi constitué, très clairement, des symboles de la puissance des dominants laïcs marquant l'espace d'édifices coûteux et massifs, comme le faisait, de son côté, l'institution ecclésiastique. Ce n'est sans doute pas sans raison que l'aristocratie a tenté de traduire par des édifices imposants sa place dans la société" (Boudet *et al.*, 1997, 141). Et, il est tentant de rapprocher ce mouvement de construction et de territorialisation avec la genèse du lignage aristocratique, mais dans le cas des Craon, nous ne pouvons pas confirmer ce parallèle chronologique.

il serait séduisant et certainement plus clair d'opposer ces deux interprétations. Or, elles ne nous apparaissent pas forcément contradictoires et s'inscrivent au contraire dans un projet commun: celui de l'intérêt familial. Selon nos sources, le contexte familial et les pressions subies de l'extérieur, notamment par le pouvoir royal, est mise en avant l'une ou l'autre de ces structures familiales, mais à partir du XIIIe s., prédomine le fonctionnement lignager.

II. Affermissement et entretien de la mémoire lignagère des Craon au XIIIe siècle

Au XIIIe s., l'unité familiale est assurée, en grande partie, par la femme, épouse et mère, dans un cadre lignager : de par ses actions de charité et ses "fonctions" religieuses, elle s'occupe de l'entretien de la mémoire des membres de la famille. Mais elle n'est pas la seule à accorder de l'importance à la mémoire familiale. Le lignage s'inscrit au XIIIe s. dans un contexte particulier : celui de la diffusion de l'écrit chez les laïcs qui modifie les rapports sociaux. La noblesse prend alors conscience de la nécessité de conserver les documents écrits afin de légitimer ses droits. La transmission d'archives de génération en génération renforce la cohésion lignagère et la mémoire familiale gagne alors en consistance. L'identité et le prestige social passent au siècle suivant par la possession d'archives bien tenues, dont la sauvegarde révélait la richesse patrimoniale de la famille.

Cette nouvelle donne nous permet d'envisager notre étude sur la mémoire familiale sous un angle différent de la période précédente, où l'essentiel des sources était religieux. Notre corpus documentaire s'enrichit et désormais se diversifie. Au XIIe s., l'émergence de la mémoire familiale des Craon reposait, avant tout, sur des éléments religieux : des donations destinées au salut des membres de la famille, la fondation d'une abbatiale à la Roë. Cette mémoire familiale, à connotation liturgique, n'était pas encore lignagère, mais elle le devient à partir du début du XIIIe s.

La situation est alors différente de celle du XIIe s. avec la diffusion de l'écrit et l'organisation de la famille en lignage. Il devient alors intéressant de saisir l'évolution de la mémoire familiale des Craon. Repose-t-elle encore sur des éléments religieux ou la construction mémorielle passe-t-elle par d'autres vecteurs ? En d'autres termes, il convient de se demander de quelle manière la famille de Craon, organisée désormais en lignage, s'efforce de raffermir la mémoire de la famille : rompt-elle avec sa tradition mémorielle reposant sur des fondements religieux et liturgique ?

La sépulture, composante et image de la mémoire familiale

Les monuments funéraires, leur réalisation et leur localisation, et la sépulture familiale dans son ensemble constituent des pièces essentielles pour la compréhension de la mémoire et de l'identité familiales. En 1096, Foulques Réchin, comte d'Anjou, nous apporte dans ce domaine un témoignage significatif. S'efforçant de prouver la légitimité de son pouvoir, il reconnaissait que sa mémoire ne s'étendait pas sur plus d'un siècle et qu'il ignorait l'endroit où reposaient ses ancêtres. Le comte d'Anjou relevait ainsi le lien existant entre la sépulture des défunts et le souvenir familial : la connaissance des ancêtres passait par celle de leur lieu d'inhumation.

II. Affermissement et entretien de la mémoire lignagère, p. 225-274

Son récit témoigne aussi du passage d'une aristocratie transrégionale à un lignage comtal héréditaire ancré dans un comté.

L'établissement religieux constituant un pôle central dans l'encadrement des hommes, le lieu de sépulture revêt immanquablement un rôle d'une très grande portée sociale et culturelle. Son étude présente donc un intérêt capital et le choix de la sépulture nous renseigne sur la mémoire familiale mais aussi sur l'image que veut véhiculer et projeter la famille. "Miroir du passé et du présent", la nécropole est un témoignage précieux du rang social, mais aussi des orientations politiques du lignage et peut servir de vitrine à ses ambitions. La décision de Maurice V d'ériger une chapelle funéraire aux Cordeliers à Angers, à la fin du XIIIe s., s'inscrit pleinement dans ce dessein. Cette fondation soulève cependant un certain nombre d'interrogations intrinsèques à ce type d'étude. Qui sont les commanditaires de cette image que la famille veut projeter et pérenniser dans la durée ? Le monument funéraire, sous forme de gisant, relève-t-il d'un choix personnel ou exogène, c'est-à-dire dû non pas au défunt lui-même, en fonction de sa conscience de soi, mais aux autres membres du lignage, en fonction de leur rapport avec le défunt, qui serait alors la représentation d'un rapport social et non d'un individu ? Quelles contraintes ont exercé les Franciscains sur l'organisation des sépultures ?

La chapelle des Craon suscite également d'autres questions liées au caractère grandiloquent de ce lieu funéraire : un espace de quatre cents mètres carrés qui nous invite à dégager les intentions du seigneur de Craon. Réalisée pour perpétuer et graver à jamais le souvenir, la nécropole est un document exceptionnel sur la conception mentale des structures de parenté : elle nous éclaire sur les contours du groupe familial des Craon organisé, à partir du XIIIe s., en lignage.

La représentation qui nous est parvenue peut aboutir, plus que pour tout autre document, à des interprétations subjectives, voire abusives. Pour éviter ce genre d'écueil, il faut replacer l'étude de la sépulture dans son contexte politique, social mais aussi familial. De surcroît, il est essentiel de confronter nos sources mais également de prendre appui sur l'archéologie, indispensable pour la localisation et le descriptif des tombes, mais aussi pour évaluer la taille du couvent et des chapelles. Nous avons pu alors compléter l'œuvre de Jacques Bruneau de Tartifume, datant du XVIIe s., par le travail de Fr. Comte, archéologue municipal de la ville d'Angers. Les approches épigraphique et iconographique sont indispensables et complémentaires. L'inscription funéraire est une donnée fondamentale dans la compréhension du monument funéraire médiéval. Elle est visible et lisible par toute personne qui passe à proximité de la sépulture. L'épitaphe livre le message que le défunt ou ses proches ont souhaité transmettre à leurs contemporains et à la postérité. Graver la pierre n'est pas un acte anodin. La place est comptée : les informations doivent être précises. Le texte épigraphique est dédié à la mémoire du défunt : le nom et la date de décès permettent de célébrer l'anniversaire, l'énumération des titres et offices participent à la glorification de l'image du défunt. L'image autant que le texte délivrent un message.

Ces remarques conditionnent le plan de cette partie : après avoir constaté la multiplicité des lieux de sépulture chez les Craon et l'absence de nécropole familiale commune avant la fin du XIIIe s., nous commenterons, à partir du plan du couvent, les dimensions imposantes de la chapelle funéraire érigée par Maurice V ainsi que la liste des défunts de la famille, présents dans la chapelle et gravée en 1569 par les Franciscains. Enfin, nous analyserons les gisants des membres de la famille de Craon : leur emplacement, leur descriptif tout en nous demandant s'il s'agissait d'un véritable programme funéraire mettant en scène la parenté.

L'abbaye de la Roë, un lieu de sépulture familial aux XIIe - XIIIe siècles

En ce qui concerne les Craon, la conception de nécropoles familiales est tardive. En effet, rien ne nous indique que tous les membres de la famille se soient fait enterrer dans l'abbaye de la Roë et il est fort possible que des tombeaux soient dispersés dans plusieurs abbayes. Selon Léon Guilloreau, qui a travaillé sur l'Obituaire des Cordeliers d'Angers, les abbayes de la Roë, d'Évron, de Bellebranche et de Savigny auraient recueilli tour à tour les corps des plus anciens membres de cette famille avant l'élévation de la chapelle Saint-Jean-Baptiste aux Cordeliers d'Angers par Maurice V à la fin du XIIIe s. Il n'est pas certain que celles d'Évron et de Bellebranche aient été des lieux de repos pour les Craon. En revanche, nous avons la certitude que l'abbaye de la Roë servit de lieu de sépulture à cette famille : dans les années 1128 - 1130, Hugues et sa femme Agnès étaient venus visiter la sépulture de leur fils aîné Renaud à la Roë lors de l'anniversaire de son décès. Il est fort probable que le seigneur de Craon, Hugues, prit la décision d'enterrer son héritier dans une abbaye qui avait déjà recueilli certains membres de la famille. Mais aucun acte ne vient corroborer cette hypothèse.

Le fait d'avoir choisi l'abbaye de la Roë comme lieu de sépulture de certains membres de la famille n'est pas dénué de sens. Située sur les terres des Craon, l'abbaye n'aurait pas pu être fondée sans l'intervention de Renaud le Bourguignon et l'aide matérielle de ses successeurs et elle fut à l'origine de nouvelles cellules de peuplement. La fondation de cet établissement à l'une des extrémités de la seigneurie permit aux Craon de délimiter une partie de leurs possessions situées en zone frontalière et de mettre en valeur les terres incultes de ce secteur.

Chacune des deux parties avait ainsi trouvé son intérêt. Et le choix de l'abbaye de la Roë comme l'un des lieux de sépulture des Craon correspondait aux préoccupations d'une famille seigneuriale située en zone rurale, attachée aux valeurs terriennes.

Force est donc de constater la multiplicité des lieux de sépulture chez les Craon jusqu'au XIIIe s. : il n'existait pas encore de nécropole familiale. La décision de Maurice V de fonder une chapelle funéraire aux Cordeliers à Angers constituait un changement dans la "politique religieuse" des Craon. L'étiolement des relations avec l'abbaye de la Roë était certes visible depuis Maurice II (1150-1196), mais ce monument funéraire aux Cordeliers n'est pas représentatif d'une rupture. Il doit être perçu plutôt comme un raffermissement de la conscience du groupe à l'imitation des grands de l'époque et de leur piété : il s'agissait d'un acte de "bonne politique".

Le monument funéraire du lignage au XIIIe s. : la chapelle des Cordeliers à Angers

À la fin du XIIIe s., Maurice V, seigneur de Craon de 1270 à 1293, entreprend de se réserver un lieu de sépulture et d'ériger une chapelle funéraire, pour sa famille, chez les Cordeliers à Angers. Il ne nous reste rien de cette chapelle et nous ne connaissons pas les arrangements conclus par Maurice V avec les Cordeliers. En revanche, nous possédons les dessins de Tartifume, de qualité médiocre et ceux de Gaignières ainsi qu'une liste des défunts, gravée dans la chapelle et datée de 1569. À cette période, les Cordeliers avaient certainement éprouvé le besoin de clarifier leur espace et de poser une plaque sur laquelle étaient gravés les noms des Craon enterrés dans leur établissement. À partir des dessins et de cette inscription antérieure à Tartifume, nous avons essayé de dégager l'aspect des gisants mais également leur emplacement. L'apport de l'archéologie nous a été dès lors déterminant et les travaux de Fr. Comte et I. Frager, concernant les plans de masse du couvent et de répartition des sépultures, nous ont apporté une lecture différente, révélant le caractère spectaculaire de la chapelle funéraire de la famille de Craon.

La chapelle de Craon aux Cordeliers d'Angers : un projet ambitieux et grandiloquent

Le couvent des Cordeliers à Angers nous est mieux connu depuis les travaux de Fr. Comte et I. Frager : ils ont pu reconstituer le plan des bâtiments et localiser les sépultures figurant à l'intérieur de l'église et de ses chapelles annexes. Nous pouvons alors constater une partition des espaces funéraires et une utilisation de toutes les parties du couvent comme lieu d'inhumation : aucun espace n'a été préservé des sépultures. Mais ce qui surprend, c'est la taille des différentes chapelles et en particulier celle réservée aux Craon.

En effet, au vu du plan, la chapelle de Craon, datant du XIIIe s., aurait mesuré environ onze mètres de large sur une longueur de trente-cinq mètres, ce qui est considérable. Cet espace présente les mêmes dimensions que la nef des fidèles, environ quatre cents mètres carrés, ce qui ne correspond pas à la taille ordinaire d'une chapelle funéraire : ses dimensions l'apparenteraient plutôt à des nécropoles princières, celles des comtes de Champagne ou des sires de Bourbon par exemple.

Les Craon ont financé un espace équivalent à celui du lieu de culte mais cette partie était soustraite aux fidèles. Pourquoi une chapelle si vaste ? Quelles étaient les intentions du seigneur de Craon en réalisant un projet si grandiose ? Songeait-il à regrouper tous les membres de sa parenté et à prévoir un large emplacement permettant de concentrer les éventuelles branches cadettes ?

En présence d'une telle superficie, on aurait pu s'attendre à une nette segmentation de l'espace ; la chapelle se trouvait densément occupée surtout dans la partie basse mais également du côté sud le long des enfeus. Les premières sépultures de la famille sont localisées près du sanctuaire : les Craon se réservent le meilleur espace, environ deux cents mètres carrés, la moitié de la longueur de la chapelle, puis ils décident de céder une partie à des groupes apparentés, dont celui des Beauvau, mais la délimitation n'est pas nette. Le reste de ce territoire symbolique paraît être occupé, plus tardivement, au XVIe s., par d'autres familles, dont celle des Dorléans. Ayant bâti quelque chose de vaste, pouvant loger plusieurs familles châtelaines, les Craon, ou plus exactement leurs descendants par Marie de Sully, décident donc de partager cet espace funéraire. La dimension totale, mais aussi la partition et les partages entre plusieurs familles ainsi que la densité d'occupation sont autant d'indices qui nous orientent vers l'idée d'un "projet immobilier", venu à l'esprit de ses descendants lorsque la famille tomba en quenouille.

Nous n'avons cependant aucune trace des arrangements conclus avec les Franciscains, ni des transactions financières inhérentes à ces partages. D'ailleurs, les mobiles des seigneurs de Craon n'étaient-ils que de nature "immobilière" ? N'avaient-ils pas comme noble intention de regrouper tous les membres de leur parenté ou bien voyaient-ils leur lignage prospérer pour des siècles ?

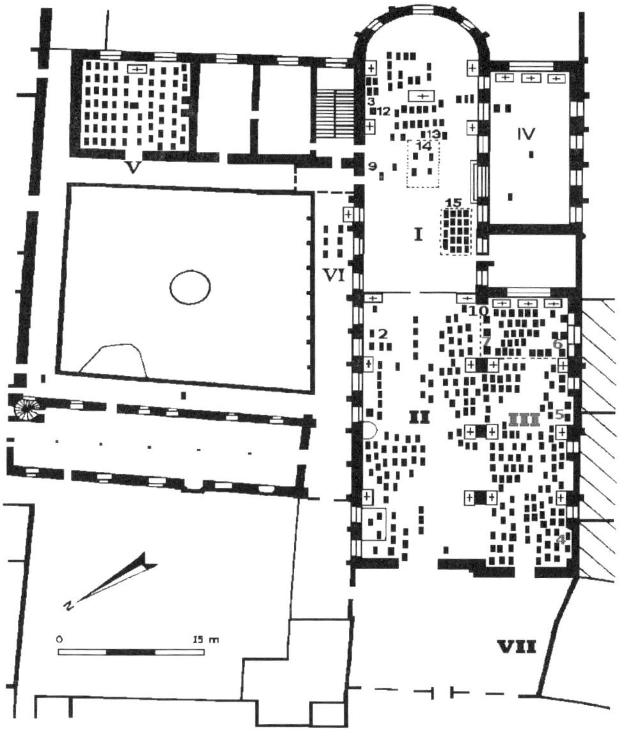

Chaque rectangle représente une tombe. Il n'a pas été tenu compte de la dimension ou de l'orientation. Quelques localisations sont imprécises notamment à l'intérieur de la salle du chapitre ainsi que dans une partie de la nef.

LÉGENDE

Lieux d'inhumation
I - Chœur
II - Nef
III - Chapelle de Craon XIIIe s.
IV - Chapelle Saint-Bernardin XVe s.
VI - Cloître
VII - Cimetière

Enfeus connus
1 - Arc et gisant près de la chaire (XVe s.)
2 - De Roye (XVIIe s.)
3 - Boylesve de la Mourouzière (XVIe s.) de Craon XIIIe s.
4 - Dorléans (XVIe s.)
5 - Beauvau (XIVe s.)
6 - Craon (XIIIe s.) La 1ère tombe est celle de Maurice V
7 - Craon (femmes de la maison de, XIIIe s.)

Sépulture de chœur
8 - Roi René et Jeanne de Laval (XVe)
9 - Seigneurs de la Motte du Parc (XVIe s.)
10 - Jalles de la Verroullière (XVIIIe s.)

Tombeaux monumentaux et caveaux
11 - Gisant d'Isabelle d'Avagour (1300)
12 - Gisant de Catherine de la Haye
13 - Plate-tombes de Louis de Châtillon
14 - Caveau des Beauvau (XVe s.)
15 - Caveau des Boyslève (XVIIe s.)

Fig. 16. Plan de la répartition des sépultures dans le couvent des cordeliers d'Angers

La nécropole, pôle fédérateur du groupe lignager ?

Fractures et cohésion lignagère à partir de l'inscription de 1569

L'inscription, réalisée par les Franciscains en 1569, nous apporte des informations sur les individus eux-mêmes, le sexe, la date du décès et parfois l'âge mais aussi la place occupée par le défunt au sein du groupe familial. Elle mentionne la liste des personnages de la famille de Craon ensevelis dans la chapelle Saint-Jean et permet de saisir les contours de la mémoire lignagère. C'est un document précieux pour l'étude du groupe nobiliaire car il nuance fortement les thèses unanimement admises en particulier sur la place de la femme dans la sépulture familiale qu'elle soit individuelle ou collective (tabl. 54).

Cette proportion ne concerne qu'un faible échantillon et ne prend pas en compte le nombre de défunts non identifiables mais ce rapport est l'inverse du déséquilibre constaté par Guillaume Grillon. Seules 276 femmes figuraient parmi les 1063 défunts recensées dans son étude, elles ne représentaient qu'un défunt sur quatre et "les inscriptions funéraires tendaient à prouver que le nombre de femmes inhumées dans les églises était bien inférieur à celui des maris". Les femmes paraissaient ainsi clairement sous représentées ce qui est à l'opposé des Craon. En effet, nous sommes loin de la "discrimination" sexuée face à la sépulture *ad ecclesiam* soulignée par G. Grillon. En revanche, les sépultures juvéniles *ad ecclesiam* restent relativement rares. Les enfants ne représentent qu'une part infime des défunts inhumés aux Cordeliers : un seul a pu être identifié, Simon, le fils d'Amaury et de Béatrix de Roucy, ce qui est faible eu égard à la mortalité infantile à cette époque.

Le schéma généalogique ci-dessous, que nous avons pu réaliser à partir de cette notice, regroupe tous les défunts du lignage inhumés aux Cordeliers, aussi bien la branche aînée, c'est-à-dire les successeurs de Maurice V à la tête de la seigneurie, que les représentants des branches cadettes. Les membres du lignage non enterrés dans la chapelle ne sont pas indiqués : sont mentionnées seulement les personnes nécessaires à la compréhension des liens de parenté mais un arbre généalogique complet de la famille depuis Maurice V est proposé, afin d'aider à la compréhension : les personnages absents, les omissions nous apportent en effet des réponses sur ce fonctionnement lignager.

« CESTE CHAPPELLE EST FONDEE DE NOS FRERES SEIGNEURS DE CRAON, CY DESSOUBZ NOMMEZ EN L'HONNEUR DE MONSIEUR S. IEHAN BAPTISTE, ET Y A MOULT GRANDS PARDONS LE IOUR DE LA FESTE ET PAR LES OCTAVES.

EN CESTE CHAPPELLE SONT ENTERREZ CEULX QUI S'ENSUIVENT ET TRESPASSERENT LES IOURS CY DESSOUBZ NOMMEZ ET DEVISEZ.

PREMIEREMENT M. **MAURICE DE CRAON** QUI FEIST FAIRE CESTE CHAPPELLE, ET Y FUT LE PREMIER ENTERRE, ET TRESPASSA LE 11 FEBVRIER L'AN 1292.

MADAME **YSABEL DE LA MARCHE**, SA MERE, DAME DE CRAON, TRESPASSA LE 14 JANVIER L'AN 1299, ET FUT ENTERRE EN L'HABIT DES FRERES.

MADAME MAHAULT DE MASLINES, DAME DE CRAON, FEMME DUDICT MAURICE, TRESPASSA LE 28 SEPTEMBRE L'AN 1306.

MADAME ISABEL DE SAINCTE MAURE, DAME DE CRAON, PREMIRE FEMME DE MR AMAURY, SIEUR DE CRAON, TRESPASSA LE 15 DECEMBRE 1310.

MADAME **IEHANNE DE CRAON**, FILLE DUDICT MAURICE ET DE LADICTE MAHAULT, LAQUELLE NE FUT POINT MARIEE, TRESPASSA EN HABIT DES FRERES LE 25 AOUST 1312.

MADAME MARIE DE CRAON FILLE DUDICT MAURICE ET DE LADICTE MAHAULT, ET FEMME DE MONSIEUR ROBERT DE BEAUMONT, SIRE DE POUENCE, TRESPASSA LE 24 AOUST 1312.

MADAME **BEATRIX DE ROUCI**, DAME DE CRAON, ET DEUXIESME FEMME DUDICT AMAULRI, SIRE DE CRAON, TRESPASSA LE 7 NOVEMBRE 1328 ; FUT ENTERRE EN L'HABIT DES FRERES.

MONSIEUR **MAURICE DE CRAON**, SIRE DE SAINCTE MAURE, FILZ AISNE DUDICT AMAULRI ET DE SA PREMIERE FEMME, TRESPASSA LE 8 AOUST L'AN 1330.

MONSIEUR **ALMAURI SIRE DE CRAON, SON PERE**, ET FILZ DUDICT MAURICE ET DE LADICTE MAHAULT, TRESPASSA LE 26 IANVIER 1332.

SIMON DE CRAON, APPELLE MAURICE EN CONFIRMATION, DE L'AGE DE SEPT ANS, FILZ DUD. AMAULRI ET DE LADICTE DE ROUCI, TRESPASSA LE 26 IANVIER 1332.

DAMOISELLE **YSABEL DE CRAON**, FILLE D'AMAULRY ET DE LADICTE DE ROUCI, TRESPASSA LE 26 FEBVRIER 1333, ET NE FUT ONQUES MARIEE.

MONSIEUR **ALMAURY DE CRAON** ET SIRE DE CHANTOCE, FILZ AISNE DUDICT AMAULRY ET DE LAD. BEATRIX DE ROUCI, SA DEUXIESME FEMME, TRESPASSA LE 7 MAY 1334.

MADAME YSABEL DE CRAON, DAME DE CLISSON, FILLE DUD. MAURICE ET DE LADICTE MAHAULT DE MASLINES, TRESPASSA LE 30 IUILLET 1350.

MONSIEUR GUILLAUME DE LOHEAC, FILZ AISNE DE MADAME BEATRIX DE CRAON, FEMME DU SEIGNEUR DE LOHEAC, TRESPASSA LE 26 DE SEPTEMBRE 1356.

MONSIEUR AMAURY, SIRE DE CRAON, FILZ DE MONSIEUR MAURICE DE CRAON, ET DE MADAME MARGUERITE DE MELLO, TRESPASSA LE 30 MAY 1373.

MONSIEUR PIERRE DE CRAON, SIRE DE LA SUSE, FILZ DE MONSIEUR AMAULRY, SIRE DE CRAON, ET DE LADICTE BEATRIX DE ROUCI, SA 2 FEMME, TRESPASSA LE 29 NOVEMBRE 1376.

MADAME YSABEAU DE CRAON, DAME DE SULI ET DE CRAON, FILLE DUD. MAURICE ET DE LADICTE MARGUERITE DE MELLO, TRESPASSA LE 2 FEVRIER 1394, ET FUT APPORTEE DE CRAON ET CY DEVANT ENSEPULTUREE.

NOBLE DAME BEATRIX DE ROCHEFORT, IADIS FEMME DE NOBLE SEIGNEUR IEHAN DE CRAON, SEIGNEUR DE LA SUSE ET DE CHANTOCE, TRESPASSA L'AN 1421.

IEHANNE DE CRAON, VEUFVE DE FEU MONSIEUR INGELGIER D'AMBOISE, SEIGNEUR DE ROCHE-CORBON, FRERE DU VICONTE DE TOUARS, MARIEE A TRES NOBLE HOMME MONSIEUR PIERRE DE BEAUVAU, LAQUELLE TRESPASSA LE 26 IOUR DE DECEMBRE 1421.

MESSIRE GEORGES DE LA TRIMOUILLE ET DE SULY ET DE CRAON, TRESPASSA LE 6 MAY 1448 ET FUT ENTERRE A SULY.

IEHAN DE CRAON, SEIGNEUR DE LA SUSE ET DE CHANTOCE, TRESPASSA LE 25 NOVEMBRE 1427. »

LÉGENDE :

AMAULRY ——→ personnage dont la tombe a été identifiée

MAURICE ——→ personnage dont nous avons supposé la localisation du gisant

Tabl. 54. Tableau, daté de 1569, dans lequel sont nommés les membres de la famille de Craon enterrés aux Cordeliers d'Angers (la transcription est l'œuvre de Jacques Bruneau de Tartifume).

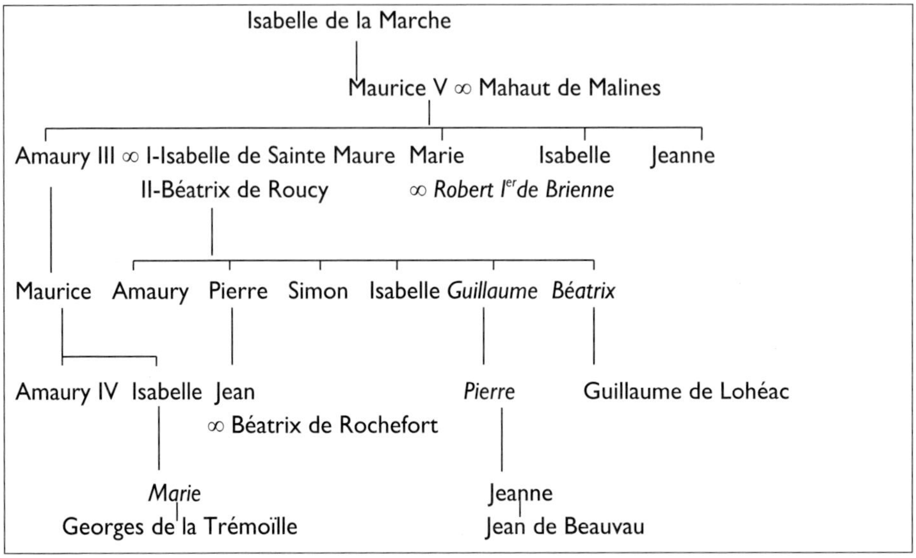

Sont représentées en italique les personnes inhumées ailleurs que dans la chapelle.

Tabl. 55. Membres du lignage enterrés dans la chapelle des Cordeliers à Angers.

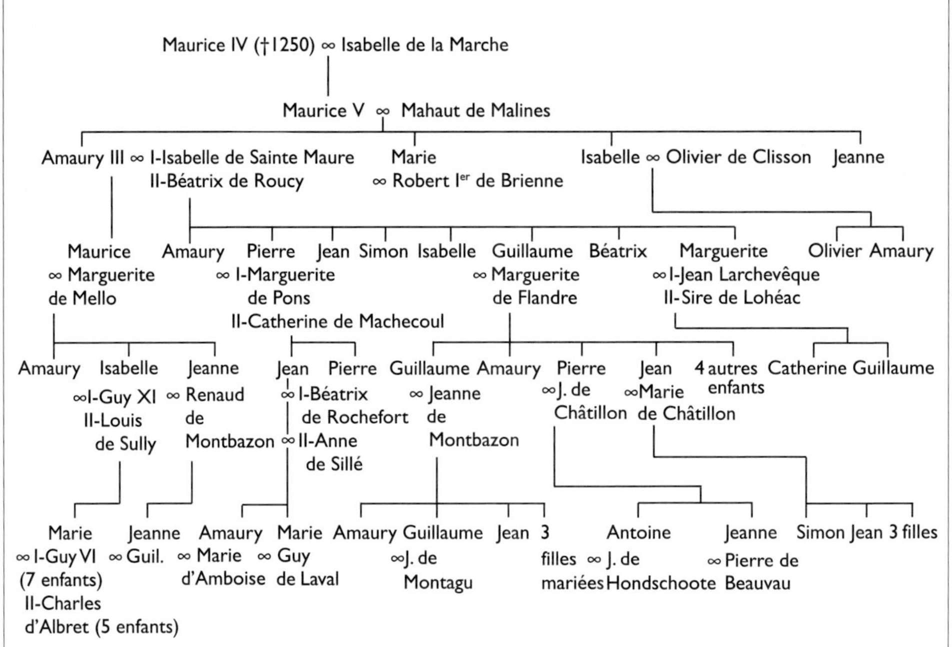

Tabl. 56. Tableau de filiation depuis Maurice IV de Craon.

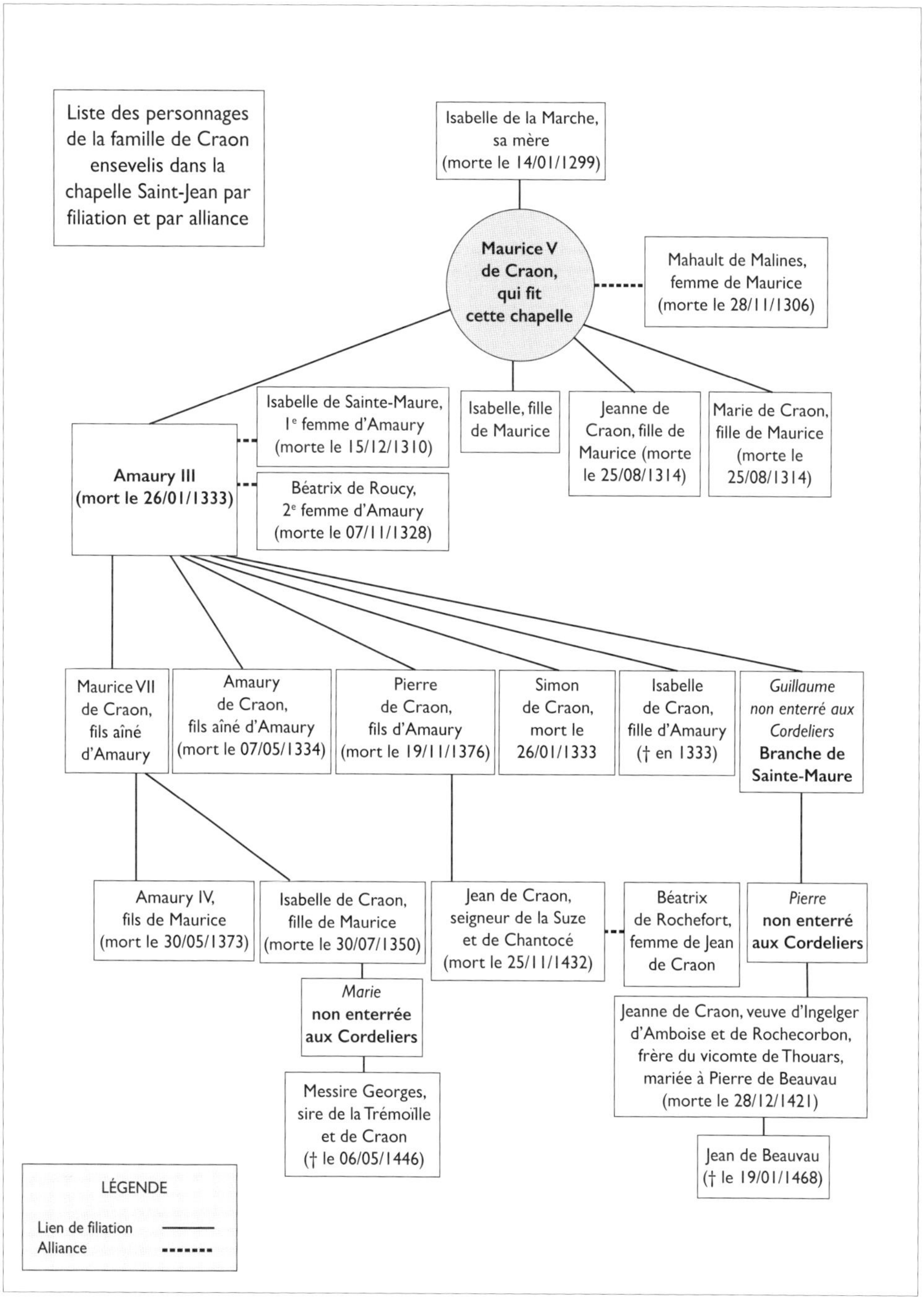

Tabl. 57. Liste des Craon ensevelis dans la chapelle St-Jean par filiation et par alliance.

La première idée qui se dégage est l'apparente unité lignagère autour du fondateur de la chapelle, Maurice V, qui parvient à rassembler, dans un lieu commun, sa mère Isabelle de la Marche, sa femme Mahaut de Malines ainsi que tous ses enfants, son fils Amaury et ses trois filles pourtant mariées (excepté Jeanne) : Marie, Isabelle et Jeanne. Nous avons l'impression d'un groupe soudé autour des parents, désirant afficher leur unité au-delà des alliances matrimoniales réalisées par les enfants et la pérenniser dans la mort. D'ailleurs, depuis Maurice V, tous les seigneurs de Craon ont été inhumés dans la chapelle, excepté Marie de Sully, probablement enterrée dans la nécropole familiale des Sully, ce qui souligne à la fois une forte cohésion lignagère et une politique familiale cohérente. Cela prouve également l'intérêt porté par les familles seigneuriales au rassemblement des défunts, mais la présence de filles mariées nuance fortement cette notion de lignage. Nous pensons que ce phénomène visant à réunir les membres défunts du groupe familial fournit des indices précieux sur l'idée que se faisaient les familles baronniales de leur identité et des contours de leur famille : il devrait faire l'objet d'études scientifiques plus nombreuses et constituer un axe de recherche privilégié des historiens. Par exemple, la présence de Georges de la Trémoïlle dans la notice tenue par les Cordeliers d'Angers est loin d'être fortuite. Fils de Guy VI de la Trémoïlle et de Marie de Sully, l'héritière des sires de Craon, il prit possession de la totalité des biens des Craon et il paraît vraisemblable qu'il fut un bienfaiteur des Cordeliers en continuité avec ses prédécesseurs.

Si les enfants de Maurice V furent tous enterrés dans la chapelle, ce ne fut pas le cas pour tous ses petits-enfants, qu'ils soient issus de la branche maternelle ou paternelle. Les enfants de sa fille Isabelle, mariée à Olivier de Clisson, le grand-père du connétable, furent inhumés à un autre endroit et elle ne parvint pas à rassembler auprès d'elle certains de sa descendance. Les enfants d'Amaury III, représentants de la branche aînée, ne sont pas tous là : sur neuf, cinq furent enterrés aux Cordeliers d'Angers dont une fille, Isabelle, non mariée. Quatre autres reposaient donc à l'extérieur de la nécropole familiale : Béatrix ensevelie certainement auprès de l'un de ses deux maris, Marguerite dont nous ne savons finalement pas grand chose, Jean l'archevêque de Reims, qui devait reposer, selon une tradition infiniment plus forte, ancienne et contraignante que la pression lignagère, avec les autres archevêques de Reims dans le chœur de sa cathédrale et Guillaume qui mérite une attention particulière.

Guillaume de Châteaudun était le troisième fils d'Amaury III et de Béatrix de Roucy. Marié à Marguerite de Flandre ; il fut à l'origine de la branche de Sainte-Maure. Or, ni lui, ni son épouse, ni ses enfants ne furent inhumés dans la nécropole familiale des Cordeliers à Angers mais aux Cordeliers de Tours ou de Châteaudun, manifestant le désir d'afficher leur indépendance par rapport à la branche aînée. Il est vrai que nous avons avec la tige de Sainte-Maure l'exemple d'une branche cadette aussi puissante que la branche aînée, ce qui n'était pas fréquent. Nous aurons l'occasion de revenir sur l'origine de cette puissance, mais il était intéressant de préciser que les lieux de sépulture permettaient d'entrevoir l'unité du lignage. En se détournant du sanctuaire familial et en se servant d'un autre emplacement funéraire indépendant de celui des Craon, Guillaume affirmait clairement ses prétentions et se posait en chef de lignée dans un contexte familial tendu en raison de la succession des Craon.

Avec Amaury IV, s'était éteint en effet le dernier mâle de la branche aînée ; l'héritage était tombé alors aux mains de la sœur du défunt, Isabelle, épouse de Louis de Sully. Cette situation suscitait des convoitises et attira l'attention de ceux qui pensaient avoir des droits sur ce patrimoine considérable. Le contrat de mariage d'Amaury III avec sa seconde épouse, Béatrix de Roucy, fut donc ressorti et les enfants du couple prirent prétexte de certaines clauses pour légitimer leurs prétentions. D'ailleurs, en mai 1387, avant de mourir, Guillaume prenait soin d'assigner à sa femme, Marguerite de Flandre le tiers des deux mille livres de rente que les branches cadettes réclamaient d'Isabelle de Craon, en exécution des accords du 31 janvier 1345. Ce litige trouva finalement sa solution un demi-siècle plus tard avec Marie de Sully, la fille d'Isabelle et de Louis. Cette crise familiale et son issue, associée à une participation aux affaires du royaume, permirent à la branche de Sainte-Maure de tirer son épingle du jeu et de mener une politique indépendante par rapport au lignage, dont le changement de chapelle en constitue la manifestation concrète.

Les enfants naturels d'Amaury IV, Pierre et Jeannette ne figurent pas, non plus, dans le tableau dressé par les Cordeliers. Ils semblent être exclus du lignage, marginalisés et n'apparaissent pas au même niveau que les autres membres de la famille, au moins a posteriori. Cela nous donne quelques indications sur le statut des enfants illégitimes et leurs droits familiaux, qu'il parait très difficile de définir. À première vue, le groupe familial ou les Cordeliers s'efforcèrent de rejeter leur souvenir : ils ne faisaient pas partie de la mémoire lignagère et pour cette raison, ils ne devaient pas être enterrés dans la chapelle familiale. Pourtant, leur condition apparaissait beaucoup plus complexe puisqu'ils ne semblaient pas être exclus totalement des affaires familiales. Pierre figurait ainsi dans le testament de sa tante, Isabelle de Craon, la sœur de son père. S'attacha-t-elle à sa situation par compassion ou lui était-il reconnu un certain nombre de droits ? De plus, Amaury IV s'efforça de négocier le mariage de Jeannette avec Thibault de La Devillière. Elle reçut de la part de son père le domaine de Solesmes évalué à soixante livres de rente, ce qui prouve que ces "bâtards", même s'ils n'étaient pas officiellement reconnus par le lignage, recevaient l'aide matérielle du père qui ne les abandonnait pas. En fait, au vu du faible nombre de documents que nous possédons, nous avons l'impression que le statut de ces enfants était extrêmement complexe, mais compte tenu des enjeux, ils étaient exclus du lignage et écartés de l'héritage familial, recevant en compensation quelques donations foncières ou financières.

La décision prise par Maurice V de rassembler les défunts de la famille dans un endroit fixe choisi pour des motifs "géopolitiques" ne nous paraît pas être un acte original. D'autres lignages eurent ce même souci de resserrer les liens familiaux et d'instaurer une nécropole pour tous les membres du lignage. Le choix des Cordeliers par les Craon correspondait aussi à la nouvelle implantation urbaine de la famille et à leur souhait d'imiter la politique religieuse des grands lignages en suivant la mode princière. Les grands seigneurs se tournent du côté des ordres mendiants : cette dévotion est visible par exemple chez les grands banquiers florentins.

Loin de représenter un acte anodin, la fondation de cette chapelle par Maurice V de Craon correspondait à une volonté politique manifeste de la part du seigneur de Craon de se rapprocher du pouvoir comtal et de réaliser un monument funéraire à l'imitation des rois et des princes. Tout en réalisant peut-être, à long terme, une bonne opération "immobilière", il s'agissait également d'éviter la dispersion des sépultures et d'afficher la cohésion du groupe, soudé autour de l'homme et la femme de manière indifférenciée. La femme paraît avoir un rôle social plus réel que l'on ne le pressentait et cela perdure même face à la mort : 11 femmes figurent parmi les 21 défunts recensés par les Franciscains et deux défunts, issus d'un groupe lignager différent, rejoignent leur mère, une fille de Craon, dans la sépulture familiale : Guillaume de Lohéac et Jean de Beauvau.

Le lieu d'inhumation : un choix personnel ou une pression lignagère ?

Quant à l'élection de sépulture, il nous est possible d'avancer certaines hypothèses. Un acte daté des années 1196-1202 émanant d'Isabelle de Mayenne, veuve de Maurice II, nous apprend que la dame de Craon choisit l'abbaye de Savigny pour lieu de sépulture et qu'elle répartissait en legs soixante sous de rente qu'elle avait reçus en dot ; Juhel, Maurice, Pierre et Amaury approuvaient la charte. Fille du comte de Meulan, personnage important de Normandie, elle avait épousé en premières noces Geoffroy de Mayenne avant de se marier à Maurice II de Craon en 1170. Au moment où elle fixait par écrit l'endroit de son inhumation, elle était veuve de Maurice II. Était-elle, alors, tutrice des enfants qu'elle eut avec le seigneur de Craon ? L'abbaye de Savigny fut sous la protection constante d'Isabelle, qui lui permit d'assurer son développement : elle fit un don en 1183, un autre en 1210, invita son fils Juhel de Mayenne à devenir bienfaiteur de l'abbaye en 1206 et encouragea les diverses donations de plusieurs seigneurs dont celle de Savary d'Anthenaise en 1190. Or, Savigny avait été un des lieux de sépulture de la famille des Meulan et ses desservants avaient été chargés d'assurer le salut éternel des défunts du lignage : par exemple, vers 1180, le fils du comte de Meulan, Roger, faisait un don à l'abbaye pour le repos d'Amaury de Meulan.

La décision d'Isabelle nous montre la relative liberté laissée aux membres du groupe familial à cette époque (fin XIIe s.) dans le choix du lieu d'inhumation : ce n'était pas encore le moment des grandes nécropoles familiales où chacun se devait d'être inhumé. D'ailleurs, faut-il voir dans les nécropoles familiales des siècles suivants un système rigide ne laissant pas de place à l'initiative individuelle ?

L'acte d'Isabelle amène aussi à aborder le statut et la place de la femme au sein du "lignage" et il apparaît que la famille et plus largement la coutume ainsi que le droit canonique autorisèrent la femme à choisir le lieu de sa sépulture. Veuve de Geoffroy de Mayenne puis de Maurice II de Craon, Isabelle avait le choix entre les deux sépultures de ses défunts maris. Elle refusa ce choix délicat et préféra être inhumée parmi les membres de son lignage originel, près de ses parents qui lui avaient donné le jour. Par conséquent, rien n'obligeait la femme ou la veuve à partager la tombe de son époux et d'autres exemples de ce genre, plus tardifs, nous permettent d'étayer notre hypothèse.

En effet, l'arrière petite fille d'Isabelle, Jeanne, qui avait épousé, en janvier 1254, Hugues XII de la Marche, notifie par écrit son lieu d'inhumation puis précise, dans ce testament, ses dernières volontés. Jeanne prend donc la décision de se faire enterrer, sans son époux, dans l'abbaye de Savigny, un lieu de repos des familles de Craon et de Meulan, ayant fait l'objet de libéralités de la part du seigneur de Fougères.

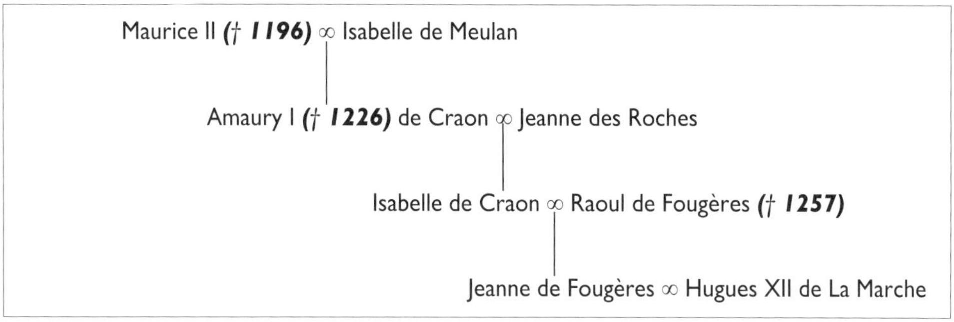

Tabl. 58. L'ascendance de Jeanne de Fougères.

Dans le sanctuaire de l'église collégiale de Saint-Pierre de Louvain, apparaissaient côte à côte le gisant de Mathilde de Boulogne, épouse d'Henri Ier de Brabant et celui de leur fille l'impératrice Marie, veuve d'Otton IV de Brunswick. Ce tombeau commun érigé vers 1260, conformément à la volonté de Marie sans doute, représente un témoignage réel des liens pouvant exister entre la mère et la fille. Décédée une cinquantaine d'années après Mathilde, Marie de Brabant fut ensevelie selon ses vœux dans le tombeau de sa mère, reconstruit pour l'occasion. Comme Isabelle de Meulan, Marie préféra être inhumée aux côtés de celle qui lui avait donné le jour et avait voulu faire d'elle une reine et une impératrice. Le choix d'Isabelle et de Marie de Brabant s'explique peut-être par ce statut de veuve, qui leur avait permis de bénéficier d'une marge de manœuvre beaucoup plus ample.

Au total, il semble difficile de savoir quelle part on peut attribuer au lignage et celle à l'initiative individuelle dans le choix du lieu d'inhumation. De plus, la liberté d'action dans ce domaine n'est pas la même au XIIe s. qu'aux siècles suivants où la pression lignagère est plus contraignante : la "mode" est alors aux grandes nécropoles familiales, symbole de puissance. Imposante dans ses dimensions, la nécropole de Maurice V concentre de nombreux gisants pour lesquels un soin tout particulier a été pris pour leur réalisation : leur forme et leur localisation dans la chapelle peut servir de miroir à une parenté vécue.

Une mise en scène de la parenté

À partir de l'inscription des Cordeliers mentionnant la liste des personnages de la famille de Craon ensevelis dans la chapelle Saint-Jean, des épitaphes et des dessins esquissés par Bruneau de Tartifume, nous pouvons proposer des identifications et nous consacrer à l'étude des gisants : leur emplacement et leur aspect. La description stylistique sert en effet d'appui à cette identification et la localisation peut nous éclairer sur la représentation et l'image projetée par le groupe familial. Nous avons alors pu compléter le travail de F. Comte et I. Frager et proposer un plan plus précis de la chapelle funéraire des Craon, en y ajoutant nos données sur l'identification des tombes, mais également les armes de la famille et les vitraux.

Des effigies funéraires monumentales, reflets de personnalités hors du commun

Près du sanctuaire : Isabelle de La Marche et Isabelle de Craon (?)

L'intérêt du plan de la chapelle funéraire, que nous avons réalisé ci-contre, n'est pas tant de mettre en lumière la localisation des tombes – F. Comte l'avait déjà fait auparavant – mais plutôt d'identifier, de manière synoptique, les gisants de la famille et de les représenter à l'échelle de la chapelle. Au vu de ce plan, il apparaît que l'espace funéraire des Craon était densément occupé. Les gisants de la famille de Craon étaient entourés par un nombre important de tombes, sans que l'on sache à qui elles appartenaient, à quel moment elles avaient été placées à cet endroit et quelle en était la nature : s'agissait-il de simples plaques, de tombes en pierre dure ? F. Comte ne le précise pas et Bruneau de Tartifume ne les évoque même pas : soit elles étaient postérieures à cet érudit soit il ne prit pas la peine de les mentionner dans son descriptif de la chapelle.

Un élément de ce plan, relevé par F. Comte, mérite notre attention : il s'agit de la "séparation" entre les tombes de certaines femmes du lignage (n°6 correspondant aux tombes I et J) de celles des autres membres de la famille (n°7). Dans son descriptif, Jacques Bruneau de Tartifume n'en fait pas précisément mention, mais en reprenant en détail ses commentaires, nous avons pu identifier deux tombes situées à cet endroit, c'est-à-dire à gauche de la chapelle, près du sanctuaire et logées dans une grande arcade : celle d'Isabelle de la Marche et celle d'Isabelle de Craon.

Le gisant d'Isabelle de La Marche, classique mais imposant

Fig. 18. gisant d'Isabelle de La Marche (?).

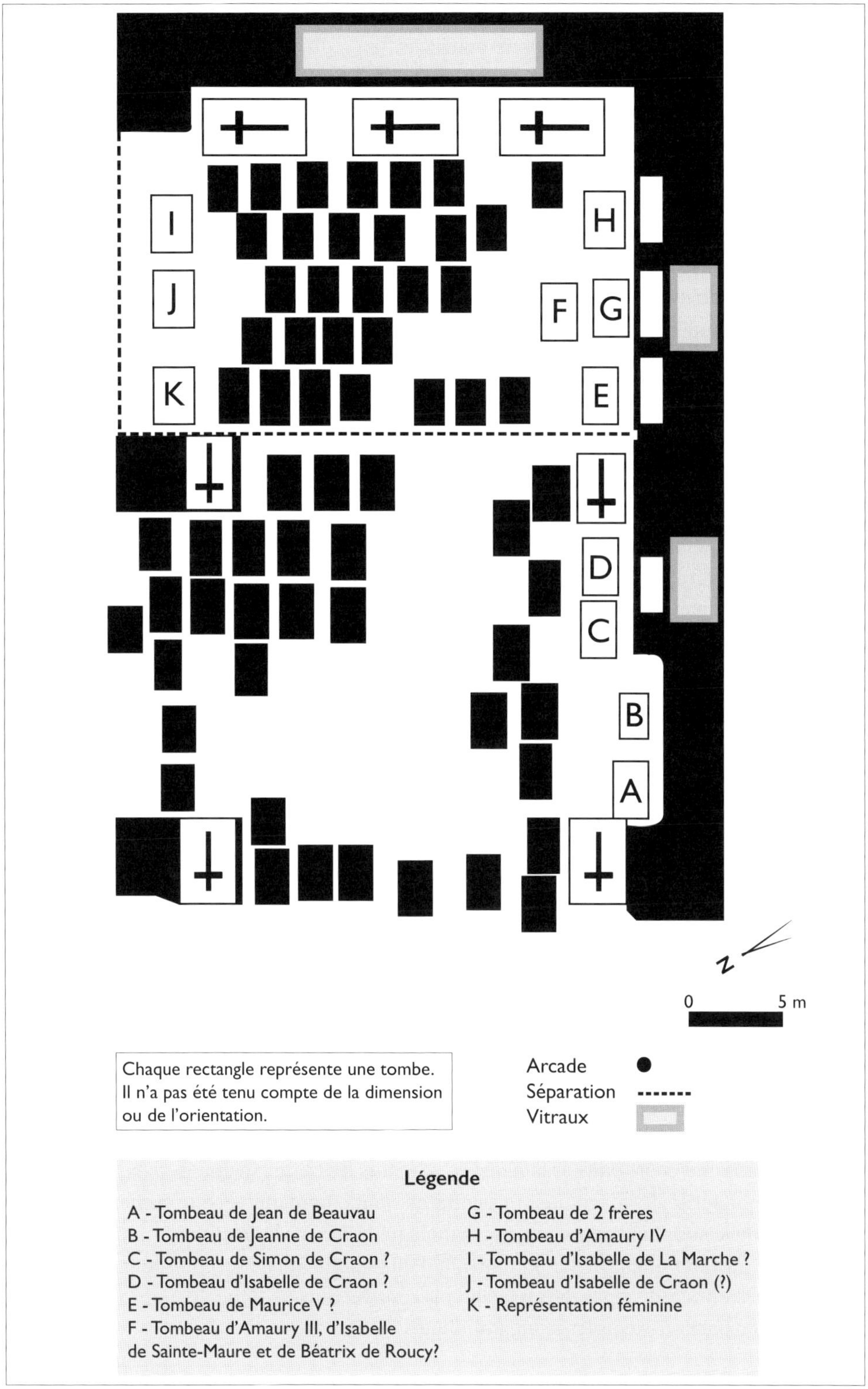

Fig. 17. plan de la chapelle funéraire des Craon.

Le premier tombeau (tombe I), recouvert d'une grille de fer, est long de six pieds trois pouces, haut de deux pieds deux pouces et large d'environ trois pieds. Il s'agit de la représentation d'une femme en relief faite en pierre dure. De qualité médiocre, ce dessin se signale par son classicisme : le gisant se présente les mains jointes, des chiens sculptés à ses pieds et un ange de chaque côté de sa tête. La partie inférieure, située au niveau des pieds du défunt, représente la vie terrestre : le chien symbolise la fidélité, celle du chien guide dans les royaumes souterrains de la mort. Le monde céleste se retrouve dans la partie supérieure. La présence, dans les angles supérieurs de la dalle funéraire, des anges pour accompagner l'âme du défunt vers le Paradis représentent ce monde des cieux. Le défunt se détache peu à peu du monde terrestre et s'élève vers le ciel. L'effigie qui apparaît d'un premier abord statique, souligne Guillaume Grillon dans sa thèse sur les monuments funéraires de la Bourgogne, est en fait représentée en mouvement, en transit entre le monde des vivants et l'au-delà.

Aucune marque familiale n'est gravée ou peinte sur son socle ; mais, dans l'arcade, sur la voûte, sont représentées les armes de la famille. En tous les cas, ce tombeau se distingue par son caractère imposant.

Au vu des dimensions et de la localisation du monument, nous pensons qu'il ne peut s'agir que d'un membre influent de la parenté. La tentation est grande de voir en ce gisant Isabelle de La Marche, dont le rôle et la place au sein de la famille ont été déterminants. Sœur du roi d'Angleterre et mère de Maurice V, le fondateur de la chapelle, on s'attendrait à un tombeau, sinon spectaculaire, du moins imposant et aucun autre gisant de la chapelle, non identifié, ne peut lui être assimilé. En prenant appui sur la liste gravée par les Cordeliers, nous nous apercevons que la dame de Craon avait été représentée en *l'habit des frères* ; or le dessin suggère effectivement une dame en habits de veuve ou de religieuse avec une grosse corde comme ceinture. Si l'argument est mince, car d'autres femmes du lignage furent vêtues de la même manière, cela corrobore néanmoins notre hypothèse.

La plaque tombe d'Isabelle de Craon, vers une personnalisation de la représentation ?

À une distance d'un pied deux pouces, se trouvait une plaque tombe, longue de six pieds trois pouces, haute d'un pied huit pouces et large de trois pieds trois pouces et recouverte d'une lame de marbre noir, sur laquelle était posé un rapport de marbre blanc, représentant une femme couchée avec un ange de chaque côté de sa tête. Près de l'effigie funéraire, figurait en petit relief, une représentation d'une femme couchée dans un lit qui rendait son âme à un ange. Au pied du lit, on trouvait un crucifix et trois religieux ; le premier tenait un livre, le second un bénitier et le troisième un calice. Au chevet du lit, un autre ange présentait l'âme à saint Pierre. Enfin, un dernier ange la remettait à un vieillard qui la confiait à la Vierge, portant une couronne sur la tête. Ce "parcours de l'âme", soigneusement représenté, souligne la religiosité de la défunte qui a certainement commandité cette scène. Ce passage à la vie éternelle suscitait l'appréhension voire la peur de tous les contemporains mais il est notable de constater que c'est sur le tombeau d'une femme qu'il est représenté. La position allongée, horizontale, de repos devait faciliter la résurrection du défunt, comme l'a démontré J.-C. Schmitt à partir d'exemples iconographiques.

dessoubz.

Tombeau en marbre d'Isabeau de Craon, dans la chapelle dite de Craon, aux Cordeliers.

(Note de T. Grille.)

Fig. 19. tombeau d'Isabelle de Craon (?).

De plus, cette pierre tombale ne ressemble pas aux autres sépultures du lignage : il s'agit d'une part d'une plaque tombe et non d'un gisant, d'autre part elle se distingue par son symbolisme un peu plus fouillé. Codifiée, réglementée, la sculpture funéraire évolue peu à peu : simple et peu surélevé dans un premier temps, le monument se complexifie par la suite, comme en témoignent les fragments de compte des archives familiales. Cependant, au vu du dessin réalisé par Bruneau de Tartifume, il ne s'inscrit pas encore dans la pratique réaliste du gisant, qui s'impose tout au long du XIVe s., où les plis animés tranchent sur la vêture hiératique des gisants du XIIIe s. Le style de cette plaque et le costume du gisant représenté sur le dessin de Tartifume évoquent encore une œuvre de 1320-1330 : il s'agirait alors de l'effigie d'Isabelle de Craon, fille d'Amaury III et de Béatrix de Roucy et qui serait morte le 26 février 1333 sans avoir été mariée.

En revanche, la défunte, comme Isabelle de La Marche et comme les autres gisants de la chapelle, est représentée les yeux ouverts sur l'éternité, reliée au futur et à l'avenir exprimant l'attente et l'espoir en la vie éternelle.

Un défunt "vivant" dans l'attitude de la prière

La première constante de l'effigie funéraire des Craon tient dans la représentation les yeux ouverts, la seconde réside dans les mains jointes : s'affirme une uniformité de la représentation funéraire. Avant d'être le signe de la prière, explique Guillaume Grillon, "joindre les mains est un symbole de dévotion". Au XIIe s., cela renvoie à la cérémonie de *l'imixtio manuum* par laquelle le vassal prête hommage à son seigneur : c'est avant tout un geste féodal qui s'apparente à un don de soi. En joignant les mains, le défunt s'en remet à Dieu et devient son homme. Mais il faut attendre la fin du Moyen Âge pour que ce geste matérialise vraiment une prière personnelle et intérieure. Les manuels de civilité démontrent que l'aristocratie féodale est sensibilisée dès le XIIIe s. aux attitudes dévotionnelles à adopter au cours de la messe : se lever à l'Évangile, se mettre debout les mains jointes, incliner la tête puis s'agenouiller... Les mains jointes dans l'attitude de la prière, les yeux ouverts, le défunt semble libéré du monde terrestre.

Il est difficile d'interpréter la présence de l'arcade voûtée au-dessus des tombes d'Isabelle de la Marche et de la dame de Sully les plaçant en retrait des autres sépultures. Il ne s'agit pas d'une "séparation" entre les femmes et les autres membres du lignage : dans les autres coins de la chapelle, figurent également des femmes mais elles n'apparaissent pas seules. Elles sont représentées avec leur époux, leur enfant ou leur fratrie : l'accent est mis sur la place qu'elles occupent au sein du groupe familial.

Les deux tombes de cet enfeu se distinguent donc de l'ensemble des représentations féminines : il ne s'agissait pas de projeter ou de véhiculer une représentation symbolique du fonctionnement lignager. La localisation du gisant d'Isabelle de La Marche près du sanctuaire s'expliquerait par son statut et son rôle dans la famille. Les mêmes arguments peuvent être avancés pour Isabeau de Craon, mais plus vraisemblablement, en 1394, un siècle plus tard, son tombeau fut disposé à l'endroit où il y avait de la place, c'est-à-dire derrière celui d'Isabelle de La Marche. Mais, en aucun cas, cette "séparation" avec les autres membres de la famille, constatée par Fr. Comte, ne symbolise une exclusion du groupe lignager.

"Chevalier pour l'éternité et mes armes pour l'éternité : Le corps socialisé triomphant"

Deux autres gisants (tombes E et H sur notre plan), aux dimensions imposantes, se distinguent de l'ensemble des tombes de la famille. Le premier, réalisé en pierre dure, long de sept pieds, large de deux pieds cinq pouces, et haut de deux pieds n'a pas été identifié par J. Bruneau de Tartifume, mais son appartenance à la maison de Craon ne faisait aucun doute, puisque paraissaient les armes de la famille sur sa tunique et sa targue : les losanges d'or et de gueules.

Le défunt est représenté en habit militaire : adoubé, tenant son écu armorié, il ne peut s'agir que d'un seigneur de Craon. Il porte une tunique aux genoux avant la mode de l'habit court : le vêtement est donc antérieur aux années 1340, enfin les chausses de fer ne sont pas garnies de grèves. Simple et relativement bas, le gisant se singularise en revanche par sa taille. Cet aspect majestueux souligne l'importance du seigneur.

Situé, d'après J. Bruneau de Tartifume, de l'autre côté de la voûte séparant la chapelle (tombe E), ce tombeau paraît être celui du fondateur de la chapelle funéraire : Maurice V, mort en 1293. En associant ces éléments à la liste des défunts, établie par les Cordeliers, toutes les données concordent pour l'attribuer à ce seigneur de Craon, qui a voulu graver pour l'éternité sa condition et son *estat*. Il porte sur lui les attributs inhérents à son rang occupé dans la société et à son statut. Bien plus que la mort, c'est avant tout le mort qui est représenté. La présence de l'effigie véhicule une représentation qui doit rappeler, pour l'éternité, le défunt.

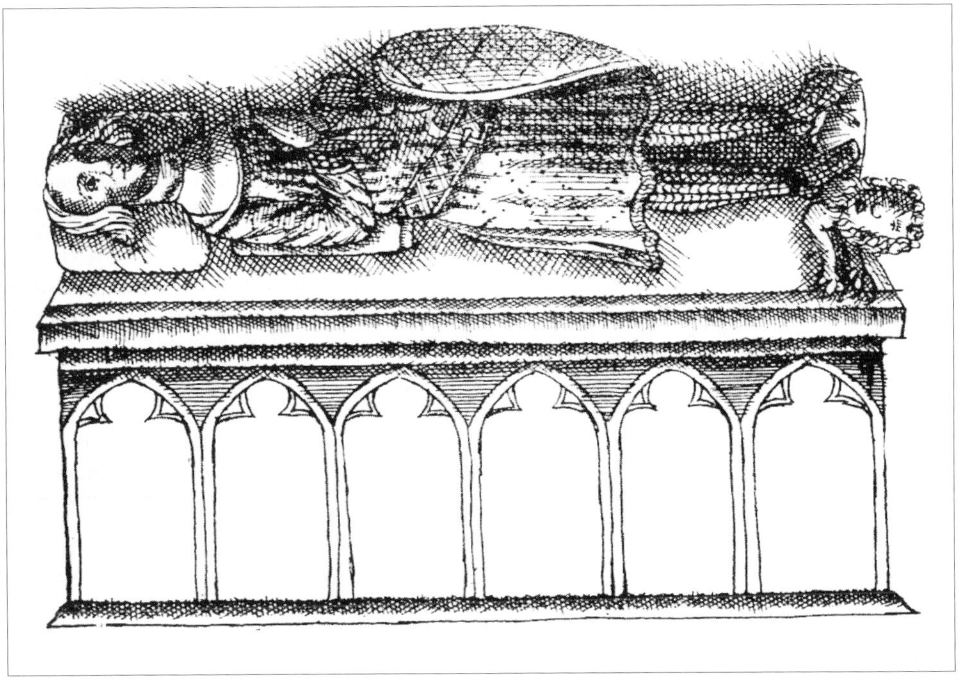

Fig. 20. tombeau de Maurice V de Craon.

Le second tombeau (tombe H) se situe plus près du sanctuaire, mais dans le prolongement du gisant de Maurice V. Tout autour du monument a été gravée cette épitaphe :

« L'AN MIL CCC TRAZE SOIXANTE. TANT EN Y A QUI BIEN LES COMPTE ....TRESPASSA PENULTIME ET TOUT LESSA MONSEIGNEUR ALMAURI PAR NON CCC ..... DE RENON, LARGE, PITOUX, MISERICORS A TOUTES GENS ET VIFS ET MORS .... LES JOURS PAR AN, PAR MOYS, SUR TOUS AUTRES BON CHRESTIEN. PRIEZ DIEU. AMEN........ OR PRIEZ DIEU QUE PAR SA GRACE DE SES PECHEZ PARDON LUI FACE. AMEN. »

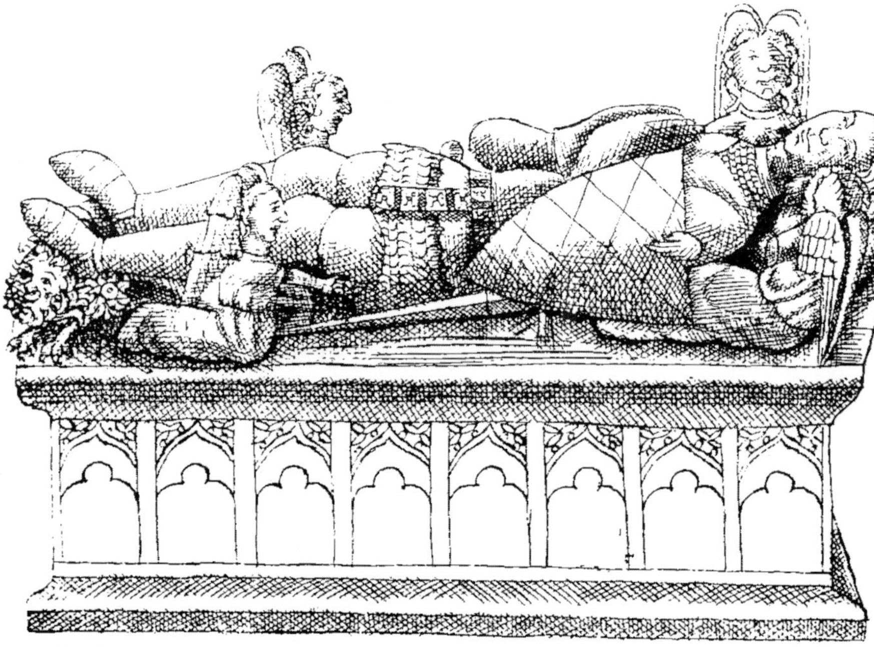

Tombeau d'Amauri de Craon, dans la chapelle dite de Craon aux Cordeliers
(Note de T. Grille.)

Fig. 21. Tombeau d'Amaury de Craon par J. Bruneau de Tartifume, Histoire d'Angers, *p.215.*

Ce gisant est celui d'Amaury IV, seigneur de Craon de 1333 à 1373. Tout aussi imposant que celui de Maurice V, long de six pieds neuf pouces, large de deux pieds neuf pouces et d'une hauteur de deux pieds sept pouces[1], sa tenue militaire se distingue du précédent et son aspect est plus soigné : dans chaque coin du tombeau, ont été sculptés des anges portant leur regard sur Amaury IV, veillant à son salut ainsi qu'un lion, aux pieds du défunt, qui représente à la fois la puissance, la force mais aussi la Résurrection. La qualité du dessin de Bruneau de Tartifume ne nous permet pas de savoir si un effort pour restituer l'individualité du visage avait été réalisé. Mais, ce gisant ne semble pas encore relever d'une quête de la ressemblance singulière du défunt. En effet, pour la période qui nous concerne, l'effigie funéraire incarne le portrait moral et le statut social du disparu plus que son portrait physique : aucune expression personnelle ni aucune caractéristique physique n'individualisent le défunt chez les Craon. Cette absence d'expressivité des visages est l'une des constantes de la

1 En équivalence métrique :

Longueur	Largeur	Hauteur
2,22 m	0,92 m	0,86 m

représentation funéraire des Craon, ce qui n'est pas une originalité. Nous ne sommes pas encore dans la pratique de personnalisation de la représentation, ni dans la recherche d'une figure identifiable qui exprimerait les traits d'un individu particulier.

La représentation d'Amaury IV se rapproche de celle de Roger de Gaignières[2] qui, lui aussi, a esquissé la sépulture du dernier seigneur de Craon, mais présente quelques différences au point de vue de l'ornementation du tombeau : les anges dans la partie supérieure, au niveau du visage, sont absents tandis que des figurines, d'un tracé confus, et situées sur la plate-forme inférieure, apparaissent sur le dessin de Gaignières.

Fig. 22. Tombeau d'Amaury IV de Craon, lieutenant général du roi, mort en 1373, aux Cordeliers d'Angers. B.2731. – BnF., Est., Rés. Pe 1 g. fol. 202.

Au-delà de ces différences, il est intéressant de constater que dans les deux dessins, Amaury est représenté en tenue de chevalier, portant une armure de plate nettement suggérée, un écu armorié et une épée, avec les mains jointes, symboles d'humilité et de repentir. Cette représentation, classique, est cependant essentielle chez les Craon. Elle souligne les deux traits dominants de cette famille : l'identité militaire et le fondement religieux de la mémoire familiale. À maintes reprises, nous avons vu que c'est par le biais du service militaire que la famille de Craon était parvenue à se rapprocher du pouvoir comtal ou royal, et renforcer sa position au sein du baronnage angevin. Cette morale militaire, transmise comme une valeur familiale ou du moins comme une constante familiale, est une donnée fondamentale.

2 Adhemar & Dordor 1974, 153.

Lieutenant du roi et présent dans les grandes batailles de son époque, Amaury IV souhaitait se faire représenter de la manière qu'il avait vécu : en chevalier. Il est donc légitime de trouver le gisant du seigneur de Craon dans cette tenue et avec ses armes : "chevalier armé pour l'éternité". Mais, il s'agissait plus que d'une simple initiative personnelle. Non seulement, elle s'inscrivait dans une démarche sociale et nobiliaire, mais elle correspondait aussi à un idéal familial, que nous avons déjà démontré dans notre première partie et qui concerne toutes les générations. Dans le cas des hommes, le descriptif des tombes révèle l'existence de normes uniformes et relativement strictes : c'était affaire de conformisme.

Posant le problème du rapport entre la mode sculpturale du gisant et le rituel de l'exposition du mort entre son décès et ses funérailles, Philippe Ariès[3] a défendu l'idée que le gisant n'était pas la copie du mort exposé mais que, au contraire, l'exposition du mort se faisait sur le modèle du gisant. À travers les gisants des seigneurs de Craon, nous pouvons seulement affirmer que l'habitude fut prise de montrer le défunt en position allongée, la tête sur un coussin et les pieds reposant sur des figurines sculptées, muni d'insignes symbolisant leur pouvoir, du temps où ils étaient vivants[4].

Ce qui compte sur le monument funéraire des Craon, c'est d'afficher son identité, son statut social mais aussi d'exposer les attentes du défunt : son accession au Paradis. L'évocation de l'être social est un aspect fondamental de l'iconographie funéraire. Les Craon voient dans le monument funéraire un moyen d'affirmer leur pouvoir. La sépulture se rattache à un groupe social bien défini. L'effigie funéraire matérialise l'image d'un individu qui appartenait au monde des vivants avant de faire partie du monde des morts et rattache le défunt à un groupe social clairement identifié et affiché.

Ces seigneurs qui se font représenter sous forme de gisant en "chevalier pour l'éternité" de manière statique choisissent également de se mettre en scène dans leur représentation sigillographique pour une représentation de cavalier en mouvement. Cette identité militaire est clairement affichée dans les deux grands supports des représentations seigneuriales.

Les armes de la famille, mises en lumière dans les vitraux, sur les lambris ainsi que sur un certain nombre de tombes, personnalisent la chapelle : leur marque familiale rejaillit dans cet espace. L'étalage héraldique transparaît en effet à travers les couleurs des vitraux[5] et rien ne nous empêche de penser que les gisants étaient peints eux aussi.

Une représentation de l'unité familiale.

D'autres gisants ont été esquissés par Bruneau de Tartifume. Bien qu'ils aient été fortement abîmés au moment de leur reproduction et leur nom effacé, leur existence atteste de l'importance de cette chapelle pour la famille de Craon en tant que lieu de sépulture et de recueillement. Leur emplacement et surtout leur descriptif peuvent nous permettre

3 Ariès 1983.

4 Philippe Auguste fut le premier roi de France dont les documents nous disent que son corps fut exposé avec sceptre et couronne à Mantes, le 14 juillet 1223, à son inhumation, le lendemain à Saint-Denis (Erlande-Brandenburg 1975, 15 ; Giesey 1987 ; Kantorowicz 1989.

5 Sur les vitraux de Saint-Denis, nous pouvons citer les travaux de Grodecki 1976 ; 1995.

de savoir s'il s'agissait d'un véritable programme funéraire mettant en scène la parenté, à l'imitation de modèles de sépulture affichés par certaines familles.

Ces gisants ou ces représentations en relief pouvaient concerner aussi bien les hommes du lignage que les femmes ou les enfants, preuve qu'ils étaient honorés et qu'ils avaient leur place dans la mémoire familiale. Les sépultures des enfants sont réalisées avec autant de soin que celles des adultes, certainement à la hauteur du deuil ressenti par les parents[6]. Les gisants ne sont pas forcément représentés dans la force de l'âge, ce qui nuance l'idée de Jacques Le Goff qui, prenant pour exemple les enfants de Louis IX, Blanche et Jean, morts respectivement à trois et un an et représentés, sur leurs dalles funéraires de Royaumont, comme des adolescents, souligne que la sculpture funéraire de l'époque négligeait l'âge auquel étaient décédés les morts[7].

Sous le vitrail sur lequel sont représentées les armes des Craon, se trouvait en effet un petit tombeau (C sur notre plan), long de trois pieds huit pouces, large de deux pieds et d'une hauteur d'un pied huit pouces[8] sans inscription ; Tartifume l'a dessiné ainsi :

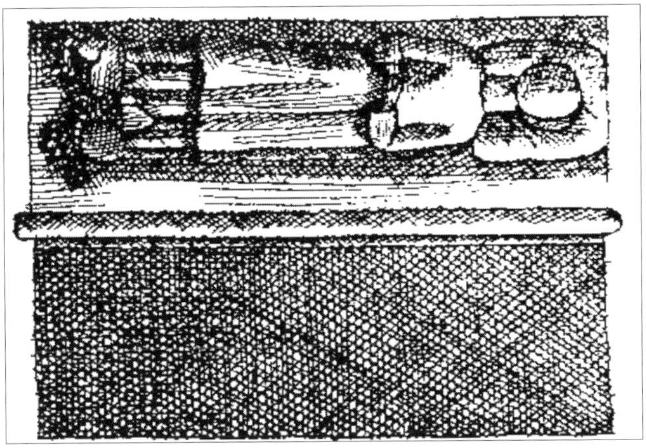

Fig. 23. Gisant de Simon de Craon, J. Bruneau de Tartifume, Histoire d'Angers, 209.

La qualité médiocre du dessin ne nous fournit pas suffisamment de renseignements pour pouvoir identifier ce gisant. En revanche, en s'appuyant sur la liste dressée par les Cordeliers, il ne peut s'agir que de Simon de Craon, fils d'Amaury III et de Béatrix de Roucy, sa seconde épouse, mort le 26 janvier 1332 à l'âge de sept ans :

6 Alexandre-Bidon & D. Lett 1997, 58.
7 Le Goff 1996, 288.
8 En équivalence métrique :

Longueur	Largeur	Hauteur
1,20 m	0,65 m	0,565 m

SIMON DE CRAON, APPELLE MAURICE EN CONFIRMATION, DE L'AGE DE SEPT ANS, FILZ DUD. AMAULRI ET DE LADICTE DE ROUCI, TRESPASSA LE 26 IANVIER 1332.

À côté apparaissait un autre gisant (tombeau D), très abîmé, long de six pieds, large de deux pieds quatre pouces et d'une hauteur de deux pieds ½[9], qui ne portait pas d'inscription. Bruneau de Tartifume établit un lien filial entre les deux tombeaux : il pense qu'il s'agissait de la mère du jeune enfant. Après avoir veillé au salut de son enfant, de son vivant, la mère poursuivrait son rôle de protectrice.

Fig. 24. Gisant de Jeanne (?), J. Bruneau de Tartifume, Histoire d'Angers, *209.*

Ces deux tombeaux semblent étroitement liés et appartiennent au lignage des Craon, comme l'attestent les armes de la famille sur le vitrail au-dessus des deux tombes. Nous ne savons pas de qui il s'agissait et plusieurs hypothèses sont possibles. Parmi les onze défuntes du lignage présentes dans l'inscription de 1569, dans laquelle sont nommés les membres de la famille de Craon enterrés aux Cordeliers d'Angers, trois seulement paraissent avoir été enterrées en "l'habit des Frères" dont Jehanne de Craon, fille de Maurice V de Craon et de Mahaut de Malines, morte le 25 août 1312. La position de ces deux tombeaux dans la chapelle, côte à côte et dans une voûte séparant l'espace funéraire en deux parties, pouvait suggérer la volonté de ne pas séparer les deux défunts, mais dans ce territoire convoité, on s'installait où on le pouvait.

9 En équivalence métrique :

Longueur	Largeur	Hauteur
1,95 m	0,77 m	0,81 m

Plus loin, se trouvait une autre sépulture composée de deux tombes jointes l'une à l'autre, longues de six pieds huit pouces, larges chacune d'un pied deux pouces et d'une hauteur d'un pied dix pouces[10], représentant deux hommes qui, bien que difficilement identifiables, attestent d'une solidarité et d'une affection particulières à l'intérieur du groupe familial (tombeau G). La première figure qui se trouvait dans une arcade et réalisée en pierre dure était dépourvue de jambes. Le corps avait été confectionné en marbre noir tandis que la tête, le coussin et les bras, couverts d'une cotte de maille étaient de marbre blanc. La tunique aux genoux avant la mode de l'habit court situe ces gisants avant la seconde moitié du XIVe s. Au-dessus, on pouvait distinguer un vitrail à l'intérieur duquel apparaissaient les armes de la famille, losangée d'or et de gueules. Autour du vitrail avaient été représentées ces mêmes armes. Le deuxième gisant, réalisé en pierre dure comme le premier, portait une cotte de mailles au niveau des avant-bras et un écu armorié. Les deux défunts ne semblent pas avoir été adoubés car ils ne portent ni ceinturon ni épée. Le reste, précise Tartifume, était très abîmé.

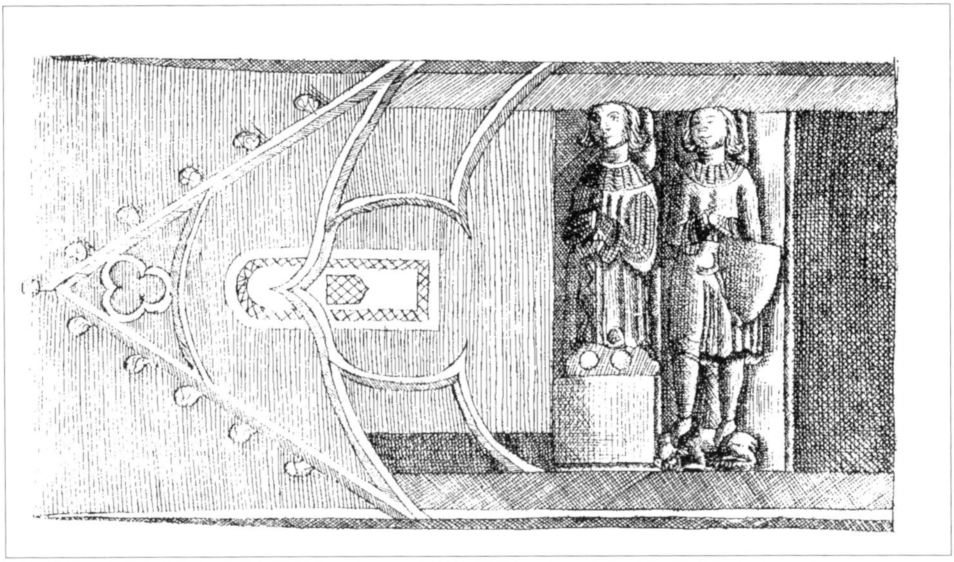

Fig. 25. Gisant de Maurice VII et d'Amaury, fils d'Amaury III (?), J. Bruneau de Tartifume, Histoire d'Angers, *213.*

Il est fort probable que ces deux tombes soient destinées au repos de deux frères : représenter une fratrie était classique. En reprenant la liste des personnages de la famille ensevelis aux Cordeliers, nous pensons qu'il s'agirait des deux fils d'Amaury III : Maurice VII, décédé en 1330 à l'âge de vingt-six ans et Amaury mort en 1334 et âgé de vingt-quatre ans.

10 En équivalence métrique :

Longueur	Largeur	Hauteur
2,19 m	0,40 m	0,60 m

MONSIEUR MAURICE DE CRAON, SIRE DE SAINCTE MAURE, FILZ AISNE DUDICT AMAULRI ET DE SA PREMIERE FEMME, TRESPASSA LE 8 AOUST L'AN 1330.

MONSIEUR ALMAURY DE CRAON ET SIRE DE CHANTOCE, FILZ AISNE DUDICT AMAULRY ET DE LAD. BEATRIX DE ROUCI, SA DEUXIESME FEMME, TRESPASSA LE 7 MAY 1334.

Maurice VII, héritier d'Amaury III, était né d'un premier mariage avec Isabelle de Sainte-Maure tandis qu'Amaury était le fils aîné d'Amaury III et de Béatrix de Roucy : il s'agirait alors de deux demi-frères, des frères consanguins, de mère différente mais ayant le même père. Cette valorisation du lien fraternel s'explique par la très forte mortalité parentale, déjà évoquée et il semblerait alors qu'aucune différence ne soit faite entre frères germains et frères par alliance : le terme latin *frater* désignerait alors sans distinction les enfants nés d'un même père et d'une même mère mais aussi ceux qui ne partagent qu'un seul parent biologique.

De plus, Maurice VII laissait trois enfants en bas âge dont un seul fils, l'héritier, le futur Amaury IV. Le contexte familial est ainsi essentiel afin de donner tout son sens au monument : l'héritier de la seigneurie, Maurice VII, meurt de manière précoce, laissant trois enfants en bas âge et deux de ses demi frères, dont l'aîné, décèdent quelques années plus tard.

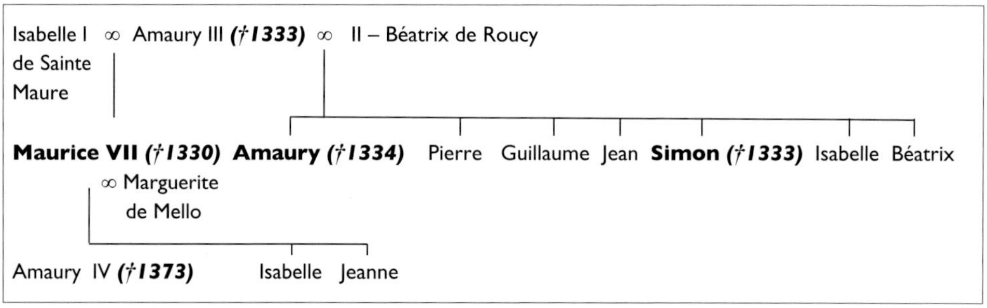

Tabl. 59. Un contexte difficile pour le groupe familial de la IXe génération : le décès des fils aînés.

Nous pouvons dès lors suggérer que l'objectif de la réalisation de ce gisant fut de souder le groupe dans une période difficile ; il s'agissait d'imprimer, à travers les âges, l'unité et la cohésion familiales.

La chapelle Saint-Jean, entièrement consacrée aux Craon à l'origine, est un monument parfaitement représentatif de cette période où se réalisent des nécropoles familiales dont l'objectif est aussi bien de raffermir la mémoire familiale que d'exhiber un statut social. Certains tombeaux de la chapelle sont joints sans aucune séparation ou proches l'un de l'autre ; leur association nous délivre un message sur les composantes et les images du groupe familial, en particulier sur les liens de germanité : une sœur et un frère, deux frères. Mais la nécropole de Maurice V ne propose pas une mise en scène organisée de la parenté comme on pourrait le voir chez les comtes de Champagne. Antérieure à notre sujet d'étude, la représentation funéraire des comtes de Champagne est exceptionnelle pour l'époque.

La présence des rois de France et d'Angleterre parmi les personnages représentés autour de Thibaud, la place respective de chaque personne dans le dispositif funéraire font de ce tombeau un document exceptionnel car il illustre une conception horizontale de la famille et des structures de parenté et renforce la conscience du lignage en le plaçant parmi les familles royales[11].

Or, ne transparaît, chez les Craon, aucun schéma directeur ni de mise en scène généalogique. L'intention n'est pas de mettre en lumière le fonctionnement lignager ; tout au plus peut on constater de manière ponctuelle une image complexe de la parenté mettant en valeur la fratrie et le couple. En effet, parmi ces représentations familiales, un élément que nous avons à peine esquissé mérite une attention particulière : la présence de personnes liées au groupe familial par alliance et inhumées près de leur conjoint. Le couple occupe en effet une place centrale au sein de cette nécropole et nous avons le sentiment que le lignage n'excluait aucun lien de parenté, que ce soit la filiation, l'alliance ou la fratrie.

Le couple, élément essentiel de la nécropole familiale

Depuis la fondation de la chapelle par Maurice V, presque toutes les épouses des seigneurs de Craon furent inhumées dans la chapelle des Cordeliers d'Angers ; seule Pernelle de Thouars ne rentre pas dans ce schéma et fut enterrée dans un autre endroit. Elle représente cependant un cas particulier puisque, veuve d'Amaury IV, elle avait épousé en secondes noces Clément Rouault et il est fort possible qu'elle soit inhumée aux côtés de son second époux dans la chapelle familiale appartenant aux Thouars. L'exemple de Mahaut de Malines est pour nous plus intéressant puisqu'il remet en cause la vision florentine de la place de la femme dans le lignage[12] : la femme n'apparaît nullement être un hôte passager et s'inscrit au contraire comme membre référent de la famille. Veuve de Maurice V et remariée à Jean de Beaumont en 1305, Mahaut mourut vers 1306, la même année que son second époux, mais préféra rejoindre la dépouille de son premier mari bien "qu'elle n'appartenait plus à la maison de Craon depuis plus d'un an", souligne Bertrand de Broussillon. L'approche de Broussillon nous apparaît dépassée dans ce domaine et ses conclusions probablement inadaptées à la réalité ; rien ne nous dit en effet que Mahaut de Malines ne faisait plus partie du lignage (des Craon) et il apparaît au contraire que l'alliance conclue avec Jean de Beaumont s'inscrivait dans une politique familiale plus large, visant à établir des droits familiaux sur l'héritage des Beaumont et à terme, se l'approprier. Telle est, à notre avis, la raison de ce remariage si tardif, qui venait consolider les liens établis entre les deux familles depuis l'alliance de l'héritier du seigneur de Beaumont, Robert Ier de Brienne, avec Marie, fille aînée de Maurice V et de Mahaut de Malines. Cette double alliance[13] assurait ainsi aux Craon un droit de regard sur

11 Bur 1985, 1016-1040.

12 C. Klapisch-Zuber a dégagé l'idée que les femmes florentines des XIVe - XVe siècles n'étaient que des hôtes passagers des case, ces maisons matérielles et symboliques représentant le groupe de parenté agnatique, qu'elles n'étaient pas considérées, de ce fait, comme des membres permanents du lignage (Klapisch-Zuber 1983, 1097-1110).

13 Le contrat de mariage entre Marie de Craon et Robert de Beaumont est conclu en août 1299 à Paris (BnF., *Fonds Français*, n°2882, fol. 5-12) ; celui de Mahault de Malines avec Jean de Beaumont-le-Vicomte est daté du 22 juin 1305 (Archives de la Trémoïlle, *Fonds Craon*, 1 AP 1593).

le patrimoine des Beaumont. Le remariage de Mahaut ne doit pas être interprété comme un rejet de la part des Craon mais négocié par le lignage, il permettait de poursuivre une politique familiale engagée peut-être par Mahaut de Malines elle-même. Quoi qu'il en soit, la présence de Mahaut dans la chapelle des Cordeliers prouvait qu'elle appartenait au lignage et qu'elle se sentait membre à part entière, en tous les cas reconnue par le groupe familial.

Le tableau ci-dessous met également en évidence les liens étroits existant entre les époux et au-delà d'une volonté de raffermir le lignage, ne peut-on pas voir dans la présence des épouses auprès de leurs maris un témoignage d'amour conjugal ? [14]

Seigneurs de Craon enterrés dans la chapelle des Cordeliers d'Angers	**Épouse inhumée au même endroit**	**Épouse inhumée dans un autre endroit**
-	Isabelle de la Marche, mère de Maurice V	
Maurice V (mort en 1293)	Mahaut de Malines (bien que remariée et décédée plus de 13 ans après Maurice)	
Amaury III (mort en 1333)	- Isabelle de Sainte Maure - Béatrix de Roucy	
Amaury IV (mort en 1373)		Pernelle de Thouars

Tabl. 60. Tableau précisant les lieux d'inhumation des seigneurs de Craon et de leurs épouses.

Le deuxième élément intéressant est la présence de personnes liées au groupe familial par alliance et inhumées près de leur conjoint. Or, ce phénomène ne concerne que les femmes : Mahaut de Malines, l'épouse de Maurice V, Isabelle de Sainte Maure et Béatrix de Roucy pour Amaury III et Béatrix de Rochefort pour Jean de la Suze. Les femmes issues du lignage ne parviennent pas en revanche à attirer leurs conjoints dans la nécropole familiale, ce qui peut traduire une faiblesse de la cellule conjugale au profit de l'unité lignagère. Ne serait-ce pas non plus une forme pacifique de rivalité entre lignages, dont le but était d'afficher prestige et renommée et d'affirmer son statut social, en attirant dans le sanctuaire commun le plus grand nombre de défunts proches de la famille ? Finalement, ce choix de sépulture laissé aux femmes confirme l'idée qu'elles n'étaient pas des hôtes passagers du lignage. Elles n'étaient pas des pions que l'on déplaçait systématiquement sans aucune considération ; s'affirmait au contraire la volonté de conserver leur souvenir mais au profit de l'unité lignagère et de la cohésion familiale.

14 La représentation du couple à travers les statues funéraires fut un phénomène assez tardif. Le premier exemple de ce genre semble remonter au début du XIIIe s. et suggère une union qui demeure après la mort : il s'agit de la nécropole de Fontevraud. L'idée fut reprise pour le sarcophage conjugal du duc Henri le Lion et la duchesse Mathilde dans la cathédrale de Brunswick vers 1240 (Verdon 1977, 187).

La représentation d'une sépulture (tombe F sur notre plan) dessinée par Bruneau de Tartifume confirme cette idée. Elle renfermait trois tombeaux joints les uns aux autres sans aucune séparation. Les figures étaient en marbre noir, sur une même base de pierre dure longue de huit pieds ½, large de six pieds, d'une hauteur de deux pieds[15].

Fig. 26. Tombeau d'Amaury III et de ses deux épouses, Isabelle de Sainte-Maure et Béatrix de Roucy.

La première tombe était incomplète au moment de la reproduction sur papier par Tartifume : il manquait les genoux et les jambes, les avant-bras et les deux mains ainsi que la tête, mais nous sommes sûrs qu'elle était destinée à un homme puisque la tunique était ceinturée et les deux places rondes en bas, au milieu de la séparation, faisaient place à deux jambes cimentées séparément. Les deux autres tombes représentaient deux femmes. Pourquoi ne pas voir dans ces figures féminines les deux épouses d'Amaury III, Isabelle et

15 En équivalence métrique :

Longueur	Largeur	Hauteur
2,76 m	1,95 m	0,65 m

Béatrix, qui, nous le savons par le nécrologe, furent toutes les deux enterrées aux Cordeliers ? Cette identification mettrait les deux épouses sur le même plan en tant que membres référents du lignage. Le couple apparaît ici privilégié et occupe une place essentielle à l'intérieur de cette sépulture, mais le fait que les deux épouses soient présentes aux côtés du seigneur de Craon n'est pas anodin : la représentation du couple sert avant tout l'intérêt lignager. Au-delà d'un homme et d'une femme, on a voulu représenter le seigneur de Craon avec ses deux épouses, la première, mère de l'héritier Maurice VII et la seconde, mère de huit enfants. Loin d'être contradictoires ou de s'opposer, le ménage et le lignage sont associés dans cette représentation de la mémoire familiale.

L'interprétation d'un monument funéraire est un exercice périlleux et son analyse dans sa totalité peut aboutir à des conclusions erronées : la démarche du fondateur de la nécropole n'est pas forcément celle de ses descendants. Aucun acte écrit ne vient corroborer nos hypothèses et nous sommes parfois dans le domaine de l'impalpable. Avait-on la possibilité de choisir librement son lieu d'inhumation ? Le groupe familial exerçait-il une pression empêchant toute liberté d'action dans ce domaine ? Il paraît très difficile de répondre à ces questions, comme il est difficile de savoir quelle part attribuer aux sentiments dans les documents nécrologiques. Si l'analyse d'un sanctuaire est hasardeuse tant les impressions peuvent être multiples, l'intention du groupe familial est de projeter une image, de l'afficher aux yeux de tous et de la pérenniser dans le temps. La nécropole est un document précieux révélant les contours de la famille, les fragilités, les déchirements mais aussi les éléments d'unité et de cohésion. Ce travail sur la sépulture nous aide donc à dresser un bilan sur la représentation ou l'image de la famille, telle qu'elle se reflète dans les tombeaux[16]. Cette représentation symbolique, chez les Craon, s'efforce de raffermir la mémoire familiale mais ne correspond pas réellement à une organisation lignagère. L'image du couple est perceptible et une place centrale est faite à la femme, épouse et mère ; l'enfant n'est pas ignoré, ni la fratrie.

Conclusion

Le lieu de sépulture choisi par Maurice V, en rupture avec les générations précédentes, correspond sans aucun doute à un acte politique, peut-être contemporain de l'installation des Craon à Angers et de l'abandon du château de campagne comme lieu de résidence. Il fait, d'une part, prendre conscience de la dimension nouvelle acquise par le seigneur de Craon et de sa place auprès des rois de France et d'Angleterre mais aussi auprès du comte d'Anjou, et d'autre part, annonce le rôle que ces seigneurs entendaient désormais jouer dans le jeu militaire et diplomatique. C'est aussi un choix caractéristique de la piété des grands seigneurs de la fin du Moyen Âge, de leur engouement pour les Franciscains. La présence de sa mère, de sa femme et de tous ses enfants dans la chapelle le prouvent : il s'agissait en effet d'un véritable projet funéraire lancé par Maurice V, dont le but était de raffermir la solidarité familiale et d'afficher son statut social. Ce qui comptait vraiment aux yeux du seigneur de Craon c'était de se rapprocher de la symbolique du pouvoir et d'imiter la politique funéraire des rois et des princes en accordant une place nouvelle aux morts, bases de la mémoire et de

16 Vovelle 1983 ; Chiffoleau 1976.

l'unité familiales. Tel est le message transmis par le projet de Maurice : la conscience de soi chez les Craon à la fin du XIIIe s. était une conscience proche du milieu royal et princier. Le seigneur de Craon parvint en partie seulement à réaliser ses objectifs. Il fit de cette chapelle Saint-Jean la nécropole familiale, un lieu essentiel de la mémoire des Craon et la première chapelle à vocation funéraire de la ville d'Angers. Cependant, étant donné les dimensions imposantes de ce lieu de sépulture, nous aurions pu nous attendre à un programme funéraire semblable à celui de Louis IX ou des Bourbons, mettant en scène leur parenté, afin de perpétuer et de graver à jamais le souvenir. Or, l'emplacement des tombes et leur aspect n'offrent qu'une image floue de la parenté en accordant une place essentielle à la fratrie et au couple, mais aucune mise en scène généalogique, ni aucun schéma directeur ne sont visibles.

L'analyse des membres de la famille inhumés dans la chapelle et leurs liens de parenté met en avant la conception que les Craon avaient à cette époque du groupe familial, c'est-à-dire une structure verticale privilégiant autant la filiation que les alliances : six générations sont ainsi présentes dans la chapelle, d'Isabelle de la Marche, mère de Maurice V à Georges de la Trémoïlle, ainsi qu'un certain nombre de cousins, de collatéraux et les dames de Craon. Cette image nuance la vision exclusivement patrilinéaire du lignage, fondé uniquement sur la filiation. Le schéma familial que nous avons pu retracer met ainsi en évidence la structure lignagère dans son ensemble avec ses éléments de vitalité, assurant la cohésion familiale mais aussi ses éléments de fracture, c'est-à-dire des membres du lignage affichant leur indépendance et se démarquant des intérêts familiaux. La chapelle funéraire correspond finalement à un lieu relativement ouvert dans lequel certaines personnes intégrées à la famille par alliance pouvaient s'y greffer et tirer profit de la renommée de la famille, qui ne s'inscrit pas dans une représentation lignagère, visible cependant à travers la transmission des archives familiales.

Constitution, sauvegarde et utilisation des archives des Craon : d'une finalité patrimoniale au XIIIe s. à une intention mémorielle au XIVe

Miroir formant et parfois déformant, les archives s'enracinent dans le temps, gèrent le présent et se projettent dans l'avenir. Elles révèlent ainsi les dynamiques de la conscience familiale, de l'appartenance et de l'identité sociales. Toutes les interventions du colloque tenu à Thouars les 8, 9 et 10 juin 2006 concernant le Moyen Âge établissent une corrélation étroite entre une structure familiale particulière, le lignage, et le souci d'archiver des actes. Il convient pourtant de se demander si la structuration en lignage, un schéma de parenté patrilinéaire et vertical, est une condition à la conservation des papiers de famille. Doit-on associer systématiquement la constitution d'archives seigneuriales à une structure de parenté particulière ? En d'autres termes, cette volonté d'élaborer des archives dans une finalité patrimoniale et identitaire s'inscrit-elle systématiquement dans une logique lignagère ?

Après avoir décrit dans notre introduction le fonds Craon tel qu'il se présente aujourd'hui, c'est-à-dire une partie du chartrier de Thouars, conservé aux Archives nationales et retracé les différentes étapes qui ont jalonné la constitution de ce fonds, nous allons nous efforcer d'interpréter la nature des documents conservés : nous nous demanderons alors quels étaient les mobiles qui poussaient les Craon à conserver leurs actes. Le chartrier de Craon représentait-il pour la famille un objet mémoriel ou répondait-il seulement à une finalité économique en rapport avec les besoins domaniaux ? Ce chapitre nous invite à avoir une double lecture : pourquoi a-t-on conservé l'acte au Moyen Âge et pour quelles raisons l'a-t-on conservé jusqu'à aujourd'hui ? Tous les documents n'ont pas été gardés mais ce qui a été préservé répond à une logique sociale et familiale et notre réflexion doit concerner à la fois la conservation des documents mais également la non conservation.

Amaury III (1293-1333), un seigneur face à ses archives : hypothèses et pistes de réflexion

Archiver : une finalité patrimoniale

En ne sélectionnant que les documents antérieurs à Amaury IV (1333-1373), nous pouvons avoir une idée des archives tenues par un seigneur au XIIIe s. – tout en étant conscient des limites de cette approche : tous les documents de la famille de Craon ne nous sont pas parvenus.

Nature	Cote	Nombre de pièces
Transactions diverses (donations, achat, vente, échange…)	- 1AP 1620 (Inventaire de 1502) - 1AP 1620 (folio 6, n°2) - 1AP 1593	52 (dont une vingtaine d'achats et les ventes)
Dommages et réparations financières versés par le seigneur de Craon	- 1AP 1594	Environ 10
Hommages	- 1AP 1620 (Inventaire de 1502) - 1AP 1620 (folio 90, n° 279)	8
Testaments	- 1AP 593	2
Contrats de mariage	- 1AP 1593 (original scellé) entre Isabelle de Sainte-Maure et Amaury III en 1300. - 1AP 1593 (original scellé) entre Mahaut de Malines, veuve de Maurice V (1270-1293) et Jean de Beaumont en 1305.	2
Titres	- 1AP 1620 folio 17, n°56 (original scellé)	5
Succession	- 1AP 1620 (Inventaire de 1502)	4
Querelle familiale	- 1AP 1593 (entre Geoffroy de Châteaubriant et Amaury III au nom de sa femme Isabelle)	1
Divers (sollicitation d'artisans…)	- 1AP 1620 (folio 92, n°283) (original scellé)	3

Tabl. 61. Nombre et nature des pièces antérieures à Amaury IV, seigneur de Craon de 1333 à 1373.

Force est de constater que dominent des pièces originales relatives au seigneur ou à la dame de Craon et des documents comptables sur la seigneurie. La nature des documents conservés est extrêmement variée : des contrats de mariage, des testaments, des nominations, mais aussi des transactions diverses, des hommages, des accords ou arrangements, c'est-à-dire des pièces relatives à la seigneurie, à son accroissement et à sa gestion et aussi aux membres de la famille. Mémoire de la seigneurie, le chartrier porte aussi la mémoire de la famille ; les deux se confondent. Il n'y a pas non plus de distinction entre la documentation domaniale propre à la seigneurie et les documents liés à la maisonnée, comme les frais concernant la commémoration des défunts, l'hospitalité, les banquets : la maisonnée était un corps, gouverné et contrôlé par son seigneur, dans lequel ses membres possédaient des droits mais devaient respecter des devoirs[17]. Enfin, aucune correspondance n'a été conservée même si cela ne signifie pas que le seigneur de Craon n'en avait pas. L'ordonnance initiale de l'ensemble nous échappe.

Nous n'avons aucune piste sérieuse sur l'existence d'un cartulaire compilé à l'époque d'Amaury III : nous n'avons que le chartrier ou du moins qu'une partie. C'est le schéma inverse de celui de Jean de Nesle, un seigneur de rang moyen du dernier tiers du XIIIe s., étudié par Xavier Hélary[18]. Le cartulaire de la seigneurie de Nesle, daté des années 1270, apparaît comme le produit d'une intention particulière, voulue par un homme, Jean de Nesle et offre une image partielle et partiale du chartrier originel ; nous ne connaissons pas les raisons de la disparition du chartrier mais Xavier Hélary avance comme hypothèse qu'il aurait disparu au début du XVe s. lorsque les biens ainsi que les archives sont passées à une autre maison. C'est probablement à ce moment-là qu'on décida de ne plus se soucier de sa conservation. Avec Jean de Nesle, nous sommes en présence d'un seigneur de rang moyen, du dernier tiers du XIIIe s., représentatif de la petite aristocratie de cette époque : longtemps écuyer, il est adoubé à quarante ans. En revanche, le seigneur de Nesle se distingue par ses archives : selon X. Hélary, "par le soin apporté à ses archives, il semble être en avance par rapport à son temps". Or, ce souci d'archivage, dont fait preuve Jean de Nesle, n'est peut-être pas un acte unique ou isolé et pourrait avoir été plus répandu qu'on ne le pense, sans que cela ne se soit traduit systématiquement par la compilation d'un cartulaire.

S'interroger sur la constitution, la sauvegarde et l'utilisation d'archives nous permet d'aborder le thème de la construction d'une identité familiale, d'une mémoire lignagère et d'un pouvoir seigneurial puisque la conservation des actes permet au lignage de maintenir la pérennité et la légitimité de son pouvoir. L'écrit est alors un instrument de gestion dont les laïcs s'emparent avec succès. C'est aussi un élément de preuve[19].

Au vu des documents que nous avons, nous pouvons considérer que sous Maurice V (1270-1293), les Craon avaient déjà compris la nécessité de conserver et surtout de transmettre les archives de la famille. Dans cette volonté, désormais calculée, de conservation des papiers, nous pouvons nous interroger sur la place et le rôle d'Isabelle de la Marche, épouse de Maurice V, dont la parenté avec les La Marche et le roi d'Angleterre, pouvait ouvrir à la

17 Woolgar 1992, 9.
18 Contamine & Vissière 2010 (communication de X. Hélary).
19 Clanchy [1979] 1997, 150.

famille de Craon de nouveaux horizons. L'alliance de Maurice V avec Isabelle de La Marche apparentait les Craon, une famille de châtelains, au milieu princier, dont la pratique d'archivage était ancienne. C'est également Maurice V qui entreprend la construction d'une nécropole familiale à Angers. Cet élan nouveau de la conscience familiale trouve ainsi un prolongement dans la transmission des archives. La mémoire familiale se renforce, gagne en épaisseur mais le chartrier n'est pas l'objet d'une construction mémorielle, il a certainement une finalité plus terre à terre et nous avons peine à en retracer les contours.

Si l'existence d'un chartrier au XIIIe s. ne fait aucun doute, rien ne nous permet d'envisager, en revanche, la compilation d'un cartulaire : les seigneurs de Craon n'ont pas pris un intérêt personnel à son classement. Dans le cas des Craon, il ne peut s'agir que de conservation et de transmission de documents, à la différence du seigneur de Nesle, qui travaille sur ses archives pour des mobiles économiques, entre autres. L'absence d'un cartulaire à l'époque d'Amaury III nous interdit toute comparaison, mais il semble que les papiers aient été conservés, puis transmis, dans une finalité patrimoniale : les documents comptables présents dans leurs archives s'inscrivent dans cette logique.

Un embryon de comptabilité

Parmi les documents que nous avons dépouillés et consultés aux Archives nationales dans le chartrier de Thouars, figurent plusieurs pièces originales, classées dans le registre 1AP 1594 et datées du mois d'avril 1315. Ces mêmes chartes ont fait l'objet d'une copie au XVIe s., classée dans le carton 1AP 1625. Il s'agit d'indemnités accordées par le seigneur de Craon, Amaury III (1293-1333), à ses sujets de Sablé en raison *des dommages que les dictes parties avaient euz ou peuvent avoir par raison dou repaire des bestes sauvages dudit seigneur.* Le tableau ci-dessous regroupe tous ces documents et met en valeur le nom des bénéficiaires et les sommes allouées.

Amaury III assume ses responsabilités de châtelain comme le veut la coutume mais ces versements, dont le montant est précisément mentionné, comme les multiples transactions en numéraire, supposent l'existence de comptes.

Jean de Précigné *pour luy et pour sa fame* Olivier le Perdrevin *pour luy et pour sa fame* Michiel Trousseau Macé le Vachereau	15 s. 7 s. 6 d. 7 s. et 6 d. 40 s.
Raoul de la Grezille *pour luy et pour Gervaise de Chastillon* Guillaume Laubigneau Gervaise Lespinau et Geoffroy Lespinau son oncle Guillaume le Bersson et Geoffroy le Maignien son gendre	15 lb. 10 s. 35 lb. 40 s.

Michel de Soude Robert Coigne Vincent le Perprenost *tant pour luy que pour toute sa fraresche* Olivier Lefevre de Courtillens Robin Nourriczon	20 lb. 30 s. 30 s. 10 s. 10 s.
Colin Cornart Guillaume Douport Guillaume Jamet Jean Aubert Robin Loyseau, Emille Loyseau et Jean Brisart	5 s. 42 s. 42 s. 20 s. 62 s.
Jean Regrin et son fils Mace le Peletier Gervese Tegreneau	50 s. 50 s. 100 s.
Geoffroi le Meire et son fils Genest Adan Lepetit Lucas de Champs Lingres	20 lb. 20 s. 16 lb. 50 s.
Guillaume Fiz	20 s.
Raoul Balave Jeanne la Michelette Robert Brousart Jamet dou Moulin Renaut Rolland	15 s. 15 s. 35 s. 25 s. 15 s.
Jamet Ginton Gilete dou Houssay Jean Anneset Colas Billart Guerin Royneau	15 lb. 50 s. 60 s. 34 s. 15 lb.
Thomas, *chevalier tant pour luy que pour toute sa fraresche* Guillaume le Bigne Estienne le Prevost Johannet le Prevost Guillemet le Prevost	10 lb. 4 lb. 60 s. 35 s. 25 s.

Tabl. 62. Indemnités versées par Amaury III de Craon à ses sujets de Sablé en avril 1315.

Nous avons recensé vingt actes, faisant mention d'un achat ou d'une vente effectués par le seigneur de Craon entre 1300 et 1333 : 65 % de ces actes concernent l'achat d'une seigneurie ou d'une terre par Amaury III, 30 % l'achat de rentes et seulement 5 % de vente qui ne concernent pas des terres mais un titre : celui de la sénéchaussée d'Anjou, du Maine et de Touraine. Certaines acquisitions foncières sont particulièrement intéressantes et ont donné lieu à un échange : le vendeur recevait une rente. Par exemple, le 22 septembre 1319, Fouques de Chareilles et Honorine de Mathefelon, *sa fame recognurent et confesserent de leur propre volunté qu'ils avoient baillé permuté eschangé et encores baillent, permutent, eschangent et octroient de commune volunté a noble homme monseigneur Amauri de Craon chevallier les boys et la garenne que ledit monseigneur Fouques avet et poet avoir.* La propriété des bois et du domaine appartiendrait désormais au seigneur de Craon et à ses héritiers en contre partie du versement d'une rente de 1700 livres par an[20]. La même année, Payen Delon cédait au seigneur de Craon *toutes les chouses immobles et chasteaux et toutes les possessions qu'ils tenoient contre une rente annuelle*, dont le montant n'est pas mentionné dans ce document. L'année suivante, en 1320, Robert le Praux octroyait au seigneur de Craon, *nostre cousin, pour certaine quantité de rente la terre de Molins nuefs et les terres de Rouville. En recompensation ou eschange de la dite ville terres et appertenances des Molins Nuefs*, Amaury III s'engage à lui verser la somme de 100 livres de rente assise sur sa terre de Dalisy en Normandie.

Jusqu'à la fin de sa vie, Amaury III ne dérogea pas au souci d'accroître le patrimoine foncier de la famille : le 27 novembre 1328, Marguerite, *fame jadis feu monseigneur Bertrand dou Lis chevalier*, cède à Amaury de Craon tous ses droits sur la seigneurie de Saint Cire. Suit, d'une part, la liste des rentes laissées par la veuve au seigneur de Craon[21] et, d'autre part, les profits qu'elle entend conserver. Le seigneur de Craon octroie, *en eschange et en recompensation des dites chouses baillées*, une rente assignée sur son péage de Chantocé estimée à 350 livres. L'accord fut conclu entre Amaury seigneur de Craon et Marguerite, *aidee sur le conseil de ses gens et prudes hommes dignes de foi*, puis *scaelé en la cour de Chinon* en 1325.

Terres acquises par achat	**Date**
Noirmoutier	1300
Précigné	1311
Combout	1312
Le Buron	1313
Moulins Neufs	1316
Ferté - Bernard	1317
Bois et terre de la Garenne	1319
Terre et biens de Saint-Cire	1328
Terre sise à Marennes	1331

Tabl. 63. Terres acquises par le seigneur de Craon.

20 Archives de La Trémoïlle, *fonds Craon*, 1AP 1593, n°167.

21 *Derechef toutes les chouses que elle avet et poet avoir, vignes, pressoers et autres chouses*
Derechef 45 livres de rente assis sur le péage de Treves
Derechef les fromentages
Derechef 12 livres de rente assis sur le hebergement de la Fautraie et sur les appartenances
Derechef 12 livres de rente assis sur la ville de Chasteau Gontier
Derechef 7 livres de rente assis sur la ville de Saumur assise sur plusieurs maisons
Tout ce qu'elle avoit en la paroisse de la Couture et tous le blazon
12 sextrees de froment de rente et vint soulz de rente qu'elle avoit en la paroisse de Dampierre.
(Archives de La Trémoïlle, *fonds Craon*, 1AP 1593).

Les documents qui nous sont parvenus concernant Amaury de Craon laissent entrevoir un homme proche de ses intérêts, soucieux de l'accroissement foncier et financier de sa seigneurie. Non seulement il maintint viable le patrimoine familial, mais il en assura l'extension : il devait, dès lors, disposer de revenus conséquents, certainement plus importants que ceux possédés par ses prédécesseurs. Et lui ou ses gens se souciaient de garder la preuve de ces acquisitions.

Les dispositions testamentaires, qu'il prit dès 1311, nous sont connues par un acte scellé, localisé dans le carton 1AP 1593. On y reconnaît la phraséologie ordinaire d'un testament qui a été rédigé comme il se doit avec le conseil d'un praticien du droit, pointilleux et censé ne rien oublier ni personne[22].

Le document cite les biens, meubles et immeubles possédés par Amaury III à ce moment-là *c'est assavoir chasteaux et villes et bourz, faeires et marchiez, cenz et talliées, passages et aquiz, fours et molins, estans et pescheries, terres, prez, pasturages, garennes, haies et deffaeys ventes, essues, rachaz, boeys e foirez.*

La première partie de ce testament évoque les sommes qui devront être versées aux ordres religieux, aux collégiales, abbayes, puis *aux pouvres e aux pouvres pucelles gentilx fames de nos terres* au moment où le corps d'Amaury sera *mis en sepulture en la chapeille*, fondée par son père Maurice V.

À travers les formules convenues, on reconnaît la piété d'une époque où les riches affrontent leurs *novissima* en se prémunissant de larges aumônes aux religieux mendiants, aux ordres traditionnels, à des institutions charitables, tous intercesseurs privilégiés, installés sur leurs domaines ; on reconnaît les obligations de charité d'un grand châtelain et le souci d'y pourvoir selon son *estat*. Au testament d'Amaury III font écho en termes analogues celui des grands seigneurs bordelais vers 1280-1330. En effet, les dispositions prises par le seigneur de Craon sont semblables à celles de Rose de Bourg, dame d'Albret, le 6 juin 1326[23]. Elle énumère une liste précise des sommes allouées aux institutions. Les sommes sont cependant différentes et Rose de Bourg prévoit la célébration de messes pour le salut de son âme mais aussi en mémoire des *trespassads* de son *linadge*.

22 *Nous Amauri, seigneur de Craon et de Sablé, en bonne prosperité de cors et en saene pensée, considerant que vie de homme est incertane, pensant de noustre salu et dou bien de noz persones, faiesons et ordonons noustre testament et noustre darrine volunté des chouses qui nous sont appartenanz en la maniere qui s'ensiet* (Archives de La Trémoïlle, *fonds Craon*, 1AP 1593).

23 Gallica<Périodiques<Histoire de France<Archives historiques du département de la Gironde, IV, 67-73.

Église Saint-Nicolas de Craon	Rente annuelle de 20 lb. à prendre sur les cens du pays de Craon
Frères mineurs : - d'Angers - du Mans - de Paris - de Tours - de Saumur, Loudun, Poitiers - de la province de Touraine non cités	- tout l'or apporté au moment des obsèques + 30 lb. pendant 4 ans puis 10 lb. pendant 9 ans et 1 muid de vin sur les dîmes de Châteauneuf pendant 5 ans - 30 lb. - 20 lb. - 20 lb. - 100 s. - 50 s.
Frères prêcheurs : - au chapitre général - d'Angers - du Mans - de Tours - de Poitiers - couvents des frères prêcheurs non cités (le nombre n'est pas précisé)	 - 20 lb. - 20 lb. + 1 muid de vin - 20 lb. - 10 lb. - 100 s. - 40 s. chacun
Abbayes : - de Belle-Branche - du Perray (Sablé) - d'Anjou et du Maine de l'ordre de Cîteaux	 - 100 lb. - 100 lb. - 40 s. chacune
Nonnes : - de Vauléon - du Perray	 - 60 lb. - 100 lb.
- Chapitre de l'ordre de Cîteaux	- 20 lb.
- Chaque église paroissiale des villes d'Anjou et du Maine	- 10 s.
Pauvres : - Du pays de Craon - de Château-Neuf - de Briolay - de Chantocé	 - 100 paires de souliers + 100 cottes - 50 paires de souliers + 50 cottes - 50 paires de souliers + 50 cottes - 50 paires de souliers + 50 cottes
Femmes - pauvres femmes de notre terre - pucelles	 - 60 lb. pour acheter des draps - 100 lb. pour les marier

Tabl. 64. Dispositions testamentaires prises par Amaury de Craon : sommes versées aux ordres religieux, aux collégiales, abbayes et aux pauvres (1311).

Ces préparatifs doivent aussi être rapprochés de ceux pris par Guillaume le Maréchal un siècle plus tôt. Lorsque le seigneur de Craon demande que son corps soit *vestu de l'abit de l'ordre aux diz freres* (mineurs), il entend bénéficier, au bon moment, de tous les bienfaits promis aux membres de l'ordre, puis *mis en sepulture en la chapeille que noustre chier pere fonda et edifia* confère à la mort une dimension familiale : Amaury III se rassure et s'entoure, au moment du trépas, du soutien de ses aïeuls. Les pauvres et les *gentilx fames* de ses terres ne sont pas oubliés : ces largesses doivent être en proportion de l'importance des funérailles.

Dans une seconde partie, suivent les donations effectuées en faveur de ses gens puis de ses compagnons. Le seigneur de Craon s'efforce de n'oublier aucun de ses serviteurs afin que nul n'ait à se plaindre de lui, mais les sommes allouées sont différentes : au sommet, ses compagnons doivent être plus richement parés que les autres.

Paysans de la terre de Craon	**500 lb. de blé ou 500 lb. en deniers**
Renault de Précigné ou Brient de Montjean ou Guy Turpin ou Simon de Blande, valet ou 1 chevalier de Touraine	500 lb. en deniers à porter en pèlerinage pour le pardon des fautes
Seigneur de Baiffe	Droit de chasse du bois de Baiffe, près de Saint-Denis d'Anjou
James de Loerron	35 lb.
Héritiers de feu Augier Brocart	40 lb.
Aux maison Dieu_- de Chantocé - des villes du seigneur de Craon	15 lb. sur la taille de la ville + vignes, valeur de 100 s. de rente + 60 lb. - 20 s. chacune
André Leffant Robin de Ravalloy Renault de Lenbernerye Maurice du Foulleaux Jean du Bois Baudet Jean de Chastelay Mère de Renaud de Lenbernerye Hullecoq le chambellan Moreau le chambellan des Craon Renaut le Palefrenier	100 lb. 50 lb. 50 lb. + ½ muid de blé durant sa vie sur les moulins de Sablé 30 lb. 20 lb. 20 lb. 30 lb. 1 muid de vin durant sa vie sur les dîmes de Château-Neuf 20 lb. 10 lb. 10 lb. + ½ muid de blé
Guillaume de Forges	50 lb.30 lb.

Tabl. 65. Donations post mortem effectuées en faveur des gens et des compagnons d'Amaury (1311).

Puis, il met par écrit la répartition de l'héritage en commençant par ses sœurs et en premier celle qui n'était pas encore mariée et termine par l'héritier, *noustre principal herityer de char*, qui doit recevoir la terre, les reliques, les chapelles, joyaux et armures. Enfin, il nomme les exécuteurs testamentaires et mentionne, pour chacun d'entre eux, leur gratification.

Sa sœur Jeanne	300 lb. de rente + 3000 lb. en deniers + 1000 lb. en deniers
Sa sœur Isabelle, dame de Clisson	1000 lb. et si Amaury III meurt sans héritier, elle aura la terre selon la coutume
Héritier	Terre Reliques, chapelles, joyaux et armures
Exécuteurs testamentaires : - évêque d'Angers - monseigneur Hugues l'Archevêque - monsieur Renaut de Précigné - monsieur Brient seigneur de Montjean - monsieur Guy de Bouçay - monsieur Guy Turpin - maître Thomas Denart doyen d'Angers - Guillaume de Coreillon - monsieur Jean de la Chevrière - monsieur Jean du Bois - monsieur Macé de Vrinée - Gervaise de Bouchillon - Simon de Blandé, valet - Guillaume Mosnon	 - 1 coupe d'argent - 1 palefroi - 300 lb. + sa part dans la terre de Craon - 100 lb. - 1 coupe d'or - 100 lb. - 100 lb. - 100 lb. - 100 lb. - 100 lb. - 100 lb. - 100 lb. - 100 lb. - 50 lb.

Tabl. 66. Répartition foncière et patrimoniale de l'héritage du seigneur de Craon, Amaury (1311) et gratifications à ses exécuteurs.

Par delà les figures de style propres au genre, et finalement impersonnelles, qu'il s'agisse de pourvoir aux religieux, aux pauvres, à ses serviteurs ou à sa famille[24], il faut bien créditer le seigneur de Craon ou son conseiller d'un réel sens du détail et d'un zèle tatillon. Il n'en fallait sans doute pas moins pour administrer un aussi vaste patrimoine, qui nécessitait sans aucun doute une gestion régulière, lui permettant de connaître les biens et les revenus qu'il possédait.

24 Par exemple, la structure du testament de Rose de Bourg, dame d'Albret, daté du 6 juin 1326, est identique à celle du seigneur de Craon. Elle énumère, dans un premier temps, les sommes versées aux institutions ecclésiastiques, puis exposent les sommes données *a mos servidors de mon hostal et a nous parents et parentes*. Gallica<Périodiques<Histoire de France<Archives historiques du département de la Gironde, IV, 80.

Au total, tous ces mouvements de fonds et les transactions effectuées par le seigneur de Craon supposaient la mise à jour et la tenue d'une comptabilité. Comment estimer la valeur d'un bien si ses revenus ne sont pas connus ou répertoriés de manière précise ? Nous disposons de nombreux exemples de grandes seigneuries ayant possédé une comptabilité. En raison des profits générés par ces grands domaines, les seigneurs laïcs ont eu besoin d'une gestion rigoureuse. C'est le cas de ce conseiller de Philippe le Bel, Thierry d'Hireçon[25], du seigneur d'Audenarde[26] ou de la baronnie de Neubourg[27].

Cependant, le terme de comptes n'apparaît que plus tard, sur une pièce[28] datée du 21 mars 1360, dans laquelle Amaury IV, petit-fils d'Amaury III, constatait avoir reçu de son châtelain de Briolay, Jean Prat, 16 écus. Il voulait que cette somme *soit allouée a noz prouchains comptes*. Ces mêmes indications apparaissent dans d'autres chartes, comme celle du 12 mai 1361, qui mentionne que le seigneur de Craon fit *venir de Briolay a Sablé huit escuz, six moutons, deu vaches pour la venue de monseigneur Jehan de Chandoz* ou celle du *juedi apres noel XXX jour de decembre 1361*, dans laquelle Amaury IV évoque des *sommes allouées aux comptes* notamment 60 sous *au bonnes gens qui avoient presentés gasteaux.*

D'ailleurs, entre 1355 et 1365, de nombreuses sommes circulent dans les caisses du seigneur de Craon et il s'agit le plus souvent de rentrées d'argent. Par exemple, le 16 novembre 1364, *Louis filz du roy de France duc d'Anjou, comte du Maine et seigneur de Guise* demande à *son receveur d'Anjou et du Maine de donner au sire de Craon, cher et feal cousin la somme de mil frans d'or.*

Puis, des documents, classés sous la côte 1AP 1596, mettent en valeur, dès la fin du XVe s., une comptabilité plus fournie, répartie en recettes et en dépenses. Enfin, à partir du XVIe s., des inventaires de mobiliers, de garde-robe et des listes de dénombrements et d'aveux figurent dans les archives de la baronnie de Craon sous la côte 1AP 1625 : des indications chiffrées détaillées apparaissent alors.

Nous n'avons aucune certitude sur l'existence d'une comptabilité à l'époque d'Amaury III de Craon (1293-1333), nous n'avons que des indications chiffrées, des mouvements de fonds qui supposent néanmoins la tenue d'un compte de caisse de l'hôtel seigneurial et d'une comptabilité par domaine ou groupe de domaines. À la fin du XIIIe s., nous pouvons considérer que la vaste et diverse fortune foncière et banale des Craon nécessitait un receveur chargé de l'administration des biens. Cela transparaît plus nettement sous Amaury IV (1333-1373) qui

25 Richard 1892, 1-64.

26 Livre de rente ou registre foncier de la fin du XIIIe s., le *Vieil Rentier d'Audenarde* contient la description très précise des domaines situés dans le Sud de la Flandre orientale et dans le Nord du Hainaut de Jehan de Pamele, seigneur de Pamele-Audenarde. Sur le plan iconographique et documentaire, ce manuscrit est unique. Les descriptions de biens immobiliers appartenant à des laïcs restent, en effet, extrêmement rares pour cette époque. Dessinées à la plume et très proches du texte, les illustrations – où figurent des hommes de toutes classes sociales, mais aussi des animaux, des abbayes, des tavernes, des marchés, des outils agricoles –, évoquent surtout la vie quotidienne et les travaux des champs. Ces *realia* apportent beaucoup à la connaissance des techniques agricoles au XIIIe s.

27 Plaisse 1961, 217-220 évoque, vers 1300-1400, les comptes des domaines seigneuriaux et comptes des bailliages et sénéchaussées, normalisés par une ordonnance du début du règne de Philippe VI ; suivent à peu près les mêmes catégories en recettes et en dépenses.

28 Archives de la Trémoïlle, *fonds Craon*, 1AP 1595.

délègue la gestion de ses comptes à des administrateurs professionnels. L'accroissement du patrimoine foncier suppose en effet une comptabilité rigoureuse : celle d'Amaury IV laisse entrevoir une gestion par seigneurie et tout transfert de biens, d'une seigneurie à l'autre, est soigneusement indiqué. En effet, lorsque le seigneur de Craon fait venir de Briolay une somme de seize écus, il demande que cela soit précisément indiqué dans ses comptes[29].

Aux siècles suivants (fin XVe - XVIe s.), sous les La Trémoïlle, les témoignages d'une administration régulière et maîtrisée de la seigneurie de Craon et de ses dépendances abondent : les comptes sont divisés en recettes et en dépenses et la comptabilité, plus nourrie, repose sur des inventaires détaillés, rendus nécessaires par la possession d'un patrimoine considérable[30].

Le travail de compilation de Marie de Sully et Guy VI de La Trémoïlle : sauvegarde et utilisation d'archives au XIVe s.

Le chartrier, une valeur familiale mais un reflet d'une mémoire orientée, sélective et élogieuse

Si nous n'avons qu'une image fragmentée du chartrier des Craon au XIIIe s., nous pouvons cependant émettre quelques hypothèses sur la nature des pièces conservées de cette époque. Nous avons vu que le fonds Craon présentait une indiscutable diversité documentaire, mais ces pièces, avant 1350, ne nous offrent qu'une image partielle de la seigneurie et de la famille de Craon. En effet, certains documents ne figurent pas dans le chartrier : un seul évoque un problème de succession entre Amaury et le beau-père de son épouse et l'accord qui s'ensuivit ne désavantagea pas le seigneur de Craon. Face aux prétentions de Geoffroy de Châteaubriant, Amaury III défendait les droits de son épouse, Isabelle de Sainte-Maure, sur la succession de sa mère, Alix de Thouars[31].

Au moment du décès d'Alix, Geoffroy, son époux, exigeait de posséder *touz les meubles communs d'entre ycelle et ledit Geoffrey selon la costume,* mais aussi *la tierce partie* de tout l'héritage d'Alix d'après *sa darniere voleunté* et au nom de leur fille qu'ils avaient eue ensemble. *Le dit sire de Craon allegoit au contraire que la dite Alix avant qu'elle fust fame doudit Geoffrey eust eu Isabeau sa fille avoit mariée et lui fist heir de sa terre per quoi ne poueit plus faire danaison a autrui.* Afin de régler le conflit, il fut décidé que le seigneur de Craon, au nom de son épouse, aurait la moitié de tout l'héritage de sa belle-mère et un tiers de la seconde moitié *celle qui li plaira.*

29 À la date du 21 mars 1360, Amaury IV de Craon précise que nous *avons eu et receu de Jean Prat nostre chastellain de Briolay la somme de seize escuz pour les chouses qui s'ensuivent qu'il nous a faites venir de Briolay à Sablé et par nostre mandement nous voullons que ce soit allouée a noz prouchains comptes.* Archives de la Trémoïlle, 1AP 1595.

30 L'évolution est soulignée par Woolgar qui constate une complexification et une diversification des comptes des seigneuries laïques de la deuxième moitié du XIIIe s. jusqu'au milieu du XVe. Son étude contient des données précieuses sur des domaines variés tels que l'alimentaire, l'hospitalité, les voyages mais aussi la finance, tout en replaçant ces documents dans leur agencement originel (Woolgar 1992, 19).

31 Archives de la Trémoïlle, 1AP 1594.

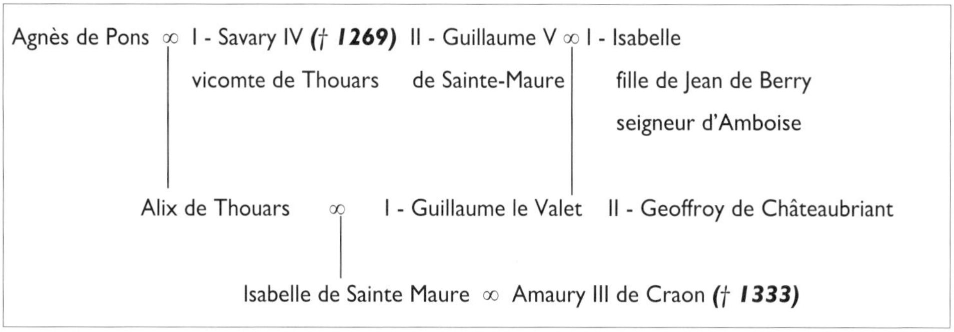

Tabl. 67. Parents d'Isabelle de Sainte-Maure, épouse du seigneur de Craon, Amaury III.

Excepté cette querelle familiale, n'a été conservé, avant le milieu du XIVe s., aucun document faisant mention de contestations sur des limites de propriété, des versements de rente, c'est-à-dire des problèmes inhérents à l'administration d'une seigneurie. Pourtant, certains cartulaires ecclésiastiques font écho, au début du XIIIe s., époque des plus anciennes pièces figurant dans le chartrier, de rapports difficiles entre le seigneur de Craon et diverses abbayes. Par exemple, le cartulaire de la Roë présente des différends entre les moines et le seigneur de Craon. Or, nous n'en avons aucune trace dans le fonds Craon. En revanche, il apparaît nettement que le seigneur de Craon conserve les documents précisant ses droits et ses titres de propriété, finalement tout ce qui peut légitimer ses droits au moment des crises ou des contestations.

Bien que tous les documents n'aient pas pour vocation d'être conservés, il paraît néanmoins intéressant de s'interroger sur ceux qui ont été gardés ainsi que sur les omissions, ce qui nous amène à envisager à nouveau la finalité du chartrier. Faut-il l'envisager comme simple instrument d'administration domaniale ou bien comme objet mémoriel, une mémoire introspective de la famille et de la seigneurie ?

Dans le cas des Craon, il semble que le lignage n'ait peut-être pas conservé les documents portant atteinte à l'autorité et au prestige familial ; en ce sens, ce chartrier est le témoin d'une intentionnalité, une volonté familiale de transmettre une image positive. En dépouillant le chartrier de Craon, nous avons sous les yeux la trace d'une mémoire sélective, élogieuse où échecs et procès sont gommés. Il est donc nécessaire de confronter plusieurs sources pour éviter les pièges "hagiographiques". Le chartrier, mais c'est encore plus vrai pour un cartulaire, est le résultat d'une succession de négligences, de choix, de transformations et d'éliminations ; le choix des documents est déterminé par les intentions des auteurs, ce qui est, pour nous, particulièrement intéressant. Or, nous ne pensons pas que cet "élagage" documentaire soit l'œuvre du lignage du XIIIe s. et nous supposons qu'il a été réalisé, au plus tôt, à l'époque de Marie de Sully, à la fin du XIVe s., par des professionnels de la "paperasse", dans un contexte familial particulier.

En 1373, le dernier mâle de la lignée directe des Craon, Amaury IV, meurt sans héritier légitime : cette situation familiale donne lieu à des querelles de succession opposant la branche aînée, représentée par Isabelle, sœur d'Amaury IV et les branches cadettes dont celle de La Suze, qui réclame un droit à l'héritage depuis la mort d'Amaury III en 1333. Au moment du décès d'Amaury IV, Isabelle est déjà mariée à Louis de Sully depuis une quinzaine d'années et mère d'une fille, Marie. Cette enfant unique de Louis de Sully et d'Isabelle prend possession des biens de la maison de Sully à la mort du père en 1382 et se trouve finalement seule héritière du patrimoine des Craon (et des Sully) : elle représentait, dès lors, un parti intéressant et convoité.

Un premier contrat de mariage est négocié avec Charles de Berry, fils aîné de Jean, duc de Berry, troisième fils du roi Jean et de Bonne de Luxembourg. Cependant, Charles de Berry meurt avant la cérémonie du mariage. Nous n'avons pas le contrat de mariage, mais son existence ne fait aucun doute, étant donné qu'il est mentionné dans un acte des archives de La Trémoïlle du 27 juillet 1381. Finalement, Marie de Sully se marie en janvier 1383 avec Guy VI de La Trémoïlle. Nous connaissons la date du mariage de Marie avec Guy VI grâce à un mandement du duc Philippe le Hardi, daté du 17 janvier 1383, dans lequel il fait don à Guy VI de la somme de 20 000 livres pour son mariage. Un acte daté du 16 août 1382 mentionne que c'est à cette époque que sont trouvées les solutions concernant les querelles familiales de succession : Jean de Craon-La Suze reçoit alors Chantocé, Ingrande et Briolay.

Le chartrier de Craon est d'abord un outil de gestion domaniale mais aussi un miroir déformant du passé familial. En cas de crise familiale, de division interne, le chartrier peut servir de référence collective : il peut être l'outil qui permet de régler les conflits puis de souder, à nouveau, le groupe familial. C'est dans ce cadre qu'il faut envisager le travail de compilation opéré à l'époque de Marie de Sully. Héritière de la maison de Craon, Marie de Sully dut faire face aux convoitises de ses cousins issus des branches cadettes, légitimer ses droits et faire recenser son patrimoine à partir des archives familiales. Ce travail sur ses archives s'accompagna certainement d'une opération de tri et de classement : elle fit passer les archives des Craon et des Sully dans celles des La Trémoïlle liant le sort du chartrier de Craon à celui des La Trémoïlle.

Ce chartrier des La Trémoïlle, enrichi de nouveaux apports, correspond à une nouvelle situation politique et familiale dans les années 1380 : Guy VI de La Trémoïlle décide alors de rompre avec la tradition familiale. Il délaisse les châteaux familiaux, se détourne de son ancrage poitevin et s'installe dans le château de sa femme à Sully-sur-Loire, plus prestigieux.

C'est précisément à ce moment-là qu'il modifie l'écu familial et brise l'écu ancestral : "les modifications de l'écu", nous explique Laurent Vissière, "sont contemporaines de la constitution d'archives"[32]. Cette logique correspond à celle de la noblesse qui cherchait à s'enrichir en absorbant d'autres domaines seigneuriaux. Ce fut à partir du XIVe s. que les La Trémoïlle récoltaient les fruits de leur politique en prenant possession du patrimoine des Sully et des Craon. Cependant, Guy VI se préoccupe plus des affaires politiques et militaires que de la gestion du patrimoine : il participe aux faits d'armes auprès du duc de Bourgogne comme la croisade de Nicopolis en 1396. Prisonnier et mis à rançon par les Turcs, il meurt à Rhodes en 1397.

32 Communication de L. Vissière (Université de Paris IV), "Des archives et des armes : La renaissance thouarsaise des La Trémoïlle au XVe siècle", lors du colloque sur le chartrier de Thouars qui est intervenu les 8,9 et 10 juin 2006.

Marie de Sully paraît être, en ces circonstances, un personnage clef assurant la gestion des seigneuries et, par voie de conséquence, le contrôle de leurs archives. Cette délégation de pouvoir peut expliquer la sauvegarde d'un nombre intéressant de documents concernant les Craon et les Sully. Pourquoi ne pas considérer, dès lors, ce premier chartrier comme une création de Marie de Sully et donc lui conférer une valeur, sinon sentimentale, du moins familiale, d'autant que le chartrier qu'elle nous a laissé apparaît être le reflet d'une mémoire orientée et sélective ?

L'utilité économique et juridique de l'acte : vers une durée de vie limitée ?

Si nous pouvons penser que les seigneurs conservaient un double de leurs actes dans leurs archives, nous ne savons pas pendant combien de temps ils les gardaient et les transmettaient de génération en génération. Nous pouvons légitimement mettre en avant la valeur du document ; celui-ci semble être conservé tant que le seigneur pouvait avoir à prouver ses droits et prévenir ainsi de toute contestation. Bien que l'étude de M.T. Clanchy soit centrée sur l'Angleterre et sur des documents de nature essentiellement administrative, certaines remarques nous éclairent sur l'utilisation de l'écrit et la valeur utile de l'acte. Il distingue en effet trois stades différents, sans que chaque niveau ne se suive de manière automatique : la mise par écrit du document, sa conservation et enfin son utilisation de nouveau comme valeur probatoire[33]. Distinguant ces trois niveaux, M.T. Clanchy suggère que de nombreux écrits n'étaient pas systématiquement conservés ; certains documents, élaborés dans des circonstances particulières et pour des motifs précis, n'étaient pas sauvegardés et d'autres pouvaient avoir été en usage pendant longtemps avant d'être archivés.

Étant donné la rigueur apportée à la conservation des documents comptables, nous pouvons supposer que le lignage ne se souciait pas que de son image : il s'agissait d'élaborer une documentation de travail et c'était-là l'affaire des clercs à leur service. Les documents qui étaient gardés correspondraient alors à une logique économique et juridique et dépendraient de la demande des administrateurs : seul comptait la valeur utile du document. En ce sens, le chartrier, produit d'une culture juridique, serait le reflet de la puissance terrienne de la famille : il s'agissait de conserver puis de transmettre des documents qui pourraient prouver le bon droit du lignage en cas de contestation.

Pourtant, le chartrier a été conservé puis transmis de génération en génération : nous ne pouvons pas conclure à un désintérêt du groupe familial. De plus, si cette entreprise de conservation des documents ne répondait qu'à des mobiles économiques et juridiques en rapport avec les besoins domaniaux, pourquoi avoir transmis ces documents de génération en génération, alors qu'ils avaient vraisemblablement perdu toute utilité ? On peut aussi supposer que faute de classements et d'inventaires assez précis, on ne savait pas quoi éliminer sans dommage. Les éliminations découlent plutôt de la négligence et des éléments nuisibles que d'un processus volontaire. À vrai dire, il n'y a pas de "politique d'élimination" : le tas grossit, on ne sait plus très bien ce que c'est, mais on ne jette rien, cela pourrait servir et il faut attendre qu'un personnage de la famille s'y intéresse pour que soit menée une opération de tri et de classement, ce qui se produisit probablement sous Marie de Sully.

33 Clanchy 1997, 150.

Le chartrier représentait une valeur familiale : coucher par écrit ses titres et les conserver s'inscrivaient dans un sentiment d'identité sociale. D'ailleurs, les documents comptables ne sont pas les seuls documents à être transmis : ils ne constituent qu'une infime partie du chartrier originel. À travers des sources diplomatiques, une littérature généalogique, grâce à l'aide des sciences auxiliaires – l'héraldique et la sigillographie – le chartrier pourrait permettre la constitution d'une identité et d'un patrimoine mémoriel, parfois modifié mais transmis de génération en génération. Or, dans le cas des Craon, si le souci de conservation puis de transmission des papiers de famille est réel, la volonté familiale d'une construction mémorielle à partir du chartrier est beaucoup plus discutable et en tous les cas invérifiable avant la confluence de la seigneurie de Craon dans un ensemble plus vaste.

Le chartrier de Louis II au XVe s. : outil de gestion, instrument de combat et arme identitaire

Après le travail d'archivage opéré à l'époque de Guy VI de La Trémoïlle et de Marie de Sully, les La Trémoïlle connaissent, tout au long du siècle suivant, une histoire heurtée avec des phases de splendeur et de déclin. Et bien que ce soit plus en terme de survie qu'il faut envisager la transmission et la poursuite du chartrier, ce dernier continue à être considéré comme la mémoire vivante des La Trémoïlle : "le chartrier de Thouars correspond à une logique spatio-temporelle qui s'enracine dans le passé, gère le présent et se projette dans l'avenir"[34].

Conserver, au XVIe s., les cahiers de copie et les originaux correspondants, dont certains remontaient au début du XIVe s. prouve que ces documents n'avaient pas perdu leur utilité économique et juridique : il s'agissait probablement, pour les La Trémoïlle, de récupérer, au nom des coutumes, des droits sur un certain nombre de seigneuries. Mais nous avons l'impression que les La Trémoïlle gardent tout, comme un témoignage de la puissance de la famille. Par exemple, la correspondance n'a aucune valeur pratique. De même, pour quelle raison les La Trémoïlle ont-ils conservé à la fois les copies et les actes originaux des indemnités accordées par le seigneur de Craon, Amaury III (1293/1333), à ses gens en raison des dommages provoqués par les bêtes sauvages ? Les La Trémoïlle ne jetaient plus rien volontairement. L'image de la puissance passait par les armes mais aussi par la possession d'un riche domaine et des archives qui l'accompagnaient : transmettre un volume conséquent d'archives familiales, c'était apparaître comme un prestigieux lignage.

Conclusion

Partie infime du chartrier de Thouars, le fonds Craon est venu se fondre dans son histoire archivistique, qui illustre l'évolution de la doctrine et de la pratique aux Archives Nationales[35]. À travers le "parcours emblématique" du chartrier de Thouars, nous pouvons retracer les différentes étapes qui ont jalonné l'histoire du fonds Craon et entrevoir le chartrier de Craon.

34 Communication de L. Vissière, "Des archives et des armes : La renaissance thouarsaise des La Trémoïlle au XVe siècle", lors du colloque sur le chartrier de Thouars qui est intervenu les 8,9 et 10 juin 2006.

35 Communication de Ch. Nougaret, "Le chartrier de Thouars aux Archives nationales : un parcours emblématique", colloque sur le chartrier de Thouars, 8, 9 et 10 juin 2006, Théâtre municipal Thouars.

Ce chartrier n'est pas le fruit du lignage du XIIIe s. : le fonds Craon, tel qu'il nous est parvenu, n'est pas l'œuvre des Craon. Certes, avant la fin du XIVe siècle, il existait des papiers de famille, des titres de propriété transmis de génération en génération puisque Marie de Sully les avait en sa possession, mais le chartrier a été organisé plus tardivement sous Marie de Sully ou sous les La Trémoïlle. Nous n'avons donc pas de traces d'archives structurées avant le XIVe s. Et, au XIXe s., le duc de La Trémoïlle a modifié la donne, mélangé ses archives sans respecter le cloisonnement des différentes strates chronologiques, en regroupant la documentation par famille.

Ce que l'on peut supposer être le chartrier des Craon ressemble à un instrument d'administration domaniale, le produit d'une génération de seigneurs qui tiennent rigoureusement leur domaine. Composé par des agents spécialisés, des administrateurs domaniaux et voulu par le seigneur, le chartrier de Craon présente incontestablement une finalité patrimoniale : il répondait à l'origine à des mobiles économiques, juridiques en rapport avec les besoins domaniaux. Mais, si cela ne correspondait qu'à des objectifs économiques, pourquoi avoir transmis ces documents de génération en génération alors que certains avaient perdu toute utilité ? Si ce souci de conservation des actes relève d'une initiative personnelle à l'origine, elle s'inscrit par la suite dans une logique collective et familiale : le chartrier paraît donc être un organisme vivant, évolutif dans le temps, qui s'enracine dans le passé, gère le présent et se projette dans l'avenir. Il se transforme en effet au gré des événements et des personnalités des différents seigneurs : sa structure et sa survie dépendent aussi du goût et de la préoccupation des hommes. S'efforcer de retrouver le chartrier originel est par conséquent un exercice périlleux, d'autant que le chartrier est fait de ruptures : aucune conclusion ferme ne peut ainsi être dégagée, mais sa valeur familiale paraît incontestable.

Bien que le chartrier n'ait pas été l'œuvre des Craon et qu'il fût remanié à plusieurs reprises au cours de l'histoire, force est de constater qu'il contient des pièces du milieu du XIIIe s. à un moment où la famille s'organise en lignage. Un parallèle chronologique peut donc être mis en avant entre cette structuration lignagère et la transmission de documents familiaux de génération en génération : chez les Craon, la sauvegarde et la transmission d'archives sont fortement liées à leur structuration en lignage. Répondant à des mobiles d'ordre économique voire juridique, parfois à des objectifs mémoriels, l'archivage semble attaché à une structure de parenté particulière, patrilinéaire et verticale : le lignage. Cela ne signifie pas cependant que tous les lignages disposaient d'archives privées. De plus, rien ne nous permet d'affirmer qu'avant leur organisation en schéma lignager, ces familles n'en possédaient pas, ne serait-ce que la conservation des titres de propriété. Il existe donc une concomitance entre le fonctionnement lignager et l'archivage mais nous ne pouvons pas avancer l'idée d'une causalité simple entre les deux notions.

En revanche, il paraît incontestable que le souci d'archivage soit lié au développement de la culture écrite et juridique. La valeur probatoire de l'acte écrit s'accroît dans les procédures de résolution de conflits. Avant l'usage du document, la vérité d'un événement ou d'une transaction était établie par les déclarations de témoins souvent sous serment[36].

36 Clanchy [1979] 1997, 295.

Si l'événement était trop lointain, les hommes les plus âgés étaient sollicités afin de se souvenir : l'établissement de la vérité était simple et personnelle d'autant qu'aucune ancienne coutume ne pouvait infirmer les propos de ces témoins. Personne ne contestait, à moins de remettre en cause leur serment chrétien. Cependant, les documents ne semblent pas avoir eu immédiatement une valeur probatoire : il a fallu une longue période, nous dit M.T. Clanchy, pour que l'écrit devienne digne de confiance.

Si les intentions du seigneur de Craon en conservant ses documents répondaient à des impératifs domaniaux, peut-on pour autant considérer le chartrier de Craon comme objet mémoriel ? L'accumulation des parchemins donne à ce lignage, à la fois fragile et complexe, une épaisseur chronologique. Les archives des seigneurs de Craon représentent une passerelle entre passé, présent et futur : elles deviennent un passé utile afin de garantir les droits familiaux. Le chartrier matérialise une durée, des successions : il est en cela porteur d'une mémoire plus que le fruit d'une construction mémorielle, voulue et poursuivie de génération en génération. Il est au service d'une mémoire qui n'est ni personnelle, ni individuelle mais collective et familiale dans une finalité patrimoniale. En ce sens, le chartrier des Craon, au XIIIe s., n'est que le reflet de la puissance terrienne de la famille. Il est porteur d'une mémoire patrimoniale mais, à cette époque, l'œuvre mémorielle des Craon ne passe pas exclusivement ni principalement par leurs archives. Si l'on peut avancer l'hypothèse d'une entreprise mémorielle chez les Craon, il faut la rechercher ailleurs : elle n'est pas le fruit du chartrier aux XIIIe - début XIVe siècles.

Dans le cas des Craon, ce n'est qu'à partir de la fin du XIVe et au XVe s., au plus tôt, que les archives dépassent l'usage pratique : le chartrier devient réellement un produit mémoriel par son existence, sa masse, plus que par son contenu. Seule héritière du patrimoine des Craon et des Sully, Marie de Sully entreprend alors un travail de compilation et de tri de ses archives : en réponse aux convoitises et aux rivalités familiales, elle se dote, avec ce chartrier, d'un instrument juridique et en profite certainement à ce moment-là pour se débarrasser de documents gênants, ce qui, subsidiairement, évite de transmettre une image négative de sa famille. Son œuvre nous fait ainsi parvenir un chartrier qui est le reflet d'une mémoire orientée, sélective et élogieuse avant le milieu du XIVe s.

Conclusion chapitre 2

Au terme de ces deux chapitres, il est possible de dégager un certain nombre d'hypothèses sur la mémoire familiale des Craon et son évolution. En effet, l'organisation de la famille en lignage à partir du XIIIe s. a eu des répercussions sur son identité et son action mémorielle, mais ce n'est pas en terme de rupture qu'il faut l'envisager. La mémoire des Craon repose encore sur des ingrédients religieux mais différents de l'époque précédente. Si au XIIe s., l'abbaye de la Roë n'avait accueilli qu'un certain nombre de sépultures du groupe familial, à la fin du XIIIe s., la chapelle des Cordeliers à Angers, fondée par Maurice V de Craon, devient le monument funéraire du lignage. Cette nécropole familiale est pour nous mais aussi pour les contemporains, la représentation symbolique de la structure lignagère des Craon avec ses singularités et sa complexité. Les intentions du lignage étaient de véhiculer une image de leur famille, de la graver dans le passé et de la transmettre aux générations suivantes.

Transparaissaient alors aux yeux de tous l'unité et la cohésion familiales, sources de prestige social. C'est à travers le choix des alliances mais aussi la cohésion de la famille que se projetaient la puissance et la force du lignage. Cette représentation mentale de la parenté n'excluait pas les fractures : certains membres du groupe familial, en particulier les branches cadettes, ne reposaient pas dans la nécropole. En raison du décès d'Amaury IV, dernier seigneur de Craon, le patrimoine familial passa entre les mains de sa sœur Isabelle, épouse de Louis de Sully, ce qui suscita convoitises et jalousies de la part des branches cadettes. Ces déchirements familiaux sont perceptibles dans le programme funéraire des Craon : le monument est ainsi un témoignage précieux du fonctionnement familial et de ses contours, avec ses tensions. C'est une image à un moment donné de l'organisation lignagère et le couple y apparaît un élément essentiel. Les deux notions, apparemment contradictoires, de mariage et de lignage sont privilégiées et inscrites dans la durée : la cellule conjugale est la pierre angulaire du programme funéraire des Craon. Central dans ce cliché symbolique de la famille, le couple l'est tout autant dans les affaires courantes et la gestion de la maisonnée chez les Craon. Cette vision relativise la conception patrilinéaire du lignage reposant exclusivement sur la filiation. Dans le cas des Craon, le fonctionnement lignager repose tout autant sur les alliances que sur la filiation.

La construction mémorielle des Craon passe ainsi par la fondation d'une nécropole familiale mais non par la transmission d'un chartrier au XIIIe s. Le chartrier originel n'avait qu'une finalité patrimoniale répondant aux nécessités d'administration domaniale. Cet outil de gestion n'est pas au XIIIe s. un produit mémoriel : tout au plus donne-t-il de la consistance, de l'épaisseur chronologique à ce lignage mais il n'est pas le moteur de la conscience lignagère. Si la mémoire familiale des Craon s'enrichit et se diversifie, leurs choix familiaux et politiques peuvent en revanche menacer la survie du lignage.

III. Une continuité fragile : le lignage à l'épreuve du temps

Confronté à l'usure du temps et aux vicissitudes de l'existence, le lignage est une entité fragile : la survie du groupe repose avant tout sur la naissance d'un fils légitime. La fréquence et la régularité des périodes de minorité peuvent affaiblir ce mode de fonctionnement familial. Et c'est lors de ces périodes délicates qu'il est possible d'entrevoir la force et la cohésion du lignage mettant en lumière les autres membres de la famille, tenus à l'écart du vivant du seigneur.

La structure familiale des Craon : un schéma vertical et tubulaire

En observant le tableau de filiation de la famille de Craon, force est de constater le manque de ramification et la verticalité fortement marquée de la structure générale. En effet, du XIe au milieu du XIVe s., nous comptons seulement trois cadets, toute génération confondue, exceptée la IXe, qui se sont mariés et purent donner naissance à des lignées. Il s'agit de Robert et d'Henri, fils de Robert le Bourguignon et d'Avoise de Sablé et de Robert, fils de Renaud le Bourguignon et d'Agnès de Vitré, c'est-à-dire aux deux premières générations.

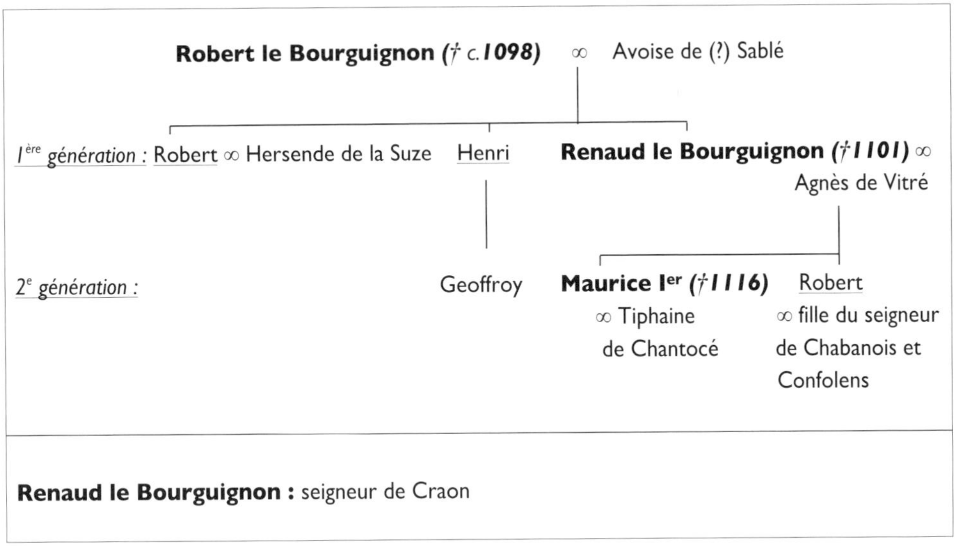

Tabl. 68. Filiation simplifiée des deux premières générations issues de Robert le Bourguignon.

Seul Robert, fils de Robert le Bourguignon et d'Avoise, héritière de Sablé (?), époux d'Hersende de la Suze, a créé la branche cadette de Sablé et conservé des liens avec la branche aînée en dépit de choix politiques opposés. Nous avons vu, dans la première partie, l'originalité que constituait le partage de l'héritage familial entre les deux fils Renaud et Robert et l'association des deux fils au gouvernement des seigneuries de Craon et de Sablé. Dès qu'ils le purent, les deux familles s'unirent : au cinquième degré, Jeanne des Roches, héritière de Sablé, épousa Amaury III de Craon († en 1333). Nous ne savons pas si des projets antérieurs furent esquissés puis annulés faute de dispense.

Le deuxième fils puîné de Robert le Bourguignon, Henri, fit souche lui aussi et donna naissance à Geoffroy, devenu par la suite abbé de Vendôme, puis nous n'avons plus trace d'une descendance. Enfin, le troisième fils cadet, marié, qui aurait pu fonder une lignée, Robert, épousa une fille du seigneur de Chabanois Confolens mais n'eut pas d'enfant de cette alliance, selon nos renseignements.

Nous avons ainsi dans le cas des Craon, jusqu'au XIVe s., un tronc commun excluant toute lignée cadette, hormis la branche des Sablé, et il faut attendre le XIVe pour que deux fils puînés fassent souche, créant deux branches cadettes. Cette structure familiale tubulaire peut s'expliquer par les circonstances démographiques.

Si l'on peut remarquer que le nombre de garçons est plus important que celui des filles (64,5%), avec une moyenne de trois garçons par génération, cette donnée cache des réalités contrastées d'une part, et certainement faussées d'autre part. Sur dix générations que nous avons comptabilisées, plus du tiers enregistre un seul garçon à la naissance, ou du moins un seul qui parvient à l'âge adulte, ce qui représente un risque potentiel pour la survie du groupe familial et explique l'absence de ramifications : dans ce cas-là, ce n'était pas un refus de branches cadettes.

Le tableau que nous avons réalisé, ci-dessous, doit être analysé avec précaution, il indique la proportion de filles par rapport aux garçons et la manière dont cette proportion évolue, à ceci près qu'un certain nombre de puînés, parmi les garçons et peut-être plus encore les filles, morts jeunes et/ou sans alliance nous échappent probablement. En l'absence d'informations complémentaires, il était parfois difficile de classer un certain nombre d'enfants, parmi les morts jeunes ou les non mariés.

Prenant en compte les données de l'Angleterre, du nord du royaume de France et de l'Italie lombarde, J. Verdon aboutissait à la proportion de 90 femmes pour 110 hommes en ce qui concerne le XIIe s., et au siècle suivant 95 pour 105 ; ce rapport numérique favorable à l'homme subsisterait jusque vers 1400 ou 1450[1]. La question de cette proportion a fait l'objet de nombreuses discussions et l'hypothèse d'un infanticide des petites filles n'est pas pertinente en ce qui concerne ce milieu seigneurial[2]. En revanche, nous pouvons supposer que les filles

1 Verdon 1999, 22.

2 Dans les sources de la pratique, comme les lettres de rémission par exemple, l'infanticide ne représente jamais plus de un pour cent des crimes et il est presque toujours commis par de très jeunes femmes vivant dans la pauvreté. La vigueur des condamnations, récurrentes tout au cours du Moyen Âge, prouve qu'il s'agit d'un crime intolérable, sans qu'il traduise forcément une pratique courante. Dès le Moyen Âge, la coupable était souvent condamnée à mort, car l'infanticide passait pour un délit

n'étaient pas traitées avec les mêmes égards que les garçons et que leur décès prématuré n'était pas aussi bien signalé que celui des garçons : l'enjeu était différent. Combien de garçons sont connus exclusivement par des actes qui ne mentionnent par leur sœur, même s'il y en a ? Combien sont-elles à mourir avant l'âge du mariage et n'apparaissent pas dans les actes ? Nous pensons donc qu'il existait au XIIe s. un effet de sources, une sorte d'invisibilité des filles : c'est seulement à la VIIIe génération que l'on constate la présence d'une fille non mariée. Elles n'apparaissent pas systématiquement dans les actes et nous ne pouvons pas être sûr de nos données chiffrées : nous devons émettre de fortes réserves sur la proportion de garçons et de filles, en tous les cas discuter ces chiffres. Les données sur les filles mortes jeunes ou sans alliances nous semblent si inconsistantes que toute comparaison entre filles et garçons n'a qu'une pertinence très limitée.

Génération	Période	Garçon	Garçon Marié	Garçon non marié	Garçon mort jeune	Fille	Fille mariée	Fille non mariée	Fille morte jeune
I	Fin XIe	5	3	1	1	1	1	0	0
II	Vers 1110	4	2	1	1	1	1	0	0
III	Vers 1130	1	1	0	0	1	1	0	0
IV	Vers 1190	8	1	4	3	1	1	0	0
V	Vers 1207	6	1	3	2	3	3	0	0
VI	Vers 1250	1	1	0	0	2	2	0	0
VII	Vers 1290	3	2	1	0	2	2	0	0
VIII	Vers 1330	1	1	0	0	4	2	1	1
IX	Vers 1350	6	3	1	2	3	1	0	2
X	Vers 1375	1	1	0	0	2	2	0	0
TOTAL		29	16	7	6	20	16	1	3

Tabl. 69. Nombre d'enfants, garçon et fille, marié et non marié, de la Ière à la Xe génération (de la fin du XIe s. jusque vers 1375).

À première vue, les choix paraissent clairs : plus de 80 % des filles contractent des alliances alors que seulement 55 % des garçons trouvent épouses. Nous devons bien entendu prendre en compte le nombre élevé de garçons morts jeunes (21 %) ; il n'est que de 15 % pour les filles. Mais ces indications n'ont en fait rien de significatif, non plus que la proportion de filles non mariées. Un chiffre semble seul à retenir : 24 % de garçons de la famille ne se marient pas, ce qui fait 1 garçon sur quatre. Mais cette proportion varie, elle a été plus importante dans les générations nombreuses.

particulièrement répréhensible: l'enfant tué étant "innocent" et sans défense. L'infanticide sous toutes ses formes, y compris par l'abandon et faute de soins, est durement châtié. (Brissaud 1972, 237-240).

La fin du XIIe s. et le XIIIe s., soit un siècle (de 1190 jusque vers 1290), est marquée par un nombre relativement élevé de garçons à la naissance : dix-huit ont pu être comptabilisés selon les données chiffrées à notre disposition, c'est-à-dire 62,5 % des garçons, toutes générations confondues, sur trois siècles. Or, pendant cette période, nous avons recensé seulement cinq garçons mariés pour huit garçons non mariés, ce qui réduisait les possibilités de créer des ramifications. Jusque vers 1190, les Craon ont si peu de fils que la question du mariage des cadets se pose assez peu ; par contre, ensuite, un choix assez clair a été fait pendant trois générations (IV, V, VI) de ne marier que l'aîné. Globalement, le nombre d'alliances par les filles et par les garçons est le même, mais pendant ces trois générations cruciales pour le resserrement lignager, le nombre de mariages de filles l'emporte sur celui des fils. C'est exactement l'inverse qui se passe à la IXe génération : neuf enfants dont six garçons sont issus des deux mariages d'Amaury avec Isabelle de Sainte-Maure d'abord, puis Béatrix de Roucy. Trois des fils parviennent à faire souche, faisant apparaître deux branches cadettes à l'intérieur du lignage, mais une seule fille est mariée.

Au total, le lignage des Craon, du XIe au XIVe s., surprend par sa structure verticale fortement marquée et par le manque de ramifications durant ces trois siècles. Seule la branche de Sablé a pu être fondée dès la première génération au XIe s., puis il faut attendre le XIVe s. à la neuvième génération pour qu'apparaissent deux autres lignées cadettes : celle de Sainte-Maure et celle de La Suze. Ce schéma tubulaire présente un risque pour le lignage, d'autant que celui-ci se trouvait fragilisé par la fréquence des périodes de minorité.

Les fragilités du lignage : fréquence des périodes de minorité et âge au mariage tardif des seigneurs de Craon

Aborder aussi rapidement les périodes de minorité peut être une démarche a priori curieuse mais nécessaire car, à la faveur de ces circonstances, nous voyons paraître les autres membres de la famille. La fréquence et la régularité des périodes de minorité, mais également leur durée, constitue en effet l'un des traits singuliers de ce groupe familial. Le XIIIe s. semble être le siècle qui enregistre les périodes de minorité les plus longues : quarante trois années au total pendant lesquelles la seigneurie est mise sous tutelle en attendant que le jeune seigneur atteigne l'âge de la majorité. Cette situation fragilise le lignage ; elle nécessitait de prendre des dispositions afin d'éviter toutes convoitises ou contestations. Une analyse démographique centrée sur les seigneurs de Craon nous permettra d'apprécier la périodicité de ces minorités, de dégager les raisons mais également les conséquences de cette situation et de nous interroger sur les fondements de la structure lignagère.

Dates	Seigneur concerné	Durée
1138 - 1150	À la mort d'Hugues	12 ans
1150 - 1154	Maurice II	4 ans
1196 - 1201	Maurice III	5 ans
1226 - 1245	Maurice IV	19 ans
1250 - 1265	Amaury II	15 ans
1293 - 1301	Amaury III	8 ans
1333 - 1346	Amaury IV	13 ans
TOTAL		76 ans

Tabl. 70. Les périodes de minorité.

Une prise de risque consciente mais surprenante pour la survie du lignage : l'âge au mariage tardif des seigneurs de Craon

Il n'est pas facile de connaître avec exactitude l'âge des époux au moment de leur union et le problème n'est pas particulier aux Craon, mais l'élément le plus visible qui se dégage du tableau et de l'histogramme ci-dessous est le fait que les seigneurs ne se marient pas en bas âge, même lorsqu'ils sont destinés à hériter. En effet, dans le cas des Craon, les seigneurs ne se marient pas avant vingt ans, excepté Maurice VII de Craon vers 1320, mais décédé avant son père, il ne fut jamais seigneur de Craon. À l'autre extrémité, ils ne prennent pas épouse après quarante ans, même dans le cas d'un second mariage, sauf Robert le Bourguignon qui contracte une seconde alliance à 65 ans et constitue, à ce titre, un cas particulier.

Parfois, les seigneurs en place, chefs du lignage, décèdent de manière précoce sans même avoir été mariés. C'est ainsi que Maurice III, second fils et troisième enfant de Maurice II et d'Isabelle de Meulan, seigneur de Craon à partir de 1196 décède dès 1207. Sa date de naissance ne nous est pas connue, mais plusieurs indices nous amènent à penser qu'il était âgé d'une vingtaine d'années au moment de son décès. D'une part, nous savons qu'il était mineur lorsqu'il devint seigneur de Craon en 1196, comme le montre la paix signée en 1197 entre Guy VI de Laval et André de Vitré, dans laquelle il n'était pas fait allusion à Maurice III, mais aux enfants de Maurice II de Craon. De même, la charte de 1196 mentionne la présence d'Isabelle de Mayenne aux côtés de son fils Maurice. D'autre part, Isabelle de Meulan et Maurice II de Craon, ses parents, ont été mariés en 1170 ; après avoir eu deux enfants, ils donnèrent naissance à leur second fils, Maurice puis eurent quatre autres enfants avant le décès du père en 1196. Maurice III était donc né entre 1175 et 1190 si l'on considère que le rythme probable ait été d'une naissance tous les ans ou tous les deux ans, ce qui peut expliquer le faible écart d'âge entre chaque enfant, même si une forte mortalité infantile pouvait fausser les données. Âgé d'une vingtaine d'années au moment de son décès, Maurice III n'avait pas encore contracté d'alliance et il est pour le moins curieux que l'on n'ait pas songé à le marier.

Seigneur	Date de naissance	Date de son mariage (1ère union)	Âge au moment de la 1ère union	Date de son mariage (2e union)	Âge au moment de la 2e union	Date du décès	Âge approximatif du décès
Robert en 1050	Vers 1015-1020	Vers 1050	environ 35 – 40 ans	1078	Environ 63 – 68 ans	1098	80 ans
Renaud * en 1068	Vers 1050	Vers 1068	environ 20 ans	-	-	1101	51 ans
Maurice I *§ en 1101	Vers 1070	Vers 1095	environ 25 ans	-	-	1116	46 ans
Hugues *§ en 1116	Vers 1095	Vers 1124	environ 30 ans	Vers 1135	environ 40 ans	1150	55 ans
Maurice II °§ en 1150	Vers 1135	1170	environ 35 ans	-	-	1196	61 ans
Maurice III * *en 1196*	Vers 1184	-	-	-	-	1207	20-25 ans
Amaury I °§ en 1207	Vers 1185	1212	environ 27 ans	-	-	1226	41 ans
Maurice IV *§ en 1226	Vers 1220	1249	environ 29 ans	-	-	1250	30 ans
Amaury II * *en 1250*	1244	-	-	-	-	1270	26 ans
Maurice V °§ en 1270	Vers 1246	1276	30 ans	-	-	1293	47 ans
Amaury III * en 1293	1280	1300	20 ans	1312	32 ans	1333	53 ans
Maurice VII *§	1304	Vers 1320	16 ans	-	-	1330	26 ans
Amaury IV *§ en 1333	1326	1345	20 ans	-	-	1373	47 ans

* Enfant (vers 15 ans) destiné à hériter

° Enfant non destiné à hériter

§ Seigneur laissant un mineur au moment de son décès

Tabl. 71. Âge des seigneurs de Craon, de la 1ère à la 11e génération, au moment de leur mariage et de leur décès.

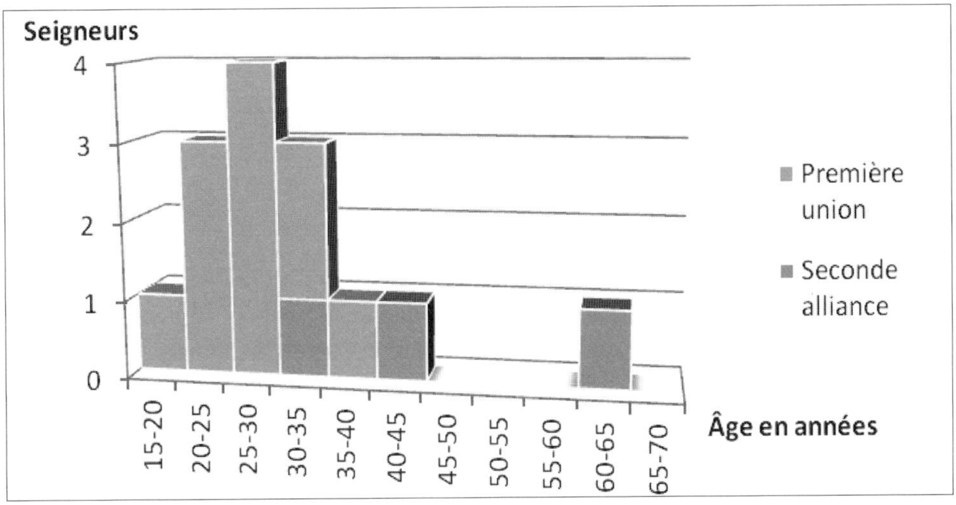

Fig. 27. Répartition par âge des seigneurs de Craon au moment de leur union.

La tranche d'âge la plus importante semble être celle des 25/30 ans, ce qui nuance l'idée communément admise de l'âge au mariage précoce chez les garçons, héritiers du patrimoine familial. L'âge au mariage paraît plus élevé dans la période qui nous concerne, les XIIe - XIIIe siècles, alors qu'au XIVe s., nous pouvons constater un changement de comportement : la tranche 20/25 ans est dorénavant la plus représentée. Cependant, l'évolution n'est pas très significative, étant donné l'incertitude autour des différentes dates relevées.

Cette étude sur la famille de Craon ne correspond pas à l'image renvoyée par les Albret, étudiés par Jean Bernard Marquette, tant au niveau de l'âge de la nuptialité des seigneurs que de la moyenne d'enfants par génération. Dans son travail sur les Albret[3], Jean Bernard Marquette constatait que l'âge auquel se mariaient les garçons oscillait aux alentours de dix neuf ans. C'est du moins la moyenne à laquelle il était parvenu à partir de dix cas pour lesquels l'information semblait valable.

De plus, il notait que les unions des Albret furent prolifiques : pour la période 1220 - 1290, la moyenne était de 3,3 enfants par génération et de 2,5 par mariage[4]. Les Craon ne présentent pas les mêmes caractéristiques : un âge au mariage plus tardif et une moindre fécondité des mariages explique l'aspect tubulaire de la structure familiale. En revanche, l'inclinaison croissante du taux de natalité qui débuterait au milieu du XIIIe s. chez les Albret, est aussi visible chez les Craon.

Cet âge au mariage relativement tardif peut-il s'expliquer par les circonstances démographiques ? À la suite du décès des aînés avant leur majorité et avant leur mariage, le cadet devenait l'héritier légitime, sur qui reposait l'avenir du lignage alors que l'ordre de

3 Marquette 2010, 94-95.
4 *Ibid.*, 109.

naissance lui conférait une destinée différente au départ. Cette situation se rencontre pour Maurice II de Craon, troisième enfant et troisième fils d'Hugues de Craon mais premier enfant de sa seconde union : il devient héritier à la mort de ses deux demi-frères, Renaud et Guérin II. Simple fils cadet au départ, son avenir était incertain : serait-il rentré dans les ordres ou aurait-il été contraint de tenter sa chance ailleurs ? En tous les cas, aucune union n'avait été envisagée dans un premier temps et c'est seulement après le décès de ses frères que Maurice devint celui sur qui reposait la survie du lignage. Dès lors, il fallait lui trouver une épouse et engendrer des enfants afin de perpétuer la lignée. Or, cette épouse devait être choisie selon des critères précis afin d'assurer le prestige du groupe familial.

Dans le cas de Maurice II de Craon, l'ordre de naissance, les décès prématurés et le choix d'une épouse de haut rang expliquent qu'il ait attendu autant d'années – trente cinq ans – avant de se marier avec Isabelle de Meulan, veuve de Geoffroy de Mayenne. Les mêmes remarques peuvent être formulées à l'égard d'Amaury I, mort en 1226 et de Maurice V, mort en 1293. Non destinés à hériter dans un premier temps, ces fils puînés avaient, à la mort de leur aîné, la responsabilité d'administrer le patrimoine familial mais surtout d'assurer la sauvegarde et la pérennité du lignage. Amaury I, sixième enfant de Maurice II et d'Isabelle de Meulan, devint seigneur de Craon en 1207 mais il n'était toujours pas marié. Il épousa cinq ans plus tard, à l'âge de 27 ans, Jeanne des Roches, fille aînée de Guillaume et de Marguerite de Sablé, ce qui constituait une alliance intéressante.

Le petit fils d'Amaury I, Maurice V, présente le même parcours. Second fils de Maurice IV et d'Isabelle de la Marche, Maurice prit possession de la seigneurie en 1270, à la mort de son frère aîné, mais il n'était pas marié à cette date. Et il ne se précipita pas pour contracter une alliance puisqu'il attendit six ans avant d'épouser Mahaut de Malines, fille du seigneur de Malines, Gautier Bertout et de Marie, sœur du comte d'Auvergne : il était alors âgé d'une trentaine d'années.

En ce qui concerne les autres générations, nous ne savons pas pour quelles raisons les seigneurs de Craon se mariaient tardivement : l'ordre de naissance, dans le cas où cet ordre serait vérifiable, n'apparaît pas être un élément explicatif. Or, nous constatons que la période où l'âge au mariage est élevé correspond au moment où les seigneurs de Craon agrandissent le rayon d'action de leurs alliances : ils vont rechercher leurs épouses à l'intérieur d'une zone géographique plus vaste que la période précédente. Disposant d'un domaine plus vaste et mieux tenu en main, ayant obtenu des responsabilités plus importantes, le seigneur de Craon entendait probablement élargir sa sphère d'influence et contracter une alliance prometteuse. Cependant, les jeunes veuves ou les femmes à marier n'étaient pas un vivier inépuisable et il se peut que le seigneur de Craon ait dû attendre afin de négocier une union intéressante.

Cette hypothèse ne peut être qu'un élément d'explication puisqu'au XIVe s. l'ouverture matrimoniale des seigneurs de Craon est réelle et beaucoup plus nette mais n'implique pas nécessairement un âge au mariage tardif. C'est ainsi que pendant cette période, la plus représentative de l'ouverture du groupe familial, nous pouvons constater que l'âge au mariage est le moins élevé : il n'y a donc pas systématiquement de correspondance entre l'élargissement des alliances et l'âge au mariage.

Une raison pourrait être le nombre limité de filles à marier d'autant que l'interdit de mariage s'étendait jusqu'au 7e degré. Cependant, excepté en ce qui concerne l'alliance avec les Sablé, les Craon ne semblent pas avoir tiré profit de la décrétale d'Innocent III abaissant cet interdit du 7e au 4e degré : l'âge au mariage tardif n'est donc pas lié aux restrictions provoquées par les interdits de parenté puisque, après 1215, cela ne change rien.

Quoi qu'il en soit, en se mariant tardivement, les Craon prenaient des risques et ils étaient tout à fait conscients qu'en agissant ainsi, ils limitaient les chances d'avoir une progéniture nombreuse. D'ailleurs, il faut attendre la neuvième génération, au XIVe s., pour trouver neuf enfants issus de l'alliance d'Amaury III avec Isabelle de Sainte-Maure puis Béatrix de Roucy. Ces risques étaient d'autant plus réels que l'espérance de vie des hommes n'était pas très élevée. En effet, sur quatre seigneurs décédés avant l'âge de trente cinq ans (soit 33%), deux laissaient un mineur tandis que les deux autres n'avaient pas eu d'enfants.

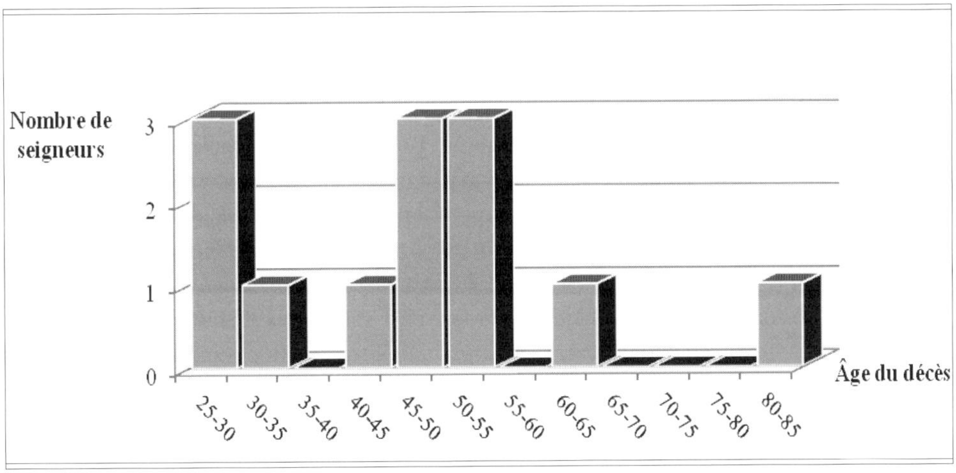

Fig. 28. Répartition par âge des seigneurs de Craon au moment de leur décès.

La conséquence des décès rapides et successifs des seigneurs en place fut de raccourcir le temps pendant lequel ils avaient en charge la seigneurie. Il est remarquable de constater que la période, fin XIIe - fin XIIIe s., enregistre à la fois un âge au mariage élevé, de longues périodes de minorité, mais c'est également le moment où le seigneur de Craon a passé le moins de temps à la tête de sa seigneurie. C'est ainsi que Maurice II, seigneur de Craon de 1150 à 1196, est resté à la tête de son domaine presque autant de temps que les trois suivants de 1196 à 1250 :

Seigneurs	Durée en année
Robert (1050 - 1098)	48 ans
Renaud (1068 - 1101)	33 ans
Maurice I (1101 - 1116)	15 ans
Hugues (1116 - 1150)	34 ans
Maurice II (1150 - 1196)	46 ans
Maurice III (1196 - 1207)	11 ans
Amaury I (1207 - 1226)	19 ans
Maurice IV (1226 - 1250)	24 ans
Amaury II (1250 - 1270)	20 ans
Maurice V (1270 - 1293)	23 ans
Amaury III (1293 - 1333)	40 ans
Amaury IV (1333 - 1373)	40 ans

Tabl. 72. Temps pendant lequel le seigneur de Craon avait en charge la seigneurie (en années).

Le faible temps passé par les seigneurs de Craon à la tête de leur seigneurie, fin XIIe - XIIIe s., a certainement dû fragiliser l'autorité de la famille sur le domaine et susciter la convoitise d'autres groupes apparentés. Il est vrai que les périodes de minorité pouvaient donner des idées à certains qui en profitaient alors pour réclamer une part du patrimoine ou un bien auquel ils avaient droit. Le fonds du Parlement, à partir du XIIIe s., se fait écho de cette situation, d'autant que les longues périodes de minorité rendaient possibles et facilitaient ce genre de réclamations.

Le 16 mai 1266, le Parlement[5] restituait à Amaury II certains profits qui lui appartenaient en tant que sénéchal[6] et dont il avait été privé pendant sa minorité. Pendant cette longue période de quinze années, le jeune Amaury, mineur, n'avait pas perçu les émoluments relatifs à sa fonction de sénéchal ; s'agissait-il d'un état de fait exceptionnel ou d'autres situations semblables ont-elles pu se produire sans qu'il y en ait forcément trace ? À la mort d'Amaury II en 1270, le Parlement devait à nouveau trancher une querelle de famille entre les exécuteurs testamentaires du défunt et sa veuve Yolande de Dreux : le ménage n'avait pas eu d'enfants et l'héritage allait au frère cadet d'Amaury, Maurice. Cet arrêt du Parlement est significatif des tensions, des rivalités que pouvaient susciter de tels héritages et il est tout à fait logique de penser que les longues périodes sans seigneur à la tête du domaine nourrissaient des ambitions légitimes ou pas, d'autant que l'héritage revenait de droit à un enfant en bas âge, dont on n'était pas sûr qu'il atteigne l'âge adulte : la garde de l'héritier devenait dès lors la préoccupation du groupe familial.

5 Boutaric 1864, n°1049.
6 Il s'agit de la sénéchaussée de Touraine, d'Anjou et du Maine concédée par le roi à Amaury I en 1223 (Teulet *et al.* 1863-1909, n°1594). Cette charge héréditaire fut vendue par Amaury III de manière progressive : il céda d'abord à Charles le Bel la sénéchaussée de Touraine en 1323 moyennant 12000 livres en deniers et une rente de 300 livres (Arch. Nat., J. 175a, n°28) ; puis, en 1330, il vendit à Philippe de Valois les sénéchaussées d'Anjou et du Maine en échange de 1500 livres de rente (Arch. Nat., J. 175b, n°35).

Le bail et la garde des mineurs : *in manu et custodia*

Étant donné l'importance des patrimoines, le décès du seigneur, lorsqu'il laissait des enfants mineurs, engendrait une situation délicate qui nécessitait de prendre des dispositions vis-à-vis des "enfans sousaagiés", en particulier de l'héritier, mais aussi concernant l'administration des terres. Si le seigneur ne s'était pas occupé de cette question de son vivant, le groupe familial, et en premier lieu sa veuve, pouvait prendre appui sur la coutume en vigueur qui posait un certain nombre de règles. Puis, le développement de la culture juridique, visible dans nos actes[7], permit d'affiner et de fixer ces normes. Distinguer les notions juridiques de bail et de garde, de tutelle et de curatelle s'avèrent donc indispensables afin de dégager le cadre juridique sur lequel reposaient ces périodes de minorité : s'occuper d'une garde ou d'un bail, d'une tutelle ou d'une curatelle impliquait un engagement et des obligations différentes qui devaient être clairement définies en raison des enjeux fonciers et financiers.

Les notions de garde et de bail, de tutelle et de curatelle : approche juridique

La question de la garde et du bail des mineurs est abordée par les historiens au cas par cas, le plus souvent à l'intérieur de biographies densément documentées mais ce thème n'a fait l'objet d'aucun travail spécifique permettant de dégager, par une analyse comparative, des habitudes communes, d'apprécier l'importance et les enjeux que revêt cet état, mais également ses modalités, différentes selon l'époque et le lieu. Or, tous sont d'accord pour reconnaître qu'il ne s'agissait pas d'un acte anodin. Pouvant s'étendre sur plusieurs années et bien souvent anticipée par le défunt, cette disposition nous laisse entrevoir le fonctionnement de la structure familiale, son degré de cohésion et les moyens mis en place afin de gérer le mieux possible cette période, certes provisoire, mais difficile.

Vouloir analyser le fonctionnement de la garde sur une période aussi longue, de la fin du XIIe au XIVe s., est évidemment une gageure : le contexte est différent et son approche présente des zones d'ombres sur lesquelles il paraît délicat de faire quelque clarté, étant donné le nombre réduit de documents et leur manque de précision. Au début de la période, les textes ne nous offrent qu'une vision partielle et abstraite de la situation et ne nous permettent pas d'envisager la garde sous une forme juridique ; nous n'avons parfois aucun renseignement sur le mode de désignation des personnes chargées de s'occuper des mineurs et sur le vocable utilisé. Dans ces cas de figure, nous nous sommes efforcé de rechercher qui aurait pu être chargé de ce rôle, en quantifiant sa présence dans les actes et en recherchant la nature de son intervention. Le jeune Maurice, futur Maurice II de Craon, fils d'Hugues et de Marquise, mineur lorsqu'il prit possession de la seigneurie en 1150 à la mort de son père, reçut des conseils de la part de son oncle maternel, Guillaume de la Guerche pour administrer ses biens. Ainsi, entre 1150 et 1158, grâce au *consilium* de Guillaume de la Guerche, Maurice II restituait à la Roë le droit de mesurage du grain[8]. En revanche, aucun élément ne permet d'avancer l'hypothèse que Guillaume de la Guerche veillait au bon déroulement

7 Les actes apparaissent en effet de plus en plus longs : ce luxe de clauses correspond au développement de la culture juridique.

8 *Cartulaire de la Roë*, fol. 11 r° et v°.

de l'éducation du jeune héritier, qui était restée, vraisemblablement, une prérogative de sa mère, bien qu'elle ait été remariée à Payen de Vaiges. Ce fut en effet sa mère, Marquise, qui lui demanda à plusieurs reprises d'effectuer des donations à l'abbaye de la Roë l'invitant à être attentif à son salut[9]. L'éducation apparaît être chapeautée par les femmes, la mère bien évidemment, la grand-mère parfois et l'absence de termes précis nous empêche de cerner le rôle joué par Guillaume de la Guerche dans le cadre d'une tutelle : le mot n'apparaît pas. Cependant, les circonstances obligeaient Marquise, la mère, et Guillaume de la Guerche, l'oncle maternel, *li plus proches du lignage as enfans*, de prendre soin de Maurice et des biens familiaux et de rendre le patrimoine *quite et delivre sans dete nule*[10].

Mineur	**Tuteur institué par testament**	**Lien de parenté avec le mineur**	**Terme évoqué dans les textes**	**Durée**	**Sources**
Guérin	?	?	?	12 ans	-
Maurice II	(?) Guillaume de la Guerche.	Oncle maternel	*Consilium*	4 ans (1150 - 1154)	*Cartulaire de la Roë*, charte n°12 et 128
Maurice III	– Isabelle de Mayenne, mère de Maurice III (garde des enfants et gestion des terres) – en cas de remariage d'Isabelle, Philippe de Saucogne et autres parents (garde des enfants et gestion des terres) – en cas de décès des deux conjoints : * Philippe de Saucogne aurait la garde des enfants ; * Guy de Laval la gestion des terres des enfants jusqu'à leur majorité	Mère Parrain ?	– *In manu et custodia.* Garde des enfants et administration du patrimoine – *custodia:* garde des enfants	5 ans (1196 - 1201)	Collection Dom Housseau, vol. VI, n°2135
Maurice IV	Sa mère Jeanne des Roches et Raoul de Fougères	Mère et beau-frère	-	19 ans (1226 - 1245)	- Layettes du Trésor des Chartes, n°1915 - Dom Morice, *Preuves*, I, 860

9 À la demande de Marquise, sa mère, Maurice II fit une donation à Saint-Melaine en 1162 (Dom Lobineau 1707) mais aussi à la Roë à la même période : ce don concernait le fief de Robert Chochebelle (*Cartulaire de la Roë*, fol. 55) *matris sue marchise*.

10 Philippe de Beaumanoir 1899, chapitre XV, article 508.

Amaury II	Sa mère Isabelle de la Marche	Mère	*Tutela et cura*	15 ans (1250 - 1265)	– Layettes du Trésor des Chartes, n°3896 – Rymer, t. I, p.745 – *Cartulaire des Bonshommes de Craon*, archives de la Mayenne, fol.184
Amaury III	– Mahaut de Malines, mère d'Amaury III – si Mahaut se remarie : * l'héritier serait confié à la grand-mère Isabelle de la Marche et à plusieurs autres * les filles seraient confiées à Mahaut leur mère – si elle meurt * l'héritier serait confié à la grand-mère Isabelle de la Marche et à plusieurs autres * les filles seraient confiées à Isabelle de la Marche et si elle meurt à la reine Marie	Mère Grand-mère et autres dont le parrain ? Grand-mère et autres dont le parrain ? Grand-mère puis la reine	*Bail* *Garde et conseil* *Garde et conseil* *Garde*	8 ans (1293 - 1301)	*Livre de Guillaume Le Maire*, publié par Célestin Port, Paris, 1874, p.67
Amaury IV	Olivier III de Clisson Jean de Chalon, 2nd époux de Marguerite de Mello	grand oncle paternel Beau-père	*Garde* d'Amaury et de sa sœur Isabelle *Bail* des fiefs	13 ans (1333 - 1346)	A.N., JJ 69, fol.121 Dom Morice, *Preuves*, I, 1381

Tabl. 73. Les tuteurs des héritiers mineurs et leur désignation dans les textes.

L'emploi de mot générique, tel que *garde*, pouvant recouvrir des réalités multiples, représente une réelle difficulté pour l'historien soucieux d'en délimiter le contour et d'en apprécier le contenu. Les textes, eux-mêmes, la plupart du temps, restent vagues mais deviennent plus précis au fur et à mesure que se développe la culture juridique. Ils nous laissent toutefois entrevoir l'idée que la garde était soigneusement préparée par le seigneur qui désignait lui-même la ou les personnes chargées de la protection des mineurs. Nous possédons deux documents qui présentent, à un siècle d'intervalle, les dispositions prises par le seigneur dans le cas où ce dernier décèderait : le premier document correspond au moment du départ à la croisade de Maurice II, à la fin de sa vie, vers 1196. Il s'agissait pour le seigneur de Craon de préparer sa succession et de se mettre en règle avec son prochain. Le second document est un testament, daté de 1292, dans lequel Maurice V, de retour d'Angleterre, malade, scelle ses dernières volontés. Ces deux textes nous permettent d'apprécier la manière dont le seigneur entendait préparer la période de minorité découlant de son absence ou de son décès. Les dispositions figurant dans ces documents, permettent d'entrevoir le socle du réseau de fidélité du seigneur ; sont en effet mis en avant les proches des époux, ceux qui disposent de la confiance du seigneur au point de se voir confier la garde des enfants et l'administration du domaine aux côtés de l'épouse. Enfin, à un siècle d'intervalle, il est intéressant de comparer les dispositions prises et, si possibles, d'en dégager les évolutions juridiques.

Bien que nos informations sur ces périodes de garde soient éparses et imprécises, les textes laissent entrevoir l'image d'un seigneur prévoyant, qui anticipait la situation : il entendait éviter toute contestation et procédait, de son vivant, à la désignation d'une personne chargée d'assurer la garde de l'héritier et des terres patrimoniales ; il couchait, par écrit, les mesures prises en faveur de son héritier. *Custodia, in manu* sont les mots ou expressions latines utilisées dans un acte daté de la fin du XIIe s., pour désigner cette garde, sans que l'on puisse, de manière pertinente, dégager leur sens juridique. La juxtaposition de ces deux termes, *in manu et custodia*[11], dans le texte n°1, ne semble pas être une redondance mais renforce le pouvoir de l'épouse, chargée de la garde des enfants mais aussi de la gestion des biens par le seigneur de Craon, Maurice II, son mari[12], à condition qu'elle ne soit pas remariée. Au siècle suivant, "bail" succède à la combinaison latine *in manu et custodia* et complète la notion de garde sans désigner exactement la même chose : le contenu des termes gagne en clarté et en précision. La personne responsable du bail devait prêter hommage au seigneur pour les fiefs des mineurs. Le bail nécessitait donc l'autorisation du seigneur et pouvait faire intervenir plusieurs personnes *des amis a l'oir*, chargés de veiller aux intérêts de l'héritier : dans ce cas-là, *l'accor des amis* était nécessaire pour toute décision. La notion de bail n'apparaît que le jour où le pouvoir du seigneur se montre plus contraignant ; c'est la raison pour laquelle ce terme n'apparaît que tardivement dans les textes au moment où l'intervention du pouvoir royal devient plus effective. Les articles 506 à 550, issus des *Coutumes de Beauvaisis* de Philippe de Beaumanoir[13] présentent les différences entre les notions de garde et de bail, soulignent

11 Cette expression peut être traduite par "en la main et la garde" (*custodia* : dictionnaire Gaffiot, 459).

12 Collection Dom Housseau, VI, n°2135 *: reliqui itaque terram meam et infantes meos in manu et custodia mee uxoris Isabel sicut jus est.*

13 Philippe de Beaumanoir 1899, chapitre XV, article 545. En revanche, nous n'avons rien trouvé dans la coutume d'Anjou.

Document n° 1

Date : **vers 1196**, au moment du départ à la croisade de Maurice II de Craon (mort en 1196)
Source : Collection Dom Housseau, vol. VI, n° 2135

Situation n° 1 : pendant l'absence du mari

Isabelle, dame de Craon → Garde des enfants et gestion des terres *In manu et custodia*

Situation n°2 : en cas de décès de l'époux et de remariage d'Isabelle, veuve de Maurice II

Philippe de Saucogne et autres → Garde des enfants et gestion des terres *In manu*

Situation n°3: en cas de décès des deux conjoints, plusieurs possibilités :
Cas de figure n° 1 :

Philippe de Saucogne → Garde de Maurice et d'Amaury et charge de les marier

Guy de Laval → Garde des terres des enfants jusqu'à leur majorité *custodia*

Cas de figure n°2 : en cas de décès de Philippe de Saucogne

Geoffroy Lestore et dans le cas où il serait à Jérusalem, la garde serait confiée à Jean Tillon, Vivien de Montrevel et à d'autres personnes → Garde de Maurice et d'Amaury *custodia*

Guy de Laval → Gestion des terres des enfants jusqu'à leur majorité *custodia*

Cas de figure n°3 : en cas de décès de Guy de Laval et d'Avoise sa femme

Philippe de Saucogne → Garde de Maurice et d'Amaury et charge de les marier

Pierre de la Guerche → Gestion des terres des enfants jusqu'à leur majorité *custodia*

Document n°2

Date : **2/02/1292.** Testament de Maurice V (mort en 1293)
Source : Livre de Guillaume Le Maire, publié par Célestin Port, Paris, 1874

Situation n° 1 : en cas d'absence ou de décès de l'époux

Mahaut de Malines, dame de Craon → **Bail** d'Amaury, l'héritier, de Marie, d'Isabelle et de Jeanne

Situation n°2 : en cas de départ de l'épouse, Mahaut de Malines

Isabelle de la Marche, mère du seigneur défunt, Guy VIII de Laval, Henri d'Avaugour, Jean comte de Vendôme, Odet de Lusignan → **Garde et conseil** d'Amaury, l'héritier

Mahaut de Malines → **Garde des filles** jusqu'à ce qu'elles fussent mariées

Situation n°3: en cas de décès de l'épouse

Isabelle de la Marche, mère du seigneur défunt, Guy VIII de Laval, Henri d'Avaugour, Jean comte de Vendôme, Odet de Lusignan et Macé de Quatrebarbes → **Garde et conseil** d'Amaury, l'héritier

Isabelle de la Marche ou en cas de décès Marie, reine de France → **Garde des filles** jusqu'à ce qu'elles fussent mariées

Tabl. 74. Dispositions testamentaires prises par le seigneur de Craon à la fin de sa vie.

les droits et devoirs des parties dans chaque cas et indiquent clairement que la personne chargée du bail devait prêter "homage et foi au seigneur" (article 508) jusqu'à ce que l'héritier ait l'âge révolu sans que le mariage ne raccourcisse le temps du bail, à la différence de la garde, qui se terminait au moment du mariage de l'héritier, même s'il était encore mineur. Ces dispositions avaient pour but de protéger l'intérêt des mineurs étant donné que cela touchait des intérêts fonciers et financiers. Au contraire, une garde pouvait être conclue sans que la personne qui en était chargée doive nécessairement s'occuper de l'administration et de la gestion des biens.

En dépit de la différence de contexte entre les deux documents – le premier est daté du XIIe s. et l'autre du XIIIe s. – force est de constater que la femme conserve une place centrale aussi bien dans la garde des enfants que dans la gestion du patrimoine. En effet, les deux documents indiquent clairement que c'était la femme, en qualité d'épouse ou de veuve, qui s'occupait seule de la garde des enfants et qu'elle avait en charge la gestion des terres. Ces dispositions supposent que l'épouse avait la confiance de son mari pour s'occuper des enfants et négocier par la suite des alliances intéressantes mais aussi pour administrer le patrimoine dans l'intérêt familial : lui sont ainsi reconnues des capacités et des aptitudes que l'on exigeait des héritiers mâles, ce qui ne signifiait pas pour autant que la veuve gérait cet état seule ni sans aide ; la belle-mère, les conseillers et compagnons du seigneur défunt occupaient certainement une place essentielle. Les conseils de l'oncle étaient également demandés durant cette période.

D'ailleurs, lorsque la garde ne relevait pas de l'épouse du défunt, la mère des mineurs, cette tâche incombait à l'oncle sans que l'on puisse dégager une préférence entre la branche paternelle et le côté maternel. C'est ainsi que Maurice II avait reçu les recommandations de la part de Guillaume de la Guerche, son oncle maternel, un personnage qui a compté durablement dans sa vie. À l'autre extrémité de la période, moins de deux siècles plus tard, Amaury IV et sa sœur furent confiés à Olivier III de Clisson après le décès de leur grand-père : le seigneur de Clisson était alors le grand oncle paternel d'Amaury, qui n'était âgé que de sept ans. Le parrain comptait certainement parmi ce cercle de familiers, mais nous n'avons aucun indice nous permettant d'aborder ce sujet.

Prévoyants, les deux seigneurs de Craon, Maurice II et Maurice V, envisageaient tous les cas de figure possibles s'ils décédaient. En cas de remariage de la veuve, à la fin du XIIe s., ce serait Philippe de Saucogne et *aliorum meorum* qui auraient la charge de la terre et des enfants du seigneur. Philippe de Saucogne, nommément désigné, en aurait la responsabilité. Dans cette même situation, en cas de départ de la veuve, Maurice V, un siècle plus tard, affine les dispositions et établit une différence entre la garde de l'héritier et celle des filles. Il prévoit en effet que la garde de l'héritier, Amaury, soit confiée à un conseil de tutelle, composé de six membres, dont sa mère citée en premier, et nomme chacun de ces membres : l'acte gagne en clarté et en précision, aucune contestation n'est possible. En revanche, Mahaut de Malines aurait la garde des filles. À travers cette clause testamentaire apparaît l'importance de l'héritier qui fait l'objet de dispositions particulières puisqu'il se trouve confié à des personnes influentes, fidèles et proches du seigneur, sans avoir nécessairement un lien de parenté. Philippe de Beaumanoir précise que le bail des enfants, impliquant une intervention seigneuriale, ne pouvait être retiré à la mère que dans le cas d'une mauvaise conduite ou lorsque les biens ne relevaient pas de leur mère[14]. Le bail des biens de l'héritier, provenant du père, pouvait ainsi être confié à un conseil de famille plutôt qu'à la mère seule. Or, si celle-ci ne s'occupait pas du bail de l'enfant, elle conservait en revanche un droit de regard sur la garde, ce qui n'est pas précisé dans le texte. Établir une distinction entre la garde de l'héritier et la garde des filles paraît être révélateur du fonctionnement lignager. L'héritier et le patrimoine familial devaient faire l'objet de toutes les attentions de la part du conseil de famille dont la mère n'était pas exclue : Maurice V préférait peut-être placer son fils sous une autorité masculine et donnait à son épouse des gens pour l'épauler.

La condition, explicitement inscrite dans les textes, pour que la veuve puisse jouir de ses droits est que la dame de Craon ne se remarie pas *quandiu ipsa fuerit sine marito*[15] ; *sans lien de mariage*, ce qui relativise son rôle et sa place au sein du lignage. Si le premier document, daté de 1196, ne reconnaissait à la veuve aucun droit de garde sur les enfants en cas de remariage, le second document ne l'en excluait pas totalement : elle conserverait celle des filles jusqu'à leur mariage.

Un acte issu du cartulaire des Bonshommes de Craon et conservé aux Archives Départementales de la Mayenne nous permet d'approfondir cette notion de tutelle et d'en apprécier son fonctionnement. Il s'agit d'un échange daté d'octobre 1259 entre Isabelle, veuve de Maurice IV de Craon († en 1250) et le prieuré des Bonshommes de Craon, portant sur une donation d'un muid de froment accordée par Amaury de Craon[16]. En tant que responsable de la tutelle de ses enfants et de la curatelle de leurs biens *liberorum nostrorum quorum tutelam seu curam gerimus*, Isabelle entendait remplacer ce muid de froment par une donation de vignes situées à Ballots. Le prieuré renoncerait alors au muid de froment et concèderait à la dame de Craon et à ses héritiers cinquante sous d'or. Isabelle, veuve de Maurice IV de Craon, agissait dans l'intérêt de ses enfants librement et non sur la demande du prieur qui se contentait de manifester son accord. La décision d'Isabelle modifiait une donation antérieure effectuée par l'ancien seigneur de Craon Amaury, son beau-père, ce qui témoigne de l'étendue du pouvoir du tuteur dans la gestion des biens du mineur. Mais les héritiers conservaient le fief et une fois parvenus à l'âge légal, ils auraient la possibilité de ratifier la transaction ou de l'annuler sans aucune contestation possible. Prévoyante, soucieuse de l'intérêt de ses enfants, la dame de Craon entendait préserver leurs droits une fois majeurs.

Le tuteur avait des comptes à rendre : il se portait garant de l'intégrité des biens qu'il avait en charge et qui restaient l'entière propriété des mineurs. La mission du tuteur prenait fin au moment où l'héritier parvenait à sa majorité, de même que cessait la *cura* de ses biens. La juxtaposition des termes latins *tutela* et *cura* met en valeur l'emprise d'Isabelle de la Marche sur ses enfants : une garde pleine et entière, ne souffrant d'aucune contestation accompagnée de l'administration des fiefs.

Au regard du tableau que nous avons réalisé indiquant les différents tuteurs chargés de la garde des mineurs, il apparaît que la garde de l'enfant est confiée, en l'absence de l'épouse,

14 Philippe de Beaumanoir 1899, 261.
15 Collection Dom Housseau, VI, n°2135.
16 Farcy 1905 : *prior et fratres (...) haberent et perciperent super molendinis de Peletree unum modium siliginis (...), ex elemosina felicis recordationis Amalrici, quondam domini de Credonio (...).*

au collatéral le plus proche, excepté en ce qui concerne Amaury IV, dont la mise sous tutelle au XIVe s. apparaît plus élaborée. Nous pensons en effet que les garanties de tutelle autour d'Amaury IV ainsi que le nombre d'intervenants ne relevaient pas seulement du fait que les informations qui nous sont parvenues étaient plus denses et mieux fournies, mais qu'ils répondaient à des enjeux plus importants étant donné le rang acquis par la famille de Craon, à l'intérieur d'un espace géopolitique différent du XIIe s. et correspondaient à une évolution de la culture juridique.

Lorsque le jeune Amaury devint seigneur de Craon à la mort de son grand père en 1333, il n'était âgé que de sept ans. Sa garde ainsi que celle de sa sœur Isabelle revinrent à Olivier de Clisson, beau frère d'Amaury III et grand oncle d'Amaury IV, tandis que le bail des fiefs appartenait à Jean de Chalon, second époux de Marguerite de Mello et beau-père des enfants[17].

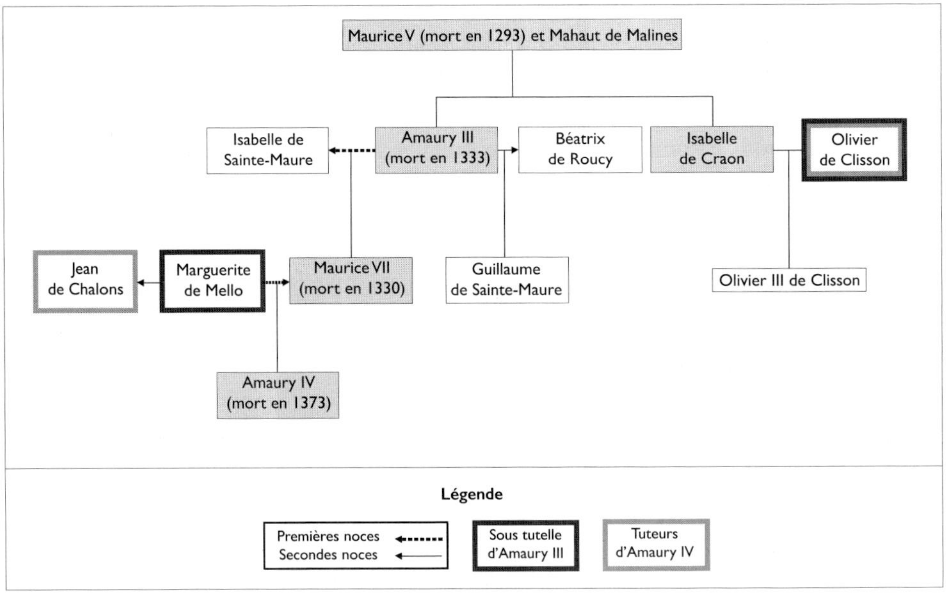

Fig. 29. Lien de parenté entre le jeune Amaury IV et ses tuteurs : Olivier de Clisson et Jean de Chalon.

Deux éléments méritent une attention particulière : d'une part, l'attribution à deux personnes distinctes de la garde des enfants et de la gestion du patrimoine, ce qui n'est pas rare, et d'autre part, "l'invisibilité" de la mère, remariée à Jean de Chalon, au sein de cette double tutelle. Nous pouvons supposer qu'elle participait avec son nouvel époux au bail des

17 Cette distinction entre bail et garde, précédemment évoquée, est nettement établie par Philippe de Beaumanoir qui expose les différences entre ces deux notions (Philippe de Beaumanoir 1899, 258, 259, 260, 261).

fiefs, mais il est significatif de constater qu'elle n'était pas implicitement citée. Dans la notice datée du 11 novembre 1336, Olivier de Clisson donne quittance d'une somme de 500 livres tournois remise par Jean de Chalon pour les besoins des mineurs : le seigneur de Clisson est chargé de la garde d'Amaury IV et de sa sœur, alors que Jean de Chalon apparaît être le seul responsable des biens de la famille[18]. Nous aurions pu penser que l'action et l'influence de la mère avaient été réelles si elle s'était occupée, auprès de son second mari, de la garde des enfants. Or, cette mission incombait à Olivier de Clisson et représente l'un des exemples où la mère était tenue à l'écart de la garde de ses enfants.

Dans les cas où les mères étaient écartées de la tutelle de l'héritier, celles-ci demeuraient vivantes mais avaient été remariées : Marquise, la mère de Maurice II (seigneur de 1150 à 1196), avait épousé en secondes noces Payen de Vaiges, seigneur de Mathefelon ; il avait été prévu, en 1292, que Mahaut de Malines, en cas de remariage, ne serait chargée que de la garde de ses filles et Marguerite de Mello, mère d'Amaury IV (1333-1373), se remaria à Jean III de Chalon, seigneur d'Arlay.

La notice[19] que nous avons déjà mentionnée, évoquant la quittance d'Olivier de Clisson à Jean de Chalon, est particulièrement intéressante dans la mesure où elle aborde le fonctionnement d'une double tutelle. Vu que Jean de Chalon s'occupait des biens des mineurs, le seigneur de Clisson devait passer par lui pour avoir l'argent nécessaire à l'entretien de ses pupilles. Le système semble fonctionner correctement et impliquait des relations régulières entre les deux intervenants.

D'ailleurs, cette mise sous tutelle avait été l'objet de tous les soins de la part d'Amaury III, qui n'avait rien laissé au hasard, veillant toute sa vie à l'intérêt lignager et patrimonial. En effet, Amaury III avait prévu, dans un premier temps, de marier son fils aîné, Maurice, à Jeanne de Conflans, fille d'Hugues V de Conflans et de Brande de Blancafort[20]. Afin de garantir ce mariage, Amaury III réussit à obtenir la garde de Jeanne, confiée par le roi au seigneur de Craon. Cependant, le mariage n'eut pas lieu : Amaury III avait trouvé une alliance plus angevine pour son fils avec Marguerite de Mello. Amaury III continua à être chargé de la garde de Jeanne, qui épousa Gaucher IV de Châtillon, comte de Porcien[21] tandis que Marguerite de Mello était confiée au seigneur de Craon dans le but de la marier à son fils aîné Maurice VII. Cependant, ce dernier, qui aurait dû devenir seigneur de Craon, décéda trois ans avant son père, en 1330, à l'âge de 26 ans, laissant derrière lui trois enfants en bas âge, dont l'héritier Amaury IV. Le grand père de l'enfant décida alors de confier sa garde et la gestion de ses biens à deux personnes différentes, afin de répartir les responsabilités et d'éviter une mainmise trop grande d'un seul tuteur sur le mineur, à un moment où apparaissait pour la première fois une branche cadette, celle de Sainte-Maure représentée par Guillaume Ier, seigneur de Châteaudun, fils d'Amaury III et de Béatrix de Roucy, la deuxième épouse.

18 Dom Morice 1742-1746, 1381.

19 *Ibid.*, I, 1381 : Olivier de Clisson, tuteur d'Amaury et de sa sœur, donne quittance de cinq cent livres tournois, qui lui ont été remises pour leurs besoins par Jean de Chalon, second époux de Marguerite de Mello.

20 La famille de Conflans, issue de la maison de Brienne, se situait dans la Marne, canton d'Anglure.

21 Anselme de Sainte-Marie (1726-1733), VI, 157 et 110 ; Duchesne 1621, 367.

Âgé d'une vingtaine d'années, Guillaume pouvait prétendre à certains droits. Non seulement il fut écarté du bail et de la garde de son neveu Amaury IV, mais en plus il fut contraint de signer un accord avec Olivier de Clisson, tuteur de l'enfant, et Jean Hocquet, procureur de Jean de Chalon et de Marguerite de Mello, stipulant l'abandon de ses droits, accord ratifié par Philippe VI[22] en décembre 1335. Amaury III se méfiait non tant de sa belle fille remariée que de son fils. Il faisait manifestement confiance au second mari de sa bru et à son propre beau frère.

Ces dispositions avaient été décidées par Amaury III, peu avant son décès en 1333. Sa belle fille, Marguerite de Mello s'était déjà remariée à Jean de Chalon. Le vieux seigneur de Craon connaissait bien Olivier de Clisson qui lui avait été confié pendant sa minorité et avait ensuite épousé sa sœur Isabelle. Nous sommes donc en présence d'une situation étonnante, mais peut-être pas exceptionnelle où le pupille, une fois majeur, devait assumer la responsabilité de veiller aux intérêts du petit fils de son tuteur, qui était aussi son neveu par alliance. Parallèlement aux liens du sang, ceux de la tutelle et de l'alliance se répercutent en amitié et en service d'une génération à une autre. Le mariage d'une fille du seigneur de Craon avait ainsi permis de conforter le lignage d'un appui précieux, attentif aux intérêts familiaux. Bien qu'il devait exister une relation de forte confiance entre Amaury III et son jeune beau-frère Olivier de Clisson, Amaury III ne lui laissa pas les mains entièrement libres, confiant le bail des fiefs à Jean de Chalon.

La situation familiale des Craon nous paraît complexe et cette complexité semble être une caractéristique fondamentale mais également un trait commun à toutes les générations. Lié à son jeune beau-frère, Olivier de Clisson, Amaury III, remarié, n'abandonne pas pour autant son enfant du premier lit, qui décède sans devenir seigneur de Craon, laissant trois enfants mineurs dont l'héritier, le futur Amaury IV, confié à Olivier de Clisson et à Jean de Chalon, beau-père du jeune enfant et second époux de sa mère, Marguerite de Mello. Les dispositions juridiques entourant la garde et le bail d'Amaury IV nous permettent également de constater que la garde des mineurs s'inscrivait dans une relation d'échange : avant de se voir confier la garde d'Amaury IV, Olivier de Clisson, grand oncle paternel d'Amaury IV, avait été sous la tutelle d'Amaury III.

Au total, le développement de la culture juridique a affiné ces notions de garde et de bail et fixé des normes afin d'éviter toute exploitation abusive des mineurs, mais aucun élément convaincant ne nous indique, dans les actes, que cette évolution juridique se soit accompagnée d'une valorisation de la position et du rôle de la femme au sein du groupe familial.

La garde des mineurs : un système d'échanges

Le tableau ci-dessous indique, pour toute la période, les mineurs placés sous la garde du seigneur de Craon et nous laisse entrevoir l'idée que cette disposition n'était parfois qu'une étape intermédiaire dont l'objectif était une alliance entre la famille du mineur et celle du tuteur, scellant le rapprochement entre deux groupes familiaux. Les textes ne

22 Arch.Nat., JJ 69, fol. 121.

nous permettent pas de savoir qui avait arrangé cela mais la récurrence de ces situations nous permet de penser que le père avait certainement convenu cet accord avec le seigneur de Craon. C'est ainsi que Pierre de la Garnache épousa l'une des sœurs de Maurice III, son tuteur ; Jacques de Château-Gonthier se maria avec une petite nièce d'Amaury I et Olivier de Clisson épousa la sœur d'Amaury III, puis se vit confier la garde du petit-fils du seigneur de Craon, Amaury IV. De même, Jeanne de Conflans avait-elle été confiée à Amaury III dans la perspective d'une union avec son fils, Maurice VII. Cependant, le mariage ne se fit pas et Amaury III s'occupa de la garde de la nouvelle promise de Maurice, Marguerite de Mello.

Le seigneur de Craon s'occupe aussi bien de la garde de jeunes filles que de jeunes garçons, négociant le mariage avec l'un de ses enfants. Si la garde n'était pas dévolue de façon systématique à un parent et qu'elle dépassait, dans un premier temps, la dimension familiale, il semble que cette relation, dans la plupart des cas, trouvait un prolongement dans un mariage entre le mineur et l'un des enfants du tuteur, scellant et pérennisant leurs rapports. Soixante pour cent des tutelles se terminent en effet par un mariage.

Placer le mineur sous la protection d'un grand personnage était recherché afin de profiter de sa protection et d'offrir à l'enfant des opportunités nouvelles. Pierre de la Garnache fut remis à Maurice III qui s'engageait à garder, pour le roi de France, les fiefs qui avaient appartenu à son père Pierre IV et à remettre l'héritier entre les mains du sénéchal héréditaire d'Anjou. Des mobiles politiques expliquaient cette décision royale qui intervenait dans une période d'incertitude où le seigneur de Craon venait de jurer fidélité à Philippe Auguste en mai 1206. Cette intervention du seigneur représentait un cas particulier mais n'était pas rare. Par exemple, Jeanne de Conflans fut confiée à Amaury III de Craon en mars 1318 à la demande du roi[23]. L'intervention royale prouve l'importance et les enjeux que revêt le bail et souligne la volonté du roi de se mêler des affaires familiales : le roi seigneur était alors plus présent que ne l'avait été le comte d'Anjou et le Plantagenêt.

La garde était aussi l'occasion de s'enrichir sur les revenus des mineurs : il convenait alors de préserver leurs droits. En acceptant cette mission, le tuteur s'engageait à assumer un certain nombre de responsabilités. La première d'entre elles, bien entendu, était de veiller à la sécurité du mineur[24]. En confiant la garde d'une héritière champenoise, Jeanne de Conflans, à Amaury III, le roi manifestait sa reconnaissance à l'égard du seigneur de Craon, mais parvenait également à le conserver dans sa fidélité, lui assignant une mission qu'il se devait de tenir : l'attribution de bail par le pouvoir royal fut l'occasion de récompenser des vassaux mais aussi de les maintenir sous son autorité.

23 Boutaric 1864, n° 5716.

24 "S'il tient en bail, qu'il l'aquit au seigneur et qu'il soutiegne les enfans et qu'il rende l'eritage quite et delivre au premier aagié" puisqu'il avait la charge de l'administration des biens (Philippe de Beaumanoir 1899, 245).

Seigneur de Craon concerné	Enfant placé sous la tutelle du seigneur de Craon	Lien de parenté / alliance avec les Craon	Dates	Sources
Maurice II	Foulques de Mathefelon, Juhel de Mayenne	Demi-frère Beau-fils de Maurice II	Vers 1180	-
Maurice III	Pierre de la Garnache	Épousa une de ses sœurs, Clémence	Vers 1220	Layettes, n°305
Amaury I	Jacques de Château-Gonthier	Se marie par la suite à une petite nièce, Avoise	Vers 1226	BnF., 500 Colbert, vol.57, p.567
Amaury III	Jeanne de Conflans Marguerite de Mello Olivier de Clisson	Devait se marier avec le fils d'Amaury III Épouse son fils Maurice VII Épouse sa sœur Isabelle	Vers 1320 Vers 1330	Boutaric, Actes du Parlement, n°5716. Boutaric, Actes du Parlement, n°7415. Arch.Nat., J380, n°4

Tabl. 75. La tutelle exercée par les Craon.

Si nous n'avons aucune information sur la manière dont Amaury III s'est acquitté de ses responsabilités, nous savons, en revanche, qu'il ne se désintéressa pas de sa pupille, qui aurait dû devenir sa belle-fille. En tant que tuteur, il assuma ses responsabilités et maria Jeanne à Gaucher IV de Châtillon, qui fut probablement très intéressé par cette alliance : chacun se retrouvait alors dans sa sphère géographique.

Cependant, le tuteur n'entendait pas être perdant et considérait sa mission comme un investissement qui trouverait tout son sens au moment du mariage de son pupille. C'est ainsi qu'une fois Jeanne mariée à Gaucher de Châtillon, Amaury III réclama à l'époux le remboursement des dépenses faites par Jeanne pendant qu'elle habitait chez le seigneur de Craon[25]. Il est évident que la mise sous tutelle procurait au tuteur un certain nombre d'avantages qui dépendaient du rang et du patrimoine de la famille. Cependant, nous ne connaissons pas réellement la teneur de ces avantages ; nous pouvons seulement supposer qu'il devait tirer un profit substantiel de l'administration des biens des mineurs et qu'il possédait un ascendant assez important sur l'enfant, héritier des biens familiaux. De plus, lorsque la mise sous tutelle relevait d'une initiative royale, le tuteur pouvait recevoir des dédommagements de la main du roi. C'est ainsi que Maurice III, après avoir juré fidélité à Philippe Auguste en mai 1206, s'engagea à garder, au nom du roi de France, le patrimoine qui avait appartenu à Pierre IV de la Garnache. Juhel de Mayenne, Guillaume de la Guerche furent les garants de cet engagement. En échange, Maurice III reçut un fief : Plaimel ou Plaimol[26].

25 Boutaric 1864, n°7647.
26 Berger *et al.* 1916-2005, n°995.

Ces périodes de minorité posaient donc un problème juridique et familial ; elles nous interrogent également sur la manière dont les mineurs vivaient ce moment. Nous avons peu de renseignements sur cette thématique ; seul le livre de Guillaume Le Maire[27] nous livre partiellement le ressenti et les traits de caractère du jeune Amaury (1280-1333), alors âgé de onze ans, pendant l'absence de son père, Maurice V. Parti en Angleterre, ce dernier allait mourir deux ans plus tard, laissant derrière lui un héritier mineur, mais déterminé.

Le coup de force du jeune Amaury

Bien que purement narratif, le texte issu du livre de Guillaume Le Maire nous fournit des éléments sur l'éducation reçue par Amaury et sur son envie d'émancipation. Conformément à la coutume en vigueur dans le fief de Briolay, le jeune homme se proposa de remplir l'office à la place de son père, parti en Angleterre. Cet office s'articulait autour de deux services : le transport de l'évêque depuis l'église de Saint-Aubin jusqu'à la cathédrale Saint-Maurice d'une part et le service du tonneau à table d'autre part en assumant le service d'échanson. Le déplacement de l'évêque nous apparaît fortement codifié et empreint de symbolique : le seigneur Guy de Chemillé devait s'occuper de la partie antérieure gauche, tandis que le seigneur de Briolay et de Craon était tenu de porter la partie antérieure droite ; la partie postérieure devait être partagée entre Hugues de Barcey, le seigneur de Blou et Jehan de Beaumont, seigneur de Grattecuisse. L'affaire était mal engagée dans la mesure où Thibauld, l'évêque de Dol, réprouva l'offre d'Amaury[28], estimant que ce service était personnel et qu'il ne pouvait être rempli par un garçon de onze ans. Selon l'évêque, ce service relevait du seigneur de Craon qui était encore en vie et Amaury se trouvait, du fait de son jeune âge, sous l'autorité de son père. La suite de l'affaire montre la ténacité du jeune Amaury mais aussi son souci d'émancipation : il n'hésita pas à imposer à l'évêque ce qu'il considérait être ses droits, en présence de ses hommes et du bailli d'Anjou. Ce coup de force démontrait l'opiniâtreté du jeune Amaury : montrant une solide connaissance des honneurs et préséances, Amaury finit par remplir ses fonctions d'échanson malgré les plaintes et le refus de l'évêque[29]. Face à l'attitude d'Amaury, l'évêque de Rennes apporta son soutien à l'évêque de Dol, qui décida de n'accorder aucun dédommagement financier au seigneur de Craon[30]. Aucun document issu du chartrier de Craon ne nous est parvenu sur cette affaire : nous n'avons qu'une vision unilatérale des événements, forcément partiale et certainement partielle. Il est pour autant difficile de conclure que la famille avait voulu gommer ce souvenir, illustrant l'idée que se faisait un enfant de son rang et de sa fonction.

27 Guillaume Le Maire 1874.

28 *Ibid.*, 67 : *se presentante ac se cum instancia importuna offerente* (...) *quod ejusdem Amaurici servicium non admittebamus, nisi de jure admittere teneremur, protestantes quod per talem ingestionem et quasi violenciam non intendebamus ecclesie aliquod prejudicium generari* (...).

29 *Ibid.*, 68 : *se obtulit ad dictum patrem reverendum deportandum ad ecclesiam ante dictam contra voluntatem dicti reverendi patris, expresse reclamantis et protestantis, quod servicium ejusdem filii pro patre suo nullatenus admittebat* (...).

30 *Ibid.*, 76.

Conclusion chapitre 3

Au terme de cette analyse, il apparaît que la famille de Craon offre un schéma particulier tant dans ses caractéristiques que dans ses choix familiaux. En effet, nous constatons aux XIIe - XIIIe siècles, à la fois des périodes de minorité régulières, liées à un âge au mariage tardif des seigneurs et à leur décès précoce, et l'absence de branches cadettes, c'est-à-dire un faisceau d'indices, liés les uns aux autres, qui ne paraissent pas correspondre à la logique lignagère telle que l'on pourrait s'y attendre d'un groupe familial soucieux de sa survie. Bien que la famille n'ait pas connu d'hécatombe à la guerre, ni d'entrée massive dans les ordres, la lignée masculine a failli disparaître à plusieurs reprises jusqu'à la fin du XIVe s. : à la faveur des circonstances, on voit alors se renforcer le rôle et la position de la mère.

IV. La femme, pièce essentielle de l'unité lignagère chez les Craon

La première partie de notre travail, intitulée la genèse d'un lignage (XIe - XIIIe s.), s'est attachée à dégager les fondements de la mémoire familiale chez les Craon et nous avons démontré le rôle essentiel joué par les femmes dans cette évolution : elles étaient les instigatrices de la mémoire liturgique de la famille. Mais la structure familiale ne correspondait pas encore au lignage, qui n'apparaît que dans un second temps avec le vasselage et la courtoisie à la fin du XIIe - début XIIIe s. Or, depuis les travaux de Georges Duby, les historiens admettent que le statut féminin et les règles d'alliance dépendaient de la dynamique lignagère. S'appuyant sur des textes rédigés dans la France septentrionale, Georges Duby a montré l'action corrosive de la seigneurie et du lignage sur la condition féminine, favorable au Xe s. et qui se dégrada après l'An Mil au moment de l'installation de la féodalité. Dans ces structures patrilinéaires, marquées par le resserrement lignager, filles et cadets étaient relégués à la périphérie et les épouses se trouvaient réduites à une fonction procréatrice et mémorielle[1]. Le lien structurel entre la dégradation de la condition féminine et le resserrement lignager est-il aussi perceptible dans notre objet d'étude ? En d'autres termes, le passage à une structuration lignagère, tardive chez les Craon, a-t-il eu des conséquences sur la place et le rôle de l'épouse à l'intérieur de la famille ?

La place de notre objet d'étude dans l'historiographie sur les femmes

Notre questionnement sur le rôle et la place de la femme noble au sein de la structure lignagère nous amène inévitablement à mettre en évidence les grandes tendances historiographiques sur l'histoire des femmes. Ce travail, qui ne prétend nullement à l'exhaustivité, prend appui sur les articles de Sharon Farmer[2] et de Jacques Dalarun, Danielle Bohler et Christiane Klapisch-Zuber[3] auxquels s'ajoute un travail de dépouillement d'ouvrages collectifs, d'articles dont la liste figure dans notre bibliographie.

Place de l'histoire des femmes dans le paysage historiographique français

La place réduite des travaux sur les femmes dans l'historiographie

– L'impulsion puis le développement des années 1960-1980 : l'apport de la démographie et de l'anthropologie historique

1 Duby 1967-3 ; 1972, 803-823 ; 1977 ; 1981 ; 1988-a ; 1988, Duby & Le Goff 1977, 9-11.
2 Farmer 1986, 517-543.
3 Schmitt & Oexle 2003, 561-582.

Eileen Power (1889-1940) semble avoir joué un rôle déterminant dans l'impulsion des recherches sur l'histoire des femmes au Moyen Âge. Bien qu'elle s'intéressât à d'autres sujets, elle ne cessa jamais de collecter des documents mettant en évidence le rôle et la place des femmes au Moyen Âge : son ambition était de réaliser une vaste étude compilant les ouvrages et les articles sur le sujet[4]. Elle souligna deux éléments fondamentaux. D'abord, elle fut l'une des premières à insister sur la partialité des sources, pour la plupart normatives, qui définissaient un idéal sans indiquer en quoi consistait la réalité et subordonnaient l'épouse à la domination masculine dans l'intérêt patrimonial : ce n'était pas affaire de personne mais de sexe. Nous touchons le second intérêt de ses travaux : en pratique, le mariage féodal dénigrait la femme en tant que personne, autant que l'Église subordonnait l'épouse à son mari, la féodalité la subordonnait à l'intérêt patrimonial, ce que, depuis Georges Duby, nous appelons l'intérêt lignager. Le mariage était un arrangement parental liant les personnes dans l'intérêt patrimonial.

En France, l'histoire des femmes a bénéficié des apports de la démographie tout autant que de l'anthropologie historique dans les années 1960-1980, c'est-à-dire des études centrées sur la famille, la vie privée, les attitudes devant la vie et la mort[5]. Ces thèmes classiques, jusque dans les années 1980, ont été le moteur d'études consacrées à la place des femmes dans l'histoire. L'un des moments clés de l'histoire des femmes fut l'ouvrage piloté par Georges Duby et Michelle Perrot, *l'Histoire des femmes en Occident*, paru en 1988. En effet, Jacques Dalarun, Danielle Bohler et Christiane Klapisch-Zuber, dans leur article "Pour une histoire des femmes", s'efforcent de situer en volume la place de l'histoire des femmes dans la production des historiens médiévistes français entre 1988 et 1996[6]. Prenant pour indicateurs les *Annuaires* de la *Société des Historiens Médiévistes le l'Enseignement Supérieur Public* parus en 1988 et 1996, ils constatent une progression en l'espace de huit années touchant plus sensiblement les médiévistes femmes que les hommes : en valeur absolue, le nombre des femmes intéressées par cette thématique a triplé, celui des hommes est resté le même. Il semble que la publication de *l'Histoire des femmes* ait joué une impulsion dans les recherches concernant le passé des femmes, reflétant un éveil à la problématique du "genre". En examinant la répartition des titres selon leurs thématiques principales, on s'aperçoit que les travaux sur les femmes et le pouvoir, abordés à partir de figures féminines importantes exerçant du pouvoir, attirent davantage les chercheuses que leurs collègues masculins : "les historiennes s'intéressant aux rapports entre les sexes délaissent un peu la religion et les institutions religieuses où l'on a si longtemps enfermé les femmes, au profit de recherches attestant les positions de pouvoir qu'elles ont acquises au Moyen Âge"[7].

4 Power 1979.

5 Ariés & Duby 1983.

6 Schmitt & Oexle 2003, 562. Il faut avancer un certain nombre de limites à cette étude, d'ailleurs évoquées par les auteurs ; en particulier que l'échantillon de la production historique française représenté par l'*Annuaire* n'est pas parfaitement représentatif de la totalité de celle-ci : par exemple, G. Duby ne donne pas ses publications en 1988 et ne paraît pas dans les annuaires suivants.

7 *Ibid.*, 563.

– La défiance actuelle des historiens à l'égard de la démographie historique

Les diverses approches de la démographie historique ont été reniées, nous disent Jacques Dalarun, Danielle Bohler et Christiane Klapisch-Zuber, "par des historiennes qui refusaient de laisser enfermer les femmes dans ces prisons historiques : le privé et la famille, les tâches domestiques, les fonctions corporelles de la maternité ..."[8]. Cette mise à distance, sous l'effet de la cause féministe, est à rapprocher de mouvements affectant l'historiographie française, en particulier la montée en puissance d'autres approches : la microanalyse, la microhistoire, le retour à l'histoire politique. Aujourd'hui, cette défiance à l'égard de la démographie historique est encore visible chez les historiens alors qu'il resterait à mener un travail de recherche des données biographiques.

Toutefois, il existe un champ de recherche qui regroupe, en 1996, autour de Monique Bourin les travaux d'une quinzaine de chercheurs où la prise en compte de la différence sexuelle a prouvé leur utilité, il s'agit de la "genèse médiévale de l'anthroponymie moderne".

Le rapport du féminin au religieux

– Une thématique délaissée par la production historiographique française

Au moment de la parution de *l'Histoire des femmes en Occident*, en 1988, le paysage historiographique français semblait évoluer : l'histoire économique entrait en crise alors que se développait en France l'histoire religieuse et culturelle, dont l'histoire des femmes pouvait tirer profit. En effet, paraissent à cette période les Actes de divers colloques sur *La femme dans la vie religieuse du Languedoc*[9], *La femme au Moyen Âge*[10].

Cependant, force est de constater que rares ont été les ouvrages traitant cette thématique de manière synthétique et il faut attendre ces quinze dernières années pour voir apparaître dans le paysage historiographique français de solides monographies éclairant les rapports des femmes et de la religion au Moyen Âge.

– Un regain d'intérêt ces dernières années : les tendances récentes

Sous l'impulsion des travaux de Michel Parisse[11] et de Patrick Corbet[12], de nombreux historiens se sont consacrés à l'étude de personnages : Hildegarde de Bingen[13], Angèle de Foligno[14], Claire de Rimini[15], Ermine de Reims[16] et leur centre d'intérêt dépassa largement le cadre national. L'école historique française nous apparaît relativement ouverte, comme le montre le colloque tenu à Madrid en 1985 sur *La condition de la mujer en la Edad Media*[17].

8 *Ibid.*, 565.
9 *La femme dans la vie religieuse du Languedoc, Actes du colloque de Fanjeaux* 1988.
10 Rouche & Heuclin 1990.
11 Parisse 1983.
12 Corbet 1986.
13 Moulinier 1995 ; 1995, 95-107 ; Gouguenheim 1996.
14 Dalarun 1995, 59-97.
15 Dalarun 1994.
16 Arnaud-Gillet 1997.
17 *La condition de la mujer en la Edad Media, Actes du colloque de Madrid 1986.*

Le lien du féminin et du religieux était souligné à travers les travaux de Jean Delumeau en 1992, qui réunit de nombreuses études, dépassant le cadre stricto sensu du Moyen Âge, sur *La religion de ma mère*[18]. En 1994, Jacques Dalarun, à travers son ouvrage "*Dieu changea de sexe pour ainsi dire*"[19], mettait l'accent sur la féminisation du religieux au moment où paraissaient *Les religieuses dans le cloître et le monde*[20]. Paulette L'Hermite-Leclercq faisait paraître en 1997 *L'Église et les femmes dans l'Occident chrétien*[21].

– Les limites de l'approche d'une histoire des femmes à travers le prisme religieux

Nous pouvons en effet constater une certaine défiance de la part des historiens à limiter le rôle des femmes à son aspect religieux et il convient de prendre du recul sur la notion de "religion féminine". Assigner uniquement les femmes au religieux, n'est-ce pas de nouveau les enfermer dans des approches appartenant au siècle passé ? D'un autre côté, peut-on occulter cet angle d'approche ? Dans ce cas, pourquoi ne pas penser que participer à une histoire des femmes à travers la religion serait une adhésion à la "propagande" cléricale médiévale ?

Place et statut du féminin dans l'imaginaire littéraire

Notre propos ne portant pas sur les textes dits littéraires, nous nous limiterons à dégager des tendances générales. En premier lieu, il apparaît nettement que l'élément le plus dynamique des textes littéraires, l'amour courtois, reste une valeur sûre pour l'étude des relations entre les sexes. Les études portant sur les figures de femmes sont nombreuses : nous pouvons citer les travaux sur Christine de Pisan, notamment ses relations avec le milieu de cour[22].

Cerner le sujet féminin, à travers l'imaginaire, intéresse de plus en plus les chercheurs français : la tentative incestueuse, les exils (...) sont des thématiques actuelles et les incidences des travaux historiques sur les analyses d'œuvres littéraires ont été réelles. C'est ainsi que le savoir des femmes, leur rôle dans l'éducation amoureuse et chevaleresque sont mis en lumière, envisagés au moyen de questionnements visiblement empruntés aux historiens et aux anthropologues[23]. Ces éléments contribuent à nuancer une vision plutôt négative du rôle des femmes dans la société, mais ces réajustements viennent aussi de l'histoire sociale proprement dite.

La femme et la structuration lignagère

Les recherches sur les lignages de l'époque féodale et sur les structures familiales tournent largement autour des femmes[24] : l'échange des femmes, leur place dans les stratégies matrimoniales et patrimoniales sont au centre des préoccupations. Souvent inspirés par

18 Delumeau 1992.
19 Dalarun 1994.
20 Bouter 1994.
21 L'Hermite-Leclercq 1997.
22 Hicks & T. Moreau 1986 ; Dulac 1995.
23 Schmitt & Oexle 2002, 5.
24 Duhamel-Amado 2001 ; Aurell 1995.

les travaux de Georges Duby, les historiens affirment généralement que le rôle de la femme et l'image des femmes, spécialement les femmes mariées, avaient décliné de manière dramatique aux XIe et XIIe siècles. Et ce déclin du statut de la femme s'expliquerait en grande partie par l'émergence au milieu du XIe s. du système de primogéniture, qui servait à protéger la puissance et la richesse de la noblesse en consolidant les propriétés. Filles et cadets étaient exclus de l'héritage et la dot, autrefois à la disposition des femmes, tombait sous le contrôle du mari. La femme noble était un sujet de stratégie : elle servait de moyen d'échange dans les négociations d'alliances entre unités lignagères. Les historiens s'appuient sur les sources, en particulier religieuses, qui confirment cette analyse. En effet, bien que les discussions théologiques sur le mariage affirment le consentement mutuel des deux époux, une mesure qui servait, en théorie, à alléger le contrôle absolu exercé par les hommes dans la négociation des mariages, l'idée prédominante était la subordination des femmes, en vertu du fait que les hommes représentaient la rationalité. Les réformes ecclésiastiques des XIe - XIIe siècles, qui mettaient l'accent sur le célibat ecclésiastique, sur la séparation du temporel et du spirituel et sur la pureté des rites ecclésiastiques, accentuèrent ces traditionnels arguments : le clergé s'attachait à représenter la femme comme une source de discorde de la société. Dans la trilogie des *Dames du XIIe siècle*, Georges Duby propose une chronologie et une explication : vers 1100, l'image de la femme se dégrade sous l'effet de la réforme grégorienne.

Force est donc de constater qu'à la suite des travaux de Georges Duby, les historiens s'accordaient à penser que les conséquences du resserrement lignager avaient été négatives sur les femmes.

Or, ces thèses, unanimement admises, sont aujourd'hui nuancées. Dans une étude sur la femme aristocratique provençale, Marti Aurell i Cardona constate "une certaine dégradation" après une période privilégiée s'achevant autour de 1030 à laquelle aurait succédé, entre 1180 et 1230, une "renaissance féministe" avant que la condition des femmes ne se détériore réellement[25]. L'auteur souligne les effets du resserrement lignager en Provence dès le XIe s., malgré le mariage des cadets et un statut féminin relativement favorable[26].

En 1992, Claudie Duhamel Amado, dans un article intitulé "Femmes entre elles" paru dans un ouvrage collectif en hommage à Georges Duby, Femmes, Mariages, Lignages XIIe - XIVe siècles, se demandait si la détérioration de la condition féminine était visible partout et à la même période[27]. Elle s'intéressa notamment aux sociétés de la France méridionale. Si elle confirmait le lien entre la dégradation de la condition féminine et le resserrement lignager dans l'aristocratie languedocienne aux XIe et XIIe siècles, elle soulevait l'hypothèse, dans les groupes aristocratiques du Languedoc entre Montpellier et Narbonne au XIIe s., de la mise en place d'un lignage combinant des formes anciennes – verticales avec prééminence à la filiation matrilinéaire et des formes nouvelles, caractérisées par la référence exclusive à la filiation patrilinéaire, avec l'accès au pouvoir et au patrimoine réservés aux mâles et aux aînés[28]. Enfin, elle dégagea un certain nombre d'indices allant dans le sens d'une

25 Aurell 1985, 5-32.
26 *Ibid.* 1986, 149-163.
27 *Femmes, Mariages, Lignages XIIe - XIVe siècles* 1992, 125.
28 Voir l'approche historiographique de notre introduction.

condition féminine plus complexe et ambivalente que ne l'avaient souligné les historiens. Par exemple, la part féminine de l'honneur, ce petit ensemble foncier passant de génération en génération, de mère à fille, constituée à la périphérie du patrimoine commun, contribuait à la renommée des femmes du lignage. De même, Claudie Duhamel Amado constatait que certaines femmes, héritières de seigneuries, en assumèrent pleinement la direction et que s'était développée une sociabilité féminine à l'intérieur d'une demeure urbaine réservée au lignage. Enfin, les filles mariées ne rompaient pas les relations avec leurs familles comme en témoigne l'anthroponymie féminine.

Alors que les historiens s'intéressèrent principalement à l'héritière, qui apportait des terres et des titres à la famille de son mari et à la douairière qui, à travers sa longévité, avait en permanence la possibilité de faire ombrage aux perspectives de son fils en diminuant sa fortune, aujourd'hui, un courant historiographique, surtout anglo-saxon, inspiré par Jennifer Ward, cherche à démontrer que l'implication des femmes mariées, dans le milieu seigneurial, ne pouvait être négligée et que les femmes, durant leur mariage, devaient remplir des responsabilités publiques. Cette hypothèse se fonde sur l'idée que des femmes montraient pendant leur veuvage une habileté et une détermination nécessitant quelque expérience préalable dans le sillage de leur défunt mari : en dépit des rares références aux femmes dans les chroniques, elles avaient une part importante à jouer dans la société seigneuriale[29]. Cette interprétation remet en cause les arguments d'un certain nombre d'historiens considérant que le manque de références aux femmes dans les sources signifiait que leur rôle était secondaire. Désormais, la démarche de la majorité des médiévistes est de "résorber la différence sexuelle." Où se situe notre objet d'étude face à ce débat historiographique ?

Le rôle des femmes dans le lignage des Craon : une réalité masquée et difficile à cerner

Sur un corpus documentaire de plus de quatre cents actes, où il est fait mention de la famille de Craon du XIe au XIVe s., nous avons comptabilisé seulement dix actes conjoints émanant du seigneur de Craon et de son épouse, six actes où les dames de Craon apparaissent comme témoins quelles que soient leur place et leur position au sein du groupe familial, en tant qu'épouse du seigneur, de mère ou de veuve et seize actes où elles figurent en tant que dames de Craon, une fois veuves. La plus grande partie de ces actes font référence au père, au mari, aux fils et aux frères. Cela peut s'expliquer par le rôle dominant des hommes en politique, dans la guerre et par l'infériorité des femmes, qui continuent à subir l'hégémonie masculine. La société par ses normes et son contrôle limite le nombre des actes dont elles sont les auteurs et des acteurs visibles[30].

Cette "opacité" documentaire, caractérisée par une information sélective, consciente ou pas, nous empêche bien évidemment de cerner la personnalité de ces femmes et encore plus leur apparence physique ; de toute façon, nous ne savons pas grand-chose non plus sur les hommes dans ce domaine. Même l'art funéraire ne s'attache pas pour objectif la

29 Ward Jennifer 1992.

30 Tous les historiens sont unanimes à ce sujet et commencent leur étude sur les femmes par ce postulat. Nous pouvons citer, entre autres le travail collectif sur *l'Histoire des femmes en Occident* (Duby & Perrot 1991).

ressemblance[31], en tous les cas pas avant la seconde moitié du XIVe s. En revanche, plusieurs sources attirent notre attention sur la veuve – cela est compréhensible vu sa position légale de femme seule – sans le contrôle d'un père ou d'un mari, et vu son indépendance économique, reposant sur un patrimoine personnel, ce qui n'empêche pas pour autant de voir, chez les Craon, certaines femmes jouer, en tant qu'épouses, un rôle de premier plan.

– Perspectives et questionnement

De brèves analyses biographiques mettant en valeur des portraits de femmes peuvent permettre d'alimenter ce débat, déjà bien ouvert, du rôle de la femme noble au sein du groupe familial, d'apprécier le rôle social des femmes, et pas seulement leur rôle familial, mais aussi le pouvoir qui leur était concédé, auquel elles pouvaient prétendre ou qu'elles s'appropriaient.

L'objet d'étude doit être dans tous les cas clairement défini, le questionnement clairement posé et les objectifs énoncés. Que veut-on atteindre à travers ces portraits de femmes, en particulier ces "femmes de pouvoir" ? S'agit-il d'une exception et dans ce cas, pouvons-nous conclure à une occasion manquée pour les autres ? En mettant en valeur les actions des dames de Craon et leur spécificité, pouvons-nous généraliser et proposer des modèles généraux remettant en cause les grilles d'interprétations traditionnelles ?

Rôle et place de la dame de Craon dans la structure conjugale et dans le groupe familial

Afin d'apprécier le rôle et l'influence des dames de Craon au sein du groupe familial, nous devons identifier et classer les types d'actes dans lesquels elles intervenaient puis rechercher la qualité de leur intervention : en tant que partie contractante ou de simple témoin. Mais, nous devons également nous attacher aux actes dans lesquels elles n'intervenaient pas afin de dégager les domaines qui ne relevaient pas de l'épouse et qui étaient réservés aux seigneurs. Cette réflexion doit s'inscrire dans une démarche mettant en valeur les différentes étapes qui jalonnent la vie de ces dames : leur œuvre mémorielle en tant qu'épouse, puis leur rôle pendant l'absence ou l'empêchement du mari et enfin leur action, une fois veuve.

Implication et pouvoir des femmes mariées

Le corpus documentaire que nous possédons ne nous paraît pas suffisamment fourni pour dégager une évolution notable de la place de la femme mariée au sein du groupe familial du XIIe au début XIVe s. Du fait d'un âge au mariage tardif et d'une faible espérance de vie, la durée de l'union n'était en général pas élevée. Au XIIIe s., la durée moyenne du mariage chez les Craon n'atteignait pas onze ans. Le mariage apparaît être, dès lors, un moment transitoire limité dans le temps.

31 Duby 1995, I, 8 ; II, 217.

Siècle	Durée des différentes unions	Durée moyenne
XIe	28 ans ; 33 ans	30 ans ½
XIIe	21 ans ; 11 ans ; 26 ans	19 ans ½
XIIIe	14 ans ; 1 an ; 17 ans	10 ans ½
XIVe	12 ans ; 10 ans ; 28 ans	16 ans ½

Tabl. 76. Durée des différentes unions du seigneur de Craon du XIe au XIVe s.

Ces durées moyennes cachent en réalité de forts contrastes sans être des situations exceptionnelles. En effet, d'autres analyses de généalogies nobiliaires pourraient montrer qu'un grand nombre d'unions n'excédait pas une durée de dix ou quinze ans[32] ; mais, ce qui surprend, dans le cas des Craon, c'est la concentration d'unions plutôt courtes aux XIIIe - début XIVe s.

La femme mariée était à la tête de la maisonnée, dont le fonctionnement était essentiel pour la réputation de la famille et la pérennité des liens de sociabilité, notamment pour la négociation des alliances matrimoniales. Bien que conseillée et secondée par des officiers, elle devait faire preuve d'autorité et prendre à l'occasion l'initiative[33]. En effet, l'hôtel de la femme, qu'il soit large ou petit, nécessitait une organisation capable d'assurer sa dignité et son statut afin de jouir d'une vie nobiliaire ; cela touchait l'économie et la société par le nombre d'employés. Or, si tous les historiens s'accordent à penser que l'épouse devait prendre une part active à la gestion de la maisonnée, nous devons bien admettre que les sources, en ce qui concerne la famille de Craon, ne nous permettent guère de préciser ces tâches.

Dans le cas des Craon, la femme mariée n'intervenait pas dans des actes qui concernaient l'administration des biens de son époux. Du vivant du mari, la femme du seigneur de Craon figurait dans les actes en tant qu'épouse et était désignée en tant que telle, *mea uxor*[34] : elle n'apparaissait pas comme une *domina* et ne dirigeait pas la seigneurie.

En revanche, les dames de Craon intervenaient, aux côtés de leurs époux, dans les donations pieuses ou lors de partages successoraux concernant leurs propres biens, ce qui est classique.

32 Duby & Perrot 1991, 348, 362.
33 C'est ce que suggère C. Ward Jennifer dans ses travaux, notamment dans son ouvrage (Ward 1992).
34 Citons par exemple le folio 11 v° du Cartulaire de la Roë *tunc uxor ejus* ou celui de la Collection Dom Housseau, vol. VI, n°2135 *mea uxoris Isabel* : deux actes que nous avons déjà mentionnés.

Dates	Références / Sources	Contenu	Domaine religieux	Domaine familial
1042-1063	D. Piolin, t. III, p. 655	Exemption par Robert et sa femme de tout péage sur les terres de Craon et de Sablé en faveur des moines de Marmoutier	*	
7/08/1067	D. Piolin, t. III, p. 663	Don par Robert et Avoise de l'église de Saint-Malo à Marmoutier	*	
3/03/1070	Métais, n° CCXVII	Confirmation par Renaud et Agnès de la possession de Saint-Clément de Craon par la Trinité	*	
1080	D. Lobineau, t. II, p. 232	Approbation par Renaud et son épouse d'un don à Saint-Aubin d'Angers	*	
1222	D. Housseau, n° 2552	Confirmation par Amaury et Jeanne des Roches d'une rente donnée par Guillaume des Roches à Bonlieu	*	
24/08/1300	Arc. de la Trémoïlle	Contrat d'Amaury III et d'Isabelle de Sainte-Maure		*
8/01/1323	D. Fonteneau, t. XXII, p. 467	Lettres de Maurice VII et de Marguerite de Mello maintenant aux religieux de Nouaillé la possession des bois d'Auché	*	
20/11/1365	AN, X 1c, 15 b, 233	Accord entre Amaury IV, Pernelle de Thouars et Jeanne d'Artois au sujet du douaire de cette dernière		*
10/07/1370	D. Fonteneau, t. XXVI, p. 287	Amortissement par Amaury IV et Pernelle de Thouars de biens donnés par Pierre du Saut aux dominicains de Thouars, pour la construction de leur couvent	*	
7/07/1371	Arc. de la Trémoïlle	Accord entre Amaury IV et Pernelle de Thouars sa femme, d'une part et Thomas de Chemillé et Marguerite sa femme d'autre part à propos du partage de la succession de Thouars		*

Tabl. 77. Actes conjoints.

En effet, le premier domaine dans lequel nous voyons agir l'épouse du seigneur de Craon est celui de la conservation et de la commémoration de la mémoire des morts[35]. Elle s'occupait de sa famille sur terre mais aussi de son salut au moment de la mort[36] : elle

35 Voir la première partie de notre travail, chapitre 2, p. 82.
36 Santinelli 2003, 34.

veillait sur les morts[37]. Selon G. Duby, la dame était spécialement chargée dans sa demeure de conserver la mémoire des morts, de veiller à ce que leur nom ne tombât pas dans l'oubli ; il incombait vraisemblablement aux dames, régentes de l'intérieur de la maison, d'assurer la bonne ordonnance des commémorations lorsque celles-ci se déroulaient au sein de l'espace domestique, donc de préserver de l'oubli le nom de défunts afin qu'ils fussent évoqués aux dates prescrites, car entre les femmes et les trépassés, il semble bien qu'il existait des relations privilégiées[38]. Par exemple, lors du premier anniversaire de la mort de leur fils Renaud, en 1129, Hugues de Craon et sa femme Agnès vinrent visiter sa tombe, accompagnés de nombreux seigneurs du pays de Laval[39]. À cette occasion, ils donnèrent un four aux religieux de la Roë pour les récompenser de l'entretien de la tombe. Cette commémoration publique du premier anniversaire de la mort de Renaud témoigne de la volonté de la part du seigneur de Craon et de son épouse d'entretenir la mémoire du défunt. Agnès était la sœur du comte de Laval, Guy III ; la présence de nombreux seigneurs du pays de Laval signifie que l'épouse du seigneur de Craon avait conservé et entretenait des liens avec sa famille mais peut également suggérer qu'elle avait occupé une place essentielle dans le déroulement de cette cérémonie, visant à honorer la mémoire de son enfant. Ce qui valorise l'idée que l'on est le fils de son père et de sa mère, c'est-à-dire l'idée de la parenté selon les canonistes.

Bien qu'il s'agisse d'un exemple antérieur à notre sujet d'étude, la vie et l'œuvre de Raingarde de Montboissier (1075-1135), la mère de Pierre le Vénérable, nous invite à réfléchir sur la place de la femme au sein de la cellule conjugale. Sa vie nous est principalement connue par son fils dans une longue lettre d'éloge funèbre[40] : son étude nécessite donc de prendre un certain nombre de précautions. À l'instar de nombreuses épouses, Raingarde apparaît gardienne d'une morale chrétienne, mais alors qu'elle était encore mariée, elle ressentit le besoin d'exprimer sa piété et de se faire nonne. Cette décision de se rapprocher du Christ nécessitait l'autorisation de son époux. Cependant, elle ne se contenta pas de révéler sa piété à son mari, elle tenta également de le convaincre agissant en enseignante de la foi. Certes, par sa bouche, Pierre le Vénérable expose les raisons pour lesquelles il est préférable de se retirer du monde, mais l'action et l'influence de Raingarde auprès de son mari méritent une attention particulière. Au sein de son couple, elle agit librement mais avec l'accord de son époux. Elle apparaît dans les actes, possède des terres et accueille des religieux pour les entendre. C'est à la suite du message de Robert d'Arbrissel que Raingarde voulut devenir religieuse. Elle influence les décisions de son mari et le persuade de se faire

37 Geary 1996, 88-118, 262, insiste sur le fait que cette fonction était l'œuvre de spécialistes, des hommes, des moines réformés qui assuraient le souvenir pour le compte des familles, mais la mission incombait aussi aux femmes qui veillaient sur les morts, concurrençant les traditions monastiques.

38 Duby 1995, 23-25. Selon Duby, en se tenant au plus près des corps que l'on allait porter en terre, les femmes remplissaient la seule de leurs fonctions publiques : donner à voir et à entendre, gesticulant, hurlant à la mort, le deuil collectif. Rôle particulier des femmes auprès des morts (actes de donation) : les hommes attribuaient au féminin un pouvoir secret, très précieux, le pouvoir d'intercéder en leur faveur auprès du Père, du juge et ils s'en remettaient aux femmes pour que leur dépouille et leur mémoire après leur dernier soupir fût fidèlement conservée.

39 *Cartulaire de la Roë*, fol. 11 v°.

40 Constable 1967.

moine. Bien que le dégoût du mariage, nous dit Pierre le Vénérable, eût été réel[41], sa mère demeura une épouse obéissante et aimante, mère de huit enfants. L'époux domine dans le couple : Raingarde peut prendre des initiatives, mais elle est sujette à l'assentiment du mari. D'ailleurs, nous sommes en droit de nous interroger sur la sincérité de l'engagement de son mari : la mort le prend de court. À ce moment-là, ce fut elle qui s'occupa du salut de l'âme de son époux et se chargea des préoccupations matérielles : elle convoqua les fils et régla la succession. Cet exemple, étudié par Aurore Zueras[42], nous permet ainsi d'apprécier la mise en scène d'une *domina*, laissant éclater sa piété bien avant la mort de son époux puis priant pour son mari défunt.

Pendant l'absence du mari, l'épouse se voit confier la garde des enfants et des terres en toute conformité avec la coutume d'Anjou qui lui reconnaît, dans cette situation, un rôle prépondérant. C'est ainsi qu'au moment de partir à la croisade[43], à la fin du XIIe s., Maurice II décida d'ordonner ses affaires comme il l'entendait et de confier à son épouse la garde des enfants et des terres, selon l'usage en vigueur en Anjou. Il existe d'autres exemples de ce genre où la femme mariée assura la gestion de la seigneurie pendant l'absence du mari. Par exemple, le problème de régence avec le départ d'Henri de Brabant à la croisade de 1197 fut résolu en confiant à son épouse, Mathilde de Louvain, la gestion de sa terre[44]. En 1190, alors qu'il quittait la Flandre pour la Terre Sainte, Philippe de Souabe confia son comté à son épouse Mathilde de Portugal et Guillaume de Normandie avait laissé la gestion de son duché à Mathilde lorsqu'il partit à la conquête de l'Angleterre[45].

À partir de cet instant, certaines purent exercer un rôle politique important. C'est ainsi que Mathilde de Louvain, épouse d'Henri de Brabant, négocia le mariage de sa fille unique et héritière Marie de Brabant à Othon IV. À son retour de croisade, le duc Henri entérina les choix politiques de son épouse, dont le rôle s'estompa peu à peu, du moins en apparence. Tout se passe en réalité, nous dit J.-L. Kupper, comme si Mathilde participait aux grandes décisions politiques de son époux, qu'elle influençait ses choix, mais que "son action était, dans cette société d'hommes, consciemment ou inconsciemment occultée". La duchesse ne représentait pas un cas unique et les exemples de ce genre, souligne J. Verdon, étaient nombreux. On évoque souvent Ermengarde, la vicomtesse de Narbonne, qui fut seigneur de fief pendant cinquante ans et détint le pouvoir effectif malgré ses maris successifs : décidant la guerre, signant des traités, enrichissant les abbayes et réunissant une cour brillante[46]. Claudie Amado précise que, si Ermengarde a gouverné, c'est qu'elle avait hérité de son fief – à défaut d'enfants mâles – qu'elle avait des qualités personnelles mais surtout qu'elle avait le soutien et l'appui de son lignage.

41 *At quae ut compendiosum transitum faciam cum in flore faeni adhuc recubans iuncta esset viro, alligata mundo, ad eat velut captivus ad libertatem, vinctus ad solutionem, exsul ad patriam suspirabat, et se conjugali vinculo praepeditam, hominibus ignoto, deo cognito mentis angora deflebat, op. cit.*, 158.

42 Zueras 2007.

43 Collection Dom Housseau, VI, n°2135.

44 Kupper 1992, 233-257.

45 Verdon 1977, 229.

46 Grimal 1966, 57-58.

Ces exemples sont nuancés par les travaux de Georges Duby et Paulette L'Hermite-Leclercq[47] qui considèrent que le rôle assigné à la femme par cette "société profondément masculine et cavalière" était celui de fille, épouse, dame et mère soumis tout au long de sa vie. D'ailleurs, si le seigneur de Craon avait nommément désigné son épouse au moment de son départ à la croisade, cela signifie implicitement que ce rôle pouvait ne pas lui être systématiquement confié. En effet, dans un contexte différent, Amaury IV se trouva dans l'impossibilité d'administrer ses biens. Étant prisonnier en Angleterre, il donna procuration à diverses personnes afin de gérer son patrimoine le 2 juin 1357. Parmi ces personnes possédant la confiance du seigneur, figurent Isabelle de Craon, sa sœur, son épouse Pernelle de Thouars, l'abbé de la Roë ainsi que les principaux conseillers et compagnons d'armes du seigneur, c'est-à-dire tous des proches d'Amaury IV : dans ces circonstances très difficiles, il convient de mobiliser tous les gens de confiance.

Parents et alliés d'Amaury IV	Compagnons d'armes	Conseiller
Isabelle de Craon, sa sœur Pernelle de Thouars, sa femme	Jean de Saintré Maurice Mauvinet, maréchal d'Amaury IV Fourques, seigneur de Soucelles Jean Pointeau Juhes de Loge Macé d'Anjou Guillaume Tardif	Abbé de la Roë

Tabl. 78. Personnes chargées d'administrer les biens du seigneur de Craon pendant sa captivité et leurs liens avec Amaury IV.

Il s'agit en fait d'un conseil composé d'une dizaine de personnes, qui était chargé d'administrer les biens du seigneur pendant son absence et son épouse n'en était qu'un membre. Bien qu'étant considérée par son époux comme sa *très chière et très amée compaigne*, Pernelle de Thouars n'était citée qu'en seconde position dans l'acte, après sa belle-sœur, Isabeau de Craon.

Cet ordre de préséance n'avait rien d'anodin. Amaury IV épousa Pernelle de Thouars en 1345 : il était alors âgé de dix neuf ans. Cette alliance fut très intéressante pour la seigneurie de Craon, puisqu'elle nouait des liens avec la famille de Thouars au réseau de relations très étendu. Le seigneur de Craon fut notamment en contact avec le maréchal de Nesle, son beau-frère, époux comme lui de l'une des filles de Louis Ier de Thouars : lorsque le maréchal de Nesle fut fait prisonnier par les Anglais, il eut la possibilité de prendre sa fonction de lieutenant du roi en Poitou[48].

47 Duby 1981, 247-248 ; Duby & Perrot 1991, 248-251.
48 Dès le 16 mai 1351, Amaury IV est paré du titre de Lieutenant du roi en Poitou (BnF., *Titres scellés*, 12, 727) et neuf jours plus tard, il demande au receveur du Poitou de remettre à Boucicaut cinq cent livres tournois (BnF., *Pièces originales, fonds Craon*, n°9).

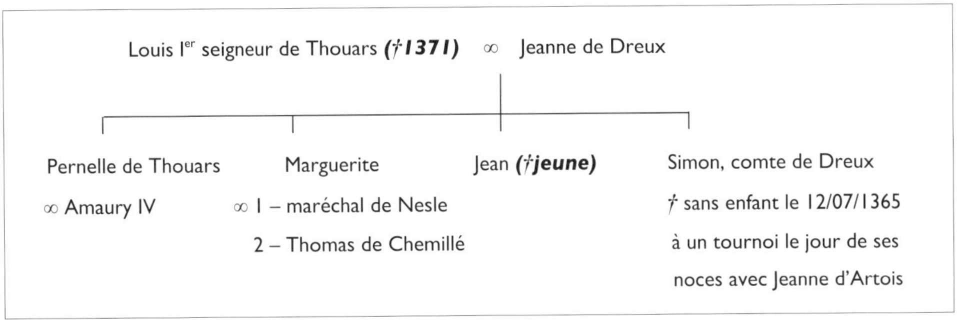

Tabl. 79. Filiation simplifiée de Louis Ier de Thouars[49].

La mort de l'héritier du comté de Thouars, Simon, en 1365 permettait à Pernelle de recevoir les deux tiers de l'héritage ; l'autre tiers appartint à sa sœur Marguerite, remariée à Thomas de Chemillé, par un accord du 7 juillet 1371[50]. Si cette alliance était très avantageuse pour la seigneurie de Craon, elle le fut moins pour la survie du lignage puisque la femme d'Amaury IV ne lui donna aucune postérité. Le seigneur de Craon eut deux enfants naturels dont la mère nous est inconnue : Pierre, qui figurait dans le testament de la sœur de son père, Isabelle de Craon[51] et Jeannette, qui reçut de la part de son père, pour son mariage avec Thibault de la Devillière, le domaine de Solesmes, évalué à soixante livres de rente[52]. À la mort d'Amaury IV, Pernelle de Thouars épousa, en secondes noces, en 1375, Clément Rouault mais ils n'eurent pas d'enfants.

En l'absence d'héritiers légitimes, la sœur d'Amaury IV, Isabelle de Craon, était en 1357, au moment de la rédaction de l'acte, l'héritière : elle était donc, de par sa position, citée en premier. D'ailleurs, elle prit possession de la seigneurie lors du décès d'Amaury IV, le 30 mai 1373.

L'alliance d'Amaury IV avec Pernelle de Thouars avait été avantageuse mais mariés pendant une trentaine d'années, les époux n'eurent pas de descendance. Cette situation constituait un risque pour la survie du lignage mais il n'avait pas le choix : il eût été difficile à cette époque de répudier son épouse et il dut s'en accommoder. Cette situation nuance la thèse traditionnelle de la place de la femme mariée au sein du lignage : elle n'est pas considérée comme un hôte de passage, dont le rôle était exclusivement d'assurer la descendance du groupe familial, même si Pernelle fut remariée par la suite. Cependant, la *domina* passe au premier plan si et seulement si elle est la mère des héritiers.

L'épouse du seigneur de Craon assure aussi la gestion de ses biens personnels et intervient au moment de partages successoraux lorsque cela concerne ses propres intérêts, mais dans ce cas là, elle figure aux côtés de son mari, qui entend contrôler et intervenir dans

49 Imbert 1870.
50 Archives de la Trémoille, *fonds Craon*, 1 AP 1595 (pièce non numérotée).
51 Villevieille & Passier 1875, XXII, fol. 66.
52 L'acte est daté de mars 1364 (Archives de la Trémoille, *fonds Craon*), 1 AP 1595 (pièce non numérotée).

l'administration des possessions de sa femme : les épouses des seigneurs de Craon n'agissent pas seules. C'est ainsi que le 7 juillet 1371, Amaury IV intervient aux côtés de son épouse Pernelle de Thouars à propos du partage de la succession de Thouars : ils passent alors un accord avec Thomas de Chemillé et Marguerite, sa femme[53].

Une information relevée dans Froissart mérite cependant une attention particulière. En septembre 1372, Froissart mentionne une convention signée à Surgères entre Jean, duc de Berry et les défenseurs de la place de Thouars, dans laquelle il était stipulé que ces derniers se soumettraient à Charles V si avant le 1er décembre, ils n'étaient pas secourus par le roi d'Angleterre ou le prince de Galles[54]. À la tête de ces seigneurs poitevins figurait Pernelle de Thouars, qui n'avait pas rompu avec les Anglais. Le 30 novembre 1372, Pernelle de Thouars remit la place de Thouars au roi de France et fut obligée, à Loudun, de prêter hommage lige avec serment de fidélité au duc de Berry : la vicomté de Thouars rentra alors dans la souveraineté du roi de France.

Cet épisode appelle quelques commentaires. Épouse du seigneur de Craon, encore vivant à ce moment-là, Pernelle de Thouars avait agi en seigneur, participant à la négociation d'une convention avec le représentant du roi de France et assurant ses responsabilités une fois le délai expiré. Amaury IV, son époux, ne figurait pas dans la convention de Surgères, ni dans l'hommage prêté par Pernelle de Thouars au duc de Berry. Défendant ses intérêts, elle avait agi seule. Il est vrai qu'au moment de ces négociations, Amaury IV ne figurait plus dans les actes ; il est possible que la fin de sa vie fut marquée par la maladie qui l'empêcha d'intervenir jusqu'à sa mort en mai 1373. Cette hypothèse paraît probable dans la mesure où Amaury IV ordonna ses affaires durant cette période, prenant des dispositions afin de régler sa succession. Dès le 11 novembre 1372, Guillaume de Craon, sire de Marcillac et Jeanne de Montbazon reconnaissaient qu'Amaury avait liquidé tous les droits de Jeanne sur les successions de Maurice VII, de Marguerite de Mello et d'Amaury III, en leur donnant les terres de Château-Neuf-sur-Charente et de Jarnac-sur-Charente[55]. L'incapacité d'Amaury IV à la fin de sa vie expliquerait ainsi son absence, en tant qu'époux, dans les actes politiques de Pernelle de Thouars, qui agissait en toute liberté dans la gestion de ses biens personnels.

Nous pouvons aussi y voir une attitude de prudence diplomatique : Amaury IV, malade et usé, joue "profil bas", laisse sa femme administrer ses biens situés dans la principauté d'Aquitaine échappant à la souveraineté du roi de France ; il reste en retrait, mais nous ne savons pas si ce choix remontait aux lendemains du transfert du Poitou au Prince de Galles et d'Aquitaine. Cette hypothèse trouverait tout son sens dans la mesure où Guillaume Ier, fils d'Amaury III et représentant de la branche cadette de Sainte-Maure, était chambellan du roi à ce moment-là : proche du pouvoir royal, il fut désigné par Charles V en octobre 1374, moins d'un an après la mort d'Amaury IV, comme membre du conseil qui devait, le cas échéant, assister le duc d'Anjou dans les fonctions de régent de France.

53 *Ibid.*
54 Froissart 1867-1879, VIII, CLV.
55 Archives de la Trémoille, *fonds Craon*, 1 AP 1595 (pièce non numérotée).

Le passage à un schéma lignager classique dans sa structure au XIIIe s. – patrilinéaire et agnatique – n'a pas eu de conséquences visibles sur le rôle de la femme mariée : discrète dans les actes au début de la période, elle l'est également à l'extrémité chronologique de notre sujet d'étude ; tout au plus peut on constater un renforcement de son autonomie dans la gestion de ses biens personnels, mais cela dépendait de l'épouse, de son rang. Étant donné la faiblesse documentaire sur ce thème, nous ne pouvons pas prétendre apporter des éléments novateurs : seul un travail prosopographique, mené par plusieurs chercheurs, pourrait nous permettre de confronter les informations, d'établir des comparaisons sur les conditions de vie des femmes nobles, sur la maisonnée et le rôle exercé par les femmes mariées. Dans le cas des Craon : c'était affaire de personnalité. En règle générale, l'épouse parait étroitement contrôlée dans sa gestion par son mari et par ses fils, mais ses relations familiales, son statut social impliquaient que l'on écoutait ces interlocutrices privilégiées, qui, une fois veuves, étaient alors amenées à jouer un rôle prépondérant, renforcé par la confiance constante témoignée par le seigneur de Craon à son égard.

Influence et position des veuves : la dame de Craon, une *domina*

Étant donné les décès précoces des seigneurs de Craon et la fréquence des périodes de minorité, il est légitime de se poser la question de la place et du rôle de la veuve au sein du groupe familial. Tous les historiens, traitant de la question, constatent que les sources sont plus nombreuses et mieux fournies que pour les femmes mariées. Notre corpus documentaire n'échappe pas à ce constat général mais la documentation connaît des déséquilibres selon la veuve étudiée. Les seize actes émanant des dames de Craon, en période de veuvage, s'étendent de la fin du XIIe s. jusqu'à la fin du XIIIe s. et concernent quatre veuves, avec de fortes inégalités : 50 % des actes émanent d'Isabelle de la Marche, veuve de Maurice IV de Craon vers 1246. La structure de notre partie dépend de ces données documentaires : après une étude générale et comparative sur les veuves de la famille de Craon, nous nous efforcerons de dresser le portrait d'une veuve en particulier, Isabelle de la Marche, dont l'emprise sur ses enfants et sur sa bru, Mahaut de Malines, nous apparaît pesante.

Les documents que nous possédons émanant des veuves des seigneurs de Craon peuvent être répartis en trois catégories : ceux qui concernent les affaires familiales (25 %), des transactions, des contrats de mariage par exemple, puis des actes de nature religieuse (37,5 %) surtout des donations et enfin des documents de nature plutôt politique (37,5 %), des hommages, des engagements.

dates	veuve de	références/ sources	contenu
* 1196-1202	Veuve de Maurice II	A.N., L.974, n°933	Charte d'Isabelle choisissant Savigny pour lieu de sépulture et répartissant les soixante sous de rente reçus par elle en dot.
* 1196-1207	Veuve de Maurice II	A.N., L.974, n°933	Charte d'Isabelle faisant don à diverses abbayes, avec l'accord de tous ses enfants
$ 14/10/1201	Veuve de Maurice II	Rymer, année 1201, p.40	Serment fait à Jean sans Terre par Juhel de Mayenne et Isabelle
* juill.1210	Veuve de Maurice II	A.N., L.972, n°634	Donation à Savigny
* 1216	Veuve de Maurice II	B.N., Nouv. Acq. Latines, n°1254, fol.27	Don à Fontaine-Daniel d'une rente pour le repos de son fils, Pierre de Craon
$1226	Veuve d'Amaury I	Layettes, n°1915	Hommage de Jeanne des Roches pour la sénéchaussée
&1237	Veuve d'Amaury I	Morice, *Preuves*, I, p.906	Don de Jeanne des Roches à Raoul de Fougères, son gendre, du fief d'Agon
$ 09/1250	Veuve de Maurice IV	Layette, n°3896	Engagement d'Isabelle de la Marche de remettre au roi ou au comte d'Anjou les forteresses qui lui appartiennent
* 7/09/1250	Veuve de Maurice IV	*Cartulaire de Champagne*	Prescription d'Isabelle du paiement aux moines de Champagne
* 10/1259	Veuve de Maurice IV	*Cartu. des Bons-Hommes*, fol. 184	Charte au profit des Bons-Hommes
$ 25/04/1262	Veuve de Maurice IV	Rymer, I, p.746	Réclamation d'Isabelle à son frère Henri III de la reprise des paiements qu'il lui faisait autrefois à titre de revenu des terres d'Angleterre appartenant à la famille de Craon
$ 12/08/1265	Veuve de Maurice IV	Ménage, p.220	Engagement d'Isabelle envers Hugues XII à ne pas faire hommage au comte de Poitiers pour ses biens dotaux situés près de Lusignan
&21/11/1274	Veuve de Maurice IV	*Cartulaire de Rays*, n°64	Assignation par Isabelle de la Marche, dame de Chantocé, des 50 livres de rente foncière données à sa fille Jeanne lors de son mariage avec Girard Chabot
$ 15/08/1283	Veuve de Maurice IV	Archives de la Trémoïlle, n°180 de l'Inventaire de 1502	Isabelle de la Marche, dame de Chantocé, reçoit de Charles I d'Anjou, 200 livres sur les amendes de la prévôté d'Anjou
$ 6/02/1298	Veuve de Maurice V	B.N., Titres scellés, fol. 2739	Reçu de Mahaut pour sa part sur les amendes du Maine
&21/11/1299	Veuve de Maurice IV	B.E.C., t. XLIV, p.299	Charte d'Isabelle de la Marche disposant ses biens en faveur d'Amaury III

LÉGENDE		
& : actes concernant les affaires familiales	* : actes de nature religieuse	$: actes de nature politique

Tabl. 80. Actes émanant des veuves des seigneurs de Craon (fin XIIe - fin XIIIe s.).

Ces différents actes, émanant des dames de Craon, sont donc constitués en majorité de donations pieuses ; la période de veuvage reproduit en cela les caractères du temps de l'union matrimoniale. En tant que femme mariée ou veuve, la femme noble détenait des fonctions religieuses qui lui ont été peut-être reconnues bien au-delà du haut Moyen Âge et ont pu survivre à la nouvelle emprise monastique sur la commémoration des défunts de l'aristocratie[56]. Elle pouvait ainsi utiliser sa fortune comme elle le souhaitait à condition d'obtenir l'accord des enfants. Les chartes de 1196-1202 et de 1196-1207 sont à cet égard significatives : la première mentionne le choix d'Isabelle de Mayenne pour Savigny comme lieu de sépulture[57] ainsi que la répartition des soixante sous de rente faisant partie de ses biens dotaux[58]. Juhel, son fils d'un premier mariage avec Geoffroy de Mayenne, Maurice, Pierre et Amaury, les enfants qu'elle eu avec Maurice II de Craon, approuvèrent cette décision. Elle avait ainsi le droit d'administrer librement les biens provenant de la dot, mais ses enfants, présents dans les chartes, continuaient à regarder de près la gestion de son patrimoine afin d'éviter d'en dilapider l'assiette en aumônes et donations pieuses[59].

La seconde charte, datée de 1196-1207, mentionne des donations effectuées par Isabelle de Mayenne, veuve de Maurice II, à diverses abbayes avec l'approbation de tous ses enfants : une charte de Juhel III de Mayenne confirme l'accord des enfants[60]. Dans ces deux chartes, Isabelle de Meulan, fille de Galeran, comte de Meulan, était encore désignée comme "Isabelle de Mayenne", du fait de son premier mariage avec Geoffroy IV de Mayenne. À cette date, non seulement le seigneur de Mayenne était décédé, mais de plus, Isabelle était la veuve du seigneur de Craon, mort peu avant la rédaction de ces documents. Cette situation nous interroge sur l'authenticité de cet acte.

Surprenant également est le pourcentage d'actes de nature politique émanant des veuves des seigneurs de Craon, qui laisse supposer une liberté d'action plus nette qu'au moment de leur mariage. Ce rôle public qu'elles jouaient en tant qu'épouses, à travers des actions religieuses, s'affirme et se diversifie à travers une prise de pouvoir décisionnel, au moment du veuvage (tabl. 81).

S'il apparaît que l'homme répugnait à remettre à sa femme la gestion des seigneuries et qu'elle était peu associée officiellement à la gestion des biens de son mari, au temps où elle était mariée, la veuve était, en revanche, chargée de l'administration des biens ainsi que de la tutelle des enfants. Cette "délégation de la puissance paternelle", selon l'expression de R. Aubenas, représentait une solution qui maintenait l'unité du patrimoine un certain temps

56 Sur la régression du rôle des femmes dans la commémoration des ancêtres, cf. Geary 1996, 104-117 ; Platelle 1990. Même s'il s'agit d'exemples pris du Haut Moyen Âge, nous nous apercevons qu'il existait des similitudes. La femme du mari sortait de l'ombre et apparaissait gardienne de l'âme de son mari et de l'identité du lignage.

57 Dès le XIIe s., le droit canonique autorisait la femme à choisir librement le lieu de sa sépulture ; rien ne l'obligeait à partager la tombe de son époux : Metz 1959, 91.

58 Arch. Nat., L. 974, n° 933.

59 Duby & Perrot 1991. Le Moyen Âge. Les enfants voyaient d'un œil moins tolérant les veuves trop généreuses de leur héritage car leurs largesses aux couvents "faussaient les structures des propriétés foncières" et dépouillaient les nobles de leur autorité sur leurs possessions. Ils cherchèrent donc à les contraindre au remariage (Duby 1972, 27, 803-823).

60 Arch. Nat., L. 974, n° 934.

SERMENT	**Isabelle de Meulan (1201)** Veuve de Maurice II	→	**Jean sans Terre**
HOMMAGE	**Jeanne des Roches (1226)** Veuve d'Amaury I	→	**Roi de France**
ENGAGEMENT	**Isabelle de la Marche (1250)** Veuve de Maurice IV	→	**Roi de France ou Comte d'Anjou**
ENGAGEMENT	**Isabelle de la Marche (1265)** Veuve de Maurice IV	→	**Hugues XII comte de Lusignan**
RÉCLAMATION	**Isabelle de la Marche (1262)** Veuve de Maurice IV	→	**Henri III Roi d'Angleterre**
REÇU	**Isabelle de la Marche (1283)** Veuve de Maurice IV	→	**Charles Ier Comte d'Anjou**
REÇU	**Mahaut de Malînes (1298)** Veuve de Maurice V	→	**Charles Ier comte d'Anjou**

Tabl. 81. Nature des actes "politiques" effectués par les dames de Craon.

et prolongeait la cohésion de la maisonnée. Elle assurait alors de lourdes responsabilités et exerçait tous les pouvoirs : la veuve devenait, du fait des circonstances, le "chef de famille"[61] (tabl. 82).

Toutes les veuves de la famille sont restées dans le siècle au moment du veuvage : aucune n'a décidé d'entrer dans un couvent[62]. Ces femmes ont certainement dû susciter des convoitises étant donné leur rang et leurs biens personnels. L'union avec Isabelle de la Marche, demi-sœur du roi d'Angleterre, Henri III, constitue l'alliance la plus intéressante pour la famille de Craon, mais d'autres mariages avaient été bien négociés comme par exemple celui conclu avec Tiphaine de Chantocé, fille et héritière d'Hugues, seigneur de Chantocé, vers 1100 qui apporta les seigneuries de Chantocé et d'Ingrande ou celui de Jeanne des Roches, fille aînée de Guillaume des Roches et de Marguerite de Sablé.

Une fois veuves, ces dames devenaient des partis intéressants, pouvant satisfaire les prétentions de nombreux lignages. Théoriquement, la veuve pouvait disposer d'un certain

61 Lorcin 1975, 188-204.

62 Selon M. Parisse, la veuve pouvait continuer à vivre dans le siècle ou se consacrer à la religion (Parisse 1993). Pourtant, nous dit G. Duby, quand elles étaient encore attirantes et leurs garçons mineurs, les veuves ne jouissaient pas longtemps de leur indépendance : leur lignage et celui du défunt s'entendaient pour les remarier et les remariaient sans peine. Duby 1995.

	Veuve de	Âge au moment du mariage	Âge au moment du veuvage	Secondes noces	Vie de la veuve Religieuse (R) ou vie séculière (VS)	Douaire	Enfants eus avec le seigneur de Craon
Tiphaine de Chantocé	Maurice I (†1116)	-	-	Simon Crespin, seigneur de Chantoceaux	VS	-	2
Marquise	Hugues (†1138)	Mariage vers 1133 - 1138	-	Payen de Vaiges	VS	-	3
Isabelle de Meulan	Maurice II (†1196)	Env. 50 ans En 1ère noces avait épousé Geoffroy de Mayenne	-	Non	VS	-	7
Jeanne des Roches	Amaury I (†1226)	-	-	Non	VS		3
Isabelle de la Marche	Maurice IV (†1250)	20 ans	-	non mais des négociations eurent lieu	VS	Chantocé	5
Yolande de Dreux	Amaury II (†1270)	-	-	Jean de Trie comte de Dammartin	VS	Briolay, Châteauneuf, Précigné, Sablé jusqu'à sa mort	-
Mahaut de Malines	Maurice V (†1293)	-	-	Jean de Beaumont le Vicomte	VS	Sablé, Précigné, Châteauneuf	4
Marguerite de Mello	Maurice VII (†1330)		-	Jean II de Chalons	VS	-	3
Pernelle de Thouars	Amaury IV (†1373)	-	-	Clément Rouault	VS		0

Tabl. 82. Les veuves de la famille : tableau synoptique.

choix : elle pouvait demeurer dans la famille de son mari, auprès de ses enfants ; vivre indépendante sans se remarier ; ou enfin se remarier et quitter sa première "famille d'accueil". Mais, dans la pratique, la veuve, si elle était jeune, se voyait interdire la seconde solution et se trouvait soumise à des pressions contradictoires qui l'empêchaient de choisir sereinement entre les deux autres. Les jeunes veuves étaient en effet au centre de forces s'affrontant férocement pour disposer de leur corps et de leurs biens[63].

63 Klapisch-Zuber 1983, 1097-1110.

Sur neuf veuves, six ont contracté une nouvelle alliance. Parmi les trois qui n'ont pas convolé en secondes ou troisièmes noces, figure Isabelle de Meulan, qui avait épousé Geoffroy de Mayenne et était âgée d'environ cinquante cinq ans au moment de la disparition de son second mari, Maurice II. L'absence d'un remariage paraît compréhensible dans ce cas, même si nous avons des exemples où la dame, aussi âgée que ne l'était Isabelle de Meulan, contractait une troisième union. En revanche, Isabelle de la Marche était âgée de vingt six ans au moment du décès de son époux, Maurice IV, en 1250 et elle resta veuve jusqu'à sa mort vers 1300, c'est-à-dire pendant une cinquantaine d'années. Jeanne des Roches ne connut également qu'une seule union qui fut pourtant brève : son mariage avec Amaury I ne dura en effet qu'une décennie et demie[64]. Pour les autres veuves, nous n'avons aucun renseignement sur leur âge au moment du décès de l'époux.

Les veuves des seigneurs de Craon qui se remarièrent contractèrent des alliances d'inégale importance. Nous pouvons considérer que les deux premières veuves de la famille, Tiphaine de Chantocé, veuve de Maurice I (mort en 1116) et Marquise, épouse d'Hugues (mort en 1138), avaient épousé en secondes noces des seigneurs de rang inférieur à celui de leurs époux, les seigneurs de Craon : ils faisaient figure d'auxiliaire. Comme c'était souvent le cas, les femmes étaient de meilleure naissance que les hommes : la haute qualité de leur sang et la puissance de leur parenté les dotaient d'un ascendant certain sur leurs conjoints et sur les hommes de la maison où elles étaient entrées.

En revanche, Yolande de Dreux, fille de Jean Ier de Dreux et de Marie de Bourbon, se remaria à Jean de Trie, comte de Dammartin, qui représentait un excellent parti et Marguerite de Mello s'unit à Jean II de Chalons. Rien ne nous permet de supposer, eu égard à notre documentation, que la dame de Craon avait eu la liberté de refuser une alliance ou de choisir son nouvel époux.

La totalité des veuves des seigneurs de Craon avaient ainsi préféré rester dans le siècle, et trois d'entre elles seulement, purent jouir pleinement du pouvoir et, délivrées du "joug marital", accroître leur indépendance, même si au fond, personne ne sait si cela leur plaisait. Mais, au moment où disparaissait le mari, se posait la question de savoir quelle part revenait à sa veuve. Dans le cas des Craon, il est probable que le sort de la veuve avait été fixé au moment du mariage par contrat. Peu de contrats de mariage nous sont parvenus ; nous disposons seulement d'une lettre du roi de France, Philippe le Bel, ratifiant le contrat de mariage d'Amaury III avec Béatrix de Roucy en octobre 1312[65]. Cet acte peut se diviser en trois parties. La première concerne la dot de Béatrix de Roucy, confiée à Amaury par le lignage de Roucy pour leur ménage, *c'est assavoir que ledit Amauri ait ouvecque la dicte Beatrix, deux mile livres à tournoi de terre et de rente annuel et perpetuel en heritage a la dite damoiselle et à ses hoirs*. La dot de Béatrice doit aller à ses héritiers, elle n'est pas appelée à devenir un gain de survie pour le mari. Si elle pré décède sans enfant, la dot retournera à la famille de Coucy. Une seconde partie concerne *les héritiers qui viendront du mariage de li* (Amaury III) *et de la*

64 D'après les statistiques sur les couples tirées des livres de famille, les 2/3 des femmes devenues veuves avant vingt ans, le 1/3 entre vingt et vingt neuf ans, mais seulement 11 % entre trente et trente neuf ans trouvaient à se remarier (*Ibid.*).

65 Archives de la Trémoille, *fonds Craon*, 1 AP 1595.

dite Béatrix. Enfin, il était prévu qu'en cas de décès de l'époux si *Amauri deffailloit avant la dite Beatrix, sa femme, ycelle Beatrix*, puisse disposer *en douayre à sa vie le tierz de toutes ses terres ou la value du dit tierz* et l'acte détaille de manière précise le contenu de ce douaire : *c'est assavoir que pour le douaire de trois mille livres de rente, elle aura son vivant le chastel de Chantoci ouvec mille livres de ladite rente.*

La veuve qui n'entrait pas en religion s'installait donc sur un douaire, c'est-à-dire la portion de ses biens et de ses droits cédés par son mari lors de la conclusion du pacte matrimonial, afin d'assurer sa sécurité matérielle en cas de veuvage[66]. Régine le Jan-Hennebicque explique que la place grandissante du couple conjugal avait très vite rendu nécessaire de garantir plus efficacement l'indépendance matérielle de l'épouse et sa sécurité dans cette éventualité ; le douaire se révélait être la meilleure garantie possible pour l'épouse devenue veuve, car il était pour l'essentiel constitué de biens fonciers et concédé à l'épouse sa vie durant[67]. Son époux vivant, la dame n'avait qu'un droit virtuel sur ce bien. Veuve et le restant, refusant un second mariage, elle entrait en possession du douaire et dès lors le gérait librement, comme un homme, agissant en pleine maîtrise d'un pouvoir masculin. C'est ainsi que les diverses donations avaient été effectuées par les veuves des seigneurs de Craon à partir des revenus tirés de leurs douaires. Aucun exemple n'indique que les veuves avaient, à un moment donné, grevé leurs douaires, constitués en grande partie de rentes assises sur des biens fonciers : elles n'en avaient pas le droit.

Nous avons représenté ci-dessous la nature du douaire confié à la dame de Craon, dans la mesure où nous disposions de l'information ; nous n'avons aucun renseignement avant Isabelle de la Marche :

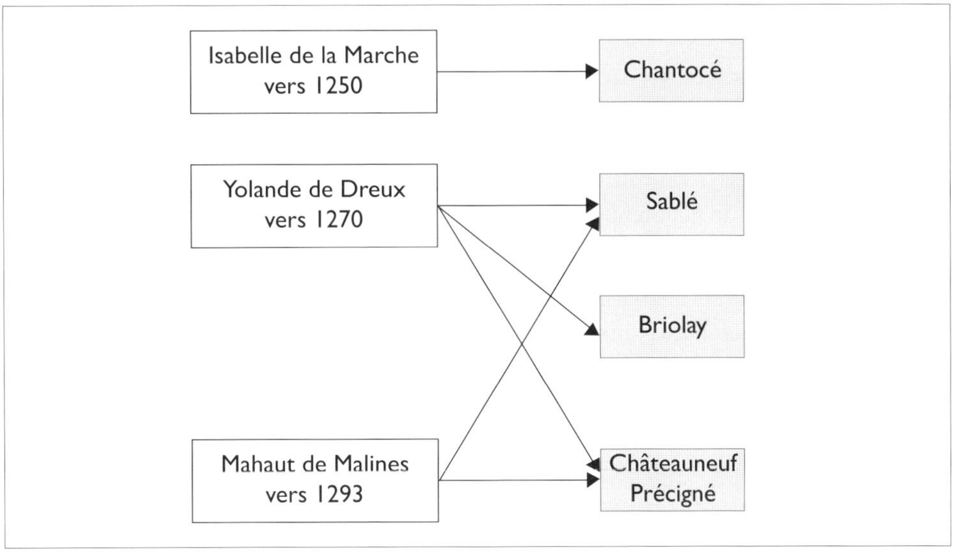

Fig. 30. L'assise foncière du douaire des dames de Craon.

66 Duby 1995, 215-219.
67 Parisse 1993, 107-123.

Au vu des informations que nous possédons, il semble qu'un certain nombre de fiefs soient systématiquement utilisés pour constituer les douaires des épouses des Craon : c'est le cas des terres de Sablé, de Briolay, de Châteauneuf et de Précigné. Ces seigneuries ont été acquises par la famille grâce à des alliances habilement négociées. C'est ainsi que la seigneurie de Chantocé est rentrée dans le patrimoine des Craon à la suite du mariage de Maurice I († en 1116) avec Tiphaine de Chantocé, l'unique héritière de son père, Hugues.

Ces biens proviennent essentiellement de l'héritage maternel afin d'épargner le noyau patrimonial de la famille : il s'agissait, la plupart du temps, de terres que la grand-mère du mari avait elle-même hérité de sa famille. Par exemple, les douaires de Yolande de Dreux, puis de Mahaut de Malines reposaient sur les fiefs de Sablé, de Briolay, de Châteauneuf et de Précigné acquis par la famille de Craon après le mariage conclu par Amaury I († en 1226) avec Jeanne des Roches, comme l'avait prévu l'acte de partage de 1218, fixant la part à chacune des filles de Guillaume des Roches[68].

La carte nous indique que les biens assignés aux épouses par leurs maris étaient pris sur les marges géographiques de la seigneurie pour ne pas rogner le noyau patrimonial, ce qui ne signifiait pas que ces biens étaient de ceux dont on se défaisait facilement[69]. En effet, dans la première partie, nous avons vu d'une part les liens existant entre les familles de Craon et de Sablé, qui avaient pour ancêtre commun Robert le Bourguignon († en 1098) et d'autre part, le maintien de ces relations en dépit de choix politiques et familiaux opposés. À la suite du mariage d'Amaury I avec Jeanne des Roches, le fief de Sablé réintégrait le patrimoine familial après un siècle et demi. Au-delà de ces considérations familiales, cette seigneurie, l'une des plus importantes du Maine[70], représentait une source de revenus importante dont le lignage ne comptait pas se débarrasser. Si l'on considère que le douaire représentait en général le 1/3 des biens du mari[71], nous pouvons nous rendre compte de l'immense fortune acquise par la famille de Craon, milieu XIIIe s., grâce à des alliances fructueuses.

Proches d'Angers, ces fiefs n'étaient pas très éloignés de la seigneurie de Craon et correspondaient à l'horizon géographique de la famille. La superposition de la carte des alliances matrimoniales et de celle mentionnant l'assise foncière des douaires témoigne de la volonté du lignage de constituer le douaire à partir de l'héritage maternel, issu des unions des Craon, et de maintenir, par conséquent, un bloc territorial compact, implanté en terre angevine.

En dépit des contrats de mariage, le décès de l'époux et la possession du douaire par la veuve pouvaient générer des contestations. Ces tensions familiales sont visibles à travers nos documents. Par exemple, en mars 1270, Maurice V, second fils de Maurice IV et d'Isabelle de la Marche, devenu seigneur de Craon à la suite du décès de son frère aîné, Amaury II, passait

68 Beautemps-Baupré 1877-1897, 120-124.

69 Parisse 1993 ; Le Jan-Hennebicque 1993, 107-123, avance l'hypothèse que les biens fonciers destinés au douaire de la veuve étaient secondaires et que la famille s'en séparait facilement. De plus, elle souligne que les "maris avaient tendance à limiter l'importance du douaire afin de conserver le patrimoine ancestral de la famille".

70 Beautemps-Baupré 1877-1897, III, 115.

71 Il semble que ce rapport soit représentatif de la part versée à la veuve en qualité de douaire, dont le montant n'a guère évolué depuis le Haut Moyen Âge.

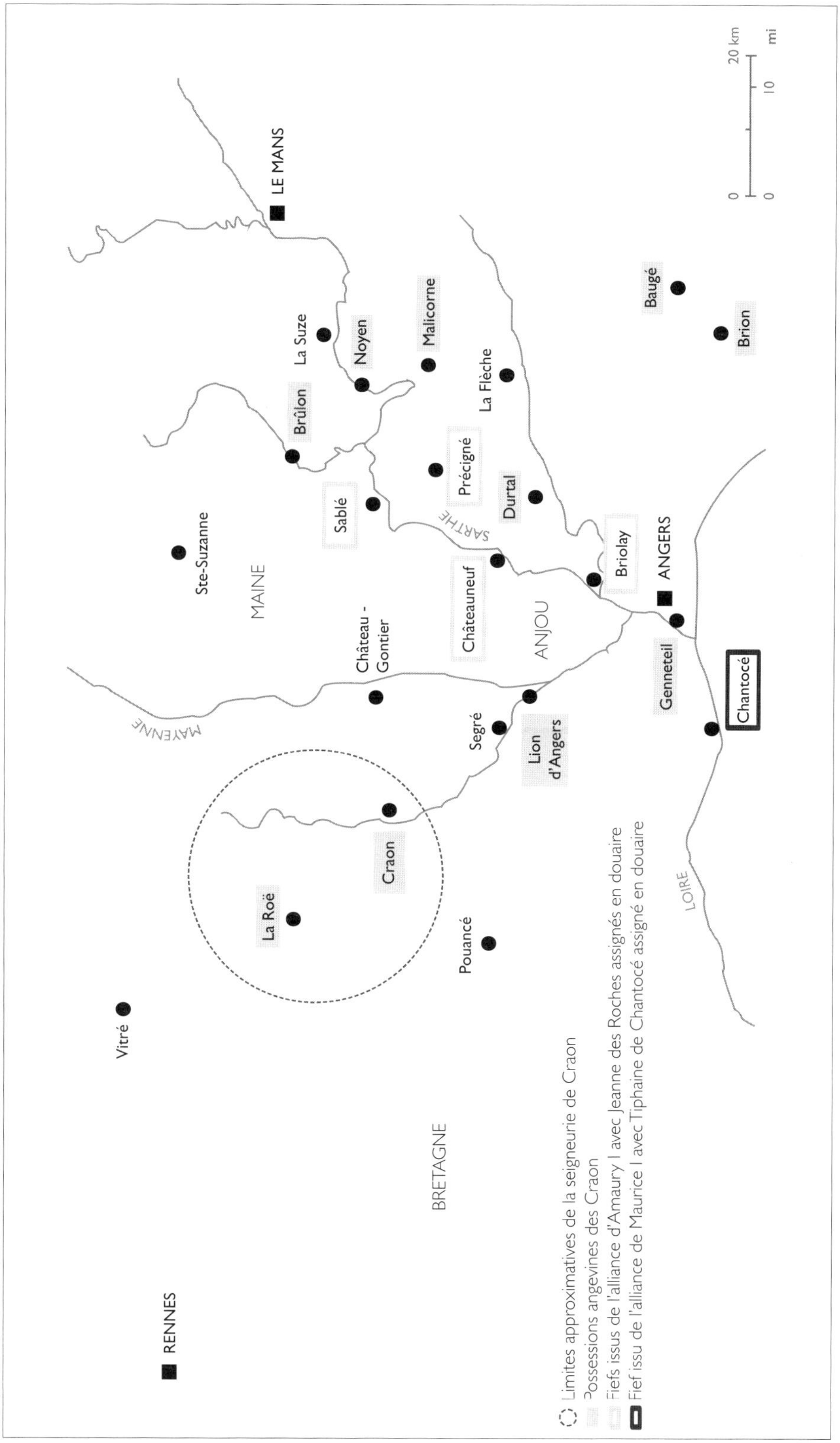

Fig. 31. Fiefs assignés aux dames de Craon : aux marges géographiques de la seigneurie.

un accord avec Yolande de Dreux, sa belle sœur, veuve d'Amaury, au sujet de son douaire[72]. La contestation portait sur *touz les muebles, qui estoient commun au dit Amauri et Yolent, au tens que li diz Amauri ala de vie à mort*. La nature de ces biens est diverse : il s'agissait de blé, de vin, de rentes et de ventes de bois coupé… Le règlement de ce conflit familial nécessita la présence de l'évêque d'Auxerre, Gui de Mello, de l'archidiacre de Vendôme, Simon de Paris et du bailli d'Anjou mais également l'intervention de procureurs *deus preudes hommes, l'un esleu de la partie Morise et de l'autre de la partie Yolent* chargés de vérifier la véracité des propos tenus par les parties en présence et de veiller à l'exécution de l'accord. À cette date, la présence de deux douairières engendrait une situation particulière.

Pour éviter ce genre de contestations, le seigneur de Craon s'efforçait de garantir les droits de chacun, de son épouse mais également de ses enfants dans un testament, qui ne remettait pas en question les décisions prises et écrites lors du contrat de mariage. Le 2 février 1292, Maurice V de Craon, malade, fit son testament et jugea bon de rappeler que son épouse Mahaut de Malines, recevrait *pour la pourvoyance de son état et de ses enfants le chasteau de Sablé, la ville de Prescigné, et les appartenances desdits lieux et trois cents livres de rente, a prendre sur Chasteauneuf.* Il désigna son fils, Amaury, héritier de la seigneurie de Craon puis donna en partage à ses filles un certain nombre de rentes : *scavoir à Marie, la somme de six mille livres* (…)*, Isabel de Craon, les issues de la senechaussée de Touraine et si le roy de France ne le vouloit, il ordonna que son hoir* (…) *lui assignat quatre cent livres de rente sur sa terre et de plus lui fist don de la somme de quatre cent livres. Et a Jeanne de Craon, il donna trois cent livres de rente et trois mille livres à une fois payées*. La pratique tendait à garantir les droits des enfants et en particulier des fils. Régine le Jan-Hennebicque, en ce qui concerne le Haut Moyen Âge, souligne que les fils exerçaient un droit de regard sur la gestion du douaire de leur mère, ce qui revenait en somme à ne leur laisser que l'usufruit des biens : "les veuves n'aliénaient pas leur douaire sans l'accord de leur fils"[73]. Elle avance alors l'hypothèse que "le passage d'une donation en toute propriété à une donation en usufruit révélait à coup sûr de fortes tensions autour de l'héritage et accompagnait sans doute la mise en place de structures lignagères".

Un portrait de femme mérite une attention particulière dans la mesure où les documents à son sujet sont plus fournis que ceux sur les autres veuves : il s'agit d'Isabelle de la Marche. En effet, bien que non exhaustive, la documentation que nous avons pu rassembler, nous aide à dégager quelques hypothèses de travail et son analyse permet de différencier plusieurs étapes dans la vie et le parcours d'Isabelle car son rôle au sein du groupe familial a été évolutif selon les circonstances.

Isabelle de la Marche était née du remariage d'Isabelle d'Angoulême, veuve de Jean sans Terre avec Hugues X de Lusignan : elle était donc la demi-sœur du roi d'Angleterre, Henri III. Elle épousa Maurice IV, qui avait à ce moment-là une vingtaine d'années. Cette alliance, vraisemblablement négociée par le lignage maternel de Maurice IV, issu de Jeanne des Roches, était très intéressante pour les Craon, dans la mesure où elle leur ouvrait de

72 Archives de la Trémoille, *fonds Craon*, 1 AP 1593.
73 Parisse 1993 ; Le Jan 1993, 107-123.

nouvelles perspectives[74]. En effet, ce mariage se réalisa dans les années 1240, au moment de la révolte de la noblesse contre le pouvoir royal et la minorité de Louis IX. Le lignage des Craon se trouva donc au cœur des ligues : d'une part, la fille d'Amaury I, la sœur de Maurice IV, était mariée au fils de Pierre Mauclerc, Arthur, dans les années 1223, d'autre part, Maurice IV épousa Isabelle de la Marche, fille des comtes d'Angoulême, dans une région fortement touchée par ce sentiment de révolte. Si les Craon restèrent prudents et ne participèrent pas directement aux ligues, ils manifestèrent l'envie, cependant, de trouver des appuis extérieurs au royaume et d'étendre leur réseau familial dans des directions diverses[75].

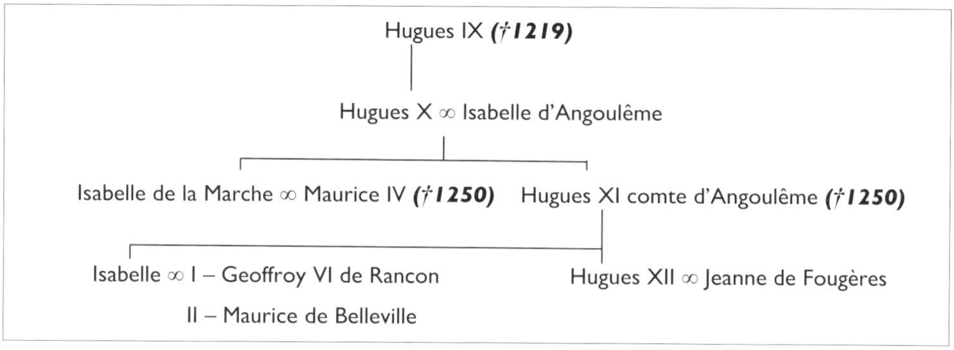

Tabl. 83. Filiation simplifiée des comtes de La Marche.

Isabelle se maria relativement tôt : elle était âgée d'une dizaine d'années lorsqu'elle épousa Maurice IV vers 1243. Cette jeunesse des femmes au mariage a été maintes fois soulignée[76]. Le jeune Maurice devait être âgé d'une vingtaine d'années vers 1243. Il semble, en effet, que Maurice ne soit devenu majeur qu'en 1245 : avant cette date, nous ne disposons d'aucun acte émanant directement de Maurice. C'était sa mère, Jeanne des Roches, qui était sur le devant de la scène, intervenant à plusieurs reprises : elle prêtait hommage à Louis IX pour la sénéchaussée de Touraine en 1226[77] et ratifiait un don[78] à son gendre, Raoul de

74 Se marier avec une fille de sang royal était très prisé par les familles seigneuriales qui ressortaient grandies par ces alliances prestigieuses. L'exemple venait d'en haut ; Louis IX fut attentif à se rattacher par delà les Carolingiens aux Mérovingiens, établissant une continuité entre les trois familles, les Capétiens constituant la troisième. Se lier à la race de Charlemagne s'expliquait par des raisons politiques et l'on avança l'ascendance carolingienne de Philippe Auguste par sa mère Adèle de Champagne : toutes les épouses des rois capétiens à l'exception de la princesse russe Anne de Kiev, épouse d'Henri Ier, était en fait d'ascendance carolingienne ; fut également soulignée l'ascendance carolingienne d'Isabelle de Hainaut, première femme de Philippe Auguste et mère de leur fils aîné Louis. Il est intéressant de noter d'une part cette volonté de se rattacher à des origines prestigieuses et d'autre part, l'importance des femmes dans la transmission du sang carolingien : cette descendance carolingienne passait par les femmes (Le Goff 1996, 80).

75 Cf. chapitre I de la IIIe partie : La mainmise royale sur les Craon : un processus lent et difficile, p. 343.

76 Nous pouvons citer par exemple Duby 1995, 215-219.

77 Teulet *et al.* 1863-1909, n°1915.

78 Dom Morice 1742-1746, I, 906.

Fougères, en 1237. Le 13 octobre 1245, Maurice IV prêtait hommage à Louis IX : il s'agissait du premier acte[79] de Maurice en tant que seigneur de Craon. Les époux avaient donc une dizaine d'années de différence. À un moment où la vie ne durait pas quarante ans, cette différence d'âge était significative.

	Date de naissance	Âge au moment de son mariage	Âge de son époux au moment du mariage	Âge au moment du décès de son mari	Âge au moment de son propre décès
Isabelle de La Marche	Vers 1230 (elle a eu son 1er enfant en 1244, elle avait donc au moins 12 ans)	Environ 10/12 ans (vers 1240)	Maurice IV une vingtaine d'années	Une vingtaine d'années (Maurice IV meurt en 1250)	Environ 70 ans (elle meurt en 1300)

Tabl. 84. Tableau synthétique sur Isabelle de La Marche.

De 1243 à 1250, date à laquelle mourait Maurice IV, Isabelle a enfanté à cinq reprises : trois garçons et deux filles. En donnant cinq enfants au seigneur de Craon, Isabelle avait accompli son devoir d'épouse. Pendant cette période, nous n'avons aucune trace d'Isabelle dans les actes. L'absence de référence d'Isabelle dans les sources, alors qu'elle tenait rang d'épouse, n'est pas très significative dans la mesure où nous sont parvenus seulement trois actes du seigneur de Craon de 1243 à 1250 : l'hommage de Maurice IV à Louis IX dès son entrée en possession de la seigneurie en 1245 et deux accords passés, l'un en 1246 et le second en 1249. En revanche, dès le décès de son époux en 1250, Isabelle apparaissait dans les actes. En septembre 1250, elle s'engageait à remettre au roi ou au comte d'Anjou les forteresses qui lui appartenaient[80] : à partir de cet instant, cette jeune veuve, âgée d'une vingtaine d'années à peine, allait assumer ses responsabilités, c'est-à-dire s'occuper de la garde de ses enfants et prendre des décisions dans l'intérêt de sa famille, comme le prévoyaient la coutume et les usages[81]. Par exemple, le 10 juillet 1251, Henri III, le roi d'Angleterre, constituait à Isabelle, sa sœur, une rente de 100 marcs afin de maintenir son train de vie le temps de son veuvage[82]. En 1262, Isabelle réclamait à son frère la reprise des paiements qu'il lui faisait autrefois, à

79 BnF, *Fonds latin*, 9778, fol. 29.

80 Teulet *et al.* 1863-1909, n°3896.

81 J. Le Goff, dans son ouvrage sur Saint Louis, montre qu'il n'y avait pas de problème à donner le pouvoir à une femme, tout à fait capable d'assurer la continuité du pouvoir royal (Le Goff 1996, 85) d'autant qu'elle pouvait compter sur l'appui de conseillers. "Dans les jours qui suivirent la mort de Louis VIII à Montpensier, le 8 novembre et ses funérailles à Saint-Denis, le 15 novembre, on s'aperçut que la tutelle du jeune roi et du royaume était passée entre les mains de la veuve de Louis VIII, la reine mère Blanche de Castille, âgée de 38 ans ; elle était assistée de conseillers. Cette situation apparaît légalisée par un acte, versé aux Archives royales, daté de l'année 1226." (Teulet *et al.* 1863-1909, II, n°1828).

82 Rymer [1739-1745] 2006, I, 278 : *Sciatis quod concessimus dilecte sorori nostre Isabelle, que fuit uxor Mauritii de Croun, 100 marcas singulis annis, percipiendas ad scaccarium nostrum quamdiu vixerit.*

titre de revenu des terres d'Angleterre appartenant à la famille de Craon[83]. Cette demande était appuyée par des lettres émanant de Geoffroy de Lusignan, qui demandaient à Henri III d'accepter la requête d'Isabelle de la Marche[84]. Ce fait est intéressant et plusieurs remarques peuvent être dégagées : d'une part, Henri III avant conservé des liens avec sa demi-sœur, qu'il n'abandonna pas, au moment où elle devait gérer, sans son époux et relativement jeune, l'éducation et le patrimoine de ses enfants. D'autre part, Isabelle avait fait preuve d'opiniâtreté et savait faire appel à la fibre familiale lorsque ses intérêts, ou du moins ceux de ses enfants, étaient en jeu.

Cet exemple montre aussi que la veuve, dans le cas d'Isabelle, n'était pas abandonnée par sa propre famille : les liens étaient étroits mais intéressés. En effet, en 1251, les bonnes dispositions fraternelles d'Henri III visaient peut-être à déstabiliser Louis IX dans l'ouest.

De plus, Isabelle avait reçu le soutien de Geoffroy de Lusignan dans sa demande auprès de leur frère, Henri III, en 1262 mais, trois ans plus tard, elle s'engageait envers Hugues XII, son neveu, à ne pas faire hommage au comte de Poitiers pour ses biens dotaux, situés près de Lusignan[85]. Isabelle de la Marche savait faire preuve d'habileté politique et d'opportunisme dans sa gestion de la seigneurie de Craon : elle sut maintenir ses relations avec le roi d'Angleterre en raison de ses liens familiaux tout en ne se discréditant pas auprès du roi de France en soutenant les ligues, dont faisait pourtant partie son lignage d'origine.

La famille de Craon entendait poursuivre les liens entretenus avec les La Marche : ces relations semblaient correspondre à une politique familiale calculée et cohérente. Isabelle de la Marche en était le maillon central : elle était à la fois la tante d'Hugues XII mais aussi de Jeanne de Fougères, l'épouse d'Hugues, par son alliance avec Maurice IV de Craon.

Cela ne signifiait pas qu'Isabelle avait été à l'origine de ce mariage mais, une fois veuve, aidée de conseillers, elle sut poursuivre la logique matrimoniale. Tout se passe en réalité comme si Isabelle était parfaitement au courant des affaires au moment du décès de son

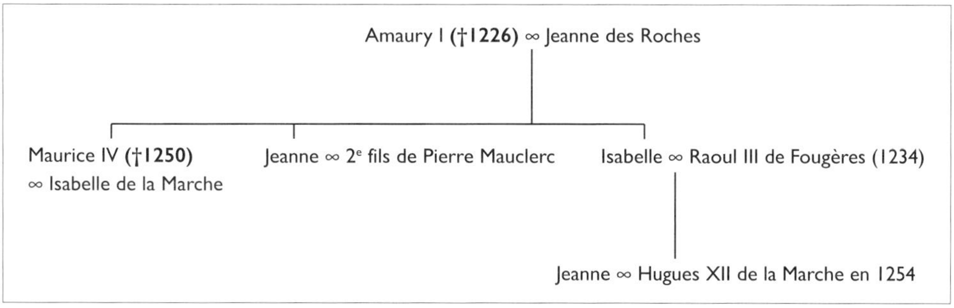

Tabl. 85. Isabelle de La Marche, pièce essentielle de l'échiquier familial.

83 *Ibid.*, I, 418.
84 *Ibid.*, I, 419.
85 Ménage 1683, 220.

mari. Elle avait certainement participé aux décisions de son époux, influencé ses choix, en tous les cas, elle n'avait pas été écartée des affaires familiales. Cependant, son action dans cette société d'hommes avait été occultée, lorsqu'elle était épouse[86].

Isabelle mourut le 14 janvier 1300, à l'âge de 70 ans environ. Elle avait été veuve pendant cinquante ans, restant dans le siècle, gérant le patrimoine et exerçant la tutelle de ses enfants et petits-enfants. Disposant du douaire qu'elle avait reçu au moment de son mariage, Isabelle de la Marche avait tenu un vrai pouvoir et en avait joui pendant toute cette période. Nous connaissons d'autres exemples de femmes ayant eu une longévité leur permettant de tenir un rôle actif de leur vivant et de continuer à gouverner[87]. Ermessende de Barcelone, étudié par Martin Aurell[88], représente un exemple méditerranéen assez proche de celui d'Isabelle. Malgré la diversité des situations et l'écart chronologique, des points communs peuvent ressortir : le rôle joué par les veuves est question de circonstances et de caractères, et elles pouvaient jouer une place de premier plan, et même plus importante quand elles étaient livrées à elles-mêmes que quand elles étaient dans l'ombre de leurs maris, dans un contexte de resserrement de la famille conjugale. L'attention se resserre sur le couple et sa descendance, le souvenir du défunt, la tutelle des enfants, la défense du patrimoine d'un lignage. La veuve gère et défend le cas échéant le bien familial.

Sa longévité, environ 70 ans, l'amena à assister à la mort de son mari, Maurice IV, en 1250, de ses fils : Amaury II, mort en 1270, Maurice V, mort en 1293, seigneurs de Craon et de son troisième fils, Olivier, archevêque de Tours, mort en 1285, mais également de sa fille Jeanne Chabot. Elle a aussi connu le nouveau seigneur de Craon, son petit-fils, Amaury III (seigneur de 1293 à 1333). Ses deuils familiaux ont dû endurcir son caractère puisque, malgré les épreuves, elle continua à être présente, s'établissant en position de "matrone" et de *domina*, usant de son ascendant sur ses fils, peut-être tyrannisant ses brus, administrant son douaire et elle occupa certainement une place centrale dans la négociation du mariage de sa nièce, Jeanne puis de sa petite fille. En effet, Le 6 novembre 1296, Geoffroy d'Ancenis donnait quittance de *deux cens livres de monnoie courante* (...) *en rabatant de cinq cens livres, que ladite très noble dame avoit promises à la prolocution du mariaige* de son fils et de sa petite fille, c'est-à-dire la fille de Marguerite et de Renault de Précigné[89]. Isabelle de la Marche intervenait donc dans les affaires de sa fille Marguerite et de son gendre concernant le mariage de leur fille. C'est elle qui concédait la dot, ce qui laisse supposer, peut-être l'impossibilité matérielle du couple Renaud / Marguerite de la payer, mais en tous les cas, la forte emprise d'Isabelle de la Marche et son incontournable intervention, que lui permettaient ses biens. Le portrait d'Isabelle de

86 Isabelle de la Marche ne représentait pas un cas unique ; les exemples de ce genre sont nombreux : Verdon 1977 et Kupper 1992. Duby 1981, 247-248, et L'Hermite-Leclercq 1990, 248-251, paraissent, eux, plus nuancés.

87 Parisse 1993.

88 *Ibid.* ; Aurell 1993, 201-233.
Pendant plus de quarante ans à la mort de son mari, Ermessende de Carcassonne occupa une place primordiale dans la hiérarchie des pouvoirs. Son influence politique fut déterminante. Mais, à la différence d'Isabelle de la Marche, dès le vivant de son mari, elle apparaissait déjà dans la documentation catalane et son activité dans le gouvernement barcelonais fut intense. Elle gérait à côté de son mari les terres et jouissait d'un pouvoir incontestable. L'expérience politique acquise auprès de son mari la préparait à assumer seule la fonction comtale.

89 Archives de la Trémoille, *fond Craon*, 1 AP 1620.

la Marche semble proche de celui d'Aliénor[90] d'Aquitaine qui agit, elle aussi, en "matrone", mais seulement à l'extrême fin de sa très longue vie, suscitant les convoitises et arrangeant le mariage de ses petites filles dont Blanche de Castille.

La place acquise par Isabelle de la Marche peut, bien entendu, s'expliquer par son rang et ses origines familiales : de meilleure naissance que son époux, la haute qualité de son sang et la puissance de sa parenté la dotaient d'un ascendant certain sur son conjoint et sur les hommes de la maison de Craon. Mais cela tient peut-être au fait qu'il n'y avait aucune branche cadette à ce moment-là : dès lors, il n'y avait aucune contestation, aucune revendication ni tension mais aussi aucun moyen de contrôle et de pression. Tout le pouvoir était alors détenu par la lignée principale donc par la veuve ; seuls les beaux-frères par alliance, en particulier Raoul de Fougères, qui avait assuré le bail de Maurice IV en 1244, pouvaient prétendre à un droit de regard sur la gestion familiale. Elle n'eut même pas à subir l'influence de sa belle-mère, de la mère de Maurice IV, Jeanne des Roches, devenue veuve car celle-ci était morte avant. C'est ainsi que non seulement Isabelle de la Marche s'occupa de la garde et de l'éducation de ses enfants, mais elle s'empara en plus du titre de sénéchal de Poitou : elle joua le rôle d'épouse, de mère, de veuve gestionnaire, de tutrice, de grand-mère veillant à ses intérêts mais aussi à ceux de ses enfants. Son engagement envers "sa famille d'accueil" avait été total. Conformément sans doute à sa dernière volonté, Isabelle de la Marche fut ensevelie dans la chapelle des Cordeliers d'Angers, fondée par son fils Maurice V, prenant en main son destin jusqu'à la fin et montrant, aux yeux de tous, son appartenance à ce lignage.

Les circonstances familiales n'expliquent pas tout. La personnalité d'Isabelle de la Marche et son habileté politique furent décisifs, comme le témoigne, entre autres, son attitude à l'égard du roi de France et du roi d'Angleterre : à la fois proche parente d'Henri III et n'hésitant pas à ce titre à lui demander des aides financières, mais aussi se plaçant au service du roi de France. D'ailleurs, le mariage des enfants d'Isabelle de la Marche et de Maurice IV de Craon furent négociés par Louis IX : le roi ne tenait pas à ce que le lignage de Craon n'échappe à son emprise.

– Amaury II l'aîné fut marié à Yolande de Dreux, arrière-petite fille de Louis VI

– Maurice V, le second, épousa Mahaut de Malines

– Mahaut de Malines était la fille du seigneur de Malines, Gautier Bertout et de Marie, fille de Guillaume VIII d'Auvergne et d'Alix de Brabant.

Guillaume VIII d'Auvergne ∞ Alix de Brabant
|
Gautier Bertout ∞ Marie
|
Mahaut de Malines (née entre 1245 et 1260)

Tabl. 86. Ascendance de Mahaut de Malines.

90 Duby 1995, I, 13-37.

Elle fut mariée à Maurice V en 1276, un fils cadet de Maurice IV et d'Isabelle de la Marche, qui devint seigneur de Craon en 1270 à la mort de son frère Amaury II. Au moment où le mariage eut lieu, Maurice était déjà pourvu du titre de seigneur de Craon, ce qui lui permit de faire valoir son rang et négocier un mariage intéressant. Le 18 juin 1277 est assigné le douaire de Mahaut sur la seigneurie de Sablé[91].

	Date de naissance	Âge au moment du mariage	Âge de son époux au moment du mariage	Âge au moment du décès de son mari	Âge au moment de son remariage	Âge au moment de son propre décès
Mahaut de Malines	entre 1245 et 1260	en 1276 (au moins 16 ans : entre 16 et 30 ans)	entre 25 et 30 ans	1293 (entre 34 et 57 ans)	en 1305 (entre 46 et 69 ans)	1306 (entre 47 et 70 ans)

Tabl. 87. Tableau synthétique sur Mahaut de Malines.

Mahaut devint veuve en 1293, âgée au moins d'une quarantaine d'années. Étant donné son rang et l'importance de son douaire, pendant douze ans, elle a dû être convoitée, mais elle resta sous le contrôle du lignage des Craon par l'intermédiaire de sa belle-mère, Isabelle de La Marche, qui ne mourut qu'en 1300. Celle-ci exerça certainement une influence importante en ce qui concerne la négociation des mariages des enfants de Maurice V et de Mahaut de Malines.

Elle se remaria en 1305, trente ans après son premier mariage et douze ans après la mort de son premier époux : elle avait alors entre 46 et 69 ans. Elle épousa Jean de Beaumont, seigneur de Pouancé, veuf de Jeanne de la Guerche : ce remariage s'inscrivait au cœur de la stratégie matrimoniale des Craon, puisqu'il suivait l'union de sa fille, Marie, avec Robert de Beaumont, fils et héritier de Jean de Beaumont et de Jeanne de la Guerche. Elle épousait donc le beau-père de sa fille. Cette stratégie d'alliances croisées sera abordée dans le chapitre suivant.

Mahaut de Malines fut tutrice d'Amaury III et de ses sœurs. Elle négocia sans doute le mariage de son fils aîné, Amaury, avec Isabelle de Sainte-Maure, héritière d'une famille de Touraine et assista à la naissance de Maurice VII. Elle joua un rôle politique important, prenant possession du sénéchalat d'Anjou jusqu'en 1298 au moment où Amaury III se maria avec Isabelle de Sainte-Maure.

En 1306, elle rejoignait treize ans après la mort de son premier mari la dépouille de Maurice V dans la chapelle Saint-Jean-Baptiste de l'église des Cordeliers d'Angers, comme l'avait stipulé son contrat de mariage de 1305, conclu avec Jean de Beaumont[92]. Ce désir

91 Arch. Nat., J. 179 b, n°5.

92 Archives de la Trémoille, *fonds Craon*, 1 AP 1593 (pièce non numérotée).

d'être enterrée auprès de son premier époux prouve que Mahaut de Malines, malgré son remariage, faisait toujours partie du lignage des Craon, qu'elle en était membre permanent. Nous pouvons entrevoir la nature des sentiments qui la rattachait à cette famille de Craon[93].

Le corpus documentaire dont nous disposons sur la famille de Craon fait une part assez réduite aux femmes mais ces documents nous permettent de dégager quelques hypothèses sur le rôle, la place et la fonction qu'elles occupaient au sein du groupe familial. Celui-ci se trouvait parfois malmené, eu égard aux vicissitudes de la vie : à maintes reprises, le seigneur de Craon périt jeune, laissant derrière lui une veuve, jeune mais déjà mère et des enfants en bas âge. Se profilait ainsi une période délicate nécessitant un resserrement familial autour de la jeune femme et des enfants, en particulier de l'héritier. De nombreuses personnes s'intéressaient alors au devenir de la famille et convoitaient ouvertement et parfois légitimement le patrimoine familial. Le lignage devait, dès lors, afficher sa présence et affirmer publiquement son soutien. Soudée, la famille faisait taire les convoitises et annihiler les appétits grandissants des familles rivales.

Or, c'est précisément dans ce contexte que la mère du seigneur défunt tirait son épingle du jeu, affichait sa détermination et son sens politique, prenant à bras le corps la gestion du patrimoine et assurant l'éducation et la garde des enfants. Elle prenait, dès lors, une dimension supérieure, laissant paraître ses multiples facettes et des qualités de toute autre teneur que celles affichées du vivant de son époux : les exemples d'Isabelle de la Marche, épouse de Maurice IV, seigneur de Craon, et dans une moindre mesure, Mahaut de Malines, sont à cet égard significatifs. Ce rôle nouveau, faisant désormais de la veuve une *domina*, avait été souhaité par l'époux, de son vivant. Dans le cas des Craon, cette situation ne faisait l'objet d'aucune contestation : elle était légitimée par le rang de la dame, qui entendait faire valoir ses droits. En effet, le rang d'Isabelle de la Marche faisait d'elle une interlocutrice privilégiée tandis que son habileté politique lui permit d'imposer plus facilement ses idées. Cependant, toutes les veuves ne connurent pas sa destinée : c'était aussi une affaire de personnalité.

Les femmes du lignage au centre des liens familiaux et des réseaux de fidélité : le mariage des filles, élément structurant des relations familiales

Pendant longtemps, les historiens ont privilégié la filiation dans leurs études sur le système familial. Cette conception essentiellement verticale de la famille écartait les

93 Entrevoir la réalité des sentiments à cette époque relève de la gageure ; nous sommes donc condamnés à interpréter, parfois de manière outrancière, les quelques témoignages de sentiments qui nous sont parvenus. Les tombeaux peuvent permettre de cerner les liens entre individus et pourquoi pas, leurs sentiments. Par exemple, dans le même sanctuaire, figuraient côte à côte le gisant de Mathilde de Boulogne, épouse d'Henri Ier duc de Brabant ainsi que le gisant de leur fille, l'impératrice Marie, veuve d'Otton IV de Brunswick.
Le tombeau commun, érigé vers 1260, conformément à la volonté de Marie sans doute, est un témoignage des liens entre la mère et la fille. Décédée une cinquantaine d'années après Mathilde, Marie de Brabant a été ensevelie selon ses vœux dans le tombeau même de sa mère alors reconstruit. À ses deux époux, le fait doit être souligné, Marie préféra celle qui lui avait donné le jour et qui avait voulu faire d'elle une reine et une impératrice (Kupper 1992, 233-257. Sur les tombeaux : Frugoni 1977, 187).

cadets et les filles qui n'étaient pas leur préoccupation majeure. Nous nous sommes efforcé, au contraire, de partir d'une définition large de la famille afin de nous amener loin dans la généalogie : découvrir les enfants, frères, sœurs et leurs alliances, à partir du catalogue d'actes que nous possédions, constituait notre premier objectif. À l'aide des documents, nous avons daté autant que possible chacune des alliances des filles et des cadets puis recherché le maximum de renseignements sur les familles alliées. Notre démarche consiste donc à étudier le système familial à travers les alliances matrimoniales conclues par les filles de la famille de Craon, puis d'évaluer la portée et l'intérêt de ces unions. En revanche, l'analyse géographique des alliances sera étudiée en détail dans le chapitre III de la troisième partie.

Le mariage des filles, base de la structure familiale chez les Craon

Le mariage est au centre des relations sociales pour des raisons invariables : il perpétue la famille, met en jeu des intérêts patrimoniaux et représente dans toute vie un bouleversement majeur. Il convient donc de lui prêter une attention spéciale à une période, aux XIIe - XIIIe siècles, où l'Église en fixe le cadre et les finalités[94].

Sur dix générations, de la fin du XIe s. jusqu'au milieu du XIVe s., nous avons comptabilisé vingt filles et parmi ce total, une seule n'était pas mariée. Il apparaît très nettement que les filles de la maison de Craon étaient destinées à devenir épouses puis mères, mais nous devons émettre de fortes réserves sur ces données chiffrées : la plupart du temps, seules les filles faisant souche figurent sur les documents et c'est justement cette hypothèse qui nous intéresse. Aux yeux des contemporains, les filles doivent se marier. Le mariage, pour les canonistes, constitue le socle de la structure familiale et le fondement de l'ordre social et dans cette perspective, la fille joue un rôle central à l'intérieur du groupe familial.

En ne retenant que les filles de la branche aînée depuis Maurice II († en 1196) – il nous est impossible de raisonner sur des dates antérieures – nous nous apercevons que la plus jeune des filles mariées, Jeanne, l'a été dans sa dixième année et la plupart ont été mariées vers douze ans. En revanche, aucune statistique sur la différence d'âge des époux n'a été possible (tabl. 88).

L'Église veillait à ce que les filles ne soient pas mariées trop tôt et cette prescription est suivie par les Craon. Tout engagement exigeait la capacité de le contracter et le droit canon avait fixé l'âge minimum des filles au mariage à douze ans, même si les décrétales du XIIIe s. assouplissent peu après la législation[95].

94 *Il matrimonio nella societa altomedievale, 24 a Settimana di studio sulla societa del alto Medioevo, Spoleto, 22-28 aprile 1976*, 1977 ; Duby 1981, 23.
95 Klapisch-Zuber 1990, 282.

Nom	Fille de	Née vers	Mariée à	Mariée en	Âge au moment du mariage
Avoise	Maurice II	1170		?	
Agnès	Maurice II	1180	Thibaut II de Mathefelon	1191	11 ans
Jeanne	Amaury I	1220	2e fils de Pierre Mauclerc		
Isabelle	Amaury I	1223	Raoul de Fougères	1234	11 ans
Marguerite	Maurice IV	1250	Renaud de Pressigny	1262	12 ans
Jeanne	Maurice IV	1255	Gérard Chabot II	1265	10 ans
Marie	Maurice V	1280	Robert de Brienne	1299	19 ans
Isabelle	Maurice V	1285	Olivier de Clisson	1300	15 ans
Béatrix	Amaury III	1315	Jean Larchevêque, seigneur de Parthenay	1327	12 ans

Tabl. 88. Âge au mariage des filles du lignage de Craon de la fin du XIIe au début du XIVe s.

Mais les filles présentent un réel problème : leurs enfants appartiennent au groupe familial du mari, lequel agrandit donc le patrimoine familial par l'apport de celui de sa femme. Or, toutes les familles souhaitaient éviter le fractionnement du patrimoine, ou du moins le reconstruire au plus vite, le conserver et bien sûr l'étendre. Conserver l'intégralité du patrimoine était essentiel, l'agrandir était l'objectif à atteindre. Or, ce souci de conservation, de gestion, d'accroissement des biens concernait toutes les familles, ce qui, bien entendu, avait pour conséquence de générer des conflits : aucun cadeau n'était fait à la famille voisine, qui apparaissait comme concurrente du lignage.

Étant donné le faible nombre de garçons parvenant à l'âge adulte, toute génération confondue, le risque de fractionnement de l'héritage était mineur et les seigneurs de Craon confiaient à l'aîné le noyau central du patrimoine : la seigneurie de Craon. Dans son testament[96], daté de 1191, Maurice II prévoit une disposition en cas de décès des enfants mâles : Avoise, l'aînée, possèderait Craon et Châtelais ; Clémence n'est pas mentionnée mais la seigneurie de Chantocé est réservée à son époux, Pierre de la Garnache et Agnès possèderait les biens situés en Angleterre. Ce testament révèle l'inquiétude du chef de lignée à cette époque : le décès des enfants mâles. Maurice II entend non seulement préparer sa succession, mais aussi faire face à la pire des situations en anticipant les éventuels problèmes familiaux. Ces dispositions révèlent également l'ordre d'importance que Maurice II accordait à ses possessions : en premier lieu, la seigneurie de Craon confiée à l'aînée, puis à la seconde fille, mariée, les terres marginales, nouvellement acquises par la famille, enfin, à la cadette, les fiefs situés en Angleterre. Cette situation constitue un cas particulier ; en règle générale, au moment du mariage des filles, les seigneurs de Craon leur concèdent des dots formées

96 Bodard de la Jacopière 1869, 596.

de rentes assises sur des terres, afin de préserver le patrimoine intact. Dans son testament[97], daté du 2 février 1292, Maurice V nomme son héritier Amaury et donne en partage à Marie et Isabelle, ses filles, *la somme de six mille livres (...) sur les issues de la senechaussée de Touraine et si le roy de France ne le vouloit*, il ordonna que *son hoir a le conseil de ses amis lui assignat quatre cent livres de rente sur sa terre et de plus lui fist don de la somme de quatre cent livres. Et a Jeanne de Craon il donna trois cent livres de rente et trois mille livres a une fois paiées.*

C'est en terme de négociation qu'il faut considérer chaque alliance des membres de la famille et le mariage des filles ne déroge pas à la règle : les filles font l'objet de toutes les attentions lorsqu'il s'agit de leur trouver un parti. Les deux testaments qui nous sont parvenus, l'un de 1191 et l'autre de 1292, prévoient de confier les enfants à leur mère *jusqua ce quelles fussent mariées*. En cas de décès de l'épouse, Maurice II, en 1196, charge un homme de confiance, Philippe de Saucogne de marier les enfants.

Les filles de la famille de Craon se marient indifféremment avec des gens de condition inférieure ou avec des hommes de condition semblable ou supérieure. Par exemple, Avoise de Craon, fille aînée de Maurice II et d'Isabelle de Meulan fut mariée à Guy VI de Laval vers 1190 : ce mariage donna lieu à la tige des Montmorency-Laval.

Dans le cas d'alliances asymétriques, il serait intéressant de démontrer que le mariage des filles était utilisé afin de renforcer les fidélités : la vassalité et les alliances permettraient alors de structurer les relations sociales et de maintenir les familles du Craonnais sous l'autorité du seigneur de Craon. Or, nous constatons qu'aucune union n'est conclue entre les filles issues de la maison de Craon et certaines familles vassales. En revanche, les seigneurs n'hésitèrent pas à orienter les alliances de leurs vassaux : celles-ci suivent dans une certaine mesure celles de leur seigneur. C'est ainsi que la famille Chaorcin, rattachée à la fidélité du seigneur de Craon[98], contracte alliance auprès de la maison de Laval au moment où la fille aînée de Maurice II de Craon, Avoise, épousait en premières noces Guy VI de Laval à la fin du XIIe s. : il s'agit de Gervais Chaorcin, fils de Jean II Chaorcin, marié à Pétronille, une fille du seigneur de Laval. De nombreux actes témoignent des relations entretenues par Gervais Chaorcin avec le seigneur de Laval.

Dates	Contenu	Références
1197	Gervais Chaorcin, témoin du désistement du droit de mainmorte par Guy VI de Laval	Bertrand de Broussillon, *Maison de Laval*, t. I, p. 152
1207	Gervais Chaorcin avait dans la forêt de la Gravelle trois "estagiers" qu'il tenait d'Hamelin Le Franc et qui firent l'objet d'un accord avec Guy VI de Laval	Bertrand de Broussillon, *Maison de Laval*, t. V, p. 19 d'après le fonds Couanier, Bibliothèque de Laval

Tabl. 89. Les relations entretenues par Gervais Chaorcin avec le seigneur de Laval.

97 Bertrand de Broussillon 1893, 225-230.
98 Nous avons rencontré à plusieurs reprises la famille Chaorcin dans de nombreux actes du seigneur de Craon. Les membres de cette famille de *milites* figuraient dans la cour de justice du seigneur.

Envisager les liens vassaliques comme complément du groupe familial structurant les relations sociales pourrait être une hypothèse à approfondir, mais dans le cas des Craon celle-ci ne peut pas être vérifiée. Nous pensons seulement que les alliances répondaient à une logique sociale à l'intérieur d'un groupe familial étroit expliquant "les bouclages consanguins".

Les "bouclages consanguins"[99] chez les Craon, prémices d'une "stratégie" familiale ?

La conception d'une vaste parentèle nous permet d'avoir une vision globale des liens de parenté. Cette approche met en valeur les ruptures et les tentatives de rapprochement avec plusieurs familles et nous éclaire sur l'enjeu des unions conclues par les filles de la maison de Craon. Dans cet échiquier, les filles paraissent jouer un rôle capital assurant la cohésion de la structure familiale. Le tableau de filiation d'Avoise de Craon, fille de Maurice II († en 1196) et de Guy VI de Laval, son époux, est à cet égard significatif. Conclue vers 1190, cette union avait permis de renforcer les liens familiaux avec les Laval : Hugues de Craon, mort en 1138, grand-père d'Avoise, s'était auparavant lié à cette famille en épousant Agnès de Laval vers 1120. Puis, les descendants d'Avoise et de Guy VI continuèrent à maintenir des liens avec la branche aînée. C'est ainsi que Jacques de Château-Gontier, petit-fils d'Avoise et de Guy VI, fut placé sous la tutelle du seigneur de Craon, Amaury I, fils de Maurice II de Craon et frère d'Avoise. Dès que l'occasion se présenta, c'est-à-dire lorsqu'ils n'étaient plus soumis à l'interdit de parenté, les descendants d'Avoise contractèrent alliance avec les Craon : Robert de Beaumont épousa Marie, fille de Maurice V et de Mahaut de Malines en 1299. La conscience de parenté semble passer par les femmes chez les Craon et les filles paraissent participer au renforcement de l'identité lignagère.

Et, peu de temps après, en 1305, Mahaut de Malines, veuve de Maurice V de Craon († en 1293) épousa en secondes noces Jean de Beaumont, le beau-père de Marie. Mahaut avait donc contracté une seconde alliance au profit du lignage des Craon, sans que l'on puisse savoir si l'initiative de ce remariage émanait de Mahaut. En tous les cas, il n'avait pas été négocié par Isabelle de la Marche, sa belle-mère, qui était morte depuis cinq ans. Cette double alliance, qui représentait des enjeux territoriaux importants, nécessita l'intervention du roi : en 1299, des lettres du roi approuvèrent le mariage de Robert de Beaumont avec Marie de Craon[100] (tabl. 90).

Cette double union avait permis de renforcer avec la famille de Beaumont des liens, qui avaient été établis moins d'un siècle auparavant. Jean de Beaumont était en effet l'arrière arrière petit-fils d'Avoise de Craon, la fille de Maurice II, mort en 1196. Ces unions permettaient aux Craon de renforcer leur ancrage angevin tout en nourrissant des prétentions sur l'héritage des Beaumont.

Nous retrouvons cette stratégie de bouclage consanguin avec le mariage de Geoffroy d'Ancenis, veuf de Jeanne de Pressigny, la nièce de Mahaut, avec Isabeau, fille de son second époux, Jean de Beaumont, permettant à la famille de Craon de conserver des droits sur Pressigny. Il est possible qu'Isabelle de la Marche soit à l'origine de cette union.

99 Guerreau-Jalabert 1994.
100 BnF, Baluze, 54, 311.

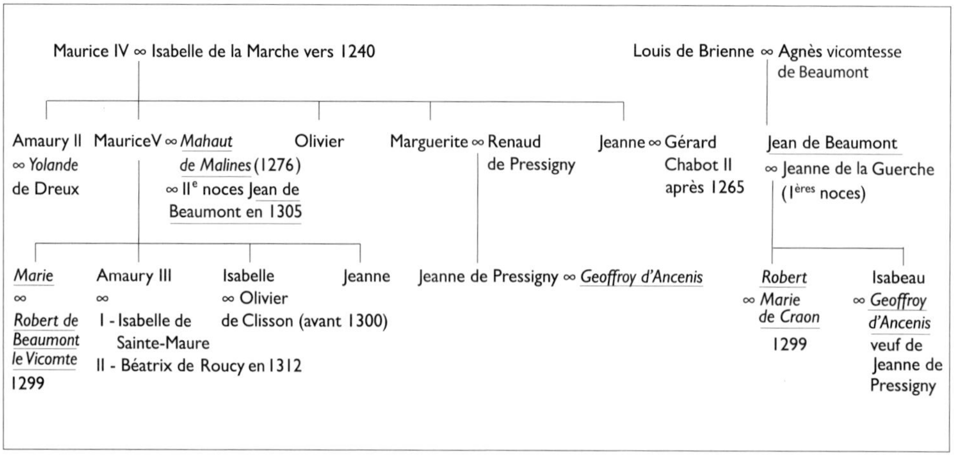

Tabl. 90. Une double union Craon / Beaumont.

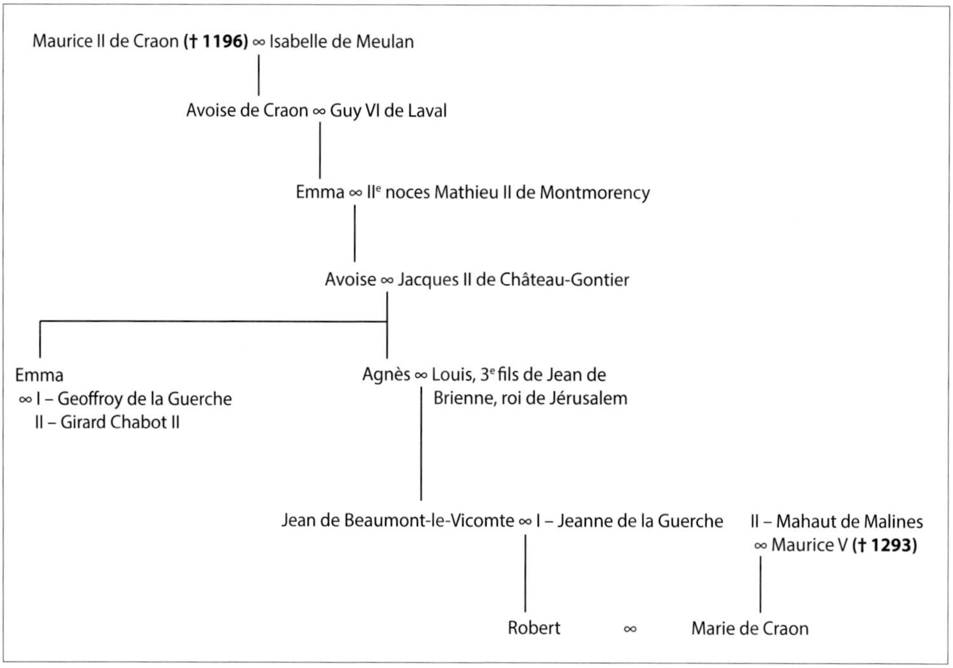

Tabl. 91. Le mariage des filles de la "maison" de Craon, élément structurant des relations Craon / Beaumont.

Le 6 novembre 1296, Geoffroy d'Ancenis donnait quittance à Isabelle de la Marche de *deux cens livres de monnoie courante (…) en rabatant de cinq cens livres, que ladite très noble dame avoit promises à la prolocution du mariaige* de son fils et de sa petite fille, c'est-à-dire la fille de Marguerite et de Renault de Précigné[101].

101 Archives de la Trémoille, 1 AP 1593.

Ce système d'alliances suggère que le mariage était un élément essentiel permettant de nouer et de consolider des relations. Le système familial fait ainsi une large place aux alliances qui conditionnent les rapports sociaux et nous aboutissons à l'idée que l'alliance créé la famille autant que la filiation, ce qui nuance fortement la conception exclusivement verticale de la parenté. L'aristocratie, au XIIIe s., cultive des relations de "parentèle" : sur ce point, la rupture avec le haut Moyen Âge n'est pas aussi nette qu'on ne le pense généralement.

Cependant, il n'existe pas, en ce qui concerne les alliances des filles, de "stratégie matrimoniale", de projet familial cohérent et clairement défini, du moins pas encore : les bouclages consanguins sont conclus au coup par coup selon l'opportunité du moment. Mais les unions des filles de la maison de Craon concernent essentiellement l'espace angevin. Cette implantation locale est fortement présente quelle que soit la génération, alors que les seigneurs concluent progressivement des alliances à l'extérieur de leur base. À la fois propriétaires fonciers et proches du pouvoir royal, les seigneurs de Craon vont s'efforcer, du XIIIe au XIVe s., de jouer sur les deux tableaux : consolider leur pouvoir territorial mais aussi se tenir proches du pouvoir royal. Les alliances s'inscrivent dans ce dessein : les unions des seigneurs suivent le déploiement des alliances et l'ouverture matrimoniale souhaitée par le pouvoir royal[102] tandis que les unions des filles renforcent l'ancrage local de la famille.

Génération	Alliances
I	Renaud de Château-Gontier (vers 1080) *
II	Raoul de Créquy vers 1100 /
III	Hugues du Puy du Fou vers 1120 /
IV	Hugues de la Guerche vers 1135 $
V	Guy VI de Laval vers 1185 puis Yves Le Franc vers 1210 * Thibaut III de Mathefelon vers 1191 * Pierre de la Garnache vers 1185 *
VI	2e fils de Pierre Mauclerc vers 1230 $ Raoul III de Fougères en 1234 $
VII	Renaud de Pressigny en 1262 * Gérard Chabot II en 1285 *
VIII	Robert Ier de Brienne en 1299 * Olivier de Clisson vers 1300 $
IX	Seigneur de Parthenay, sire de Lohéac en 1327 /
X	Renaud de Montbazon vers 1350 *

LÉGENDE		
/ : Autres	* : Alliances locales : angevine ou mancelle	$: Alliances bretonnes

Tabl. 92. Les alliances conclues par les filles de la maison de Craon du XIe au XIVe s.

102 Ce déploiement des alliances est abordé en détail dans la troisième partie, chapitre 3, mais il paraissait intéressant d'aborder les unions des filles à travers une étude comparative.

Étudier les alliances de la famille dans une globalité nous permet de saisir la complémentarité des différentes unions ainsi que l'ordre d'importance des projets familiaux : les héritiers ou les seigneurs se lancent dans une ouverture matrimoniale, qui correspond à leur entrée dans le service royal, alors que les filles de la maison de Craon trouvent époux près du domaine familial. Sans parler de stratégie matrimoniale, nous sommes persuadé que les alliances constituent un élément essentiel de la logique familiale.

Conclusion chapitre 4

Notre démonstration aboutit à une lecture plus nuancée de la famille et en particulier de l'organisation lignagère. L'image d'une structure symétrique de la parenté, que l'on entrevoit à travers cette étude sur les Craon, correspond à la famille chrétienne voulue par le droit canonique : l'enfant est fils ou fille de chrétiens, de son père et de sa mère à égalité. Le fonctionnement de ce lignage remet fortement en cause les thèses unanimement admises tant sur la place des femmes que sur l'importance des alliances : la famille de Craon semble continuer à accorder une place essentielle aux alliances au moins autant qu'à la filiation. L'identité lignagère, telle que nous la percevons, passe par la stratégie matrimoniale marquée, pour les Craon, par un emboîtement des mariages à l'intérieur d'un groupe social étroit où l'on se marie à la limite de l'endogamie et dans ce cadre, le mariage de la fille est un élément structurant des relations familiales.

Le lignage nous apparaît être un concept complexe, employé fréquemment par les historiens et devenu parfois une commodité de langage : les contours méritent d'être définis de manière systématique étant donné que cette notion semble recouvrir des réalités multiples et il serait intéressant, par une étude comparative, de mettre en valeur cette diversité et cette complexité visible chez les Craon. En effet, à plusieurs reprises, nous nous sommes aperçu que le seigneur de Craon fut un homme prévoyant, soucieux de ses intérêts et de celui de ses enfants : les dispositions testamentaires, réglant la succession et anticipant les querelles familiales en sont des témoignages. Il avait envisagé tous les cas de figure possibles en cas de décès sollicitant tous les gens de confiance. Dans ces conditions, il est pour le moins surprenant de constater un âge au mariage tardif des seigneurs et à certains moments un refus de branches cadettes, qui ne correspondent pas à une logique lignagère reposant sur la survie et la continuité du lignage. Cependant, face aux risques de l'existence, le lignage des Craon se mobilise : lors des périodes de minorité, le groupe familial fait bloc commun autour de la dame de Craon dont l'influence et la position se trouvaient renforcés.

Conclusion deuxième partie

Notre travail permet de nuancer fortement la vision uniquement patrilinéaire et agnatique de l'organisation lignagère fondée sur la filiation. La famille de Craon ne renvoie pas l'image d'une structure asymétrique de la parenté mais correspond au vécu d'une famille chrétienne : le père et la mère assistent à la sépulture de leur enfant et à partir de Maurice V, les époux sont enterrés côte à côte dans la nécropole familiale fondée à la fin du XIIIe s.[1]. L'alliance paraît une donnée essentielle à l'intérieur d'un groupe social étroit où le croisement indéfini des unions est un exercice périlleux. La conscience de l'identité lignagère, telle que nous la percevons, passe par la filiation mais également par la stratégie matrimoniale. Peut-on alors parler sans nuance de lignage ? Il s'agit d'une structure de parenté complexe recouvrant des réalités multiples à tel point que l'on peut soulever l'hypothèse d'une continuité entre l'organisation lignagère et l'aristocratie carolingienne des siècles antérieurs. Il conviendrait alors de ne pas opposer systématiquement et trop rapidement les deux structures de parenté – carolingienne et lignagère – et se méfier de la notion de trompe-l'œil du lignage.

Complexe dans ses composantes et ses contours, le lignage des Craon l'est également dans ses choix familiaux. Il perdure jusqu'au XIVe s. mais en frôlant l'impasse à plusieurs reprises en raison du choix risqué fait par les seigneurs de Craon : se marier tard, ce qui réduit la durée de l'union et limite le nombre d'enfants. Durant le XIIIe s., de longues périodes de minorité et l'absence de branches cadettes fragilisent le groupe familial : la logique lignagère, s'il en existait une, est fortement remise en question. En raison des circonstances et pendant les périodes de minorité, le groupe se mobilise autour de la dame de Craon, femme souvent de plus de quarante ans : elle devient, au moment du décès de son époux, le maillon central de l'administration domaniale et des orientations familiales. Dans cette société patriarcale, le lignage perdure au prix d'intermèdes matriarcaux[2].

Portée à la lumière, la dame de Craon figure désormais dans les actes et, grâce au développement de l'écrit, notre documentation ne peut plus faire abstraction du rôle et de la place de l'épouse. Au XIIIe s., la perspective est différente de l'époque précédente où l'essentiel des sources était de nature religieuse : nous nous heurtions à une vision unilatérale

1 Cette représentation idéale de la famille et de ses pratiques chrétiennes correspond au progrès de la dévotion chez les fidèles et à l'adoption de pratiques fondamentales : funérailles, souci des défunts, institution du sacrement du mariage. Ce "parcours d'une vie chrétienne" et cette "foi vécue" (Tonnerre 1996) transparaissent chez les Craon.

2 Le terme est utilisé par Robert Fossier à propos du XIIe s. ; on entre alors dans une "phase de matriarcat de l'histoire de l'Europe" (Fossier 1990, 321-324). Il l'explique par une situation démographique favorable : les femmes sont moins nombreuses que les hommes et jouissent d'une liberté de mœurs exceptionnelle, difficile à expliquer. Cependant, cette théorie ne fait pas l'unanimité : l'image dominante, telle qu'elle ressort des travaux de G. Duby, J. Le Goff ou D. Herlihy, est à l'opposé. Ce n'est pas seulement l'image théologique mais le rôle de la femme dans la société qui se dégrade.

des événements. À partir du XIIIe s., non seulement notre corpus d'actes s'enrichit mais il provient de fonds différents et les sources religieuses ne constituent plus qu'une minorité, noyée par la documentation issue du chartrier de Craon, des actes du Parlement, etc. Notre catalogue d'actes témoigne de cette évolution et de cette diversité documentaire permettant une vision moins partiale et plus complète de la réalité. La culture écrite qui se développe au cours du XIIIe s. modifie les rapports sociaux et familiaux. La valeur probatoire de l'écrit s'accompagne d'une conservation plus rigoureuse des titres de propriété et des papiers de famille. Transmis de génération en génération, les actes sont conservés et servent d'outil juridique en cas de contestation ou de querelle familiale. Cette transmission de père en fils renforce cette structuration lignagère. Cependant, le chartrier originel n'est pas le fruit du lignage du XIIIe s. ; il est réalisé à la demande de Marie de Sully par des officiers domaniaux à la fin du XIVe s.

Nous pouvons donc nuancer les thèses classiques sur le fonctionnement lignager et envisager le lignage comme une entité complexe et évolutive. Au cours de la période précédente, nous avons pu constater l'émergence progressive d'une mémoire familiale des Craon, reposant sur des éléments ecclésiastiques et liturgiques dans un premier temps, puis sur une mémoire littéraire interne au groupe dès la fin du XIIe s., traduisant l'affermissement de la conscience familiale. La fondation par Maurice V d'une chapelle aux Cordeliers d'Angers à la fin du XIIIe s. vient la conforter : un lieu, savamment choisi par le seigneur de Craon, regroupant les sépultures des seigneurs, de leurs épouses, des enfants et parfois de leurs conjoints mais sans mettre en scène le lignage. L'image de la famille chrétienne est présente à toutes les générations et combine deux logiques, le ménage et le lignage.

Cette mémoire trouve son prolongement dans la sauvegarde et la transmission de titres donnant une épaisseur chronologique à la famille mais elle n'est pas consécutive à la compilation d'un chartrier : il n'est pas une élaboration mémorielle du XIIIe s., le chartrier est un outil d'administration domaniale à finalité patrimoniale et à valeur familiale. Il renforce la mémoire familiale mais l'entreprise mémorielle ne passe pas, chez les Craon, par l'archivage ; il faut la rechercher ailleurs à travers divers éléments d'ordre religieux, littéraire et politique sans que l'on puisse discerner une évolution claire.

Cependant, dans les limites chronologiques envisagées ici, de 1204 au milieu du XIVe s., la famille de Craon s'inscrit dans un contexte que l'appesantissement progressif du pouvoir royal modifie profondément : la mainmise à la fois souveraine et féodale dès la fin du XIIIe s. concerne au premier chef des nobles de l'importance des Craon. Nous aurons à voir comment un pouvoir royal très présent et source de richesse et d'influence, mais aussi la place nouvelle de l'écrit, affectent le fonctionnement du lignage.

TROISIÈME PARTIE

La famille de Craon au service d'un royaume en mutation, le ralliement des Craon à l'État (XIIIe s. - 1373)

L'année 1204, marquée par la prise en main des régions mancelles[1], angevines et normandes par le roi de France constitue une césure chronologique commode, dans la mesure où elle permet de replacer le lignage des Craon dans un espace géopolitique en gestation. Ce glissement fut contemporain de l'organisation de la famille en lignage, structuration lignagère plus tardive qu'on ne le pensait, en ce qui concerne les Craon, et basée sur des éléments vassaliques et courtois en relation avec la cour des Plantagenêts, et qui s'est développée au moment où émergeaient les prémices d'une nouvelle construction étatique, celle des Capétiens. Le lignage des Craon a-t-il alors pris appui auprès du roi ou se cristallisa-t-il dans une opposition au pouvoir royal, en se fondant sur les solidarités familiales et les réseaux de fidélité ? Le pouvoir royal avait-il les moyens, à cette époque, de pratiquer une politique de contrôle des lignages, tant au niveau de leurs alliances matrimoniales que dans les affaires familiales ?

Nous nous attacherons à analyser le rôle tenu par les Plantagenêts, puis par le pouvoir royal dans les alliances matrimoniales des Craon. En d'autres termes, il s'agira de savoir quand et sous quelle forme on a la preuve d'une intervention princière puis royale dans les affaires familiales des Craon et quelle fut la réaction de ce lignage, son rôle et ses prises de position à l'égard du pouvoir royal face au roi d'Angleterre dans une période instable, la première moitié du XIIIe s.

De l'avènement de Philippe VI de Valois en 1328 à la mort de Jean le Bon en 1364, le royaume de France connut une période troublée : d'une part, la peste noire, première et brutale manifestation d'un cycle qui marqua l'Occident pour trois siècles au moins, frappa de plein fouet ; d'autre part, les problèmes sociaux et politiques aboutirent à la guerre, dont l'enjeu fut la couronne de France, guerre entrecoupée de trêves, relayée par des conflits de nature privée et par des actions de routiers instaurant un contexte d'insécurité. "De toute façon, même lorsque la guerre n'était pas ouverte, son ombre menaçante planait sur la vie

1 Au cours des luttes d'Arthur et de Jean sans Terre, puis de Jean et de Philippe Auguste, Angers changea de main à plusieurs reprises ; des châteaux (Brissac) furent rasés et ce fut devant celui de La Roche-aux-Moines que le futur Louis VIII remporta sur Jean sans Terre, le 2 juillet 1214, une victoire qui annonçait celle de son père à Bouvines. En fait, dès 1205, la prise de Chinon avait rendu Philippe Auguste maître de l'Anjou et du Maine, d'autant plus que la mainmise capétienne s'étendait en même temps à toute la moitié nord des États Plantagenêts continentaux ; la moitié sud fut entamée par la conquête du Poitou, achevée par Louis VIII en dépit de la résistance anglaise et de l'hostilité des Poitevins, groupés derrière les Lusignan.

des États et des peuples, qui étaient incessamment amenés à songer à son éventualité, quand ils n'étaient pas en train, tout simplement, de s'y préparer"[21].

Cette préoccupation se retrouvait d'ailleurs dans les chroniques de l'époque, qui détaillent les péripéties guerrières[32] et leurs conséquences pour les divers états rivaux[43]. On voit aujourd'hui que la guerre modela leur structure et leur fonctionnement. En vue de la financer, les recettes publiques furent prélevées sur les gens, en sorte que l'impôt, direct ou indirect, fut mis en place pour la guerre, présentée généralement, par les contemporains, sous une forme défensive[54]. L'intensification des besoins financiers amorça un dialogue politique[65] permanent entre le Prince et ses sujets autour de l'impôt exigé pour la conduite de la guerre : guerre, impôt, dialogue politique furent les trois éléments clés de "cette forme d'État, naissant au tournant du XIIIe et du XIVe s., dans un contexte féodal, mais reposant sur une société désormais politique : encore féodale au demeurant, mais dans ce féodalisme que les Anglais appellent *Bastard Feudalism*"[76]. Les liens personnels restaient en effet la forme élémentaire de ce système mais ils reposaient, désormais, sur la confection de contrats rémunérés et surtout sur l'omniprésence de l'État, constitutive du *Bastard Feudalism* ; "celui-ci était lié à un processus crucial pour la mise en place de la structure étatique : la redistribution de l'argent de l'impôt susceptible de rallier à l'État naissant certaines couches de l'aristocratie et des élites"[87]. Pour s'attacher la noblesse – et singulièrement les grands barons comme les Craon – le pouvoir royal avait la possibilité de lui redistribuer l'argent de l'impôt, de lui confier des responsabilités et des délégations, de lui conférer postes et emplois, de lui donner la possibilité de parler et d'agir en son nom. La capacité du roi à enrichir ses nobles sur le fruit de l'impôt et à conforter leur position éminente à son service, renforçait sa légitimité traditionnelle comme roi et seigneur ; il s'agissait aussi pour le roi de tirer profit de l'influence des barons, et nous aurons à nous interroger tant sur les rapports des Craon aussi bien avec le roi qu'avec leur "clientèle" locale.

En étudiant les actes relatifs à la maison de Craon, nous avons pu constater que ces nobles avaient joué un rôle de premier plan dans le développement de l'État, lors du tournant décisif du XIVe s. D'une part, la famille de Craon s'inscrivait dans ce processus de ralliement de l'aristocratie au roi : les seigneurs de Craon s'illustrèrent dans le service royal, sous toutes ses formes – militaire, diplomatique, religieuse, politique. D'autre part, l'ouverture de l'horizon matrimonial de la famille illustrait de façon significative le déploiement de la noblesse à cette époque, élément essentiel de la réalisation de l'unité du royaume. L'étude de ce groupe familial doit ainsi être replacée dans un contexte d'affirmation et de développement de l'État mais aussi dans celui de la naissance d'un sentiment national.

2 Contamine 1998, 1.

3 Tel Jean Froissart (1337-1404) qui, dans ses *Chroniques de France, d'Angleterre et des pays voisins*, fait le récit des conflits et des négociations entre la France et l'Angleterre de 1327 à 1400.

4 Contamine 1998, 2.

5 *Ibid.*, 2.

6 Genet 1990, 216-281.

7 Genet & Lottes 1996, 11.

8 *Ibid.*, 11.

Enfin, le service royal, assuré par les seigneurs de Craon, leur permit de gravir un échelon au sein de la hiérarchie nobiliaire du fait des gages que leur versa la monarchie, du réseau de fidélité, certes géographiquement réduit, mais habilement constitué par le groupe familial et des principes juridiques, concédés par le roi et destinés à préserver le patrimoine et la propriété des Craon. Cependant, la disparition de la branche aînée, avec la mort d'Amaury IV de Craon en 1373, allait modifier la donne : au vu des enjeux patrimoniaux, la question de la succession du dernier seigneur de Craon soulève quelques interrogations et appelle une analyse plus fine éclairée par la Coutume d'Anjou.

I. La mainmise royale sur les Craon : un processus lent et difficile

Notre étude couvre environ un siècle et demi, de la fin du XIIe jusqu'à la première moitié du XIVe s. ; pendant cette période, la famille de Craon passe de la mouvance des Plantagenêts à celle des Capétiens dans un échiquier où les règles étaient encore féodales, avant que n'apparaisse la notion de souveraineté, concrétisée par le pouvoir législatif du roi[1]. Le contexte, plus que pour toute autre partie, conditionne la structure de notre chapitre. Les alliances négociées par les Craon se positionnent d'abord au cœur de l'affrontement entre Jean sans Terre et Philippe Auguste, puis les placent au centre des manœuvres princières et baronniales au moment de la minorité de Louis IX, avant de s'inscrire, à la fin du XIIIe s., dans une perspective transrégionale, manifestation d'un passage à une noblesse de cour. Enfin, la fin du XIIIe s. et le début du XIVe marquaient une ère nouvelle pour les Craon : dans un contexte politique différent du siècle précédent, Maurice V de Craon (1270-1293) puis Amaury III (1293-1333) s'affichent acteurs d'un jeu diplomatique en gestation, ce que nous démontrerons dans une dernière partie.

L'appesantissement de la mainmise royale dans les affaires familiales

Le mariage dépassait le cadre d'une union entre deux individus ; il engageait deux familles, permettait souvent de sceller des compromis, et était potentiellement au service des stratégies de pouvoir. Étant donné les enjeux territoriaux, financiers et les luttes d'intérêts autour de ces alliances, et bien qu'elles relèvent du domaine privé, il est légitime de se poser la question de la place occupée par les Plantagenêts, puis par le pouvoir royal dans la négociation de ces mariages. Avaient-ils d'ailleurs, les uns et les autres, les moyens, en cette fin du XIIe s. et cette première moitié du XIIIe s., de mener une "politique" de contrôle des mariages, qui serait perceptible dans les unions contractées par les Craon ?

Les alliances matrimoniales des Craon, reflet d'une "politique" de contrôle des mariages menés par les Plantagenêts ?

Dans la partie précédente sur Maurice II de Craon, seigneur de 1150 à 1196, nous avons dégagé la prise de position du seigneur de Craon aux côtés du Plantagenêt, à contre - courant de ses pairs angevins. De cette fidélité sans faille, Maurice II pouvait espérer une gratification qui lui assurerait un patrimoine confortable. Or, la coutume autorisait le Plantagenêt à donner en mariage les veuves de ses vassaux décédés, lui permettant de récompenser ses

1 "Ce que décide de faire le prince doit être tenu pour la Loi. Assurément, le roi est souverain par-dessus tout, en vertu de quoi pour le commun profit, ce qu'il établit doit être observé." (Philippe de Beaumanoir 1899, 1283). Voir Rigaudière 2003, 209-251.

serviteurs les plus fidèles. Par exemple, la fidélité de Guillaume le Maréchal fut récompensée par Richard Cœur de Lion qui lui accorda la main d'Isabelle de Clare, la comtesse de Pembroke, richement possessionnée en Angleterre, au pays de Galles et en Irlande. Les *Rouleaux de dames, filles et garçons* demeurent à ce titre un document exceptionnel. Dressé vers 1185, sur ordre d'Henri II, il recense la liste des veuves et orphelines les plus en vue de douze comtés anglais afin de disposer de leur union matrimoniale[2]. Le mariage apparaissait alors comme un outil permettant aux Plantagenêts de récompenser des fidèles serviteurs ou de s'attacher des fidélités, en tous les cas en ce qui concerne le remariage des veuves les plus en vue outre-manche.

Pourquoi ne pas penser que Maurice II de Craon, âgé de trente-cinq ans environ au moment du décès de Geoffroy de Mayenne, le premier époux d'Isabelle de Meulan, en 1169, ait pu profiter de l'amitié d'Henri II pour lui demander la main d'Isabelle ? Ce n'était pas un mariage aussi prometteur que celui qui avait été conclu par Guillaume le Maréchal : Isabelle n'était pas l'unique héritière de la famille de Meulan, mais elle était issue d'une famille comtale, l'une des plus importantes de Normandie, dont la renommée rejaillirait sur les Craon. Âgée d'une vingtaine d'années au moment de son veuvage[3], Isabelle était la fille de Galeran, comte de Meulan et d'Agnès de Montfort. Cette famille possédait d'immenses domaines en Normandie, dans le Vexin, Ile-de-France, Beauce, Orléanais et en Berry, et plusieurs de ses membres étaient possessionnés en Angleterre en qualité de barons : placer un "pion" utile du côté de la Normandie avait certainement de l'intérêt[4] (tabl. 93).

Cette alliance permettait au seigneur de Craon d'étendre ses relations dans deux directions : celle des Meulan et celle des Mayenne, puisque le fils et héritier d'Isabelle de Meulan et de Geoffroy de Mayenne, Juhel, mineur au moment du remariage de sa mère, fut placé sous la tutelle de celle-ci et de son beau-père, Maurice II de Craon : de nombreux actes émanant de Juhel, devenu seigneur de Mayenne, attestent la présence du couple en tant que témoin. Nous ne connaissons pas la nature de la dot apportée par Isabelle de Mayenne ; nous savons, en revanche, que Maurice II de Craon avait acquis des biens en Angleterre comme le montre le testament[5] qu'il rédigea vers 1191 : ces biens pourraient venir d'Isabelle de Meulan. En cas de décès de ses fils, il confierait à Avoise la seigneurie de Craon et Châtelais, alors qu'Agnès possèderait les fiefs situés en Angleterre. Il s'agissait des terres de Ham, de Waleton, d'Ewell qui passèrent, par la suite, entre les mains de ses fils Maurice III puis Amaury I et Pierre de Craon. Divers mandements, issus des *Rotuli litterarum clausarum*, mentionnent la possession de ces fiefs par la famille de Craon depuis Maurice II. Le premier, daté du 10 mai 1215, annonçait aux tenanciers de Burnes que Jean sans Terre avait rendu ce fief à Pierre de Craon, qui avait appartenu à son père, Maurice[6] ; le second, émanant d'Henri III, prescrivait le 10 novembre 1221, de remettre à Amaury I les terres de Ham, Walton, Burne, possessions de la famille de Craon[7].

2 Van Houts 1999, 208-209.

3 Isabelle de Mayenne est décédée dans les années 1220 : on peut conclure qu'elle devait avoir une vingtaine d'années au moment du décès de son époux intervenant en 1169.

4 Martin 1994.

5 Beautemps-Beaupré 1877-1897, t. III, 103, Bodard de la Jacopière 1871, 596.

6 Eyre & Spottiswoode 1844, 135.

7 *Ibid.*, 470.

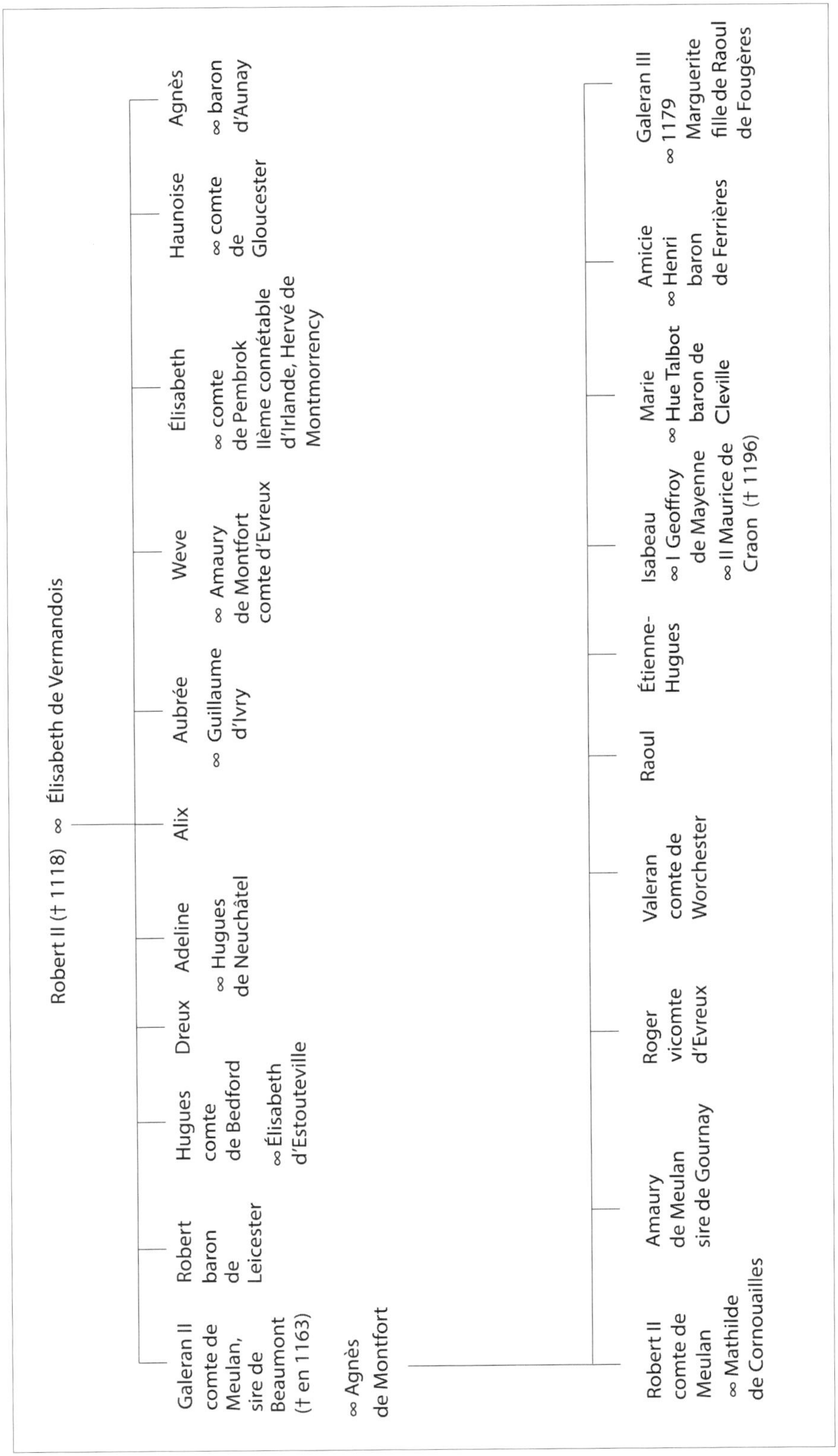

Tabl. 93. Tableau de filiation de la famille de Meulan.

Si nous pouvons retenir l'hypothèse que les Plantagenêts pouvaient proposer à leurs fidèles compagnons un riche parti, une veuve en âge de se remarier, en récompense des services rendus et de leur loyauté – comme ce fut le cas pour Maurice II de Craon ou pour Guillaume le Maréchal –, en revanche, ils n'ont jamais eu les moyens d'intervenir dans les mariages de leurs vassaux, en tous les cas pas de manière autoritaire à l'intérieur de leurs fiefs continentaux. Or, cette intervention du roi seigneur dans le mariage de ses vassaux, sur le continent, n'a fait l'objet, à notre connaissance, d'aucune étude exhaustive ni comparative. En l'absence d'étude systématique sur le sujet, il est unanimement admis de considérer que les Plantagenêts n'intervenaient pas dans les alliances conclues sur leurs fiefs continentaux comme en Angleterre. Interdire un mariage ou imposer une union nécessitaient un pouvoir féodal que les Plantagenêts ne possédaient pas en Anjou et en Poitou jusqu'en 1204, moment où la seigneurie de Craon passa dans la mouvance française : les membres de son lignage relevaient dès cet instant de l'emprise capétienne.

Entre deux rois

Nous avons pu recenser un certain nombre d'hommages, prêtés par les membres de la famille de Craon au roi de France. Le premier document que nous possédons, mentionnant un hommage prêté par le seigneur de Craon au roi de France, date de mars 1202, à un moment où la situation était délicate : les expéditions armées avaient repris leur cours. Il s'agit de l'hommage de Maurice III fait à Philippe Auguste, sous réserve des droits d'Arthur et de sa sœur. Ce document se trouve dans le *Catalogue des Actes de Philippe Auguste*[8]. Au fur et à mesure que les Craon prenaient de l'importance, en raison de mariages prometteurs, le pouvoir royal se faisait plus entreprenant et exigeait leur fidélité, chaque fois que le contexte le demandait : il existe un rapport étroit entre les alliances, habilement négociées par les Craon, et les hommages prêtés par leur seigneur au roi de France. Que l'hommage eût été un outil de contrôle de la fidélité des vassaux, cela n'était pas nouveau et ne faisait aucun doute ; en revanche, la mise par écrit de l'hommage représentait une nouveauté, conférant à cet engagement une dimension nouvelle, que le pouvoir royal relaya par une "politique matrimoniale", encore en gestation mais qui devint effective au siècle suivant.

Le mariage d'Amaury I et de Jeanne des Roches : un ralliement à Philippe Auguste ?

En 1212, Amaury I, devenu héritier légitime à la mort de ses frères aînés, épousait Jeanne des Roches, fille de Guillaume des Roches et de Marguerite de Sablé. Son père, Maurice II, était alors décédé depuis seize ans, et ce fut sa mère Isabelle de Meulan qui organisa cette alliance. Cette union représentait un "coup" politique pour la famille de Craon, qui se rapprochait ainsi du roi de France, lui assurant un droit sur l'immense fortune acquise par Guillaume des Roches, le gendre d'Amaury[9].

Né entre 1155 et 1160, fils de Beaudoin des Roches, Guillaume des Roches avait été simple cadet. Vers 1190, il avait épousé Marguerite, fille aînée de Robert IV de Sablé, qui, par la

8 Delisle 1856, 506.
9 L'autre partie de l'héritage revint à Clémence, la seconde fille de Guillaume (Beautemps-Beaupré 1877-1897, t. III, CXX-CXXIV).

mort de son frère, Geoffroy de Cornillé, était devenue l'héritière du fief de Sablé, l'un des plus importants du Maine. Guillaume des Roches avait eu la jouissance de tous les droits de sa femme qui étaient considérables car Robert IV, parti pour la croisade, nommé grand maître des Templiers, ne rentra certainement pas à Sablé. Doté d'un patrimoine conséquent, Guillaume avait vu son influence grandir ; il s'attacha successivement à Arthur, à Jean sans Terre puis à Philippe Auguste.

Ce mariage avec Jeanne des Roches constituait une prise de risque pour la famille de Craon ; la situation militaire n'était pas réglée et les troubles étaient encore présents. Les barons pouvaient encore se soulever et Jean sans Terre n'avait pas renoncé à un retour en force sur le continent. Le pouvoir royal ne pouvait qu'apprécier ce geste de ralliement qui confirmait le rapprochement du seigneur de Craon au côté du roi de France. Lors de la charte du 18 septembre 1214, dans laquelle Philippe Auguste s'engageait envers Jean sans Terre à une trêve devant durer jusqu'à Pâques 1220, Amaury I en jurait l'observation au nom du roi de France[10].

Ce type de mariage présentait un double intérêt pour le roi de France : d'une part, il satisfaisait l'ambition de son compagnon d'armes en plaçant l'une de ses filles, d'autre part il pouvait s'assurer la fidélité et la reconnaissance d'une famille dans une région récemment incorporée au royaume[11]. Nous pouvons supposer que le roi ne vit pas d'un mauvais œil la réalisation de cette alliance. Il avait l'occasion d'asseoir habilement son autorité sans prendre le risque de constituer un bloc territorial important et potentiellement dangereux. De toute manière, il n'avait pas les moyens de s'y opposer, tout au plus aurait-il pu exprimer son mécontentement à Guillaume des Roches, son compagnon d'armes. Une fois réalisée, cette union fut avantageuse pour le roi de France, sans que celui-ci en fut à l'origine : d'une part, le seigneur de Craon Amaury I se distingua au service du roi de France auprès de Guillaume des Roches et d'autre part, le lignage des Craon n'allait pas se compromettre dans les révoltes baronniales.

Une branche "anglaise" vite disparue

La fidélité des seigneurs de Craon était recherchée et fut récompensée par les rois de France et d'Angleterre qui n'hésitèrent pas à leur concéder des fiefs et à leur répartir dons et faveurs en échange des services rendus. Maurice II, seigneur de Craon de 1150 à 1196, fut le premier à recevoir des fiefs en Angleterre donnant l'occasion à la famille de s'y implanter. Puis, nous le retrouvons auprès de Richard cœur de Lion lors de la croisade de 1189, partie de Douvres en décembre de la même année, à la suite de la prise de Jérusalem par Saladin en 1188.

En 1206, Philippe Auguste donna Plöermel à Maurice III, à une époque où le contexte politique était très agité. Cette donation satisfaisait pleinement le seigneur de Craon, dont la préoccupation essentielle – comme toute la noblesse – était l'accroissement de la seigneurie

10 Rymer [1739-1745](2006), année 1214, 125.
11 L'Anjou avait effectivement été intégré au royaume en 1204.

par l'acquisition de nouveaux fiefs : l'octroi de terres par le roi représentait donc un instrument décisif pour rallier l'aristocratie au royaume.

En mariant son fils à une fille de l'un des partisans du roi de France, Isabelle de Meulan avait manifesté son désir de se rapprocher de Philippe Auguste. Or, un autre de ses enfants, Pierre de Craon, obtint, peu de temps après le mariage d'Amaury I et de Jeanne des Roches (1212), les possessions anglaises acquises par Maurice II, son père, des mains du roi d'Angleterre. En effet, le 10 mai 1215, puis le 14 mai, enfin le 30 mai de la même année, Jean sans Terre écrivait à ses barons leur prescrivant de mettre Pierre de Craon en possession des terres que Maurice II avait obtenues du roi Henri. Plusieurs mandements de Jean sans Terre attestent des bonnes relations de Pierre de Craon avec le roi d'Angleterre. Il obtint d'ailleurs plus de fiefs que n'en avait reçus Maurice II ; le 25 juillet 1215, une lettre de Jean sans Terre, conservée dans le *Rottuli Litterarum*, ordonnait de remettre un fief à son vassal et en octobre, Jean sans Terre lui donnait les possessions de Geoffroy de Say.

Les deux frères regardaient ainsi dans des directions opposées et chacun paraissait avoir choisi son camp : Amaury I, seigneur de Craon, était proche du roi de France, tandis que Pierre de Craon était parti s'installer en Angleterre sur les terres acquises par leur père. Cette scission familiale nous apparaît nettement dans le corpus documentaire figurant dans nos annexes, mais la situation ne nous paraît pas exceptionnelle : de nombreuses familles normandes nous proposent un cas de figure similaire[12]. La mort de Pierre de Craon, en 1216, comme l'atteste une charte d'Isabelle de Meulan, sa mère, faisant don d'une rente à Fontaine-Daniel pour le repos de l'âme de son fils Pierre de Craon, marquait vraisemblablement la disparition de la branche anglaise de la famille de Craon : le 23 juin 1222, un mandement d'Henri III prescrivait à son lieutenant dans le Surrey de saisir les terres d'Amaury I. En 1216, Clémence de la Garnache, sœur de Pierre et d'Amaury I, épouse de Pierre de la Garnache, faisait don à Fontaine-Daniel, avec l'accord d'Amaury I, d'une seconde rente de vingt sous, pour le repos de son frère, Pierre de Craon[13].

Cette tentative d'implantation en Angleterre nous apparaît fort intéressante et représentative de l'attitude d'un lignage, préférant jouer sur des fidélités multiples : les alliances avec les Des Roches du côté français et avec Isabelle de La Marche de l'autre déterminèrent la position des Craon plutôt que la volonté de conserver les biens obtenus sous Henri III. En fait, le calcul était simple : une branche française, une branche anglaise. À la mort de Pierre, sans fils en 1216, il n'a pas été question de maintenir la branche anglaise et ce choix n'altérait pas, dans l'immédiat, la solidarité familiale : le groupe n'hésita pas à s'unir pour le repos de l'âme de l'un des leurs.

12 Après la conquête de la Normandie, les barons normands durent choisir entre leurs terres anglaises, qui impliquaient fidélité aux Plantagenêts, et leurs terres normandes, qui signifiaient la soumission à Philippe Auguste. Or, les terres anglaises rapportant sensiblement plus que les domaines normands, la plus grande partie de la haute noblesse choisit l'Angleterre. Quelques grands lignages choisirent cependant de rester en Normandie, comme les Courcy ; d'autres se partagèrent, comme les Harcourt : l'aîné en France, mais le cadet en Angleterre.

13 Grosse Duperon & Gouvrien 1896, 72.

MANŒUVRES PRINCIÈRES ET BARONNIALES DURANT LA MINORITÉ DE LOUIS IX

L'alliance d'Amaury I, seigneur de 1207 à 1226, avec Jeanne des Roches avait permis aux Craon de se rapprocher du pouvoir royal et il est fort possible que ce fût Guillaume des Roches, l'oncle maternel de Maurice V, qui l'introduisit dans l'influence capétienne. Or, il semble que les seigneurs de Craon n'aient pas strictement suivi cette ligne politique, préférant jouer sur les deux tableaux, n'hésitant pas à mener un jeu de bascule leur permettant de recevoir donations et faveurs qu'ils transmettaient ensuite à leurs héritiers. C'est ainsi qu'Amaury I reçut des mains d'Henri III les terres de Ham, Walton et Burne en 1221. Bien que cette remise de fiefs correspondît à la mort de Pierre, frère cadet d'Amaury I, Philippe Auguste jugea de bon aloi de concéder au seigneur de Craon les villes d'Angers et de Baugé en juillet 1222. À la même période, en juillet 1222, un mandement d'Henri III ordonnait à son lieutenant dans le Surrey de mettre Amaury I en possession de deux fiefs. L'enjeu pour les Craon n'était pas d'adopter une position tranchée, ni de choisir leur camp et encore moins de s'émanciper de l'orbite capétienne, il s'agissait seulement de conserver une marge de manœuvre leur permettant d'étendre la seigneurie dans des directions multiples et les moyens pour y parvenir n'étaient pas la force ou les coups de boutoir de leurs révoltes mais le hasard et l'opportunisme.

En 1226, Maurice IV devint seigneur de Craon ; comme Amaury I, il héritait dans des circonstances troublées alors qu'il était encore mineur. Il prêta hommage à Louis IX, le 13 octobre 1245, au moment où le roi de France devait affirmer son autorité face aux barons rebelles. Maurice IV avait pris possession de la seigneurie de Craon, dès sa majorité, en 1245, à la place de sa mère, qui, pour autant, ne disparut pas de la vie publique. Louis IX exigea donc la fidélité de ce nouveau seigneur d'autant que les Craon étaient au cœur d'un réseau complexe d'alliances, emboîtées les unes dans les autres, où les fidélités s'enchevêtraient, plaçant leur groupe familial au centre d'intérêts divers. Nouer des liens avec d'autres nobles, vassaux d'un souverain ennemi du roi de France, n'était pas nécessairement perçu comme un acte hostile au pouvoir royal : il n'était pas encore temps, en cette moitié du XIIIe s., de choisir son camp.

Le jeune seigneur de Craon devait trouver une épouse ; il était certainement un des partis les plus enviables de l'ouest de la France au moment où il atteignait l'âge d'homme, alors que le pouvoir royal n'était pas encore maître du marché matrimonial. Pour comprendre l'enjeu que constituait cette union de Maurice IV et d'Isabelle de la Marche, il est nécessaire de préciser le contexte de l'époque – en 1244 – et les orientations politiques prises par les familles des deux époux, bien qu'il fût difficile de dater précisément certains événements[14].

Le mariage de Maurice IV et d'Isabelle de la Marche, une demi sœur d'Henri III d'Angleterre

Isabelle de la Marche était la fille d'Hugues X de Lusignan, comte de la Marche et d'Isabelle d'Angoulême, veuve de Jean sans Terre et mère d'Henri III d'Angleterre. L'épouse

14 Nous songeons surtout aux événements familiaux. Par exemple, nous n'avons aucun renseignement précis sur la date du mariage de Maurice IV et d'Isabelle de la Marche. Il a fallu recouper les documents que nous disposions afin de proposer une date plausible du mariage d'Isabelle et de Maurice IV, vers 1240.

de Maurice IV de Craon se trouvait donc être la demi-sœur du roi d'Angleterre, Henri III et fille des comtes d'Angoulême, une région fortement touchée par le sentiment de révolte à l'égard du pouvoir royal.

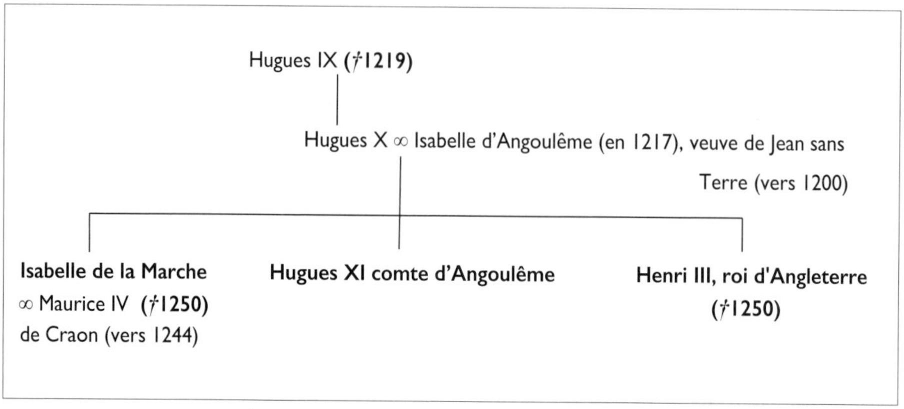

Tabl. 94. Tableau de filiation des comtes de La Marche.

Son père, Hugues X de Lusignan, était en effet toujours prêt à entretenir un jeu de bascule entre le roi de France et le roi d'Angleterre et à tirer profit des événements : il se trouvait au cœur des ligues menées contre le roi de France. C'est ainsi que pendant la minorité du jeune Louis IX, il figurait, aux côtés du comte de Bretagne, Pierre Mauclerc, parmi les barons les plus remuants du royaume, mécontents de l'autorité et de la fermeté de Blanche de Castille[15].

Afin d'annihiler l'opposition grandissante de ces deux comtes, il fut décidé, lors des négociations de Vendôme au printemps 1227, un double mariage, qui ne se concrétisa pas : d'une part, l'un des fils d'Hugues de la Marche devait épouser la sœur du roi de France Isabelle, née en 1225 et, d'autre part, la fille d'Hugues de la Marche, Isabelle, la future épouse de Maurice IV de Craon, devait se marier à Alphonse, troisième frère de Louis IX, né en 1220 et “futur apanagé en Poitou et Auvergne”[16]. Le lignage des La Marche, famille comtale, politiquement courtisée, fut ainsi allié à une famille royale et faillit entrer dans l'autre.

15 En effet, à la mort de Louis VIII, la tutelle du jeune Louis et du royaume était passée entre les mains de la veuve du roi défunt, la reine mère Blanche de Castille, âgée de trente huit ans. Diverses hypothèses ont été soulevées par les historiens concernant sa prise de pouvoir, mais il est en tout cas certain qu'elle se donna toute entière à la défense et à l'affirmation de l'autorité de son fils, au maintien et au renforcement de la puissance de la monarchie.

16 Le comte de la Marche s'engageait alors à rendre au roi certaines terres que lui avait donné Louis VIII en échange d'une rente de dix mille livres tournois perçue pendant dix ans, gagée sur Saint-Jean d'Angély et une partie de l'Aunis.

Les projets de mariage élaborés lors des négociations de Vendôme de 1227

Les problèmes de nature politique pouvaient trouver leur solution dans des négociations familiales et la parenté jouait un rôle important dans les fidélités. Cependant, aucun de ces projets n'aboutit. Il s'agissait d'enfants encore très jeunes dont personne ne pouvait dire s'ils atteindraient l'âge adulte : Isabelle de la Marche n'avait que deux ans, Alphonse de Poitiers sept ans et ces négociations avaient pour but d'apaiser les tensions et d'amorcer publiquement un rapprochement. Dans l'immédiat même, l'effet fut inverse : non seulement le mariage d'Isabelle de la Marche et d'Alphonse de Poitiers ne se fit pas, mais en plus, nous savons que dès l'été 1227, un nombre important de barons, dont le comte de la Marche, se réunirent à Corbeil et décidèrent de s'emparer du jeune roi, voulant le séparer de sa mère et de ses conseillers. Jacques Le Goff conclut qu'il s'agissait "de le prendre en otage pour gouverner en son nom, s'arroger pouvoir, terres et richesse"[17]. Parmi ces barons, l'un allait devenir le chef de la rébellion Pierre Mauclerc, "le plus puissant et le moins fidèle des vassaux du roi de France"[18].

Par le jeu des solidarités lignagères, la famille de Craon avait l'occasion de jouer, dès lors, un rôle de premier plan dans la révolte contre le jeune roi et sa mère, puisque le deuxième fils de Pierre Mauclerc, Arthur, avait épousé dans les années 1223 / 1224 Jeanne, la fille d'Amaury I et de Jeanne des Roches. Cette alliance fut négociée à la suite de la capture d'Amaury I venu aider les seigneurs bretons ligués contre Pierre Mauclerc[19]. L'objectif du comte était bien évidemment de s'attacher la fidélité du seigneur de Craon, qui présentait un double intérêt : non seulement, il mettait fin à la rébellion des seigneurs bretons en écartant un allié extérieur précieux, mais également cela lui permettait de prendre appui dans une région récemment acquise au roi de France et en proie certainement à des doutes voire à des mécontentements. Cette union servait à la fois les intérêts internes du pouvoir comtal en réduisant les forces de la rébellion mais aussi la politique extérieure du comte dans son opposition à l'égard du pouvoir royal. Les liens familiaux des Craon, qui jusque-là s'étaient sagement tenus en marge tant des révoltes contre Les Plantagenêts que contre le jeune Louis IX, pouvaient à tout moment les entraîner dans des voies dangereuses.

La deuxième année du règne de Louis IX, 1228, vit se reformer plus résolue la coalition des comtes, qui commença par une série d'anecdotes injurieuses sur Blanche de Castille[20] et qui se termina en juin 1231 par la trêve de Saint-Aubin-du-Cormier d'une durée de

17 Le Goff 1996, 103.

18 *Ibid.*, 105.

19 Après le succès de ses premières interventions, Amaury I essuya en effet une grave défaite près de Châteaubriant où il fut fait prisonnier et rançonné (Dom Morice 1742-1746) : il dut alors s'engager à donner sa fille unique à Arthur, fils de son vainqueur, en plus d'une lourde rançon (Bodard de La Jacopière 1871, 208).

20 On lui reproche, en effet, de vider les caisses de la royauté au profit de ses parents castillans, de retarder le mariage du jeune roi dans le but de le dominer et de le gouverner et surtout d'avoir de mauvaises mœurs. Les calomniateurs s'attaquent ainsi à la femme que représente Blanche de Castille, qui est vue comme étant dangereuse et qu'il faut contrôler.

trois ans[21]. Cependant, la rupture[22] vint d'un des principaux acteurs traditionnels du théâtre politique de la France de l'ouest, le comte de la Marche qui, à partir de 1238, trouvait un nouveau protagoniste dans la région, le propre frère du roi de France, Alphonse. L'accord de 1227 avait prévu le mariage de sa fille[23] avec Alphonse, mais en 1229, ce dernier[24] était fiancé à Jeanne, fille du comte de Toulouse, dans le cadre du traité de Meaux Paris[25]. Entre 1238 et 1241, à une date que nous ignorons[26], Alphonse épousa effectivement Jeanne de Toulouse et reçut du roi, au moment de sa majorité, le comté de Poitiers et d'Auvergne en 1241. Les terres du nouveau comte prenaient en tenaille le comté de la Marche et surtout Hugues X devait transférer son hommage de vassal direct du roi de France à Alphonse de Poitiers. Cette situation lui déplaisait d'autant plus que sa femme, Isabelle d'Angoulême, était la veuve de Jean sans Terre, et ils entendaient conserver un rang qui les maintenait proches du pouvoir royal. Ayant donné le comté de Poitou à Alphonse et prenant pour prétexte la rupture du mariage, dont on ne sait à qui attribuer la responsabilité, Louis IX réclama la remise de l'Aunis et de Saint-Jean d'Angély à Alphonse de Poitiers. Lors de l'assemblée solennelle des vassaux du comte de Poitou, Hugues X dénonça publiquement son hommage et sans attendre constitua une ligue[27] contre le roi de France qui prit fin par la déchéance[28] et la soumission du comte de la Marche en avril 1243.

Pendant ce temps, les Craon ne se manifestèrent pas, mais vers 1244, le mariage de Maurice IV de Craon, âgé d'une vingtaine d'années, avec Isabelle de la Marche représentait un enjeu majeur pour la famille étant donné le rang et l'influence du lignage des La Marche, et on ne peut pas dire que l'arrangement était a priori favorable au roi de France. En effet, la prise de risque était importante pour le pouvoir royal car ce projet aurait pu faire vaciller la fidélité des Craon du côté des contestataires. Les Craon étaient en effet unis avec les comtes de Bretagne par le mariage de Jeanne, fille d'Amaury I avec le deuxième fils de Pierre Mauclerc et désormais avec les comtes de la Marche avec l'union de Maurice IV, fils d'Amaury I avec

21 Dès 1230, le jeune roi, âgé de seize ans, avait pris la tête de l'ost royal, tandis que Pierre Mauclerc, reprenant son jeu de bascule, avait prêté hommage au roi d'Angleterre en 1229 et avait refusé de se rendre à la convocation du roi de France. Louis IX leva alors contre lui l'ost royal, mais les barons n'envoyèrent que des contingents minimes, sauf le comte de Champagne. La campagne aboutit à la reprise des places fortes d'Anjou cédées au Breton en 1227 : Angers, Baugé, Beaufort et Bellême. Et, après une nouvelle campagne en 1231, Louis IX imposa à Pierre Mauclerc cette trêve de trois ans.

22 La campagne anglaise de 1231-32 s'était terminée par des trêves et en novembre 1234, le principal allié d'Henri III en France, le comte de Bretagne, Pierre Mauclerc s'était rallié au roi de France. Nous remarquons ainsi que les barons français, comme le comte de la Marche ou le comte de Bretagne, comptaient sur le roi d'Angleterre pour "les émanciper de leur soumission au roi de France" (Le Goff 1996, 101, 106.)

23 Il s'agissait, comme nous l'avons vu, de la future épouse de Maurice IV de Craon, Isabelle de la Marche.

24 En compensation, le fils aîné et héritier d'Hugues X, Hugues, devait épouser la sœur du roi, Isabelle mais en 1238, le jeune Hugues épousa Yolande, fille du comte de Bretagne, Pierre Mauclerc.

25 Ce traité avait mis fin à la croisade des Albigeois.

26 Le Goff 1996, 153.

27 Y ont adhéré la plupart des barons poitevins, le sénéchal de Guyenne, les villes de Bordeaux, Bayonne, La Réole, Saint-Émilion, le comte de Toulouse, Raymond VII et la plupart des barons du Languedoc.

28 Après la déchéance d'Hugues de la Marche, le roi d'Angleterre décida de se joindre à la coalition pour faire valoir ses droits en France ; en revanche, le comte de Bretagne, Pierre Mauclerc, qui venait de rentrer de Terre Sainte où il avait participé à la "croisade des barons" (1239-1241) grâce à un prêt du roi de France, ne bougea pas. La guerre dura du 28/04/1242 au 7/04/1243 jusqu'au moment de la soumission de Hugues X.

Isabelle de la Marche, puis celle de Jeanne, nièce de Maurice IV avec Hugues XII de La Marche : c'était l'amorce d'une véritable ligue avec les Lusignan et le rapprochement avec deux familles qui, comme nous l'avons vu, avaient été actrices et inspiratrices de la rébellion contre l'appesantissement de l'autorité royale.

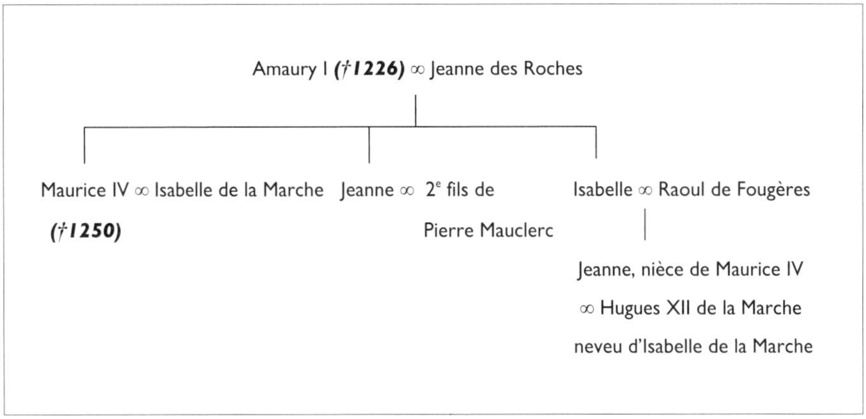

Tabl. 95. Une alliance à risque : l'union avec les La Marche.

Une règle de conduite respectée par les Craon : opportunisme et prudence politique

Pour Louis IX, le maintien de la paix entre princes chrétiens exigeait qu'un seigneur ne puisse être vassal de deux rois régnant dans deux royaumes différents. Aussi en 1244, ordonna-t-il aux seigneurs – surtout nombreux en Normandie – qui étaient ses vassaux et ceux du roi d'Angleterre de choisir entre les deux. Cette décision constitue une étape essentielle : Louis IX montrait, nous dit J. Le Goff, ce que devait être une monarchie féodale : “un État où la vassalité et l'appartenance au royaume étaient étroitement unies, où les seigneurs étaient à la fois les vassaux et les sujets du roi”[29]. Henri III riposta en enlevant leurs terres anglaises à tous les seigneurs français. En 1244, le mariage de Maurice IV avec Isabelle de La Marche se situait à la marge de ce qui était encore possible.

Le traité de Paris de 1259, ramenant la paix, changea la donne puisqu'il fit du roi anglais un prince français ; il s'agissait d'un traité d'essence féodale, qui permettait à Henri III de puiser ses agents dans le vivier de la seigneurie française, à condition que ce dernier prêta hommage au roi de France pour tous ses fiefs. Or, certains purent jouer sur les deux tableaux et profiter de la situation.

C'est ainsi que Maurice V, fils de Maurice IV et d'Isabelle de La Marche, reçut des mains d'Henri III, son oncle, une rente de quarante livres sterling afin de l'indemniser du manoir de Burnes, saisi à la mort d'Amaury I et donné à la reine Aliénor. De nombreux actes témoignent, par la suite, du maintien de bons rapports. En 1290, il reçut le titre de lieutenant général du roi d'Angleterre et devint à cette date un agent d'Édouard Ier.

29 Le Goff 1996, 165.

Au XIIIe s., mariages et parentés, parfois même vassalité, unissaient les noblesses des deux royaumes de France et d'Angleterre : beaucoup de lignages avaient des intérêts hors du royaume et tiraient profit d'une situation leur permettant de jouer sur plusieurs tableaux. L'heure n'était pas encore aux choix politiques et aux prises de positions tranchées. Pour preuve, en 1259, le roi d'Angleterre se trouvait réintroduit dans le jeu féodal français. Devenant duc d'Aquitaine, ses vassaux continentaux lui prêtaient hommage comme l'exigeait le système féodal. Les Craon ne font pas exception à ce modèle de vassaux prêtant hommage à leur suzerain : leur attitude était bien représentative du contexte mais ils surent profiter de la situation sans prendre de gros risques.

En revanche, cette famille aurait pu tremper dans les révoltes baronniales mais, bien qu'elle en ait eu l'occasion, elle se tint à l'écart des ligues formées contre l'autorité du roi. Les Craon restèrent fidèles au pouvoir royal pendant cette période délicate ; il est vrai que les circonstances démographiques ont facilité cette prise de position, puisque la seigneurie de Craon avait été placée sous tutelle jusqu'à la majorité de l'héritier.

D'un ancrage régional à une noblesse de cour

Avec l'affermissement de sa position dans la seconde moitié du XIIIe s., le roi de France put commencer à intervenir plus directement dans les alliances de ses barons, sans avoir le droit d'user de véritables contraintes, mais avec des arguments puissants. Les barons fidèles trouvaient leur intérêt au service du roi. C'est ainsi que le troisième enfant de Maurice IV et d'Isabelle, Olivier, fut nommé archevêque de Tours le 24/05/1285 : cette nomination représentait un joli coup d'éclat pour la famille et signifiait qu'elle avait pris de l'importance au fil du temps, à tel point qu'elle était dorénavant digne d'avoir, dans sa famille, un archevêque avec toutes les conséquences que ce poste pouvait impliquer : protection royale, ouverture des carrières ecclésiastiques aux membres de la famille. Cependant, Olivier mourut à Rome avant d'être consacré le 24 août 1285, ce qui ne permit pas à la famille de tirer profit de cette nomination, mais le pouvoir royal avait ouvertement affiché sa reconnaissance à l'égard des Craon qui se manifesta dans deux directions : l'attribution d'un poste ecclésiastique d'une part et la négociation d'alliances fructueuses d'autre part. Les témoignages de la générosité royale furent ainsi nombreux, soit pour attiser la fidélité des Craon, soit pour les remercier de services rendus.

Vers une ouverture géographique des alliances : l'union de Maurice V et de Mahaut de Malines

L'union de Maurice IV de Craon avec Isabelle de La Marche pouvait être considérée comme un défi, une provocation à l'égard du pouvoir royal et le roi a dû certainement en tenir compte : un de ses vassaux, proche de la famille comtale de Bretagne, prenant pour épouse la fille du comte de La Marche, un des acteurs des révoltes baronniales de la moitié du XIIIe s., pouvait s'avérer dangereuse pour le pouvoir royal. Le roi n'avait pas dû apprécier cette union et cela peut expliquer que son attention se porta sur les mariages des enfants de Maurice IV et d'Isabelle de la Marche : poussés par le pouvoir royal, les Craon trouvèrent épouses dans l'est, dans le Champenois, afin d'éviter qu'ils ne regardent du côté de la

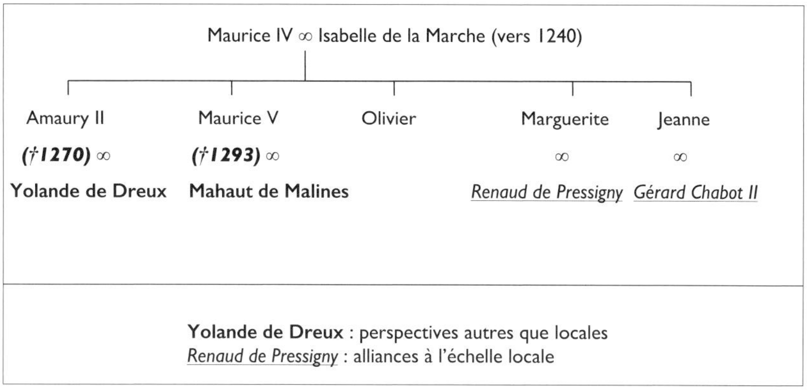

Tabl. 96. Les alliances des enfants de Maurice IV et Isabelle de la Marche : entre unions locales et horizon transrégional.

Bretagne. Cette initiative royale, si elle était avérée, eut cependant un succès limité, mais elle ne fut pas isolée : un parallèle peut en effet être établi avec les Tancarville et les Sully[30].

Le tableau de filiation ci-dessus nous permet de constater que les perspectives de la famille de Craon, offertes grâce aux alliances ainsi négociées, ne furent pas seulement locales puisque le fils aîné Amaury épousa Yolande de Dreux, arrière petite-fille de Louis VI et cousine de Louis IX, fille de Jean I de Dreux et de Marie de Bourbon. Ce mariage[31] rapprochait les Craon du pouvoir royal. D'ailleurs, le seul acte que nous connaissons d'Amaury, concerne une participation à un tournoi organisé à Cambrai le 27 mai1269 à l'occasion du mariage de Jean de Brabant avec Marguerite, la fille de Louis IX : il figurait alors au vingt cinquième rang. D'un ancrage régional, le Maine et l'Anjou, où les Craon étaient fortement implantés, leur attention se porta, à la fin du XIIIe et au début du XIVe s., vers des horizons plus vastes : leur réseau d'alliances devenait transrégional.

De surcroît, le second fils de Maurice IV et d'Isabelle de la Marche, Maurice, qui devint seigneur de Craon à la mort de son frère en 1270, épousa, en 1276, Mahaut de Malines, fille du seigneur de Malines, Gautier Bertout et de Marie, sœur du comte d'Auvergne.

Tabl. 97. Les origines familiales de la dame de Craon, Mahaut de Malines, épouse de Maurice V de Craon.

30 Cazelles 1958.
31 Nous n'avons aucun renseignement sur la date de cette union.

Ce mariage, négocié six ans après la prise en main de la seigneurie par Maurice V, constituait une alliance avantageuse pour les Craon d'autant qu'elle s'inscrivait dans un vaste projet matrimonial conçu par le pouvoir royal. La cour de France avait, en effet, mis en place, toute une "politique d'alliance"[32] avec la cour de Brabant dont le mariage de Philippe III avec Marie de Brabant en 1274 en représentait la clef de voûte : les barons suivaient la famille royale.

Nous n'avons aucun élément nous permettant de prouver l'intervention royale mais nous possédons une succession d'indices allant dans ce sens. Nous constatons en effet que deux frères épousèrent successivement, dans la seconde moitié du XIIIe s., l'un une lointaine cousine du roi de France et le second contracta une alliance dans une région géographique que ne regardaient pas traditionnellement les Craon. Que ces unions aient été représentatives de l'emprise capétienne, ordonnant ces mariages, l'hypothèse nous semble très incertaine, en tous les cas invérifiable. En revanche, que ces unions aient été pilotées, encouragées par le pouvoir royal, cela paraît probable. Les Capétiens, vers 1280, étaient devenus des seigneurs plus contraignants vis-à-vis de leurs vassaux que ne l'avaient été les Plantagenêts, qui ne disposèrent pas des mêmes moyens en Anjou : souverains et seigneurs, ils jouaient sur les deux tableaux et raisonnaient en terme de "rois féodaux". De plus, les Craon, en dépit des liens familiaux, ne s'étaient compromis lors des révoltes baronniales ni contre les Plantagenêts, ni contre les Capétiens. Leur attitude prudente n'était peut-être pas si exceptionnelle et il serait intéressant, semble-t-il, de revoir certains "clichés" sur les "barons agités". Au fond, la royauté féodale était basée sur la gestion avisée des consensus, qui cassait les blocs régionaux afin d'éviter toute menace.

Les Craon s'étaient ainsi trouvés, en raison des circonstances, au cœur des ligues mais sans participer vraiment à une agitation armée et nous avons l'exemple d'une réaction, d'un comportement, de l'attitude politique d'un lignage, prudent mais opportuniste, au moment de la contestation du pouvoir royal. Nous voyons comment un lignage de seconde zone, dans une région récemment incorporée au royaume, fut, par ses alliances, allié aux deux familles les plus remuantes et les plus opposées à l'appesantissement de l'autorité royale et comment il réussit à en tirer des bénéfices, sans prendre de gros risques. L'union de Maurice IV de Craon et d'Isabelle de La Marche, vers 1244, constituait l'alliance la plus brillante jamais réalisée par la famille mais pouvait, légitimement, susciter quelques inquiétudes de la part du pouvoir royal. Cela pourrait expliquer que les Craon, à partir de Maurice IV, aient pu être poussés par le pouvoir royal à rechercher des épouses hors de leur rayon d'action traditionnel et s'orienter vers un réseau d'alliances transrégionales. Cette hypothèse, reposant sur un faisceau d'indices, mais qui n'a pas pu être réellement démontrée, ne correspond pas en tous les cas à un schéma d'ensemble clairement défini par les Capétiens, à une "politique" matrimoniale visant à contrôler les alliances de leurs vassaux. Le pouvoir des Capétiens, en cette première moitié du XIIIe s., était encore trop fragile pour pouvoir aboutir à ce genre de conclusion : ces derniers n'avaient les moyens ni d'interdire, ni d'imposer des alliances sans le consentement des parties concernées et il faut attendre Philippe le Bel pour que l'intervention royale soit plus présente.

32 Nous avons déjà eu l'occasion de citer le mariage de Marguerite, la fille de Louis IX, avec Jean de Brabant.

Mise sous tutelle d'un mineur et négociation d'un mariage : l'intervention "nécessaire" du pouvoir royal à partir des derniers Capétiens

Si nous ne possédons aucune preuve qui démontrerait, de manière indiscutable, l'emprise des derniers Capétiens, à partir de Louis IX, sur les mariages de leurs vassaux, nous disposons en revanche d'indices, qui nous orientent dans ce sens, en observant les différentes alliances des Craon.

Peu de traités de mariage concernant les membres de la famille de Craon nous sont parvenus et il faut attendre le dernier tiers du XIIIe s., avec l'union de Maurice V et de Mahaut de Malines, pour dégager quelques hypothèses. Dès le 8 janvier 1275, Gautier Bertout s'engageait à payer à sa fille Mahaut et à Maurice V deux mille cinq cents livres de rente[33]. Cette disposition donnait lieu à l'intervention du fils aîné du seigneur de Malines qui constatait le don de deux mille cinq cents livres fait par son père et donné aux futurs époux. En décembre de la même année, une lettre de Philippe III, conservée dans le cartulaire d'Ingrandes[34], revenait sur les conditions du mariage et confirmait l'engagement financier pris par le seigneur de Malines en faveur de Maurice V. C'est la première fois que nous avons, dans notre corpus documentaire, une intervention du pouvoir royal, corroborant les dispositions prises dans une tractation unissant les intérêts de deux familles et relevant du domaine privé. Peu de temps après, en juin 1277, Maurice V assignait le douaire de Mahaut sur Sablé[35].

Après la mort de son époux, Mahaut de Malines autorisait le mariage de sa fille aînée, Marie, avec Robert de Beaumont, qui donna lieu à un contrat entre les deux familles, établi devant le pouvoir royal, à Paris en août 1299. L'union de ces deux familles fut scellée une seconde fois, le 22 juin 1305, par l'alliance entre Mahaut, veuve de Maurice V et de Jean de Beaumont-le-Vicomte. Par ce contrat de mariage, Jean de Beaumont s'engageait à accepter les souhaits de Mahaut et en particulier celui d'être enseveli dans la chapelle des Cordeliers d'Angers à côté de son premier époux, treize ans après son décès. Force est de constater que le pouvoir royal intervenait une nouvelle fois au moment du remariage de la veuve du seigneur de Craon : la participation financière du roi au douaire de Mahaut de Malines s'élevait au tiers de la totalité du douaire. Cette marque de bienveillance prouvait que le pouvoir royal avait été partie prenante de cette négociation matrimoniale. L'argent que le roi peut donner est un argument imparable. Il impose ses vues, mais doit y mettre le prix. Veuve de Maurice V de Craon, un personnage proche du pouvoir royal, investi de missions diplomatiques, Mahaut de Malines avait été une riche veuve, certainement convoitée, ce qui expliquait l'attention et l'intérêt porté par le roi de France à Mahaut, d'autant qu'à la mort de son époux, elle se chargea de la tutelle de leur fils et de leurs trois filles, prenant également possession de la sénéchaussée d'Anjou, comme le prouve un mandement de Philippe le Bel du 6 février 1298, prescrivant de payer à Mahaut cinq cent livres qui lui étaient dues sur les amendes du Maine[36].

33 Archives de la Trémoïlle, *Cartulaire d'Ingrandes*, n°9.
34 *Ibid.*, n°2.
35 Arch. Nat, J 179 b, n°5.
36 BnF, Titres scellés, fol. 2737.

La double alliance des Craon avec les Beaumont, sous bienveillance royale, avait ainsi permis de sceller l'union de ces deux familles. Le pouvoir royal, à partir des derniers Capétiens, se fit en effet de plus en plus présent dans les affaires familiales : en octobre 1312, Philippe le Bel ratifiait le contrat de mariage d'Amaury III et de Béatrix de Roucy. Fils aîné de Maurice V et de Mahaut de Malines, Amaury prit possession de la seigneurie en 1293. Il épousa en premières noces Isabelle de Sainte-Maure, issue d'une riche famille de Touraine ; ils eurent de cette union Maurice VII, qui décéda avant de devenir seigneur de Craon. Puis, il épousa Béatrix de Roucy, qui descendait comme lui de Guillaume des Roches ; elle possédait une partie du patrimoine qui avait appartenu à Clémence des Roches. Elle était fille de Jean IV de Roucy et de Jeanne de Dreux, petite fille de Robert IV de Dreux et de Béatrix de Montfort-l'Amaury. Les engagements pris au moment du mariage d'Amaury III et de Béatrix de Roucy, ratifiés par Philippe le Bel en octobre 1312, dans lesquels il était stipulé qu'à une fille issue de leur mariage, il serait donné 2000 livres de rente, mais qu'à un garçon, il serait constitué une rente de 3000 livres, assise sur les seigneuries de Chantocé et d'Ingrandes[37], furent une nouvelle fois confirmés par Philippe de Valois, en janvier 1330[38]. Proche du pouvoir royal, comme l'attestent de nombreux actes[39], le couple formé par Amaury III et Béatrix de Roucy put placer ses enfants à des postes ecclésiastiques et militaires importants. L'intervention royale dans les affaires familiales des Craon, progressive en cette seconde moitié du XIIIe s., mais plus pesante par la suite, présentait sans conteste des avantages.

Cet appesantissement royal concernait non seulement les alliances matrimoniales contractées par les Craon, mais également la garde des héritiers mineurs. En effet, Amaury III avait prévu, dans un premier temps, de marier son fils aîné, Maurice, à Jeanne de Conflans, fille d'Hugues V de Conflans et de Brande de Blancafort[40]. Afin de garantir ce mariage, Amaury III réussit à obtenir la tutelle de Jeanne, confiée par le roi au seigneur de Craon[41]. Cependant, le mariage n'eut pas lieu : Amaury III avait trouvé une alliance plus angevine pour son fils[42], en la personne de Marguerite de Mello. Amaury III continua à être chargé de la tutelle de Jeanne, qui épousa Gaucher IV de Châtillon, comte de Porcien[43] tandis que Marguerite était confiée au seigneur de Craon dans le but de la marier à son fils aîné Maurice VII. Cependant, ce dernier, qui aurait dû devenir seigneur de Craon, décéda trois ans avant son père, en 1330, à l'âge de vingt six ans, laissant derrière lui trois enfants en bas âge, dont l'héritier Amaury IV. Le grand-père du jeune garçon décida alors de confier sa garde et la gestion de ses biens à deux personnes différentes, afin de répartir les responsabilités et d'éviter une mainmise trop grande d'un seul tuteur sur le mineur, à un moment où apparaissait pour la première fois une

37 Archives de la Trémoïlle, *fonds Craon*, 1 AP 1593, pièce non numérotée.

38 *Actes du Trésor des Chartes concernant le Poitou*, I, 373-380.

39 Voir le deuxième chapitre de cette partie.

40 La famille de Conflans se situait dans la Marne, canton d'Anglure ; elle était issue de la maison de Brienne.

41 Boutaric 1864, n° 5716.

42 Marguerite de Mello, fille de Dreux IV de Mello de la branche de l'Orme et de sa seconde épouse Éléonore de Savoie, apporta de nombreux fiefs à Maurice VII de Craon, son époux. Celui-ci obtint de Charles le Bel en 1324 qu'ils fassent partie du ressort de Saint-Maixent (*Actes du Trésor des Chartes concernant le Poitou*, I, 229)

43 Anselme de Sainte-Marie 1726-1733, VI, 157, 110 ; Du Chesne 1621, 367.

branche cadette, celle de Sainte-Maure représentée par Guillaume Ier seigneur de Châteaudun, fils d'Amaury III et de Béatrix de Roucy.

Âgé d'une vingtaine d'années, Guillaume pouvait prétendre à certains droits. Non seulement il fut écarté de la tutelle alors qu'il était l'oncle paternel du jeune Amaury IV, mais en plus il fut contraint de signer un accord avec Olivier III de Clisson, tuteur d'Amaury, et Jean Hocquet, procureur de Jean de Chalon et de Marguerite de Mello, stipulant l'abandon de ses droits ratifié par Philippe VI[44] en décembre 1335, ce qui révèle l'importance de l'intervention royale.

Il est fort probable que cette tutelle ait été décidée par Amaury III avant son décès en 1333 : sa belle fille, Marguerite de Mello, avait déjà épousé en secondes noces Jean de Chalon et Olivier de Clisson avait été confié à Amaury III lorsqu'il était mineur. Après avoir été pupille d'Amaury III, Olivier de Clisson fut marié à la sœur du seigneur de Craon, Isabelle, puis chargé de la garde de son petit-neveu : le pupille, une fois majeur, est chargé de veiller aux intérêts du petit-fils de son tuteur, qui était aussi son neveu par alliance. Cet oncle maternel s'avéra un soutien précieux, attentif aux intérêts familiaux. S'était certainement noué une relation de forte confiance entre Amaury III et son jeune beau-frère Olivier de Clisson, mais Amaury ne lui laissa pas pour autant les mains entièrement libres pour s'occuper de la tutelle de son petit-fils. Le seigneur de Craon avait ainsi regardé au-delà du lignage stricto sensu, s'appuyant sur la force des alliances.

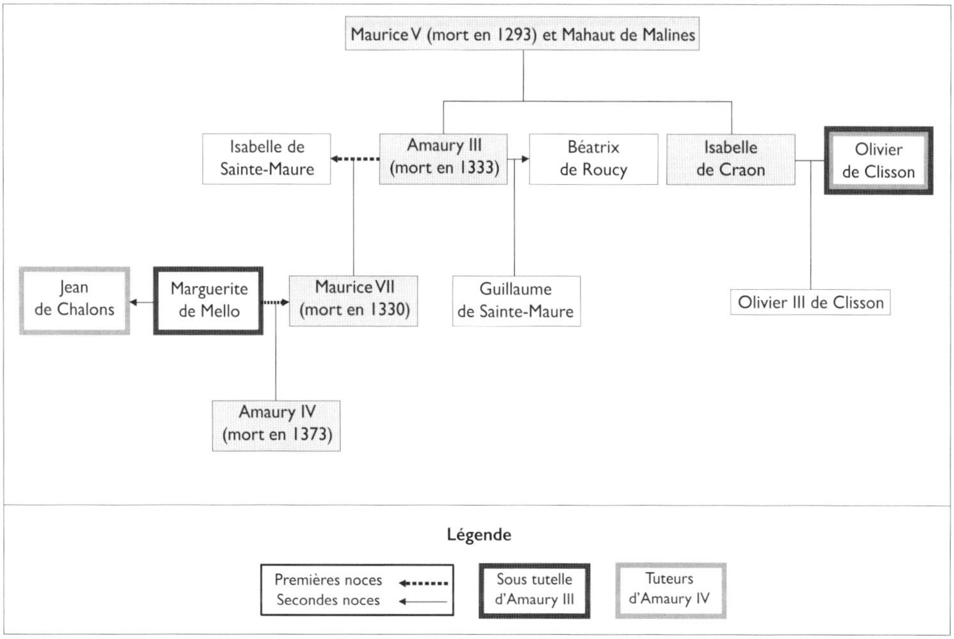

Fig. 32. Le mariage du fils d'Amaury III et d'Isabelle de Sainte-Maure : une union angevine.

44 Arch. Nat., JJ 69, fol. 121.

La réalisation de mariages prometteurs fut ainsi l'occasion pour la famille de Craon d'accroître son rang et son influence mais aussi son patrimoine et l'emprise des rois capétiens fut plus réelle vis-à-vis des Craon à la fin du XIIIe s. que ne l'avait été celle du comte d'Anjou et du Plantagenêt. Si nous ne possédons que quelques indices dans la seconde moitié du XIIIe s. pour prouver l'action du pouvoir royal dans les alliances matrimoniales des Craon, l'intervention devient plus nette, en tous les cas plus vérifiable, au début du XIVe s. D'un ancrage régional, l'ouest, où les Craon étaient fortement implantés et n'en sortaient pas, leur regard s'était porté vers des horizons plus vastes à la fin du siècle et au début du XIVe, sans pour autant abandonner leurs racines angevines. Ce déploiement des alliances, parfaitement visible lorsque l'on analyse les unions des Craon dans leur ensemble[45], du XIe au XIVe s., s'inscrivait dans une évolution géopolitique du pouvoir : encore fortement féodal, le pouvoir des derniers capétiens s'exerçait dorénavant à l'échelle du royaume. Roi marieur, le Capétien entendait également intervenir dans les affaires de la noblesse : la tutelle des héritiers mineurs, les successions ; il est vrai qu'en cette fin du XIIIe s. - début XIVe, le pouvoir royal pouvait disposer de moyens de pression et d'instruments d'intervention efficaces[46], l'amenant à exercer un contrôle de plus en plus pesant sur différents aspects de la vie publique et même privée des familles et lui donnant les moyens de s'imposer comme autorité supérieure à toutes les autres.

Maurice V et Amaury III : serviteurs du roi et intermédiaires avec la cour d'Angleterre

Depuis l'ouvrage de Bernard Guenée[47], tous les historiens s'accordent à penser que *le dialogue entre le prince et le pays* prit une dimension nouvelle à partir de la fin du XIIIe s. Dans son sillage, des études récentes[48] sur la diplomatie médiévale sont parues et ont permis de mettre en avant le "travail du diplomate" ou l'art de négocier au Moyen Âge[49]. Un travail collectif mené par un groupe de chercheurs, dans une démarche prosopographique, pourrait être l'occasion d'affiner ces recherches sur les origines des diplomates, leur parcours et leurs pratiques, dans le cadre de systèmes sociaux et politiques médiévaux. Dans cette partie, notre ambition est beaucoup plus modeste : disposant essentiellement de documents compilés par Rymer, nous nous sommes efforcé de démontrer en quoi les seigneurs de Craon, Maurice V (seigneur de 1270 à 1293) et Amaury III (1293-1333), pouvaient jouer un rôle diplomatique de l'entre deux rois, ce qui nécessite de dégager les termes utilisés dans les textes pour présenter leurs actions et leurs missions.

45 Cette étude sera l'objet du dernier chapitre de notre troisième partie, p. 422.

46 Dans son analyse sur les rapports complexes entretenus par la noblesse et le pouvoir royal en France, du XIIIe au XVIe s., Marie-Thérèse Caron met en valeur l'affirmation progressive du pouvoir royal à travers le développement des institutions financières, judiciaires et politiques. Disposant de ces "corps nouveaux" – le Parlement, la Chambre des Comptes, les assemblées d'État, le Conseil ... – l'administration est appelée à des interventions de plus en plus fréquentes, ce que nous constatons dans notre corpus documentaire, à partir d'Amaury III, seigneur de Craon de 1293 à 1333 (Caron 2009, 10-38).

47 Guenée 1998, 244.

48 Nous pouvons signaler le rôle moteur joué en France dans ce renouveau par les spécialistes d'histoire moderne, cf Bély 1990 ; Bély & Richefort 1998 ; *Ibid.*, 2000. À l'étranger, il faut signaler l'importance des travaux de Chaplais 1982.

49 Moeglin *et al.*, 2005.

Maurice V, négociateur et diplomate auprès du roi d'Angleterre : une carrière en marge de celle de ses prédécesseurs

Maurice V, fils de Maurice IV et d'Isabelle de la Marche, devint seigneur de Craon, au décès de son frère aîné Amaury en 1270, jusqu'à sa mort en 1293. Neveu du roi d'Angleterre par la branche maternelle, *ad dilectum nepotem et fidelem nostrum Mauricium de Craon*[50], Maurice fut élevé par sa mère Isabelle de la Marche, sœur d'Henri III et veuve de Maurice IV de Craon. Maurice V était une dizaine d'années plus jeune qu'Édouard, mais il est tout à fait possible de penser qu'il ait pu passer une partie de sa jeunesse avec lui, étant donné leurs attaches familiales et les rapports qu'ils ont maintenus par la suite. Rien ne nous permet de confirmer cette hypothèse, mais des relations étroites avaient été entretenues par les Craon avec l'Angleterre, du fait de la possession de fiefs par ce lignage, à l'image d'un certain nombre de familles continentales.

Le parcours de Maurice V ne nous paraît guère comparable à celui de ses prédécesseurs ou même de ses successeurs ; à notre connaissance, aucune action militaire entreprise, ce qui – il est vrai – peut s'expliquer par le calme relatif de la période ; cela le distingue des coups de main militaires d'Amaury I, seigneur de Craon de 1207 à 1226. Maurice V s'oriente plus vers une carrière diplomatique, de négociateur entre les différents pouvoirs. Il fut un personnage hautement apprécié par le roi d'Angleterre, qui le chargea d'un certain nombre de missions, relevant du domaine privé et d'autres, diplomatiques, plus délicates, qui nécessitaient à coup sûr une réelle confiance.

Missions qui lui fut confié	Dates	Sources
Chargé de représenter Édouard I au Parlement, à la Toussaint.	11/11/1275	Rymer, t. II, p. 60
Nommé l'un des procureurs d'Édouard I afin de prendre possession de la ville d'Agen	1275	Rymer, t. II, p. 60
Chargé d'évaluer les possibles ouvertures de paix entre la France et la Castille, auprès du roi de France	3/07/1280	Rymer, t. II, p. 153
Désigné par Édouard I pour remettre au roi de France sa réponse au sujet d'un certain nombre de réclamations	1281	Rymer, t. II, p. 184
Pouvoir donné à Maurice V de remplacer certains fonctionnaires	30/05/1290	*Lettres des rois ... des Archives de Londres*, t. I, p. 374.

Tabl. 98. Missions diplomatiques de Maurice V auprès du roi d'Angleterre.

50 Archives de la Trémoïlle, *Cartulaire d'Ingrande*, n°6.

Doté d'une certaine intelligence politique, lui faisant prendre conscience des enjeux politiques du moment et de la nécessité d'une protection royale et baronniale, Maurice V était parvenu à tirer profit des opportunités qui lui étaient offertes et à accroître son patrimoine. Le 11 novembre 1270, Henri III accordait à son neveu une rente de quarante livres sterling afin de l'indemniser du manoir de Burnes, saisi à la mort d'Amaury I et donné à la reine Aliénor[51]. Une dizaine d'années plus tard, le roi d'Angleterre donnait au seigneur de Craon deux tiercelets, comme gage de reconnaissance : une lettre de remerciement[52] émanant de Maurice V fait mention de cette donation.

Si Maurice V apparaît être un agent du roi d'Angleterre, le roi de France n'entendait pas cependant se séparer d'un personnage aussi important. Fidèle à la politique qu'il avait commencé à appliquer à l'égard d'Amaury I, le frère de Maurice V, le pouvoir royal s'efforça de conserver le seigneur de Craon dans la mouvance française en négociant deux mariages prometteurs pour les Craon, mais non dépourvus d'enjeux politiques : Amaury I, le frère de Maurice V, épousa Yolande de Dreux, arrière petite-fille de Louis VI, fille de Jean I de Dreux et de Marie de Bourbon, le rapprochant de ce fait de la famille royale et Maurice V se maria avec Mahaut de Malines, une alliance ayant probablement transité par la cour de France. Les actions diplomatiques du seigneur de Craon auprès du roi d'Angleterre n'impliquaient pas forcément de mauvaises relations avec son souverain, dont l'intervention se faisait de plus en plus pesante dans les affaires familiales. Dans ces conditions, nous pensons que se mit en place un jeu diplomatique, dans lequel certains personnages avaient la possibilité de transiter d'une cour à l'autre en position de négociateur, de médiateur, bénéficiant de laisser passer permanents. Les missions effectuées par Maurice V auprès des rois de France et d'Angleterre ainsi que ses déplacements nous invitent donc à penser que cette fin du XIIIe s. ne s'était pas déroulée dans un monde cloisonné, aux frontières imperméables. Bien au contraire, la circulation d'agents d'un hôtel royal à un autre semblait être un phénomène courant.

Les qualités de Maurice V furent également reconnues et utilisées par Charles II d'Anjou, fils de Charles Ier, petit-fils de Louis VIII et de Blanche de Castille et neveu de Louis IX : il fit de Maurice V son vicaire et procureur général pour l'Anjou et le Maine, le 13 février 1288. Vaincu par les Aragonais à Naples (1284), il est prisonnier à son avènement[53]. En vertu de la logique féodale, Maurice V figurait au nombre des otages qui devaient être fournis à Alphonse d'Aragon afin d'obtenir la liberté de Charles II d'Anjou. En novembre 1288, Charles II d'Anjou reconnaissait diverses sommes qui lui avaient été prêtées pour sa rançon : Maurice V était concerné pour 2000 marcs d'argent. En mars 1290, Charles II d'Anjou portait à la connaissance de tous que Maurice V avait contracté divers emprunts, destinés à payer sa rançon[54]. Mais ces liens n'allèrent pas plus loin, les Craon ne furent pas tentés par l'Italie.

51 *Cum post mortem Almarici de Craon, manerium de Burne, cum pertinenciis cepissemus in manum nostram, et idem manerium, cum pertinenciis post modum, quantum ad nos pertinuit, concessissemus carissime consorti nostre Alienore, regine Anglorum habendum ad totam vitam suam ...et jam pro certo intellecerimus quod manerium predictum, cum pertinenciis, ad dilectum nepotem et fidelem nostrum Mauricium de Craon, tanquam nepotem et heredem predicti Almarici, qui plene estatis est, jure hereditario pertineat, propter quod ei inde sattifacere volumus ut teneamur, concessimus eidem Mauricio quadraginta libras ...* Bulletin de la Commission historique et Archéologique de la Mayenne, IV, 1892.

52 Bréquigny & Champollion-Figeac 1839, I, 274.

53 Pour acheter sa libération, il dut renoncer à la Sicile.

54 Durieu 1887,1, 209.

L'exemple de Maurice V met en avant l'idée de la mise en place d'un subtil jeu diplomatique, aux enjeux "géopolitiques" bien réels. Cette diplomatie, qui n'était pas une nouveauté du XIIIe s., semble prendre, en revanche un élan nouveau à cette période, du fait de l'affirmation du pouvoir royal et de l'élaboration progressive des entités nationales. Dans ce contexte, certains personnages parvenaient à tirer leur épingle de ce jeu, dont les règles ne paraissaient pas clairement définies. Proche du roi de France mais également du roi d'Angleterre, Maurice V semblait être un homme de cet échiquier diplomatique.

Au total, il apparaît que le seigneur de Craon était devenu un personnage apprécié, reconnu des cours de France et d'Angleterre, incontournable des grandes affaires diplomatiques du moment, ce qui élargit ses horizons et lui assura les bases d'une ambition grandissante mais légitime. Pour la première fois, on repère un membre de la famille de Craon faisant une carrière ecclésiastique ; ce prêtre, *Martinus de Credonio*[55], devait être un proche parent de Maurice V (frère, fils ?) : il était chapelain du roi et trésorier du chapitre cathédral de Sens. En 1279, la seule influence familiale ne l'aurait peut-être pas installée dans ce chapitre. De même, Olivier de Craon, frère de Maurice V, élu en 1285 au siège de Tours mais mort avant d'avoir été consacré, devait-il avoir la faveur du roi de France[56].

Maurice V eut l'intelligence politique de se faire apprécier par des personnages influents, qu'il s'efforça d'imiter. Il s'installa en ville, à Angers, se rapprochant ainsi du pouvoir princier. Cette implantation angevine fut progressive : commencée déjà sous Amaury I, elle prit un nouvel élan avec les déplacements réguliers et prolongés de Maurice V puis le choix de la chapelle des Cordeliers d'Angers, comme lieu de sépulture familial. Ce dernier aspect est intéressant : d'abord, parce que les frères Franciscains se situaient au cœur de l'espace urbain, ce qui confirme la volonté du seigneur de Craon de s'enraciner en ville. Ensuite, le choix de ces Franciscains correspondait à un "phénomène de mode" et les Craon voulaient vivre dans leur temps. Enfin, Maurice V mit en place un programme funéraire familial, à l'instar de ce qui se passait chez les rois ou les princes, dans le but de se rapprocher de ces familles princières.

Il est très difficile de dresser un portrait, même schématique, d'un homme de la fin du XIIIe s., avec si peu d'informations mais il paraît essentiel d'insister sur le fait que Maurice V a dû être un homme cultivé, dont les conseils étaient demandés. À travers l'exemple de Maurice, nous pouvons conclure qu'il n'y avait pas encore au XIIIe s. de "conscience nationale".

L'engagement militaire et diplomatique du seigneur de Craon auprès du roi de France : Amaury III (1293-1333), un homme de Philippe le Bel ?

Vers 1302, Philippe le Bel demandait à Amaury III, son vassal, de prendre part aux campagnes de Flandre[57] et, le 5 août 1303, il l'exhortait à hâter son départ[58].

Le 5 juin 1313, Édouard II lui confiait le poste de sénéchal d'Aquitaine et fixait ses gages

55 Tabbagh 2010, n°382.
56 Eubel 1913, 1, 503.
57 *Actes du Trésor des Chartes concernant le Poitou*, II, 4.
58 *Ibid.*, II, 8.

à 2000 livres, auxquels s'ajoutaient 5000 livres, plus les dédommagements occasionnés par ses déplacements[59]. Dès le 2 octobre de la même année, Amaury écrivait à Édouard II l'avertissant que ses sujets gascons ne connaissaient ni ne craignaient la justice[60].

L'article sur les sénéchaux de Gascogne, publié par Françoise Bériac-Lainé et Philippe Challet, précise que parmi soixante et un sénéchaux (1248-1453), tous étaient des chevaliers et la plupart anglais[61]. Le recrutement d'Amaury III de Craon comme sénéchal semble correspondre à une marque de confiance donnée à la cour de France et n'est pas un fait unique, comme l'ont souligné les auteurs de l'article[62].

Amaury de Craon vint en Aquitaine avec son épouse qui eut un enfant pendant ce séjour[63], il était aussi accompagné d'hommes de confiance, dont peut-être Jean Hoquet qui serait devenu connétable de Bordeaux[64] sur sa recommandation, mais les liens entre Hoquet et le seigneur de Craon ne sont attestés que plus tard[65] ; si tel était le cas, il s'agirait d'une marque de confiance tout à fait exceptionnelle envers le sénéchal d'Aquitaine car le connétable est habituellement alors un clerc anglais ou gascon sans lien personnel avec le sénéchal, ce qui assure l'indépendance de sa gestion[66].

Le seigneur de Craon paraît avoir incontestablement joui de la faveur du roi de France, mais en tant que sénéchal d'Aquitaine, Amaury III bénéficia également de la confiance du roi d'Angleterre[67]. En effet, la plupart des sénéchaux ont entretenu des rapports personnels, familiaux ou amicaux avec le pouvoir royal et se rattachaient parfois au personnel gouvernemental : ils étaient des hommes de confiance[68]. Amaury III de Craon eut alors à accomplir, à plusieurs reprises, des missions délicates. C'est ainsi que le 17 juillet 1315, Amaury, accompagné d'Amanieu, de Jean de Benstede et du clerc Thomas de Cantebridge étaient envoyés en Aquitaine[69], afin d'accomplir un certain nombre de tâches. Nous ne connaissons pas le contenu précis de la discussion : cela concernait l'administration du duché et il s'agissait

59 Rymer, II, 44, 279, acte 410, 5 juin 1313 : *cum concesserimus, dilecto consanguineo et fideli nostro, Almarico de Croun (cui commissimus officium senescaliae Ducatus praedicti custodiendum quamdiu nobis placuerit) quod, quamdiu in dicto officio fuerit, ut praedictum est, habeat et recipiat pro eodem officio, per manum constabularii nostri Burdegaliam, per annum, feodum senescallis Ducatus praedicti antiquitus assignatum, videlicet, duo milia librarum Turonensium* (...) ; *concesserimus ei quinque milia librarum Turonensium* (...) ; *concesserimus insuper quod dictus Almaricus habeat, et percipiat, ultras summas supradictas rationabiles expensas suas.*

60 Vale 1990, 112

61 Bériac-Lainé & Challet 1998, 209. L'étude complète les travaux de Trabut-Cussac 1972 ; Vale 1986, 303-312.

62 Bériac-Lainé & Challet 1998, 209 : "Lorsque le roi d'Angleterre rompait avec ces choix anglais, il s'agissait de puiser dans le vivier gascon ou de donner une marque de confiance à la cour de France au moment d'un traité".

63 TNA C47/25/3, pièce 6, déposition du forestier de Baconnais.

64 Sur son administration voir TNA C61/33 mbr 7r n°230-232 C61/35 mbr 12v, n°168,169 ; mbr 14v n°110, mbr 14r n°104-105, voir http://www.gasconrolls.org/en/solrsearch/#q=document_type%3Acalendar.

65 Toutefois les liens entre Hoquet et le seigneur de Craon ne sont attestés que plus tard. Poli 1885, n°XXVI, 128 (14 novembre 1336) et Bertrand de Broussillon 1873, I, 359, n°501 (décembre 1335).

66 Trabut-Cussac 1972, 289, 297, 376, 378.

67 Rymer, II, 83-84, acte 424, 17 juillet 1315.

68 Bériac-Lainé & Challet 1998, 211.

69 Rymer, II, 83-84, acte 424, 17 juillet 1315.

certainement pour les représentants du roi anglais d'apprécier le degré de loyauté de ses sujets d'Aquitaine, ecclésiastiques et laïcs.

Outre par les rôles gascons[70], on connaît son sénéchalat à travers les plaintes formulées en 1316 contre le sénéchal de Saintonge Arnaud Caillau ; le sénéchal d'Aquitaine exerçait un contrôle sur ces "sous-sénéchaux"[71], envoyant un lieutenant enquêter sur place, ou décidant avec le conseil ducal à Bordeaux de la réorganisation des bailies, intervenant dans des procès criminels[72]. Le contexte était difficile de surcroît car il devait réunir des assemblées qui devaient consentir des subsides pour la guerre d'Écosse[73] et dans le même temps des agents français rôdaient en Périgord et en Saintonge[74].

En avril 1316, le seigneur de Craon fut suspendu de ses fonctions par le roi d'Angleterre et nous le retrouvons en Poitou et en Touraine[75] mandaté par Philippe le Long. Le 29 avril 1319, Amaury III assistait au baptême de Jean de France, né de Philippe de Valois et de Jeanne de Bourgogne et le 1er mai 1320, lors de la révocation du prévôt de Paris, Henry de Taperel, Philippe le Long mit Amaury III au nombre des membres de la commission d'enquête, constituée pour établir les forfaits du prévôt, aux côtés du duc de Bourgogne, Eudes IV, du comte de Comminges, Bernard VII, et du sire de Joinville, Anceau. Cette commission fut nommée dans un contexte particulier : quelques années auparavant, s'étaient fomentées des ligues nobiliaires contre les "excès" de l'administration royale. C'était un moyen pour le pouvoir royal d'apaiser les rancœurs en donnant des gages à ces grands seigneurs pas forcément compétents en matière de droit administratif et d'inspirer de la terreur aux contrevenants. Puis, le 22 juillet 1320, le sénéchalat de Gascogne est, une nouvelle fois, confié à Amaury de Craon, proche parent du roi. Ses gages sont alors fixées à 2000 livres tournois par an et à 5000 livres tournois eu égard à ses dépenses à l'intérieur du duché et compte tenu de son état[76]. Il recevrait en outre des dédommagements chaque fois qu'il devrait quitter le duché pour aller au Parlement ou à la cour du roi de France : sont donc prévus par contrat des va et vient entre les deux cours et le remboursement des frais. Il est alors nommé par Édouard II réformateur de la paix en Aquitaine[77].

La nature des missions confiées à Amaury III en tant que sénéchal de Gascogne est perceptible à partir du différend opposant les consuls et les habitants de Condom à leur évêque, Raymond de Galard[78]. Le 6 août 1320, Édouard II ordonnait à son sénéchal de réprimer les violences exercées par l'évêque sur les officiers royaux et en particulier sur le Lieutenant de la juridiction, mis en prison et excommuniés. S'il n'est pas de notre propos

70 Renouard 1962, passim, TNA C 61/32.

71 Cuttino 1976, I, 210, 212.Trabut, 177-181

72 Rymer 1818, II,-1, 351-352. Analyse et jugement royal en faveur de Caillau (22 décembre 1317) <http://www.gasconrolls.org/fr/edition/calendars/C61_32/document.html, no. 75.> Kicklighter 1987 ; compte-rendu de l'enquête, TNA C47/25/3

73 Renouard 1962, 569-570

74 Kicklighter 1987, 288-290.

75 *Actes du Trésor des Chartes concernant le Poitou*, I, 147.

76 The National Archives (TNA), C 61/33. Entrée n°230. Pour voir cette entrée dans son contexte et vérifier sur quelle membrane elle se trouve, voir : http://www.gasconrolls.org/fr/edition/index.html

77 Rymer, III, 986.

78 Rymer, III, 912-943 cité par Noulens 1872, 220-230.

de rechercher les origines du différent opposant l'évêque aux habitants de Condom, il paraît néanmoins intéressant de se rendre compte que le sénéchal avait pris la décision d'accorder aux habitants le droit de percevoir certains impôts pour la construction d'un pont de pierre, privilège contesté peu de temps plus tard par l'évêque. Ce genre de dissension permettait au roi d'Angleterre de s'immiscer dans les affaires locales et de saper l'autorité épiscopale : Édouard II ordonnait alors à son sénéchal de faire respecter le pouvoir judiciaire de son Lieutenant revendiqué par l'évêque. Le lendemain, le roi d'Angleterre demandait à Amaury III de se rendre à Condom afin de rendre justice et de régler le conflit ; l'enjeu était la possession du pouvoir local sous toutes ses formes (de décision, de police, de justice)[79]. Le seigneur de Craon, sénéchal de Gascogne, apparaissait comme un médiateur, mandaté par le roi d'Angleterre, chargé de recevoir les plaintes et d'arbitrer les conflits mais également comme un agent ayant pour mission d'étendre et d'imposer l'autorité royale au détriment des pouvoirs locaux, laïcs ou épiscopaux. Les pouvoirs du sénéchal avaient été étendus et la mission clairement identifiée : le 21 mai 1324, le roi demandait à Amaury d'utiliser tous les moyens pour régler pacifiquement le conflit mais il lui donnait le pouvoir de châtier l'évêque en cas de refus de lever l'interdit épiscopal[80]. Malgré les plaintes adressées successivement au roi de France le 12 décembre 1321, au cardinal de Portici et au Pape en 1323 et 1324, Édouard II ne semble pas avoir pu obtenir la disgrâce de l'évêque mais l'interdit fut levé en 1327[81].

Le sénéchal a pour mission, avant tout, de veiller aux intérêts du roi : en avril 1321, l'ordre lui fut confié d'examiner les requêtes de Guy de Rochefort concernant la vente au roi de quelques unes de ses terres[82]. Le sénéchal reçoit donc en appel les réclamations des sujets du duché ; si les ordres du roi d'Angleterre paraissent clairement définis dans les actes adressés au sénéchal, une certaine latitude lui est octroyée puisqu'il a pour devoir d'entendre les arguments des différentes parties, d'en faire part au roi, voire d'insuffler une proposition[83].

Il ne reste que fort peu d'actes pour comprendre ce que faisaient ces officiers et les profils de carrière étaient variés : presque exclusivement militaire pour certains, d'autres se présentaient sous les traits d'hommes de cour. Les missions confiées à Amaury III de Craon soulignent que ces sénéchaux étaient appelés d'abord à tenir en main un pays. Ils devaient diriger des troupes anglaises, mais aussi des Gascons, et pouvaient parfois compter sur des réseaux de relations, ce qui nous interroge sur le choix du seigneur de Craon en tant que sénéchal de Gascogne, dans une région où les Craon n'avaient pas de terres et n'avaient noué aucune alliance matrimoniale. Au-delà des habituels jeux de basculement stratégique des alliances toujours tentants pour une famille féodale, il y a là une véritable énigme qui garde tout son mystère. En plus de la faveur du roi, le seigneur de Craon, homme de guerre confirmé, devait présenter des qualités de chevalier de cour et faire preuve de talent politique et juridique : l'expérience militaire n'était pas la seule qualité[84]. Ces compétences, en tant que sénéchal de Gascogne, lui furent reconnues à deux reprises : entre le 5 juillet 1313

79 Noulens 1872, 214
80 *Ibid.*, 223.
81 *Ibid.*, 230.
82 The National Archives (TNA), C 61/33. Entrée n°326. Pour voir cette entrée dans son contexte et vérifier sur quelle membrane elle se trouve, voir : http://www.gasconrolls.org/fr/edition/index.html
83 *Ibid.*, n°338.
84 Bériac-Lainé & Challet 1998, 209.

et août 1316 et entre le 22 juillet 1320 et le 11 avril 1322. Les fonctions du seigneur de Craon en tant que sénéchal de Gascogne prenaient alors fin à cette date ; il avait alors ordre de confier le sénéchalat et tout ce qui concerne cet office à Fulk Lestranges[85].

Le terme *negotium* apparaît à plusieurs reprises dans les textes mais ne désigne pas la négociation ou le fait de négocier. Ce mot latin et ses dérivés nominaux *negotiatio, negotiator*, ainsi que ses dérivés verbaux *negotior/negocior* n'ont pas véritablement le sens que nous lui donnons actuellement[86] et l'on s'aperçoit, si l'on met en valeur les différents sens de ce mot, qu'ils renvoient tous à l'action de traiter une affaire, d'avoir une occupation, un travail, une besogne à accomplir[87]. Si l'on passe aux mots français, on constate que le verbe "negocier" et les termes de "negociation" et de "negociateur" apparaissent chez Nicole Oresme en 1370 avec des sens appliqués au domaine du commerce et ce n'est que plus tard qu'il commence à désigner le fait "de s'entremettre pour la conclusion d'une affaire, soit publique, soit privée"[88].

Un autre terme latin, usité dans d'autres textes, pourrait nous aider à définir la nature de la mission du seigneur de Craon. Le 5 octobre 1320, Édouard II fait mention d'un traité conclu entre le royaume d'Angleterre et les régions faisant partie de l'Écosse *ad interessendos tractatui facis et concordiae inter nos et Scotos rebelles nostros* (…)[89]. Le terme de *tractare*, qui prend le sens de s'accorder sur le règlement d'une affaire avec une autre partie, se rapproche de ce que nous appelons négociation : "*Tractare* est finalement la mise en œuvre de toutes ces opérations qui aboutissent à un accord ou traité"[90], mais qui correspond au droit et à la justice afin que la paix soit rétablie. En effet, Jean-Marie Moeglin[91], dans son introduction sur la négociation au Moyen Âge, oppose deux conceptions de la négociation : "une conception médiévale, dans laquelle négocier devrait conduire à la mise au jour de ce qui correspond au droit et à la justice et une conception de l'acte de négocier comme nous l'entendons actuellement, à savoir la réunion autour d'une table de deux ou plusieurs partenaires, discutant sur un pied de stricte égalité. La négociation au Moyen Âge s'inscrit donc à l'intérieur de systèmes sociaux et politiques différents des nôtres"[92].

Les hommes qui négocient apparaissent donc comme des médiateurs, mais aussi des plaideurs, réclamant que soit reconnu le droit de leur bienfaiteur ; cela suppose un sens de la discussion et un art de convaincre prenant appui sur ce qu'ils estiment être leur bon droit : Amaury III fait donc partie de ce groupe de personnes, connues des différentes cours royales et bénéficiant de la confiance de son suzerain.

Sollicité des deux côtés, le seigneur de Craon pratiqua un certain temps une politique opportuniste, mais nous ne pensons pas que son degré d'autonomie eût été suffisant pour

85 The National Archives (TNA), C 61/35. Entrée n°61. Pour voir cette entrée dans son contexte et vérifier sur quelle membrane elle se trouve, voir : http://www.gasconrolls.org/fr/edition/index.html
86 Moeglin *et al.*, 2005, 7.
87 Cf : *Le Novum Glossarium mediae Latinitatis* (sur site internet).
88 L'introduction de l'ouvrage collectif de Moeglin *et al.*, 2005 fait une part assez large à l'historique du mot et à ses différents sens.
89 Rymer, II, 44, 287.
90 Moeglin *et al.*, 2005, 9.
91 *Ibid.*, 20.
92 *Ibid.*, 20.

lui permettre d'apporter son soutien une fois au roi d'Angleterre, une fois au roi de France au gré de ses intérêts. Au moment où l'équilibre mis en place par le traité de Paris de 1259 se fissurait, on se raccrochait à ces derniers médiateurs, naviguant entre la France et l'Angleterre et ce fut l'avènement des Valois qui mit fin à cela. Sur un théâtre d'opération différent, la Gascogne, Nicole de Peña[93] analyse le degré de fidélité des vassaux gascons au service du roi d'Angleterre. Ces derniers semblaient profiter, à première vue, des avantages financiers que pouvait procurer le service rendu au roi anglais. Elle se demande pourtant si ces avantages furent suffisants pour expliquer la fidélité de bon nombre de seigneurs gascons, d'autant que le roi d'Angleterre ne pouvait que difficilement les payer. Selon l'auteur, "il conviendrait de chercher ailleurs que dans les avantages pécuniaires et le bon ordre administratif les raisons de l'attachement gascon au duc-roi"[94]. Et pourquoi ne pas l'expliquer par un sentiment de loyalisme, de fidélité que pouvaient ressentir les Gascons envers le prince anglais ? Quoi qu'il en soit, dans cette période si heurtée par les conflits militaires, il apparaît difficile de généraliser sur l'attitude des seigneurs français, d'affirmer leur loyalisme au roi de France ou de mettre en avant leur motivation personnelle, même si l'on peut penser qu'ils prirent parti moins par conviction que par intérêt ; il conviendrait plutôt de faire une étude au cas par cas.

Contrairement à ce que nous avaient suggéré les travaux de Bertrand de Broussillon et de l'abbé Angot[95], ce n'est pas à un problème de choix auquel se trouvait confronté Amaury III de Craon. Le problème n'était pas, pour lui, d'accorder sa fidélité à l'une ou l'autre partie, le roi de France ou le roi d'Angleterre. Nous ne pensons pas que ce soit en ces termes qu'il faille envisager la nature des relations qu'il entretenait avec les pouvoirs royaux. Agent du roi de France, il nous semble que ce soit à l'instigation du pouvoir royal que le seigneur de Craon se tourne vers le roi d'Angleterre. Les règles seraient claires pour chacune des parties et Amaury III ne paraît pas avoir eu une autonomie suffisante pour louvoyer au gré de ses intérêts aussi facilement qu'avaient pu le faire ses prédécesseurs. En revanche, les missions qu'il a effectuées, alternativement auprès du roi de France et d'Angleterre, se signalent par leur diversité et leur complexité. Évaluer le degré de loyauté des sujets du roi d'Angleterre en Gascogne en 1315, puis nommé par Philippe Le Long membre d'une commission d'enquête chargée d'examiner les forfaits du prévôt de Paris, en 1320, avant de se voir confier par Édouard II, la même année, la mission de réformateur de la paix en Aquitaine impliquaient des qualités diplomatiques et juridiques certaines : Amaury III de Craon, au talent varié, était avant tout un personnage public, proche du pouvoir et reconnu par ses pairs. Ses expériences multiples, militaires et publiques, expliquaient la diversité des missions qui lui furent confiées.

Les seigneurs de Craon conservèrent aussi la charge de sénéchal d'Anjou, héritée de Guillaume des Roches et à vrai dire surtout honorifique pendant plus d'un siècle, avant que le pouvoir royal décide d'y mettre fin, du temps d'Amaury III, seigneur de 1293 à 1333. Il fut, en effet, le dernier sénéchal héréditaire de Touraine, d'Anjou et du Maine. Dès 1323, il céda à Charles le Bel la sénéchaussée de Touraine, moyennant 12000 livres en deniers et une rente

93 Peña 1976, 5-21.
94 *Ibid.*, 21.
95 Angot 1942, 217.

	Mission auprès du roi de France	Mission confiée par le roi d'Angleterre
Campagne militaire	3/05/1303 : Philippe IV demande à Amaury III d'aller rejoindre le comte de Valois à Amiens 5/08/1303 : le roi demande à Amaury de hâter son départ pour la Flandre 1/07/1304 : Philippe IV demande à Amaury III de le rejoindre à Arras	
Mission diplomatique		5/06/1308 : lettre d'Édouard II à Arthur de Bretagne lui demandant l'envoi d'Amaury III chargé de discuter de ses intérêts 1313-1314 : Amaury III, représentant du roi d'Angleterre au Parlement au nom du roi d'Angleterre (26/02/1314) 17/07/1315 : Amaury III est envoyé pour mission par Édouard II auprès des habitants de l'Aquitaine
Fonction administrative et judiciaire	16/01/1316 : nommé par Philippe le Long commissaire en Poitou et en Touraine 16/04/1320 : mission confiée par Philippe Le Long à Amaury III, son sénéchal de Poitiers 1323 : Amaury III cède à Charles le Bel sa sénéchaussée de Touraine 1331 : il vend à Philippe de Valois les sénéchaussées d'Anjou et du Maine	5/06/1313 : sénéchal d'Aquitaine pour Édouard II, qui fixe le montant de ses gages 28/03/1315 : Amaury III encore sénéchal d'Aquitaine 18/04/1315 : pouvoir donné par Édouard II à Amaury III, son sénéchal, pour trancher certains litiges 28/04/1316 : lettre d'Édouard II suspendant Amaury de ses fonctions de sénéchal jusqu'à la Saint-Michel 5/10/1320 : Édouard II envoie Amaury III, son sénéchal d'Aquitaine, auprès du roi de France 13/01/1323 : réformateur de la paix en Aquitaine, nommé par Édouard II

Tabl. 99. La diversité des missions d'Amaury III, un agent du roi de France.

de 300 livres[96]. En mars 1330, il vendit à Philippe de Valois les sénéchaussées d'Anjou et du Maine, en échange de 1500 livres de rente[97], ce qui, au total, constituait une somme considérable, mais certainement nécessaire, vu les dépenses occasionnées par les différents

96 En effet, l'acte daté du 28 avril 1323 faisait mention de la vente de la sénéchaussée de Touraine faite par le seigneur de Craon au roi de France, Charles IV le Bel, confirmée par des lettres émanant de Béatrix de Roucy le 4 juin 1323 (Arch. Nat., J 175a, n°28).

97 Voir le document de mars 1330 : lettres par lesquelles Philippe VI promettait à Amaury III mille cinq cents livres de rente en échange de la sénéchaussée d'Anjou et du Maine (Arch. Nat., J 179, n°8).

conflits armés. Cette vente intervint justement à un moment où les campagnes militaires se multiplièrent et où la participation du seigneur de Craon fut de plus en plus active[98]. De plus, Amaury III obtint, en échange de la vente des sénéchaussées d'Anjou et du Maine, des terres en Saintonge, qui lui furent cédées afin de l'indemniser[99]. Plus tard, après le traité de Brétigny, le petit-fils d'Amaury III réclama au roi une nouvelle assignation ou bien la restitution des sénéchaussées vendues, comme cela était prévu dans le contrat de vente[100]. Cette fonction régionale représentait donc un titre honorifique, pouvant être concédé à titre héréditaire, rapportant un capital intéressant en deniers et en terres. Cette opération avantageuse découle de décennies de rapports très lisses entre les seigneurs de Craon et le roi de France : ces barons cousinaient de très près avec des clans aristocratiques qui ne répugnaient pas à la révolte armée, mais ils restèrent dans une prudente réserve. Les seigneurs de Craon n'ont, semble-t-il, à aucun moment bravé l'autorité royale.

CONCLUSION CHAPITRE 1

Les Craon eurent l'occasion, au XIIIe s., de mener un jeu avisé et opportuniste. Ils furent sollicités d'une manière permanente, d'abord par les Plantagenêts, forts d'un pouvoir féodal réel outre-manche, mais plus limité dans leurs fiefs continentaux, puis par les Capétiens, dont l'emprise était plus féodale que souveraine dans un premier temps. Cela tenait à l'importance acquise par la famille de Craon dans une région convoitée et disputée, en contact avec deux espaces géopolitiques instables : la Bretagne et le Poitou. En 1244, le roi de France avait ordonné de choisir entre les deux vassalités : la sienne ou celle d'Henri III. Sans effet, la politique royale devint dès lors plus souple. Les seigneurs de Craon en profitèrent pour s'élever dans la hiérarchie nobiliaire grâce à des alliances avantageuses, tissant habilement des liens avec les deux dynasties régnantes, les Plantagenêts par l'intermédiaire des la Marche et les Capétiens par l'intermédiaire des Brabant. La situation d'Amaury II, seigneur de Craon de 1250 à 1270, est à cet égard significative et prouve que les Craon avaient un réel sens politique. Proche parent du roi d'Angleterre par sa mère, Isabelle de La Marche, il n'était pas loin du roi de France par son mariage conclu avec une lointaine cousine de Louis IX, Yolande de Dreux.

Les Craon ont su accompagner pour leur plus grand profit une évolution politique majeure, dont ils n'avaient pas encore conscience mais dont les effets se faisaient déjà ressentir : le passage d'une organisation féodale à une royauté féodale. Et, au cours de cette construction progressive et délicate, les Craon en profitèrent pour passer d'un roi à un autre,

98 Ainsi, dans les actes datés de mai 1303, du 5 août 1303 et du 1er juillet 1304, Philippe le Bel demandait aux seigneurs de Craon de prendre part aux campagnes de Flandres. Le 18 septembre 1315, Édouard II transmettait à Amaury III, alors qualifié de sénéchal d'Aquitaine pour le compte du roi d'Angleterre, l'appel aux armes du roi de France contre les Flamands.

99 Arch. Nat., J 175 b, n°35.

100 *Ibid.* : *Et se il advenoit par aventure que le roi d'Angleterre, duc de Guyenne, qui est, ou sera pour le temps, recouvroit lesdites mil cinq cens livres de rente ou aucunes choses d'icelle rente par droit, ou par force et violence ; ou que nostre très chier et très redouté seigneur dessus dit, ou ses successeurs, rois de France, les lui rendissent, ses successeurs rois de France, que il nous a promis et obligés, seront tenus à en dédommager nous, nos hoirs et nos successeurs et à les nous asseoir en lieux convenables.*

bénéficiant des avantages de cette situation tout en étant prudents, évitant ainsi d'aller trop loin et de se compromettre. À ce stade, jusqu'à la seconde moitié du XIIIe s., la pression royale ne se fait guère sentir sur les grands lignages en matière d'alliance : le pouvoir royal n'avait pas encore fait du marché matrimonial un instrument politique. Au mieux, le roi négociait ales alliances au coup par coup, sans que l'on puisse parler de stratégie *stricto sensu*. Les familles s'efforçaient de ne pas contrarier le roi en concluant un mariage qui ne le satisferait pas, mais le pouvoir royal n'avait pas encore les moyens de contrôler ces unions et de disposer ses pions sur un échiquier qu'il entendait maîtriser : il faut attendre Philippe IV le Bel pour que le pouvoir royal puisse intervenir à ce point dans les affaires des barons. Nous aurons à voir les conséquences particulières de cette interférence dans le cas des Craon, si cela a pu renforcer ou contrarier la structuration lignagère.

Habiles, les Craon surent aussi se montrer prudents, ne se compromettant pas dans les manœuvres princières et baronniales et prenant leurs distances vis-à-vis de certains seigneurs rebelles, avec lesquels ils étaient pourtant apparentés. Il est vrai qu'Amaury II, le seigneur de Craon à ce moment là, était trop jeune pour prendre part à de telles querelles politiques. De même, la jeunesse d'Amaury II nous empêche d'apprécier l'attitude du seigneur de Craon au moment du traité de Paris de 1259, qui réintégrait Henri III parmi les vassaux de Louis IX.

La tentative qu'ils ont menée pour créer une branche anglaise, tout en maintenant leur fidélité au roi de France, correspond à cette logique : les seigneurs de Craon s'efforcèrent de jouer sur les deux tableaux, conservant leurs biens patrimoniaux en France et leurs quelques fiefs anglais, sans pour autant s'acharner à mettre tout en œuvre pour garder ces derniers, comme avaient pu le faire les barons normands. Il faut dire que ces possessions anglaises étaient, dans le cas des Craon, trop minces et trop récentes pour risquer une telle manœuvre. L'échec de cette tentative s'explique par la prudence du seigneur de Craon. Les Craon, en tant que groupe, ne se sont pas enracinés en Angleterre : leur assise foncière se situait en Anjou.

La fortune anglaise d'Amaury III fut la première occasion connue de cumul pour l'un de ses fils cadets, *Petrus de Credonio*, chanoine de Salisbury en 1326 alors qu'il était déjà d'Angers[101]. Il cumula ensuite ces prébendes avec une autre à Évreux et devint trésorier de Saint-Martin de Tours en 1333. Là semble s'arrêter sa carrière ecclésiastique, ce qui induirait à l'identifier au Pierre de Craon qui devient seigneur de La Suze en 1334 à la mort de son frère aîné, Amaury. Dans cette hypothèse, il aurait reçu sa première prébende vers l'âge de dix ans, ce qui est envisageable pour un garçon de haute noblesse. Son frère, Jean, allait continuer brillamment dans la voie de l'Église. Or, en fait, ce *Petrus de Credonio* ne semble pas être le futur seigneur de La Suze, mais plutôt un frère homonyme, mort sans alliance, car son anniversaire est célébré dans la cathédrale d'Angers sans indication de son passage à l'état laïc. Amaury de Craon avait une vaste famille à placer.

La fin du XIIIe s. et le début du XIVe marquaient une ère nouvelle pour les Craon : dans un contexte politique différent du siècle précédent, Maurice V de Craon (1270-1293) puis Amaury III (1293-1333) s'affichaient alors acteurs d'un jeu diplomatique en gestation. Agent du roi de France, il nous semble que ce soit à l'instigation du pouvoir royal que le seigneur

101 Matz & Comte 2003, n°633.

de Craon, Amaury III, se tournait vers le roi d'Angleterre : il ne s'agissait désormais plus de louvoyer au gré des intérêts mais, mandaté par le roi de France, de circuler d'une cour à l'autre à l'intérieur d'un cadre régulé. La constance des rapports entretenus par les Craon avec le roi de France nous semble un trait fondamental.

II. L'entrée dans les sphères d'activité de l'État et la montée en puissance des seigneurs de Craon

En dehors de l'Église, le roi de France pouvait compter sur un autre soutien traditionnel : l'aristocratie. En effet, le roi s'entourait principalement de nobles et de clercs et il les consultait régulièrement pour les affaires du royaume[1]. L'appui des nobles était essentiel, celui des Craon, du fait de leur influence grandissante, fut sollicité par le roi dans tous les domaines. En échange des services rendus, la protection royale apportait prestige et influence ainsi que l'octroi de privilèges dans un contexte politique particulier en ce début du XIVe s. : celui de la "genèse de l'État moderne"[2] que Jean-Philippe Genet invite à analyser en termes économiques et sociaux et pas seulement constitutionnels et politiques[3].

L'évolution politique de la fin du XIIIe et du XIVe siècle : la "genèse de l'État moderne"

Les deux manifestations les plus significatives du développement de l'État monarchique furent l'apparition de l'impôt "national consenti", bien qu'il convienne d'apporter quelques nuances à ce terme, et l'intensification de la guerre, qui prit une part importante dans la période qui nous concerne. Ces deux aspects demeuraient d'ailleurs fortement liés, étant donné que l'impôt était souvent demandé en vue de financer les opérations militaires, qui se multiplièrent tout au long de la période. Le colloque de Fontevraud[4], en 1984, montre que "ce qui fait l'État moderne, c'est fondamentalement l'établissement d'une fiscalité d'État", avec comme corollaire de la fiscalité, la guerre : la guerre qui engloutit l'impôt, mais aussi la guerre qui le justifie, car l'impôt dans l'État moderne est consenti. La guerre jouait donc un rôle moteur : elle était à la fois le prétexte du prélèvement, et l'instrument essentiel de la redistribution de ce prélèvement.

1 "Au cours de sa lente transformation d'état féodal en état moderne, la royauté française fut progressivement contrainte de changer ses méthodes de travail et le cadre où elle avait commencé à grandir (…). À la base de la volonté de réforme, à l'origine des changements institutionnels et politiques, il y eut l'action de certains hommes qui, pour des motifs d'ordre divers, voulurent imposer leurs convictions (…). Ce furent ces mêmes hommes qui eurent accès aux conseils royaux, à la familiarité et à la confiance royales et auxquels le roi délégua des attributions d'une certaine importance (…)." (Cazelles 1958, 9).
Or, une telle transformation politique nécessitait, de la part du souverain, une consultation régulière de ces personnages, qui eurent un rôle de responsabilité au sein du royaume. "Le dialogue politique fut, en effet, une des composantes de ce passage de l'état féodal à l'état moderne." (Genet & Le Mené 1987, 258).

2 *Ibid.*, 32-39 ; 1990, 261-281.

3 Genet 1995, 249

4 Genet & Le Mené 1984.

L'intensification de la guerre

Après les années relativement calmes du XIIIe s., les conflits se multiplièrent de nouveau : le règne de Philippe le Bel s'ouvrit avec la croisade contre l'Aragon où le roi Philippe III perdit la vie. Ensuite, le conflit contre l'Angleterre provoqua en Gascogne un état de guerre de 1294 à 1298 ; puis, le conflit se transporta en Flandre de 1297 à 1304, sans compter les conflits mineurs : la "guerre de Bar" de 1299 ou la "guerre de Lyon" en 1310. Ces conflits quasi permanents entraînaient donc des levées d'hommes nombreuses en 1294, 1295, 1302, 1303, 1304. À partir de 1337, les problèmes militaires passèrent durablement au premier plan des préoccupations royales. Après les multiples trêves, imparfaitement respectées[5], et la paix de Brétigny-Calais qui, conclue en 1360, fut officiellement rompue en 1369, la guerre revint en force pour une vingtaine d'années.

Notre corpus documentaire sur les seigneurs de Craon révèle clairement ce poids de la guerre. Par exemple, le 5 août 1303, le roi de France Philippe IV pria Amaury III de hâter son départ pour la Flandre ; le 18 septembre 1315, Édouard III transmettait à Amaury, son sénéchal d'Aquitaine, l'appel aux armes du roi de France contre les Flamands. De même, la grande majorité des montres et des quittances que nous avons pu recenser concernaient les années 1360-1390. D'ailleurs, ce type de document n'existe qu'à partir de 1300 et n'apparaît en nombre important que dans la période 1340-1400.

Une vingtaine de montres et de quittances émanant des Craon et trois appels royaux concernant la guerre en Flandre témoignent de la participation active des Craon aux faits d'armes du moment. En même temps, les Craon sont aussi sollicités pour des services de nature politique et administrative, par exemple lorsqu'Édouard II, en 1314, envoie plusieurs lettres à Amaury III, alors son sénéchal d'Aquitaine, afin de le charger de suivre ses affaires au Parlement de Paris. Le roi de France entendait, en effet, user de sa souveraineté pour supplanter son rival[6], mais le plus visible dans la documentation reste le service de guerre.

Et il ne s'agit plus, dès la fin du XIIIe s. de guerre "féodale" mais de "guerre dite d'État"[7]. Celle-ci revêt trois caractères essentiels, selon J.-P. Genet. D'abord, prenant en compte le droit, on s'attachait à la qualifier de "guerre juste"[8]. Puis, elle mettait en jeu des effectifs de plus en plus nombreux[9] pour des périodes de plus en plus longues ; ils n'étaient plus là en fonction seulement de leurs engagements vassaliques, mais étaient liés aux belligérants par l'intermédiaire de contrats stipulant durée du service et gages. S'amorçait une rémunération générale des services militaires, qui ne concernait plus seulement le noyau restreint des mercenaires, dont le recours avait déjà été envisagé sous Henri II et Philippe Auguste[10].

5 Contamine 1992, 125.

6 Genet 1995, 252.

7 Reynolds 1994 ; Bisson 1994, 6-42

8 Pierre Baldo de Ubaldis : "La personne, à savoir qu'elle soit du siècle et non pas ecclésiastique ; l'objet, en sorte que la guerre soit faite pour reprendre des biens ou pour défendre la patrie ; la cause, en sorte que l'on combatte par nécessité ; l'esprit, en sorte qu'elle ne soit pas faite par haine, ni par insatiable cupidité ; l'autorité, car sans l'autorité du prince, la guerre ne peut être déclarée".

9 Nous pouvons trouver des renseignements précis sur la taille et le coût des armées dans Contamine 1972 ; Lot 1962.

10 Dans son ouvrage, Richard Kaeuper insista sur le fait que l'emploi des mercenaires n'était pas une nouveauté de la fin du XIIIe s. et du début XIVe (Kaeuper 1988).

	XIIe	XIIIe	XIVe
Montres	–	–	9 - de Jean I de Domart (1381) - de Pierre de Craon (1380) - de Maurice Mauvinet (1363) - d'Olivier de Mauny (1371) - de Guillaume II de Marcillac (1379) - de Hugues d'Arquenay (1380) - de Maurice Mauvinet (1386) - d'Hervé de Mauny (1387) - de Guillaume II (1388)
Quittances	–	–	14 - de Guillaume I (1345) - de Louis Chabot (1351) - de Jean de Cuignières (1355) - de Robert de Vieuxport (1355) - de Guillaume de Chaumont - du Baudrain de la Heuse - de Jean de Rouvray (1355) - d'Amaury de Craon (1379) - d'Hervé de Mauny (1380) - de Guillaume de Craon (1383) - d'Hervé de Mauny (1387) - de Guillaume II (1388 - de Jean de Domart (1392) - d'Alain de Beaumont (1398)
Appels royaux pour le service militaire	–	–	3 - appel de Philippe IV afin qu'Amaury III aille rejoindre le comte de Valois à Amiens (1303) - appel de Philippe IV pour qu'il hâte son départ pour la Flandre - appel aux armes du roi de France contre les Flamands (1315)
Indemnités de guerre	–	–	2 - lettres de Charles VI accordant à Tristan 3000 florins d'or par an comme indemnité de guerre (1383) - lettres de Charles VI accordant rémission à Guillaume de Mathefelon (avril 1385)

Tabl. 100. Montres, quittances, levée d'hommes et indemnités de guerre concernant les Craon du XIIe au XVe.

Enfin, la guerre était dorénavant considérée comme une prérogative de l'État : seule la guerre décidée et menée au nom de l'État était licite. La "guerre privée", chère à l'aristocratie n'avait plus guère sa place, puisque l'essor de la "guerre d'État" limitait la possibilité d'y recourir, avant qu'elle ne soit finalement interdite[11].

Le prélèvement d'État

Le problème majeur était de trouver l'argent pour financer les opérations[12]. La France de Philippe IV le Bel[13] devait en effet supporter une pression financière bien plus considérable que lors de l'époque précédente. Conformément à la tradition, le roi aurait dû continuer à "vivre du sien" mais les recettes domaniales ne suffisaient plus et les souverains furent toujours obligés de mobiliser des ressources supplémentaires : il fallut donc se résoudre à l'impôt[14]. C'était là le seul moyen, et le moyen constant, de se procurer des ressources extraordinaires, permettant à la monarchie de faire face aux charges publiques qui s'alourdissaient de plus en plus, et en particulier au coût de la guerre[15].

Jouant sur l'idée d'intérêt général, la royauté parvint à lier l'impôt à la guerre, et l'institution de l'arrière-ban (1302), c'est à dire la mobilisation générale en cas d'invasion, permit d'exiger une taxe de rachat pour ceux qui ne serviraient pas en personne. Techniquement, fut instauré d'abord l'impôt indirect : en 1292, apparut la maltôte qui frappa les transactions et les contrats ; puis, ce fut au tour de l'impôt direct sur la fortune foncière et en 1303, en plein cœur de la crise flamande, furent associés l'impôt sur le revenu foncier et la taxation du capital mobilier, avant que ne fût tentée la taxation par feu, premier pas du fouage, en 1304[16]. Le parallèle récemment dressé par W. M. Ormrod entre la France, l'Angleterre et la Castille tend à montrer que les deux dernières ont réussi plus tôt que la première à drainer par l'impôt des sommes énormes dans les caisses du roi[17]. Et, vers 1320-1340, les ressources totales du trésor royal anglais dépasseraient de moitié celles du trésor français. La guerre a amené le gouvernement de Philippe VI puis celui de Jean II, à s'engager dans des perceptions

11 Voir à ce sujet les remarques de Contamine 1972, 129, 541.

12 Favier 1971, 80 ; Ormrod 1996, 112-114. De nombreux historiens soulignent cet aspect dont Favier & Contamine 2002.

13 La genèse de l'impôt dans la France médiévale fut un phénomène aussi long que complexe mais "le règne de Philippe IV le Bel marqua un authentique tournant, et, par bien des côtés, un authentique point de départ, s'exprimant par la délicate mise en place, au nom de la défense du royaume, d'un système d'imposition", *Ibid.*, 34.

14 Lot & Fawtier 1962, 201, précisent que dès "le début du règne de Philippe le Bel, s'il était bien évident que les ressources procurées par le domaine et constituant l'*ordinaire* du budget, pouvaient suffire encore à l'entretien du prince, de sa cour et aux dépenses locales, en temps de paix, elles s'avéraient déjà absolument insuffisantes en temps de guerre, surtout à partir du moment où la solde devenait d'un usage régulier pour les expéditions militaires."

15 Par exemple, le coût de la guerre en Gascogne, pour la période 1294-1299, avoisine en livres tournois : 346 000 £ pour la France et 238 000 £ pour l'Angleterre (Vale 1990, 206-215, 281-282). La même chose avait lieu outre-Manche. D'ailleurs, un acte, pris par Édouard III en 1321, mentionne l'obligation de l'aristocratie de verser à l'État des subsides afin de financer le conflit armé contre l'Écosse.

16 Kerhervé 1998, 103.

17 Ormrod 1996, 128-134.

fiscales, mais avec un énorme retard et ce n'est que vers 1370, que se fixent les grandes lignes du régime fiscal[18].

De plus, un autre aspect de l'affirmation de l'autorité de l'État résidait dans le fait que le roi se réserva progressivement le monopole de l'impôt. En effet, lever des taxes n'était pas une prérogative exclusivement royale. Tout seigneur, du moins haut justicier, pouvait en faire autant dans les limites de sa seigneurie. La tendance à empêcher, même les grands vassaux, de lever des taxes faisant concurrence aux taxes royales, se manifesta dès le règne de Philippe III et encore plus sous le règne de Philippe le Bel[19]. Toutefois, la royauté devait user de grands ménagements et associa, pendant longtemps, grands et moyens seigneurs, laïcs et ecclésiastiques, aux bénéfices de la levée des subsides. Ce n'est qu'au XVe s. que les ordonnances tentèrent d'établir une doctrine du monopole royal de l'impôt et mirent en application ce principe.

Dès lors, les modes de prélèvement exigés pour lever les subsides et, en règle générale, ceux qui furent recueillis à la fin du XIIIe et au début du XIVe s., représentaient une nouveauté, voire parfois une rupture[20] : lorsque le roi se décida à taxer l'ensemble de ses sujets, parce qu'ils étaient ses sujets, et non plus ses hommes, ce n'était pas un changement d'échelle, mais un bouleversement complet de système politique[21]. Cela permettait de multiplier le nombre de contribuables potentiels, à condition, bien entendu, d'obtenir l'accord du corps social, ou du moins de ses fractions dominantes[22]. Et pour faire accepter l'impôt, le roi multiplia le face-à-face avec les assemblées, qui se succédèrent jusqu'au début des années 1320[23]. Bien qu'il s'agissait d'un processus lent et difficile vu les dimensions et l'hétérogénéité du royaume[24], s'instaurait peu à peu un dialogue politique entre le roi et les assemblées[25]. Ce fut finalement une adaptation progressive des institutions qui permit la régularité de ce prélèvement d'État, avec la réunion de toute une série d'assemblées représentatives, tant au niveau des villes qu'à celui des provinces. Ces impôts mettaient donc en œuvre des mécanismes délicats et complexes, comme le prouvent les états convoqués en 1355 afin de trouver une solution pour financer la guerre[26]. Les familles de la haute aristocratie comme

18 On se rendit vite compte que seule la double imposition, directe et indirecte, avec d'autres recettes accessoires, était capable de fournir les sommes nécessaires pour mener la guerre. Désormais, les deux impôts fondamentaux furent le *fouage* et la *maltôte*. Lot & Fawtier 1962, 18 ; Chevalier 1987, 138.

19 Lot & Fawtier 1962, 25 : en effet, en 1302, Philippe le Bel s'efforça d'empêcher la levée de taxes par les seigneurs, quand il "décrétait lui-même le ban et l'arrière-ban. Il était bien évident que les populations ne pouvaient supporter à la fois l'impôt royal et l'impôt seigneurial".

20 Genet 1979, 258.

21 *Ibid.*, 348-354.

22 *Ibid.*, 257.

23 Tantôt ces assemblées furent générales, comme en 1302, 1303, 1308, et surtout en 1314, où avait lieu un véritable dialogue entre le roi, Enguerrand de Marigny, qui dirigeait les débats, et les trois états, clercs, nobles et bourgeois (Favier 2005) ; tantôt elles furent restreintes à un groupe social particulier.

24 Par comparaison avec les royaumes de la péninsule Ibérique ou de l'Angleterre : Cf. Angel Ladero Quesada 1987, 35-53.

25 Les assemblées étaient plutôt dociles aux princes ; mais au fur et à mesure qu'elles prenaient conscience de leurs possibilités, dans un contexte de difficultés croissantes, elles se firent plus rétives : en 1322, Philippe V n'avait pas pu imposer le vote d'un nouveau subside aux états.

26 Parmi les membres de l'état ecclésiastique, figuraient, parmi d'autres, l'archevêque de Reims, Jean de Craon.

les Craon étaient directement concernées et par la limitation des profits banaux et par la réunion d'assemblées où leur présence allait de soi. Les gains d'honneur et d'argent en contrepartie, nous allons le voir, ne se firent pas attendre pour Amaury IV et Jean de Craon (archevêque de Reims), serviteurs éminents des premiers Valois.

Des fonctions régionales à l'Hôtel du roi : une deuxième moitié de siècle décisive pour les Craon

Dans cette deuxième moitié du XIVe s., il semble que certains membres de la famille eurent de fortes personnalités qui leur permirent d'accéder rapidement au premier plan et servir de tremplin à l'ascension politique et sociale du groupe. Afin d'apprécier les conditions et les raisons de l'évolution sociale de la maison de Craon, nous devons dresser le profil de ces personnages tout en nous efforçant de procéder à une étude comparative. En ce sens, nous pouvons prendre appui sur la réussite de la maison de Melun, qu'il est possible de rapprocher de celle des Craon, même si certaines éléments diffèrent, notamment l'implantation géographique de la maison et le temps pendant lequel elle réussit à rester au premier plan dans les affaires du royaume. Alors que nous sommes en droit de parler de "noblesse de cour", en ce qui concerne les Melun, pour les Craon, la situation était différente, comme le témoignent les carrières d'Amaury IV et de Guillaume de Châteaudun.

Sans méconnaître le rôle de certains seigneurs de Craon – nous pensons, bien évidemment, aux prises de positions décisives qu'ils ont dû prendre, lors du conflit armé entre les Français et les Anglais –, nous concentrerons surtout notre étude sur quelques personnalités du XIVe s., qui permirent à cette famille de Craon de passer un palier supplémentaire et d'accéder aux plus hautes charges du royaume : les carrières des enfants et petits-enfants d'Amaury III, Amaury IV, son petit-fils, d'une part, Jean de Craon et Guillaume de Châteaudun, ses fils cadets, d'autre part.

Il apparaît que la famille de Craon était présente dans tous les domaines : religieux d'une part, par l'intermédiaire de Jean de Craon, devenu archevêque de Reims, diplomatique et militaire d'autre part, avec Guillaume de Châteaudun, suivant en cela l'exemple du chef du lignage, Amaury IV et, ce qui surprend le plus, c'est la grande diversité des fonctions de ces personnages, qu'elles aient été régionales ou issues de l'hôtel royal, ce qui prouve l'implantation solide qu'ils avaient acquise à l'intérieur des rouages de l'État. Ce ne fut pas seulement la branche aînée qui eut la possibilité d'accéder aux plus hautes charges du royaume, mais également certaines branches cadettes de la famille, comme celle de Sainte-Maure, représentée par Guillaume I de Châteaudun, ce qui pouvait attester d'une politique familiale cohérente, hypothèse qu'il convient de vérifier dans ce chapitre.

Nom des membres du groupe familial	Fonctions	Hôtel du roi
Amaury IV, fils aîné de Maurice VII et de Marguerite de Mello	- lieutenant du roi en Poitou, en Saintonge, Limousin, Angoumois et Périgord (1351) ; en Aquitaine (1352) ; en Normandie, Anjou et Maine (1354) ; en Touraine (1364) ; en Basse-Normandie (1369) - lieutenant général en Touraine, Anjou et Maine (1367) - capitaine souverain en Touraine, Anjou et Maine (1367)	
Guillaume I de Châteaudun, troisième fils d'Amaury III et de Béatrix de Roucy	- lieutenant du roi en Anjou, Maine et Poitou, à la suite d'Amaury IV ?	- chambellan du roi - désigné conseiller du duc d'Anjou dans ses fonctions de régent de France, par Charles V en 1374
Jean de Craon, quatrième fils d'Amaury III et de Béatrix de Roucy	- archevêque de Reims	- conseiller royal

Tabl. 101. Rôle et fonctions de trois membres du groupe familial : Amaury, seigneur de Craon de 1333 à 1373, Guillaume I († en 1388) et Jean de Craon, († en 1374).

Amaury IV, chef du lignage et lieutenant royal

À l'image de son grand-père, Amaury III, un agent du pouvoir royal, Amaury IV se distingue par l'importance et le cumul des missions que le roi de France lui confia. Il fut ainsi chargé du commandement des troupes de Philippe de Valois, en Anjou et au Maine en 1350[27], puis nommé en 1351, lieutenant du roi en Poitou, Saintonge, Limousin, Angoumois et Périgord[28] ; et en 1352 lieutenant du roi en Gascogne et Languedoc, il avait manifestement pouvoir de retenir à gages des gens d'armes[29], d'établir des garnisons[30] et d'accorder des rémissions[31]. L'année suivante, il a le gouvernement des gens de guerre en Bretagne, Anjou et Maine[32].

27 Arch. Nat., Archives de La Trémoille, 1AP 1593.
28 Dès avant le 25/05/1351, BnF, Pièces Originales, Craon, n°9.
29 Nombreuses pièces répertoriés par Bertrand de broussillon, par exemple, BnF, Titres scellés, 32, 2371 ; 39, 2935 ; Pièces Originales, Craon, n°5 et 10.
30 Celles de Monsempron et de Saint-Pastour en Agensias, BnF, Pièces Originales, Craon, n°86.
31 Validation ensuite par le roi, Arch. Nat., JJ 82 n°636 (août 1352), JJ82 n°212 (septembre 1352).
32 BnF, Titres Scellés, 56, 4263.

Fin 1354, Jean II le nomme son lieutenant en Normandie, Anjou et Maine[33] et il se met à retenir des hommes d'armes[34]. Ses fonctions sont, on le voit, le plus souvent militaires[35], avec parfois délégation du pouvoir souverain de rémission, mais en 1355 dans un contexte fiscal chaotique, Amaury IV et son oncle Guillaume de Craon se retrouvent parmi les commissaires chargés de la levée du fouage en Anjou et Maine[36]. Leur influence seigneuriale est censée appuyer la rentrée difficile de l'argent.

Fait prisonnier à la bataille de Poitiers et retenu en Angleterre jusqu'en octobre 1360, il reçoit à nouveau des commissions comme lieutenant du roi[37] (et aussi du duc d'Anjou)[38] jusqu'en 1369, il a alors soixante-trois ans. Au cours de cette période il a œuvré au rétablissement de l'ordre en Anjou et à juguler les entorses frontalières au traité de paix.

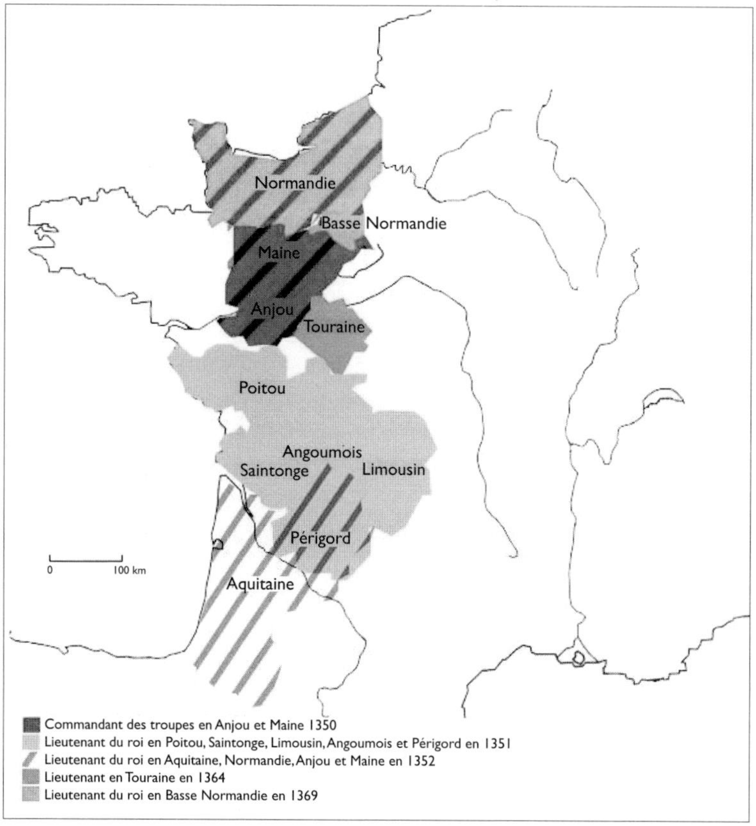

Fig. 33. Gouvernements et missions d'Amaury IV de 1350 à 1369.

33 Arch. Nat., Archives de La Trémoille, 1AP 1593 (1er/12/1354).

34 BnF, Titres Scellés, 8, 477 ; 37, 2012 ; 66, 5087

35 Très nombreuses quittances de gages de guerre datées de décembre 1355 - janvier 1356, BnF Titres scellés, 37, 2013 ; 40, 3015 ; 53, 4009 ; 72, 6651 ; 77, 6007 ; 99, 7665. Morice, I, 497.

36 Ménage, p. 262.

37 Arch. Nat., Archives de La Trémoille, 1AP 1595 (19/08/1364 ; 15/04/1365 ; 3/06/1365 ; 4/11/1365). Delisle 1874, n°568, 569, 573.

38 Arch. Nat., Archives de La Trémoille, 1AP 1595.

Les commandements militaires d'Amaury IV furent uniquement localisés dans le secteur ouest du royaume et parfois le sud en prolongement. Le cadre des lieutenances du sire de Craon était, dans l'ensemble, très régional et dans des zones où il maintenait des liens et un réseau personnel important. C'était d'ailleurs dans ces régions qu'il levait des hommes lors des conflits armés : il y eut manifestement une tentative de sa part pour créer un réseau fidèle à sa personne. Pour les Craon, il s'agissait d'un intérêt territorial. Ces commandements territoriaux n'ont rien à voir avec les commandements opérationnels des maréchaux qui se situaient successivement sur tous lieux d'affrontements, mais les maréchaux pouvaient aussi avoir parfois une lieutenance, par exemple Arnoul d'Audrehem en Poitou, Limousin, Saintonge et Angoumois, où il n'avait bien sûr pas d'intérêts patrimoniaux[39].

Les commandements successifs d'Amaury IV s'étendaient néanmoins à une aire très vaste de la Garonne à la Normandie. Cela reste néanmoins très en-deçà de ce qui revint à un personnage encore plus influent auprès des premiers Valois : Jean de Melun, comte de Tancarville et connétable héréditaire de Normandie. Raymond Cazelles[40] constata par exemple que la superficie de la lieutenance de Jean de Melun s'étendait sur presque la moitié du royaume comprenant le duché de Berri, le comté de Nevers, le duché de Bourbonnais et l'Auvergne[41], puis en janvier 1362, le duché de Bourgogne, les comtés de Champagne, de Brie et de Forez et la terre de Beaujeu, élargie en juillet aux pays de langue d'oc[42]; mais dès le mois d'août, les sénéchaussées languedociennes passèrent sous la coupe du maréchal d'Audrehem[43].

La question est de savoir de quelle manière on pouvait assurer un gouvernement civil et militaire stable dans ces conditions, alors que les délégations de pouvoir étaient fréquemment renouvelées, à tel point qu'il paraît légitime de se demander si ce ne fut pas une des raisons des insuccès militaires de Jean II le Bon. Par exemple, à la fin de l'année 1353, après la reprise de La Française[44], se succédèrent un grand nombre de lieutenants généraux et des "capitaines pour le roi" qui pouvaient les remplacer, ne garantissant pas, dès lors, la continuité de l'effort militaire : c'est ainsi qu'en 1351, nous retrouvons comme lieutenant général Charles de Navarre, en 1352 Charles d'Espagne, de juin à septembre 1352 le sire de Craon, puis à nouveau Charles d'Espagne en septembre et enfin, le comte d'Armagnac en 1353.

Cette instabilité se retrouvait aussi à l'intérieur du Conseil du roi à la fin de 1352. Certes, des administrateurs étaient incontournables : c'était le cas de Pierre de La Forêt et Renaud Chauveau, de même que les trois prélats "réformateurs" : Guillaume de Melun, Guillaume Bertran et Jean de Meulan, qui venaient régulièrement. Mais le renouvellement répétitif des conseillers et des officiers du roi n'était pas fait pour assurer une politique cohérente, ni pour mettre en place une stratégie militaire. Cela posait donc le problème de la cohérence des commandements : le seigneur de Craon était-il assez expérimenté pour un tel

39 Molinier 1883, 28-32.
40 Cazelles 1982, 413.
41 Anselme de Sainte-Marie, VIII, 444.
42 BnF, Pièces originales, 1917, 221.
43 Molinier 1883, 113.
44 Dite aussi Bastide-Française ou Ville-Française dans l'arrondissement de Montauban.

commandement et pour quelles raisons lui avait-on attribué la même fonction mais dans des zones géographiques différentes, bien que toujours dans le même secteur (une fois en Poitou, Saintonge, Limousin, Angoumois, Périgord, une fois en Aquitaine, encore une autre fois en Touraine, puis en Basse- Normandie) ?

Amaury n'était pas un simple agent militaire du roi : en tant que lieutenant général, il avait vraisemblablement un rôle politique dans les régions où il fut affecté, mais nous avons peu de renseignements concernant son action politique voire administrative.

Le seigneur de Craon avait su acquérir la confiance du roi, par l'intermédiaire d'officiers avec lesquels il entretenait d'étroites relations, et qui furent mis en avant après le désastre de Poitiers. Les officiers militaires avaient dû, en effet, être renouvelés : il n'y avait plus de connétable, le duc d'Athènes ayant trouvé la mort au cours de la bataille ; des deux maréchaux, l'un, Jean de Clermont, était mort, l'autre, Arnoul d'Audrehem était prisonnier. Il fallait donc trouver un nouveau personnel militaire : Robert, dit Moreau, de Fiennes reprit l'épée de connétable ; Arnoul d'Audrehem, bien que prisonnier, ne pouvait être remplacé définitivement puisqu'il était encore vivant et détenait encore son office. Il fut "secondé" jusqu'à la date de sa libération par Jean, seigneur de Neuville tandis que Jean de Clermont fut remplacé par un chevalier de la Touraine, Jean Le Meingre dit Boucicaut. Or, ce chevalier tourangeau, attaché aux Valois, maréchal de France était en étroite relation avec le seigneur de Craon. En effet, ce dernier se retrouvait en Gascogne avec Boucicaut et fut chargé avec lui de négocier une trêve avec les Anglais.

Cela prouve ainsi la confiance portée au sire de Craon, désigné aussi bien pour les interventions militaires que pour les actions diplomatiques, lui permettant d'être en relation avec des officiers prestigieux du royaume. Il était donc possible d'accéder au service royal soit en profitant de l'appui de relations suffisamment bien placées, soit en étant dans l'entourage du roi au moment où il n'était que le dauphin. En effet, en tant que comte du Mans, puis de Valois et d'Anjou, Philippe VI, roi en 1328 avait possédé une administration complète, bien que restreinte, et un "hôtel" rempli de familiers et d'amis et qui attendaient naturellement beaucoup de l'accession de leur maître, espérant profiter de sa protection : ils ne furent pas oubliés. C'est ainsi que parmi tant d'autres, Pierre Forget, qui avait été, en tant que bailli d'Anjou et du Maine, un des plus hauts officiers du comte de Valois, fut nommé en février 1330 trésorier du roi jusqu'à sa mort en juin 1334. Les grands vassaux, qui avaient été un soutien du comte Philippe, jouèrent un rôle actif dès l'accession au trône de Philippe. Après avoir vendu sa sénéchaussée héréditaire d'Anjou à Philippe VI et préparé avec le sire d'Albret une croisade contre les Sarrasins de Grenade, le sire de Craon, Amaury III, fut chargé par le roi, à la fin de l'année 1330, de confisquer la Guyenne puisque le roi Édouard III n'avait pas prêté l'hommage lige. Cependant, le nouveau roi avait à satisfaire un grand nombre d'exigences : il devait se rattacher les hommes politiques ayant travaillé pour le premier Valois et répondre aux attentes de ses serviteurs lorsqu'il n'était que comte, c'est-à-dire leur fournir charges et bénéfices. Malgré ces nombreuses demandes, les officiers et les seigneurs originaires de son comté, et en premier lieu le seigneur de Craon, profitèrent de l'avènement de Philippe VI. La protection royale, acquise dès l'enfance du jeune roi, pouvait ainsi être un formidable tremplin pour accéder à l'échelon supérieur de la noblesse.

Cependant, si le service royal et en particulier, le service militaire, procurait de nombreux avantages financiers et honorifiques (grands commandements, soldes...), les risques patrimoniaux et personnels étaient bien présents : en 1356, le seigneur de Craon fut un des Français prisonniers et conduit en Angleterre. Avec lui, se trouvaient le roi Jean et son fils Philippe, l'ancien connétable Jacques de Bourbon, comte de Ponthieu, l'archevêque de Sens, Guillaume de Melun ; les comtes de Joigny, de Vendôme, d'Auxerre, de Sancerre, de Ventadour, de Sarrebrück, de Tancarville et de Dammartin étaient également détenus : toute une série d'illustres prisonniers qu'Édouard III a souvent rachetés à ses hommes. Les Anglais détenaient aussi le maréchal d'Audrehem, les seigneurs d'Aubigny et de Derval "pour s'en tenir aux plus marquants" nous dit Raymond Cazelles[45]. Ces personnages étaient tous de prestigieux représentants du royaume, par leur sang, par leur titre ou bien par leur office, car les Anglais ne pouvaient ramener en Angleterre que des captifs représentant un réel intérêt politique, stratégique ou bien financier. Le sire de Craon avait donc acquis une réelle importance dans le royaume de France, suffisamment pour faire partie des captifs conduits en Angleterre. La différence avec ses compagnons d'infortune était qu'il n'avait pas été fait prisonnier lors de la bataille de Poitiers, mais une dizaine de jours auparavant[46]. À la fin d'août, avec le maréchal Boucicaut, il avait défendu Romorantin contre les Anglais et avait été contraint de se rendre, le 3 septembre 1356. Les défenseurs repoussèrent trois assauts successifs dans la nuit du 31 août et le Prince Noir dut procéder à un siège en règle : tout fut mis en œuvre pour vaincre la résistance des assiégés qui, sans *hastif secours* [...], *se rendirent, sauve leur vye*[47]. Amaury était devenu, dès lors, la propriété de son vainqueur.

Le rang et l'influence du sire de Craon étaient si réels et monnayables que peu avant la bataille de Poitiers, le prince de Galles et *les aultres seigneurs de Gascongne et d'Angleterre* proposèrent au *cardinal de Pyerregord*[48] *de laissier toutes les villes et chasteaulx qu'il avoit conquis, et quittier de prison le seigneur de Craon et pluseurs aultres prisonniers* si le roi Jean laissait partir l'armée du roi d'Angleterre[49]. Son oncle, Pierre de Craon fut fait prisonnier à Poitiers mais ce personnage de second rang fut vite libéré contre rançon, continuant à servir le roi de France en participant à la mise en œuvre des trêves.

Le seigneur de Craon, comme d'ailleurs les autres prisonniers, n'étaient pas tenus en étroite prison : l'Angleterre étant une île, Édouard III n'avait qu'à faire surveiller les embarquements dans les ports pour empêcher les fuites éventuelles. Très rapidement, Amaury put obtenir des sauf-conduits pour traverser la Manche, puisque la négociation des rançons rendait nécessaires de fréquentes relations avec le continent. Nous connaissons en effet deux actes

45 Cazelles 1982, 366.

46 Jean Froissart 1867-1879, V, 3-11, 238-244 : *Adoncques, le sire de Craon et messire Boucicaud prirent IIIe armeures de fer et dirent qu'ilz iroient veoir ces Angloys de plus prez, sçavoir s'ilz y pourroient trouver aventure. Ainsy s'en alerent par devers Vierson, mis ilz furent lourdement racachiez et perdirent de leurs gens, des mal montez, et s'ilz n'eusent si tost trouvé la tour de Montmorentin, ilz eusent esté tous mors ou priz ; mais ilz trouverrent la tour si preste que ilz se bouterrent ens à sauveté. Mais les Angloys les poursuivoient de sy prez qu'ilz les assiegerrent en cette tour, et ilz se deffendirent vassaument, par quoy ilz ne furent pas pris ce jour ne l'aultre apres.*

47 Viard & Déprez 1907, II, 230-231.

48 Sur les efforts tentés par le cardinal de Périgord pour chercher à faire conclure la paix, voir Jean Froissart 1867-1879, 24-27.

49 Viard & Déprez 1907, II, 233.

dressés par Amaury sur le territoire français : l'un, daté du 14 octobre 1356, était une vente à l'abbaye de la Roë, destinée sans doute à lui procurer de l'argent soit pour sa rançon, soit pour les frais dus à sa captivité[50] ; le deuxième, passé à Saumur le 2 juin 1357, était une procuration donnée à ceux qui, pendant sa captivité en Angleterre, devaient le suppléer dans la gestion de ses biens. Ses mandataires figuraient sur l'acte : il s'agissait de sa sœur, sa femme, l'abbé de la Roë, Jean de Saintré, Maurice Mauvinet, Foulques de Sourcelles, Jean Pointeau, Juhel de Logé, Camus de Tucé, Macé d'Anjou et Guillaume Tardif.

L'acte passé par le seigneur de Craon le 14 octobre 1356 était curieux, surtout pour un seigneur de ce rang : avait-il des exigences au-dessus de ses moyens ? En revanche, celui de 1357 était tout à fait courant : il était fréquent en effet de libérer sur parole des prisonniers afin que ces derniers puissent, d'une part, expédier leurs affaires et d'autre part, se procurer de l'argent nécessaire pour les frais de leur détention avant d'être transféré en Angleterre. Il eut donc très rapidement la possibilité de se rendre en France, pour régler la gestion de ses domaines et rassembler l'argent de sa rançon. Il est à noter cependant que le seigneur de Craon obtint un sauf – conduit très rapidement, moins d'un mois après la défaite des Français près de Poitiers, alors que les plus illustres des prisonniers attendirent un an, parfois deux ans avant d'obtenir leur premier sauf-conduit. C'est le cas du comte de Ventadour, qui, le 14 octobre 1357, obtint la permission de se rendre en France et, le 30 décembre, Édouard III l'autorisait à rentrer en France jusqu'à la Saint-Jean, en laissant toutefois son fils aîné en otage à sa place. De même, les comtes d'Eu et de Joigny ne purent obtenir des sauf-conduits que le 14 février 1358. Le 7 juillet, toute une série de prisonniers se portèrent garants du sire de Derval, autorisé à se rendre en France.

À ce moment là, les négociations s'accéléraient ; mais il avait fallu attendre au moins une année pour que les premiers sauf-conduits fussent accordés aux prisonniers les plus importants ; le seigneur de Craon avait profité d'une permission beaucoup plus tôt, ce qui s'expliquait probablement par le fait qu'il ne représentait pas une pièce maîtresse dans l'échiquier politique français, au même titre qu'un prince de sang royal, ou peut-être avait-il bénéficié d'une faveur de la part du roi d'Angleterre, qui songeait s'en faire un allié sur le continent ?

Cependant, ces sauf-conduits permettaient aux prisonniers de pouvoir se rendre en France, mais ne signifiaient en aucun cas la fin de leur captivité : c'est ainsi qu'après l'échec du second traité de Londres, daté du 11 mai 1359, pour lequel des "passeports" avaient été donnés aux ambassadeurs de Jean II, Édouard III fit revenir à Londres les comtes de Sarrebrück, d'Auxerre, de Sancerre, de Joigny, de Bourbon, Louis de Ventadour, le fils otage, ainsi que les seigneurs de Craon et de Derval[51].

Lors de la signature du traité de Brétigny, en 1360, des otages furent désignés afin de garantir l'exécution du traité. En plus des Français se trouvant déjà prisonniers en Angleterre, un certain nombre de bourgeois fut choisi ainsi que quarante nobles dont vingt-quatre

50 Le lieu de sa détention était Bristol, comme nous le confirme le mandement du 13 mars 1360, donné au moment de la descente des Français à Winchelsea, prescrivant de le consigner dans la citadelle de cette ville.

51 Bériac-Lainé & Given-Wilson 2002, 115-120.

étaient définitivement désignés et seize autres étaient à choisir sur une liste de vingt-sept noms. Guillaume de Craon ne faisait pas partie de cette liste de vingt-quatre noms, mais il fut appelé, ainsi que Jean et Eustache de Conflans et Amaury de Meulan, pour remplacer le sire de Coucy et d'autres personnages ne figurant pas dans le parti navarrais : les vicomtes de Narbonne, de Brosse, de Beaumont-sur-Sarthe, le sire de Laval et Adam de Melun. La liste d'otages à fournir au roi d'Angleterre fut donc choisie de préférence parmi les Navarrais : la décision de punir les opposants politiques était claire.

Il apparaît que la famille de Craon avait largement donné, à cette époque, pour le royaume de France : le chef de la branche aînée avait été fait prisonnier et conduit en Angleterre, son oncle, Pierre de Craon avait lui aussi été prisonnier et rançonné tandis que le chef de l'une des branches cadettes, la branche de Sainte-Maure, avait été désigné comme otage dans le but de garantir l'application du traité.

La question des otages se posait de nouveau après Brétigny et une nouvelle liste fut dressée. Des six otages qui avaient été remplacés en 1357, deux furent à nouveau inscrits sur les listes : le vicomte de Beaumont-sur-Sarthe et le sire de Coucy. Surtout seize prisonniers étant déjà à Londres en firent partie : parmi eux, nous retrouvons le sire de Craon[52]. Apparemment, Amaury IV passa d'un statut de prisonnier au statut d'otage politique, ce qui s'expliquait, avant tout, par ses responsabilités politiques et militaires. "La logique prédatrice individuelle", fondée sur la rançon et le profit, s'estompait alors devant l'intérêt politique.

Aux termes du traité de Brétigny, un cinquième de la somme totale, soit 600 000 écus d'or, devait être payé préalablement à la mise en liberté de Jean II et dans un délai de quatre mois. En dépit des efforts du régent et de son conseil, les deux tiers seulement de ce premier acompte purent être réunis en temps utile. Édouard III se contenta provisoirement de ces 400000 écus, relâcha son prisonnier, mais en lui faisant promettre d'acquitter les 200000 écus manquants : une première moitié à Noël de l'année en cours et la seconde à la Chandeleur de l'année suivante (1362)[53]. En cas de non-paiement des 100000 écus à la Chandeleur, Jacques de Bourbon, les comtes de Tancarville et de Sarrebrück, le sire de Craon devaient être envoyés comme otages à Calais dans un délai d'un mois[54].

Amaury IV participa alors au voyage entrepris par Jean le Bon à Avignon auprès d'Innocent VI, afin de convaincre le pape de lui prêter une partie de l'argent qu'il devait à Édouard III. En effet, le problème de la rançon du roi n'avait pas été réglé et ce fut une des raisons de ce déplacement à Avignon : ce que Philippe VI avait obtenu pour financer la guerre, par l'intermédiaire de Robert de Lorris, Jean le Bon l'espérait d'Innocent VI. Cependant, la mort précipitée du pape et l'avènement de son successeur, Urbain V, fit échouer les projets du roi de France : le nouveau pape n'était effectivement pas disposé à satisfaire Jean II le Bon. L'expédition du roi de France n'était donc pas un voyage de simple courtoisie, mais revêtait une grande importance. Or, le fait que le seigneur de Craon figurait parmi les personnages qui l'accompagnaient prouve bien l'importance qu'il avait prise à la cour, puisque ne participaient à cette mission que des gens hautement influents et bénéficiant de la confiance

52 Delachenal 1917-1920, II, 205.
53 Arch. Nat., J. 639, n°13.
54 *Ibid.*, n°12.

du roi : parmi les princes, le seul à l'accompagner, outre le duc de Touraine, était Jean d'Artois, comte d'Eu ; le maréchal Boucicaut, le chancelier Jean de Dormans étaient également du voyage ainsi qu'une bonne partie de ses conseillers et prélats.

Sa détention n'avait pas non plus entamé l'entrain d'Amaury pour les expéditions militaires. C'est ainsi qu'en août 1369, le seigneur de Craon fut à la tête de l'armée qui, après avoir vainement cherché à faire lever le siège de la Roche-sur-Yon, se dirigea vers la Basse-Normandie, afin d'opérer contre les Anglais[55]. Au moment où les hostilités se rallumèrent entre la France et l'Angleterre, Charles V ordonna de faire le siège de Saint-Sauveur : Amaury de Craon, le sire de Laval et Olivier de Clisson dirigeaient l'entreprise. Cependant, le siège de la forteresse dut être levé, par suite de la retraite d'Olivier de Clisson. Charles V demanda alors au seigneur de Craon de reprendre le siège abandonné[56].

En dépit de ce qu'avance Bertrand de Broussillon, la carrière d'Amaury ne connut aucune période de flottement : pourquoi d'ailleurs aurait-il pris de tels risques ? En janvier 1372, Charles V lui accordait quittance royale pour toutes les sommes reçues par lui, ce qui excluait sa présence dans le camp anglais. Froissart le désignait d'ailleurs comme l'un des chefs de l'armée française, réunie le 30 novembre, afin d'assurer l'exécution de la convention de Surgères[57]. Pourtant, cette période fut marquée par de nombreux retournements politiques, ce qui soulève d'ailleurs la question de l'allégeance, à un moment où les rapports personnels pouvaient manquer de transparence. En effet, le traité de Brétigny-Calais avait été complété par un autre arrangement au sujet de certains prisonniers, bien étudié par Françoise Lainé et Chris Given-Wilson dans leur ouvrage[58], duquel nous avons extrait les idées suivantes. Bien que cet accord ne fasse pas partie du traité de Brétigny-Calais, Froissart le décrit comme passé en même temps que le traité, c'est-à-dire le 24 octobre, ou la semaine suivante. Selon le chroniqueur, les "deux rois, afin de renforcer l'amour en eux – car ils s'appelaient frères dans les articles du traité – accordèrent chacun à quatre chevaliers de l'autre partie la somme de 8000 francs français par an, à savoir 2000 à chacun"[59]. Froissart affirme que les quatre de la partie anglaise qui "*entrerent en la foy du roy* " (de France) étaient Roger Beauchamp, Guy Brian, Reginald Cobham, et le Hennuyer Gautier de Manny "en retour d'une certaine rente que ledit roi de France leur promit"[60]. Les quatre chevaliers français bénéficiaires d'une pension de la part d'Édouard III étaient le maréchal Arnoul d'Audrehem, Jean de Melun, comte de Tancarville, Guichard d'Angle et le maréchal Jean Le Meingre, dit Boucicaut. De part et d'autre, le choix s'était porté sur d'incontestables fidèles.

Ces dons, en théorie du moins, créaient des obligations claires de service et de fidélité, comme le précise Édouard III au sujet du comte de Tancarville : "il est devenu notre homme". Et pourtant, ni Audrehem, ni Boucicaut, ni Tancarville ne devinrent à proprement parler les "hommes" d'Édouard III, pas plus que Beauchamp, Brian, Cobham ou Manny ceux du roi de France. Audrehem par exemple, passa les dix dernières années de sa vie – il mourut en

55 Delachenal, IV, 220.
56 *Ibid.*, II, 134.
57 Jean Froissart 1867-1879, VIII, 98.
58 Bériac-Lainé & Given-Wilson 2002, 158.
59 Jean Froissart, VI, 52.
60 Delachenal 1917-1920, I, 326.

1370 – au service, sans ambiguïté, de la couronne de France[61]: il n'a jamais été question pour Audrehem que la pension qu'il touchait d'Édouard III puisse créer un véritable conflit de loyautés, et il en va sans doute de même pour Tancarville et Boucicaut[62].

Le cas de Guichard d'Angle est un peu différent, car l'octroi d'une pension par Édouard III allait s'avérer la première étape sur la voie d'un changement complet d'allégeance en faveur de la cause anglaise. L'emplacement de ses possessions, centrées sur Pleumartin en Poitou et Rochefort-sur-Charente c'est-à-dire à l'intérieur des frontières du duché d'Aquitaine telles que les définissait le traité de Brétigny Calais, permettait à Guichard d'Angle de regarder du côté anglais sans que cela ne fût dérangeant. Cela signifiait qu'entre 1360 et 1369, tant du côté du roi de France que du roi d'Angleterre, on considérait qu'il tenait ses terres d'un suzerain qui n'était autre qu'Édouard III, et ainsi on pouvait difficilement lui en vouloir de "tourner anglais". En 1363, le prince le nomma maréchal d'Aquitaine et, en 1367, il combattit à Najera du côté anglais – contre Audrehem entre autres[63]. Persistant dans l'allégeance anglaise, Guichard d'Angle fut privé de toutes ses possessions dans le royaume de France. Puis, il servit de tuteur à Richard II et resta "anglais" jusqu'au bout, mourant à Londres en mars 1380[64].

Le changement d'allégeance de Guichard d'Angle éclaire une difficulté que rencontrèrent maints seigneurs "français" dans les années 1360. Enguerrand de Coucy en fournit un exemple analogue mais plus célèbre[65].

Finalement, le service d'Amaury de Craon fut loyal envers son suzerain et son allégeance totale. D'ailleurs, sa carrière n'avait pas été uniquement militaire, elle fut également politique, et à la fin de sa vie, diplomatique, secteur clé qui assurait la proximité royale et la reconnaissance de ses pairs : en tant que chef du lignage, Amaury s'était engagé fidèlement au service royal, au moment où son oncle, Jean de Craon, l'archevêque de Reims, se signalait par une intense activité politique.

Jean de Craon, son oncle, archevêque de Reims et conseiller royal

Jean de Craon était le cinquième fils d'Amaury III, seigneur de Craon de 1293 à 1333, et le cousin du roi d'Angleterre, par son arrière-grand-mère, Isabelle de La Marche. La lignée de son père tire son origine des comtes de Nevers et d'Auxerre et d'Adèle de France, fille du roi Robert le Pieux, mais aussi des Lusignan et des comtes d'Auvergne ; elle cousine avec les Plantagenêts. Son père avait été sénéchal d'Aquitaine d'Édouard II, avant de s'attacher aux Valois[66]. Sa mère Béatrix est fille du comte de Roucy et de Jeanne de Dreux, descendante du roi Louis VI. Tant par son père que par sa mère, Jean de Craon appartient à une grande famille de l'aristocratie française : ses origines familiales relevées font de ce prélat une figure "tout à

61 Molinier 1883, 113.
62 Cazelles 1982, 391, 410-414, 462, 562-563.
63 Pour les détails sur la vie de Guichard d'Angle, cf. Beltz 1841, 182-188. ; Delachenal 1909-1931, II, 332, IV, 422, V, 22.
64 Le 26 juillet 1365, Édouard III octroya aussi à Coucy une pension annuelle de 1000 marks, Public Record Office, E 403/425, 19 nov. 1365.
65 Bériac-Lainé & Given Wilson 2002, 210-218.
66 Bertrand de Broussillon 1893, I, 257.

fait atypique dans la série des archevêques du XIVe siècle"[67]. Son frère aîné, Pierre, commença à accumuler les prébendes et les dignités dès les années 1330, comme la trésorerie de Saint-Martin de Tours. Nous ne savons rien des études de Jean, mais il apparaissait, en 1330, à l'âge de neuf ans, comme chanoine prébendé de la cathédrale d'Angers, avant de devenir à treize ans chanoine et trésorier de Saint-Martin de Tours, c'est-à-dire dans la zone d'influence de la famille, dans la ville où son grand-oncle, Olivier, fils de Maurice IV et d'Isabelle de La Marche, avait été nommé archevêque en 1285[68]. Peu après, il devint archidiacre du Mans, puis évêque de cette église, en 1348 : il avait alors vingt six ans. Le chapitre du Mans avait d'abord élu le futur chancelier de France et cardinal Pierre de La Forêt, mais Clément VI refusa de ratifier cette élection et nomma Jean de Craon à sa place[69].

Clément VI n'hésita jamais à intervenir en faveur de ses protégés, qu'ils soient clercs ou laïcs. Ainsi, la réussite exceptionnelle d'un Robert de Lorris était due, en partie, à sa familiarité avec les papes, qu'il s'agisse d'ailleurs, de Clément VI, d'Innocent VI ou d'Urbain V. Ce fut à Avignon qu'il remporta ses plus fructueux succès diplomatiques et qu'il se réfugia lorsqu'il ne fut plus en grâce à la cour des Valois. L'appui pontifical expliquait sans doute cette sorte d'immunité dont il bénéficia durant toute sa carrière[70]. De même, Clément VI n'hésita pas à intervenir pour des personnages plus secondaires, tels ce Jean Barraut, qu'il recommanda au roi en qualité de *magister portuum regni Francie* le 21 mars 1347[71]. Mais, comment expliquer son intervention en faveur de Jean de Craon ? Aucun document ne nous permet d'affirmer que la famille de Craon ait eu des contacts directs avec Clément VI. Il faut donc rechercher auprès des appuis politiques de la famille, qui gravitaient autour du pape. En 1299, Marie de Craon, la fille aînée de Maurice V et de Mahaud de Malines, avait épousé l'héritier de la famille des seigneurs de Beaumont-le-Vicomte, Robert Ier de Brienne et leur fille, Marguerite, se maria à Bernard de Ventadour, second fils d'Ebles de Ventadour et de Marguerite de Beaujeu, assurant ainsi des liens entre les familles de Ventadour et de Beaumont, mais également de Ventadour et de Craon.

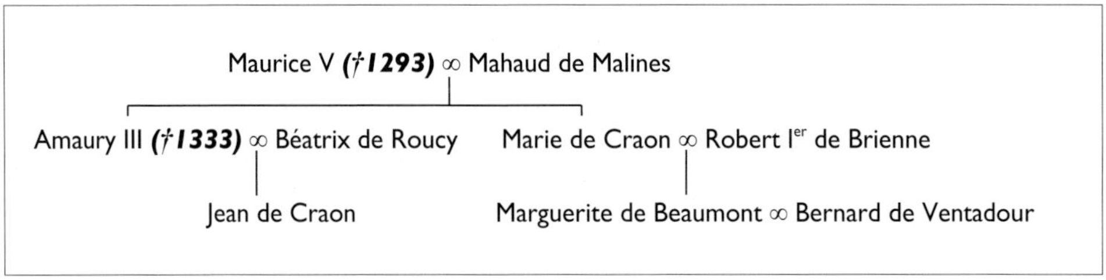

Tabl. 102. L'alliance des familles Craon / Beaumont à celle de Ventadour.

67 Desportes 1998, notice 1039, 178 ; Matz & Comte 2003, n°556.

68 La nomination du fils de Maurice IV, Olivier, en tant qu'archevêque de Tours, représenta, à ce moment-là, un joli coup d'éclat pour la famille, même s'il mourut à Rome avant d'être sacré le 24 août 1285. La famille de Craon avait suffisamment pris de l'importance pour être digne d'avoir un archevêque, avec toutes les conséquences que ce poste pouvait impliquer : protection royale, ouverture des carrières ecclésiastiques aux membres de la famille.

69 Eubel 1913, I, 188.

70 Cazelles 1982, 80.

71 Mollat 1912, n°3184.

Or, cette vicomté de Ventadour était située dans le bas Limousin, qui vit naître les papes Clément VI et Innocent VI[72] et lorsque Bernard succéda à son frère aîné, Ebles, dans la vicomté de Ventadour, les familles de Beaumont et de Craon purent, dès lors, passer au premier plan des réseaux de fidélité de la vicomté. Les rapports entre Bernard de Ventadour et Pierre Roger, le futur pape Clément VI, étaient anciens puisque, dès 1333, il vendit au père de celui-ci, qui n'était encore qu'archevêque de Rouen, la seigneurie de Rosiers d'Égletons[73]. Les relations particulières que Bernard entretenait avec Clément VI s'exprimaient dans plusieurs lettres de ce pape qui, le 15 septembre 1346, le recommandait spécialement au roi, à la reine, à Guillaume Flote, à Jean Justice, Hugues d'Arcy et Pierre des Essars[74].

Au vu des rapports qu'entretenaient Bernard de Ventadour auprès de Clément VI et des liens familiaux qui existaient entre lui et la famille de Craon, pourquoi ne pas voir la nomination de Jean de Craon au siège épiscopal du Mans, par le pape Clément VI comme une proposition émanant du vicomte de Ventadour ? Cependant, nous ne disposons d'aucun élément déterminant permettant d'étayer cette thèse et il se peut qu'il y ait une autre explication, comme une intervention royale par exemple.

L'ascension de Jean de Craon se poursuivit et en juin 1355, il fut nommé archevêque de Reims, une charge qui lui permit de jouer un rôle politique important. Sa carrière avait donc été rapide, mais classique : commençant en tant que chanoine, puis trésorier, accédant peu après au siège épiscopal, avant de terminer archevêque. En effet, un de ses prédécesseurs, Hugues d'Arcy eut le même parcours : il fut chanoine expectant de Reims[75], de Paris, à la suite de la consécration de Gui Baudet comme évêque de Langres[76], puis doyen de Beauvais, après la promotion de Jean des Près au même évêché de Langres[77], avant d'être nommé par Benoît XII, évêque de Laon[78], puis archevêque de Reims jusqu'en 1352.

Cependant, à la différence de nombreux archevêques, tels Renaud Chauveau ou Jean de Vienne, Jean de Craon ne commença pas sa carrière en se faisant connaître dans les finances : sa haute naissance suffisait. Renaud Chauveau appartenait à une famille bourgeoise de Chartres. Il était, sans doute, proche parent des deux Pierre Chauveau, père et fils et de Robert Chauveau, dont les biens avaient été confisqués, en 1339, "pour pluseurs malefaçons, extorsions et dommages" commis à l'époque où ils gouvernaient certains monnayages royaux[79]. Sa carrière n'en souffrit pas trop : bachelier ès lois en 1332, licencié en 1335, et déjà qualifié de conseiller du roi et de la reine, on le trouva au parlement en 1339, 1340 et 1341, ne paraissant pas subir l'éclipse dont pâtissaient au même moment les autres Chauveau, Jean et Louis[80]. Il était maître clerc des comptes au moins jusqu'au 1er octobre 1346

72 Guillemain 1962, 159.
73 *Ibid.*, 160.
74 *Lettres de Clément VI*, n°2803 à 2806, cité par Cazelles 1982, 191.
75 *Ibid.*, n°718.
76 *Ibid.*, n°5601.
77 *Ibid.*, n°5573.
78 *Ibid.*, n°8399.
79 BnF, *Fonds français*, 25 996, n°234.
80 Son frère, Jean, qui était changeur du trésor en 1330, puis trésorier en 1338, fut destitué en 1339. Il réapparut comme trésorier des guerres à la fin du règne. Louis fut membre de la chambre des enquêtes en janvier 1339 jusqu'en 1340. Il le fut de nouveau en juillet 1343 et en 1348 et 1349. (Arch. Nat., JJ 68, n°54).

et devint président de la Chambre des comptes quelques mois plus tard. Après le décès de Philippe VI, il fut institué *magister primus et praecipuus* de la chambre des comptes par Jean le Bon[81]. Il dut certainement sa qualification de "clerc et conseiller du roi" à son père, Pierre Chauveau, conseiller et protégé du roi, ce qui lui permit d'accéder à l'épiscopat, puis au poste d'archevêque de Reims.

Jean de Vienne était normand d'origine[82] : chanoine dès 1318[83], puis doyen du Mans le 27 novembre 1321, il commença sa carrière comme agent financier de Charles de Valois[84], avant de devenir chancelier de son fils, Philippe. En 1328, il suivit le roi dans sa fortune et commanda quelques actes à la chancellerie. Ne pouvant le conserver chancelier, puisque Jean Cherchemont était en place, Philippe VI lui procura l'évêché d'Avranches, puis de Thérouanne, avant de lui confier l'archevêché de Reims[85]. L'intervention du roi de France dans l'attribution de bénéfices ecclésiastiques ne doit pas surprendre, car une sorte de concordat tacite existait entre la Couronne et la papauté, qui accordait souvent les évêchés et archevêchés aux candidats du roi de France[86].

Jean de Craon accède à ce siège prestigieux par collation apostolique comme la majorité des prélats à cette époque mais le jeu de l'influence royale et familiale est évident. Cependant, hormis Olivier, son grand-oncle, qui fut nommé archevêque de Tours, mais sans en avoir été pourvu, aucun membre de la famille de Craon n'avait fait une aussi belle carrière ecclésiastique : ce n'était pas vraiment une tradition familiale ; il faut par conséquent y voir une part de choix personnel, qui aurait conduit Jean de Craon dans des études universitaires avant de poursuivre une brillante carrière ecclésiastique. Il est possible que ce soit les parents du côté de sa mère qui aient pu lui mettre le pied à l'étrier. Dans ce cas-là, il faudrait remettre en cause la vision uniquement patrilinéaire des relations familiales : n'aurait-il pas regardé du côté des neveux de sa mère ? Dans l'attribution de charges ecclésiastiques, la parenté joue notoirement, et ce, depuis longtemps, un rôle considérable. Jean de Craon à son tour a dû pousser en avant son neveu, Amaury, qu'il fit introduire au chapitre cathédral de Reims comme trésorier par collation apostolique, mais ce fils du vicomte de Châteaudun, semble avoir aussi bénéficié de son cousinage avec le cardinal de Boulogne. Il avait pour lui d'avoir fait des études à Paris, puis à Boulogne, ce qui lui permit d'être conseillé au Parlement puis maître des requêtes de l'Hôtel. Le savoir universitaire pouvait devenir indispensable, même aux clercs de haute noblesse[87].

Une autre hypothèse pourrait souligner la fortune et le rang acquis par les seigneurs de Craon au XIVe s. En effet, Amaury IV de Craon, Guillaume I de Châteaudun, son frère, et Jean de Craon faisaient partie de ceux dont l'ambition politique était justifiée par leur haute noblesse, leur haute fortune et leur fidélité au roi : Jean pouvait donc compter sur un solide

81 Arch. Nat., KK 7, f° 17 v°.
82 Calvados, arrondissement Bayeux, cant. Ryes ; Lebrasseur 1722, 226.
83 Beautemps-Beaupré 1877-1897, II, 318.
84 Petit 1900, 316.
85 Mollat 1912, 64141.
86 Mollat 1921, 199.
87 Desportes 1998, n°46 ; J. ; Matz 2003, n°381. Nous ne savons pas à quelle branche de la famille de Craon se rattache *Guillelmus de Credonio*, chanoine de Rouen et de Bayeux vers 1393-1391 (Tabbagh 1998, n°131).

réseau de relations pour accéder et réussir à la cour. Il est vrai que les appuis politiques étaient déterminants pour obtenir les faveurs royales. Ainsi, Hugues d'Arcy, l'archevêque de Reims jusqu'en février 1352, eut certainement recours à la protection de Miles de Noyers[88] pour obtenir sa nomination. Celui-ci profita, en effet, de sa haute situation pour placer à la cour ses parents, ses amis, ses vassaux. Il est vrai que cette dignité assurait une influence politique certaine à celui qui la détenait et Jean de Craon, comme beaucoup d'autres, profita de sa nomination au poste d'archevêque de Reims pour jouer un rôle politique important.

Il s'occupa, en effet, de tous les problèmes temporels de son temps, preuve de l'importance qu'il avait acquise dans le règlement des affaires du royaume : il se sentait noble autant que membre du clergé. C'est ainsi que nous le retrouvons au sein de la commission spéciale, réunie à Paris, en 1356, afin de résoudre la question de la flambée des prix. En effet, le retour à la monnaie forte, stipulé par l'ordonnance du 31 décembre 1351, posait de constants problèmes concernant le prix des denrées, des loyers et des salaires qui avaient beaucoup monté. Le 13 janvier 1356, les baillis et les sénéchaux, qui avaient été présents lors des États de décembre, reçurent pour mission de baisser les prix des denrées et des salaires. C'est dans ce cadre de baisse des prix que se plaçait la commission particulière, réunie à Paris. En faisaient partie des membres du Conseil : l'archevêque de Reims, Jean de Craon (c'est au titre de membre du conseil royal qu'il apparaissait), celui de Sens, Guillaume de Melun, les évêques de Beauvais, Guillaume Bertran, de Paris, Jean de Meulan, de Chalon, Renaud Chauveau, et de Laon, Robert le Coq ; plusieurs membres du Parlement, des maîtres des comptes ainsi que des représentants de la bourgeoisie parisienne, à la tête desquels se trouvait le prévôt des marchands, Étienne Marcel. À la suite des séances de la Commission, il fut décidé que l'impôt serait payé par tous, depuis le roi et sa famille jusqu'au plus humble, sans immunité pour la noblesse ou le clergé, même si ce qu'ils devaient payer était relativement dérisoire.

Jean prononça un discours impitoyable sur l'entourage du roi constitué de parvenus malhonnêtes qui avaient conduit le royaume au désastre[89]. Le roi, dit l'orateur, n'a jamais agi que sous l'inspiration de ses conseillers, et il a toujours été mal entouré : le désordre régnait partout dans l'administration de la justice, dans la gestion des finances, dans la conduite des opérations militaires. Les États demandèrent donc au dauphin de prendre des mesures contre les abus et les spéculateurs : désormais, on n'entendit plus parler de Robert de Lorris ni des Braque[90].

88 Sa puissance se mesurait au nombre de ses amis et de ses créatures qui noyautaient l'administration du royaume et qui s'y installaient d'une façon durable. De plus, sa parenté avec les maisons de Châtillon, de Brienne et de Flandre, comme l'accession de son fils au comté de Joigny, à la suite d'un échange fait avec le frère du roi, le mettaient de pair avec les plus grandes familles (Cazelles 1958, 122).

89 Delachenal 1917-1920, I, 255.

90 L'élévation de Robert de Lorris fournit un exemple des moyens employés pour accéder à la plus haute faveur. Les promotions et les donations qu'il reçut récompensèrent une activité incessante au service de la monarchie. Mais, progressivement, une certaine méfiance entoura sa personne. La façon dont le petit bourgeois de Paris était ainsi devenu, en peu d'années, le détenteur de fiefs considérables et prestigieux entraînait à la fois des jalousies et des rancœurs. D'ailleurs, lors de la révolution parisienne, il n'hésita pas à se proclamer bourgeois pour sauver sa vie, puis se voir réhabilité quelques mois plus tard, retrouvant une place de conseiller et de diplomate. Cependant, il mourut sans avoir réussi à fonder, comme les Braque, une œuvre se perpétuant de siècle en siècle, les domaines laissés à ses fils étant assez rapidement vendus (Cazelles 1982, 80).

Les décisions des États n'étaient pas révolutionnaires sur le plan politique ou sur le plan monétaire, mais elles souhaitaient une collaboration entre le roi, son conseil et les États. Son action, afin de trouver l'argent nécessaire à la guerre, fut également considérable : la réunion des États de 1355 revêtait donc une importance particulière et fut essentielle dans l'histoire politique et monétaire du royaume de France à cette époque. La participation d'un des membres de la maison de Craon à ce débat ne fait que confirmer l'ascension de cette famille au sein de l'aristocratie laïque et ecclésiastique. Nous retrouvons l'archevêque de Reims lors d'un conseil extraordinaire convoqué par le dauphin afin de régler les problèmes issus du désastre de Poitiers. À la suite de la captivité du roi, le Conseil, dans lequel faisait partie Jean de Craon, prit une place essentielle dans les affaires du royaume, malgré la création de nouveaux collèges chargés de missions précises, ce qui faisait de l'archevêque de Reims un homme politique influent. Il fit d'ailleurs preuve, à cette époque, d'une intense activité publique : d'une part, participant à la réunion des États comme représentant du clergé et d'autre part, en tant que membre assidu du conseil.

Nous sommes cependant en droit de nous demander pour quelles raisons le clergé choisit ce personnage en tant qu'orateur. Était-ce, comme le suggère Raymond Cazelles, parce que ce haut prélat était le cousin du roi d'Angleterre, Édouard III, et que son père avait servi un temps pour les Anglais ? Au moment où reprenait la guerre avec l'Angleterre, il faudrait y voir l'intention du clergé de négocier un compromis entre les deux rois. Or, Raymond Cazelles reconnaît lui-même les limites de son hypothèse : la maison de Craon était, à cette époque, trop liée avec les Valois pour que cette parenté ait pu être un élément déterminant du choix des représentants de l'Église. Il faudrait plutôt y voir le choix d'un haut prélat, faisant parti d'une famille attachée au roi, militairement et politiquement puisque le frère de Jean de Craon, Amaury III, était lieutenant du roi en Normandie, attaches dont le clergé pourrait profiter lors de ces États de 1355 ; sans aucun doute, la personnalité de l'archevêque a dû être un élément déterminant dans la décision du clergé de le désigner comme représentant de cet ordre[91].

Puis, Jean de Craon se détacha progressivement du Conseil et fit même apparaître clairement son désaccord. En effet, l'auteur des *Grandes chroniques* affirme que l'archevêque de Reims fut un des principaux personnages qui abandonnèrent le conseil, se rendant à Gisors auprès du dauphin à la fin de mai, et, au début d'août, il en devint le conseiller. Il est inutile de rentrer dans le détail concernant l'origine de la rupture ; il est plus intéressant de noter l'importance politique prise par l'archevêque : son départ du conseil fut fortement ressenti et fut suivi par de nombreux autres personnages de haut rang.

L'archevêque de Reims figurait ainsi parmi les conseillers du dauphin les plus assidus, présent lors des négociations délicates. Jean de Craon avait déjà profité de la protection du dauphin puisqu'il avait pris ouvertement sa défense face à Gaucher de Châtillon et aux bourgeois de Reims, à propos du démantèlement de son château, qui était intervenu lors du siège de la ville par Édouard III. Il avait obtenu le remplacement de Gaucher de Châtillon, qui l'avait d'ailleurs lui-même désigné comme capitaine de Reims en 1358, par Ogier d'Anglure. La capitainerie de Reims lui fut rendue en mars 1364 et il la conserva jusqu'en 1371. Jean de

91 *Ibid.*, 366.

Craon, souligne Pierre Desportes, était considéré comme le conseiller le plus influent du futur Charles V[92]. Disposant de la confiance du roi, l'archevêque était parfaitement apte à exercer des charges politiques et diplomatiques, d'autant qu'il se chargea du sacre de Charles V, le 19 mai 1364, donnant au roi une légitimité absolue que certains lui contestaient. Le sacre ne concernait pas uniquement le roi : il conférait également à ceux qui y participaient et qui y prêtaient serment, la qualité de conseillers du nouveau roi. Ceux qui furent les témoins des promesses faites par le souverain conservaient, sauf forfaiture de leur part, une position de contractants privilégiés voire de familiers du roi et à ce titre, la fonction de Jean de Craon, en tant qu'archevêque de Reims, lui assurait l'appui et la protection royale. Après avoir sacré Charles V dans sa cathédrale, l'archevêque fut avec le maréchal Boucicaut[93] l'un des deux envoyés du nouveau roi aux négociations relatives au duché de Bretagne, qui aboutirent, en mars 1365, à la conclusion du traité de Guérande. Pour soutenir les frais de cette mission, le roi allouait *au dit arcevesque, pour chascun mois que il sera ou dit voiage, tan alant et demourant comme en retournant, la somme de douze cents francs d'or*[94]. Les pouvoirs donnés à Jean de Craon et à Boucicaut portaient la date du 25 octobre et une large part d'initiative était laissée aux envoyés du roi de France, autorisés à conclure entre "la duchesse de Bretagne", d'une part, et Jean de Montfort, de l'autre, toutes "abstinences, trêves", et même "paix et accord final"[95].

Les marques de la confiance royale ne cessèrent pas par la suite : Charles V fit baptiser par Jean de Craon en 1373 en l'église Saint-Paul de Paris Louis, son second fils, et surtout nomma le prélat en tête des conseillers qui devraient entourer son fils aîné au cas où celui-ci accèderait au trône avant d'avoir atteint sa majorité.

Ce poste d'archevêque de Reims, l'une des plus hautes dignités ecclésiastiques du royaume, avait une dimension politique certaine : le personnel ecclésiastique restait en effet très présent en politique. Le fait que l'un des membres de la maison de Craon soit devenu archevêque fut une réelle chance pour toute la seigneurie, non seulement par le prestige que pouvait acquérir la maison de Craon, mais également par l'intervention active de l'archevêque auprès du roi, en faveur de sa famille. C'est ainsi que purent être négociés les mariages de deux de ses neveux : l'un, Jean de Craon, épousa Marie, fille de Gaucher de Châtillon, vidame de Laon, capitaine de la ville de Reims ; l'autre, Pierre de Craon se maria à Jeanne, sœur de Marie, scellant ainsi l'alliance entre les deux familles. Or, cette alliance n'était pas fortuite : elle avait principalement pour but de réconcilier l'archevêque avec le capitaine de la ville de Reims, Gaucher de Châtillon. Nous pouvons voir ici le formidable instrument politique que représentaient les alliances matrimoniales.

Le problème entre le capitaine de la ville de Reims et l'archevêque remontait en fait à la résistance de la ville face à Édouard III à la fin de l'année 1359. Face à la menace anglaise, le souverain avait donné à la ville pour capitaine un véritable homme de guerre qui dépendait directement de lui et non plus de l'archevêque, ce que Jean de Craon ne voulut jamais admettre. Sous la direction de Gaucher de Châtillon, les bourgeois de Reims n'hésitèrent

92 Desportes 1998, notice 1039, 179.
93 Delisle 1874, n° 97.
94 *Ibid.*
95 Arch. Nat., J. 241b, n° 45 publié par Morice 1742-1746, I, col. 1584-1585.

pas à porter atteinte au château de leur archevêque au moment du siège d'Édouard III. Dans le procès que Jean de Craon leur intenta, le Parlement, dans un arrêt du 8 avril 1363, déclara que les habitants s'étaient comportés en loyaux sujets du roi, mais qu'ils devaient remettre le château de l'archevêque en état et démolir les murailles qu'ils avaient alors élevées. Cependant, Jean II exigea que cette démolition ne se fasse pas pour le moment parce que Reims était "ville frontière contre les Lorrains". Prenant ainsi le parti pour les bourgeois, le roi décida de préparer un compromis qui ne devint effectif qu'au moment de l'avènement de Charles V[96].

Le rôle politique de Jean de Craon avait donc été essentiel durant cette période et la protection royale avait été certainement nécessaire : membre du Conseil, commissaire royal, il fut durant une dizaine d'années sur le devant de la scène. Au même moment, son frère, Guillaume s'illustrait par ses actions militaires et diplomatiques. La famille de Craon franchit ainsi un palier supplémentaire en ce XIVe s., présente dans tous les domaines : politique, religieux, militaire, lui permettant de constituer un réseau de fidélité important et d'exercer une influence grandissante à la cour. Cependant, l'action politique personnelle de Jean de Craon va très au-delà du prolongement des intérêts lignagers.

Guillaume I de Châteaudun, chef de la branche de Sainte-Maure et chambellan royal

Guillaume I de Châteaudun était le quatrième fils d'Amaury III ; il devint le chef de la branche cadette de Sainte-Maure à la suite de son mariage avec Marguerite de "Flandre" et eut, du vivant de son neveu Amaury IV, un rôle militaire non négligeable quoi que plus modeste.

Au moment du siège de Rennes, effectué par le duc de Lancastre, dès les premiers jours d'octobre 1356, Guillaume de Craon fut mandaté par le dauphin pour aller secourir la cité bretonne. C'était en qualité de *lieutenant des parties d'Anjou et du Maine, de Poicou et de Touraine*[97] qu'il leva le siège de Rennes au moment où Amaury IV, son neveu, était captif en Angleterre. On le trouve à trois reprises au moins à la tête d'un nombre important d'hommes d'armes dont toujours plusieurs chevaliers : dix-neuf en décembre 1345[98] ; cinquante-deux en février 1355[99] ; en décembre de la même année, huit[100]. En 1374, Amaury IV et l'archevêque Jean de Craon avaient disparu à l'aube de la cinquantaine, le premier en 1373 et le second quelques mois plus tard, Guillaume leur survit quatorze ans et commença à passer au premier plan : Charles V le nomma au conseil, qui devait, le cas échéant, assister le duc d'Anjou dans les fonctions de régent de France. Même si ces dispositions ne se réalisèrent pas en 1380, elles montrent le rôle éminent de la famille de Craon à travers un de ses membres, à la fin du règne de Charles V.

96 Cazelles 1982, 442.
97 Arch.Nat., JJ. 87, n°37, fol. 18.
98 BnF, Titres Scellés, 37, 2739.
99 BnF, Titres Scellés, 59, 4551.
100 BnF, Titres Scellés, 99, 7665.

Conclusion

Au terme de cette étude, il convient de résumer les raisons de la réussite de la "maison" de Craon. La capacité des plus illustres de ses membres à saisir les opportunités joua sans aucun doute un rôle important dans son ascension, puisque la réussite de quelques personnalités pouvait rejaillir sur toute la "maison" ; la lignée obtenait dès lors la reconnaissance de ses pairs. Un réseau de relations développé et puissant était un outil précieux pour pouvoir s'imposer dans le royaume et conclure des alliances prestigieuses parmi les plus grandes familles. C'est ainsi que Jean de Craon négocia le mariage de ses neveux en 1355 : l'un, Jean de Craon, épousa Marie, fille de feu Gaucher de Châtillon, vidame de Laon et l'autre, Pierre de Craon, se maria avec Jeanne, sœur de Marie. Le service royal permettait donc, d'une part, de rentrer en contact avec les grandes familles du royaume qui gravitaient dans l'orbite de la Couronne et garantissait d'autre part des indemnités financières, qui furent, pour les Craon et en particulier pour Amaury IV, fort importantes, leur assurant une position politique et sociale solide.

La montée en puissance de la seigneurie de Craon : une liberté économique et juridique reconnue par l'État ?

Du fief aux gages

L'État savait en effet se montrer conciliant et généreux avec ses serviteurs, n'hésitant pas à leur verser des gages proportionnels à leur rang et à leur fonction. Ainsi, Amaury IV de Craon, en qualité d'intendant royal en Poitou, Saintonge, Angoumois, Limousin et Périgord (1351), reconnut avoir reçu du roi, en septembre 1351, 2000 livres et en juin 1353, 3300 livres afin de l'indemniser de ses opérations en Bretagne et en Anjou. Dans le même acte, celui du 9 septembre 1351, Pierre de la Suze et Guillaume Ier, deux oncles d'Amaury et deux représentants des branches cadettes de la maison de Craon, certifiaient avoir reçu eux-aussi 2000 livres pour couvrir le paiement de leurs gens d'armes.

La captivité d'Amaury IV en 1356 le mit cependant en difficulté, puisque, nous le voyons, le 14 octobre 1356, conclure une vente avec l'abbaye de la Roë, destinée à lui procurer de l'argent soit pour sa rançon, soit pour les frais dûs à sa captivité : pour cette transaction concernant l'abandon des Bois des Rayères par Amaury, il reçut 1000 florins d'or et des rentes en blé. Dans un acte daté du 1er juin 1358, Pernelle de Thouars et Isabeau de Craon, qui étaient chargées d'administrer les biens d'Amaury IV pendant sa captivité, s'efforçaient, avec difficulté, d'honorer une dette qui devait être remboursée avant le 24 juin. De même, deux autres procurateurs des biens d'Amaury IV, Guillaume Tardif et le Camus de Tucé conclurent un accord avec Amaury le 4 juin 1358, dans le but certainement de trouver de l'argent nécessaire au paiement de sa rançon et aux frais de sa détention.

Pourtant, dès son retour en France, à la suite du traité de Brétigny, Amaury s'empressa dans un acte daté du 6 janvier 1361, de rembourser les dépenses dues à son séjour à Briolay, effectué du 30 décembre au 6 janvier 1361. Le seigneur de Craon avait vraisemblablement retrouvé, à ce moment là, des finances saines. Cette attention portée à la gestion de sa seigneurie se retrouve d'ailleurs dans un acte, daté du 21 mars 1360, dans lequel il ordonnait de faire figurer certaines dépenses dans ses comptes. Très rapidement, le service royal lui permit de renouer avec un train de vie digne de son rang, puisque dès août 1361, il reçut du roi 800 francs d'or sur les 2000 que le roi lui avait promis.

Dans le même temps, son oncle, Jean de Craon, l'archevêque de Reims, recevait du roi le 7 août 1364, 1000 francs d'or, le 10 août de la même année, à nouveau 1000 francs et le 15 octobre, une pension annuelle de 1200 francs d'or. Le service royal, avec les gages et les pensions qui en dépendaient, apportait une source de revenus non négligeable pour la famille de Craon et constituait vraisemblablement la pierre angulaire de leur fortune. Du reste, de nombreuses sommes d'argent, appartenant à la couronne, transitaient entre les mains d'Amaury IV. C'est ainsi que le 14 juin 1365, on le vit négocier avec Robert Knolles la délivrance des forts de la Gravelle, Segré-sur-Mayenne et Ingrande : ces places lui seraient remises pour une somme de 10 000 livres d'or. De même, en qualité de recruteur militaire, Amaury recevait des sommes importantes : par exemple, le 14 mars 1369, Charles V ordonna de lui remettre une somme de 1400 francs d'or pour la levée de 500 hommes d'armes, ce qui constituait une armée considérable. Le 29 Juillet 1369, Charles V demandait à Jean le Mercier d'aller lui porter au siège de la Roche-sur-Yon, 4000 francs. Le 24 août 1369, Amaury, envoyé de nouveau en Bretagne, reçut une nouvelle avance de 4000 francs ainsi qu'une pension de 500 francs par mois. Auparavant, le 16 août, Amaury IV avait prescrit à Jean le Mercier de solder les gages des gens employés à son service. Dans cet acte, il était relaté la reddition de la Roche-sur-Yon ainsi que le départ d'Amaury de Craon en Normandie afin de combattre les Anglais concentrés à Château-Gontier.

Tout indique que la période 1367-1370 fut pour Amaury un temps de prospérité : lieutenant général en Touraine, Anjou et Maine en 1367, puis capitaine souverain dans ces mêmes régions, pourvu d'une nouvelle lieutenance, celle de Basse-Normandie en 1369, il était au sommet de sa carrière. Sa réussite sociale et militaire se lisait d'ailleurs dans sa fonction de recruteur militaire, sur laquelle il conviendra de revenir dans notre troisième point. De toute évidence, la fortune de la famille de Craon s'était consolidée et provenait pour une grande part de la générosité du roi de France : Amaury avait en effet reçu de nombreuses sommes d'argent durant sa carrière.

D'après ce que font apparaître les sources comptables, nous pouvons chiffrer, sur une vingtaine d'années, plus de 12000 livres et plus de 15000 francs d'or, ce qui est d'autant moins négligeable qu'il est probable que nous n'ayons là qu'une partie des sommes données par le roi à son serviteur. On le voit donc, le service royal était fort lucratif, même si le roi pouvait parfois avoir du mal à assurer un paiement régulier de son armée. Ainsi, en 1370, Amaury IV se plaignit de ne pas avoir touché les 1500 livres de rente que le roi lui devait depuis le traité de Brétigny. Les exemples de ce genre étaient fréquents. En effet, nous connaissons par les chroniques et par les actes royaux les problèmes qui se posèrent au moins deux fois en Flandre à la suite du retard de paiement. Il est vrai que la guerre coûtait cher et les subventions levées pour la financer rentraient dès lors plus lentement qu'il n'aurait fallu. De même, le roi d'Angleterre ne pouvait que difficilement payer ses vassaux et nous avons vu les services rendus par les Craon aux Anglais. Les vassaux gascons avaient connu le même problème. Les gages étaient versés de façon épisodique et ils ne rentraient que partiellement dans leurs comptes, d'autant que les frais occasionnés par les campagnes militaires s'avéraient élevés :

Date	Montant des sommes reçues
28/11/1347	2811 livres
14/08/1349	200 livres
02/09/1351	2000 livres
14/06/1353	3300 livres
20/07/1351	800 livres
28/06/1361	800 francs d'or
07/08/1364	1000 francs d'or
10/08/1364	_
15/10/1364	Pension mensuelle de 1200 francs d'or
03/06/1365	500 francs par mois
14/11/1365	4000 francs d'or
01/07/1365	_
30/05/1368	_
14/03/1369	_
02/06/1369	_
29/07/1369	4000 francs
24/08/1369	4000 francs
24/08/1369	500 francs
26/09/1369	800 francs par mois d'or
Vers 1370	1500 livres de rente
31/01/1371	1500 livres de rente

Tabl. 103. Montant des sommes reçues par Amaury IV de 1347 à 1371.

l'équipement du chevalier coûtait cher et la solde n'étant pas à proprement parler un salaire mais une simple indemnité de campagne, beaucoup d'entre eux préféraient payer au lieu de se rendre à l'armée. En effet, la mise de fonds obligatoire constituée par l'armement et le cheval, représentait selon Philippe Contamine[101], six à huit mois de gages journaliers. Le roi n'intervenait qu'à partir du moment où les chevaux avaient été morts ou blessés au combat[102].

Mais le service royal n'était pas la seule source de revenus d'Amaury qui pouvait certainement compter sur l'accumulation des profits de guerre. Investi, au nom du roi, d'amples pouvoirs de commandement, autorisé à exiger toute l'aide matérielle dont il

101 Contamine 1992, 199.

102 Cette importance accordée aux chevaux se révèle à plusieurs reprises dans les documents que nous possédons. Ainsi, dans les sauf-conduits donnés par le roi d'Angleterre aux seigneurs français, il est souvent précisé le nombre de chevaux autorisé à se rendre en Angleterre ou à revenir en France. Le cheval représentait ainsi une valeur marchande.

aurait besoin pour le ravitaillement et l'armement de ses troupes, ne fut-il pas encouragé à multiplier les spoliations et les confiscations ? Nous manquons d'information pour répondre à cette question.

Au total, il apparaît que les sommes d'argent données aux seigneurs de Craon, pour prix de leur service, représentaient un appoint financier non négligeable, en ce qui concerne les ressources familiales à tel point qu'il est possible de parler de "salarisation de la fonction militaire" et plus généralement royale[103]. Ce qu'attendaient désormais les seigneurs, c'étaient des places, des gages et des pensions. Philippe Contamine[104], dans son article intitulé "De la puissance aux privilèges" traitant des demandes et des complaintes de la noblesse envers la monarchie entre 1314 et 1384, souligne l'évolution suivante : selon lui, les revendications exprimées par la noblesse lors des États généraux de 1484 ont nettement changé par rapport à celles de 1314-1315. Les nobles étaient davantage préoccupés par les gages et les faveurs royales ; en revanche, les anciennes revendications étaient presque complètement omises. Par exemple, la défense des justices seigneuriales était totalement passée sous silence en 1484, à la différence des années 1314-1315. Désormais, les préoccupations essentielles des nobles résidaient dans l'accroissement du capital financier, qui pouvait augmenter par l'intermédiaire du service royal mais également par l'achat de rentes : "les féodaux avaient fait place aux courtisans"[105].

Pour s'attacher la fidélité de la noblesse, le roi disposait donc de nombreux atouts : il avait la possibilité d'accorder des compensations financières mais il pouvait également relâcher la pression de la couronne sur la propriété foncière, notamment par la mise en place de principes juridiques destinés à préserver le patrimoine de ses serviteurs.

Du fief à la propriété ?

La reconnaissance du droit de propriété et la mise en place de principes juridiques visant à protéger le patrimoine familial

Les fiefs détenus par les nobles étaient depuis longtemps considérés comme leur pleine propriété : leur transmission pouvait s'effectuer sans aucune contrainte qui serait imposée par le roi. Les possesseurs de fiefs avaient toujours pu disposer de leur héritage, pouvant le répartir librement à leurs enfants ou le transférer à une branche cadette au cas où il n'y aurait que des filles, afin d'éviter la ruine du nom et des armes familiales. Ainsi, Amaury IV liquida tous les droits de Jeanne[106] sur les successions de Maurice VII, de Marguerite de Mello et d'Amaury III en donnant à Guillaume de Craon, sire de Marcillac et à Jeanne de Montbazon, sa femme, représentants de la branche cadette de Sainte-Maure, les terres de Château-Neuf-sur-Charente et de Jarnac-sur-Charente. En revanche, les règles strictes

103 Cependant, "le service de cour n'était pas héritage" et les rentrées d'argent ne devaient pas être aussi régulières qu'ils l'auraient souhaité.

104 Contamine 1976.

105 *Ibid.*, 112.

106 Jeanne était la fille de Maurice VII et de Marguerite de Mello, la sœur d'Amaury. Elle avait épousé la sœur d'un Renaud de Montbazon, fils de Renaud de Montbazon et d'Eustachie d'Anthenaise.

régissant la transmission du fief en Angleterre ne permettaient pas aux propriétaires nobles de disposer librement de leur patrimoine. Les seules solutions qui leur étaient offertes étaient l'aliénation, solution irréversible et contestée par le roi, ou bien la sous-inféodation, équivalent pratiquement à une donation et donc à une perte de contrôle du domaine et à un émiettement de la fortune familiale. Le fait est intéressant dans la mesure où cela pouvait concerner la famille de Craon, détentrice de fiefs en Angleterre depuis Jean de Craon. Fut alors adoptée une série de pratiques juridiques complexes destinées à concéder aux nobles des mesures leur permettant de disposer à leur gré de leur possession[107] : par exemple, la première, mise en place en 1285, fut l'*entail* accordant aux propriétaires la possibilité de transmettre une terre à quelqu'un et de régler sa transmission.

Pour préserver leurs droits concernant les transactions, les liquidations de fortune, les successions, les nobles n'hésitaient pas à confectionner des contrats écrits, qui faisaient office de preuve en cas de litige et les actes de ce genre ne cessèrent de se multiplier. Au départ et pour ce qui est des seigneurs de Craon, de tels documents concernèrent surtout les donations qu'ils effectuèrent aux diverses églises et abbayes. Par la suite et en nombre de plus en plus grandissant, ils s'étendirent aux transactions au point d'en devenir la raison majeure de la réalisation de ces actes, dont le but était d'éviter les contestations ; ils pouvaient être homologués par le Parlement. Par exemple, fut négocié en août 1320, un accord au sujet de Moulins-Neufs, que se disputaient Robert de Préaux et Guy de Borgne de Céris, homologué par Philippe-le-Long : cette terre devint la propriété d'Amaury III, moyennant l'abandon à Guy de Lussière et la promesse à Robert d'un dédommagement ultérieur.

Puis, furent conclus de façon progressive, ce qu'il est convenu d'appeler des "pactes de famille", qui présentent pour nous un intérêt particulier. Nous en avons un exemple avec l'affaire concernant la succession de Chantocé, Ingrande, Pressigny et Briolay, mettant en rapport la branche aînée des Craon représentée par Amaury IV et une des branches cadettes, celle issue de Jean de la Suze. Un accord entre les deux parties, réglant leurs droits réciproques, fut pris en 1346, ce qui était significatif d'une évolution qui vit l'apparition, dans les années 1350, d'accords familiaux, destinés à trouver une solution favorable à chacun. Il est vrai que de tels pactes étaient plus avantageux que l'application stricte de la coutume : chacune des parties y trouvait désormais son intérêt. Cependant, cette affaire ne s'arrêta pas sur cet accord, puisque le 1er décembre 1389, la transaction passée entre Jean et Pierre de Craon-la Suze et Isabelle au sujet de la succession de Craon fut confirmée par le Parlement. Jean reçut Chantocé, Ingrande et Briolay.

Une des nouveautés fut de faire appel à la cour de justice royale, afin de garantir les intérêts de chacun, en cas de litige. Dorénavant, une haute instance judiciaire entendait préserver la propriété des nobles, dont les droits se trouvaient ainsi protégés.

Ces "pactes de famille" constituaient ainsi une étape importante du droit patrimonial et nous avons d'autres exemples de ce genre en ce qui concerne le lignage des Craon. Cependant, l'absence de testaments nous empêche d'approfondir l'analyse et ne nous permet pas de comparer ces accords aux mesures testamentaires qui avaient été préalablement prises.

107 En effet, J.P Genet, analysant les avantages que pouvaient procurer le service royal pour la noblesse, affirme que l'un des plus intéressants concernait la dissolution des droits féodaux sur les propriétés.

Au total, le ralliement de l'aristocratie à l'État tenait, certes, aux gages de guerre et aux dons royaux, mais surtout à l'abandon des droits féodaux de la royauté sur les terres appartenant aux seigneurs, permettant à la famille de se comporter en réels propriétaires, contrôlant et gérant ses possessions. Ils étaient donc maîtres de leurs fiefs et de leurs biens, d'autant plus que cette cession des droits royaux à la famille de Craon, et plus généralement, à la société nobiliaire, fut homologuée par le Parlement, haute instance judiciaire chargée dorénavant de réguler tout le système. En effet, ces concessions royales, dont la principale était la liberté économique et juridique, furent accompagnées de toute une série de conditions : un service royal total et fidèle, un soutien financier régulier et une ingérence croissante des tribunaux royaux dans les affaires familiales furent ainsi imposés aux serviteurs de l'État.

L'intervention du roi et des tribunaux royaux dans les affaires de la famille, régulateurs de tout le système

Le Parlement fut sollicité de manière accrue tout au long du XIVe s. Le nombre d'arrêts pris par la cour judiciaire, que l'on a pu recenser pour toute la période, est là pour en témoigner. L'intervention croissante de cette autorité supérieure rentrait dans le cadre de la politique de contrôle du territoire souhaitée par le roi. Cela correspondait bien à sa volonté centralisatrice de contrôle du royaume et renforçait l'unification du pays et la cohésion de l'État autour de rouages judiciaires et politiques.

Typologie des actes	**Jugements**	**Homologation d'accords**
Actes, accords successoraux	– 24/03/1376 : arrêt du Parlement accordant à Pernelle le château de Mareuil et 800 livres de rente	– 31/01/1346 : accord homologué au Parlement entre Amaury IV et Pierre de la Suze, réglant leurs droits réciproques sur Chantocé, Ingrande, Pressigny et Briolay – 11/05/1389 : accord en Parlement entre le sire de Hambye et Jean de la Suze au sujet de Saint-Aubin Fosse Louvain, sur lequel le sire de Hambye avait des droits, à cause du douaire de sa femme, veuve du sire d'Avaugour. – 8/07/1389 : accord en Parlement entre Pierre de la Ferté-Bernard, Jeanne de Châtillon, Jean de Craon, vidame de Laonnois et Marie, sa femme, d'une part, et Robert et Jean de Béthune de l'autre, au sujet de l'héritage de Coucy. – 10/12/1389 : accord en Parlement entre Isabelle de Craon, d'une part et Jean de la Suze, d'autre part, au sujet de la possession de Chantocé, Ingrande, Briolay et Pressigny – 30/06/1390 : accord en Parlement entre Isabelle de Craon, Guillaume II et Guy VIII de la Rochefoucauld, au sujet de la terre de Champagne en Poitou.

Actes de contestations de litiges	– 26/04/1393 : arrêt du Parlement dans l'affaire intentée par Aliette de Chemillé et Guy Aménart à Catherine de Machecoul, au sujet d'une rente qu'ils réclamaient comme héritiers de Louis et de Thomas de Chemillé – 29/04/1396 : jugé du Parlement dans la cause intentée par Pernelle à Catherine de Machecoul, à Jean de la Suze, chevalier et à Pierre, son frère, écuyer, ses enfants, afin d'obtenir ses droits de douaire sur Chantocé et Ingrande – 9/05/1397 : arrêt du Parlement dans l'affaire opposant Pernelle à Jean de la Suze, au sujet du jugé du 29/04/1396, adjugeant à Pernelle des droits de douaire sur Chantocé et Ingrande – 29/07/1374 : arrêt du Parlement ordonnant la mainmise sur Mareuil et d'autres fiefs, qui constituaient le douaire de Pernelle mais dont la propriété était contestée par Louis de Sully et Isabelle. – 1380 : mandement d'enquête du Parlement dans l'instance entre Catherine de Machecoul et Isabelle, au sujet de la possession de Chantocé, Ingrande, Briolay et Pressigny – 16/08/1382 : arrêt du Parlement sur le litige entre Isabelle et Pierre de Craon	– 31/01/1346 : accord homologué par le Parlement, passé entre Amaury IV et Guillaume I, liquidant à 1000 livres de rente les droits de ce dernier dans la fortune de la maison de Craon
Homologation de transactions	– 20/02/1387 : arrêt du Parlement portant homologation d'une transaction d'Isabelle avec le prieuré de Saint-Clément de Craon	– 1/12/1389 : transaction confirmée au Parlement le 10/12 entre Jean et Pierre de Craon la Suze et Isabelle au sujet de la succession ; Jean reçoit Chantocé, Ingrande, Briolay
Actes de condamnation	– 3/08/1381 : arrêt du Parlement condamnant Tristan et Pernelle à remettre à l'héritière de Guy de Taillebourg sa part de l'héritage de Guy Larchevêque, ainsi que les revenus depuis le 14/10/1369 – 1/02/1353 : arrêt du Parlement condamnant Guillaume Trousseau à exécuter l'accord relatif au sel dû par lui à Pierre de la Suze	

Tabl. 104. Actes émanant du Parlement concernant la famille de Craon au XIVe *s. : jugements et homologation d'accords.*

Les actes du parlement concernant les Craon appellerait des recherches complémentaires et dans le fonds du parlement et dans les études sur la conflictualité judiciaire. Mais, il est intéressant de remarquer, dès à présent, le nombre élevé d'arrêts rendus à propos de litiges successoraux. Ainsi, le Parlement ne cessa d'intervenir lors de la succession des Craon, à la fin du XIVe s. Avec Amaury de Craon s'éteignait en effet, en 1373, le dernier mâle de la branche aînée de la maison de Craon ; l'héritage de la famille tombait alors aux mains de la sœur du défunt, Isabelle, épouse de Louis de Sully, dont la fille Marie allait le faire passer aux la Trémoïlle. Cette succession allait cependant susciter des convoitises de la part des branches cadettes et provoquer des contestations, sanctionnées par des appels au Parlement. Les principaux épisodes de cette affaire ont pu être recueillis aux Archives Nationales. Le 1er décembre 1389, le Parlement ne fit que confirmer la transaction passée entre Jean et Pierre de Craon-La-Suze et Isabelle au sujet de cette succession : Jean recevait Chantocé, Ingrande, Briolay[108]. Mais, le 29 avril 1396, le Parlement, cette fois, jugea l'affaire opposant Pernelle, la veuve d'Amaury, à Catherine de Machecoul, Jean de la Suze et Pierre, son frère ; Pernelle devait obtenir les droits de douaire auxquels elle avait droit sur Chantocé et Ingrande. Et le 9 mai 1397, ces droits lui furent adjugés[109]. En intervenant dans les problèmes successoraux de la maison de Craon, le Parlement portait désormais un droit de regard sur leurs affaires familiales, c'est-à-dire sur ce qui les préoccupait le plus, à savoir leur patrimoine.

De même, son intervention pouvait porter sur certaines transactions effectuées par les Craon : par exemple, la transaction faite par Isabelle de Craon avec le prieuré de Saint-Clément de Craon fut homologué par le Parlement en février 1387.

Le fonctionnement et l'emprise du système judiciaire royal rentraient tout à fait dans le cadre du contrôle du territoire par le souverain. En acceptant l'arbitrage d'une haute autorité dans leurs affaires, reconnue par l'ensemble de la noblesse, les nobles s'assuraient d'un gage de garantie, puisque leurs droits seraient dorénavant sauvegardés par cette cour de justice et donc par le roi. Les nobles y ont vu leur intérêt, puisque les appels au Parlement furent de plus en plus nombreux. Mais la victoire du roi était déterminante : les transactions et le contrôle de la transmission de la terre, base matérielle du pouvoir de l'aristocratie, passaient dorénavant par les tribunaux royaux et la machine judiciaire. La régulation des rapports sociaux au sein de la société nobiliaire se trouvait ainsi placée sous le contrôle de l'État, qui n'envisageait plus de se tenir à l'écart des affaires privées de la noblesse, surtout lorsque celles-ci concernaient de grands personnages politiques de l'État. Ainsi, le 13 octobre 1375, l'exécution du testament de l'archevêque de Reims, Jean de Craon, fut confié à Thomas Graffort, par le roi Charles V, qui désirait avoir un droit de regard indirect sur la réalisation des mesures testamentaires de Jean de Craon, ce qui signifiait en fait, la prise en mains ou plutôt le contrôle plus étroit de la noblesse par le roi.

Cependant, la plupart des causes étaient déléguées à des officiers, qui représentaient l'autorité royale sur le plan local, dans le cadre de circonscriptions administratives : les bailliages et les sénéchaussées. Or, Alain Demurger a constaté une nette évolution à cette époque : d'une part, la multiplication des offices spécialisés, tels les juges, avocats, capitaines,

108 Marchegay 1857, n°178.
109 Arch. Nat., X1a 43, fol. 302 ; AN, X1a 44, fol. 154.

signe d'un développement de l'administration royale et de l'accroissement de ses tâches, qui intervint à un moment où le système judiciaire royal était de plus en plus sollicité ; d'autre part, la prise en main de la fonction baillivale par quelques grandes familles nobles de la région, assurant une assise solide du système judiciaire au niveau local, mais rendant vicieux un système qui se voulait impartial.

Conclusion

Au total, le relâchement progressif de l'étreinte royale sur le patrimoine foncier des Craon leur permit de disposer librement de leur propriété ; cette dissolution des droits royaux s'accompagna, cependant, d'une emprise judiciaire beaucoup plus forte de la part de la Couronne. Ce tournant eut lieu dans la deuxième moitié du XIVe s., sous Amaury IV et ses oncles, voués totalement au service royal ; ce fut précisément à ce moment là que l'on constata la mise en place d'une nouvelle forme de relations sociales entre le seigneur de Craon et ses serviteurs, reposant sur des contrats à la fois civils et militaires.

La mise en place de relations contractuelles par les Craon : orientation bibliographique et axes de recherche.

Nous avons ainsi pu constater la place que le seigneur de Craon avait acquise au cours des deux derniers siècles – essentiellement auprès du roi de France – , du fait du choix qu'il avait su prendre au XIIIe s., lorsque le pouvoir du roi commençait à s'affirmer avec plus de conviction, tournant décisif que certains seigneurs ne surent pas négocier. Cette réussite provenait surtout de la protection royale, de la confiance que celui-ci portait aux seigneurs de Craon, d'autant qu'ils avaient été présents au moment des actions militaires décisives. Dès lors, il fut normal de constater que le seigneur de Craon fut investi de missions particulières comme cette fonction de recruteur militaire qui fut reconnue à Amaury IV. Et il apparaît nettement que certains serviteurs recrutés par Amaury, du moins les plus illustres d'entre eux, pouvaient servir par la suite d'autres seigneurs. Il s'agissait donc d'un système relativement flexible, géré par le seigneur de Craon à son profit, sous la bénédiction royale. L'État paraissait ainsi le maître et le garant de ce système. Mais, peut-on pour autant mettre en avant la notion de "Bastard Feudalism" ? Cette notion de féodalité bâtarde a surtout été abordée par les historiens anglais ; du côté français, aucune étude détaillée n'est parue. Jean-Pierre Genet s'est lancé dans ce thème mais seulement pour le cas de l'Angleterre. Peut-on pour autant affirmer que cette idée de féodalité bâtarde ne trouvait pas de fondements dans le royaume de France à la fin du Moyen Âge ? Le cas des Craon permet-il de répondre à ces interrogations et d'apporter, dès lors, des pistes de recherche, voire des éléments essentiels dans cette approche sur l'étude des relations contractuelles en France ?

Le rôle de recruteur d'Amaury IV

En sa fonction de lieutenant, Amaury IV fut chargé d'engager des chevaliers pour le service royal : ce fut le cas le 23 juin 1352, Amaury engageait alors au service du roi "Guillaume de Saint-Privé" ; de même, en septembre de la même année, il passait contrat avec un grand nombre de chevaliers pour servir auprès du roi.

Cette forme de recrutement militaire s'apparentait au modèle anglais. Celui-ci reposait sur le système de l'endenture utilisé par Édouard III afin de recruter ses armées pour la guerre de Cent ans. Les endentures étaient un type de contrat légal répandu qui consistaient en plusieurs copies d'un accord sur une même feuille de parchemin coupé en plusieurs feuillets le long d'une ligne dentelée ; chaque partie apposait son sceau sur l'exemplaire de l'autre, ce qui s'avérait difficile à contrefaire. Les serviteurs issus de la petite noblesse s'obligeaient à servir leurs seigneurs pour la vie en tant de paix comme de guerre et à leur rendre de nombreux services. Le seigneur leur offrait un salaire annuel ainsi que son jugement dans les querelles avec leurs pairs. Très souvent, particulièrement dans les premières endentures, le seigneur leur accordait certains avantages : il leur offrait une subsistance dans leur cour et leur garantissait des compensations pour la perte de leurs chevaux en tant de guerre. Étant donné que les deux parties étaient entièrement libres de se lier, il leur était aussi libre d'y mettre fin ; beaucoup l'ont fait et plusieurs ont offert leur service à plusieurs seigneurs en même temps. Au total, ce système, qui était au centre des relations sociales des XIVe - XVe s., reposait sur des contrats pouvant être résiliés voire cumulés, et sur des liens "multipolaires" permettant de passer alternativement du service d'un prince à un autre.

On ne saurait dire si les grands seigneurs français passaient par des endentures, mais au début de la guerre de Cent ans, vers 1340-1355 les comptes de Barthélémy du Drach montrent qu'un groupe restreint de très grands seigneurs, des comtes et des bannerets, arrivent seuls à conduire des grosses retenues de plusieurs dizaines de gens d'armes, à côté d'une poussière de petits groupes de deux ou trois hommes, probablement souvent apparentés[110]. Les Craon ont assurément une place en vue dans ce "système" de recrutement et d'encadrement. Lorsqu'à son avènement Jean II prescrit aux principaux barons de se tenir prêts, Amaury IV, Pierre et Guillaume de Craon sont du nombre. Lors de la chevauchée d'Amiens et Saint-Omer en novembre 1355, Guillaume de Craon fait partie de la quinzaine de grands personnages (le gendre du roi, son frère, des membres éminents de l'hôtel royal, etc.) qui reçoivent l'avance de grosses sommes sur mandement verbal de Jean II[111].

Les bannerets sont parfois à la tête de groupements composites de plusieurs chefs de montres, susceptibles de passer ensuite dans une autre compagnie[112]. Les liens interpersonnels sont fluides. Ce genre de situation pouvait se rencontrer chez les Craon. En effet, certaines familles furent au service de plusieurs chefs de compagnies, comme la famille de Saint-Aubin avec Thibaud, qui fut au service d'Amaury IV au moment de sa captivité en Angleterre dans les années 1350 tandis que Jehan Saint-Aubin servait pour le compte de Jean de la Suze en 1411, une branche cadette des Craon. Passer d'un service d'un seigneur à un autre était donc très fréquent d'autant que dans ce cas là, il s'agissait du même groupe familial : les contrats permettaient ainsi une grande liberté d'action et évitaient la rigidité du système féodal. Ce type de contrat, reposant sur un salaire, fut d'ailleurs étendu par Amaury IV au "service domestique". En effet, Thibaud de Saint-Aubin fut à plusieurs reprises

110 Pour un tableau d'ensemble cf. Contamine 1972, 79-81. Pour les gens d'armes servant en Languedoc en 1339-1341 d'après BnF, NAF 9236.

111 BnF, NAF 9241 fol 162

112 Cf. Lainé, "Les mercenaires Savoyards entre France et Angleterre au début de la guerre de Cent ans", Routiers et Mercenaires d'Aquitaine, d'Angleterre et d'ailleurs (v. 1340-1453), à paraître.

sollicité par Amaury IV, pour se rendre en Angleterre afin de lui apporter du vin, du sel, et des victuailles, ou bien pour lui amener l'argent de sa rançon : le 20 décembre 1358, il reçut un sauf-conduit du roi d'Angleterre afin de regagner la France pour chercher des provisions[113]. Cet exemple concernant Thibaud de Saint-Aubin correspond bien à l'hypothèse avancée par A.E. Prince, dans son article sur le système d'endenture[114] sous Édouard III. Pour lui, au terme du service militaire, plusieurs options se présentaient au chef de compagnie : soit il démobilisait le contingent et ses membres étaient dispersés dans toutes les directions, soit il s'attachait les membres les plus dévoués et les rattachait à sa "maisonnée"; c'est ce qui se passa vraisemblablement pour Thibaud de Saint-Aubin, que l'on retrouve en tant que témoin dans un acte daté du 8 avril 1371. Amaury IV accordait aux Bons Hommes de Craon la dîme des vins de Saint-Martin-du-Limet tant que durerait le bail de Marguerite Machefer. Ces lettres[115] furent signées à Sablé *du consentement dudit prieur, frère Jehan de Bellearbre, en la présence de nos chers et bien amés monsieur Guillaume Tardif, de Saint-Aubin, cappitaine de Craon, Jehan Busselin, chastelain de Craon, et Gilles Forget, recepveur dudit lieu*. Auparavant, Guillaume Tardif était l'un de ceux qui avait été nommé par Amaury, gouverneur de ses biens pendant sa captivité[116].

Certains hommes d'armes semblaient ainsi particulièrement attachés au service des seigneurs de Craon et sans doute unis à eux par un lien personnel, comme Maurice Mauvinet et Guillaume de Mathefelon. Ce dernier nous est connu par un acte daté du 29 avril 1385, dans lequel Charles VI lui accordait une rémission en raison de sa participation aux guerres du roi sous les ordres d'Amaury IV. Non seulement le seigneur de Mathefelon était au service d'Amaury IV, mais en plus, il faisait partie de son entourage, étant l'un des quatre exécuteurs testamentaires du seigneur de Craon approuvant la fondation de six chapellenies[117]. Maurice Mauvinet avait eu, lui, une carrière bien remplie, commencée en 1351 en tant que maréchal d'Amaury IV. Il avait certainement plus de 20 ans à ce moment-là. D'après Gustave Dupont-Ferrier, il fut nommé bailli de Touraine en 1355-1356[118]. Ses titres de chevalier du roi et de seigneur de la Marotte mettaient en valeur son rang sans qu'il soit possible de définir sa place dans la hiérarchie nobiliaire. Il fut fait prisonnier à Poitiers en 1356, puis nous le retrouvons aux côtés d'Amaury IV en 1363[119]. Le chevalier nommé Maurice Mauvinet qui faisait partie de la montre d'Hugues d'Arquenay en 1380[120] doit être le fils du vieux serviteur d'Amaury IV ; devenu bailli de Chartres, il épousa en 1396 Marie, fille de Guillaume II de Craon, un cousin du défunt seigneur de Craon, et de Jeanne de Montbazon[121]. Un lien de service, solide et ancien, déboucha ainsi sur une alliance avec les Craon.

113 Rymer [1739-1745]2006, VI, 113.
114 Pour lui, ce type de contrat fut utilisé par la couronne pour le service militaire puis, par la suite, récupéré par les nobles et étendu à des fins plus "domestiques et civiles".
115 Farcy 1905, 76.
116 Arch. Nat., 1 AP 1595.
117 Les lettres datées du 26 avril 1379 provenaient de commissaires du roi ; les exécuteurs testamentaires furent : Sainction, abbé de Bellebranche, Guillaume de Mathefelon, seigneur de l'Ile-sous-Brulon, Jehan Lessillé et Thibaut de la Devillière (Ménage 1683, 386).
118 Dupont-Ferrier 1902.
119 Morice 1742-1746, I, 1558.
120 *Ibid.*, II, 253.
121 BnF, Baluze 1851, 14, 267.

Amaury IV avait su se concilier des serviteurs fidèles et de statut élevé. Le fait qu'on lui connaisse à plusieurs reprises un ou deux maréchaux, un médecin et qu'il ait avec lui des retenues de chevaliers de très haut rang montre qu'il a été à la tête de compagnies très importantes, comportant au moins des dizaines d'hommes d'armes. Maurice Mauvinet, à lui seul, menait trois chevaliers, vingt écuyers et quatre archers en juin 1363 et il n'était qu'un parmi d'autres sous les ordres d'Amaury IV[122]. En 1369, Charles V avait chargé le seigneur de Craon de recruter 500 hommes[123] lui remettant de grosses sommes pour leur solde[124].

En Angleterre, le recrutement militaire était assuré par quelques grands seigneurs du royaume. Si sur ce point, la bibliographie anglaise est relativement dense, cet aspect n'a jamais été démontré en France, et aucun historien n'a jamais cherché à le faire. Or, en ce qui concerne les seigneurs de Craon, il est possible de dégager les principales caractéristiques de leur recrutement. Celui-ci pouvait concerner des groupes de fratries, de cousins : Guy de Laval et Foulques de Laval, tous deux chevaliers, servaient au même moment sous les ordres d'Amaury IV. Le cadre des opérations de recrutement du sire de Craon était très régional. En effet, celles-ci avaient lieu à l'endroit où il exerçait des commandements militaires, c'est-à-dire dans des zones où il maintenait des liens et un réseau personnel important. Nous notons donc une correspondance entre les zones de commandement militaire d'Amaury IV et les zones de recrutement, ce qui n'est pas réellement surprenant ; mais il y a également correspondance entre ces zones de recrutement et les régions dans lesquelles les Craon avaient noué des relations matrimoniales. L'étude des anthropo-toponymes[125], contenus dans les diverses listes nominatives conservées, indique un recrutement géographique homogène : les hommes d'armes (chevaliers et écuyers) servant sous les seigneurs de Craon, qu'ils soient issus de la branche aînée ou de la branche cadette, étaient principalement originaires de l'ouest du royaume, bien que certains membres des compagnies des branches cadettes aient pu être localisées au nord-est des possessions patrimoniales, en Ile-de-France, correspondant vraisemblablement à leur extension matrimoniale. À parcourir les noms des chevaliers qui ont servi dans ses compagnies, on voit donc que le seigneur de Craon a dû les trouver surtout en Maine, Anjou, Touraine[126], dans sa zone d'influence patrimoniale directe, en Bretagne[127] parfois aussi, mais en 1351-1352 il a eu aussi des méridionaux[128] sous ses ordres tout en amenant en Languedoc des gens des Pays de Loire[129].

Enfin, parmi les hommes d'armes recrutés par Amaury, certains, tels que Guillaume de Beaumont, Jean de Flavigny ou encore Maurice Mauvinet, prirent la fonction de maréchal d'Amaury IV. Le seigneur de Craon pouvait ainsi se payer des maréchaux, ce qui était un signe de puissance : par comparaison, Boucicaut n'en avait pas. Mais comment pourrions-nous définir ce nouveau type de relation entretenu par les seigneurs de Craon avec le roi

122 Morice 1742-1746, I, 1558.
123 Delisle 1874, n° 544.
124 Morice 1742-1746, I, 1632-1634.
125 Par anthropo-toponymes, Bertrand Schnerb entend les noms de personnes renvoyant à une origine géographique (Schnerb 1997, 145).
126 BnF, Titres Scellés, 8, 477 ; 37, 2012-2013 ; 53, 4009 ; 66, 5087 ; 77, 6007. Morice 1742-1746, I, 1497, etc.
127 *Ibid.*, I, 497, 1558-1560
128 BnF, Titres Scellés, 39, 2739.
129 BnF, Titres Scellés, 9, 495.

de France mais aussi avec leurs serviteurs ? Peut-on mettre en avant la notion de *Bastard Feudalism*, découverte par les historiens anglais et qui concerne de nouvelles formes de relations sociales ? Pour amorcer une discussion, il convient en premier lieu de dégager les caractéristiques générales de cette notion de *Bastard Feudalism*, puis de comparer avec la forme de relation entretenue par les seigneurs de Craon.

La notion de féodalité bâtarde : une idée à approfondir pour les Craon ?

Le Bastard Feudalism, base des structures sociales des XIVe et XVe siècles en Angleterre

La notion de bastard feudalism ("féodalité bâtarde"), due à Charles Plummer en 1885, a alimenté de longues controverses en Angleterre tant pour ses aspects militaires que politiques. Elle renvoie à une période où la terre et les fiefs héréditaires n'étaient plus le support des relations féodales, mais s'inscrivaient dans un jeu beaucoup plus fluide de fiefs de bourse. Des contrats conclus à court terme, facilement révocables, permettaient de rebattre la donne et de s'assurer une clientèle : ils servaient de base au recrutement militaire. Selon Michael Hicks, il fut progressivement créé, dans le royaume d'Angleterre, une société différente où les structures hiérarchiques de la féodalité, introduites après la conquête normande, furent perverties par des contrats conclus entre les grands nobles et les individus de moindre importance[130]. Les paiements en argent y étaient fréquents et le plus fort était d'accord de protéger le plus faible si celui-ci servait son seigneur, dont les conditions étaient stipulées de manière explicite par écrit. La conséquence avait été de bouleverser les coutumes existantes et la gestion de la loi, de donner à l'aristocratie de larges escortes avec lesquelles elle pouvait poursuivre les querelles privées et déstabiliser la royauté.

Plummer était loin d'être le seul à partager ces vues. Ainsi, dans son étude sur l'endenture, Prince identifia la féodalité bâtarde comme étant la base du système utilisé par Édouard III afin de recruter ses armées pour la guerre de Cent ans : la couronne passa des contrats avec la noblesse pour disposer de troupes puis cette noblesse passa à son tour contrat avec ses serviteurs[131]. D'abord utilisé par la couronne pour le service militaire, ce type de contrat fut ensuite récupéré par les nobles puis étendu à des fins plus "domestiques et civiles". Bien que connu sur le continent, le fief de bourse n'eut qu'une médiocre fortune historiographique[132] de la part des historiens français. Nous essaierons donc de voir, à travers le cas des Craon, dans quelle mesure les notions dégagées par les historiens britanniques sont opératoires pour la France.

En ce qui concerne les Craon, il apparaît nettement qu'il n'y avait plus de fiefs en jeu : ce n'était plus la féodalité telle que cela était parue à l'origine. En effet, les mandements royaux prescrivant de remettre à Amaury IV des fiefs en échange de son hommage, de sa fidélité n'étaient plus d'actualité. Déjà, dès le début du XIVe s., sous Amaury III, de tels principes n'étaient plus appliqués. À la place, furent conclus des contrats dans lesquels étaient mentionnées les sommes d'argent que le roi entendait verser à ses serviteurs. Ainsi,

130 Hicks 1995, 10.
131 Prince 1933, 283-297.
132 Contamine 2003, 196.

le 3 juin 1365, Charles V fixait à 500 francs par mois les gages d'Amaury IV, son lieutenant, ce qui ressemblait fort à une salarisation de la fonction militaire. En 1369, les gages d'Amaury IV passèrent à 800 francs d'or par mois pour la même fonction. En qualité de lieutenant, il fut chargé d'engager des chevaliers pour le service royal : ce fut le cas le 23 juin 1352, Amaury engageait alors au service du roi Guillaume de Saint-Privé ; de même, en septembre de la même année, il recrutait un grand nombre de chevaliers pour servir auprès du roi. La forme de recrutement militaire en ce XIVe s. se calquait donc sur le modèle anglais[133]. Les hommes d'armes ainsi retenus, dont la qualité était contrôlée lors des montres, rassemblaient environ une centaine d'hommes, qui étaient pour l'essentiel des nobles. C'est ainsi que sur dix personnes ayant servi sous Amaury IV, en 1363, tous étaient chevaliers ; certains ayant déjà une carrière bien remplie. Le tableau ci-dessous représente la quantité de chevaliers bacheliers et d'écuyers sous les ordres du chef de compagnie, issu du lignage des Craon.

Dates	Chef de compagnie	Chevaliers bacheliers	Écuyers
1345	Guillaume I	4	15
1363	Amaury IV	12	-
1379	Guillaume II	3	17
1380	Pierre de Craon	2	8
1381	Jean I de Domart	2	6
1388	Guillaume II	7	32
1411	Jean de la Suze	6	123
1412	Amaury, fils aîné de Guillaume II	2	94

Tabl. 105. Nombre de chevaliers bacheliers et d'écuyers par chef de compagnie, issu du lignage des Craon.

Le premier constat que nous pouvons dresser est l'extrême variété des résultats pouvant aller de 2 chevaliers bacheliers et 6 écuyers pour Jean I de Domart à 6 chevaliers bacheliers et 123 écuyers pour Jean de la Suze, deux branches cadettes issues de la maison de Craon. En retenant le niveau moyen de ces compagnies du point de vue quantitatif, nous nous apercevons que nous sommes loin des résultats d'un personnage comme Enguerrand de Bournonville[134], qui mena des compagnies aux effectifs importants : 120 hommes d'armes et 186 hommes de trait au pays de Liège en septembre 1408 [135]; 65 hommes d'armes et 47 archers devant Bourges en juin 1412. Cette dernière compagnie n'était d'ailleurs qu'une composante

133 Le fait qu'un capitaine se chargeait de recruter des hommes d'armes par un contrat stipulant leur solde et leur temps de service n'était pas une nouveauté, puisque Louis IX avait déjà procédé de la sorte dès le milieu du XIIIe s. C'était ce qu'on appelait la retenue.

134 Schnerb 1997, 140.

135 Arch. Dep. Côte d'Or, B 11 771.

de la "retenue" de 600 hommes d'armes et 500 hommes de trait qu'Enguerrand tenait au service du roi en vertu de lettres du 5 avril 1412[136].

Enfin, il apparaît que les branches cadettes, surtout celles de Sainte-Maure, et celles issues de Jean de la Suze, réussirent à maintenir un groupe d'hommes d'armes important et la composition de ces compagnies est d'ailleurs un indice du prestige croissant des Craon.

Au total, les caractéristiques observées dans le *Bastard Feudalism* se retrouvaient dans les relations entretenues par les seigneurs de Craon avec leurs serviteurs ; fondés sur des accords écrits, pouvant être reconduits ou cumulés ; ces contrats consistaient en des paiements d'argent liquide, ce qui n'était pas sans présenter de réels inconvénients.

La "perversion" d'un système ?

La deuxième moitié du XIIIe s. vit se produire, d'abord en Angleterre, un réaménagement du rapport entre le seigneur (lord) et ses hommes ; tout en restant sous le signe de la fidélité, de l'attachement personnel et des valeurs aristocratiques chevaleresques, ce rapport devint contractuel, l'argent y remplaça la terre ; les endentures permirent aux lords de se constituer des clientèles actives de *retainers* sans pour autant perdre le contrôle de leurs terres. Des contingents militaires sur une base contractuelle furent donc organisés, permettant au roi de disposer rapidement d'une armée de niveau professionnel[137]. Cependant, ces rapports basés sur un système contractuel, voulu et utilisé par la monarchie, pouvaient entraîner quelques inconvénients. Ayant la possibilité de rompre un contrat ou de les cumuler, les hommes d'armes avaient beaucoup moins de difficultés à louvoyer selon leur intérêt. Effectivement, ce type de relations posait le problème de la fidélité, puisqu'ils n'étaient plus liés de manière définitive à leur prince ou leur seigneur. Il n'y avait que le critère financier qui pouvait inciter les hommes d'armes à respecter leur engagement. Or, un tel système devait être contrôlé par la monarchie, qui devait absolument jouer un rôle d'arbitre : en cas de faiblesse ou d'incapacité du souverain, le risque était grand de voir les rivalités entre familles dégénérer et aboutir à de véritables guerres civiles.

En effet, du fait de la crise économique et du développement de l'État, l'aristocratie française, en pleine transformation et composition au milieu du XIVe s., manifestait avec véhémence son désir de s'emparer des rouages de l'État en contrôlant la nomination des offices royaux et en s'efforçant de dominer le conseil du roi, là où se prenaient les décisions ; se constituaient alors des clientèles autour de ceux qui arrivaient à percer. Il en est ainsi de la famille d'Abchais qui fut poussée sur le devant de la scène par le pape et les cardinaux, s'alliant avec la famille de Clément VI. La maison de Craon représente le même cas de figure, dominant la scène politique et religieuse en Europe au milieu du XIVe s., avec les personnalités de Jean de Craon, l'archevêque de Reims, et d'Amaury IV. Ils étaient devenus les maîtres d'une importante clientèle, qui s'appuyait sur la personne royale et sur le conseil du roi. Autour d'eux, s'était constitué un réseau où entraient ceux qui avaient l'ambition de

136 BnF, *Nouv. Acqu. Fr.*20 528, p. 204 et 242.
137 Genet 1984, 268.

faire carrière dans l'Église, l'État ou l'armée[138]. Claude Gauvard met en avant l'expression de "noyautage des institutions" pour expliquer ce phénomène, prenant l'exemple du cardinal Guy de Boulogne, dominant une clientèle bien fournie. Ces clientèles nouvellement fondées pouvaient devenir des groupes de pression dangereux pour le fonctionnement des institutions et pour l'exercice du pouvoir royal : le parti navarrais représentait ainsi au milieu du XIVe s. une coalition nobiliaire active et menaçante, s'étant dotée d'un programme politique.

De plus, un tel système obligeait les hommes d'armes à demeurer attentifs aux évolutions de la conjoncture qui pouvaient rendre fragiles ce mécanisme, "puisque la chute des revenus de l'aristocratie engendrée par la crise pouvait la rendre plus dépendante, non pas de telles ou telles soldes, mais de l'ensemble de ce système nouveau de répartition de l'argent et des pouvoirs dont l'État moderne était en définitive l'instrument"[139], étant donné que, contrairement à la "féodalité originelle ou classique", ce n'était plus la terre qui permettait de faire fonctionner le système, mais l'argent.

Au total, bien que la féodalité constituât encore au XIVe s. le moyen le plus répandu pour distribuer les terres et les droits au sein de la noblesse[140], ces liens traditionnels étaient devenus insuffisants pour créer une parenté fictive entre le seigneur et son vassal comme c'était le cas aux siècles précédents, d'autant que cette évolution prenait réalité dans un contexte difficile, heurté. C'est pourquoi, au cours du XIVe s., les relations féodales furent complétées par un nouveau type de lien appelé contractuel. Mais ce nouveau système n'était pas sans présenter de réels inconvénients : les armées issues de ce système étaient responsables de rébellions, de guerres privées, de crimes violents. La féodalité bâtarde permettait aux seigneurs de corrompre, d'intimider juges, jurés et shérifs, de laisser les criminels commettre leurs crimes et d'établir leur arbitraire. Il n'y avait rien de mauvais, de pervers dans ce système mais il a été perverti par l'emploi qu'il en a été fait. C'était le travail du gouvernement de maintenir l'ordre et l'intégrité de la justice, d'empêcher les guerres privées et d'imposer l'obédience aux Grands qui désobéissaient. Des rois comme Henri V l'ont fait ; des rois comme Henri VI n'ont pu le faire. Le problème résidait dans la faiblesse de la couronne et non dans la malveillance de la féodalité bâtarde. La féodalité bâtarde était donc en fait un type de relations humaines entre des hommes inférieurs et le groupe de l'aristocratie anglaise. Cette féodalité bâtarde était au centre du mécanisme, puisqu'elle concernait la conduite du gouvernement, l'administration de la justice et impliquait la salarisation de la guerre.

Si ce type de relations est visible en Angleterre, en revanche, nous ne savons pas si le système est comparable dans le royaume de France et correspondait à cette notion de féodalité bâtarde, dégagée par Plummer et ses contemporains ; nous pouvons seulement souligner que la capacité de recrutement d'Amaury s'apparentait à celle des grands seigneurs anglais et que les contrats conclus par le seigneur de Craon ressemblaient à l'endenture utilisée en Angleterre, reposant sur un service rémunéré, qui pouvait, semble-t-il, être résilié. Même s'il nous manque des données quantitatives telles que des listes de témoins,

138 Gauvard 1996, 389.
139 Genet 1984, 272.
140 Gauvard 1996, 389, qui précise effectivement que "les aveux et dénombrements, énumérant soigneusement les fiefs et les hommages" étaient encore répandus au XIVe s.

nous avons remarqué que certains hommes d'armes recrutés par Amaury IV se retrouvaient au service domestique du seigneur de Craon, et dans un cas, celui de Maurice Mauvinet, devenait parent des Craon. En revanche, nous n'avons aucun élément qui nous permette d'avancer l'idée qu'ils utilisèrent le système pour régler certains différends et entretenir des guerres privées. Si de nombreuses données ont pu être dégagées, comme la transmission des terres, la contractualisation des rapports sociaux, la multiplicité et diversification des liens avec le pouvoir royal et l'Église, c'est-à-dire des éléments clés pour une histoire comparative du développement de l'État en France et en Angleterre, il nous reste à entreprendre un travail prosopographique nous permettant de relever tous les noms qui apparaissent dans le chartrier de Thouars et dans les archives royales : les témoins, les hommes de loi, les notaires, ces chevaliers et ces écuyers qui peuplent les montres des troupes menées par les Craon, leurs vassaux, leurs dépendants… afin de dégager des connexions, des réseaux. Pour se frotter à la problématique de la féodalité bâtarde, la méthode prosopographique est indispensable.

CONCLUSION CHAPITRE 2

Le service royal, sous toutes ses formes, a apporté aux Craon honneurs et compensations financières ainsi qu'une position politique et sociale solide à l'intérieur du royaume, acquise par le chef du lignage, Amaury IV et ses oncles, Jean de Craon et Guillaume I. Il est vrai que ces personnages avaient eu de fortes personnalités, n'hésitant pas à affirmer leurs vues dans tous les domaines, que ce soit au niveau de la politique générale du royaume ou bien lors des opérations militaires. Leur réussite rejaillit sur tout le lignage d'autant qu'ils n'hésitèrent pas à resserrer les liens familiaux et à faire preuve de solidarité lignagère. Cependant, ils ont avant tout bénéficié de la confiance du pouvoir royal acquise par les générations précédentes et il semble que c'est sous la génération de Maurice V de Craon que la famille prit un tournant décisif : l'aîné Amaury II († en 1270) épousa Yolande de Dreux, Maurice V († en 1293), marié à Mahaut de Malines, devint un personnage apprécié des cours de France et d'Angleterre, présent dans les grandes affaires diplomatiques du moment et le troisième frère, Olivier, fut élu au siège de Tours en 1285. La famille jouissait des faveurs du pouvoir royal. Amaury III, le fils de Maurice V, ne laissa pas échapper cette opportunité et contracta deux alliances prometteuses : la première avec Isabelle de Sainte Maure, et la seconde avec Béatrix de Roucy. Puis, il plaça ou fit placer sa progéniture au plus près de la cour et à un haut niveau d'influence : un de ses fils, Jean, devint archevêque de Reims, un autre, Guillaume, chambellan du roi, eut suffisamment la confiance du pouvoir royal pour être désigné par Charles V comme membre du conseil de régence. Enfin, son petit-fils, Amaury IV, cumula les fonctions de lieutenant du roi. Dans le cas des Craon, les services militaires et diplomatiques ont permis d'obtenir la confiance du pouvoir et dès lors d'élargir leurs ambitions en s'offrant un siège ecclésiastique de premier plan : l'archevêché de Reims. Cependant, la branche aînée s'éteignit à la mort d'Amaury IV, en 1373, sans successeur légitime : s'ouvrit alors, eu égard aux enjeux patrimoniaux, une période de tensions familiales.

III. Épilogue, la mise en échec du lignage par disparition de la branche aînée

Un lignage se caractérise avant tout par une transmission du patrimoine en ligne masculine : cette succession de père en fils est présente à toutes les générations et la survie de ce groupe de parenté dépend de la présence d'un fils. Sinon se pose un problème de choix successoral, qui engendre forcément des convoitises, et parfois des rancœurs. Le décès d'Amaury IV, en 1373, sans enfants légitimes plonge les Craon dans une période difficile et les enjeux patrimoniaux sont considérables. Il convient, dès lors, de se demander si la cohésion familiale, que nous avons démontrée lors de la génération précédente et que confirment l'héraldique et l'étude des brisures, parvient à résister à cette crise de succession, d'autant que la ramification en plusieurs branches cadettes, fait singulier pour les Craon, complique la donne et intervient dans un contexte politique troublé débouchant sur une guerre civile. Les différentes branches survivantes tissent un enchevêtrement d'alliances rendant complexe l'identification d'une structure particulière : le groupe, que l'on peut entrevoir en cette fin du XIVe s., caractérisé par un cousinage serré et qui perdure jusqu'à la bataille d'Azincourt en 1415, sonnant le glas de la "maison" de Craon, peut-il s'apparenter encore à une structure lignagère ? Il s'agit à la fois d'une question de structure et de conscience familiales : les enjeux mémoriels interfèrent avec les conflits pour la liquidation successorale lors de l'implosion du lignage.

La "latéralisation" de la mémoire au moment des partages successoraux : un reflet d'une structure de parenté ?

La mémoire familiale est un objet d'étude qui pâtit de la pauvreté des sources disponibles. Dans le cas des Craon, nous n'avons ni tableau, ni récit généalogique comme celui de 1155 relatant les hauts faits des seigneurs d'Amboise, vassaux des comtes d'Anjou ou bien ceux au XIIIe s., des comtes de Guînes écrits par Lambert d'Ardres ou des comtes de Hainaut rédigés par Gislebert de Mons, encore moins de notices biographiques associant des faits et des fables et mettant en valeur les ascendants, leurs prouesses, leur largesse et leur loyauté. Le terme de *memoria* semble recouvrir dans nos sources des réalités multiples[1]. Un document daté de 1224 nous permet de cerner cette diversité sémantique : il s'agit d'un document émanant d'Amaury de Craon, qui confirme les dons de ses ancêtres. Le terme de *memoria* est employé à deux reprises : *gesta mortalium fulcimento durabilis memorie commendare*, prenant le sens d'immortaliser, de perpétuer dans la durée un souvenir et *bona memoria*, une

1 Dans son article sur les sanctuaires royaux, Colette Beaune souligne que le terme *memoria* ne signifie pas la mémoire au Moyen Âge, mais prend plutôt le sens de tombeau, relique (Beaune 1986).

formule convenue pour évoquer un défunt et que l'on pourrait traduire par bonne réputation, renommée. Ensemble de souvenirs, la mémoire aurait pour but de dispenser et de transmettre une image flatteuse, présentant les aïeux dans des poses avantageuses. Pouvons-nous, pour autant, émettre l'hypothèse d'une instrumentalisation de la mémoire au profit d'intérêts particuliers, qui serait évolutive en fonction des enjeux et des ambitions personnelles ?

Pour un lignage de l'importance des Craon, la mémoire est non seulement source de distinction et de légitimation, mais aussi un capital de relations potentielles extrêmement précieuses. Cette fonction sociale de la parenté explique que les mémoires des familles soient très étendues latéralement. Le souvenir des cousinages et la propension à l'entretenir sont fonction de l'intérêt patrimonial et symbolique que l'on peut trouver à cousiner : les familles gravitant autour d'un lignage prestigieux s'efforcent alors de se trouver des liens de parenté, notamment lors des partages successoraux, donnant l'impression d'un groupe familial large et étendu.

Le décès d'Amaury IV, dernier représentant de la lignée, en 1373, pose un réel problème de succession : pas d'enfant légitime, plusieurs branches collatérales susceptibles de revendiquer un patrimoine considérable. Les dispositions prises par Amaury IV ne peuvent empêcher chaque ayant droit de venir à la curée. C'est ainsi que le frère utérin d'Amaury IV, Hugues de Chalon, issu du second mariage de leur mère Marguerite de Mello, entendait percevoir sa part de l'héritage maternelle, détenu par Pernelle de Thouars, la veuve d'Amaury, à titre de douaire[2].

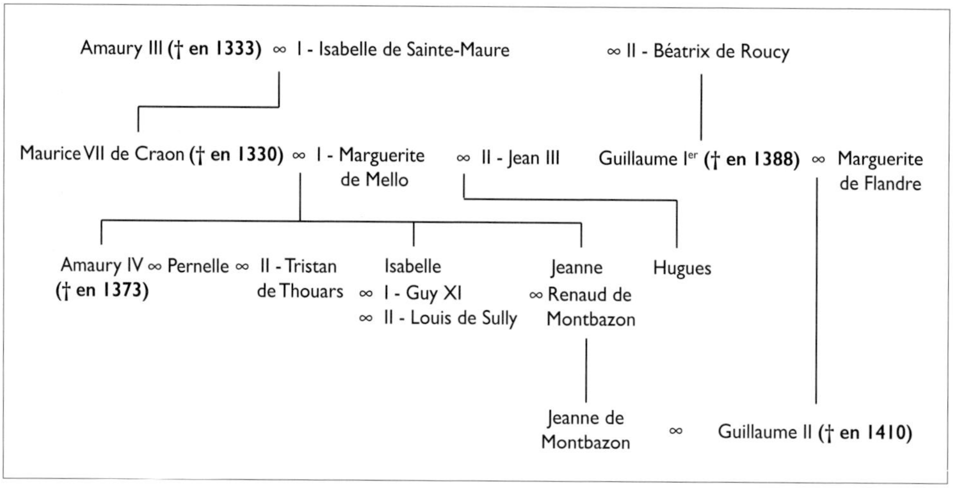

Tabl. 106. Le décès d'Amaury IV : une succession difficile.

2 Arch. Nat., X 1 C 34, n°96.

Les branches cadettes s'empressent également de faire valoir leurs droits. Il faut attendre seulement 1375, pour voir Isabelle de Craon, la sœur et héritière d'Amaury, et Louis de Sully, son second époux trouver un accord avec Guillaume II de Craon et sa femme Jeanne de Montbazon, respectivement cousin germain (par son père) et nièce (par sa mère) du défunt : les premiers accordent à Guillaume, du fait des droits de sa femme, les châtellenies de Pressigny en Touraine, de Sainte-Maure, de Nouâtre et de Ferrières. Cet arrangement laisse entendre qu'Isabelle fut instituée l'héritière universelle d'Amaury IV. Jeanne de Montbazon était la fille de la deuxième sœur d'Amaury IV, Jeanne et de Renaud de Montbazon ; elle avait épousé Guillaume II avant le décès d'Amaury IV puisque dans l'acte du 11 novembre 1372, après son mariage, elle avait obtenu de son oncle Amaury IV, la cession des fiefs de Châteauneuf et de Jarnac-sur-Charente. Jeanne et son époux, Guillaume, descendaient donc d'Amaury III (aux 2°- 3° degrés) par ses épouses successives. Leurs enfants allaient cumuler les droits de deux branches de la famille. Après le décès d'Amaury IV, Isabelle, sa sœur aînée et héritière, selon la coutume d'Anjou, octroya une part importante de son patrimoine à Jeanne de Montbazon afin de satisfaire ses droits sur la succession de son oncle et dans son testament, le 15 septembre 1383, Isabelle léguait un bien à Jeanne et lui donnait la qualification de nièce, ce qu'elle était par sa mère Jeanne.

Pouvons-nous pour autant conclure à un fonctionnement familial de type "horizontal" ? Le contexte est particulier : il s'agit d'une dilution des biens patrimoniaux et d'un partage successoral. Cette réaction atemporelle ne doit pas être interprétée comme un mode de fonctionnement familial particulier. Ce n'est pas représentatif d'une structure de parenté large et horizontale : nous devons, dès lors, être vigilant à la différence entre les liens de parenté réels ou supposés et la parenté vécue.

Le mariage de Jeanne de Montbazon avec Guillaume II appelle cependant un autre commentaire : conclu du vivant du seigneur de Craon, il avait pour finalité de ne pas éparpiller les droits familiaux au moment de la succession d'Amaury IV, dont la mort sans enfants était désormais très prévisible. Ce projet s'inscrit dans la logique successorale voulue par Amaury d'un côté et anticipée par les siens, de l'autre : sauvegarder le bloc patrimonial. Il est hélas impossible de préciser le rôle du vieil archevêque de Reims Jean de Craon († 1374) dans ces grandes manœuvres familiales, comportant des démarches pour obtenir une dispense d'empêchement de consanguinité.

Le choix successoral d'Amaury IV : la fin du lignage patrilinéaire

Né en 1326, Amaury IV, fils de Maurice VII et de Marguerite de Mello, devient l'héritier de la seigneurie de Craon à la mort de son grand-père, Amaury III, le 26 janvier 1333 à l'âge de sept ans. Sa garde ainsi que celle de sa sœur Isabelle furent confiées à Olivier de Clisson, tandis que le bail du fief relevait du beau-père des enfants, le second époux de Marguerite de Mello, Jean de Chalon-Arlay. Amaury épousa Pernelle de Thouars, qui possédait le comté de Dreux et la vicomté de Thouars en 1345 : il était alors âgé de dix-neuf ans. Il meurt à l'âge de quarante-sept ans, le 30 mai 1373 sans aucune postérité légitime. Il avait deux sœurs : Isabelle et Jeanne. Les biens familiaux étaient considérables : la seigneurie de Craon, les fiefs relevant de Saint-Maixent, des terres en Saintonge, le domaine de Solesmes, de Moulins-

Neufs[3], les baronnies de Sablé et de Précigné, les domaines de Saint-Germain, de Daumeray, de Noirmoutier et de Brûlon. Cette diversité et cette importance patrimoniale mais aussi la situation familiale des Craon, à la mort d'Amaury IV, nous amènent à nous interroger sur la manière dont s'est déroulée la succession, à voir les éventuels arrangements familiaux et à analyser les conflits, même s'il nous paraît très compliqué de dégager la réalité vécue et les réactions du groupe familial dans ce contexte.

Le tableau ci-dessous confirme que, sur la fin de sa vie, Amaury IV s'était efforcé de résoudre les litiges et d'anticiper les querelles successorales à défaut d'héritier légitime. Dans un premier temps, le seigneur de Craon se préoccupa de satisfaire les prétentions de sa fille naturelle, Jeannette : à l'occasion de son mariage avec Thibaut de La Devillière, en mars 1364, Amaury lui donnait le domaine de Solesmes, estimé à soixante livres de rente[4].

Puis, le 1er janvier 1371, il s'engageait à céder à Louis d'Anjou, sous réserve d'usufruit, la baronnie de Sablé, la châtellenie de Précigné, les terres de Saint-Germain, de Dauleray et de Brûlon dans le cas où il mourait sans enfant légitime et à condition de dédommager ses héritiers collatéraux : dès ce moment, il n'espérait manifestement plus avoir d'héritiers directs. Il s'agissait d'un simple engagement de principe, sans que la lettre du 1er janvier soit encore une cession en bonne et due forme : les pourparlers se poursuivent encore en décembre. Trois lettres, conservées dans les archives de La Trémoïlle et datées du 2 janvier 1371, confirment cette donation[5]. À la même date, Guillaume de Mathefelon, un lointain cousin dont le grand-père avait été le compagnon d'armes d'Amaury III de Craon († en 1333), mentionne qu'il avait reçu du seigneur de Craon la terre de Brûlon et qu'il s'engageait à la remettre au duc d'Anjou, moyennant le paiement de mille deux cents francs d'or, seulement dans le cas où Amaury mourait sans postérité[6]. Enfin, en décembre 1371, le duc d'Anjou donnait pouvoir à Jean de Champagne, Jean Turpin et Guillaume Pointeau pour traiter, en son nom, avec Amaury IV de l'acquisition de la châtellenie de Sablé[7]. Il s'agissait d'une seigneurie importante et les tractations ont vraisemblablement duré. Amaury IV ne souhaitait pas prendre le risque de spolier sœurs, nièces et cousins et le duc d'Anjou avait dû mobiliser des sommes conséquentes pour le dédommagement de la famille.

La transaction avait finalement abouti sans que l'on connaisse ni le montant de la vente, ni ce que sont devenues ces sommes d'argent, mais le 13 juin 1390, Pierre de Craon, fils de Guillaume Ier et de Marguerite de Flandre, se prévalant du droit de retrait lignager, rachetait les seigneuries de Précigné et de Sablé à la duchesse d'Anjou pour 50 000 francs d'or : le fief de Sablé retournait à la famille de Craon. Ce chambellan du duc d'Orléans a donc eu en main de grosses sommes pour racheter, comme ayant droit, la seigneurie de Sablé mais il est difficile de faire la part entre le dessein lignager et l'instrumentalisation princière. Cependant, Pierre de Craon ne réussit pas à réunir cette somme : le 11 mai 1392, il céda les clauses de son contrat

3 Archives de La Trémoïlle, *fonds Craon*, 1 AP 1593 : Robert de Préaux cède *audit monseigneur Amalry de Craon aluy et a ses hoirs et successours pleinement et paisiblement les terres et appertenances des Molins Nuefs*.

4 *Ibid.*, 1 AP 1595.

5 *Ibid.*, 1 AP 1593.

6 *Ibid.*, 1 AP 1593.

7 *Ibid.*, 1 AP 1595.

à Jean IV de Bretagne[8], mais celui-ci n'en conserva pas la propriété car, dès 1394, la duchesse d'Anjou rentrait en possession de Sablé[9] et de Précigné. En août, le duc d'Orléans achetait Sablé appartenant à la duchesse d'Anjou pour 25000 francs d'or[10].

Enfin, à la mort d'Amaury, le dernier mâle de la branche aînée de la maison de Craon, l'essentiel de l'héritage tombait entre les mains de la sœur aînée du défunt, Isabelle, épouse de Louis de Sully, dont la fille Marie allait le faire passer aux La Trémoïlle. Il s'agissait-là non d'un choix testamentaire (encore que l'on ignore si testament il y eut) mais l'application de la coutume d'Anjou, qui dans ce type de cas réservait les deux-tiers de l'héritage en fief à la sœur aînée[11]. En juillet 1373, Louis de Sully prêtait hommage au duc de Berry pour les fiefs que le couple venait d'hériter d'Amaury et le 13 mars 1375, Charles V autorisait Isabelle de Craon à administrer ses biens sans le concours de son mari.

Terres ou domaines	**Dévolution**	**Dates**
Le domaine de Solesmes	Donation effectuée par Amaury IV à Jeannette, sa fille naturelle, à l'occasion de son mariage avec Thibaut de La Devillière	1364
La baronnie de Sablé, la châtellenie de Précigné, les terres de Saint-Germain, de Dauleray et de Brûlon	Cession au duc d'Anjou à condition de dédommager les héritiers collatéraux du seigneur de Craon	1er janvier 1371
La terre de Brûlon	Transmise à Guillaume de Mathefelon mais qui doit la remettre au duc d'Anjou moyennant le paiement de mille deux cents francs d'or	2 janvier 1371
La seigneurie de Craon et ses dépendances	Héritage d'Isabelle de Craon, sœur d'Amaury IV et épouse de Louis de Sully	1373

Tabl. 107. La dévolution des biens d'Amaury IV.

La succession d'Amaury IV, en 1373, paraît être un moment décisif pour ce groupe familial : le seigneur de Craon n'avait ni enfant légitime, ni neveu vivant. Faute de testament conservé, nous ignorons les intentions d'Amaury, mais dans ses dernières années, il n'a pas donné une priorité absolue à ses deux sœurs et à leurs filles, encore moins à ses cousins portant les armes des Craon. Il avait pourtant le choix : deux sœurs mariées toutes les deux

8 Arch. Nat., P 1344, n°596.

9 Arch. Nat., P 1344, n°598 : la duchesse d'Anjou donnait procuration à divers personnages afin qu'ils prennent possession de Sablé en soldant au duc de Bretagne les 50 000 livres correspondant au prix de ce fief.

10 *Ibid.*, n°599 ; Jarry 1889, 104.

11 Beautemps-Baupré 1877-1897, 3, 328-329.

et un nombre important de cousins germains du côté de son père, qui gardaient un œil sur cet héritage considérable. Amaury IV s'est efforcé d'organiser sa succession en vendant du patrimoine et en privilégiant, peut-être aux termes d'un testament perdu, l'une de ses sœurs, Isabelle, l'épouse de Louis de Sully depuis 1358, écartant son autre sœur, Jeanne, mais également les branches cadettes. Sa décision est lourde de conséquences et appelle un certain nombre de remarques. Cette énorme succession et la situation conjugale et familiale d'Amaury IV, sans héritier légitime, avaient posé sans aucun doute un réel problème, déjà du vivant d'Amaury IV. Le choix successoral du dernier seigneur de Craon invite à penser qu'il entendait avant tout assurer la transmission de son patrimoine sans se soucier forcément de l'intérêt lignager. Il souhaitait peut-être simplement qu'il y ait un seigneur de Craon, qu'il soit un baron influent, issu de sa famille mais sans attacher un intérêt majeur à la ligne masculine. Il a peut-être arbitré entre deux beaux-frères plus qu'entre deux sœurs, choisissant le plus puissant, Sully aux dépens de Montbazon : le 11 juillet 1373, Louis de Sully rendait hommage au duc de Berry pour les fiefs dont il venait d'hériter d'Amaury IV[12].

En termes patrilinéaires et en prenant en compte la logique lignagère, son cousin Jean était le mieux placé pour hériter : fils de Pierre de Craon et petit-fils d'Amaury III de Craon († en 1333), il était l'aîné des cousins d'Amaury IV dans la ligne masculine. Les autres branches cadettes pouvaient également prétendre à une part de l'héritage : la branche de Sainte-Maure, le rameau de Domart. Mais Amaury choisit l'une de ses sœurs, en accord avec la coutume d'Anjou et certainement dans le but de sauvegarder le bloc patrimonial, condamnant de ce fait le lignage patrilinéaire et provoquant, peut-on supposer, rancœurs et convoitises étant donné l'importance au moment de la succession. Le seigneur de Craon n'avait pas voulu compliquer la situation en prenant des dispositions contraires à la coutume en vigueur. Et nous pouvons supposer que la cession d'un bloc conséquent au duc d'Anjou pourrait correspondre à une façon de prévenir toute intervention royale dans une succession susceptible de tourner au "feuilleton judiciaire". En 1372, Amaury IV avait réussi à désamorcer au moins le conflit entre ses deux sœurs en mariant sa nièce Jeanne de Montbazon, fille de sa seconde sœur Jeanne, à Guillaume II de Craon, son cousin en ligne masculine. Ce mariage lui permit de satisfaire d'abord les prétentions et de sa nièce et celles de l'un de ses cousins : le 11 novembre 1372, Amaury IV légua à Jeanne les fiefs de Châteauneuf-sur-Charente et de Jarnac-sur-Charente[13]. Enfin, en 1375, après le décès d'Amaury IV, Isabelle de Craon donna à son tour une part importante du patrimoine à Jeanne de Montbazon[14]. Une parentèle nombreuse, qui avait eu tout le temps de voir venir le décès d'Amaury IV sans postérité légitime, commençait à s'agiter : le mariage en 1372 de sa nièce Jeanne de Montbazon, qu'il n'avait pas manifestement choisi de privilégier, avec son cousin Guillaume II de Craon a dû calmer quelques tensions mais a dû bénéficier de l'appui de l'archevêque de Reims pour obtenir une dispense. Les vues du roi ont dû peser aussi.

12 Arch. Nat., Archives de la Trémoïlle, 1 AP 1595.

13 *Ibid.*, 1 AP 1595.

14 *Ibid.*, 1 AP 1595 (janvier 1375).

DU LIGNAGE À LA "GENS" ? FEUTRAGE ET ENCHEVÊTREMENT D'ALLIANCES

Même écartées du principal de l'héritage, les branches cadettes restaient riches et influentes et continuèrent à accéder aux sphères de l'État par l'intermédiaire de l'hôtel du roi ou des princes ou bien par l'attribution de fonctions régionales, leur permettant encore d'intervenir dans les affaires du royaume. Guillaume I, l'un des oncles d'Amaury IV, fut ainsi chambellan du roi et en octobre 1374, un an après la disparition de la branche aînée, il fut désigné par Charles V comme membre du conseil, qui devait, le cas échéant, assister le duc d'Anjou dans les fonctions de régent de France qu'il venait de lui confier. Son deuxième fils, qu'il eut avec Marguerite de Flandre, Amaury, fut conseiller et maître des requêtes de l'hôtel du roi et trésorier de l'église de Reims. Sa fonction nécessitait certainement de l'instruction, et plus particulièrement une formation juridique, ainsi qu'un certain talent personnel ; l'influence de son oncle, Jean de Craon, qui avait été archevêque de cette même ville, fut certainement déterminante, ce qui attestait d'une cohésion familiale certaine[15]. Ces positions dans les hôtels princiers leur assuraient de l'influence dans les centres de décisions politiques et leur permettaient de grappiller les fruits de la redistribution par les princes, mais l'enchevêtrement de leurs intérêts, à défaut de véritable "solidarité" découle plutôt d'alliances matrimoniales consanguines servant leurs visées patrimoniales locales.

L'analyse des relations entre la branche aînée et les branches cadettes constitue un point fondamental de notre travail dans le sens où cet angle nous éclaire sur la structure familiale et son fonctionnement. D'un point de vue bibliographique, il est cependant notable de constater qu'aucune étude spécifique, concernant les relations entre branche aînée et branche cadette, n'ait paru. Nous pouvons dégager quelques renseignements à l'intérieur de travaux très généraux, comme ceux de R. Boutruche[16] ou de J.-B. Marquette[17], mais nous n'avons pas trouvé d'analyse précise sur ce type de relations. Les notions mêmes de "branche aînée" et de "branches cadettes" ne renvoient pas à des concepts bien clairs dans le vocabulaire du temps, seules les armes manifestaient leur identité partagée mais il s'agissait-là plus qu'un simple "détail", car le blason était l'homme et l'accompagnait jusque sur sa tombe. Or, au moment de l'extinction de la branche aînée, on constate l'utilisation par les branches cadettes des armes pleines et des armes brisées. Il s'agissait, pour elles, au moment où se réglaient les problèmes d'héritage, d'afficher leur appartenance au lignage en conservant l'écu losangé de Craon, et ainsi d'affirmer leurs prétentions et de légitimer leurs droits face aux convoitises des uns et des autres dans le cadre d'un cousinage serré.

La complexité et l'enchevêtrement des alliances entre branche aînée et branches cadettes mais aussi entre branches cadettes se révèlent à travers les unions conclues par les enfants d'Amaury III : ce jeu matrimonial permettait aux branches cadettes de Sainte-Maure et de la Ferté-Bernard de maintenir entre elles des rapports étroits et de conserver des liens avec Amaury IV, le dernier "mâle" de la lignée directe par le biais de deux familles, celle de Thouars et de Flandre. En effet, les deux branches de la famille issues d'Amaury III puisaient dans le même vivier matrimonial : ce schéma générait de nouveaux enjeux patrimoniaux ne concernant pas seulement le lignage des Craon.

15 Desportes 1998, notice 1039, 178-179.
16 Boutruche 1947.
17 Marquette [1975-1978] 2010.

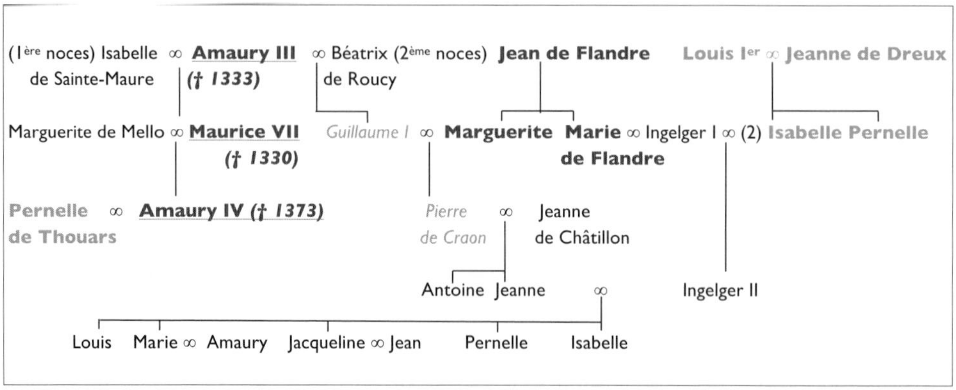

Tabl. 108. Un jeu matrimonial complexe : les alliances des enfants d'Amaury III († en 1333).

En 1341, Guillaume Ier, fils d'Amaury III et de Béatrix de Roucy, fut marié à Marguerite de "Flandre", fille de Jean de Flandre et de Béatrix de Châtillon, nièce de Robert VII d'Auvergne avec qui Amaury III avait échangé Châteaudun. Cette branche de la maison de Flandre possédait divers fiefs situés au sud-est du Maine qui devaient, par suite du décès des deux fils de Jean, Jean et Guy, figurer dans les partages passés entre Ingelger I d'Amboise, époux en premières noces de Marie de Flandre, l'aînée des filles, et Marguerite, Mahaut et Isabelle, ses sœurs. Le mariage de Guillaume I avec Marguerite eut lieu vers 1341 : nous ne disposons pas du contrat mais nous connaissons un acte de Guillaume I du 4 mai 1341 qui assurait à Marguerite, à titre de douaire, mille cinq cents livres de rente, assises sur la vicomté de Châteaudun. Guillaume devait être alors dans sa vingt troisième année. Ce fut en 1345 que le couple Guillaume et Marguerite devint propriétaire du fief de la Ferté-Bernard.

Or, depuis longtemps, la maison de Craon avait des visées sur ce fief : en 1310, puis en 1317, par divers achats, Amaury III avait commencé à y prendre pied. Un retrait féodal, exercé par le comte du Maine, avait arrêté sa marche et il dut abandonner ce qu'il y possédait à Philippe de Valois le 22 août 1318. Vingt ans après, Jean, duc de Normandie, aliénait pour seize mille livres la Ferté qui devenait la propriété d'Ingelger I d'Amboise, beau-frère de Guillaume : il en conserva la propriété huit années puis il dut la transmettre à Marguerite, l'épouse de Guillaume, à la suite de l'accord réglant le partage des successions de Jean de Flandre et de ses deux fils, Jean et Guy, morts sans postérité. Marie, épouse d'Ingelger, avait droit à la part d'aînée : elle assigna à Marguerite la Ferté et conserva pour elle tous les droits de sa famille sur Montdoubleau et Saint-Calais. Mahaut et Isabelle, en principe, ne devaient pas se marier ; ce fut Marguerite qui prit à sa charge les rentes qui leur étaient dues, et par l'accord du 25 juillet 1354, elle abandonna à Mahaut la jouissance viagère de la Ferté, sous réserve de servir une rente de 300 livres à Isabelle. À la mort de Mahaut, la Ferté-Bernard passa à Pierre, le troisième fils de Guillaume I de Craon et de Marguerite de Flandre. Cela ne prouvait pas, pour autant, que la branche cadette avait réalisé un objectif familial avorté et qu'elle poursuivait la politique territoriale de la branche aînée : il s'agissait plus de constituer un bloc patrimonial compact et étendu, en exploitant tous les droits héréditaires possibles, ici plutôt du côté maternel.

Une autre branche cadette, celle de la Suze, avait aussi des ambitions patrimoniales en Anjou et en Touraine. Jean de la Suze, fils aîné de Pierre de la Suze et de Catherine de Machecoul, épousa Béatrix de Rochefort en 1385. Les deux époux étaient parents au quatrième degré descendants de Maurice IV de Craon. Une fille de ce dernier, Marguerite, avait en effet épousé Renaud de Pressigny ; puis, leur fille, Jeanne, se maria avec Geoffroy V d'Ancenis en 1290, dont le fils Geoffroy VI eut pour femme Blanche d'Avaugour et pour filles Jeanne et Catherine d'Ancenis. L'aînée, Jeanne, héritière de sa maison, épousa Thibault de Rochefort, à qui elle donna un fils, Thibault, mort jeune et trois filles : Jeanne, Marie et Béatrix, qui se maria avec Jean de la Suze (tabl. 109).

De même, les liens entre la branche cadette de Sainte-Maure et la branche aînée avaient été solidement maintenus puisque Guillaume II épousa Jeanne de Montbazon, petite-fille de Maurice VII de Craon : ils cousinaient aux 2°/3° degrés comme arrière-petite-fille et petit-fils d'Amaury III.

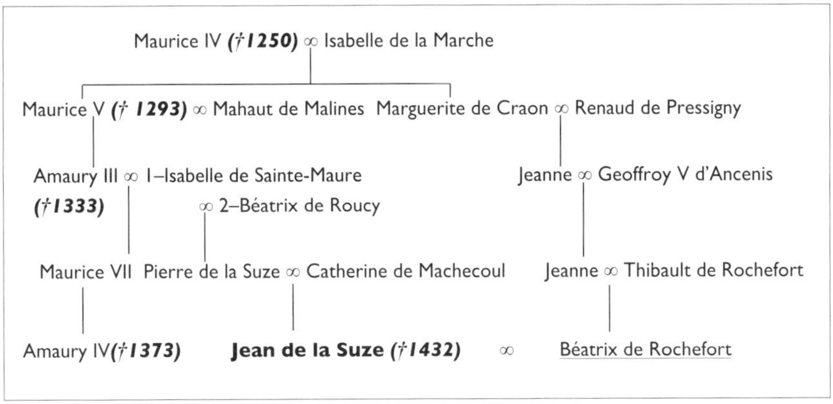

Tabl. 109. Le lien de parenté entre Jean de la Suze et Béatrix de Rochefort.

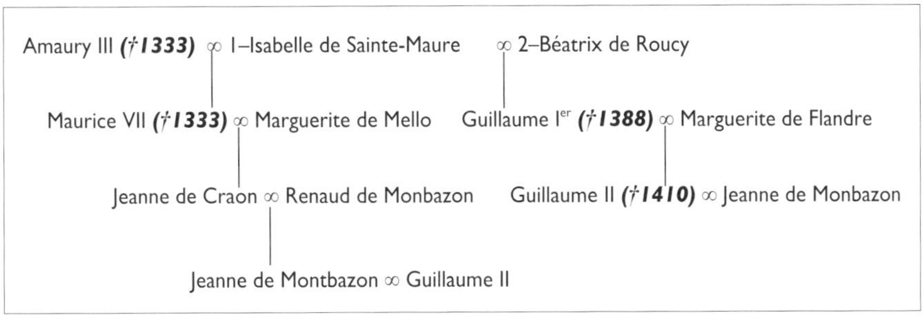

Tabl. 110. Le mariage de Guillaume II et de Jeanne de Montbazon : une union entre cousins.

Cette union relevait d'une dispense pour consanguinité. De plus, Marie, la fille de Guillaume II et de Jeanne de Montbazon, épousa en secondes noces Louis Ier de Chabot, famille qui avait déjà fait alliance avec la "maison" de Craon, puisque la grand-mère de Guillaume II, Jeanne, avait épousé Guillaume Chabot. Les alliances traditionnelles des Craon avaient ainsi été renouvelées par la branche cadette, poursuivant une logique matrimoniale. Mais à vrai dire, pour se marier dans un horizon géographique proche, l'homogamie signifiait forcément endogamie : il est donc difficile de prouver une réitération préférentielle des alliances avec des Craon.

Conclusion

Doté d'un patrimoine considérable, les Craon n'échappent pas aux querelles successorales : la mort d'Amaury IV, en 1373, provoque de fortes tensions au sein de la famille dont le Parlement se fait écho, mais le groupe familial n'implose pas. Amaury IV avait su préparer sa succession, appliquant la coutume d'Anjou, qui dans ce type de cas réservait les deux-tiers de l'héritage en fief à la sœur aînée. Cela n'empêcha naturellement pas les branches cadettes de revendiquer leurs droits et de marquer leur opposition en arborant les armes pleines de la famille. Cette décision porte un coup fatal au lignage patrilinéaire. Bien que l'affaire s'étende sur plusieurs années, divers arrangements familiaux permettent néanmoins de satisfaire, plus ou moins, tout le monde. Cependant, la dilution des biens patrimoniaux et les tensions qui s'en suivent s'opèrent dans un contexte de déchirements politiques : le groupe se trouve en effet divisé au moment de la guerre civile opposant Armagnacs et Bourguignons. Si elle en sort une nouvelle fois fragilisée, la famille parvient encore à maintenir une cohésion qui prend définitivement fin à Azincourt en 1415. Se retrouvant une fois encore sur le champ de bataille, les Craon ne se relèvent pas du désastre : père et fils, cousins, périssent au cours de cette journée ; c'est le service royal et en particulier militaire, base de la réussite familiale, qui met fin à l'existence du groupe.

CONCLUSION : D'UNE ARISTOCRATIE ANGEVINE À LA NOBLESSE FRANÇAISE ?

Il faut un désastre "national" de l'ampleur d'Azincourt pour abattre un groupe familial aussi ramifié et désormais dispersé bien au-delà de l'Anjou. Les Craon, depuis la fin du XIIIe s. avaient en effet tissé des alliances dans de multiples régions, ce qui nous ramène à une situation analogue à celle des ancêtres de Robert le Bourguignon, et plus généralement des familles aristocratiques du haut Moyen Âge. Aucune étude d'ensemble n'a été entreprise sur le déploiement géographique des alliances de la noblesse au XIVe s., et encore moins sur ses éventuels effets en terme d'unité du royaume, laquelle ne se ramène pas à des processus institutionnels, les images et les symboles identificateurs ont déjà retenu l'attention[18], mais les facteurs sociologiques inhérents à la haute aristocratie resteraient à explorer. Dans le cadre de cette monographie, nous ne prétendons que soulever la question à travers à un dossier d'exemples.

Afin que notre propos soit plus clair, nous avons séparé les alliances conclues par la branche aînée de la maison de Craon, de celles réalisées par les branches cadettes au XIVe s. Nous les avons ensuite classées par ordre chronologique, et enfin reportées sur une carte.

ALLIANCES CONCLUES PAR LA BRANCHE AÎNÉE

XIe siècle	**XIIe siècle**	**XIIIe siècle**	**XIVe siècle**
- famille de Sablé - famille de Vitré - famille des Château-Gonthier - famille de la Suze	- les Laval - famille de la Guerche - famille de Meulan - alliance avec les Mathefelon - famille de Créquy - alliance avec les Confolens - famille des Garnache (Vendée) - famille de Champtocé	- famille de Fougères - famille des Roches - famille de la Marche - alliance avec les Clisson - alliance avec les Pressigny - famille de Dreux - alliance avec les Chabot (Maine) - famille de Malînes	- famille de Thouars - famille de Parthenay - famille de Sainte-Maure - famille de Sully - alliance avec les Solesmes - alliance avec les Mello

ALLIANCES CONCLUES PAR LES BRANCHES CADETTES

XIVe siècle	**XVe siècle**
- alliance avec les Pons - alliance avec les Machecoul - famille de Rochefort (Anjou) - alliance avec les Amboise - famille de Hangest - alliance avec les Châtillon - alliance avec les Dormans - alliance avec les Croy - alliance avec les Montbazon	- famille de Montagu - famille de Hondschoote - famille de Longroy - famille de Fosseux - alliance avec les Ghistelle - alliance avec les Thorotte

Tabl. 111. Alliances conclues par la branche aînée et les branches cadettes.

18 La naissance de la nation française est l'un de ces grands sujets qui ont passionné des générations d'historiens. À partir de l'étude du milieu géographique, Vidal de La Blache dégagea les raisons de l'unité politique (Vidal de La Blache 1903). Seignobos, au contraire, s'il admettait l'importance du facteur territorial, insistait sur l'unité de civilisation de l'espace français. Selon lui, les faits institutionnels, économiques, littéraires et artistiques créèrent des conditions de vie communes, qui furent le creuset de l'identité française (Seignobos 1933). Plus récemment, Colette Beaune analysa le problème différemment : elle concentra son étude, non plus sur les faits, les réalités, mais sur l'image de la France, la France vue par les gens du Moyen Âge et ressentie à travers les mentalités collectives (Beaune 1985, 8).

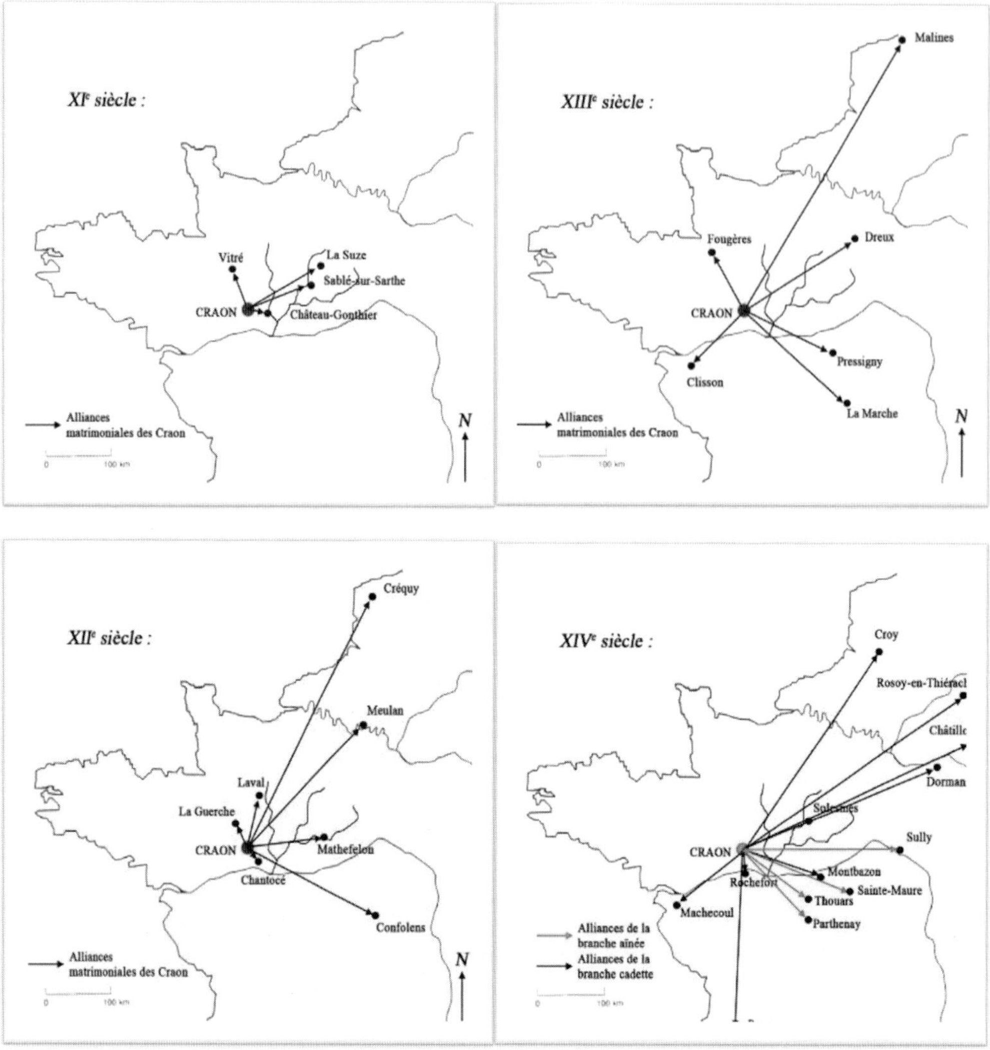

Fig. 34. Alliances matrimoniales des Craon.

Au XIe s., la majorité des unions réalisées par les seigneurs de Craon était d'origine locale, correspondant à leur enracinement dans la seigneurie ; leur était-il d'ailleurs possible de réaliser, dès cette époque, des unions lointaines ? Les trois quarts furent contractés dans le comté d'Anjou, une seule se situait hors du comté, en Bretagne, mais elle s'expliquait par des raisons politiques et fut certainement voulue par le comte. Il s'agissait de l'union de Renaud le Bourguignon, fils de Robert le Bourguignon et d'Avoise, héritière possible de la seigneurie de Sablé, avec Agnès, fille d'André de Vitré et de Berthe de Craon. Or, nous avons vu qu'elle fut encouragée par le comte afin d'apaiser les rancœurs survenues à la suite de la commise du fief de Craon, et de retirer la seigneurie de la mouvance bretonne. Une fois détenteurs du fief, Robert et ses héritiers entendaient s'implanter fermement dans la région, ce qui était possible en contractant des alliances avec des familles fortement possessionnées dans le comté. Or ce repliement sur des horizons angevins ne dura pas longtemps, puisque, dès le XIIe s., nous constatons une certaine ouverture géographique des alliances de la "maison" de Craon, même s'il apparaît nettement que leur horizon était encore local. Sur huit mariages que nous avons pu identifier, cinq furent en effet conclus dans un rayon de moins de cent kilomètres, dont quatre à moins de cinquante kilomètres. L'alliance la plus lointaine, celle contractée avec la "maison" de Créquy, avait un intérêt politique indéniable, puisqu'il s'agissait de confirmer des liens qui avaient existé entre cette "maison" et l'ancienne "maison" de Craon. Elle ne répondait pas réellement à une volonté d'extension des alliances, mais avait pour objectif de conserver les liens anciennement créés : le nouveau lignage, qui était apparu au XIe s., entendait maintenir les alliés familiaux traditionnels et par là même se faire reconnaître "seigneur de Craon" par leurs pairs. Les caractéristiques observées au XIIe s. se renforcèrent encore au XIIIe s. : peu d'alliances normandes, aucune union en Bretagne et un secteur particulièrement privilégié, le Poitou. De plus, dès le milieu du XIIIe s., le seigneur de Craon se sentait assez sûr de lui pour se lancer dans l'aventure étrangère et Maurice IV de Craon fut ainsi marié à Isabelle de la Marche, sœur du roi d'Angleterre, Henri III.

La politique matrimoniale des Craon se poursuivit dans une continuité indiscutable : au XIVe s., leur horizon s'étendait de plus en plus vers le Poitou, tandis que s'amorçait une ouverture vers le centre de la France et que les branches cadettes osaient s'aventurer dans des régions géographiques différentes de celles de la branche aînée.

La politique matrimoniale des Craon fut cohérente du XIe au XIVe s. En effet, le réseau de la politique familiale des Craon, au XIIe s., préfigurait déjà celui des siècles antérieurs : une extrémité bretonne et normande négligée, une région convoitée, le Poitou et un début d'implantation en Ile-de-France. Et nous pouvons entrevoir un progressif processus de déploiement des alliances, commencé dès le XIIe s., développé au XIIIe s. et trouvant son aboutissement au XIVe s. Cette ouverture de l'horizon matrimonial était une des caractéristiques de la noblesse du XIVe s. C'est ainsi que certaines familles nobles contractèrent des alliances hors de leur région d'origine : par exemple, les nombreux enfants de Bertrand IV d'Auvergne conclurent des alliances couvrant une aire géographique très vaste, allant du Berry, avec la famille de Beaufort, au Languedoc[19]. La puissante famille de Melun était un exemple typique de famille baronniale, disséminée dans diverses parties du royaume. Par le jeu des alliances, puis des héritages, des donations ou d'échanges, leurs seigneuries se situaient très loin de leur "château-souche".

Nous trouvons la même situation en ce qui concerne d'autres familles, comme les Châtillon en Champagne, en Flandre, dans les comtés de Saint-Pol et de Blois. L'ouverture géographique de ces familles est donc significative, leur assurant un dense réseau de relations sur tout le royaume (surtout au nord), leur permettant de constituer une clientèle rendue fidèle par les liens familiaux nouvellement créés et prête à servir, suivant l'exemple des Melun, des Châtillon ou des Craon, le roi et son royaume. Cette stratégie matrimoniale n'aurait eu aucun sens au XIIe s., mais, à cette époque, la noblesse s'ouvrit et l'espace politique et territorial s'étendit.

19 Baluze 1708.

L'éparpillement des possessions de la noblesse ne lui permettait pas, nous dit R. Cazelles, "de constituer des principautés territoriales que puisse redouter la royauté" et pour veiller sur ses intérêts divers en pesant sur le royaume, elle devait plutôt intégrer les conseils royaux[20].

Les alliances des filles de la maison de Sully furent également très intéressantes dans la mesure où elles élargissaient l'horizon des Sully, de la Normandie jusqu'au Languedoc, un espace aux dimensions géographiques très étendues. L'horizon matrimonial des Sully s'ouvrit donc considérablement, sans qu'il n'y ait eu de secteurs géographiques préférentiels, couvrant tout le royaume, y compris l'extrémité sud de celui-ci, assurant sa cohésion, son unité. Intégrer la partie sud du royaume était en effet une priorité pour la réalisation de l'unité nationale. Les liens entre les gens du nord et ceux du sud ne se firent pas, en règle générale, de manière directe mais furent mis en place, progressivement, par l'intermédiaire de familles, situées dans la partie centrale du royaume, qui assurèrent le relais entre ces deux parties. L'ouverture géographique des méridionaux fut en effet beaucoup plus tardive et fut propulsée par des familles assurant le lien avec les familles nobiliaires du nord de la France : ce fut le cas des lignages auvergnats et berrichons, tels que les Sully, les La Tour d'Auvergne. Ainsi, le fils de Bernard VI et de Béatrix de Rodez, Bertrand, épousa Isabeau de Lévis, dont le patrimoine originel se situait au sud du royaume ; une des filles fut mariée à Louis de Brosse, un seigneur berrichon, tandis que leurs petits-fils se marièrent avec des nièces du pape Clément VI, famille qui élargit également son horizon géographique. Les La Tour d'Auvergne eurent tendance à se disperser vers le sud et à figurer en tant qu'écran entre les méridionaux et les gens du nord, à faire passer dans le sud des habitudes nouvelles, telles que le déploiement des alliances, permettant à long terme d'uniformiser les pratiques nobiliaires. Or, la comparaison entre les familles des Sully et des La Tour d'Auvergne avec la maison de Craon est tout à fait possible : elles eurent toutes trois la même influence, la même longévité et se succédèrent sans interruption des héritiers mâles. Un examen des alliances géographiques contractées par les Tournemine, originaires du Penthièvre, est également très révélateur ; nous pouvons prendre appui sur les travaux de Monique Le Guigo-Denis, qui s'intéressa à leur politique matrimoniale du XIIIe au XVe s. Elle constata un éloignement progressif du "cercle géographique" dans laquelle la famille recherchait de futurs liens familiaux. Au XIIIe s., les Tournemine s'efforçaient de s'allier avec des familles originaires du Penthièvre (Edie de Bretagne, Julienne Boterel) dans le but de consolider leur implantation territoriale ; au siècle suivant, les fils aînés multiplièrent leurs alliances dans le pays nantais, puis furent suivis, avec un siècle de décalage, par leurs cadets. Ce décalage n'est pas visible en ce qui concerne la famille de Craon, puisque les premières branches cadettes n'apparurent qu'au XIVe s., moment d'ouverture de la haute noblesse. Au XVe s., ce furent tous les hommes de la famille Tournemine qui épousèrent une femme originaire de la région nantaise, préférant l'élargissement du cadre spatial de leur recherche à l'éventualité d'un mariage de rang inférieur. Cet éloignement géographique de leur fief originel de la Hunaudaye ne signifiait pourtant pas dispersion : les alliances matrimoniales des Tournemine s'exerçaient dans une

20 Cazelles 1982, 72.

direction privilégiée, qui était celle de la cour ducale. Il s'agissait plus ici de la volonté de se rapprocher du centre de décision que de mettre en place un "maillage territorial dispersé".

Avant de pouvoir espérer exercer une quelconque fonction, il fallait résider dans cette région nantaise : les Tournemine cherchèrent leurs épouses de plus en plus loin de leur patrimoine originel compte tenu de la notoriété croissante de la famille.

Siècle	Seigneur de Craon, fils cadet ou dame de Craon	Épouse	Région d'origine de l'épouse
XIIe siècle	Hugues	Agnès de Laval	Bretagne
XIIe siècle	Maurice II	Isabelle de Meulan	Normandie
XIIIe siècle	Amaury I	Jeanne des Roches	Poitou
XIIIe siècle	Maurice IV	Isabelle de la Marche	Comté de la Marche
XIIIe siècle	Amaury II	Yollande de Dreux	Ile-de-France
XIVe siècle	Amaury III	Isabelle de Sainte-Maure Béatrix de Roucy	Touraine
XIVe siècle	Amaury IV	Pernelle de Thouars	Poitou
XIVe siècle	Isabelle de Sully	Louis de Sully	
XIVe siècle	Marie de Sully	Guy VI de la Trémoïlle Charles d'Albret	Poitou
XIVe siècle	Guillaume de Châteaudun	Marguerite de "Flandre"	Picardie
XIVe siècle	Jean I de Domart	Marie de Châtillon	
XIVe siècle	Pierre de la Ferté-Bernard	Jeanne de Châtillon	

Tabl. 112. Les alliances des seigneurs de Craon, des fils cadets ou des dames de Craon du XIIe au XIVe s.

Les Craon, eux, conclurent des alliances prestigieuses dès le XIIe s., mais elles furent plus nombreuses au XIVe s. Ainsi, Amaury IV épousa Pernelle de Thouars, qui possédait le comté de Dreux et la vicomté de Thouars ; un mariage très intéressant pour la seigneurie de Craon, puisqu'il s'agissait d'une famille au réseau de relations très étendu. Il fut alors en contact avec le maréchal de Nesle, son beau-frère, époux comme lui de l'une des filles de Louis Ier de Thouars et, lorsqu'il fut fait prisonnier par les Anglais en 1356, Amaury eut la possibilité de prendre sa fonction de Lieutenant du roi en Poitou. De ce fait, les alliances étaient encouragées par la monarchie car elles mettaient en relation des familles nobles, fidèles à la royauté, renforçant du même coup son assise territoriale et politique dans le royaume. En échange des services rendus, l'État conféra aux nobles les moyens de leur existence, leur reconnaissant des privilèges qui leur permirent de marquer leurs différences face aux non-nobles. Ainsi, en France, “l'État était-il né avec la noblesse”[21]. De plus, la réussite de la branche aînée pouvait rejaillir sur les branches cadettes : Guillaume I de Châteaudun eut ainsi la possibilité de se marier avec Marguerite de Flandre, fille de Jean de Flandre et de Béatrix de Châtillon, nièce de Robert VII d'Auvergne, ce qui lui permit de posséder le fief de Sainte-Maure et de s'infiltrer dans les lignages picards[22].

Cependant, toutes les familles nobles ne s'engagèrent pas à rechercher des alliances lointaines, couvrant tout le royaume. Quelques unes de ces familles conservèrent une implantation locale marquée, leur permettant de jouer un rôle important dans leur région et de faire sentir, comme le souligne Claude Gauvard, leur influence dans les assemblées de baillages, réunies par le roi quand il avait besoin d'argent. Un cas exemplaire nous est fourni par la “maison” de Trie, dont les possessions familiales furent situées dans le Vexin, à l'ouest comme à l'est du cours inférieur de l'Oise. Ce schéma d'une noblesse de terroir était assez fréquent, comme les Picquigny en Picardie, la famille de Vienne en Bourgogne. De même, la famille de Joinville orienta ses alliances près du berceau familial. Le fait de rester implanté dans une région pouvait être aussi une question de rang et de fortune.

21 Gauvard 1996, 406.
22 Jean de Flandre était en effet le seigneur de Crèvecœur en Picardie.

Conclusion troisième partie

Au moment du développement de l'État et de l'élaboration des entités nationales, le lignage des Craon semble avoir tiré son épingle du jeu grâce à des carrières bien réussies sous les derniers Capétiens, mêlant honneurs, gages et titres et des unions habilement contractées. Opportunistes et avisés, Maurice V et surtout Amaury III transitaient à la cour du roi de France puis à celle du roi d'Angleterre. Appréciés de génération en génération comme l'attestent les diverses marques de confiance, les Craon figuraient parmi les lignages qui devaient compter à la cour affichant une ambition grandissante mais légitime. De génération en génération, le lignage s'est progressivement construit sa réussite reposant avant tout sur la confiance du pouvoir : la "conscience de soi" passe chez les Craon par le service sous toutes ses formes mais surtout militaire et diplomatique.

L'affirmation du pouvoir s'accompagna d'un appesantissement royal plus contraignant sous Philippe IV le Bel qui avait davantage les moyens d'intervenir dans les affaires de ses barons. Dans le cas des Craon, cette interférence ne paraît pas avoir eu de conséquence particulière sur leur structuration lignagère. Certes, le roi ou les princes de sa famille ont pu porter attention à leurs alliances matrimoniales contribuant au processus unitaire du royaume mais il est difficile d'évaluer réellement le rôle exercé par le pouvoir royal qui n'était peut-être pas encore totalement conscient de l'enjeu "national" de ces alliances. Occupant une place importante dans l'échiquier politique du roi, prenant part de façon active au développement de l'État, les Craon pouvaient, pourtant, amener derrière eux, et donc au service royal, un vaste réseau de relations, comprenant des vassaux, des hommes liés par contrat et les familles apparentées. Or, ce déploiement des alliances de la part de l'aristocratie ne doit pas être perçu comme une généralité. Toutes les familles nobles ne s'engagèrent pas à rechercher des alliances lointaines, couvrant tout le royaume. Quelques unes de ces familles conservèrent une implantation locale marquée, leur permettant de jouer un rôle important dans leur région : d'une noblesse de terroir à une aristocratie plus "coutisane" à l'horizon national, les situations sont variées. Eu égard au patrimoine désormais considérable des Craon obtenu grâce au service de l'État et à des unions habilement négociées, le pouvoir royal avait certainement posé un regard sur les arrangements successoraux conclus à la suite de la disparition de la branche aînée en 1373 et en accord avec la coutume d'Anjou, devenant un médiateur bienveillant mais présent.

CONCLUSION

DISCUSSIONS ET PERSPECTIVES : RÉALITÉS ET COMPLEXITÉ DU FONCTIONNEMENT LIGNAGER

Notre travail s'inscrit dans une perspective chronologique : la genèse du lignage des Craon puis son fonctionnement et son évolution jusqu'à l'extinction de la branche aînée et la dislocation des biens patrimoniaux. Cependant, nous avons préféré adopter, en conclusion, une démarche thématique centrée sur la notion de lignage, tout en suivant dans chacune des parties une logique chronologique : notre monographie familiale est avant tout une réflexion sur le concept lignager.

Outils d'analyse, démarche interdisciplinaire et terminologie - limites méthodologiques de notre monographie

Démarche interdisciplinaire et terminologie

La famille et la parenté paraissent être des objets d'étude interdisciplinaires qui favorisent le croisement des regards. Cette diversité des regards et des observations nécessite une diversité des outils d'analyse, mais il convient de ne pas oublier les inconvénients liés à cette interdisciplinarité et en premier lieu, l'hétérogénéité des langages pour qualifier ces objets d'étude. L'interdisciplinarité suppose que chacun définisse les termes qu'ils utilisent : "parenté", "famille", "lignage" afin de dépasser les décalages sémantiques. C'est ainsi que le terme "famille" recouvre des réalités différentes. Or, si faire de l'histoire passe par des approches croisées, il faut néanmoins dégager une terminologie commune pour construire un discours cohérent. De plus, ces catégories utilisées sont différentes de celles employées dans les documents médiévaux et les risques de contresens et d'anachronisme sont réels.

Invisibilité des femmes et partialité des sources

Le corpus documentaire des Craon, à forte inclinaison lignagère, nous mettait dans une position inconfortable puisqu'il nous orientait vers une structure de parenté particulière : le lignage. L'enjeu de ce travail consistait à formuler un questionnement sur le lignage à travers une documentation partielle et orientée qui en postulait l'existence. À travers cette monographie sur une famille seigneuriale, qui constituait notre fil conducteur, nous partions sur une hypothèse "topo-lignage" avec pour idée de la déconstruire ou de la valider avec un corpus, largement issu des travaux de Bertrand de Broussillon et fait pour la cautionner. Pour remédier à cette difficulté, nous avons dû réaliser de vastes généalogies prenant en compte un groupe de parenté large et non exclusivement vertical.

Notre premier constat fut de remarquer qu'il existait manifestement au XIIe s. un effet de sources, une sorte d'invisibilité des filles, entre autres. Nous pouvons supposer que les filles n'étaient pas traitées avec les mêmes égards que les garçons et que leur décès prématuré n'était pas aussi bien signalé que celui des garçons : l'enjeu était différent. Les filles n'apparaissent pas systématiquement dans les actes et nous devons émettre de fortes réserves sur nos données chiffrées : toute comparaison entre filles et garçons n'a qu'une pertinence limitée.

L'objet d'étude doit être dans tous les cas précisément défini, les problématiques clairement posées et les objectifs énoncés. Par exemple, à travers les portraits de femmes, en particulier ces "femmes de pouvoir" que nous avons brossés, que cherchions-nous à atteindre ? En mettant en valeur les actions des dames de Craon et leur spécificité, nous est-il possible de généraliser et de proposer des modèles généraux remettant en cause les grilles d'interprétations traditionnelles ?

Sur un corpus documentaire de plus de quatre cents actes, où il est fait mention de la famille de Craon du XIe au XIVe s., nous avons comptabilisé seulement dix actes conjoints émanant du seigneur de Craon et de son épouse, six actes où les dames de Craon apparaissent comme témoins quelles que soient leur place et leur position au sein du groupe familial, en tant qu'épouse du seigneur, de mère ou de veuve et vingt et un actes où elles figurent en tant que dames de Craon, une fois veuves. Il est donc indéniable de constater que la plus grande partie de ces actes font référence au père, au mari, aux fils et aux frères : la société, par ses normes et son contrôle, limite le nombre de documents dont elles sont les auteurs et des acteurs visibles[1]. Cette "opacité" documentaire, caractérisée par une information sélective, nous empêche bien évidemment de cerner la personnalité de ces femmes, leur place et leur action réelle.

Certes, nos sources nous apparaissent biaisées : ce qui nous vient des archives de la famille présuppose, pour partie, l'existence d'une construction lignagère, sauf pour les périodes anciennes, les XIe - XIIe siècles, où les sources proviennent essentiellement des cartulaires ecclésiastiques, qui eux-mêmes projettent déjà une construction familiale. Mais, nous devons dépasser ce constat et éviter de tomber dans une négation de nos sources et force est de constater que, malgré les limites inhérentes à notre corpus documentaire, cette documentation lignagère n'oblitère pas d'autres formes de parenté, proches du groupe élargi carolingien : le concept lignager appelle, à travers l'exemple des Craon, un certain nombre de nuances et de remises en question.

Le concept lignager : nuances et singularités. les paradoxes du fonctionnement lignager

Cette monographie familiale sur les Craon présente incontestablement des singularités et amènerait à nuancer assez nettement des idées communément admises. Loin de corroborer le mécanisme général (pour les historiens de la parenté) et la chronologie de la structuration lignagère, ce cas situe la rupture entre la structure de parenté carolingienne,

1 Tous les historiens sont unanimes à ce sujet et commencent leur étude sur les femmes par ce postulat, Duby 1991 et en particulier l'introduction de Klapisch-Zuber 1999.

large et horizontale, et la structure lignagère, verticale et patrilinéaire nettement au-delà du XIe s. Non seulement, les indices d'un schéma lignager nous apparaissent plus tardifs et ne reposent pas seulement sur la territorialisation et un enracinement castral, mais l'élément le plus troublant reste le maintien des solidarités larges. Certes, le resserrement lignager s'est traduit par un dispositif classique d'exclusion des filles et des cadets afin d'éviter la désagrégation du patrimoine et l'implosion du lignage, mais dans le cas des Craon, les réminiscences de l'époque carolingienne sont encore visibles, si bien que ce lignage nous apparaît comme une entité complexe, combinant verticalité et horizontalité, au moins jusqu'au XIIIe s.

L'enracinement dans une terre, la fondation de pôles religieux et les rapports de la parenté au sacré paraissent être les fondements de la mémoire familiale des Craon mais, en ces XIe et XIIe siècles, le schéma de parenté n'est pas celui d'un lignage, tel que l'ont défini les historiens. Le maintien des solidarités larges ainsi que la mise en évidence d'une conception bilatérale de la parenté à travers l'onomastique jusqu'au XIIIe s. nous invitent à nuancer l'image d'une structure lignagère "classique" et indubitablement verticale. Il faut attendre le début du XIIIe s. pour que non seulement se renforce l'identité familiale, mais qu'elle s'inscrive aussi dans une logique lignagère autour de deux éléments provenant de la cour des Plantagenêts : l'héraldique, aux couleurs des comtes d'Anjou et la poésie courtoise.

Nos conclusions recoupent largement celles de Claudie Duhamel Amado, qui avait déjà souligné dans son étude sur l'aristocratie languedocienne du Xe au XIIe s. deux phases dans l'évolution lignagère[2] : le temps du lignage arborescent d'abord, jusque vers 1100, qui associait verticalité et horizontalité, puis un resserrement lignager, de 1100 à 1170, dans lequel la structure devenait verticale. En Languedoc, le passage d'une forme lignagère à l'autre s'était produit durant les décennies 1090-1140. Dans le cas des Craon, l'émergence d'une identité qui se voudrait lignagère apparaîtrait plus tardivement encore et prendrait racine à partir d'éléments politiques et culturels.

Ce constat remet en question la thèse exclusive du topo-lignage : cela ne semble pas être l'enracinement autour d'un château éponyme – bien qu'il s'agisse des éléments constitutifs de leur identité – qui soient le fondement du lignage. Cette singularité dans le cas des Craon n'est peut-être pas figure d'exception et d'autres monographies familiales pourraient confirmer notre interprétation : si le processus de territorialisation est indiscutable chez les Craon au XIe s., il ne paraît pas être essentiel à la genèse de ce lignage, du moins il n'en est pas le seul élément.

Une logique lignagère en question : fragilités et mobilisation du groupe familial

Au début du XIIIe s., les Craon sont organisés en lignage : la transmission de leur patrimoine repose sur la primogéniture et la masculinité et se dégage une verticalité dans leur fonctionnement familial. Dater avec précision l'apparition d'un fonctionnement lignager chez les Craon relève cependant d'une gageure : il fait suite à une évolution progressive reposant sur des éléments vassaliques et courtois. Les Craon ne se situent plus dès lors dans

2 Duhamel-Amado & Bisson 2001.

la même logique qu'à la période précédente : l'intérêt lignager les amène à faire des choix et à penser à la survie du groupe. Telle est la vision générale renvoyée par un lignage. L'intérêt d'une monographie est de préciser ou de nuancer certains aspects et l'exemple des Craon n'échappe pas à cette situation.

Complexe dans sa composition et ses contours, le lignage des Craon l'est également dans ses choix familiaux. Le lignage perdure jusqu'au XIVᵉ s., mais il est menacé d'extinction à plusieurs reprises en raison, en partie, d'une attitude *a priori* singulière de la part des membres de la famille : un âge au mariage tardif des seigneurs réduisant la durée de l'union et limitant le nombre de naissances. Afin d'éviter toute extrapolation, il convient, nous semble-t-il, de reprendre la question de l'âge au mariage de manière systématique, en se dégageant de la vision offerte par les mariages princiers, souvent très précoces.

Durant le XIIIᵉ s., de longues périodes de minorité et l'absence de branches cadettes fragilisent apparemment le groupe familial : la logique lignagère, s'il en existait une, est fortement remise en question. Cependant, les circonstances et les périodes de minorité amènent le groupe familial à se mobiliser autour de la dame de Craon qui devient, au moment du décès de son époux, le maillon central de l'administration domaniale et des orientations familiales. C'est elle en effet qui, aidée de ses conseillers et de ses proches, veille à la gestion du domaine, s'occupe de l'éducation des enfants et négocie, tout ou en partie, les alliances. Dans cette société patriarcale, qui apparaît à travers le lignage, la veuve est régente du domaine familial et pivot des relations sociales : le patriarcat repose alors sur cette femme de plus de quarante ans et s'appuie sur une forme de matriarcat[3]. Le groupe familial parvient à se mobiliser dans les périodes difficiles autour de la dame de Craon, dont l'influence et le rôle se trouvaient renforcés. Les Craon se distinguent de la famille aragonaise de Luna étudiée par Francisco de Moxo, qui constate des divisions patrimoniales et des stratégies familiales opposées brisant l'unanimité et la cohésion du lignage[4].

En dépit d'un comportement à risque pour la pérennité biologique, le lignage a perduré et paradoxalement, les premiers signes d'affaiblissement apparaissent au moment de la ramification du lignage au XIVᵉ s. : l'apparition des branches cadettes, qui aurait pu être un signe de vitalité démographique, nous semble, au contraire, fragiliser le groupe. Eu égard aux enjeux patrimoniaux, les branches de la famille puisent dans le même vivier matrimonial ; apparaît alors une structure familiale très ramifiée avec un enchevêtrement d'alliances et des rivalités qui nous éloignent de la structure lignagère des siècles précédents à l'aspect fortement tubulaire, atténué seulement par la scission du lignage en deux branches, celle des Craon et celle des Sablé. Le lignage des Craon semble n'avoir bien fonctionné que lorsqu'il n'y avait qu'un ou deux garçons par génération : le comportement démographique des Craon conditionne le fonctionnement lignager et son évolution.

3 Le terme est utilisé par Robert Fossier à propos du XIIᵉ s. ; on entre alors dans une "phase de matriarcat de l'histoire de l'Europe" (Fossier 1982, 321324). Cependant, cette théorie ne fait pas l'unanimité : l'image dominante, telle qu'elle ressort des travaux de G. Duby, J. Le Goff ou D. Herlihy, est à l'opposé. Ce n'est pas seulement l'image théologique mais le rôle de la femme dans la société qui se dégrade.

4 Francisco de Moxó y Montoliu 1991.

Alliance et filiation : les deux composantes lignagères

Portée au premier plan, la dame de Craon figure désormais dans les actes et grâce au développement de l'écrit, notre documentation ne peut plus faire abstraction du rôle et de la place de l'épouse. Au XIIIe s., la perspective est différente de l'époque précédente où l'essentiel des sources était de nature religieuse et nous nous heurtions à une vision unilatérale des évènements. À partir du XIIIe s., non seulement notre corpus d'actes s'enrichit mais il provient de fonds différents et les sources ecclésiastiques ne constituent plus qu'une minorité, noyée par la documentation issue du chartrier de Craon, des actes du Parlement. Notre catalogue d'actes témoigne de cette évolution et de cette diversité documentaire permettant une vision moins partiale.

Pour les gens de l'époque, le lignage avait un sens affiché à travers la filiation, mais il y avait d'autres réalités et n'envisager le lignage que sous l'angle de la filiation patrilinéaire apparaît réducteur. L'alliance occupait une place centrale et demeurait, autant que l'ascendance, un élément constitutif de la structure lignagère, dans laquelle l'épouse apparaissait le maillon central de la chaîne de parenté. Appréhender la parenté vécue est compliqué. Celle de Maurice II de Craon (1150-1196), par exemple, semble correspondre à un groupe familial élargi et soudé, faisant apparaître différents niveaux d'apparentement et prenant en compte aussi bien ses frères et sœurs, mais aussi son demi-frère, Foulques de Mathefelon, que la fratrie de son épouse, en particulier Amaury de Meulan, et son beau-fils, Juhel III de Mayenne, le fils d'Isabelle né d'un premier mariage. Cette structure de parenté, telle qu'elle apparaît sous Maurice II de Craon, appelle un certain nombre de questions sur la place effective de chaque membre du groupe familial, sur les rapports qu'ils entretiennent entre eux, en particulier sur les relations entre frères et entre frères et sœurs et pose le problème des enfants lors d'un remariage. Notre travail s'inscrit dans les recherches menées par Didier Lett sur les liens adelphiques, c'est-à-dire les relations entre frères et entre frères et sœurs et sur les relations vécues par les individus. Force est de constater que la documentation sur les Craon ne nous apporte qu'une contribution modeste concernant le vocabulaire de la germanité au sein de la parenté biologique et sociale mais une étude globale pourrait être menée, entre plusieurs chercheurs, afin d'en délimiter les contours et le champ d'application, d'autant que cet axe de recherche ne correspond pas avec l'idée que l'on se fait traditionnellement de lignage. Nous avons ici l'exemple d'une recomposition familiale réussie et d'un groupe élargi : tous paraissent associés à la mémoire collective, à des degrés différents, sans que l'on puisse envisager ce groupe dans une perspective strictement lignagère.

Le lignage de Craon ne renvoie pas l'image d'une structure asymétrique, exclusivement patrilinéaire, fondée sur la filiation agnatique mais correspond au vécu d'une famille chrétienne : le père et la mère assistent à la sépulture de leur enfant et à partir de Maurice V, les époux sont enterrés côte à côte dans la nécropole familiale fondée par Maurice V à la fin du XIIIe s.[5]. D'ailleurs, l'Église impose une vision de la consanguinité et de l'alliance strictement

5 Cette représentation idéale de la famille et de ses pratiques chrétiennes correspond au progrès de la dévotion chez les fidèles et à l'adoption de pratiques fondamentales : funérailles, souci des défunts, institution du sacrement du mariage. Ce "parcours d'une vie chrétienne" et cette "foi vécue" (Tonnerre 1996) transparaissent chez les Craon.

bilatérale : la parenté canonique passe par la mère comme par le père. L'alliance paraît être une donnée essentielle à l'intérieur d'un groupe social étroit où le croisement indéfini des unions est un exercice périlleux. La conscience de l'identité familiale, telle que nous la percevons, passe par la filiation mais passe également par la stratégie matrimoniale, marquée, pour les Craon, par un emboîtement des mariages à l'intérieur d'un milieu aristocratique où l'on se marie à la limite de l'endogamie ; dans ce cadre, le mariage de la fille est un élément structurant des relations familiales. La parenté se construit toujours sur un jeu d'alliances. Parallèlement aux liens du sang, ceux de la tutelle et de l'alliance se répercutent en amitié et en service d'une génération à une autre. Comme la filiation, l'alliance est un champ de recherche essentiel pour la compréhension de la parenté, mais, peut-on pour autant parler de stratégie familiale ?

Lignage et réseau

L'alliance matrimoniale, conclue entre familles, est une donnée essentielle pouvant nous amener à la notion de réseau mais il existe d'autres types de liens, notamment le parrainage et la tutelle. La parenté spirituelle n'apparaît pas chez les Craon. Pourtant, nous pouvons supposer qu'elle générait des engagements réciproques et qu'elle revêtait une dimension économique : le soutien matériel aux filleuls, la circulation de biens[6]. Il était vraisemblablement plus facile de choisir un parrain ou une marraine qu'un conjoint et les pressions certainement moins fortes. L'étude du lignage doit ainsi s'intégrer dans une histoire plus vaste et prendre en compte le champ social : l'individu doit être envisagé au sein de la famille mais aussi en dehors de la cellule familiale. L'analyse des réseaux peut être en mesure de réintégrer l'histoire quantitative[7] et certains historiens[8] considèrent qu'il est impossible aujourd'hui d'étudier une famille, un groupe, une communauté sans partir des individus eux-mêmes, de leur pratique, de leur comportement, de leurs relations "et du même coup faire sien l'arsenal méthodologique de la micro-histoire : la reconstitution biographique, les configurations relationnelles et l'analyse de réseau"[9] .

Nous pouvons avoir un certain nombre d'indices sur l'origine, la morphologie ou l'influence de tel ou tel type de liens. Au moment d'un départ à la croisade, d'un testament ou de donations pieuses transparaissent des liens, qu'ils soient familiaux ou féodaux, et nous pouvons supposer qu'ils traduisent des relations préalables. Si le lien filial date de la naissance, qu'en est-il d'une alliance entre deux lignées matérialisée par un mariage : faut-il envisager l'alliance en terme d'aboutissement, ce qui présuppose des relations antérieures, ou en terme de commencement ? D'ailleurs, le veuvage ou une séparation conduisent-ils à une rupture des liens entre les deux familles ?

Si nous cherchons à mettre en parallèle d'une part le tableau de filiation et d'alliance de Maurice II de Craon et d'autre part la présence de contacts attestés entre individus, selon nos sources, nous pouvons arriver à dégager un certain nombre de remarques.

6 Alfani 2007. Alfani & Gourdon 2006.
7 Lemercier & Zalc 2007.
8 Chauvard 2004.
9 *Ibid.*, 102.

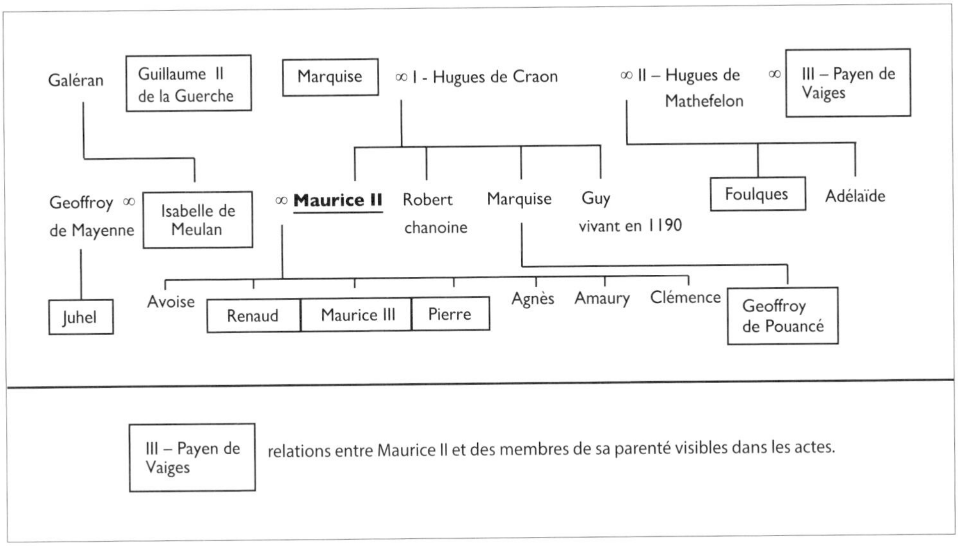

Tabl. 113. Liens entretenus entre Maurice II et les membres de sa famille, attestés par les documents.

Nous constatons qu'un choix dans la parenté est opéré : l'existence de liens familiaux, d'un réseau familial, ne témoignent pas forcément de la réalité vécue. Maurice II entretient ainsi des contacts avec sa mère et son beau-père, Payen de Vaiges, son oncle maternel, Guillaume II de la Guerche, son beau-frère, sa femme et son beau-fils, Juhel de Mayenne, son demi-frère, Foulques, ses fils mais aucun document, de quelque nature qu'il soit, n'atteste de liens entre Maurice II et ses frères et sœurs. Si l'analyse en termes de réseaux permet d'attester les contacts entre individus, la signification de ces liens peut être différente pour les individus impliqués et ce type d'analyse appelle un complément narratif permettant d'approcher la réalité des liens et la "disponibilité de la parenté"[10]. Cependant, notre corpus ne nous permet pas de croiser les données ni d'envisager les réseaux et les liens dans la durée et selon le critère de la réciprocité ; nous ne disposons que de données ponctuelles. De plus, les sources montrent des liens objectifs, mais n'indiquent en rien comment les intéressés les vivaient, ni comment ils percevaient leurs proches parents bien réels, mais invisibles dans l'actualisation documentaire de leurs faits et gestes.

Concernant les Craon, nous sommes conscient de l'existence de liens sociaux, en particulier familiaux, mais peut-on pour autant avancer l'idée de réseau ? Si les thématiques proposées par l'analyse en réseau paraissent séduisantes, ne risque-t-on pas, dans le cas de notre étude, de "surinterpréter" un corpus documentaire discontinu ? Il faut éviter, nous semble-t-il, la généralisation du terme "réseau" à diverses situations : l'analyse en réseau, rapportée à notre objet d'étude, n'est qu'un outil méthodologique, une technique descriptive et non interprétative.

10 Lemercier 2005, 9.

Lignage et mémoire

Dans le cas des Craon, la mémoire familiale précède la construction lignagère : le travail de construction d'une mémoire familiale a en effet commencé tôt dès le XIIe s., fondé essentiellement sur des éléments religieux, mais la famille n'était pas encore structurée en lignage. L'organisation en lignage modifie évidemment la donne : les contours du groupe, les priorités et les enjeux ne sont plus ceux de la famille élargie. Il nous a paru intéressant, dès lors, de s'interroger sur cette entreprise de construction de la mémoire de la famille et se demander en quels termes se poursuivait ce travail mémoriel : dans une continuité ou en rupture avec la période précédente ?

Parenté et mémoire : un travail de construction

Il est bien évident que le fonctionnement familial conditionne la dynamique mémorielle : les rencontres familiales fournissent l'occasion d'évoquer le passé. Tout porte à penser que par leur fonction de remémoration collective, elles pouvaient non seulement contribuer à rafraîchir les images que chacun avait de ses aïeux et les enrichir mais qu'elles étaient aussi un vecteur de transmission. Nous pouvons aussi supposer que, par le jeu de la répétition, elles servaient à la progressive épuration et simplification des anecdotes et des mythes. Cependant, il nous est impossible d'en connaître leur fréquence, et dans le cas des Craon, leur nature.

Le parcours des Craon et des Sablé peut nous fournir un exemple intéressant dans le processus de construction de cette mémoire familiale. Issus d'un ancêtre commun, Robert le Bourguignon, ces deux groupes, très proches parents, proposent deux modes de fonctionnement différents : les Craon semblent se désintéresser de leur ancêtre, alors que les Sablé s'emparent du nom et de l'héritage moral de Robert. Cette appropriation onomastique constitue un capital symbolique très prestigieux car chacun sait d'où provient ce nom. La séparation entre ces deux groupes nous apparaît réelle : l'héritage moral est différent et les choix divergent. Très proches parents, ils ne peuvent pas se marier en raison des règles d'exogamie, jusqu'à leur restriction par Innocent III en 1205-1215 : cela est canoniquement impossible et politiquement peu souhaitable tout au long du XIIe s. De plus, leurs relations fluctuent en fonction du contexte : éteintes pendant les périodes de rébellion pendant lesquelles les seigneurs de Craon et de Sablé s'affrontent directement[11], ces relations reprennent, de manière épisodique, pendant les périodes d'accalmie.

Cependant, ces prises de position opposées ne brisent pas les liens familiaux : la force des liens de parenté permet, lorsque les intérêts sont communs, de renouer plus facilement les rapports. À la fin du XIIe s., un rapprochement est réalisé par alliance indirecte et dans la première moitié du XIIIe s., dès que le degré d'affinité et de consanguinité le leur permit, une alliance entre le seigneur de Craon, Amaury I, et la fille de Guillaume des Roches et de Marguerite de Sablé, Jeanne des Roches, fut réalisée. Tout se passe comme si les deux

11 Comme nous l'apprend la chronique de Saint-Aubin d'Angers, ce fut Maurice de Craon qui fut chargé de conduire l'armée d'Henri II et de détruire Chantoceau ainsi que les forteresses de Sablé, de Saint-Loup et de Saint-Brice, possessions du seigneur de Sablé.

groupes avaient, après une longue attente, saisi la première occasion de s'allier ; en tout cas, ils connaissaient manifestement très bien leur généalogie sur sept générations au moins.

Lignage et profondeur généalogique

À la suite des travaux de Georges Duby, la thèse de la recherche d'une profondeur généalogique, menée par les lignages des XIe - XIIe siècles, avait été retenue par la plupart des historiens. La mémoire familiale serait alors stimulée par des règles canoniques d'exogamie imposées à l'aristocratie, bousculant ainsi leurs habitudes matrimoniales : indissolubilité du mariage, répression de l'inceste et interdit de consanguinité. "Menés devant des instances ecclésiastiques accoutumées à user de l'écriture", souligne Georges Duby, "ces procès incitèrent aussi à extraire cette mémoire de l'oralité, en dressant sur le parchemin des tableaux généalogiques"[12]. Dans le cas des Craon, nous n'avons ni tableau généalogique, dressé pour soutenir ou remettre en cause une accusation d'inceste, ni récit généalogique réalisé par le groupe familial, sur le modèle de ceux parus à l'orée du XIIIe s. : l'histoire des comtes de Guînes, écrite par un prêtre, Lambert d'Ardres et celle des comtes de Hainaut, rédigé par le chanoine Gislebert de Mons[13]. L'armature directrice de ces récits est incontestablement dynastique, transformant la liste d'ascendants en galeries de portraits. Or, ce type de récit et cette quête d'une profondeur généalogique correspondent-ils à un effet de mode ou ne s'agit-il que de cas particuliers ? De toute façon, lorsqu'il s'agissait d'examiner les empêchements de parenté, l'Église demandait que soient pris en compte autant les liens du sang du côté des hommes que de celui des femmes. Le programme iconographique réalisé par Blanche de Navarre, régente de Champagne de 1201 à 1222, nous apporte quelques éléments de réponse. Dépourvu de profondeur généalogique, le tombeau de son époux, Thibaud III, met en valeur une famille qui n'est ni le groupe clanique avec ses nombreux collatéraux, ni la veuve seule avec ses orphelins. Il s'agissait de l'imbrication de deux familles nucléaires : "la famille d'orientation" où l'on est né et la "famille de procréation", celle que l'on fonde et où l'on est père ou mère[14]. Cette mise en scène illustre une conception horizontale de la famille, même si une telle représentation pouvait coexister avec d'autres, de type vertical, répondant à d'autres besoins et véhiculant d'autres messages : la généalogie.

Les diverses capacités des individus à se souvenir des données généalogiques dépendent de l'usage social qu'ils en font. Or, selon la thèse communément retenue, les Craon avaient autant de raisons d'élaborer un tableau généalogique que les autres lignages. Par exemple, les liens de parenté qu'ils entretenaient avec les Sablé depuis l'ancêtre commun Robert le Bourguignon leur interdisaient toute alliance, mais il fallait faire savoir aux uns et aux autres jusqu'où courait l'interdit, ce qui supposait de connaître leur niveau de consanguinité.

12 Duby 1997, 643.

13 Le plus ancien des écrits de ce type date du début du XIe s. et fut composé dans la maison ducale normande sur l'ordre de Richard Ier par Dudon. Cette histoire dynastique exaltait les vertus des ducs normands, et spécialement celles du dernier d'entre eux, le commanditaire, et entendait prouver la légitimité de leur pouvoir. Ce récit fut poursuivi d'abord pour Guillaume le Conquérant par le moine Guillaume de Jumièges, puis, vers 1170, par Wace et par Benoît de Sainte-Maure, qui travaillaient pour Henri Plantagenêt. Puis, en 1155, est écrit le récit des hauts faits des seigneurs d'Amboise offert à Henri Plantagenêt et auquel est adjoint la geste des comtes d'Anjou.

14 Bur 1983, 1016-1039.

Comment expliquer l'absence de ce type de sources dans notre corpus documentaire sur les Craon ? Nous pouvons émettre l'hypothèse que l'usage de tableau et de récit généalogique n'était peut-être pas si répandu dans le milieu seigneurial, ce qui n'empêchait pas, manifestement, dans le cas des Craon, de très bien connaître leur degré de parenté, par tradition orale, en l'absence d'un support écrit rédigé par un clerc. Et la femme semblerait jouer un rôle majeur dans cette mémoire généalogique au moins jusqu'à la fin du XIIIe s. ; dans le procès en nullité de mariage pour consanguinité de Marie de Montpellier, ce sont elles que les juges ecclésiastiques sollicitent pour connaître les liens de parenté, les degrés de consanguinité, entre les uns et les autres.

Sans pour autant ignorer leur passé, les Craon ne semblent pas avoir eu d'intérêt à le cultiver intégralement, à commencer par la mémoire de l'ancêtre fondateur du lignage, qui n'était pas l'ancêtre éponyme : Robert le Bourguignon. Les Craon ne transmettent pas la mémoire de Robert mais ils ne se détachent pas non plus de leur parenté bourguignonne : le repli sur un horizon châtelain et angevin ne paraît pas si brutal. Ils se sont tournés du côté du comte d'Anjou puis se sont implantés en terre angevine tout en conservant des parentés ailleurs.

Doté de talents militaires indiscutables et vraisemblablement d'une forte personnalité, Robert le Bourguignon disposait d'atouts précieux le prédestinant à une carrière accomplie, facilitée par ses origines familiales : il était parvenu à se constituer un bloc territorial important, bénéficia de l'affection et de la protection comtale lui permettant de devenir un personnage incontournable du comté. À la fin de sa vie, une fois réglée le partage du patrimoine familial, il prit la décision de partir pour la croisade d'où il ne revint pas. Pourquoi avoir "oublié" un croisé : était-il mort avant d'arriver à Jérusalem, n'avait-il commis aucune action d'éclat ? Comment se fait-il que la vie et les actions de ce personnage, le premier de la lignée, n'aient pas été mises en valeur par les Craon ? Sans ignorer leur parenté biologique, les Craon, à la différence des Sablé, ne l'ont pas inscrit dans les noms de leurs fils – à peine une référence à son sobriquet visible sur deux générations de garçons ; dans le groupe aristocratique restreint de l'Anjou au XIIe s. un ancêtre pouvait-il servir deux fois ? Le refus de s'afficher comme deux branches d'un même ensemble est peut-être déjà un premier indice d'une rupture avec le système de parenté de l'époque carolingienne.

La mémoire familiale : une réponse aux exigences du présent ?

Cette question amène à considérer le caractère évolutif de la mémoire. Il paraît évident que les mémoires familiales adoptent de nouvelles idées, se métamorphosent en s'habillant de nouvelles représentations. Si les mémoires lignagères s'enrichissent tout en conservant leur passé, sont-elles capables de s'adapter par rapport au présent, de reconstruire voire de réinterpréter un événement passé pour répondre aux nécessités du temps présent ? L'intérêt que certains membres manifestent pour leur passé familial est-il en relation avec leur inscription dans un contexte problématique ?

Les sociologues affirment que la mémoire humaine, qu'elle soit individuelle, familiale ou collective, ne conserve pas sous une forme immuable ce qu'elle a enregistré, mais qu'elle construit et reconstruit ses souvenirs au cours d'un travail incessant de confrontation avec le présent.

La portée et l'enjeu d'un même événement ne sont pas les mêmes d'une génération à l'autre ou plutôt d'une période à l'autre et la représentation symbolique diffère selon les époques. C'est ainsi que le récit intitulé "Maurice de Craon", dont le texte français a été perdu, commandé par Othon de Brunswick, au début du XIIIe s., puis remanié à la fin du XIIIe s., nous apporte quelques éléments de réponse. Il se rattache à l'univers vassalique et courtois des Plantagenêts et présente Maurice II comme un chevalier loyal et courageux, ce qui correspond à l'image qu'entendaient véhiculer les seigneurs de Craon : ce texte aurait pu accroître le prestige du groupe familial. Or, il n'a pas diffusé l'œuvre, qui nous est parvenue par d'autres moyens : il ne s'est pas approprié cette chanson sur Maurice II. À un moment où les familles se positionnaient du côté français, il aurait été maladroit de mettre en valeur un fidèle vassal du Plantagenêt, d'après un texte commandité par le vaincu de Bouvines. Cette défaillance du souvenir sert les intérêts du groupe et laisse entrevoir opportunisme et sens politique.

La mémoire familiale des Craon sélectionne les souvenirs, les images qui glorifient leur lignage et oublie les représentations négatives ou celles qui ne répondent plus aux exigences du présent, ce qui aboutit à obnubiler ou à ne pas exploiter le souvenir d'hommes certainement prestigieux en leur temps. Les sources "objectives" en matière familiale ne sont jamais suffisantes, à supposer d'ailleurs qu'elles existent. Oublis, silences, inventions, extrapolations font en effet partie intégrante de toute mémoire mais il paraît intéressant de replacer cette reconstruction de la mémoire dans leur contexte, car une mémoire reconstruite consciemment ou non transmet toujours un message, en fonction d'objectifs présents.

Modes d'expression et vecteur de la mémoire

La construction d'une mémoire familiale a commencé très tôt chez les Craon, dès le XIIe s., prenant appui sur des éléments classiques d'un topo-lignage : territoriaux et liturgiques, tout en se singularisant des modèles lignagers présentés comme typiques, puisqu'il ne correspondait pas encore à une structure lignagère, ne se préoccupant pas non plus de véhiculer et de transmettre l'héritage moral et symbolique de "l'ancêtre fondateur", Robert le Bourguignon. À ces lieux de mémoire – l'enracinement dans une terre, la fondation d'une chapelle castrale et d'une abbaye regroupant le caveau familial – vient s'ajouter, à la fin du siècle, une mémoire littéraire reposant sur un héritage culturel, tandis que se perpétuait le souvenir des défunts. Non seulement, la mémoire familiale des Craon se raffermissait mais elle se diversifiait prenant une orientation plus profane.

La culture écrite, qui se développe au cours du XIIIe s., modifie en effet les rapports sociaux et familiaux et place les lignages dans une logique mémorielle différente. La valeur probatoire de l'écrit s'accompagne d'une conservation plus rigoureuse des titres de propriété et des papiers de famille, qui peuvent servir d'outils juridiques en cas de contestation ou de querelle familiale. La conservation des actes et leur transmission de génération en génération renforce cette structuration lignagère : la mémoire familiale trouve ainsi son prolongement dans la sauvegarde des papiers de famille et donne une épaisseur chronologique au lignage.

Si le chartrier renforce la mémoire familiale, celle-ci trouve cependant une force nouvelle lorsque Maurice V, mort en 1293, fonde une chapelle aux Cordeliers d'Angers : un lieu, savamment choisi par le seigneur de Craon, regroupant les sépultures des seigneurs, de leurs épouses, des enfants et parfois leurs conjoints qui n'est pas sans rappeler les nécropoles princières, en raison des dimensions imposantes de la chapelle. Cependant, la nécropole, composée de plusieurs gisants, n'illustre pas une structure familiale particulière : elle ne met pas en scène le lignage. Ne transparaît qu'une représentation superficielle de la parenté qui n'a pas l'ambition de véhiculer une image de la structure lignagère. Ce programme funéraire n'est pas une représentation symbolique de l'organisation lignagère des Craon mais renvoie l'image d'une famille chrétienne : les maris, leurs épouses et leurs enfants ainsi que leurs conjoints.

Si la fondation de la nécropole est un puissant vecteur de la mémoire familiale, le mobile n'est donc pas lignager de façon univoque. De plus, la construction mémorielle du groupe ne passe pas, dans le cas des Craon, par la transmission d'un chartrier au XIIIe s. Le chartrier originel n'avait qu'une finalité patrimoniale répondant aux nécessités d'administration domaniale mais il n'était pas le moteur de la conscience lignagère. L'articulation des deux notions mémoire et lignage nous paraît complexe et dans le cas des Craon, la mémoire familiale ne se met pas au service du lignage.

Circulation et transmission de valeurs comportementales

À la suite de l'ouvrage fondateur de Ivan Boszormenyi-Nagy et Géraldine Spark[15], de nombreux psychologues et sociologues se sont intéressés à la question de la transmission des valeurs au sein de la famille et à la manière dont les mythes, les droits ainsi que les comportements typiques se reproduisent d'une génération à l'autre[16] soulignant que des principes et des valeurs pouvaient circuler et se transmettre. Si cet objet d'étude est délicat pouvant être soumis à discussion – quelle part accorder à la tradition familiale ou au facteur personnel ? – l'historien est de surcroît confronté à une insuffisance documentaire rendant hypothétique son interprétation.

La variété de la documentation nous permet cependant de dégager les modes d'expression de la mémoire familiale, par nature immatérielle et impalpable. À un fonctionnement classique du mode de vie seigneurial et d'un topo-lignage, c'est-à-dire l'enracinement dans une terre, la construction d'une chapelle castrale et la présence d'un sanctuaire familial à la Roë, lieux de mémoire familiale, viendraient s'ajouter pour les Craon, à partir de la fin du XIIe et XIIIe s., un héritage culturel et une logique familiale, assurant une certaine cohésion dans les choix patrimoniaux, voire politiques, des Craon.

L'héritage courtois est bien présent dans cette famille à tel point qu'on lui associe une tradition littéraire. Deux auteurs ont pu être identifiés : Maurice de Craon et son fils Pierre. Bien que de nombreux poèmes aient été attribués à la personne d'Amaury de Craon, il ne nous a pas été possible de confirmer cette hypothèse, mais force est de constater que cette famille a une aura littéraire certaine : c'est un capital familial que met en avant de façon délibérée le poème attribué à Pierre de Craon. L'auteur du second poème n'hésite pas en

15 Boszormenyi-Nagy & Spark 1973.
16 Lemaire-Arnaud 1980, 33-46 ; Ruffiot 1980, 3-19 ; Bloch *et al.*, 1990, 83-92.

effet à faire allusion au talent de son père en tant que poète et lui rend hommage. Pierre de Craon met en avant ce capital culturel familial que symbolisent ces différents poèmes : il revendique un héritage courtois et y fait allusion comme un trésor familial. À travers ce legs poétique, transmis de père en fils, il insiste sur un fonctionnement vertical de la famille et c'est en tant que reflet d'une structure de parenté qu'il est pour nous particulièrement intéressant. Pierre de Craon légitime en effet sa composition en la plaçant dans une tradition familiale, qu'il faut maintenir vivace, ce que la plupart des poètes ne font pas.

De plus, à partir de l'analyse du vocabulaire féodal présent dans le poème et transposé dans la littérature courtoise, nous avons pu établir une corrélation entre les champs lexicaux visibles dans cette œuvre, à savoir la loyauté, la "droiture" – opposés à la couardise et à l'inconstance – et les principes et les valeurs affichés par les Craon de génération en génération. Quels que soient le contexte et la période, le seigneur de Craon a en effet fait preuve de fidélité envers son suzerain tout en sachant tirer son épingle du jeu : ce fut le cas de Robert le Bourguignon à l'égard du comte d'Anjou, et un siècle plus tard de Maurice II vis-à-vis de ce même comte devenu roi d'Angleterre. Cette loyauté au niveau politique transparaît dans l'œuvre littéraire des Craon au point d'en constituer le thème central.

Ces valeurs – la fidélité, la droiture, le courage – sont aussi présentes dans le roman sur Maurice II de Craon qui s'inspire de l'épopée et du roman chevaleresque. Composé vers 1180-1220 et remanié certainement plusieurs fois, le texte nous laisse cependant entrevoir la personnalité du seigneur de Craon : persévérant, déterminé, loyal et constant, l'une des clefs du poème et l'une des vertus du personnage. Cette image du chevalier loyal et passionné visible dans ce texte était certainement présente dans l'œuvre originale et correspondrait à l'image qu'entendaient véhiculer les seigneurs de Craon, aussi bien au niveau littéraire qu'au niveau politique. Si la récurrence de ces champs lexicaux est tout à fait classique dans les poèmes courtois, il n'est, cependant, pas insignifiant de voir ces valeurs présentes dans la littérature et correspondre à un idéal ouvertement arboré par les seigneurs de Craon en politique. Mais, le contexte politique de la compilation de l'œuvre explique que les Craon ne se soient pas servis de ce récit bien qu'ils auraient pu l'utiliser, ne serait-ce que pour des raisons de grandeur familiale.

Nous pouvons ainsi émettre l'hypothèse d'une forme de tradition familiale transmise de génération en génération depuis Robert le Bourguignon et d'une ouverture progressive des horizons des Craon, facilitée par une loyauté sans faille, mais intéressée, à l'égard des Plantagenêts puis du pouvoir royal. Le mode de transmission de cette tradition familiale supposerait l'existence d'un lignage, ce qui semble paradoxal compte tenu de ce que nous avons démontré concernant la structure familiale des Craon aux XIe et XIIe siècles. Nous sommes donc en présence d'une mémoire familiale qui n'exclurait pas la dimension lignagère sans que ce soit la forme dominante pour les Craon jusqu'au début du XIIIe s. Nous aboutissons alors à un schéma familial intermédiaire entre le groupe de parenté élargi et la structure lignagère présentée par les historiens, qui ne peut pas être envisagée de manière exclusive et qui semblerait avoir pour fondements des éléments politiques et culturels.

Mémoire, sentiments et affects

Notre corpus documentaire nous oriente vers une distribution des rôles entre hommes et femmes : les premiers s'occupant de la seigneurie et de l'accroissement du patrimoine et les secondes vouées, pour reprendre une expression des sociologues, à la fonction d'expressivité[17], au maintien de la cohésion du groupe en veillant notamment à la protection de ses membres et à la fonction mémorielle. En ce qui concerne les Craon, la dichotomisation des tâches paraît être réelle, mais cette séparation des rôles n'est pas systématique. D'une part, la nature même de notre corpus documentaire, de conception lignagère, nous invite à cette répartition sexuée des rôles et des fonctions. D'autre part, ce mode de fonctionnement n'est pas exclusif. Certes, les seigneurs de Craon centrent leur préoccupation sur la gestion et l'accroissement patrimonial, mais rien ne nous permet d'affirmer qu'ils se désintéressent de la mémoire du groupe et en tous les cas, ils s'efforcent autant que possible de maintenir sa cohésion. De plus, nombreux sont les exemples, dans le cas des Craon, où les dames de Craon se portent sur le devant de la scène afin de suppléer l'absence ou la mort de leur époux. Nous devons donc nous méfier de l'élaboration de modèles familiaux trop rigides liés à cette séparation de "genre". Au demeurant, si l'on considère, que la mémoire familiale est l'œuvre en partie des femmes, lesquelles accorderaient un net attachement à tout ce qui touche aux sentiments, comment se fait-il que nous ne trouvions pas dans nos sources ce genre de référence ? Nous aboutissons dès lors à des questions qui ne peuvent avoir de réponses, car nos sources n'expriment guère l'affectivité, si ce n'est de façon très codée. Il nous est en effet difficile d'accéder aux sentiments et aux affects : l'historien ne peut pas en nier *a priori* l'existence, mais nos sources ne nous permettent pas d'en appréhender la teneur, à l'intérieur d'un cadre, la famille, qui n'est pas systématiquement un lieu d'harmonie et cohésion.

Le lignage : lieu de cohésion et de sécurité ou de fractures et de conflictualité ?

Notre corpus documentaire sur les Craon renvoie l'image d'un groupe soudé faisant preuve de cohésion dans l'adversité. Au moment des périodes de minorité, parents et amis conseillent la dame de Craon. Lors du décès d'un enfant, c'est l'ensemble du groupe familial qui se rassemble soutenant le père et la mère, accompagnés de fidèles. Cependant, nous sommes en droit de nous demander si notre corpus ne nous offre pas qu'une vision partielle de la réalité ; nous pouvons supposer que le lignage est un lieu "sécuritaire" pour ses membres mais à condition qu'ils en acceptent les règles et les exigences, à commencer par des rapports de domination et d'exclusion dans la transmission du patrimoine. Jean-François Chauvard remarque, par exemple, que les élites vénitiennes limitent la pratique du mariage afin de ne pas désagréger le patrimoine. L'intérêt lignager prime sur les choix individuels, mais nous n'avons aucune trace, dans notre documentation, de tensions affectant la fratrie. Un conflit latent n'est pourtant pas à exclure.

Le concept lignager doit ainsi être abordé sous différents angles et ne pas être exclusivement envisagé comme un lieu de paix et de sécurité pour ses membres. Le groupe

17 Ce partage entre instrumentalité et expressivité a été maintes fois étudié par les sociologues qui soulignent que les comportements varient selon la structure familiale (Parsons, Bales, Olds, Zelditch, Slater 1955).

peut compter un certain nombre d'individus ayant des orientations contraires à l'intérêt lignager et n'en acceptant pas les contraintes. La formation des différentes branches au XIVe s. le fait supposer ; auparavant, le problème ne s'était que rarement posé, le seigneur de Craon étant souvent seul fils survivant. Les rapports ne sont pas figés, les comportements évoluent en fonction du contexte et des intérêts de chacun mais le lien lignager nous apparaît solide et mobilisateur. D'ailleurs, le groupe familial résiste assez bien aux différents aléas, du moins avant les rivalités politiques du début du XVe s., parvenant à éviter l'implosion et la rupture.

Lignage et pouvoir royal

Dans les limites chronologiques que nous nous sommes fixées, du XIe à 1373, le fonctionnement familial des Craon s'inscrit dans un contexte en constante évolution. Non seulement, le groupe familial de l'importance des Craon ne peut se soustraire à cette donne politique mais il en est acteur et il en suit les fluctuations. À l'échelle du comté d'Anjou au XIe s., le seigneur de Craon représente un élément clé du dispositif comtal : seigneur châtelain, vassal du comte, il entend servir les intérêts de son bienfaiteur. Puis, au XIIe s., à l'intérieur d'un espace plus ouvert, continental et insulaire, le seigneur de Craon n'est plus qu'une simple pièce du dispositif angevin d'Henri II Plantagenêt. Il profite cependant des opportunités nouvelles : grand seigneur mondain, homme de cour, il se rend compte qu'il existe des horizons plus étendus et voit désormais au-delà de sa châtellenie et de l'Anjou. Son attitude dévouée est celle d'un vassal ambitieux désirant s'attirer les bonnes grâces de son seigneur. Enfin, dès la fin du XIIIe s., l'horizon des Craon s'élargit, mais le groupe doit faire face à un appesantissement progressif du pouvoir royal, une mainmise à la fois souveraine et féodale. Les Craon s'efforcent alors de tirer leur épingle du jeu qui se met en place : louvoyant au gré de leurs intérêts d'un camp à un autre, mais sans se compromettre, et s'élevant dans la hiérarchie nobiliaire grâce à des alliances avantageuses. Dans une région convoitée et disputée, en contact entre deux espaces géopolitiques instables, la Bretagne et le Poitou, les Craon mènent tantôt un jeu de bascule, tantôt se trouvent tiraillés entre deux fidélités provoquant à un moment donné une cassure au sein du groupe familial.

Opportuniste, la famille de Craon sait également faire preuve de prudence politique en résistant aux pressions royales et en se démarquant des prises de positions de ses pairs. Nous avons soulevé l'hypothèse d'une impulsion du pouvoir royal dans la structuration lignagère : le contrôle royal serait alors plus facile dans le cadre d'une organisation lignagère remettant en cause les larges solidarités de parentèle, héritées de l'époque carolingienne. Et, les interventions du pouvoir royal dans les alliances de la noblesse, sans parler de stratégie matrimoniale, iraient dans ce sens. Or, dans le cas des Craon, cette "politique" royale n'a pas totalement fonctionné : au lignage, qui se met en place tardivement, se substitue, dès le XIVe s., une nouvelle forme de parenté, proche de la structure clanique.

En étudiant les actes relatifs à la maison de Craon, nous avons remarqué que cette famille avait participé de manière active au développement de l'État, une organisation politique, reposant à la fois sur des caractéristiques anciennes – féodales – et sur des éléments nouveaux – tels que les relations contractuelles, relevant de la notion de *Bastard Feudalism*. Les seigneurs de Craon s'illustrent dans le service royal, militaire et diplomatique, révélant le ralliement de la noblesse au royaume de France : ils se signalent par leur présence auprès du pouvoir, comtal puis royal et c'est avant tout un service militaire qu'ils offrent, à l'exception de l'oncle d'Amaury IV, Jean, nommé archevêque de Reims. Le hasard a voulu qu'il ne s'agisse pas de personnages falots ou inactifs ; ils ont œuvré militairement auprès du pouvoir, mobilisant parents, amis et hommes d'armes. D'ailleurs malgré les divisions politiques de la fin du XIVe s., les cousins se retrouvent et périssent sur le champ de bataille à Azincourt provocant l'extinction de ce groupe familial.

Ce XIVe s. est un moment décisif pour les Craon. Le service du roi leur a apporté honneurs et compensations financières, ainsi qu'une position politique et sociale solide à l'intérieur du royaume, acquise par le chef du "clan", Amaury IV et ses oncles, Jean de Craon et Guillaume I. Il est vrai que ces personnages occupaient une position de premier plan, leur permettant d'affirmer leurs idées dans nombre de domaines, que ce soit au niveau de la politique générale du royaume ou bien lors des opérations militaires. Leur réussite rejaillit sur tout le groupe, d'autant qu'ils n'hésitèrent pas à resserrer les liens familiaux et à faire preuve de solidarité, ce qui nuance l'idée d'une concurrence entre lignées cousines. Cependant, l'extinction de la branche aînée à la mort d'Amaury IV[18], en 1373, rompt cette cohésion familiale : faute d'héritiers mâles, le patrimoine revient à Isabelle de Craon, sa sœur, ce qui ouvre la voie à une période de revendications de la part des branches cadettes.

De nombreuses études ont démontré que la fidélité envers le seigneur et le service militaire avaient été à l'origine de l'ascension sociale des lignages. Par exemple, dans un contexte et un espace différents, les Castellvell, aux XIe et XIIe s., tirent profit de leur fidélité envers leur seigneur mais également de leurs activités militaires pour réaliser une remarquable ascension sociale[19]. Les Bournonville du comté de Boulogne se signalent par leur fidélité et leur service au duc de Bourgogne à la fin du Moyen Âge. Les Craon ont servi les Plantagenêts, pour leur plus grand profit, avant de recueillir les fruits de leur participation au pouvoir dans le sillage des Capétiens et des Valois ; ils sont ainsi aux premiers rangs de cette haute noblesse française qui sert le roi avec une fidélité à toujours réaffirmer, mais dénuée de toute puissance autonome, au contraire des princes territoriaux. Cependant, il ne faut tomber dans une surestimation du potentiel d'intervention de la Couronne sur les affaires familiales de ses vassaux. De même, la faveur dont jouiraient les Craon ne tient pas forcément à leurs liens avec les souverains mais peut-être plus, en ce XIVe s., au jeu des partis ; c'est ainsi que le soutien apporté à Pierre de Craon par Louis d'Orléans dans sa volonté de reprendre possession de la seigneurie de Sablé, l'une des deux seigneuries sur laquelle s'est initialement édifiée la fortune dynastique des Craon, n'a rien de désintéressé : la politique de patronage de Louis d'Orléans lui sert à édifier la principauté sur laquelle il s'appuiera pour affronter les ducs de Bourgogne[20].

18 La disparition des lignages médiévaux est une donnée fréquente, et on a pu calculer que seul un tiers d'entre eux survit par siècle. Cette fragilité rend vraisemblablement compte de la forte mobilité sociale propre à la noblesse, qui, loin d'être une caste fermée, accueille en son sein de nombreux guerriers de rang modeste. Elle soulève le problème de la parenté artificielle : les testaments sont fréquents où un moribond sans garçons adopte un consanguin. En l'absence d'héritier direct, une substitution anthroponymique et héraldique intervient alors, phénomène particulièrement bien étudié par Michel Nassiet.

19 Gari 1985.

20 Gonzalez 2004.

Lignage et “unité nationale”

Les Craon font partie de ce milieu de barons et de prélats qui ont porté l'avènement de Philippe VI, prince français en âge d'exercer le pouvoir, et pour qui la nation française devient porteuse de sens : ils considèrent le royaume de France comme un espace de référence. Ce groupe, composé de serviteurs du roi, peut s'intéresser personnellement à ce qui se passe dans une ville flamande par exemple, car il se sent concerné par le pouvoir royal : l'horizon géographique s'est élargi à l'ensemble du royaume. Parallèlement aux textes narratifs qui mentionnent l'amorce d'une nation française, nous voyons se dessiner un milieu social susceptible de la porter à travers un réseau d'alliances transnationales mais également au moment d'opérations militaires et il nous semble intéressant de constater l'interrelation entre la famille et le processus de formation de l'État.

Dans son étude publié en 1996, Patrick Geary dresse une évolution concernant les consciences familiales et régionales[21] : au IXe s., le groupe familial maintient des relations sur un horizon géographique large et les femmes sont chargées, dans cette perspective, de conserver et d'entretenir la mémoire familiale. Les femmes sont considérées comme les spécialistes de cette cohésion familiale. La phase de profondes mutations et de désintégrations politiques qui touche les Xe et XIe siècles s'accompagne d'un resserrement des alliances et d'un renoncement aux propriétés lointaines de la part des familles aristocratiques. Ce ne sont plus les mêmes préoccupations et parallèlement, P. Geary constate un mouvement de contestations du rôle des femmes concernant la mémoire familiale. Dans un contexte de resserrement familial autour du couple et de la famille conjugale, les *memoria* sont remises en cause à l'intérieur des familles. Puis, l'ouverture matrimoniale et foncière au XIIIe s. modifie les contours du lignage : sans constater un retour à l'ancien ordre, le lignage semble évoluer. Non seulement, Patrick Geary fixe aux Xe - XIe siècles les dates d'apparition de la structure lignagère, mais il défend aussi la thèse d'une ouverture de la noblesse aux XIIIe - XIVe siècles et d'une évolution de la structure lignagère, dont les aspects et les contours rappelleraient la société des VIIIe - IXe siècles.

L'ouverture de l'horizon matrimonial de cette famille et de beaucoup d'autres du même rang a été un des facteurs de l'unité “nationale” qui, dans la mosaïque princière de la France, a été nécessaire au développement de l'État royal. Si des éléments communs sont perceptibles avec d'autres familles, les Craon se singularisent cependant dans leur mode de fonctionnement, qui ne s'apparente pas intégralement à la vision traditionnelle du lignage. À suivre les seigneurs de Craon et leurs parents sur trois siècles, on voit vite les limites des modèles globalisants.

La nécessaire individualisation du concept lignager

Peut-on parler sans nuance de lignage ? Le lignage est une structure de parenté complexe recouvrant des réalités multiples et c'est en termes de complexité et d'évolution que nous devons envisager le concept lignager : le lignage du XIIe s. ne ressemble pas à celui des siècles suivants. Si l'on peut soulever l'hypothèse, pour le XIIe et le début du XIIIe s., d'une continuité

21 Geary 1996.

entre l'organisation lignagère et l'aristocratie carolingienne des siècles antérieurs, cela est moins vrai pour l'époque suivante, où la verticalité du fonctionnement familial nous apparaît réelle. Cependant, la famille de Craon semble encore accorder une place essentielle aux alliances, au moins autant qu'à la filiation et les risques de l'existence poussent sur le devant de la scène la dame de Craon dont l'influence et la position se trouvent renforcées : cela nous éloigne d'une organisation lignagère exclusivement masculine. Enfin, à partir de la première moitié du XIVe s., le lignage des Craon se ramifie : à la neuvième génération apparaissent deux branches cadettes qui font souche et deviennent, au moins pour l'une d'entre elles, aussi puissantes que la branche aînée.

Les relations entre les membres du lignage s'en trouvent dès lors modifiées mais persiste encore une solidarité familiale en dépit des tensions politiques et une pratique matrimoniale plutôt endogamique, comme le mariage de Guillaume II et de Jeanne de Montbazon en 1372, cousins au quatrième degré. Cette structure ramifiée, qui charrie des clients et fait preuve de solidarité au-delà des divisions politiques, laisse apparaître une nouvelle forme de parenté, marquée par un cousinage très proche et des arrangements familiaux entre cousins au moment de l'extinction de la branche aînée.

En effet, la succession d'Amaury IV, en 1373, paraît être un moment décisif pour ce groupe familial : le seigneur de Craon n'avait pas d'héritier légitime, ni de neveu vivant, auquel cas il l'aurait probablement nommé comme successeur. Il avait pourtant le choix : deux sœurs mariées toutes les deux et un nombre important de cousins germains du côté de son père. En terme patrilinéaire, son cousin Jean était le mieux placé pour hériter, mais Amaury choisit l'une de ses sœurs, en accord avec la coutume d'Anjou, écartant son autre sœur mais également les branches cadettes. Sa décision est lourde de conséquences et appelle un certain nombre de remarques. Cette énorme succession et la situation conjugale et familiale d'Amaury IV, sans héritier légitime, avaient posé sans aucun doute un réel problème. Le choix successoral d'Amaury IV invite à penser qu'il se souciait de sauvegarder le bloc patrimonial sans nécessairement perpétuer le lignage : sa décision sonne le glas du lignage des Craon, dont les premiers signes d'affaiblissement remontaient à l'apparition des branches cadettes.

Quel terme pourrait, dès lors, caractériser le mieux ce fonctionnement familial ? La pratique de mariage proche de l'endogamie, au sein d'une structure familiale ramifiée, aboutit à un enchevêtrement d'alliances, générant une forme de solidarité qui transcende les divisions politiques et pourrait s'apparenter à une structure clanique. En sociologie ou en anthropologie, le clan nous apparaît être une donnée floue. Basé sur une descendance unilinéaire réelle ou supposée d'un ancêtre commun, le clan inclut plusieurs groupes familiaux et peut regrouper plusieurs lignages. Cependant, le mot clan a été réduit par certains à ceux descendant uniquement de la mère par opposition à la *gens*, patrilinéaire. De plus, le clan adopte une pratique exogamique et considère que le mariage entre leurs membres est un inceste. En ce sens le mot clan ne correspond pas au cas des Craon ; le seigneur de Craon n'est pas vraiment le "chef" de sa parenté, des divisions politiques profondes la traversent et l'exogamie n'y est pas du tout de mise : "Clan" ne convient pas.

Si la nécessité d'une terminologie commune nous apparaît évidente, il convient cependant de rester prudent sur l'usage de "lignage". Son emploi abusif en a appauvri le sens à tel point que nous avons l'impression que ce terme pose aujourd'hui un problème sémantique. Ce terme recouvre des réalités multiples et une parenté vécue différente d'un groupe familial à l'autre. Par exemple, il convient de ne pas opposer systématiquement et trop rapidement les deux structures de parenté – carolingienne et lignagère – et se méfier de la notion de trompe l'œil du lignage. Par commodité, nous risquons de généraliser la vision d'un modèle familial trop strict sans prendre en compte les différences géographiques, chronologiques et la dimension individuelle de la famille. Nous devons nous éloigner, autant que possible, d'un cadre pré-établi inadéquat et de tout déterminisme familial[22] mais essayer de partir des individus eux-mêmes. Notre travail nous invite donc à remettre en cause les schémas modèles, bien que nous n'ayons jamais cessé de nous y référer et à voir la parenté comme une intrication de systèmes diversement opératoires, par effet de sources ou selon le contexte. La parenté articule des systèmes différents dans leur principe, qui peuvent coexister et dans lesquels la notion de lignage paraît difficile à cerner. Une vision trop schématisée fait oublier les individus eux-mêmes et les facteurs culturels et il semble nécessaire d'intégrer les notions d'évolution et de nuances. Se pose le problème de l'articulation entre la macro et la micro histoire qui est au centre du débat historiographique depuis les années 1980 : comment peut-on faire pour passer de l'un à l'autre ? Plusieurs études se réclament de la micro histoire sans chercher à comprendre le sens plus général et en écartant toute tentative de conceptualisation. Quelle place doit-on réserver à l'individu, à l'acteur dans la configuration familiale ? En dépit d'un certain nombre d'aspects généraux (primogéniture, tendance à la patrilinéarité sans que cela soit exclusif), l'entité lignagère peut être multiple, en tous les cas évolutive, présenter des nuances et coexister avec d'autres formes de parenté. Mais aucune ne peut échapper à l'emprise ecclésiastique dans le domaine des normes et des représentations : le changement introduit par le concile de Latran IV nous paraît être l'une des données incontournables de l'étude sur le fonctionnement familial, en particulier lignager.

22 Lepetit 1995 ; Boltanski & Thévenot 1991.

Sources et bibliographie

ABRÉVIATIONS PARTICULIÈRES

AB	*Annales de Bourgogne*
ABN	*Annales de Basse-Normandie*
ABSHF	*Annuaire Bulletin de la Société Historique de France*
ADH	*Annales de Démographie Historique*
AESC	*Annales (Économies, Sociétés, Civilisations)*
AHP	*Archives Historiques du Poitou*
AHR	*American Historical Review*
AM	*Annales du Midi*
AN	Archives Nationales
Arch. départ.	Archives départementales
Arch. mun.	Archives municipales
BEC	*Bibliothèque de l'École des Chartes*
BnF	Bibliothèque Nationale de France
CCM	*Cahiers de Civilisation Médiévale*
EHR	*English hist. Rev.*
MA	*Moyen Âge*
ms. lat.	Manuscrit latin
ms. fr.	Manuscrit français
MSAO	*Mémoires de la Société des Antiquaires de l'Ouest*
NAF	Nouvelles Acquisitions Françaises
NAL	Nouvelles Acquisitions Latines
PL	*Patrologie latine*
PO	Pièces Originales
RH	*Revue Historique*
TNA	The National Archive

Les abréviations concernant les manuscrits ne seront utilisées que dans les notes infrapaginales.

SOURCES MANUSCRITES

Archives Nationales

— Trésor des Chartes

Layettes

J 175 A, 175 B, 177 A, 179 B, 241 B, 359, 639.

Registres

JJ 65 B, 68, 69, 80, 87, 89, 98, 100, 116, 118, 119, 122, 126, 130, 144-146, 149, 167, 172.

— Série K

K 54, 896.

KK 7, 40 (Compte du maréchal Boucicaut II)

— Série L

L 974 (Lettres d'Isabelle de Meulan)

— Série P, Hommages rendus au roi :

P 337, 339, 594, 596, 598, 599, 1339, 1344, 1357, 1371, 1389, 2291, 2292, 2296, 2297.

— Série X Parlement de Paris :

X 1 A Parlement civil.

X 1 A 6, 13, 23, 26, 29, 35, 43, 44, 52, 57, 59, 60, 1470, 1475.

X 1 C Accords.

X 1 C 6, 7, 23, 28B, 33-35, 45, 48B, 50 C.

X 2 A Parlement criminel : lettres et arrêts (1382-1393).

X 2a 8, 13.

— Archives de la Trémoïlle, note d'un inventaire de 1502.

1 AP 6, 36, 56, 61, 75, 82, 89, 175, 180, 218, 265, 279, 1593-1595

Bibliothèque Nationale

Dom Housseau n°58, 238, 511, 703, 898, 1050, 1247, 1866-1876, 2135, 2552, 2603, 2684, 3024, 3253, 7069, 8138, 9291, 9604, 9635.

Manuscrits français : 20 590, 22 450, 22 319, 22 331, 22 333, 25 996 (Quittances et pièces diverses : mandements royaux, quittances, mémoires, comptes, etc., classés chronologiquement depuis Louis IX jusqu'à Louis XVI (1267-1783), 26 289.

Nouvelles acquisitions françaises : 5233, 1481, 20528 (Recueil de pièces originales, mandements, quittances, comptes, montres, etc., provenant de l'ancienne Chambre des comptes. XIIIe - XIXe siècle).

Manuscrits latins : 9778, 12878, 15439, 17048, 17124, 17126.

Nouvelles acquisitions latines : 1223, 1229, 1254.

Pièces originales : COTE 922

Kew, The National Archive

C 47/25/3

C 61 (Rôles Gascons), cf. infra, documents en ligne.

Archives départementales de la Côte d'Or

B 1519, 1560, 1576, 11759, 11771, 11777, 11893.

Fonds de la chambre des comptes de Bourgogne : rubrique instruments de recherche en ligne, mode corpus, séries anciennes, cours et juridictions, chambre des comptes.

Archives départementales d'Eure-et-Loir

E 2690 ; E 2691 ; E 2699 ; E 2701.

CHATEAUDUN.

COMTÉ DE DUNOIS.

E. 2690. (Registre.) — In-40, papier, 38 feuillets. 1309 (14 nov.) - 1370 (26 avr.).

— Compte-rendu de la recette de la vicomté de Châteaudun pour Guillaume de Craon, vicomte.

E. 2691. (Registre.) — In-40, papier, 26 feuillets. 1370 (5 juin - 25 oct.).

— Procuration par Guillaume de Craon , vicomte de Châteaudun, à Renaud de Thiville pour percevoir les revenus de ladite vicomté et de la terre de Froidmentel.

E. 2699. (Registre.) — In-40, papier, 20 feuillets. 1385 (4 avr. - 27 mai).

— Quittance de 106 s. par Guillaume de Saint-Romain, imagier et tailleur de pierres, à Guillaume de Craon "pour" la taille et peinture des "sepulcres de luy et de Marguerite de Flandres, sa femme".

E. 2701. (Registre.) — In-40, papier, 145 feuillets. 1381 (24 juin)-1388 (17 juin).

— Marché de Guillaume de Craon avec Hue de Villechasteau, charpentier, pour des réparations à sa métairie d'Ozoir-le-Breuil et à ses maisons de Villeloup.

Archives départementales d'Indre-et-Loire

H 306

La cote H 306 contient quelques actes provenant du prieuré de Sablé, datant de 1051 à 1455. L'ensemble des documents relatifs à ce prieuré, dépendant de l'abbaye de Marmoutier, est conservé sous les cotes H 306-307, 941 et 1034.

Archives départementales du Maine-et-Loire

H 110

H 289 Fol. 23

Archives de la maison de la Trémoïlle, *Fonds Craon :* 993

(Fonds de Chartrier de Thouars et de Serrant - Papier Duchâtel - Bibliothèque SAMARAN Charles).

Archives départementales de la Mayenne

Abbaye de Notre-Dame de la Roë : H 74, 157, 175, 194.

Série H — Clergé régulier avant 1790

Abbaye royale de Notre-Dame de la Roë : H 154 (registre.)

H 157 (registre)

1310-1773 — Rentes foncières et hypothécaires.

H 175 (registre)

XIIe - XVIIIe siècle — Titres des prieurés de la Rouaudière, Pontvien et Livré.

H 194 (registre)

1096-1772 — Donations à l'abbaye et droits divers.

Archives départementales de la Sarthe

H 359

E 2702

SOURCES IMPRIMÉES

Adam-Even, P. et L. Jéquier, éd. (1951) : *Un armorial français du milieu du XIIIe siècle : L'armorial Wijnbergen*, Archives Héraldiques Suisses, Berne.

Adam-Even, P., éd. (1971) : *L'Armorial universel du héraut Gelre (1370-1395), Claes Heinen, roi d'armes des Ruyers*, Neuchâtel.

Adhemar, J. et G. Dordor (1974) : *Les tombeaux de la collection Gaignières (1642-1715), dessins d'archéologie du XVIIe siècle*, Paris, 3 vol.

Alain Chartier, éd. Droz, E. (1923) : *Le Quadrilogue invectif*, Paris.

Alain Chartier, éd. Chesne, A. du, (1617) : *Les œuvres de maistre Alain Chartier*, Paris.

Anisy Léchaudé, A., éd. (1835) : *Extrait des chartes et autres actes normands ou anglo-normands qui se trouvent dans les archives du Calvados*, Caen.

Antoine La Sale, trad. Dubuis, R., (1995) : *Jehan de Saintré*, Paris.

Auvray, L. et Poupardin R. (1921) : *Catalogue des manuscrits de la collection Baluze*, Paris, p. 68 (fol. 242 : Titres des maisons de Craon), p. 75 (fol. 145, généalogie des seigneurs de Craon).

Baldwin, J. W., éd. (1992) : *Les registres de Philippe Auguste*, Paris.

Bartrum, P. C., éd. (1983) : *Welsh Genealogies : A.D.300-1400*, Cardiff.

Berger, É. et L. Delisle, éd. (1916-1927) : *Recueil des actes de Henri II, roi d'Angleterre et duc de Normandie concernant les provinces françaises et les affaires de France*, Paris, 3 vol.

Bertrand de Broussillon, A., éd. (1877) : *Le Maine, l'Anjou et Bussy-d'Amboise, (1576-1579); IIe fascicule des documents inédits pour servir à l'histoire du Maine,* Le Mans.

— (1893) : *La Maison de Craon, 1050-1480, Étude historique suivie du Cartulaire de Craon*, Paris, 2 vol.

— (1896-1903) *: Cartulaire de l'abbaye de Saint-Aubin d'Angers*, Angers, 3 vol.

Bertrand de Broussillon, A. et P. Farcy (1891) : "Sigillographie des seigneurs de Craon", *Bulletin de la Commission historique et archéologique de la Mayenne*, Laval, 2e série.

— (1905) : *Documents inédits pour servir à l'histoire du Maine au XIVe siècle*, Le Mans.

Baluze, É. (1851-1863) : *Miscellanea*, Lucques, III et IV.

Beautemps-Beaupré, C. J. (1877-1897) : *Coutumes et institutions de l'Anjou et du Maine antérieures au XVIe siècle*, Paris.

Berger, É., Brunel, C., Delaborde, et H.-F. Samaran, C., Nortier, M. et J. Favier, éd. (1916-2005) : *Recueil des actes de Philippe Auguste*, Paris, 6 vol.

Bernard, A., éd. (1853) : *Cartulaire de l'abbaye de Savigny, suivi du petit cartulaire de l'abbaye d'Ainay*, Paris.

Blanchard, R., éd. (1897-1899) : *Cartulaire des sires de Rays (1160-1449)*, Poitiers, 2 vol.

Bodard de la Jacopière, C. (1871) : *Chroniques craonnaises*, Le Mans.

— (1862) : *Notice sur l'église de Saint-Nicolas*, Angers.

Boutaric, E. (1864) : "Actes du parlement de Paris. Première série, de l'an 1254 à l'an 1328", *BEC*, 446-465.

Brakelmann, J. (1870-1894) : *Les plus anciens chansonniers français*, Paris.

Brault, G. J. (1973) : *Eight Thirteenth Century Rolls of Arms in French and in Anglo-Norman Blazon*, Londres.

Bréquigny, L. et J. J. Champollion-Figeac, éd. (1839) : *Lettres de rois, reines et autres personnages des cours de France et d'Angleterre, depuis Louis VII jusqu'à Henry IV, tirées des archives de Londres*, Paris.

Brossay, E. du, Bertrand de Broussillon, A. et A. Ledru, éd. (1903) : *Cartulaire d'Azé et du Génételi*, Le Mans.

Bruneau de Tartifume, J. [1623] (1977) : *Angers, contenant ce qui est remarquable en tout ce qui estoit anciennement dict de la ville d'Angers,* réimpr., Bruxelles, 2 vol.

Calendar of Close Rolls. From Henry III to Henry VI, Londres, 1896-1938.

Calendar of Patent Rolls. From Henry III to Henry VI, Londres, 1898-1911.

Carré de Busserolle, J. X., éd. (1899) : *Archives des familles nobles de la Touraine,* Angers.

Chédeville, A., éd. (1968) : *Liber controversiarum Sancti Vincentii Cenomannensis ou Second cartulaire de l'abbaye de Saint-Vincent du Mans*, Paris.

Christine de Pizan, éd. Solente, S., (1936-1940) : *Le livres des faits et bonnes mœurs du sage roy Charles V*, 2 vol., Paris.

Cosneau, É., éd. (1889) : *Les grands traités de la guerre de Cent ans*, Paris.

Delachenal, R., éd. (1917-1920) : *Chronique des règnes de Jean II et Charles V*, Paris, 4 vol.

Delisle, L. (1856) : *Catalogue des actes de Philippe-Auguste*, Paris.

Delisle, L., éd. (1866) : *Rouleaux des morts du IXe au XVe siècle*, Paris.

— (1874) : *Mandements et actes divers de Charles V* (1364-1380), Paris.

— (1909-1924) : *Recueil des actes de Henri II, roi d'Angleterre et duc de Normandie, concernant les provinces françaises et les affaires de France*, Paris.

Demay, G. (1885-1886) : *Inventaire des sceaux de la collection Clairambault à la Bibliothèque nationale*, Paris, 2 vol.

— (1877) : *Inventaire des sceaux de la Picardie*, Paris.

Denis, L.-J. (1894) : *Cartulaire du prieuré de Saint-Hyppolite de Vivoin et de ses annexes*, Paris.

Dom Lobineau, G. A. (1707) : *Histoire de Bretagne, composée sur les actes et auteurs originaux*, Paris, II, 218.

Dom Morice, H. (1742-1746) : *Mémoires pour servir de preuves à l'histoire ecclésiastique et civile de Bretagne*, Paris, 3vol.

Dom Piolin, L. P. (1851-1863) : *Histoire de l'église du Mans*, Le Mans, 6 vol.

Douët d'Arcq, L., éd. (1863-1864) : *Choix de pièces inédites relatives au règne de Charles VI*, Paris, 2 vol.

Dufournet, J., éd. (1989) : *Anthologie de la poésie lyrique française des XIIe et XIIIe siècles*, Paris.

Dufournet, J. et C. Lachet, (2003) : *La littérature française du Moyen Âge, 1, Romans et chroniques, Paris.*

Durieu, P., éd. (1887) : *Archives angevines*, Paris, 1887.

Eyre, G. et A. Spottiswoode, éd. (1844) : *Rotuli litterarum clausarum in Turri londinensi asservati: 1224-1227*, Londres.

Farcy, P. de, éd. (1905) : *Cartulaire du Prieuré des Bonshommes de Craon*, Laval.

— (1907) : *Cartulaire - Obituaire du prieuré des Bonshommes de Craon*, Laval.

Fawtier, R., éd. (1956) : *Comptes royaux, 1285-1314*, Paris, 3 vol.

Fleury, G., éd. (1880) : *Cartulaire de l'abbaye cistercienne de Perseigne*, Mamers.

Grasilier, T., éd. (1871) : *Cartulaire de Notre-Dame de Saintes*, Niort.

Grosse Duperon, A. et E. Gouvrien, éd. (1896) : *Cartulaire de Fontaine-Daniel*, Mayenne.

Guillaume Le Maire, éd. Port, C., (1874) : *Livre de Guillaume Le Maire*, Paris.

Guilloreau, L., éd. (1902) : *L'Obituaire des Cordeliers d'Angers 1216-1710*, Laval-Paris.

Hamon-Jugnet, M., éd. (1971) : *Cartulaire de l'abbaye de la Roë*, Thèse de l'École des Chartes, Paris.

Howlett, R., éd. (1884-1889) : *Chronicles of the Reigns of Stephen, Henry II and Richard I*, Londres.

Jean Cuvelier, J., éd. Charrière, E. (1839) : *Chronique de Bertrand du Guesclin*, Paris, 2 vol.

Jean de Bueil, éd. C. Fabre et L. Lecestre, (1887-1889) : *Le Jouvencel*, Paris, 2 vol.

Jean de Joinville, éd. Natalis de Wailly (1867) : *Histoire de Saint-Louis*, Paris.

Jean Froissart, éd. Kervyn de Lettenhove, J. (1867-1879) : *Chroniques*, Bruxelles, 23 vol.

Joubert, A., éd. (1888) : *Histoire de la baronnie de Craon de 1382 à 1626*, Paris.

— (1889) : *Documents pour servir à l'histoire de la guerre de Cent Ans.*

— (1891) : *Liste et analyse de vingt-six lettres de rémission accordées à des habitants des châtellenies de Château-Gonthier et de Craon,* Laval.

Jean Juvenal Des Ursins, éd., Buchon, J. (1843) : *Histoire de Charles VI,* Paris.

Jean Lefèvre de Saint-Rémy, éd. Morand, F. (1881) : *Chronique,* Paris, t. I.

Jean le Trouvère, éd. Meyer, P. (1891-1901) : *L'Histoire de Guillaume le Maréchal,* Paris.

Jehan de Waurin, éd. Hardy, W. [1864-1891] (1967) : *Recueil des Croniques et Anchiennes Istories de Grant Bretagne,* Londres, 5 vol.

Labande-Mailfert, Y., éd. (1931) : *Le premier cartulaire de Saint-Nicolas d'Angers,* XIe *-* XIIe *siècles. Essai de reconstitution,* Thèse de l'École Nationale des Chartes, Paris.

Laborde, F., éd. (1882) : *Œuvres de Rigord et de Guillaume le Breton,* Paris.

Lauer, P. (1923) : *Catalogue des manuscrits de la Collection Clairambault,* Paris, "Recueil de *Tiltres originaux scellés* du XIIe au XVIIe siècle pour servir à l'Armorial de l'ancienne noblesse, aux généalogies et à l'histoire" : vol. 36-206 pièces, p. 2669-2750.

Laurain, E., éd. (1911-1945) : *Cartulaire manceau de Marmoutier publié sous les auspices de la Commission historique et archéologique de la Mayenne,* Laval, 2 vol.

L'Estourbeillon, R. de, éd. (1885) : *Documents pour servir à l'histoire des anciens seigneurs de la Garnache,* Nantes.

Lainé, P.-L. (1878) : *Notice historique et généalogique sur la maison d'Anthenaise,* Angers.

Lalande, D., éd. (1985) : *Le Livre des faicts du bon messire Jehan le Meingre dit Bouciquaut, Mareschal de France et gouverneur de Jennes,* Genève-Paris.

La Trémoïlle, L. de, éd. (1887) : *Livres de compte, 139-1406. Guy de la Trémoïlle et Marie de Sully,* Nantes.

Lespinasse, R. de et F. Bonnardot, éd. (1879), : *Les métiers et corporations de la ville de Paris :* XIIIe *siècle. Le Livre des métiers d'Étienne Boileau,* Paris.

Libri memoriales et necrologia. Monumenta Germaniae historica, Nova series, Hanovre, 1979.

Luce, S., éd. (1862) : *Chronique des quatre premiers Valois* (1327-1393), Paris.

Marchegay, P., éd. (1843-1854) : *Archives d'Anjou : recueil de documents et mémoires inédits sur cette province,* Angers, 3 t.

— (1854a) : *Cartulaire du Ronceray d'Angers,* Angers.

— (1854b) : *Les chroniques de Saint-Aubin d'Angers,* Paris et Angers.

— (1857) : *Cartulaire de Rays,* Paris.

— (1874) : *Choix de pièces inédites sur l'Anjou,* Paris.

Marchegay, P. et A. Salmon, éd. (1856) : *Chroniques des Comtes d'Anjou,* Paris.

Menjot-D'Elbenne, S., éd. (1886-1913) : *Cartulaire de l'abbaye de Saint-Vincent du Mans, ordre de Saint Benoît,* Mamers-Le Mans.

Métais, C., éd. (1893-1904) : *Cartulaire de l'abbaye cardinale de la Trinité de Vendôme,* 5 vol., Paris-Vannes.

Meyer, P., éd. (1884) : *Lamprechts Alexander nach den drei Texten mit dem Fragment des Alberic von Besançon und den lateinischen Quellen,* Halle.

— (1891-1901) : *Histoire de Guillaume le Maréchal,* Paris, 3 vol.

Michel Pintoin, éd. Bellaguet, F., [1839-1852) (1994) : *Chronique du Religieux de Saint-Denys contenant le règne de Charles VI de 1380 à 1422,* Paris, 6 t. en 3 vol.

Migne, J.-P., (1854), éd., *Patrologie latine,* Paris, 157 et 171.

Molinier, E., éd. (1882) : *Chronique normande,* Paris.

Monnoyer, éd. (1881), *Cartulaire des abbayes de Saint-Pierre de La Couture et de Saint-Pierre de Solesmes,* Le Mans.

Olivier de La Marche, éd. Prost, B. (1872) : *Traité du duel judiciaire, relations de pas d'armes et tournois,* Paris.

Orderic Vital, éd. Chibnall, M. (1968-1980) : *Historia Ecclesiastica*, Oxford.

Philippe de Beaumanoir, éd. Salmon, (1899) : *Coutumes de Beauvaisis*, Paris.

Pierre Cochon, éd. Robillard de Beaurepaire, C. (1870) : *Chronique normande*, Rouen.

Pierre de Fenin, (1824) : *Mémoires de Pierre de Fénin, escuyer et panetier de Charles VI, contenans l'Histoire de ce Prince, depuis l'an 1407 jusques à l'an 1422*, Paris.

Philippe Mézières, éd. Blanchard, J. (2008), *Songe du vieil Pèlerin*, Paris.

Port, C., éd. (1870) : *Cartulaire de l'hôpital Saint-Jean d'Angers*, Paris.

Radulfus de Diceto, éd. W. Stubbs (1876) : *Radulfi de Diceto decani Lundoniensis opera historica*, Londres.

Reiffenberg De, éd. (1836) : *Chronique rimée de Philippe Mouskes*, Bruxelles

Renouard, Y., éd. (1962), *Rôles gascons. Tome quatrième, 1307-1317*, Paris.

Robert de Torigni, éd. Delisle, L. (1873), *Chronique*, Rouen, II.

Roger de Hoveden, éd. Stubbs, W. (1867) : *Gesta Henrici Secundi*, Londres.

— (1868-1871) : *Chronica magistri Rogeri de Houedene*, Londres, 4 vol.

Round, J. H. (1899) : *Calendar of documents preserved in France (918-1206)*, Londres.

Rymer, T. [1739-1745](2006) : *Foedera, Conventiones, Literae et curjuscunque generis Acta Pullica inter Reges et alios quosvis imperatores, reges, pontifices, principes, vel communitates,* La Haye, 10 vol.

Salmon, A., éd. (1865) : Le Livre des serfs de Marmoutier, Tours.

Samaran, C. (1928) : *Archives de la maison de La Trémoïlle*, Paris.

Schröder, E. (1894) : *Zwei altdeutsche Ritter-maeren, Moriz von Craon*, Berlin.

Stubbs, W., éd. (1863) : *Itinerarium Peregrinorum et Gesta Regis Ricardi, Chronicles and Memorials of the Reign of Richard I,* Londres.

— (1867) : *Gesta Regis Henrici Secundi*, Londres, t. I.

Teulet, A., Laborde, J. de, Berger É. et H.-F. Delaborde, éd. (1863-1909) : *Les Layettes du Trésor des Chartes*, éd. Paris, 5 vol.

Trébutien, G.-S., éd. (1843) : *Chansons de Maurice et de Pierre de Craon,* Caen.

Tuetey, A., éd. (1880) : *Testaments enregistrés au Parlement de Paris sous le règne de Charles VI,* Paris, III.

— *Journal d'un Bourgeois de Paris,* 1405-1449, Paris

Viard, J., éd. (1899) *Les Journaux du Trésor de Philippe VI de Valois,* Paris.

Viard, J. et E. Déprez, éd. (1907) : *Chronique de Jean le Bel*, Paris.

Vidal, J. M., éd. (1906), *Lettres communes de Benoît XII*, Paris.

Wagner, A. R. (1950) : *A Catalogue of English Medieval Rolls of Arms*, Londres.

Watt, J. (2010) : *The Siege of Caerlaverock Castle [A poem]*, Londres.

Woolgar, C. M. (1992) : *Household Accounts from Medieval England*, part 1, New-York.

BIBLIOGRAPHIE

Alauzier, L. (1952) : "D'une alliance de seigneurs du Quercy en 1380", *AM*, 14, 149-151.

Alduc Le Bagousse, dir. (2004) : *Inhumations et édifices religieux au Moyen Âge entre Loire et Seine*, Tables rondes du Centre de Recherches Archéologiques et Historiques Médiévales, 1, Caen.

Alessandria, L. (2008) : *Les relations frères-sœurs dans la plaine du Roussillon au XVe siècle. Parenté, transmission et construction des identités sexuées*, Mémoire de Master 2, dir. D. Lett.

Alexandre-Bidon, D. (1992), "Des femmes de bonne foi : la religion des mères au Moyen Âge (XIIIe - XVIe siècle)", in : Delumeau 1992, 91-122.

Alexandre-Bidon, D. et Lett, D. (1997) : *Les enfants au Moyen Âge, V^e^ - XVe siècle*, Paris.

Alfani, G. dir. (2006) : *Il ruolo economico della famiglia*, volume doppio volume di Cheiron, nn. 45-46.

Allmand, C. (1976) : *War, literature, and politics in the Late Middle-Ages*, Liverpool.

— (1988) : *The Hundred Years War: England and France at War c.1300-c.1450*, Cambridge.

Althoff, G. (1990) : *Verwandte, Freunde und Getreue: zum politischen Stellenwert der Gruppenbindungen im frühen Mittelalter*, Darmstadt.

Angel, S. (1996) : *Des frères et des sœurs. Les liens complexes de la fraternité*, Paris.

Angot, A. (1897) : *Les croisés et les premiers seigneurs de Mayenne : origine de la légende*, Laval.

— (1903-1910) : *Dictionnaire historique, topographique et biographique de la Mayenne*, Laval.

— (1919) : "Sablé ", *Bulletin de la Commission historique et archéologique de la Mayenne*, 35.

— (1942) : *Généalogies féodales mayennaises du XIe au XIIIe siècle*, Laval.

Anselme de Sainte-Marie, A. (1726-1733) : *Histoire généalogique et chronologique de la maison royale de France*, Paris.

Appelt, H., dir. (1986) : *Frau und spätmittelalterlicher Alltag*, Vienne.

Archer, R. (1984) : "Rich old ladies: the problem of late medieval dowagers", in Pollard 1984, 15-35.

Archer, R. et B. Ferme, (1989) : "Testamentary procedure with special reference to the executrix", *Reading Medieval Studies*, 15, 3-34.

Ardura, B. (1993) : *Abbayes, prieurés et monastères de l'ordre de Prémontré en France des origines à nos jours*, Nancy.

Ariès, P. (1962) : *Centuries of childhood*, Londres.

— (1975) : *Essais sur l'histoire de la mort en Occident, du Moyen Âge à nos jours*, Paris.

— (1983) : *Images de l'homme devant la mort*, Paris.

Ariès, P. et G. Duby, (1983) : *Histoire de la vie privée. 2 : L'époque féodale*, Paris.

Ariès, P. et G. Duby, dir. (1985) : *Histoire de la vie privée, De l'Europe féodale à la Renaissance*, Paris, 5 vol.

Armstrong, C. A. J. (1968) : "La politique matrimoniale des ducs de Bourgogne de la maison de Valois", *AM*, 40, 157, 5-58.

Arnaud-Gillet, C. (1997) : *Entre Dieu et Satan. Les visions d'Ermine de Reims*, Florence.

Assoun, P. L. (2007) : *Leçons psychanalytiques sur Masculin et Féminin*, Paris.

Aubenas, R. (1960) : "Réflexion sur les fraternités artificielles au Moyen Âge", in : *Études historiques à la mémoire de Noël Didier*, Paris.

— (1938) : "Les châteaux forts des Xe et XIe siècles, contributions à l'origine de la féodalité", *Revue historique de Droit français et étranger*, 4e série, 17, 548-586.

Audinet, E. (1917) : "Les Lois et Coutumes de la guerre à l'époque de la guerre de Cent Ans d'après les chroniques de Jehan Froissart", *Mémoires de la Société des Antiquaires de l'Ouest*, 9, 69-106.

Augé, M., M. Aghassian et N. Grandin-Blanc, dir. (1975) : *Les domaines de la parenté filiation, alliance, résidence*, Paris.

Aurell, M. (1985) : "La détérioration du statut de la femme aristocratique en Provence (X^e^ - XIIIe siècle)", *Le Moyen Âge*, 1, 5-32.

— (1986) : "Le lignage aristocratique en Provence au XIe siècle", *AM*, 98, 174, 149-163.

— (1986) : *Une famille de la noblesse provençale au Moyen Âge, Les Porcelet*, Avignon.

— (1989) : *La vielle et l'épée, troubadours et politique en Provence au XIIIe siècle*, Paris.

— (1993) : "Les avatars de la viduité princière : Ermessende, comtesse de Barcelone (975-1058)", in : Parisse 1993, 201-232.

— (1995) : *Les noces du comte : mariage et pouvoir en Catalogne (1085-1213)*, Paris.

— (1996) : *La noblesse en Occident (Ve - XVe siècle)*, Paris.

— (2000a) : *La cour Plantagenêt (1154-1204)*. Actes du colloque de Thouars, 30 avril-2 mai 1999, Poitiers.

— (2000b) : "Stratégies matrimoniales de l'aristocratie (IXe – XIIIe siècle)", in : Rouche 2000, 185-202.

— (2001) : *Noblesses de l'espace Plantagenêt (1154-1124)*, Poitiers.

— (2002) : "Révolte nobiliaire et lutte dynastique dans l'Empire angevin (1154-1224)", *Anglo Norman Studies*, 24, 2002, 25-42.

— (2003) : *L'Empire des Plantagenêts 1154-1224*, Paris.

— (2004a) : "Aliénor d'Aquitaine en son temps", *303 arts, recherches et créations*, 6-17.

— (2004b) : *L'Empire des Plantagenêts*, Paris.

— (2004c) : *Le médiéviste et la monographie familiale : sources, méthodes et problématiques*, Turnhout.

Aurell, M., dir. (2010) : *La Parenté déchirée: les luttes intrafamiliales au Moyen Âge*, Paris.

— (2011) : *Le chevalier lettré. Savoir et conduite de l'aristocratie aux XIIe et XIIIe siècles*, Paris.

Aurell, M et N. Y. Tonnerre, dir. (2006) : *Plantagenêts et Capétiens. Confrontations et héritages. Actes du colloque de Poitiers et Fontevraud, 13-15 mai 2004*, Turnhout.

Autrand, F. (1970) : "Offices et officiers royaux en France sous Charles VI", *RH*, 242, 285-304.

— (1974) : *Pouvoir et société en France aux XIVe et XVe siècles*, Paris.

— (1979) : "L'image de la noblesse en France à la fin du Moyen Âge, tradition et nouveauté", *Comptes-rendus de l'Académie des Inscriptions et Belles-Lettres*, 341-354.

— (1981) : *Naissance d'un grand corps de l'État : les gens du Parlement de Paris, 1345-1454*, Paris.

— (1986) : *Prosopographie et Genèse de l'État moderne*, Paris.

— (1994) : *Charles V*, Paris.

Autrand, F. et P. Contamine (1979) : "La France et l'Angleterre, histoire politique et institutionnelle, XIe - XVe siècles", *RH*, 262, 117-168.

Avout, J. (1952) : *Les d'Avout, étude généalogique d'une famille d'ancienne chevalerie du duché de Bourgogne*, Dijon.

Avril, J. (1985) : *Le gouvernement des évêques et la vie religieuse dans le diocèse d'Angers, 1148-1240*, Paris.

Babelon, J.-P. (1970) : "Saint-Louis et le traité de Paris", in : Pernoud 1970, 227-229.

Bachrach, B. C. (1983) : "The Angevin strategy of castle building in the reign of Fulk Nerra", *AHR*, 88, 533-560.

Balard, M., B. Laurioux, R. Le Jan et M. Le Mené, (2003) : *Dictionnaire de la France médiévale*, Paris.

Baldwin, J. W. (1976) : "Studium et Regnum. The Penetration of University personnel into French and English Administration at the Turn of the 12th and 13th Centuries", *Revue islamique*, 44, 199-211.

— (1991) : *Philippe Auguste et son gouvernement*, Paris.

Baluze, É. (1708) : *Histoire de la maison d'Auvergne*, Paris.

Barbagli, M.[1984] (1996) : *Sotto lo stesso tetto, Mutamenti della famiglia in Italia dal XV al XX secolo*, Bologne.

Bardet, J. P., J. N. Luc, I. Robin-Romero et C. Rollet, dir. (2003) : *Lorsque l'Enfant grandit. Entre dépendance et autonomie*, 2003, Paris.

Baron, F. (201) : "Cimetière aux rois et musée de sculpture funéraire Saint-Denis", *Les dossiers d'archéologie*, 261.

— (1991) : "Saint-Denis Cimetière des rois", *Les dossiers d'archéologie*, n°158 .

Barrera-Gonzalez, A. (1994) : "Aînés et cadets dans le contexte d'un système de famille-souche. Étude de quelques cas catalans", in : Segalen & Ravis-Giordani, dir. 1994, 139-153.

Barthélémy, D. (1984) : *Les deux âges de la seigneurie banale. Coucy (XIe - XIIIe siècle)*, Publications de la Sorbonne, Paris.

— (1986) : "L'État contre le lignage", *Médiévales*, 5, 37-50.

— (1990) : *L'ordre seigneurial, XIe - XIIe*, Paris.

— (1991) : *Le Vendômois du Xe au XIVe siècle : institutions seigneuriales et société,* Thèse de Doctorat d'État, Paris.

— (1992a) : "La mutation féodale a-t-elle eu lieu?", *AESC*, 47, 767-778.

— (1992b) : "Notes sur le *maritagium* dans le grand Anjou des XIe et XIIe siècles", in : *Femmes, mariages, lignages* 1992, 9-24.

— (1993) : *La société dans le comté de Vendôme de l'an mil au XIVe siècle*, Paris.

— (2007) : *La Chevalerie : de la Germanie antique à la France du XIIe siècle*, Paris.

Bartlett, C. (1995) : *English Longbowman 1330 - 1515,* Oxford.

Barton, S. (1997) : *The Aristocraty in Twelfth-Century Leon and Castile*, Cambridge.

Barton, R. E. (2004) : *Lordship in the County of Maine, c. 890-1160*, Woodbridge.

— (2005) : "Writing Warfare, Lordship and History: the Gesta Consulum Andegavorum's Account of the Battle of Alençon", *Anglo-Norman Studies 27: Proceedings of the Battle Conference 2004*, 32-50.

Baschet, J. (2000) : *Le sein du père. Abraham et la paternité dans l'Occident médiéval*, Paris.

Baudry, M.-P., éd. (2000) *: Les fortifications dans les domaines Plantagenêts XIIe - XIVe siècle, Actes du Colloque international tenu à Poitiers du 11 au 13/11/1994*, Poitiers.

Baumgartner, E. (1987) : *Histoire de la littérature française, le Moyen Âge 1050-1486*, Paris.

Bautier, R. H. (1977) : "Les sources documentaires de l'histoire de France au Moyen Âge : Recherche, publication et exploitation", *Tendances, perspectives et méthodes de l'histoire médiévale ; Actes du 100e congrès des sociétés savantes,* Paris, 215-248.

— (1982) : *La France de Philippe Auguste - Le temps des mutations*, Paris.

— (1985) : "Conclusions. "Empire Plantagenêt" ou "espace Plantagenêt". Y eut-il une civilisation du monde Plantagenêt ?", *CCM*, 29, 139-147.

— (1990) : *Chartes, sceaux et chancellerie. Étude de diplomatique et de sigillographie médiévale,* Paris-Genève.

Bautier, R.-H. (1986-1) : "Y-a-t-il une civilisation du monde Plantagenêt ?" Actes du colloque d'histoire médiévale de Fontevrault, *CCM*, 29, 61-63.

Bawin-Legros, B. et J. Kellerhals, éd. (1991) : *Relations intergénérationnelles : parenté - transmission - mémoire, Actes du colloque de Liège 17-18 mai 1990,* Genève.

Bazin, J. L. (1908) : *Brancion, les seigneurs, la paroisse, la ville,* Paris.

Beaune, C. (1977) : *La mort au Moyen Âge,* Strasbourg.

— (1985) : *Naissance de la nation France*, Paris.

— (1986) : "Les sanctuaires royaux. De Saint-Denis à Saint-Michel et Saint-Léonard", in : Nora 1986, 1, 57-87.

Beauséjour, G., C. Godart et É. Bourdin (1928) : *Pesmes et ses seigneurs de XIIe au XVIIIe siècle,* Vesoul.

Beck, P., "Les noms de baptême en Bourgogne à la fin du Moyen Âge, choix roturier, choix aristocratique", in : Dupâquier *et al.* 1984, 161-167.

Becquet, J. (1965) : "L'érémitisme clérical et laïc dans l'Ouest de la France", in : *L'eremitismo in Occidente nei secoli XIIe XII : atti della Seconda settimana internazionale di studio, Mendola, 30 agosto-6 settembre 1962,* 182-241, Milan.

Bedos, B. (1981) : *La châtellerie de Montmorency des origines à 1368,* Pontoise.

Beech, T. (1974) : "Les noms de personne poitevins du IXe au XIIe siècle", *Revue internationale d'onomastique,* 26, 81-100.

Beghin-Le Gourrierec, C. (2000) : *Le rôle économique des femmes dans les villes de la sénéchaussée de Beaucaire à la fin du Moyen Âge* (*XIVe - XVe siècles*), Thèse de doctorat, EHESS, Paris.

Bellamy, J. G. (1970) : *The Law of Treason in England in the later Middle Ages,* Londres.

Bellanger, A. (2000) : "Craon : une seigneurie d'or et de gueules", 303, *Arts, recherches et créations*, 65, 36-43.

Bellenger, Y. et D. Quérel, dir (1987) : *Thibaud de Champagne, prince et poète au XIIIe siècle*, Lyon.

Beltz, G. (1841) : *Memorials of the Order of the Garter*, Londres.

Bely, L. (1990) : *Espions et ambassadeurs au temps de Louis XIV*, Paris.

Bely, L., et I. Richefort, (1998) : *L'invention de la diplomatie - Moyen Âge - Temps modernes*, Paris.

— (2000) : *L'Europe des traités de Westphalie - esprit de la diplomatie et diplomatie de l'esprit*, Paris.

Bemont, C. (1893) : "La campagne de Poitou, 1242-1243, Taillebourg et Saintes", *AM*, 5, 289-314.

Benadusi (1996) : *A Provincial Elite in Early Modern Tuscany : Family and Power in the Creation of the State*, Baltimore.

Benatouil, T. (1999) : "Critique et pragmatique en sociologie. Quelques principes de lecture", *Annales HSS*, 2, 281-317.

Bennett, J. (1992) : "Widows in the Medieval English Countryside", in : Mirrer 1992, 69-74.

Bercé, Y. et A. Soman, (1995) : "La justice royale et le Parlement de Paris", *BEC*, 153, 275-290.

Bériac-Lainé, F. et C. Given-Wilson, (2002) : *Les prisonniers de la bataille de Poitiers*, Genève-Paris.

Bériac-Lainé, F. et Challet, P. (1999) : "Les sénéchaux de Gascogne : des hommes de guerre, (1248-1453)", in : *XXIXe Congrès de la S.H.M.E.S.P., Pau, mai 1998*, Paris, 207-227.

Beszard, L. (1920) : *Les noms de lieux de la Mayenne, notes toponymiques*, Laval.

Bienvenu, J. -M. (1968) : *Recherches sur le diocèse d'Angers au temps de la Réforme grégorienne*, Paris, Thèse dactylographiée.

— (1980) : *Les premiers temps de Fontevraud (1101-1189). Naissance et évolution d'un Ordre religieux*, thèse de Doctorat d'État, Paris.

— (1981) : *Robert d'Arbrissel, l'étonnant fondateur de Fontevraud*, Paris.

Bienvenu, J., (1989) : *Genèse d'une abbaye canoniale : Notre-Dame de la Roë au tournant des 1100*, Mémoire de maîtrise, Université catholique de l'Ouest, Angers, multigr., 1989, 65 p. : [http://mes-recherches-en-histoire-medievale.over-blog.com/].

Biget, J. -L. (1982) : "L'évolution des noms de baptême en Languedoc au Moyen Âge, IXe - XIVe siècle", *Cahiers de Fanjeaux*, 17, 297-341.

Billoré, M. et M. Soria, dir. (2010) : *La Trahison au Moyen Âge, de la monstruosité au crime politique (V^e^ - XVe siècle)*, Rennes.

Bisson, T. N. (1994) : "The Feudal Revolution", *Past and Present*, 142, 6-42.

Bleton-Ruget, A., Pacault, M. et M. Rubellin, "dir." (2001) : *Georges Duby : regards croisés sur l'œuvre. Femmes et féodalités*, Lyon.

Bloch, F., M. Buisson et J. -C. Mermet, (1991) : "Filiations, obligations familiales, continuité et discontinuité conjugale", in : Bawin-Legros & Kellerhals, 1991, 83-92.

Bloch, M. (1932) : "Noms de personne et histoire sociale", *Annales d'histoire économique et sociale*, 4 (13).

— (1936) : "Enquête sur la noblesse française : quelques jalons de recherche", *AESC*, 8.

— (1939-1940) : *La société féodale*, Paris.

— [1924] (1983) : *Les Rois thaumaturges*, Paris.

Buteau, M. (1970) : *La naissance de la fortune d'Olivier de Clisson*, Paris.

Bois, G. (1976) : "Noblesse et crise des revenus seigneuriaux en France aux XIVe - XVe siècles : essai d'interprétation", in Contamine, 1976, 219-233.

— (1981) : *Crise du féodalisme*, Paris.

Boisard, P. (1981) : "La vie intellectuelle de la noblesse angevine à la fin du *XIVe* s., d'après le chevalier de la Tour Landry", in : *La littérature angevine médiévale*, Maulévrier, 135-154.

Boltanski, L. et L. Thévenot, (1991) : *De la justification. Les économies de la grandeur*, Paris.

Bongert, Y. (1979) : "Solidarité familiale et procédure criminelle au Moyen Âge : la procédure ordinaire au XIVe siècle ", in : *Mélanges offerts à Jean Dauvillier*, Toulouse, 99-116.

Bonnassie, P. (1975-1976) : *La Catalogne du milieu du Xe à la fin du XIe siècle. Croissance et mutations d'une société*, Toulouse, 2 vol.

— (1980) : *Structures féodales et féodalismes dans l'occident méditerranéen (X^e^ - XIIIe siècles)*, Rome-Paris.

Bonney, R. (1987) : "Guerre, fiscalité et activité d'État en France (1500-1660) : quelques remarques préliminaires sur les possibilités de recherches", in : Genet & Le Mené 1987, 193-201.

Bonney, R., dir. (1996) : *Systèmes économiques et finances publiques. Les origines de l'État moderne en Europe*, Paris.

Bonte, P., dir. (1994) : Épouser au plus proche. Inceste, prohibitions et stratégies matrimoniales autour de la Méditerranée, Paris.

Borgolte, M. (1996) : *Sozialgeschichte des Mittelalters: eine Forschungbilanz nach der deutschen Einheit*, Munich.

Borne, L. (1924) : *Les sires de Montferrand, Thoraises, Torpes et Corcoudray aux XIIIe, XIVe et XVe siècle. Essai de généalogie et d'histoire d'une famille franc-comtoise*, Besançon.

Bossuat, A. (1936) : *Perrinet Gressart et François de Surienne, agents de l'Angleterre*, Paris.

— (1951) : "Les Prisonniers de guerre au XVe siècle : la rançon de Guillaume, seigneur de Châteauvillain", *AB*, 7-35.

— (1951) : "Les prisonniers de Beauvais et la rançon du poète Jean Régnier, bailli d'Auxerre", in : *Mélanges d'histoire du Moyen Âge dédiés à la mémoire de Louis Halphen*, Paris, 27-33.

Bost, P. (1955) : "La naissance du costume masculin moderne au XIe siècle", *Actes du premier congrès international d'histoire du costume, Venise 31 août-7 septembre 1952*, Milan.

Boszormenyi-Nagy, I. et G. M. Spark, dir. (1973) : *Invisible Loyalties. Reciprocity in Intergenerational Family Therapy*, New-York.

Bouchard, C. B. (1986) : "Family structure and family consciousness among the aristocraty in the ninth to eleventh centuries", *Francia* 14, 639-658.

— (1988) : "The Bosonids. Or Rising to Power in the Late Carolingian Ages", *French Historical Studies*, 15, 407-431.

— (2001) : *Those of My Blood. Constructing Noble Families in Medieval Francia*, Philadelphie.

Boucher, F. (1955) : "Les conditions de l'apparition du costume court en France vers le milieu du XIVe siècle", in : *Recueil de travaux offerts à Clovis Brunel*, Paris, 183-192.

— (1965) : *Histoire du costume en Occident de l'Antiquité à nos jours*, Paris.

Bourel de la Roncière, C. (1975) : "L'influence des Franciscains dans la campagne de Florence au XIVe siècle (1280-1360)", *Mélanges de l'École Française de Rome. Moyen Âge - Temps modernes*, 87, 27-103.

Bourin, M. et P. Chareille (1992) : *Genèse médiévale de l'anthroponymie moderne*, II-2, *Persistance du nom unique, désignation et anthroponymie des personnes. Méthodes statistiques pour l'anthroponymie*, III, *Enquêtes généalogiques et données prosopographiques*, Tours.

Bourin, M. (1995) : "*Choix des noms et culte des saints du XIe et XIIe s. Le culte des saints aux IXe - XIIIe s.*", in : Favreau 1995, 1-9.

— (1996) : "France du Midi, France du Nord : deux systèmes anthroponymiques", *L'anthroponymie. Document d'histoire sociale des mondes méditerranéens médiévaux*, Paris-Rome, 179-202.

Bournazel, É. (1990) : "Mémoire et parenté", in : Delort & Iogna-Prat 1990, 114-124.

Boussard, J. (1945-1946) : "Les mercenaires du XIIe siècle : Henri II de Plantagenêt et les origines de l'armée de métiers", *BEC*, 106, 189-224.

— (1956) : *Le gouvernement d'Henri II Plantagenêt*, Paris.

— (1957) : "Les institutions de l'empire Plantagenêt", in : Lot et Fawtier 1957, 35-69.

— (1962) : "L'origine des familles seigneuriales dans la région de la Loire moyenne", *CCM*, 5, 303-322.

— (1967) : "Services féodaux, milices et mercenaires dans les armées en France aux Xe et XIe siècles", *Settimana di Studi sull'Alto Medioevo, Spoleto*, XV, 131-168.

— (1977) : *Le Comté d'Anjou sous Henri Plantagenêt et ses fils (1151-1204)*, Paris.

Boutaric, E. (1876) : *Saint-Louis et Alphonse de Poitiers. Étude sur la réunion des provinces du Midi et de l'Ouest à la Couronne et sur les origines de la centralisation administrative*, Paris.

Bouter, N., dir. (1994) : *Les Religieuses dans le cloître et dans le monde des origines à nos jours, Actes du colloque du CERCOR de Poitiers (1988)*, Saint-Étienne.

Bouton, A. (1947) : *Les voies antiques, les grands chemins médiévaux et les routes royales du Haut-Maine*, Le Mans.

— (1970) : *Le Maine, historique économique et sociale, XIVe, XVe et XVIe siècles*, les ruines de la Guerre de Cent Ans - les classes sociales de la Renaissance - Les déchirements des luttes religieuses, Le Mans.

Boutruche, R. (1939) : "Aux origines d'une crise nobiliaire : donations pieuses et pratiques successorales en Bordelais du XIIIe au XIVe siècle", *Annales d'Histoire sociale,* 161-178 et 257-278.

— (1947) : *La crise d'une société. Seigneurs et paysans du Bordelais pendant la guerre de Cent ans,* Paris.

Brissaud, Y. (1971) : *Le droit de grâce à la fin du Moyen Âge, XIVe et XVe siècles. Contribution à l'étude de la restauration de la souveraineté monarchique,* Thèse de droit dactylographiée, Poitiers.

— (1972) : "L'infanticide à la fin du Moyen Âge. Ses motivations psychologiques et sa répression", *Revue Historique de Droit français et étranger,* 229-256.

Brown, E. (1981) : *Parliament, Estates and Representations,* I, 109-137.

Bührer-Thierry, G., D. Lett et L. Moulinier-Brogi (2005), "Histoire des femmes et histoire du genre dans l'Occident médiéval", *Historiens et Géographes,* 392, 135-146.

Bur, M et D. Guéniot, dir. (2005), *La Champagne médiévale, recueil d'articles,* Langres.

— (1985) : "L'image de la parenté chez les comtes de Champagne", *Annales. Économies, Sociétés, Civilisations,* 38ème année, 5, 1016-1039.

Burguière, A. (2003) : "Les sciences sociales et la notion de solidarité familiale : un commentaire d'historien", *Cahiers du Centre Pierre Léon,* 2, 19-40.

Burguière, A., C. Klapish-Zuber, M. Segalen et F. Zonabend, dir. (1986) : *Histoire de la famille, Mondes lointains, mondes anciens,* Paris.

Burton, J., P. Schofield et B. Weiler, dir. (2009) : *Thirteenth Century England, Proceedings of the Gregynog Conference,* 12.

Buteau, M. (1970) : *La naissance de la fortune d'Olivier de Clisson,* Paris.

Calleja, M. (2001) : *El Conde Suero Vermudez, su parentela y su entorno social. La aristocratia asturleonesa en los siglos XI y XII,* Oviedo.

Calmette, J. et E. Déprez, (1937) : *L'Europe occidentale fin XIVe siècle aux guerres d'Italie,* Paris.

Calvi, G. (2006) : "Christiane Klapisch-Zuber, une historienne de la famille et des femmes en Italie", in : Chabot *et al.* 2006, 89-103.

Carbonnel, I. (1987) : *La famille d'Uzès, : l'ascension d'un lignage du Bas-Languedoc du XIIe au XVe siècle,* École Nationale des Chartes, positions des thèses.

Caron, M. -T. (1980) : "Vie et mort d'une grande dame, Jeanne de Châlons, comtesse de Tonnerre (1388-1405)", *Francia,* 147-190.

— (1987) : *Noblesse dans le duché de Bourgogne, 1315-1477,* Lille.

— (1990) : "'Mariage et mésalliance' : la difficulté d'être une femme dans la société nobiliaire française à la fin du Moyen Âge", in : Heuclin & Rouche 1990, 315-325.

— (1994), *Noblesse et pouvoir royal en France, XIIIe - XVIe siècle,* Paris.

Carron, R. (1989) : *Enfant et parenté dans la France médiévale, Xe - XIIIe siècles,* Genève.

Carruthers, M. (1990) : *The Book of Memory : A Study of Memory in Medieval Culture,* Cambridge.

Castelnuovo, G. (1994) : *Seigneurs et lignages dans le Pays de Vaud, Du royaume de Bourgogne à l'arrivée des Savoie,* Lausanne.

Cazelles, R. (1958) : *La société politique et la crise de la royauté sous Philippe de Valois,* Paris.

— (1960) : "Le parti navarrais jusqu'à la mort d'Étienne Marcel", *Bulletin philologique et historique jusqu'à 1610 du Comité des travaux historiques et scientifiques,* II, 839-869.

— (1960) : "La règlementation royale de la guerre privée de Saint-Louis à Charles V et la précarité des ordonnances", *Revue historique de Droit français et étranger,* 38, 530-548.

— (1982) : *Société politique, noblesse et couronne sous les règnes de Jean II le Bon et Charles V,* Genève-Paris.

Chabot, I., J. Hayez et D. Lett, dir. (2006), *La famille, les femmes et le quotidien, Textes offerts à Christiane Klapisch-Zuber,* Paris.

Champagne, A. (2000) : *L'artisanat rural en Poitou (XIVe - XVe siècle),* thèse de l'Université de Poitiers.

Champion, P. (1906) : *Guillaume de Flavy, capitaine de Compiègne,* Paris.

Chaplais, P. (1955) : "Le traité de Paris de 1259 et l'inféodation de la Gascogne allodiale", *Le Moyen Âge,* 121-137.

— (1982) : *English Medieval Diplomatical Practice (Part. I - Documents and Interpretation)*, Londres.

Charbonnier, P. (1973) : *Guillaume de Murol. Un petit seigneur auvergnat au début du XVe siècle*, Clermont, 2 vol.

Charles, L. (1877) : *Histoire de la Ferté-Bernard,* Le Mans.

Chartrou, J. (1928) : *L'Anjou de 1109 à 1151 : Foulque de Jérusalem et Geoffroy Plantegenêt*, Paris.

Chastang, P. (2001) : *Lire, écrire, transcrire, Le travail des rédacteurs de cartulaires en Bas-Languedoc (XIe - XIIIe siècles)*, Paris.

Chaume, M. (1925) : *Origines du duché de Bourgogne*, Dijon.

— (1934) : "Les anciens seigneurs de Marigny-sur-Ouche", *Mémoires de la Commission des Antiquités de la Côte d'Or,* XX, 155-162.

Chauou, A. (2001) : *L'idéologie Plantagenêt, Royauté arthurienne et monarchie politique dans l'espace Plantagenêt (XIIe - XIIIe siècles)*, Rennes.

Chaurand, J. (1963) : *Thomas de Marle - Sire de Coucy - Sire de Marle, Seigneur de la Fère, Vervins, Boves, Pinon et autres lieux*, Marle.

Chauvard, J.-F., V. Gourdon, S. Beauvalet et F. J. Ruggiu, dir. (2004) : *Liens sociaux et actes notariés dans le monde urbain en France et en Europe*, Paris.

Chauvard, J.-F. (2004) : "Source notariale et analyse des liens sociaux. Un modèle italien ?", in : *Liens sociaux et actes notariés dans le monde urbain en France et en Europe*, Chauvard *et al.*, dir. 2004, 87-108.

Chédeville, A. et N. Tonnerre, (1987) : *La Bretagne féodale, XIe - XIIIe siècles*, Rennes.

Chevalier, B. (1987) : "Fiscalité municipale et fiscalité d'État en France du XIVe à la fin du XVIe siècle", in : Genet & Le Mené 1987, 137-151.

Chevalier, B. et P. Contamine, dir. (1985), *La France de la fin du XVe siècle, renouveau et apogée, Colloque international du CNRS (Tours 1983)*, Paris.

Chevrier, G. (1955) : "Remarques sur l'évolution du testament dans le Duché de Bourgogne du XIIIe siècle à la fin du XVIe siècle", *Mémoires de la Société d'histoire du droit et des institutions des anciens pays bourguignons, comtois et romands*, fasc. 17, 119-138.

Cheyette, F. (1962) : "La justice et le pouvoir royal à la fin du Moyen Âge français", *Revue historique de Droit français et étranger*, 40, 373-394.

Chiffoleau, J. (1976) : "Pratiques funéraires et image de la mort à Marseille, en Avignon et dans le Comtat 1280", *Cahiers de Fanjeaux,* 11, 271-303.

Chibnall, M. (1984) : *The World of Orderic Vital*, Oxford.

Chojnacka, M. (1997) : "Power, Family, and Household in Early Modern Italy. Review essay", *Journal of Family History*, 22-4, 491-495.

Clanchy, M. T., (1975) : "Moderny in Medieval Education and Government in England", *Speculum*, 50, 1975, 671-688

— (1983) : *England and its rulers, 1066-1272, Foreign Lordship and National Identity*, Oxford.

— [1979] (1997) : *From Memory to Written Record*, Cambridge (Mass.).

Classen, A. (2011) : *Courtiness and Transgression at Arthur's Court Wit Emphasis on the Middle High German Poet Neidhart and the Anonymous Verse Novella "Mauritius von Craûn"*, Scriptorium Press.

Cloulas, I. (2000), "Le douaire de Bérengère de Navarre, veuve de Richard Cœur de Lion, et sa retraite au Mans", in : Aurell 2000a, ,89-94.

Collins, S. M. (1946) : "Differencing in English medieval Heraldry", *The Antiquaries Journal*, 172-174.

Colman, J. (1992) : *Ancient and Medieval Memories, Studies in the Reconstruction of the Past*, Cambridge.

Concile de Clermont de 1095 et l'appel à la croisade, Actes du colloque universitaire international de Clermont-Ferrand, 23-25 juin 1995, CollEfR 236, Rome, 1997.

Constable, G., dir. (1967) : *The letters of Peter the Venerable*, Harvard.

Contamine, P., dir. (1964) : "Batailles, bannières, compagnies pendant la guerre de Cent ans", *Les Actes du Colloque de Cocherel, Les cahiers vernonnais*, 19-32.

— (1971) : "The French Nobility and the war", in : Fowler 1971, 135-162.

— (1972) : *Guerre, État et Société à la fin du Moyen Âge. Étude sur les armées des rois de France, 1337–1494*, Paris-La Haye.

— (1976a), "De la puissance aux privilèges : doléances de la noblesse française envers la monarchie aux XIVe et XVe siècles", in : Contamine 1976, 235-257.

— (1976b) : "Points de vue sur la chevalerie en France à la fin du Moyen Âge", *Francia*, 4, 255-285.

— (1976c) : *La vie quotidienne pendant la guerre de Cent Ans, France et Angleterre,* Paris.

— (1976-1977) : "Un serviteur de Louis XI dans sa lutte contre Charles le Téméraire : Georges de la Trémoïlle, sire de Craon", *Annuaire Bulletin de la Société Historique de France*, 63-80.

— (1978) : "Pour l'histoire de la noblesse de cour au XVe siècle. À propos d'une livre récent", *Le Moyen Âge*, 84, 497-506.

— (1980), "L'écrit et l'oral en France à la fin du Moyen Âge. Note sur "l'alphabétisme" de l'encadrement militaire", in : Werner 1980, 102-113.

— (1981) : *La France aux XIVe et XVe siècle, Hommes, mentalités, guerres et paix*, Londres.

— (1985) : "Les tournois en France à la fin du Moyen Âge", in Feleckstein 1985, 425-449.

— (1988) : *La littérature française aux XIVe et XVe siècle*, Heidelberg, I.

— (1992) : *La guerre au Moyen Âge*, Paris.

— (1993) : *Des pouvoirs en France, 1300 - 1500*, Paris.

— (1994) : "Office d'armes et noblesse dans la France de la fin du Moyen Âge", *Bulletin de la Société nationale des Antiquaires de France,* 310-321.

— (1997) : *La noblesse au Royaume de France, de Philippe le Bel à Louis XII,* Paris.

Contamine, P., éd. (1976) : *La noblesse au Moyen Âge. Essais à la mémoire de Robert Boutruche*, Paris.

— (1989) : *L'État et les aristocraties, XIIe - XVIIe siècle, France, Angleterre, Écosse*, Paris.

— (1992) : *Histoire militaire de la France*, 1 : *des origines à 1715*, Paris.

— (1998) : *Guerre et concurrence entre les États européens du XIVe au XVIIIe siècle*, Paris.

Contamine, P., C. Giry-Deloison et M. Keen, (1991) : *Guerre et société en France, en Angleterre et en Bourgogne XIVe - XVe siècle,* Lille.

Contamine, P. et B. Schnerb, dir. (1993) : *Commerce, finances et société (XIe - XVIe siècles) recueils de travaux d'histoire médiévale offert à M. le professeur Henri Dubois,* Paris.

Contamine, P. et L. Vissière, dir. (2010) : *Les chartriers seigneuriaux : défendre ses droits, construire sa mémoire ; XIIIe - XXIe siècle; Actes du colloque international de Thouars (8 - 10 juin 2006)*, Paris.

Corbet, P. (1986) : *Les saints ottoniens. Sainteté dynastique, sainteté royale et sainteté féminine autour de l'an Mil*, Sigmaringen.

— (2001) : *Autour de Burchard de Worms. L'Église allemande et les interdits de parenté (IXe - XIIe siècle)*, Francfort.

Coss, P. R. (1989) : "Bastard Feudalism revised", *Past and Present,* 125, 27-64.

Couderc-Barraud, H. (2002) : "Donation pieuse et contrôle familial : le cas de l'église Saint-Martin de Magrens, fin X^e^ - début XIIe siècle", *CCM* 45e année, Poitiers, 217-236.

Coulet, N. (1985) : "Le Peuple des Saints", *Mémoires de l'Académie de Vaucluse*, VI, 167-168.

Courcelles, M. de J. B. (1822-1833) : *Histoire généalogique et héraldique des pairs de France, des grands dignitaires de la Couronne, des principales familles nobles du royaume et des maisons princières de l'Europe*, Paris, 12 vol.

Courtemanche, A. (1993) : *La richesse des femmes. Patrimoine et gestion à Manosque au XVe siècle*, Paris.

Coville, A. (1949) : "Complainte sur la bataille de Poitiers", *Histoire littéraire de la France*, 38, Paris, 315-324.

Crouch, D. (1986) : *The Beaumont Twins. The Roots and Branches of Power in the Twelfth Century*, Londres.

— (1990) : *William Marshall : Court, Career and Chivalry in the Angevin Empire*, 1147-1219, Londres.

Culture et idéologie de la genèse de l'État moderne. Actes de la table ronde organisée par le CNRS et l'École française de Rome, Rome, 1985.

Curry, A. (2002): *The Hundred Years War 1337-1453*, Oxford.

Cuttler, S. H. (1981) : *The Law of Treason and Treason Trials in Later Medieval France*, Londres.

Dalarun, J. (1985) : *L'impossible sainteté. La vie retrouvée de Robert d'Arbrissel (1045-1116), fondateur de Fontevraud,* Paris.

— (1994) : "*Lapsus linguae". La légende de Claire de Rimini*, Spolète.

— (1994) : "*Dieu changea de sexe, pour ainsi dire", La féminisation du religieux au travers de l'hagiographie (XIIe - XIVe siècles)*, Paris.

— (1995) : "Angèle de Foligno a-t-elle existé ?", in : "*Alla Signorina". Mélanges offerts à Noëlle de La Blanchardière*, CollEfR 204 Rome, 59-97.

Daumet, G. (1913) : *Mémoires sur les relations de la France et de la Castille de 1255 à 1320*, Paris.

Dauzet, D.M. et M. Plouvier, dir. (1998) : *Les Prémontrés et la Lorraine, XIIe - XVIIIe siècle*, Paris, t. 33.

David, M. (1981), "Le mariage dans la société féodale", *AESC*, 1050-1055.

Davy, A (2003), *Frères d'armes - Bertrand Du Guesclin et Olivier de Clisson*, Paris.

Debord, A (1981), "Les fortifications de terre en Europe occidentale du Xe au XIIe siècles", *Archéologie médiévale*, 11, 5-123.

— (1984), *La société laïque dans les pays de la Charente, Xe - XIIe siècle*, Paris.

Debordeaux, D., Strobel, P. (2002) : *Les solidarités familiales en questions. Entraide et transmission*, Paris.

Dectot, X. (1998) : *La mort en Champagne. Étude de l'art funéraire aux XIIe et XIIIe siècles*, École Nationale des Chartes, Positions des Thèses, Paris.

— (1999), "Ou périr ou règner ? Les tombeaux des comtes de Champagne à Saint-Étienne de Troyes", *Splendeurs de la cour de Champagne au temps de Chrétien de Troyes*, Troyes.

Delachenal, R. (1909-1931) : *Histoire de Charles V*, Paris, 5 vol.

La Fontenelle de Vaudore, A. D. de, (1825) : *Histoire d'Olivier de Clisson, connétable de France*, Paris.

Delaplace (1903-1904) : "Note sur Enguerrand de Bournonville, la fleur des chevaliers", *Bulletin de la Société archéologique, historique et scientifique de Soissons*, 3e série, XII, 22-225.

Delcor, M. et M. Zimmermann, dir. (2005), *Le Moyen Âge dans les Pyrénées catalanes*, colloque tenu à Prades du Vendredi 23 mai 2003 au 25 mai 2003, Mathias.

Delort, R. (1969) : *Introduction aux sciences auxiliaires de l'histoire*, Paris.

Delort, R. et D. Iogna-Prat, dir. (1990) : *La France de l'an mil*, Paris.

Delumeau, J., dir. (1992) : *La religion de ma mère*, Paris.

Delumeau, J. (1992) : *La religion de ma mère. Le rôle des femmes dans la transmission de foi*, Paris.

Delumeau, J. et Y. Lequin, dir. (1987) : *Les malheurs des temps. Histoire des fléaux et des calamités en France*, Paris.

Demurger, A., W. Paravicini et K. F. Werner, dir. (1980) : *Histoire comparée de l'administration IVe - XVIIIe siècle.* Actes du 14ème colloque historique franco-allemand, Munich.

Déprez, E. (1908) : "La double trahison de Godefroi d'Harcour, 1346-1347", *RH*, 49, 32-34.

Descheemaeker, J. (1969) : *Histoire de la maison d'Arenberg*, Paris.

Desmond, S. (2003) : *A Brief History of the Hundred Years War: The English in France, 1337-1453*, Londres.

Desportes, P. (1979) : *Reims et les Rémois aux XIIIe et XIVe siècle*, Paris.

— (1998) : *Le diocèse de Reims, Fasti Ecclesiae Gallicanae, 3, Turnhout.*

Desroches, (1853-1855), *Analyse des titres et chartes de l'abbaye de Savigny*, Mémoires de la Société des Antiquaires de Normandie, t. XX.

Dessalles, L. (1847) : *Périgueux et les deux derniers comtes de Périgord*, Paris.

Dhondt, J. (1967) :"Une crise du pouvoir capétien (1032-1034)", *Miscellanea Mediaevalia in memoriam J.F. Niermeyer*, Groningen, 137-148.

Dillange, M. (1995) : *Les comtes de Poitou, ducs d'Aquitaine (778-1204)*, Paris.

Dolan, C. (1998) : *Le notaire, la famille et la ville, Aix-en-Provence à la fin du XVIe siècle*, Toulouse.

Dragonnetti, R. (1960) : *Les trouvères dans la chanson courtoise*, Bruges.

— (1987) : *La technique poétique*, Paris.

Dubois, G. (1869) : "Recherches sur la vie de Guillaume des Roches, sénéchal d'Anjou, du Maine et de la Touraine", *BEC*, 30, 377-424.

Dubois, H. (1989) : “Offensive ‘chrétienne’ et résistance ‘germanique’ ? Les prénoms en Bourgogne à la fin du Moyen Âge”, in :*Media in Francia. Recueil de mélanges offert à Karl Ferdinand Werner*, Maulévrier, 101-117.

Duby, G. (1961) : “Une enquête à poursuivre : la noblesse dans la France médiévale”, *RH*, 226, 1-22.

— (1962) : *L’économie rurale et la vie des campagnes dans l’occident médiéval, (France, Angleterre, Empire, IXe - XVe siècles)*, Paris.

— (1964) : “Au XIIe siècle : les “jeunes” dans la société aristocratique”, *AESC*, 19, 835-846.

— (1967a) : *L’An Mil*, Paris.

— (1967b) : “Remarques sur la littérature en France aux XIe et XIIe siècles”, *Académie des Inscriptions et Belles-Lettres*, comptes rendus des séances de l’année 1967, 335-345.

— (1967c) : “Structures de parenté et noblesse. France du Nord, XIe - XIIe siècle”, *Miscellanea medievalia in memoriam Jan Frederik Niermeyer*, Groningue, 149-165.

— (1969) : “Situation de la noblesse en France au début du XIIIe siècle”, *Tijdschrift voor Geschiedenis*, 309-315.

— (1971) : “Les sociétés médiévales : une approche d’ensemble”, *AESC*, 26, n°1, 1-13.

— (1972) : “Lignage, noblesse et chevalerie au XIIe siècle dans la région mâconnaise. Une révision”, *AESC*, 27, n°4, 803-823.

— (1973a) : *Le dimanche de Bouvines, 27 juillet 1214*, Paris.

— (1973b) : *Hommes et structures du Moyen Âge*, Paris-La Haye.

— (1973c) : “Les jeunes dans la société aristocratique dans la France du Nord-Ouest au XIIe siècle”, in : Duby, G., *Hommes et structures du Moyen Âge*, Paris, 213-227.

— (1977) : “Le mariage dans la société du Haut Moyen Âge (discours inaugural)”, *Il matrimonio nella societá altomedievale*, Settimane di studio del Centro italiano di studi sull’alto medioevo, 24, 19-32, Extrait dans *Mâle Moyen Âge*, 1988, Paris, 11-33.

— (1978) : *Guerriers et paysans, VIIe - XIIe siècle. Premier essor de l’économie européenne*, Paris.

— (1981) : *Le chevalier, la femme et le prêtre. Le mariage dans la France féodale*, Paris.

— (1984) : *Guillaume le Maréchal ou le meilleur chevalier du monde*, Paris.

— (1986) : “Le lignage Xe - XIIIe siècles”, in : Nora 1986, 1, 31-56.

— (1988a) : *Mâle Moyen Âge, de l’amour et autres essais*, Paris.

— (1988b) : *La société chevaleresque*, Paris.

— (1988c) : *Seigneurs et Paysans*, Paris.

— (1988d) : *La société aux XIe et XIIe siècles dans la région mâconnaise*, Paris.

— (1992) : *Histoire militaire de la France*, Paris, t.1.

— (1995) : *Dames du XIIe siècle*, Paris.

Duby, G. et M. Perrot, dir. (1991) : *Histoire des femmes*, 2, *Le Moyen Âge*, Paris.

Duby, G. et J. Le Goff, (1977) : *Famille et parenté dans l’Occident médiéval, Paris.*

Duchesne, L. R. (1836) : *Craon et ses barons*, Mayenne.

Duchesne, A. (1621) : *Histoire de Châtillon*, Paris.

— (1624) : *Histoire généalogique de la maison de Montmorency et de Laval*, Paris.

— (1631a) : *Histoire généalogique de la maison de Dreux, de Broyes et de Chateauvillain*, Paris.

— (1631b) : *Histoire généalogique des maisons de Guînes, d’Ardres et de Coucy*, Paris.

Duhamel-Amado, C. (1993) : *La famille aristocratique languedocienne, parenté et patrimoine dans les vicomtés de Béziers et d’Agde (900-1170)*, Thèse d’État inédite, Université de Paris IV.

— (2001) : *Genèse des lignages méridionaux, 1, L’aristocratie languedocienne du Xe au XIIe siècle*, Paris-Toulouse.

Dulac, L. (1980) : “Inspiration mystique et savoir politique : les conseils aux veuves chez Francesco da Barberino et chez Christine de Pizan”, in : *Mélanges à la mémoire de Franco Simone. France et Italie dans la culture européenne*, I, Genève, 113-141.

Dulac, L. et B. Ribémont, dir. (1995) : *Une femme de lettres au Moyen Âge. Études autour de Christine de Pizan*, Orléans.

Dupâquier, J., A. Bideau et. M.-É. Ducreux, dir. (1984), *Le prénom. Mode et histoire*. Entretiens de Malher, 1980, Paris, 1984.

Dupâquier, J., dir. (1988), *Histoire de la population française*, t. 1, Paris.

Dupont-Lachenal, L. (1929) : *Les abbés de Saint-Maurice d'Agaune, les origines de l'Église d'Agaune.*

Dupont-Ferrier, G. (1902) : *Les officiers royaux des bailliages et sénéchaussées et les institutions monarchiques locales en France à la fin du Moyen Âge,* Paris.

— (1942-1966) : *Gallia Regia ou état des officiers des bailliages et des sénéchaussées de 1328 à 1515,* Paris, 7 vol.

Durckheim, E. (1902) : "Le problème du clan comme noyau primaire de la société", *l'Année sociologique,* 5, 381-382.

Dutour, T. (1982-1983) : *Une ascension sociale au* XIV*e siècle, Guy VI de la Trémoïlle 1343-1397,* mémoire de Maîtrise, Université de Paris IV, directeur H. Dubois.

— (1993) : "La noblesse dijonnaise dans la seconde moitié du XIVe siècle (vers 1350 - vers 1410)", in : Contamine & Schnerb 1993, 311-326.

Ehrismann, G. (1927) : *Geschichte der deutschen Literatur bis zum Ausgang des Mittelalters,* Munich.

Épiney-Burgard, G. et E. Zum Brunn, (1988) : *Femmes troubadours de Dieu,* Turnhout.

Erlande-Brandenburg, A. (1968) : "Le tombeau de Saint-Louis", *Bulletin monumental,* 126, 7-30.

— (1975) : *Le roi est mort. Étude sur les funérailles, les sépultures et les tombeaux des rois de France jusqu'à la fin du* XIII*e siècle,* Paris.

Erler, M. C. et M. Kowaleski, dir. (1988) : *Women and Power in the Middle Ages,* Athènes.

Escoubet, M. (1993) : *Jean de Luxembourg, seigneur de Beaurevoir,* mémoire de Maîtrise, Paris IV.

Eubel, C. (1913) : *Hierarchia Catholica Medii Aevi,* 1, Munster.

Faget de Casteljau, H. (1980) : "La maison de Mello en Bourgogne : une révision à partir des archives de Chalon ", *Annales de Bourgogne,* 52, 5-42.

— (1980) : "Les seigneurs de Til Chatel", *Cahiers haut-marnais,* 143, 145-159.

Farcy, P. de (1871) : "Construction de la cathédrale d'Angers", *Congrès archéologique de France,* 38, 250-257, Paris.

Farmer, S. (1986) : "Persuasive Voices : Clerical Images of Medieval Wives", *Speculum,* 61, 517-543.

Favier, J. (2005) : Jean, *Enguerrand de Marigny,* Paris.

— (1971) : *Finances et fiscalité au bas Moyen Âge,* Paris.

— (1978) : *Philippe le Bel,* Paris.

— (1980) : *La guerre de Cent Ans,* Paris.

— (1984) : *Le temps des principautés, de l'an mil à 1515,* Paris.

— (2004) : *Les Plantagenêts,* Paris.

Favreau, R., dir. (1973) : *Atlas historique de l'Anjou.*

— (1995) : *Le culte des saints aux* IX*e -* XIII*e siècles, Actes du Colloque tenu à Poitiers les 15-16-17 septembre 1993,* Poitiers.

Fawtier, R. (1971) : *Les Capétiens et la France. Leur rôle dans sa construction,* Paris.

Fédou, R. (1971) : *L'État au Moyen Âge,* Paris.

— (1980) : "La noblesse de France à la fin du Moyen Âge (du milieu du XIVe à la fin du XVe siècle)", *Acta universitatis lodziensis,* 49-66.

Feller, L., A. Gramain et F. Weber (2005) : *La Fortune de Karol. Marché de la terre et liens personnels dans les Abruzzes au haut Moyen Âge,* Rome.

Femmes, mariages, lignages XII*e -* XIV*e siècles, mélanges offerts à Georges Duby,* Bruxelles, 1992.

Finó, J. F. (1977) : "Les armées françaises de la guerre de Cent Ans", *Gladius,* 13, 5-23.

Fischer, H. (2006) : *Ritter, Schiff und Dame : Mauritius von Craûn, text und Kontext,* Heidelberg.

Flandrin, J. -L. (1976) : *Familles, parentés, maison, sexualité dans l'ancienne société,* Paris.

Fleckenstein, J., éd. (1985) : *Das ritterliche Turnier un Mittelaltert. Beitäge zu einer vergleichenden Formenund Verhaltensgeschichte des Rittertum,* Göttingen.

Flori, J. (1986) : *L'Essor de la chevalerie,* Genève.

Foreville, R. (1986) : "Tradition et renouvellement du monachisme dans l'espace Plantagenêt au XIIe siècle", *CCM,* 29, 61-73.

Fossier, R. (1968) : *La terre et les hommes en Picardie jusqu'à la fin du XIIIe siècle,* Paris-Louvain, 2 vol.

— (1977) : "La femme dans la civilisation occidentale", *CCM,* 20, 93-104.

— (1980) : "Les structures de la famille en Occident au Moyen Âge", *Rapport du Comité International des Sciences Historiques,* Bucarest, 115-132

— (1982) : *Enfance de l'Europe, X^e^ - XIIe siècles, Aspects économiques et sociaux,* Paris.

— (1990) : *Le Moyen Âge,* t.2, *L'éveil de l'Europe,* (950-1250), Paris.

Foulon, J. -H. (2008) : *Église et réforme au Moyen Âge : papauté, milieux réformateurs et ecclésiologie dans les Pays de la Loire au tournant des XIe - XIIe siècles,* Bruxelles.

Fournier, D. (1983) : *Le Comté du Maine et le duché d'Anjou à la charnière des XIVe et XVe siècles,* Paris.

Fourquin, G. (1964) : *Les campagnes de la région parisienne à la fin du Moyen Âge du milieu du XIIIe au début du XVIe siècle,* Paris.

Fowler, K. (1968) : *Le siècle des Plantagenêts et des Valois. La lutte pour la suprématie, 1328-1498,* Paris.

— , dir. (1971) : *The Hundred Year's War,* Londres.

Fox, R. (1972) : *Anthropologie de la parenté : une analyse de la consanguinité et de l'alliance,* Paris.

Francisco de Moxó y Montoliu, (1991) : "La casa de Luna (1276-1348). Factor politico y lazos de sangre en la ascensión de un linaje aragonés", *RH,* 286, Fasc. 1, 189-191

François, M. (1942) : "Notes sur les lettres de rémission transcrites dans les registres du Trésor des Chartes", *BEC,* 103, 317-324.

Frères et soeurs : les liens adelphiques dans l'Occident antique et médiéval, Actes du colloque de Limoges, 21 et 22 septembre 2006, "Histoire de famille", Paris.

Fried, J. (1994) : *Der Weg in die Geschichte. Die Ursprünge Deutschlands bis 1024,* Berlin.

Frugoni, C. (1977) : "L'iconographie de la femme au cours des Xe - XIIe siècles", *CCM,* 20, 177-188.

Gari, B. (1985) : *El linaje de los Castellvell en los siglos XI y XII, Bellaterra,* Servicio de Publicaciones de la Universitad Autonoma de Barcelona.

Garnier, É. (1852) : "Notice sur Robert de Fiennes, connétable de France (1320-1384)" *BEC,* 3, 23-52.

Gaunt, S. et S. Kay, dir. (1999) : *The Troubadours. An Introduction,* Cambridge.

Gauvard, C. (1991) : *"De Grace especial". Crime, État et société en France à la fin du Moyen Âge,* Publications de la Sorbonne.

— (1996) : *La France au Moyen Âge du Ve au XVe siècle,* Paris.

— (2003) : "Le roi de France et le gouvernement par la grâce à la fin du Moyen Âge : genèse et développement d'une politique judiciaire", in : Millet 2003, 371-404.

Geary, P. (1996) : *La mémoire et l'oubli à la fin du 1er millénaire,* Paris.

— (1999) : "Mémoire", in : *Dictionnaire raisonné de l'Occident médiéval,* Le Goff et Schmitt (dir.), 684-698, Paris.

Genèse médiévale de l'anthroponymie moderne :

01. *Études d'anthroponymie médiévale,* 3ème et 4ème Rencontres, Azay-le-Ferron, 1986-1987.

02-1. *Persistances du nom unique. Le cas de la Bretagne. L'anthroponymie des clercs,* Tours 1992.

02-2. *Persistances du nom unique. Désignation et anthroponymie des femmes. Méthodes statistiques pour l'anthroponymie, Études d'anthroponymie médiévale,* Tours 1992.

03. *Enquêtes généalogiques et données prosopographiques. Études d'anthroponymie médiévale,* Tours, 1995

04. *Discours sur le nom : normes, usages, imaginaire (VIe - XVIe siècles). Études d'anthroponymie médiévale,* Tours, 1995.

Genet, J.-P. (1979) : "Les débuts de l'impôt national en Angleterre", *Annales ESC,* 34, 348-354.

— (1994) : "Le développement des monarchies d'Occident est-il une conséquence de la crise ?" : [*actas de la*] *XXI Semana de Estudios Medievales, Estella, 18 a 22 de julio de 1994,* 247-273.

Genet, J. -P., dir. (1990) : *L'État moderne : genèse. Bilans et perspectives. Actes du Colloque tenu au CNRS à Paris les 19 et 20 septembre 1988*, Paris.

Genet, J. -P. et G. Lottes, dir. (1996) : *L'État moderne et les élites XIIIe - XVIIIe siècle. Apports et limites de la méthode prosopographique*, Paris.

Genet, J. -P. et B. Vincent, dir. (1986) : *État et Église dans la genèse de l'État moderne*, Madrid.

Genet, J.-P. et M. Le Mené, dir. (1987) : *Genèse de l'État moderne, prélèvement et redistribution, Actes du colloque de Fontevraud, 1984*, Paris.

Génicot, L. (1962) : "La noblesse médiévale dans l'ancienne France", *AESC*, 1-22.

— (1968) : *Le XIIIe siècle européen*, Paris.

— (1975) : *Les généalogies, Typologie des sources au Moyen Âge occidental*, Turnhout.

— (1982) : *La noblesse dans l'Occident médiéval*, Londres.

Gerbet, M. -C. (1984) : *Les noblesses espagnoles au Moyen Âge, XIe - XVe siècle*, Paris.

Germain, R. (1995) : "Les sires de Bourbon et le pouvoir : de la seigneurie à la principauté", *Bulletin des Amis de Montluçon*, 46, 195-206.

Gicquel, Y. (1981) : *Olivier de Clisson, connétable de France ou chef de parti breton ?*, Paris.

Giesey, R. E. (1987) : *Le roi ne meurt jamais. Les obsèques royales dans la France de la Renaissance*, Paris.

Gillingham, J. (1966) : *Richard Cœur de Lion*, Paris.

Giordanengo, G. (1989) : "Le pouvoir législatif du roi de France (XIe - XIIIe siècles) : travaux récents et hypothèse de recherche", *BEC*, 147, 283-310.

Given-Wilson, C. (1986) : *The Royal Household and the King's Affinity. Service, Politics and Finance in England 1360-1413*, New Haven-Londres.

— (1987) : *The English Nobility in the Late Middle Ages*, Londres.

Glénisson, J. (1975) : "La reconstruction en Saintonge méridionale au lendemain de la guerre de Cent Ans", *Revue de la Saintonge et de l'Aunis*, 65-101.

Godelier, M (1996) : *L'énigme du don*, Paris.

Goldmann, C. (1991) : *Les Garencières-Le Baveux. Vie et mort d'un lignage de la moyenne noblesse normande* (*XIIIe - XVe siècle*), thèse d'histoire, université de Paris-IV.

Gonzalez, É. (2004) : *Un prince en son hôtel. Les serviteurs des ducs d'Orléans*, Paris.

Goody, J. (1985) : *L'évolution de la famille et du mariage en Europe*, Paris.

Goude, F. (2009) : *Le lignage des seigneurs de Sablé (1110-1222). Pouvoir et parenté dans l'aristocratie du Grand Anjou*, Master II, dir. M. Aurell.

Gouguenheim, S. (1996) : *La sibylle du Rhin. Hildegarde de Bingen, abbesse et prophétesse rhénane*, Paris.

Gouron, A. et O. Terrin, (1975) : *Bibliographie des coutumes de France*, Genève.

Grente, G. (1964) : Dictionnaires des Lettres françaises, Le Moyen Âge, Virginie

Grévy-Pons, N. (1980) : "Propagande et sentiment national pendant le règle de Charles VI : l'exemple de Jean de Montreuil", *Francia*, 8, 127-145.

Grillon, G. (2012) : *L'ultime message : étude des monuments funéraires de la Bourgogne ducale XIIe - XVIe siècle*, thèse de doctorat.

Grimal, P., dir. (1966) : *Histoire mondiale de la femme*, Paris.

Grodecki, L. (1976) : *Les vitraux de Saint-Denis. Étude sur le vitrail au XIIe siècle*, Paris, 1.

— (1995) : *Études sur les vitraux de Sugers à Saint-Denis* (*XIIe siècle*), Paris, 2.

Grosse-Duperon, A. (1903) : *Les usages de la forêt de Mayenne*, Mayenne.

Grousset, R. (1934-1936) : *Histoire des croisades et du royaume franc de Jérusalem*, Paris.

Guenée, B. (1967) : "État et nation au Moyen Âge", *RH*, 237, 17-30.

— (1976) "La culture historique des nobles : les succès des faits des Romains (XIIIe - XVe siècle)", in : Contamine 1976, 261-289.

— (1978) : "La fierté d'être capétien, en France, au Moyen Âge", *AESC*, 450-477.

— (1980) : *Histoire et culture historique dans l'Occident médiéval*, Paris.

— (1987) : *Entre L'Église et l'État. Quatre vies de prélats français à la fin du Moyen Âge*, Paris.

— (1991) : *L'Occident aux XIVe et XVe siècles - Les États*, Paris.

— (1992) : *Un meurtre, une société. L'Assassinat du duc d'Orléans, 23 novembre 1407*, Paris.

Guéraud, L. et Y. Sassier, dir. (2007) : *Contribution à l'étude du processus coutumier au Moyen Âge : le viage en Poitou*, thèse de l'Université de Rennes-I, Paris.

Guerreau-Jalabert, A. (1994) : "Prohibitions canoniques et stratégies matrimoniales dans l'aristocratie médiévale de la France du Nord", in : Bonte 1994, Paris, 293-321.

Guerreau-Jalabert, A., R. Le Jan et J. Morsel, (2002) : "De l'histoire de la famille à l'anthropologie de la parenté", in : Schmitt & Oexle 2002, 443-446.

Guerreau-Jalabert, A. (1989) : "La parenté dans l'Europe médiévale et moderne : à propos d'une synthèse récente", *L'Homme*, 29, 69-93.

— (1986-1987) : "La désignation des relations et des groupes de parenté en latin médiéval", *ALMA, Bulletin du Cange*, 65-108.

Guilbaud, M. -P. (1962) : "Catalogue des chartes mancelles de l'abbaye de Savigny conservées aux Archives nationales", *Annales de Bretagne*, 69-3, 367-397.

Guilhermoz, P. (1902) : *Essai sur l'origine de la noblesse en France au Moyen Âge*, Paris.

Guilhamon, H. (1976) : *La maison de Durfort au Moyen Âge*, La Roche-sur-Yon.

Guillemain, B. (1962) : *La cour pontificale d'Avignon* (1309-1376), Paris.

Guillot, O. (1972) : *Le comte d'Anjou et son entourage au XIe siècle*, Paris, 2 vol.

Guyard de la Fosse, J. -B. et J. Colomb (1837) : *Histoire des évêques du Mans*, Le Mans.

— (1850) : *Histoire des seigneurs de Mayenne*, Le Mans.

Guyot-Jeannin, O., J. Pycke et B. M. Tock, (1993) : *Diplomatique médiévale, L'atelier des médiévistes-2*, Turnhout.

Guyot-Jeannin, O., L. Morelle et M. Parisse (1993) : *Les Cartulaires. Actes de la Table ronde organisée par l'école nationale des chartes et le GDR 121 du CNRS*, Paris.

Halphen, L. (1903) : *Recueil d'annales angevines et vendômoises*, Paris.

— (1906) : *Le comté d'Anjou au XIe siècle*, Paris.

Harper-Bill, C. et R. Harvey, dir (1986) : *The Ideals and Practice of Medieval Knighthood. Papers from the first and second Strawberry Hill conferences*, Woodbridge.

Harper-Bill, C. et V. Nicholas, dir. (2007) : "Henri II: a new interpretations", Woodbridge.

Harvey, R. (1961) : *Moriz von Craûn and the chivalric world*, Oxford.

Hasenohr, G. (1988) : "Modèles de vie féminine dans la littérature morale et religieuse d'oc", *Cahiers de Fanjeaux*, 23, 153-170.

Hasty, W. (1993) : "Stéphanie Cain Van d'Elden", *Speculum*, 68, 273-274.

Hébert, M. et A. Gervaise, (2002) : *Les quinze abbayes de la Manche*, Condé-sur-Noireau.

Heers, J. (1974) : *Le clan familial au Moyen Âge*, Paris.

— (1981) : *Les partis et la vie politique dans l'Occident médiéval*, Paris.

Hélary, X. (2009), "Les liens personnels entre les cours de France et d'Angleterre sous le règne de Philippe III, 1270-1285", in : Burton *et al.* 2009, 75-89.

— (2010) : *"Un seigneur face à ses archives : Le cartulaire de Jean, seigneur de Nesle (Bourgogne, vers 1270)"*, in : Contamine & Vissière 2010, 51-74.

Heller, H. (1978) : "The french nobility and the state in the late Middle Ages", *AHR*, 83.

Hennebicque, R. (1981) : "Structures familiales et politiques au IXe siècle : Un groupe familial de l'aristocratie franque", *RH*, 538, 289-336.

Henneman, J. B. (1976) : *Royal taxation in Fourteenth-Century France; The captivity and ranson of John II, 1356-1370*, Philadelphie.

— (1978) : "The military class and the French Monarchy in the late Middle Ages", *AHR*, 83.

— (1996) : *Olivier de Clisson et la société politique sous Charles V et Charles VI*, Philadelphie.

Herlihy, D. et C. Klapisch-Zuber, (1978) : *Les Toscans et leurs familles : une étude du catasto florentin de 1427*, Paris.

Heuclin, J. et M. Rouche, dir. (1990) : *La femme au Moyen Âge, colloque international, Maubeuge, 6-9 octobre 1988*, Maubeuge.

Hicks, M. (1995) : *Bastard Feudalism, the medieval world*, Londres.

Hicks, E. et T. Moreau, (1986) : *La Cité des Dames de Christine de Pizan*, Paris.

"Histoire de la famille et analyse de réseaux", *Annales de Démographie Historique*, n°109, 2005a.

Hoareau-Dodinau, J. et P. Texier, (2003), *Résolution des conflits. Jalons pour une anthropologie historique du droit*, Limoges.

Houth, E. (1981) : "Géographie des fiefs des comtes de Meulan", *Mémoire de la Société historique de Pontoise et du Vexin ou Bulletin philologique et historique*, 70, 561-565.

Hozier, J. -F. d', (1874-1881) : *L'impôt du sang ou la noblesse de France sur les champs de bataille*, Paris.

Hughes, D. (1975) : "Urban Growth and Family Structure in Medieval Genoa", *Past And Present*, 66, 3-28.

Il matrimonio nella societa altomedievale, 24 a Settimana di studio sulla societa del alto Medioevo, Spoleto, 22-28 aprile 1976, Spolète, Centro italiano di studi sull' alto medioevo, 1977, 2 vol.

Imbert, H. (1870) : *Histoire de Thouars*, Niort, 10.

Iogna-Prat, D. (2002) : *Études clunisiennes*, Paris.

Iogna-Prat, D., M. Lauwers, F. Mazel, F. et I. Rosé, dir. (2013) : *Cluny. Les moines et la société au premier âge féodal*, Rennes.

Jackson, R. (1984) : *Vivat rex. Histoire des sacres et des couronnements en France*, Strasbourg-Paris.

Jarry, E. (1889) : *La vie politique de Louis de France, duc d'Orléans 1372-1407*, Paris.

Johnson, P. D. (1989) : "Agnes of Burgundy : An Eleventh-Century Woman as Monastic Patron", *Journal of Medieval*, 15 , 93-104.

Jones, M. (1970) : *Ducal Brittany 1364-1399*, Oxford.

Jordan, W. C. (1979) : *Louis IX and the challenge of the crusade*. Princeton.

Jussen, B. (2002) : "Famille et parenté. Comparaison des recherches françaises et allemandes", in : Schmitt & Oexle, 2002, 447-460.

Kaeuper, R. L. (1988) : *War, Justice and Public Order*, Oxford.

Kantorowicz, E. H. (1984) : *Mourir pour la Patrie (au Moyen Âge), et autres textes*, Paris.

— (1957) : *The King's Two Bodies*, Princeton.

Kayoko, M. (2001-2002) : *L'écrit et son utilisation d'après les cartulaires monastiques poitevins aux XIe et XIIe siècles*, DEA, dir. F. Bériac-Lainé.

Keddar, B. (1967) : "Noms de saints et mentalité populaire à Gênes au XIVe siècle", *Moyen Âge*, 73, 431-46.

Keen, M. H. (1965) : *The Laws of War in the Late Middle Ages*, Londres-Toronto.

— (1984) : *Chivalry*, Yales-Londres.

— (1996) : *Nobles, knight and men at arms in the middle Ages*, Londres.

Héritier-Augé, F. et E. Copet-Rougier, dir. (1995) : *Parenté (La) spirituelle*, Paris.

Kerhervé, J (1998) : *La naissance de l'État moderne, 1180-1492*, Paris.

Kilgour, R. L. (1937) : *The decline of Chivalry as shown in the French literature of the late Middle Ages*, Cambridge.

Klapisch-Zuber, C. (1984) : "Constitution et variations temporelles des stocks de prénoms", in : Dupâquier *et al.* 1984, 37-47.

— (1980) : "Le nom "refait". La transmission des prénoms à Florence (XIVe - XVIe siècle)", *L'Homme*, 20 (4), 77-104.

— (septembre-octobre 1983) : “La mère cruelle. Maternité, veuvage et dot dans la Florence des XIVe - XVe siècles”, *AESC*, 1097-1110.

— (1985) : “Parrains et filleuls, une approche comparée de la France, de l’Angleterre et de l’Italie médiévale”, *Medieval Prosopography*, 6/2, 51-77.

Klapisch-Zuber, C., dir. (1990) : *Histoire des femmes en Occident*, 2, Paris.

— (1999) : “Masculin/Féminin”, in : *Dictionnaire raisonné de l’Occident médiéval*, in : Le Goff & Schmitt dir., 655-668.

Klein, D., dir. (1999) : *Mauricius von Craûn*. Mittelhochdeutsch / Neuhochdeutsch. Nach dem Text von Edward Schröder herausgegeben, übersetzt und kommentiert von D.K., Stuttgart.

Kleinklauscz, A. (1901) : “L’art funéraire de la Bourgogne au Moyen Âge”, *Gazette des Beaux Arts*, 26, 441-458.

Klotgen, J. (1992) : “La nef des fous ou Maurice de Craon et la dame de Beaumont”, *Revue historique et archéologique du Maine*, 209-240.

Kovalewski, M. (1900) : “La gens et le clan”, *Annales de l’Institut international de Sociologie*, 7, 57-100

Krynen, J. (1981) : *Idéal du prince et pouvoir royal en France à la fin du Moyen Âge (1380-1440)*, Paris.

Kupper, J.-L. (1992) : “Mathilde de Boulogne”, in : *Femmes, mariages, lignages*, 1992, 233-257.

Lachaud, F. (2000) : “Robert le Bourguignon ou la promotion d’un fils cadet au XIe siècle”, *Société d’Archéologie et d’Histoire de la Mayenne*, 23, 35-59.

La condition de la mujer en la Edad Media, Actes du colloque de Madrid (1985), 1986, Madrid.

La femme dans la vie religieuse du Languedoc, Actes du colloque de Fanjeaux (1987), 1988, Toulouse.

Lalande, D. (1988) : *Jean II le Meingre, dit Boucicaut (1366-1421). Étude d’une biographie héroïque*, Genève-Paris.

Langfors, A. (1917) : *“Les chansons attribuées aux seigneurs de Craon”, Mémoires de la Société néophilologique d’Helsingfors*, 6, 41-87.

Langlois, C. -V. (1901) : *Saint Louis, Philippe le Bel : les derniers capétiens directs (1226-1328)*, Paris.

Latouche, R. (1910) : *Histoire du Comté du Maine pendant les Xe et XIe siècles*, Paris.

La Trémoïlle, L. de,(1890-1896) : *Les La Trémoïlle pendant cinq siècles*, Nantes, 5 vol.

Laurain, E. (1912) : *Les croisés de Mayenne et le chartrier de Goué : faux et faussaires*, Laval.

— (1913) : *La croisade mayennaise de 1158 : histoire d’une légende*, Paris.

— (1914) : *Un dernier mot sur la croisade mayennaise de 1158 et le chartrier de Goué : lettre ouverte à M. le vicomte Le Bouteille*, Laval.

Lauwers, M. (1996) : “Le 'sépulcre des pères' et les 'ancêtres'. Notes sur le culte des défunts à l’âge seigneurial”, *Médiévales*, 31, 67-78.

— (1997) : *La mémoire des ancêtres. Le souci des morts. Morts, rites et société au Moyen Âge*, Paris.

— (2002) : *Guerriers et moines. Conversion et sainteté aristocratiques dans l’Occident médiéval (IXe - XIIe siècle)*, Antibes, 559-588.

Lebrasseur, P. (1722) : *Histoire d’Évreux*, Paris.

Leclerq, J. (1945) : “Un sermon prononcé pendant la guerre de Flandre sous Philippe le Bel”, *Revue du Moyen Âge latin*, 1, 165-172.

Le Concile de Clermont de 1095 et l’appel à la croisade, *Actes du colloque universitaire international de Clermont-Ferrand, 23-25 juin 1995 : CollEfR, 236 :* Rome, 1997.

Ledru, A. (1925-1926) : “Le Maine de Philippe-Auguste à Philippe VI de Valois”, *Société historique de la Province du Maine*, 2e série 5,241-253 ; 6, 3-7, 49-52, 105-116

Leemans-Prins, E. (1968) : *“Les brisures de la haute noblesse des Pays-Bas septentrionaux”, Recueil du IXe Congrès international des sciences généalogique et héraldique, Berne.*

Lefranc, A. (1898) : *Olivier de Clisson, connétable de France*, Paris.

Legros, S. (2007) : *Prieurés bénédictins, aristocratie et seigneuries. Une géopolitique du Bas-Maine féodal et grégorien (fin X^e^ - début XIIIe siècle)*, thèse de doctorat, université de Rennes 2.

Leguai, A. (1969) : *De la Seigneurie à l’état. Le Bourbonnais pendant la Guerre de Cent Ans*, Moulins.

— (1974) : *La guerre de Cent Ans*, Paris.

Le Goff, J. (1996) : *Saint Louis*, Paris.

Le Goff, J. et J.-C. Schmitt, dir. (1999) : *Dictionnaire raisonné de l'Occident médiéval*, 655-668.

Le Jan, R. (1993) : *Structures de parenté et pouvoirs dans l'aristocratie entre Loire et Rhin, VIIe - Xe siècle*, thèse de doctorat d'État, Paris I.

— (1995) : *Famille et pouvoir dans le monde franc (VIIe - Xe siècle). Essai d'anthropologie sociale*, Paris.

— (1996) : *Histoire de la France origines et premier essor*, 480-1180, Paris.

— (2001) : *Femmes, pouvoir et société*, Paris.

Lemaire-Arnaud, E., dir. (1980) : "À propos d'une technique nouvelle : le génogramme", *Dialogue*, 33-46.

Lemarchand, A. (1884) : *Histoire de la cathédrale, des abbayes et des églises d'Angers avec de nombreuses descriptions d'édifices*, Angers.

Lemarinier, J. -F. (1965) : *Le gouvernement royal aux premiers temps capétiens* (987-1108), Paris.

Le Mené, M. (1982) : *Les campagnes angevines à la fin du Moyen Âge (1350-1530), étude économique*, Nantes.

Lemercier, C. (2005) : "Analyse de réseaux et histoire de la famille : une rencontre encore à venir ?", *Annales de Démographie Historique*, 1, 7-31.

Lemercier, C. et C. Zalc, dir. (2007) : *Méthodes quantitatives pour l'historien*, Paris.

Lemesle, B. (1999) : *La société aristocratique dans le Haut-Maine, XIe - XIIe siècle*, Rennes.

— (2008) : *Conflits et justice au Moyen Âge*, Paris.

Lepetit, B. (1995) : *Les formes de l'expérience. Une autre histoire sociale*, Paris.

Lett, D. (1997) : *L'enfant des miracles. Enfance et société au Moyen Âge (XIIe - XIIIe siècles)*, Paris.

— (2000) : *Famille et parenté dans l'occident médiévale, Ve - XVe siècles*, Paris.

— (2004) : *Histoire des frères et sœurs*, Paris.

— (2006) : "Le jeune homme et les deux sœurs. Séduction et mariage dans *Le Livre du chevalier de La Tour Landry pour l'enseignement de ses filles*", in : Chabot *et al.* 2006, 333-352.

— (2008) : *Frères et sœurs, Ethnographie d'un lien de parenté, Médiévales*, 54.

— (2008) : "Les frères et les sœurs, 'parents pauvres' de la parenté", *Médiévales*, 54, 5-12.

Leverotti, F. (2005) : *Famiglie e istituzioni nel Medioevo Italiano*, Rome.

Lévi-Strauss, C. (1962) : *La pensée sauvage*, Paris.

— (1974) : *Anthropologie structurale*, Paris.

Levron, J. (1935) : *Pierre Mauclerc, duc de Bretagne*, Paris.

Lewis, A. W. (1981) : *Royal Succession in Capetian France : Studies on Familial Order and the State*, Cambridge.

— (1986) : *Le sang royal-La famille capétienne et l'État, Xe - XIVe siècle*, Paris.

Lewis, N. B. (1964) : "*The Recruitment and Organization of a Contract Army, May to November 1337*", *Bulletin of the Institute of Historical Research*, 37, 1-19.

Lewis, P. S. (1964) : "Decayed and Non-Feudalism in Later Medieval France", *Bulletin of the Institute of Historical Research*, 37, 157-184.

— (1977) : *La France à la fin du Moyen Âge. La société politique*, Paris.

Leyser, H. (1995) : *Medieval Women : A Social History of Women in England*, Londres.

Leyser, K. (1968) : "The German Aristocraty from the Ninth to the Early Twelfth Century : A Historical and Cultural Sketch", *Past and Present*, 41, 1-25.

L'Hermite-Leclercq, P. (1990) :"L'ordre féodal", in Klapisch-Zuber 1990, 217-260

— (1997) : *L'Église et les femmes dans l'Occident chrétien des origines à la fin du Moyen Âge*, Turnhout.

Loirette, G. (1952) : "La charte de coutumes de la bastide de Créon", *AM*, 64, 283-295.

Lombard-Jourdan, A. (1970) : "Du problème de la continuité : Y a-t-il une protohistoire urbaine en France ?" *Annales Économies, Sociétés, Civilisations*, N° spécial Histoire et urbanisation, 1121-1142.

Lombardi, D. (2008) : *Storia del matrimonio dal Medioevo ad oggi*, Bologne.

Lorcin, M. T. (1975) : "Retraite des veuves et filles au couvent", *Annales de Démographie historique*, 188-204.

— (1981) : "Veuve noble et veuve paysanne en Lyonnais d'après les testaments des XIVe et XVe siècles", *Annales de Démographie historique*, 273-288.

— (1990) : "Mère nature et devoir social : la mère et l'enfant chez Christine de Pizan", *RH*, 282/1, 29-44.

Lot, F. et R. Fawtier, dir. (1957) : *Histoire des institutions françaises au Moyen Âge*, I, Les institutions seigneuriales, Paris.

Lot, F. (1962) : *Recherches sur les effectifs des armées françaises des guerres d'Italie aux guerres de religion, 1494-1562*, Paris.

Louise, G. (1992) : *La seigneurie de Bellême, x^e - xiie siècles*, Flers.

Lyon, B. D. (1957) : *From Fief to Indenture. The Transition from Feudal to Non-feudal Contract in Western Europe*, Cambridge (Mass.).

Madox, T. (1769) : *History and Antiquities of the Exchequer of the Kings of England, in two periods : to wit from the Norman Conquest to the End of the Reign of K. John and from the end of the reign of K. John to the end of the reign of K. Edward II*, Londres.

Magnani Soares-Christen, É. (1999) : *Monastères et aristocratie en Provence, milieu x^e début xiie siècle*, Münster, *Vita Regularis*, 10.

Maillet, C. (2008) : "Frères et sœurs Ethnographie d'un lien de parenté", *Médiévales*, 54, 13-34.

— (2008) : "Bernard de Clairvaux et la fratrie recomposée", *Médiévales*, n° 54 p. 13-24.

Maître, J. (1995) : *"L'orpheline de la Bérésina" : Thérèse de Lisieux, 1873-1897 : essai de psychanalyse socio-historique*, Paris.

Malanima, P. (1977) : *I Riccardi di Firenze Una famiglia e un patrimonio nella Toscana dei Medici*, Biblioteca di Storia Toscana Moderna e Contemporanea, Florence.

Mallet, J. (1984) : *L'art roman de l'ancien Anjou*, Paris.

Marchand, J.-P. (1979) : "Les terroirs en ellipse dans le nord-ouest du Craonnais. Essai de géographie historique", *Colloque de Rennes-Quimper (1977) Pierre Flatres, Paysages ruraux européens*, Rennes.

Marquette, J.-B. [1975-1978] (2010) : *Les Albret - L'ascension d'un lignage gascon (xie siècle-1360)*, Pessac.

Martin, G. (1994) : *Histoire et généalogie de la maison d'Harcourt*, Lyon.

Martin, H. et P. Jacob, [1837] (1976) : *Histoire de Soissons, depuis les temps les plus reculés jusqu'à nos jours, d'après les sources originales*, Paris.

Marzio, B. [1984] (1996) : *Sotto lo stesso tetto, Mutamenti della famiglia in Italia dal xv al xx secolo*, Bologne.

Mauss, M. [1924] (1973) : *Essai sur le don : Forme et raison de l'échange dans les sociétés archaïques In Sociologie et Anthropologie*, Paris.

Mathieu, R. (1946) : *Le système héraldique français*, Paris.

Matz, J.-M. et F. Comte, (2003) : *Diocèse d'Angers*, Fasti Ecclesiae Gallicanae, Paris.

Mazel, F. (2002) : *La noblesse et l'Église en Provence : fin x^e - début xive siècle : l'exemple des familles d'Agoult-Simiane, de Baux et de Marseille*, Paris.

— (2006) : "Seigneurs, moines et chanoines : pouvoir local et enjeux ecclésiaux à Fougères (milieu xie - milieu xiie siècle)", *Annales de Bretagne et des pays de l'ouest*, Rennes, 113, n° 3, 105-137.

Mazel, F., dir. (2008) : *L'espace du diocèse, genèse d'un territoire dans l'occident médiéval (v^e - xiiie siècles)*, Rennes.

Ménage, G. (1683) : *Histoire de Sablé*, Paris.

Ménard, P. (2000) :"Les combattants en Terre sainte au temps de Saladin et de Richard Cœur de Lion" in : Paviot & Verger 503-511.

Menendez Pidal de Navascues, F. (1972) : *"Las brisuras en las casas soberanas de la España medieval", Recueil du 11e Congrès international des sciences généalogique et héraldique, Liège, 29 mai - 3 juin 1972*, Bruxelles.

Mennechet, E. (1835) : *Le Plutarque français, vie des hommes et des femmes illustres de la France, avec leurs portraits en pied : Olivier de Clisson, connétable de France*, Paris.

Merdrignac, B. et A. Chédeville (1998) : *Les sciences annexes en histoire du Moyen Âge*, Rennes.

Mertes, K. (1988) : *The English noble household, 1250-1600. Good governance and politic rule*, Oxford.

Merzario, R. (1981) : *Il paese stretto*, Turin.

Metz, R. (1959) : "Le statut de la femme en droit canonique médiéval", *Recueil de la Société Jean Bodin*, 12, 5-113.

Meuret, J. C. (1993) : *Peuplement, pouvoir et paysage sur la marche Anjou-Bretagne*, Laval.

Michel, L. (1938) : "Pour une conception sociologique de l'anthroponymie", *Premier congrès international du régionalisme*, Gembloux, 222-247.

Millet, H., dir. (2003) : *Suppliques et requêtes. Le gouvernement par la grâce en Occident* (*XIIe - XVe siècle*), Paris-Rome, 371-404.

Mirrer, L., dir. (1992) : *Upon my Husband's Death: Widows in Literature & Histories of Medieval Europe*, Ann Harbor.

Miller, N. J. et N. Yavneh, (2006) : *Sibling Relations and Gender in the Early Modern World : Sisters, Brothers and Others*, Aldershot-Burlington.

Minois, G. (1993) : *Du Guesclin*, Paris.

— (2008) : *La guerre de Cent Ans*, Paris.

Moeglin, J.-M., S. Péquignot, M. Sánchez Martínez et M. T. Ferrer i Mallol, dir. (2005) : *Negociar en la Edad Media, Actes du Colloque tenu à Barcelone du 14 au 16 octobre 2004*, Barcelone.

Molinié, G. (1997) : *Dictionnaire de la Rhétorique*, Paris.

Molinier, É. (1883) : *Étude sur la vie d'Arnoul d'Audrehem, maréchal de France, 1302-1370*, Paris.

Mollat, G. (1912) : *Les papes d'Avignon*, Paris.

— (1921) : *La collation des bénéfices par les papes d'Avignon*, Paris.

Mollat, M. (1970) : *Genèse médiévale de la France moderne, XIVe - XVe siècles*, Paris.

Montaiglon, A. de et G. Raynaud, (1872-1890) : *Recueil général des fabliaux des XIIIe et XIVe siècles*, Paris, VI.

Morel, H. (1889) : "Jean de Labarthe et la maison d'Armagnac, un épisode de la concentration féodale du XIVe siècle", *AM*, 71, 275-311.

Moret, A. (1939) : *Poèmes et fableaux du Moyen Âge allemand*, Paris.

Morewedge, R. T., dir. (1975) : *The Role of Women in the Middle Ages*, Londres.

Morsel, J. et C. Ducourtieux, (2007) : *L'histoire (du Moyen Âge) est un sport de combat : réflexions sur les finalités de l'histoire du Moyen Âge destinées à une société dans laquelle même les étudiants d'histoire s'interrogent*, Paris.

— (2004) : *L'aristocratie médiévale, Ve – XVe siècle*, Paris.

Morsel, J. (2001) :" La noblesse dans la mort, sociogenèse funéraire du groupe nobiliaire en Franconie XIVe - XVIe *siècle*", in : Thélamon *et al.* 2001, 387-408.

Moulinier, L. (1995) : *Le manuscrit perdu à Strasbourg. Enquête sur l'œuvre scientifique de Hildegarde de Bingen*, Paris.

— (1995) : "H comme Histoire : Hrotsvita, Hildegarde et Herrade, trois récits de fondation au féminin", *Clio, Histoire, femmes et sociétés*, 2, 95-107.

Murdock, G. P. (1972) : *De la structure sociale*, Paris, 1972.

Mussat, A. (1963) : *Le style gothique de l'ouest de la France* (*XIIe - XIIIe siècle*), Paris.

Nabert, N. (1989) : *Les réseaux d'alliances en diplomatie aux XIVe et XVe siècle*, Paris.

Nassiet, M. : *Noblesse et pauvreté, la petite noblesse en Bretagne XVe - XVIIIe siècle*, Rennes.

Newman, W. M. (1971) : *Les seigneurs de Nesle en Picardie* (*XIIe - XIIIe siècles*), Paris, 2 vol.

Nicholas, V. (1996) : *Peter des Roches, an Alien in English Politics 1205-1238*, Cambridge.

— (2006) : *Isabella, suo jure countess of Angoulême* (*c.1188–1246*), Oxford.

— (2007) : "The Court of Henri II" in : Harper-Bill & Nicholas 2007, 278-335.

Nicolle, D. (2000) : *French Armies of the Hundred Years War*, Oxford.

Nora, P., éd. (1986) : *Les Lieux de Mémoire*, II, *La Nation*, Paris, 3 vol.

Nougaret, C. (2010) : "Le chartrier de Thouars aux Archives nationales : un parcours exemplaire", in : Contamine & Vissière 2010, 373-388.

Nussard, R. (1989) : *L'héraldique médiévale en Touraine*, Paris.

Oexle, O. G. (1994) : "Die Memoria Heinrichs des Löwen", in. Oexle & Geuenich 1994, 128-179.

Oexle, O. G. et D. Geuenich, dir. (1994) : *Memoria in der Gesellschaft des Mittelalters*, Göttingen, 128-177.

Oris, M., G. Brunet, E. Widmer et A. Bideau (2007) : *Les Fratries. Une démographie sociale de la germanité*, Berne.

Orme, N. (1984) : *From Childhood to Chivalry : The education of English Kings and Aristocracy*. 1066-1530, Londres-New-York.

Ormrod, W. (1996) : "Les Monarchies d'Europe occidentale à la fin du Moyen Âge", in : Bonney 1996, 128-134.

Oudart, H. (2003) : "Robert d'Arbrissel magister dans le récit de Baudri de Dol : spiritualité et condition juridique des frères aux débuts de l'abbaye de Notre-Dame de La Roë", in : Vauchez 2003, 137-154.

Ourliac, P. et J. Malafosse (1968) : *Histoire du droit privé. Le droit familial*, Paris.

Painter, S. (1955) : "The Houses of Lusignan and Chatellerault (1150-1250)", *Speculum*, 30/3, 374-384.

Panofsky, E. (1964) : *Tomb Sculpture*, Londres.

Paravicini, W. et K. F. Werner, dir. (1980) : *Histoire comparée de l'administration IVe - XVIIIe siècle, Actes du 14e colloque historique franco-allemand, Tours*, 1977, Munich.

Parisse, M. (1976) : *La Noblesse lorraine, XIe - XIIIe siècle*, Lille-Paris.

— (1983) : *Les nonnes au Moyen Âge*, Paris.

— (1990) : *Noblesse et chevalerie en Lorraine médiévale. Les familles nobles du XIe au XIIIe siècle*, Paris.

Parisse, M., dir. (1993) : *Veuves et veuvages dans le haut moyen Âge*, Paris.

Parsons, T., R. F. Bales, J., Olds, M. Zelditch et P. E. Slater (1955) : *Family, Socialization and Interaction Process*, New-York.

Pastoureau, M. (1976) : *Les armoiries*, Turnhout.

— (1979) : *Traité d'héraldique*, Paris.

— (1981) : *Les sceaux*, Turnhout.

— (1986) : *Figures et couleurs, études sur la symbolique et la sensibilité médiévales*, Paris.

— (1996) : *Figures de l'héraldique*, Paris.

Paviot, J. et J. Verger, dir. (2000) : *Guerre, pouvoir et noblesse au Moyen Âge*, Mélanges en l'honneur de philippe Contamine, Paris.

Pedron, A. (2008) : *Agnès de Bourgogne, Statut et pouvoir dans le Poitou entre 1039 et 1068*, mémoire de master, dir. O. Guillot, 2007-2008.

Pégeot, P. (1983) : "La noblesse comtoise devant la mort à la fin du Moyen Âge", *Francia*, 11, 303-318.

Peissard, N. (1922) : *Sur la découverte du tombeau de saint Maurice, martyr d'Agaune à St-Maurice en Valais*, Saint-Maurice.

Peña, N. de (1976) : "Vassaux gascons au service du roi d'Angleterre dans la première moitié du XIVe siècle : fidélité ou esprit de profit ?", *AM*, 88, 5-21.

Pernoud, R., éd. (1970) : *Le siècle de Saint-Louis*, Paris.

— (1960) : *Un chef d'État : Saint-Louis*, Paris.

Pérouas, L. et J. L. Biget (1982) : "L'évolution des noms de baptême en Languedoc au Moyen Âge, IXe - XIVe siècle", *Cahiers de Fanjeaux*, 17, 297-341.

Perroy, É. (1962) : "Social mobility in the French noblesse in the later Middle Ages", *Past and Present*, t. 21, 25-38.

— (1976) : *Les familles nobles du Forez au XIIIe siècle, essai de filiation*, Saint-Étienne- Montbrison, 2 vol.

Petersen-Dyggve, H. (1934) : *Onomastique des trouvères*, Helsinki.

— (1944) : "Personnages historiques figurant dans la poésie lyrique française des XIIe et XIIIe siècles, XX. Renaut de Sabloeil et la comtesse de Meulant", *Neuphilologische Mitteilungen*, 45, 71-91.

Petit, E. (1888) : *Itinéraires de Philippe le Hardi et de Jean sans Peur : ducs de Bourgogne (1363-1419), d'après les comptes de dépenses de leur hôtel*, Paris.

— (1898) : "Les Bourguignons de l'Yonne à la cour de Philippe VI de Valois", *Bulletin de la Société des Sciences historiques et naturelles de l'Yonne*, t. 62, 275-357.

Petit, F. (1981) : *Norbert et l'origine des Prémontrés*, Paris.

Petit, J. (1900) : *Charles de Valois (1270-1325)*, Paris.

Petit-Dutaillis, C. (1894) : *Étude sur la vie et le règne de Louis VIII*, Paris.

Peyvel, P. (1983) : *Des vassaux et des nobles. Études sur les structures familiales en Forez aux XIIIe et XIVe siècles*, thèse de 3e cycle, université de Saint-Étienne.

Phillips, J.-P., éd. (1997) : *The First Crusade : Origins and Impact*, Manchester.

Pichot, D. et F. Mazel (2006) : "Prieurés et société au Moyen Âge", *Annales de Bretagne et des pays de l'ouest*, 113, 105-137.

Pichot, D. (1995) : *Le Bas-Maine du Xe au XIIIe siècle : étude d'une société*, Laval.

Piponnier, F. (1989) : *Le vêtement, histoire, archéologie et symbolique vestimentaires au Moyen Âge*, Paris.

Plagnieux, P. (1998) : *La basilique cathédrale de Saint-Denis*, Paris.

Plaisse, A. (1961) : *La baronnie de Neubourg : essai d'histoire agraire, économique et sociale*, Paris.

— (1972) : *Charles, dit le Mauvais, comte d'Évreux, roi de Navarre, capitaine de Paris*, Évreux.

Planté, J. (1887) : *Une charte originale de Maurice II de Craon*, Laval.

Platelle, H. (1990) : "L'épouse gardienne aimante de la vie et de l'âme de son mari, quelques exemples du haut Moyen Âge", in : Heuclin & Rouche 1990, 171-185.

Pocquet du Haut-Jussé, B.-A (1961) : "Une idée politique de Louis XI : la sujétion éclipse la vassalité", *RH*, 226, 383-98.

— (1959) : *La France gouvernée par Jean sans Peur*, Paris.

Pollard, A. J. (1984) : *Property and Politics : Essays in Later Medieval English History*, Gloucester.

Poly, J.-P. et É. Bournazel (1991) : *La mutation féodale X^e^ - XIIe siècles*, Paris.

Ponsich, C. (2005) : "Un témoignage de la Culture en Cerdagne, la correspondance de Violant de Bar (1380-1431)", in : Zimmerman, 2005, 147-194.

Pontal, O. (1983) : *Les statuts synodaux français du XIIIe siècle*, Paris.

Poole, A. L. (1955) : *From Domesday Book to Magna Carta, 1087-1216*, Oxford.

Postan, M. M. (1964) : "The cost of the hundred Years War", *Past and present*, t. 27, 34-53.

Poull, G. (1961) : *Les familles nobles de Lorraine*, Dompmartin.

— (1972) : *Les sires de Parroye, XIIe - XVIe siecle : étude généalogique et historique...*, Rupt-sur-Moselle.

— (1988) : *Fléville, son château, ses seigneurs*, Rupt-sur-Moselle.

— (1994) : *La maison souveraine et ducale de Bar*, Nancy.

Poumarède, J. (1972) : *Géographie coutumière et mutations sociales. Les successions dans le Sud-Ouest de la France au Moyen Âge*, Paris.

Poupardin, R. (1907) : *Le royaume de Bourgogne (888-1038), étude sur les origines du royaume d'Arles*, Paris.

Power, D. (2004) : *The Norman Frontier in the Twelfth and Early Thirteenth Centuries*, Cambridge.

Power, E. (1979) : *Les femmes au Moyen Âge*, Paris.

Pretzel, U. (1956) : *Moriz von Craun. Unter Mitwirkung von Karl Stackmann und Wolfgang Bachofer im Verein mit Erich Henschel und Richard Kienast hrsg*, Tübingen.

Prince, A. E. (1933) : "The Indenture System under Edward III", in : Edwards *et al.* 1933, 283-297.

Quesada Ladero, M. A. (1987) : "De la Reconquista à la fiscalité d'État dans la couronne de Castille, 1268-1368", in : Genet & Le Mené 1987, 35-53.

Quicherat, J. (1875) : *Histoire du costume en France, depuis les temps les plus reculés jusqu'à la fin du XVIIIe siècle*, Paris.

Quillet, J. (1986) : *Charles V. Essai sur la pensée politique d'un règne*, Paris.

Raison L. et R. Niderst (1948) : "Le mouvement érémitique dans l'ouest de la France à la fin du XIe siècle et au début du XIIe siècle", *Annales de Bretagne*, 55, 1-46.

Raylin, Y. (1939) : *Un trouvère grand féodal du Maine,* Province du Maine.

Raynaud, G. (1884) : *Bibliographie des chansonniers français.*

Real, I. (2001) : *Vies de saints, vie de famille. Représentation et système de la parenté dans le royaume mérovingien (481-751) d'après les sources hagiographiques,* Turnhout.

Réau, L. (1958) : *Iconographie de l'art chrétien,* Paris, 3 vol.

Reinitzer, H. (1999) : *Mauritius von Craûn : Kommentar,* Stuttgart.

— (2000) : *Mauritius von Craûn,* 2000, Tübingen.

Reymond, M. (1931) : "Une famille de bourguignons vaudois, les Grandson aux XIIe - XIIIe siècles", *Annales de Bourgogne,* 3, 209-223.

Reynolds, S. (1994) : *Fiefs and Vassals. The Medieval Evidence Reinterpreted,* Oxford.

Richard, A. (1903) : *Histoire des comtes de Poitou,* Paris, 1.

Richard, J. (1955) : "La diplomatique du testament bourguignon, XIIIe - XVe siècles" *Mémoires de la Société pour l'Histoire du Droit et des Institutions des anciens pays bourguignons, comtois et romands,* fasc. 17, 61-83.

Richard, J., dir. (1988) : *Histoire de Bourgogne,* Toulouse.

— (1993) : *Saint Louis,* Paris.

— (1996) : *Histoire des croisades,* Paris.

Richard, J. M., (1892) : "Thierry d'Hireçon, agriculteur artésien", *BEC,* 53, 383-416.

Richard, P. (2007) : *Olivier de Clisson, connétable de France, grand seigneur breton,* Haute-Goulaine.

Riche, D. (1996) : *Les mouvances laïques des Ordres religieux Saint-Étienne,* Saint-Étienne.

Rigaudière, A. (2003) : *Penser et construire l'État dans la France du Moyen Âge (XIIIe - XVe siècle),* Paris.

— (1994) : *Pouvoirs et institutions dans la France médiévale,* II, *Des temps féodaux aux temps de l'État,* Paris.

Rigaudière, A. et A. Gouron, (1987) : *Renaissance du pouvoir législatif et genèse de l'État,* Montpellier.

Riley-Smith, J. (1990) : *Les croisades,* Paris.

Rosambert, A. (1923) : *La veuve en droit canonique jusqu'au XIVe siècle,* Paris.

Rosenhagen, G. (1924) : "Deutsches und Franzôsisches in der mittelhochdeutschen Märe Moriz von Craon", *Deutsche Vierteljahrschrift für Literaturwixxenschaft und Geistesgeschichte,* 2, 795-815.

Rouche, M., dir. (2000) : *Mariage et sexualité au Moyen Âge. Accord ou crise ?,* Paris.

Ruffiot, A. (1980) : "Fonction mythopoïétique de la famille. Mythe, fantasme, délire et leur genèse", *Dialogue,* 3-19.

Ruiz Doménec, J. E. (1979) : "Système de parenté et théorie de l'alliance dans la société catalane (environ 1000-environ 1240)", *RH,* 262, 305-326.

— (1984), *La memoria de los feudales,* Barcelone.

Runciman, S. (2006) : *Histoire des Croisades,* Paris.

Saffroy, G. (1968) : *Bibliographie généalogique, héraldique et nobiliaire de la France,* Paris, 1, n°2892.

Santinelli, E. (2003) : *Des femmes éplorées ? Les veuves dans la société aristocratique du haut Moyen Âge,* Lille.

Santos, S. et C. Sauvageot, [1999] (2003) : *Saint-Denis, dernière demeure des rois de France,* Paris.

Savy, P. (2004) : *Le médiéviste et la monographie familiale : sources, méthodes et problématiques, colloque de Poitiers, 21-22 novembre 2003,* Turnhout.

Scherer, W. (1921) : *Geschichte der deutschen Literatur,* Berlin.

Schmid, K. (1957) : "Zur problematik von Famille, Sippe und Geschelecht, Haus und Dynastie bein mittelalterliche Adel", *Zeitschrift für die Geschichtswissenschaft des Oberrheins,* 105, 1-62.

Schmid, K. : "De regia stirpe Waiblingensium : Remarques sur la conscience de soi des Staufen", in : Duby & Le Goff 1977, 49-56.

Schmitt, J.-C. (1976) : "Le suicide au Moyen Âge ", *AESC,* 3-28.

Schmitt, J.-C. et O. G. Oexle, dir. (2002) : *Les tendances actuelles de l'histoire du Moyen Âge en France et en Allemagne : actes des colloques de Sèvres (1997) et Göttingen (1998),* Paris.

Schnerb, B. (1997) : *Enguerrand de Bournonville et les siens. Un lignage noble du Boulonnais aux XIVe et XVe siècles,* Paris.

Scott, W. J. (2000) : *Robert the Burgundian and the counts of Anjou, ca. 1025-1098*, Washington.

Scott, J. (1988) : "Genre : une catégorie utile d'analyse historique", *Les cahiers du Grif*, 37-38.

Searle, E. (1979) : "Seigneurial Control of Women's Marriage : the antecedents and function of merchet in England", *Past and Present*, 825, 3-43.

Seignobos, C. (1933) : Histoire sincère de la nation française, Paris

Segalen, M. et G. Ravis-Giordani, dir. (1994) : *Les cadets*, Paris.

Setton, K. (1969) : *History of Crusades*, Madison.

Shalar, S. (1983) : *The Fourth Estate. A History of Women in the Middle Ages,* Londres.

— (1990) : *Childhood in the Middle Ages*, Londres.

Sivery, G. (1995) : *Louis VIII*, Paris.

Smith, F. J. (2001): "Henry II's Heir : The Acta and Seal of Henri the Young King, 1170-83", *The English Historical Review,* 16, 297-326.

Sot, M., J. Boudet et A. Guerreau-Jalabert (1997) : *Histoire culturelle de la France*, t. 1, Paris.

Souchal, F. (1966) : "Les bustes reliquaires et la sculpture", *Gazette des Beaux-Arts*, 7, 205-216.

Soulard, I. (1996) : *Les femmes du Poitou au Moyen Âge*, La Mothe-Achard.

Soulard-Berger, I. (1992) : "Agnès de Bourgogne, duchesse d'Aquitaine puis comtesse d'Anjou. Œuvre politique et action religieuse (1019-v. 1068)", *Bulletin de la Société des Antiquaires de l'Ouest*, 5e série, t. 6.

Segalen M. et G. Ravis-Giordani, dir. (1994) : *Les cadets*, Paris.

Spiess, K.-H. (1993): *Familie und Verwandschaft im deutschen Hochadel des Spätmittelalters*, Stuttgart.

Stayer, J. (1979): *Les origines médiévales de l'État moderne,* Paris.

Störmer, W. (1973): *Früher Adel : Studien zur politischen Führungsschicht im fränkisch-deutschen Reich vom 8. bis 11. Jahrhundert*, Stuttgart, 2 vol.

Tabbagh, V., dir. (2005) : *Les clercs, les fidèles et les saints en Bourgogne médiévale (XIe - XVe siècles)*, Dijon.

Tabbagh, V. (1998) : *Diocèse de Rouen*, Fasti Ecclesiae Gallicanae, Paris.

— (2010) : *Diocèse de Sens*, Fasti Ecclesiae Gallicanae, Paris.

Taittinger, C. (1987) : *Thibaud le chansonnier, comte de Champagne*, Paris.

Thébaud, F. (2007) : *Écrire l'histoire des femmes et du genre*, Lyon.

Thélamon, F., O. Dumoulin et J.-P. Vernant, dir. (2001) : *Autour des morts : mémoire et identité, Actes du Ve colloque international sur la sociabilité*, Rouen, 19-21 novembre 1998, Rouen/

Thompson, K. (2002) : *Power and Border Lordship in Medieval France. The County of the Perche, 1000-1226*, Woodbridge.

Thielemans, M. R. (1959) : "Les Croÿ documents extraits de leurs archives familiales", *Bulletin de la Commission Royale d'Histoire,* 1-141.

Timbal, P. C., M. Gilles, H. Martin, J. Metman, J. Payen et B. Poussin, dir. (1961) : *La guerre de Cent Ans vue à travers les registres du Parlement (1337-1369),* Paris.

Timbal, P. C. (1973) : *Les obligations contractuelles dans le droit français des XIIIe et XIVe siècles d'après la jurisprudence de Parlement,* Paris, 2 vol.

To Figueras, L. (1997) : *Familia i hereu a la Catalunya nord-oriental (segles X-XII)*, Barcelone.

Tonnerre, N. -Y. (1996) : *Être chrétien en France au Moyen Âge*, Paris.

— (2006) : "Henri II et l'Anjou", in : Aurell & Tonnerre 2006, 211-226.

Toubert, P. (1973) : *Les structures du Latium médiéval : le Latium méridional et la Sabine du IXe siècle à la fin du XIIe siècle*, Rome, 2 vol.

— (1986) : *Le moment carolingien (VIIIe - IXe siècle), Histoire de la famille,* t. I, Paris.

Toudouze, G. (1942) : *Du Guesclin, Clisson, Richemont,* Paris.

Trabut-Cussac, J. P. (1972) : *L'administration anglaise en Gascogne sous Henri III et Édouard Ier de 1254 à 1307*, Paris.

Treffort, C. (2004) : "La mémoire d'un duc dans un écrin de pierre : le tombeau de Guy Geoffroy à Saint-Jean-de-Montierneuf", *CCM*, 47, 249-270.

Tricard, J. (1984) : *Léonard, Marie, Jean et les autres : les prénoms en Limousin depuis un millénaire*, Paris.

Türk, E. (1967) : *"Nugae curialium". Le règne d'Henri II Plantagenêt et l'Éthique politique*, Genève.

Turlan, J.-M. (1957) : "Recherches sur le mariage dans la pratique coutumière (XIIe - XVIe siècles)", *Revue historique de droit français et étranger*, 47, 477-528.

Turner, R. V. (1995) : "The Miles Literatus in 12th and 13th Centuries England", *American Historical Review*, 100, 78-96.

Vaivre, J.-B et L. Jeguier (1974) : *Orientations pour l'étude et l'utilisation des armoriaux au Moyen Âge*, Cahiers d'héraldique, Paris.

Vaivre, J.-B. (1980) : "Les tombeaux des sires de Bourbon XIIIe et première moitié du XIVe siècle", *Bulletin monumental*, 138, 373-394.

Vale, M. (1986) : "Nobility, Bureaucracy and the "State" in English Gascony, 1250-1340 : Prosopographical Approach ", in : Autrand 1986, 303-312.

— (1988) : *La France Anglaise au Moyen Âge*, Paris.

— (1990) : *The Angevin Legacy and the Hundred Years War (1250-1340)*, Oxford.

— (1996) : *The origins of the Hundred Years War, The Angevin Legacy, 1250-1340*, Oxford.

Van Caenegem, R. C. (1997) : *Introduction aux sources de l'histoire médiévale*, Belgique.

Van Campenhout, G. (1920) : *Un célèbre manuscrit d'intérêt régional : le Vieil Rentier d'Audenarde (XIIIe siècle)*, Bruxelles.

Van D'Elden, S. (1990) : *Moriz von Craûn*, New-York.

Van Den Neste, E. (1996) : *Tournois, joutes, pas d'armes dans les villes de Flandres*, Paris.

Van Houts, E. (1999) : "Gender and Authority of Oral Witnesses in Europe (800-1300)", *Transactions of the Royal Historical Society*, 6th Series, 9, 201-221.

Vauchez, A., dir. (2003) : *Ermites de France et d'Italie XIe - XVe siècle*, CollEfR, 313, Paris-Rome.

Verdon, J. (1976) : "Les moniales de la France de l'Ouest aux XIe et XIIe siècles", *CCM*, 19, 247-264.

— (1977a) : "Les sources de l'histoire de la femme en Occidentaux X^e^ - XIIIe siècle", *CCM*, 20, 219-252.

— (1977b) : "L'iconographie de la femme au cours des Xe - XIIe siècles", *CCM*, 20.

— (1978) : "Notes sur la femme en Limousin en 1300", *AM*, 90, 319-329.

— (1986) : "La vie quotidienne de la femme en France au Bas Moyen Âge", in : Appelt 1986, 325-386.

— (1993) : "Les veuves des rois de France aux Xe et XIe siècles", in : Parisse 1993, 187-201.

— (1999) : *La femme au Moyen Âge*, Paris.

Verdon, L. (2000) : "La place des femmes dans les actes de la pratique féodale du XIe au XIIIe siècle", in : Bleton-Ruget *et al.* 2000, 179-193.

Verriest, L. (1959) : *Noblesse, chevalerie, lignages*, Bruxelles.

Viard, J. (1896) : "La France sous Philippe VI de Valois : état géographique et militaire", *Revue des Questions Historiques*, 59, 337-402.

Vidal de La Blache (1903) : *Tableau de la géographie de la France*, Paris.

Villevieille, J.-J. et A. et H. Passier, (1875) : *Trésor généalogique*, Paris, 2 vol.

Vincent, N. (1996): *Peter des Roches: an alien in English politics, 1205-1238*, Cambridge.

Vincent, N. et C. Harper-Bill, (2007): *Henry II: new interpretations*, Woodbridge.

Violante, C. (1977) : "Quelques caractéristiques des structures familiales en Lombardie. Émilie et Toscane aux XIe et XIIe siècles", in : Duby & Le Goff 1977, 87-148.

Vissière, L. (2010) : "Des archives et des armes : La renaissance thouarsaise des La Trémoïlle au XVe siècle", in : Contamine & Vissière 2010, 191-208.

Vovelle, M. (1983) : *La mort et l'Occident de 1300 à nos jours*, Paris.

Ward, J. (1992): *English Noblewomen in the later Middle Ages*, Londres.

Waugh, S. L. (1986) : "Tenure to Contract: Lordship and Clientage in Thirteenth-Century England", *EHR*, 101, 811-839.

Weber, F. (2005) : *Le Sang, le Nom, le Quotidien. Une sociologie de la parenté pratique*, Paris.

Werner, K. F. (1970) : "Les nations et le sentiment national dans l'Europe médiévale", *RH*, 94, 285-304.

— (1977) : "Liens de parenté et noms de personne. Un problème historique et méthodologique, in : Duby & Le Goff 1977, 13-18, 25-34.

— (1998) : *Naissance de la Noblesse*, Paris.

Werner, K. F., dir. (1980) : *Histoire comparée de l'administration* (IVe - XVIIIe siècles), Munich.

White, S. D. (1988) : *Custom, Kinship, and Gifts to Saints, The Laudatio Parentum in Western France, 1050-1150*, Londres.

Wolff, P. (1942) : "Une famille du XIIIe au XVIe siècle : les Ysalguier de Toulouse", *Mélanges d'Historie sociale*, 36-58.

Zimmerman, M., dir. (2005) : *Le Moyen Âge dans les Pyrénées catalanes : art, culture et société; à la mémoire de Mathias Delcor, Actes du colloque de Prades, Pyrénées-Orientales, 23-24-25 mai 2003*, Canet.

Zink, M. (1990) : *Le Moyen Âge, Littérature française*, Nancy.

— [1992] (2001) : *Littérature française du Moyen Âge*, Paris.

Zonabend, F. (1980) : "Le nom de personne", *L'Homme*, 20/4, 7-23.

Zueras, A. (2007) : *La bienheureuse Raingarde de Montboissier*, mémoire de Master, Bordeaux 3, dir. P. Henriet.

SITES INTERNET CONSULTÉS

Anonyme [**1250**], *Chansonnier B* (Le chansonnier "B", transcription du ms. Berne, Bibl. de la Bourgeoisie 231 (B) effectuée par Ineke Hardy (Laboratoire de Français Ancien), avec référence aux folios du manuscrit. Ottawa) [chansonnierB]. http://www.lfa.uottawa.ca/base_tfa.html

Cartulaire de Nesle, http://www.cn-telma.fr/nesle/index/

Novum Glossarium Mediae Latinitatis (Dictionnaire international du latin médiéval (800-1200), le *Novum Glossarium Mediae Latinitatis* participe au lancement d'une encyclopédie interactive du latin médiéval, dont un premier prototype est actuellement en cours de développement.

Rôles Gascons, The Gascon Rolls Project (1317-1468) http://www.gasconrolls.org/fr/

Annexes

ANNEXE 1. EXAMEN CRITIQUE DES SOURCES

Une grande partie de nos données se trouvent soit dans des ouvrages imprimés au XIXe s., dont l'objectif était de transcrire un maximum d'actes, soit sous forme manuscrite à la BnF, aux Archives Nationales et aux différentes archives départementales[1]. Un grand nombre d'actes est également issu de cartulaires ecclésiastiques. Notre intention n'est pas d'exposer ni de commenter par le menu tous les éléments de la liste mais plutôt de signaler les principales sources qui nous ont permis de rassembler les actes figurant dans nos annexes. En revanche, une attention particulière sera portée au cartulaire de la Roë qui constitue pour une étude sur la famille de Craon une source essentielle.

Le corpus de nos sources diplomatiques est, pour l'essentiel, celui même réuni par Bertrand de Broussillon ; son fil conducteur est le schéma lignager. Il présente un déséquilibre entre le XIe et le XVe s. : il suit les aléas de la production documentaire, notamment angevine et mancelle. Par exemple le début du XIIe s. marque un net recul de la documentation par rapport à la période qui précède. Puis, à partir de 1150, la production d'écrit suit une courbe croissante qui culmine dans la première moitié du siècle suivant[2]. Au XIIIe s., la perspective est différente de l'époque précédente où l'essentiel des sources était de nature religieuse et nous nous heurtions à une vision unilatérale des événements. À partir du XIIIe s., non seulement notre corpus d'actes s'enrichit mais il provient de fonds différents et les sources religieuses ne constituent plus qu'une minorité, noyée par la documentation issue du chartrier de Craon, des actes du Parlement... Notre catalogue d'actes témoigne de cette évolution et de cette diversité documentaire permettant une vision moins partiale et plus exhaustive de la réalité. Il importe tout d'abord de préciser que l'essentiel avant la fin du XIIIe s. ne provient absolument pas du chartrier de Thouars : le montage documentaire ne dérive pas d'une auto-construction archivistique du lignage.

Sources manuscrites

– Sous le nom de Dom Housseau ou sous celui d'Anjou-Touraine, la Bibliothèque Nationale possède le fruit des recherches opérées par les Bénédictins en Anjou et Touraine. Cette collection forme trente huit volumes.

1 Ce sont les archives de Mayenne, d'Indre-et-Loire, de Sarthe, de Somme, du Pas-de-Calais, des Basse-Pyrénées et de la Loire.

2 Pichot 1995, 19.

– Les archives de la Trémoïlle contiennent un grand nombre d'actes sur les Craon. Elles sont divisées en deux séries :

1 – Les pièces de famille

2 – les pièces diverses

Toutes les pièces que nous avons citées sous l'indication fonds Craon sont des originaux, dont un grand nombre est encore muni de sceaux. Ce fonds Craon n'est qu'une infime partie du chartrier de Thouars : il sera analysé de manière plus approfondie.

– Les manuscrits que Dom Fonteneau avait recueillis dans la deuxième moitié du XVIIIe s. pour la confection d'une histoire de l'Aquitaine, forment vingt neuf volumes de copies et cinquante neuf volumes de mémoires divers entrés à la bibliothèque de Poitiers. La BnF. possède des copies des tomes I à XXIII de la collection.

– La collection Clairambault nous a fourni également un grand nombre de pièces originales, notamment le volume trente six de cette collection.

Sources narratives

Notre synthèse utilise également les sources narratives qui constituent une part non négligeable de notre corpus documentaire apportant un complément précieux à notre documentation diplomatique : une présentation de quelques unes d'entre elles, celles que nous utilisons le plus souvent, nous paraît nécessaire.

– La *Chronique de Saint-Aubin d'Angers* qui constitue une partie des *Chroniques des églises d'Anjou*, suite et complément du volume *Chroniques des comtes d'Anjou* publiées en 1856 par Marchegay et Mabille. Ce travail, contenant quelques textes inédits et des commentaires utiles, constitue une des bases solides de la connaissance de l'histoire locale au Moyen Âge. L'introduction présente une histoire critique de chaque texte, l'indication des manuscrits anciens encore existants et des copies conservées de manuscrits aujourd'hui perdus ou détruits ainsi que la démarche suivie par les éditeurs.

– Radulfus de Diceto[3] (vers 1125 - † 1200) doyen de la cathédrale Saint-Paul de Londres et chroniqueur. Nous ne connaissons rien de sa parentèle ni de ses origines. Érudit et homme d'un grand savoir, il montra une préférence marquée pour les études historiques. Ses deux principaux ouvrages, les *Abbreviationes Chronicorum* et les *Ymagines Historiarum*, couvrent l'histoire du monde depuis la naissance du Christ jusqu'au début XIIIe. Le premier, qui se termine en 1147, montre son érudition et son travail, mais il se fonde presque entièrement sur des sources déjà existantes. Si l'auteur commet des négligences en termes de chronologie, il n'hésite pas à commenter une situation politique prenant appui sur des renseignements recueillis parmi son vaste réseau de relations.

– Ordéric Vital (1075-1141 ou 1143)[4], moine anglo-normand connu comme l'un des plus importants historiens du Moyen dont la principale œuvre, l'*Historia ecclesiastica*, retrace

3 Stubbs 1876.
4 Chibnall 1968-1980.

notamment l'histoire du duché de Normandie et du royaume d'Angleterre aux XIe et XIIe siècles. Sa vie est assez bien connue car il la raconte lui-même dans le livre 4 de son *Historia ecclesiastica*. C'est une source de premier ordre pour l'histoire de la Normandie ducale et de l'Angleterre normande apportant des renseignements sur la société féodale, sur les coutumes sociales et sur la culture monastique et fournissant une série de portraits des puissants de l'époque, roi, reines, évêques ou barons. Pratiquant le récit, il raconte en prenant appui sur une documentation très large et prête à ses personnages des dialogues et des discours qu'il a en fait lui-même inventés. Cependant, ses erreurs factuelles appellent à la prudence : Orderic Vital propose une histoire subjective et orientée.

– Jean de Marmoutier, chroniqueur de la fin du XIIe s., moine de l'abbaye de Marmoutier vers 1170 dédia à Henri II la compilation connue sous le nom de *Gesta consulum Andegavorum*, et écrivit une histoire de Geoffroy V le Bel, *Historia Gaufredi comitis Andegavorum*. Ces oeuvres ont été plusieurs fois publiées, notamment par Marchegay, Salmon et Mabille dans les *Chroniques des comtes d'Anjou*.

– La *Chronique rimée de Philippe Mouskes*[5], datant du milieu du XIIIe s., concerne les rois de France jusqu'en 1241.

Sources imprimées

– L'ouvrage d'Arthur Bertrand de Broussillon, *La maison de Craon*, est la base de notre travail. Non seulement il contient un dossier documentaire solide, mais en plus figurent en notes les références permettant de s'y reporter. Cependant, la plupart de ces actes, seulement mentionnés, ont dû être intégralement repris. Par exemple, il nous manquait les listes de témoins qui nous ont été fort utiles pour apprécier la clientèle des Craon, leur réseau de fidélité et recenser leurs vassaux.

– C'est en 1863 que le premier volume des Layettes a paru ; le tome III est de 1875. La collection comprend 4663 actes depuis 755 jusqu'à 1260 en une série de numérotage unique. C'est à ces numéros et non aux pages que sont faits les renvois qui figurent dans nos annexes.

– Sous le titre de Trésor Généalogique, Dom Villevieille a dressé un immense répertoire où les actes relatifs à chacune des familles françaises sont classés par ordre chronologique. Il est conservé à la BnF. : c'est le tome XXXII qui, aux folios 60 à 72, contient les notes sur la famille de Craon. Cependant, les informations qu'il donne sont à prendre avec précaution, surtout pour les époques anciennes : les dates sont souvent illisibles, les noms propres sont parfois méconnaissables.

Les Craon au miroir des cartulaires de l'ouest

Près de 12 % des actes que nous avons recensés (85) sont issus des différents cartulaires ecclésiastiques, principalement de l'Anjou, du Maine et de la Touraine. À première vue, les fonds apparaissent dispersés : environ dix-neuf établissements ecclésiastiques. Mais, en fait, quatre établissements regroupent les 2/3 des actes (67 %) :

5 Reiffenberg 1836.

– Le Cartulaire d'Ingrande (11 actes) dont le manuscrit se situe dans les archives du duc de la Trémoïlle. Ce cartulaire fournit des informations précieuses sur Maurice V de Craon.

– Les cartulaires de la Trinité-de-Vendôme et de Rays qui contiennent 25 actes. Cependant, les actes issus de ces cartulaires n'éclairent que la période comprise entre 1050 et 1270.

Établissement	**Nombre d'actes**
La Roë	21
Retz ou de Rays	17
Ingrande	11
Trinité de Vendôme	8
Bons-Hommes	5
Hôtel-Dieu d'Angers	4
Fontaine-Daniel	3
Savigny	2
Saint-Vincent	2
Abbaye de Champagne	2
Louviers	2
La Couture	1
Le Ronceray	1
Le Géneteil	1
La Haye	1
Saint-Aubin	1
Le Ronceray	1
Notre-Dame de Saintes	1
Perseigne	1

Tabl. 114. Nombre d'actes mentionnant les Craon issu des différents cartulaires ecclésiastiques entre 1050 et 1270.

– Enfin et surtout, le cartulaire de Notre-Dame de la Roë (21 actes, soit 25 % de tous les actes issus des cartulaires) qui existe en original aux Archives de la Mayenne. La BnF., sous le n°1227 des Nouvelles Acquisitions Latines en possède des copies de la main de Marchegay. Cette abbaye fut fondée en 1095 à la suite de la donation d'un pré par Renaud le Bourguignon avec l'accord de ses fils Maurice, Henri et Robert. C'est donc un établissement situé à l'intérieur de la seigneurie, sur le domaine propre des Craon. Le fait d'avoir trouvé 25 % des actes des Craon dans ce cartulaire ne nous surprend donc pas : ce sont en effet les abbayes ou établissements placés sous l'influence directe des seigneurs qui bénéficient le plus de leur intervention. Le cartulaire a fait l'objet d'une édition par Mme Marie Hamon-Jugnet pour une thèse de l'École des Chartes soutenue en 1972 : *Cartulaire de l'abbaye Notre-Dame de la Roë* (non publiée et non communicable). Étant donné le nombre important d'actes faisant référence aux Craon, une étude plus minutieuse de ce cartulaire s'avère indispensable.

Le cartulaire de la Roë : un reflet partial de la mémoire des chanoines

Le cartulaire constituait un moyen pratique pour rassembler des documents se rapportant à des propriétés éparses des abbayes et pour éliminer les risques que comportait la manipulation des originaux[6]. Il peut être étudié en tant que tel car il ne représente pas seulement une compilation d'actes divers mais il répondait à des objectifs multiples et imbriqués : assurer la gestion de l'établissement, sauvegarder les intérêts de l'abbaye face aux seigneurs laïcs et conserver la mémoire familiale des abbés et des bienfaiteurs. Il s'agit de l'écriture d'une mémoire, celle de la communauté ; son classement n'est donc pas innocent et sa structure n'est pas dénuée de sens. Les pièces manquantes et les détails doivent donc être analysés et nombre de remarques peuvent être dégagées en procédant à l'étude interne du cartulaire.

Une compilation d'actes volontairement hiérarchisée reflétant l'importance du seigneur de Craon

Présentation générale du cartulaire

Le fonds de la Roë constitue un des dépôts des Archives de la Mayenne et malgré les pertes subies pendant la Révolution, un grand nombre de pièces anciennes subsistent, notamment des actes du XIIIe s., constituant un témoignage essentiel sur le siècle qui suivit la fondation par Robert d'Arbrissel d'une communauté de chanoines réguliers dans la forêt de Craon. Le cartulaire, consultable dorénavant sur Internet[7] ou aux archives départementales[8] de la Mayenne dans la série H, se présente sous la forme d'un ouvrage de 285 x 180mm, comportant cent folios numérotés de I à C, écrits recto verso en pleine page. Ce cartulaire comportait à l'origine cent vingt trois feuillets, comme le confirme une description du XVIIIe s. contenue dans un manuscrit de la bibliothèque d'Angers.

Dans sa forme actuelle, le manuscrit est composé de treize cahiers comprenant un nombre inégal de feuillets. Dans le cours du cartulaire, les actes sont numérotés de I à CLXXX avec des répétitions ou des omissions de numéros. La numérotation s'arrête à partir de la charte CLXXX.

6 Guyotjeannin, Pycke, Tock 1993, 277.

7 Site : http://217.109.169.249/cg53v2/cartulaire.php

8 Angot 1903/1910 présente des actes regroupés en deux tomes dont un exemplaire figure à la BnF. et l'autre aux Archives départementales de la Mayenne ainsi qu'une reproduction photographique de ce cartulaire. La B.M. d'Angers (ms 865 a. 777) en a conservé certains.

Son état est assez satisfaisant malgré la perte de vingt-trois folios arrachés pendant la Révolution : il est possible d'en reconstituer une bonne partie.

Le cartulaire comprend deux cent quarante-quatre actes échelonnés entre 1096 et le début du XIIIe s. ; les copies des collections Housseau, Dupuy et Baluze ont permis d'en ajouter vingt (qui se trouvaient dans la partie perdue), mais le cartulaire originel en possédait plus.

Au vu des copies de ces mêmes collections conservées à la BnF, Mme Hamon Jugnet[9] date l'écriture de la seconde moitié du XIIe s., en raison de brisures très nettes dans chacune des écritures. Mais la compilation du cartulaire semble être l'œuvre de plusieurs scribes. En effet, on trouve la même écriture un peu hésitante, aux lettres allongées et aux brisures déjà marquées jusqu'au folio 29 v. Interrompue un moment, elle figure de nouveau au folio 31r et 31v. À partir du folio 31v, les écritures les plus diverses s'entremêlent : on compte presque une douzaine de mains en tout. Il n'est donc pas possible d'attribuer à un auteur particulier la rédaction du cartulaire tant celle-ci se révèle parfois désordonnée.

Le cartulaire regroupe peu d'actes originaux copiés tels quels et chacun est désigné par un numéro correspondant à son rang chronologique. La plupart, même les plus importants, ceux de la fondation par exemple, se présentent sous forme de notices, c'est-à-dire des actes probablement remaniés. À peine dénombre-t-on deux ou trois copies intégrales (?) :

– donation de l'église Notre-Dame de Recouvrance par l'abbé Saint-Aubin d'Angers [28][10] ;

– confirmation par Guillaume de Passavant évêque du Mans, de l'église de Saint-Ouen en Champagne [36].

Le reste des actes se présente sous la forme de notices, ce qui ne signifie pas systématiquement une "invention"[11] de la part du copiste.

Les actes recensés dans le cartulaire fournissent de nombreuses informations d'abord sur les chanoines[12] et l'organisation de leur communauté où règne une stricte répartition des tâches et des fonctions en vue d'une gestion rigoureuse. Le système tel qu'il nous est présenté était hiérarchisé et bien structuré. De nombreux actes documentent la vie matérielle de l'abbaye et subsidiairement son mode de vie[13], ceux mentionnant une intervention des seigneurs de Craon doit faire l'objet d'une analyse détaillée.

9 Hamon-Jugnet 1971.
10 Les numéros entre crochets correspondent aux numéros d'actes.
11 Kayoko 2001-2002.
12 Au sein de la communauté, on trouvait un abbé, des prieurs et sous - prieurs, un cellier du couvent, un sous-cellier, le custode [53], l'aumônier, le prêtre [53], le sacristain, le secretarius [116].
13 Établis dans une forêt, les chanoines durent défricher et assécher les marais [11], pour en faire des prés et des champs. Un autre acte mentionne les forges de l'abbaye [122]. Pour l'agriculture, l'abbaye possédait ses propres animaux, parmi lesquels un grand nombre de bœufs de labour qu'elle pouvait prêter [80, 110]. Les chèvres fournissaient le lait et le fromage [141]. L'abbaye avait le droit de passage pour 61 porcs ou plus [61], et celui de passage dans le bois de Frageu pour tous ses animaux (sauf chèvres et lapins). On trouve des chevaux de trait ou de palefrois [11, 70, 80, 93]. L'économie de l'abbaye ne reposait pas que sur l'élevage ; il faut signaler des jardins [53, 56], vergers, vignes [56, 152], des fours [13], des moulins à eau [8, 61, 117, 143] une grange [38], des maisons [30, 32, 64 etc.] des métairies [2, 14, 16, 47].Quelques privilèges commerciaux furent accordés à l'abbaye : Guérin et Maurice II de Craon avaient abandonné le premier des droits qu'il percevait sur les deux foires de l'abbaye [50], le second, le droit de minage [12].

La structure interne du cartulaire : un schéma classique soulignant la place prépondérante du seigneur de Craon

Le cartulaire peut être divisé en deux grandes parties, dont la logique est chronologique. La première partie, plus homogène que la seconde comprend les actes d'autorité concernant l'abbaye de 1096 à 1150. Ces actes, numérotés de un à soixante, sont classés hiérarchiquement par ordre d'importance : figurent ainsi, au début du cartulaire, la concession par Renaud le Bourguignon d'un bois à six ermites dans le but de fonder une église, la consécration épiscopale de la paroisse de la Roë puis la bénédiction de Quintin, premier abbé. Sur les treize premiers actes, le seigneur de Craon est concerné huit fois et la nature de son intervention mérite une attention particulière.

Dans la première notice, le rôle du seigneur de Craon n'apparaît pas clairement et l'on ne sait pas réellement qui est l'initiateur de la création d'une église à la Roë : peut-on attribuer la fondation de cette église au seigneur de Craon, et classer cette église dans la catégorie fondation seigneuriale ? C'est vraisemblablement à la demande des ermites que Renaud le Bourguignon avait donné un bois situé dans sa forêt et formulé le souhait d'y voir construire une église pour le salut de son âme : sans en être le "promoteur", le seigneur de Craon apparaissait être partie prenante du projet.

Dans l'acte mentionnant la bénédiction du cimetière par l'évêque et la création de la paroisse, situé au folio 4r du cartulaire, le rôle de Renaud le Bourguignon transparaît plus nettement. Sans forcément être à l'origine du centre paroissial, le seigneur de Craon a probablement usé de son autorité pour "inciter" des habitants à se rendre dans cette paroisse, qui n'était pas prévue dans le programme de la visite épiscopale[14]. Il s'agissait de l'intervention d'un seigneur banal dans l'encellulement des ruraux.

Puis, le cartulaire présente le seigneur de Craon en tant que défenseur des biens et des droits de la communauté face aux prétentions de certains laïcs et à celles de la collégiale Saint-Nicolas, sa chapelle castrale. Deux conflits, rapportés respectivement par l'acte n°2 (12 février 1096-25 avril 1097) et l'acte n°4 (jeudi 5 avril 1100), s'expliquent par le statut foncier précaire des chanoines de Notre-Dame-du-Bois et dès l'origine, le seigneur de Craon s'efforce d'assurer la protection de l'abbaye face à d'autres établissements ecclésiastiques. En tant qu'initiateur de la fondation de la paroisse, le seigneur de Craon était chargé d'assurer le développement de ce bourg monastique, sans en avoir une tutelle absolue que lui aurait permis un acte de fondation seigneuriale.

La seconde partie, annoncée dans la table par le titre *Capitula de noticiis huius ecclesie tempore Michaelis abbatis adquisitis*, concerne l'histoire de cet établissement depuis l'abbatiat de Michel (1148-1170). Cette seconde partie, assez désordonnée, semble avoir été compilée au fur et à mesure car l'écriture en est moins soignée. L'œuvre a été confiée à de multiples mains et ce ne sont pratiquement plus que des notices ; les titres manquent fréquemment de même que les initiales. Les ajouts se multiplient. Cet examen permet donc de penser que le cartulaire, commencé sous l'abbé Michel au début de son abbatiat (la première partie

14 Bienvenu 1989 : cette étude est consultable sur le blog de J. Bienvenu [http://mes-recherches-en-histoire-medievale.over-blog.com/].

contient quelques actes relatifs à l'abbé), a été continué au fur et à mesure entre 1150 et 1170 puis achevé sous l'abbé Thomas, dernier mentionné dans le cartulaire. L'ordre qui prévaut n'est ni géographique, ni thématique ou hiérarchique mais chronologique.

Le tableau suivant, qui recense les 244 actes que compte le cartulaire, distingue les donations ou confirmations faites par les laïcs et les chartes ou notices émanant d'ecclésiastiques et les replace dans les deux parties que nous venons de dégager.

	Actes présents dans la première partie (1096-1150)	**Actes présents dans la seconde partie (à partir de 1150)**	**Nombre total d'actes**
Laïcs	1 d'Henri roi d'Angleterre 2 des comtes d'Anjou 11 des seigneurs de Craon 4 des seigneurs de Château-Gontier 3 des seigneurs de Laval	10 provenant des seigneurs de Craon Seigneurs locaux	212
Ecclésiastiques	20 émanant des évêques de Rennes, d'Angers, du Mans et Nantes 12 proviennent d'autres abbayes		32

Tabl. 115. Analyse des actes extraits du cartulaire de la Roë par état, par fonction et par ordre d'apparition dans le cartulaire.

Nous constatons d'une part la prédominance parmi les laïcs des seigneurs de Craon, et d'autre part le maintien de contacts étroits avec les seigneurs de Laval et de Château-Gonthier, qui témoignent d'une sphère d'influence de l'abbaye essentiellement régionale. En effet, ce tableau nous révèle la place centrale de la famille de Craon dans la structure du cartulaire, puisque leurs actes apparaissent surtout dans la partie liée à la fondation de l'abbaye, comme ceux des hauts dignitaires ecclésiastiques et de la famille comtale. La présence des actes des seigneurs de Château-Gonthier et de Laval dans la première et principale partie, à côté de ceux émanant du seigneur de Craon dénoterait, de la part des chanoines, au moment de la rédaction du cartulaire, la volonté de se dégager de la tutelle exclusive du seigneur de Craon ; les relations entre Maurice II de Craon et la communauté de la Roë s'étaient en effet dégradées.

Plus loin dans le cartulaire, se trouvent les seigneurs locaux, relégués à l'arrière-plan, mais en nombre conséquent. D'ailleurs, il est notable de constater que nous n'aurions aucune information sur ces familles en l'absence du cartulaire.

La totalité des actes entre les Craon et la communauté de la Roë s'échelonne de 1096 à 1371, mais nous pouvons dégager deux périodes distinctes correspondant au changement de sources. La première concerne des actes datés de 1096 à 1184 issus du cartulaire de la Roë : ce sont surtout des donations de terres (au nombre de sept) traduisant l'accroissement du patrimoine foncier de l'abbaye visible dans les actes et dans l'édifice à cette époque. La seconde commençant à la fin du XIIe s. provient de sources variées : du cartulaire des Bonshommes de Craon, des archives privées, dont celles de la Trémoïlle et contient des actes moins nombreux et de nature diverse – transactions, accords, donations pécuniaires – cela suggère que la période d'accroissement de l'abbaye, au siècle précédent, avait pris fin sans pour autant remettre en question la stabilité de l'administration.

Au total, la structure du cartulaire nous montre l'influence réelle et la place prépondérante de la famille de Craon au sein de l'abbaye, ainsi que les rapports réguliers et importants effectués avec les seigneurs locaux[15], ce qui témoigne d'une sphère d'influence essentiellement régionale et d'une implantation locale bien marquée, comme le prouvent les possessions de l'abbaye.

Le cartulaire : une mise par écrit de la mémoire des chanoines

Le cartulaire de la Roë est l'unique source que nous disposons pour entrevoir la genèse de l'abbaye et dégager les rapports entre la communauté et ses bienfaiteurs, les seigneurs de Craon. Or, un cartulaire peut donner lieu à de nombreuses falsifications. Par exemple, R.C. Van Caenegem[16] souligne qu'une institution, devant se défendre contre une "rivale", pouvait parfois fabriquer certains textes et les intégrer parmi de nombreuses copies de documents authentiques : une analyse critique est donc nécessaire afin de ne pas se laisser abuser par les textes de cartulaires composés par les bénéficiaires eux-mêmes. Si cette approche critique a été réalisée par Mme Hamon Jugnet dans sa thèse sur celui de la Roë, qui est assez complète sur l'organisation interne du cartulaire, il ne lui a pas paru intéressant, en revanche, d'insister sur le contexte de sa composition par les chanoines. Or, il éclaire pourtant sur les motivations intrinsèques des différents auteurs et rejoint les suspicions de M. Van Caenegem.

Au moment de la compilation du cartulaire sous l'abbatiat de Michel[17], abbé de la Roë de 1149 à 1170, le seigneur de Craon était Maurice II. Ce chevalier et homme de cour se montrait soucieux de ses intérêts à l'intérieur d'un domaine qu'il entendait gérer en toute liberté, au risque de remettre en question les privilèges acquis. Une pièce originale, transcrite sous le numéro cent quatre-vingt-dix-sept du cartulaire de la Roë, et datée de la deuxième moitié du XIIe s. mentionne un différend entre ce seigneur de Craon et les chanoines à propos d'oblations qui auraient appartenu à l'abbaye et qui lui furent retirées par Maurice II. L'appétit grandissant de la communauté ne pouvait accepter la décision "arbitraire" du seigneur de Craon, grevant ses privilèges, et l'affaire fut portée par les chanoines devant les évêques de Rennes et d'Angers qui condamnèrent Maurice II. Cette charte, émanant de Maurice II,

15 Dominique Iogna-Prat dans son étude sur Cluny établit aussi ce constat : les différentes dépendances de Cluny (prieurés et abbayes) présentent une situation extrêmement contrastée en fonction des rapports entretenus avec les pouvoirs locaux (Iogna-Prat 2002, 12)

16 Van Caenegem 1997, 101-102.

17 L'Abbé Michel, auteur du cartulaire, nous est connu par sa famille et par la distinction avec laquelle il dirigea de 1149 à 1170 l'abbaye fondée par Renaud le Bourguignon. Fils de Renaud, seigneur de Château Gonthier et de Burgondie, fille de Robert le Bourguignon, l'abbé était le cousin au 6e degré de Maurice II.

mentionne que celui-ci avait reconnu ses torts, qu'il rendit les oblations et qu'il fit don aux religieux du moulin de Barillé et d'une certaine quantité de terre.

Si rien ne nous amène à douter de l'authenticité de ce document, il nous invite en revanche à prendre du recul sur le corpus documentaire qui nous est proposé puisque ne sont mentionnées que des notices favorables à l'abbaye. Le passé, que les chanoines veulent conserver et transmettre par écrit, leur appartient et n'expose qu'une vision partielle et subjective de la réalité. Or, le moment de la compilation du cartulaire, vers le milieu du XIIe s., correspond à cette période de tension entre l'abbaye et le seigneur de Craon et il est fort probable que les chanoines, sur la requête de l'abbé Michel, aient considéré qu'il était de leur intérêt de compiler leurs actes et de mettre par écrit les avantages obtenus afin d'éviter toute contestation. Les évêques de Rennes et d'Angers, sollicités dans cette affaire, ont pu être les auteurs de cette proposition à l'instar de ce qu'il se produisait dans les autres abbayes.

De plus, si les auteurs se sont appuyés sur des actes originaux, ils ont également pu enrichir le contenu de leurs notices à partir d'informations orales et transformer ainsi une partie de la réalité[18]. L'influence de la tradition orale dans les notices est cependant difficilement décelable et si nous avons l'impression que les chanoines, lors de la compilation du cartulaire, ont fidèlement reproduit la teneur des chartes conservant le style et les caractéristiques des pièces originales, certaines notices, narratives, ont tendance à décrire des transactions en détail, pouvant maquiller leur contenu. Or, concernant la période XIe - début XIIIe s., il est difficile, faute d'une documentation variée émanant de chacune des parties, de poser un regard critique sur cette mise par écrit de la mémoire des chanoines ; nous pouvons seulement, de manière ponctuelle, entrevoir la partialité de cette mémoire sélective. Mais, à partir du début du XIIIe s., la donne change avec l'apparition des premiers papiers de la famille de Craon, regroupés dans le chartrier de Thouars.

Le parcours chaotique du fonds Craon, infime partie du chartrier de Thouars

L'étude des chartriers seigneuriaux a été, pendant très longtemps, délaissée au profit des archives monastiques, royales, princières parfois communales. Or, depuis quelques années, un regain d'intérêt se manifeste dont le colloque tenu à Thouars les 8, 9 et 10 juin 2006 se fait écho : centré autour des La Trémoïlle et du chartrier de Thouars, les communications ont permis de dégager l'intérêt scientifique de l'étude des chartriers laïcs et ont soulevé un certain nombre de questions sur la valeur utile du document. En effet, il est désormais courant, dans l'historiographie médiévale, d'envisager les documents non plus seulement pour leur contenu "informatif", mais pour eux-mêmes : d'étudier les modalités de leur production, de leur conservation, de leur classement voire de leur destruction.

Afin de bâtir notre monographie familiale, nous avons commencé, comme la plupart des chercheurs, par constituer un catalogue d'actes mentionnant les membres de la famille étudiée et l'œuvre de Bertrand de Broussillon nous a été ici fortement utile. S'il s'avère indispensable, ce travail, complété par un classement chronologique, présente l'inconvénient de retirer ces documents des fonds où ils avaient été préservés. Cette "prise

18 Cet aspect a été évoqué par Matsuo Kayoko (Kayoko 2001-2002).

de possession ou d'appropriation mentale des sources"[19] peut provoquer une distorsion dans l'appréciation de la fonction de chaque acte et les raisons de la constitution de chacun des fonds peuvent échapper à l'historien. Or, la conservation de l'acte appelle un certain nombre d'interrogations et sur les actes, isolément, et sur le fonds qu'ils composent. La réalisation d'un catalogue d'actes mélangeant parchemins et papiers d'origines diverses relatifs à un même sujet représente un instrument complet et efficace de travail mais nécessite, dans un second temps, de prendre en compte "la tradition archivistique de la charte", selon l'expression de M. Aurell. Notre méthode a consisté à partir de ce que l'on avait, de ce qui nous était parvenu aujourd'hui et de la manière dont cela était classé ; puis nous avons cherché à dégager les étapes chronologiques de conservation, de compilation, sachant que nos informations devenaient de plus en plus hypothétiques au fur et à mesure que l'on remontait dans le temps jusqu'à l'origine de la charte. Atteindre le moment où ces chartes avaient été rédigées et apprécier leur devenir nous permet ainsi d'aborder la question de la sauvegarde et de l'utilisation des archives familiales. Il s'agira de décrire le fonds Craon tel qu'il se présente aujourd'hui, c'est-à-dire une partie du chartrier de Thouars, conservé aux Archives nationales.

Le chartrier de Thouars : le plus bel ensemble documentaire laïc

Les archives de La Trémoïlle sont considérées comme le plus beau fonds privé de documents historiques qui soit en France avec leurs trois fonds distincts : le chartrier de Thouars, le chartrier de Serrant et les papiers du comte Duchâtel.

Le chartrier de Thouars représente la partie la plus importante à la fois par son volume (912 cartons, soit 140 m linéaires), le champ géographique qu'il couvre (provinces de l'ouest de la France) et par l'intérêt et la variété des documents qui la composent. Il regroupe l'ensemble des actes concernant les La Trémoïlle et leurs alliés sous la côte 1AP, en ce qui concerne les documents originaux et 198 Mi en microfilm (103 bobines). Il n'existe d'ailleurs pas un, mais plusieurs fonds, chaque branche de la famille possédant son propre chartrier. Les premières pièces du fonds Craon sont datées du début du XIIIe s. et les dernières de 1410. Les pièces sont de nature variée : correspondances, extraits de comptes, procès, transactions, etc.

Le fonds Craon, un fonds remanié au classement inachevé

Saisir le parcours du chartrier de Craon nécessite de procéder à un va-et-vient chronologique, qui nous amène d'abord à constater la perte du chartrier originel et de son classement initial, puis à entrevoir le travail d'archivage du duc Louis Charles de La Trémoïlle (1838-1911), avant de démontrer l'absence d'un "cartulaire" sous Amaury III de Craon.

Un handicap : la perte du classement initial

Le fonds Craon, tel qu'il se présente aujourd'hui, est le résultat de multiples opérations de compilations et de diverses vagues d'archivage, réalisées depuis le XIVe s., succédant à

19 Aurell 2004, 11.

de longues périodes pendant lesquelles les archives furent délaissées. Si la plupart de ces travaux de classement et d'archivage nous sont connus, le chartrier originel a en revanche disparu : on peut penser qu'il fut conservé par Marie de Sully, héritière de la maison de Craon à la mort de sa mère, Isabelle de Craon, le 2 février 1394, mais dès le XVIe s., il fut certainement remplacé par des cahiers de copies, seuls certains originaux étaient conservés.

L'opération de classement de Louis Charles, dixième duc de La Trémoïlle : l'amateurisme d'un érudit

Dans l'introduction de son ouvrage, intitulé "Archives de la maison de La Trémoïlle (chartriers de Thouars et de Serrant, papiers Duchâtel)", Charles Samaran (1879-1982) retrace les péripéties traversées par le chartrier de Thouars. Dès le XVIIe s., de nombreux documents font mention du "Trésor" : des inventaires partiels, des états de pièces provisoirement extraites pour des procès... Les papiers du chartrier, conservés pendant la période révolutionnaire, restèrent plus ou moins à l'abandon par la suite ; les guerres de Vendée s'ajoutèrent aux autres formes de destructions habituelles jusqu'à ce que le duc Louis de La Trémoïlle décidât de s'occuper de ses papiers de famille. Aidé par l'archiviste du Maine-et-Loire, Paul Marchegay, il entreprit de classer ses archives. "Étant pour la première fois en 1856 à Serrant (il avait dix-huit ans), j'ai appris l'existence de mes papiers de famille (...). Ma tante (veuve de Théobald) me mit en relation avec l'archiviste du Maine-et-Loire, M. Marchegay qui avait fait des recherches dans le chartrier de Thouars. Beaucoup de documents intéressants ont été retrouvés par lui : il m'a donné l'idée de classer mes archives, et depuis cette époque il s'est passé peu de journées où mes vieux papiers ne m'aient pas occupé. Que de bons moments j'ai passés avec eux !" témoigne en effet Louis-Charles de La Trémoïlle, membre de l'Académie des Inscriptions et Belles-Lettres, "médiéviste, moderniste et mécène "[20].

Cependant, en effectuant cette opération de classement, il a mélangé les archives de Thouars, celles de Serrant et celles de la famille Duchâtel, les sortant du cadre dans lequel se trouvaient les documents, puis il fit relier ces recueils. Ces erreurs, pour la plupart, ont été corrigées par le personnel des archives, du moins pour les documents isolés. En revanche, les volumes reliés ont été laissés tels quels et la reconstitution de chartriers particuliers, dont celui des Craon, n'a pas été entreprise : ils sont venus se fondre dans le chartrier de Thouars.

Le fonds Craon, présent dans le chartrier de Thouars, se compose actuellement de deux parties distinctes. Sous le titre "Cartulaire de Craon" (côte 1AP 1593, 1594 et 1595), ont été regroupées des chartes concernant les seigneuries de Sablé et de Craon entre 1248 et 1314. Sur la page intérieure de la reliure, figure une planche dessinée avec "Di Monseigno della Tramoglia", d'une main italienne non identifiée. Ces chartes, classées par ordre chronologique ont été numérotées dans un autre ordre ; on ne sait selon quelle logique ni quand ni par qui, peut-être du temps du duc de La Trémoïlle. Le "cartulaire" ne correspond pas à un classement antérieur.

20 Le volume réalisé sous la direction de Jean Leclant, secrétaire perpétuel de l'Académie des Inscriptions et Belles-Lettres, avec le concours d'Hervé Danesi, sous le titre Le second siècle de l'Institut de France 1895-1995 le présente ainsi : "Médiéviste et Moderniste (histoire de la France médiévale (bas Moyen Âge) et moderne, histoire nobiliaire, généalogie, édition de documents, archivistique, bibliophilie) : mécène".

La seconde partie se compose de cartons, cotés 1AP 1619 à 1AP 1636. Certains ne nous concernent pas directement puisqu'ils sont postérieurs à la famille de Craon. Ainsi, 1AP 1621 et 1AP 1623 contiennent des fragments de comptes datant du XVIe s., des inventaires sur le mobilier et la garde robe et des documents divers sur les châtellenies de Châteauneuf, de Rochefort au XVIe s. De la même manière, sous la cote 1AP 1608-1609, sont regroupés des documents scellés à l'origine, datant pour la plupart du XVe - XVIe s., tel qu'un cahier en mauvais état de conservation, où chaque folio a été percé puis lié par une cordelette.

En revanche, dans 1AP 1620, nous avons pu trouver des documents que Bertrand de Broussillon situait dans le "fonds Craon" sans références exactes. Il mentionnait, en effet, les travaux de mise en ordre qu'effectuait le duc de La Trémoïlle sur ses propres archives, "des cahiers de copies" d'originaux dont "l'Inventaire de 1502" et le cahier cité sous le titre de "Cartulaire d'Amaury III de Craon"[21]. Ces intitulés "archivistiques" apparaissent aussi en d'autres endroits de l'ouvrage de Bertrand de Broussillon[22]. Charles Samaran[23], ne fait aucunement allusion aux deux cahiers et se garde d'employer le terme de cartulaire, bien que son inventaire soit postérieur au travail de Bertrand de Broussillon ; il a donc fallu procéder à une identification en consultant toutes les cotes susceptibles de les renfermer.

Au total, nous avons, à l'intérieur du chartrier de Thouars, un fonds Craon, coté 1AP 1619 à 1636 et 1AP 1593/1594/1595. Dans 1AP 1620, se trouvent l'inventaire de 1502 (100 folios répertoriant 295 pièces, de 1219 à 1502) et un cahier de 51 folios, où sont copiées 19 pièces s'étalant de 1219 à 1326. Des pièces originales, parfois scellées, sont éparpillées sous diverses cotes ; les plus anciennes datent de 1219. Certains originaux ont été reliés dans les trois volumes intitulés "Cartulaire de Craon" (1AP 1593/1594/1595).

Diverses difficultés se combinent donc :

le chartrier originel, datant peut-être de Marie de Sully, a disparu, ce qui rend difficile toute approche scientifique des archives privées du lignage des Craon ;

Le travail du duc de La Trémoïlle a bouleversé les épaves de ce fonds, tout en contribuant à leur conservation ;

Bertrand de Broussillon, qui réalisait le catalogue d'actes sur la maison de Craon en 1895, n'a pas eu à disposition l'œuvre achevée du duc de La Trémoïlle, d'où des références erronées et des oublis.

Le "cartulaire d'Amaury III" : une invention historiographique

Des références citées par Bertrand de Broussillon posent problème. À plusieurs reprises, dans son catalogue d'actes, il mentionne un "cartulaire d'Amaury III", sans que cela ne corresponde à aucun des trois registres appelés "cartulaire de Craon" par le duc de La Trémoïlle. Par exemple, à la date du 6 novembre 1296, il évoque une quittance donnée par Geoffroy d'Ancenis à Isabelle de la Marche, référencée "Archives de La Trémoïlle, Cartulaire

21 "M. le duc de La Trémoïlle n'a pas encore terminé le dépouillement de son riche chartrier ; il estime néanmoins avoir réuni tout ce qui lui reste des anciennes archives de la maison de Craon dont il se propose de constituer deux séries : 1° Pièces de famille ; 2° Pièces diverses." (Bertrand de Broussillon 1893).

22 *Ibid.*, 162, sous le n° 242 bis, 272, 273, n° 371 et 372.

23 Samaran 1928.

d'Amaury III" ; de même à la date de novembre 1298, à propos d'une quittance donnée par Geoffroy d'Ancenis à Renaud de Pressigny. Enfin, il mentionne le *Cartulaire d'Ingrande*, dont le titre exact serait "Cartulaire de Maurice V de Craon"[24], seigneur de Craon de 1270 à 1293.

Cela signifierait donc que Bertrand de Broussillon estimait avoir entre les mains un cartulaire dont la compilation aurait été commencée à l'époque de Maurice V de Craon, puis poursuivie par Amaury III (1293-1333). Or, un cartulaire n'est pas une reproduction d'un chartrier : il n'est pas le reflet exact des archives et n'est pas confectionné par hasard. Derrière la décision de réaliser un cartulaire, se dégage un projet personnel et collectif, qui est cependant difficile à démontrer. "Chartrier" et "cartulaire" viennent de la même racine, cependant l'un n'est que le miroir de l'autre et un cartulaire n'est jamais qu'une des pièces composant un chartrier. L'existence de ce cartulaire d'Amaury III nous permettrait d'en savoir plus sur les préoccupations et les centres d'intérêt de ce seigneur ; sa conservation puis sa transmission lui donneraient une valeur familiale et nous apporteraient un certain nombre d'éléments sur les logiques et les enjeux de la conscience familiale. Ce cartulaire ne figurant pas dans l'inventaire de Charles Samaran, il a donc fallu procéder au dépouillement intégral du fonds Craon afin d'en trouver trace, à supposer qu'il ne s'agisse pas purement et simplement d'un abus de langage de la part d'Arthur Bertrand de Broussillon, et nous nous sommes immédiatement orienté vers les deux cahiers de copies conservés dans 1AP 1620.

Le premier, l'Inventaire de 1502 mentionné à plusieurs reprises par Bertrand de Broussillon, mais absent des travaux de Charles Samaran contient des brèves notices de six, sept lignes la plupart du temps, classées par seigneuries jusqu'à la charte 169, mais sans suivre un ordre chronologique. Sont présentées, dans le tableau ci-dessous, les notices faisant référence aux seigneurs de Craon :

Date	Seigneur concerné	Folio	Numéro de la charte
20/09/1322	Amaury III (1293-1333)	4	7
24/05/1312	Amaury III (1293-1333)	6	10
26/05/1322	Amaury III (1293-1333)	5	12
1286	Maurice V (1270-1293)	12	36
1300	Amaury III (1293-1333)	13	40
13/02/1288	Maurice V (1270-1293)	17	56
Septembre 1329	Amaury III (1293-1333)	17	57
25/01/1305	Amaury III (1293-1333)	18	59
23/09/1301	Amaury III (1293-1333)	18	61
26/12/1309	Amaury III (1293-1333)	20	68
20/12/1302	Amaury III (1293-1333)	22	74
21/04/1300	Amaury III (1293-1333)	22	75

24 Bertrand de Broussillon 1893, 185

15/09/1300	Amaury III (1293-1333)	24	83
28/11/1274	Maurice V (1270-1293)	26	89
1321	Amaury III (1293-1333)	38	132
27/06/1311	Amaury III (1293-1333)	38	133
15/07/1289	Maurice V (1270-1293)	51	175
15/08/1283	Isabeau de La Marche	53	180
1/02/1330	Amaury III (1293-1333)	63	208
20/07/1353	Amaury IV (1333-1373)	67	218
30/05/1368	Amaury IV (1333-1373)	84	265
11/07/1373	Louis de Sully	90	279
14/01/1300	Amaury III (1293-1333)	92	283

Tabl. 116. Notices concernant les seigneurs de Craon extraites du cahier de copies, l'Inventaire de 1502.

À partir de la notice 170, le classement perd en cohérence : il ne s'agit plus que de pièces diverses sans ordre géographique ni chronologique. De la première notice jusqu'à la 295ᵉ, l'écriture est la même et le style est identique, il s'agissait vraisemblablement du même auteur. Nous avons relevé vingt-trois notices faisant mention du seigneur de Craon dont seules quelques unes avaient échappé à Bertrand de Broussillon. Il a donc fallu les reprendre toutes et analyser en détail le contenu de celles concernant les Craon.

Le second cahier (51 folios) comprend les copies de pièces anciennes de longueur inégale mais avec un style et une écriture identiques, la main de même genre que celle de l'inventaire de 1502. Les 19 pièces (1219-1326) n'ont pas été numérotées, elles se succèdent recto verso dans le désordre. L'original scellé de certaines de ces copies a été conservé. Globalement, elles correspondent aux documents cités par Bertrand de Broussillon sous la référence "Cartulaire d'Amaury III", sans qu'il soit possible de savoir pour quelle raison il l'a nommé ainsi. Ce titre n'a aucune pertinence.

Au total, ce qui reste dans le fonds de Thouars des archives des seigneurs de Craon ne concerne que la période postérieure à 1219 et se résume à quelques actes. La collection Clairambault (notamment le volume XXXVI) qui a nous fourni également un grand nombre de pièces originales, permet de remédier quelque peu à ce défaut avec par exemple des quittances de gages de guerre des XIVᵉ - XVᵉ siècles. Pour les périodes plus anciennes, ces traits s'accentuent encore : l'histoire des seigneurs de Craon repose uniquement sur des pièces d'archives produites par d'autres et d'abord par des institutions ecclésiastiques, ce que nous proposons de voir à travers l'analyse de notre corpus.

Bilan sur le corpus

Face à l'extrême variété de notre documentation, il apparaît nécessaire de procéder à un examen critique des actes, d'en dresser un inventaire et d'en présenter rapidement le contenu, afin d'établir une base documentaire solide à cette monographie dont le corpus nous oriente incontestablement vers une structure de parenté particulière : le lignage ; par la force des choses, notre enquête suit le fil lignager.

Le corpus documentaire des seigneurs de Craon

L'enquête menée dans les sources a recensé 741 actes. Ont été retenus tous les actes des Craon proprement dits (246, soit 33%) ainsi que ceux mentionnant une intervention des Craon ou ne faisant qu'une simple mention de ces personnages (495 soit 67%), en tant que partie contractante (près de la moitié), en tant que témoin ou souscripteur. Tous les titulaires de la seigneurie ont fait l'objet de cette enquête. Ont été également pris en compte les actes de Guy VI de la Trémoïlle, l'époux de Marie, dame de Sully et de Craon, du moins ceux concernant la seigneurie ainsi que les actes provenant des branches cadettes au-delà même de notre limite chronologique.

Chronologie des actes

Ces actes sont inégalement répartis dans le temps. Le plus grand nombre appartient au XIVe s. : 159 actes des Craon proprement dits sur 246 et 392 mentionnant une intervention des Craon sur 495 soit 74% du total ; seulement 26% des actes concernent donc la période couvrant la deuxième moitié du XIe s. jusqu'en 1293, date de prise de possession de la seigneurie par Amaury III. L'affaiblissement du nombre des chartes autour de 1100, fréquent partout en Occident, s'explique par l'arrêt des donations envers les monastères bénédictins et des restitutions au clergé séculier, encouragées jusqu'alors par la réforme grégorienne. Sur le plan documentaire, le grand siècle est logiquement le XIVe : l'utilisation de l'écrit, en tant que valeur probatoire, fut alors plus systématique. Et c'est à partir du moment où les Craon sont sollicités à la fois par les rois d'Angleterre et de France, puis lorsqu'ils se tournent du côté du roi de France que les actes sont plus nombreux.

741 actes se répartissant en diverses catégories[25]

Schématiquement, un acte public a pour auteur une personne qui agit en vertu de l'autorité publique qu'elle détient ; un acte privé émane soit d'une personne privée, soit d'une personne publique agissant à titre privé pour le compte d'une personne privée. Ainsi présentée, la distinction entre "public" et "privé" paraît plus claire. Mais, l'acte de fondation par un seigneur d'une chapelle destinée à accueillir les sépultures de son lignage est-il réellement "privé"? À l'inverse, qu'a de "publique", en fait, même si elle est validée par le sceau royal ou princier, une banale transaction entre particuliers ? Pour sortir de ce genre de débat, nous éviterons de parler d'actes publics et nous préférerons qualifier les actes de

25 Merdrignac & Chédeville 1998, 25.

"royaux" ou "princiers" "épiscopaux" etc..., selon l'autorité dont ils émanent. Le qualificatif de "privé" s'applique, au sens large, à tout acte émanant d'une personne privée, ou d'une personne publique agissant pour le compte d'une personne privée.

Nous avons recensé 2 bulles pontificales, 6 actes princiers et 196 actes royaux : 2 ordonnances, 38 arrêts et 156 lettres patentes. Les lettres patentes (c'est-à-dire "ouvertes") émanent de la chancellerie royale. Selon leur contenu, ces actes se répartissent en diverses catégories : lettres ordinaires, les mandements et les chartes.

Actes royaux ou publics : 158	Ordonnances : 2	Lettres patentes[26] : 156			arrêts
a – Ordonnances : 2	2	l. ordinaires	mandements	chartes	38
b – Lettres patentes : 156		48	86	22	

Tabl. 117. Nombre d'actes royaux issus du Regeste des Craon répartis par catégories.

Parmi les actes privés, notre corpus regroupe 28 notices et 509 chartes.

Entrevoir le rôle des seigneurs de Craon dans les actes nous amène à répartir notre documentation en deux catégories inégalement représentées : les actes émanant directement de l'autorité des Craon et ceux émanant de particuliers ou de grands personnages signalant leur intervention.

246 actes émanant de l'autorité des seigneurs de Craon

Il s'agit d'actes très divers que l'on peut rencontrer dans toute seigneurie territoriale. Nous les avons répartis en douze rubriques répartis par seigneur de Craon, sans prendre en compte les branches cadettes de la fin du XIVe s. : les donations et accords occupent une place non négligeable.

Les actes de donations, en faveur des établissements ecclésiastiques, permettent d'entrevoir la piété de la famille de Craon. Ce type de sources a fait l'objet depuis le début du siècle d'un faisceau d'études juridiques, économiques, religieuses et sociales. Depuis quelques années, à l'initiative de chercheurs anglo-américains, l'étude de cette économie du don connaît de profonds renouvellements. Ces actes ne sont pas des actes courants ni anodins : ils engagent leurs auteurs, l'ensemble de leurs parents, des fidèles et des amis,

26 "En prenant pour époque de référence le règne de Philippe le Bel, nous pouvons distinguer, d'après leur mode de scellement, trois types de lettres patentes : les chartes, qui portent un sceau vert sur lacs de soie rouge et verte : elles ont valeur perpétuelle et sont généralement rédigées en latin ; les lettres ordinaires, qui portent un sceau jaune sur double queue de parchemin : elle ont un but plus restreint et sont de plus en plus souvent écrites en français ; les mandements, avec un sceau jaune sur simple queue de parchemin, sont des instructions destinées aux officiers royaux."

des témoins. Ce sont aussi des moments où les donateurs instituent avec les communautés ecclésiastiques des liens de familiarité et même d'*amicitia*, "qui président à l'élaboration de réseaux locaux de solidarité aussi bien spirituelle que matérielle, qui fondent l'ordre social et l'autorité des dominants"[27]. Comme l'a souligné M. Lauwers, la plupart des actes de donation apparaissent comme l'occasion d'affirmer publiquement, avec le bénéfice du prestige de l'écrit, la puissance de leurs auteurs[28]. À partir de l'exemple de l'abbaye de Montmajour ou de celui des sires de Grasse, P. Geary voit dans ce processus la constitution d'une *memoria* familiale qui est avant tout une *memoria* de la terre, en dépit du démembrement progressif, mais fort lent, du pouvoir seigneurial au profit des institutions ecclésiastiques[29]. La pratique de l'aumône relève ainsi d'un véritable "pacte social" entre les autorités ecclésiastiques et les grands laïcs, qui consolident mutuellement leur domination sur la société[30]. Si le prestige mémoriel et le capital symbolique, que chaque "maison" pouvait tirer des dons pieux, étaient réels, il ne faut pas négliger pour autant la dimension strictement religieuse, eucharistique ou artificielle, de ces donations, dont les titres de propriété étaient posés sur l'autel. Dans son étude sur *l'Énigme du don*, Maurice Godelier[31] renouvelle l'approche classique du don et contre-don de Marcel Mauss[32] : il insiste sur l'impossible réciprocité du don envers la divinité et sur la dimension sacrificielle du geste. Cet aspect est repris désormais par de nombreux historiens, Dominique Iognat-Prat[33] ou plus récemment Éliana Magnani Soares-Christen[34].

27 Mazel 2008, 126.
28 Lauwers 1996, 67-78.
29 Geary 1996, 200-217.
30 Lauwers 1997, 182-194.
31 Godelier 1996.
32 Mauss [1924] (1973).
33 Iogna-Prat *et al.* (2013).
34 Magnani Soares-Christen 1999.

	Donation	Fondation d'établissement ecclésiastique	Restitution de biens ou renonciation de droits	Acquisition de droits	Jugement	Hommage	Contrats de mariage
Robert (1050-1098)	8	-	-	1	5	-	-
Renaud (1068-1101)	4	2	-	1	-	-	-
Maurice I (1101-1116)	1	-	-	2	-	-	-
Hugues et Guérin (1116-1150)	4	-	1	-	-	-	-
Maurice II (1150-1197)	11	-	-	1	1	-	-
Maurice III (1197-1207)	1	-	-	-	-	3	-
Amaury I (1207-1226)	5	-	-	-	-	-	-
Maurice IV (1226-1250)	-	-	-	-	-	1	-
Maurice V (1270-1293)	6	-	2	-	1	-	-
Amaury III et Maurice VII (1293-1333)	3	-	1	6	1	7	-
Amaury IV (1333-1373)	9	1	-	-	2	2	1
TOTAL	52	3	4	11	10	13	1

Tabl. 118. Typologie des actes des seigneurs de Craon.

	Montre	Quittance	Actes de recrutement	Accords divers	Correspondances diverses	**Total**
Robert (1050-1098)	-	-	-	-	-	14
Renaud (1068-1101)	-	-	-	-	1	8
Maurice I (1101-1116)	-	-	-	-	-	3
Hugues et Guérin (1116-1150)	-	-	-	-	-	5
Maurice II (1150-1197)	-	-	-	-	-	13
Maurice III (1197-1207)	-	-	-	-	1	5
Amaury I (1207-1226)	-	-	-	1	9	15
Maurice IV (1226-1250)	-	-	-	1	1	3
Maurice V (1270-1293)	-	-	-	1	5	15
Amaury III et Maurice VII (1293-1333)	-	-	-	15	3	36
Amaury IV (1333-1373)	-	10	6	2	3	36
TOTAL	0	10	6	20	23	153

Tabl. 119. Typologie des actes des seigneurs de Craon (suite).

Les actes mentionnant une intervention des Craon ou actes ne faisant qu'une simple mention de ces personnages

Nombre d'actes : 495

Ces actes sont rassemblés dans le tableau ci-dessous, qui mérite une explication. Par "partie intervenante", nous entendons une intervention des Craon dans les actes de particuliers ou de grands personnages ; nous mettons dans cette catégorie, par exemple, un acte de Charles de Valois, daté du 25 mars 1318, qui reconnaissait la cession de Chantocé et d'Ingrande par Amaury III à ses fils Amaury et Pierre. En revanche, nous parlons de partie contractante lorsque le sire de Craon est un acteur essentiel du dispositif, sans être l'auteur de l'acte : nous pouvons citer, par exemple, les lettres de Renaud de Maulevrier, datées de décembre 1283, mentionnant l'achat par Maurice V d'une rente sur la terre de Briolay. L'une comme l'autre catégorie d'actes révèlent le rayonnement des seigneurs de Craon.

	Intervenants	Contractants	Témoin	Souscription	Autre	Total
Donations	11	94	22	9	1	157
Fondations d'établissement	-	-	2	3	1	6
Acquisition de droits	3	8	1	-	-	11
Transactions et accords divers	12	77	4	5	-	81
Confirmations générales	27	16-	2	1	-	46
Mariages	-	10	1	-	-	11
Jugements	14	30	1	1	1	39
Confiscation de biens et arrestation	-	6	-	-	-	6
Destitution	2	-	-	-	-	2
Rémission	1	5	-	-	-	6
Nomination	-	20	-	-	-	20
Hommage	3	26	-	-	-	29
Traité de paix ou trêve	4	3	2	-	-	14
Quittance	4	30	-	-	-	34
Montre	5	2	-	-	-	7
Mise en liberté	5	8	-	-	-	13
Correspondances diverses	4	7	2	-	-	13
TOTAL	95	341	37	19	3	495

Tabl. 120. Le rôle des seigneurs de Craon dans les différents actes.

ANNEXE 2. TRANSCRIPTION DE NOTICES

1076 (n.st.) 25 février - Témoignage de Robert le Bourguignon sur le droit, prétendu par les moines de la Couture du Mans, d'inhumer à Solesmes les habitants de Sablé (Archives d'Indre-et-Loire, H 306, n° 3).

Ad dirimendam que inter monachos Sancti petri de Cultura et monachos Majoris monasterii exorta est contentionem super ecclesiis de castello Sablolii, ego Rotbertus Burgundio narrationem istam coram Turonensi archiepiscopo et episcopo Cenomanensi in judicio apud Sablolium protuli, sicut ab antiquioribus honoris mei ipsius didiceram, et mei qui intererant annuerant universi. Comes Cenomanensis, quando fecit castellum de Sablolio, fecit et in eo ecclesiam Sancti Machuti in qua scilicet canonicos quatuor posuit, ac dedit eis terras apud Sablolium, molendinos et medietatem pedagii. Cum vero castellum in manum Gaufredi totum venisset, canonicis ille jura que comes eis dederat abstulit et dedit eis in commutationem ecclesiam matrem de castello, ad quam pertinebat parrochia, cum decima scilicet et sepultura et reditibus qui ad ecclesiam matrem pertinere probantur omnibus ; sicque per annos multos canonici tenuerunt. Deinde cum jam Gaufredus senuisset, monasterium in villa que Solemis appellatur edificare voluit, duobus fere a Sablolio disparata milibus, non in casamento sita de Sablolio aut in parrechia. Erat enim hec Rodulfi. Fratris ejus, vice comitis Cenomanensis, casamentum parrechieque de Sablolio collimitans parrechie extat semper altera. Quam cum a fratre suo Gaufredus acquietasset, monasterium ibidem constituit deditque illud cum parrochia tota, fratre suo annuente, monachis Sancti Petri de Cultura. Cimiterium autem de Sablolio intra castelli ambitum erat. Gaufredus vero, cum monasterium sic explesset, jussit ut defunctorum corpora castellanorum illuc humanda deferrentur, tum quia intra castellum honeste minus tradebantur sepulture, tum quia locum quem ipse edificaverat cupiebat exaltare. Ita scilicet ecclesia de Solemis sepulturam de Sablorio usurpavit et quia illa de castello mater ecclesia, a sancto Juliano cum cimiterio suo benedicta, nunquam retroante caruerat aut quibus data fuerat canonicis.... Et sepulturam quam antecessores mei, castelli istius domini, monachis de Cultura dederunt, hanc utcumque habeant eis defendo. nec cujusquam super hac judicium ausculto. De rebus vero aliis canonicorum omnibus antecessores mei aut ego nullam monachis illis unquam donavimus, sed canonicis ecclesie sue jura omnia ex integro preter sepulturam habentibus nullum isti aut dominum habuere unquam aut abbatem preter solum Sablolii castelli principem, qui videlicet, si illorum quis obiret, prebendam defuncti cui solebat princeps, nullo contradicente, donabat aut etiam vendebat. Sic ecclesia Sabloliensis antecessorum meorum et meum jus extitit, donec canonicos meretricum male admisceri consortio vidi et dolui, quorum scilicet servitio Deum et sanctos quorum multa in ecclesia illa continentur patrocinia. Offendi credidi pocius quam placari. Unde et canoniam volui in monachiam converti, vocavique quos bene ordinatos audivi Majoris monasterii monachos, ac dedi eis ecclesiam de Sablolio canonicalem, ita ut defunctis IIII^er canonicis aut si effecti monachi fuissent, quatuor monachi Deo servientes et sanctis ejus inibi consisterent. Feci autem hoc ego et uxor mea et liberi mei, non aliqua interveniente pecunia que aut daretur nobis aut promitteretur, sed sola remuneratione divina. Quod cum ita sit, monachi de Cultura eleemosynam meam mihi et quibus dedi calumpniantur Quod utrum recte faciant an non ? Dicat qui intelligit.

Vers 1200 : Maurice II part pour la Terre sainte - Testament de Maurice II (Collection Housseau, vol. VI, n°2135).

Ego Mauritius de Credone filius Hugonis, notum facio præsentibus et futuris quod ego pergens Hierosolymam sic disposui et sic ordinavi res meas sicut eas volebam providere. Reliqui itaque terram meam et infantes meos in manu et custodia meae uxoris Isabel sicut jus est et consuetudo in Andegavia, ut terra mea et pueri mei sint in manu ejus quandiu ipsa fuerit sine marito. Si vero, quod Deus avertat, quod morerer et illa alii vira nuberet, ex tunc, et terra mea et infantes mei sint in manu Philippi de Saucogne, et aliorum meorum.... donec mea debita et emendationes et eleemosynæ persolutæ forent et uxori meæ remaneret tertia pars meæ terrae pro dote et estagium de Peletreia cum stagnis et nemoribus ibi pertinentibus ; si vero contingeret quod ipsa et ego moreremur postea persolutae forent mea debita et emendationes et eleemosynæ, Guido de Laval haberet custodiam terræ salva fide puerorum meorum usque ad tempus quo ipsi possent tenere terram et... Philippus de Socogne haberet centum libras ad nubendum Mauritium et Amauricium et quanto plus creverent plus haberent de ipsa terra cum consiliis amicorum meorum et hominum terræ meæ. Petrus vero filius meus qui futurus est clericus, haberet mille solidos in telonio Ligeris de Chantoce in totâ vitâ suâ. Si vero ipse Petrus nollet esse clericus, in hæredem meum redirent prædicti mille solidi : si vero contingeret quod Philippus de Socogne moreretur, Gaufridus Lestore haberet pueros meos in custodia, si ipse esset in terra nostrâ. Si autem ipse iret Hierosolymam, aut forte quod absit, moreretur, fideles homines terræ meæ, videlicet Johannes Tillon, Vivianus de Montrevel et alii homines et amici mei, meos pueros pro fide sua et pro mea dilectione custodirent. Si autem Guido de Lavalle et Havis uxor ejus moreretur, quod pius dominus avertat, ad Petrum de Guierchia veniret custodia meæ terræ, eo modo quod supra dictum est de Guidone de Lavalle. Et postquam tempus venerit, videlicet quando filii mei poterunt terram tenere, Mauritius meus filius eam habebit. Si ille moreretur, Petrus filius meus meam terram haberet. Si Petrus moreretur haberet eam Amauricius. Si heredes mei masculi morerentur, Guido de Lavalle. Si Havis uxor ejus superviveret filiis, illa jure hereditario haberet terram meam de Credonio et de Choleteis, salvis meis eleemosynis et donis ejus (meis ?) ego dedi (quos dedi ?). Petrus vero de Garnachio haberet terram meam de Chantoce salvis quoque eleemosynis et donis meis quos ibi dedi. Agnes vero filia mea haberet *terram meam de Angliâ* pro matrimonio et sic quittaret ipsa et omni modo dimitteret vigenti libras quas ipsa habet apud Creon pro matrimonio et... libras similiter habet apud Chantosceium in matrimonio et alii mei heredes liberarent ei terram meam de Angliâ.

“Hæc sunt debita mea et nomina eorum quibus debentur :

“Guillelmo Babin et fratrie ejus 4 XX et mille solidi eisdem de dono post solutionem meorum debitorum.

“Heredibus Willelmi sex viginti libras et centum solidos.

“Davi de Castrobriente 4 X libras et mille solidos pro Gauffrido de Poenceio, Gauffrido Furnario CXVII sol.

“Hui Lupo XI libras,- Gauffrido de Sabolio po suo matrimonio XIII XXti libras ; - Heredibus Hamonis Goriden de Lannion XXIV libras ; - Apud Guingamp. octo libras ; - St de Creon 4 XX sol. ; - Matheo Engubaut XVI solidos et III denarios ; - Soxebunt de Castrobriente 6 sol ; - Gauterio de Dange XX libras ; - Goszelino de Julia X libras.

"Si comitissa Britanniæ non reddiderit eas, dominæ marquisiæ IIII libras et dimidium de debito Radulfi episcopi XVI libras et XV sol., mille solidos et 4 XX libras et XIIII sol. et V denarios ; - Bigoto XV mille solidos ; - Herberto de Sancto-Sulpitio VI mille solidos ; - Britoni Fabro XXX libras ; - portionem nemoris Johannis Caprello XX libras ; - Guillelmo de Azais X libras ; - Petro Borbes VC solidos ; - ad ememditiones 4 XXXX libras et III solidos ; - ad expensas Creonis et Peletrociæ et de Chasteleiz VIII XX libras et V solidos et III denarios ; - Bonis-Hominibus de forestâ Credonis 4 XX libras ; - Mauritio Guerrois 4 X solidos ; - ad ecclesiam de Martino XXI solidos de dono. Et hoc faciendum (sciendum) est quod ego Mauritius cessi mille libras ad eleemosyam."

25/04/1097 : Érection de la paroisse de la Roë : fixation des bornes et consécration du cimetière (Archives de la Mayenne, H 1, fol. 4 r°).

Benedictionem cimeterii nostri et consecrationem altaris primi quod in hoc heremo habuimus, quo tempore vel quo pontifice quibusve auctoribus facte sint, ne posteros lateat eorum notitiam his litteris intimamus Secundo itaque anno dedicationis ecclesie Sancti Nicholai Andegavensis abbatie, quam domnus papa Urbanus cum magna parte romani senatus manu propria consecravit , domnus Josfredus qui cognominatur de Meduana, Andegavorum magne nobilitatis episcopus a senioribus loci nostri, id est a domno Raginaldo Allobroge et a filius (filiis ?) ejus, insuper a patribus nostris Roberto scilicet de Abrisel atque a Quintino exoratus, locum nostrum cum quadam parte personarum ecclesie sancti Mauricii visitare dignatus est. Venerunt enim cum eo Guarnerius archidiaconus, Josfredus, filius quidonis Guinemer, Juhellus capellanus, Albericus capellanus et alii plures quos enumerare perlongum est. Ad cujus adventum omnes fere populi adjacentium parrochiarum cum presbyteris suis tum propter spem venie quam sibi ab episcopo donari, ut fieri solet ad dedicationem, cupiebant, tum etiam causa videndi novitatem loci nostri et fratrum nostrorum religionem cujus fama jam ad eos usque et ad multos pervenerat, velociter occurrerunt. Ad fuerunt etiam barones totius vicinie. Rainaldus videlicet Allobros in primis, Andreas de Vitreio, Guillelmus de Guirchia, Gauterius Hai cum vavassoribus suis. Quibus omnibus adunatis, antequam episcopus benedicere cimiterium inciperet, inquisunt a domino Raginaldo Allobroge utrum essent aliqui habitantes circa nos in foresta qui possent libere esse parrochiani hujus cimiterii quod benedicere volebat. Tunc Raginaldus Allobrox habito consilio cum filiis suis et privatis hominibus, designavit nobis parrochiam quotquot erant inhabitantes vel inhabitaturi erant in tota illa foresta que continetur infra callem qui dicitur Groletum et aquam que Usura nuncupatur. Quibus auditis episcopus, alloquens subinde presbiteros totuis vicinie qui aderant, quesivit ab eis utrum esset aliquis eorum qui calumpniaretur quicquam in hac parrochia quam novam nobis facere volebat ; sed nemo eorum gratia Dei calumpniatus est quicquam, unimo omnes applaudentes consensum prebuerunt ut faceret. Benedixit igitur episcopus cimiterium nostrum et consecravit altare in honorem gloriosissime virginis Marie necnon et sancti Johannis evangeliste, ministri ejus. Et postea nobis fecit indictionem precipiens presbiteris totius Creonie ut locum nostrum annuatim visitarent cum processionibus suis. Hec itaque facta sunt VII kalendas Mai in letania majore, Philippo rege tenente Francie imperium, beato papa Urbano romane dignitatis cathedram obtinente, ordinante domino nostro Jesu Christo cui est honor et gloria cum Patre et Spiritu Sancto in secula seculorum. Amen.

His ita expletis domnus Robertus de Arbrisel perrexit Andecavim una cum sociis suis videlicet Quintino atque Herveo de Sancta Trinitate, ibique in presentia domni Josfredi episcopi et totius capituli Sancti Mauricii constitutuum fuit ut ecclesia nostra sue matri ecclesie pro sinodo et circheia IIItres solidos redderet, quia parva erat parrochia, quando alie matres ecclesie quatuor solidos redderent (aliter enim non posset habere ecclesias supra se) et processionem in uno quoque anno redderet.

Transcription de chartes issues du cartulaire de la Roë

Maurice II, seigneur de Craon de1150 à 1196, en raison de la plainte de l'abbé Michel et sur le conseil de son oncle Guillaume de la Guerche restitue à l'abbaye le droit de minage injustement perçu par deux de ses serviteurs, Lorzeius et Renault, sur le blé d'Hervé, neveu de l'abbé Michel et de Barboteau.
Cartulaire de la Roë, Archives départementales de la Mayenne, 4 Mi 11, charte 12 (1150-1158)

De minagio nostro remisso hominibus M.
Notum sit omnibus quod famuli Mauricii Lorzeius videlicet et Ranulfus ab hominibus sancte Marie de Rota Herveo videlicet nepote Michaelis abbatis et Barbotello minagium sui frumenti in annonaria Credonis abstulerunt. De qua re Michael abbas supradictum Mauricium et Guillelmum de Guirchia avunculum eius requisivit. Qui Mauricius cum antiquis hominibus suis consilium habuit et per ipsius et per consilium supradicto abbati et ecclesie suum minagium reddidit et perpetuo in pace tenendum concessit. Videntibus et audientibus militibus et famulis suis Gaufrido de Balocio, Raginaldo de Luireio, Matheo Arragal, Guerrino de Laineio, Lorzeio, Ranulfo filio Filosete, Roberto Moreio, Eluart cum curia Mauricii.

Fig. 35. Cartulaire de la Roë, Archives départementales de la Mayenne, 4 Mi 11, charte 12 (1150-1158).

Notum sit omnibus quod famuli Mauricii, Lorreius videlicet et Ranulfus, ab hominibus Sancte Marie de Rota, Herveo, videlicet nepote Michaelis abbatis et Barbotello, minagium sui frumenti in annonaria Credonis abstulerunt. De qua re Michael abbas supra dictum Mauritium et Guillermum de Guerchia, avunculum ejus, requisivit. Qui Mauritius cum antiquis hominibus suis consilium habuit et per jus et per consilium supra dicto abbati et ecclesie suum minagium reddidit et in perpetuo in pace tenendum concessit, videntibus et audientibus militibus et famulis suis : Gaufrido de Balorcio, Raginaldo de Livreio, Matheo *Aregapal*, Guerrino de Laineio, Lorreio, Ranulfo filio Filose, Roberto Morerio, *Esluart* cum curia Mauritii.

Donation d'un four à l'abbaye de la Roë par Hugues de Craon et Agnès sa femme.
Cartulaire de la Roë, Archives départementales de la Mayenne, charte XIII.

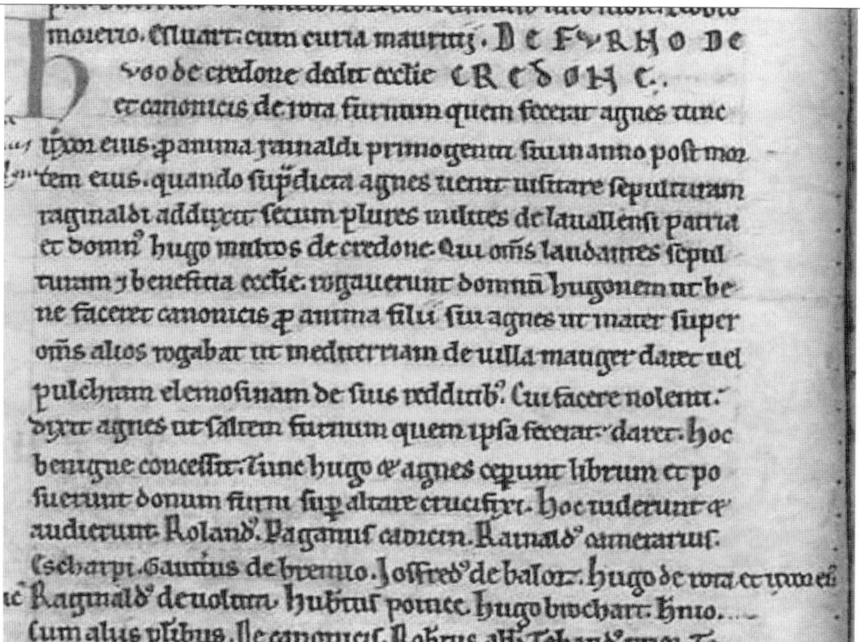

Fig. 36. Cartulaire de la Roë, Archives départementales de la Mayenne, charte XIII.

De Furno de Credone

Hugo de Credone dedit ecclesie et canonicis de Rota furnum quem fecerat Agnes, tunc uxor ejus, pro anima Rainaldi primogeniti sui in anno post mortem ejus. Quando supra dicta Agnes venit visitare sepulturam Raginaldi adduxit secum plures milites de Lavallensi patria et domnus Hugo multos de Credone. Qui omnes laudantes sepulturam et beneficia ecclesie rogaverunt domnum Hugonem ut bene faceret canonicis pro anima filii sui. Agnes, ut mater, super omnes altos rogabat ut mediterriam de villa Mauger daret vel pulchram elemosinam de suis redditibus ; cui facere nolenti dixit Agnes ut saltem furnum quem ipsa fecerat daret ; hoc benigne concessit. Tunc Hugo et Agnes ceperunt librum et posuerunt donum furni super altare crucifixi. Hoc viderunt et audierunt Rolandus Paganus *Caorcin*, Rainaldus camerarius Escharpi, Gauterius de Bremio, Joffredus de *Balorz*, Hugo de Rota et uxor ejus, Raginaldus de Voluta, Hubertus *Poince*, Hugo *Brochart*, Hernio cum aliis pluribus. De canonicis Robertus abbas, Tebaudus prior, Tebaudus Ialne celararius cum omni conventu.

Charte de Maurice II de Craon.
Cartulaire de la Roë, charte CXXI.

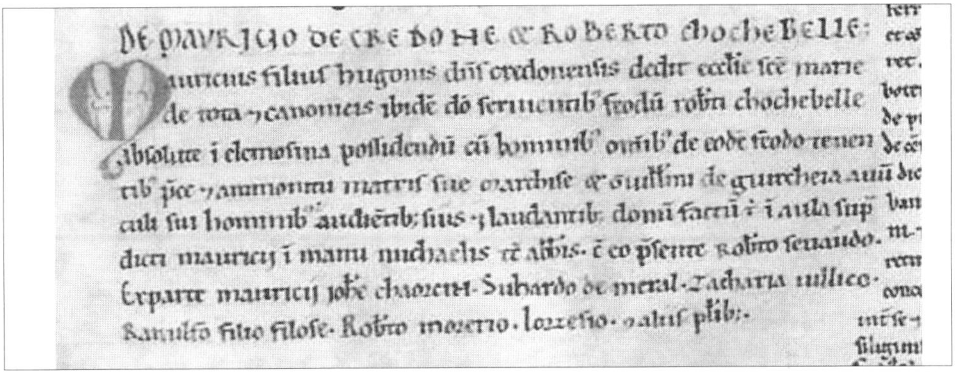

Fig. 37. Cartulaire de la Roë, Archives départementales de la Mayenne, charte CXXI, fol. 55.

De Mauricio de Credone et Roberto *Chochebelle*

Mauricius filius Hugonis dominus Credonensis dedit ecclesie Sancte Marie de Rota et canonicis ibidem Deo servientibus feodum Roberti *Chochebelle* absolute in elemosina possidendum cum hominibus omnibus de eodem feodo tenentibus prece et ammonitu matris sue marchise et Guillerm de Guircheia avunculi sui. Hominibus audientibus suis et laudantibus donum factum et in aula supra-dicti Mauricii in manu Michaelis tunc abbatis et eo presente Roberto Sevando. Ex parte Mauricii Johanne *Chaorcin*, Suhardo de Meral, Zacharia Villico, Ranulfo filio filose, Roberto Morerio Lorresio et aliis pluribus.

Maurice II donne le pré de Fontenelle pour la construction de l'église de la Roë et affranchit tous les hommes des chanoines de toute coutume et exempte toutes les terres acquises par eux dans les limites de son fief des redevances en avoines et droits de taille. En échange, l'abbé Michel lui fait une charité de vingt livres.
Cartulaire de la Roë, Archives départementales de la Mayenne, folio 68 – 1150-1170 – original perdu.

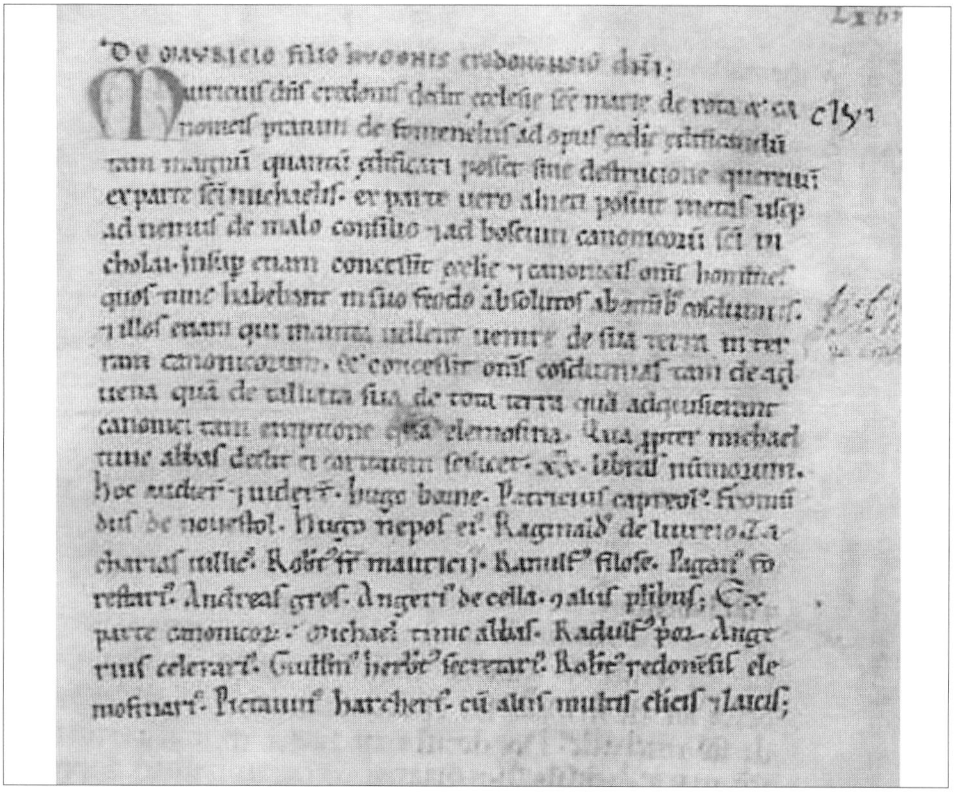

Fig. 38. Cartulaire de la Roë, Archives départementales de la Mayenne, charte CXXI, fol.55.

De Mauricio filio Hugonis Credonensium domini.

Mauricius dominus Credonis dedit ecclesie Sancte Marie de Rota et canonicis pratum de Fonteneliis ad opus ecclesie edificandum tam magnum quantum edificari posset sine destrucione quercuum ex parte Sancti Michaelis. Ex parte vero alneti posuit metas usque ad nemus de Malo Consilio et ad boscum canonicorum Sancti Nicholai. Insuper etiam concessit ecclesie et canonicis omnes homines quos tunc habebant in suo feodo absolutos ad omnibus cosdumiis et illos etiam qui in antea vellent venire de sua terra in terram canonicorum. Et concessit omnes cosdumias tam de advena quam de talliata sua, de tota terra qua adquisierant canonici tam emptione quam elemosina. Quapropter Michael tunc abbas dedit ei caritatem scilicet. XX. libras nummorum. Hoc audierunt et viderunt Hugo Borne, Patricius Capreolus, Fromundus de *Novestol*, Hugo nepos ejus, Raginaldus de Livreio, Zacharias Villicus, Robertus frater Mauricii, Ranulfus Filose, Paganus Forestarius, Andreas Gros, Angerius de Cella con aliis pluribus ; ex parte canonicorum Michael tunc abbas, Radulfus prior, Angerius celerarius, Guillermus Herbertus secretarius, Robertus Redonensis elemosinarius, Pictavinus Harcherius cum aliis multis clericis et laicis.

Jugement renvoyant hors cours l'abbé Michel, poursuivi en paiement de taille par Maurice II à son retour du siège de Thouars avec l'armée du roi d'Angleterre, en dépit d'exemptions antérieures accordées par Renaud l'Allobroge, son aïeul, lors de la fondation de l'église.
Cartulaire de la Roë, Archives départementales de la Mayenne, 1158, folio 77 v°, 78 – original perdu.

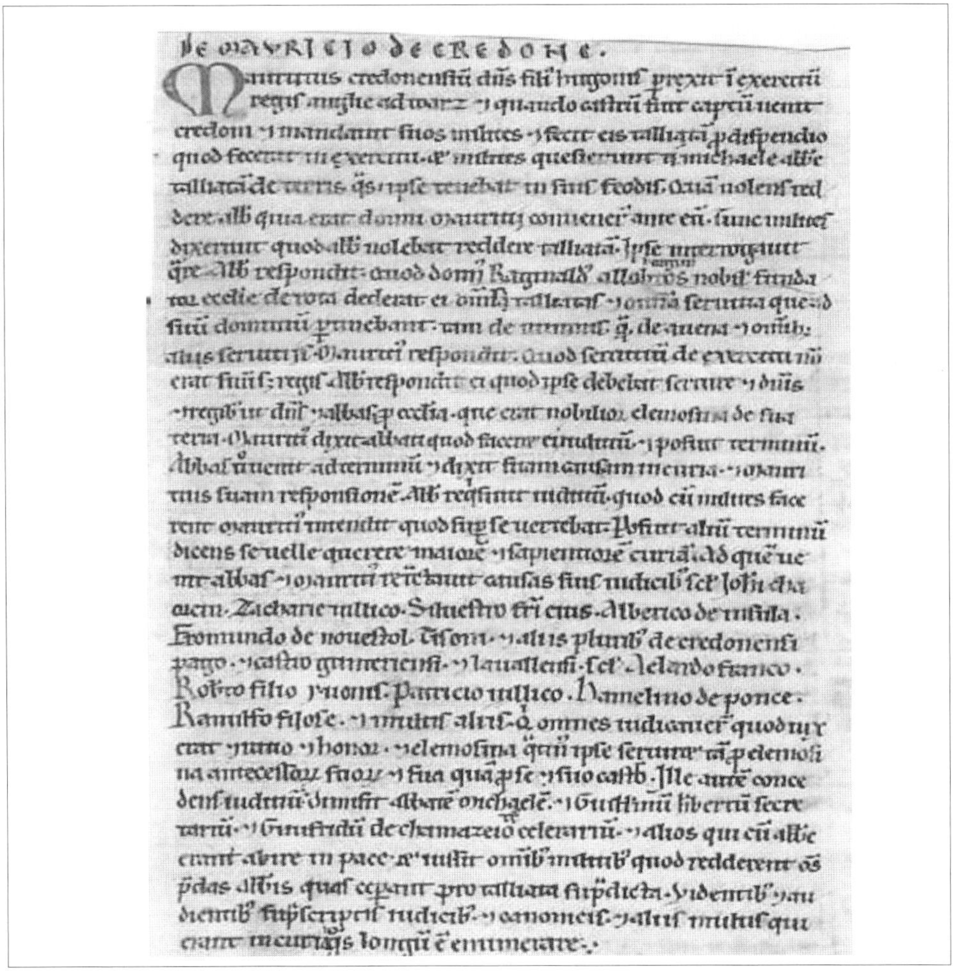

Fig. 39. Cartulaire de la Roë, Archives départementales de la Mayenne, 1158, folio 77 v°, 78 – original perdu.

De Mauricio de Credone

Mauricius Credonensium dominus filius Hugonis, perexit in exercitu regis Anglie ad *Toarz* et quando castrum fuit captum, venit Credoni et mandavit suos milites et fecit eis talliatam pro dispendio quod fecerat in exercitu, et milites quesierunt a Michaele abbate talliatam de terris quas ipse tenebat in suis feodis. Quam nolens reddere abbas quia erat donni Mauricii convenerunt ante eum. Tunc milites dixerunt quod abbas nolebat reddere talliatam. Ipse interrogavit quare. Abbas respondit quod donnus Raginaldus Allobros, nobilis, fundator ecclesie de Rota dederat ei omnes talliatas et omnia servitia que ad suum dominium pertinebant tam de nummis quam de avena et omnibus aliis serviciis. Mauricius respondit quod servitium de exercitu non erat suum sed regis. Abbas respondit ei quod ipse debebat servire et domnis et regibus ut dominus et abbas pro ecclesia que erat nobilior elemosina de sua terra. Mauricius dixit abbati quod faceret ei judicium et posuit terminum. Abbas vero venit ad terminum et dixit suam causam in curia et Mauricius suam responsionem. Abbas requisivit judicium. Quod cum milites facerent, Mauricius intendit quod super se vertebat. Posuit alium terminum dicens se velle querere majorem et sapientorem curiam. Ad quem venit abbas et Mauricius retractavit causas suis judicibus, scilicet Johanni *Chaorcin*, Zacharie Villico, Silvestro fratri ejus, Alberico de Insula, Fromundo de *Novestol*, Tisoni et aliis pluribus de Credonensi pago et Castro Gunteriensi et Lavallensi scilicet Aelardo Franco, Roberto filio Ivonis, Patricio Villico, Hamelino de Ponce, Ranulfo Filose, et multis aliis, qui omnes judicaverunt quod vix erat et ratio et honor et elemosina quatinus ipse serviret tam pro elemosina antecessorum suorum et sua quam pro se et suo castro. Ille autem concedens judicium dimisit abbatem Michaelem et Guillermum, Herbertum secretarium et Gaufridum de Chamazeio tunc celerarium et alios qui cum abbate erant, abire in pace et jussit omnibus militibus quod redderent omnes abbatis quas ceperant pro talliata supradicta. Videntibus et audientibus suprascriptis judicibus et canonicis et aliis multis qui erant in curia quos longum est enumerare.

Cartulaire de la Roë, Archives départementales de la Mayenne, charte CLXXXXVII.

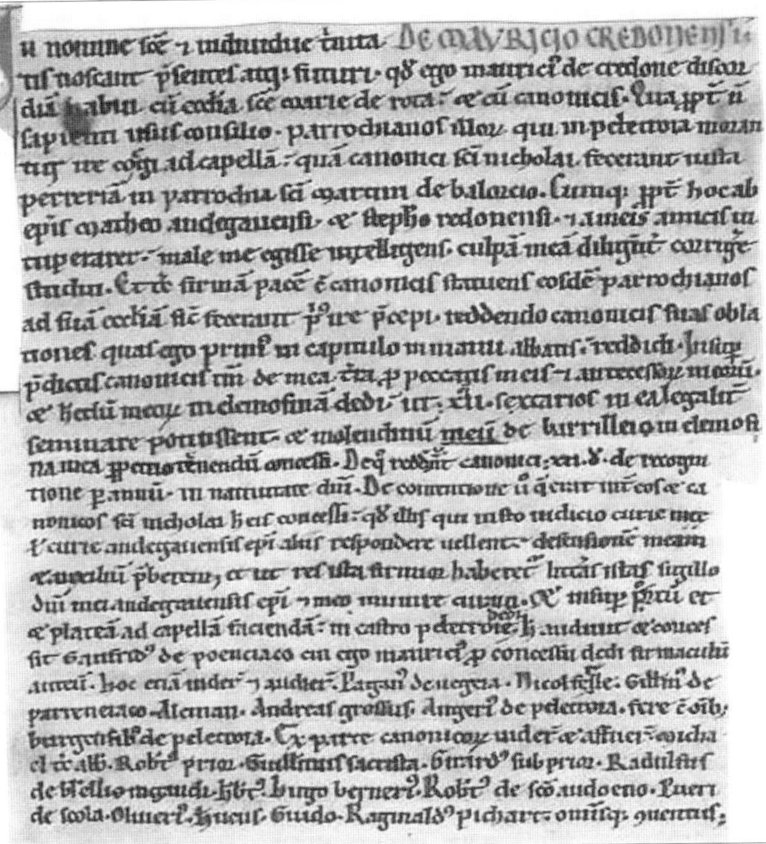

Fig. 40. Cartulaire de la Roë, Archives départementales de la Mayenne, charte CLXXXXVII.

De Mauricius Credonensi

In nomine Sancte et individue Trinitatis, Noscant presentes atque futuri quod ego Mauricius de Credone discordiam habui cum ecclesia Sancte Marie de Rota et cum canonicis. Quapropter non sapienti usus consilio, parochianos illorum qui in Peletroia morantur ire coegi ad capellam quam canonici Sancti Nicholai fecerant juxta perreriam in parochia Sancti Martini de Balorcio, cumque propter hoc ab episcopis Matheo Andegavensi et Stephano Redonensi et a meis amicis vituperarer, male me egisse intelligens, culpam meam diligenter corrigere studui. Et tunc firmam pacem cum canonicis statuens eosdem parochianos ad suam ecclesiam sicut fecerant prius ire precepi, reddendo canonicis suas oblationes quas ego primus in capitulo in manus abbatis reddidi. Insuper predictis canonicis tantum de mea terra pro peccatis meis et antecessorum meorum et heredum meorum in elemosinam dedi ut duodecim sextarios in ea legaliter seminare potuissent et molendinum de Barilleio in elemosina mea perpetuo tenendum concessi de quo reddebant canonia XII denarios de recognitione per annum in Nativitate Domini. De contentione vero que erat inter eos et canonicos Sancti Nicholai hoc eis concessi quod illis qui justo judicio curie mee vel curie Andegavensis episcopi aliis respondere vellent defenssionem mea et auxilium preberem. Et ut res ista firmior haberetur, litteras istas sigillo domini mei Andegavensis episcopi et meo munire curavi. Hoc audivit et concessit Gaufridus de Poenciaco cui ego Mauricius pro concessu dedi firmaculum aureum. Hoc diam viderunt et audierunt : Paganus de Vegia, Nichol Felle, Guillelmus de Parteneiaco, *Aleman*, Andreas Grossus, Angerius de Peletroia fere cum omnibus burgensibus de Peletroia. Ex parte canonicorum viderunt et affuerunt Michael tunc abbas, Robertus prior, Guillelmus sacrista, Giraldus subprior, Radulphus de *Brilengaut*, Herbertus, Hugo Bernerius, Robertus de Sancto Audoeno, pueri de scola : Oliverius, Herveus, Guido, Raginaldus, *Pichart* omnisque conventus.

Traduction :

Au nom de la Sainte et indivisible Trinité. Sachent tous présents et futurs que moi Maurice de Craon, j'ai eu un différend avec l'église Sainte-Marie de la Roë et avec ses chanoines. En effet, dans un dessein dépourvu de sagesse, j'ai obligé des paroissiens parmi ceux habitant à Poiltrée à se rendre à la chapelle que les chanoines de Saint-Nicolas avaient construite près de la carrière de pierres dans la paroisse de Saint-Martin de Ballore (Balorcey) ; lorsque je me fus fait blâmer pour cela par les évêques Mathieu d'Angers, et Étienne de Rennes et par mes amis, comprenant que j'avais mal agi, je décidai de m'appliquer rapidement à remédier à ma faute. Alors, décidant d'établir une paix durable avec les chanoines, j'ai demandé à ces paroissiens de se rendre à leur église comme ils l'avaient fait auparavant, j'ai rendu aux chanoines leurs oblations que j'ai aussitôt remises dans les mains de l'abbé au chapitre. De plus, j'ai donné en aumône aux susdits chanoines, pour mes péchés et ceux de mes ancêtres de quoi semer douze setiers légalement et ce sur ma terre seulement, et le moulin de Bareillium, en aumône perpétuelle, pour lequel ils versaient 12 deniers de reconnaissance annuelle à la Nativité du Seigneur. Au sujet du contentieux existant entre les chanoines de Sainte-Marie et ceux de Saint-Nicolas, je leur ai accordé ceci : à ceux qui accepteraient de répondre aux autres en toute justice dans ma cour ou dans celle de l'évêque d'Angers, j'accorderais ma défense et mon aide. Et, afin que cette affaire soit conclue solidement, j'ai pris soin de munir cette charte du sceau de l'évêque d'Angers et du mien. Geoffroy de Pouancé a entendu cela et l'a approuvé ; moi, Maurice, je lui ai donné un fermail d'or. Au grand jour ont vu et entendu cela. Geoffroy de Pouancé a entendu cela et l'a approuvé ; moi, Maurice, je lui ai donné un fermail d'or. Au grand jour ont vu et entendu cela : Païen de Vège, Nicolas Lefol (Fel ?), Guillaume de Parthenay, Lallemand, André Legros, Ange de Poiltrée avec presque tous les bourgeois de Poiltrée. Du côté, des chanoines vinrent à l'assemblée : Michel, alors abbé ; Robert, prieur ; Guillaume, sacriste ; Gérard, sous-prieur; Raoul de Brilengaut ; Herbert, Hugues Bernier, Robert de Saint-Ouen ; les enfants de l'école : Olivier, Hervé, Guy, Renaud, Pichart et toute la communauté.

ANNEXE 3. TABLEAU SYNOPTIQUE

NOM	DATES (naissance et mort)	ÂGE*au moment du décès	ÂGE au moment de l'adoubement	ÂGE* au moment de la 1e union	ÂGE* au moment de la 2e union	DATE de la prise de possession de la seigneurie
Robert le Bourguignon	Né vers 1027 et † en 1098	80		35/40	63/68	1050-1068
Renaud le Bourguignon	Né en 1047 et † le 16 décembre 1101	51		20		1068-1101
Maurice I	Né vers 1070 et † en 1116	46		25		1101-1116
Hugues	† en 1138	55		30	40	1116-1138
Guérin II	† avant sa majorité					
Maurice II	1136 - † en 1196	61		35		1150-1196
Maurice III	† le 25/07/ 1207	25				1196-1207
Amaury I	Né vers 1180, † le 12/05/1226	41		27		1207-1226
Maurice IV	† en mai 1250	30		29		12/05/1226-1250
Amaury II	† en 1270	26				1250-1270
Maurice V	Né après 1244	47		30		1270-1293
Amaury III	Né en 1280, † en 1333	53		20	32	1293-1333
Amaury IV	1326 - † en 1373	47		20		1333-1394

Tabl. 121. Tableau synoptique.

ANNEXE 4. NOTICES DES SEIGNEURS DE CRAON

Plan des notices

0 – Identification

a – Origines familiales

b – Dates de naissance et de mort

c – Date de la possession de la seigneurie si le personnage fait partie de la branche ainée

d – Marié(e) avec

1 – Enfants et alliances matrimoniales

2 – Principaux actes militaires (faits de guerre, carrière des armes)

3 – Actes religieux

4 – Prisonnier ou mort sur un champ de bataille

5 – Autres (sceau...)

Robert le Bourguignon († 1098)

0 – Robert le Bourguignon

a – Seigneur de la seconde "maison" de Craon. Il est le 4e fils de Renaud Ier de Nevers, comte d'Auxerre et d'Adèle, fille aînée du roi Robert 1er. Il est le frère de Guillaume, comte de Nevers et d'Auxerre.

Il fut élevé à la cour des comtes d'Anjou et plus particulièrement auprès d'Agnès de Bourgogne, comtesse d'Anjou, sa grande-tante, épouse du comte d'Anjou, Geoffroy Martel.

b – Il est mort en 1098, mais nous ne connaissons pas sa date de naissance. Cependant, nous savons qu'il fut seigneur de Craon à partir de 1050 puis seigneur de Sablé en 1068 : il était donc né avant 1030.

c – Il devint seigneur de Craon probablement à la suite de la forfaiture de Suhart le Vieux ou de Guérin de Craon entre 1041 et 1054 : Geoffroy Martel, comte d'Anjou, prononça la confiscation du fief et, après l'avoir conservé un certain temps, il en donna l'investiture à Robert le Bourguignon.

d – Il épousa Avoise, fille de Geoffroy-le-Vieux, certainement le seigneur de Sablé et frère de Raoul, vicomte du Maine. Elle était l'unique héritière après le décès de son frère.

Après le décès de sa femme, intervenu en 1067, il se remaria avec une certaine Berthe, en 1078, mais ils n'eurent pas d'enfants.

1 – Les enfants qu'il eut avec Avoise (de Sablé), morte en 1067, furent Renaud, seigneur de Craon qui épousa Agnès (ou Enoguen) de Vitré ; Geoffroy, mort jeune ; Robert, qui épousa Hersende de la Suze, il fut la branche de la maison de Sablé ; Henri , le père de Geoffroy, abbé de Vendôme et Béatrix, veuve de Renaud, seigneur de Château-Gontier, mère d'Adelard, seigneur de Château-Gontier.

2 – Robert partit pour la seconde croisade, celle de 1097 après la venue du pape Urbain II le 14 avril 1096 à Sablé ; il mourut certainement en Terre Sainte en 1098. Il prit part aux grandes expéditions militaires et religieuses de son temps alors qu'il était dans un âge avancé : il était en effet âgé de plus de cinquante ans. Cependant, ses faits de guerre, hormis ceux effectués lors de la croisade, sont peu connus. En 1095, il participa au siège de Sainte-Suzanne (1083-85) aux côtés de Guillaume le Conquérant. En 1088, il était avec Geoffroy III de Mayenne et Hélie de la Flèche un des chefs de l'armée avec laquelle Robert Courte-Heuse opérait contre Ballon et Saint-Cénery.

3 – Les principaux actes que nous avons pu recenser sur Robert le Bourguignon relatent ses générosités pour les abbayes même si des tensions pouvaient être perceptibles. De plus, Robert participa à la seconde croisade et succomba en terre sainte. Il faut noter que son petit-fils, Geoffroy, fils d'Henri fut abbé de Vendôme.

4 – Il est mort en terre sainte en 1098.

Renaud le Bourguignon († 1101)

0 – Renaud le Bourguignon

Il est le fils de Robert de Bourguignon et d'Avoise de Sablé.

Il est mort le 16 décembre 1101 et prit possession de la seigneurie de Craon en 1068. Nous ne connaissons pas l'année de sa naissance.

Au moment de son mariage avec Agnès de Vitré, en 1068, il devient seigneur de Craon par donation de son père.

Il fut marié à Agnès de Vitré, la fille de Robert de Vitré et de Berthe de Craon, fille de Guérin de Craon et descendante de Suhart le Vieux. Nous ne connaissons pas la date de leur mariage.

1 – Il eut quatre enfants : Maurice, son successeur ; Henri, dont on ne sait pas grand chose seulement, qu'il renonça aux prétentions qu'il avait sur Cornille et Bonchamp, donnés autrefois à l'abbaye par ses aïeux ; Robert, qui porta le surnom de Bourguignon, tenta une riche alliance en Aquitaine (en épousant la fille unique de Joudain, seigneur de Chabanois et de Confolant), partit pour la Palestine et succéda à Hugues de Payens comme grand maître du Temple. En cette qualité, il livra le combat désastreux de Thécua en 1138 - 1139 et en 1148, il est cité parmi les chevaliers de Terre-Sainte qui se joignirent à l'armée de Louis VII. Le quatrième enfant fut une fille : Mahaut, qui épousa Raoul de Créquy auquel elle donna quatre enfants.

2 – Il fut celui qui fonda l'abbaye de la Roë sur la demande de l'ermite Robert d'Arbrissel vers 1093. Le 11 février 1096, le lendemain du jour où le pape Urbain II avait consacré solennellement Saint-Nicolas d'Angers, l'acte juridique de la concession est signé à Angers. En avril 1097, en présence des barons du voisinage, André de Vitré, Guillaume de la Guerche et Gauthier Hay, Geoffroy de Mayenne, évêque d'Angers, procéda à la consécration du cimetière et de l'oratoire de la nouvelle paroisse.

De plus, son fils Robert, fut grand-maître du Temple. Or, ce n'était pas le seul grand-maître fourni par la famille : le quatorzième d'entre eux, Robert de Sablé, était Robert IV qui fut élu en 1191 devant Acre.

Maurice Ier de Craon († 1116)

0 – Maurice Ier de Craon

Fils de Renaud le Bourguignon et d'Agnès de Vitré

Il est mort en 1116.

Il prit possession de la seigneurie le 16 décembre 1101 jusqu'à sa mort en 1116.

Il fut marié à Tiphaine de Chantocé, fille d'Hugues, seigneur de Chantocé. À la suite des décès de son père Hugues et de son oncle, Hubert, intervenus après 1105, le fief devint la propriété de Typhaine, mariée depuis plusieurs années déjà. Chantocé et Ingrande entrèrent ainsi dans le patrimoine de la famille de Craon. Elle se remaria à Simon Crespin, seigneur de Chantoceaux.

1 – Il eut deux enfants : Hugues, son successeur, marié une première fois à Agnès de Laval, puis une seconde fois à Isabelle, dite Marquise ; Théophanie, surnommée la "Bourguignonne" qui épousa Hugues du Puy du Fou, grand chambrier de Louis VI et de Louis VII, fils de Guillaume, grand chambrier de Philippe Ier, et d'une nommée Agnès. Ils eurent deux fils, Hugues, appelé le Bourguignon et Renaud.

2 – Il fut un des seigneurs de l'armée avec laquelle Foulques V, après avoir fait hommage à Louis VI, gagna la bataille de Séez en décembre 1118 et enleva la Normandie à Henri II d'Angleterre.

Hugues de Craon († 1138)

0 – Hugues de Craon

Fils de Maurice Ier et de Tiphaine de Chantocé

Il est mort en 1138.

Il fut seigneur de Craon à la mort de son père en 1116 jusqu'en 1138.

Vers 1124, il fut marié à Agnès de Laval, famille voisine de son fief et d'assez grande importance, nous dit Bertrand de Broussillon. Elle mourut vers 1130.

Hugues se remaria avec Marquise. À la mort d'Hugues, Marquise épousa en secondes noces, Payen de Vaiges, probablement seigneur de Mathefelon.

1 – De son premier mariage, Hugues eut deux enfants : Renaud, mort jeune certainement et Guérin, son successeur mais qui meurt avant sa majorité en 1150 et qui fut remplacé par son demi-frère : Maurice.

Parmi les enfants d'Hugues et de Marquise, il y eut Maurice, (le futur Maurice II, seigneur de Craon) qui épousa Isabelle de Meulan, veuve de Geoffroy de Mayenne ; Robert, chanoine d'Angers ; Marquise, qui épousa Hugues de la Guerche et Guy, le témoin, aux côtés de Robert de Sablé, de l'accord de 1191 en Sicile entre Richard Cœur de Lion et Tancrède.

2 – Le premier acte important d'Hugues, que nous connaissons, fut le don de la chapelle Saint-Nicolas à l'abbaye de la Roë approuvé par le pape Pascal II en 1117.

Maurice II († 1196)

0 – Maurice II

a – Fils d'Hugues et de Marquise

b – Il est mort le 12 juillet 1196, mais nous ne connaissons pas sa date de naissance. Nous savons d'une part qu'il était mineur lorsqu'il prit possession de la seigneurie de Craon en 1150 et d'autre part, qu'il devait avoir 20-25 ans au moment du siège de la ville de Thouars, en 1158. Il serait donc né entre les années 1133 et 1138. Il avait environ 60 ans lorsqu'il décéda.

c – Il fut seigneur de Craon en 1150 succédant à son frère, mort avant sa majorité. Il n'était pas majeur et ne fut reçu chevalier que postérieurement à la prise de possession de son fief.

d – Il se maria avec Isabelle de Meulan, veuve de Geoffroy IV de Mayenne ; ce qui lui permit d'étendre ses relations dans deux directions : celle des Meulan et celle des Mayenne. La famille de Meulan est considérée comme l'une des plus importantes familles de Normandie, dont le chef de famille Galeran eut une politique ambigüe voire tortueuse entre le roi de France et le roi d'Angleterre.

Ils se marièrent en 1170, le décès de Geoffroy intervenant en février 1169. Isabelle mourut le 10 mai 1220. Maurice II se maria donc vers 35 ans.

1 – Il eut de son mariage avec Isabelle de Mayenne quatre fils et trois filles : **Avoise**, l'aînée de tous les enfants de Maurice II, se maria avec Guy VI de Laval. Dans le testament de Maurice II, en cas de décès des trois fils, il disposait à Avoise Craon et Chatelais.

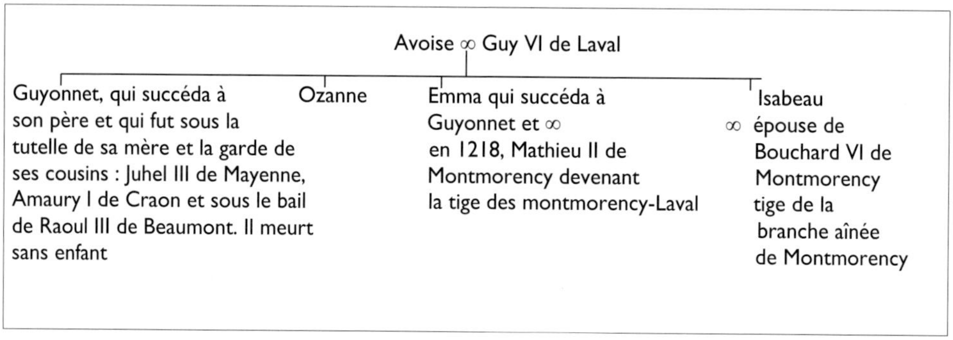

Tabl. 122. Descendance d'Avoise.

Puis à la mort de Guy VI, vers 1210, Avoise épousa en secondes noces Yves Le Franc, auquel elle donna quatre enfants. Les biens qu'Avoise avait apportés en dot à Guy VI de Laval furent assignés en septembre 1239 à sa petite fille Avoise de Laval, lors de son mariage avec Jacques de Château-Gonthier.

Renaud, qui nous est connu par le don fait par Maurice II à l'abbaye pour le repos de son âme ; Maurice, qui meurt sans postérité, Pierre, qui rentra dans les ordres et qui ne put donc tirer profit de la mort de son frère Maurice III en prenant possession de la seigneurie de Craon ; Amaury ; Clémence, qui n'apparait pas, en tant que tel, dans le testament de Maurice II, mais qui fut mariée à Pierre de la Garnache ; Agnès, mariée en 1191 à Thibaut II de Mathefelon, avait reçu en dot deux rentes assises l'une sur Craon, l'autre sur Chantocé et devait abandonner l'une et l'autre, si ses frères étant morts, elle était devenue propriétaire des fiefs situés en Angleterre. Ils n'eurent pas de fils ainsi que le prouve un acte par lequel, en 1218, Thibaut approuvait un don fait à Chaloché par sa fille Isabelle à son lit de mort, don qui était ratifié par son autre fille Emma.

2 – Le plus ancien acte militaire que nous connaissons concerne sa participation au siège du roi d'Angleterre, Henri II, devant la ville de Thouars, prise le 10 octobre 1158.

Nous avons ensuite trace de Maurice II en 1169 puisqu'il partit à Jérusalem à cette date, comme l'atteste une dizaine de documents faisant mention de reliques, apportées par Maurice II et remises par lui à la Collégiale de Saint-Nicolas et au prieuré de la Haye-aux-Bons-Hommes.

Puis nous le retrouvons au côté d'Henri II lorsque s'élève la maison d'Anjou. En 1174, lors de la révolte des fils d'Henri II contre leur père, Maurice II faisait partie du nombre des seigneurs restés fidèles au Plantagenêt. Il s'empara de Chantoceau et de Sablé, détruisit les deux forteresses voisines de Sablé, Saint-Loup et Saint-Brice et reçut le gouvernement de l'Anjou et du Maine ainsi que la forteresse d'Ancenis. Il figurait même parmi les témoins de la pacification signé à Falaise entre Henri II et ses fils. En 1177, lors de la convention passée entre Louis le Jeune et Henri II, il fut désigné par le Plantagenêt comme l'un des arbitres chargé de statuer en cas de difficultés. Il en est de même le 28 juin 1180 pour la paix signée à Gisors entre Philippe Auguste et Henri II.

En échange de sa fidélité, Maurice II reçut alors des fiefs en Angleterre. Puis, nous le retrouvons auprès de Richard cœur de Lion lors de la croisade de 1189, partie de Douvres en décembre de la même année, à la suite de la prise de Jérusalem par Saladin en 1188.

3 – Il est intéressant de constater que, pour la seconde fois, un Craon a participé, en tant qu'homme d'armes, à la croisade ; Maurice II, lui, est revenu vivant et lors de son retour en France, il fonda le prieuré de la Haye-aux-bons-hommes près de Craon.

Un de ses fils, Pierre, rentra dans les ordres ; lors du décès de son frère, Maurice III, il prit possession des fiefs que Maurice tenait en Angleterre.

5 – Nous ne connaissons qu'un seul sceau lui ayant appartenu, et encore l'empreinte unique apparaît non pas dans un de ses actes, mais dans une charte donnée par Isabelle, sa femme, à une époque où elle n'avait pas de sceau personnel. Ce sceau était formé d'une pierre gravée d'un très faible relief, où se trouvait un génie ailé monté sur une chèvre.

Maurice III († 1207)

0 – Maurice III

Fils de Maurice II et d'Isabelle de Mayenne

Il est mort le 25 juillet 1207. Sa date de naissance ne nous est pas connue, mais nous savons qu'il était mineur lorsqu'il devint seigneur de Craon, comme le montre la paix signée en 1197 entre Guy VI de Laval et André de Vitré, dans laquelle il n'était pas question de Maurice III, mais "des enfants de Maurice de Craon". De même, la charte de 1196 indique Isabelle de Mayenne et son fils Maurice.

Il succéda à son père le 12 juillet 1196 jusqu'à sa mort en 1207.

Nous ne lui connaissons pas d'alliance.

2 – L'acte le plus ancien, que nous avons pu trouver où figure Maurice III, est daté du 14 octobre 1201 : dans ce document, Juhel de Mayenne et Isabelle, sa mère, se décidaient à suivre la bannière de Jean-sans-Terre et à faire hommage lige à ce prince. Avec Guillaume des Roches, Raoul III de Beaumont, Robert III d'Alençon, Étienne du Perche, Guy VI de Laval et Hugues de Châtellerault, Maurice III était l'un des cautions de la fidélité de Juhel.

En mars 1203, il prêta hommage à Philippe Auguste pour tout le temps qu'Arthur serait en prison, mais sous certaines conditions.

Le 13 mai 1206, Maurice III jura fidélité à Philippe Auguste : il s'engageait à garder, pour le roi de France, les fiefs qui avaient appartenu à Pierre IV de la Garnache et à remettre l'héritier de ce seigneur entre les mains du sénéchal d'Anjou, désigné pour garder sa personne. Juhel de Mayenne, Alain, fils du comte et Guillaume de la Guerche furent les garants de cet engagement. En échange, Maurice III reçut un fief : Plaimel ou Plaimol.

5 – Nous connaissons un sceau de Maurice III, connu par un original et un dessin de Gaignières (le plus ancien sceau de ceux de la famille de Craon où figure un blason) : Maurice III y figurait à cheval, vêtu du grand haubert et de la cotte d'armes ; il était coiffé du heaume protégeant la figure entière mais laissant la nuque sans défense. De la main droite, il tenait une épée que le graveur du sceau a fait trop longue et trop large ; de la gauche, il tenait outre les rênes du cheval, un bouclier chargé du blason de Craon. Du contre-sceau, il ne reste plus que l'écu blasonné.

Amaury I († 1226)

0– Amaury I

Fils de Maurice II et d'Isabelle de Mayenne, frère de Maurice III.

Il est mort le 12 mai 1226. Nous ne connaissons pas la date de sa naissance, ce qui n'a rien d'étonnant pour un fils puîné.

Il devient seigneur de Craon à la mort de son frère le 25 juillet 1207 ; tandis que son frère Pierre, étant dans les ordres, se rendit en Angleterre afin d'assurer à sa famille la gestion des seigneuries anglaises.

Il fut marié à Jeanne des Roches vers 1212, fille aînée de Guillaume et de Marguerite de Sablé, ce qui constituait une alliance intéressante.

Guillaume des Roches était simple cadet, mais par un mariage important et grâce à ses actes, il vit son importance grandir. Né entre 1155 et 1160, il était le fils de Beaudoin des Roches et petit-fils d'Herbert. Il épousa en premières noces Philippa, fille d'Hilaria, puis en secondes noces Marguerite (vers 1190), fille aînée de Robert IV de Sablé et l'héritière du fief de Sablé, l'un des plus importants du Maine. Guillaume des Roches eut la jouissance de tous les droits de sa femme car Robert IV, parti pour la croisade, nommé grand maître des Templiers, ne rentra certainement pas à Sablé. Guillaume, avec cette fortune considérable, s'attacha successivement à Arthur, à Jean-sans-Terre puis à Philippe Auguste, qu'il servit jusqu'à sa mort, le 15 juillet 1222.

Amaury I n'avait pas été l'unique héritier de l'immense fortune de son beau-père : la part de l'autre fille de Guillaume, Clémence, fut loin d'être réduite. De plus, Guillaume avait pris des dispositions en 1197 et 1218 pour constituer le douaire de Marguerite, approuvées par Philippe Auguste ; enfin, nous connaissons un acte de partage de 1218, fixant la part à chacune des filles de Guillaume.

1 – Il eut trois enfants : Maurice, qui épousa Isabelle de la Marche ; Jeanne, qui se maria avec le deuxième fils de Pierre Mauclerc ; Isabelle, qui naquit après 1223 et fut mariée à Raoul III de Fougères en 1234, fils de Geoffroy de Fougères ; ils avaient eu une fille unique Jeanne laquelle, le 29 janvier 1254 devint l'épouse d'Hugues XII de la Marche. Isabelle épousa en secondes noces Karou de Bodégat : le contrat fut dressé avec l'approbation de sa fille et de son gendre : Jeanne de Fougères et Hugues XII de Lusignan.

2 – Le premier acte dans lequel est fait mention Amaury I est celui de la cession de Domfront, faite par Raoul III de Beaumont au roi de France : il cautionne l'accord.

En février 1212, nous trouvons des traces confirmant sa fidélité au roi de France, Philippe Auguste pour la garde de Chantocé : ces actes émanaient de Robert III d'Alençon, de Raoul III de Beaumont, de Bernard de la Ferté, de Robert de Pernay, de Gervais de Ruillé, de Guy Turpin, de Juhel de Mayenne et de Guillaume des Roches.

En 1214, il fit partie de l'armée venant au secours des provinces de l'ouest ravagées par les Anglais et participa à la victoire de la Roche-aux-Moines. Cependant, il ne put participer à la bataille de Bouvines. En septembre 1214, nous le retrouvons parmi les seigneurs qui jurèrent la trêve faite avec Jean-sans-Terre et qui devait durer jusqu'en 1220.

En 1218, il prit part avec Guillaume des Roches à la guerre contre les Albigeois.

En 1221, il prit possession des fiefs anglais de son frère, Pierre, mort en 1216. Ce n'est qu'en 1224, que le roi d'Angleterre, Henri III dessaisit de ses fiefs anglais le seigneur de Craon, vu son alliance serrée avec le roi de France.

En juillet 1222, à la mort de Guillaume des Roches, il devint sénéchal d'Anjou.

Dans les années 1223, il intervint dans la querelle des seigneurs bretons ligués contre le duc Pierre Mauclerc : dans un premier temps, ses interventions furent couronnées de succès, puis, dans un second temps, il essuya une grave défaite près de Chateaubriant où il fut fait prisonnier et rançonné. Il dut en effet s'engager à donner sa fille unique à Arthur, fils de son vainqueur, Pierre Mauclerc, en plus d'une lourde rançon.

Enfin, en janvier 1226, Amaury I s'engagea parmi les grands seigneurs du royaume auprès de Louis VIII, afin de régler la question albigeoise.

3 – Il participa à la répression de l'hérésie albigeoise.

4 – Il ne fut pas mort sur un champ de bataille, mais prisonnier lors de la querelle des seigneurs bretons ligués contre le duc Pierre Mauclerc.

1er sceau : Le seigneur y figurait à cheval en costume d'apparat, tenant de la main gauche un petit bouclier triangulaire chargé des losanges de Craon et de la droite une longue épée ; sa tête était couverte du heaume, dit casque de Philippe Auguste, orné lui aussi de losanges ; par-dessus son haubert, il portait une cotte d'armes unie et ses pieds étaient armés d'énormes éperons à trois branches. Le cheval, lancé au galop étant couvert d'une grande housse armoriée le coiffant jusqu'à l'angle de la bouche, enveloppant l'encolure et retombant en tablier jusqu'au bas des jambes.

Le contre-sceau était de même grandeur et portait un écu triangulaire, arrondi aux armes de Craon.

2e sceau : Le heaume n'avait plus de dimensions exagérées, n'était pas chargé de losanges ; l'écu était armorié aussi bien que la cotte d'armes porté par-dessus le haubert ; le cheval était nu et sans mors, sa crinière flottait au vent et la gravure était plus soignée que celle du 1er.

Le contre-sceau portait un écu losangé.

Maurice IV de Craon († 1250)

0 – Maurice IV de Craon

Fils d'Amaury I et de Jeanne des Roches

Il est mort en mai 1250. Nous ne connaissons pas l'année de sa naissance, mais, nous savons qu'il était mineur à la mort de son père le 12 mai 1226 et qu'il ne prêta hommage à Louis IX qu'en 1245. Nous pouvons donc conclure qu'il était né vers 1224 et qu'il avait environ 30 ans au moment de son décès.

Il fut seigneur de Craon en mai 1226. Étant mineur, ce fut sa mère qui se chargea de la tutelle de son fils et de la gestion de la seigneurie. À la mort de sa mère, ce fut Raoul de Fougères qui se trouva bail de Maurice IV.

Il fut marié à Isabelle de la Marche, qui était la demi-sœur du roi d'Angleterre Henri III.

Elle joua successivement son rôle d'épouse, de garde de ses enfants, de mère de Marguerite de Pressigny et de Jeanne Chabot, puis enfin de grand-mère d'Amaury III. La main d'Isabelle avait d'abord été promise à Alphonse de Poitiers, frère de Louis IX, lors de la confection du traité de Vendôme, mais l'engagement n'eut aucune suite. Le traité mit fin à la lutte de Hugues X de la Marche contre le roi de France.

Isabelle mourut le 14 janvier 1300 ; elle fut ensevelie dans la chapelle Saint-Jean Baptiste dans l'église des Cordeliers d'Angers, laquelle depuis peu d'années venait d'être affectée à la sépulture des membres de la maison de Craon.

1 – Il eut cinq enfants : Amaury II, son successeur ; Maurice V ; Olivier, nommé archevêque de Tours le 24 mai 1285, il mourut à Rome avant d'être sacré le 24 août ; Marguerite, qui épousa Regnaud de Pressigny en 1262. Les Regnaud de Pressigny, branche cadette des Pressigny, seigneur de Sainte-Maure, prirent fin en 1353 par le supplice de Regnaud IV, décapité par ordre du roi Jean et Jeanne, qui épousa Gérard Chabot II, fils de Gérard Chabot I et d'Eustachie de Retz, son épouse. Ils eurent Gérard Chabot III. Gérard Chabot II avait épousé en premières noces en 1264 Emmette de Château-Gontier, veuve de Geoffroy de Pouancé. Devenu veuf pour la 2ᵉ fois, il épousa Marguerite des Barres avant 1289.

2 – Étant mineur à la mort de son père, c'est sa mère qui assura la charge de sénéchal : en 1227, elle prêta serment à Louis IX mais ce n'est qu'en octobre 1245 que Maurice IV fit hommage au roi.

En février 1229, à Compiègne, Maurice IV prit part à un tournoi : il était le 171ᵉ sur les 337 chevaliers présents et le 4ᵉ de tous ceux du Poitou.

3 – Son fils, Olivier, fut nommé archevêque de Tours le 24 mai 1285 ; cependant, il mourut à Rome avant d'être sacré le 24 août 1285.

4 – Nous ne possédons aucun sceau de Maurice IV.

Amaury II de Craon († 1270)

o – Amaury II de Craon

a – Fils de Maurice IV et d'Isabelle de la Marche

b – Il était âgé de six ans lorsqu'il devint seigneur de Craon, à la mort de son père, en mai 1250 : il meurt donc à l'âge de 26 ans, en 1270.

c – Il devint seigneur de Craon en 1250. Étant mineur, ce fut sa mère qui se chargea de sa tutelle et du titre de sénéchal de Poitou. Il n'est pas possible de dire le moment où Amaury II géra seul ses biens, mais sa mère était encore tutrice en octobre 1259, alors qu'elle faisait un échange de vignes avec les Bons-Hommes de Craon ; dans la charte de mai 1272 où l'échange est relaté, Maurice V dit que le contrat avait été passé par sa mère. Le 12 août 1265, ce fut en son propre nom qu'elle s'engageait envers son neveu Hugues XII de la Marche à ne pas faire hommage au duc de Poitiers pour les biens dotaux, situés près de Lusignan.

d – Il épousa Yollande de Dreux, arrière petite-fille de Louis VI, fille de Jean I de Dreux et de Marie de Bourbon, mais, il n'eut aucune descendance.

Nous n'avons aucun renseignement sur la date de leur mariage.

Devenue veuve en 1270, elle se remaria à Jean de Trie, comte de Dammartin, fils de Mathieu et de Marsile. Il était veuf d'Ermengarde. Elle mourut avant le 13 juillet 1273.

2 – Le seul acte connu d'Amaury fut sa participation à un tournoi qui eut lieu à Cambrai le 27 mai 1269 à l'occasion du mariage de Jean de Brabant avec Marguerite, la fille de Louis IX. Il occupait le 25e rang.

5 – Le blason d'Amaury II est clairement indiqué lors de sa participation au tournoi de 1269 : *un losangé d'or et de gueules ;* son cimier consistait en *un vol losangé d'or et de gueules.*

Maurice V de Craon († 1293)

o – Maurice V de Craon

a – Second fils de Maurice IV et d'Isabelle de la Marche

b – Il est mort le 11/02/1293 ; nous ne connaissons pas sa date de naissance, mais nous savons que la naissance de son frère aîné se situe en 1244 et que Maurice V prit possession de la seigneurie en 1270 et qu'à cette date, il n'était plus mineur. Nous pouvons donc conclure que Maurice V, né après 1244, avait entre 44 et 48 ans au moment de son décès.

c – Il prit possession de la seigneurie en 1270, à la mort de son frère jusqu'au 11/02/1293.

d – Il épousa Mahaud de Malines, fille du seigneur de Malines, Gautier Bertout et de

Marie, sœur du comte d'Auvergne en 1276. Gautier Bertout avait épousé en 1238 Marie, fille de Guillaume VIII d'Auvergne et d'Alix de Brabant.

1 – Il eut quatre enfants : Marie, l'aînée, dame de Châtelais, qui épousa l'héritier de la famille des seigneurs de Beaumont-le-Vicomte, Robert Ier de Brienne en août 1299 ; Amaury ; Isabelle, qui se maria avec Olivier de Clisson, le grand-père du connétable : ils eurent deux fils, Olivier III, père du connétable et Amaury, qui le 20 octobre 1333 épousa à Angers, Isabeau, fille de Maurice de Ramefort et de Mortier Crolle. Amaury prit part à la guerre de Bretagne et obtint le 31 décembre 1344 des lettres de rémission, qui furent enregistrées au Parlement. Enfin, le dernier enfant s'appelait Jeanne, morte sans alliance le 25 août 1314.

2 – Proche du roi de France mais également du roi d'Angleterre, Maurice V était un personnage apprécié, reconnu des cours de France et d'Angleterre, incontournable des grandes affaires diplomatiques du moment. Il apparaissait au service des rois d'Angleterre, et de nombreux actes témoignent de leurs bons rapports. Ainsi, le 11 novembre 1270, Henri III donna une rente de 40 livres sterling au seigneur de Craon afin de l'indemniser du manoir de Burnes saisi au moment du décès d'Amaury I et donné à la reine Aliénor. En 1290, il reçut du roi d'Angleterre le titre de lieutenant général.

Nous pouvons également mettre en valeur les bonnes relations existant entre Charles II d'Anjou, roi de Sicile et Maurice V de Craon : le 13 février 1289, il devint vicaire et procureur général de l'Anjou et du Maine.

3 – Ce fut Maurice V qui mit en place le caveau funéraire des membres de la maison de Craon en s'appropriant la chapelle Saint-Jean-Baptiste de l'église des Cordeliers d'Angers.

5 – L'acte le plus ancien de Maurice V date de mars 1271 : c'était un accord entre lui et sa belle-sœur, Yolande de Dreux, au sujet du douaire de cette dernière.

Le second sceau de Maurice V, apposé à l'acte assignant le douaire de son épouse le 18 juin 1277, était un sceau rond de 0.07.

Amaury III de Craon († 1333)

0 – Amaury III de Craon

a – Fils aîné de Maurice V et de Mahaud de Malines.

b – Il était âgé de treize ans à la mort de son père en 1293. Il était donc né en 1280. Il est mort le 26 janvier 1333, à l'âge de 53 ans. C'est sa mère qui fut sa tutrice et celle de ses trois sœurs ; elle prit en même temps possession du poste de sénéchal d'Anjou, comme le prouve un mandement de Philippe le Bel du 6 février 1299 prescrivant de payer à Mahaud 500 livres qui lui étaient dûes sur les amendes du Maine

c – Il devint seigneur de Craon en 1293 jusqu'en 1333.

d – Il épousa en premières noces Isabelle de Sainte-Maure, héritière d'une famille de Touraine, une alliance intéressante et prometteuse, et en secondes noces, Béatrix de Roucy, qui reçut de sa grand-mère, Béatrix de Dreux, le fief de la Suze

La deuxième femme d'Amaury était Béatrix de Roucy qui descendait comme lui de Guillaume des Roches ; elle possédait une partie du patrimoine qui avait appartenu à Clémence des Roches. Elle était fille de Jean IV de Roucy et Jeanne de Dreux, petite-fille de Robert IV de Dreux et de Béatrix de Montfort l'Amaury.

1 – Il eut un fils avec Isabelle de Sainte-Maure, Maurice VII, qui aurait dû devenir seigneur de Craon mais qui décéda deux ans avant son père en 1330, à l'âge de 26 ans. Il fut marié à Marguerite de Mello, fille de Dreux IV des Mello de la branche de l'Orme et de sa seconde épouse Eléonore de Savoie. Marguerite épousa en secondes noces, dès 1332, Jean III de Châlon, seigneur d'Arlay qui fit, en sa faveur, une constitution de douaire approuvée par le roi en octobre 1332. Marguerite et Maurice VII eurent trois enfants : Amaury IV, Isabelle, et Jeanne ou Aléonor, qui épousa un Renaud de Monbazon, fis de Renaud de Montbazon et d'Eustachie d'Anthenaise.

Il est à noter que le père de Maurice VII, Amaury III, avait prévu de le marier à Jeanne de Conflans, fille d'Hugues V de Conflans et Brande de Blancafort (la famille de Conflans se situait dans la Marne, canton d'Anglure ; ils étaient issus de la maison de Brienne). Jeanne fut remise à Amaury III, mais le mariage n'eut pas lieu. Il continua cependant à être chargé de sa tutelle alors que Marguerite de Mello était confiée à Amaury III. Jeanne épousa Gaucher IV de Châtillon, comte de Porcien.

Avec Béatrix de Roucy, Amaury III eut huit enfants : Amaury, sire de Chantocé, fils aîné d'Amaury III et de Béatrix de Roucy ; il fut mort le 7 mai 1334 et enseveli aux cordeliers d'Angers ; Pierre ; Guillaume ; le chef de la branche de Sainte-Maure ; Jean, archevêque de Reims ; Simon, mort le 26 janvier 1333 ; Isabelle, l'aînée des filles, morte le 25 février 1334 aux Cordeliers d'Angers sans avoir été mariée ; Béatrix, dont le contrat de mariage date du 21 avril 1327 entre elle et le fils aîné de Jean Larchevêque, seigneur de Parthenay. Il mourut vers 1331 et Béatrix devint l'épouse du sire de Lohéac ; ils ne laissèrent pas d'héritiers sauf des filles, en effet, ils avaient eu un fils Guillaume, qui mourut le 25 septembre 1356 et qui fut enseveli aux Cordeliers d'Angers ; Marguerite, membre de la riche abbaye de Longchamp et qui mourut le 26 août 1336.

2 – Amaury III reçut des missions aussi bien des rois de France que des princes anglais. En 1302/1304, Philippe le Bel demandait au seigneur de Craon de prendre part aux campagnes de Flandres et le 5 juin 1308, Édouard II demandait qu'il lui soit envoyé. Le 5 juin 1313, Édouard II lui confiait le poste de sénéchal d'Aquitaine avec une somme de 2000 livres, mais en avril 1316, il était suspendu de ses fonctions et le 16 janvier 1317 le roi de France le désignait comme l'un des trois commissaires envoyés en Poitou et en Touraine. Cependant, le 13 janvier 1323 il fut nommé par Édouard II réformateur de la paix en Aquitaine.

Il fut le dernier sénéchal héréditaire de Touraine, d'Anjou et du Maine. En effet, dès 1323, il céda à Charles le Bel la sénéchaussée de Touraine moyennant 12 000 livres en deniers et une rente de 300 livres. En mars 1331, il vendit à Philippe de Valois les sénéchaussées d'Anjou et du Maine en échange de 1 500 livres de rente.

3 – Le quatrième fils qu'il eut avec Béatrix de Roucy, Jean, devint un haut dignitaire ecclésiastique. Il entra d'abord dans les ordres, fut trésorier de l'église de Tours, c'est-à-dire dans la ville où son oncle faillit devenir archevêque, puis chanoine de Paris, et enfin le 27 septembre 1348 évêque du Mans. Sa carrière fut couronnée par sa nomination au poste d'archevêque de Reims en juin 1355, dans lequel il joua un rôle politique important, notamment lors de la confection du traité de Guérande en 1365 à laquelle il prit part comme plénipotentiaire de la France. Il meurt le 11 avril 1374.

Le huitième enfant d'Amaury III et de Béatrix de Roucy, Marguerite, fut membre de l'abbaye de Longchamp, une riche abbaye.

4 – Le sceau d'Amaury III était un écu rond de 0,035 ; d'une disposition particulière et intéressante.

Amaury III se trouva immédiatement après son mariage seigneur de Sainte-Maure ; puis, deux ans après, en 1302, par la mort de Jeanne de Rancon, il devint propriétaire de Marcillac, dont l'usufruit fut conservé par Isabelle, fille de Hugues XI de Lusignan épouse de Geoffroy VI de Rancon, puis de Maurice de Belleville jusqu'à sa mort en 1314 (à ne pas confondre avec Isabelle de la Marche, fille de Hugues X qui épousa Maurice IV de Craon).

Amaury IV de Craon († 1373)

0 – Amaury IV de Craon

a – Fils de Maurice VII et de Marguerite de Mello.

b – Il est né en 1326 et mort le 30 mai 1373, âgé de 47 ans.

c – Il devint seigneur de Craon à la mort de son grand-père le 26 janvier 1333 à l'âge de 7 ans et le resta jusqu'au 30 mai 1373. Olivier de Clisson fut chargé de sa garde et d'Isabelle sa sœur tandis que le bail des fiefs appartenait au beau-père des enfants, second époux de Marguerite de Mello, Jean de Châlon.

d – Il épousa Pernelle de Thouars, qui possédait le comté de Dreux et la vicomté de Thouars en 1345 ; il était alors âgé de 19 ans. Cette alliance fut très intéressante pour la seigneurie de Craon, puisqu'il s'agissait d'une famille très importante au réseau de relation très étendu. Ainsi il fut en contact avec le maréchal de Nesle, son beau-frère, époux comme lui de l'une des filles de Louis Ier de Thouars : lorsqu'il fut fait prisonnier par les Anglais, il eut la possibilité de prendre sa fonction de lieutenant du roi en Poitou.

La mort de Simon rendait Pernelle comtesse de Dreux aux 2/3 : l'autre tiers appartint à sa sœur Marguerite, épouse de Thomas de Chemillé, par un accord du 7 juillet 1371.

En secondes noces, Pernelle épousa en 1375 Clément Rouault dit Tristan, fils de Clément Rouault de Boismenard dont le père avait été anobli en 1317 seulement et de Marie de

Montfaucon. Après son mariage Clément Rouault abandonna le blason des Rouault pour ne prendre que celui de Thouars. Ils n'eurent pas d'enfant et lors de son décès, Thouars passa dans les mains du neveu de Pernelle, Pierre d'Amboise, fils aîné d'Ingelber I d'Amboise et d'Isabeau de Thouars.

1 – Sa femme ne lui donna aucune postérité mais il eut deux enfants naturels dont la mère nous est inconnue : Pierre, qui figurait dans le testament de la sœur de son père, Isabelle de Craon ; Jeannette, qui reçut de la part de son père, pour son mariage avec Thibault de la Devillière, le domaine de Solesmes, évalué à 60 livres de rente.

2 – En 1350, Amaury IV reçu le commandement des troupes de Philippe de Valois en Anjou. Le 1er avril 1351, il fut désigné lieutenant du roi en Poitou, en Saintonge, Limousin, Angoumois et Périgord. En 1352, il fut nommé lieutenant du roi en Aquitaine ; puis lieutenant en Normandie, Anjou, Maine, en 1354. En 1364, un acte de Charles V le désigna lieutenant en Touraine ; en 1367, il l'institua son lieutenant général et capitaine souverain en Touraine, Anjou et Maine. En 1369, il devint lieutenant du roi en Basse-Normandie. Après le traité de Brétigny de 1360, il reprit sa fonction de lieutenant du roi.

En septembre 1369, il fut désigné par Charles V, lieutenant en Basse-Normandie afin d'opérer contre les Anglais. Enfin, en janvier 1372, Charles V lui accorda quittance royale pour toutes les sommes reçues par lui.

3 – Il fut fait prisonnier par les Anglais en 1356, non pas à la bataille de Poitiers, mais une dizaine de jours auparavant. À la fin d'août avec le maréchal Boucicaut, il avait défendu Romorantin contre les Anglais et avait été contraint de se rendre le 3 septembre 1356. Le lieu de sa détention était Bristol, comme nous le confirme le mandement du 13 mars 1360 donné au moment de la descente des Français à Winchelsea, prescrivant de le consigner dans la citadelle de cette ville.

Il retrouva sa liberté lors de la signature du traité de Brétigny en 1360.

4 – Avec Amaury, s'éteignait le dernier mâle de la branche aînée de la maison de Craon ; l'héritage de la famille tombait alors aux mains de la sœur du défunt, Isabelle, épouse de Louis de Sully, dont la fille Marie allait le faire passer aux la Trémoïlle.

Nous lui connaissons quatre sceaux.

ANNEXE 5. SAUF-CONDUITS

Date	Durée	Nom	Qualité	Pour le compte de	Lieu	Contenu	Sources
14 /10/1356		Amaury IV		Lui-même	La Roë	Vente à l'Abbaye de la Roë. Libéré sur parole ?	B. de Broussillon 343-385
06/02/1357		Amaury IV		Lui-même	Saumur	Donne pouvoir pour administrer ses biens. Part pour l'Angleterre ?	B. de Broussillon 343-385
12/08/1357	25/12/1357	Jacques Compère	Écuyer	Amaury IV	Angleterre	Voyage avec 2 écuyers sans armes, vers la France puis retour	C76/35 m8
12/08/1357	25/12/1357	Chapelain		Amaury IV	Angleterre	Voyage avec 2 autres écuyers sans armes, vers la France puis retour. Escorte de 3 valets	C76/35 m8
12/08/1357	25/12/1357	Guillaume de la Launde	Écuyer	Amaury IV	Angleterre	Voyage avec 2 écuyers sans armes, vers la France, puis retour. Escorte de 3 valets	C76/35 m8
30/05/1358	11/11/1358	Pierre de Craon			Angleterre	Autorisation de circuler en Angleterre sur zones sous contrôle anglais pour aller chercher sa rançon	C76/36 Mbr 12
30/05/1358	11/11/1358	Pierre de Craon			Angleterre	Escorte de 12 chevaliers	C76/36 Mbr 12
07/08/1358	02/02/1358	Pierre de Craon				Permission de circuler en Angleterre et sur zones sous contrôle anglais	C76/36 Mbr 12

Date	Durée	Nom	Qualité	Pour le compte de	Lieu	Contenu	Sources
06/09/1358	02/02/1359	Aleaume de Plessys	Écuyer	Amaury IV	Angleterre	Sauf-conduit vers l'Anjou pour la rançon de son maître avec une escorte de 3 chevaliers	C76/36 Mbr 10
06/09/1358		Pierre de Craon	Chvlr. Prisonnier		Angleterre		C76/36 Mbr 10
14/12/1358	31/04/1359	Pierre de Vregny	Écuyer	Amaury IV	France	Sauf-conduit vers l'Angleterre et retour pour apporter des deniers	C76/36 Mbr 6
20/12/1358		Thibaud de Saint-Aubin	Écuyer	Amaury IV	Angleterre		C76/35 Mbr 5
20 /12/1358	21/04/1359	Thibaud de Saint-Aubin	Écuyer	Amaury IV	Angleterre	Sauf-conduit vers la France et retour vers Londres, pour aller chercher du vin, du sel, des victuailles	C/35 Mbr5
20/12/1358	21/04/1359	Thibaud de Saint-Aubin	Écuyer	Amaury IV	Angleterre	Sauf-conduit vers la France et retour vers Londres, pour aller chercher du vin, du sel, des victuail-les avec une escorte à l'aller et de 8 c. + piétons au retour	C76/35 Mbr5
21/07/1359	05/04/1360	Guillaume de Saint Omer	Familier	Amaury IV	Angleterre	Sauf-conduit vers l'Angleterre et séjour	C76/37 m10
21/07/1359	05/04/1360	Pierre Tardif	Familier	Amaury IV	Angleterre	Sauf-conduit vers l'Angleterre et séjour	C76/37 m10
21/07/1359	05/04/1360	Pierre de Clairfontaine	Familier	Amaury IV	Angleterre	Sauf-conduit vers l'Angleterre	C76/37 m10
21/07/1359	05/04/1360	Jean de Fromantières	Familier	Amaury IV	Angleterre	Sauf-conduit vers l'Angleterre	C76/37 m10

21/07/1359	05/04/1360	Pierre de Prangi	Familier	Amaury IV	Angleterre	Sauf-conduit vers l'Angleterre	C76/37 m10
28/07/1359	25/12/1359	Blaise d'Ancone		Amaury IV	Angleterre	Sauf-conduit vers la France et retour	C76/37 m10
28/07/1359	25/12/1359	Jean le Froumentiers	Familier	Amaury IV		Sauf-conduit vers la France et retour	C76/37 m10
09/09/1359	05/04/1360	Thibaud de Saint-Aubin	Valet	Amaury IV	Angleterre	Sauf-conduit vers la France	C76/38 m12
14/04/1360	29/09/1360	Pierre Tardif	Familier	Amaury IV	Angleterre	Sauf-conduit vers France et retour	C76/40 m13
14/04/1360	29/09/1360	Guillaume le Fauconer		Amaury IV		Sauf-conduit vers la France et retour	C76/40 m13
14/04/1360	29/09/1360	Perot de Clerefounteyn	Familier	Amaury IV	Angleterre	Sauf-conduit vers la France et retour	C76/40 m13
17/04/1360	24/06/1360	Thibaud de Saint-Aubin	valet	Amaury IV	Angleterre	Autorisation de circuler en Angleterre pour le ravitaillement avec un chevalier	C76/40 m13
13/06/1360	29/09/1360	AmauryIV prisonnier d'Edouard III		Lui-même		Sauf-conduit vers la France et retour	C76/40 m6
10/07/1360	29/09/1360	*Ibid.*		Lui-même		Sauf-conduit vers la France via Calais et retour sur Calais	C76/40 m6
10/07/1360	29/09/1360	*Ibid.*		Lui-même		Permission de séjourner à Calais avec 8 hommes	C76/40 m6
30/07/1360		Thibaud de Saint-Aubin	valet	Amaury IV	Angleterre		C76/40 m5
30/07/1360	30/09/1360	Thibaud de Saint-Aubin	valet	Amaury IV	Angleterre	Sauf-conduit vers France et retour sur l'Angleterre ou Calais, avec une escorte de 3 chevaliers	C76/40 m5

Tabl. 123. Sauf-conduits.

Annexe 6. Le réseau castral de la seigneurie de Craon : un réseau complexe, hiérarchisé et pyramidal

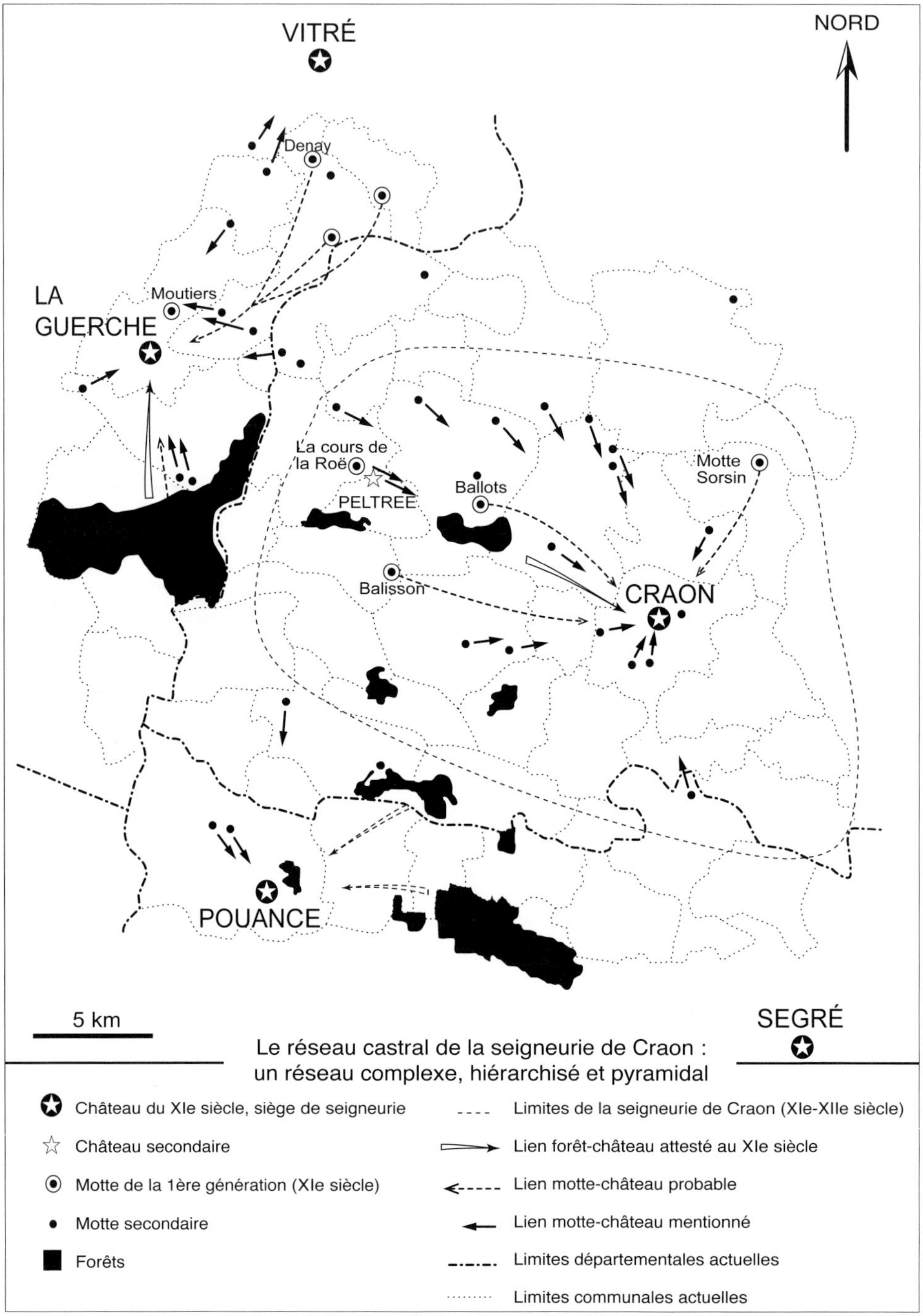

Fig. 41. Le réseau castral de la seigneurie de Craon : un réseau complexe, hiérarchisé et pyramidal. Cette carte, issue de l'ouvrage de Jean-Claude Meuret, a été simplifiée et modifiée : des rajouts ont été apportés (Meuret 1993, 370 ; Courrèges-Blanc 2017).

ANNEXE 7. HÉRALDIQUE

SOURCE :

Pièces Originales (PO), COTE 922 (20, 385) BnF. (dossier composé de 95 chartes concernant les membres de la famille de Craon à partir du XIVe s.)

Signification des abréviations pour les références :

DA : Douet-d'Arcq A. , *Collection de sceaux*, 1863-1868.

LTC : *Les Layettes du Trésor des Chartes* - Teulet, Laborde, Berger & Delaborde 1863-1909.

AN : Archives Nationales

Cl : Demay, *Inventaire des sceaux de la collection Clairambault*, 1885.

EP. : Eygun F., *Sigillographie du Poitou*, 1938.

Fig. 42. Sceau et contre-sceau d'Amaury III de Craon (1315) - DA, n°1951.

Familles	Seigneur	Date d'apparition des armoiries	Description	Source
Château-gontier	Alard (1206-1245)	1207	Le sceau porte un chevalier armé de sa lance, l'écu est chargé de trois chevrons, le contre-sceau est chevronné de huit pièces.	Cartulaire de Saint-Nicolas, collection Gaignières : BnF, lat. 22450
Sablé	Robert IV (1152-1195)	1170	Écu chargé d'un aigle	Sur la statue tombale dans l'abbaye de Bellebranche

Tabl. 124. Les armoiries des familles mayennaises.

Seigneur	Date	Nature et type d'acte sur lequel figure le sceau	Description du sceau	Description du contre-sceau	Source
Maurice III	1207	Charte : donation à Chaloché	*" écu losangé"* Maurice III se présente à cheval, vêtu du grand haubert et de la cotte d'armes ; il est coiffé du heaume protégeant la figure entière mais laissant la nuque sans défense. De la main droite, il tient une épée que le graveur du sceau a fait trop longue et trop large ; de la gauche, il tient outre les rênes du cheval, un bouclier chargé du blason de Craon	du contre-sceau, il ne reste plus que l'écu blasonné	BnF, Fonds français, 22450, folio 320
Amaury I Sénéchal héréditaire d'Anjou, Maine et Touraine	1214	Accord	-	-	Arch.de Maine-et-Loire, H 289, fol.23
	1223		2e sceau : Amaury est présenté à cheval, tenant de la main gauche un petit bouclier triangulaire chargé des losanges de Craon et de la droite une longue épée ; sa tête est couverte du heaume, dit casque de Philippe-Auguste, orné lui-aussi de losanges ; par-dessus son haubert, il porte une cotte d'armes unie et ses pieds sont armés d'énormes éperons à trois branches. Le cheval, lancé au galop, est couvert d'une grande housse armoriée le coiffant jusqu'à l'angle de la bouche, enveloppant l'encolure et retombant en tablier jusqu'au bas des jambes.	Contre-sceau, de même grandeur, porte un écu triangulaire, arrondi aux armes de Craon.	DA, 292 LTC, n°1594
	1225	Plainte de seigneurs contre le clergé	3e sceau : le heaume n'a plus de dimensions exagérées, n'est pas chargé de losanges ; l'écu est armorié aussi bien que la cotte d'armes porté par-dessus le haubert ; le cheval est nu et sans mors, sa crinière flotte au vent. La gravure paraît plus soignée que celle du 1er.	3e : le contre-sceau porte un écu losange	DA, 293 LTC, n°1734

Maurice V	1272	Abandon des droits	Sceau rond. Au centre, apparaît un écu losangé dans un cercle de 8 lobes rempli d'élégants feuillages. L'écu, placé au plus haut, est soutenu de 2 lions adossés et affrontés.	-	DA, 295
	1277	Assignat° du douaire de son épouse	Sceau rond. Le chevalier porte un casque à grilles, sommé d'une sorte de feuille tréflée. La cotte de mailles est très visible sous la cotte d'armes flottante. La housse du cheval et le bouclier sont armoriés. Sa monture porte le même cimier.	Contre-sceau rond et porte au centre l'écu losangé.	LTC, n°96 DA, 296
Amaury III	1311	Testament	Sceau d'une disposition particulière : au centre, se dégage une petite tête d'homme dans un double cercle, rempli d'un compartiment à huit lobes. Le reste du sceau est occupé par quatre écussons losangés et adossés à la légende de manière à former un quatre-feuilles.	Contre-sceau rond, au centre l'écu losangé est dans un cercle entouré d'un huit lobes gothique.	AN, J.179B, n°7
	Avril 1315	Hommage	-	-	DA, n°1951
	1330		-		DA, n°1952
Pierre fils d'Amaury III et de Béatrix de Roucy (mort en 1376)	1370		Sceau sur lequel le lambel est de trois pendants		Ms. fr. 22450 p.322
Guillaume fils d'Amaury III et de Béatrix de Roucy (mort en 1388)	1346		On connaît une empreinte en très mauvais état : sceau rond où l'écu portant une bande très visible est placé sur un fond losangé. Il ressemble à celui de Guillaume II ;		Cl 2956
	20/07/1357		sceau rond où figure un écu losangé portant une bande et cimé d'une tête de chien		PO, n°7
	1378		2e sceau : nous connaissons deux empreintes, la bande est moins distincte sur la 1ère que sur la seconde : c'est un sceau rond où l'écu, sommé d'un heaume à housse flottante, est placé dans un champ semé de fleurettes.		Ms. lat. 17124 p.42
	1379		Ce sceau porte un écu parti de Craon à dextre, de Flandres à senestre, l'un et l'autre brisés d'un bâton.		EP.279, 280

Jean archevêque de Reims, 4e fils d'Amaury III et de Béatrix de Roucy			Sceau rond ; au centre le prélat est assis, revêtu de ses ornements pontificaux, tenant sa croix, bénit de la droite ; son siège est un fauteuil terminé par des têtes d'aigles ; ses pieds reposent sur deux lions adossés. De chaque côté, se trouve un écu surmonté d'une branche de lis. L'écu de gauche porte les armes de Craon avec une croix brochante. Derrière le prélat, un ange aux ailes éployées supporte un panneau d'étoffe treillissée, avec des trèfles semés.	Contre-sceau représente une colombe tenant une fleur et sertie dans un ovale de métal.	
Amaury IV	17/05/ 1351 17/05/ 1351 1352 6/07/ 1362		– sceau rond à l'écu losangé et penché timbré d'un heaume à bonnet sommé d'un coq les ailes éployées sur champ réticulé semé de fleurettes - sceau rond ; l'écu penché est timbré d'un heaume placé de ¾ sommé entre un vol, d'une tête de femme ceinte d'un chapel de roses, les cheveux flottants. Le champ est rempli de dessins à quadrilobes entrelacés et semés de rosettes. – sceau rond à l'écu penché sous un heaume posé de ¾, timbré d'une tête de femme entre deux vols emplumés sur un fond treillissé garni de triple fleurons. – sceau en mauvais état mais on distingue une partie de l'écu losangé et penché. sceau rond à l'écu losangé et penché timbré d'un heaume à bonnet sommé d'un coq les ailes déployées sur champ semé de fleurettes. – sceau rond à l'écu losangé et penché timbré d'un heaume à l'angle de l'écu sommé d'une tête de femme les cheveux flottants sur un fond treillissé		PO, n°9 PO, n°8 Cl.2955 PO, n°11

Tabl. 125. Inventaire et description des sceaux portés par les Craon.

ANNEXE 8. TABLEAU DE FILIATION

Le premier tableau de filiation, simplifié, regroupe les alliances et la descendance des seigneurs de Craon. Le second concerne l'ensemble de mon travail sur la famille de Craon. Par souci de lisibilité et de clarté, nous l'avons scindé ensuite en cinq parties.

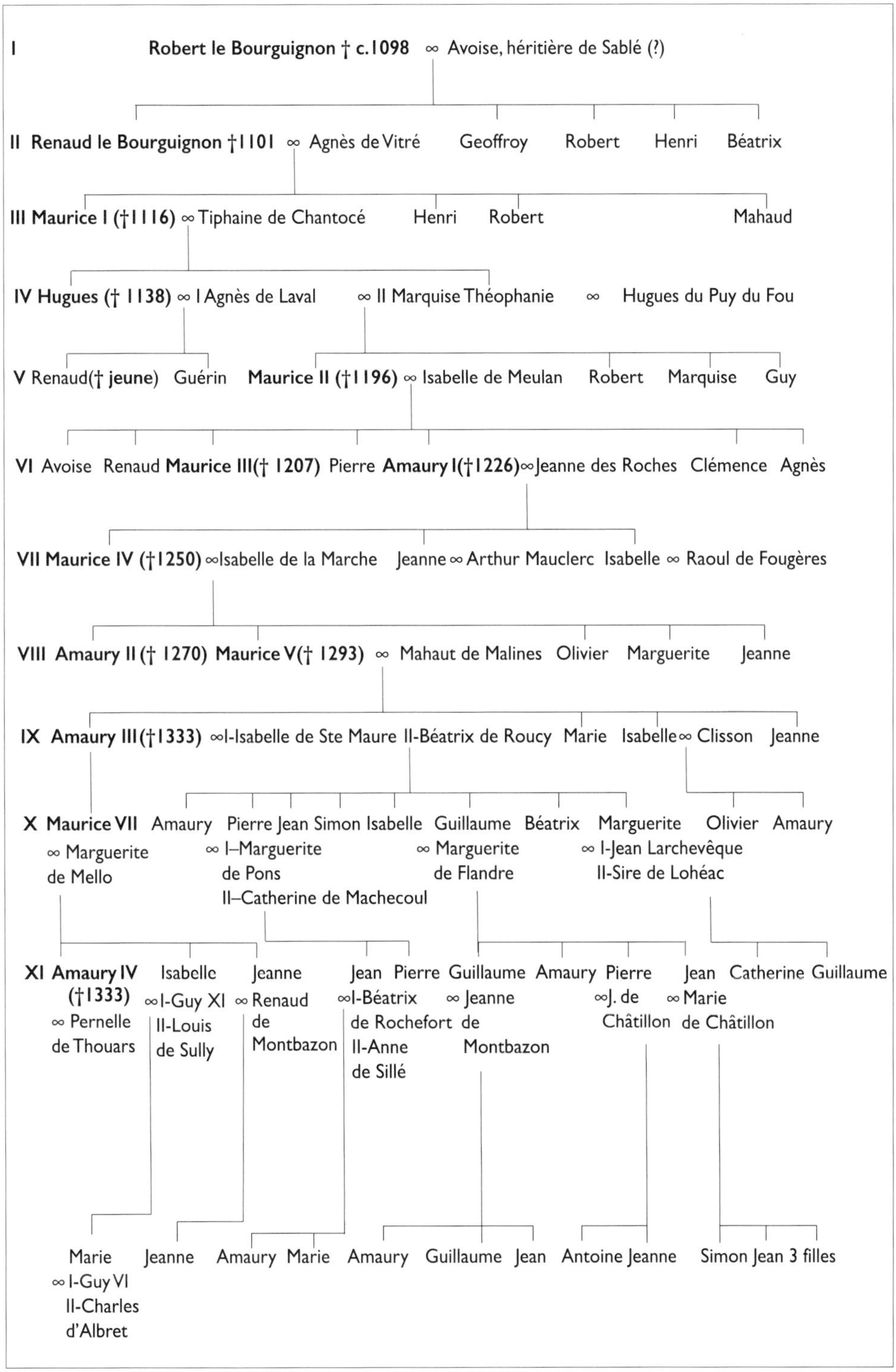

Tabl. 126. Tableau de filiation des alliances et de la descendance des seigneurs de Craon.

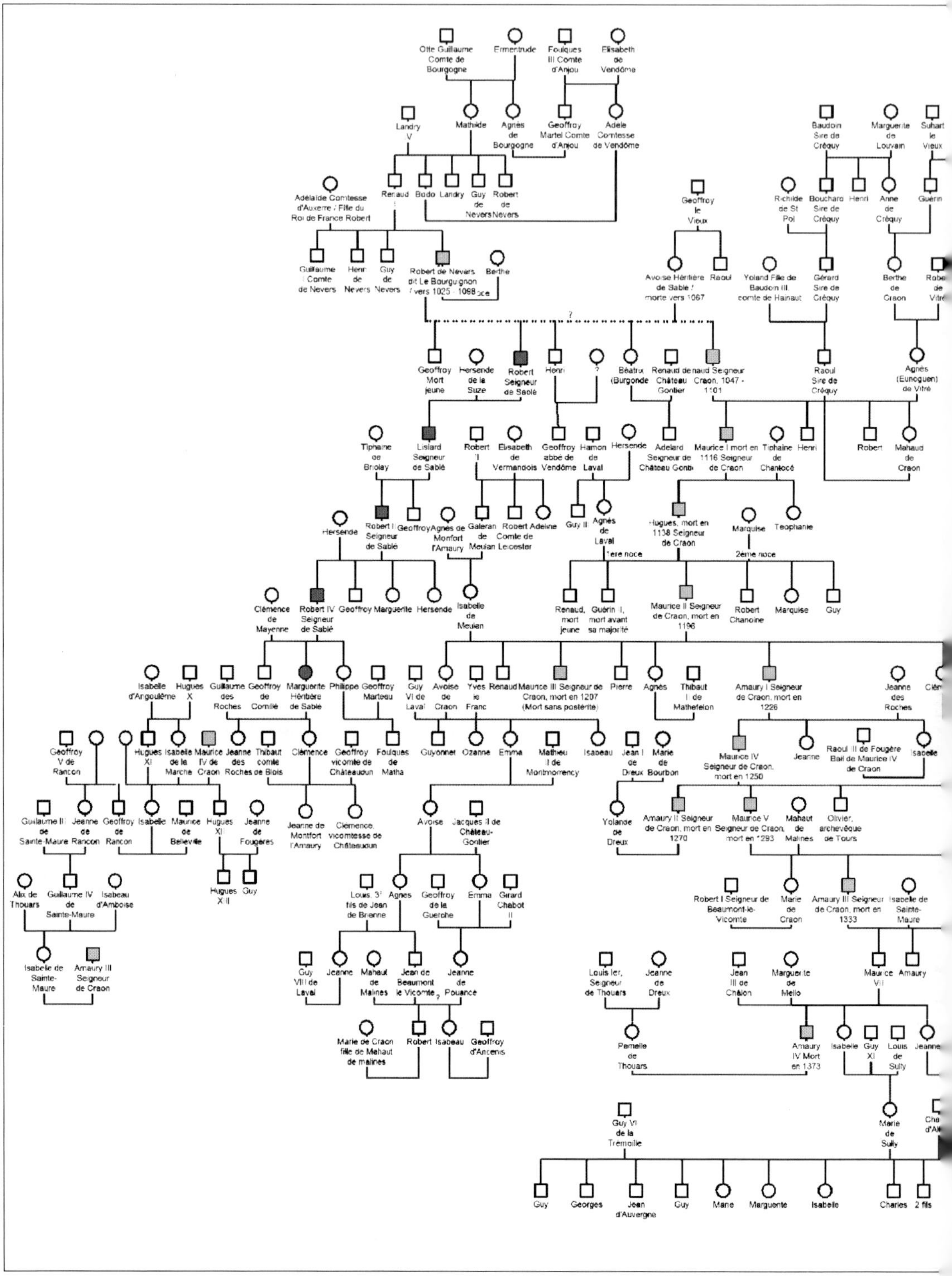
Otte Guillaume Comte de Bourgogne
Ermentrude
Foulques III Comte d'Anjou
Elisabeth de Vendôme
Landry V
Mathilde
Agnès de Bourgogne
Geoffroy Martel Comte d'Anjou
Adèle Comtesse de Vendôme
Baudoin Sire de Créquy
Marguerite de Louvain
Suhart le Vieux
Adélaïde Comtesse d'Auxerre / Fille du Roi de France Robert
Renaud
Bodo
Landry
Guy de Nevers
Robert de Nevers
Geoffroy le Vieux
Richilde de St Pol
Bouchard Sire de Créquy
Henri
Anne de Créquy
Guérin
Guillaume I Comte de Nevers
Henri de Nevers
Guy de Nevers
Robert de Nevers dit Le Bourguignon / vers 1025 - 1098
Berthe
Avoise Héritière de Sablé / morte vers 1067
Raoul
Yoland Fille de Baudoin III, comte de Hainaut
Gérard Sire de Créquy
Berthe de Craon
?
Geoffroy Mort jeune
Hersende de la Suze
Robert Seigneur de Sablé
Henri
?
Béatrix (Burgonde)
Renaud de Château Gontier
Renaud Seigneur Craon, 1047 - 1101
Raoul Sire de Créquy
Agnès (Eunoguen) de Vitré
Tiphaine de Briolay
Lisiard Seigneur de Sablé
Robert I
Elisabeth de Vermandois
Geoffroy abbé de Vendôme
Hamon de Laval
Hersende
Adelard Seigneur de Château Gontier
Maurice I mort en 1116 Seigneur de Craon
Tiphaine de Chantocé
Henri
Robert
Mahaud de Craon
Hersende
Robert II Seigneur de Sablé
Geoffroy
Agnès de Montfort l'Amaury
Galeran de Meulan
Robert Comte de Leicester
Adeline
Guy II
Agnès de Laval
Hugues, mort en 1138 Seigneur de Craon
Marquise
Teophanie
1ère noce
2ème noce
Clémence de Mayenne
Robert IV Seigneur de Sablé
Geoffroy
Marguerite
Hersende
Isabelle de Meulan
Renaud, mort jeune
Guérin I, mort avant sa majorité
Maurice II Seigneur de Craon, mort en 1196
Robert Chanoine
Marquise
Guy
Isabelle d'Angoulême
Hugues X
Guillaume des Roches
Geoffroy de Comillé
Marguerite Héritière de Sablé
Philippe
Geoffroy Marteau
Guy VI de Laval
Avoise de Craon
Yves le Franc
Renaud
Maurice III Seigneur de Craon, mort en 1207 (Mort sans postérité)
Pierre
Agnès
Thibaut I de Mathefelon
Amaury I Seigneur de Craon, mort en 1226
Jeanne des Roches
Geoffroy V de Rancon
Hugues XI
Isabelle de la Marche
Maurice IV de Craon
Jeanne des Roches
Thibaut comte de Blois
Clémence
Geoffroy vicomte de Châteaudun
Foulques de Matha
Guyonnet
Ozanne
Emma
Mathieu I de Montmorency
Isabeau
Jean I de Dreux
Marie de Bourbon
Maurice IV Seigneur de Craon, mort en 1250
Jeanne
Raoul II de Fougère Bail de Maurice IV de Craon
Isabelle
Guillaume III de Sainte-Maure
Jeanne de Rancon
Geoffroy de Rancon
Isabelle
Maurice de Belleville
Hugues XII
Jeanne de Fougères
Jeanne de Montfort l'Amaury
Clémence, vicomtesse de Châteaudun
Avoise
Jacques II de Château-Gontier
Yolande de Dreux
Amaury II Seigneur de Craon, mort en 1270
Maurice V Seigneur de Craon, mort en 1293
Mahaut de Malines
Olivier, archevêque de Tours
Alix de Thouars
Guillaume IV de Sainte-Maure
Isabeau d'Amboise
Hugues XIII
Guy
Louis, 3e fils de Jean de Brienne
Agnès
Geoffroy de la Guerche
Emma
Girard Chabot II
Robert I Seigneur de Beaumont-le-Vicomte
Marie de Craon
Amaury III Seigneur de Craon, mort en 1333
Isabelle de Sainte-Maure
Isabelle de Sainte-Maure
Amaury III Seigneur de Craon
Guy VIII de Laval
Jeanne
Mahaut de Malines
Jean de Beaumont le Vicomte
Jeanne de Pouancé
Louis Ier, Seigneur de Thouars
Jeanne de Dreux
Jean III de Châlon
Marguerite de Mello
Maurice VII
Amaury
Marie de Craon fille de Mahaut de malines
Robert
Isabeau
Geoffroy d'Ancenis
Pernelle de Thouars
Amaury IV Mort en 1373
Isabelle
Guy XI
Louis de Sully
Jeanne
Guy VI de la Trémoille
Marie de Sully
Guy
Georges
Jean d'Auvergne
Guy
Marie
Marguerite
Isabelle
Charles
2 fils

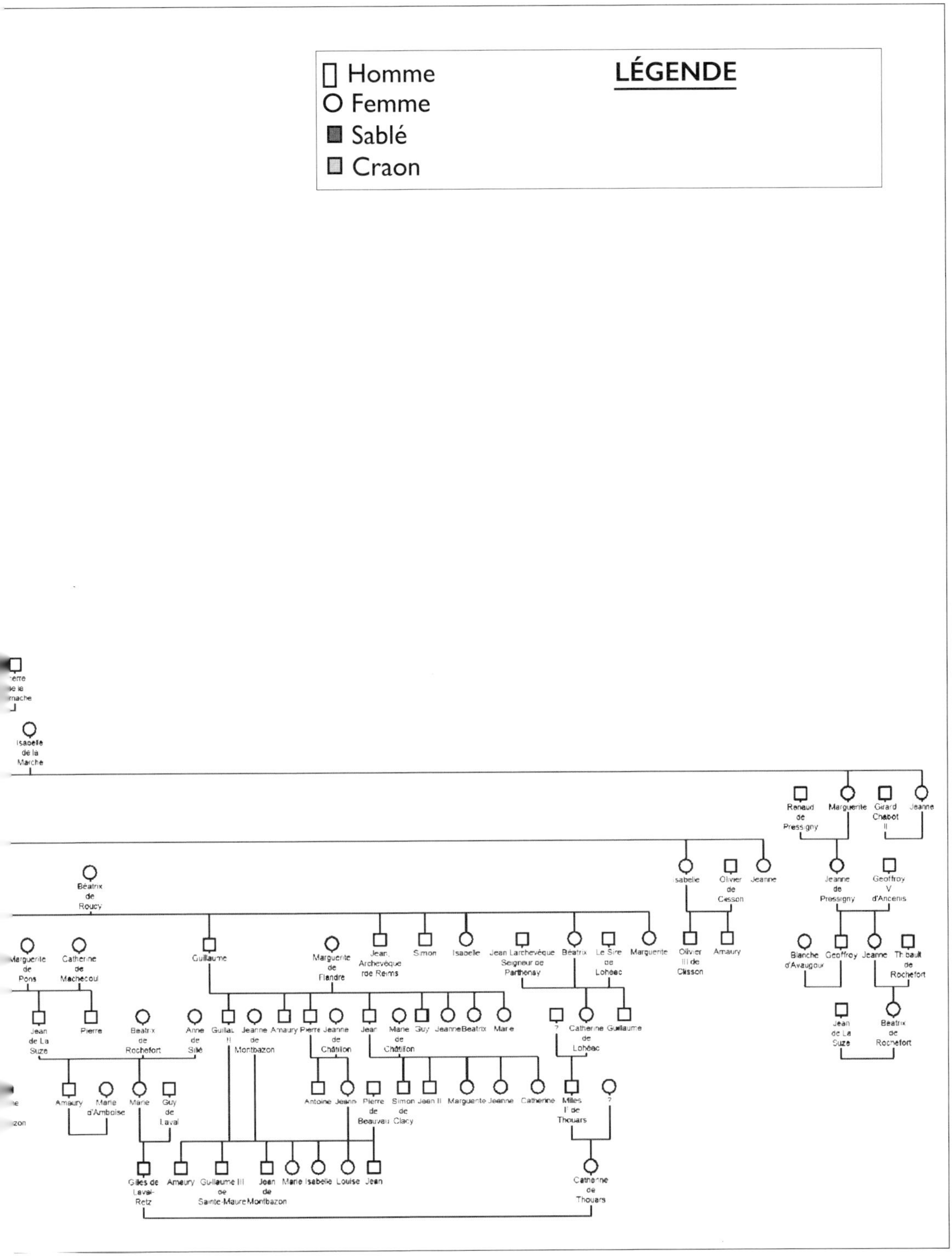
LÉGENDE
Homme
Femme
Sablé
Craon
Isabelle de la Marche
Renaud de Pressigny
Marguerite
Girard Chabot II
Jeanne
Isabelle
Olivier de Clisson
Jeanne
Jeanne de Pressigny
Geoffroy V d'Ancenis
Béatrix de Roucy
Marguerite de Pons
Catherine de Machecoul
Guillaume
Marguerite de Flandre
Jean, Archevêque de Reims
Simon
Isabelle
Jean Larchevêque Seigneur de Parthenay
Béatrix
Le Sire de Lohéac
Marguerite
Olivier III de Clisson
Amaury
Blanche d'Avaugour
Geoffroy
Jeanne
Thibault de Rochefort
Jean de La Suze
Pierre
Béatrix de Rochefort
Anne de Sillé
Guillaume II
Jeanne de Montbazon
Amaury
Pierre
Jeanne de Châtillon
Jean
Marie de Châtillon
Guy
Jeanne
Béatrix
Marie
?
Catherine de Lohéac
Guillaume
Jean de La Suze
Béatrix de Rochefort
Amaury
Marie d'Amboise
Marie
Guy de Laval
Antoine
Jeanne
Pierre de Beauvau
Simon de Clacy
Jean II
Marguerite
Jeanne
Catherine
Milles I de Thouars
?
Gilles de Laval-Retz
Amaury
Guillaume III de Sainte-Maure
Jean de Montbazon
Marie
Isabelle
Louise
Jean
Catherine de Thouars

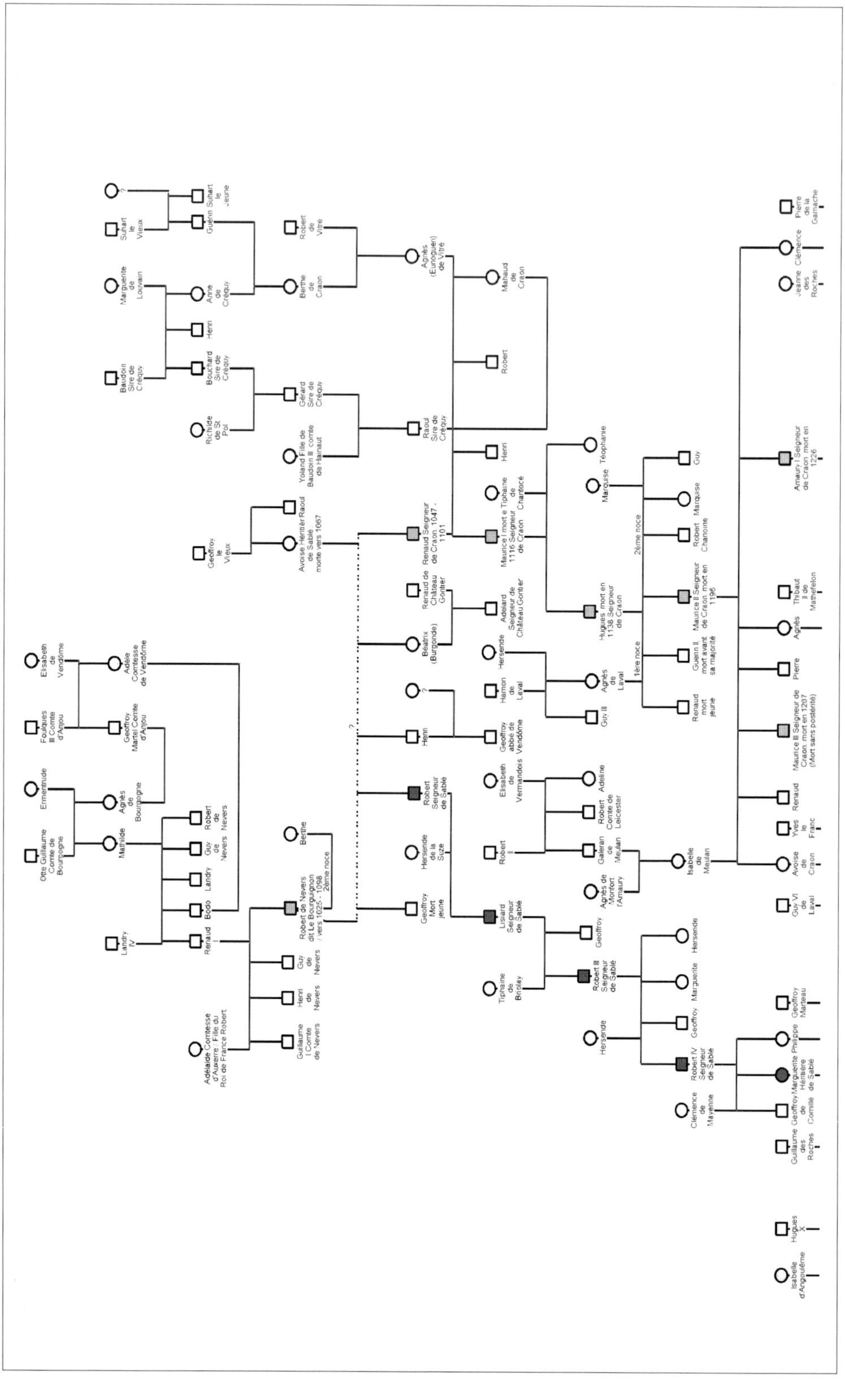

Suhart le Vieux
?
Guérin Suhart le Jeune
Marguerite de Louvain
Anne de Créquy
Henri
Baudoin Sire de Créquy
Bouchard Sire de Créquy
Robert de Vitré
Berthe de Craon
Agnès (Eunoguen) de Vitré
Mahaud de Craon
Robert
Richilde de St Pol
Gérard Sire de Créquy
Yoland Fille de Baudoin III comte de Hainaut
Raoul Sire de Créquy
Henri
Téophanie
Guy
Geoffroy le Vieux
Avoise Héritière Raoul de Sablé morte vers 1067
Renaud Seigneur de Craon 1047 - 1101
Tiphaine de Chantocé
Maurice I mort en 1116 Seigneur de Craon
Marquise
Marquise
Robert Chanoine
2ème noce
Elisabeth de Vendôme
Foulques III Comte d'Anjou
Adèle Comtesse de Vendôme
Geoffroy Martel Comte d'Anjou
Renaud de Château Gontier
Béatrix (Burgonde)
Adelard Seigneur de Château Gontier
Hugues mort en 1138 Seigneur de Craon
Maurice II Seigneur de Craon mort en 1196
Amaury I Seigneur de Craon mort en 1226
Pierre de la Garnache
Clémence des Roches
Jeanne des Roches
Hersende
Hamon de Laval
Agnès de Laval
Guy III
1ère noce
Guérin II mort avant sa majorité
Renaud mort jeune
Thibaut II de Mathefelon
Agnès
Pierre
Maurice III Seigneur de Craon mort en 1207 (Mort sans postérité)
?
Henri
Geoffroy abbé de Vendôme
?
Ermentrude
Otte Guillaume Comte de Bourgogne
Agnès de Bourgogne
Mathilde
Robert de Nevers
Guy de Nevers
Landry
Bodo
Landry IV
Renaud I
Berthe
Robert de Nevers dit Le Bourguignon / vers 1025 - 1098 2ème noce
Robert Seigneur de Sablé
Hersende de la Suze
Geoffroy Mort jeune
Elisabeth de Vermandois
Robert I
Adeline
Robert Conte de Leicester
Galéran de Meulan
Agnès de Montfort l'Amaury
Isabelle de Meulan
Renaud
Yves le Franc
Avoise de Craon
Guy VI de Laval
Guy de Nevers
Henri de Nevers
Guillaume I Comte de Nevers
Adélaïde Comtesse d'Auxerre, Fille du Roi de France Robert
Lisiard Seigneur de Sablé
Geoffroy
Tiphaine de Briollay
Robert III Seigneur de Sablé
Hersende
Marguerite
Geoffroy
Hersende
Robert IV Seigneur de Sablé
Clémence de Mayenne
Geoffroy Marteau
Philippe
Marguerite Héritière de Sablé
Geoffroy Cornillé
Guillaume des Roches
Hugues X
Isabelle d'Angoulême

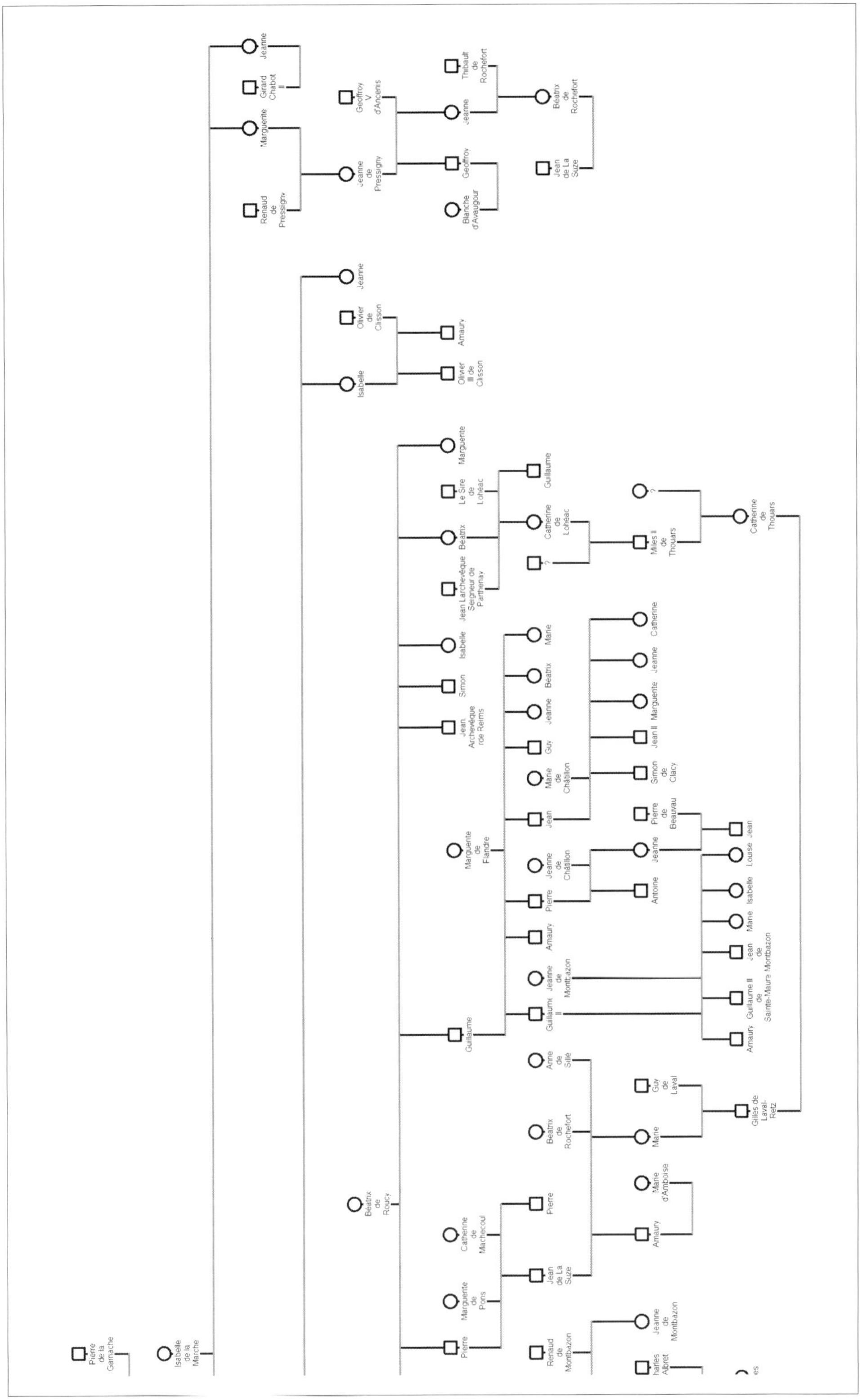
Jeanne
Girard Chabot II
Marguerite
Renaud de Pressigny
Jeanne de Pressigny
Geoffroy V d'Ancenis
Jeanne
Thibault de Rochefort
Geoffroy
Blanche d'Avaugour
Béatrix de Rochefort
Jean de La Suze
Jeanne
Olivier de Clisson
Isabelle
Amaury
Olivier III de Clisson
Marguerite
Le Sire de Lohéac
Guillaume
Béatrix
Catherine de Lohéac
?
Jean Larchevêque Seigneur de Parthenay
?
Miles II de Thouars
Catherine de Thouars
Isabelle
Simon
Jean Archevêque de Reims
Marie
Béatrix
Jeanne
Guy
Marie de Châtillon
Jean
Catherine
Jeanne
Marguerite
Jean II
Simon de Clacy
Marguerite de Flandre
Jeanne de Châtillon
Pierre
Amaury
Jeanne de Montbazon
Guillaume II
Pierre de Beauvau
Jeanne
Antoine
Jean
Louise
Isabelle
Marie
Jean de Montbazon
Guillaume II de Sainte-Maure
Amaury
Guillaume
Anne de Sillé
Béatrix de Rochefort
Guy de Laval
Marie
Gilles de Laval-Retz
Marie d'Amboise
Amaury
Pierre
Jean de La Suze
Catherine de Machecoul
Marguerite de Pons
Pierre
Béatrix de Roucy
Renaud de Montbazon
Jeanne de Montbazon
Pierre de la Garnache
Isabelle de la Marche

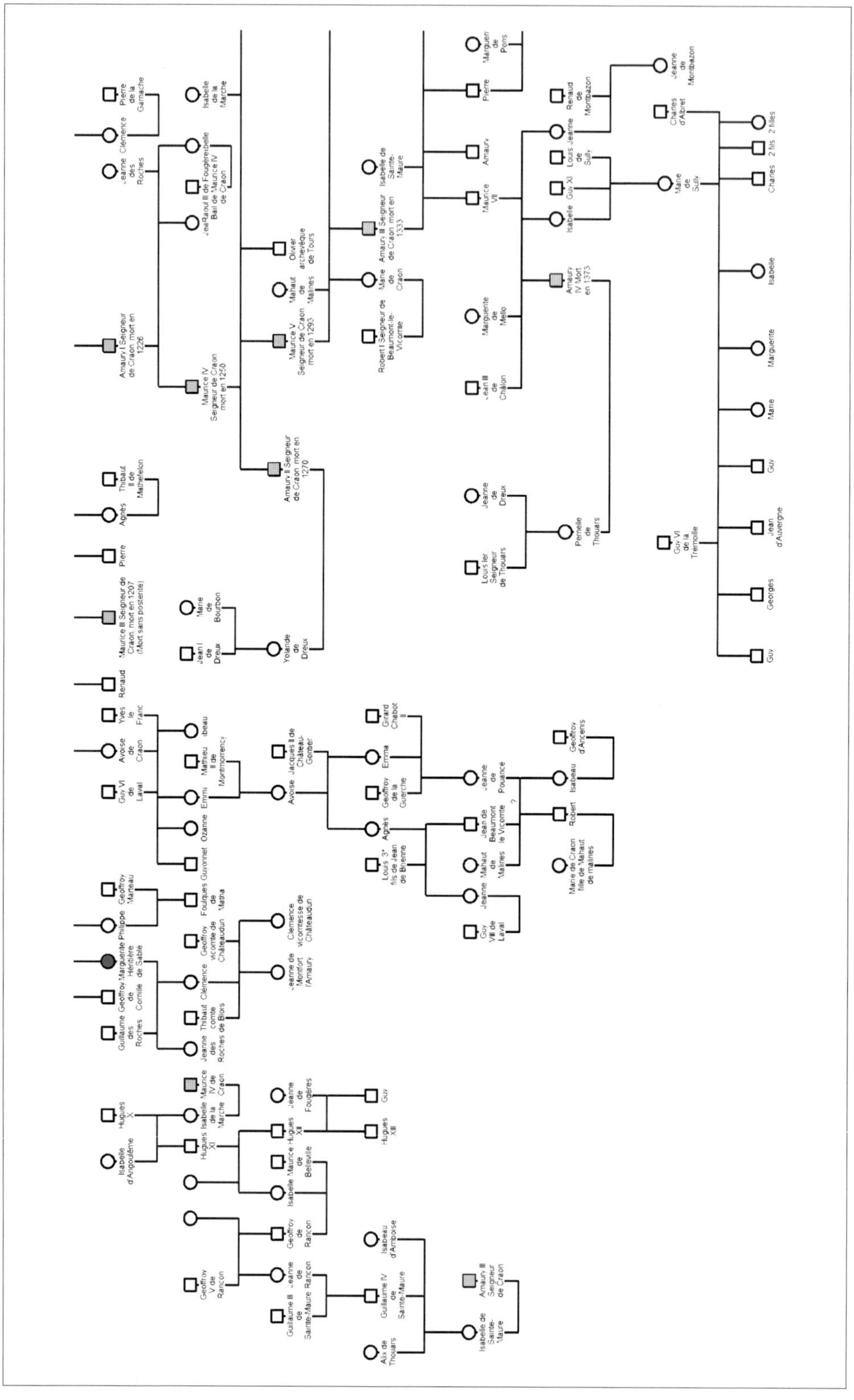
Pierre de la Garnache
Clémence
Jeanne des Roches
Isabelle de la Marche
Jeanne
Raoul III de Fougères
Isabelle Bail de Maurice IV de Craon
Amaury I Seigneur de Craon mort en 1226
Maurice IV Seigneur de Craon mort en 1250
Olivier archevêque de Tours
Mahaut de Malines
Maurice V Seigneur de Craon mort en 1293
Amaury III Seigneur de Craon mort en 1333
Isabelle de Sainte-Maure
Marie de Craon
Robert I Seigneur de Beaumont-le-Vicomte
Amaury II Seigneur de Craon mort en 1270
Thibaut II de Mathefelon
Agnès
Pierre
Maurice III Seigneur de Craon mort en 1207 (Mort sans postérité)
Marie de Bourbon
Jean I de Dreux
Yolande de Dreux
Marguerite de Pons
Pierre
Amaury
Maurice VII
Marguerite de Mello
Jean III de Châlon
Amaury IV Mort en 1373
Jeanne de Dreux
Louis Ier Seigneur de Thouars
Pernelle de Thouars
Renaud de Montbazon
Jeanne de Montbazon
Jeanne
Louis de Sully
Guy XI
Isabelle
Marie de Sully
Charles d'Albret
2 filles
2 fils
Charles
Isabelle
Marguerite
Marie
Guy
Jean d'Auvergne
Guy VI de la Tremoille
Georges
Guy
Renaud
Yves le Franc
Avoise de Craon
Guy VI de Laval
Mathieu II de Montmorency
Emma
Ozanne
Guyonnet
Avoise
Jacques II de Château-Gontier
Girard Chabot II
Emma
Geoffroy de la Guerche
Agnès
Louis 3e fils de Jean de Brienne
Jeanne de Pouance
Jean de Beaumont le Vicomte
Mahaut de Malines
Jeanne
Guy VIII de Laval
Geoffroy d'Ancenis
Isabeau
Robert
?
Marie de Craon fille de Mahaut de malines
Geoffroy Marteau
Philippe
Foulques de Matha
Marguerite Héritière de Sablé
Geoffroy de Cornille
Guillaume des Roches
Geoffroy vicomte de Châteaudun
Clémence vicomtesse de Châteaudun
Clémence
Thibaut comte de Blois
Jeanne des Roches
Jeanne de Montfort l'Amaury
Maurice IV de Craon
Isabelle de la Marche
Hugues X
Isabelle d'Angoulême
Hugues XI
Hugues XII
Jeanne de Fougères
Guy
Hugues XIII
Maurice de Belleville
Isabelle
Geoffroy de Rancon
Geoffroy V de Rancon
Jeanne Rancon
Guillaume III de Sainte-Maure
Isabeau d'Amboise
Guillaume IV de Sainte-Maure
Alix de Thouars
Isabelle de Sainte-Maure
Amaury III Seigneur de Craon

Index général

Q

R

S

T

U

V

Y

Table des matières